平成２９年

畜産物流通統計
大臣官房統計部

平成３０年９月

農林水産省

目　　　次

利用者のために・・・・・・・・・・・・・・・・・・・・・・・・・・・・・・・・・・1

Ⅰ　調査結果の概要

　1　食肉流通の動向

　(1)　豚・・・・・・・・・・・・・・・・・・・・・・・・・・・・・・・・12

　(2)　牛・・・・・・・・・・・・・・・・・・・・・・・・・・・・・・・・14

　(3)　と畜場数・・・・・・・・・・・・・・・・・・・・・・・・・・・・・17

　2　鶏卵流通の動向・・・・・・・・・・・・・・・・・・・・・・・・・・・18

　3　食鳥流通の動向・・・・・・・・・・・・・・・・・・・・・・・・・・・20

Ⅱ　統計表

と畜場統計調査

　1　と畜頭数及びと畜場数（都道府県別）・・・・・・・・・・・・・・・・・24

　2　枝肉生産量（都道府県別）・・・・・・・・・・・・・・・・・・・・・・26

　3　月別と畜頭数（都道府県別）・・・・・・・・・・・・・・・・・・・・・28

　4　月別枝肉生産量（都道府県別）・・・・・・・・・・・・・・・・・・・・50

　5　肉豚換算と畜頭数規模別と畜場数（全国農業地域別）・・・・・・・・・・74

　6　豚のと畜頭数規模別と畜場数（全国農業地域別）・・・・・・・・・・・・74

　7　豚のと畜頭数規模別と畜頭数（全国農業地域別）・・・・・・・・・・・・74

　8　成牛のと畜頭数規模別と畜場数（全国農業地域別）・・・・・・・・・・・76

　9　成牛のと畜頭数規模別と畜頭数（全国農業地域別）・・・・・・・・・・・76

　10　と畜場数及びと畜頭数（全国農業地域別）・・・・・・・・・・・・・・・78

　（参考）肉畜種類別都道府県間交流表・・・・・・・・・・・・・・・・・・・80

食肉卸売市場調査

　1　月別取引成立頭数・価格（食肉卸売市場別）・・・・・・・・・・・・・・122

　2　月別規格別取引成立頭数・価格（食肉卸売市場別）・・・・・・・・・・・178

鶏卵流通統計調査

　鶏卵の月別生産量（都道府県別）・・・・・・・・・・・・・・・・・・・・476

食鳥流通統計調査

　食鳥の処理羽数及び処理重量・・・・・・・・・・・・・・・・・・・・・・480

累年統計

畜産物と畜（処理）頭羽数及び生産量（明治10年～平成29年）・・・・・・・・482

　〔付〕　調査票

利　用　者　の　た　め　に

1　調査の目的

畜産物流通調査は、畜産物の取引数量、価格等を把握し、畜産物に関する生産・出荷の調整、価格安定等各種施策の資料を提供することを目的とする。

2　調査の根拠

と畜場統計調査、鶏卵流通統計調査及び食鳥流通統計調査は、統計法（平成19年法律第53号）第19条第１項に基づく総務大臣の承認を受けて実施した一般統計調査である。

また、食肉卸売市場調査は、各食肉卸売市場のデータを整理するものであり、統計法上の統計調査には該当しない。

3　調査機関

本調査は、農林水産省大臣官房統計部及び地方組織を通じて実施した。

4　調査の体系

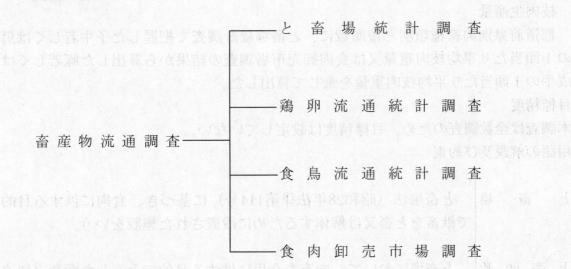

- 畜産物流通調査
  - と畜場統計調査
  - 鶏卵流通統計調査
  - 食鳥流通統計調査
  - 食肉卸売市場調査

5　と畜場統計調査

(1)　調査の対象

全国の全てのと畜場

なお、調査対象と畜場ごとの調査事項を、地方公共団体に対する調査により把握することが可能な場合は、地方公共団体

(2)　調査対象者数

184と畜場（回収率100%）

(3)　調査期間

平成29年１月から12月までの１年間

(4)　調査事項

豚、牛及び馬（以下「肉畜種類」という。）別のと畜頭数、子牛及び馬の枝肉重量

(5)　調査方法

本調査は、次のいずれかの方法により実施した。

ア　調査対象者が政府統計共同利用システムのオンライン調査により調査票データの報告を行う自計調査による方法

イ　調査対象者が整備している情報を郵送又はＦＡＸにより提供を受ける自計調査による方法

ウ　市場調査オンラインシステムにより調査対象者が整備している情報の提供を受ける自計調査による方法

エ　調査対象者に調査票を郵送し、郵送又はＦＡＸにより調査票を回収する自計調査による方法

オ　統計調査員が調査対象者に対し面接による聞取り又は関係諸帳簿の閲覧により調査を行う他計調査による方法

(6)　集計方法

ア　と畜頭数

都道府県別の調査結果の積上げにより算出した。

イ　枝肉生産量

都道府県別肉畜種類別と畜頭数に、と畜場統計調査で把握した子牛若しくは馬の１頭当たり平均枝肉重量又は食肉卸売市場調査の結果から算出した豚若しくは成牛の１頭当たり平均枝肉重量を乗じて算出した。

(7)　目標精度

本調査は全数調査のため、目標精度は設定していない。

(8)　用語の解説及び約束

と畜場	と畜場法（昭和28年法律第114号）に基づき、食肉に供する目的で獣畜をと畜又は解体するために設置された施設をいう。
と畜頭数	と畜場において、肉畜を食用に供する目的でと畜した頭数（切迫と畜頭数も含む。）をいう。したがって、と畜場に入場しても、と畜禁止あるいはと畜解体後の内臓検査等において病畜と判定され、枝肉の全部が焼却又は廃棄されたものは食用に供されないため、と畜頭数から除外する。 なお、枝肉の一部が廃棄されても残存部がある場合には頭数（１頭）として数える。
成牛	生後１年以上の牛をいう。
和牛	黒毛和種、褐毛和種、日本短角種及び無角和種並びに和牛間交雑種の牛をいう。

	この中には肉の生産を目的とした肥育牛のほか、役用又は繁殖用の牛をもと牛とした肥育牛、役用又は繁殖用に使用されていたが、老齢のために廃用された牛及び繁殖障害等の理由で廃用された牛を含む。
乳　　牛	ホルスタイン種、ジャージー種等の乳用種及び乳肉兼用種の牛をいう。
交 雑 牛	乳牛と和牛又は外国牛（肉用専用種）との交雑種の牛をいう。なお、和牛と外国牛（肉用専用種）との交雑種は、その他の牛に含める。
その他の牛	ヘレフォード種、アバディーンアンガス種、シャロレー種等の外国牛（肉用専用種）及び和牛と外国牛（肉用専用種）の交雑種等をいう。
去　　勢	おす牛の精巣を除去した牛をいう。
お　　す	おす牛のうち、去勢された牛を除いた牛をいう。
子　　牛	生後１年未満の牛をいう。
枝肉生産量	都道府県別と畜頭数に、と畜場統計調査で把握した子牛若しくは馬の１頭当たり平均枝肉重量又は食肉卸売市場調査の結果から算出した豚若しくは成牛の１頭当たり平均枝肉重量を乗じて算出した。
肉豚換算と畜頭数	成牛及び馬は豚４頭、子牛は豚１頭として換算したと畜頭数をいう。
産地食肉センター	と畜（枝肉までの加工）から部分肉加工まで一貫して実施する食肉処理施設をいう。

6　食肉卸売市場調査

(1)　調査の対象

全国の食肉中央卸売市場及び指定市場（地方卸売市場のうち、畜産物の価格安定に関する法律（昭和36年法律第183号）に基づき指定されている市場）に所在する全ての卸売会社

(2)　調査対象者数

食肉中央卸売市場（10市場）及び指定市場（18市場）に所在する卸売会社（28社）（回収率100％）

(3)　調査期間

平成29年１月から12月までの１年間

(4)　調査事項

規格別枝肉取引成立頭数、規格別枝肉取引重量及び規格別枝肉取引価額

(5)　調査方法

本調査は、次のいずれかの方法により実施した。

ア　市場調査オンラインシステムにより調査対象者が整備している情報の提供を受ける自計調査による方法

イ　調査対象者が整備している情報を郵送又はＦＡＸにより提供を受ける自計調査による方法

ウ　調査対象者に調査票を郵送し、郵送又はＦＡＸにより調査票を回収する自計調査による方法

(6)　集計方法

卸売価格は、各食肉卸売市場の枝肉取引総価額を枝肉取引総重量で除して算出した。

(7)　目標精度

本調査は全数調査のため、目標精度は設定していない。

(8)　用語の解説及び約束

卸売市場	卸売市場法（昭和46年法律第35号）に基づき、生鮮食料品等の卸売のために開設される市場であって、卸売場、自動車駐車場その他の生鮮食料品等の取引及び荷さばきに必要な施設を設けて継続して開場されるものをいう。
中央卸売市場	卸売市場法の規定により、地方公共団体が農林水産大臣の認可を受けて開設している市場をいい、仙台、さいたま、東京、横浜、名古屋、京都、大阪、神戸、広島及び福岡の10市場（平成29年１月現在）である。
指定市場	卸売市場法の規定により開設されている地方卸売市場のうち畜産物の価格安定に関する法律附則第10条の規定に基づき農林水産大臣が指定する市場をいい、茨城、宇都宮、群馬、川口、山梨、岐阜、浜松、東三河、四日市、南大阪、姫路、加古川、西宮、岡山、坂出、愛媛、佐世保及び熊本の18市場（平成29年１月現在）である。
取引成立頭数	枝肉上場頭数のうち、卸売業者と売買参加者（仲卸業者を含む。）との間に取引が成立した頭数をいう。すなわち、食肉卸売市場で卸

	売された頭数である。
卸売価格	卸売会社が、仲卸業者又は売買参加者に売渡した枝肉の総価額を総重量で除して算出した価格をいい、消費税を含む。
枝肉	と畜場において肉畜を食用に供する目的でと畜し、放血して、はく皮又ははく毛し、内臓を摘出した骨付きの肉のことをいう。 なお、牛や豚の枝肉を、背柱の中心に沿って縦断したものを半丸又は半丸枝肉という。
豚枝肉の取引規格	規定の解体整形方法により処理した枝肉について、半丸重量・背脂肪の厚さ、外観（均称、肉付、脂肪付着、仕上げ）及び肉質（肉のきめ、締まり、肉の色沢、脂肪の色沢と質、脂肪の沈着）の３者を判定要素として極上、上、中、並及び等外の５等級に区分する規格をいう。
牛枝肉の取引規格	規定の解体整形方法（はく皮、頭部切断、内臓割法など）により、胸最長筋、背半棘筋及び頭半棘筋の状態並びにばら、皮下脂肪及び筋間脂肪の厚さがわかるように第６から第７肋骨間において切開した枝肉について、歩留り及び肉質のそれぞれについて等級の格付けを行い、牛枝肉を15等級に区分する規格をいう。 なお、この規格は、品種、年齢（子牛は除く。）にかかわらず、めす、去勢及びおすのいずれの枝肉にも適用されている。

		肉質等級				
		5	4	3	2	1
歩留等級	A	A－5	A－4	A－3	A－2	A－1
	B	B－5	B－4	B－3	B－2	B－1
	C	C－5	C－4	C－3	C－2	C－1

省令規格（省令）	畜産物の価格安定に関する法律施行規則（昭和36年農林省令第58号）に定める指定食肉の規格をいい、豚については「極上」と「上」、牛については去勢牛の「Ｂ－３」と「Ｂ－２」を合わせたものである。

7 鶏卵流通統計調査

(1) 調査の対象

全国の鶏卵集出荷機関のうち前年の都道府県内年間集出荷量(以下「集出荷量」という。)が10ｔ未満のものを除いた上で、集出荷機関ごとの集出荷量の合計が各都道府県における総集出荷量の60%以上となるまでの集出荷量の上位の集出荷機関

(2) 調査対象者数

183集出荷機関（回収率100％）

(3) 調査期間

平成29年１月から12月までの１年間

(4) 調査事項

鶏卵生産量の推定に用いる次の項目を調査事項とした。

ア　集出荷団体及び集出荷業者がその所在する都道府県内の生産経営体から集荷した鶏卵の集荷量

イ　直接出荷する生産経営体における鶏卵の出荷量（当該生産経営体の所在する都道府県内の集出荷団体及び集出荷業者への出荷分は除く。）

(5) 調査方法

本調査は、次のいずれかの方法により実施した。

ア　調査対象者が政府統計共同利用システムのオンライン調査により調査票データの報告を行う自計調査による方法

イ　調査対象者が整備している情報を郵送又はＦＡＸにより提供を受ける自計調査による方法

ウ　市場調査オンラインシステムにより調査対象者が整備している情報の提供を受ける自計調査による方法

エ　調査対象者に調査票を郵送し、郵送又はＦＡＸにより調査票を回収する自計調査による方法

オ　統計調査員が調査対象者に対し面接による聞取り又は関係諸帳簿の閲覧により調査を行う他計調査による方法

(6) 集計方法

都道府県別月別生産量は、次の式によって算出した値に、採卵養鶏農家における自家消費分を加えて推定している。

$$P_i = \left(\frac{K}{T} + 1 \right) \times T_i$$

P_i：　都道府県別の平成29年 i 月の生産量

T_i：　都道府県別調査対象集出荷機関の平成29年 i 月の集出荷量

T：　都道府県別調査対象集出荷機関の平成28年１年間の集出荷量

K：　都道府県別調査対象以外の集出荷機関の平成28年１年間の集出荷量

(7) 目標精度

本調査は都道府県別の上位の集出荷機関を対象とする調査のため、目標精度は設定していない。

(8) 用語の解説及び約束

| 鶏卵生産量 | 鶏から食用、加工用、種卵、自家消費等として生産された卵の量をいい、奇形卵は含むが、収卵不可能な破卵、未熟卵は含めない。 |

8 食鳥流通統計調査

(1) 調査の対象

　　厚生労働省が「と畜・食鳥検査等に関する実態調査」の結果として公表する食鳥処理場名簿に記載の食鳥処理場（年間の食鳥処理羽数が30万羽以上の食鳥処理場）

(2) 調査対象者数

　　141食鳥処理場（回収率100％）

(3) 調査期間

　　平成29年１月から12月までの１年間

(4) 調査事項

　　肉用若鶏、廃鶏、その他の肉用鶏の生体の処理羽数及び処理重量

(5) 調査方法

　　本調査は、次のいずれかの方法により実施した。

　ア　調査対象者が政府統計共同利用システムのオンライン調査により調査票データの報告を行う自計調査による方法

　イ　調査対象者が整備している情報を郵送又はＦＡＸにより提供を受ける自計調査による方法

　ウ　市場調査オンラインシステムにより調査対象者が整備している情報の提供を受ける自計調査による方法

　エ　調査対象者に調査票を郵送し、郵送又はＦＡＸにより調査票を回収する自計調査による方法

　オ　統計調査員が調査対象者に対し面接による聞取り又は関係諸帳簿の閲覧により調査を行う他計調査による方法

(6) 集計方法

　　処理羽数及び処理重量は、食鳥処理場別結果の合計値である。

(7) 目標精度

　　本調査は調査対象の食鳥処理場に対する全数調査のため、目標精度は設定していない。

(8) 用語の解説及び約束

食鳥処理場	家きんを食用に供する目的でと鳥し、と体・中ぬき及び解体を行う事業所をいう。なお、調査の対象とする食鳥処理場には中ぬき及び解体の処理のみを行っている処理場を含めない。
肉用若鶏	肉用鶏のうち、ふ化後３か月齢未満の鶏（食鶏取引規格に規定する「若どり」）をいう。
廃鶏	採卵鶏又は種鶏を廃用した鶏をいう。
その他の廃鶏	肉用鶏のうち、ふ化後３か月齢以上の鶏（食鶏取引規格に規定する「肥育鶏」、「親めす」及び「親おす」）をいう。

一般的に「地鶏」、「銘柄鶏」といわれるものを含むが、ふ化後3か月齢未満のものは肉用若鶏として扱っている。
なお、地鶏及び銘柄鶏の主なものとして、比内地鶏、名古屋コーチン等がある。

処理量(生体)	食鳥処理場で食鶏を食用に供する目的で処理した生体の羽数及び重量をいう。
なお、食鳥処理場でと体取引を行っている場合は、と体重量に平均換算係数1.1（生体重量／と体重量）を乗じて算出した。

9 利用上の注意
(1) 統計表に用いた区分
 ア 全国農業地域区分

全国農業地域名	所属都道府県名
北　海　道	北海道
東　　　　北	青森、岩手、宮城、秋田、山形、福島
北　　　　陸	新潟、富山、石川、福井
関　東・東　山	茨城、栃木、群馬、埼玉、千葉、東京、神奈川、山梨、長野
東　　　　海	岐阜、静岡、愛知、三重
近　　　　畿	滋賀、京都、大阪、兵庫、奈良、和歌山
中　　　　国	鳥取、島根、岡山、広島、山口
四　　　　国	徳島、香川、愛媛、高知
九　　　　州	福岡、佐賀、長崎、熊本、大分、宮崎、鹿児島
沖　　　　縄	沖縄

 イ 牛における畜種区分

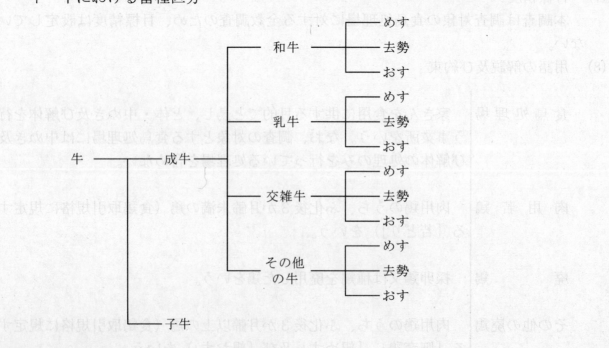

(2)　統計数値については、表示単位未満を四捨五入しており、合計値と内訳の計が一致しない場合がある。

(3)　統計表に用いた記号は、次のとおりである。

「－」：事実のないもの

「…」：事実不詳又は調査を欠くもの

10　ホームページ掲載案内

(1)　各種農林水産統計調査結果は、農林水産省ホームページ中の統計情報で御覧いただけます。

【　http://www.maff.go.jp/j/tokei/　】

この結果の分野別分類は「作付面積・生産量、被害、家畜の頭数など」又は「農畜産物卸売市場」、品目別分類は「畜産（市場・流通）」に分類しています。

(2)　本調査結果は、(1)の分野別分類又は品目別分類の下に分類されている「畜産物流通調査」の「確報」から御覧いただけます。

【　http://www.maff.go.jp/j/tokei/kouhyou/tikusan_ryutu/index.html#r　】

なお、本統計書においては、成牛の各畜種別のおすの取引成立頭数及び価格については取引成立頭数が少ないため掲載していませんが、この結果については上述の「確報」から御覧いただけます。

11　お問合せ先

農林水産省　大臣官房統計部　生産流通消費統計課消費統計室　流通動向第２班

電　話：(代表)　０３―３５０２―８１１１　内線　３７１０

(直通)　０３―３５０２―５９４７

ＦＡＸ：　０３―３５０２―３６３４

I　調査結果の概要

1　食肉流通の動向

(1)　豚

ア　豚のと畜頭数

豚のと畜頭数は1,633万７千頭で、前年に比べ0.3%減少した(図１、表１)。

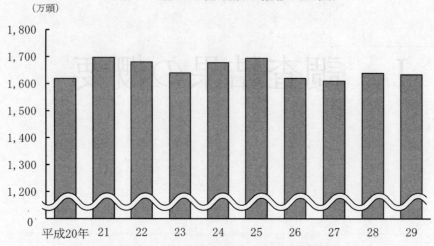

図１　豚のと畜頭数の推移（全国）

表１　豚のと畜頭数の推移（全国）

区　　分	単位	平成20年	21	22	23	24	25	26	27	28	29
実　　数	千頭	16,192	16,966	16,807	16,395	16,776	16,940	16,203	16,104	16,392	16,337
対前年比	%	99.5	104.8	99.1	97.5	102.3	101.0	95.6	99.4	101.8	99.7

注：対前年比は、原数より算出している（以下各表において同じ。）。

イ　取引成立頭数

豚の全国と畜頭数に占める食肉卸売市場取引成立頭数の割合は12.9%で、前年に比べ0.2ポイント低下した（表２）。

また、食肉卸売市場（中央卸売市場10、指定市場18）における豚の取引成立頭数は210万９千頭で、前年に比べ1.6%減少した。市場別では、中央卸売市場が89万９千頭、指定市場が120万９千頭で前年に比べそれぞれ1.9%、1.3%減少した（表３）。

表２　豚の全国と畜頭数に占める食肉卸売市場における取引成立頭数及び割合

年　　次	全国と畜頭数	食肉卸売市場取引成立頭数	割　　合
	千頭	千頭	%
平成28年	16,392	2,142	13.1
29	16,337	2,109	12.9

表３　食肉卸売市場における豚の取引成立頭数

区　分	単位	計	中央卸売市場取引成立頭数	指定市場取引成立頭数
平成28年	千頭	2,142	917	1,225
29	〃	2,109	899	1,209
対前年比	%	98.4	98.1	98.7

ウ　豚肉の卸売価格（1kg当たり平均価格）

　食肉卸売市場（中央卸売市場10、指定市場18）における豚肉の規格別卸売価格は、「極上」が628円、「上」が569円、「省令」が569円、「中」が546円、「並」が506円及び「等外」が362円で、前年に比べそれぞれ4.7%、7.8%、7.8%、7.9%、8.4%、7.1%上昇した（表4）。

　また、月別の卸売価格（省令）は、2月及び5月は前年を下回ったものの、その他の月は前年を上回って推移した（図2）。

表4　豚肉の規格別卸売価格

区　分	単位	極上	上	1)省令	中	並	等外
平成28年	円／kg	600	528	528	506	467	338
29	〃	628	569	569	546	506	362
対前年比	%	104.7	107.8	107.8	107.9	108.4	107.1

注：1)は、「極上」及び「上」を合わせたものである。

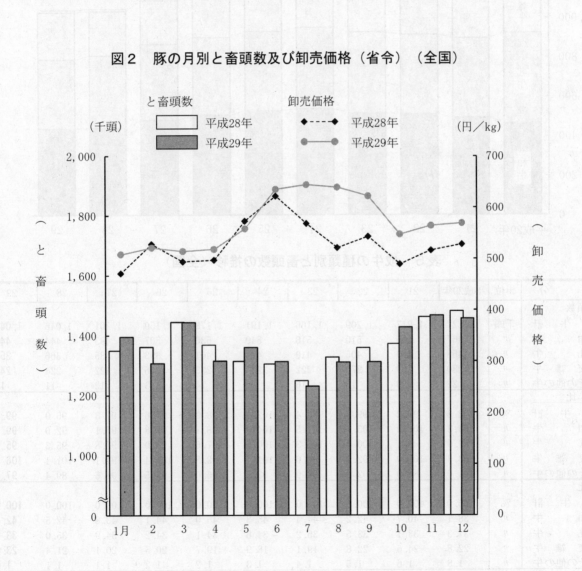

図2　豚の月別と畜頭数及び卸売価格（省令）（全国）

(2) 牛

ア 成牛のと畜頭数

成牛のと畜頭数は104万頭で、前年に比べ0.6%減少した。

このうち、和牛は44万頭、乳牛は35万頭で前年に比べそれぞれ1.0%、4.5%減少したが、交雑牛は24万頭で、前年に比べて6.9%増加した。

成牛の種類別と畜頭数の構成割合をみると、和牛は42.3%、乳牛は33.6%で前年に比べそれぞれ0.2ポイント、1.4ポイント低下したが、交雑牛は23.0%で前年に比べ1.6ポイント上昇した（図３、表５）。

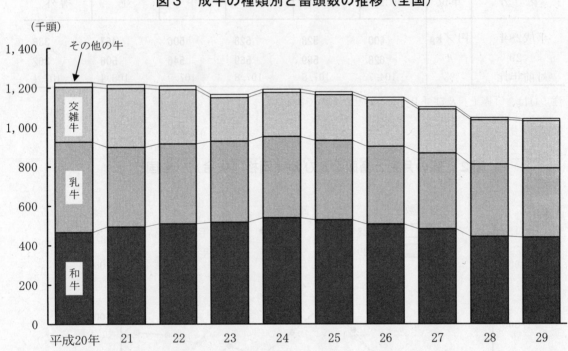

図３　成牛の種類別と畜頭数の推移（全国）

表５　成牛の種類別と畜頭数の推移（全国）

区　　分	単位	平成20年	21	22	23	24	25	26	27	28	29
と畜頭数											
成　牛　計	千頭	1,227	1,217	1,209	1,166	1,191	1,178	1,150	1,101	1,046	**1,040**
和　　牛	〃	467	495	510	518	540	530	507	483	444	**440**
乳　　牛	〃	458	403	405	410	411	401	393	385	366	**350**
交　雑　牛	〃	280	299	276	222	225	233	236	222	224	**240**
その他の牛	〃	22	20	18	16	15	14	13	12	11	**11**
対前年比											
成　牛　計	%	102.3	99.2	99.4	96.4	102.1	98.9	97.6	95.8	95.0	**99.4**
和　　牛	〃	104.3	105.9	103.1	101.5	104.3	98.1	95.8	95.1	92.0	**99.0**
乳　　牛	〃	99.9	88.1	100.4	101.3	100.3	97.6	98.0	97.8	95.3	**95.5**
交　雑　牛	〃	103.3	107.0	92.2	80.6	101.1	103.5	101.4	94.1	101.1	**106.9**
その他の牛	〃	101.0	88.9	92.9	86.9	93.4	96.0	93.5	91.5	89.4	**97.7**
構成比											
成　牛　計	%	100.0	100.0	100.0	100.0	100.0	100.0	100.0	100.0	100.0	**100.0**
和　　牛	〃	38.1	40.7	42.2	44.4	45.3	45.0	44.1	43.8	42.5	**42.3**
乳　　牛	〃	37.3	33.1	33.5	35.2	34.5	34.1	34.2	34.9	35.0	**33.6**
交　雑　牛	〃	22.8	24.6	22.8	19.1	18.9	19.7	20.5	20.1	21.4	**23.0**
その他の牛	〃	1.8	1.6	1.5	1.4	1.3	1.2	1.2	1.1	1.1	**1.0**

注：1　割合の計が100%にならないのは、四捨五入によるものである（以下各表において同じ。）。
　　2　構成比は、原数（Ⅱ統計表における表章単位）より算出している（以下各表において同じ。）。

イ　取引成立頭数

成牛の全国と畜頭数に占める食肉卸売市場取引成立頭数の割合は32.4％で、前年に比べ0.1ポイント低下した（表６）。

また、食肉卸売市場（中央卸売市場10、指定市場18）における成牛の取引成立頭数は33万７千頭で、前年に比べ0.8％減少した。

市場別では、中央卸売市場は24万７千頭で前年に比べ2.9％減少したが、指定市場は９万頭で前年に比べ5.3％増加した。畜種別では、和牛は17万６千頭、乳牛は５万１千頭、前年に比べそれぞれ1.5％、7.5％減少したが、交雑牛は10万９千頭で、前年に比べ4.0％増加した（表７）。

表６　成牛の全国と畜頭数に占める食肉卸売市場における取引成立頭数及び割合

年　次	全国と畜頭数	食肉卸売市場取引成立頭数	割　合
	千頭	千頭	%
平成28年	1,046	340	32.5
29	1,040	337	32.4

表７　食肉卸売市場における成牛の取引成立頭数

区　分	単位	計	市場別		畜種別		
			中央卸売市場	指定市場	和　牛	乳　牛	交雑牛
平成28年	千頭	340	254	85	179	55	105
29	〃	337	247	90	176	51	109
対前年比	%	99.2	97.1	105.3	98.5	92.5	104.0

注：四捨五入の関係で合計値と内訳の計は必ずしも一致しない（以下、各表において同じ。）。

ウ　牛肉の卸売価格（１kg当たり平均価格）

食肉卸売市場（中央卸売市場10、指定市場18）における成牛の規格別卸売価格は、「Ｃ－５」規格が前年を上回ったものの、その他の規格は前年を下回った（表８）。

また、省令規格の月別卸売価格は、全ての月で前年を下回って推移した（図４）。

表８　成牛の規格別卸売価格

区 分	単位	A-5	A-4	A-3	A-2	A-1	B-5	B-4	B-3	B-2	B-1	C-5	C-4	C-3	C-2	C-1	1)省令
平成28年	円／kg	2,953	2,638	2,318	1,827	1,263	2,581	2,059	1,746	1,405	966	1,878	1,787	1,595	1,102	624	1,563
29	〃	2,948	2,503	2,073	1,547	727	2,505	1,911	1,571	1,198	795	1,934	1,619	1,396	980	505	1,397
対前年比	%	99.8	94.9	89.4	84.7	57.6	97.1	92.8	90.0	85.3	82.3	103.0	90.6	87.5	88.9	80.9	89.4

注：1)は、去勢牛の「Ｂ－３」、「Ｂ－２」を合わせたものである。

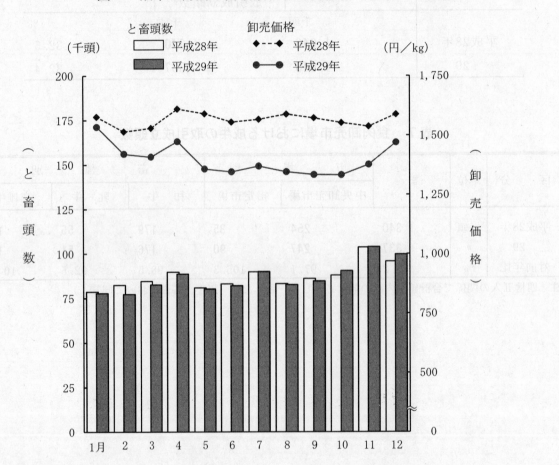

図４　成牛の月別と畜頭数及び卸売価格（省令）（全国）

(3)　と畜場数

全国のと畜場のうち豚を処理したと畜場数は147場、と畜頭数は1,633万7千頭であった。これをと畜頭数規模別にみると、10万頭以上のと畜場数は69場、と畜頭数は1,363万6千頭で、全体に占める構成割合はそれぞれ46.9%、83.5%であった。

また、成牛を処理したと畜場数は132場、と畜頭数は104万頭であった。これをと畜頭数規模別にみると、1万頭以上のと畜場数は36場、と畜頭数は68万6千頭で、全体に占める構成割合はそれぞれ27.3%、65.9%であった(表9)。

表9　豚及び成牛のと畜頭数規模別と畜場数及びと畜頭数（全国）

区分	単位	豚 計	豚 19,999頭以下	豚 20,000～49,999	豚 50,000～99,999	豚 10万頭以上	成牛 計	成牛 999頭以下	成牛 1,000～4,999	成牛 5,000～9,999	成牛 10,000頭以上
と畜場数											
平成28年	場	152	38	18	26	70	133	23	42	34	34
29	〃	147	32	19	27	69	132	22	42	32	36
構成比											
平成28年	%	100.0	25.0	11.8	17.1	46.1	100.0	17.3	31.6	25.6	25.6
29	〃	100.0	21.8	12.9	18.4	46.9	100.0	16.7	31.8	24.2	27.3
と畜頭数											
平成28年	千頭	16,392	145	586	1,879	13,782	1,046	7	127	243	669
29	〃	16,337	116	591	1,994	13,636	1,040	7	127	220	686
構成比											
平成28年	%	100.0	0.9	3.6	11.5	84.1	100.0	0.7	12.1	23.2	64.0
29	〃	100.0	0.7	3.6	12.2	83.5	100.0	0.7	12.2	21.2	65.9

注：当該畜種を処理したと畜場のみの集計値である。

2　鶏卵流通の動向

鶏卵生産量は260万１千ｔで、前年に比べ1.5％増加した。

都道府県別の構成割合をみると、茨城県が8.9％と最も高く、次いで鹿児島県が6.7％、千葉県が6.6％、岡山県が5.1％、広島県が5.0％の順となっている（図５、表10）。

また、月別の生産量は２月は前年を下回ったものの、その他の月は前年を上回って推移した（図６）。

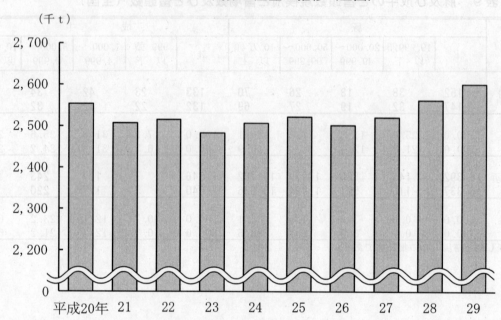

図５　鶏卵生産量の推移（全国）

表10　鶏卵生産量（全国及び上位10都道府県）

区　分	実数 平成28年	実数 29	対前年比	平成29年 構成比
	千t	千t	%	%
全　国	2,562	2,601	101.5	100.0
うち 茨城	203	233	114.4	8.9
鹿児島	167	176	105.2	6.7
千葉	171	172	100.6	6.6
岡山	132	132	100.1	5.1
広島	132	131	99.2	5.0
愛知	101	107	105.5	4.1
北海道	104	104	99.7	4.0
青森	102	102	99.5	3.9
兵庫	116	99	85.9	3.8
新潟	101	94	92.8	3.6
その他	1,234	1,253	101.6	48.2

図６　鶏卵の月別生産量の推移（全国）

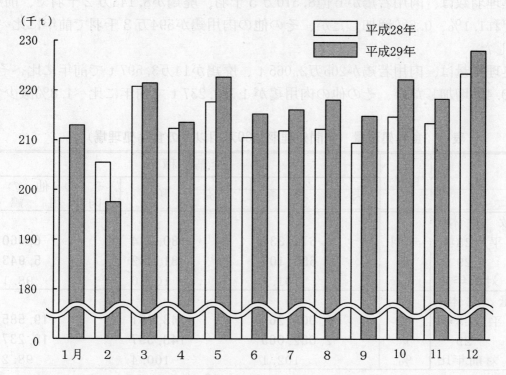

（参考）　卸売価格（鶏卵市況情報）

図７　鶏卵の月別卸売価格の推移
（東京全農系、Ｍ規格、中値）

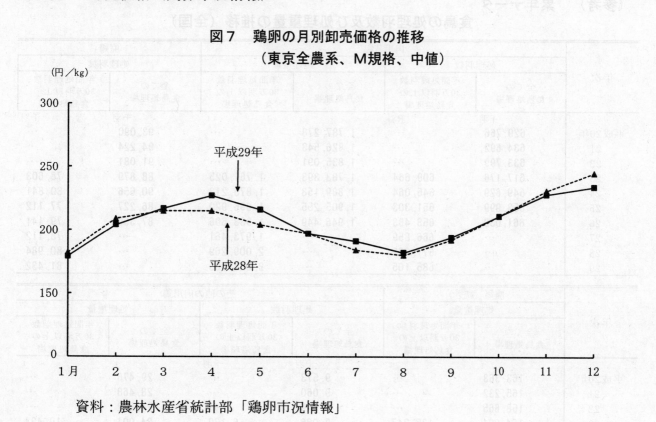

資料：農林水産省統計部「鶏卵市況情報」

3　食鳥流通の動向

食鳥の処理羽数は、肉用若鶏が６億8,510万５千羽、廃鶏が8,143万２千羽で、前年に比べそれぞれ1.1%、0.6%増加したが、その他の肉用鶏が594万３千羽で前年に比べ1.9%減少した。

また、処理重量は、肉用若鶏が205万2,065ｔ、廃鶏が14万3,597ｔで前年に比べそれぞれ2.1%、0.4%増加したが、その他の肉用鶏が１万9,237ｔで前年に比べ1.8%減少した（表11）。

表11　食鳥処理量（年間処理羽数30万羽以上の食鳥処理場）

区　分	単位	食鳥の種類		
		肉用若鶏	廃鶏	その他の肉用鶏
処理羽数（生体）				
平成28年	千羽	677,332	80,984	6,060
29	〃	685,105	81,432	5,943
対前年比	%	101.1	100.6	98.1
処理重量（生体）				
平成28年	t	2,009,269	143,051	19,585
29	〃	2,052,065	143,597	19,237
対前年比	%	102.1	100.4	98.2

注：年間の処理羽数30万羽以上の処理場のみを調査対象として実施した結果である。

（参考）　累年データ

食鳥の処理羽数及び処理重量の推移（全国）

年次	肉用若鶏				廃鶏	
	処理羽数		処理重量		処理羽数	
	全ての食鳥処理場	年間処理羽数30万羽以上の食鳥処理場	全ての食鳥処理場	年間処理羽数30万羽以上の食鳥処理場	全ての食鳥処理場	年間処理羽数30万羽以上の食鳥処理場
	千羽	千羽	t	t	千羽	千羽
平成20年	629,766	…	1,787,278	…	93,090	…
21	634,692	…	1,826,543	…	94,224	…
22	633,799	…	1,835,091	…	91,081	…
23	617,176	609,664	1,783,393	1,761,025	88,879	78,603
24	649,629	645,064	1,889,158	1,875,212	90,656	80,841
25	653,999	651,303	1,905,255	1,896,920	86,227	77,112
26	661,030	658,483	1,946,449	1,938,606	87,359	79,141
27	…	666,859	…	1,973,461	…	78,112
28	…	677,332	…	2,009,269	…	80,984
29	…	685,105	…	2,052,065	…	81,432

年次	廃鶏（続き）		その他の肉用鶏			
	処理重量		処理羽数		処理重量	
	全ての食鳥処理場	年間処理羽数30万羽以上の食鳥処理場	全ての食鳥処理場	年間処理羽数30万羽以上の食鳥処理場	全ての食鳥処理場	年間処理羽数30万羽以上の食鳥処理場
	t	t	千羽	千羽	t	t
平成20年	163,363	…	9,573	…	29,476	…
21	165,232	…	9,060	…	28,468	…
22	158,665	…	7,849	…	24,582	…
23	154,004	135,347	8,006	6,132	24,901	19,433
24	159,691	141,869	8,231	6,255	26,021	20,268
25	147,056	130,461	8,410	6,398	26,335	20,482
26	155,219	139,990	8,365	6,196	26,517	20,088
27	…	138,809	…	6,090	…	19,704
28	…	143,051	…	6,060	…	19,585
29	…	143,597	…	5,943	…	19,237

注：　平成27年調査から、調査の対象を全ての食鳥処理場から年間の食鳥処理羽数30万羽以上の処理場に変更した。
このため、年間処理羽数30万羽以上の食鳥処理場の平成26年以前の数値は、年間の食鳥処理羽数30万羽以上の食鳥処理場を対象に新たに集計した結果である。

（参考）　卸売価格（食鳥市況情報）

図８　ブロイラーの月別卸売価格の推移
（東京、中値、もも肉）

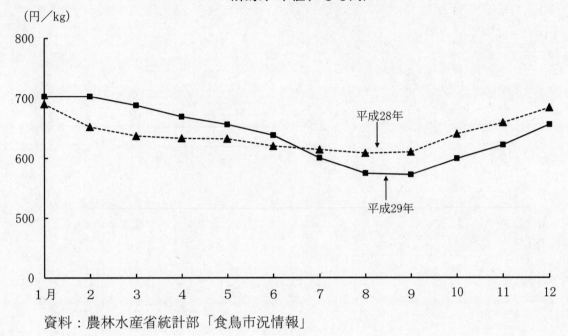

資料：農林水産省統計部「食鳥市況情報」

(参考) 相場価格（食鶏市況情報）

図8 ブロイラーの月別卸売価格の推移
（東京、中値、もも肉）

資料：農林水産省生産局「食鶏市況情報」

Ⅱ 統 計 表

と畜場統計調査

1　と畜頭数及びと畜場数（都道府県別）

年次・都道府県		豚	牛合計	成								
				計	和牛				乳牛			
					小計	めす	去勢	おす	小計	めす	去勢	おす
		頭	頭	頭	頭	頭	頭	頭	頭	頭	頭	頭
平成25年	(1)	16,940,368	1,184,999	1,177,899	529,567	263,422	265,726	419	401,434	180,462	220,253	719
26	(2)	16,202,855	1,156,602	1,149,842	507,422	245,847	261,234	341	393,272	175,719	216,823	730
27	(3)	16,104,466	1,107,166	1,101,276	482,594	229,776	252,521	297	384,658	177,680	206,327	651
28	(4)	16,391,958	1,051,332	1,045,784	444,120	205,464	238,369	287	366,478	168,997	197,034	447
29	**(5)**	**16,336,984**	**1,045,191**	**1,039,998**	**439,690**	**197,904**	**241,462**	**324**	**349,928**	**159,809**	**189,713**	**406**
北海道	(6)	1,128,507	223,457	221,098	13,316	5,863	7,398	55	179,953	76,151	103,550	252
青森	(7)	1,047,408	24,078	23,973	2,701	1,195	1,501	5	16,461	1,935	14,525	1
岩手	(8)	303,860	15,662	15,628	7,191	4,360	2,806	25	4,578	1,993	2,585	-
宮城	(9)	349,535	22,144	22,119	12,745	4,656	8,081	8	5,861	3,223	2,636	2
秋田	(10)	283,565	4,005	3,996	3,046	1,179	1,861	6	57	44	13	-
山形	(11)	402,656	19,110	19,097	15,291	11,839	3,450	2	440	232	205	3
福島	(12)	217,580	3,496	3,489	2,634	1,492	1,142	-	358	351	6	1
茨城	(13)	1,301,454	29,467	28,378	9,090	3,316	5,762	12	15,298	12,345	2,924	29
栃木	(14)	269,433	8,696	8,606	1,405	1,066	335	4	5,598	3,989	1,607	2
群馬	(15)	707,885	16,401	16,392	3,330	769	2,561	-	542	524	18	-
埼玉	(16)	643,149	33,068	32,865	8,247	3,330	4,914	3	9,758	8,071	1,685	2
千葉	(17)	874,659	22,339	21,707	2,200	1,479	711	10	9,505	6,207	3,248	50
東京	(18)	190,303	88,318	88,318	62,362	23,678	38,684	-	393	10	383	-
神奈川	(19)	640,232	14,916	14,900	6,363	2,152	4,210	1	2,514	1,984	530	-
新潟	(20)	414,875	2,001	2,000	871	254	616	1	353	168	185	-
富山	(21)	95,371	1,442	1,440	741	213	521	7	230	33	196	1
石川	(22)	47,669	5,839	5,830	1,865	791	1,074	-	2,782	1,430	1,352	-
福井	(23)	-	-	-	-	-	-	-	-	-	-	-
山梨	(24)	45,740	3,823	3,794	1,216	655	560	1	1,028	1,012	16	-
長野	(25)	141,714	8,578	8,567	3,742	1,238	2,502	2	2,106	1,696	410	-
岐阜	(26)	122,631	16,396	16,378	10,397	2,726	7,665	6	3,159	2,695	462	2
静岡	(27)	239,386	9,518	9,487	3,122	2,436	686	-	1,642	765	877	-
愛知	(28)	520,935	18,175	18,065	4,375	1,694	2,674	7	3,498	1,448	2,049	1
三重	(29)	157,131	11,798	11,791	8,973	8,540	429	4	1,514	1,221	292	1
滋賀	(30)	5,588	8,123	8,119	6,279	4,247	2,032	-	53	45	8	-
京都	(31)	21,013	10,434	10,431	8,203	4,135	4,068	-	553	522	31	-
大阪	(32)	54,489	34,818	34,814	11,485	4,353	7,128	4	8,586	250	8,332	4
兵庫	(33)	85,946	57,304	57,272	33,157	20,167	12,977	13	13,507	4,536	8,971	-
奈良	(34)	8,815	2,556	2,546	1,337	1,059	277	1	435	335	99	1
和歌山	(35)	-	418	418	230	185	45	-	-	-	-	-
鳥取	(36)	81,185	6,115	6,112	1,852	956	891	5	3,448	979	2,467	2
島根	(37)	88,405	3,814	3,814	2,029	606	1,408	15	674	609	65	-
岡山	(38)	61,052	8,050	8,035	2,058	1,171	872	15	4,719	2,376	2,341	2
広島	(39)	64,058	17,896	17,858	3,594	1,662	1,925	7	7,614	3,260	4,354	-
山口	(40)	10	2,583	2,583	707	562	145	-	994	562	432	-
徳島	(41)	186,872	5,915	5,905	1,277	926	351	-	1,290	816	474	-
香川	(42)	147,641	16,577	16,565	3,135	729	2,403	3	4,291	827	3,461	3
愛媛	(43)	189,551	2,964	2,956	1,240	534	706	-	1,024	312	712	-
高知	(44)	97,521	2,992	2,990	1,182	585	594	3	1,014	139	875	-
福岡	(45)	211,981	44,896	44,871	28,103	12,443	15,654	6	5,475	2,617	2,853	5
佐賀	(46)	111,109	5,394	5,391	5,048	1,596	3,450	2	230	175	51	4
長崎	(47)	547,639	17,915	17,888	9,849	3,266	6,572	11	4,934	1,473	3,460	1
熊本	(48)	158,198	34,538	34,538	16,459	6,574	9,867	18	8,834	5,903	2,916	15
大分	(49)	106,422	5,471	5,427	2,574	958	1,609	7	1,646	985	643	18
宮崎	(50)	977,357	49,531	49,489	27,837	10,826	17,000	11	6,558	1,954	4,604	-
鹿児島	(51)	2,661,062	100,077	99,980	83,387	33,894	49,458	35	5,948	3,136	2,809	3
沖縄	(52)	325,392	4,083	4,078	3,445	1,549	1,887	9	473	471	1	1

牛											
交雑牛				その他の牛				子牛	馬	と畜場数	
小計	めす	去勢	おす	小計	めす	去勢	おす				
頭	頭	頭	頭	頭	頭	頭	頭	頭	頭	場	
232,509	109,964	122,485	60	14,389	2,107	12,164	118	7,100	13,592	191	(1)
235,691	110,634	124,978	79	13,457	2,070	11,272	115	6,760	13,474	192	(2)
221,712	105,083	116,600	29	12,312	1,474	10,718	120	5,890	12,466	189	(3)
224,183	104,159	119,976	48	11,003	817	10,084	102	5,548	10,240	188	(4)
239,632	**110,224**	**129,379**	**29**	**10,748**	**1,304**	**9,345**	**99**	**5,193**	**9,807**	**184**	(5)
27,166	8,478	18,685	3	663	357	301	5	2,359	76	14	(6)
4,810	2,739	2,070	1	1	1	–	–	105	1,246	6	(7)
3,809	1,131	2,678	–	50	21	29	–	34	–	2	(8)
3,510	1,811	1,698	1	3	2	1	–	25	1	2	(9)
893	784	109	–	–	–	–	–	9	242	2	(10)
3,337	1,140	2,197	–	29	27	–	2	13	245	4	(11)
494	475	19	–	3	2	1	–	7	2,029	2	(12)
3,989	1,725	2,263	1	1	1	–	–	1,089	7	12	(13)
1,603	342	1,261	–	–	–	–	–	90	17	5	(14)
12,520	6,359	6,161	–	–	–	–	–	9	30	4	(15)
14,573	5,812	8,759	2	287	–	287	–	203	1	7	(16)
10,002	5,522	4,480	–	–	–	–	–	632	–	5	(17)
25,563	13,060	12,503	–	–	–	–	–	–	–	3	(18)
6,016	3,852	2,164	–	7	7	–	–	16	–	2	(19)
776	237	539	–	–	–	–	–	1	–	4	(20)
468	254	213	1	1	1	–	–	2	–	1	(21)
1,183	912	271	–	–	–	–	–	9	–	1	(22)
–	–	–	–	–	–	–	–	–	–	–	(23)
1,550	1,390	160	–	–	–	–	–	29	467	2	(24)
2,718	1,596	1,122	–	1	–	1	–	11	43	3	(25)
2,818	895	1,922	1	4	1	3	–	18	85	4	(26)
4,723	1,808	2,915	–	–	–	–	–	31	–	2	(27)
10,192	5,724	4,466	2	–	–	–	–	110	1	5	(28)
1,304	1,120	184	–	–	–	–	–	7	–	3	(29)
1,787	398	1,389	–	–	–	–	–	4	–	1	(30)
1,670	958	711	1	5	3	2	–	3	–	3	(31)
14,735	6,768	7,967	–	8	2	6	–	4	1	3	(32)
10,555	6,530	4,025	–	53	17	36	–	32	1	8	(33)
771	207	564	–	3	–	3	–	10	14	1	(34)
188	188	–	–	–	–	–	–	–	–	1	(35)
812	501	311	–	–	–	–	–	3	–	1	(36)
741	288	453	–	370	22	348	–	–	–	1	(37)
1,258	632	626	–	–	–	–	–	15	–	2	(38)
6,650	4,265	2,385	–	–	–	–	–	38	5	3	(39)
882	744	137	1	–	–	–	–	–	–	4	(40)
3,338	531	2,807	–	–	–	–	–	10	54	5	(41)
9,139	3,823	5,316	–	–	–	–	–	12	–	3	(42)
692	323	369	–	–	–	–	–	8	–	1	(43)
794	103	691	–	–	–	–	–	2	104	2	(44)
11,089	4,844	6,245	–	204	19	184	1	25	1,058	4	(45)
113	63	50	–	–	–	–	–	3	1	2	(46)
2,810	1,449	1,360	1	295	1	294	–	27	15	5	(47)
8,898	2,405	6,489	4	347	114	209	24	–	4,004	5	(48)
1,207	749	458	–	–	–	–	–	44	8	1	(49)
6,975	3,261	3,714	–	8,119	600	7,519	–	42	21	7	(50)
10,472	4,014	6,455	3	173	64	109	–	97	–	20	(51)
39	14	18	7	121	42	12	67	5	31	6	(52)

2　枝肉生産量（都道府県別）

年次・都道府県	豚	牛合計	成								
			計	和牛				乳牛			
				小計	めす	去勢	おす	小計	めす	去勢	おす
平成25年 (1)	1,309,433.2	507,985.3	507,292.8	233,542.7	104,846.1	128,529.8	166.9	155,988.6	56,925.6	98,800.5	262.5
26 (2)	1,263,598.5	502,134.6	501,479.7	229,305.7	100,695.9	128,481.0	128.9	151,638.0	55,287.6	96,048.1	302.3
27 (3)	1,254,283.0	481,019.4	480,418.7	219,532.5	94,500.6	124,916.6	115.3	147,486.5	54,876.5	92,386.7	223.3
28 (4)	1,278,622.8	464,350.5	463,748.7	205,068.1	85,734.0	119,229.1	105.1	141,900.3	52,925.8	88,806.2	168.3
29 (5)	**1,272,300.9**	**469,095.5**	**468,497.1**	**205,909.0**	**83,520.6**	**122,246.9**	**141.5**	**135,420.9**	**50,512.8**	**84,757.3**	**150.9**
北海道 (6)	87,859.6	91,292.0	91,019.9	6,243.1	2,474.4	3,745.6	23.1	70,418.8	24,064.0	46,261.6	93.2
青森 (7)	81,548.3	10,798.1	10,786.0	1,266.1	504.3	759.6	2.2	7,100.9	610.7	6,489.7	0.5
岩手 (8)	23,661.5	7,057.4	7,053.5	3,270.1	1,839.2	1,420.4	10.5	1,785.5	630.7	1,154.8	-
宮城 (9)	27,218.9	10,038.4	10,035.5	6,060.6	1,964.8	4,092.3	3.4	2,197.7	1,019.2	1,177.6	0.9
秋田 (10)	22,082.8	1,896.1	1,895.1	1,442.6	497.6	942.2	2.8	19.6	13.8	5.8	-
山形 (11)	31,359.8	8,646.4	8,644.9	6,745.0	4,997.3	1,746.9	0.9	166.2	73.6	91.7	1.0
福島 (12)	16,940.8	1,559.9	1,559.1	1,207.1	629.2	577.9	-	113.8	110.7	2.7	0.4
茨城 (13)	101,368.0	11,708.2	11,582.6	4,322.1	1,398.2	2,918.5	5.3	5,221.6	3,904.3	1,305.5	11.9
栃木 (14)	20,979.0	3,450.0	3,439.6	621.7	450.0	169.8	1.9	1,978.6	1,259.9	717.9	0.9
群馬 (15)	55,126.8	8,136.0	8,135.0	1,621.2	324.4	1,296.7	-	173.6	165.6	8.1	-
埼玉 (16)	50,088.3	14,841.1	14,817.7	3,895.9	1,405.9	2,488.6	1.4	3,306.7	2,553.6	752.6	0.5
千葉 (17)	68,119.6	9,532.0	9,459.4	989.0	624.5	360.6	3.9	3,431.7	1,961.2	1,450.9	19.6
東京 (18)	14,826.1	42,692.2	42,692.2	29,575.6	9,993.9	19,581.8	-	174.3	3.2	171.1	-
神奈川 (19)	49,861.5	6,906.8	6,905.0	3,040.1	908.5	2,131.2	0.3	863.2	626.4	236.8	-
新潟 (20)	32,300.1	957.9	957.8	419.8	107.2	312.2	0.4	135.8	53.1	82.7	-
富山 (21)	7,428.1	691.3	691.1	356.5	89.9	263.8	2.8	98.5	10.4	87.6	0.5
石川 (22)	3,712.5	2,517.7	2,516.6	877.7	333.7	544.0	-	1,057.9	453.8	604.0	-
福井 (23)	-	-	-	-	-	-	-	-	-	-	-
山梨 (24)	3,562.8	1,641.3	1,638.0	560.7	276.5	283.7	0.5	327.9	320.7	7.1	-
長野 (25)	11,037.0	3,874.8	3,873.5	1,790.6	522.6	1,267.0	0.9	718.6	535.4	183.1	-
岐阜 (26)	9,550.2	7,554.5	7,552.5	5,034.1	1,150.2	3,881.2	2.7	1,058.0	851.0	206.4	0.6
静岡 (27)	18,647.3	4,438.4	4,434.9	1,375.5	1,028.1	347.4	-	633.4	241.5	391.9	-
愛知 (28)	40,573.6	8,586.1	8,573.4	2,072.3	714.6	1,354.4	3.3	1,372.5	457.0	915.4	0.1
三重 (29)	12,234.4	4,979.5	4,978.7	3,827.3	3,608.2	217.2	1.8	517.6	386.7	130.4	0.5
滋賀 (30)	435.1	3,775.6	3,775.1	2,822.3	1,793.4	1,028.9	-	17.8	14.2	3.6	-
京都 (31)	1,636.4	4,825.5	4,825.1	3,805.1	1,745.8	2,059.3	-	179.1	165.2	13.9	-
大阪 (32)	4,244.3	16,758.8	16,758.3	5,448.5	1,837.0	3,609.7	1.7	3,803.0	79.2	3,722.5	1.4
兵庫 (33)	6,693.8	25,834.7	25,831.1	15,087.7	8,511.0	6,570.9	5.8	5,442.7	1,434.2	4,008.5	-
奈良 (34)	686.8	1,141.7	1,140.5	587.8	447.1	140.2	0.5	150.2	105.7	44.1	0.4
和歌山 (35)	-	190.8	190.8	100.9	78.2	22.8	-	-	-	-	-
鳥取 (36)	6,321.2	2,675.9	2,675.6	856.9	403.4	451.2	2.4	1,412.6	309.6	1,102.2	0.8
島根 (37)	6,884.6	1,754.8	1,754.8	974.9	255.6	712.9	6.4	221.1	192.0	29.1	-
岡山 (38)	4,753.7	3,380.0	3,378.3	942.2	494.2	441.7	6.4	1,798.6	751.9	1,045.7	0.9
広島 (39)	4,990.3	7,974.7	7,970.3	1,679.2	701.7	974.9	2.7	2,975.2	1,029.9	1,945.3	-
山口 (40)	0.8	1,111.3	1,111.3	310.8	237.3	73.4	-	371.3	178.2	193.1	-
徳島 (41)	14,551.7	2,797.9	2,796.8	568.6	390.9	177.7	-	469.1	257.3	211.8	-
香川 (42)	11,498.8	8,010.6	8,009.2	1,525.9	307.9	1,216.7	1.3	1,808.5	261.6	1,546.5	0.4
愛媛 (43)	14,761.1	1,352.4	1,351.4	583.2	225.6	357.6	-	416.1	98.0	318.1	-
高知 (44)	7,595.1	1,404.0	1,403.8	549.1	246.8	300.8	1.4	434.8	43.9	390.9	-
福岡 (45)	16,507.5	21,046.7	21,043.8	13,179.0	5,250.3	7,925.9	2.8	2,105.4	828.6	1,274.7	2.0
佐賀 (46)	8,650.9	2,557.4	2,557.1	2,420.8	673.9	1,746.0	0.9	79.4	55.1	22.8	1.5
長崎 (47)	42,655.8	8,291.3	8,288.2	4,709.9	1,378.3	3,326.9	4.7	2,011.7	465.2	1,546.0	0.5
熊本 (48)	12,320.7	15,737.9	15,737.9	7,775.3	2,773.7	4,993.4	8.1	3,172.8	1,866.4	1,303.0	3.4
大分 (49)	8,286.0	2,436.9	2,431.9	1,222.9	404.9	814.8	3.2	605.7	311.3	287.3	7.1
宮崎 (50)	76,131.8	23,329.3	23,324.5	13,179.4	4,568.5	8,605.6	5.3	2,674.3	617.1	2,057.2	-
鹿児島 (51)	207,271.4	47,069.3	47,058.1	39,351.4	14,298.5	25,037.3	15.6	2,249.6	992.7	1,255.4	1.5
沖縄 (52)	25,335.8	1,841.7	1,841.1	1,612.6	653.5	955.1	4.0	149.5	148.7	0.5	0.4

注：　都道府県別枝肉生産量は、都道府県別と畜頭数に食肉卸売市場調査結果等から算出した１頭当たり枝肉重量を乗じて推計した。

単位：t

| 牛 | | | | | | | | 子牛 | 馬 | 枝肉総生産量 | |
| 交雑牛 | | | | その他の牛 | | | | | | | |
小計	めす	去勢	おす	小計	めす	去勢	おす				
111,593.7	49,518.7	62,051.6	23.5	6,167.7	826.0	5,290.7	51.1	692.5	5,464.6	1,822,883.1	(1)
115,071.3	50,573.7	64,461.3	36.4	5,464.6	700.9	4,713.8	49.9	654.9	5,379.3	1,771,112.4	(2)
108,181.7	48,197.8	59,972.3	11.6	5,218.0	491.8	4,670.2	56.1	600.6	5,112.7	1,740,415.1	(3)
111,569.9	48,669.8	62,879.3	20.8	5,210.4	317.1	4,835.5	57.7	601.7	3,670.2	1,746,643.5	(4)
122,021.1	52,634.3	69,374.4	12.4	5,146.1	502.0	4,588.1	56.0	598.4	3,915.6	1,745,312.0	(5)
14,069.8	4,048.1	10,020.4	1.4	288.1	136.7	148.6	2.8	272.1	30.4	179,182.0	(6)
2,418.6	1,307.4	1,110.7	0.5	0.4	0.4	-	-	12.1	497.4	92,843.8	(7)
1,975.5	539.8	1,435.7	-	22.4	8.1	14.3	-	3.9	-	30,718.9	(8)
1,776.0	864.7	910.7	0.5	1.2	0.8	0.5	-	2.9	0.4	37,257.7	(9)
432.8	374.4	58.4	-	-	-	-	-	1.0	96.6	24,075.5	(10)
1,722.5	544.2	1,178.3	-	11.1	10.0	-	1.1	1.5	97.9	40,104.1	(11)
237.0	226.8	10.2	-	1.2	0.7	0.5	-	0.8	809.8	19,310.5	(12)
2,038.5	823.9	1,214.2	0.5	0.4	0.4	-	-	125.5	2.8	113,079.0	(13)
839.3	163.2	676.1	-	-	-	-	-	10.4	6.8	24,435.8	(14)
6,340.2	3,037.1	3,303.0	-	-	-	-	-	1.0	11.9	63,274.7	(15)
7,474.5	2,775.8	4,697.6	1.1	140.7	-	140.7	-	23.4	0.4	64,929.8	(16)
5,038.6	2,637.3	2,401.4	-	-	-	-	-	72.6	-	77,651.6	(17)
12,942.3	6,236.5	6,705.8	-	-	-	-	-	-	-	57,518.3	(18)
2,999.0	1,839.5	1,159.5	-	2.7	2.7	-	-	1.8	-	56,768.3	(19)
402.2	113.2	289.1	-	-	-	-	-	0.1	-	33,258.0	(20)
235.8	121.2	114.1	0.5	0.3	0.3	-	-	0.2	-	8,119.4	(21)
581.1	435.6	145.5	-	-	-	-	-	1.0	-	6,230.2	(22)
-	-	-	-	-	-	-	-	-	-	-	(23)
749.4	663.6	85.8	-	-	-	-	-	3.3	186.4	5,390.5	(24)
1,363.9	762.3	601.6	-	0.5	-	0.5	-	1.3	17.2	14,929.0	(25)
1,458.4	427.4	1,030.6	0.4	1.9	0.4	1.5	-	2.1	33.9	17,138.6	(26)
2,425.9	863.1	1,562.9	-	-	-	-	-	3.6	-	23,085.7	(27)
5,128.5	2,733.0	2,394.5	1.0	-	-	-	-	12.7	0.4	49,160.1	(28)
633.8	535.1	98.6	-	-	-	-	-	0.8	-	17,213.9	(29)
935.0	190.1	744.9	-	-	-	-	-	0.5	-	4,210.7	(30)
838.9	457.6	380.8	0.5	2.1	1.2	1.0	-	0.3	-	6,461.9	(31)
7,503.1	3,232.2	4,270.9	-	3.7	0.7	3.0	-	0.4	0.4	21,003.5	(32)
5,276.7	3,117.7	2,159.0	-	24.0	6.2	17.8	-	3.6	0.4	32,528.9	(33)
401.1	98.8	302.3	-	1.5	-	1.5	-	1.2	5.6	1,834.1	(34)
89.9	89.9	-	-	-	-	-	-	-	-	190.8	(35)
406.0	239.4	166.7	-	-	-	-	-	0.3	-	8,997.1	(36)
380.4	137.5	242.9	-	178.4	7.5	170.9	-	-	-	8,639.4	(37)
637.5	301.8	335.7	-	-	-	-	-	1.7	-	8,133.7	(38)
3,315.9	2,037.3	1,278.6	-	-	-	-	-	4.4	2.0	12,967.0	(39)
429.3	355.3	73.5	0.5	-	-	-	-	-	-	1,112.1	(40)
1,759.1	253.6	1,505.5	-	-	-	-	-	1.2	21.6	17,371.2	(41)
4,674.9	1,825.0	2,849.9	-	-	-	-	-	1.4	-	19,509.4	(42)
352.1	154.3	197.8	-	-	-	-	-	0.9	-	16,113.5	(43)
419.9	49.2	370.7	-	-	-	-	-	0.2	41.5	9,040.6	(44)
5,661.1	2,312.7	3,348.3	-	98.4	7.3	90.6	0.6	2.9	421.5	37,975.7	(45)
56.9	30.1	26.9	-	-	-	-	-	0.3	0.4	11,208.7	(46)
1,420.9	691.7	729.1	0.1	145.6	0.4	145.2	-	3.1	5.9	50,953.0	(47)
4,629.0	1,148.6	3,478.9	1.6	160.9	44.9	102.3	13.6	-	1,600.0	29,658.6	(48)
603.3	357.6	245.7	-	-	-	-	-	5.1	3.2	10,726.1	(49)
3,548.0	1,556.9	1,991.0	-	3,922.8	233.0	3,689.8	-	4.8	8.3	99,469.4	(50)
5,379.6	1,917.0	3,461.2	1.4	77.6	24.2	53.4	-	11.2	-	254,340.7	(51)
18.9	6.7	9.6	2.6	60.1	16.2	6.0	37.9	0.6	12.4	27,189.9	(52)

3 月別と畜頭数（都道府県別）
(1) 豚

年次・都道府県		計	1月	2月	3月	4月	5月
平成25年	(1)	16,940,368	1,449,206	1,337,138	1,386,142	1,447,088	1,421,686
26	(2)	16,202,855	1,454,135	1,341,181	1,371,172	1,389,609	1,315,305
27	(3)	16,104,466	1,348,793	1,282,046	1,366,678	1,369,603	1,247,049
28	(4)	16,391,958	1,348,897	1,361,055	1,444,512	1,368,171	1,313,455
29	(5)	16,336,984	1,395,558	1,306,584	1,443,643	1,314,352	1,359,674
北 海 道	(6)	1,128,507	91,644	88,366	97,085	91,484	93,026
青 森	(7)	1,047,408	86,337	81,661	85,593	85,195	86,053
岩 手	(8)	303,860	25,692	24,329	27,182	23,711	25,570
宮 城	(9)	349,535	29,424	26,825	30,964	27,361	29,488
秋 田	(10)	283,565	23,821	23,368	26,585	22,069	23,801
山 形	(11)	402,656	35,140	32,077	35,901	31,856	33,251
福 島	(12)	217,580	17,998	16,545	18,816	17,555	18,063
茨 城	(13)	1,301,454	112,964	106,507	118,046	103,062	109,393
栃 木	(14)	269,433	22,117	20,497	24,202	20,780	22,493
群 馬	(15)	707,885	60,467	55,730	63,026	56,852	59,642
埼 玉	(16)	643,149	53,193	51,708	57,705	53,182	52,737
千 葉	(17)	874,659	73,616	71,482	79,352	70,016	74,610
東 京	(18)	190,303	17,166	16,354	17,694	15,477	14,825
神 奈 川	(19)	640,232	55,409	51,190	57,359	50,193	52,444
新 潟	(20)	414,875	33,351	31,407	35,241	32,217	34,257
富 山	(21)	95,371	8,699	7,085	8,009	8,079	8,768
石 川	(22)	47,669	4,008	3,768	4,297	3,630	3,984
福 井	(23)	-	-	-	-	-	-
山 梨	(24)	45,740	4,031	3,632	4,008	3,612	4,089
長 野	(25)	141,714	12,155	10,904	12,887	11,157	12,256
岐 阜	(26)	122,631	10,382	9,467	10,521	9,775	10,980
静 岡	(27)	239,386	21,967	20,159	21,072	18,242	20,003
愛 知	(28)	520,935	44,967	41,997	47,201	40,711	41,758
三 重	(29)	157,131	13,063	12,244	13,379	11,691	13,288
滋 賀	(30)	5,588	559	571	530	538	520
京 都	(31)	21,013	1,850	1,754	1,791	1,773	1,757
大 阪	(32)	54,489	4,923	4,179	5,053	4,357	4,468
兵 庫	(33)	85,946	7,517	6,572	7,445	6,652	7,640
奈 良	(34)	8,815	820	750	863	782	713
和 歌 山	(35)	-	-	-	-	-	-
鳥 取	(36)	81,185	6,742	6,665	7,388	6,437	6,807
島 根	(37)	88,405	8,006	6,974	8,139	7,033	6,931
岡 山	(38)	61,052	4,815	5,005	5,478	4,987	4,932
広 島	(39)	64,058	5,395	4,867	5,581	5,394	6,001
山 口	(40)	10	2	-	2	-	1
徳 島	(41)	186,872	15,545	15,000	16,274	14,479	15,743
香 川	(42)	147,641	13,257	11,837	13,202	11,551	12,168
愛 媛	(43)	189,551	16,710	15,726	17,326	15,407	15,547
高 知	(44)	97,521	8,548	7,631	8,449	7,814	8,101
福 岡	(45)	211,981	17,452	17,381	18,509	17,368	16,391
佐 賀	(46)	111,109	9,010	8,870	10,069	8,882	8,685
長 崎	(47)	547,639	48,870	44,934	48,407	44,532	44,647
熊 本	(48)	158,198	14,318	12,959	14,457	12,588	13,082
大 分	(49)	106,422	8,829	8,520	9,140	8,843	8,193
宮 崎	(50)	977,357	87,036	80,919	86,852	78,284	82,567
鹿 児 島	(51)	2,661,062	231,142	213,627	234,391	222,093	223,569
沖 縄	(52)	325,392	26,601	24,541	28,172	26,651	26,432

— 28 —

単位：頭

6月	7月	8月	9月	10月	11月	12月	
1,257,003	1,374,643	1,319,068	1,357,761	1,542,343	1,496,410	1,551,880	(1)
1,250,429	1,335,351	1,222,376	1,336,221	1,429,126	1,288,117	1,469,833	(2)
1,295,966	1,322,780	1,200,675	1,334,042	1,443,135	1,410,053	1,483,646	(3)
1,304,950	1,249,039	1,327,106	1,358,774	1,372,112	1,461,958	1,481,929	(4)
1,312,443	1,230,482	1,310,496	1,311,526	1,427,629	1,467,498	1,457,099	(5)
93,332	89,620	95,856	94,273	96,962	97,224	99,635	(6)
85,935	82,023	87,302	88,465	93,268	94,216	91,360	(7)
24,379	23,727	25,680	24,191	25,960	27,639	25,800	(8)
27,823	26,353	28,217	28,702	31,212	32,075	31,091	(9)
22,139	21,677	23,484	22,798	23,802	25,798	24,223	(10)
32,160	30,227	31,028	32,807	36,730	36,916	34,563	(11)
17,112	16,845	17,976	18,424	19,611	19,526	19,109	(12)
103,850	94,631	102,205	103,375	114,666	118,743	114,012	(13)
22,497	19,933	21,839	23,068	24,410	24,914	22,683	(14)
57,876	50,643	59,238	57,567	61,648	63,091	62,105	(15)
52,716	48,871	51,194	50,474	55,531	57,821	58,017	(16)
69,339	64,162	69,681	70,576	77,426	78,681	75,718	(17)
14,408	13,096	13,970	14,817	16,760	17,189	18,547	(18)
50,024	47,140	50,860	52,083	57,620	59,138	56,772	(19)
33,978	32,546	35,264	33,892	36,774	37,592	38,356	(20)
7,722	7,013	7,315	7,902	8,669	8,034	8,076	(21)
4,002	3,370	3,922	3,681	4,238	4,454	4,315	(22)
−	−	−	−	−	−	−	(23)
3,419	3,189	3,562	3,672	4,199	4,272	4,055	(24)
11,383	10,374	11,123	11,409	12,918	12,906	12,242	(25)
10,326	9,751	9,854	9,426	10,645	10,986	10,518	(26)
18,457	17,219	18,283	19,140	21,280	22,204	21,360	(27)
40,971	37,853	41,404	41,106	46,139	49,798	47,030	(28)
12,855	11,921	13,180	12,957	14,178	14,334	14,041	(29)
473	520	463	593	242	253	326	(30)
1,820	1,769	1,692	1,599	1,786	1,775	1,647	(31)
4,593	3,658	3,997	4,699	4,804	4,893	4,865	(32)
6,975	6,563	6,920	6,542	7,581	7,878	7,661	(33)
702	684	677	649	730	743	702	(34)
−	−	−	−	−	−	−	(35)
6,484	6,126	6,804	6,929	7,137	6,827	6,839	(36)
7,103	7,008	7,266	6,939	7,839	7,559	7,608	(37)
5,211	4,756	4,934	5,000	5,401	5,303	5,230	(38)
5,417	4,852	4,842	4,469	5,692	6,044	5,504	(39)
1	−	2	−	−	2	−	(40)
14,789	13,794	15,866	14,962	16,398	17,189	16,833	(41)
11,951	11,301	11,635	11,814	12,955	13,305	12,665	(42)
15,622	14,786	15,426	15,473	16,386	15,541	15,601	(43)
7,826	7,390	7,823	7,602	8,840	8,971	8,526	(44)
17,193	16,321	16,627	17,332	19,001	19,488	18,918	(45)
8,842	8,786	9,366	9,154	9,476	9,957	10,012	(46)
44,468	41,188	42,722	42,761	46,915	48,709	49,486	(47)
13,006	12,543	13,058	12,228	13,051	13,579	13,329	(48)
8,570	8,064	8,784	8,897	10,130	9,159	9,293	(49)
78,049	72,256	75,081	76,028	83,940	88,024	88,321	(50)
210,858	200,407	206,049	207,536	227,307	236,480	247,603	(51)
25,787	25,526	28,025	25,515	27,372	28,268	32,502	(52)

3　月別と畜頭数（都道府県別）（続き）
(2)　牛計

単位：頭

年次・都道府県	計	1月	2月	3月	4月	5月	6月	7月	8月	9月	10月	11月	12月
平成25年	1,184,999	89,421	87,732	94,851	103,055	95,422	90,359	104,678	91,685	93,334	104,052	117,199	113,211
26	1,156,602	86,605	85,969	91,751	99,457	90,984	90,319	102,253	88,462	95,790	105,079	110,508	109,425
27	1,107,166	85,314	85,817	92,192	95,750	83,324	89,620	98,738	84,384	88,213	95,305	106,243	102,266
28	1,051,332	79,026	82,804	85,064	90,245	81,409	83,538	90,350	83,593	86,545	88,447	104,062	96,249
29	1,045,191	78,305	77,675	83,026	89,158	80,654	82,494	90,438	83,053	84,998	90,893	104,291	100,206
北海道	223,457	16,957	16,935	18,928	18,131	17,504	18,122	17,990	18,989	18,856	20,345	21,027	19,673
青　森	24,078	1,929	1,977	2,003	1,988	1,960	2,042	2,025	2,047	2,008	2,067	2,084	1,948
岩　手	15,662	1,199	1,143	1,250	1,353	1,227	1,289	1,300	1,268	1,238	1,424	1,612	1,359
宮　城	22,144	1,548	1,619	1,676	1,929	1,555	1,700	1,966	1,663	1,904	1,884	2,536	2,164
秋　田	4,005	291	289	287	358	321	357	422	299	300	325	406	350
山　形	19,110	1,329	1,317	1,551	1,706	1,316	1,536	1,857	1,434	1,523	1,677	1,935	1,929
福　島	3,496	300	299	261	294	288	354	312	312	238	253	331	254
茨　城	29,467	2,121	1,956	2,018	2,067	2,201	2,217	2,410	2,430	2,572	2,975	3,378	3,122
栃　木	8,696	736	616	741	718	743	666	724	703	734	681	805	829
群　馬	16,401	1,269	1,080	1,266	1,511	1,238	1,279	1,312	1,205	1,307	1,313	1,857	1,764
埼　玉	33,068	2,427	2,439	2,575	2,839	2,518	2,458	2,944	2,474	2,695	2,691	3,654	3,354
千　葉	22,339	1,820	1,550	1,713	2,094	1,753	1,550	1,868	1,648	1,743	2,015	2,261	2,324
東　京	88,318	6,119	6,711	6,783	7,853	6,665	6,917	7,953	6,868	7,055	7,945	8,522	8,927
神奈川	14,916	1,264	1,129	1,179	1,561	1,147	1,123	1,243	1,084	1,183	1,204	1,361	1,438
新　潟	2,001	149	133	144	183	159	139	194	146	144	169	216	225
富　山	1,442	125	111	121	123	113	110	134	110	98	117	185	95
石　川	5,839	425	494	542	430	430	482	529	422	443	485	629	528
福　井	-	-	-	-	-	-	-	-	-	-	-	-	-
山　梨	3,823	304	236	294	349	325	257	341	300	271	371	424	351
長　野	8,578	621	638	600	774	640	676	795	700	653	739	876	866
岐　阜	16,396	1,148	1,185	1,242	1,337	1,234	1,192	1,450	1,358	1,322	1,457	1,793	1,678
静　岡	9,518	788	690	755	744	739	742	764	737	786	808	1,125	840
愛　知	18,175	1,441	1,316	1,423	1,476	1,463	1,467	1,550	1,385	1,516	1,517	1,921	1,700
三　重	11,798	793	806	820	1,008	775	957	971	874	825	930	1,427	1,612
滋　賀	8,123	493	490	688	718	463	646	790	561	701	716	877	980
京　都	10,434	771	734	818	991	754	678	1,006	811	823	938	898	1,212
大　阪	34,818	2,726	2,658	2,742	3,310	2,727	2,753	3,071	2,611	2,630	2,990	3,203	3,397
兵　庫	57,304	4,086	4,260	4,444	4,820	4,355	4,770	5,206	4,337	4,542	4,720	6,221	5,543
奈　良	2,556	197	189	191	234	181	211	251	191	190	206	242	273
和歌山	418	28	29	38	45	29	28	35	46	24	28	32	56
鳥　取	6,115	444	491	495	521	468	493	531	517	502	509	572	572
島　根	3,814	320	299	312	321	291	290	394	263	306	323	372	323
岡　山	8,050	585	595	644	701	623	648	674	623	612	727	812	806
広　島	17,896	1,309	1,333	1,422	1,543	1,353	1,364	1,629	1,393	1,514	1,524	1,694	1,818
山　口	2,583	215	210	213	228	200	213	222	203	188	209	214	268
徳　島	5,915	402	359	460	482	442	482	573	470	482	496	505	762
香　川	16,577	1,430	1,275	1,304	1,473	1,291	1,291	1,490	1,326	1,304	1,443	1,595	1,355
愛　媛	2,964	246	206	213	250	210	214	292	251	223	236	305	318
高　知	2,992	208	196	230	233	220	233	262	260	241	256	329	324
福　岡	44,896	3,562	3,246	3,540	4,016	3,447	3,473	4,152	3,329	3,578	3,605	4,774	4,174
佐　賀	5,394	394	430	447	438	410	406	459	426	460	436	537	551
長　崎	17,915	1,313	1,432	1,463	1,524	1,379	1,422	1,627	1,372	1,459	1,528	1,732	1,664
熊　本	34,538	2,730	2,681	2,674	2,940	2,785	2,621	2,951	2,756	2,829	3,084	3,416	3,071
大　分	5,471	395	420	448	513	358	454	534	426	413	433	544	533
宮　崎	49,531	3,574	3,789	3,760	4,303	4,071	3,902	4,241	4,069	4,086	4,089	4,905	4,742
鹿児島	100,077	7,446	7,373	8,016	8,417	7,954	7,939	8,644	7,979	8,163	8,628	9,751	9,767
沖　縄	4,083	328	311	292	311	329	331	350	377	314	377	396	367

— 30 —

(3) 成牛計

単位：頭

年次・都道府県	計	1月	2月	3月	4月	5月	6月	7月	8月	9月	10月	11月	12月
平成25年	1,177,899	88,815	87,213	94,235	102,422	94,771	89,762	104,066	91,081	92,747	103,397	116,634	112,756
26	1,149,842	86,118	85,525	91,246	98,928	90,432	89,700	101,575	87,911	95,099	104,435	109,924	108,949
27	1,101,276	84,813	85,344	91,618	95,240	82,869	89,066	98,186	83,940	87,727	94,808	105,850	101,815
28	1,045,784	78,644	82,384	84,557	89,794	80,899	83,041	89,860	83,115	86,065	87,957	103,642	95,826
29	1,039,998	77,890	77,252	82,547	88,722	80,191	82,033	90,018	82,582	84,630	90,480	103,840	99,813
北海道	221,098	16,772	16,731	18,710	17,957	17,285	17,890	17,801	18,780	18,693	20,159	20,835	19,485
青　森	23,973	1,914	1,973	1,995	1,975	1,948	2,032	2,014	2,040	2,001	2,060	2,078	1,943
岩　手	15,628	1,198	1,142	1,244	1,350	1,226	1,286	1,295	1,266	1,236	1,420	1,609	1,356
宮　城	22,119	1,546	1,617	1,673	1,928	1,553	1,697	1,964	1,659	1,904	1,883	2,535	2,160
秋　田	3,996	290	288	286	357	321	355	421	299	299	325	405	350
山　形	19,097	1,329	1,315	1,550	1,705	1,315	1,533	1,856	1,434	1,521	1,676	1,935	1,928
福　島	3,489	299	299	260	293	287	353	312	312	238	253	331	252
茨　城	28,378	2,016	1,850	1,928	1,979	2,106	2,119	2,331	2,339	2,500	2,879	3,285	3,046
栃　木	8,606	732	607	731	712	739	660	717	687	731	676	795	819
群　馬	16,392	1,268	1,080	1,265	1,511	1,235	1,278	1,312	1,205	1,306	1,312	1,857	1,763
埼　玉	32,865	2,400	2,427	2,549	2,813	2,499	2,444	2,928	2,457	2,680	2,682	3,636	3,350
千　葉	21,707	1,792	1,519	1,663	2,021	1,696	1,500	1,812	1,579	1,695	1,969	2,197	2,264
東　京	88,318	6,119	6,711	6,783	7,853	6,665	6,917	7,953	6,868	7,055	7,945	8,522	8,927
神 奈 川	14,900	1,262	1,128	1,179	1,559	1,147	1,119	1,242	1,082	1,183	1,202	1,360	1,437
新　潟	2,000	149	133	144	182	159	139	194	146	144	169	216	225
富　山	1,440	125	109	121	123	113	110	134	110	98	117	185	95
石　川	5,830	425	494	540	430	430	482	529	420	442	482	629	527
福　井	－	－	－	－	－	－	－	－	－	－	－	－	－
山　梨	3,794	302	229	289	343	324	255	341	299	271	370	421	350
長　野	8,567	621	637	600	772	638	676	793	699	653	738	875	865
岐　阜	16,378	1,146	1,184	1,241	1,335	1,233	1,192	1,449	1,358	1,319	1,454	1,791	1,676
静　岡	9,487	786	686	752	743	737	740	761	733	784	806	1,122	837
愛　知	18,065	1,433	1,309	1,407	1,466	1,445	1,459	1,544	1,377	1,505	1,510	1,914	1,696
三　重	11,791	793	806	820	1,007	774	956	969	873	825	930	1,427	1,611
滋　賀	8,119	493	490	688	718	463	645	790	560	700	716	876	980
京　都	10,431	771	734	817	991	754	678	1,005	811	823	938	897	1,212
大　阪	34,814	2,726	2,658	2,742	3,309	2,727	2,752	3,071	2,611	2,630	2,988	3,203	3,397
兵　庫	57,272	4,084	4,258	4,440	4,819	4,355	4,769	5,205	4,334	4,538	4,712	6,216	5,542
奈　良	2,546	196	189	190	234	181	211	249	188	190	203	242	273
和 歌 山	418	28	29	38	45	29	28	35	46	24	28	32	56
鳥　取	6,112	444	491	495	521	468	493	531	517	500	509	572	571
島　根	3,814	320	299	312	321	291	290	394	263	306	323	372	323
岡　山	8,035	584	595	643	700	621	647	673	620	611	725	810	806
広　島	17,858	1,308	1,328	1,421	1,540	1,350	1,364	1,628	1,384	1,509	1,520	1,691	1,815
山　口	2,583	215	210	213	228	200	213	222	203	188	209	214	268
徳　島	5,905	402	357	460	482	441	481	572	468	480	495	505	762
香　川	16,565	1,426	1,275	1,304	1,472	1,290	1,291	1,489	1,326	1,301	1,443	1,594	1,354
愛　媛	2,956	244	206	210	249	210	214	292	251	223	236	304	317
高　知	2,990	207	196	229	233	220	233	262	260	241	256	329	324
福　岡	44,871	3,559	3,243	3,539	4,012	3,446	3,471	4,150	3,327	3,573	3,605	4,774	4,172
佐　賀	5,391	394	430	445	438	410	406	458	426	460	436	537	551
長　崎	17,888	1,310	1,429	1,461	1,524	1,379	1,418	1,621	1,371	1,458	1,524	1,730	1,663
熊　本	34,538	2,730	2,681	2,674	2,940	2,785	2,621	2,951	2,756	2,829	3,084	3,416	3,071
大　分	5,427	390	416	445	509	355	451	530	423	412	430	537	529
宮　崎	49,489	3,574	3,785	3,757	4,300	4,068	3,901	4,233	4,067	4,084	4,083	4,896	4,741
鹿 児 島	99,980	7,440	7,368	8,003	8,412	7,945	7,933	8,635	7,971	8,153	8,625	9,737	9,758
沖　縄	4,078	328	311	291	311	328	331	350	377	314	375	396	366

－ 31 －

3 月別と畜頭数（都道府県別）（続き）
（4） 和牛計

単位：頭

年次・都道府県	計	1月	2月	3月	4月	5月	6月	7月	8月	9月	10月	11月	12月
平成25年	529,567	37,699	38,864	41,939	46,875	42,014	39,790	48,360	38,936	40,084	44,370	56,102	54,534
26	507,422	35,244	36,555	38,740	44,303	39,433	38,761	46,633	36,970	40,665	45,231	52,848	52,039
27	482,594	34,973	36,467	38,265	42,199	35,718	38,105	44,913	35,227	37,104	40,939	50,131	48,553
28	444,120	31,551	34,315	34,608	38,872	33,682	34,549	40,123	33,438	34,944	36,099	47,499	44,440
29	439,690	31,263	31,366	33,073	38,252	32,879	34,021	40,215	32,979	34,813	37,222	47,479	46,128
北 海 道	13,316	794	953	988	1,080	1,012	1,152	1,054	1,094	957	1,228	1,726	1,278
青　　森	2,701	195	200	216	215	198	277	252	244	192	236	231	245
岩　　手	7,191	525	463	530	600	549	611	636	559	573	685	811	649
宮　　城	12,745	802	885	863	1,172	847	955	1,235	873	1,137	1,032	1,552	1,392
秋　　田	3,046	216	231	212	268	237	267	330	219	227	234	338	267
山　　形	15,291	1,044	1,013	1,225	1,401	997	1,174	1,519	1,132	1,194	1,341	1,617	1,634
福　　島	2,634	230	216	215	250	234	273	228	236	161	167	245	179
茨　　城	9,090	596	465	532	648	693	672	827	723	807	938	1,078	1,111
栃　　木	1,405	115	92	103	144	141	93	129	75	95	103	152	163
群　　馬	3,330	270	208	235	269	264	258	283	217	283	256	435	352
埼　　玉	8,247	521	576	592	762	600	624	757	561	651	611	1,002	990
千　　葉	2,200	186	146	139	204	153	101	183	90	179	186	232	401
東　　京	62,362	4,500	4,830	4,869	5,563	4,598	4,795	5,663	4,628	4,878	5,461	5,937	6,640
神 奈 川	6,363	476	482	423	701	524	460	564	409	508	492	675	649
新　　潟	871	53	47	51	79	61	56	98	60	58	66	114	128
富　　山	741	53	54	57	69	59	57	82	49	51	56	99	55
石　　川	1,865	117	136	186	103	80	193	193	91	129	167	267	203
福　　井	－	－	－	－	－	－	－	－	－	－	－	－	－
山　　梨	1,216	67	50	88	109	114	59	136	98	75	137	147	136
長　　野	3,742	248	261	242	326	276	277	374	279	274	309	440	436
岐　　阜	10,397	716	690	767	858	753	704	956	846	786	966	1,226	1,129
静　　岡	3,122	231	201	200	270	242	214	278	218	255	248	432	333
愛　　知	4,375	279	302	337	315	310	367	375	257	383	306	637	507
三　　重	8,973	555	550	588	709	582	714	736	634	618	719	1,182	1,386
滋　　賀	6,279	385	354	522	564	346	477	636	390	534	565	699	807
京　　都	8,203	572	574	646	785	597	504	807	632	689	716	703	978
大　　阪	11,485	877	845	799	1,103	814	814	1,160	811	834	1,014	1,217	1,197
兵　　庫	33,157	2,246	2,394	2,415	2,866	2,311	2,672	3,092	2,289	2,687	2,730	3,978	3,477
奈　　良	1,337	87	93	113	125	101	113	132	97	101	103	135	137
和 歌 山	230	21	16	21	21	19	15	19	21	14	15	19	29
鳥　　取	1,852	134	136	139	161	134	161	160	141	138	151	193	204
島　　根	2,029	165	159	159	173	137	154	233	118	143	180	220	188
岡　　山	2,058	129	139	139	188	150	145	190	150	176	194	209	249
広　　島	3,594	239	248	279	321	234	268	373	261	263	272	401	435
山　　口	707	53	53	56	65	49	50	62	57	48	59	58	97
徳　　島	1,277	81	82	96	115	92	101	114	120	102	106	110	158
香　　川	3,135	269	224	215	282	215	195	355	222	224	242	376	316
愛　　媛	1,240	105	81	76	119	86	74	144	86	80	83	148	158
高　　知	1,182	82	67	85	105	88	86	110	100	90	105	118	146
福　　岡	28,103	2,210	1,959	2,109	2,532	2,131	2,201	2,749	2,051	2,169	2,108	3,160	2,724
佐　　賀	5,048	371	406	416	420	386	382	442	384	424	409	499	509
長　　崎	9,849	727	802	776	797	695	730	956	710	788	779	1,061	1,028
熊　　本	16,459	1,263	1,208	1,254	1,446	1,328	1,226	1,412	1,278	1,310	1,399	1,818	1,517
大　　分	2,574	138	184	200	263	167	227	279	194	183	193	268	278
宮　　崎	27,837	1,914	2,016	2,014	2,344	2,279	2,167	2,397	2,245	2,296	2,472	3,062	2,631
鹿 児 島	83,387	6,140	6,024	6,647	7,070	6,711	6,622	7,191	6,727	6,786	7,057	8,113	8,299
沖　　縄	3,445	266	251	239	272	285	284	314	303	263	326	339	303

－ 32 －

(5) 和牛めす

単位：頭

年次・都道府県	計	1月	2月	3月	4月	5月	6月	7月	8月	9月	10月	11月	12月
平成25年	263,422	19,279	19,303	21,088	23,700	21,504	20,523	24,213	19,824	19,415	22,229	26,736	25,608
26	245,847	17,540	17,766	19,266	21,307	19,095	19,055	22,507	17,815	20,052	21,970	24,856	24,618
27	229,776	17,469	17,548	18,995	20,097	17,229	18,492	21,087	16,698	17,310	19,491	22,911	22,449
28	205,464	14,805	16,132	16,447	17,995	15,854	16,351	18,421	15,428	16,096	16,710	21,189	20,036
29	197,904	14,440	14,593	15,190	17,364	14,970	15,376	17,892	15,095	15,432	16,663	20,899	19,990
北 海 道	5,863	338	407	448	452	433	522	394	524	441	564	713	627
青 森	1,195	84	97	97	97	82	114	117	100	81	106	100	120
岩 手	4,360	300	280	327	379	334	401	376	330	366	404	483	380
宮 城	4,656	331	361	331	479	307	358	499	319	352	357	612	350
秋 田	1,179	97	94	80	147	77	120	102	99	84	71	96	112
山 形	11,839	790	811	988	1,094	816	925	1,103	862	924	972	1,297	1,257
福 島	1,492	117	106	137	159	136	163	129	121	104	119	117	84
茨 城	3,316	242	201	222	281	242	248	296	301	326	338	327	292
栃 木	1,066	94	81	87	112	100	73	105	58	75	85	92	104
群 馬	769	68	52	65	54	62	66	65	56	64	63	79	75
埼 玉	3,330	215	239	243	326	236	244	320	205	268	264	385	385
千 葉	1,479	143	100	111	145	115	84	110	66	143	105	140	217
東 京	23,678	1,758	1,890	1,812	2,100	1,744	1,721	2,163	1,735	1,793	2,130	2,316	2,516
神 奈 川	2,152	154	160	146	257	159	130	215	112	156	187	268	208
新 潟	254	16	14	25	24	18	20	28	20	14	27	24	24
富 山	213	14	17	16	17	19	14	27	19	7	29	22	12
石 川	791	45	59	74	44	68	76	89	50	56	72	104	54
福 井	-	-	-	-	-	-	-	-	-	-	-	-	-
山 梨	655	38	24	53	64	65	32	59	62	43	69	85	61
長 野	1,238	72	78	90	87	89	78	127	97	100	109	165	146
岐 阜	2,726	201	200	191	220	266	189	224	233	207	234	316	245
静 岡	2,436	179	148	164	205	188	175	226	177	200	201	328	245
愛 知	1,694	123	120	154	120	122	160	134	104	183	93	216	165
三 重	8,540	518	521	563	680	552	680	702	605	582	683	1,138	1,316
滋 賀	4,247	258	241	333	388	248	306	415	258	354	385	479	582
京 都	4,135	265	291	331	423	284	257	388	339	327	352	374	504
大 阪	4,353	385	371	346	426	359	278	438	295	299	379	417	360
兵 庫	20,167	1,380	1,488	1,432	1,772	1,472	1,650	1,897	1,423	1,641	1,657	2,285	2,070
奈 良	1,059	71	76	88	111	75	84	110	73	75	79	103	114
和 歌 山	185	14	14	19	19	16	14	12	16	11	11	14	25
鳥 取	956	76	72	75	84	71	66	81	76	77	89	99	90
島 根	606	52	47	50	45	45	47	74	38	43	57	68	40
岡 山	1,171	76	92	84	120	84	76	98	85	103	113	115	125
広 島	1,662	115	119	128	151	111	125	193	119	123	120	176	182
山 口	562	41	41	43	47	39	45	50	50	37	46	44	79
徳 島	926	58	61	67	86	68	73	81	92	70	71	88	111
香 川	729	60	55	52	54	54	45	88	68	42	44	81	86
愛 媛	534	48	41	30	57	30	30	46	44	34	39	62	73
高 知	585	45	36	41	47	46	41	59	38	54	54	55	69
福 岡	12,443	1,056	851	998	1,123	952	990	1,161	924	976	974	1,356	1,082
佐 賀	1,596	102	137	137	127	133	123	135	127	107	119	166	183
長 崎	3,266	236	254	255	293	255	261	312	264	224	287	323	302
熊 本	6,574	435	433	445	612	539	483	650	527	556	546	740	608
大 分	958	53	78	101	105	47	87	101	85	41	46	96	118
宮 崎	10,826	832	886	813	924	878	820	902	844	831	912	1,153	1,031
鹿 児 島	33,894	2,717	2,730	2,785	2,682	2,802	2,765	2,866	2,920	2,724	2,860	3,014	3,029
沖 縄	1,549	128	119	113	125	132	117	125	135	114	141	168	132

3　月別と畜頭数（都道府県別）（続き）
(6)　和牛去勢

単位：頭

年次・都道府県	計	1月	2月	3月	4月	5月	6月	7月	8月	9月	10月	11月	12月
平成25年	265,726	18,385	19,527	20,785	23,155	20,484	19,216	24,122	19,070	20,647	22,098	29,327	28,910
26	261,234	17,691	18,774	19,424	22,964	20,307	19,670	24,101	19,124	20,596	23,219	27,971	27,393
27	252,521	17,494	18,894	19,233	22,047	18,476	19,582	23,810	18,501	19,773	21,414	27,200	26,097
28	238,369	16,729	18,156	18,134	20,835	17,802	18,175	21,680	17,995	18,833	19,348	26,293	24,389
29	241,462	16,796	16,748	17,849	20,857	17,889	18,602	22,300	17,863	19,361	20,516	26,556	26,125
北海道	7,398	455	532	531	628	579	627	657	567	515	643	1,013	651
青　森	1,501	109	103	118	118	116	163	135	144	110	130	130	125
岩　手	2,806	225	181	202	219	215	208	256	229	200	277	325	269
宮　城	8,081	471	524	531	693	539	595	736	554	785	674	939	1,040
秋　田	1,861	119	137	132	120	160	147	225	120	143	162	241	155
山　形	3,450	254	202	237	307	181	249	416	270	270	367	320	377
福　島	1,142	113	110	78	91	98	110	99	115	57	48	128	95
茨　城	5,762	353	264	310	367	451	421	530	422	480	600	747	817
栃　木	335	20	11	16	31	41	20	23	17	20	18	60	58
群　馬	2,561	202	156	170	215	202	192	218	161	219	193	356	277
埼　玉	4,914	305	337	349	436	364	380	437	354	383	347	617	605
千　葉	711	43	45	24	59	36	17	72	24	34	81	92	184
東　京	38,684	2,742	2,940	3,057	3,463	2,854	3,074	3,500	2,893	3,085	3,331	3,621	4,124
神奈川	4,210	322	322	277	444	364	330	349	297	352	305	407	441
新　潟	616	37	33	26	55	43	36	70	40	43	39	90	104
富　山	521	39	37	41	52	36	43	53	30	44	26	77	43
石　川	1,074	72	77	112	59	12	117	104	41	73	95	163	149
福　井	-	-	-	-	-	-	-	-	-	-	-	-	-
山　梨	560	29	26	35	45	49	27	76	36	32	68	62	75
長　野	2,502	176	183	152	238	187	198	247	182	174	200	275	290
岐　阜	7,665	515	490	576	637	487	511	732	613	579	732	909	884
静　岡	686	52	53	36	65	54	39	52	41	55	47	104	88
愛　知	2,674	156	182	183	193	188	205	239	153	200	213	420	342
三　重	429	36	29	24	29	30	34	34	29	36	36	44	68
滋　賀	2,032	127	113	189	176	98	171	221	132	180	180	220	225
京　都	4,068	307	283	315	362	313	247	419	293	362	364	329	474
大　阪	7,128	492	473	453	677	455	534	722	516	535	635	799	837
兵　庫	12,977	860	906	976	1,094	839	1,022	1,195	866	1,046	1,073	1,693	1,407
奈　良	277	16	17	25	14	26	29	22	23	26	24	32	23
和歌山	45	7	2	2	2	3	1	7	5	3	4	5	4
鳥　取	891	56	64	64	77	63	94	79	63	61	62	94	114
島　根	1,408	112	111	107	127	91	105	159	79	98	122	149	148
岡　山	872	52	46	50	68	66	65	92	65	72	79	93	124
広　島	1,925	124	127	151	170	122	143	180	142	138	152	224	252
山　口	145	12	12	13	18	10	5	12	7	11	13	14	18
徳　島	351	23	21	29	29	24	28	33	28	32	35	22	47
香　川	2,403	209	169	162	228	161	150	267	154	182	197	294	230
愛　媛	706	57	40	46	62	56	44	98	42	46	44	86	85
高　知	594	37	31	44	57	42	45	50	62	36	51	62	77
福　岡	15,654	1,154	1,108	1,111	1,405	1,178	1,211	1,588	1,127	1,193	1,133	1,804	1,642
佐　賀	3,450	269	269	279	293	253	258	307	256	317	290	333	326
長　崎	6,572	491	548	521	504	438	468	644	442	563	492	735	726
熊　本	9,867	828	774	808	829	789	738	762	751	754	849	1,077	908
大　分	1,609	83	105	99	157	120	138	178	109	142	146	172	160
宮　崎	17,000	1,082	1,130	1,201	1,415	1,401	1,347	1,495	1,397	1,465	1,558	1,909	1,600
鹿児島	49,458	3,415	3,293	3,861	4,382	3,904	3,849	4,324	3,806	4,061	4,197	5,099	5,267
沖　縄	1,887	138	132	126	147	151	167	186	166	149	184	171	170

－ 34 －

(7)　和牛おす

単位：頭

年次・都道府県	計	1月	2月	3月	4月	5月	6月	7月	8月	9月	10月	11月	12月
平成25年	419	35	34	66	20	26	51	25	42	22	43	39	16
26	341	13	15	50	32	31	36	25	31	17	42	21	28
27	297	10	25	37	55	13	31	16	28	21	34	20	7
28	287	17	27	27	42	26	23	22	15	15	41	17	15
29	**324**	**27**	**25**	**34**	**31**	**20**	**43**	**23**	**21**	**20**	**43**	**24**	**13**
北海道	55	1	14	9	–	–	3	3	3	1	21	–	–
青森	5	2	–	1	–	–	–	–	–	1	–	1	–
岩手	25	–	2	1	2	–	2	4	–	7	4	3	–
宮城	8	–	–	1	–	1	2	–	–	–	1	1	2
秋田	6	–	–	–	1	–	–	3	–	–	1	1	–
山形	2	–	–	–	–	–	–	–	–	–	2	–	–
福島	–	–	–	–	–	–	–	–	–	–	–	–	–
茨城	12	1	–	–	–	–	3	1	–	1	–	4	2
栃木	4	1	–	–	1	–	–	1	–	–	–	–	1
群馬	–	–	–	–	–	–	–	–	–	–	–	–	–
埼玉	3	1	–	–	–	–	–	–	2	–	–	–	–
千葉	10	–	1	4	–	2	–	1	–	2	–	–	–
東京	–	–	–	–	–	–	–	–	–	–	–	–	–
神奈川	1	–	–	–	–	1	–	–	–	–	–	–	–
新潟	1	–	–	–	–	–	–	–	–	1	–	–	–
富山	7	–	–	–	–	4	–	2	–	–	1	–	–
石川	–	–	–	–	–	–	–	–	–	–	–	–	–
福井	–	–	–	–	–	–	–	–	–	–	–	–	–
山梨	1	–	–	–	–	–	–	1	–	–	–	–	–
長野	2	–	–	–	1	–	1	–	–	–	–	–	–
岐阜	6	–	–	–	1	–	4	–	–	–	–	1	–
静岡	–	–	–	–	–	–	–	–	–	–	–	–	–
愛知	7	–	–	–	2	–	2	2	–	–	–	1	–
三重	4	1	–	1	–	–	–	–	–	–	–	–	2
滋賀	–	–	–	–	–	–	–	–	–	–	–	–	–
京都	–	–	–	–	–	–	–	–	–	–	–	–	–
大阪	4	–	1	–	–	–	2	–	–	–	–	1	–
兵庫	13	6	–	7	–	–	–	–	–	–	–	–	–
奈良	1	–	–	–	–	–	–	–	1	–	–	–	–
和歌山	–	–	–	–	–	–	–	–	–	–	–	–	–
鳥取	5	2	–	–	–	–	1	–	2	–	–	–	–
島根	15	1	1	2	1	1	2	–	1	2	1	3	–
岡山	15	1	1	5	–	–	4	–	–	1	2	1	–
広島	7	–	2	–	–	1	–	–	–	2	–	1	1
山口	–	–	–	–	–	–	–	–	–	–	–	–	–
徳島	–	–	–	–	–	–	–	–	–	–	–	–	–
香川	3	–	–	1	–	–	–	–	–	–	1	1	–
愛媛	–	–	–	–	–	–	–	–	–	–	–	–	–
高知	3	–	–	–	1	–	–	1	–	–	–	1	–
福岡	6	–	–	–	4	1	–	–	–	–	1	–	–
佐賀	2	–	–	–	–	–	1	–	1	–	–	–	–
長崎	11	–	–	–	–	2	1	–	4	1	–	3	–
熊本	18	–	1	1	5	–	5	–	–	–	4	1	1
大分	7	2	1	–	1	–	2	–	–	–	1	–	–
宮崎	11	–	–	–	5	–	–	–	4	–	2	–	–
鹿児島	35	8	1	1	6	5	8	1	1	1	–	–	3
沖縄	9	–	–	–	–	2	–	3	2	–	1	–	1

3　月別と畜頭数（都道府県別）（続き）
(8)　乳牛計

単位：頭

年次・都道府県	計	1月	2月	3月	4月	5月	6月	7月	8月	9月	10月	11月	12月
平成25年	401,434	32,090	30,527	32,730	33,882	32,732	31,175	34,423	33,210	32,995	37,213	36,608	33,849
26	393,272	32,083	30,117	32,308	33,080	31,163	31,328	33,677	31,754	33,687	36,816	33,632	33,627
27	384,658	31,236	30,064	33,033	32,713	29,044	31,897	33,482	31,168	32,165	34,075	33,727	32,054
28	366,478	29,087	29,811	31,431	30,192	28,504	30,321	29,995	30,956	31,901	31,660	33,299	29,321
29	349,928	27,840	27,584	30,104	28,630	27,645	28,065	28,179	29,756	29,581	31,430	32,007	29,107
北 海 道	179,953	13,981	13,799	15,602	14,600	14,066	14,517	14,327	15,429	15,357	16,347	16,423	15,505
青　　森	16,461	1,377	1,441	1,462	1,361	1,331	1,327	1,332	1,348	1,354	1,409	1,404	1,315
岩　　手	4,578	354	360	378	399	386	391	351	391	348	395	425	400
宮　　城	5,861	471	452	546	483	465	449	434	509	499	525	619	409
秋　　田	57	4	5	-	7	-	6	3	1	10	14	5	2
山　　形	440	38	37	42	51	37	42	50	47	20	28	24	24
福　　島	358	38	51	13	16	20	17	28	31	38	34	39	33
茨　　城	15,298	1,191	1,163	1,211	1,098	1,190	1,173	1,156	1,322	1,375	1,438	1,627	1,354
栃　　木	5,598	480	419	495	426	457	450	447	502	497	474	468	483
群　　馬	542	61	44	41	48	43	36	52	53	45	45	36	38
埼　　玉	9,758	863	809	854	799	757	740	793	765	825	872	962	719
千　　葉	9,505	775	697	776	769	716	674	761	919	785	886	926	821
東　　京	393	40	15	42	24	26	29	33	27	25	73	33	26
神 奈 川	2,514	238	172	214	192	196	191	208	216	206	249	229	203
新　　潟	353	37	31	33	30	36	19	28	22	29	38	27	23
富　　山	230	23	18	29	19	19	17	8	28	8	20	25	16
石　　川	2,782	240	275	253	235	206	211	244	213	221	219	252	213
福　　井	-	-	-	-	-	-	-	-	-	-	-	-	-
山　　梨	1,028	95	77	95	101	82	82	78	87	77	81	111	62
長　　野	2,106	169	184	146	166	153	164	155	192	191	228	179	179
岐　　阜	3,159	239	255	242	230	233	247	287	306	302	261	326	231
静　　岡	1,642	132	127	142	125	121	127	137	116	160	171	160	124
愛　　知	3,498	275	262	293	263	271	268	303	327	326	307	347	256
三　　重	1,514	151	159	135	134	101	131	109	139	117	113	133	92
滋　　賀	53	3	1	5	6	4	2	5	7	8	2	8	2
京　　都	553	23	46	58	50	37	45	42	56	42	47	53	54
大　　阪	8,586	680	689	732	726	759	733	678	681	676	749	741	742
兵　　庫	13,507	1,100	1,138	1,270	1,146	1,223	1,132	1,128	1,092	1,035	1,048	1,151	1,044
奈　　良	435	38	29	21	29	31	34	45	42	32	30	40	64
和 歌 山	-	-	-	-	-	-	-	-	-	-	-	-	-
鳥　　取	3,448	245	277	296	287	280	286	285	314	294	290	311	283
島　　根	674	57	46	50	44	63	55	55	65	73	59	64	43
岡　　山	4,719	361	362	396	405	381	394	374	370	349	424	485	418
広　　島	7,614	612	615	636	665	629	578	649	570	678	710	660	612
山　　口	994	88	87	92	90	87	95	80	74	72	75	78	76
徳　　島	1,290	88	72	122	106	89	117	112	100	115	119	127	123
香　　川	4,291	381	347	380	378	336	372	352	337	371	386	339	312
愛　　媛	1,024	78	75	78	75	73	85	86	101	89	103	105	76
高　　知	1,014	77	77	83	81	78	91	81	97	77	80	97	95
福　　岡	5,475	459	468	532	521	408	405	461	452	447	466	494	362
佐　　賀	230	13	17	20	13	17	17	12	33	23	20	20	25
長　　崎	4,934	310	371	452	448	425	443	414	436	422	448	401	364
熊　　本	8,834	714	815	700	736	674	690	711	753	750	859	740	692
大　　分	1,646	165	136	160	147	103	122	141	124	122	137	159	130
宮　　崎	6,558	503	503	450	573	570	565	561	586	589	554	573	531
鹿 児 島	5,948	525	514	491	501	434	463	557	423	458	560	539	483
沖　　縄	473	48	47	36	27	32	33	26	53	44	37	42	48

－ 36 －

(9) 乳牛めす

単位：頭

年次・都道府県	計	1月	2月	3月	4月	5月	6月	7月	8月	9月	10月	11月	12月
平成25年	180,462	14,770	13,789	15,083	14,773	13,802	12,690	15,297	14,658	15,281	18,043	16,978	15,298
26	175,719	14,769	13,513	14,583	14,521	12,968	13,035	14,885	14,012	15,518	17,529	15,129	15,257
27	177,680	14,342	13,650	15,234	14,824	12,498	14,120	15,709	14,154	15,302	16,668	15,885	15,294
28	168,997	13,239	13,866	14,949	13,510	12,152	13,356	13,396	14,471	15,670	15,298	15,864	13,226
29	159,809	12,972	12,399	13,836	12,665	11,701	12,076	12,244	13,915	14,054	15,196	15,378	13,373
北 海 道	76,151	5,949	5,638	6,799	5,967	5,427	5,821	5,644	6,718	6,786	7,368	7,296	6,738
青　　森	1,935	127	147	199	130	135	129	161	164	209	210	202	122
岩　　手	1,993	165	148	174	171	163	172	131	180	138	181	182	188
宮　　城	3,223	261	234	318	270	249	228	227	284	291	311	370	180
秋　　田	44	4	5	－	3	－	6	1	1	5	14	5	－
山　　形	232	14	18	23	32	14	21	22	24	15	17	16	16
福　　島	351	37	51	13	16	18	16	26	31	38	34	38	33
茨　　城	12,345	1,054	1,012	1,033	982	957	963	879	983	1,072	1,163	1,170	1,077
栃　　木	3,989	334	282	351	294	326	325	310	378	374	351	332	332
群　　馬	524	51	40	40	46	42	36	52	53	45	45	36	38
埼　　玉	8,071	700	674	685	673	646	623	646	644	716	709	831	524
千　　葉	6,207	517	469	498	497	481	418	494	613	496	582	575	567
東　　京	10	－	2	1	－	－	3	1	－	－	1	2	－
神 奈 川	1,984	192	133	140	156	133	146	170	180	170	209	194	161
新　　潟	168	13	12	18	14	19	6	15	10	16	21	12	12
富　　山	33	3	4	2	1	3	1	3	1	3	5	6	1
石　　川	1,430	132	173	144	126	95	96	136	112	89	96	122	109
福　　井	－	－	－	－	－	－	－	－	－	－	－	－	－
山　　梨	1,012	95	77	95	101	82	80	72	86	76	78	108	62
長　　野	1,696	125	143	119	134	119	147	118	143	169	191	143	145
岐　　阜	2,695	201	214	207	196	200	209	251	263	254	221	284	195
静　　岡	765	68	66	63	47	56	40	64	69	82	64	86	60
愛　　知	1,448	120	118	121	100	105	90	119	149	152	124	155	95
三　　重	1,221	125	128	111	111	74	111	81	120	98	94	97	71
滋　　賀	45	3	1	5	6	4	2	5	6	5	1	5	2
京　　都	522	23	43	54	49	36	40	40	51	38	44	50	54
大　　阪	250	20	22	22	21	23	30	26	20	22	12	18	14
兵　　庫	4,536	332	344	390	355	372	359	361	412	381	380	502	348
奈　　良	335	34	28	18	15	27	33	41	28	27	30	22	32
和 歌 山	－	－	－	－	－	－	－	－	－	－	－	－	－
鳥　　取	979	73	67	94	80	68	82	69	82	84	86	92	102
島　　根	609	51	38	47	39	58	48	49	58	71	53	60	37
岡　　山	2,376	180	171	206	204	201	195	180	170	189	237	275	168
広　　島	3,260	288	247	267	247	216	224	256	228	313	366	293	315
山　　口	562	51	39	53	53	51	59	36	27	44	51	50	48
徳　　島	816	53	40	69	57	63	55	72	80	83	80	95	69
香　　川	827	85	59	72	83	67	67	57	76	67	90	58	46
愛　　媛	312	25	23	19	17	19	20	25	44	30	42	33	15
高　　知	139	12	14	11	10	7	10	15	18	10	9	11	12
福　　岡	2,617	240	234	246	245	178	164	221	226	206	242	269	146
佐　　賀	175	5	15	18	9	13	10	9	27	16	17	15	21
長　　崎	1,473	117	104	139	118	95	117	113	152	122	153	125	118
熊　　本	5,903	524	584	429	488	406	415	475	499	513	596	493	481
大　　分	985	91	72	75	86	53	75	89	93	83	86	97	85
宮　　崎	1,954	151	141	138	141	179	148	163	155	184	186	199	169
鹿 児 島	3,136	279	278	274	248	189	204	293	205	228	309	312	317
沖　　縄	471	48	47	36	27	32	32	26	52	44	37	42	48

3 月別と畜頭数 (都道府県別) (続き)
(10) 乳牛去勢

単位:頭

年次・都道府県	計	1月	2月	3月	4月	5月	6月	7月	8月	9月	10月	11月	12月
平成25年	220,253	17,248	16,702	17,555	19,039	18,881	18,410	19,103	18,469	17,666	19,108	19,552	18,520
26	216,823	17,245	16,553	17,664	18,503	18,123	18,235	18,739	17,655	18,105	19,247	18,448	18,306
27	206,327	16,854	16,364	17,718	17,836	16,470	17,714	17,703	16,958	16,834	17,356	17,794	16,726
28	197,034	15,821	15,883	16,406	16,640	16,347	16,933	16,534	16,445	16,206	16,332	17,418	16,069
29	189,713	14,843	15,156	16,163	15,947	15,924	15,967	15,925	15,782	15,488	16,189	16,613	15,716
北 海 道	103,550	8,014	8,140	8,744	8,621	8,627	8,683	8,677	8,656	8,548	8,953	9,122	8,765
青 森	14,525	1,250	1,294	1,263	1,231	1,196	1,198	1,171	1,184	1,145	1,199	1,201	1,193
岩 手	2,585	189	212	204	228	223	219	220	211	210	214	243	212
宮 城	2,636	210	218	228	213	216	221	206	225	208	214	248	229
秋 田	13	-	-	-	4	-	-	2	-	5	-	-	2
山 形	205	23	19	18	19	23	21	28	23	5	10	8	8
福 島	6	1	-	-	-	1	1	2	-	-	-	1	-
茨 城	2,924	136	151	156	116	232	210	276	339	299	275	457	277
栃 木	1,607	146	137	143	132	131	125	137	124	123	123	136	150
群 馬	18	10	4	1	2	1	-	-	-	-	-	-	-
埼 玉	1,685	163	135	169	126	111	117	147	120	108	163	131	195
千 葉	3,248	258	225	260	267	235	255	266	306	282	303	346	245
東 京	383	40	13	41	24	26	26	32	27	25	72	31	26
神 奈 川	530	46	39	74	36	63	45	38	36	36	40	35	42
新 潟	185	24	19	15	16	17	13	13	12	13	17	15	11
富 山	196	20	14	27	18	16	16	5	27	5	15	18	15
石 川	1,352	108	102	109	109	111	115	108	101	132	123	130	104
福 井	-	-	-	-	-	-	-	-	-	-	-	-	-
山 梨	16	-	-	-	-	-	2	6	1	1	3	3	-
長 野	410	44	41	27	32	34	17	37	49	22	37	36	34
岐 阜	462	38	40	35	34	33	38	36	43	48	39	42	36
静 岡	877	64	61	79	78	65	87	73	47	78	107	74	64
愛 知	2,049	155	144	172	163	166	178	184	178	174	182	192	161
三 重	292	26	30	24	23	27	20	28	19	19	19	36	21
滋 賀	8	-	-	-	-	-	-	-	1	3	1	3	-
京 都	31	-	3	4	1	1	5	2	5	4	3	3	-
大 阪	8,332	659	667	709	705	736	703	652	661	653	737	723	727
兵 庫	8,971	768	794	880	791	851	773	767	680	654	668	649	696
奈 良	99	4	1	3	14	4	1	4	14	5	-	18	31
和 歌 山	-	-	-	-	-	-	-	-	-	-	-	-	-
鳥 取	2,467	172	210	202	207	212	204	216	231	210	204	219	180
島 根	65	6	8	3	5	5	7	6	7	2	6	4	6
岡 山	2,341	181	191	188	201	180	199	194	200	160	187	210	250
広 島	4,354	324	368	369	418	413	354	393	342	365	344	367	297
山 口	432	37	48	39	37	36	36	44	47	28	24	28	28
徳 島	474	35	32	53	49	26	62	40	20	32	39	32	54
香 川	3,461	296	288	308	295	269	305	295	261	303	294	281	266
愛 媛	712	53	52	59	58	54	65	61	57	59	61	72	61
高 知	875	65	63	72	71	71	81	66	79	67	71	86	83
福 岡	2,853	216	234	286	276	230	240	239	226	241	224	225	216
佐 賀	51	8	2	2	4	4	6	3	5	7	2	5	3
長 崎	3,460	193	267	313	330	330	326	301	284	300	295	275	246
熊 本	2,916	190	230	271	248	267	274	236	254	235	254	246	211
大 分	643	73	63	85	60	45	43	52	31	39	48	61	43
宮 崎	4,604	352	362	312	432	391	417	398	431	405	368	374	362
鹿 児 島	2,809	246	235	216	253	245	258	264	218	230	251	227	166
沖 縄	1	-	-	-	-	-	1	-	-	-	-	-	-

− 38 −

(11)　乳牛おす

単位：頭

年次・都道府県	計	1月	2月	3月	4月	5月	6月	7月	8月	9月	10月	11月	12月
平成25年	719	72	36	92	70	49	75	23	83	48	62	78	31
26	730	69	51	61	56	72	58	53	87	64	40	55	64
27	651	40	50	81	53	76	63	70	56	29	51	48	34
28	447	27	62	76	42	5	32	65	40	25	30	17	26
29	**406**	**25**	**29**	**105**	**18**	**20**	**22**	**10**	**59**	**39**	**45**	**16**	**18**
北海道	252	18	21	59	12	12	13	6	55	23	26	5	2
青森	1	-	-	-	-	-	-	-	-	-	-	1	-
岩手	-	-	-	-	-	-	-	-	-	-	-	-	-
宮城	2	-	-	-	-	-	-	1	-	-	-	1	-
秋田	-	-	-	-	-	-	-	-	-	-	-	-	-
山形	3	1	-	1	-	-	-	-	-	-	1	-	-
福島	1	-	-	-	-	1	-	-	-	-	-	-	-
茨城	29	1	-	22	-	1	-	1	-	4	-	-	-
栃木	2	-	-	1	-	-	-	-	-	-	-	-	1
群馬	-	-	-	-	-	-	-	-	-	-	-	-	-
埼玉	2	-	-	-	-	-	-	-	1	1	-	-	-
千葉	50	-	3	18	5	1	-	1	-	7	1	5	9
東京	-	-	-	-	-	-	-	-	-	-	-	-	-
神奈川	-	-	-	-	-	-	-	-	-	-	-	-	-
新潟	-	-	-	-	-	-	-	-	-	-	-	-	-
富山	1	-	-	-	-	-	-	-	-	-	-	1	-
石川	-	-	-	-	-	-	-	-	-	-	-	-	-
福井	-	-	-	-	-	-	-	-	-	-	-	-	-
山梨	-	-	-	-	-	-	-	-	-	-	-	-	-
長野	-	-	-	-	-	-	-	-	-	-	-	-	-
岐阜	2	-	1	-	-	-	-	-	-	-	1	-	-
静岡	-	-	-	-	-	-	-	-	-	-	-	-	-
愛知	1	-	-	-	-	-	-	-	-	-	1	-	-
三重	1	-	1	-	-	-	-	-	-	-	-	-	-
滋賀	-	-	-	-	-	-	-	-	-	-	-	-	-
京都	-	-	-	-	-	-	-	-	-	-	-	-	-
大阪	4	1	-	1	-	-	-	-	-	1	-	-	1
兵庫	-	-	-	-	-	-	-	-	-	-	-	-	-
奈良	1	-	-	-	-	-	-	-	-	-	-	-	1
和歌山	-	-	-	-	-	-	-	-	-	-	-	-	-
鳥取	2	-	-	-	-	-	-	-	1	-	-	-	1
島根	-	-	-	-	-	-	-	-	-	-	-	-	-
岡山	2	-	-	2	-	-	-	-	-	-	-	-	-
広島	-	-	-	-	-	-	-	-	-	-	-	-	-
山口	-	-	-	-	-	-	-	-	-	-	-	-	-
徳島	-	-	-	-	-	-	-	-	-	-	-	-	-
香川	3	-	-	-	-	-	-	-	-	1	2	-	-
愛媛	-	-	-	-	-	-	-	-	-	-	-	-	-
高知	-	-	-	-	-	-	-	-	-	-	-	-	-
福岡	5	3	-	-	-	-	1	1	-	-	-	-	-
佐賀	4	-	-	-	-	-	1	-	1	-	1	-	1
長崎	1	-	-	-	-	-	-	-	-	-	-	1	-
熊本	15	-	1	-	-	1	1	-	-	2	9	1	-
大分	18	1	1	-	1	5	4	-	-	-	3	1	2
宮崎	-	-	-	-	-	-	-	-	-	-	-	-	-
鹿児島	3	-	1	1	-	-	1	-	-	-	-	-	-
沖縄	1	-	-	-	-	-	-	-	1	-	-	-	-

3　月別と畜頭数（都道府県別）（続き）
(12)　交雑牛計

単位：頭

年次・都道府県	計	1月	2月	3月	4月	5月	6月	7月	8月	9月	10月	11月	12月
平成25年	232,509	18,064	16,802	18,491	20,525	18,896	17,630	20,050	17,774	18,476	20,588	22,409	22,804
26	235,691	17,805	17,768	19,186	20,449	18,855	18,595	20,106	18,039	19,625	21,187	22,172	21,904
27	221,712	17,655	17,745	19,214	19,280	17,104	18,027	18,711	16,488	17,487	18,842	21,004	20,155
28	224,183	17,161	17,469	17,638	19,813	17,893	17,295	18,826	17,747	18,311	19,265	21,817	20,948
29	239,632	18,012	17,482	18,461	20,930	18,871	19,097	20,654	18,906	19,346	21,042	23,425	23,406
北　海　道	27,166	1,946	1,948	2,080	2,238	2,155	2,169	2,357	2,215	2,325	2,519	2,612	2,602
青　　　森	4,810	342	332	317	399	419	428	430	448	455	415	442	383
岩　　　手	3,809	315	316	335	347	284	281	297	309	313	336	371	305
宮　　　城	3,510	273	280	264	273	240	293	295	276	267	326	364	359
秋　　　田	893	70	52	74	82	84	82	88	79	62	77	62	81
山　　　形	3,337	241	264	280	250	279	317	284	254	303	304	294	267
福　　　島	494	31	32	32	26	33	62	55	45	39	52	47	40
茨　　　城	3,989	229	222	185	233	223	274	348	294	318	503	580	580
栃　　　木	1,603	137	96	133	142	141	117	141	110	139	99	175	173
群　　　馬	12,520	937	828	989	1,194	928	984	977	935	978	1,011	1,386	1,373
埼　　　玉	14,573	994	1,031	1,080	1,219	1,131	1,069	1,367	1,109	1,182	1,166	1,628	1,597
千　　　葉	10,002	831	676	748	1,048	827	725	868	570	731	897	1,039	1,042
東　　　京	25,563	1,579	1,866	1,872	2,266	2,041	2,093	2,257	2,213	2,152	2,411	2,552	2,261
神　奈　川	6,016	548	474	539	666	427	468	470	457	469	461	452	585
新　　　潟	776	59	55	60	73	62	64	68	64	57	65	75	74
富　　　山	468	49	37	35	35	35	36	44	33	38	41	61	24
石　　　川	1,183	68	83	101	92	144	78	92	116	92	96	110	111
福　　　井	-	-	-	-	-	-	-	-	-	-	-	-	-
山　　　梨	1,550	140	102	106	133	128	114	127	114	119	152	163	152
長　　　野	2,718	204	192	211	280	209	235	264	228	188	201	256	250
岐　　　阜	2,818	191	238	232	246	247	241	206	206	231	226	239	315
静　　　岡	4,723	423	358	410	348	374	399	346	399	369	387	530	380
愛　　　知	10,192	879	745	777	888	864	824	866	793	796	897	930	933
三　　　重	1,304	87	97	97	164	91	111	124	100	90	98	112	133
滋　　　賀	1,787	105	135	161	148	113	166	149	163	158	149	169	171
京　　　都	1,670	173	114	112	156	120	128	156	123	92	175	141	180
大　　　阪	14,735	1,169	1,124	1,211	1,479	1,153	1,203	1,232	1,119	1,118	1,225	1,245	1,457
兵　　　庫	10,555	730	721	749	802	820	963	980	951	814	931	1,077	1,017
奈　　　良	771	71	67	56	80	49	64	72	49	57	70	67	69
和　歌　山	188	7	13	17	24	10	13	16	25	10	13	13	27
鳥　　　取	812	65	78	60	73	54	46	86	62	68	68	68	84
島　　　根	741	68	64	65	74	60	52	73	52	59	54	57	63
岡　　　山	1,258	94	94	108	107	90	108	109	100	86	107	116	139
広　　　島	6,650	457	465	506	554	487	518	606	553	568	538	630	768
山　　　口	882	74	70	65	73	64	68	80	72	68	75	78	95
徳　　　島	3,338	233	203	242	261	260	263	346	248	263	270	268	481
香　　　川	9,139	776	704	709	812	739	724	782	767	706	815	879	726
愛　　　媛	692	61	50	56	55	51	55	62	64	54	50	51	83
高　　　知	794	48	52	61	47	54	56	71	63	74	71	114	83
福　　　岡	11,089	874	799	885	942	890	848	922	807	943	1,016	1,104	1,059
佐　　　賀	113	10	7	9	5	7	7	4	9	13	7	18	17
長　　　崎	2,810	240	224	207	247	230	213	215	213	233	269	259	260
熊　　　本	8,898	735	649	703	744	753	674	798	685	735	775	812	835
大　　　分	1,207	87	96	85	99	85	102	110	105	107	100	110	121
宮　　　崎	6,975	601	611	587	678	631	533	538	495	512	522	587	680
鹿　児　島	10,472	758	813	847	825	784	828	875	805	893	999	1,077	968
沖　　　縄	39	3	5	3	3	1	1	1	9	2	3	5	3

－ 40 －

(13) 交雑牛めす

単位：頭

年次・都道府県	計	1月	2月	3月	4月	5月	6月	7月	8月	9月	10月	11月	12月
平成25年	109,964	8,418	8,330	8,785	9,993	9,124	8,526	9,661	8,279	8,539	9,639	10,399	10,271
26	110,634	8,525	8,269	9,056	9,496	8,935	8,684	9,333	8,331	9,328	10,231	10,282	10,164
27	105,083	8,368	8,366	9,138	9,314	8,165	8,409	8,873	7,693	8,363	9,094	10,021	9,279
28	104,159	8,197	8,111	8,239	9,292	8,328	8,121	8,729	8,334	8,563	9,093	9,800	9,352
29	110,224	8,304	7,878	8,370	9,692	8,543	8,809	9,600	8,762	9,075	9,835	10,827	10,529
北 海 道	8,478	621	596	643	705	599	658	691	696	740	824	901	804
青 森	2,739	224	214	210	215	208	227	236	248	275	241	237	204
岩 手	1,131	114	91	98	115	95	84	73	111	79	105	85	81
宮 城	1,811	148	162	141	174	117	168	136	130	149	160	165	161
秋 田	784	55	51	71	70	83	57	85	76	46	63	60	67
山 形	1,140	92	83	88	113	104	108	87	75	117	111	80	82
福 島	475	31	31	26	26	32	62	53	43	38	52	45	36
茨 城	1,725	92	115	75	101	78	127	149	118	144	257	235	234
栃 木	342	28	24	40	27	52	28	27	29	39	14	19	15
群 馬	6,359	455	414	473	595	515	522	480	465	478	555	742	665
埼 玉	5,812	431	399	400	475	453	419	578	427	493	476	623	638
千 葉	5,522	420	370	409	526	374	453	571	344	454	498	580	523
東 京	13,060	772	959	973	1,188	1,064	1,007	1,128	1,084	1,185	1,251	1,382	1,067
神 奈 川	3,852	340	308	325	383	258	308	336	281	314	289	324	386
新 潟	237	24	21	19	25	20	27	27	20	15	10	13	16
富 山	254	27	12	21	19	22	23	19	18	20	16	38	19
石 川	912	51	68	79	71	65	70	72	94	75	74	95	98
福 井	-	-	-	-	-	-	-	-	-	-	-	-	-
山 梨	1,390	127	92	94	123	121	106	104	105	100	143	135	140
長 野	1,596	126	112	99	167	120	133	171	126	125	111	144	162
岐 阜	895	68	70	82	79	91	82	65	64	57	77	87	73
静 岡	1,808	164	134	180	121	133	160	131	158	134	152	176	165
愛 知	5,724	487	432	425	520	482	457	487	438	447	509	517	523
三 重	1,120	69	83	90	140	74	97	106	90	83	73	94	121
滋 賀	398	19	25	28	41	20	27	21	39	39	43	41	55
京 都	958	73	51	62	86	68	84	100	74	51	102	87	120
大 阪	6,768	586	436	540	645	562	564	595	540	487	527	555	731
兵 庫	6,530	471	474	446	497	517	543	650	594	556	594	636	552
奈 良	207	25	18	20	20	15	14	17	14	9	19	19	17
和 歌 山	188	7	13	17	24	10	13	16	25	10	13	13	27
鳥 取	501	30	49	35	56	34	38	35	41	41	39	42	61
島 根	288	32	35	32	30	20	19	23	20	19	19	20	19
岡 山	632	48	56	59	46	46	52	47	52	37	56	62	71
広 島	4,265	264	253	315	360	324	315	396	368	364	363	426	517
山 口	744	68	64	58	70	56	47	69	58	57	57	59	81
徳 島	531	37	39	35	41	43	36	56	41	44	48	42	69
香 川	3,823	326	286	281	329	323	282	331	349	273	356	392	295
愛 媛	323	26	24	31	20	24	26	35	34	25	17	20	41
高 知	103	2	3	10	17	3	8	16	11	7	3	17	6
福 岡	4,844	388	346	345	388	382	388	408	337	447	465	511	439
佐 賀	63	9	3	7	4	2	3	2	4	9	3	8	9
長 崎	1,449	131	100	123	125	131	121	94	120	122	127	126	129
熊 本	2,405	161	144	192	208	182	180	241	200	205	230	217	245
大 分	749	61	58	58	62	53	70	49	69	58	64	71	76
宮 崎	3,261	296	291	268	299	249	266	246	260	254	246	294	292
鹿 児 島	4,014	277	267	345	346	319	330	340	268	354	382	390	396
沖 縄	14	1	2	2	-	-	-	1	4	-	1	2	1

3 月別と畜頭数（都道府県別）（続き）
(14) 交雑牛去勢

単位：頭

年次・都道府県	計	1月	2月	3月	4月	5月	6月	7月	8月	9月	10月	11月	12月
平成25年	122,485	9,638	8,468	9,705	10,526	9,768	9,104	10,383	9,488	9,935	10,940	12,002	12,528
26	124,978	9,267	9,492	10,122	10,942	9,917	9,896	10,766	9,707	10,294	10,949	11,888	11,738
27	116,600	9,287	9,376	10,075	9,962	8,938	9,615	9,836	8,790	9,121	9,748	10,980	10,872
28	119,976	8,962	9,357	9,395	10,517	9,561	9,169	10,093	9,403	9,744	10,169	12,014	11,592
29	129,379	9,705	9,601	10,088	11,237	10,326	10,286	11,053	10,143	10,270	11,201	12,596	12,873
北 海 道	18,685	1,325	1,351	1,436	1,532	1,556	1,511	1,666	1,519	1,585	1,695	1,711	1,798
青　　森	2,070	118	118	106	184	211	201	194	200	180	174	205	179
岩　　手	2,678	201	225	237	232	189	197	224	198	234	231	286	224
宮　　城	1,698	125	118	123	99	123	124	159	146	118	166	199	198
秋　　田	109	15	1	3	12	1	25	3	3	16	14	2	14
山　　形	2,197	149	181	192	137	175	209	197	179	186	193	214	185
福　　島	19	-	1	6	-	1	-	2	2	1	-	2	4
茨　　城	2,263	137	107	110	132	145	147	199	176	174	245	345	346
栃　　木	1,261	109	72	93	115	89	89	114	81	100	85	156	158
群　　馬	6,161	482	414	516	599	413	462	497	470	500	456	644	708
埼　　玉	8,759	561	632	680	744	678	650	789	682	689	690	1,005	959
千　　葉	4,480	411	306	339	522	453	272	297	226	277	399	459	519
東　　京	12,503	807	907	899	1,078	977	1,086	1,129	1,129	967	1,160	1,170	1,194
神 奈 川	2,164	208	166	214	283	169	160	134	176	155	172	128	199
新　　潟	539	35	34	41	48	42	37	41	44	42	55	62	58
富　　山	213	22	25	14	16	13	13	25	15	18	24	23	5
石　　川	271	17	15	22	21	79	8	20	22	17	22	15	13
福　　井	-	-	-	-	-	-	-	-	-	-	-	-	-
山　　梨	160	13	10	12	10	7	8	23	9	19	9	28	12
長　　野	1,122	78	80	112	113	89	102	93	102	63	90	112	88
岐　　阜	1,922	123	167	150	167	156	159	141	142	174	149	152	242
静　　岡	2,915	259	224	230	227	241	239	215	241	235	235	354	215
愛　　知	4,466	392	313	352	368	381	366	379	355	349	388	413	410
三　　重	184	18	14	7	24	17	14	18	10	7	25	18	12
滋　　賀	1,389	86	110	133	107	93	139	128	124	119	106	128	116
京　　都	711	100	63	50	70	51	44	56	49	41	73	54	60
大　　阪	7,967	583	688	671	834	591	639	637	579	631	698	690	726
兵　　庫	4,025	259	247	303	305	303	420	330	357	258	337	441	465
奈　　良	564	46	49	36	60	34	50	55	35	48	51	48	52
和 歌 山	-	-	-	-	-	-	-	-	-	-	-	-	-
鳥　　取	311	35	29	25	17	20	8	51	21	27	29	26	23
島　　根	453	36	29	33	44	40	33	50	32	40	35	37	44
岡　　山	626	46	38	49	61	44	56	62	48	49	51	54	68
広　　島	2,385	193	212	191	194	163	203	210	185	204	175	204	251
山　　口	137	6	6	7	3	8	21	10	14	11	18	19	14
徳　　島	2,807	196	164	207	220	217	227	290	207	219	222	226	412
香　　川	5,316	450	418	428	483	416	442	451	418	433	459	487	431
愛　　媛	369	35	26	25	35	27	29	27	30	29	33	31	42
高　　知	691	46	49	51	30	51	48	55	52	67	68	97	77
福　　岡	6,245	486	453	540	554	508	460	514	470	496	551	593	620
佐　　賀	50	1	4	2	1	5	4	2	5	4	4	10	8
長　　崎	1,360	109	124	84	122	99	92	121	93	111	142	133	130
熊　　本	6,489	573	504	510	536	571	494	557	485	530	545	595	589
大　　分	458	26	38	27	37	32	32	61	36	49	36	39	45
宮　　崎	3,714	305	320	319	379	382	267	292	235	258	276	293	388
鹿 児 島	6,455	481	546	502	479	465	498	535	537	538	615	687	572
沖　　縄	18	2	3	1	3	1	1	-	4	2	-	1	-

— 42 —

(15) 交雑牛おす

単位：頭

年次・都道府県	計	1月	2月	3月	4月	5月	6月	7月	8月	9月	10月	11月	12月
平成25年	60	8	4	1	6	4	-	6	7	2	9	8	5
26	79	13	7	8	11	3	15	7	1	3	7	2	2
27	29	-	3	1	4	1	3	2	5	3	-	3	4
28	48	2	1	4	4	4	5	4	10	4	3	3	4
29	29	3	3	3	1	2	2	1	1	1	6	2	4
北　海　道	3	-	1	1	1	-	-	-	-	-	-	-	-
青　　　森	1	-	-	1	-	-	-	-	-	-	-	-	-
岩　　　手	-												
宮　　　城	1	-	-	-	-	-	1	-	-	-	-	-	-
秋　　　田	-												
山　　　形	-												
福　　　島	-												
茨　　　城	1	-	-	-	-	-	-	-	-	-	1	-	-
栃　　　木	-												
群　　　馬	-												
埼　　　玉	2	2	-	-	-	-	-	-	-	-	-	-	-
千　　　葉	-												
東　　　京	-												
神　奈　川	-												
新　　　潟	-												
富　　　山	1	-	-	-	-	-	-	-	-	-	1	-	-
石　　　川	-												
福　　　井	-												
山　　　梨	-												
長　　　野	-												
岐　　　阜	1	-	1	-	-	-	-	-	-	-	-	-	-
静　　　岡	-												
愛　　　知	2	-	-	-	-	1	1	-	-	-	-	-	-
三　　　重	-												
滋　　　賀	-												
京　　　都	1	-	-	-	-	1	-	-	-	-	-	-	-
大　　　阪	-												
兵　　　庫	-												
奈　　　良	-												
和　歌　山	-												
鳥　　　取	-												
島　　　根	-												
岡　　　山	-												
広　　　島	-												
山　　　口	1	-	-	-	-	-	-	1	-	-	-	-	-
徳　　　島	-												
香　　　川	-												
愛　　　媛	-												
高　　　知	-												
福　　　岡	-												
佐　　　賀	-												
長　　　崎	1	-	-	-	-	-	-	-	-	-	-	-	1
熊　　　本	4	1	1	1	-	-	-	-	-	-	-	-	1
大　　　分	-												
宮　　　崎	-												
鹿　児　島	3	-	-	-	-	-	-	-	-	1	2	-	-
沖　　　縄	7	-	-	-	-	-	-	-	1	-	2	2	2

3 月別と畜頭数（都道府県別）（続き）
(16) その他の牛計

単位：頭

年次・都道府県	計	1月	2月	3月	4月	5月	6月	7月	8月	9月	10月	11月	12月
平成25年	14,389	962	1,020	1,075	1,140	1,129	1,167	1,233	1,161	1,192	1,226	1,515	1,569
26	13,457	986	1,085	1,012	1,096	981	1,016	1,159	1,148	1,122	1,201	1,272	1,379
27	12,312	949	1,068	1,106	1,048	1,003	1,037	1,080	1,057	971	952	988	1,053
28	11,003	845	789	880	917	820	876	916	974	909	933	1,027	1,117
29	**10,748**	**775**	**820**	**909**	**910**	**796**	**850**	**970**	**941**	**890**	**786**	**929**	**1,172**
北海道	663	51	31	40	39	52	52	63	42	54	65	74	100
青森	1	-	-	-	-	-	-	-	-	-	-	1	-
岩手	50	4	3	1	4	7	3	11	7	2	4	2	2
宮城	3	-	-	-	-	1	-	-	1	1	-	-	-
秋田	-	-	-	-	-	-	-	-	-	-	-	-	-
山形	29	6	1	3	3	2	-	3	1	4	3	-	3
福島	3	-	-	-	1	-	1	1	-	-	-	-	-
茨城	1	-	-	-	-	-	-	-	-	-	-	-	1
栃木	-	-	-	-	-	-	-	-	-	-	-	-	-
群馬	-	-	-	-	-	-	-	-	-	-	-	-	-
埼玉	287	22	11	23	33	11	11	11	22	22	33	44	44
千葉	-	-	-	-	-	-	-	-	-	-	-	-	-
東京	-	-	-	-	-	-	-	-	-	-	-	-	-
神奈川	7	-	-	3	-	-	-	-	-	-	-	4	-
新潟	-	-	-	-	-	-	-	-	-	-	-	-	-
富山	1	-	-	-	-	-	-	-	-	1	-	-	-
石川	-	-	-	-	-	-	-	-	-	-	-	-	-
福井	-	-	-	-	-	-	-	-	-	-	-	-	-
山梨	-	-	-	-	-	-	-	-	-	-	-	-	-
長野	1	-	-	1	-	-	-	-	-	-	-	-	-
岐阜	4	-	1	-	1	-	-	-	-	-	1	-	1
静岡	-	-	-	-	-	-	-	-	-	-	-	-	-
愛知	-	-	-	-	-	-	-	-	-	-	-	-	-
三重	-	-	-	-	-	-	-	-	-	-	-	-	-
滋賀	-	-	-	-	-	-	-	-	-	-	-	-	-
京都	5	3	-	1	-	-	1	-	-	-	-	-	-
大阪	8	-	-	-	1	1	2	1	-	2	-	-	1
兵庫	53	8	5	6	5	1	2	5	2	2	3	10	4
奈良	3	-	-	-	-	-	-	-	-	-	-	-	3
和歌山	-	-	-	-	-	-	-	-	-	-	-	-	-
鳥取	-	-	-	-	-	-	-	-	-	-	-	-	-
島根	370	30	30	38	30	31	29	33	28	31	30	31	29
岡山	-	-	-	-	-	-	-	-	-	-	-	-	-
広島	-	-	-	-	-	-	-	-	-	-	-	-	-
山口	-	-	-	-	-	-	-	-	-	-	-	-	-
徳島	-	-	-	-	-	-	-	-	-	-	-	-	-
香川	-	-	-	-	-	-	-	-	-	-	-	-	-
愛媛	-	-	-	-	-	-	-	-	-	-	-	-	-
高知	-	-	-	-	-	-	-	-	-	-	-	-	-
福岡	204	16	17	13	17	17	17	18	17	14	15	16	27
佐賀	-	-	-	-	-	-	-	-	-	-	-	-	-
長崎	295	33	32	26	32	29	32	36	12	15	28	9	11
熊本	347	18	9	17	14	30	31	30	40	34	51	46	27
大分	-	-	-	-	-	-	-	-	-	-	-	-	-
宮崎	8,119	556	655	706	705	588	636	737	741	687	535	674	899
鹿児島	173	17	17	18	16	16	20	12	16	16	9	8	8
沖縄	121	11	8	13	9	10	13	9	12	5	9	10	12

(17) その他の牛めす

単位：頭

年次・都道府県	計	1月	2月	3月	4月	5月	6月	7月	8月	9月	10月	11月	12月
平成25年	2,107	207	133	160	136	216	122	164	134	121	213	270	231
26	2,070	145	237	139	233	143	145	153	170	142	140	205	218
27	1,474	107	143	142	177	146	142	118	82	132	89	93	103
28	817	58	59	58	57	77	52	66	67	97	60	94	72
29	**1,304**	**56**	**33**	**87**	**82**	**81**	**59**	**134**	**63**	**126**	**113**	**239**	**231**
北 海 道	357	22	15	25	20	23	22	31	19	36	36	41	67
青 森	1	-	-	-	-	-	-	-	-	-	-	1	-
岩 手	21	2	2	-	3	3	2	2	1	1	4	-	1
宮 城	2	-	-	-	-	1	-	-	-	1	-	-	-
秋 田	-	-	-	-	-	-	-	-	-	-	-	-	-
山 形	27	6	1	3	3	1	-	3	1	4	3	-	2
福 島	2	-	-	-	1	-	-	1	-	-	-	-	-
茨 城	1	-	-	-	-	-	-	-	-	-	-	-	1
栃 木	-	-	-	-	-	-	-	-	-	-	-	-	-
群 馬	-	-	-	-	-	-	-	-	-	-	-	-	-
埼 玉	-	-	-	-	-	-	-	-	-	-	-	-	-
千 葉	-	-	-	-	-	-	-	-	-	-	-	-	-
東 京	-	-	-	-	-	-	-	-	-	-	-	-	-
神 奈 川	7	-	-	3	-	-	-	-	-	-	-	4	-
新 潟	-	-	-	-	-	-	-	-	-	-	-	-	-
富 山	1	-	-	-	-	-	-	-	-	1	-	-	-
石 川	-	-	-	-	-	-	-	-	-	-	-	-	-
福 井	-	-	-	-	-	-	-	-	-	-	-	-	-
山 梨	-	-	-	-	-	-	-	-	-	-	-	-	-
長 野	-	-	-	-	-	-	-	-	-	-	-	-	-
岐 阜	1	-	-	-	-	-	-	-	-	-	-	-	1
静 岡	-	-	-	-	-	-	-	-	-	-	-	-	-
愛 知	-	-	-	-	-	-	-	-	-	-	-	-	-
三 重	-	-	-	-	-	-	-	-	-	-	-	-	-
滋 賀	-	-	-	-	-	-	-	-	-	-	-	-	-
京 都	3	2	-	-	-	-	1	-	-	-	-	-	-
大 阪	2	-	-	-	-	-	-	-	-	2	-	-	-
兵 庫	17	3	1	2	1	1	1	3	-	2	3	-	-
奈 良	-	-	-	-	-	-	-	-	-	-	-	-	-
和 歌 山	-	-	-	-	-	-	-	-	-	-	-	-	-
鳥 取	-	-	-	-	-	-	-	-	-	-	-	-	-
島 根	22	2	2	8	2	1	1	3	-	2	1	-	-
岡 山	-	-	-	-	-	-	-	-	-	-	-	-	-
広 島	-	-	-	-	-	-	-	-	-	-	-	-	-
山 口	-	-	-	-	-	-	-	-	-	-	-	-	-
徳 島	-	-	-	-	-	-	-	-	-	-	-	-	-
香 川	-	-	-	-	-	-	-	-	-	-	-	-	-
愛 媛	-	-	-	-	-	-	-	-	-	-	-	-	-
高 知	-	-	-	-	-	-	-	-	-	-	-	-	-
福 岡	19	2	2	-	-	3	3	4	4	-	-	1	-
佐 賀	-	-	-	-	-	-	-	-	-	-	-	-	-
長 崎	1	-	-	-	-	-	-	-	-	-	1	-	-
熊 本	114	7	2	4	5	11	10	9	8	11	19	18	10
大 分	-	-	-	-	-	-	-	-	-	-	-	-	-
宮 崎	600	-	1	32	36	29	4	72	20	57	39	167	143
鹿 児 島	64	7	6	6	6	6	10	4	6	6	4	3	-
沖 縄	42	3	1	4	5	2	5	2	4	3	3	4	6

3 月別と畜頭数（都道府県別）（続き）
(18) その他の牛去勢

単位：頭

年次・都道府県	計	1月	2月	3月	4月	5月	6月	7月	8月	9月	10月	11月	12月
平成25年	12,164	745	885	897	998	905	1,038	1,060	1,021	1,061	997	1,230	1,327
26	11,272	826	837	866	854	828	863	991	974	970	1,050	1,063	1,150
27	10,718	834	914	951	868	849	886	948	965	832	846	888	937
28	10,084	771	726	815	853	733	818	835	899	807	863	926	1,038
29	9,345	711	781	812	823	706	783	826	865	760	662	683	933
北 海 道	301	29	16	15	19	29	30	31	23	18	27	31	33
青 森	-	-	-	-	-	-	-	-	-	-	-	-	-
岩 手	29	2	1	1	1	4	1	9	6	1	-	2	1
宮 城	1	-	-	-	-	-	-	-	1	-	-	-	-
秋 田	-	-	-	-	-	-	-	-	-	-	-	-	-
山 形	-	-	-	-	-	-	-	-	-	-	-	-	-
福 島	1	-	-	-	-	-	1	-	-	-	-	-	-
茨 城	-	-	-	-	-	-	-	-	-	-	-	-	-
栃 木	-	-	-	-	-	-	-	-	-	-	-	-	-
群 馬	-	-	-	-	-	-	-	-	-	-	-	-	-
埼 玉	287	22	11	23	33	11	11	11	22	22	33	44	44
千 葉	-	-	-	-	-	-	-	-	-	-	-	-	-
東 京	-	-	-	-	-	-	-	-	-	-	-	-	-
神 奈 川	-	-	-	-	-	-	-	-	-	-	-	-	-
新 潟	-	-	-	-	-	-	-	-	-	-	-	-	-
富 山	-	-	-	-	-	-	-	-	-	-	-	-	-
石 川	-	-	-	-	-	-	-	-	-	-	-	-	-
福 井	-	-	-	-	-	-	-	-	-	-	-	-	-
山 梨	-	-	-	-	-	-	-	-	-	-	-	-	-
長 野	1	-	-	1	-	-	-	-	-	-	-	-	-
岐 阜	3	-	1	-	1	-	-	-	-	-	1	-	-
静 岡	-	-	-	-	-	-	-	-	-	-	-	-	-
愛 知	-	-	-	-	-	-	-	-	-	-	-	-	-
三 重	-	-	-	-	-	-	-	-	-	-	-	-	-
滋 賀	-	-	-	-	-	-	-	-	-	-	-	-	-
京 都	2	1	-	1	-	-	-	-	-	-	-	-	-
大 阪	6	-	-	-	1	1	2	1	-	-	-	-	1
兵 庫	36	5	4	4	4	-	1	2	2	-	-	10	4
奈 良	3	-	-	-	-	-	-	-	-	-	-	-	3
和 歌 山	-	-	-	-	-	-	-	-	-	-	-	-	-
鳥 取	-	-	-	-	-	-	-	-	-	-	-	-	-
島 根	348	28	28	30	28	30	28	30	28	29	29	31	29
岡 山	-	-	-	-	-	-	-	-	-	-	-	-	-
広 島	-	-	-	-	-	-	-	-	-	-	-	-	-
山 口	-	-	-	-	-	-	-	-	-	-	-	-	-
徳 島	-	-	-	-	-	-	-	-	-	-	-	-	-
香 川	-	-	-	-	-	-	-	-	-	-	-	-	-
愛 媛	-	-	-	-	-	-	-	-	-	-	-	-	-
高 知	-	-	-	-	-	-	-	-	-	-	-	-	-
福 岡	184	14	15	13	16	14	14	14	13	14	15	15	27
佐 賀	-	-	-	-	-	-	-	-	-	-	-	-	-
長 崎	294	33	32	26	32	29	32	36	12	15	27	9	11
熊 本	209	11	7	10	9	17	19	18	27	20	29	26	16
大 分	-	-	-	-	-	-	-	-	-	-	-	-	-
宮 崎	7,519	556	654	674	669	559	632	665	721	630	496	507	756
鹿 児 島	109	10	11	12	10	10	10	8	10	10	5	5	8
沖 縄	12	-	1	2	-	2	2	1	-	1	-	3	-

— 46 —

(19) その他の牛おす

単位：頭

年次・都道府県	計	1月	2月	3月	4月	5月	6月	7月	8月	9月	10月	11月	12月
平成25年	118	10	2	18	6	8	7	9	6	10	16	15	11
26	115	15	11	7	9	10	8	15	4	10	11	4	11
27	120	8	11	13	3	8	9	14	10	7	17	7	13
28	102	16	4	7	7	10	6	15	8	5	10	7	7
29	99	8	6	10	5	9	8	10	13	4	11	7	8
北海道	5	-	-	-	-	-	-	1	-	-	2	2	-
青森	-	-	-	-	-	-	-	-	-	-	-	-	-
岩手	-	-	-	-	-	-	-	-	-	-	-	-	-
宮城	-	-	-	-	-	-	-	-	-	-	-	-	-
秋田	-	-	-	-	-	-	-	-	-	-	-	-	-
山形	2	-	-	-	-	1	-	-	-	-	-	-	1
福島	-	-	-	-	-	-	-	-	-	-	-	-	-
茨城	-	-	-	-	-	-	-	-	-	-	-	-	-
栃木	-	-	-	-	-	-	-	-	-	-	-	-	-
群馬	-	-	-	-	-	-	-	-	-	-	-	-	-
埼玉	-	-	-	-	-	-	-	-	-	-	-	-	-
千葉	-	-	-	-	-	-	-	-	-	-	-	-	-
東京	-	-	-	-	-	-	-	-	-	-	-	-	-
神奈川	-	-	-	-	-	-	-	-	-	-	-	-	-
新潟	-	-	-	-	-	-	-	-	-	-	-	-	-
富山	-	-	-	-	-	-	-	-	-	-	-	-	-
石川	-	-	-	-	-	-	-	-	-	-	-	-	-
福井	-	-	-	-	-	-	-	-	-	-	-	-	-
山梨	-	-	-	-	-	-	-	-	-	-	-	-	-
長野	-	-	-	-	-	-	-	-	-	-	-	-	-
岐阜	-	-	-	-	-	-	-	-	-	-	-	-	-
静岡	-	-	-	-	-	-	-	-	-	-	-	-	-
愛知	-	-	-	-	-	-	-	-	-	-	-	-	-
三重	-	-	-	-	-	-	-	-	-	-	-	-	-
滋賀	-	-	-	-	-	-	-	-	-	-	-	-	-
京都	-	-	-	-	-	-	-	-	-	-	-	-	-
大阪	-	-	-	-	-	-	-	-	-	-	-	-	-
兵庫	-	-	-	-	-	-	-	-	-	-	-	-	-
奈良	-	-	-	-	-	-	-	-	-	-	-	-	-
和歌山	-	-	-	-	-	-	-	-	-	-	-	-	-
鳥取	-	-	-	-	-	-	-	-	-	-	-	-	-
島根	-	-	-	-	-	-	-	-	-	-	-	-	-
岡山	-	-	-	-	-	-	-	-	-	-	-	-	-
広島	-	-	-	-	-	-	-	-	-	-	-	-	-
山口	-	-	-	-	-	-	-	-	-	-	-	-	-
徳島	-	-	-	-	-	-	-	-	-	-	-	-	-
香川	-	-	-	-	-	-	-	-	-	-	-	-	-
愛媛	-	-	-	-	-	-	-	-	-	-	-	-	-
高知	-	-	-	-	-	-	-	-	-	-	-	-	-
福岡	1	-	-	-	1	-	-	-	-	-	-	-	-
佐賀	-	-	-	-	-	-	-	-	-	-	-	-	-
長崎	-	-	-	-	-	-	-	-	-	-	-	-	-
熊本	24	-	-	3	-	2	2	3	5	3	3	2	1
大分	-	-	-	-	-	-	-	-	-	-	-	-	-
宮崎	-	-	-	-	-	-	-	-	-	-	-	-	-
鹿児島	-	-	-	-	-	-	-	-	-	-	-	-	-
沖縄	67	8	6	7	4	6	6	6	8	1	6	3	6

3　月別と畜頭数（都道府県別）（続き）

(20)　子牛

単位：頭

年次・都道府県	計	1月	2月	3月	4月	5月	6月	7月	8月	9月	10月	11月	12月
平成25年	7,100	606	519	616	633	651	597	612	604	587	655	565	455
26	6,760	487	444	505	529	552	619	678	551	691	644	584	476
27	5,890	501	473	574	510	455	554	552	444	486	497	393	451
28	5,548	382	420	507	451	510	497	490	478	480	490	420	423
29	**5,193**	**415**	**423**	**479**	**436**	**463**	**461**	**420**	**471**	**368**	**413**	**451**	**393**
北海道	2,359	185	204	218	174	219	232	189	209	163	186	192	188
青森	105	15	4	8	13	12	10	11	7	7	7	6	5
岩手	34	1	1	6	3	1	3	5	2	2	4	3	3
宮城	25	2	2	3	1	2	3	2	4	-	1	1	4
秋田	9	1	1	1	1	-	2	1	-	1	-	1	-
山形	13	-	2	1	1	1	3	1	-	2	1	-	1
福島	7	1	-	1	1	1	1	-	-	-	-	-	2
茨城	1,089	105	106	90	88	95	98	79	91	72	96	93	76
栃木	90	4	9	10	6	4	6	7	16	3	5	10	10
群馬	9	1	-	1	-	3	1	-	-	1	1	-	1
埼玉	203	27	12	26	26	19	14	16	17	15	9	18	4
千葉	632	28	31	50	73	57	50	56	69	48	46	64	60
東京	-	-	-	-	-	-	-	-	-	-	-	-	-
神奈川	16	2	1	-	2	-	4	1	2	-	2	1	1
新潟	1	-	-	-	1	-	-	-	-	-	-	-	-
富山	2	-	2	-	-	-	-	-	-	-	-	-	-
石川	9	-	-	2	-	-	-	-	2	1	3	-	1
福井	-	-	-	-	-	-	-	-	-	-	-	-	-
山梨	29	2	7	5	6	1	2	-	1	-	1	3	1
長野	11	-	1	-	2	2	-	2	1	-	1	1	1
岐阜	18	2	1	1	2	1	-	1	-	3	3	2	2
静岡	31	2	4	3	1	2	2	3	4	2	2	3	3
愛知	110	8	7	16	10	18	8	6	8	11	7	7	4
三重	7	-	-	-	1	1	1	2	1	-	-	-	1
滋賀	4	-	-	-	-	-	1	-	1	1	-	1	-
京都	3	-	-	1	-	-	-	1	-	-	-	1	-
大阪	4	-	-	-	1	-	1	-	-	-	2	-	-
兵庫	32	2	2	4	1	-	1	1	3	4	8	5	1
奈良	10	1	-	1	-	-	-	2	3	-	3	-	-
和歌山	-	-	-	-	-	-	-	-	-	-	-	-	-
鳥取	3	-	-	-	-	-	-	-	-	2	-	-	1
島根	-	-	-	-	-	-	-	-	-	-	-	-	-
岡山	15	1	-	1	1	2	1	1	3	1	2	2	-
広島	38	1	5	1	3	3	-	1	9	5	4	3	3
山口	-	-	-	-	-	-	-	-	-	-	-	-	-
徳島	10	-	2	-	-	1	1	1	2	2	1	-	-
香川	12	4	-	-	1	1	-	1	-	3	-	1	1
愛媛	8	2	-	3	1	-	-	-	-	-	-	1	1
高知	2	1	-	1	-	-	-	-	-	-	-	-	-
福岡	25	3	3	1	4	1	2	2	2	5	-	-	2
佐賀	3	-	-	2	-	-	-	1	-	-	-	-	-
長崎	27	3	3	2	-	-	4	6	1	1	4	2	1
熊本	-	-	-	-	-	-	-	-	-	-	-	-	-
大分	44	5	4	3	4	3	3	4	3	1	3	7	4
宮崎	42	-	4	3	3	3	1	8	2	2	6	9	1
鹿児島	97	6	5	13	5	9	6	9	8	10	3	14	9
沖縄	5	-	-	1	-	1	-	-	-	-	2	-	1

(21) 馬

単位：頭

年次・都道府県	計	1月	2月	3月	4月	5月	6月	7月	8月	9月	10月	11月	12月
平成25年	13, 592	824	817	965	1, 274	986	913	1, 224	1, 338	1, 060	1, 135	1, 173	1, 883
26	13, 474	958	902	1, 070	1, 116	969	997	1, 121	1, 306	1, 068	1, 116	1, 004	1, 847
27	12, 466	886	829	980	1, 134	866	946	1, 091	1, 184	997	985	987	1, 581
28	10, 240	812	698	852	785	632	755	853	1, 041	787	810	864	1, 351
29	**9, 807**	**653**	**605**	**787**	**811**	**741**	**772**	**834**	**998**	**714**	**797**	**823**	**1, 272**
北海道	76	2	5	3	9	1	6	7	7	6	10	10	10
青森	1, 246	93	77	101	96	82	94	100	118	93	109	118	165
岩手	−	−	−	−	−	−	−	−	−	−	−	−	−
宮城	1	−	−	−	−	−	−	−	−	−	1	−	−
秋田	242	13	13	21	27	15	18	24	23	16	19	18	35
山形	245	14	16	22	24	20	20	18	30	17	16	23	25
福島	2, 029	168	110	155	188	141	162	176	224	159	170	155	221
茨城	7	−	1	1	−	−	2	−	−	1	−	1	1
栃木	17	1	1	3	−	1	1	1	2	1	4	1	1
群馬	30	3	3	3	3	2	−	5	1	1	1	2	6
埼玉	1	−	−	−	−	−	−	1	−	−	−	−	−
千葉	−	−	−	−	−	−	−	−	−	−	−	−	−
東京	−	−	−	−	−	−	−	−	−	−	−	−	−
神奈川	−	−	−	−	−	−	−	−	−	−	−	−	−
新潟	−	−	−	−	−	−	−	−	−	−	−	−	−
富山	−	−	−	−	−	−	−	−	−	−	−	−	−
石川	−	−	−	−	−	−	−	−	−	−	−	−	−
福井	−	−	−	−	−	−	−	−	−	−	−	−	−
山梨	467	32	28	37	42	40	35	34	54	33	37	38	57
長野	43	1	3	2	3	2	4	6	6	1	2	8	5
岐阜	85	5	4	6	9	9	5	10	5	3	8	7	14
静岡	−	−	−	−	−	−	−	−	−	−	−	−	−
愛知	1	−	−	−	−	−	−	−	−	−	−	−	1
三重	−	−	−	−	−	−	−	−	−	−	−	−	−
滋賀	−	−	−	−	−	−	−	−	−	−	−	−	−
京都	−	−	−	−	−	−	−	−	−	−	−	−	−
大阪	1	−	−	−	−	1	−	−	−	−	−	−	−
兵庫	1	−	−	−	1	−	−	−	−	−	−	−	−
奈良	14	1	1	1	1	2	−	−	2	1	1	1	3
和歌山	−	−	−	−	−	−	−	−	−	−	−	−	−
鳥取	−	−	−	−	−	−	−	−	−	−	−	−	−
島根	−	−	−	−	−	−	−	−	−	−	−	−	−
岡山	−	−	−	−	−	−	−	−	−	−	−	−	−
広島	5	−	−	1	−	−	−	−	−	1	−	−	3
山口	−	−	−	−	−	−	−	−	−	−	−	−	−
徳島	54	3	4	4	4	4	5	9	3	4	6	4	4
香川	−	−	−	−	−	−	−	−	−	−	−	−	−
愛媛	−	−	−	−	−	−	−	−	−	−	−	−	−
高知	104	7	7	8	7	10	8	8	11	5	8	10	15
福岡	1, 058	59	61	83	79	73	75	79	132	72	70	69	206
佐賀	1	−	−	−	−	−	−	−	1	−	−	−	−
長崎	15	−	−	−	2	−	1	1	4	−	−	3	4
熊本	4, 004	247	266	332	311	335	331	351	369	297	329	350	486
大分	8	−	1	1	2	1	−	1	−	−	−	1	1
宮崎	21	2	2	1	2	1	1	1	2	1	1	2	5
鹿児島	−	−	−	−	−	−	−	−	−	−	−	−	−
沖縄	31	2	2	2	1	1	4	2	4	2	5	2	4

4　月別枝肉生産量（都道府県別）
(1)　豚

年次・都道府県		計	1月	2月	3月	4月	5月
平成25年	(1)	1,309,433.2	113,907.6	104,296.8	107,703.2	112,583.4	110,891.5
26	(2)	1,263,598.5	115,022.1	104,880.4	107,225.7	108,667.4	102,593.8
27	(3)	1,254,283.0	106,419.8	100,256.0	106,737.6	107,103.0	97,768.6
28	(4)	1,278,622.8	106,967.5	106,842.8	113,249.7	107,264.6	103,500.3
29	**(5)**	**1,272,300.9**	**110,388.6**	**102,436.2**	**113,037.2**	**103,176.6**	**106,598.4**
北海道	(6)	87,859.6	7,249.0	6,927.9	7,601.8	7,181.5	7,293.2
青森	(7)	81,548.3	6,829.3	6,402.2	6,701.9	6,687.8	6,746.6
岩手	(8)	23,661.5	2,032.2	1,907.4	2,128.4	1,861.3	2,004.7
宮城	(9)	27,218.9	2,327.4	2,103.1	2,424.5	2,147.8	2,311.9
秋田	(10)	22,082.8	1,884.2	1,832.1	2,081.6	1,732.4	1,866.0
山形	(11)	31,359.8	2,779.6	2,514.8	2,811.0	2,500.7	2,606.9
福島	(12)	16,940.8	1,423.6	1,297.1	1,473.3	1,378.1	1,416.1
茨城	(13)	101,368.0	8,935.5	8,350.1	9,243.0	8,090.4	8,576.4
栃木	(14)	20,979.0	1,749.5	1,607.0	1,895.0	1,631.2	1,763.5
群馬	(15)	55,126.8	4,782.9	4,369.2	4,934.9	4,462.9	4,675.9
埼玉	(16)	50,088.3	4,207.6	4,053.9	4,518.3	4,174.8	4,134.6
千葉	(17)	68,119.6	5,823.0	5,604.2	6,213.3	5,496.3	5,849.4
東京	(18)	14,826.1	1,357.8	1,282.2	1,385.4	1,214.9	1,162.3
神奈川	(19)	49,861.5	4,382.9	4,013.3	4,491.2	3,940.2	4,111.6
新潟	(20)	32,300.1	2,638.1	2,462.3	2,759.4	2,529.0	2,685.7
富山	(21)	7,428.1	688.1	555.5	627.1	634.2	687.4
石川	(22)	3,712.5	317.0	295.4	336.5	285.0	312.3
福井	(23)	-	-	-	-	-	-
山梨	(24)	3,562.8	318.9	284.7	313.8	283.5	320.6
長野	(25)	11,037.0	961.5	854.9	1,009.1	875.8	960.9
岐阜	(26)	9,550.2	821.2	742.2	823.8	767.3	860.8
静岡	(27)	18,647.3	1,737.6	1,580.5	1,649.9	1,432.0	1,568.2
愛知	(28)	40,573.6	3,556.9	3,292.6	3,695.8	3,195.8	3,273.8
三重	(29)	12,234.4	1,033.3	959.9	1,047.6	917.7	1,041.8
滋賀	(30)	435.1	44.2	44.8	41.5	42.2	40.8
京都	(31)	1,636.4	146.3	137.5	140.2	139.2	137.7
大阪	(32)	4,244.3	389.4	327.6	395.6	342.0	350.3
兵庫	(33)	6,693.8	594.6	515.2	582.9	522.2	599.0
奈良	(34)	686.8	64.9	58.8	67.6	61.4	55.9
和歌山	(35)	-	-	-	-	-	-
鳥取	(36)	6,321.2	533.3	522.5	578.5	505.3	533.7
島根	(37)	6,884.6	633.3	546.8	637.3	552.1	543.4
岡山	(38)	4,753.7	380.9	392.4	428.9	391.5	386.7
広島	(39)	4,990.3	426.7	381.6	437.0	423.4	470.5
山口	(40)	0.8	0.2	-	0.2	-	0.1
徳島	(41)	14,551.7	1,229.6	1,176.0	1,274.3	1,136.6	1,234.3
香川	(42)	11,498.8	1,048.6	928.0	1,033.7	906.8	954.0
愛媛	(43)	14,761.1	1,321.8	1,232.9	1,356.6	1,209.4	1,218.9
高知	(44)	7,595.1	676.1	598.3	661.6	613.4	635.1
福岡	(45)	16,507.5	1,380.5	1,362.7	1,449.3	1,363.4	1,285.1
佐賀	(46)	8,650.9	712.7	695.4	788.4	697.2	680.9
長崎	(47)	42,655.8	3,865.6	3,522.8	3,790.3	3,495.8	3,500.3
熊本	(48)	12,320.7	1,132.6	1,016.0	1,132.0	988.2	1,025.6
大分	(49)	8,286.0	698.4	668.0	715.7	694.2	642.3
宮崎	(50)	76,131.8	6,884.5	6,344.0	6,800.5	6,145.3	6,473.3
鹿児島	(51)	207,271.4	18,283.3	16,748.4	18,352.8	17,434.3	17,527.8
沖縄	(52)	25,335.8	2,104.1	1,924.0	2,205.9	2,092.1	2,072.3

単位：t

6月	7月	8月	9月	10月	11月	12月	
97, 292. 0	105, 022. 7	99, 853. 4	103, 054. 1	118, 297. 7	116, 570. 3	119, 960. 3	(1)
97, 283. 4	103, 623. 2	94, 123. 0	103, 690. 7	111, 900. 6	101, 117. 2	113, 471. 1	(2)
101, 085. 3	102, 118. 6	91, 251. 3	102, 721. 2	112, 853. 2	110, 689. 2	115, 279. 3	(3)
101, 916. 6	96, 675. 6	102, 054. 5	104, 489. 7	106, 338. 7	114, 325. 1	114, 997. 7	(4)
102, 108. 1	**94, 624. 1**	**100, 121. 9**	**100, 462. 9**	**110, 641. 2**	**115, 051. 8**	**113, 653. 7**	(5)
7, 261. 2	6, 891. 8	7, 323. 4	7, 221. 3	7, 514. 6	7, 622. 4	7, 771. 5	(6)
6, 685. 7	6, 307. 6	6, 669. 9	6, 776. 4	7, 228. 3	7, 386. 5	7, 126. 1	(7)
1, 896. 7	1, 824. 6	1, 962. 0	1, 853. 0	2, 011. 9	2, 166. 9	2, 012. 4	(8)
2, 164. 6	2, 026. 5	2, 155. 8	2, 198. 6	2, 418. 9	2, 514. 7	2, 425. 1	(9)
1, 722. 4	1, 667. 0	1, 794. 2	1, 746. 3	1, 844. 7	2, 022. 6	1, 889. 4	(10)
2, 502. 0	2, 324. 5	2, 370. 5	2, 513. 0	2, 846. 6	2, 894. 2	2, 695. 9	(11)
1, 331. 3	1, 295. 4	1, 373. 4	1, 411. 3	1, 519. 9	1, 530. 8	1, 490. 5	(12)
8, 079. 5	7, 277. 1	7, 808. 5	7, 918. 5	8, 886. 6	9, 309. 5	8, 892. 9	(13)
1, 750. 3	1, 532. 8	1, 668. 5	1, 767. 0	1, 891. 8	1, 953. 3	1, 769. 3	(14)
4, 502. 8	3, 894. 4	4, 525. 8	4, 409. 6	4, 777. 7	4, 946. 3	4, 844. 2	(15)
4, 101. 3	3, 758. 2	3, 911. 2	3, 866. 3	4, 303. 7	4, 533. 2	4, 525. 3	(16)
5, 394. 6	4, 934. 1	5, 323. 6	5, 406. 1	6, 000. 5	6, 168. 6	5, 906. 0	(17)
1, 120. 9	1, 007. 1	1, 067. 3	1, 135. 0	1, 298. 9	1, 347. 6	1, 446. 7	(18)
3, 891. 9	3, 625. 1	3, 885. 7	3, 989. 6	4, 465. 6	4, 636. 4	4, 428. 2	(19)
2, 643. 5	2, 502. 8	2, 694. 2	2, 596. 1	2, 850. 0	2, 947. 2	2, 991. 8	(20)
600. 8	539. 3	558. 9	605. 3	671. 8	629. 9	629. 9	(21)
311. 4	259. 2	299. 6	282. 0	328. 4	349. 2	336. 6	(22)
–	–	–	–	–	–	–	(23)
266. 0	245. 2	272. 1	281. 3	325. 4	334. 9	316. 3	(24)
885. 6	797. 8	849. 8	873. 9	1, 001. 1	1, 011. 8	954. 9	(25)
803. 4	749. 9	752. 8	722. 0	825. 0	861. 3	820. 4	(26)
1, 436. 0	1, 324. 1	1, 396. 8	1, 466. 1	1, 649. 2	1, 740. 8	1, 666. 1	(27)
3, 187. 5	2, 910. 9	3, 163. 3	3, 148. 7	3, 575. 8	3, 904. 2	3, 668. 3	(28)
1, 000. 1	916. 7	1, 007. 0	992. 5	1, 098. 8	1, 123. 8	1, 095. 2	(29)
36. 8	40. 0	35. 4	45. 4	18. 8	19. 8	25. 4	(30)
141. 6	136. 0	129. 3	122. 5	138. 4	139. 2	128. 5	(31)
357. 3	281. 3	305. 4	359. 9	372. 3	383. 6	379. 5	(32)
542. 7	504. 7	528. 7	501. 1	587. 5	617. 6	597. 6	(33)
54. 6	52. 6	51. 7	49. 7	56. 6	58. 3	54. 8	(34)
–	–	–	–	–	–	–	(35)
504. 5	471. 1	519. 8	530. 8	553. 1	535. 2	533. 4	(36)
552. 6	538. 9	555. 1	531. 5	607. 5	592. 6	593. 4	(37)
405. 4	365. 7	377. 0	383. 0	418. 6	415. 8	407. 9	(38)
421. 4	373. 1	369. 9	342. 3	441. 1	473. 8	429. 3	(39)
0. 1	–	0. 2	–	–	0. 2	–	(40)
1, 150. 6	1, 060. 8	1, 212. 2	1, 146. 1	1, 270. 8	1, 347. 6	1, 313. 0	(41)
929. 8	869. 0	888. 9	905. 0	1, 004. 0	1, 043. 1	987. 9	(42)
1, 215. 4	1, 137. 0	1, 178. 5	1, 185. 2	1, 269. 9	1, 218. 4	1, 216. 9	(43)
608. 9	568. 3	597. 7	582. 3	685. 1	703. 3	665. 0	(44)
1, 337. 6	1, 255. 1	1, 270. 3	1, 327. 6	1, 472. 6	1, 527. 9	1, 475. 6	(45)
687. 9	675. 6	715. 6	701. 2	734. 4	780. 6	780. 9	(46)
3, 459. 6	3, 167. 4	3, 264. 0	3, 275. 5	3, 635. 9	3, 818. 8	3, 859. 9	(47)
1, 011. 9	964. 6	997. 6	936. 7	1, 011. 5	1, 064. 6	1, 039. 7	(48)
666. 7	620. 1	671. 1	681. 5	785. 1	718. 1	724. 9	(49)
6, 072. 2	5, 556. 5	5, 736. 2	5, 823. 7	6, 505. 4	6, 901. 1	6, 889. 0	(50)
16, 404. 8	15, 411. 3	15, 742. 1	15, 897. 3	17, 616. 3	18, 540. 0	19, 313. 0	(51)
2, 006. 2	1, 962. 9	2, 141. 1	1, 954. 4	2, 121. 3	2, 216. 2	2, 535. 2	(52)

4　月別枝肉生産量（都道府県別）（続き）
(2)　牛計

単位：t

年次・都道府県	計	1月	2月	3月	4月	5月	6月	7月	8月	9月	10月	11月	12月
平成25年	507,985.3	38,283.3	37,586.1	40,466.8	44,459.0	41,005.4	38,789.2	45,102.3	38,924.3	39,541.4	44,026.4	50,361.6	49,439.6
26	502,134.6	37,132.3	37,212.8	39,727.5	43,403.6	39,726.8	39,281.2	44,559.7	38,075.4	41,146.0	45,261.8	48,477.4	48,130.1
27	481,019.4	36,927.9	37,347.9	39,816.4	41,646.7	36,193.4	38,833.0	42,920.6	36,303.8	38,083.9	41,228.3	46,670.9	45,046.7
28	464,350.5	34,652.9	36,280.2	37,019.0	40,100.2	36,070.5	36,921.5	40,216.2	36,616.3	37,695.9	38,838.8	46,599.5	43,339.6
29	**469,095.5**	**34,824.6**	**34,801.9**	**37,060.4**	**40,451.6**	**36,309.5**	**37,170.9**	**40,891.1**	**36,794.9**	**37,587.9**	**40,405.0**	**47,117.1**	**45,680.7**
北海道	91,292.0	6,909.3	6,982.1	7,712.0	7,532.4	7,238.5	7,492.2	7,407.4	7,626.0	7,564.8	8,193.0	8,603.0	8,031.1
青森	10,798.1	861.7	886.6	887.5	896.3	885.3	930.1	908.5	920.2	892.4	920.0	931.9	877.6
岩手	7,057.4	539.0	518.3	563.0	612.5	551.6	575.7	591.1	566.2	554.3	638.6	733.1	613.9
宮城	10,038.4	689.9	731.0	746.6	876.6	700.6	772.4	899.4	741.9	856.8	847.4	1,152.1	1,023.8
秋田	1,896.1	136.0	135.4	136.1	166.8	153.4	167.6	202.7	140.3	141.1	153.9	195.2	167.7
山形	8,646.4	600.4	595.9	699.7	767.6	594.8	694.9	845.6	649.2	681.7	761.7	874.8	880.0
福島	1,559.9	133.1	132.2	117.3	132.0	129.3	159.9	140.6	139.9	101.9	109.3	149.9	114.6
茨城	11,708.2	806.6	739.3	770.5	811.7	864.9	870.4	981.1	950.5	1,006.5	1,189.6	1,404.2	1,312.9
栃木	3,450.0	293.7	243.9	293.1	295.1	298.4	262.4	289.6	262.2	282.1	260.3	329.8	339.5
群馬	8,136.0	620.9	534.0	628.9	754.0	611.5	634.3	651.9	595.0	646.2	646.6	926.8	885.9
埼玉	14,841.1	1,056.5	1,085.3	1,145.3	1,284.0	1,128.9	1,102.4	1,333.7	1,097.4	1,185.3	1,190.2	1,662.1	1,569.9
千葉	9,532.0	781.8	663.9	729.5	916.3	755.3	660.9	796.7	655.7	724.5	855.3	976.4	1,015.7
東京	42,692.2	2,928.3	3,228.3	3,272.4	3,808.4	3,223.6	3,356.2	3,857.0	3,326.1	3,389.1	3,827.4	4,127.9	4,347.5
神奈川	6,906.8	579.5	526.4	550.6	737.8	536.2	522.0	571.6	496.2	542.1	544.6	623.5	676.3
新潟	957.9	70.1	63.1	67.2	87.7	75.2	67.2	92.9	70.2	68.1	79.4	106.0	110.8
富山	691.3	59.8	52.7	57.7	59.7	53.2	53.2	65.1	52.2	47.7	54.9	89.4	45.9
石川	2,517.7	178.8	206.2	232.9	184.4	188.2	211.3	226.4	177.6	190.8	210.1	277.1	233.9
福井	-	-	-	-	-	-	-	-	-	-	-	-	-
山梨	1,641.3	128.0	98.4	122.9	148.6	139.9	108.6	151.5	125.6	115.2	161.5	183.2	157.9
長野	3,874.8	279.2	286.3	273.1	357.9	290.6	306.2	364.9	312.8	283.4	323.2	400.5	396.6
岐阜	7,554.5	522.2	542.9	573.4	625.8	564.2	548.0	668.8	613.3	596.6	671.0	829.5	798.9
静岡	4,438.4	366.7	322.1	352.7	349.8	347.2	350.4	353.2	342.5	360.2	374.2	527.0	392.4
愛知	8,586.1	676.3	619.6	666.8	703.2	692.6	697.4	736.2	646.0	701.5	717.4	910.2	818.9
三重	4,979.5	330.6	337.7	344.5	430.1	327.6	401.0	412.3	362.4	340.2	390.2	606.5	696.3
滋賀	3,775.6	228.0	229.8	322.4	332.8	214.9	303.4	368.2	263.0	322.4	330.6	406.5	453.6
京都	4,825.5	362.0	338.9	375.2	458.8	350.0	312.1	468.7	369.9	377.1	434.2	413.9	564.8
大阪	16,758.8	1,296.7	1,277.1	1,315.7	1,602.1	1,305.5	1,329.1	1,479.0	1,254.7	1,262.5	1,439.0	1,546.8	1,650.6
兵庫	25,834.7	1,830.1	1,914.3	1,998.7	2,182.1	1,953.0	2,159.5	2,354.6	1,940.8	2,017.1	2,118.6	2,825.1	2,540.7
奈良	1,141.7	86.9	85.0	86.0	107.0	80.6	94.5	110.2	83.4	84.6	91.2	109.8	122.5
和歌山	190.8	12.7	13.1	17.2	20.6	13.0	12.6	16.3	21.1	10.8	12.8	14.7	25.8
鳥取	2,675.9	194.2	217.5	214.7	229.6	205.1	216.4	236.4	224.0	216.1	220.5	250.5	251.0
島根	1,754.8	146.2	139.0	142.0	152.0	133.0	133.8	183.9	116.8	134.6	147.2	171.9	154.2
岡山	3,380.0	244.4	250.7	269.1	297.5	259.0	273.5	286.9	260.4	252.1	298.8	336.3	351.4
広島	7,974.7	574.9	595.0	634.5	695.6	605.2	615.5	730.9	619.3	662.4	660.4	759.0	822.1
山口	1,111.3	91.5	91.4	90.9	98.4	84.9	90.2	97.0	88.9	79.7	89.0	92.6	117.1
徳島	2,797.9	189.8	170.1	216.5	229.1	210.3	229.6	274.3	217.2	223.2	231.5	234.6	371.7
香川	8,010.6	682.6	616.4	628.1	714.0	624.8	626.2	723.5	637.0	627.4	693.6	776.9	660.2
愛媛	1,352.4	111.6	93.6	96.9	115.6	97.1	98.6	135.6	110.8	100.1	104.6	138.9	148.8
高知	1,404.0	95.9	91.2	107.4	108.6	103.5	109.4	122.2	121.3	112.7	120.9	157.3	153.7
福岡	21,046.7	1,647.9	1,514.5	1,649.9	1,888.1	1,621.1	1,630.8	1,954.8	1,548.7	1,660.3	1,680.4	2,249.4	2,000.8
佐賀	2,557.4	188.1	202.7	210.0	210.1	193.4	192.7	219.6	198.6	218.3	206.3	256.0	261.7
長崎	8,291.3	606.0	667.3	671.5	708.0	638.0	655.5	757.6	622.0	672.1	698.6	811.1	783.6
熊本	15,737.9	1,239.9	1,209.2	1,228.8	1,348.5	1,284.3	1,200.8	1,344.4	1,240.9	1,266.9	1,383.5	1,574.5	1,416.2
大分	2,436.9	170.3	186.8	197.5	230.4	162.4	203.6	241.0	185.4	185.1	191.9	242.3	240.1
宮崎	23,329.3	1,672.0	1,791.1	1,759.6	2,047.9	1,935.4	1,858.2	1,998.6	1,897.2	1,881.9	1,915.5	2,316.5	2,255.4
鹿児島	47,069.3	3,458.2	3,436.5	3,753.5	3,993.7	3,735.2	3,729.4	4,077.6	3,735.5	3,809.3	4,045.6	4,633.4	4,661.5
沖縄	1,841.7	145.9	138.9	130.8	142.5	148.6	151.1	162.0	168.6	138.6	170.3	179.0	165.5

(3) 成牛計

単位：t

年次・都道府県	計	1月	2月	3月	4月	5月	6月	7月	8月	9月	10月	11月	12月
平成25年	507, 292. 8	38, 235. 4	37, 536. 0	40, 401. 0	44, 399. 4	40, 932. 9	38, 719. 1	45, 037. 8	38, 867. 3	39, 488. 7	43, 971. 6	50, 308. 0	49, 395. 5
26	501, 479. 7	37, 088. 4	37, 167. 3	39, 676. 1	43, 346. 4	39, 669. 6	39, 216. 6	44, 493. 1	38, 026. 4	41, 087. 0	45, 202. 7	48, 417. 6	48, 088. 5
27	480, 418. 7	36, 882. 8	37, 302. 9	39, 759. 4	41, 590. 0	36, 146. 0	38, 774. 5	42, 864. 9	36, 260. 6	38, 034. 5	41, 175. 5	46, 629. 2	44, 998. 6
28	463, 748. 7	34, 612. 4	36, 238. 0	36, 966. 7	40, 054. 4	36, 013. 6	36, 861. 4	40, 161. 5	36, 564. 4	37, 645. 3	38, 786. 0	46, 552. 4	43, 292. 7
29	**468, 497. 1**	**34, 774. 7**	**34, 752. 3**	**37, 004. 7**	**40, 404. 1**	**36, 255. 5**	**37, 117. 1**	**40, 842. 4**	**36, 739. 0**	**37, 546. 0**	**40, 359. 9**	**47, 066. 8**	**45, 634. 8**
北海道	91, 019. 9	6, 887. 1	6, 958. 2	7, 686. 7	7, 513. 5	7, 213. 0	7, 465. 1	7, 385. 4	7, 601. 2	7, 546. 2	8, 172. 7	8, 581. 6	8, 009. 2
青森	10, 786. 0	859. 9	886. 1	886. 6	894. 9	883. 9	928. 9	907. 2	919. 4	891. 6	919. 3	931. 3	877. 0
岩手	7, 053. 5	538. 9	518. 2	562. 3	612. 2	551. 5	575. 4	590. 5	566. 0	554. 1	638. 1	732. 8	613. 5
宮城	10, 035. 5	689. 7	730. 8	746. 3	876. 5	700. 4	772. 0	899. 1	741. 4	856. 8	847. 3	1, 152. 0	1, 023. 3
秋田	1, 895. 1	135. 9	135. 3	136. 0	166. 6	153. 4	167. 4	202. 6	140. 3	141. 0	153. 9	195. 1	167. 7
山形	8, 644. 9	600. 4	595. 7	699. 5	767. 5	594. 7	694. 6	845. 5	649. 2	681. 5	761. 6	874. 8	879. 8
福島	1, 559. 1	133. 0	132. 2	117. 2	131. 9	129. 2	159. 8	140. 6	139. 9	101. 9	109. 3	149. 9	114. 3
茨城	11, 582. 6	794. 0	726. 9	760. 0	802. 0	853. 8	859. 0	971. 9	939. 7	998. 3	1, 179. 1	1, 393. 9	1, 304. 1
栃木	3, 439. 6	293. 2	242. 9	292. 0	294. 5	298. 0	261. 7	288. 8	260. 3	281. 8	259. 7	328. 6	338. 3
群馬	8, 135. 0	620. 8	534. 0	628. 8	754. 0	611. 1	634. 2	651. 9	595. 0	646. 1	646. 5	926. 8	885. 7
埼玉	14, 817. 7	1, 053. 2	1, 083. 9	1, 142. 2	1, 281. 1	1, 126. 7	1, 100. 8	1, 331. 8	1, 095. 4	1, 183. 6	1, 189. 2	1, 660. 1	1, 569. 4
千葉	9, 459. 4	778. 5	660. 2	723. 7	908. 4	748. 7	655. 0	790. 2	647. 5	719. 0	850. 3	969. 3	1, 008. 7
東京	42, 692. 2	2, 928. 3	3, 228. 3	3, 272. 4	3, 808. 4	3, 223. 6	3, 356. 2	3, 857. 0	3, 326. 1	3, 389. 1	3, 827. 4	4, 127. 9	4, 347. 5
神奈川	6, 905. 0	579. 3	526. 3	550. 6	737. 6	536. 2	521. 5	571. 5	496. 0	542. 1	544. 4	623. 4	676. 2
新潟	957. 8	70. 1	63. 1	67. 2	87. 6	75. 2	67. 2	92. 9	70. 2	68. 1	79. 4	106. 0	110. 8
富山	691. 1	59. 8	52. 5	57. 7	59. 7	53. 2	53. 2	65. 1	52. 2	47. 7	54. 9	89. 4	45. 9
石川	2, 516. 6	178. 8	206. 2	232. 7	184. 4	188. 2	211. 3	226. 4	177. 3	190. 7	209. 7	277. 1	233. 8
福井	-	-	-	-	-	-	-	-	-	-	-	-	-
山梨	1, 638. 0	127. 8	97. 6	122. 3	147. 9	139. 8	108. 4	151. 5	125. 5	115. 2	161. 4	182. 9	157. 8
長野	3, 873. 5	279. 2	286. 2	273. 1	357. 7	290. 4	306. 2	364. 7	312. 7	283. 4	323. 1	400. 4	396. 5
岐阜	7, 552. 5	522. 0	542. 8	573. 3	625. 5	564. 1	548. 0	668. 7	613. 3	596. 3	670. 6	829. 3	798. 7
静岡	4, 434. 9	366. 5	321. 6	352. 4	349. 6	347. 0	350. 2	352. 8	342. 0	359. 9	374. 0	526. 7	392. 1
愛知	8, 573. 4	675. 4	618. 7	664. 9	702. 1	690. 5	696. 5	735. 5	645. 0	700. 2	716. 7	909. 4	818. 5
三重	4, 978. 7	330. 6	337. 7	344. 5	430. 0	327. 5	400. 9	412. 1	362. 3	340. 2	390. 2	606. 5	696. 2
滋賀	3, 775. 1	228. 0	229. 8	322. 4	332. 8	214. 9	303. 3	368. 2	262. 8	322. 2	330. 6	406. 4	453. 6
京都	4, 825. 1	362. 0	338. 9	375. 1	458. 8	350. 0	312. 1	468. 5	369. 9	377. 1	434. 2	413. 8	564. 8
大阪	16, 758. 3	1, 296. 7	1, 277. 1	1, 315. 7	1, 602. 0	1, 305. 5	1, 329. 0	1, 479. 0	1, 254. 7	1, 262. 5	1, 438. 8	1, 546. 8	1, 650. 6
兵庫	25, 831. 1	1, 829. 9	1, 914. 1	1, 998. 2	2, 182. 0	1, 953. 0	2, 159. 4	2, 354. 5	1, 940. 5	2, 016. 7	2, 117. 8	2, 824. 5	2, 540. 6
奈良	1, 140. 5	86. 8	85. 0	85. 9	107. 0	80. 6	94. 5	110. 0	83. 1	84. 6	90. 9	109. 8	122. 5
和歌山	190. 8	12. 7	13. 1	17. 2	20. 6	13. 0	12. 6	16. 3	21. 1	10. 8	12. 8	14. 7	25. 8
鳥取	2, 675. 6	194. 2	217. 5	214. 7	229. 6	205. 1	216. 4	236. 4	224. 0	215. 9	220. 5	250. 5	250. 8
島根	1, 754. 8	146. 2	139. 0	142. 0	152. 0	133. 0	133. 8	183. 9	116. 8	134. 6	147. 2	171. 9	154. 2
岡山	3, 378. 3	244. 3	250. 7	269. 0	297. 4	258. 8	273. 4	286. 8	260. 0	251. 9	298. 6	336. 1	351. 4
広島	7, 970. 3	574. 7	594. 4	634. 4	695. 3	604. 8	615. 5	730. 8	618. 2	661. 8	660. 0	758. 6	821. 8
山口	1, 111. 3	91. 5	91. 4	90. 9	98. 4	84. 9	90. 2	97. 0	88. 9	79. 7	89. 0	92. 6	117. 1
徳島	2, 796. 8	189. 8	169. 9	216. 5	229. 1	210. 2	229. 5	274. 2	217. 0	223. 0	231. 4	234. 6	371. 7
香川	8, 009. 2	682. 1	616. 4	628. 1	713. 9	624. 7	626. 2	723. 4	637. 0	627. 0	693. 6	776. 8	660. 1
愛媛	1, 351. 4	111. 4	93. 6	96. 6	115. 5	97. 1	98. 6	135. 6	110. 8	100. 1	104. 6	138. 8	148. 7
高知	1, 403. 8	95. 8	91. 2	107. 3	108. 6	103. 5	109. 4	122. 2	121. 3	112. 7	120. 9	157. 3	153. 7
福岡	21, 043. 8	1, 647. 5	1, 514. 1	1, 649. 8	1, 887. 7	1, 620. 9	1, 630. 6	1, 954. 5	1, 548. 5	1, 659. 7	1, 680. 4	2, 249. 4	2, 000. 6
佐賀	2, 557. 1	188. 1	202. 7	209. 7	210. 1	193. 4	192. 7	219. 4	198. 6	218. 3	206. 3	256. 0	261. 7
長崎	8, 288. 2	605. 6	666. 9	671. 2	708. 0	638. 0	655. 0	756. 9	621. 9	672. 0	698. 2	810. 9	783. 4
熊本	15, 737. 9	1, 239. 9	1, 209. 2	1, 228. 8	1, 348. 5	1, 284. 3	1, 200. 8	1, 344. 4	1, 240. 9	1, 266. 9	1, 383. 5	1, 574. 5	1, 416. 2
大分	2, 431. 9	169. 7	186. 4	197. 1	230. 0	162. 1	203. 3	240. 5	185. 0	185. 0	191. 6	241. 6	239. 7
宮崎	23, 324. 5	1, 672. 0	1, 790. 6	1, 759. 2	2, 047. 6	1, 935. 1	1, 858. 0	1, 997. 7	1, 897. 0	1, 881. 7	1, 914. 9	2, 315. 5	2, 255. 2
鹿児島	47, 058. 1	3, 457. 4	3, 435. 9	3, 752. 0	3, 993. 1	3, 734. 1	3, 728. 7	4, 076. 6	3, 734. 5	3, 808. 2	4, 045. 3	4, 631. 8	4, 660. 5
沖縄	1, 841. 1	145. 9	138. 9	130. 6	142. 5	148. 5	151. 1	162. 0	168. 6	138. 6	170. 0	179. 0	165. 3

4　月別枝肉生産量（都道府県別）（続き）
(4)　和牛計

単位：t

年次・都道府県	計	1月	2月	3月	4月	5月	6月	7月	8月	9月	10月	11月	12月
平成25年	233,542.7	16,448.6	17,072.3	18,357.0	20,723.3	18,399.2	17,424.8	21,413.2	17,018.8	17,591.2	19,473.7	24,927.8	24,692.8
26	229,305.7	15,655.4	16,475.0	17,392.0	20,095.2	17,801.7	17,458.5	21,176.9	16,611.3	18,263.6	20,444.2	24,095.7	23,836.2
27	219,532.5	15,805.2	16,575.6	17,238.5	19,161.9	16,162.6	17,249.9	20,591.1	15,968.0	16,887.2	18,623.0	22,941.7	22,327.8
28	205,068.1	14,400.6	15,739.8	15,874.5	17,982.1	15,506.0	15,938.0	18,701.2	15,398.0	16,006.0	16,654.9	22,093.8	20,773.3
29	**205,909.0**	**14,539.4**	**14,614.8**	**15,441.2**	**17,984.3**	**15,344.0**	**15,890.1**	**18,917.3**	**15,382.3**	**16,139.2**	**17,379.5**	**22,382.8**	**21,894.1**
北海道	6,243.1	371.6	445.2	461.1	511.0	474.7	537.9	502.2	508.3	442.1	570.7	817.7	600.7
青森	1,266.1	91.1	92.9	101.0	101.1	93.1	130.4	118.1	114.8	89.2	110.2	109.0	115.2
岩手	3,270.1	239.5	210.3	240.7	273.0	249.2	274.5	291.1	254.5	254.5	311.2	371.5	300.0
宮城	6,060.6	376.2	416.5	408.2	555.5	401.9	452.4	585.3	414.0	541.0	490.9	737.7	681.1
秋田	1,442.6	100.7	108.7	100.4	123.8	113.2	124.8	159.1	102.3	106.8	112.1	163.7	127.0
山形	6,745.0	460.6	444.8	537.9	619.8	434.8	514.4	677.6	499.2	517.9	594.1	712.8	731.1
福島	1,207.1	106.1	100.2	97.3	113.7	106.7	124.1	104.9	109.0	71.7	74.2	114.7	84.4
茨城	4,322.1	279.9	217.9	250.2	305.8	329.7	318.5	395.2	339.7	376.9	445.1	520.4	542.6
栃木	621.7	50.2	39.8	44.9	63.7	62.8	40.8	56.5	33.0	41.1	44.8	69.5	74.6
群馬	1,621.2	130.2	100.5	113.2	132.3	128.2	124.9	138.4	104.8	136.8	124.0	214.6	173.4
埼玉	3,895.9	244.4	270.8	278.8	360.0	283.2	294.8	357.6	266.0	303.7	286.2	477.1	473.5
千葉	989.0	81.9	65.3	60.8	91.5	67.3	43.9	83.6	39.9	76.9	85.0	106.2	186.8
東京	29,575.6	2,118.9	2,279.8	2,307.7	2,651.6	2,175.8	2,278.4	2,694.8	2,190.8	2,295.3	2,577.4	2,824.2	3,181.0
神奈川	3,040.1	226.7	229.8	201.4	334.8	251.2	221.6	268.4	197.1	241.8	232.6	320.7	314.0
新潟	419.8	25.3	22.5	23.7	38.1	29.3	26.6	47.5	28.6	27.8	31.0	56.0	63.3
富山	356.5	25.5	25.8	27.4	33.7	27.5	27.6	39.4	23.1	25.1	25.7	48.5	27.1
石川	877.7	55.1	63.7	87.8	48.7	34.7	91.1	90.5	41.7	59.9	78.2	127.0	99.1
福井	–	–	–	–	–	–	–	–	–	–	–	–	–
山梨	560.7	30.6	23.2	40.1	50.0	52.1	27.1	64.1	44.3	33.9	63.3	67.6	64.4
長野	1,790.6	118.8	125.1	114.7	158.4	131.9	133.4	179.3	132.7	129.0	146.8	209.9	210.4
岐阜	5,034.1	343.5	331.3	371.1	417.8	358.0	339.8	467.1	407.5	377.3	468.2	596.9	555.7
静岡	1,375.5	101.6	89.3	87.6	119.9	106.4	93.2	121.9	95.2	110.4	108.1	192.0	149.9
愛知	2,072.3	130.2	142.4	157.4	150.0	146.3	171.8	179.2	121.0	176.4	146.7	305.7	245.1
三重	3,827.3	236.9	235.0	251.0	302.9	247.4	302.7	313.8	269.3	258.7	304.7	505.0	599.7
滋賀	2,822.3	172.6	158.8	236.3	254.0	153.9	215.0	287.8	175.3	237.0	252.5	315.1	364.2
京都	3,805.1	266.0	265.6	298.9	363.4	277.6	232.9	377.1	290.6	317.5	331.7	326.0	457.7
大阪	5,448.5	409.5	395.5	374.8	524.9	380.9	387.9	552.4	384.7	393.1	480.0	583.7	581.0
兵庫	15,087.7	1,016.7	1,085.6	1,101.3	1,307.5	1,043.2	1,210.1	1,409.4	1,036.2	1,205.2	1,237.5	1,830.3	1,604.7
奈良	587.8	38.0	40.7	49.9	54.2	44.7	49.9	57.7	42.8	44.1	45.3	60.0	60.6
和歌山	100.9	9.4	6.9	9.1	9.1	8.2	6.4	8.6	9.3	6.1	6.6	8.5	12.8
鳥取	856.9	61.1	62.7	64.0	74.8	61.7	75.7	74.4	64.8	62.6	68.7	89.8	96.7
島根	974.9	78.7	76.1	75.9	84.2	65.3	73.8	112.2	56.4	67.9	86.0	105.9	92.6
岡山	942.2	58.6	62.4	62.9	85.4	68.7	66.6	88.2	68.6	79.2	88.2	96.5	116.8
広島	1,679.2	110.8	115.0	130.3	150.5	108.7	124.9	173.1	121.8	121.1	127.2	189.0	206.9
山口	310.8	23.3	23.4	24.8	29.1	21.5	21.4	27.2	24.6	20.8	25.9	25.8	43.0
徳島	568.6	36.0	36.4	43.0	51.2	40.7	44.8	51.0	52.9	45.1	47.5	48.5	71.5
香川	1,525.9	130.3	108.4	104.1	138.9	104.1	94.8	173.0	106.4	109.1	118.5	184.3	154.1
愛媛	583.2	48.9	37.5	35.9	55.7	40.9	34.9	69.3	39.7	37.2	38.6	70.0	74.6
高知	549.1	37.6	30.8	39.5	49.4	40.6	40.0	50.9	47.3	40.5	48.4	55.3	68.8
福岡	13,179.0	1,025.0	917.9	982.5	1,192.7	996.1	1,028.6	1,298.5	957.9	1,004.4	981.8	1,492.8	1,300.9
佐賀	2,420.8	178.2	193.4	198.6	202.9	183.8	182.7	213.3	183.2	203.9	196.5	239.8	244.6
長崎	4,709.9	346.2	383.4	370.5	380.6	329.3	346.9	459.5	336.2	376.6	369.1	512.2	499.6
熊本	7,775.3	599.4	573.2	596.0	683.6	625.4	578.6	662.3	601.0	609.7	659.9	862.1	724.0
大分	1,222.9	65.0	86.2	92.7	124.9	80.4	107.3	133.2	90.8	88.5	93.5	128.2	132.2
宮崎	13,179.4	894.4	943.7	949.5	1,113.9	1,077.3	1,026.0	1,141.8	1,062.4	1,081.5	1,171.0	1,460.1	1,257.7
鹿児島	39,351.4	2,865.1	2,813.2	3,125.3	3,368.8	3,153.2	3,112.6	3,411.6	3,151.1	3,172.1	3,321.4	3,872.1	3,985.0
沖縄	1,612.6	123.3	116.8	111.3	127.8	132.5	133.6	148.9	141.6	122.2	152.6	158.2	143.7

(5) 和牛めす

単位：t

年次・都道府県	計	1月	2月	3月	4月	5月	6月	7月	8月	9月	10月	11月	12月
平成25年	104,846.1	7,621.0	7,618.9	8,268.6	9,484.7	8,504.8	8,123.0	9,668.3	7,792.8	7,647.6	8,811.6	10,718.5	10,586.3
26	100,695.9	7,087.9	7,269.8	7,868.2	8,780.6	7,804.1	7,784.0	9,252.6	7,220.4	8,127.1	8,955.0	10,270.5	10,275.6
27	94,500.6	7,186.7	7,226.3	7,772.8	8,251.8	7,057.0	7,592.8	8,677.3	6,844.5	7,112.7	7,991.3	9,455.4	9,332.0
28	85,734.0	6,136.7	6,728.7	6,840.3	7,550.7	6,619.0	6,818.4	7,723.9	6,411.9	6,615.5	6,931.3	8,882.4	8,475.2
29	83,520.6	6,086.5	6,172.8	6,434.5	7,358.9	6,297.9	6,456.4	7,557.6	6,355.0	6,378.0	6,990.1	8,863.3	8,569.7
北 海 道	2,474.4	142.5	172.2	189.8	191.6	182.2	219.2	166.4	220.6	182.3	236.6	302.4	268.8
青　　森	504.3	35.4	41.0	41.1	41.1	34.5	47.9	49.4	42.1	33.5	44.5	42.4	51.4
岩　　手	1,839.2	126.5	118.4	138.5	160.6	140.5	168.4	158.8	138.9	151.3	169.5	204.8	162.9
宮　　城	1,964.8	139.5	152.7	140.2	203.0	129.2	150.3	210.8	134.3	145.5	149.8	259.5	150.0
秋　　田	497.6	40.9	39.8	33.9	62.3	32.4	50.4	43.1	41.7	34.7	29.8	40.7	48.0
山　　形	4,997.3	333.0	343.1	418.5	463.6	343.3	388.4	465.9	362.9	381.9	407.8	550.1	538.9
福　　島	629.2	49.3	44.8	58.0	67.4	57.2	68.4	54.5	50.9	43.0	49.9	49.6	36.0
茨　　城	1,398.2	102.0	85.0	94.0	119.1	101.8	104.1	125.0	126.7	134.7	141.8	138.7	125.2
栃　　木	450.0	39.6	34.3	36.9	47.5	42.1	30.7	44.4	24.4	31.0	35.7	39.0	44.6
群　　馬	324.4	28.7	22.0	27.5	22.9	26.1	27.7	27.5	23.6	26.5	26.4	33.5	32.2
埼　　玉	1,405.9	90.6	101.1	102.9	138.2	99.3	102.5	135.2	86.3	110.8	110.7	163.3	165.0
千　　葉	624.5	60.3	42.3	47.0	61.5	48.4	35.3	46.5	27.8	59.1	44.0	59.4	93.0
東　　京	9,993.9	741.0	799.5	767.6	890.0	733.7	722.6	913.7	730.4	741.0	893.5	982.2	1,078.6
神 奈 川	908.5	64.9	67.7	61.8	108.9	66.9	54.6	90.8	47.2	64.5	78.4	113.7	89.2
新　　潟	107.2	6.7	5.9	10.6	10.2	7.6	8.4	11.8	8.4	5.8	11.3	10.2	10.3
富　　山	89.9	5.9	7.2	6.8	7.2	8.0	5.9	11.4	8.0	2.9	12.2	9.3	5.1
石　　川	333.7	19.0	25.0	31.3	18.6	28.6	31.9	37.6	21.1	23.1	30.2	44.1	23.1
福　　井	-	-	-	-	-	-	-	-	-	-	-	-	-
山　　梨	276.5	16.0	10.2	22.5	27.1	27.3	13.4	24.9	26.1	17.8	28.9	36.0	26.2
長　　野	522.6	30.3	33.0	38.1	36.9	37.4	32.8	53.6	40.8	41.3	45.7	70.0	62.6
岐　　阜	1,150.2	84.7	84.6	80.9	93.2	111.9	79.4	94.6	98.1	85.6	98.2	134.0	105.0
静　　岡	1,028.1	75.4	62.6	69.5	86.9	79.1	73.5	95.5	74.5	82.7	84.3	139.1	105.0
愛　　知	714.6	51.8	50.8	65.2	50.9	51.3	67.2	56.6	43.8	75.6	39.0	91.6	70.7
三　　重	3,608.2	218.3	220.4	238.5	288.2	232.2	285.5	296.5	254.7	240.5	286.5	482.6	564.2
滋　　賀	1,793.4	108.7	101.9	141.1	164.4	104.3	128.5	175.3	108.6	146.3	161.5	203.1	249.5
京　　都	1,745.8	111.7	123.1	140.2	179.3	119.5	107.9	163.9	142.7	135.1	147.7	158.6	216.1
大　　阪	1,837.0	162.3	156.9	146.6	180.5	151.0	116.7	185.0	124.2	123.6	159.0	176.8	154.3
兵　　庫	8,511.0	581.7	629.4	606.6	751.0	619.3	692.8	801.3	599.1	678.2	695.1	969.1	887.4
奈　　良	447.1	29.9	32.1	37.3	47.0	31.6	35.3	46.5	30.7	31.0	33.1	43.7	48.9
和 歌 山	78.2	5.9	5.9	8.0	8.1	6.7	5.9	5.1	6.7	4.5	4.6	5.9	10.7
鳥　　取	403.4	32.0	30.5	31.8	35.6	29.9	27.7	34.2	32.0	31.8	37.3	42.0	38.6
島　　根	255.6	21.9	19.9	21.2	19.1	18.9	19.7	31.3	16.0	17.8	23.9	28.8	17.1
岡　　山	494.2	32.0	38.9	35.6	50.9	35.3	31.9	41.4	35.8	42.6	47.4	48.8	53.6
広　　島	701.7	48.5	50.3	54.2	64.0	46.7	52.5	81.5	50.1	50.8	50.3	74.6	78.0
山　　口	237.3	17.3	17.3	18.2	19.9	16.4	18.9	21.1	21.1	15.3	19.3	18.7	33.9
徳　　島	390.9	24.4	25.8	28.4	36.4	28.6	30.7	34.2	38.7	28.9	29.8	37.3	47.6
香　　川	307.9	25.3	23.3	22.0	22.9	22.7	18.9	37.2	28.6	17.4	18.5	34.4	36.9
愛　　媛	225.6	20.2	17.3	12.7	24.2	12.6	12.6	19.4	18.5	14.1	16.4	26.3	31.3
高　　知	246.8	19.0	15.2	17.4	19.9	19.4	17.2	24.9	16.0	22.3	22.7	23.3	29.6
福　　岡	5,250.3	445.1	360.0	422.8	475.9	400.5	415.7	490.4	389.0	403.4	408.6	575.1	463.9
佐　　賀	673.9	43.0	58.0	58.0	53.8	56.0	51.6	57.0	53.5	44.2	49.9	70.4	78.5
長　　崎	1,378.3	99.5	107.4	108.0	124.2	107.3	109.6	131.8	111.1	92.6	120.4	137.0	129.5
熊　　本	2,773.7	183.4	183.2	188.5	259.4	226.8	202.8	274.6	221.9	229.8	229.0	313.8	260.6
大　　分	404.9	22.3	33.0	42.8	44.5	19.8	36.5	42.7	35.8	16.9	19.3	40.7	50.6
宮　　崎	4,568.5	350.7	374.8	344.4	391.6	369.4	344.3	381.0	355.3	343.5	382.6	489.0	442.0
鹿 児 島	14,298.5	1,145.2	1,154.8	1,179.7	1,136.6	1,178.8	1,161.0	1,210.6	1,229.3	1,125.8	1,199.8	1,278.2	1,298.5
沖　　縄	653.5	54.0	50.3	47.9	53.0	55.5	49.1	52.8	56.8	47.1	59.1	71.2	56.6

4　月別枝肉生産量（都道府県別）（続き）
(6)　和牛去勢

単位：t

年次・都道府県	計	1月	2月	3月	4月	5月	6月	7月	8月	9月	10月	11月	12月
平成25年	128,529.8	8,811.9	9,443.3	10,062.0	11,230.2	9,881.5	9,283.2	11,732.9	9,208.9	9,935.3	10,646.8	14,194.3	14,099.4
26	128,481.0	8,560.7	9,197.4	9,502.2	11,302.9	9,987.0	9,661.9	11,915.5	9,378.4	10,131.2	11,474.8	13,817.7	13,551.3
27	124,916.6	8,614.0	9,339.3	9,451.1	10,891.2	9,099.4	9,644.1	11,907.4	9,113.6	9,765.9	10,619.2	13,477.6	12,993.7
28	119,229.1	8,260.8	9,001.7	9,023.5	10,415.4	8,877.9	9,111.1	10,965.7	8,981.3	9,384.5	9,710.8	13,204.3	12,292.1
29	**122,246.9**	**8,440.0**	**8,432.6**	**8,992.3**	**10,610.0**	**9,039.3**	**9,414.5**	**11,348.5**	**9,017.2**	**9,754.1**	**10,370.8**	**13,509.0**	**13,318.5**
北海道	3,745.6	228.6	267.9	267.5	319.5	292.6	317.3	334.3	286.2	259.5	325.0	515.3	331.9
青森	759.6	54.8	51.9	59.4	60.0	58.6	82.5	68.7	72.7	55.4	65.7	66.1	63.7
岩手	1,420.4	113.1	91.1	101.8	111.4	108.6	105.3	130.3	115.6	100.8	140.0	165.3	137.1
宮城	4,092.3	236.7	263.8	267.5	352.5	272.4	301.1	374.6	279.7	395.5	340.7	477.7	530.2
秋田	942.2	59.8	69.0	66.5	61.0	80.8	74.4	114.5	60.6	72.0	81.9	122.6	79.0
山形	1,746.9	127.6	101.7	119.4	156.2	91.5	126.0	211.7	136.3	136.0	185.5	162.8	192.2
福島	577.9	56.8	55.4	39.3	46.3	49.5	55.7	50.4	58.1	28.7	24.3	65.1	48.4
茨城	2,918.5	177.4	132.9	156.2	186.7	227.9	213.1	269.7	213.0	241.8	303.3	380.0	416.5
栃木	169.8	10.1	5.5	8.1	15.8	20.7	10.1	11.7	8.6	10.1	9.1	30.5	29.6
群馬	1,296.7	101.5	78.5	85.6	109.4	102.1	97.2	110.9	81.3	110.3	97.6	181.1	141.2
埼玉	2,488.6	153.3	169.7	175.8	221.8	183.9	192.3	222.4	178.7	193.0	175.4	313.9	308.4
千葉	360.6	21.6	22.7	12.1	30.0	18.2	8.6	36.6	12.1	17.1	40.9	46.8	93.8
東京	19,581.8	1,377.9	1,480.3	1,540.1	1,761.6	1,442.1	1,555.8	1,781.2	1,460.4	1,554.2	1,683.8	1,842.0	2,102.4
神奈川	2,131.2	161.8	162.1	139.6	225.9	183.9	167.0	177.6	149.9	177.3	154.2	207.0	224.8
新潟	312.2	18.6	16.6	13.1	28.0	21.7	18.2	35.6	20.2	21.7	19.7	45.8	53.0
富山	263.8	19.6	18.6	20.7	26.5	18.2	21.8	27.0	15.1	22.2	13.1	39.2	21.9
石川	544.0	36.2	38.8	56.4	30.0	6.1	59.2	52.9	20.7	36.8	48.0	82.9	76.0
福井	-	-	-	-	-	-	-	-	-	-	-	-	-
山梨	283.7	14.6	13.1	17.6	22.9	24.8	13.7	38.7	18.2	16.1	34.4	31.5	38.2
長野	1,267.0	88.4	92.1	76.6	121.1	94.5	100.2	125.7	91.9	87.7	101.1	139.9	147.8
岐阜	3,881.2	258.8	246.7	290.2	324.0	246.1	258.6	372.5	309.4	291.7	370.0	462.4	450.7
静岡	347.4	26.1	26.7	18.1	33.1	27.3	19.7	26.5	20.7	27.7	23.8	52.9	44.9
愛知	1,354.4	78.4	91.6	92.2	98.2	95.0	103.8	121.6	77.2	100.8	107.7	213.7	174.4
三重	217.2	18.1	14.6	12.1	14.8	15.2	17.2	17.3	14.6	18.1	18.2	22.4	34.7
滋賀	1,028.9	63.8	56.9	95.2	89.5	49.5	86.5	112.5	66.6	90.7	91.0	111.9	114.7
京都	2,059.3	154.3	142.5	158.7	184.1	158.2	125.0	213.2	147.9	182.4	184.0	167.4	241.6
大阪	3,609.7	247.2	238.2	228.2	344.4	229.9	270.3	367.4	260.5	269.5	321.0	406.5	426.7
兵庫	6,570.9	432.2	456.2	491.7	556.5	423.9	517.2	608.1	437.2	527.0	542.4	861.2	717.3
奈良	140.2	8.0	8.6	12.6	7.1	13.1	14.7	11.2	11.6	13.1	12.1	16.3	11.7
和歌山	22.8	3.5	1.0	1.0	1.0	1.5	0.5	3.6	2.5	1.5	2.0	2.5	2.0
鳥取	451.2	28.1	32.2	32.2	39.2	31.8	47.6	40.2	31.8	30.7	31.3	47.8	58.1
島根	712.9	56.3	55.9	53.9	64.6	46.0	53.1	80.9	39.9	49.4	61.7	75.8	75.5
岡山	441.7	26.1	23.2	25.2	34.6	33.3	32.9	46.8	32.8	36.3	39.9	47.3	63.2
広島	974.9	62.3	63.9	76.1	86.5	61.6	72.4	91.6	71.7	69.5	76.8	113.9	128.5
山口	73.4	6.0	6.0	6.5	9.2	5.1	2.5	6.1	3.5	5.5	6.6	7.1	9.2
徳島	177.7	11.6	10.6	14.6	14.8	12.1	14.2	16.8	14.1	16.1	17.7	11.2	24.0
香川	1,216.7	105.0	85.1	81.6	116.0	81.4	75.9	135.9	77.7	91.7	99.6	149.6	117.3
愛媛	357.6	28.6	20.1	23.2	31.5	28.3	22.3	49.9	21.2	23.2	22.2	43.7	43.3
高知	300.8	18.6	15.6	22.2	29.0	21.2	22.8	25.4	31.3	18.1	25.8	31.5	39.3
福岡	7,925.9	579.9	557.9	559.7	714.7	595.2	612.9	808.1	568.9	601.0	572.7	917.7	837.1
佐賀	1,746.0	135.2	135.4	140.6	149.0	127.8	130.6	156.2	129.2	159.7	146.6	169.4	166.2
長崎	3,326.9	246.7	275.9	262.5	256.4	221.3	236.9	327.7	223.1	283.6	248.7	373.9	370.1
熊本	4,993.4	416.1	389.7	407.1	421.7	398.7	373.5	387.8	379.1	379.9	429.2	547.9	462.9
大分	814.8	41.7	52.9	49.9	79.9	60.6	69.8	90.6	55.0	71.5	73.8	87.5	81.6
宮崎	8,605.6	543.7	569.0	605.1	719.8	707.9	681.7	760.8	705.2	738.1	787.6	971.1	815.7
鹿児島	25,037.3	1,716.0	1,658.0	1,945.2	2,229.1	1,972.7	1,948.0	2,200.5	1,921.3	2,045.9	2,121.6	2,593.9	2,685.1
沖縄	955.1	69.3	66.5	63.5	74.8	76.3	84.5	94.7	83.8	75.1	93.0	87.0	86.7

(7)　和牛おす

単位：t

年次・都道府県	計	1月	2月	3月	4月	5月	6月	7月	8月	9月	10月	11月	12月
平成25年	166.9	15.7	10.1	26.4	8.4	12.9	18.6	12.0	17.1	8.2	15.3	15.1	7.1
26	128.9	6.8	7.8	21.5	11.7	10.6	12.6	8.7	12.4	5.4	14.4	7.6	9.3
27	115.3	4.4	10.0	14.6	18.9	6.2	12.9	6.4	9.9	8.6	12.5	8.8	2.1
28	105.1	3.1	9.4	10.7	15.9	9.1	8.5	11.5	4.9	6.1	12.9	7.1	6.0
29	**141.5**	**13.0**	**9.3**	**14.4**	**15.5**	**6.8**	**19.3**	**11.3**	**10.0**	**7.1**	**18.5**	**10.5**	**5.9**
北海道	23.1	0.5	5.2	3.8	−	−	1.3	1.5	1.4	0.4	9.0	−	−
青森	2.2	1.0	−	0.4	−	−	−	−	−	0.4	−	0.4	−
岩手	10.5	−	0.7	0.4	1.0	−	0.9	2.0	−	2.5	1.7	1.3	−
宮城	3.4	−	−	0.4	−	0.3	0.9	−	−	−	0.4	0.4	0.9
秋田	2.8	−	−	−	0.5	−	−	1.5	−	−	0.4	0.4	−
山形	0.9	−	−	−	−	−	−	−	−	−	0.9	−	−
福島	−	−	−	−	−	−	−	−	−	−	−	−	−
茨城	5.3	0.5	−	−	−	−	1.3	0.5	−	0.4	−	1.8	0.9
栃木	1.9	0.5	−	−	0.5	−	−	0.5	−	−	−	−	0.5
群馬	−	−	−	−	−	−	−	−	−	−	−	−	−
埼玉	1.4	0.5	−	−	−	−	−	−	1.0	−	−	−	−
千葉	3.9	−	0.4	1.7	−	0.7	−	0.5	−	0.7	−	−	−
東京	−	−	−	−	−	−	−	−	−	−	−	−	−
神奈川	0.3	−	−	−	−	0.3	−	−	−	−	−	−	−
新潟	0.4	−	−	−	−	−	−	−	−	0.4	−	−	−
富山	2.8	−	−	−	−	1.4	−	1.0	−	−	0.4	−	−
石川	−	−	−	−	−	−	−	−	−	−	−	−	−
福井	−	−	−	−	−	−	−	−	−	−	−	−	−
山梨	0.5	−	−	−	−	−	−	0.5	−	−	−	−	−
長野	0.9	−	−	−	0.5	−	0.4	−	−	−	−	−	−
岐阜	2.7	−	−	−	0.5	−	1.8	−	−	−	0.4	−	−
静岡	−	−	−	−	−	−	−	−	−	−	−	−	−
愛知	3.3	−	−	−	1.0	−	0.9	1.0	−	−	0.4	−	−
三重	1.8	0.5	−	0.4	−	−	−	−	−	−	−	−	0.9
滋賀	−	−	−	−	−	−	−	−	−	−	−	−	−
京都	−	−	−	−	−	−	−	−	−	−	−	−	−
大阪	1.7	−	0.4	−	−	−	0.9	−	−	−	0.4	−	−
兵庫	5.8	2.9	−	3.0	−	−	−	−	−	−	−	−	−
奈良	0.5	−	−	−	−	−	−	−	0.5	−	−	−	−
和歌山	−	−	−	−	−	−	−	−	−	−	−	−	−
鳥取	2.4	1.0	−	−	−	−	0.4	−	1.0	−	−	−	−
島根	6.4	0.5	0.4	0.8	0.5	0.3	0.9	−	0.5	0.7	0.4	1.3	−
岡山	6.4	0.5	0.4	2.1	−	−	1.8	−	−	0.4	0.9	0.4	−
広島	2.7	−	0.7	−	−	0.3	−	−	−	0.7	−	0.4	0.5
山口	−	−	−	−	−	−	−	−	−	−	−	−	−
徳島	−	−	−	−	−	−	−	−	−	−	−	−	−
香川	1.3	−	−	0.4	−	−	−	−	−	−	0.4	0.4	−
愛媛	−	−	−	−	−	−	−	−	−	−	−	−	−
高知	1.4	−	−	−	0.5	−	−	0.5	−	−	−	0.4	−
福岡	2.8	−	−	−	2.0	0.3	−	−	−	−	0.4	−	−
佐賀	0.9	−	−	−	−	−	0.4	−	0.5	−	−	−	−
長崎	4.7	−	−	−	−	0.7	0.4	−	1.9	0.4	−	1.3	−
熊本	8.1	−	0.4	0.4	2.5	−	2.2	−	−	−	1.7	0.4	0.5
大分	3.2	1.0	0.4	−	0.5	−	0.9	−	−	−	0.4	−	−
宮崎	5.3	−	−	−	2.5	−	−	−	1.9	−	0.9	−	−
鹿児島	15.6	3.8	0.4	0.4	3.0	1.7	3.6	0.5	0.5	0.4	−	−	1.4
沖縄	4.0	−	−	−	−	0.7	−	1.5	1.0	−	0.4	−	0.5

4 月別枝肉生産量（都道府県別）（続き）
(8) 乳牛計

単位：t

年次・都道府県	計	1月	2月	3月	4月	5月	6月	7月	8月	9月	10月	11月	12月
平成25年	155,988.6	12,682.0	12,008.0	12,719.2	13,291.7	12,931.8	12,347.4	13,477.7	12,853.2	12,587.6	14,147.4	13,964.0	12,978.5
26	151,638.0	12,357.8	11,575.8	12,498.9	12,799.7	12,215.4	12,262.1	12,994.7	12,160.7	12,859.5	13,980.5	12,994.4	12,938.5
27	147,486.5	12,028.9	11,588.0	12,669.0	12,590.5	11,233.9	12,328.1	12,672.5	11,825.4	12,254.3	12,974.1	13,017.8	12,304.0
28	141,900.3	11,312.1	11,532.3	12,012.4	11,848.6	11,279.8	11,877.9	11,609.2	11,894.3	12,110.6	12,073.1	12,985.6	11,364.6
29	**135,420.9**	**10,804.7**	**10,843.0**	**11,750.3**	**11,318.6**	**10,846.9**	**11,057.6**	**10,923.8**	**11,290.9**	**11,190.1**	**11,913.2**	**12,286.5**	**11,195.3**
北海道	70,418.8	5,498.2	5,493.9	6,135.1	5,828.0	5,586.8	5,776.8	5,630.9	5,924.8	5,881.4	6,270.8	6,379.0	6,013.1
青森	7,100.9	600.6	628.0	628.0	592.2	577.4	582.0	571.7	579.0	574.9	601.1	598.4	567.5
岩手	1,785.5	137.4	143.2	147.5	158.4	151.5	153.5	138.9	148.8	135.7	151.3	165.9	153.3
宮城	2,197.7	177.5	173.9	204.9	184.5	175.7	172.2	163.1	186.6	181.3	191.2	228.5	158.3
秋田	19.6	1.3	1.6	-	2.8	-	1.9	1.2	0.3	3.8	4.3	1.6	0.9
山形	166.2	15.1	14.4	16.0	19.1	14.7	16.2	19.3	17.5	6.8	9.8	8.7	8.6
福島	113.8	12.3	16.6	4.2	5.3	6.6	5.5	9.0	9.4	11.5	10.4	12.5	10.4
茨城	5,221.6	398.2	396.9	415.1	377.3	408.5	400.7	398.2	449.1	459.5	479.8	575.7	462.6
栃木	1,978.6	172.2	153.2	178.2	156.3	162.2	159.7	158.0	169.9	168.5	162.7	166.2	171.7
群馬	173.6	20.8	14.8	13.4	16.1	13.8	11.4	16.3	16.0	13.7	13.8	11.5	12.0
埼玉	3,306.7	296.7	279.8	297.7	279.3	255.1	250.7	267.5	249.0	265.7	290.4	322.9	251.8
千葉	3,431.7	280.8	254.9	286.0	285.6	258.0	248.4	273.3	322.4	277.4	314.3	339.2	291.4
東京	174.3	17.9	6.5	18.6	10.7	11.6	12.7	14.6	12.1	11.2	32.5	14.4	11.5
神奈川	863.2	82.0	60.8	78.5	67.8	70.5	66.7	70.1	70.6	67.7	82.0	77.3	69.4
新潟	135.8	14.9	12.4	12.5	11.8	13.6	7.8	10.5	8.4	10.7	14.0	10.5	8.7
富山	98.5	9.9	7.6	12.7	8.4	8.1	7.5	3.2	12.4	3.1	8.2	10.4	7.0
石川	1,057.9	90.6	102.0	95.4	90.4	79.8	82.4	90.6	79.1	86.0	84.5	96.6	80.5
福井	-	-	-	-	-	-	-	-	-	-	-	-	-
山梨	327.9	30.4	25.0	30.8	33.5	26.1	26.3	25.2	26.5	23.5	25.3	35.7	19.6
長野	718.6	59.7	64.9	50.7	58.7	53.0	54.4	53.4	65.2	61.1	75.1	61.5	60.8
岐阜	1,058.0	81.3	88.0	82.8	80.1	78.4	83.5	94.5	98.8	98.6	85.4	109.1	77.5
静岡	633.4	50.4	48.8	55.7	50.4	46.9	52.0	52.5	41.9	59.7	67.5	60.3	47.3
愛知	1,372.5	107.8	103.0	116.0	105.9	107.6	109.0	119.1	124.7	123.9	119.6	134.7	101.4
三重	517.6	51.6	55.6	46.7	47.1	35.6	44.3	37.8	44.8	38.2	37.3	46.9	31.7
滋賀	17.8	1.0	0.3	1.6	2.0	1.3	0.6	1.6	2.3	2.9	0.8	2.9	0.6
京都	179.1	7.4	15.3	19.3	16.7	11.9	15.0	13.4	17.7	13.3	14.8	17.3	17.0
大阪	3,803.0	302.0	306.2	323.9	321.5	336.2	327.0	298.4	301.6	298.5	333.6	327.0	327.2
兵庫	5,442.7	450.2	467.9	519.2	470.5	498.6	463.1	454.4	428.7	407.8	415.5	448.2	418.4
奈良	150.2	12.7	9.6	7.2	11.2	10.4	10.9	14.6	14.7	10.4	9.2	15.0	24.3
和歌山	-	-	-	-	-	-	-	-	-	-	-	-	-
鳥取	1,412.6	100.4	116.0	120.6	118.9	116.4	118.2	117.7	128.5	119.3	117.7	126.6	112.4
島根	221.1	19.0	15.9	16.6	15.2	20.7	18.4	18.0	20.7	22.4	18.9	20.9	14.3
岡山	1,798.6	138.6	141.3	151.7	157.3	144.4	151.8	142.7	140.9	128.9	156.4	180.9	163.9
広島	2,975.2	237.2	245.4	251.3	268.4	253.3	231.0	255.0	221.9	258.1	266.2	256.4	231.1
山口	371.3	32.9	34.2	34.6	34.1	32.3	35.0	30.8	29.2	25.9	26.4	28.4	27.6
徳島	469.1	32.6	27.4	46.0	40.8	31.7	45.5	40.3	33.2	39.5	42.0	44.5	45.7
香川	1,808.5	159.8	148.3	160.8	159.1	141.5	159.0	149.2	139.7	155.8	159.5	143.3	132.5
愛媛	416.1	31.7	30.8	32.5	31.5	30.2	35.7	35.0	38.8	35.5	40.2	42.5	31.8
高知	434.8	33.0	32.8	35.7	35.0	34.0	39.8	34.1	40.8	33.0	34.5	41.7	40.6
福岡	2,105.4	174.6	181.0	207.4	204.3	159.4	161.0	175.9	169.5	170.2	174.5	185.6	141.8
佐賀	79.4	5.2	5.8	6.7	4.8	5.9	6.4	4.2	10.8	8.0	6.3	7.0	8.4
長崎	2,011.7	123.9	153.6	184.7	186.3	177.7	184.4	169.4	173.0	171.0	179.0	162.5	146.3
熊本	3,172.8	252.6	293.6	260.1	272.4	248.9	256.1	253.6	264.6	261.0	297.8	266.8	245.3
大分	605.7	62.2	52.1	62.3	55.6	39.1	45.3	51.0	42.0	42.6	48.3	58.5	46.7
宮崎	2,674.3	206.0	208.2	184.0	239.5	231.7	235.3	228.2	239.6	236.8	221.8	229.5	213.8
鹿児島	2,249.6	199.4	196.3	185.8	195.1	169.6	181.8	209.2	159.5	172.0	207.1	200.2	173.6
沖縄	149.5	15.3	15.3	11.7	9.0	10.2	10.6	8.1	16.1	13.4	11.3	13.4	15.1

(9) 乳牛めす

単位：t

年次・都道府県	計	1月	2月	3月	4月	5月	6月	7月	8月	9月	10月	11月	12月
平成25年	56,925.6	4,753.0	4,460.7	4,856.7	4,826.3	4,493.9	4,074.8	4,824.7	4,428.2	4,593.5	5,553.6	5,242.8	4,817.3
26	55,287.6	4,724.6	4,301.2	4,653.4	4,668.5	4,192.6	4,147.7	4,639.7	4,251.2	4,726.8	5,439.2	4,761.1	4,781.5
27	54,876.5	4,567.9	4,339.3	4,844.4	4,712.5	3,876.9	4,412.5	4,736.3	4,131.6	4,570.7	5,048.7	4,902.1	4,733.5
28	52,925.8	4,175.6	4,391.4	4,786.7	4,408.3	3,881.3	4,236.5	4,171.5	4,400.6	4,729.2	4,679.7	4,954.3	4,110.6
29	50,512.8	4,145.9	4,033.4	4,491.2	4,198.4	3,722.1	3,835.3	3,829.9	4,212.1	4,266.8	4,660.6	4,897.9	4,219.2
北　海　道	24,064.0	1,901.3	1,834.0	2,207.0	1,978.1	1,726.3	1,848.7	1,765.4	2,033.5	2,060.2	2,259.8	2,323.8	2,125.8
青　　　森	610.7	40.6	47.8	64.6	43.1	42.9	41.0	50.4	49.6	63.5	64.4	64.3	38.5
岩　　　手	630.7	52.7	48.1	56.5	56.7	51.9	54.6	41.0	54.5	41.9	55.5	58.0	59.3
宮　　　城	1,019.2	83.4	76.1	103.2	89.5	79.2	72.4	71.0	86.0	88.3	95.4	117.8	56.8
秋　　　田	13.8	1.3	1.6	－	1.0	－	1.9	0.3	0.3	1.5	4.3	1.6	－
山　　　形	73.6	4.5	5.9	7.5	10.6	4.5	6.7	6.9	7.3	4.6	5.2	5.1	5.0
福　　　島	110.7	11.8	16.6	4.2	5.3	5.7	5.1	8.1	9.4	11.5	10.4	12.1	10.4
茨　　　城	3,904.3	336.9	329.2	335.3	325.5	304.4	305.8	275.0	297.6	325.5	356.7	372.6	339.8
栃　　　木	1,259.9	106.7	91.7	113.9	97.5	103.7	103.2	97.0	114.4	113.5	107.7	105.7	104.7
群　　　馬	165.6	16.3	13.0	13.0	15.2	13.4	11.4	16.3	16.0	13.7	13.8	11.5	12.0
埼　　　玉	2,553.6	223.7	219.3	222.4	223.1	205.5	197.9	202.1	194.9	217.4	217.5	264.7	165.3
千　　　葉	1,961.2	165.2	152.6	161.7	164.8	153.0	132.8	154.5	185.6	150.6	178.5	183.1	178.9
東　　　京	3.2	－	0.7	0.3	－	－	1.0	0.3	－	－	0.3	0.6	－
神　奈　川	626.4	61.4	43.3	45.4	51.7	42.3	46.4	53.2	54.5	51.6	64.1	61.8	50.8
新　　　潟	53.1	4.2	3.9	5.8	4.6	6.0	1.9	4.7	3.0	4.9	6.4	3.8	3.8
富　　　山	10.4	1.0	1.3	0.6	0.3	1.0	0.3	0.9	0.3	0.9	1.5	1.9	0.3
石　　　川	453.8	42.2	56.3	46.7	41.8	30.2	30.5	42.5	33.9	27.0	29.4	38.9	34.4
福　　　井	－	－	－	－	－	－	－	－	－	－	－	－	－
山　　　梨	320.7	30.4	25.0	30.8	33.5	26.1	25.4	22.5	26.0	23.1	23.9	34.4	19.6
長　　　野	535.4	40.0	46.5	38.6	44.4	37.9	46.7	36.9	43.3	51.3	58.6	45.5	45.7
岐　　　阜	851.0	64.2	69.6	67.2	65.0	63.6	66.4	78.5	79.6	77.1	67.8	90.5	61.5
静　　　岡	241.5	21.7	21.5	20.4	15.6	17.8	12.7	20.0	20.9	24.9	19.6	27.4	18.9
愛　　　知	457.0	38.4	38.4	39.3	33.2	33.4	28.6	37.2	45.1	46.1	38.0	49.4	30.0
三　　　重	386.7	40.0	41.6	36.0	36.8	23.5	35.3	25.3	36.3	29.8	28.8	30.9	22.4
滋　　　賀	14.2	1.0	0.3	1.6	2.0	1.3	0.6	1.6	1.8	1.5	0.3	1.6	0.6
京　　　都	165.2	7.4	14.0	17.5	16.2	11.5	12.7	12.5	15.4	11.5	13.5	15.9	17.0
大　　　阪	79.2	6.4	7.2	7.1	7.0	7.3	9.5	8.1	6.1	6.7	3.7	5.7	4.4
兵　　　庫	1,434.2	106.1	111.9	126.6	117.7	118.3	114.0	112.9	124.7	115.7	116.5	159.9	109.8
奈　　　良	105.7	10.9	9.1	5.8	5.0	8.6	10.5	12.8	8.5	8.2	9.2	7.0	10.1
和　歌　山	－	－	－	－	－	－	－	－	－	－	－	－	－
鳥　　　取	309.6	23.3	21.8	30.5	26.5	21.6	26.0	21.6	24.8	25.5	26.4	29.3	32.2
島　　　根	192.0	16.3	12.4	15.3	12.9	18.4	15.2	15.3	17.6	21.6	16.3	19.1	11.7
岡　　　山	751.9	57.5	55.6	66.9	67.6	63.9	61.9	56.3	51.5	57.4	72.7	87.6	53.0
広　　　島	1,029.9	92.0	80.3	86.7	81.9	68.7	71.1	80.1	69.0	95.0	112.3	93.3	99.4
山　　　口	178.2	16.3	12.7	17.2	17.6	16.2	18.7	11.3	8.2	13.4	15.6	15.9	15.1
徳　　　島	257.3	16.9	13.0	22.4	18.9	20.0	17.5	22.5	24.2	25.2	24.5	30.3	21.8
香　　　川	261.6	27.2	19.2	23.4	27.5	21.3	21.3	17.8	23.0	20.3	27.6	18.5	14.5
愛　　　媛	98.0	8.0	7.5	6.2	5.6	6.0	6.4	7.8	13.3	9.1	12.9	10.5	4.7
高　　　知	43.9	3.8	4.6	3.6	3.3	2.2	3.2	4.7	5.4	3.0	2.8	3.5	3.8
福　　　岡	828.6	76.7	76.1	79.9	81.2	56.6	52.1	69.1	68.4	62.5	74.2	85.7	46.1
佐　　　賀	55.1	1.6	4.9	5.8	3.0	4.1	3.2	2.8	8.2	4.9	5.2	4.8	6.6
長　　　崎	465.2	37.4	33.8	45.1	39.1	30.2	37.2	35.3	46.0	37.0	46.9	39.8	37.2
熊　　　本	1,866.4	167.5	190.0	139.3	161.8	129.1	131.8	148.6	151.0	155.7	182.8	157.0	151.8
大　　　分	311.3	29.1	23.4	24.3	28.5	16.9	23.8	27.8	28.2	25.2	26.4	30.9	26.8
宮　　　崎	617.1	48.3	45.9	44.8	46.7	56.9	47.0	51.0	46.9	55.9	57.0	63.4	53.3
鹿　児　島	992.7	89.2	90.4	88.9	82.2	60.1	64.8	91.7	62.1	69.2	94.8	99.4	100.0
沖　　　縄	148.7	15.3	15.3	11.7	9.0	10.2	10.2	8.1	15.7	13.4	11.3	13.4	15.1

－ 59 －

4 月別枝肉生産量（都道府県別）（続き）
(10) 乳牛去勢

単位：t

年次・都道府県	計	1月	2月	3月	4月	5月	6月	7月	8月	9月	10月	11月	12月
平成25年	98,800.5	7,894.4	7,525.9	7,820.8	8,443.8	8,422.8	8,255.0	8,647.9	8,384.9	7,974.4	8,573.8	8,698.7	8,158.1
26	96,048.1	7,601.6	7,256.8	7,818.1	8,104.3	7,994.1	8,087.2	8,331.4	7,875.9	8,103.8	8,532.2	8,213.0	8,129.7
27	92,386.7	7,451.2	7,232.9	7,808.3	7,858.5	7,329.2	7,889.8	7,909.7	7,665.0	7,672.9	7,905.7	8,103.4	7,560.2
28	88,806.2	7,127.4	7,107.6	7,205.5	7,424.8	7,395.4	7,630.0	7,408.9	7,479.2	7,373.7	7,380.4	8,026.2	7,247.1
29	**84,757.3**	**6,649.7**	**6,796.0**	**7,210.3**	**7,114.0**	**7,116.4**	**7,210.7**	**7,089.8**	**7,056.1**	**6,918.5**	**7,246.2**	**7,381.2**	**6,968.5**
北海道	46,261.6	3,590.3	3,650.0	3,900.7	3,845.8	3,855.4	3,921.2	3,863.0	3,870.1	3,818.4	4,007.4	4,052.9	3,886.4
青森	6,489.7	560.0	580.2	563.4	549.1	534.5	541.0	521.3	529.4	511.5	536.7	533.6	529.0
岩手	1,154.8	84.7	95.1	91.0	101.7	99.7	98.9	97.9	94.3	93.8	95.8	108.0	94.0
宮城	1,177.6	94.1	97.8	101.7	95.0	96.5	99.8	91.7	100.6	92.9	95.8	110.2	101.5
秋田	5.8	-	-	-	1.8	-	-	0.9	-	2.2	-	-	0.9
山形	91.7	10.3	8.5	8.0	8.5	10.3	9.5	12.5	10.3	2.2	4.5	3.6	3.5
福島	2.7	0.4	-	-	-	0.4	0.5	0.9	-	-	-	0.4	-
茨城	1,305.5	60.9	67.7	69.6	51.7	103.7	94.8	122.9	151.6	133.6	123.1	203.0	122.8
栃木	717.9	65.4	61.4	63.8	58.9	58.5	56.5	61.0	55.4	54.9	55.1	60.4	66.5
群馬	8.1	4.5	1.8	0.4	0.9	0.4	-	-	-	-	-	-	-
埼玉	752.6	73.0	60.5	75.4	56.2	49.6	52.8	65.4	53.7	48.2	73.0	58.2	86.5
千葉	1,450.9	115.6	100.9	116.0	119.1	105.0	115.2	118.4	136.8	126.0	135.6	153.7	108.6
東京	171.1	17.9	5.8	18.3	10.7	11.6	11.7	14.2	12.1	11.2	32.2	13.8	11.5
神奈川	236.8	20.6	17.5	33.0	16.1	28.2	20.3	16.9	16.1	16.1	17.9	15.6	18.6
新潟	82.7	10.8	8.5	6.7	7.1	7.6	5.9	5.8	5.4	5.8	7.6	6.7	4.9
富山	87.6	9.0	6.3	12.0	8.0	7.2	7.2	2.2	12.1	2.2	6.7	8.0	6.7
石川	604.0	48.4	45.7	48.6	48.6	49.6	51.9	48.1	45.2	59.0	55.1	57.8	46.1
福井	-	-	-	-	-	-	-	-	-	-	-	-	-
山梨	7.1	-	-	-	-	-	0.9	2.7	0.4	0.4	1.3	1.3	-
長野	183.1	19.7	18.4	12.0	14.3	15.2	7.7	16.5	21.9	9.8	16.6	16.0	15.1
岐阜	206.4	17.0	17.9	15.6	15.2	14.7	17.2	16.0	19.2	21.4	17.5	18.7	16.0
静岡	391.9	28.7	27.4	35.2	34.8	29.0	39.3	32.5	21.0	34.8	47.9	32.9	28.4
愛知	915.4	69.4	64.6	76.7	72.7	74.2	80.4	81.9	79.6	77.7	81.5	85.3	71.4
三重	130.4	11.6	13.5	10.7	10.3	12.1	9.0	12.5	8.5	8.5	8.5	16.0	9.3
滋賀	3.6	-	-	-	-	-	-	-	0.4	1.3	0.4	1.3	-
京都	13.9	-	1.3	1.8	0.4	0.4	2.3	0.9	2.2	1.8	1.3	1.3	-
大阪	3,722.5	295.2	299.1	316.3	314.5	328.9	317.5	290.3	295.5	291.7	329.9	321.2	322.4
兵庫	4,008.5	344.1	356.0	392.6	352.9	380.3	349.1	341.5	304.0	292.1	299.0	288.4	308.6
奈良	44.1	1.8	0.4	1.3	6.2	1.8	0.5	1.8	6.3	2.2	-	8.0	13.7
和歌山	-	-	-	-	-	-	-	-	-	-	-	-	-
鳥取	1,102.2	77.1	94.2	90.1	92.3	94.7	92.1	96.2	103.3	93.8	91.3	97.3	79.8
島根	29.1	2.7	3.6	1.3	2.2	2.2	3.2	2.7	3.1	0.9	2.7	1.8	2.7
岡山	1,045.7	81.1	85.6	83.9	89.7	80.4	89.9	86.4	89.4	71.5	83.7	93.3	110.9
広島	1,945.3	145.2	165.0	164.6	186.5	184.6	159.9	175.0	152.9	163.0	154.0	163.1	131.7
山口	193.1	16.6	21.5	17.4	16.5	16.1	16.3	19.6	21.0	12.5	10.7	12.4	12.4
徳島	211.8	15.7	14.3	23.6	21.9	11.6	28.0	17.8	8.9	14.3	17.5	14.2	23.9
香川	1,546.5	132.6	129.1	137.4	131.6	120.2	137.7	131.3	116.7	135.4	131.6	124.8	117.9
愛媛	318.1	23.7	23.3	26.3	25.9	24.1	29.4	27.2	25.5	26.4	27.3	32.0	27.0
高知	390.9	29.1	28.2	32.1	31.7	31.7	36.6	29.4	35.3	29.9	31.8	38.2	36.8
福岡	1,274.7	96.8	104.9	127.6	123.1	102.8	108.4	106.4	101.0	107.7	100.3	100.0	95.8
佐賀	22.8	3.6	0.9	0.9	1.8	1.8	2.7	1.3	2.2	3.1	0.9	2.2	1.3
長崎	1,546.0	86.5	119.7	139.6	147.2	147.5	147.2	134.0	127.0	134.0	132.0	122.2	109.1
熊本	1,303.0	85.1	103.1	120.9	110.6	119.3	123.7	105.1	113.6	105.0	113.7	109.3	93.6
大分	287.3	32.7	28.2	37.9	26.8	20.1	19.4	23.2	13.9	17.4	21.5	27.1	19.1
宮崎	2,057.2	157.7	162.3	139.2	192.7	174.7	188.3	177.2	192.7	180.9	164.7	166.2	160.5
鹿児島	1,255.4	110.2	105.4	96.4	112.9	109.5	116.5	117.5	97.5	102.7	112.3	100.9	73.6
沖縄	0.5	-	-	-	-	-	0.5	-	-	-	-	-	-

(11) 乳牛おす

単位：t

年次・都道府県	計	1月	2月	3月	4月	5月	6月	7月	8月	9月	10月	11月	12月
平成25年	262.5	34.6	21.4	41.7	21.6	15.0	17.6	5.1	40.1	19.7	20.0	22.5	3.1
26	302.3	31.6	17.8	27.4	26.9	28.8	27.1	23.7	33.5	28.9	9.1	20.2	27.3
27	223.3	9.8	15.8	16.3	19.4	27.8	25.8	26.5	28.9	10.6	19.7	12.3	10.4
28	168.3	9.2	33.3	20.2	15.5	3.0	11.4	28.8	14.5	7.7	13.0	5.0	6.9
29	150.9	9.2	13.6	48.8	6.2	8.4	11.6	4.0	22.7	4.8	6.3	7.5	7.7
北 海 道	93.2	6.6	9.9	27.4	4.1	5.1	6.9	2.4	21.1	2.8	3.7	2.3	0.9
青　森	0.5	-	-	-	-	-	-	-	-	-	-	0.5	-
岩　手	-	-	-	-	-	-	-	-	-	-	-	-	-
宮　城	0.9	-	-	-	-	-	-	0.4	-	-	-	0.5	-
秋　田	-	-	-	-	-	-	-	-	-	-	-	-	-
山　形	1.0	-	0.4	-	0.5	-	-	-	-	-	0.1	-	-
福　島	0.4	-	-	-	-	-	0.4	-	-	-	-	-	-
茨　城	11.9	0.4	-	10.2	-	-	0.4	-	0.4	-	0.5	-	-
栃　木	0.9	-	-	0.5	-	-	-	-	-	-	-	-	0.4
群　馬	-	-	-	-	-	-	-	-	-	-	-	-	-
埼　玉	0.5	-	-	-	-	-	-	-	0.4	0.1	-	-	-
千　葉	19.6	-	1.4	8.4	1.7	-	0.5	0.4	-	0.9	0.1	2.3	3.8
東　京	-	-	-	-	-	-	-	-	-	-	-	-	-
神 奈 川	-	-	-	-	-	-	-	-	-	-	-	-	-
新　潟	-	-	-	-	-	-	-	-	-	-	-	-	-
富　山	0.5	-	-	-	-	-	-	-	-	-	-	0.5	-
石　川	-	-	-	-	-	-	-	-	-	-	-	-	-
福　井	-	-	-	-	-	-	-	-	-	-	-	-	-
山　梨	-	-	-	-	-	-	-	-	-	-	-	-	-
長　野	-	-	-	-	-	-	-	-	-	-	-	-	-
岐　阜	0.6	-	0.5	-	-	-	-	-	-	-	0.1	-	-
静　岡	-	-	-	-	-	-	-	-	-	-	-	-	-
愛　知	0.1	-	-	-	-	-	-	-	-	-	0.1	-	-
三　重	0.5	-	0.5	-	-	-	-	-	-	-	-	-	-
滋　賀	-	-	-	-	-	-	-	-	-	-	-	-	-
京　都	-	-	-	-	-	-	-	-	-	-	-	-	-
大　阪	1.4	0.4	-	0.5	-	-	-	-	-	0.1	-	-	0.4
兵　庫	-	-	-	-	-	-	-	-	-	-	-	-	-
奈　良	0.4	-	-	-	-	-	-	-	-	-	-	-	0.4
和 歌 山	-	-	-	-	-	-	-	-	-	-	-	-	-
鳥　取	0.8	-	-	-	-	-	-	-	0.4	-	-	-	0.4
島　根	-	-	-	-	-	-	-	-	-	-	-	-	-
岡　山	0.9	-	-	0.9	-	-	-	-	-	-	-	-	-
広　島	-	-	-	-	-	-	-	-	-	-	-	-	-
山　口	-	-	-	-	-	-	-	-	-	-	-	-	-
徳　島	-	-	-	-	-	-	-	-	-	-	-	-	-
香　川	0.4	-	-	-	-	-	-	-	-	0.1	0.3	-	-
愛　媛	-	-	-	-	-	-	-	-	-	-	-	-	-
高　知	-	-	-	-	-	-	-	-	-	-	-	-	-
福　岡	2.0	1.1	-	-	-	-	-	0.5	0.4	-	-	-	-
佐　賀	1.5	-	-	-	-	-	0.5	-	0.4	-	0.1	-	0.4
長　崎	0.5	-	-	-	-	-	-	-	-	-	-	0.5	-
熊　本	3.4	-	0.5	-	-	0.4	0.5	-	-	0.2	1.3	0.5	-
大　分	7.1	0.4	0.5	-	0.3	2.1	2.1	-	-	-	0.4	0.5	0.9
宮　崎	-	-	-	-	-	-	-	-	-	-	-	-	-
鹿 児 島	1.5	-	0.5	0.5	-	-	0.5	-	-	-	-	-	-
沖　縄	0.4	-	-	-	-	-	-	-	0.4	-	-	-	-

4 月別枝肉生産量（都道府県別）（続き）
(12) 交雑牛計

単位：t

年次・都道府県	計	1月	2月	3月	4月	5月	6月	7月	8月	9月	10月	11月	12月
平成25年	111,593.7	8,658.7	8,019.5	8,896.5	9,880.2	9,102.1	8,435.4	9,608.3	8,504.6	8,811.8	9,826.7	10,782.8	11,067.2
26	115,071.3	8,677.7	8,676.9	9,383.5	9,987.9	9,225.9	9,092.6	9,851.6	8,800.0	9,507.6	10,302.3	10,817.9	10,747.4
27	108,181.7	8,653.2	8,687.7	9,382.9	9,395.7	8,328.5	8,750.9	9,154.6	8,011.9	8,493.0	9,155.5	10,248.6	9,919.1
28	111,569.9	8,447.5	8,609.6	8,751.9	9,843.1	8,870.8	8,590.9	9,389.9	8,796.4	9,085.2	9,594.1	10,975.6	10,614.9
29	**122,021.1**	**9,057.9**	**8,887.7**	**9,398.8**	**10,655.1**	**9,660.9**	**9,740.6**	**10,544.4**	**9,627.2**	**9,828.1**	**10,691.7**	**11,945.7**	**11,982.8**
北海道	14,069.8	994.4	1,006.0	1,075.8	1,157.1	1,126.8	1,126.8	1,227.2	1,148.9	1,202.4	1,301.5	1,350.3	1,352.6
青森	2,418.6	168.2	165.2	157.6	201.5	213.4	216.5	217.4	225.6	227.4	208.0	223.4	194.4
岩手	1,975.5	160.2	163.5	173.6	179.1	147.5	146.1	155.5	159.4	163.1	173.9	194.4	159.3
宮城	1,776.0	136.0	140.4	133.2	136.4	122.3	147.5	150.7	140.4	134.2	165.2	185.8	183.8
秋田	432.8	33.9	24.9	35.6	40.0	40.2	40.7	42.3	37.7	30.5	37.5	29.7	39.8
山形	1,722.5	122.3	136.2	144.8	127.4	144.2	164.0	147.7	132.0	155.5	156.4	153.3	138.8
福島	237.0	14.6	15.3	15.6	12.5	15.8	29.6	26.5	21.5	18.6	24.7	22.6	19.5
茨城	2,038.5	115.9	112.0	94.7	119.0	115.6	139.7	178.4	150.9	161.9	254.2	297.8	298.5
栃木	839.3	70.9	49.9	68.9	74.4	72.9	61.2	74.3	57.4	72.2	52.3	92.9	92.1
群馬	6,340.2	469.9	418.7	502.1	605.6	469.2	497.8	497.3	474.1	495.7	508.7	700.7	700.4
埼玉	7,474.5	501.4	527.8	554.9	625.4	582.7	549.7	701.3	570.2	604.2	596.7	838.0	822.1
千葉	5,038.6	415.8	340.0	376.9	531.3	423.4	362.7	433.2	285.2	364.6	451.0	523.9	530.5
東京	12,942.3	791.5	942.1	946.1	1,146.1	1,036.2	1,065.1	1,147.6	1,123.2	1,082.6	1,217.6	1,289.3	1,154.9
神奈川	2,999.0	270.6	235.7	269.9	335.0	214.6	233.2	233.0	228.3	232.6	229.8	223.6	292.7
新潟	402.2	29.9	28.2	31.0	37.6	32.2	32.8	35.0	33.2	29.7	34.3	39.5	38.8
富山	235.8	24.4	19.1	17.5	17.7	17.5	18.0	22.5	16.6	19.2	21.0	30.5	11.8
石川	581.1	33.1	40.5	49.5	45.3	73.7	37.8	45.2	56.5	44.8	47.0	53.5	54.2
福井	-	-	-	-	-	-	-	-	-	-	-	-	-
山梨	749.4	66.8	49.3	51.4	64.4	61.6	55.0	62.2	54.7	57.8	72.9	79.6	73.9
長野	1,363.9	100.8	96.2	107.2	140.5	105.4	118.4	131.9	114.8	93.3	101.1	129.0	125.3
岐阜	1,458.4	97.2	123.0	119.4	127.1	127.8	124.7	107.0	106.9	120.5	116.6	123.3	165.1
静岡	2,425.9	214.5	183.5	209.1	179.3	193.7	205.0	178.4	204.9	189.8	198.4	274.4	194.9
愛知	5,128.5	437.3	373.4	391.5	446.2	436.6	415.7	437.1	399.3	399.9	450.3	469.1	472.0
三重	633.8	42.1	47.1	46.8	80.0	44.5	53.9	60.4	48.2	43.3	48.1	54.6	64.7
滋賀	935.0	54.5	70.6	84.5	76.8	59.8	87.6	78.9	85.3	82.4	77.3	88.4	88.8
京都	838.9	87.4	58.0	56.4	78.7	60.5	63.8	78.0	61.6	46.3	87.7	70.6	90.0
大阪	7,503.1	585.2	575.4	617.1	755.1	587.8	613.1	627.7	568.5	570.2	625.2	636.1	741.8
兵庫	5,276.7	359.4	358.2	375.3	401.5	410.7	485.3	488.8	474.5	403.0	463.4	541.0	515.5
奈良	401.1	36.1	34.7	28.8	41.6	25.5	33.6	37.7	25.5	30.0	36.4	34.9	36.1
和歌山	89.9	3.3	6.2	8.1	11.5	4.8	6.2	7.7	11.9	4.8	6.2	6.2	13.0
鳥取	406.0	32.7	38.9	30.1	36.0	27.0	22.5	44.2	30.8	34.0	34.1	34.0	41.7
島根	380.4	34.2	32.2	33.0	37.9	31.2	26.8	37.9	26.7	30.5	27.8	29.4	32.8
岡山	637.5	47.0	47.0	54.4	54.7	45.7	55.0	55.9	50.6	43.9	54.0	58.7	70.7
広島	3,315.9	226.8	234.0	252.8	276.5	242.9	259.7	302.6	274.5	282.7	266.6	313.2	383.7
山口	429.3	35.3	33.8	31.5	35.2	31.1	33.8	38.9	35.1	33.0	36.8	38.4	46.5
徳島	1,759.1	121.2	106.1	127.4	137.2	137.8	139.2	182.8	131.0	138.4	142.0	141.6	254.4
香川	4,674.9	392.1	359.7	363.3	415.9	379.1	372.4	401.2	391.0	362.2	415.6	449.1	373.5
愛媛	352.1	30.8	25.3	28.2	28.3	26.1	28.0	31.3	32.3	27.5	25.8	26.2	42.3
高知	419.9	25.3	27.6	32.1	24.2	29.0	29.6	37.3	33.2	39.3	37.9	60.3	44.2
福岡	5,661.1	440.4	407.0	453.8	482.2	456.9	432.7	471.9	413.3	478.8	516.9	563.0	544.3
佐賀	56.9	4.8	3.6	4.4	2.5	3.7	3.6	2.0	4.6	6.4	3.6	9.2	8.6
長崎	1,420.9	119.5	113.9	103.7	125.2	116.1	107.3	110.1	107.1	117.6	136.6	131.7	132.1
熊本	4,629.0	379.8	338.2	365.0	386.1	395.4	351.6	415.1	356.3	381.9	401.9	423.6	434.4
大分	603.3	42.6	48.0	42.2	49.5	42.6	50.7	56.3	52.2	53.9	49.8	54.9	60.8
宮崎	3,548.0	301.1	309.8	298.8	346.0	325.3	270.7	274.9	250.1	259.3	265.1	298.0	348.9
鹿児島	5,379.6	385.3	418.9	433.4	421.9	403.6	425.4	450.7	416.6	457.6	512.7	555.7	497.8
沖縄	18.9	1.5	2.6	1.5	1.6	0.5	0.5	0.5	4.5	1.1	1.4	2.4	0.7

(13) 交雑牛めす

単位：t

年次・都道府県	計	1月	2月	3月	4月	5月	6月	7月	8月	9月	10月	11月	12月
平成25年	49,518.7	3,773.8	3,759.3	3,980.5	4,521.8	4,129.5	3,833.3	4,341.7	3,719.8	3,806.7	4,306.7	4,678.5	4,667.1
26	50,573.7	3,895.9	3,792.2	4,149.5	4,349.2	4,088.7	3,966.0	4,257.7	3,801.4	4,226.5	4,655.1	4,694.8	4,696.8
27	48,197.8	3,851.8	3,856.7	4,219.0	4,285.4	3,714.3	3,829.5	4,066.5	3,509.5	3,812.7	4,158.7	4,596.6	4,297.1
28	48,669.8	3,811.6	3,771.6	3,858.3	4,325.4	3,894.2	3,784.4	4,074.7	3,872.8	3,982.7	4,249.2	4,596.2	4,448.7
29	52,634.3	3,919.5	3,763.3	4,003.4	4,654.1	4,081.8	4,209.8	4,597.4	4,163.7	4,318.8	4,678.5	5,173.1	5,070.8
北 海 道	4,048.1	293.1	284.7	307.5	338.5	286.2	314.5	330.9	330.7	352.2	392.0	430.5	387.2
青 森	1,307.4	105.7	102.2	100.4	103.2	99.4	108.5	113.0	117.8	130.9	114.6	113.2	98.2
岩 手	539.8	53.8	43.5	46.9	55.2	45.4	40.1	35.0	52.7	37.6	49.9	40.6	39.0
宮 城	864.7	69.9	77.4	67.4	83.6	55.9	80.3	65.1	61.8	70.9	76.1	78.8	77.5
秋 田	374.4	26.0	24.4	34.0	33.6	39.7	27.2	40.7	36.1	21.9	30.0	28.7	32.3
山 形	544.2	43.4	39.6	42.1	54.3	49.7	51.6	41.7	35.6	55.7	52.8	38.2	39.5
福 島	226.8	14.6	14.8	12.4	12.5	15.3	29.6	25.4	20.4	18.1	24.7	21.5	17.3
茨 城	823.9	43.4	54.9	35.9	48.5	37.3	60.7	71.4	56.1	68.5	122.3	112.3	112.7
栃 木	163.2	13.2	11.5	19.1	13.0	24.8	13.4	12.9	13.8	18.6	6.7	9.1	7.2
群 馬	3,037.1	214.8	197.8	226.2	285.7	246.1	249.5	229.9	221.0	227.5	264.0	354.5	320.3
埼 玉	2,775.8	203.4	190.6	191.3	228.1	216.4	200.2	276.8	202.9	234.6	226.4	297.7	307.3
千 葉	2,637.3	198.2	176.7	195.6	252.6	178.7	216.5	273.5	163.5	216.1	236.9	277.1	251.9
東 京	6,236.5	364.4	458.1	465.4	570.5	508.4	481.2	540.2	515.1	563.9	595.1	660.3	513.9
神 奈 川	1,839.5	160.5	147.1	155.4	183.9	123.3	147.2	160.9	133.5	149.4	137.5	154.8	185.9
新 潟	113.2	11.3	10.0	9.1	12.0	9.6	12.9	12.9	9.5	7.1	4.8	6.2	7.7
富 山	121.2	12.7	5.7	10.0	9.1	10.5	11.0	9.1	8.6	9.5	7.6	18.2	9.2
石 川	435.6	24.1	32.5	37.8	34.1	31.1	33.5	34.5	44.7	35.7	35.2	45.4	47.2
福 井	-	-	-	-	-	-	-	-	-	-	-	-	-
山 梨	663.6	59.9	43.9	45.0	59.1	57.8	50.7	49.8	49.9	47.6	68.0	64.5	67.4
長 野	762.3	59.5	53.5	47.4	80.2	57.3	63.6	81.9	59.9	59.5	52.8	68.8	78.0
岐 阜	427.4	32.1	33.4	39.2	37.9	43.5	39.2	31.1	30.4	27.1	36.6	41.6	35.2
静 岡	863.1	77.4	64.0	86.1	58.1	63.5	76.5	62.7	75.1	63.8	72.3	84.1	79.5
愛 知	2,733.0	229.9	206.4	203.3	249.7	230.3	218.4	233.2	208.1	212.7	242.1	247.0	251.9
三 重	535.1	32.6	39.6	43.0	67.2	35.4	46.4	50.8	42.8	39.5	34.7	44.9	58.3
滋 賀	190.1	9.0	11.9	13.4	19.7	9.6	12.9	10.1	18.5	18.6	20.5	19.6	26.5
京 都	457.6	34.5	24.4	29.7	41.3	32.5	40.1	47.9	35.2	24.3	48.5	41.6	57.8
大 阪	3,232.2	276.6	208.3	258.3	309.7	268.5	269.5	284.9	256.6	231.8	250.7	265.2	352.0
兵 庫	3,117.7	222.3	226.4	213.3	238.7	247.0	259.5	311.3	282.3	264.6	282.6	303.9	265.8
奈 良	98.8	11.8	8.6	9.6	9.6	7.2	6.7	8.1	6.7	4.3	9.0	9.1	8.2
和 歌 山	89.9	3.3	6.2	8.1	11.5	4.8	6.2	7.7	11.9	4.8	6.2	6.2	13.0
鳥 取	239.4	14.2	23.4	16.7	26.9	16.2	18.2	16.8	19.5	19.5	18.6	20.1	29.4
島 根	137.5	15.1	16.7	15.3	14.4	9.6	9.1	11.0	9.5	9.0	9.0	9.6	9.2
岡 山	301.8	22.7	26.8	28.2	22.1	22.0	24.9	22.5	24.7	17.6	26.6	29.6	34.2
広 島	2,037.3	124.6	120.9	150.7	172.9	154.8	150.5	189.6	174.9	173.2	172.7	203.5	249.0
山 口	355.3	32.1	30.6	27.7	33.6	26.8	22.5	33.0	27.6	27.1	27.1	28.2	39.0
徳 島	253.6	17.5	18.6	16.7	19.7	20.5	17.2	26.8	19.5	20.9	22.8	20.1	33.2
香 川	1,825.0	153.9	136.6	134.4	158.0	154.3	134.8	158.5	165.8	129.9	169.3	187.3	142.1
愛 媛	154.3	12.3	11.5	14.8	9.6	11.5	12.4	16.8	16.2	11.9	8.1	9.6	19.7
高 知	49.2	0.9	1.4	4.8	8.2	1.4	3.8	7.7	5.2	3.3	1.4	8.1	2.9
福 岡	2,312.7	183.1	165.3	165.0	186.3	182.5	185.4	195.4	160.1	212.7	221.2	244.2	211.4
佐 賀	30.1	4.2	1.4	3.3	1.9	1.0	1.4	1.0	1.9	4.3	1.4	3.8	4.3
長 崎	691.7	61.8	47.8	58.8	60.0	62.6	57.8	45.0	57.0	58.1	60.4	60.2	62.1
熊 本	1,148.6	76.0	68.8	91.8	99.9	87.0	86.0	115.4	95.0	97.6	109.4	103.7	118.0
大 分	357.6	28.8	27.7	27.7	29.8	25.3	33.5	23.5	32.8	27.6	30.4	33.9	36.6
宮 崎	1,556.9	139.7	139.0	128.2	143.6	119.0	127.1	117.8	123.6	120.9	117.0	140.5	140.6
鹿 児 島	1,917.0	130.7	127.5	165.0	166.1	152.4	157.7	162.8	127.4	168.5	181.7	186.3	190.7
沖 縄	6.7	0.5	1.0	1.0	-	-	-	0.5	1.9	-	0.5	1.0	0.5

― 63 ―

4 月別枝肉生産量（都道府県別）（続き）

(14) 交雑牛去勢

単位：t

年次・都道府県	計	1月	2月	3月	4月	5月	6月	7月	8月	9月	10月	11月	12月
平成25年	62,051.6	4,881.6	4,258.6	4,915.6	5,356.7	4,970.9	4,602.1	5,264.2	4,782.0	5,004.3	5,517.0	6,100.6	6,398.0
26	64,461.3	4,776.2	4,880.8	5,230.0	5,632.9	5,136.0	5,119.2	5,591.9	4,998.1	5,279.8	5,644.2	6,122.3	6,049.8
27	59,972.3	4,801.4	4,829.6	5,163.4	5,108.5	4,613.8	4,920.0	5,087.2	4,500.5	4,680.0	4,996.8	5,651.4	5,619.7
28	62,879.3	4,635.1	4,837.6	4,892.0	5,516.2	4,974.6	4,804.6	5,313.0	4,919.6	5,100.0	5,343.8	6,378.2	6,164.6
29	**69,374.4**	**5,136.9**	**5,123.1**	**5,394.1**	**6,000.6**	**5,578.1**	**5,529.8**	**5,946.5**	**5,463.0**	**5,508.8**	**6,010.5**	**6,771.6**	**6,911.5**
北海道	10,020.4	701.3	720.9	767.8	818.1	840.6	812.3	896.3	818.1	850.2	909.5	919.8	965.3
青森	1,110.7	62.5	63.0	56.7	98.3	114.0	108.1	104.4	107.7	96.6	93.4	110.2	96.1
岩手	1,435.7	106.4	120.1	126.7	123.9	102.1	105.9	120.5	106.6	125.5	124.0	153.8	120.3
宮城	910.7	66.2	63.0	65.8	52.9	66.4	66.7	85.5	78.6	63.3	89.1	107.0	106.3
秋田	58.4	7.9	0.5	1.6	6.4	0.5	13.4	1.6	1.6	8.6	7.5	1.1	7.5
山形	1,178.3	78.9	96.6	102.7	73.2	94.5	112.4	106.0	96.4	99.8	103.6	115.0	99.3
福島	10.2	-	0.5	3.2	-	0.5	-	1.1	1.1	0.5	-	1.1	2.1
茨城	1,214.2	72.5	57.1	58.8	70.5	78.3	79.0	107.1	94.8	93.3	131.5	185.5	185.8
栃木	676.1	57.7	38.4	49.7	61.4	48.1	47.8	61.3	43.6	53.6	45.6	83.9	84.8
群馬	3,303.0	255.1	220.9	275.9	319.9	223.1	248.4	267.4	253.1	268.2	244.7	346.2	380.1
埼玉	4,697.6	296.9	337.2	363.6	397.3	366.3	349.4	424.5	367.3	369.6	370.3	540.3	514.9
千葉	2,401.4	217.5	163.3	181.3	278.7	244.7	146.2	159.8	121.7	148.6	214.1	246.8	278.7
東京	6,705.8	427.1	484.0	480.7	575.7	527.8	583.8	607.4	608.1	518.7	622.5	629.0	641.1
神奈川	1,159.5	110.1	88.6	114.4	151.1	91.3	86.0	72.1	94.8	83.1	92.3	68.8	106.8
新潟	289.1	18.5	18.1	21.9	25.6	22.7	19.9	22.1	23.7	22.5	29.5	33.3	31.1
富山	114.1	11.6	13.3	7.5	8.5	7.0	7.0	13.5	8.1	9.7	12.9	12.4	2.7
石川	145.5	9.0	8.0	11.8	11.2	42.7	4.3	10.8	11.8	9.1	11.8	8.1	7.0
福井	-	-	-	-	-	-	-	-	-	-	-	-	-
山梨	85.8	6.9	5.3	6.4	5.3	3.8	4.3	12.4	4.8	10.2	4.8	15.1	6.4
長野	601.6	41.3	42.7	59.9	60.3	48.1	54.8	50.0	54.9	33.8	48.3	60.2	47.2
岐阜	1,030.6	65.1	89.1	80.2	89.2	84.3	85.5	75.9	76.5	93.3	80.0	81.7	129.9
静岡	1,562.9	137.1	119.5	123.0	121.2	130.2	128.5	115.7	129.8	126.1	126.1	190.3	115.4
愛知	2,394.5	207.5	167.0	188.2	196.5	205.8	196.8	203.9	191.2	187.2	208.2	222.0	220.1
三重	98.6	9.5	7.5	3.7	12.8	9.2	7.5	9.7	5.4	3.8	13.4	9.7	6.4
滋賀	744.9	45.5	58.7	71.1	57.1	50.2	74.7	68.9	66.8	63.8	56.9	68.8	62.3
京都	380.8	52.9	33.6	26.7	37.4	27.6	23.7	30.1	26.4	22.0	39.2	29.0	32.2
大阪	4,270.9	308.6	367.1	358.8	445.4	319.3	343.5	342.7	311.8	338.5	374.5	370.9	389.8
兵庫	2,159.0	137.1	131.8	162.0	162.9	163.7	225.8	177.5	192.3	138.4	180.8	237.1	249.7
奈良	302.3	24.3	26.1	19.2	32.0	18.4	26.9	29.6	18.9	25.7	27.4	25.8	27.9
和歌山	-	-	-	-	-	-	-	-	-	-	-	-	-
鳥取	166.7	18.5	15.5	13.4	9.1	10.8	4.3	27.4	11.3	14.5	15.6	14.0	12.3
島根	242.9	19.1	15.5	17.6	23.5	21.6	17.7	26.9	17.2	21.5	18.8	19.9	23.6
岡山	335.7	24.3	20.3	26.2	32.6	23.8	30.1	33.4	25.9	26.3	27.4	29.0	36.5
広島	1,278.6	102.2	113.1	102.1	103.6	88.1	109.1	113.0	99.6	109.4	93.9	109.7	134.8
山口	73.5	3.2	3.2	3.7	1.6	4.3	11.3	5.4	7.5	5.9	9.7	10.2	7.5
徳島	1,505.5	103.7	87.5	110.7	117.5	117.2	122.0	156.0	111.5	117.5	119.1	121.5	221.2
香川	2,849.9	238.2	223.0	228.9	257.9	224.7	237.6	242.6	225.1	232.3	246.3	261.8	231.4
愛媛	197.8	18.5	13.9	13.4	18.7	14.6	15.6	14.5	16.2	15.6	17.7	16.7	22.5
高知	370.7	24.3	26.1	27.3	16.0	27.6	25.8	29.6	28.0	35.9	36.5	52.1	41.3
福岡	3,348.3	257.2	241.7	288.7	295.8	274.4	247.3	276.5	253.1	266.1	295.7	318.8	332.9
佐賀	26.9	0.5	2.1	1.1	0.5	2.7	2.2	1.1	2.7	2.1	2.1	5.4	4.3
長崎	729.1	57.7	66.2	44.9	65.1	53.5	49.5	65.1	50.1	59.5	76.2	71.5	69.8
熊本	3,478.9	303.3	268.9	272.7	286.2	308.5	265.6	299.7	261.2	284.3	292.4	319.9	316.2
大分	245.7	13.8	20.3	14.4	19.8	17.3	17.2	32.8	19.4	26.3	19.3	21.0	24.2
宮崎	1,991.0	161.4	170.8	170.6	202.4	206.4	143.5	157.1	126.6	138.4	148.1	157.5	208.3
鹿児島	3,461.2	254.6	291.3	268.4	255.8	251.2	267.7	287.8	289.2	288.6	330.0	369.3	307.1
沖縄	9.6	1.1	1.6	0.5	1.6	0.5	0.5	-	2.2	1.1	-	0.5	-

(15) 交雑牛おす

単位：t

年次・都道府県	計	1月	2月	3月	4月	5月	6月	7月	8月	9月	10月	11月	12月
平成25年	23.5	3.3	1.6	0.4	1.6	1.6	-	2.5	2.9	0.8	3.0	3.7	2.0
26	36.4	5.6	3.9	4.0	5.8	1.3	7.4	2.0	0.4	1.3	3.0	0.9	0.9
27	11.6	-	1.4	0.5	1.8	0.5	1.5	0.9	1.9	0.4	-	0.5	2.3
28	20.8	0.8	0.4	1.6	1.5	2.0	2.0	2.2	3.9	2.5	1.2	1.2	1.6
29	12.4	1.6	1.3	1.4	0.5	0.9	1.1	0.5	0.5	0.5	2.8	0.9	0.5
北 海 道	1.4	-	0.4	0.5	0.5	-	-	-	-	-	-	-	-
青　　森	0.5	-	-	0.5	-	-	-	-	-	-	-	-	-
岩　　手	-												
宮　　城	0.5	-	-	-	-	-	0.5	-	-	-	-	-	-
秋　　田	-												
山　　形	-												
福　　島	-												
茨　　城	0.5	-	-	-	-	-	-	-	-	-	0.5	-	-
栃　　木	-												
群　　馬	-												
埼　　玉	1.1	1.1	-	-	-	-	-	-	-	-	-	-	-
千　　葉	-												
東　　京	-												
神 奈 川	-												
新　　潟	-												
富　　山	0.5	-	-	-	-	-	-	-	-	-	0.5	-	-
石　　川	-												
福　　井	-												
山　　梨	-												
長　　野	-												
岐　　阜	0.4	-	0.4	-	-	-	-	-	-	-	-	-	-
静　　岡	-												
愛　　知	1.0	-	-	-	-	0.5	0.5	-	-	-	-	-	-
三　　重	-												
滋　　賀	-												
京　　都	0.5	-	-	-	-	0.5	-	-	-	-	-	-	-
大　　阪	-												
兵　　庫	-												
奈　　良	-												
和 歌 山	-												
鳥　　取	-												
島　　根	-												
岡　　山	-												
広　　島	-												
山　　口	0.5	-	-	-	-	-	-	0.5	-	-	-	-	-
徳　　島	-												
香　　川	-												
愛　　媛	-												
高　　知	-												
福　　岡	-												
佐　　賀	-												
長　　崎	0.1	-	-	-	-	-	-	-	-	-	-	-	0.1
熊　　本	1.6	0.5	0.4	0.5	-	-	-	-	-	-	-	-	0.1
大　　分	-												
宮　　崎	-												
鹿 児 島	1.4	-	-	-	-	-	-	-	-	0.5	0.9	-	-
沖　　縄	2.6	-	-	-	-	-	-	-	0.5	-	0.9	0.9	0.3

4　月別枝肉生産量（都道府県別）（続き）
(16)　その他の牛計

単位：t

年次・都道府県	計	1月	2月	3月	4月	5月	6月	7月	8月	9月	10月	11月	12月
平成25年	6,167.7	446.2	436.2	428.4	504.2	499.9	511.4	538.6	490.7	498.2	523.7	633.5	656.9
26	5,464.6	397.5	439.6	401.6	463.6	426.6	403.5	469.9	454.5	456.3	475.6	509.5	566.4
27	5,218.0	395.5	451.6	468.9	441.8	421.0	445.5	446.7	455.2	400.0	422.9	421.1	447.6
28	5,210.4	452.1	356.4	327.9	380.6	357.1	454.6	461.3	475.7	443.5	463.9	497.4	539.9
29	5,146.1	372.6	406.8	414.4	446.1	403.7	428.6	456.9	438.6	388.6	375.5	451.7	562.6
北海道	288.1	22.8	13.0	14.7	17.3	24.7	23.6	25.1	19.3	20.3	29.7	34.6	42.9
青　森	0.4	-	-	-	-	-	-	-	-	-	-	0.4	-
岩　手	22.4	1.8	1.2	0.5	1.7	3.3	1.3	5.1	3.2	0.8	1.7	1.0	0.9
宮　城	1.2	-	-	-	-	0.4	-	-	0.5	0.3	-	-	-
秋　田	-	-	-	-	-	-	-	-	-	-	-	-	-
山　形	11.1	2.4	0.3	0.9	1.2	1.0	-	0.9	0.5	1.4	1.3	-	1.4
福　島	1.2	-	-	-	0.4	-	0.5	0.3	-	-	-	-	-
茨　城	0.4	-	-	-	-	-	-	-	-	-	-	-	0.4
栃　木	-	-	-	-	-	-	-	-	-	-	-	-	-
群　馬	-	-	-	-	-	-	-	-	-	-	-	-	-
埼　玉	140.7	10.7	5.5	10.8	16.5	5.7	5.6	5.5	10.2	9.9	16.0	22.1	22.0
千　葉	-	-	-	-	-	-	-	-	-	-	-	-	-
東　京	-	-	-	-	-	-	-	-	-	-	-	-	-
神 奈 川	2.7	-	-	0.9	-	-	-	-	-	-	-	1.7	-
新　潟	-	-	-	-	-	-	-	-	-	-	-	-	-
富　山	0.3	-	-	-	-	-	-	-	-	0.3	-	-	-
石　川	-	-	-	-	-	-	-	-	-	-	-	-	-
福　井	-	-	-	-	-	-	-	-	-	-	-	-	-
山　梨	-	-	-	-	-	-	-	-	-	-	-	-	-
長　野	0.5	-	-	0.5	-	-	-	-	-	-	-	-	-
岐　阜	1.9	-	0.5	-	0.5	-	-	-	-	-	0.5	-	0.4
静　岡	-	-	-	-	-	-	-	-	-	-	-	-	-
愛　知	-	-	-	-	-	-	-	-	-	-	-	-	-
三　重	-	-	-	-	-	-	-	-	-	-	-	-	-
滋　賀	-	-	-	-	-	-	-	-	-	-	-	-	-
京　都	2.1	1.3	-	0.5	-	-	0.4	-	-	-	-	-	-
大　阪	3.7	-	-	-	0.5	0.5	1.0	0.5	-	0.7	-	-	0.5
兵　庫	24.0	3.6	2.3	2.5	2.4	0.4	0.9	1.9	0.9	0.7	1.3	5.0	2.0
奈　良	1.5	-	-	-	-	-	-	-	-	-	-	-	1.5
和 歌 山	-	-	-	-	-	-	-	-	-	-	-	-	-
鳥　取	-	-	-	-	-	-	-	-	-	-	-	-	-
島　根	178.4	14.4	14.7	16.6	14.8	15.9	14.8	15.8	13.0	13.8	14.5	15.6	14.5
岡　山	-	-	-	-	-	-	-	-	-	-	-	-	-
広　島	-	-	-	-	-	-	-	-	-	-	-	-	-
山　口	-	-	-	-	-	-	-	-	-	-	-	-	-
徳　島	-	-	-	-	-	-	-	-	-	-	-	-	-
香　川	-	-	-	-	-	-	-	-	-	-	-	-	-
愛　媛	-	-	-	-	-	-	-	-	-	-	-	-	-
高　知	-	-	-	-	-	-	-	-	-	-	-	-	-
福　岡	98.4	7.6	8.2	6.1	8.6	8.5	8.3	8.2	7.9	6.3	7.3	8.0	13.5
佐　賀	-	-	-	-	-	-	-	-	-	-	-	-	-
長　崎	145.6	16.1	16.1	12.2	16.0	15.0	16.4	18.0	5.6	6.8	13.5	4.5	5.5
熊　本	160.9	8.1	4.2	7.6	6.5	14.6	14.6	13.3	19.0	14.5	23.9	22.1	12.5
大　分	-	-	-	-	-	-	-	-	-	-	-	-	-
宮　崎	3,922.8	270.5	328.9	327.0	348.2	300.8	326.0	352.8	344.8	304.1	257.0	327.9	434.8
鹿 児 島	77.6	7.6	7.5	7.5	7.4	7.7	8.9	5.2	7.4	6.6	4.1	3.8	4.0
沖　縄	60.1	5.7	4.2	6.1	4.2	5.3	6.3	4.5	6.3	2.0	4.7	4.9	5.8

(17) その他の牛めす

単位：t

年次・都道府県	計	1月	2月	3月	4月	5月	6月	7月	8月	9月	10月	11月	12月
平成25年	826.0	82.9	50.4	56.1	52.4	86.3	52.4	73.8	50.1	44.8	85.9	98.8	92.1
26	700.9	49.9	82.4	47.1	85.0	58.9	44.9	60.6	56.2	44.4	43.5	59.9	68.2
27	491.8	30.5	40.0	42.7	57.3	46.7	45.6	32.5	29.0	38.6	41.1	43.8	44.1
28	317.1	25.6	23.1	22.4	22.1	25.9	18.0	24.0	28.5	38.5	24.3	38.9	25.8
29	502.0	22.2	11.0	26.4	32.2	34.3	22.0	39.2	28.4	42.7	48.8	104.0	90.8
北 海 道	136.7	8.7	5.0	7.6	7.9	9.7	8.2	9.1	8.6	12.2	15.5	17.8	26.3
青 森	0.4	-	-	-	-	-	-	-	-	-	-	0.4	-
岩 手	8.1	0.8	0.7	-	1.2	1.3	0.7	0.6	0.5	0.3	1.7	-	0.4
宮 城	0.8	-	-	-	0.4	-	-	-	0.3	-	-	-
秋 田	-	-	-	-	-	-	-	-	-	-	-	-	-
山 形	10.0	2.4	0.3	0.9	1.2	0.4	-	0.9	0.5	1.4	1.3	-	0.8
福 島	0.7	-	-	-	0.4	-	-	0.3	-	-	-	-	-
茨 城	0.4	-	-	-	-	-	-	-	-	-	-	-	0.4
栃 木	-	-	-	-	-	-	-	-	-	-	-	-	-
群 馬	-	-	-	-	-	-	-	-	-	-	-	-	-
埼 玉	-	-	-	-	-	-	-	-	-	-	-	-	-
千 葉	-	-	-	-	-	-	-	-	-	-	-	-	-
東 京	-	-	-	-	-	-	-	-	-	-	-	-	-
神 奈 川	2.7	-	-	0.9	-	-	-	-	-	-	-	1.7	-
新 潟	-	-	-	-	-	-	-	-	-	-	-	-	-
富 山	0.3	-	-	-	-	-	-	-	-	0.3	-	-	-
石 川	-	-	-	-	-	-	-	-	-	-	-	-	-
福 井	-	-	-	-	-	-	-	-	-	-	-	-	-
山 梨	-	-	-	-	-	-	-	-	-	-	-	-	-
長 野	-	-	-	-	-	-	-	-	-	-	-	-	-
岐 阜	0.4	-	-	-	-	-	-	-	-	-	-	-	0.4
静 岡	-	-	-	-	-	-	-	-	-	-	-	-	-
愛 知	-	-	-	-	-	-	-	-	-	-	-	-	-
三 重	-	-	-	-	-	-	-	-	-	-	-	-	-
滋 賀	-	-	-	-	-	-	-	-	-	-	-	-	-
京 都	1.2	0.8	-	-	-	-	0.4	-	-	-	-	-	-
大 阪	0.7	-	-	-	-	-	-	-	-	0.7	-	-	-
兵 庫	6.2	1.2	0.3	0.6	0.4	0.4	0.4	0.9	-	0.7	1.3	-	-
奈 良	-	-	-	-	-	-	-	-	-	-	-	-	-
和 歌 山	-	-	-	-	-	-	-	-	-	-	-	-	-
鳥 取	-	-	-	-	-	-	-	-	-	-	-	-	-
島 根	7.5	0.8	0.7	2.4	0.8	0.4	0.4	0.9	-	0.7	0.4	-	-
岡 山	-	-	-	-	-	-	-	-	-	-	-	-	-
広 島	-	-	-	-	-	-	-	-	-	-	-	-	-
山 口	-	-	-	-	-	-	-	-	-	-	-	-	-
徳 島	-	-	-	-	-	-	-	-	-	-	-	-	-
香 川	-	-	-	-	-	-	-	-	-	-	-	-	-
愛 媛	-	-	-	-	-	-	-	-	-	-	-	-	-
高 知	-	-	-	-	-	-	-	-	-	-	-	-	-
福 岡	7.3	0.8	0.7	-	-	1.3	1.1	1.2	1.8	-	-	0.4	-
佐 賀	-	-	-	-	-	-	-	-	-	-	-	-	-
長 崎	0.4	-	-	-	-	-	-	-	-	-	0.4	-	-
熊 本	44.9	2.8	0.7	1.2	2.0	4.7	3.7	2.6	3.6	3.7	8.2	7.8	3.9
大 分	-	-	-	-	-	-	-	-	-	-	-	-	-
宮 崎	233.0	-	0.3	9.7	14.1	12.3	1.5	21.1	9.0	19.3	16.8	72.6	56.2
鹿 児 島	24.2	2.8	2.0	1.8	2.4	2.5	3.7	1.2	2.7	2.0	1.7	1.3	-
沖 縄	16.2	1.2	0.3	1.2	2.0	0.8	1.9	0.6	1.8	1.0	1.3	1.7	2.4

4 月別枝肉生産量（都道府県別）（続き）
(18) その他の牛去勢

単位：t

年次・都道府県	計	1月	2月	3月	4月	5月	6月	7月	8月	9月	10月	11月	12月
平成25年	5,290.7	358.9	385.0	364.5	449.2	410.1	456.0	460.9	438.0	449.1	430.9	528.2	560.0
26	4,713.8	341.1	352.5	351.5	374.7	363.3	355.1	402.8	396.5	407.6	427.4	447.8	493.5
27	4,670.2	361.3	405.5	420.3	383.1	370.7	395.9	407.8	421.6	358.3	374.0	374.1	397.6
28	4,835.5	417.5	331.1	301.6	354.6	325.5	433.2	428.8	442.7	402.1	433.9	454.6	510.1
29	4,588.1	345.9	392.4	382.3	411.0	364.4	402.1	412.0	402.8	343.6	320.5	343.8	467.2
北 海 道	148.6	14.1	8.0	7.1	9.5	15.0	15.4	15.5	10.7	8.1	13.1	15.6	16.5
青 森	-	-	-	-	-	-	-	-	-	-	-	-	-
岩 手	14.3	1.0	0.5	0.5	0.5	2.1	0.5	4.5	2.8	0.5	-	1.0	0.5
宮 城	0.5	-	-	-	-	-	-	-	0.5	-	-	-	-
秋 田	-	-	-	-	-	-	-	-	-	-	-	-	-
山 形	-	-	-	-	-	-	-	-	-	-	-	-	-
福 島	0.5	-	-	-	-	-	0.5	-	-	-	-	-	-
茨 城	-	-	-	-	-	-	-	-	-	-	-	-	-
栃 木	-	-	-	-	-	-	-	-	-	-	-	-	-
群 馬	-	-	-	-	-	-	-	-	-	-	-	-	-
埼 玉	140.7	10.7	5.5	10.8	16.5	5.7	5.6	5.5	10.2	9.9	16.0	22.1	22.0
千 葉	-	-	-	-	-	-	-	-	-	-	-	-	-
東 京	-	-	-	-	-	-	-	-	-	-	-	-	-
神 奈 川	-	-	-	-	-	-	-	-	-	-	-	-	-
新 潟	-	-	-	-	-	-	-	-	-	-	-	-	-
富 山	-	-	-	-	-	-	-	-	-	-	-	-	-
石 川	-	-	-	-	-	-	-	-	-	-	-	-	-
福 井	-	-	-	-	-	-	-	-	-	-	-	-	-
山 梨	-	-	-	-	-	-	-	-	-	-	-	-	-
長 野	0.5	-	-	0.5	-	-	-	-	-	-	-	-	-
岐 阜	1.5	-	0.5	-	0.5	-	-	-	-	-	0.5	-	-
静 岡	-	-	-	-	-	-	-	-	-	-	-	-	-
愛 知	-	-	-	-	-	-	-	-	-	-	-	-	-
三 重	-	-	-	-	-	-	-	-	-	-	-	-	-
滋 賀	-	-	-	-	-	-	-	-	-	-	-	-	-
京 都	1.0	0.5	-	0.5	-	-	-	-	-	-	-	-	-
大 阪	3.0	-	-	-	0.5	0.5	1.0	0.5	-	-	-	-	0.5
兵 庫	17.8	2.4	2.0	1.9	2.0	-	0.5	1.0	0.9	-	-	5.0	2.0
奈 良	1.5	-	-	-	-	-	-	-	-	-	-	-	1.5
和 歌 山	-	-	-	-	-	-	-	-	-	-	-	-	-
鳥 取	-	-	-	-	-	-	-	-	-	-	-	-	-
島 根	170.9	13.6	14.1	14.1	14.0	15.5	14.4	15.0	13.0	13.1	14.0	15.6	14.5
岡 山	-	-	-	-	-	-	-	-	-	-	-	-	-
広 島	-	-	-	-	-	-	-	-	-	-	-	-	-
山 口	-	-	-	-	-	-	-	-	-	-	-	-	-
徳 島	-	-	-	-	-	-	-	-	-	-	-	-	-
香 川	-	-	-	-	-	-	-	-	-	-	-	-	-
愛 媛	-	-	-	-	-	-	-	-	-	-	-	-	-
高 知	-	-	-	-	-	-	-	-	-	-	-	-	-
福 岡	90.6	6.8	7.5	6.1	8.0	7.2	7.2	7.0	6.1	6.3	7.3	7.6	13.5
佐 賀	-	-	-	-	-	-	-	-	-	-	-	-	-
長 崎	145.2	16.1	16.1	12.2	16.0	15.0	16.4	18.0	5.6	6.8	13.1	4.5	5.5
熊 本	102.3	5.4	3.5	4.7	4.5	8.8	9.8	9.0	12.6	9.0	14.0	13.1	8.0
大 分	-	-	-	-	-	-	-	-	-	-	-	-	-
宮 崎	3,689.8	270.5	328.6	317.3	334.1	288.5	324.5	331.7	335.8	284.8	240.2	255.2	378.6
鹿 児 島	53.4	4.9	5.5	5.6	5.0	5.2	5.1	4.0	4.7	4.5	2.4	2.5	4.0
沖 縄	6.0	-	0.5	0.9	-	1.0	1.0	0.5	-	0.5	-	1.5	-

— 68 —

(19) その他の牛おす

単位：t

年次・都道府県	計	1月	2月	3月	4月	5月	6月	7月	8月	9月	10月	11月	12月
平成25年	51.1	4.3	0.9	7.8	2.6	3.5	3.0	3.9	2.6	4.3	6.9	6.5	4.8
26	49.9	6.5	4.8	3.0	3.9	4.3	3.5	6.5	1.7	4.3	4.8	1.8	4.8
27	56.1	3.7	6.2	5.9	1.4	3.7	4.1	6.4	4.6	3.2	7.8	3.2	5.9
28	57.7	9.1	2.3	4.0	4.0	5.7	3.4	8.5	4.5	2.8	5.7	4.0	4.0
29	56.0	4.5	3.4	5.7	2.8	5.1	4.5	5.7	7.4	2.3	6.2	4.0	4.5
北　海　道	2.8	-	-	-	-	-	-	0.6	-	-	1.1	1.1	-
青　　　森													
岩　　　手													
宮　　　城													
秋　　　田													
山　　　形	1.1	-	-	-	-	0.6	-	-	-	-	-	-	0.6
福　　　島													
茨　　　城													
栃　　　木													
群　　　馬													
埼　　　玉													
千　　　葉													
東　　　京													
神　奈　川													
新　　　潟	-	-	-	-	-	-	-	-	-	-	-	-	-
富　　　山													
石　　　川													
福　　　井	-												
山　　　梨													
長　　　野													
岐　　　阜													
静　　　岡													
愛　　　知													
三　　　重													
滋　　　賀													
京　　　都													
大　　　阪													
兵　　　庫													
奈　　　良													
和　歌　山													
鳥　　　取													
島　　　根													
岡　　　山													
広　　　島													
山　　　口													
徳　　　島													
香　　　川													
愛　　　媛													
高　　　知													
福　　　岡	0.6	-	-	-	0.6	-	-	-	-	-	-	-	-
佐　　　賀													
長　　　崎													
熊　　　本	13.6	-	-	1.7	-	1.1	1.1	1.7	2.8	1.7	1.7	1.1	0.6
大　　　分													
宮　　　崎													
鹿　児　島													
沖　　　縄	37.9	4.5	3.4	4.0	2.3	3.4	3.4	3.4	4.5	0.6	3.4	1.7	3.4

4 月別枝肉生産量（都道府県別）（続き）
(20) 子牛

単位：t

年次・都道府県	計	1月	2月	3月	4月	5月	6月	7月	8月	9月	10月	11月	12月
平成25年	692.5	47.9	50.1	65.7	59.6	72.5	70.1	64.4	57.0	52.7	54.8	53.6	44.1
26	654.9	43.8	45.6	51.5	57.2	57.2	64.6	66.6	49.0	58.9	59.2	59.9	41.6
27	600.6	45.2	45.0	56.9	56.7	47.4	58.6	55.7	43.2	49.4	52.8	41.7	48.1
28	601.7	40.5	42.2	52.3	45.8	56.9	60.1	54.7	51.9	50.5	52.8	47.1	46.9
29	598.4	49.9	49.6	55.7	47.6	54.0	53.8	48.8	55.9	42.0	45.1	50.3	45.9
北海道	272.1	22.2	23.9	25.4	19.0	25.5	27.1	21.9	24.8	18.6	20.3	21.4	21.9
青　森	12.1	1.8	0.5	0.9	1.4	1.4	1.2	1.3	0.8	0.8	0.8	0.7	0.6
岩　手	3.9	0.1	0.1	0.7	0.3	0.1	0.4	0.6	0.2	0.2	0.4	0.3	0.4
宮　城	2.9	0.2	0.2	0.3	0.1	0.2	0.4	0.2	0.5	-	0.1	0.1	0.5
秋　田	1.0	0.1	0.1	0.1	0.1	-	0.2	0.1	-	0.1	-	0.1	-
山　形	1.5	-	0.2	0.1	0.1	0.1	0.4	0.1	-	0.2	0.1	-	0.1
福　島	0.8	0.1	-	0.1	0.1	0.1	0.1	-	-	-	-	-	0.2
茨　城	125.5	12.6	12.4	10.5	9.6	11.1	11.4	9.2	10.8	8.2	10.5	10.4	8.9
栃　木	10.4	0.5	1.1	1.2	0.7	0.5	0.7	0.8	1.9	0.3	0.5	1.1	1.2
群　馬	1.0	0.1	-	0.1	-	0.3	0.1	-	-	0.1	0.1	-	0.1
埼　玉	23.4	3.2	1.4	3.0	2.8	2.2	1.6	1.9	2.0	1.7	1.0	2.0	0.5
千　葉	72.6	3.4	3.6	5.8	8.0	6.6	5.8	6.5	8.2	5.5	5.0	7.1	7.0
東　京	-	-	-	-	-	-	-	-	-	-	-	-	-
神奈川	1.8	0.2	0.1	-	0.2	-	0.5	0.1	0.2	-	0.2	0.1	0.1
新　潟	0.1	-	-	-	0.1	-	-	-	-	-	-	-	-
富　山	0.2	-	0.2	-	-	-	-	-	-	-	-	-	-
石　川	1.0	-	-	0.2	-	-	-	-	0.2	0.1	0.3	-	0.1
福　井	-	-	-	-	-	-	-	-	-	-	-	-	-
山　梨	3.3	0.2	0.8	0.6	0.7	0.1	0.2	-	0.1	-	0.1	0.3	0.1
長　野	1.3	-	0.1	-	0.2	0.2	-	0.2	0.1	-	0.1	0.1	0.1
岐　阜	2.1	0.2	0.1	0.1	0.2	0.1	-	0.1	-	0.3	0.3	0.2	0.2
静　岡	3.6	0.2	0.5	0.3	0.1	0.2	0.2	0.3	0.5	0.2	0.2	0.3	0.4
愛　知	12.7	1.0	0.8	1.9	1.1	2.1	0.9	0.7	0.9	1.3	0.8	0.8	0.5
三　重	0.8	-	-	-	0.1	0.1	0.1	0.2	0.1	-	-	-	0.1
滋　賀	0.5	-	-	-	-	-	0.1	-	0.1	0.1	-	0.1	-
京　都	0.3	-	-	0.1	-	-	-	-	0.1	-	-	0.1	-
大　阪	0.4	-	-	-	0.1	-	0.1	-	-	-	0.2	-	-
兵　庫	3.6	0.2	0.2	0.5	0.1	-	0.1	0.1	0.4	0.5	0.9	0.6	0.1
奈　良	1.2	0.1	-	0.1	-	-	-	0.2	0.4	-	0.3	-	-
和歌山	-	-	-	-	-	-	-	-	-	-	-	-	-
鳥　取	0.3	-	-	-	-	-	-	-	-	-	0.2	-	0.1
島　根	-	-	-	-	-	-	-	-	-	-	-	-	-
岡　山	1.7	0.1	-	0.1	0.1	0.2	0.1	0.1	0.4	0.1	0.2	0.2	-
広　島	4.4	0.1	0.6	0.1	0.3	0.3	-	0.1	1.1	0.6	0.4	0.3	0.4
山　口	-	-	-	-	-	-	-	-	-	-	-	-	-
徳　島	1.2	-	0.2	-	-	0.1	0.1	0.1	0.2	0.2	0.1	-	-
香　川	1.4	0.5	-	-	0.1	0.1	-	0.1	-	0.3	-	0.1	0.1
愛　媛	0.9	0.2	-	0.3	0.1	-	-	-	-	-	-	0.1	0.1
高　知	0.2	0.1	-	0.1	-	-	-	-	-	-	-	-	-
福　岡	2.9	0.4	0.4	0.1	0.4	0.1	0.2	0.2	0.2	0.6	-	-	0.2
佐　賀	0.3	-	-	0.2	-	-	-	0.1	-	-	-	-	-
長　崎	3.1	0.4	0.4	0.2	-	-	0.5	0.7	0.1	0.1	0.4	0.2	0.1
熊　本	-	-	-	-	-	-	-	-	-	-	-	-	-
大　分	5.1	0.6	0.5	0.3	0.4	0.3	0.4	0.5	0.4	0.1	0.3	0.8	0.5
宮　崎	4.8	-	0.5	0.3	0.3	0.3	0.1	0.9	0.2	0.2	0.7	1.0	0.1
鹿児島	11.2	0.7	0.6	1.5	0.5	1.0	0.7	1.0	0.9	1.1	0.3	1.6	1.1
沖　縄	0.6	-	-	0.1	-	0.1	-	-	-	-	0.2	-	0.1

(21) 馬

単位：t

年次・都道府県	計	1月	2月	3月	4月	5月	6月	7月	8月	9月	10月	11月	12月
平成25年	5,464.6	322.8	321.0	388.4	533.2	400.4	368.7	500.9	527.2	420.6	461.5	466.5	753.6
26	5,379.3	377.5	356.0	417.8	437.7	391.1	405.2	455.7	507.8	429.9	442.0	409.2	749.3
27	5,112.7	363.3	338.0	399.9	465.4	353.5	391.8	447.2	464.0	408.6	412.5	415.7	652.8
28	3,670.2	336.4	308.0	394.6	336.6	205.3	233.7	277.3	331.7	242.2	266.3	281.8	456.2
29	**3,915.6**	**252.8**	**245.9**	**314.7**	**322.7**	**302.0**	**312.6**	**334.8**	**393.3**	**285.7**	**323.5**	**331.5**	**496.1**
北海道	30.4	0.8	2.0	1.2	3.6	0.4	2.4	2.8	2.8	2.4	4.1	4.0	3.9
青森	497.4	36.0	31.3	40.4	38.2	33.4	38.1	40.1	46.5	37.2	44.2	47.5	64.4
岩手	-	-	-	-	-	-	-	-	-	-	-	-	-
宮城	0.4	-	-	-	-	-	-	-	-	-	0.4	-	-
秋田	96.6	5.0	5.3	8.4	10.7	6.1	7.3	9.6	9.1	6.4	7.7	7.3	13.7
山形	97.9	5.4	6.5	8.8	9.5	8.2	8.1	7.2	11.8	6.8	6.5	9.3	9.8
福島	809.8	65.0	44.7	62.0	74.8	57.5	65.6	70.6	88.3	63.6	69.0	62.4	86.2
茨城	2.8	-	0.4	0.4	-	-	0.8	-	-	0.4	-	0.4	0.4
栃木	6.8	0.4	0.4	1.2	-	0.4	0.4	0.4	0.8	0.4	1.6	0.4	0.4
群馬	11.9	1.2	1.2	1.2	1.2	0.8	-	2.0	0.4	0.4	0.4	0.8	2.3
埼玉	0.4	-	-	-	-	-	-	0.4	-	-	-	-	-
千葉	-	-	-	-	-	-	-	-	-	-	-	-	-
東京	-	-	-	-	-	-	-	-	-	-	-	-	-
神奈川	-	-	-	-	-	-	-	-	-	-	-	-	-
新潟	-	-	-	-	-	-	-	-	-	-	-	-	-
富山	-	-	-	-	-	-	-	-	-	-	-	-	-
石川	-	-	-	-	-	-	-	-	-	-	-	-	-
福井	-	-	-	-	-	-	-	-	-	-	-	-	-
山梨	186.4	12.4	11.4	14.8	16.7	16.3	14.2	13.6	21.3	13.2	15.0	15.3	22.2
長野	17.2	0.4	1.2	0.8	1.2	0.8	1.6	2.4	2.4	0.4	0.8	3.2	2.0
岐阜	33.9	1.9	1.6	2.4	3.6	3.7	2.0	4.0	2.0	1.2	3.2	2.8	5.5
静岡	-	-	-	-	-	-	-	-	-	-	-	-	-
愛知	0.4	-	-	-	-	-	-	-	-	-	-	-	0.4
三重	-	-	-	-	-	-	-	-	-	-	-	-	-
滋賀	-	-	-	-	-	-	-	-	-	-	-	-	-
京都	-	-	-	-	-	-	-	-	-	-	-	-	-
大阪	0.4	-	-	-	-	0.4	-	-	-	-	-	-	-
兵庫	0.4	-	-	-	0.4	-	-	-	-	-	-	-	-
奈良	5.6	0.4	0.4	0.4	0.4	0.8	-	-	0.8	0.4	0.4	0.4	1.2
和歌山	-	-	-	-	-	-	-	-	-	-	-	-	-
鳥取	-	-	-	-	-	-	-	-	-	-	-	-	-
島根	-	-	-	-	-	-	-	-	-	-	-	-	-
岡山	-	-	-	-	-	-	-	-	-	-	-	-	-
広島	2.0	-	-	0.4	-	-	-	-	-	0.4	-	-	1.2
山口	-	-	-	-	-	-	-	-	-	-	-	-	-
徳島	21.6	1.2	1.6	1.6	1.6	1.6	2.0	3.6	1.2	1.6	2.4	1.6	1.6
香川	-	-	-	-	-	-	-	-	-	-	-	-	-
愛媛	-	-	-	-	-	-	-	-	-	-	-	-	-
高知	41.5	2.7	2.8	3.2	2.8	4.1	3.2	3.2	4.3	2.0	3.2	4.0	5.9
福岡	421.5	22.8	24.8	33.2	31.4	29.8	30.4	31.7	52.0	28.8	28.4	27.8	80.3
佐賀	0.4	-	-	-	-	-	-	-	0.4	-	-	-	-
長崎	5.9	-	-	-	0.8	-	0.4	0.4	1.6	-	-	1.2	1.6
熊本	1,600.0	95.6	108.1	132.8	123.7	136.5	134.0	140.9	145.4	118.8	133.5	141.0	189.5
大分	3.2	-	0.4	0.4	0.8	0.4	-	0.4	-	-	-	0.4	0.4
宮崎	8.3	0.8	0.8	0.4	0.8	0.4	0.4	0.4	0.8	0.4	0.4	0.8	2.0
鹿児島	-	-	-	-	-	-	-	-	-	-	-	-	-
沖縄	12.4	0.8	0.8	0.8	0.4	0.4	1.6	0.8	1.6	0.8	2.0	0.8	1.6

4 月別枝肉生産量（都道府県別）（続き）
(22) 枝肉総生産量

年次・都道府県		計	1月	2月	3月	4月	5月
平成25年	(1)	1,822,883.1	152,513.6	142,203.9	148,558.4	157,575.6	152,297.3
26	(2)	1,771,112.4	152,531.9	142,449.2	147,371.0	152,508.7	142,711.7
27	(3)	1,740,415.1	143,711.0	137,941.9	146,953.8	149,215.0	134,315.5
28	(4)	1,746,643.5	141,956.8	143,431.1	150,663.3	147,701.4	139,776.0
29	(5)	1,745,312.0	145,466.0	137,483.9	150,412.4	143,951.0	143,210.0
北　海　道	(6)	179,182.0	14,159.1	13,912.1	15,315.0	14,717.5	14,532.1
青　　　森	(7)	92,843.8	7,727.0	7,320.1	7,629.8	7,622.3	7,665.3
岩　　　手	(8)	30,718.9	2,571.2	2,425.7	2,691.3	2,473.9	2,556.3
宮　　　城	(9)	37,257.7	3,017.4	2,834.1	3,171.1	3,024.4	3,012.5
秋　　　田	(10)	24,075.5	2,025.3	1,972.7	2,226.1	1,909.9	2,025.6
山　　　形	(11)	40,104.1	3,385.4	3,117.3	3,519.5	3,277.8	3,209.8
福　　　島	(12)	19,310.5	1,621.8	1,474.0	1,652.6	1,584.8	1,602.9
茨　　　城	(13)	113,079.0	9,742.0	9,089.9	10,013.9	8,902.0	9,441.3
栃　　　木	(14)	24,435.8	2,043.5	1,851.3	2,189.3	1,926.3	2,062.3
群　　　馬	(15)	63,274.7	5,405.1	4,904.5	5,565.0	5,218.1	5,288.2
埼　　　玉	(16)	64,929.8	5,264.0	5,139.2	5,663.6	5,458.8	5,263.5
千　　　葉	(17)	77,651.6	6,604.9	6,268.0	6,942.8	6,412.6	6,604.8
東　　　京	(18)	57,518.3	4,286.1	4,510.5	4,657.8	5,023.4	4,385.9
神　奈　川	(19)	56,768.3	4,962.4	4,539.7	5,041.8	4,678.0	4,647.8
新　　　潟	(20)	33,258.0	2,708.2	2,525.4	2,826.6	2,616.7	2,760.9
富　　　山	(21)	8,119.4	747.9	608.2	684.8	693.9	740.6
石　　　川	(22)	6,230.2	495.8	501.6	569.4	469.3	500.6
福　　　井	(23)	-	-	-	-	-	-
山　　　梨	(24)	5,390.5	459.3	394.5	451.5	448.8	476.8
長　　　野	(25)	14,929.0	1,241.1	1,142.4	1,282.9	1,234.9	1,252.3
岐　　　阜	(26)	17,138.6	1,345.4	1,286.8	1,399.6	1,396.7	1,428.7
静　　　岡	(27)	23,085.7	2,104.3	1,902.6	2,002.7	1,781.7	1,915.4
愛　　　知	(28)	49,160.1	4,233.2	3,912.1	4,362.6	3,899.0	3,966.4
三　　　重	(29)	17,213.9	1,363.9	1,297.6	1,392.1	1,347.9	1,369.4
滋　　　賀	(30)	4,210.7	272.2	274.6	363.9	375.0	255.7
京　　　都	(31)	6,461.9	508.3	476.4	515.4	598.0	487.8
大　　　阪	(32)	21,003.5	1,686.1	1,604.7	1,711.4	1,944.1	1,656.2
兵　　　庫	(33)	32,528.9	2,424.7	2,429.6	2,581.7	2,704.6	2,552.0
奈　　　良	(34)	1,834.1	152.1	144.2	154.0	168.8	137.3
和　歌　山	(35)	190.8	12.7	13.1	17.2	20.6	13.0
鳥　　　取	(36)	8,997.1	727.5	740.1	793.2	734.9	738.8
島　　　根	(37)	8,639.4	779.5	685.8	779.3	704.1	676.4
岡　　　山	(38)	8,133.7	625.3	643.1	698.0	689.0	645.7
広　　　島	(39)	12,967.0	1,001.6	976.5	1,071.9	1,119.0	1,075.7
山　　　口	(40)	1,112.1	91.6	91.4	91.0	98.4	84.9
徳　　　島	(41)	17,371.2	1,420.6	1,347.7	1,492.3	1,367.3	1,446.2
香　　　川	(42)	19,509.4	1,731.3	1,544.4	1,661.8	1,620.8	1,578.7
愛　　　媛	(43)	16,113.5	1,433.4	1,326.5	1,453.5	1,325.1	1,316.0
高　　　知	(44)	9,040.6	774.8	692.3	772.1	724.8	742.7
福　　　岡	(45)	37,975.7	3,051.2	2,901.9	3,132.3	3,283.0	2,935.9
佐　　　賀	(46)	11,208.7	900.8	898.1	998.4	907.3	874.3
長　　　崎	(47)	50,953.0	4,471.6	4,190.1	4,461.7	4,204.6	4,138.3
熊　　　本	(48)	29,658.6	2,468.1	2,333.3	2,493.5	2,460.5	2,446.5
大　　　分	(49)	10,726.1	868.7	855.2	913.5	925.4	805.2
宮　　　崎	(50)	99,469.4	8,557.3	8,135.9	8,560.5	8,194.0	8,409.1
鹿　児　島	(51)	254,340.7	21,741.5	20,184.8	22,106.3	21,428.0	21,263.0
沖　　　縄	(52)	27,189.9	2,250.8	2,063.7	2,337.4	2,235.0	2,221.3

− 72 −

単位：t

6月	7月	8月	9月	10月	11月	12月	
136,449.9	150,625.9	139,305.0	143,016.1	162,785.6	167,398.4	170,153.5	(1)
136,969.8	148,638.6	132,706.1	145,266.6	157,604.5	150,003.8	162,350.5	(2)
140,310.2	145,486.4	128,019.1	141,213.7	154,494.0	157,775.8	160,978.8	(3)
139,071.8	137,169.1	139,002.4	142,427.8	145,443.8	161,206.5	158,793.5	(4)
139,591.5	**135,850.0**	**137,310.1**	**138,336.5**	**151,369.8**	**162,500.4**	**159,830.5**	(5)
14,755.8	14,302.0	14,952.2	14,788.5	15,711.7	16,229.4	15,806.5	(6)
7,653.9	7,256.2	7,636.6	7,706.0	8,192.6	8,366.0	8,068.0	(7)
2,472.4	2,415.7	2,528.2	2,407.4	2,650.5	2,900.0	2,626.3	(8)
2,937.0	2,925.9	2,897.7	3,055.3	3,266.7	3,666.8	3,448.9	(9)
1,897.3	1,879.3	1,943.5	1,893.8	2,006.2	2,225.0	2,070.7	(10)
3,205.0	3,177.3	3,031.6	3,201.6	3,614.8	3,778.2	3,585.6	(11)
1,556.8	1,506.7	1,601.5	1,576.8	1,698.2	1,743.1	1,691.3	(12)
8,950.7	8,258.2	8,759.0	8,925.4	10,076.2	10,714.1	10,206.3	(13)
2,013.0	1,822.8	1,931.5	2,049.5	2,153.7	2,283.4	2,109.2	(14)
5,137.0	4,548.4	5,121.2	5,056.3	5,424.7	5,873.9	5,732.4	(15)
5,203.7	5,092.3	5,008.7	5,051.6	5,493.9	6,195.3	6,095.2	(16)
6,055.4	5,730.7	5,979.3	6,130.6	6,855.8	7,145.0	6,921.7	(17)
4,477.1	4,864.0	4,393.4	4,524.1	5,126.3	5,475.6	5,794.1	(18)
4,413.8	4,196.7	4,381.9	4,531.6	5,010.2	5,259.9	5,104.5	(19)
2,710.7	2,595.7	2,764.4	2,664.3	2,929.3	3,053.2	3,102.6	(20)
653.9	604.4	611.0	653.0	726.8	719.3	675.8	(21)
522.7	485.5	477.2	472.8	538.5	626.3	570.5	(22)
－	－	－	－	－	－	－	(23)
388.8	410.3	419.0	409.7	502.0	533.4	496.5	(24)
1,193.4	1,165.1	1,165.0	1,157.7	1,325.1	1,415.6	1,353.5	(25)
1,353.4	1,422.6	1,368.1	1,319.8	1,499.2	1,693.6	1,624.8	(26)
1,786.4	1,677.3	1,739.3	1,826.3	2,023.4	2,267.8	2,058.5	(27)
3,885.0	3,647.1	3,809.3	3,850.2	4,293.2	4,814.4	4,487.6	(28)
1,401.1	1,329.0	1,369.4	1,332.7	1,489.0	1,730.3	1,791.5	(29)
340.2	408.2	298.3	367.8	349.3	426.3	479.0	(30)
453.7	604.7	499.1	499.6	572.6	553.1	693.2	(31)
1,686.4	1,760.3	1,560.1	1,622.5	1,811.3	1,930.4	2,030.0	(32)
2,702.1	2,859.3	2,469.5	2,518.3	2,706.2	3,442.7	3,138.3	(33)
149.1	162.8	135.9	134.7	148.2	168.5	178.4	(34)
12.6	16.3	21.1	10.8	12.8	14.7	25.8	(35)
720.8	707.5	743.9	746.8	773.6	785.7	784.4	(36)
686.4	722.8	671.9	666.1	754.8	764.5	747.7	(37)
678.9	652.6	637.4	635.1	717.4	752.0	759.3	(38)
1,037.0	1,104.0	989.2	1,005.1	1,101.6	1,232.8	1,252.6	(39)
90.3	97.0	89.0	79.7	89.0	92.7	117.1	(40)
1,382.3	1,338.7	1,430.6	1,370.9	1,504.8	1,583.8	1,686.2	(41)
1,556.0	1,592.5	1,526.0	1,532.3	1,697.6	1,820.0	1,648.0	(42)
1,314.0	1,272.6	1,289.4	1,285.4	1,374.5	1,357.3	1,365.7	(43)
721.5	693.7	723.3	697.0	809.2	864.6	824.5	(44)
2,998.8	3,241.6	2,871.1	3,016.7	3,181.4	3,805.0	3,556.8	(45)
880.6	895.2	914.5	919.5	940.7	1,036.6	1,042.6	(46)
4,115.5	3,925.4	3,887.5	3,947.6	4,334.5	4,631.1	4,645.0	(47)
2,346.7	2,449.8	2,383.9	2,322.4	2,528.5	2,780.1	2,645.4	(48)
870.4	861.5	856.5	866.6	977.0	960.8	965.4	(49)
7,930.8	7,555.5	7,634.2	7,706.1	8,421.3	9,218.4	9,146.4	(50)
20,134.2	19,488.9	19,477.6	19,706.6	21,661.9	23,173.4	23,974.5	(51)
2,158.9	2,125.8	2,311.3	2,093.9	2,293.6	2,396.0	2,702.2	(52)

5　肉豚換算と畜頭数規模別と畜場数（全国農業地域別）

年次・全国農業地域		計	入場なし（休場を含む。）	4,999頭以下	5,000～9,999	10,000～19,999
平成27年	(1)	189	9	27	7	9
28	(2)	188	9	31	6	7
29	(3)	**184**	**10**	**25**	**7**	**7**
北海道	(4)	14	–	–	–	–
東北	(5)	18	–	2	–	–
北陸	(6)	6	1	1	–	–
関東・東山	(7)	43	3	6	–	2
東海	(8)	14	1	1	–	–
近畿	(9)	17	1	3	3	1
中国	(10)	11	1	3	1	1
四国	(11)	11	–	2	–	1
九州	(12)	44	3	5	2	2
沖縄	(13)	6	–	3	1	–

注：肉豚換算と畜頭数は、成牛及び馬は豚４頭、子牛は豚１頭として換算したと畜頭数である。

6　豚のと畜頭数規模別と畜場数（全国農業地域別）

年次・全国農業地域		計	入場なし（休場を含む。）	999頭以下	1,000～4,999	5,000～9,999
平成27年	(1)	189	35	21	6	4
28	(2)	188	36	22	6	3
29	(3)	**184**	**37**	**21**	**3**	**2**
北海道	(4)	14	2	1	–	–
東北	(5)	18	2	1	–	–
北陸	(6)	6	1	–	–	–
関東・東山	(7)	43	6	6	–	–
東海	(8)	14	3	–	–	–
近畿	(9)	17	9	1	–	2
中国	(10)	11	5	2	–	–
四国	(11)	11	3	–	1	–
九州	(12)	44	6	7	1	–
沖縄	(13)	6	–	3	1	–

7　豚のと畜頭数規模別と畜頭数（全国農業地域別）

年次・全国農業地域		計	999頭以下	1,000～4,999	5,000～9,999	10,000～19,999
平成27年	(1)	16,104,466	2,710	13,804	31,257	117,647
28	(2)	16,391,958	3,247	14,827	21,760	105,562
29	(3)	**16,336,984**	**3,767**	**8,326**	**14,403**	**89,585**
北海道	(4)	1,128,507	21	–	–	15,711
東北	(5)	2,604,604	67	–	–	–
北陸	(6)	557,915	–	–	–	–
関東・東山	(7)	4,814,569	1,363	–	–	–
東海	(8)	1,040,083	–	–	–	–
近畿	(9)	175,851	2	–	14,403	12,062
中国	(10)	294,710	389	–	–	–
四国	(11)	621,585	–	4,933	–	–
九州	(12)	4,773,768	1,269	1,875	–	61,812
沖縄	(13)	325,392	656	1,518	–	–

単位：場

20,000～29,999	30,000～49,999	50,000～69,999	70,000～99,999	100,000頭以上	
11	16	15	12	83	(1)
7	16	17	13	82	(2)
10	**10**	**19**	**15**	**81**	(3)
1	−	3	1	9	(4)
1	2	1	1	11	(5)
−	−	−	2	3	(6)
3	1	5	4	19	(7)
2	1	1	3	5	(8)
−	2	5	1	1	(9)
−	1	−	2	2	(10)
1	1	2	1	3	(11)
2	2	2	−	26	(12)
−	−	−	−	2	(13)

単位：場

10,000～19,999	20,000～29,999	30,000～49,999	50,000～69,999	70,000～99,999	100,000頭以上	
8	14	8	12	15	66	(1)
7	7	11	16	10	70	(2)
6	**11**	**8**	**15**	**12**	**69**	(3)
1	1	1	2	−	6	(4)
−	2	−	1	1	11	(5)
−	−	1	−	2	2	(6)
−	3	3	5	1	19	(7)
−	2	1	2	3	3	(8)
1	1	2	1	−	−	(9)
−	−	−	2	2	−	(10)
−	2	−	1	2	2	(11)
4	−	−	1	1	24	(12)
−	−	−	−	−	2	(13)

単位：頭

20,000～29,999	30,000～49,999	50,000～69,999	70,000～99,999	100,000頭以上	
354,045	350,772	739,358	1,300,522	13,194,351	(1)
173,253	412,322	989,580	889,796	13,781,611	(2)
272,784	**317,969**	**934,633**	**1,059,189**	**13,636,328**	(3)
25,426	38,067	121,140	−	928,142	(4)
45,601	−	52,303	73,885	2,432,748	(5)
−	47,669	−	175,037	335,209	(6)
74,852	126,285	313,671	99,312	4,199,086	(7)
52,838	32,064	137,053	273,884	544,244	(8)
21,011	73,884	54,489	−	−	(9)
−	−	124,731	169,590	−	(10)
53,056	−	67,422	172,807	323,367	(11)
−	−	63,824	94,674	4,550,314	(12)
−	−	−	−	323,218	(13)

8　成牛のと畜頭数規模別と畜場数（全国農業地域別）

年　・　次 全国農業地域		計	入場なし (休場を含む。)	99頭以下	100 ～ 299	300 ～ 499	500 ～ 999
平成27年	(1)	189	52	9	4	3	8
28	(2)	188	55	8	5	5	5
29	(3)	**184**	**52**	**8**	**2**	**6**	**6**
北海道	(4)	14	3	–	–	–	–
東北	(5)	18	7	–	1	–	–
北陸	(6)	6	2	–	–	–	1
関東・東山	(7)	43	18	2	–	–	–
東海	(8)	14	3	–	–	–	1
近畿	(9)	17	1	–	–	1	2
中国	(10)	11	1	–	1	1	1
四国	(11)	11	3	1	–	1	1
九州	(12)	44	14	2	–	2	–
沖縄	(13)	6	–	3	–	1	–

9　成牛のと畜頭数規模別と畜頭数（全国農業地域別）

年　・　次 全国農業地域		計	99頭以下	100 ～ 299	300 ～ 499	500 ～ 999	1,000～2,999
平成27年	(1)	1,101,276	162	625	1,203	5,862	37,818
28	(2)	1,045,784	200	953	2,187	3,984	42,347
29	(3)	**1,039,998**	**193**	**368**	**2,215**	**4,242**	**39,564**
北海道	(4)	221,098	–	–	–	–	–
東北	(5)	88,302	–	268	–	–	–
北陸	(6)	9,270	–	–	–	838	2,602
関東・東山	(7)	223,527	12	–	–	–	11,348
東海	(8)	55,721	–	–	–	811	1,912
近畿	(9)	113,600	–	–	418	1,085	7,600
中国	(10)	38,402	–	100	347	588	2,136
四国	(11)	28,416	84	–	400	920	5,026
九州	(12)	257,584	45	–	749	–	5,215
沖縄	(13)	4,078	52	–	301	–	3,725

単位：場

1,000～2,999	3,000～4,999	5,000～9,999	10,000～19,999	20,000～29,999	30,000頭以上	
20	22	33	31	5	2	(1)
21	21	34	29	3	2	(2)
20	**22**	**32**	**31**	**3**	**2**	(3)
–	–	4	5	1	1	(4)
–	4	2	4	–	–	(5)
2	–	1	–	–	–	(6)
5	8	4	5	–	1	(7)
1	3	6			–	(8)
4	1	3	4	1	–	(9)
1	3	2	1	–	–	(10)
2	–	2	1	–	–	(11)
3	3	8	11	1	–	(12)
2	–	–	–	–	–	(13)

単位：頭

3,000～4,999	5,000～9,999	10,000～19,999	20,000～29,999	30,000頭以上	
89,432	233,407	440,904	112,149	179,714	(1)
84,406	242,738	422,081	68,675	178,213	(2)
87,390	**220,165**	**440,689**	**66,316**	**178,856**	(3)
–	28,017	79,343	23,199	90,539	(4)
14,521	13,552	59,961	–	–	(5)
–	5,830	–	–	–	(6)
32,518	29,093	62,239	–	88,317	(7)
11,560	41,438	–	–	–	(8)
4,909	25,398	52,114	22,076	–	(9)
11,849	13,122	10,260	–	–	(10)
–	11,845	10,141	–	–	(11)
12,033	51,870	166,631	21,041	–	(12)
–	–	–	–	–	(13)

10　と畜場数及びと畜頭数（全国農業地域別）

区　分		と畜場数	豚	牛合計	成						
					計	和牛				乳	
						小　計	め　す	去　勢	お　す	小　計	め　す
		場	頭	頭	頭	頭	頭	頭	頭	頭	頭
全　国	**(1)**	**184**	**16,336,984**	**1,045,191**	**1,039,998**	**439,690**	**197,904**	**241,462**	**324**	**349,928**	**159,809**
食肉卸売市場	(2)	31	3,080,423	354,004	352,899	196,436	84,611	111,747	78	47,551	26,307
産地食肉センター	(3)	88	11,006,854	553,105	549,724	206,270	91,901	114,179	190	235,659	106,482
その他のと畜場	(4)	65	2,249,707	138,082	137,375	36,984	21,392	15,536	56	66,718	27,020
北海道	(5)	14	1,128,507	223,457	221,098	13,316	5,863	7,398	55	179,953	76,151
東北	(6)	18	2,604,604	88,495	88,302	43,608	24,721	18,841	46	27,755	7,778
北陸	(7)	6	557,915	9,282	9,270	3,477	1,258	2,211	8	3,365	1,631
関東・東山	(8)	43	4,814,569	225,606	223,527	97,955	37,683	60,239	33	46,742	35,838
東海	(9)	14	1,040,083	55,887	55,721	26,867	15,396	11,454	17	9,813	6,129
近畿	(10)	17	175,851	113,653	113,600	60,691	34,146	26,527	18	23,134	5,688
中国	(11)	11	294,710	38,458	38,402	10,240	4,957	5,241	42	17,449	7,786
四国	(12)	11	621,585	28,448	28,416	6,834	2,774	4,054	6	7,619	2,094
九州	(13)	44	4,773,768	257,822	257,584	173,257	69,557	103,610	90	33,625	16,243
沖縄	(14)	6	325,392	4,083	4,078	3,445	1,549	1,887	9	473	471

注：1　食肉卸売市場は、卸売市場に併設されていると畜場である。
　　2　産地食肉センターは、と畜（枝肉までの加工）から部分肉加工まで一貫して実施する食肉処理施設である。
　　3　その他のと畜場は、食肉卸売市場及び産地食肉センター以外のと畜のみを行うと畜場である。
　　　（と畜場設置者と異なる設置者が設置した部分肉加工施設が、と畜場に隣接している場合も含む。）
　　4　肉豚換算と畜頭数は、成牛及び馬は豚4頭、子牛は豚1頭として換算したと畜頭数である。

| 牛 | | 交雑牛 | | | | その他の牛 | | | | 子牛 | 馬 | (参考) 肉豚換算と畜頭数 | |
去勢	おす	小計	めす	去勢	おす	小計	めす	去勢	おす				
頭	頭	頭	頭	頭	頭	頭	頭	頭	頭	頭	頭	頭	
189,713	406	239,632	110,224	129,379	29	10,748	1,304	9,345	99	5,193	9,807	20,541,397	(1)
21,224	20	108,350	55,889	52,453	8	562	38	524	–	1,105	536	4,495,268	(2)
128,973	204	98,256	37,912	60,331	13	9,539	1,138	8,326	75	3,381	3,743	13,224,103	(3)
39,516	182	33,026	16,423	16,595	8	647	128	495	24	707	5,528	2,822,026	(4)
103,550	252	27,166	8,478	18,685	3	663	357	301	5	2,359	76	2,015,562	(5)
19,970	7	16,853	8,080	8,771	2	86	53	31	2	193	3,763	2,973,057	(6)
1,733	1	2,427	1,403	1,023	1	1	1	–	–	12	–	595,007	(7)
10,821	83	78,534	39,658	38,873	3	296	8	288	–	2,079	565	5,713,016	(8)
3,680	4	19,037	9,547	9,487	3	4	1	3	–	166	86	1,263,477	(9)
17,441	5	29,706	15,049	14,656	1	69	22	47	–	53	16	630,368	(10)
9,659	4	10,343	6,430	3,912	1	370	22	348	–	56	5	448,394	(11)
5,522	3	13,963	4,780	9,183	–	–	–	–	–	32	158	735,913	(12)
17,336	46	41,564	16,785	24,771	8	9,138	798	8,315	25	238	5,107	5,824,770	(13)
1	1	39	14	18	7	121	42	12	67	5	31	341,833	(14)

（参考）　肉畜種類別都道府県間交流表

1　成牛計

と畜県 / 出荷県	全国	北海道	青森	岩手	宮城	秋田	山形	福島	茨城	栃木	群馬
全国 (1)	1,039,998	221,098	23,973	15,628	22,119	3,996	19,097	3,489	28,378	8,606	16,392
北海道 (2)	272,089	221,082	809	1,543	1,092	915	3,189	2	5,449	384	185
青森 (3)	30,400	4	17,822	3,183	2,051	1	167	2	1,202	2	–
岩手 (4)	29,505	7	3,486	10,437	2,223	5	55	–	2,571	1	–
宮城 (5)	25,592	–	790	139	14,660	–	1,120	–	25	–	–
秋田 (6)	5,409	5	67	47	291	3,075	12	3	91	2	–
山形 (7)	17,998	–	52	107	484	–	14,233	–	187	–	–
福島 (8)	19,200	–	292	36	724	–	34	3,476	407	115	46
茨城 (9)	28,329	–	131	–	2	–	–	–	9,225	2	159
栃木 (10)	41,757	–	524	135	25	–	155	6	3,593	7,571	1,805
群馬 (11)	31,099	–	–	–	2	–	–	–	2,391	2	13,715
埼玉 (12)	10,907	–	–	–	–	–	62	–	229	–	133
千葉 (13)	23,189	–	–	–	–	–	–	–	692	523	286
東京 (14)	477	–	–	–	–	–	–	–	–	–	–
神奈川 (15)	3,291	–	–	–	–	–	–	–	–	–	–
新潟 (16)	5,965	–	–	1	422	–	70	–	657	1	–
富山 (17)	1,692	–	–	–	2	–	–	–	80	–	–
石川 (18)	1,615	–	–	–	2	–	–	–	–	–	–
福井 (19)	1,342	–	–	–	–	–	–	–	–	–	–
山梨 (20)	2,947	–	–	–	–	–	–	–	3	–	–
長野 (21)	12,337	–	–	–	2	–	–	–	212	–	–
岐阜 (22)	12,403	–	–	–	11	–	–	–	34	–	–
静岡 (23)	13,821	–	–	–	2	–	–	–	264	–	14
愛知 (24)	25,757	–	–	–	2	–	–	–	1,006	3	–
三重 (25)	14,439	–	–	–	2	–	–	–	–	–	8
滋賀 (26)	9,678	–	–	–	2	–	–	–	–	–	–
京都 (27)	3,109	–	–	–	2	–	–	–	13	–	3
大阪 (28)	471	–	–	–	–	–	–	–	–	–	–
兵庫 (29)	21,636	–	–	–	5	–	–	–	–	–	–
奈良 (30)	2,462	–	–	–	–	–	–	–	–	–	–
和歌山 (31)	1,001	–	–	–	2	–	–	–	–	–	–
鳥取 (32)	9,161	–	–	–	11	–	–	–	–	–	–
島根 (33)	10,565	–	–	–	11	–	–	–	12	–	–
岡山 (34)	17,479	–	–	–	11	–	–	–	–	–	–
広島 (35)	11,084	–	–	–	8	–	–	–	–	–	–
山口 (36)	6,148	–	–	–	5	–	–	–	–	–	38
徳島 (37)	12,359	–	–	–	2	–	–	–	–	–	–
香川 (38)	9,756	–	–	–	2	–	–	–	–	–	–
愛媛 (39)	5,363	–	–	–	2	–	–	–	–	–	–
高知 (40)	2,328	–	–	–	5	–	–	–	–	–	–
福岡 (41)	12,725	–	–	–	2	–	–	–	–	–	–
佐賀 (42)	23,894	–	–	–	2	–	–	–	–	–	–
長崎 (43)	22,603	–	–	–	11	–	–	–	–	–	–
熊本 (44)	45,722	–	–	–	5	–	–	–	–	–	–
大分 (45)	14,726	–	–	–	11	–	–	–	–	–	–
宮崎 (46)	66,342	–	–	–	8	–	–	–	25	–	–
鹿児島 (47)	95,017	–	–	–	8	–	–	–	10	–	–
沖縄 (48)	4,809	–	–	–	5	–	–	–	–	–	–

注：1　と畜場統計調査の結果（平成29年）と独立行政法人家畜改良センターが運営している牛個体識別全国データベースの情報を用いて推計したものである。

2　頭数が少なく上記1の推計が困難な場合には、他の畜種の結果や畜産統計調査の結果を用いて推定した。

単位：頭

埼玉	千葉	東京	神奈川	新潟	富山	石川	福井	山梨	長野	岐阜	静岡	愛知	
32,865	21,707	88,318	14,900	2,000	1,440	5,830	-	3,794	8,567	16,378	9,487	18,065	(1)
5,067	999	11,651	3,557	-	1	582	-	1	139	4	23	155	(2)
228	186	3,660	498	26	140	26	-	-	-	5	-	221	(3)
2,089	246	6,049	354	11	-	15	-	1	-	14	-	240	(4)
39	206	7,088	779	43	-	1	-	-	-	-	-	97	(5)
1,205	3	314	273	-	-	6	-	1	-	2	-	-	(6)
312	53	1,863	27	-	-	129	-	-	8	-	-	-	(7)
1,331	209	10,318	1,215	-	-	-	-	361	-	1	-	-	(8)
3,095	1,999	9,341	245	-	-	-	-	10	-	-	-	105	(9)
7,745	933	12,464	74	29	-	300	-	-	-	13	-	58	(10)
4,502	-	5,351	1,787	4	-	1,194	-	-	478	-	-	-	(11)
4,856	-	3,054	180	1	-	2	-	-	-	39	-	-	(12)
344	16,741	2,523	475	-	-	2	-	-	-	1	-	1	(13)
203	4	206	64	-	-	-	-	-	-	-	-	-	(14)
20	-	562	2,649	-	-	-	-	42	-	18	-	-	(15)
294	65	1,433	12	1,885	7	233	-	-	14	-	-	-	(16)
-	-	-	-	-	1,280	248	-	-	2	4	-	68	(17)
-	-	-	-	-	9	1,601	-	-	-	1	-	-	(18)
-	-	-	-	-	-	911	-	-	-	235	-	-	(19)
530	14	-	166	-	-	-	-	2,107	-	1	-	-	(20)
176	11	4	213	1	-	22	-	760	7,916	86	-	253	(21)
-	-	-	4	-	3	227	-	-	-	11,220	-	194	(22)
-	-	576	1,591	-	-	9	-	511	-	74	9,042	915	(23)
3	-	4	61	-	-	216	-	-	-	3,674	400	14,642	(24)
-	1	2,738	28	-	-	48	-	-	-	366	-	29	(25)
1	-	367	-	-	-	25	-	-	-	369	-	-	(26)
-	-	1	-	-	-	6	-	-	-	59	-	-	(27)
-	-	-	-	-	-	3	-	-	-	19	-	-	(28)
-	-	5	10	-	-	6	-	-	-	58	-	-	(29)
-	-	1	-	-	-	11	-	-	-	83	-	-	(30)
-	-	-	-	-	-	7	-	-	-	32	-	-	(31)
-	-	1,054	-	-	-	-	-	-	-	-	-	-	(32)
628	-	1,519	430	-	-	-	-	-	-	-	-	-	(33)
-	-	444	192	-	-	-	-	-	10	-	-	-	(34)
-	-	230	-	-	-	-	-	-	-	-	-	-	(35)
-	-	820	10	-	-	-	-	-	-	-	-	-	(36)
-	-	26	-	-	-	-	-	-	-	-	-	-	(37)
-	-	51	-	-	-	-	-	-	-	-	-	-	(38)
-	-	-	-	-	-	-	-	-	-	-	-	-	(39)
-	-	-	-	-	-	-	-	-	-	-	-	-	(40)
-	-	77	2	-	-	-	-	-	-	-	4	-	(41)
-	-	816	-	-	-	-	-	-	-	-	-	-	(42)
3	-	-	-	-	-	-	-	-	-	-	3	-	(43)
36	-	38	-	-	-	-	-	-	-	-	11	-	(44)
108	-	2	-	-	-	-	-	-	-	-	-	-	(45)
2	-	564	4	-	-	-	-	-	-	-	-	373	(46)
15	37	3,093	-	-	-	-	-	-	-	-	1	714	(47)
36	-	11	-	-	-	-	-	-	-	-	3	-	(48)

（参考）　肉畜種類別都道府県間交流表（続き）

1　成牛計（続き）

出荷県＼と畜県	三重	滋賀	京都	大阪	兵庫	奈良	和歌山	鳥取	島根	岡山	広島
全国 (1)	**11,791**	**8,119**	**10,431**	**34,814**	**57,272**	**2,546**	**418**	**6,112**	**3,814**	**8,035**	**17,858**
北海道 (2)	221	1	1,216	5,736	3,964	188	-	-	13	14	60
青森 (3)	3	-	-	947	25	-	-	-	-	1	-
岩手 (4)	11	-	598	443	647	2	-	-	-	-	-
宮城 (5)	-	-	378	13	213	1	-	-	-	-	-
秋田 (6)	-	-	-	-	6	1	-	-	-	5	-
山形 (7)	-	-	-	39	278	1	-	-	-	149	76
福島 (8)	-	-	-	-	635	-	-	-	-	-	-
茨城 (9)	-	-	-	223	3,618	-	-	-	-	-	82
栃木 (10)	2	-	-	3,276	2,087	-	-	-	-	3	641
群馬 (11)	-	-	24	578	4	-	-	-	-	2	73
埼玉 (12)	-	-	79	1,006	311	-	-	-	-	1	-
千葉 (13)	7	-	-	12	558	-	-	-	-	258	-
東京 (14)	-	-	-	-	-	-	-	-	-	-	-
神奈川 (15)	-	-	-	-	-	-	-	-	-	-	-
新潟 (16)	-	-	-	-	746	-	-	-	-	123	2
富山 (17)	2	-	-	-	2	-	-	-	-	1	2
石川 (18)	-	-	-	-	-	-	-	-	-	-	2
福井 (19)	42	-	56	48	33	-	1	-	-	12	4
山梨 (20)	1	-	-	-	1	-	-	-	-	-	1
長野 (21)	50	28	1,653	752	106	33	-	-	1	33	25
岐阜 (22)	420	-	-	2	96	2	-	-	-	91	97
静岡 (23)	47	-	-	687	39	2	-	-	-	6	27
愛知 (24)	1,145	-	9	2,598	536	7	17	-	-	200	478
三重 (25)	9,448	209	288	90	297	322	289	-	-	123	146
滋賀 (26)	66	7,855	57	169	417	1	2	-	-	38	217
京都 (27)	88	24	2,122	-	590	1	-	-	-	155	13
大阪 (28)	6	1	36	192	94	61	-	-	-	53	4
兵庫 (29)	17	-	783	1,219	16,322	97	-	-	-	96	28
奈良 (30)	16	-	295	177	583	1,215	1	-	-	28	44
和歌山 (31)	20	-	31	402	269	112	108	-	-	1	16
鳥取 (32)	-	-	-	708	780	-	-	5,997	3	163	370
島根 (33)	-	-	-	301	1,255	120	-	11	3,443	181	1,696
岡山 (34)	-	1	270	1,574	3,084	38	-	9	7	5,747	3,157
広島 (35)	-	-	-	506	140	-	-	-	4	442	9,482
山口 (36)	-	-	-	650	497	-	-	1	306	1	94
徳島 (37)	-	-	69	2,504	1,244	-	-	-	-	5	32
香川 (38)	-	-	-	849	1,980	198	-	-	-	74	358
愛媛 (39)	-	-	166	1,247	532	-	-	-	-	15	144
高知 (40)	-	-	-	5	254	-	-	94	1	6	40
福岡 (41)	-	-	-	-	923	-	-	-	-	1	-
佐賀 (42)	78	-	123	1,553	2,389	-	-	-	1	-	-
長崎 (43)	-	-	751	743	1,209	-	-	-	8	-	16
熊本 (44)	1	-	363	1,656	1,491	-	-	-	18	3	32
大分 (45)	-	-	-	800	162	-	-	-	1	2	214
宮崎 (46)	88	-	135	1,287	3,126	144	-	-	3	-	2
鹿児島 (47)	12	-	929	1,822	5,712	-	-	-	5	2	183
沖縄 (48)	-	-	-	-	17	-	-	-	-	-	-

単位：頭

山口	徳島	香川	愛媛	高知	福岡	佐賀	長崎	熊本	大分	宮崎	鹿児島	沖縄	
2,583	5,905	16,565	2,956	2,990	44,871	5,391	17,888	34,538	5,427	49,489	99,980	4,078	(1)
44	321	1,746	1	1	1,594	-	1	12	2	122	3	-	(2)
-	-	-	-	-	-	-	-	-	-	-	-	-	(3)
-	-	-	-	-	-	-	-	-	-	-	-	-	(4)
-	-	-	-	-	-	-	-	-	-	-	-	-	(5)
-	-	-	-	-	-	-	-	-	-	-	-	-	(6)
-	-	-	-	-	-	-	-	-	-	-	-	-	(7)
-	-	-	-	-	-	-	-	-	-	-	-	-	(8)
-	-	92	-	-	-	-	-	-	-	-	-	-	(9)
-	-	168	-	-	-	-	-	-	-	-	150	-	(10)
108	-	443	-	-	-	-	-	-	-	441	-	-	(11)
104	-	-	-	-	-	-	-	-	-	850	-	-	(12)
-	-	659	-	-	-	-	-	-	-	107	-	-	(13)
-	-	-	-	-	-	-	-	-	-	-	-	-	(14)
-	-	-	-	-	-	-	-	-	-	-	-	-	(15)
-	-	-	-	-	-	-	-	-	-	-	-	-	(16)
1	-	-	-	-	-	-	-	-	-	-	-	-	(17)
-	-	-	-	-	-	-	-	-	-	-	-	-	(18)
-	-	-	-	-	-	-	-	-	-	-	-	-	(19)
-	-	-	-	-	-	-	-	-	-	123	-	-	(20)
-	-	-	-	-	-	-	-	-	-	-	-	-	(21)
-	-	-	-	-	-	-	-	2	-	-	-	-	(22)
-	-	-	-	-	-	-	-	-	-	15	-	-	(23)
-	-	-	-	-	-	-	-	-	-	756	-	-	(24)
2	-	-	-	-	5	-	-	-	-	-	-	-	(25)
5	-	-	-	-	-	-	-	15	-	-	72	-	(26)
1	-	-	-	-	-	-	-	-	-	-	31	-	(27)
2	-	-	-	-	-	-	-	-	-	-	-	-	(28)
3	49	693	-	-	99	-	-	-	-	1,740	406	-	(29)
8	-	-	-	-	-	-	-	-	-	-	-	-	(30)
-	-	-	-	1	-	-	-	-	-	-	-	-	(31)
65	-	-	-	-	-	-	-	1	-	-	9	-	(32)
209	-	171	-	-	2	-	-	4	-	1	571	-	(33)
34	1	2,394	-	30	467	-	-	1	-	3	5	-	(34)
115	-	134	-	-	3	-	-	-	-	3	17	-	(35)
1,706	-	-	-	-	1,356	-	-	11	-	634	19	-	(36)
-	5,198	2,903	-	229	-	-	-	-	-	116	31	-	(37)
-	142	5,767	-	312	-	-	-	-	-	-	23	-	(38)
10	127	140	2,948	4	-	-	-	12	-	1	15	-	(39)
-	53	70	6	1,783	1	-	-	1	-	4	4	1	(40)
4	-	61	-	16	8,197	-	298	936	461	829	913	1	(41)
-	-	331	-	-	10,500	5,371	1,249	287	1	10	1,183	-	(42)
5	-	47	-	7	3,932	5	13,114	1,612	2	275	863	-	(43)
32	-	5	-	381	5,445	11	1,896	24,010	187	2,471	7,630	-	(44)
2	-	260	1	-	4,635	-	785	1,646	4,654	639	804	-	(45)
98	14	293	-	196	4,552	-	489	2,442	119	38,414	13,950	14	(46)
24	-	188	-	30	4,050	4	56	3,477	1	1,915	72,721	8	(47)
1	-	-	-	-	33	-	-	69	-	20	560	4,054	(48)

（参考）　肉畜種類別都道府県間交流表（続き）
2　和牛めす

出荷県 ＼ と畜県	全国	北海道	青森	岩手	宮城	秋田	山形	福島	茨城	栃木	群馬
全　国　(1)	197,904	5,863	1,195	4,360	4,656	1,179	11,839	1,492	3,316	1,066	769
北海道　(2)	13,449	5,859	12	262	30	76	643	-	942	15	-
青　森　(3)	2,540	-	912	68	246	1	22	2	365	2	-
岩　手　(4)	7,440	1	147	3,930	487	4	21	-	277	1	-
宮　城　(5)	5,637	-	11	-	3,550	-	36	-	10	-	-
秋　田　(6)	1,526	3	2	-	79	1,098	10	3	1	-	-
山　形　(7)	12,691	-	-	96	29	-	11,034	-	-	-	-
福　島　(8)	4,893	-	111	-	229	-	5	1,481	14	-	4
茨　城　(9)	4,018	-	-	-	-	-	-	-	1,379	1	-
栃　木　(10)	2,591	-	-	4	-	-	68	6	33	1,045	25
群　馬　(11)	3,459	-	-	-	-	-	-	-	135	2	616
埼　玉　(12)	767	-	-	-	-	-	-	-	7	-	-
千　葉　(13)	1,237	-	-	-	-	-	-	-	22	-	100
東　京　(14)	193	-	-	-	-	-	-	-	-	-	-
神奈川　(15)	263	-	-	-	-	-	-	-	-	-	-
新　潟　(16)	411	-	-	-	-	-	-	-	30	-	-
富　山　(17)	227	-	-	-	-	-	-	-	1	-	-
石　川　(18)	242	-	-	-	-	-	-	-	-	-	-
福　井　(19)	283	-	-	-	-	-	-	-	-	-	-
山　梨　(20)	177	-	-	-	-	-	-	-	-	-	-
長　野　(21)	2,741	-	-	-	-	-	-	-	3	-	-
岐　阜　(22)	3,006	-	-	-	1	-	-	-	3	-	-
静　岡　(23)	2,910	-	-	-	-	-	-	-	-	-	14
愛　知　(24)	1,184	-	-	-	-	-	-	-	62	-	-
三　重　(25)	11,485	-	-	-	-	-	-	-	-	-	8
滋　賀　(26)	4,884	-	-	-	-	-	-	-	-	-	-
京　都　(27)	1,165	-	-	-	-	-	-	-	-	-	2
大　阪　(28)	131	-	-	-	-	-	-	-	-	-	-
兵　庫　(29)	6,159	-	-	-	-	-	-	-	-	-	-
奈　良　(30)	1,216	-	-	-	-	-	-	-	-	-	-
和歌山　(31)	242	-	-	-	-	-	-	-	-	-	-
鳥　取　(32)	2,268	-	-	-	3	-	-	-	-	-	-
島　根　(33)	2,424	-	-	-	-	-	-	-	-	-	-
岡　山　(34)	1,896	-	-	-	2	-	-	-	-	-	-
広　島　(35)	1,296	-	-	-	-	-	-	-	-	-	-
山　口　(36)	988	-	-	-	-	-	-	-	-	-	-
徳　島　(37)	1,824	-	-	-	-	-	-	-	-	-	-
香　川　(38)	1,184	-	-	-	-	-	-	-	-	-	-
愛　媛　(39)	997	-	-	-	-	-	-	-	-	-	-
高　知　(40)	507	-	-	-	-	-	-	-	-	-	-
福　岡　(41)	1,849	-	-	-	-	-	-	-	-	-	-
佐　賀　(42)	10,434	-	-	-	-	-	-	-	-	-	-
長　崎　(43)	5,357	-	-	-	-	-	-	-	-	-	-
熊　本　(44)	8,127	-	-	-	-	-	-	-	-	-	-
大　分　(45)	2,498	-	-	-	-	-	-	-	-	-	-
宮　崎　(46)	18,598	-	-	-	-	-	-	-	24	-	-
鹿児島　(47)	38,712	-	-	-	-	-	-	-	8	-	-
沖　縄　(48)	1,778	-	-	-	-	-	-	-	-	-	-

単位：頭

埼玉	千葉	東京	神奈川	新潟	富山	石川	福井	山梨	長野	岐阜	静岡	愛知	
3,330	1,479	23,678	2,152	254	213	791	-	655	1,238	2,726	2,436	1,694	(1)
792	314	2,850	579	-	-	-	-	-	-	-	13	6	(2)
2	41	839	9	24	-	-	-	-	-	4	-	-	(3)
6	17	2,126	6	1	-	-	-	1	-	-	-	71	(4)
-	23	1,714	152	22	-	-	-	-	-	-	-	51	(5)
128	-	147	47	-	-	-	-	1	-	1	-	-	(6)
-	45	1,296	26	-	-	-	-	-	-	-	-	-	(7)
78	115	2,292	226	-	-	-	-	337	-	1	-	-	(8)
294	133	1,802	37	-	-	-	-	4	-	-	-	-	(9)
322	20	962	26	3	-	-	-	-	-	1	-	3	(10)
1,021	-	1,025	296	4	-	170	-	-	142	-	-	-	(11)
498	-	22	176	-	-	-	-	-	-	-	-	-	(12)
-	769	299	34	-	-	-	-	-	-	-	-	-	(13)
14	-	179	-	-	-	-	-	-	-	-	-	-	(14)
2	-	96	149	-	-	-	-	8	-	8	-	-	(15)
64	-	75	-	200	-	8	-	-	-	-	-	-	(16)
-	-	-	-	-	210	14	-	-	-	-	-	1	(17)
-	-	-	-	-	-	242	-	-	-	-	-	-	(18)
-	-	-	-	-	-	246	-	-	-	3	-	-	(19)
-	-	-	9	-	-	-	-	168	-	-	-	-	(20)
18	-	4	113	-	-	-	-	127	1,096	10	-	115	(21)
-	-	-	4	-	3	108	-	-	-	2,640	-	-	(22)
-	-	318	171	-	-	-	-	9	-	-	2,385	1	(23)
-	-	-	2	-	-	3	-	-	-	40	26	772	(24)
-	1	2,700	27	-	-	-	-	-	-	16	-	22	(25)
1	-	297	-	-	-	-	-	-	-	-	-	-	(26)
-	-	-	-	-	-	-	-	-	-	-	-	-	(27)
-	-	-	-	-	-	-	-	-	-	-	-	-	(28)
-	-	-	-	-	-	-	-	-	-	-	-	-	(29)
-	-	-	-	-	-	-	-	-	-	-	-	-	(30)
-	-	-	-	-	-	-	-	-	-	2	-	-	(31)
-	-	1,012	-	-	-	-	-	-	-	-	-	-	(32)
66	-	570	60	-	-	-	-	-	-	-	-	-	(33)
-	-	7	-	-	-	-	-	-	-	-	-	-	(34)
-	-	56	-	-	-	-	-	-	-	-	-	-	(35)
-	-	37	-	-	-	-	-	-	-	-	-	-	(36)
-	-	26	-	-	-	-	-	-	-	-	-	-	(37)
-	-	46	-	-	-	-	-	-	-	-	-	-	(38)
-	-	-	-	-	-	-	-	-	-	-	-	-	(39)
-	-	-	-	-	-	-	-	-	-	-	-	-	(40)
-	-	20	1	-	-	-	-	-	-	-	4	-	(41)
-	-	755	-	-	-	-	-	-	-	-	-	-	(42)
-	-	-	-	-	-	-	-	-	-	-	1	-	(43)
7	-	24	-	-	-	-	-	-	-	-	6	-	(44)
2	-	-	-	-	-	-	-	-	-	-	-	-	(45)
-	-	165	2	-	-	-	-	-	-	-	-	306	(46)
15	1	1,915	-	-	-	-	-	-	-	-	1	346	(47)
-	-	2	-	-	-	-	-	-	-	-	-	-	(48)

（参考）　肉畜種類別都道府県間交流表（続き）
2　和牛めす（続き）

と畜県 / 出荷県	三重	滋賀	京都	大阪	兵庫	奈良	和歌山	鳥取	島根	岡山	広島
全国 (1)	8,540	4,247	4,135	4,353	20,167	1,059	185	956	606	1,171	1,662
北海道 (2)	-	-	436	511	38	65	-	-	-	1	-
青森 (3)	2	-	-	-	1	-	-	-	-	-	-
岩手 (4)	-	-	-	20	322	2	-	-	-	-	-
宮城 (5)	-	-	11	-	56	1	-	-	-	-	-
秋田 (6)	-	-	-	-	6	-	-	-	-	-	-
山形 (7)	-	-	-	4	160	1	-	-	-	-	-
福島 (8)	-	-	-	-	-	-	-	-	-	-	-
茨城 (9)	-	-	-	-	368	-	-	-	-	-	-
栃木 (10)	1	-	-	52	7	-	-	-	-	1	-
群馬 (11)	-	-	15	33	-	-	-	-	-	-	-
埼玉 (12)	-	-	64	-	-	-	-	-	-	-	-
千葉 (13)	-	-	-	-	6	-	-	-	-	7	-
東京 (14)	-	-	-	-	-	-	-	-	-	-	-
神奈川 (15)	-	-	-	-	-	-	-	-	-	-	-
新潟 (16)	-	-	-	-	34	-	-	-	-	-	-
富山 (17)	1	-	-	-	-	-	-	-	-	-	-
石川 (18)	-	-	-	-	-	-	-	-	-	-	-
福井 (19)	13	-	10	-	5	-	-	-	-	6	-
山梨 (20)	-	-	-	-	-	-	-	-	-	-	-
長野 (21)	2	1	1,055	120	39	32	-	-	-	6	-
岐阜 (22)	209	-	-	-	7	-	-	-	-	31	-
静岡 (23)	-	-	-	-	12	-	-	-	-	-	-
愛知 (24)	36	-	2	64	135	-	5	-	-	22	-
三重 (25)	8,010	6	253	24	167	152	77	-	-	17	-
滋賀 (26)	1	4,237	51	168	36	-	1	-	-	5	-
京都 (27)	76	3	791	-	288	-	-	-	-	-	-
大阪 (28)	-	-	18	8	50	55	-	-	-	-	-
兵庫 (29)	-	-	315	4	5,823	-	-	-	-	5	-
奈良 (30)	2	-	75	54	536	548	1	-	-	-	-
和歌山 (31)	8	-	18	95	9	7	101	-	-	1	-
鳥取 (32)	-	-	-	8	267	-	-	934	-	10	21
島根 (33)	-	-	-	22	683	50	-	11	570	12	66
岡山 (34)	-	-	-	273	381	2	-	9	5	979	220
広島 (35)	-	-	-	27	12	-	-	-	1	4	1,159
山口 (36)	-	-	-	170	60	-	-	1	-	-	42
徳島 (37)	-	-	10	174	736	-	-	-	-	1	-
香川 (38)	-	-	-	51	404	-	-	-	-	62	132
愛媛 (39)	-	-	52	50	315	-	-	-	-	-	1
高知 (40)	-	-	-	-	4	-	-	1	1	1	5
福岡 (41)	-	-	-	-	281	-	-	-	-	-	-
佐賀 (42)	78	-	54	484	1,799	-	-	-	1	-	-
長崎 (43)	-	-	289	134	424	-	-	-	8	-	2
熊本 (44)	1	-	97	373	803	-	-	-	13	-	13
大分 (45)	-	-	-	188	1	-	-	-	-	-	-
宮崎 (46)	88	-	94	630	1,703	144	-	-	3	-	-
鹿児島 (47)	12	-	425	612	4,173	-	-	-	4	-	1
沖縄 (48)	-	-	-	-	16	-	-	-	-	-	-

単位：頭

山口	徳島	香川	愛媛	高知	福岡	佐賀	長崎	熊本	大分	宮崎	鹿児島	沖縄	
562	926	729	534	585	12,443	1,596	3,266	6,574	958	10,826	33,894	1,549	(1)
-	-	-	-	-	3	-	-	1	-	-	1	-	(2)
-	-	-	-	-	-	-	-	-	-	-	-	-	(3)
-	-	-	-	-	-	-	-	-	-	-	-	-	(4)
-	-	-	-	-	-	-	-	-	-	-	-	-	(5)
-	-	-	-	-	-	-	-	-	-	-	-	-	(6)
-	-	-	-	-	-	-	-	-	-	-	-	-	(7)
-	-	-	-	-	-	-	-	-	-	-	-	-	(8)
-	-	-	-	-	-	-	-	-	-	-	-	-	(9)
-	-	-	-	-	-	-	-	-	-	-	12	-	(10)
-	-	-	-	-	-	-	-	-	-	-	-	-	(11)
-	-	-	-	-	-	-	-	-	-	-	-	-	(12)
-	-	-	-	-	-	-	-	-	-	-	-	-	(13)
-	-	-	-	-	-	-	-	-	-	-	-	-	(14)
-	-	-	-	-	-	-	-	-	-	-	-	-	(15)
-	-	-	-	-	-	-	-	-	-	-	-	-	(16)
-	-	-	-	-	-	-	-	-	-	-	-	-	(17)
-	-	-	-	-	-	-	-	-	-	-	-	-	(18)
-	-	-	-	-	-	-	-	-	-	-	-	-	(19)
-	-	-	-	-	-	-	-	-	-	-	-	-	(20)
-	-	-	-	-	-	-	-	-	-	-	-	-	(21)
-	-	-	-	-	-	-	-	-	-	-	-	-	(22)
-	-	-	-	-	-	-	-	-	-	-	-	-	(23)
-	-	-	-	-	-	-	-	-	-	15	-	-	(24)
-	-	-	-	-	5	-	-	-	-	-	-	-	(25)
-	-	-	-	-	-	-	-	15	-	-	72	-	(26)
-	-	-	-	-	-	-	-	-	-	-	5	-	(27)
-	-	-	-	-	-	-	-	-	-	-	-	-	(28)
-	9	3	-	-	-	-	-	-	-	-	-	-	(29)
-	-	-	-	-	-	-	-	-	-	-	-	-	(30)
-	-	-	-	1	-	-	-	-	-	-	-	-	(31)
10	-	-	-	-	-	-	-	-	-	-	3	-	(32)
11	-	-	-	-	2	-	-	-	-	1	300	-	(33)
9	-	-	-	-	1	-	-	-	-	3	5	-	(34)
14	-	-	-	-	3	-	-	-	-	3	17	-	(35)
400	-	-	-	-	264	-	-	2	-	2	10	-	(36)
-	765	76	-	-	-	-	-	-	-	22	14	-	(37)
-	101	384	-	-	-	-	-	-	-	-	4	-	(38)
3	-	34	533	4	-	-	-	-	-	1	4	-	(39)
-	46	3	1	436	1	-	-	1	-	3	4	-	(40)
2	-	-	-	2	1,088	-	3	207	10	45	185	1	(41)
-	-	150	-	-	4,592	1,586	386	9	1	10	529	-	(42)
3	-	-	-	1	1,344	4	2,633	225	2	27	260	-	(43)
5	-	-	-	-	1,333	2	39	4,242	11	329	829	-	(44)
1	-	24	-	-	767	-	146	208	932	10	219	-	(45)
90	5	55	-	121	1,155	-	54	377	2	9,619	3,947	14	(46)
14	-	-	-	20	1,868	4	5	1,281	-	720	27,283	4	(47)
-	-	-	-	-	17	-	-	6	-	16	191	1,530	(48)

（参考）　肉畜種類別都道府県間交流表（続き）
3　和牛おす（去勢含む。）

と畜県 / 出荷県	全国	北海道	青森	岩手	宮城	秋田	山形	福島	茨城	栃木	群馬
全国 (1)	**241,786**	**7,453**	**1,506**	**2,831**	**8,089**	**1,867**	**3,452**	**1,142**	**5,774**	**339**	**2,561**
北海道 (2)	17,031	7,446	-	583	29	233	184	-	702	13	-
青森 (3)	2,941	4	1,171	48	159	-	72	-	-	-	-
岩手 (4)	6,447	2	32	1,898	441	1	34	-	537	-	-
宮城 (5)	13,248	-	227	134	6,996	-	148	-	15	-	-
秋田 (6)	2,588	1	-	-	26	1,633	1	-	-	-	-
山形 (7)	3,430	-	-	-	16	-	2,835	-	-	-	-
福島 (8)	5,567	-	76	36	277	-	29	1,142	22	-	33
茨城 (9)	8,978	-	-	-	2	-	-	-	4,319	-	2
栃木 (10)	8,309	-	-	131	2	-	87	-	31	325	335
群馬 (11)	6,504	-	-	-	2	-	-	-	8	-	2,074
埼玉 (12)	3,699	-	-	-	-	-	62	-	-	-	24
千葉 (13)	2,265	-	-	-	-	-	-	-	109	-	92
東京 (14)	21	-	-	-	-	-	-	-	-	-	-
神奈川 (15)	646	-	-	-	-	-	-	-	-	-	-
新潟 (16)	1,208	-	-	1	2	-	-	-	6	1	-
富山 (17)	527	-	-	-	2	-	-	-	-	-	-
石川 (18)	662	-	-	-	2	-	-	-	-	-	-
福井 (19)	331	-	-	-	-	-	-	-	-	-	-
山梨 (20)	343	-	-	-	-	-	-	-	-	-	-
長野 (21)	3,983	-	-	-	2	-	-	-	-	-	-
岐阜 (22)	7,647	-	-	-	10	-	-	-	-	-	-
静岡 (23)	945	-	-	-	2	-	-	-	-	-	-
愛知 (24)	2,060	-	-	-	2	-	-	-	1	-	-
三重 (25)	559	-	-	-	2	-	-	-	-	-	-
滋賀 (26)	2,069	-	-	-	2	-	-	-	-	-	-
京都 (27)	1,282	-	-	-	2	-	-	-	13	-	1
大阪 (28)	75	-	-	-	-	-	-	-	-	-	-
兵庫 (29)	6,748	-	-	-	5	-	-	-	-	-	-
奈良 (30)	136	-	-	-	-	-	-	-	-	-	-
和歌山 (31)	559	-	-	-	2	-	-	-	-	-	-
鳥取 (32)	1,189	-	-	-	8	-	-	-	-	-	-
島根 (33)	2,780	-	-	-	11	-	-	-	10	-	-
岡山 (34)	1,375	-	-	-	9	-	-	-	-	-	-
広島 (35)	2,015	-	-	-	8	-	-	-	-	-	-
山口 (36)	1,820	-	-	-	5	-	-	-	-	-	-
徳島 (37)	1,598	-	-	-	2	-	-	-	-	-	-
香川 (38)	1,921	-	-	-	2	-	-	-	-	-	-
愛媛 (39)	929	-	-	-	2	-	-	-	-	-	-
高知 (40)	584	-	-	-	5	-	-	-	-	-	-
福岡 (41)	3,453	-	-	-	2	-	-	-	-	-	-
佐賀 (42)	12,347	-	-	-	2	-	-	-	-	-	-
長崎 (43)	8,894	-	-	-	11	-	-	-	-	-	-
熊本 (44)	12,734	-	-	-	5	-	-	-	-	-	-
大分 (45)	4,142	-	-	-	11	-	-	-	-	-	-
宮崎 (46)	27,668	-	-	-	8	-	-	-	-	-	-
鹿児島 (47)	45,288	-	-	-	8	-	-	-	1	-	-
沖縄 (48)	2,241	-	-	-	5	-	-	-	-	-	-

単位：頭

埼玉	千葉	東京	神奈川	新潟	富山	石川	福井	山梨	長野	岐阜	静岡	愛知	
4,917	721	38,684	4,211	617	528	1,074	-	561	2,504	7,671	686	2,681	(1)
946	20	4,665	966	-	-	-	-	-	-	-	3	134	(2)
-	12	1,391	31	-	-	-	-	-	-	-	-	53	(3)
2	29	2,958	300	1	-	-	-	-	-	-	-	4	(4)
39	10	4,863	452	12	-	-	-	-	-	-	-	12	(5)
543	-	165	219	-	-	-	-	-	-	-	-	-	(6)
-	8	559	1	-	-	-	-	-	-	-	-	-	(7)
53	17	2,901	967	-	-	-	-	14	-	-	-	-	(8)
558	6	3,955	12	-	-	-	-	6	-	-	-	105	(9)
1,099	3	5,976	-	15	-	-	-	-	-	-	-	20	(10)
511	-	3,076	571	-	-	50	-	-	206	-	-	-	(11)
711	-	2,900	2	-	-	-	-	-	-	-	-	-	(12)
46	603	1,322	90	-	-	-	-	-	-	-	-	-	(13)
1	-	20	-	-	-	-	-	-	-	-	-	-	(14)
12	-	353	264	-	-	-	-	7	-	10	-	-	(15)
6	-	539	-	589	5	39	-	-	1	-	-	-	(16)
-	-	-	-	-	522	2	-	-	-	1	-	-	(17)
-	-	-	-	-	1	659	-	-	-	-	-	-	(18)
-	-	-	-	-	-	303	-	-	-	-	-	-	(19)
-	-	-	-	-	-	-	-	343	-	-	-	-	(20)
66	-	-	100	-	-	-	-	185	2,297	1	-	138	(21)
-	-	-	-	-	-	21	-	-	-	7,586	-	-	(22)
-	-	162	87	-	-	-	-	6	-	-	682	3	(23)
-	-	-	-	-	-	-	-	-	-	55	1	1,883	(24)
-	-	38	1	-	-	-	-	-	-	18	-	7	(25)
-	-	70	-	-	-	-	-	-	-	-	-	-	(26)
-	-	1	-	-	-	-	-	-	-	-	-	-	(27)
-	-	-	-	-	-	-	-	-	-	-	-	-	(28)
-	-	2	-	-	-	-	-	-	-	-	-	-	(29)
-	-	1	-	-	-	-	-	-	-	-	-	-	(30)
-	-	-	-	-	-	-	-	-	-	-	-	-	(31)
-	-	42	-	-	-	-	-	-	-	-	-	-	(32)
151	-	355	138	-	-	-	-	-	-	-	-	-	(33)
-	-	15	-	-	-	-	-	-	-	-	-	-	(34)
-	-	174	-	-	-	-	-	-	-	-	-	-	(35)
-	-	489	10	-	-	-	-	-	-	-	-	-	(36)
-	-	-	-	-	-	-	-	-	-	-	-	-	(37)
-	-	3	-	-	-	-	-	-	-	-	-	-	(38)
-	-	-	-	-	-	-	-	-	-	-	-	-	(39)
-	-	-	-	-	-	-	-	-	-	-	-	-	(40)
-	-	53	-	-	-	-	-	-	-	-	-	-	(41)
-	-	61	-	-	-	-	-	-	-	-	-	-	(42)
-	-	-	-	-	-	-	-	-	-	-	-	-	(43)
29	-	13	-	-	-	-	-	-	-	-	-	-	(44)
106	-	2	-	-	-	-	-	-	-	-	-	-	(45)
2	-	391	-	-	-	-	-	-	-	-	-	67	(46)
-	13	1,160	-	-	-	-	-	-	-	-	-	255	(47)
36	-	9	-	-	-	-	-	-	-	-	-	-	(48)

(参考)　　肉畜種類別都道府県間交流表（続き）

3　和牛おす（去勢含む。）（続き）

出荷県 ＼ と畜県	三重	滋賀	京都	大阪	兵庫	奈良	和歌山	鳥取	島根	岡山	広島
全　国　(1)	433	2,032	4,068	7,132	12,990	278	45	896	1,423	887	1,932
北　海　道　(2)	-	-	547	512	41	1	-	-	-	-	-
青　森　(3)	-	-	-	-	-	-	-	-	-	-	-
岩　手　(4)	-	-	-	10	198	-	-	-	-	-	-
宮　城　(5)	-	-	282	2	56	-	-	-	-	-	-
秋　田　(6)	-	-	-	-	-	-	-	-	-	-	-
山　形　(7)	-	-	-	4	7	-	-	-	-	-	-
福　島　(8)	-	-	-	-	-	-	-	-	-	-	-
茨　城　(9)	-	-	-	-	13	-	-	-	-	-	-
栃　木　(10)	-	-	-	107	177	-	-	-	-	1	-
群　馬　(11)	-	-	6	-	-	-	-	-	-	-	-
埼　玉　(12)	-	-	-	-	-	-	-	-	-	-	-
千　葉　(13)	-	-	-	-	-	-	-	-	-	3	-
東　京　(14)	-	-	-	-	-	-	-	-	-	-	-
神　奈　川　(15)	-	-	-	-	-	-	-	-	-	-	-
新　潟　(16)	-	-	-	-	19	-	-	-	-	-	-
富　山　(17)	-	-	-	-	-	-	-	-	-	-	-
石　川　(18)	-	-	-	-	-	-	-	-	-	-	-
福　井　(19)	-	-	2	-	25	-	1	-	-	-	-
山　梨　(20)	-	-	-	-	-	-	-	-	-	-	-
長　野　(21)	-	27	586	537	43	-	-	-	1	-	-
岐　阜　(22)	18	-	-	2	8	-	-	-	-	-	-
静　岡　(23)	-	-	-	-	3	-	-	-	-	-	-
愛　知　(24)	1	-	-	99	5	-	6	-	-	7	-
三　重　(25)	414	-	9	15	2	13	31	-	-	9	-
滋　賀　(26)	-	1,984	-	1	10	-	-	-	-	2	-
京　都　(27)	-	21	1,125	-	93	-	-	-	-	-	-
大　阪　(28)	-	-	7	57	11	-	-	-	-	-	-
兵　庫　(29)	-	-	77	264	5,979	-	-	-	-	2	-
奈　良　(30)	-	-	1	36	3	93	-	-	-	2	-
和　歌　山　(31)	-	-	1	193	255	101	7	-	-	-	-
鳥　取　(32)	-	-	-	42	195	-	-	896	-	-	-
島　根　(33)	-	-	-	61	289	70	-	-	1,381	-	200
岡　山　(34)	-	-	-	353	71	-	-	-	-	860	67
広　島　(35)	-	-	-	154	39	-	-	-	3	1	1,636
山　口　(36)	-	-	-	442	424	-	-	-	38	-	29
徳　島　(37)	-	-	59	557	275	-	-	-	-	-	-
香　川　(38)	-	-	-	23	331	-	-	-	-	-	-
愛　媛　(39)	-	-	114	4	97	-	-	-	-	-	-
高　知　(40)	-	-	-	4	1	-	-	-	-	-	-
福　岡　(41)	-	-	-	-	41	-	-	-	-	-	-
佐　賀　(42)	-	-	69	1,064	590	-	-	-	-	-	-
長　崎　(43)	-	-	405	169	752	-	-	-	-	-	-
熊　本　(44)	-	-	246	804	467	-	-	-	-	-	-
大　分　(45)	-	-	-	494	1	-	-	-	-	-	-
宮　崎　(46)	-	-	28	270	1,121	-	-	-	-	-	-
鹿　児　島　(47)	-	-	504	852	1,347	-	-	-	-	-	-
沖　縄　(48)	-	-	-	1	-	-	-	-	-	-	-

単位：頭

山口	徳島	香川	愛媛	高知	福岡	佐賀	長崎	熊本	大分	宮崎	鹿児島	沖縄	
145	351	2,406	706	597	15,660	3,452	6,583	9,885	1,616	17,011	49,493	1,896	(1)
-	-	-	-	-	5	-	-	-	1	-	-	-	(2)
-	-	-	-	-	-	-	-	-	-	-	-	-	(3)
-	-	-	-	-	-	-	-	-	-	-	-	-	(4)
-	-	-	-	-	-	-	-	-	-	-	-	-	(5)
-	-	-	-	-	-	-	-	-	-	-	-	-	(6)
-	-	-	-	-	-	-	-	-	-	-	-	-	(7)
-	-	-	-	-	-	-	-	-	-	-	-	-	(8)
-	-	-	-	-	-	-	-	-	-	-	-	-	(9)
-	-	-	-	-	-	-	-	-	-	-	-	-	(10)
-	-	-	-	-	-	-	-	-	-	-	-	-	(11)
-	-	-	-	-	-	-	-	-	-	-	-	-	(12)
-	-	-	-	-	-	-	-	-	-	-	-	-	(13)
-	-	-	-	-	-	-	-	-	-	-	-	-	(14)
-	-	-	-	-	-	-	-	-	-	-	-	-	(15)
-	-	-	-	-	-	-	-	-	-	-	-	-	(16)
-	-	-	-	-	-	-	-	-	-	-	-	-	(17)
-	-	-	-	-	-	-	-	-	-	-	-	-	(18)
-	-	-	-	-	-	-	-	-	-	-	-	-	(19)
-	-	-	-	-	-	-	-	-	-	-	-	-	(20)
-	-	-	-	-	-	-	-	-	-	-	-	-	(21)
-	-	-	-	-	-	-	-	2	-	-	-	-	(22)
-	-	-	-	-	-	-	-	-	-	-	-	-	(23)
-	-	-	-	-	-	-	-	-	-	-	-	-	(24)
-	-	-	-	-	-	-	-	-	-	-	-	-	(25)
-	-	-	-	-	-	-	-	-	-	-	-	-	(26)
-	-	-	-	-	-	-	-	-	-	-	26	-	(27)
-	-	-	-	-	-	-	-	-	-	-	-	-	(28)
-	3	10	-	-	-	-	-	-	-	-	406	-	(29)
-	-	-	-	-	-	-	-	-	-	-	-	-	(30)
-	-	-	-	-	-	-	-	-	-	-	-	-	(31)
-	-	-	-	-	-	-	-	-	-	-	6	-	(32)
-	-	113	-	-	-	-	-	-	-	-	1	-	(33)
-	-	-	-	-	-	-	-	-	-	-	-	-	(34)
-	-	-	-	-	-	-	-	-	-	-	-	-	(35)
145	-	-	-	-	231	-	-	-	-	-	7	-	(36)
-	323	271	-	-	-	-	-	-	-	94	17	-	(37)
-	14	1,529	-	-	-	-	-	-	-	-	19	-	(38)
-	2	4	705	-	-	-	-	-	-	-	1	-	(39)
-	-	-	-	574	-	-	-	-	-	-	-	-	(40)
-	-	-	-	-	3,177	-	2	1	18	-	159	-	(41)
-	-	181	-	-	5,199	3,449	807	272	-	-	653	-	(42)
-	-	-	2	-	1,734	1	5,421	78	-	2	319	-	(43)
-	-	5	-	-	1,584	2	36	6,836	50	504	2,153	-	(44)
-	-	180	1	-	481	-	269	531	1,547	-	519	-	(45)
-	9	113	-	13	2,119	-	12	861	-	15,902	6,752	-	(46)
-	-	-	-	8	1,115	-	36	1,299	-	508	38,182	-	(47)
-	-	-	-	-	15	-	-	5	-	1	273	1,896	(48)

（参考）　肉畜種類別都道府県間交流表（続き）

4　乳牛めす

出荷県 ＼ と畜県	全国	北海道	青森	岩手	宮城	秋田	山形	福島	茨城	栃木	群馬
全　国 (1)	159,809	76,151	1,935	1,993	3,223	44	232	351	12,345	3,989	524
北 海 道 (2)	78,749	76,146	59	3	13	-	40	2	1,779	27	1
青　森 (3)	1,669	-	804	21	4		17	-	804	-	-
岩　手 (4)	4,683	4	903	1,966	83	-	-	-	1,336	-	-
宮　城 (5)	2,472	-	2	-	2,464	-	-	-	-	-	-
秋　田 (6)	493	1	64	3	186	44	1	-	89	2	-
山　形 (7)	1,189	-	42	-	414	-	174	-	187	-	-
福　島 (8)	1,369	-	-	-	57	-	-	349	347	-	-
茨　城 (9)	3,370	-	-	-		-		-	1,974	1	-
栃　木 (10)	7,430	-	61	-	-			-	1,255	3,956	-
群　馬 (11)	4,901	-	-	-	-			-	2,170	-	523
埼　玉 (12)	1,692							-	195	-	-
千　葉 (13)	5,854							-	96	-	-
東　京 (14)	255								-	-	-
神 奈 川 (15)	1,066								-	-	-
新　潟 (16)	1,092	-	-	-	2	-	-	-	593	-	-
富　山 (17)	347							-	77	-	-
石　川 (18)	507										
福　井 (19)	118										
山　梨 (20)	490										-
長　野 (21)	2,452								209	-	-
岐　阜 (22)	1,024							-	31	-	-
静　岡 (23)	2,247								263	-	-
愛　知 (24)	5,153								940	3	-
三　重 (25)	1,228								-	-	-
滋　賀 (26)	449										
京　都 (27)	579										
大　阪 (28)	209										
兵　庫 (29)	2,356										
奈　良 (30)	662										
和 歌 山 (31)	93								-	-	-
鳥　取 (32)	1,533										
島　根 (33)	1,458										
岡　山 (34)	2,184										
広　島 (35)	1,341										
山　口 (36)	443										-
徳　島 (37)	821								-	-	-
香　川 (38)	682								-	-	-
愛　媛 (39)	683								-		
高　知 (40)	492										
福　岡 (41)	1,578										
佐　賀 (42)	361										
長　崎 (43)	1,347										
熊　本 (44)	6,240										
大　分 (45)	1,828								-		
宮　崎 (46)	1,979								-	-	-
鹿 児 島 (47)	2,010	-	-	-	-	-	-	-	-	-	-
沖　縄 (48)	631								-	-	-

— 92 —

単位：頭

埼玉	千葉	東京	神奈川	新潟	富山	石川	福井	山梨	長野	岐阜	静岡	愛知	
8,071	6,207	10	1,984	168	33	1,430	–	1,012	1,696	2,695	765	1,448	(1)
49	148	–	6	–	1	1	–	1	2	4	7	4	(2)
–	6	5	–	2	–	2	–	–	–	–	–	–	(3)
212	120	–	–	1	–	15	–	–	–	14	–	–	(4)
–	1	–	1	3	–	1	–	–	–	–	–	–	(5)
84	3	2	1	–	–	6	–	–	–	1	–	–	(6)
–	–	–	–	–	–	129	–	–	8	–	–	–	(7)
607	5	1	3	–	–	–	–	–	–	–	–	–	(8)
870	442	–	–	–	–	–	–	–	–	–	–	–	(9)
2,104	–	–	4	–	–	–	–	–	–	2	–	–	(10)
2,064	–	–	–	–	–	–	–	–	81	–	–	–	(11)
1,466	–	–	–	1	–	–	–	–	–	–	–	–	(12)
286	5,454	–	–	–	–	–	–	–	–	1	–	–	(13)
188	3	1	63	–	–	–	–	–	–	–	–	–	(14)
6	–	1	1,054	–	–	–	–	5	–	–	–	–	(15)
48	–	–	–	160	1	117	–	–	12	–	–	–	(16)
–	–	–	–	–	31	227	–	–	2	3	–	–	(17)
–	–	–	–	–	–	504	–	–	–	1	–	–	(18)
–	–	–	–	–	–	87	–	–	–	17	–	–	(19)
–	14	–	39	–	–	–	–	433	–	1	–	–	(20)
75	11	–	–	1	–	22	–	360	1,591	74	–	–	(21)
–	–	–	–	–	–	59	–	–	–	568	–	–	(22)
–	–	–	813	–	–	9	–	213	–	34	747	55	(23)
1	–	–	–	–	–	152	–	–	–	1,303	4	1,389	(24)
–	–	–	–	–	–	43	–	–	–	254	–	–	(25)
–	–	–	–	–	–	24	–	–	–	201	–	–	(26)
–	–	–	–	–	–	6	–	–	–	59	–	–	(27)
–	–	–	–	–	–	3	–	–	–	18	–	–	(28)
–	–	–	–	–	–	5	–	–	–	29	–	–	(29)
–	–	–	–	–	–	11	–	–	–	83	–	–	(30)
–	–	–	–	–	–	7	–	–	–	28	–	–	(31)
–	–	–	–	–	–	–	–	–	–	–	–	–	(32)
11	–	–	–	–	–	–	–	–	–	–	–	–	(33)
–	–	–	–	–	–	–	–	–	–	–	–	–	(34)
–	–	–	–	–	–	–	–	–	–	–	–	–	(35)
–	–	–	–	–	–	–	–	–	–	–	–	–	(36)
–	–	–	–	–	–	–	–	–	–	–	–	–	(37)
–	–	–	–	–	–	–	–	–	–	–	–	–	(38)
–	–	–	–	–	–	–	–	–	–	–	–	–	(39)
–	–	–	–	–	–	–	–	–	–	–	–	–	(40)
–	–	–	–	–	–	–	–	–	–	–	–	–	(41)
–	–	–	–	–	–	–	–	–	–	–	–	–	(42)
–	–	–	–	–	–	–	–	–	–	–	2	–	(43)
–	–	–	–	–	–	–	–	–	–	–	2	–	(44)
–	–	–	–	–	–	–	–	–	–	–	–	–	(45)
–	–	–	–	–	–	–	–	–	–	–	–	–	(46)
–	–	–	–	–	–	–	–	–	–	–	–	–	(47)
–	–	–	–	–	–	–	–	–	–	–	3	–	(48)

（参考）　肉畜種類別都道府県間交流表（続き）
4　乳牛めす（続き）

出荷県 ＼ と畜県	三重	滋賀	京都	大阪	兵庫	奈良	和歌山	鳥取	島根	岡山	広島
全国 (1)	1,221	45	522	250	4,536	335	-	979	609	2,376	3,260
北海道 (2)	68	-	-	51	28	41	-	-	13	13	25
青森 (3)	1	-	-	2	-	-	-	-	-	1	-
岩手 (4)	11	-	-	18	-	-	-	-	-	-	-
宮城 (5)	-	-	-	-	-	-	-	-	-	-	-
秋田 (6)	-	-	-	-	-	1	-	-	-	5	-
山形 (7)	-	-	-	-	10	-	-	-	-	149	76
福島 (8)	-	-	-	-	-	-	-	-	-	-	-
茨城 (9)	-	-	-	-	19	-	-	-	-	-	51
栃木 (10)	1	-	-	-	2	-	-	-	-	1	44
群馬 (11)	-	-	-	1	1	-	-	-	-	2	1
埼玉 (12)	-	-	-	-	-	-	-	-	-	-	-
千葉 (13)	-	-	-	-	-	-	-	-	-	16	-
東京 (14)	-	-	-	-	-	-	-	-	-	-	-
神奈川 (15)	-	-	-	-	-	-	-	-	-	-	-
新潟 (16)	-	-	-	-	34	-	-	-	-	123	2
富山 (17)	1	-	-	-	2	-	-	-	-	1	2
石川 (18)	-	-	-	-	-	-	-	-	-	-	2
福井 (19)	3	-	1	-	3	-	-	-	-	4	3
山梨 (20)	1	-	-	-	1	-	-	-	-	-	1
長野 (21)	31	-	1	-	24	1	-	-	-	27	25
岐阜 (22)	136	-	-	-	79	2	-	-	-	54	95
静岡 (23)	39	-	-	-	24	2	-	-	-	6	27
愛知 (24)	319	-	3	1	277	7	-	-	-	145	298
三重 (25)	491	-	2	-	128	81	-	-	-	82	145
滋賀 (26)	64	44	1	-	28	1	-	-	-	24	57
京都 (27)	12	-	146	-	187	1	-	-	-	154	13
大阪 (28)	6	1	-	104	12	6	-	-	-	53	4
兵庫 (29)	12	-	136	11	2,048	1	-	-	-	53	21
奈良 (30)	14	-	219	28	44	185	-	-	-	26	44
和歌山 (31)	11	-	12	10	5	4	-	-	-	-	16
鳥取 (32)	-	-	-	5	295	-	-	979	3	83	112
島根 (33)	-	-	-	2	88	-	-	-	586	68	501
岡山 (34)	-	-	1	6	590	2	-	-	2	1,164	393
広島 (35)	-	-	-	1	88	-	-	-	-	87	1,064
山口 (36)	-	-	-	-	11	-	-	-	-	1	22
徳島 (37)	-	-	-	9	68	-	-	-	-	4	7
香川 (38)	-	-	-	-	125	-	-	-	-	2	5
愛媛 (39)	-	-	-	-	39	-	-	-	-	15	142
高知 (40)	-	-	-	1	249	-	-	-	-	5	32
福岡 (41)	-	-	-	-	1	-	-	-	-	1	-
佐賀 (42)	-	-	-	-	-	-	-	-	-	-	-
長崎 (43)	-	-	-	-	-	-	-	-	-	-	2
熊本 (44)	-	-	-	-	-	-	-	-	5	3	17
大分 (45)	-	-	-	-	1	-	-	-	-	2	-
宮崎 (46)	-	-	-	-	25	-	-	-	-	-	1
鹿児島 (47)	-	-	-	-	-	-	-	-	-	2	10
沖縄 (48)	-	-	-	-	-	-	-	-	-	-	-

単位：頭

山 口	徳 島	香 川	愛 媛	高 知	福 岡	佐 賀	長 崎	熊 本	大 分	宮 崎	鹿児島	沖 縄	
562	816	827	312	139	2,617	175	1,473	5,903	985	1,954	3,136	471	(1)
19	3	85	1	1	11	-	1	10	-	84	2	-	(2)
-	-	-	-	-	-	-	-	-	-	-	-	-	(3)
-	-	-	-	-	-	-	-	-	-	-	-	-	(4)
-	-	-	-	-	-	-	-	-	-	-	-	-	(5)
-	-	-	-	-	-	-	-	-	-	-	-	-	(6)
-	-	-	-	-	-	-	-	-	-	-	-	-	(7)
-	-	-	-	-	-	-	-	-	-	-	-	-	(8)
-	-	13	-	-	-	-	-	-	-	-	-	-	(9)
-	-	-	-	-	-	-	-	-	-	-	-	-	(10)
11	-	-	-	-	-	-	-	-	-	47	-	-	(11)
3	-	-	-	-	-	-	-	-	-	27	-	-	(12)
-	-	1	-	-	-	-	-	-	-	-	-	-	(13)
-	-	-	-	-	-	-	-	-	-	-	-	-	(14)
-	-	-	-	-	-	-	-	-	-	-	-	-	(15)
-	-	-	-	-	-	-	-	-	-	-	-	-	(16)
1	-	-	-	-	-	-	-	-	-	-	-	-	(17)
-	-	-	-	-	-	-	-	-	-	-	-	-	(18)
-	-	-	-	-	-	-	-	-	-	-	-	-	(19)
-	-	-	-	-	-	-	-	-	-	-	-	-	(20)
-	-	-	-	-	-	-	-	-	-	-	-	-	(21)
-	-	-	-	-	-	-	-	-	-	-	-	-	(22)
-	-	-	-	-	-	-	-	-	-	15	-	-	(23)
-	-	-	-	-	-	-	-	-	-	311	-	-	(24)
2	-	-	-	-	-	-	-	-	-	-	-	-	(25)
5	-	-	-	-	-	-	-	-	-	-	-	-	(26)
1	-	-	-	-	-	-	-	-	-	-	-	-	(27)
2	-	-	-	-	-	-	-	-	-	-	-	-	(28)
3	36	1	-	-	-	-	-	-	-	-	-	-	(29)
8	-	-	-	-	-	-	-	-	-	-	-	-	(30)
-	-	-	-	-	-	-	-	-	-	-	-	-	(31)
55	-	-	-	-	-	-	-	1	-	-	-	-	(32)
198	-	-	-	-	-	-	-	4	-	-	-	-	(33)
25	-	-	-	-	-	-	-	1	-	-	-	-	(34)
101	-	-	-	-	-	-	-	-	-	-	-	-	(35)
77	-	-	-	-	322	-	-	8	-	-	2	-	(36)
-	638	95	-	-	-	-	-	-	-	-	-	-	(37)
-	15	535	-	-	-	-	-	-	-	-	-	-	(38)
7	117	38	306	-	-	-	-	10	-	-	9	-	(39)
-	7	59	5	134	-	-	-	-	-	-	-	-	(40)
2	-	-	-	-	1,114	-	30	155	218	8	49	-	(41)
-	-	-	-	-	131	175	48	6	-	-	1	-	(42)
2	-	-	-	-	50	-	1,217	41	-	2	31	-	(43)
27	-	-	-	-	25	-	114	5,126	82	310	529	-	(44)
1	-	-	-	-	946	-	-	13	672	165	28	-	(45)
2	-	-	-	3	4	-	61	190	12	807	874	-	(46)
9	-	-	-	1	13	-	2	281	1	175	1,516	-	(47)
1	-	-	-	-	1	-	-	57	-	3	95	471	(48)

（参考）　肉畜種類別都道府県間交流表（続き）

5　乳牛おす（去勢含む。）

と畜県 / 出荷県	全国	北海道	青森	岩手	宮城	秋田	山形	福島	茨城	栃木	群馬
全国 (1)	**190,119**	**103,802**	**14,526**	**2,585**	**2,638**	**13**	**208**	**7**	**2,953**	**1,609**	**18**
北海道 (2)	114,374	103,802	589	2	976	–	98	–	818	305	1
青森 (3)	17,385	–	12,295	2,238	1,548	–	–	–	26	–	–
岩手 (4)	1,780	–	1,047	345	28	–	–	–	73	–	–
宮城 (5)	77	–	–	–	74	–	1	–	–	–	–
秋田 (6)	16	–	1	–	–	13	–	–	1	–	–
山形 (7)	140	–	–	–	5	–	109	–	–	–	–
福島 (8)	157	–	–	–	4	–	–	7	–	115	–
茨城 (9)	3,688	–	131	–	–	–	–	–	276	–	–
栃木 (10)	9,101	–	463	–	3	–	–	–	1,207	666	–
群馬 (11)	1,934	–	–	–	–	–	–	–	70	–	17
埼玉 (12)	2,576	–	–	–	–	–	–	–	27	–	–
千葉 (13)	4,109	–	–	–	–	–	–	–	425	523	–
東京 (14)	2	–	–	–	–	–	–	–	–	–	–
神奈川 (15)	75	–	–	–	–	–	–	–	–	–	–
新潟 (16)	1,223	–	–	–	–	–	–	–	26	–	–
富山 (17)	61	–	–	–	–	–	–	–	–	–	–
石川 (18)	157	–	–	–	–	–	–	–	–	–	–
福井 (19)	41	–	–	–	–	–	–	–	–	–	–
山梨 (20)	215	–	–	–	–	–	–	–	3	–	–
長野 (21)	322	–	–	–	–	–	–	–	–	–	–
岐阜 (22)	35	–	–	–	–	–	–	–	–	–	–
静岡 (23)	1,087	–	–	–	–	–	–	–	1	–	–
愛知 (24)	2,849	–	–	–	–	–	–	–	–	–	–
三重 (25)	114	–	–	–	–	–	–	–	–	–	–
滋賀 (26)	101	–	–	–	–	–	–	–	–	–	–
京都 (27)	22	–	–	–	–	–	–	–	–	–	–
大阪 (28)	8	–	–	–	–	–	–	–	–	–	–
兵庫 (29)	622	–	–	–	–	–	–	–	–	–	–
奈良 (30)	27	–	–	–	–	–	–	–	–	–	–
和歌山 (31)	19	–	–	–	–	–	–	–	–	–	–
鳥取 (32)	2,744	–	–	–	–	–	–	–	–	–	–
島根 (33)	790	–	–	–	–	–	–	–	–	–	–
岡山 (34)	2,870	–	–	–	–	–	–	–	–	–	–
広島 (35)	1,850	–	–	–	–	–	–	–	–	–	–
山口 (36)	222	–	–	–	–	–	–	–	–	–	–
徳島 (37)	1,162	–	–	–	–	–	–	–	–	–	–
香川 (38)	654	–	–	–	–	–	–	–	–	–	–
愛媛 (39)	712	–	–	–	–	–	–	–	–	–	–
高知 (40)	615	–	–	–	–	–	–	–	–	–	–
福岡 (41)	1,971	–	–	–	–	–	–	–	–	–	–
佐賀 (42)	116	–	–	–	–	–	–	–	–	–	–
長崎 (43)	1,347	–	–	–	–	–	–	–	–	–	–
熊本 (44)	4,004	–	–	–	–	–	–	–	–	–	–
大分 (45)	2,868	–	–	–	–	–	–	–	–	–	–
宮崎 (46)	3,002	–	–	–	–	–	–	–	–	–	–
鹿児島 (47)	2,873	–	–	–	–	–	–	–	–	–	–
沖縄 (48)	2	–	–	–	–	–	–	–	–	–	–

単位：頭

埼 玉	千 葉	東 京	神奈川	新 潟	富 山	石 川	福 井	山 梨	長 野	岐 阜	静 岡	愛 知	
1,687	3,298	383	530	185	197	1,352	–	16	410	464	877	2,050	(1)
699	203	23	207	–	–	581	–	–	137	–	–	1	(2)
48	–	–	144	–	140	24	–	–	–	–	–	–	(3)
–	41	1	–	5	–	–	–	–	–	–	–	–	(4)
–	–	–	–	2	–	–	–	–	–	–	–	–	(5)
–	–	–	1	–	–	–	–	–	–	–	–	–	(6)
–	–	2	–	–	–	–	–	–	–	–	–	–	(7)
4	–	25	2	–	–	–	–	–	–	–	–	–	(8)
13	611	11	1	–	–	–	–	–	–	–	–	–	(9)
486	747	1	–	–	–	300	–	–	–	–	–	–	(10)
67	–	–	–	–	–	252	–	–	28	–	–	–	(11)
307	–	1	–	–	–	–	–	–	–	–	–	–	(12)
2	1,679	–	3	–	–	–	–	–	–	–	–	–	(13)
–	1	–	1	–	–	–	–	–	–	–	–	–	(14)
–	–	–	73	–	–	–	–	2	–	–	–	–	(15)
49	16	319	12	178	–	2	–	–	–	–	–	–	(16)
–	–	–	–	–	57	4	–	–	–	–	–	–	(17)
–	–	–	–	–	–	157	–	–	–	–	–	–	(18)
–	–	–	–	–	–	29	–	–	–	–	–	–	(19)
2	–	–	82	–	–	–	–	5	–	–	–	–	(20)
8	–	–	–	–	–	–	–	–	245	–	–	–	(21)
–	–	–	–	–	–	3	–	–	–	23	–	–	(22)
–	–	–	4	–	–	–	–	9	–	24	876	173	(23)
2	–	–	–	–	–	–	–	–	–	389	1	1,876	(24)
–	–	–	–	–	–	–	–	–	–	3	–	–	(25)
–	–	–	–	–	–	–	–	–	–	20	–	–	(26)
–	–	–	–	–	–	–	–	–	–	–	–	–	(27)
–	–	–	–	–	–	–	–	–	–	1	–	–	(28)
–	–	–	–	–	–	–	–	–	–	4	–	–	(29)
–	–	–	–	–	–	–	–	–	–	–	–	–	(30)
–	–	–	–	–	–	–	–	–	–	–	–	–	(31)
–	–	–	–	–	–	–	–	–	–	–	–	–	(32)
–	–	–	–	–	–	–	–	–	–	–	–	–	(33)
–	–	–	–	–	–	–	–	–	–	–	–	–	(34)
–	–	–	–	–	–	–	–	–	–	–	–	–	(35)
–	–	–	–	–	–	–	–	–	–	–	–	–	(36)
–	–	–	–	–	–	–	–	–	–	–	–	–	(37)
–	–	–	–	–	–	–	–	–	–	–	–	–	(38)
–	–	–	–	–	–	–	–	–	–	–	–	–	(39)
–	–	–	–	–	–	–	–	–	–	–	–	–	(40)
–	–	–	–	–	–	–	–	–	–	–	–	–	(41)
–	–	–	–	–	–	–	–	–	–	–	–	–	(42)
–	–	–	–	–	–	–	–	–	–	–	–	–	(43)
–	–	–	–	–	–	–	–	–	–	–	–	–	(44)
–	–	–	–	–	–	–	–	–	–	–	–	–	(45)
–	–	–	–	–	–	–	–	–	–	–	–	–	(46)
–	–	–	–	–	–	–	–	–	–	–	–	–	(47)
–	–	–	–	–	–	–	–	–	–	–	–	–	(48)

（参考） 肉畜種類別都道府県間交流表（続き）

5 乳牛おす（去勢含む。）（続き）

と畜県 / 出荷県	三重	滋賀	京都	大阪	兵庫	奈良	和歌山	鳥取	島根	岡山	広島
全国 (1)	293	8	31	8,336	8,971	100	-	2,469	65	2,343	4,354
北海道 (2)	114	-	-	2,247	2,415	76	-	-	-	-	35
青森 (3)	-	-	-	898	24	-	-	-	-	-	-
岩手 (4)	-	-	-	192	48	-	-	-	-	-	-
宮城 (5)	-	-	-	-	-	-	-	-	-	-	-
秋田 (6)	-	-	-	-	-	-	-	-	-	-	-
山形 (7)	-	-	-	9	15	-	-	-	-	-	-
福島 (8)	-	-	-	-	-	-	-	-	-	-	-
茨城 (9)	-	-	-	216	2,319	-	-	-	-	-	31
栃木 (10)	-	-	-	2,712	1,613	-	-	-	-	-	597
群馬 (11)	-	-	-	494	-	-	-	-	-	-	72
埼玉 (12)	-	-	-	1,006	311	-	-	-	-	-	-
千葉 (13)	7	-	-	12	522	-	-	-	-	171	-
東京 (14)	-	-	-	-	-	-	-	-	-	-	-
神奈川 (15)	-	-	-	-	-	-	-	-	-	-	-
新潟 (16)	-	-	-	-	621	-	-	-	-	-	-
富山 (17)	-	-	-	-	-	-	-	-	-	-	-
石川 (18)	-	-	-	-	-	-	-	-	-	-	-
福井 (19)	-	-	12	-	-	-	-	-	-	-	-
山梨 (20)	-	-	-	-	-	-	-	-	-	-	-
長野 (21)	-	-	-	69	-	-	-	-	-	-	-
岐阜 (22)	4	-	-	-	-	-	-	-	-	3	2
静岡 (23)	-	-	-	-	-	-	-	-	-	-	-
愛知 (24)	56	-	-	1	20	-	-	-	-	17	71
三重 (25)	106	1	-	-	-	-	-	-	-	4	-
滋賀 (26)	-	7	1	-	41	-	-	-	-	4	28
京都 (27)	-	-	7	-	15	-	-	-	-	-	-
大阪 (28)	-	-	6	-	1	-	-	-	-	-	-
兵庫 (29)	5	-	5	19	553	-	-	-	-	32	4
奈良 (30)	-	-	-	3	-	24	-	-	-	-	-
和歌山 (31)	1	-	-	18	-	-	-	-	-	-	-
鳥取 (32)	-	-	-	39	-	-	-	2,469	-	-	236
島根 (33)	-	-	-	169	1	-	-	-	65	100	455
岡山 (34)	-	-	-	30	424	-	-	-	-	1,882	501
広島 (35)	-	-	-	40	1	-	-	-	-	126	1,683
山口 (36)	-	-	-	1	-	-	-	-	-	-	-
徳島 (37)	-	-	-	25	5	-	-	-	-	-	19
香川 (38)	-	-	-	4	10	-	-	-	-	4	219
愛媛 (39)	-	-	-	-	-	-	-	-	-	-	-
高知 (40)	-	-	-	-	-	-	-	-	-	-	3
福岡 (41)	-	-	-	-	-	-	-	-	-	-	-
佐賀 (42)	-	-	-	-	-	-	-	-	-	-	-
長崎 (43)	-	-	-	24	-	-	-	-	-	-	12
熊本 (44)	-	-	-	-	-	-	-	-	-	-	1
大分 (45)	-	-	-	37	12	-	-	-	-	-	214
宮崎 (46)	-	-	-	-	-	-	-	-	-	-	-
鹿児島 (47)	-	-	-	71	-	-	-	-	-	-	171
沖縄 (48)	-	-	-	-	-	-	-	-	-	-	-

単位：頭

山口	徳島	香川	愛媛	高知	福岡	佐賀	長崎	熊本	大分	宮崎	鹿児島	沖縄	
432	474	3,464	712	875	2,858	55	3,461	2,931	661	4,604	2,812	2	(1)
25	165	802	-	-	14	-	-	-	1	38	-	-	(2)
-	-	-	-	-	-	-	-	-	-	-	-	-	(3)
-	-	-	-	-	-	-	-	-	-	-	-	-	(4)
-	-	-	-	-	-	-	-	-	-	-	-	-	(5)
-	-	-	-	-	-	-	-	-	-	-	-	-	(6)
-	-	-	-	-	-	-	-	-	-	-	-	-	(7)
-	-	-	-	-	-	-	-	-	-	-	-	-	(8)
-	-	79	-	-	-	-	-	-	-	-	-	-	(9)
-	-	168	-	-	-	-	-	-	-	-	138	-	(10)
97	-	443	-	-	-	-	-	-	-	394	-	-	(11)
101	-	-	-	-	-	-	-	-	-	823	-	-	(12)
-	-	658	-	-	-	-	-	-	-	107	-	-	(13)
-	-	-	-	-	-	-	-	-	-	-	-	-	(14)
-	-	-	-	-	-	-	-	-	-	-	-	-	(15)
-	-	-	-	-	-	-	-	-	-	-	-	-	(16)
-	-	-	-	-	-	-	-	-	-	-	-	-	(17)
-	-	-	-	-	-	-	-	-	-	-	-	-	(18)
-	-	-	-	-	-	-	-	-	-	-	-	-	(19)
-	-	-	-	-	-	-	-	-	-	123	-	-	(20)
-	-	-	-	-	-	-	-	-	-	-	-	-	(21)
-	-	-	-	-	-	-	-	-	-	-	-	-	(22)
-	-	-	-	-	-	-	-	-	-	-	-	-	(23)
-	-	-	-	-	-	-	-	-	-	416	-	-	(24)
-	-	-	-	-	-	-	-	-	-	-	-	-	(25)
-	-	-	-	-	-	-	-	-	-	-	-	-	(26)
-	-	-	-	-	-	-	-	-	-	-	-	-	(27)
-	-	-	-	-	-	-	-	-	-	-	-	-	(28)
-	-	-	-	-	-	-	-	-	-	-	-	-	(29)
-	-	-	-	-	-	-	-	-	-	-	-	-	(30)
-	-	-	-	-	-	-	-	-	-	-	-	-	(31)
-	-	-	-	-	-	-	-	-	-	-	-	-	(32)
-	-	-	-	-	-	-	-	-	-	-	-	-	(33)
-	1	2	-	30	-	-	-	-	-	-	-	-	(34)
-	-	-	-	-	-	-	-	-	-	-	-	-	(35)
209	-	-	-	-	12	-	-	-	-	-	-	-	(36)
-	308	576	-	229	-	-	-	-	-	-	-	-	(37)
-	-	416	-	1	-	-	-	-	-	-	-	-	(38)
-	-	-	712	-	-	-	-	-	-	-	-	-	(39)
-	-	4	-	608	-	-	-	-	-	-	-	-	(40)
-	-	12	-	-	884	-	263	68	75	524	145	-	(41)
-	-	-	-	-	61	55	-	-	-	-	-	-	(42)
-	-	47	-	-	25	-	898	166	-	163	12	-	(43)
-	-	-	-	-	394	-	1,704	1,139	42	49	675	-	(44)
-	-	56	-	-	930	-	222	674	523	162	38	-	(45)
-	-	13	-	6	96	-	362	389	20	1,471	645	-	(46)
-	-	188	-	1	442	-	12	495	-	334	1,159	-	(47)
-	-	-	-	-	-	-	-	-	-	-	-	2	(48)

（参考）　肉畜種類別都道府県間交流表（続き）

6　交雑牛めす

と畜県 / 出荷県	全国	北海道	青森	岩手	宮城	秋田	山形	福島	茨城	栃木	群馬
全国 (1)	**110,224**	**8,478**	**2,739**	**1,131**	**1,811**	**784**	**1,140**	**475**	**1,725**	**342**	**6,359**
北海道 (2)	18,809	8,478	11	205	35	525	745	-	580	24	102
青森 (3)	4,093	-	1,677	531	90	-	8	-	4	-	-
岩手 (4)	2,697	-	752	390	321	-	-	-	144	-	-
宮城 (5)	1,912	-	293	5	798	-	275	-	-	-	-
秋田 (6)	259	-	-	-	-	259	-	-	-	-	-
山形 (7)	121	-	3	-	-	-	42	-	-	-	-
福島 (8)	4,700	-	3	-	131	-	-	475	19	-	2
茨城 (9)	4,829	-	-	-	-	-	-	-	758	-	53
栃木 (10)	2,863	-	-	-	18	-	-	-	173	318	23
群馬 (11)	9,090	-	-	-	-	-	-	-	7	-	5,994
埼玉 (12)	1,276	-	-	-	-	-	-	-	-	-	104
千葉 (13)	5,254	-	-	-	-	-	-	-	34	-	43
東京 (14)	2	-	-	-	-	-	-	-	-	-	-
神奈川 (15)	884	-	-	-	-	-	-	-	-	-	-
新潟 (16)	1,270	-	-	-	418	-	70	-	2	-	-
富山 (17)	282	-	-	-	-	-	-	-	-	-	-
石川 (18)	40	-	-	-	-	-	-	-	-	-	-
福井 (19)	246	-	-	-	-	-	-	-	-	-	-
山梨 (20)	1,122	-	-	-	-	-	-	-	-	-	-
長野 (21)	1,695	-	-	-	-	-	-	-	-	-	-
岐阜 (22)	363	-	-	-	-	-	-	-	-	-	-
静岡 (23)	2,887	-	-	-	-	-	-	-	-	-	-
愛知 (24)	7,360	-	-	-	-	-	-	-	2	-	-
三重 (25)	902	-	-	-	-	-	-	-	-	-	-
滋賀 (26)	592	-	-	-	-	-	-	-	-	-	-
京都 (27)	34	-	-	-	-	-	-	-	-	-	-
大阪 (28)	10	-	-	-	-	-	-	-	-	-	-
兵庫 (29)	2,981	-	-	-	-	-	-	-	-	-	-
奈良 (30)	57	-	-	-	-	-	-	-	-	-	-
和歌山 (31)	69	-	-	-	-	-	-	-	-	-	-
鳥取 (32)	755	-	-	-	-	-	-	-	-	-	-
島根 (33)	298	-	-	-	-	-	-	-	2	-	-
岡山 (34)	6,457	-	-	-	-	-	-	-	-	-	-
広島 (35)	3,147	-	-	-	-	-	-	-	-	-	-
山口 (36)	1,700	-	-	-	-	-	-	-	-	-	38
徳島 (37)	1,849	-	-	-	-	-	-	-	-	-	-
香川 (38)	1,105	-	-	-	-	-	-	-	-	-	-
愛媛 (39)	916	-	-	-	-	-	-	-	-	-	-
高知 (40)	111	-	-	-	-	-	-	-	-	-	-
福岡 (41)	2,149	-	-	-	-	-	-	-	-	-	-
佐賀 (42)	468	-	-	-	-	-	-	-	-	-	-
長崎 (43)	2,203	-	-	-	-	-	-	-	-	-	-
熊本 (44)	3,372	-	-	-	-	-	-	-	-	-	-
大分 (45)	1,984	-	-	-	-	-	-	-	-	-	-
宮崎 (46)	4,049	-	-	-	-	-	-	-	-	-	-
鹿児島 (47)	2,947	-	-	-	-	-	-	-	-	-	-
沖縄 (48)	15	-	-	-	-	-	-	-	-	-	-

単位：頭

埼玉	千葉	東京	神奈川	新潟	富山	石川	福井	山梨	長野	岐阜	静岡	愛知	
5,812	5,522	13,060	3,852	237	254	912	–	1,390	1,596	895	1,808	5,724	(1)
1,535	189	2,266	947	–	–	–	–	–	–	–	–	–	(2)
–	99	1,240	302	–	–	–	–	–	–	1	–	118	(3)
–	12	625	2	3	–	–	–	–	–	–	–	3	(4)
–	136	192	51	4	–	–	–	–	–	–	–	26	(5)
–	–	–	–	–	–	–	–	–	–	–	–	–	(6)
–	–	1	–	–	–	–	–	–	–	–	–	–	(7)
431	14	3,192	12	–	–	–	–	10	–	–	–	–	(8)
663	424	2,493	123	–	–	–	–	–	–	–	–	–	(9)
1,485	81	612	20	7	–	–	–	–	–	1	–	5	(10)
521	–	1,016	831	–	–	697	–	–	16	–	–	–	(11)
1,058	–	59	2	–	–	2	–	–	–	37	–	–	(12)
9	4,519	265	318	–	–	2	–	–	–	–	–	1	(13)
–	–	2	–	–	–	–	–	–	–	–	–	–	(14)
–	–	99	785	–	–	–	–	–	–	–	–	–	(15)
107	48	360	–	223	–	23	–	–	–	–	–	–	(16)
–	–	–	–	–	246	1	–	–	–	–	–	35	(17)
–	–	–	–	–	8	32	–	–	–	–	–	–	(18)
–	–	–	–	–	–	85	–	–	–	55	–	–	(19)
–	–	–	23	–	–	–	–	1,099	–	–	–	–	(20)
2	–	–	–	–	–	–	–	83	1,570	1	–	–	(21)
–	–	–	–	–	–	35	–	–	–	79	–	192	(22)
–	–	54	279	–	–	–	–	198	–	10	1,787	152	(23)
–	–	3	37	–	–	29	–	–	–	628	18	5,158	(24)
–	–	–	–	–	–	5	–	–	–	45	–	–	(25)
–	–	–	–	–	–	–	–	–	–	21	–	–	(26)
–	–	–	–	–	–	–	–	–	–	–	–	–	(27)
–	–	–	–	–	–	–	–	–	–	–	–	–	(28)
–	–	2	10	–	–	1	–	–	–	15	–	–	(29)
–	–	–	–	–	–	–	–	–	–	–	–	–	(30)
–	–	–	–	–	–	–	–	–	–	2	–	–	(31)
–	–	–	–	–	–	–	–	–	–	–	–	–	(32)
1	–		89	–	–	–	–	–	–	–	–	–	(33)
–	–	279	19	–	–	–	–	–	10	–	–	–	(34)
–	–	–	–	–	–	–	–	–	–	–	–	–	(35)
–	–	291	–	–	–	–	–	–	–	–	–	–	(36)
–	–	–	–	–	–	–	–	–	–	–	–	–	(37)
–	–	–	–	–	–	–	–	–	–	–	–	–	(38)
–	–	–	–	–	–	–	–	–	–	–	–	–	(39)
–	–	–	–	–	–	–	–	–	–	–	–	–	(40)
–	–	4	1	–	–	–	–	–	–	–	–	–	(41)
–	–	–	–	–	–	–	–	–	–	–	–	–	(42)
–	–	–	–	–	–	–	–	–	–	–	–	–	(43)
–	–	–	–	–	–	–	–	–	–	–	3	–	(44)
–	–	–	–	–	–	–	–	–	–	–	–	–	(45)
–	–	5	1	–	–	–	–	–	–	–	–	–	(46)
–	–	–	–	–	–	–	–	–	–	–	–	34	(47)
–	–	–	–	–	–	–	–	–	–	–	–	–	(48)

(参考) 肉畜種類別都道府県間交流表（続き）
6 交雑牛めす（続き）

出荷県 \ と畜県	三重	滋賀	京都	大阪	兵庫	奈良	和歌山	鳥取	島根	岡山	広島
全　国　(1)	1,120	398	958	6,768	6,530	207	188	501	288	632	4,265
北　海　道　(2)	36	-	95	1,508	1,285	5	-	-	-	-	-
青　森　(3)	-	-	-	23	-	-	-	-	-	-	-
岩　手　(4)	-	-	251	146	48	-	-	-	-	-	-
宮　城　(5)	-	-	43	11	78	-	-	-	-	-	-
秋　田　(6)	-	-	-	-	-	-	-	-	-	-	-
山　形　(7)	-	-	-	15	60	-	-	-	-	-	-
福　島　(8)	-	-	-	-	411	-	-	-	-	-	-
茨　城　(9)	-	-	-	-	315	-	-	-	-	-	-
栃　木　(10)	-	-	-	31	89	-	-	-	-	-	-
群　馬　(11)	-	-	1	7	-	-	-	-	-	-	-
埼　玉　(12)	-	-	13	-	-	-	-	-	-	1	-
千　葉　(13)	-	-	-	-	27	-	-	-	-	36	-
東　京　(14)	-	-	-	-	-	-	-	-	-	-	-
神　奈　川　(15)	-	-	-	-	-	-	-	-	-	-	-
新　潟　(16)	-	-	-	-	19	-	-	-	-	-	-
富　山　(17)	-	-	-	-	-	-	-	-	-	-	-
石　川　(18)	-	-	-	-	-	-	-	-	-	-	-
福　井　(19)	26	-	29	48	-	-	-	-	-	2	1
山　梨　(20)	-	-	-	-	-	-	-	-	-	-	-
長　野　(21)	17	-	9	13	-	-	-	-	-	-	-
岐　阜　(22)	52	-	-	-	2	-	-	-	-	3	-
静　岡　(23)	8	-	-	399	-	-	-	-	-	-	-
愛　知　(24)	572	-	4	783	59	-	6	-	-	5	46
三　重　(25)	408	123	10	49	-	70	181	-	-	10	1
滋　賀　(26)	1	274	-	-	265	-	1	-	-	3	27
京　都　(27)	-	-	26	-	7	-	-	-	-	1	-
大　阪　(28)	-	-	5	5	-	-	-	-	-	-	-
兵　庫　(29)	-	-	161	654	1,680	70	-	-	-	3	-
奈　良　(30)	-	-	-	25	-	32	-	-	-	-	-
和　歌　山　(31)	-	-	-	67	-	-	-	-	-	-	-
鳥　取　(32)	-	-	-	285	22	-	-	412	-	35	1
島　根　(33)	-	-	-	25	41	-	-	-	18	1	83
岡　山　(34)	-	1	267	449	1,146	28	-	-	-	380	1,316
広　島　(35)	-	-	-	75	-	-	-	-	-	152	2,786
山　口　(36)	-	-	-	8	-	-	-	-	268	-	-
徳　島　(37)	-	-	-	809	75	-	-	-	-	-	-
香　川　(38)	-	-	-	193	272	2	-	-	-	-	2
愛　媛　(39)	-	-	-	534	8	-	-	-	-	-	-
高　知　(40)	-	-	-	-	-	-	-	89	-	-	-
福　岡　(41)	-	-	-	-	133	-	-	-	-	-	-
佐　賀　(42)	-	-	-	1	-	-	-	-	-	-	-
長　崎　(43)	-	-	31	161	33	-	-	-	-	-	-
熊　本　(44)	-	-	6	196	51	-	-	-	-	-	1
大　分　(45)	-	-	-	39	30	-	-	-	-	1	-
宮　崎　(46)	-	-	7	153	200	-	-	-	-	-	1
鹿　児　島　(47)	-	-	-	56	174	-	-	-	-	1	-
沖　縄　(48)	-	-	-	-	-	-	-	-	-	-	-

単位：頭

山口	徳島	香川	愛媛	高知	福岡	佐賀	長崎	熊本	大分	宮崎	鹿児島	沖縄	
744	531	3,823	323	103	4,844	63	1,449	2,405	749	3,261	4,014	14	(1)
-	31	98	-	-	108	-	-	1	-	-	-	-	(2)
-	-	-	-	-	-	-	-	-	-	-	-	-	(3)
-	-	-	-	-	-	-	-	-	-	-	-	-	(4)
-	-	-	-	-	-	-	-	-	-	-	-	-	(5)
-	-	-	-	-	-	-	-	-	-	-	-	-	(6)
-	-	-	-	-	-	-	-	-	-	-	-	-	(7)
-	-	-	-	-	-	-	-	-	-	-	-	-	(8)
-	-	-	-	-	-	-	-	-	-	-	-	-	(9)
-	-	-	-	-	-	-	-	-	-	-	-	-	(10)
-	-	-	-	-	-	-	-	-	-	-	-	-	(11)
-	-	-	-	-	-	-	-	-	-	-	-	-	(12)
-	-	-	-	-	-	-	-	-	-	-	-	-	(13)
-	-	-	-	-	-	-	-	-	-	-	-	-	(14)
-	-	-	-	-	-	-	-	-	-	-	-	-	(15)
-	-	-	-	-	-	-	-	-	-	-	-	-	(16)
-	-	-	-	-	-	-	-	-	-	-	-	-	(17)
-	-	-	-	-	-	-	-	-	-	-	-	-	(18)
-	-	-	-	-	-	-	-	-	-	-	-	-	(19)
-	-	-	-	-	-	-	-	-	-	-	-	-	(20)
-	-	-	-	-	-	-	-	-	-	-	-	-	(21)
-	-	-	-	-	-	-	-	-	-	-	-	-	(22)
-	-	-	-	-	-	-	-	-	-	-	-	-	(23)
-	-	-	-	-	-	-	-	-	-	10	-	-	(24)
-	-	-	-	-	-	-	-	-	-	-	-	-	(25)
-	-	-	-	-	-	-	-	-	-	-	-	-	(26)
-	-	-	-	-	-	-	-	-	-	-	-	-	(27)
-	-	-	-	-	-	-	-	-	-	-	-	-	(28)
-	1	293	-	-	91	-	-	-	-	-	-	-	(29)
-	-	-	-	-	-	-	-	-	-	-	-	-	(30)
-	-	-	-	-	-	-	-	-	-	-	-	-	(31)
-	-	-	-	-	-	-	-	-	-	-	-	-	(32)
-	-	9	-	-	-	-	-	-	-	-	29	-	(33)
-	-	2,123	-	-	439	-	-	-	-	-	-	-	(34)
-	-	134	-	-	-	-	-	-	-	-	-	-	(35)
740	-	-	-	-	354	-	-	1	-	-	-	-	(36)
-	490	475	-	-	-	-	-	-	-	-	-	-	(37)
-	7	618	-	11	-	-	-	-	-	-	-	-	(38)
-	2	49	323	-	-	-	-	-	-	-	-	-	(39)
-	-	3	-	19	-	-	-	-	-	-	-	-	(40)
-	-	3	-	2	1,297	-	-	500	48	115	46	-	(41)
-	-	-	-	-	403	57	7	-	-	-	-	-	(42)
-	-	-	-	-	194	-	1,310	229	-	39	206	-	(43)
-	-	-	-	44	293	6	3	1,381	-	266	1,122	-	(44)
-	-	-	-	-	787	-	128	96	617	286	-	-	(45)
3	-	18	-	27	506	-	-	122	84	2,421	501	-	(46)
1	-	-	-	-	372	-	1	75	-	124	2,109	-	(47)
-	-	-	-	-	-	-	-	-	-	-	1	14	(48)

（参考）　肉畜種類別都道府県間交流表（続き）
7　交雑牛おす（去勢含む。）

出荷県＼と畜県	全国	北海道	青森	岩手	宮城	秋田	山形	福島	茨城	栃木	群馬
全　　　国　(1)	129,408	18,688	2,071	2,678	1,699	109	2,197	19	2,264	1,261	6,161
北　海　道　(2)	29,008	18,688	138	488	9	81	1,479	-	627	-	81
青　　　森　(3)	1,759	-	962	266	4	-	48	-	3	-	-
岩　　　手　(4)	6,416	-	605	1,869	862	-	-	-	204	-	-
宮　　　城　(5)	2,244	-	257	-	776	-	660	-	-	-	-
秋　　　田　(6)	527	-	-	44	-	28	-	-	-	-	-
山　　　形　(7)	398	-	7	11	20	-	10	-	-	-	-
福　　　島　(8)	2,511	-	102	-	26	-	-	19	5	-	7
茨　　　城　(9)	3,446	-	-	-	-	-	-	-	519	-	104
栃　　　木　(10)	11,460	-	-	-	2	-	-	-	894	1,261	1,422
群　　　馬　(11)	5,210	-	-	-	-	-	-	-	1	-	4,491
埼　　　玉　(12)	895	-	-	-	-	-	-	-	-	-	5
千　　　葉　(13)	4,470	-	-	-	-	-	-	-	6	-	51
東　　　京　(14)	4	-	-	-	-	-	-	-	-	-	-
神　奈　川　(15)	351	-	-	-	-	-	-	-	-	-	-
新　　　潟　(16)	761	-	-	-	-	-	-	-	-	-	-
富　　　山　(17)	247	-	-	-	-	-	-	-	2	-	-
石　　　川　(18)	7	-	-	-	-	-	-	-	-	-	-
福　　　井　(19)	323	-	-	-	-	-	-	-	-	-	-
山　　　梨　(20)	600	-	-	-	-	-	-	-	-	-	-
長　　　野　(21)	1,144	-	-	-	-	-	-	-	-	-	-
岐　　　阜　(22)	328	-	-	-	-	-	-	-	-	-	-
静　　　岡　(23)	3,745	-	-	-	-	-	-	-	-	-	-
愛　　　知　(24)	7,149	-	-	-	-	-	-	-	1	-	-
三　　　重　(25)	151	-	-	-	-	-	-	-	-	-	-
滋　　　賀　(26)	1,583	-	-	-	-	-	-	-	-	-	-
京　　　都　(27)	26	-	-	-	-	-	-	-	-	-	-
大　　　阪　(28)	19	-	-	-	-	-	-	-	-	-	-
兵　　　庫　(29)	1,012	-	-	-	-	-	-	-	-	-	-
奈　　　良　(30)	361	-	-	-	-	-	-	-	-	-	-
和　歌　山　(31)	19	-	-	-	-	-	-	-	-	-	-
鳥　　　取　(32)	672	-	-	-	-	-	-	-	-	-	-
島　　　根　(33)	2,154	-	-	-	-	-	-	-	-	-	-
岡　　　山　(34)	2,697	-	-	-	-	-	-	-	-	-	-
広　　　島　(35)	1,435	-	-	-	-	-	-	-	-	-	-
山　　　口　(36)	331	-	-	-	-	-	-	-	-	-	-
徳　　　島　(37)	5,104	-	-	-	-	-	-	-	-	-	-
香　　　川　(38)	4,209	-	-	-	-	-	-	-	-	-	-
愛　　　媛　(39)	1,123	-	-	-	-	-	-	-	-	-	-
高　　　知　(40)	17	-	-	-	-	-	-	-	-	-	-
福　　　岡　(41)	1,715	-	-	-	-	-	-	-	-	-	-
佐　　　賀　(42)	163	-	-	-	-	-	-	-	-	-	-
長　　　崎　(43)	3,157	-	-	-	-	-	-	-	-	-	-
熊　　　本　(44)	10,339	-	-	-	-	-	-	-	-	-	-
大　　　分　(45)	1,405	-	-	-	-	-	-	-	-	-	-
宮　　　崎　(46)	5,544	-	-	-	-	-	-	-	1	-	-
鹿　児　島　(47)	3,144	-	-	-	-	-	-	-	1	-	-
沖　　　縄　(48)	25	-	-	-	-	-	-	-	-	-	-

単位：頭

埼玉	千葉	東京	神奈川	新潟	富山	石川	福井	山梨	長野	岐阜	静岡	愛知	
8,761	4,480	12,503	2,164	539	214	271	-	160	1,122	1,923	2,915	4,468	(1)
1,045	125	1,847	852	-	-	-	-	-	-	-	-	10	(2)
178	28	185	12	-	-	-	-	-	-	-	-	50	(3)
1,869	27	339	46	-	-	-	-	-	-	-	-	162	(4)
-	36	319	123	-	-	-	-	-	-	-	-	8	(5)
450	-	-	5	-	-	-	-	-	-	-	-	-	(6)
312	-	5	-	-	-	-	-	-	-	-	-	-	(7)
158	58	1,907	5	-	-	-	-	-	-	-	-	-	(8)
697	383	1,080	72	-	-	-	-	-	-	-	-	-	(9)
2,249	82	4,913	24	4	-	-	-	-	-	6	-	30	(10)
318	-	234	89	-	-	25	-	-	4	-	-	-	(11)
816	-	72	-	-	-	-	-	-	-	2	-	-	(12)
1	3,717	637	30	-	-	-	-	-	-	-	-	-	(13)
-	-	4	-	-	-	-	-	-	-	-	-	-	(14)
-	-	13	318	-	-	-	-	20	-	-	-	-	(15)
20	1	140	-	535	1	44	-	-	1	-	-	-	(16)
-	-	-	-	-	213	-	-	-	-	-	-	32	(17)
-	-	-	-	-	-	7	-	-	-	-	-	-	(18)
-	-	-	-	-	-	161	-	-	-	160	-	-	(19)
528	-	-	13	-	-	-	-	59	-	-	-	-	(20)
7	-	-	-	-	-	-	-	5	1,117	-	-	-	(21)
-	-	-	-	-	-	1	-	-	-	324	-	2	(22)
-	-	42	237	-	-	-	-	76	-	6	2,565	531	(23)
-	-	1	21	-	-	32	-	-	-	1,258	350	3,564	(24)
-	-	-	-	-	-	-	-	-	-	30	-	-	(25)
-	-	-	-	-	-	1	-	-	-	127	-	-	(26)
-	-	-	-	-	-	-	-	-	-	-	-	-	(27)
-	-	-	-	-	-	-	-	-	-	-	-	-	(28)
-	-	1	-	-	-	-	-	-	-	10	-	-	(29)
-	-	-	-	-	-	-	-	-	-	-	-	-	(30)
-	-	-	-	-	-	-	-	-	-	-	-	-	(31)
-	-	-	-	-	-	-	-	-	-	-	-	-	(32)
113	-	594	143	-	-	-	-	-	-	-	-	-	(33)
-	-	143	173	-	-	-	-	-	-	-	-	-	(34)
-	-	-	-	-	-	-	-	-	-	-	-	-	(35)
-	-	3	-	-	-	-	-	-	-	-	-	-	(36)
-	-	-	-	-	-	-	-	-	-	-	-	-	(37)
-	-	2	-	-	-	-	-	-	-	-	-	-	(38)
-	-	-	-	-	-	-	-	-	-	-	-	-	(39)
-	-	-	-	-	-	-	-	-	-	-	-	-	(40)
-	-	-	-	-	-	-	-	-	-	-	-	-	(41)
-	-	-	-	-	-	-	-	-	-	-	-	-	(42)
-	-	-	-	-	-	-	-	-	-	-	-	-	(43)
-	-	1	-	-	-	-	-	-	-	-	-	-	(44)
-	-	-	-	-	-	-	-	-	-	-	-	-	(45)
-	-	3	1	-	-	-	-	-	-	-	-	-	(46)
-	23	18	-	-	-	-	-	-	-	-	-	79	(47)
-	-	-	-	-	-	-	-	-	-	-	-	-	(48)

（参考）　肉畜種類別都道府県間交流表（続き）
7　交雑牛おす（去勢含む。）（続き）

出荷県＼と畜県	三重	滋賀	京都	大阪	兵庫	奈良	和歌山	鳥取	島根	岡山	広島
全　国　(1)	184	1,389	712	7,967	4,025	564	-	311	453	626	2,385
北 海 道 (2)	3	1	138	906	154	-	-	-	-	-	-
青　森　(3)	-	-	-	23	-	-	-	-	-	-	-
岩　手　(4)	-	-	347	55	31	-	-	-	-	-	-
宮　城　(5)	-	-	42	-	23	-	-	-	-	-	-
秋　田　(6)	-	-	-	-	-	-	-	-	-	-	-
山　形　(7)	-	-	-	7	26	-	-	-	-	-	-
福　島　(8)	-	-	-	-	224	-	-	-	-	-	-
茨　城　(9)	-	-	-	7	584	-	-	-	-	-	-
栃　木　(10)	-	-	-	374	199	-	-	-	-	-	-
群　馬　(11)	-	-	2	43	3	-	-	-	-	-	-
埼　玉　(12)	-	-	-	-	-	-	-	-	-	-	-
千　葉　(13)	-	-	-	-	3	-	-	-	-	25	-
東　京　(14)	-	-	-	-	-	-	-	-	-	-	-
神 奈 川 (15)	-	-	-	-	-	-	-	-	-	-	-
新　潟　(16)	-	-	-	-	19	-	-	-	-	-	-
富　山　(17)	-	-	-	-	-	-	-	-	-	-	-
石　川　(18)	-	-	-	-	-	-	-	-	-	-	-
福　井　(19)	-	-	2	-	-	-	-	-	-	-	-
山　梨　(20)	-	-	-	-	-	-	-	-	-	-	-
長　野　(21)	-	-	2	13	-	-	-	-	-	-	-
岐　阜　(22)	1	-	-	-	-	-	-	-	-	-	-
静　岡　(23)	-	-	-	288	-	-	-	-	-	-	-
愛　知　(24)	161	-	-	1,650	40	-	-	-	-	4	63
三　重　(25)	19	79	14	2	-	6	-	-	-	1	-
滋　賀　(26)	-	1,309	4	-	37	-	-	-	-	-	105
京　都　(27)	-	-	26	-	-	-	-	-	-	-	-
大　阪　(28)	-	-	-	18	1	-	-	-	-	-	-
兵　庫　(29)	-	-	87	266	224	26	-	-	-	1	3
奈　良　(30)	-	-	-	31	-	330	-	-	-	-	-
和 歌 山 (31)	-	-	-	19	-	-	-	-	-	-	-
鳥　取　(32)	-	-	-	329	1	-	-	307	-	35	-
島　根　(33)	-	-	-	22	148	-	-	-	453	-	391
岡　山　(34)	-	-	2	463	472	6	-	-	-	482	660
広　島　(35)	-	-	-	209	-	-	-	-	-	72	1,154
山　口　(36)	-	-	-	29	2	-	-	-	-	-	1
徳　島　(37)	-	-	-	929	85	-	-	-	-	-	6
香　川　(38)	-	-	-	578	837	196	-	-	-	6	-
愛　媛　(39)	-	-	-	659	73	-	-	-	-	-	1
高　知　(40)	-	-	-	-	-	-	-	4	-	-	-
福　岡　(41)	-	-	-	-	467	-	-	-	-	-	-
佐　賀　(42)	-	-	-	4	-	-	-	-	-	-	-
長　崎　(43)	-	-	26	254	-	-	-	-	-	-	-
熊　本　(44)	-	-	14	283	170	-	-	-	-	-	-
大　分　(45)	-	-	-	41	117	-	-	-	-	-	-
宮　崎　(46)	-	-	6	234	77	-	-	-	-	-	-
鹿 児 島 (47)	-	-	-	231	8	-	-	-	-	-	1
沖　縄　(48)	-	-	-	-	-	-	-	-	-	-	-

単位：頭

山口	徳島	香川	愛媛	高知	福岡	佐賀	長崎	熊本	大分	宮崎	鹿児島	沖縄	
138	2,807	5,316	369	691	6,245	50	1,361	6,493	458	3,714	6,458	25	(1)
-	122	761	-	-	1,453	-	-	-	-	-	-	-	(2)
-	-	-	-	-	-	-	-	-	-	-	-	-	(3)
-	-	-	-	-	-	-	-	-	-	-	-	-	(4)
-	-	-	-	-	-	-	-	-	-	-	-	-	(5)
-	-	-	-	-	-	-	-	-	-	-	-	-	(6)
-	-	-	-	-	-	-	-	-	-	-	-	-	(7)
-	-	-	-	-	-	-	-	-	-	-	-	-	(8)
-	-	-	-	-	-	-	-	-	-	-	-	-	(9)
-	-	-	-	-	-	-	-	-	-	-	-	-	(10)
-	-	-	-	-	-	-	-	-	-	-	-	-	(11)
-	-	-	-	-	-	-	-	-	-	-	-	-	(12)
-	-	-	-	-	-	-	-	-	-	-	-	-	(13)
-	-	-	-	-	-	-	-	-	-	-	-	-	(14)
-	-	-	-	-	-	-	-	-	-	-	-	-	(15)
-	-	-	-	-	-	-	-	-	-	-	-	-	(16)
-	-	-	-	-	-	-	-	-	-	-	-	-	(17)
-	-	-	-	-	-	-	-	-	-	-	-	-	(18)
-	-	-	-	-	-	-	-	-	-	-	-	-	(19)
-	-	-	-	-	-	-	-	-	-	-	-	-	(20)
-	-	-	-	-	-	-	-	-	-	-	-	-	(21)
-	-	-	-	-	-	-	-	-	-	-	-	-	(22)
-	-	-	-	-	-	-	-	-	-	-	-	-	(23)
-	-	-	-	-	-	-	-	-	-	-	4	-	(24)
-	-	-	-	-	-	-	-	-	-	-	-	-	(25)
-	-	-	-	-	-	-	-	-	-	-	-	-	(26)
-	-	-	-	-	-	-	-	-	-	-	-	-	(27)
-	-	-	-	-	-	-	-	-	-	-	-	-	(28)
-	-	386	-	-	8	-	-	-	-	-	-	-	(29)
-	-	-	-	-	-	-	-	-	-	-	-	-	(30)
-	-	-	-	-	-	-	-	-	-	-	-	-	(31)
-	-	-	-	-	-	-	-	-	-	-	-	-	(32)
-	-	49	-	-	-	-	-	-	-	-	241	-	(33)
-	-	269	-	-	27	-	-	-	-	-	-	-	(34)
-	-	-	-	-	-	-	-	-	-	-	-	-	(35)
135	-	-	-	-	161	-	-	-	-	-	-	-	(36)
-	2,674	1,410	-	-	-	-	-	-	-	-	-	-	(37)
-	5	2,285	-	300	-	-	-	-	-	-	-	-	(38)
-	6	15	369	-	-	-	-	-	-	-	-	-	(39)
-	-	1	-	12	-	-	-	-	-	-	-	-	(40)
-	-	46	-	12	627	-	-	5	92	137	329	-	(41)
-	-	-	-	-	110	49	-	-	-	-	-	-	(42)
-	-	-	-	4	582	-	1,341	873	-	42	35	-	(43)
-	-	-	-	337	1,815	1	-	4,964	2	598	2,154	-	(44)
-	-	-	-	-	724	-	20	124	363	16	-	-	(45)
3	-	94	-	26	503	-	-	502	1	2,863	1,230	-	(46)
-	-	-	-	-	235	-	-	25	-	54	2,469	-	(47)
-	-	-	-	-	-	-	-	-	-	-	-	25	(48)

（参考）　肉畜種類別都道府県間交流表（続き）

8　その他の牛めす

出荷県 ＼ と畜県	全　国	北海道	青　森	岩　手	宮　城	秋　田	山　形	福　島	茨　城	栃　木	群　馬
全　国　(1)	1,304	357	1	21	2	-	27	-	2	1	-
北　海　道　(2)	359	357	-	-	-	-	-	-	-	1	-
青　森　(3)	5	-	1	4	-	-	-	-	-	-	-
岩　手　(4)	19	-	-	17	1	-	-	-	-	-	-
宮　城　(5)	1	-	-	-	1	-	-	-	-	-	-
秋　田　(6)	-	-	-	-	-	-	-	-	-	-	-
山　形　(7)	27	-	-	-	-	-	27	-	-	-	-
福　島　(8)	2	-	-	-	-	-	-	-	2	-	-
茨　城　(9)	-	-	-	-	-	-	-	-	-	-	-
栃　木　(10)	-	-	-	-	-	-	-	-	-	-	-
群　馬　(11)	-	-	-	-	-	-	-	-	-	-	-
埼　玉　(12)	2	-	-	-	-	-	-	-	-	-	-
千　葉　(13)	-	-	-	-	-	-	-	-	-	-	-
東　京　(14)	-	-	-	-	-	-	-	-	-	-	-
神　奈　川　(15)	6	-	-	-	-	-	-	-	-	-	-
新　潟　(16)	-	-	-	-	-	-	-	-	-	-	-
富　山　(17)	1	-	-	-	-	-	-	-	-	-	-
石　川　(18)	-	-	-	-	-	-	-	-	-	-	-
福　井　(19)	-	-	-	-	-	-	-	-	-	-	-
山　梨　(20)	-	-	-	-	-	-	-	-	-	-	-
長　野　(21)	-	-	-	-	-	-	-	-	-	-	-
岐　阜　(22)	-	-	-	-	-	-	-	-	-	-	-
静　岡　(23)	-	-	-	-	-	-	-	-	-	-	-
愛　知　(24)	2	-	-	-	-	-	-	-	-	-	-
三　重　(25)	-	-	-	-	-	-	-	-	-	-	-
滋　賀　(26)	-	-	-	-	-	-	-	-	-	-	-
京　都　(27)	-	-	-	-	-	-	-	-	-	-	-
大　阪　(28)	9	-	-	-	-	-	-	-	-	-	-
兵　庫　(29)	102	-	-	-	-	-	-	-	-	-	-
奈　良　(30)	-	-	-	-	-	-	-	-	-	-	-
和　歌　山　(31)	-	-	-	-	-	-	-	-	-	-	-
鳥　取　(32)	-	-	-	-	-	-	-	-	-	-	-
島　根　(33)	22	-	-	-	-	-	-	-	-	-	-
岡　山　(34)	-	-	-	-	-	-	-	-	-	-	-
広　島　(35)	-	-	-	-	-	-	-	-	-	-	-
山　口　(36)	5	-	-	-	-	-	-	-	-	-	-
徳　島　(37)	-	-	-	-	-	-	-	-	-	-	-
香　川　(38)	-	-	-	-	-	-	-	-	-	-	-
愛　媛　(39)	-	-	-	-	-	-	-	-	-	-	-
高　知　(40)	1	-	-	-	-	-	-	-	-	-	-
福　岡　(41)	7	-	-	-	-	-	-	-	-	-	-
佐　賀　(42)	3	-	-	-	-	-	-	-	-	-	-
長　崎　(43)	1	-	-	-	-	-	-	-	-	-	-
熊　本　(44)	166	-	-	-	-	-	-	-	-	-	-
大　分　(45)	-	-	-	-	-	-	-	-	-	-	-
宮　崎　(46)	496	-	-	-	-	-	-	-	-	-	-
鹿　児　島　(47)	25	-	-	-	-	-	-	-	-	-	-
沖　縄　(48)	43	-	-	-	-	-	-	-	-	-	-

単位：頭

埼玉	千葉	東京	神奈川	新潟	富山	石川	福井	山梨	長野	岐阜	静岡	愛知	
–	–	–	7	–	1	–	–	–	–	1	–	–	(1)
–	–	–	–	–	–	–	–	–	–	–	–	–	(2)
–	–	–	–	–	–	–	–	–	–	–	–	–	(3)
–	–	–	–	–	–	–	–	–	–	–	–	–	(4)
–	–	–	–	–	–	–	–	–	–	–	–	–	(5)
–	–	–	–	–	–	–	–	–	–	–	–	–	(6)
–	–	–	–	–	–	–	–	–	–	–	–	–	(7)
–	–	–	–	–	–	–	–	–	–	–	–	–	(8)
–	–	–	–	–	–	–	–	–	–	–	–	–	(9)
–	–	–	–	–	–	–	–	–	–	–	–	–	(10)
–	–	–	–	–	–	–	–	–	–	–	–	–	(11)
–	–	–	–	–	–	–	–	–	–	–	–	–	(12)
–	–	–	–	–	–	–	–	–	–	–	–	–	(13)
–	–	–	–	–	–	–	–	–	–	–	–	–	(14)
–	–	–	6	–	–	–	–	–	–	–	–	–	(15)
–	–	–	–	–	–	–	–	–	–	–	–	–	(16)
–	–	–	–	–	1	–	–	–	–	–	–	–	(17)
–	–	–	–	–	–	–	–	–	–	–	–	–	(18)
–	–	–	–	–	–	–	–	–	–	–	–	–	(19)
–	–	–	–	–	–	–	–	–	–	–	–	–	(20)
–	–	–	–	–	–	–	–	–	–	–	–	–	(21)
–	–	–	–	–	–	–	–	–	–	–	–	–	(22)
–	–	–	–	–	–	–	–	–	–	–	–	–	(23)
–	–	–	1	–	–	–	–	–	–	1	–	–	(24)
–	–	–	–	–	–	–	–	–	–	–	–	–	(25)
–	–	–	–	–	–	–	–	–	–	–	–	–	(26)
–	–	–	–	–	–	–	–	–	–	–	–	–	(27)
–	–	–	–	–	–	–	–	–	–	–	–	–	(28)
–	–	–	–	–	–	–	–	–	–	–	–	–	(29)
–	–	–	–	–	–	–	–	–	–	–	–	–	(30)
–	–	–	–	–	–	–	–	–	–	–	–	–	(31)
–	–	–	–	–	–	–	–	–	–	–	–	–	(32)
–	–	–	–	–	–	–	–	–	–	–	–	–	(33)
–	–	–	–	–	–	–	–	–	–	–	–	–	(34)
–	–	–	–	–	–	–	–	–	–	–	–	–	(35)
–	–	–	–	–	–	–	–	–	–	–	–	–	(36)
–	–	–	–	–	–	–	–	–	–	–	–	–	(37)
–	–	–	–	–	–	–	–	–	–	–	–	–	(38)
–	–	–	–	–	–	–	–	–	–	–	–	–	(39)
–	–	–	–	–	–	–	–	–	–	–	–	–	(40)
–	–	–	–	–	–	–	–	–	–	–	–	–	(41)
–	–	–	–	–	–	–	–	–	–	–	–	–	(42)
–	–	–	–	–	–	–	–	–	–	–	–	–	(43)
–	–	–	–	–	–	–	–	–	–	–	–	–	(44)
–	–	–	–	–	–	–	–	–	–	–	–	–	(45)
–	–	–	–	–	–	–	–	–	–	–	–	–	(46)
–	–	–	–	–	–	–	–	–	–	–	–	–	(47)
–	–	–	–	–	–	–	–	–	–	–	–	–	(48)

（参考）　肉畜種類別都道府県間交流表（続き）
8　その他の牛めす（続き）

出荷県＼と畜県	三重	滋賀	京都	大阪	兵庫	奈良	和歌山	鳥取	島根	岡山	広島
全　国　(1)	-	-	3	2	17	-	-	-	22	-	-
北　海　道　(2)	-	-	-	1	-	-	-	-	-	-	-
青　　森　(3)	-	-	-	-	-	-	-	-	-	-	-
岩　　手　(4)	-	-	-	1	-	-	-	-	-	-	-
宮　　城　(5)	-	-	-	-	-	-	-	-	-	-	-
秋　　田　(6)	-	-	-	-	-	-	-	-	-	-	-
山　　形　(7)	-	-	-	-	-	-	-	-	-	-	-
福　　島　(8)	-	-	-	-	-	-	-	-	-	-	-
茨　　城　(9)	-	-	-	-	-	-	-	-	-	-	-
栃　　木　(10)	-	-	-	-	-	-	-	-	-	-	-
群　　馬　(11)	-	-	-	-	-	-	-	-	-	-	-
埼　　玉　(12)	-	-	2	-	-	-	-	-	-	-	-
千　　葉　(13)	-	-	-	-	-	-	-	-	-	-	-
東　　京　(14)	-	-	-	-	-	-	-	-	-	-	-
神　奈　川　(15)	-	-	-	-	-	-	-	-	-	-	-
新　　潟　(16)	-	-	-	-	-	-	-	-	-	-	-
富　　山　(17)	-	-	-	-	-	-	-	-	-	-	-
石　　川　(18)	-	-	-	-	-	-	-	-	-	-	-
福　　井　(19)	-	-	-	-	-	-	-	-	-	-	-
山　　梨　(20)	-	-	-	-	-	-	-	-	-	-	-
長　　野　(21)	-	-	-	-	-	-	-	-	-	-	-
岐　　阜　(22)	-	-	-	-	-	-	-	-	-	-	-
静　　岡　(23)	-	-	-	-	-	-	-	-	-	-	-
愛　　知　(24)	-	-	-	-	-	-	-	-	-	-	-
三　　重　(25)	-	-	-	-	-	-	-	-	-	-	-
滋　　賀　(26)	-	-	-	-	-	-	-	-	-	-	-
京　　都　(27)	-	-	-	-	-	-	-	-	-	-	-
大　　阪　(28)	-	-	-	-	9	-	-	-	-	-	-
兵　　庫　(29)	-	-	1	-	-	-	-	-	-	-	-
奈　　良　(30)	-	-	-	-	-	-	-	-	-	-	-
和　歌　山　(31)	-	-	-	-	-	-	-	-	-	-	-
鳥　　取　(32)	-	-	-	-	-	-	-	-	-	-	-
島　　根　(33)	-	-	-	-	-	-	-	-	22	-	-
岡　　山　(34)	-	-	-	-	-	-	-	-	-	-	-
広　　島　(35)	-	-	-	-	-	-	-	-	-	-	-
山　　口　(36)	-	-	-	-	-	-	-	-	-	-	-
徳　　島　(37)	-	-	-	-	-	-	-	-	-	-	-
香　　川　(38)	-	-	-	-	-	-	-	-	-	-	-
愛　　媛　(39)	-	-	-	-	-	-	-	-	-	-	-
高　　知　(40)	-	-	-	-	-	-	-	-	-	-	-
福　　岡　(41)	-	-	-	-	-	-	-	-	-	-	-
佐　　賀　(42)	-	-	-	-	-	-	-	-	-	-	-
長　　崎　(43)	-	-	-	-	-	-	-	-	-	-	-
熊　　本　(44)	-	-	-	-	-	-	-	-	-	-	-
大　　分　(45)	-	-	-	-	-	-	-	-	-	-	-
宮　　崎　(46)	-	-	-	-	-	-	-	-	-	-	-
鹿　児　島　(47)	-	-	-	-	8	-	-	-	-	-	-
沖　　縄　(48)	-	-	-	-	-	-	-	-	-	-	-

単位：頭

山口	徳島	香川	愛媛	高知	福岡	佐賀	長崎	熊本	大分	宮崎	鹿児島	沖縄	
-	-	-	-	-	19	-	1	114	-	600	64	42	(1)
-	-	-	-	-	-	-	-	-	-	-	-	-	(2)
-	-	-	-	-	-	-	-	-	-	-	-	-	(3)
-	-	-	-	-	-	-	-	-	-	-	-	-	(4)
-	-	-	-	-	-	-	-	-	-	-	-	-	(5)
-	-	-	-	-	-	-	-	-	-	-	-	-	(6)
-	-	-	-	-	-	-	-	-	-	-	-	-	(7)
-	-	-	-	-	-	-	-	-	-	-	-	-	(8)
-	-	-	-	-	-	-	-	-	-	-	-	-	(9)
-	-	-	-	-	-	-	-	-	-	-	-	-	(10)
-	-	-	-	-	-	-	-	-	-	-	-	-	(11)
-	-	-	-	-	-	-	-	-	-	-	-	-	(12)
-	-	-	-	-	-	-	-	-	-	-	-	-	(13)
-	-	-	-	-	-	-	-	-	-	-	-	-	(14)
-	-	-	-	-	-	-	-	-	-	-	-	-	(15)
-	-	-	-	-	-	-	-	-	-	-	-	-	(16)
-	-	-	-	-	-	-	-	-	-	-	-	-	(17)
-	-	-	-	-	-	-	-	-	-	-	-	-	(18)
-	-	-	-	-	-	-	-	-	-	-	-	-	(19)
-	-	-	-	-	-	-	-	-	-	-	-	-	(20)
-	-	-	-	-	-	-	-	-	-	-	-	-	(21)
-	-	-	-	-	-	-	-	-	-	-	-	-	(22)
-	-	-	-	-	-	-	-	-	-	-	-	-	(23)
-	-	-	-	-	-	-	-	-	-	-	-	-	(24)
-	-	-	-	-	-	-	-	-	-	-	-	-	(25)
-	-	-	-	-	-	-	-	-	-	-	-	-	(26)
-	-	-	-	-	-	-	-	-	-	-	-	-	(27)
-	-	-	-	-	-	-	-	-	-	-	-	-	(28)
-	-	-	-	-	-	-	-	-	-	101	-	-	(29)
-	-	-	-	-	-	-	-	-	-	-	-	-	(30)
-	-	-	-	-	-	-	-	-	-	-	-	-	(31)
-	-	-	-	-	-	-	-	-	-	-	-	-	(32)
-	-	-	-	-	-	-	-	-	-	-	-	-	(33)
-	-	-	-	-	-	-	-	-	-	-	-	-	(34)
-	-	-	-	-	-	-	-	-	-	-	-	-	(35)
-	-	-	-	-	5	-	-	-	-	-	-	-	(36)
-	-	-	-	-	-	-	-	-	-	-	-	-	(37)
-	-	-	-	-	-	-	-	-	-	-	-	-	(38)
-	-	-	-	-	-	-	-	-	-	-	-	-	(39)
-	-	-	-	-	-	-	-	-	-	1	-	-	(40)
-	-	-	-	-	7	-	-	-	-	-	-	-	(41)
-	-	-	-	-	2	-	1	-	-	-	-	-	(42)
-	-	-	-	-	1	-	-	-	-	-	-	-	(43)
-	-	-	-	-	-	-	-	102	-	2	62	-	(44)
-	-	-	-	-	-	-	-	-	-	-	-	-	(45)
-	-	-	-	-	-	-	-	-	-	496	-	-	(46)
-	-	-	-	-	4	-	-	11	-	-	2	-	(47)
-	-	-	-	-	-	-	-	1	-	-	-	42	(48)

（参考）　肉畜種類別都道府県間交流表（続き）
9　その他の牛おす（去勢含む。）

と畜県 / 出荷県	全国	北海道	青森	岩手	宮城	秋田	山形	福島	茨城	栃木	群馬
全国 (1)	**9,444**	**306**	**-**	**29**	**1**	**-**	**2**	**1**	**-**	**-**	**-**
北海道 (2)	310	306	-	-	-	-	-	-	-	-	-
青森 (3)	8	-	-	7	-	-	-	-	-	-	-
岩手 (4)	23	-	-	22	-	-	-	-	-	-	-
宮城 (5)	1	-	-	-	1	-	-	-	-	-	-
秋田 (6)	-	-	-	-	-	-	-	-	-	-	-
山形 (7)	2	-	-	-	-	-	2	-	-	-	-
福島 (8)	1	-	-	-	-	-	-	1	-	-	-
茨城 (9)	-	-	-	-	-	-	-	-	-	-	-
栃木 (10)	3	-	-	-	-	-	-	-	-	-	-
群馬 (11)	1	-	-	-	-	-	-	-	-	-	-
埼玉 (12)	-	-	-	-	-	-	-	-	-	-	-
千葉 (13)	-	-	-	-	-	-	-	-	-	-	-
東京 (14)	-	-	-	-	-	-	-	-	-	-	-
神奈川 (15)	-	-	-	-	-	-	-	-	-	-	-
新潟 (16)	-	-	-	-	-	-	-	-	-	-	-
富山 (17)	-	-	-	-	-	-	-	-	-	-	-
石川 (18)	-	-	-	-	-	-	-	-	-	-	-
福井 (19)	-	-	-	-	-	-	-	-	-	-	-
山梨 (20)	-	-	-	-	-	-	-	-	-	-	-
長野 (21)	-	-	-	-	-	-	-	-	-	-	-
岐阜 (22)	-	-	-	-	-	-	-	-	-	-	-
静岡 (23)	-	-	-	-	-	-	-	-	-	-	-
愛知 (24)	-	-	-	-	-	-	-	-	-	-	-
三重 (25)	-	-	-	-	-	-	-	-	-	-	-
滋賀 (26)	-	-	-	-	-	-	-	-	-	-	-
京都 (27)	1	-	-	-	-	-	-	-	-	-	-
大阪 (28)	10	-	-	-	-	-	-	-	-	-	-
兵庫 (29)	1,656	-	-	-	-	-	-	-	-	-	-
奈良 (30)	3	-	-	-	-	-	-	-	-	-	-
和歌山 (31)	-	-	-	-	-	-	-	-	-	-	-
鳥取 (32)	-	-	-	-	-	-	-	-	-	-	-
島根 (33)	639	-	-	-	-	-	-	-	-	-	-
岡山 (34)	-	-	-	-	-	-	-	-	-	-	-
広島 (35)	-	-	-	-	-	-	-	-	-	-	-
山口 (36)	639	-	-	-	-	-	-	-	-	-	-
徳島 (37)	1	-	-	-	-	-	-	-	-	-	-
香川 (38)	1	-	-	-	-	-	-	-	-	-	-
愛媛 (39)	3	-	-	-	-	-	-	-	-	-	-
高知 (40)	1	-	-	-	-	-	-	-	-	-	-
福岡 (41)	3	-	-	-	-	-	-	-	-	-	-
佐賀 (42)	2	-	-	-	-	-	-	-	-	-	-
長崎 (43)	297	-	-	-	-	-	-	-	-	-	-
熊本 (44)	740	-	-	-	-	-	-	-	-	-	-
大分 (45)	1	-	-	-	-	-	-	-	-	-	-
宮崎 (46)	5,006	-	-	-	-	-	-	-	-	-	-
鹿児島 (47)	18	-	-	-	-	-	-	-	-	-	-
沖縄 (48)	74	-	-	-	-	-	-	-	-	-	-

単位：頭

埼玉	千葉	東京	神奈川	新潟	富山	石川	福井	山梨	長野	岐阜	静岡	愛知	
287	–	–	–	–	–	–	–	–	1	3	–	–	(1)
1	–	–	–	–	–	–	–	–	–	–	–	–	(2)
–	–	–	–	–	–	–	–	–	–	–	–	–	(3)
–	–	–	–	–	–	–	–	–	–	–	–	–	(4)
–	–	–	–	–	–	–	–	–	–	–	–	–	(5)
–	–	–	–	–	–	–	–	–	–	–	–	–	(6)
–	–	–	–	–	–	–	–	–	–	–	–	–	(7)
–	–	–	–	–	–	–	–	–	–	–	–	–	(8)
–	–	–	–	–	–	–	–	–	–	–	–	–	(9)
–	–	–	–	–	–	–	–	–	–	3	–	–	(10)
–	–	–	–	–	–	–	–	–	1	–	–	–	(11)
–	–	–	–	–	–	–	–	–	–	–	–	–	(12)
–	–	–	–	–	–	–	–	–	–	–	–	–	(13)
–	–	–	–	–	–	–	–	–	–	–	–	–	(14)
–	–	–	–	–	–	–	–	–	–	–	–	–	(15)
–	–	–	–	–	–	–	–	–	–	–	–	–	(16)
–	–	–	–	–	–	–	–	–	–	–	–	–	(17)
–	–	–	–	–	–	–	–	–	–	–	–	–	(18)
–	–	–	–	–	–	–	–	–	–	–	–	–	(19)
–	–	–	–	–	–	–	–	–	–	–	–	–	(20)
–	–	–	–	–	–	–	–	–	–	–	–	–	(21)
–	–	–	–	–	–	–	–	–	–	–	–	–	(22)
–	–	–	–	–	–	–	–	–	–	–	–	–	(23)
–	–	–	–	–	–	–	–	–	–	–	–	–	(24)
–	–	–	–	–	–	–	–	–	–	–	–	–	(25)
–	–	–	–	–	–	–	–	–	–	–	–	–	(26)
–	–	–	–	–	–	–	–	–	–	–	–	–	(27)
–	–	–	–	–	–	–	–	–	–	–	–	–	(28)
–	–	–	–	–	–	–	–	–	–	–	–	–	(29)
–	–	–	–	–	–	–	–	–	–	–	–	–	(30)
–	–	–	–	–	–	–	–	–	–	–	–	–	(31)
–	–	–	–	–	–	–	–	–	–	–	–	–	(32)
286	–	–	–	–	–	–	–	–	–	–	–	–	(33)
–	–	–	–	–	–	–	–	–	–	–	–	–	(34)
–	–	–	–	–	–	–	–	–	–	–	–	–	(35)
–	–	–	–	–	–	–	–	–	–	–	–	–	(36)
–	–	–	–	–	–	–	–	–	–	–	–	–	(37)
–	–	–	–	–	–	–	–	–	–	–	–	–	(38)
–	–	–	–	–	–	–	–	–	–	–	–	–	(39)
–	–	–	–	–	–	–	–	–	–	–	–	–	(40)
–	–	–	–	–	–	–	–	–	–	–	–	–	(41)
–	–	–	–	–	–	–	–	–	–	–	–	–	(42)
–	–	–	–	–	–	–	–	–	–	–	–	–	(43)
–	–	–	–	–	–	–	–	–	–	–	–	–	(44)
–	–	–	–	–	–	–	–	–	–	–	–	–	(45)
–	–	–	–	–	–	–	–	–	–	–	–	–	(46)
–	–	–	–	–	–	–	–	–	–	–	–	–	(47)
–	–	–	–	–	–	–	–	–	–	–	–	–	(48)

(参考)　肉畜種類別都道府県間交流表（続き）
9　その他の牛おす（去勢含む。）（続き）

と畜県 / 出荷県	三重	滋賀	京都	大阪	兵庫	奈良	和歌山	鳥取	島根	岡山	広島
全国 (1)	**-**	**-**	**2**	**6**	**36**	**3**	**-**	**-**	**348**	**-**	**-**
北海道 (2)	-	-	-	-	3	-	-	-	-	-	-
青森 (3)	-	-	-	1	-	-	-	-	-	-	-
岩手 (4)	-	-	-	1	-	-	-	-	-	-	-
宮城 (5)	-	-	-	-	-	-	-	-	-	-	-
秋田 (6)	-	-	-	-	-	-	-	-	-	-	-
山形 (7)	-	-	-	-	-	-	-	-	-	-	-
福島 (8)	-	-	-	-	-	-	-	-	-	-	-
茨城 (9)	-	-	-	-	-	-	-	-	-	-	-
栃木 (10)	-	-	-	-	-	-	-	-	-	-	-
群馬 (11)	-	-	-	-	-	-	-	-	-	-	-
埼玉 (12)	-	-	-	-	-	-	-	-	-	-	-
千葉 (13)	-	-	-	-	-	-	-	-	-	-	-
東京 (14)	-	-	-	-	-	-	-	-	-	-	-
神奈川 (15)	-	-	-	-	-	-	-	-	-	-	-
新潟 (16)	-	-	-	-	-	-	-	-	-	-	-
富山 (17)	-	-	-	-	-	-	-	-	-	-	-
石川 (18)	-	-	-	-	-	-	-	-	-	-	-
福井 (19)	-	-	-	-	-	-	-	-	-	-	-
山梨 (20)	-	-	-	-	-	-	-	-	-	-	-
長野 (21)	-	-	-	-	-	-	-	-	-	-	-
岐阜 (22)	-	-	-	-	-	-	-	-	-	-	-
静岡 (23)	-	-	-	-	-	-	-	-	-	-	-
愛知 (24)	-	-	-	-	-	-	-	-	-	-	-
三重 (25)	-	-	-	-	-	-	-	-	-	-	-
滋賀 (26)	-	-	-	-	-	-	-	-	-	-	-
京都 (27)	-	-	1	-	-	-	-	-	-	-	-
大阪 (28)	-	-	-	-	10	-	-	-	-	-	-
兵庫 (29)	-	-	1	1	15	-	-	-	-	-	-
奈良 (30)	-	-	-	-	-	3	-	-	-	-	-
和歌山 (31)	-	-	-	-	-	-	-	-	-	-	-
鳥取 (32)	-	-	-	-	-	-	-	-	-	-	-
島根 (33)	-	-	-	-	5	-	-	-	348	-	-
岡山 (34)	-	-	-	-	-	-	-	-	-	-	-
広島 (35)	-	-	-	-	-	-	-	-	-	-	-
山口 (36)	-	-	-	-	-	-	-	-	-	-	-
徳島 (37)	-	-	-	1	-	-	-	-	-	-	-
香川 (38)	-	-	-	-	1	-	-	-	-	-	-
愛媛 (39)	-	-	-	-	-	-	-	-	-	-	-
高知 (40)	-	-	-	-	-	-	-	-	-	-	-
福岡 (41)	-	-	-	-	-	-	-	-	-	-	-
佐賀 (42)	-	-	-	-	-	-	-	-	-	-	-
長崎 (43)	-	-	-	1	-	-	-	-	-	-	-
熊本 (44)	-	-	-	-	-	-	-	-	-	-	-
大分 (45)	-	-	-	1	-	-	-	-	-	-	-
宮崎 (46)	-	-	-	-	-	-	-	-	-	-	-
鹿児島 (47)	-	-	-	-	2	-	-	-	-	-	-
沖縄 (48)	-	-	-	-	-	-	-	-	-	-	-

単位：頭

山口	徳島	香川	愛媛	高知	福岡	佐賀	長崎	熊本	大分	宮崎	鹿児島	沖縄	
-	-	-	-	-	185	-	294	233	-	7,519	109	79	(1)
-	-	-	-	-	-	-	-	-	-	-	-	-	(2)
-	-	-	-	-	-	-	-	-	-	-	-	-	(3)
-	-	-	-	-	-	-	-	-	-	-	-	-	(4)
-	-	-	-	-	-	-	-	-	-	-	-	-	(5)
-	-	-	-	-	-	-	-	-	-	-	-	-	(6)
-	-	-	-	-	-	-	-	-	-	-	-	-	(7)
-	-	-	-	-	-	-	-	-	-	-	-	-	(8)
-	-	-	-	-	-	-	-	-	-	-	-	-	(9)
-	-	-	-	-	-	-	-	-	-	-	-	-	(10)
-	-	-	-	-	-	-	-	-	-	-	-	-	(11)
-	-	-	-	-	-	-	-	-	-	-	-	-	(12)
-	-	-	-	-	-	-	-	-	-	-	-	-	(13)
-	-	-	-	-	-	-	-	-	-	-	-	-	(14)
-	-	-	-	-	-	-	-	-	-	-	-	-	(15)
-	-	-	-	-	-	-	-	-	-	-	-	-	(16)
-	-	-	-	-	-	-	-	-	-	-	-	-	(17)
-	-	-	-	-	-	-	-	-	-	-	-	-	(18)
-	-	-	-	-	-	-	-	-	-	-	-	-	(19)
-	-	-	-	-	-	-	-	-	-	-	-	-	(20)
-	-	-	-	-	-	-	-	-	-	-	-	-	(21)
-	-	-	-	-	-	-	-	-	-	-	-	-	(22)
-	-	-	-	-	-	-	-	-	-	-	-	-	(23)
-	-	-	-	-	-	-	-	-	-	-	-	-	(24)
-	-	-	-	-	-	-	-	-	-	-	-	-	(25)
-	-	-	-	-	-	-	-	-	-	-	-	-	(26)
-	-	-	-	-	-	-	-	-	-	-	-	-	(27)
-	-	-	-	-	-	-	-	-	-	-	-	-	(28)
-	-	-	-	-	-	-	-	-	-	1,639	-	-	(29)
-	-	-	-	-	-	-	-	-	-	-	-	-	(30)
-	-	-	-	-	-	-	-	-	-	-	-	-	(31)
-	-	-	-	-	-	-	-	-	-	-	-	-	(32)
-	-	-	-	-	-	-	-	-	-	-	-	-	(33)
-	-	-	-	-	-	-	-	-	-	-	-	-	(34)
-	-	-	-	-	-	-	-	-	-	-	-	-	(35)
-	-	-	-	-	7	-	-	-	-	632	-	-	(36)
-	-	-	-	-	-	-	-	-	-	-	-	-	(37)
-	-	-	-	-	-	-	-	-	-	-	-	-	(38)
-	-	-	-	-	-	-	-	2	-	-	1	-	(39)
-	-	-	-	-	-	-	-	-	-	-	-	1	(40)
-	-	-	-	-	3	-	-	-	-	-	-	-	(41)
-	-	-	-	-	2	-	-	-	-	-	-	-	(42)
-	-	-	-	-	2	-	294	-	-	-	-	-	(43)
-	-	-	-	-	1	-	-	220	-	413	106	-	(44)
-	-	-	-	-	-	-	-	-	-	-	-	-	(45)
-	-	-	-	-	169	-	-	1	-	4,835	1	-	(46)
-	-	-	-	-	1	-	-	10	-	-	1	4	(47)
-	-	-	-	-	-	-	-	-	-	-	-	74	(48)

（参考）　肉畜種類別都道府県間交流表（続き）

10　子牛

と畜県 / 出荷県	全国	北海道	青森	岩手	宮城	秋田	山形	福島	茨城	栃木	群馬
全国 (1)	**5,193**	**2,359**	**105**	**34**	**25**	**9**	**13**	**7**	**1,089**	**90**	**9**
北海道 (2)	3,740	2,358	-	-	1	-	-	-	944	1	-
青森 (3)	89	-	82	3	-	-	-	-	4	-	-
岩手 (4)	62	1	23	31	2	-	-	-	-	-	-
宮城 (5)	48	-	-	-	22	-	-	-	-	-	-
秋田 (6)	9	-	-	-	-	9	-	-	-	-	-
山形 (7)	14	-	-	-	-	-	13	-	-	-	1
福島 (8)	20	-	-	-	-	-	-	7	-	2	-
茨城 (9)	142	-	-	-	-	-	-	-	94	1	-
栃木 (10)	110	-	-	-	-	-	-	-	15	86	-
群馬 (11)	98	-	-	-	-	-	-	-	20	-	8
埼玉 (12)	13	-	-	-	-	-	-	-	1	-	-
千葉 (13)	171	-	-	-	-	-	-	-	-	-	-
東京 (14)	1	-	-	-	-	-	-	-	-	-	-
神奈川 (15)	3	-	-	-	-	-	-	-	-	-	-
新潟 (16)	44	-	-	-	-	-	-	-	2	-	-
富山 (17)	2	-	-	-	-	-	-	-	-	-	-
石川 (18)	5	-	-	-	-	-	-	-	-	-	-
福井 (19)	4	-	-	-	-	-	-	-	-	-	-
山梨 (20)	30	-	-	-	-	-	-	-	-	-	-
長野 (21)	28	-	-	-	-	-	-	-	-	-	-
岐阜 (22)	7	-	-	-	-	-	-	-	-	-	-
静岡 (23)	39	-	-	-	-	-	-	-	-	-	-
愛知 (24)	127	-	-	-	-	-	-	-	9	-	-
三重 (25)	14	-	-	-	-	-	-	-	-	-	-
滋賀 (26)	6	-	-	-	-	-	-	-	-	-	-
京都 (27)	1	-	-	-	-	-	-	-	-	-	-
大阪 (28)	2	-	-	-	-	-	-	-	-	-	-
兵庫 (29)	11	-	-	-	-	-	-	-	-	-	-
奈良 (30)	5	-	-	-	-	-	-	-	-	-	-
和歌山 (31)	-	-	-	-	-	-	-	-	-	-	-
鳥取 (32)	6	-	-	-	-	-	-	-	-	-	-
島根 (33)	4	-	-	-	-	-	-	-	-	-	-
岡山 (34)	33	-	-	-	-	-	-	-	-	-	-
広島 (35)	30	-	-	-	-	-	-	-	-	-	-
山口 (36)	2	-	-	-	-	-	-	-	-	-	-
徳島 (37)	9	-	-	-	-	-	-	-	-	-	-
香川 (38)	10	-	-	-	-	-	-	-	-	-	-
愛媛 (39)	9	-	-	-	-	-	-	-	-	-	-
高知 (40)	4	-	-	-	-	-	-	-	-	-	-
福岡 (41)	7	-	-	-	-	-	-	-	-	-	-
佐賀 (42)	4	-	-	-	-	-	-	-	-	-	-
長崎 (43)	26	-	-	-	-	-	-	-	-	-	-
熊本 (44)	28	-	-	-	-	-	-	-	-	-	-
大分 (45)	35	-	-	-	-	-	-	-	-	-	-
宮崎 (46)	41	-	-	-	-	-	-	-	-	-	-
鹿児島 (47)	95	-	-	-	-	-	-	-	-	-	-
沖縄 (48)	5	-	-	-	-	-	-	-	-	-	-

単位：頭

埼玉	千葉	東京	神奈川	新潟	富山	石川	福井	山梨	長野	岐阜	静岡	愛知	
203	632	-	16	1	2	9	-	29	11	18	31	110	(1)
8	424	-	1	-	-	-	-	-	-	-	-	-	(2)
-	-	-	-	-	-	-	-	-	-	-	-	-	(3)
1	4	-	-	-	-	-	-	-	-	-	-	-	(4)
-	20	-	5	-	-	-	-	-	-	-	-	-	(5)
-	-	-	-	-	-	-	-	-	-	-	-	-	(6)
-	-	-	-	-	-	-	-	-	-	-	-	-	(7)
5	6	-	-	-	-	-	-	-	-	-	-	-	(8)
20	26	-	1	-	-	-	-	-	-	-	-	-	(9)
7	-	-	-	-	-	-	-	-	-	-	-	-	(10)
69	-	-	1	-	-	-	-	-	-	-	-	-	(11)
12	-	-	-	-	-	-	-	-	-	-	-	-	(12)
21	150	-	-	-	-	-	-	-	-	-	-	-	(13)
1	-	-	-	-	-	-	-	-	-	-	-	-	(14)
-	-	-	3	-	-	-	-	-	-	-	-	-	(15)
41	-	-	-	1	-	-	-	-	-	-	-	-	(16)
-	-	-	-	-	2	-	-	-	-	-	-	-	(17)
-	-	-	-	-	-	5	-	-	-	-	-	-	(18)
-	-	-	-	-	-	4	-	-	-	-	-	-	(19)
3	2	-	-	-	-	-	-	25	-	-	-	-	(20)
15	-	-	-	-	-	-	-	1	11	1	-	-	(21)
-	-	-	-	-	-	-	-	-	-	6	-	-	(22)
-	-	-	5	-	-	-	-	3	-	-	27	3	(23)
-	-	-	-	-	-	-	-	-	-	6	4	107	(24)
-	-	-	-	-	-	-	-	-	-	2	-	-	(25)
-	-	-	-	-	-	-	-	-	-	2	-	-	(26)
-	-	-	-	-	-	-	-	-	-	-	-	-	(27)
-	-	-	-	-	-	-	-	-	-	-	-	-	(28)
-	-	-	-	-	-	-	-	-	-	-	-	-	(29)
-	-	-	-	-	-	-	-	-	-	1	-	-	(30)
-	-	-	-	-	-	-	-	-	-	-	-	-	(31)
-	-	-	-	-	-	-	-	-	-	-	-	-	(32)
-	-	-	-	-	-	-	-	-	-	-	-	-	(33)
-	-	-	-	-	-	-	-	-	-	-	-	-	(34)
-	-	-	-	-	-	-	-	-	-	-	-	-	(35)
-	-	-	-	-	-	-	-	-	-	-	-	-	(36)
-	-	-	-	-	-	-	-	-	-	-	-	-	(37)
-	-	-	-	-	-	-	-	-	-	-	-	-	(38)
-	-	-	-	-	-	-	-	-	-	-	-	-	(39)
-	-	-	-	-	-	-	-	-	-	-	-	-	(40)
-	-	-	-	-	-	-	-	-	-	-	-	-	(41)
-	-	-	-	-	-	-	-	-	-	-	-	-	(42)
-	-	-	-	-	-	-	-	-	-	-	-	-	(43)
-	-	-	-	-	-	-	-	-	-	-	-	-	(44)
-	-	-	-	-	-	-	-	-	-	-	-	-	(45)
-	-	-	-	-	-	-	-	-	-	-	-	-	(46)
-	-	-	-	-	-	-	-	-	-	-	-	-	(47)
-	-	-	-	-	-	-	-	-	-	-	-	-	(48)

（参考）　肉畜種類別都道府県間交流表（続き）
10　子牛（続き）

出荷県 ＼ と畜県	三重	滋賀	京都	大阪	兵庫	奈良	和歌山	鳥取	島根	岡山	広島
全　　国 (1)	7	4	3	4	32	10	-	3	-	15	38
北　海　道 (2)	1	-	-	-	-	-	-	-	-	-	-
青　　森 (3)	-	-	-	-	-	-	-	-	-	-	-
岩　　手 (4)	-	-	-	-	-	-	-	-	-	-	-
宮　　城 (5)	-	-	-	-	-	-	-	-	-	-	-
秋　　田 (6)	-	-	-	-	-	-	-	-	-	-	-
山　　形 (7)	-	-	-	-	-	-	-	-	-	-	-
福　　島 (8)	-	-	-	-	-	-	-	-	-	-	-
茨　　城 (9)	-	-	-	-	-	-	-	-	-	-	-
栃　　木 (10)	-	-	-	-	1	-	-	-	-	-	-
群　　馬 (11)	-	-	-	-	-	-	-	-	-	-	-
埼　　玉 (12)	-	-	-	-	-	-	-	-	-	-	-
千　　葉 (13)	-	-	-	-	-	-	-	-	-	-	-
東　　京 (14)	-	-	-	-	-	-	-	-	-	-	-
神　奈　川 (15)	-	-	-	-	-	-	-	-	-	-	-
新　　潟 (16)	-	-	-	-	-	-	-	-	-	-	-
富　　山 (17)	-	-	-	-	-	-	-	-	-	-	-
石　　川 (18)	-	-	-	-	-	-	-	-	-	-	-
福　　井 (19)	-	-	-	-	-	-	-	-	-	-	-
山　　梨 (20)	-	-	-	-	-	-	-	-	-	-	-
長　　野 (21)	-	-	-	-	-	-	-	-	-	-	-
岐　　阜 (22)	1	-	-	-	-	-	-	-	-	-	-
静　　岡 (23)	-	-	-	-	1	-	-	-	-	-	-
愛　　知 (24)	-	-	-	-	-	-	-	-	-	-	-
三　　重 (25)	4	-	-	-	-	8	-	-	-	-	-
滋　　賀 (26)	-	4	-	-	-	-	-	-	-	-	-
京　　都 (27)	-	-	-	1	-	-	-	-	-	-	-
大　　阪 (28)	-	-	-	1	1	-	-	-	-	-	-
兵　　庫 (29)	-	-	2	1	8	-	-	-	-	-	-
奈　　良 (30)	1	-	-	1	-	2	-	-	-	-	-
和　歌　山 (31)	-	-	-	-	-	-	-	-	-	-	-
鳥　　取 (32)	-	-	-	-	1	-	-	3	-	-	2
島　　根 (33)	-	-	-	-	-	-	-	-	-	-	4
岡　　山 (34)	-	-	-	-	15	-	-	-	-	14	4
広　　島 (35)	-	-	-	-	5	-	-	-	-	1	24
山　　口 (36)	-	-	-	-	-	-	-	-	-	-	-
徳　　島 (37)	-	-	-	1	-	-	-	-	-	-	-
香　　川 (38)	-	-	-	-	-	-	-	-	-	-	-
愛　　媛 (39)	-	-	-	-	-	-	-	-	-	-	-
高　　知 (40)	-	-	-	-	-	-	-	-	-	-	2
福　　岡 (41)	-	-	-	-	-	-	-	-	-	-	-
佐　　賀 (42)	-	-	-	-	-	-	-	-	-	-	-
長　　崎 (43)	-	-	-	-	-	-	-	-	-	-	-
熊　　本 (44)	-	-	-	-	-	-	-	-	-	-	-
大　　分 (45)	-	-	-	-	-	-	-	-	-	-	-
宮　　崎 (46)	-	-	-	-	-	-	-	-	-	-	-
鹿　児　島 (47)	-	-	-	-	-	-	-	-	-	-	2
沖　　縄 (48)	-	-	-	-	-	-	-	-	-	-	-

－ 118 －

単位：頭

山口	徳島	香川	愛媛	高知	福岡	佐賀	長崎	熊本	大分	宮崎	鹿児島	沖縄	
-	10	12	8	2	25	3	27	-	44	42	97	5	(1)
-	2	-	-	-	-	-	-	-	-	-	-	-	(2)
-	-	-	-	-	-	-	-	-	-	-	-	-	(3)
-	-	-	-	-	-	-	-	-	-	-	-	-	(4)
-	1	-	-	-	-	-	-	-	-	-	-	-	(5)
-	-	-	-	-	-	-	-	-	-	-	-	-	(6)
-	-	-	-	-	-	-	-	-	-	-	-	-	(7)
-	-	-	-	-	-	-	-	-	-	-	-	-	(8)
-	-	-	-	-	-	-	-	-	-	-	-	-	(9)
-	-	-	-	-	-	-	1	-	-	-	-	-	(10)
-	-	-	-	-	-	-	-	-	-	-	-	-	(11)
-	-	-	-	-	-	-	-	-	-	-	-	-	(12)
-	-	-	-	-	-	-	-	-	-	-	-	-	(13)
-	-	-	-	-	-	-	-	-	-	-	-	-	(14)
-	-	-	-	-	-	-	-	-	-	-	-	-	(15)
-	-	-	-	-	-	-	-	-	-	-	-	-	(16)
-	-	-	-	-	-	-	-	-	-	-	-	-	(17)
-	-	-	-	-	-	-	-	-	-	-	-	-	(18)
-	-	-	-	-	-	-	-	-	-	-	-	-	(19)
-	-	-	-	-	-	-	-	-	-	-	-	-	(20)
-	-	-	-	-	-	-	-	-	-	-	-	-	(21)
-	-	-	-	-	-	-	-	-	-	-	-	-	(22)
-	-	-	-	-	-	-	-	-	-	-	-	-	(23)
-	-	-	-	-	-	-	-	-	-	1	-	-	(24)
-	-	-	-	-	-	-	-	-	-	-	-	-	(25)
-	-	-	-	-	-	-	-	-	-	-	-	-	(26)
-	-	-	-	-	-	-	-	-	-	-	-	-	(27)
-	-	-	-	-	-	-	-	-	-	-	-	-	(28)
-	-	-	-	-	-	-	-	-	-	-	-	-	(29)
-	-	-	-	-	-	-	-	-	-	-	-	-	(30)
-	-	-	-	-	-	-	-	-	-	-	-	-	(31)
-	-	-	-	-	-	-	-	-	-	-	-	-	(32)
-	-	-	-	-	-	-	-	-	-	-	-	-	(33)
-	-	-	-	-	-	-	-	-	-	-	-	-	(34)
-	-	-	-	-	-	-	-	-	-	-	-	-	(35)
-	-	-	-	-	-	-	-	-	-	2	-	-	(36)
-	6	2	-	-	-	-	-	-	-	-	-	-	(37)
-	-	10	-	-	-	-	-	-	-	-	-	-	(38)
-	1	-	8	-	-	-	-	-	-	-	-	-	(39)
-	-	-	-	2	-	-	-	-	-	-	-	-	(40)
-	-	-	-	-	5	-	-	-	2	-	-	-	(41)
-	-	-	-	-	1	3	-	-	-	-	-	-	(42)
-	-	-	-	-	-	-	26	-	-	-	-	-	(43)
-	-	-	-	-	10	-	-	-	16	-	2	-	(44)
-	-	-	-	-	9	-	-	-	26	-	-	-	(45)
-	-	-	-	-	-	-	-	-	-	35	6	-	(46)
-	-	-	-	-	-	-	-	-	-	4	89	-	(47)
-	-	-	-	-	-	-	-	-	-	-	-	5	(48)

食肉卸売市場調査

1　月別取引成立頭数・価格（食肉卸売市場別）
(1)　豚
　　ア　枝肉の取引成立頭数

市場		平成29年計	1　月	2　月	3　月	4　月	5　月
合　　　計	(1)	2,108,572	174,073	169,721	189,220	168,198	172,398
中央市場計	(2)	899,381	73,564	71,613	81,075	72,773	72,255
仙　　　台	(3)	19,377	1,437	1,394	1,481	1,424	1,695
さいたま	(4)	48,554	4,585	3,975	4,166	3,994	3,939
東　　　京	(5)	197,546	17,726	16,942	18,309	16,046	15,415
横　　　浜	(6)	138,482	10,122	10,787	12,611	11,642	11,073
名　古　屋	(7)	209,183	17,025	15,840	19,442	15,974	16,631
京　　　都	(8)	21,011	1,743	1,760	1,827	1,738	1,756
大　　　阪	(9)	55,388	4,821	4,234	4,967	4,492	4,622
神　　　戸	(10)	11,949	951	931	1,044	953	961
広　　　島	(11)	63,961	5,155	4,809	5,590	5,310	6,062
福　　　岡	(12)	133,930	9,999	10,941	11,638	11,200	10,101
指定市場計	(13)	1,209,191	100,509	98,108	108,145	95,425	100,143
茨　　　城	(14)	160,690	14,220	14,163	14,567	13,364	13,305
宇　都　宮	(15)	34,855	2,591	2,596	2,978	2,873	2,623
群　　　馬	(16)	475,029	39,213	37,599	42,117	37,149	40,057
川　　　口	(17)	464	116	158	190	–	–
山　　　梨	(18)	25,594	2,455	2,108	2,282	2,039	2,357
岐　　　阜	(19)	69,118	5,669	5,252	5,742	5,212	6,132
浜　　　松	(20)	68,132	5,635	5,345	6,714	5,359	4,973
東　三　河	(21)	183,565	15,393	15,635	16,733	14,542	14,481
四　日　市	(22)	89,736	7,451	6,899	7,801	6,806	7,964
南　大　阪	(23)	–	–	–	–	–	–
姫　　　路	(24)	–	–	–	–	–	–
加　古　川	(25)	–	–	–	–	–	–
西　　　宮	(26)	–	–	–	–	–	–
岡　　　山	(27)	60,518	4,471	5,001	5,440	4,883	4,978
坂　　　出	(28)	16,918	1,348	1,285	1,396	1,363	1,207
愛　　　媛	(29)	–	–	–	–	–	–
佐　世　保	(30)	24,572	1,947	2,067	2,185	1,835	2,066
熊　　　本	(31)	–	–	–	–	–	–

イ　枝肉の取引総重量

市場		平成29年計	1　月	2　月	3　月	4　月	5　月
合　　　計	(1)	164,191.3	13,771.8	13,307.8	14,812.5	13,206.9	13,523.1
中央市場計	(2)	70,697.0	5,888.5	5,671.8	6,417.8	5,746.0	5,715.5
仙　　　台	(3)	1,471.3	107.8	105.0	109.8	106.4	128.6
さいたま	(4)	3,795.7	366.3	314.1	326.8	315.3	312.5
東　　　京	(5)	16,003.1	1,447.3	1,377.1	1,482.1	1,305.1	1,259.9
横　　　浜	(6)	10,886.2	808.1	850.8	997.4	915.2	877.5
名　古　屋	(7)	16,229.9	1,350.9	1,239.2	1,528.5	1,245.9	1,283.6
京　　　都	(8)	1,601.6	136.7	134.9	136.8	134.0	135.9
大　　　阪	(9)	4,730.2	421.0	366.2	428.2	383.3	398.1
神　　　戸	(10)	994.7	79.5	77.4	87.8	79.6	79.1
広　　　島	(11)	4,757.8	387.2	363.1	425.8	406.2	460.3
福　　　岡	(12)	10,226.6	783.6	844.1	894.6	855.0	780.0
指定市場計	(13)	93,494.2	7,883.2	7,636.0	8,394.7	7,460.9	7,807.6
茨　　　城	(14)	12,563.9	1,117.2	1,120.1	1,142.3	1,056.6	1,047.8
宇　都　宮	(15)	2,802.8	212.4	212.0	237.2	231.9	210.7
群　　　馬	(16)	36,912.7	3,084.2	2,920.0	3,273.8	2,924.9	3,149.4
川　　　口	(17)	37.2	9.0	12.3	15.9	–	–
山　　　梨	(18)	2,024.4	198.0	166.1	183.2	161.6	184.5
岐　　　阜	(19)	5,237.6	434.2	397.9	430.4	388.9	462.1
浜　　　松	(20)	5,164.6	433.1	413.4	519.9	414.3	381.4
東　三　河	(21)	14,061.1	1,209.6	1,214.9	1,295.0	1,127.1	1,115.4
四　日　市	(22)	6,958.5	584.6	538.7	605.9	534.1	622.5
南　大　阪	(23)	–	–	–	–	–	–
姫　　　路	(24)	–	–	–	–	–	–
加　古　川	(25)	–	–	–	–	–	–
西　　　宮	(26)	–	–	–	–	–	–
岡　　　山	(27)	4,643.9	351.9	389.7	418.2	377.9	386.5
坂　　　出	(28)	1,244.1	100.5	95.5	104.7	103.2	90.5
愛　　　媛	(29)	–	–	–	–	–	–
佐　世　保	(30)	1,843.3	148.5	155.4	168.3	140.4	156.8
熊　　　本	(31)	–	–	–	–	–	–

－ 122 －

単位：頭

6　月	7　月	8　月	9　月	10　月	11　月	12　月	
168,614	155,649	164,845	166,218	186,843	195,765	197,028	(1)
71,510	66,778	69,405	70,876	79,239	83,801	86,492	(2)
1,248	1,626	1,649	1,370	1,685	2,341	2,027	(3)
3,705	3,555	3,711	3,716	3,929	4,336	4,943	(4)
14,918	13,699	14,504	15,414	17,388	17,881	19,304	(5)
11,598	10,689	10,394	11,253	12,212	12,513	13,588	(6)
15,973	15,570	17,029	16,362	18,537	20,333	20,467	(7)
1,859	1,765	1,656	1,642	1,774	1,717	1,774	(8)
4,674	3,780	3,965	4,670	4,983	5,024	5,156	(9)
1,100	963	1,075	966	1,006	1,017	982	(10)
5,415	4,890	4,825	4,403	5,674	6,097	5,731	(11)
11,020	10,241	10,597	11,080	12,051	12,542	12,520	(12)
97,104	88,871	95,440	95,342	107,604	111,964	110,536	(13)
12,412	11,083	11,969	12,587	14,036	14,470	14,514	(14)
3,151	3,130	2,859	2,861	3,523	3,027	2,643	(15)
39,025	34,319	38,180	38,130	41,888	43,400	43,952	(16)
－	－	－	－	－	－	－	(17)
1,869	1,724	1,875	2,042	2,279	2,444	2,120	(18)
5,617	5,267	5,548	5,335	6,395	6,706	6,243	(19)
4,659	4,808	5,486	5,428	6,320	6,585	6,820	(20)
14,391	13,178	14,086	13,973	16,148	18,009	16,996	(21)
7,364	7,188	7,518	6,842	7,929	8,014	7,960	(22)
－	－	－	－	－	－	－	(23)
－	－	－	－	－	－	－	(24)
－	－	－	－	－	－	－	(25)
－	－	－	－	－	－	－	(26)
5,139	4,745	4,867	4,935	5,331	5,275	5,453	(27)
1,269	1,332	1,233	1,348	1,579	1,823	1,735	(28)
－	－	－	－	－	－	－	(29)
2,208	2,097	1,819	1,861	2,176	2,211	2,100	(30)
－	－	－	－	－	－	－	(31)

単位：t

6　月	7　月	8　月	9　月	10　月	11　月	12　月	
13,110.0	11,966.8	12,587.8	12,730.5	14,472.6	15,341.2	15,360.4	(1)
5,615.4	5,195.3	5,346.7	5,488.2	6,195.0	6,616.7	6,800.1	(2)
94.3	124.5	123.6	104.5	129.0	182.6	155.2	(3)
285.7	274.6	285.4	285.6	304.9	341.3	383.3	(4)
1,199.8	1,096.6	1,162.1	1,233.4	1,409.6	1,459.1	1,571.0	(5)
911.9	826.3	802.7	872.7	956.1	995.1	1,072.4	(6)
1,246.1	1,201.0	1,292.5	1,241.2	1,426.4	1,581.9	1,592.7	(7)
144.7	134.8	118.1	120.1	136.0	132.7	136.8	(8)
399.5	327.7	331.8	393.4	418.4	426.8	435.5	(9)
89.9	79.7	88.6	81.9	85.7	83.8	81.8	(10)
401.4	359.1	350.6	321.4	413.8	445.7	423.3	(11)
842.1	771.0	791.2	833.9	915.2	967.7	948.4	(12)
7,494.6	6,771.5	7,241.1	7,242.2	8,277.6	8,724.5	8,560.3	(13)
973.8	862.6	919.9	963.0	1,088.9	1,138.4	1,133.4	(14)
245.8	248.6	230.4	228.4	283.5	247.4	214.5	(15)
3,032.0	2,634.0	2,928.3	2,917.4	3,236.0	3,387.3	3,425.4	(16)
－	－	－	－	－	－	－	(17)
147.3	135.0	146.5	160.5	180.2	194.6	166.9	(18)
423.9	395.2	415.0	404.0	490.6	519.2	476.2	(19)
354.7	358.0	402.4	401.0	475.4	501.0	509.9	(20)
1,097.6	981.4	1,046.0	1,045.6	1,231.7	1,393.1	1,303.7	(21)
564.6	548.5	572.1	521.7	612.8	627.9	625.2	(22)
－	－	－	－	－	－	－	(23)
－	－	－	－	－	－	－	(24)
－	－	－	－	－	－	－	(25)
－	－	－	－	－	－	－	(26)
394.8	359.6	359.4	370.1	402.8	411.6	421.5	(27)
94.7	96.8	86.8	96.1	113.7	134.8	126.9	(28)
－	－	－	－	－	－	－	(29)
165.4	151.9	134.3	134.4	162.1	169.2	156.7	(30)
－	－	－	－	－	－	－	(31)

1　月別取引成立頭数・価格（食肉卸売市場別）（続き）
(1)　豚（続き）
ウ　枝肉の取引総価額

市場		平成29年計	1　月	2　月	3　月	4　月	5　月
合　　　計	(1)	87,452,029	6,513,338	6,512,189	7,156,563	6,413,516	7,078,227
中央市場計	(2)	37,545,945	2,746,750	2,748,491	3,061,466	2,776,175	2,994,336
仙　　　台	(3)	754,070	48,969	49,493	50,908	48,813	62,859
さいたま	(4)	1,932,503	165,757	149,338	148,480	146,514	159,638
東　　　京	(5)	8,401,038	660,240	667,364	695,536	616,657	659,152
横　　　浜	(6)	5,979,853	386,686	426,587	480,962	456,687	485,170
名　古　屋	(7)	8,675,300	633,623	601,791	738,431	615,229	673,663
京　　　都	(8)	900,944	67,294	69,320	71,518	68,744	72,353
大　　　阪	(9)	2,358,464	185,107	167,958	195,100	174,503	188,083
神　　　戸	(10)	565,013	37,618	40,150	45,905	42,545	42,924
広　　　島	(11)	2,535,742	184,898	176,069	206,858	197,060	239,821
福　　　岡	(12)	5,443,018	376,558	400,421	427,768	409,423	410,673
指定市場計	(13)	49,906,084	3,766,588	3,763,698	4,095,097	3,637,341	4,083,891
茨　　　城	(14)	6,700,017	531,587	549,155	547,923	506,634	553,374
宇　都　宮	(15)	1,389,893	91,800	98,259	104,850	100,397	101,808
群　　　馬	(16)	19,434,435	1,451,442	1,425,715	1,575,252	1,393,149	1,620,980
川　　　口	(17)	16,847	4,017	5,814	7,016	-	-
山　　　梨	(18)	1,087,084	91,207	80,368	87,087	79,092	99,987
岐　　　阜	(19)	2,925,233	216,703	203,816	222,318	209,032	254,902
浜　　　松	(20)	2,772,261	209,261	203,475	253,938	207,254	203,290
東　三　河	(21)	7,681,388	586,816	609,247	646,719	568,568	600,530
四　日　市	(22)	3,745,934	286,762	267,305	301,959	265,220	322,447
南　大　阪	(23)	-	-	-	-	-	-
姫　　　路	(24)	-	-	-	-	-	-
加　古　川	(25)	-	-	-	-	-	-
西　　　宮	(26)	-	-	-	-	-	-
岡　　　山	(27)	2,532,964	175,453	199,674	216,450	189,875	202,659
坂　　　出	(28)	688,479	51,887	50,320	55,224	53,710	48,357
愛　　　媛	(29)	-	-	-	-	-	-
佐　世　保	(30)	931,549	69,653	70,550	76,361	64,410	75,557
熊　　　本	(31)	-	-	-	-	-	-

エ　枝肉の1kg当たり卸売価格

市場		平成29年計	1　月	2　月	3　月	4　月	5　月
合　　　計	(1)	533	473	489	483	486	523
中央市場計	(2)	531	466	485	477	483	524
仙　　　台	(3)	513	454	472	464	459	489
さいたま	(4)	509	452	475	454	465	511
東　　　京	(5)	525	456	485	469	472	523
横　　　浜	(6)	549	478	501	482	499	553
名　古　屋	(7)	535	469	486	483	494	525
京　　　都	(8)	563	492	514	523	513	532
大　　　阪	(9)	499	440	459	456	455	472
神　　　戸	(10)	568	473	519	523	535	543
広　　　島	(11)	533	478	485	486	485	521
福　　　岡	(12)	532	481	474	478	479	527
指定市場計	(13)	534	478	493	488	488	523
茨　　　城	(14)	533	476	490	480	480	528
宇　都　宮	(15)	496	432	463	442	433	483
群　　　馬	(16)	526	471	488	481	476	515
川　　　口	(17)	452	446	472	441	-	-
山　　　梨	(18)	537	461	484	475	490	542
岐　　　阜	(19)	559	499	512	517	537	552
浜　　　松	(20)	537	483	492	488	500	533
東　三　河	(21)	546	485	501	499	504	538
四　日　市	(22)	538	491	496	498	497	518
南　大　阪	(23)	-	-	-	-	-	-
姫　　　路	(24)	-	-	-	-	-	-
加　古　川	(25)	-	-	-	-	-	-
西　　　宮	(26)	-	-	-	-	-	-
岡　　　山	(27)	545	499	512	518	502	524
坂　　　出	(28)	553	516	527	527	521	534
愛　　　媛	(29)	-	-	-	-	-	-
佐　世　保	(30)	505	469	454	454	459	482
熊　　　本	(31)	-	-	-	-	-	-

単位：千円

6 月	7 月	8 月	9 月	10 月	11 月	12 月	
7,817,415	7,251,642	7,512,103	7,391,217	7,463,074	8,173,411	8,169,334	(1)
3,372,310	3,156,855	3,200,673	3,177,934	3,192,622	3,527,147	3,591,186	(2)
54,742	75,003	71,147	58,915	63,341	92,028	77,852	(3)
162,948	164,392	158,499	155,163	151,867	177,576	192,331	(4)
721,715	661,199	680,181	698,815	727,071	790,898	822,210	(5)
568,648	520,753	492,799	516,471	506,994	549,361	588,735	(6)
773,032	730,273	787,134	733,878	719,942	842,137	826,167	(7)
86,089	88,145	76,879	72,872	75,850	72,937	78,943	(8)
217,415	183,429	187,258	211,117	215,443	217,202	215,849	(9)
52,167	51,136	54,924	50,289	47,919	49,837	49,599	(10)
239,327	218,980	214,880	190,190	213,469	228,339	225,851	(11)
496,227	463,545	476,972	490,224	470,726	506,832	513,649	(12)
4,445,105	4,094,787	4,311,430	4,213,283	4,270,452	4,646,264	4,578,148	(13)
586,659	532,766	548,071	561,093	562,133	618,740	601,882	(14)
136,476	143,939	127,327	121,091	134,046	125,769	104,131	(15)
1,755,145	1,579,772	1,706,534	1,666,012	1,656,067	1,791,499	1,812,868	(16)
-	-	-	-	-	-	-	(17)
91,978	88,237	92,601	93,728	91,320	103,391	88,088	(18)
272,303	242,690	261,952	248,567	258,732	275,972	258,246	(19)
215,385	216,531	243,020	235,023	243,587	263,032	278,465	(20)
686,199	605,747	644,443	630,460	643,552	753,338	705,769	(21)
330,986	328,315	342,954	310,206	319,529	330,457	339,794	(22)
-	-	-	-	-	-	-	(23)
-	-	-	-	-	-	-	(24)
-	-	-	-	-	-	-	(25)
-	-	-	-	-	-	-	(26)
222,921	212,876	214,180	215,727	220,423	225,544	237,182	(27)
54,330	58,751	51,675	56,228	62,719	73,827	71,451	(28)
-	-	-	-	-	-	-	(29)
92,723	85,163	78,673	75,148	78,344	84,695	80,272	(30)
-	-	-	-	-	-	-	(31)

単位：円

6 月	7 月	8 月	9 月	10 月	11 月	12 月	
596	606	597	581	516	533	532	(1)
601	608	599	579	515	533	528	(2)
581	603	575	564	491	504	502	(3)
570	599	555	543	498	520	502	(4)
602	603	585	567	516	542	523	(5)
624	630	614	592	530	552	549	(6)
620	608	609	591	505	532	519	(7)
595	654	651	607	558	550	577	(8)
544	560	564	537	515	509	496	(9)
580	642	620	614	559	595	606	(10)
596	610	613	592	516	512	534	(11)
589	601	603	588	514	524	542	(12)
593	605	595	582	516	533	535	(13)
602	618	596	583	516	544	531	(14)
555	579	553	530	473	508	485	(15)
579	600	583	571	512	529	529	(16)
-	-	-	-	-	-	-	(17)
625	653	632	584	507	531	528	(18)
642	614	631	615	527	532	542	(19)
607	605	604	586	512	525	546	(20)
625	617	616	603	523	541	541	(21)
586	599	599	595	521	526	544	(22)
-	-	-	-	-	-	-	(23)
-	-	-	-	-	-	-	(24)
-	-	-	-	-	-	-	(25)
-	-	-	-	-	-	-	(26)
565	592	596	583	547	548	563	(27)
574	607	595	585	552	548	563	(28)
-	-	-	-	-	-	-	(29)
560	561	586	559	483	501	512	(30)
-	-	-	-	-	-	-	(31)

1 月別取引成立頭数・価格（食肉卸売市場別）（続き）
(2) 成牛計
ア 枝肉の取引成立頭数

市場			平成 29 年 計	1 月	2 月	3 月	4 月	5 月
合	計	(1)	336,859	23,849	24,993	26,159	30,879	25,138
中央市場計		(2)	246,896	17,491	18,322	18,966	22,968	18,471
仙	台	(3)	15,503	1,045	1,157	1,170	1,441	991
さいたま		(4)	9,742	762	748	738	948	790
東	京	(5)	131,611	9,202	9,904	10,155	11,975	9,977
横	浜	(6)	11,231	848	849	900	1,210	876
名 古	屋	(7)	9,073	656	696	637	742	726
京	都	(8)	9,343	656	664	727	862	703
大	阪	(9)	22,074	1,582	1,652	1,748	2,178	1,581
神	戸	(10)	10,442	739	712	718	935	728
広	島	(11)	6,896	468	500	562	611	527
福	岡	(12)	20,981	1,533	1,440	1,611	2,066	1,572
指定市場計		(13)	89,963	6,358	6,671	7,193	7,911	6,667
茨	城	(14)	6,100	472	424	443	555	408
宇 都	宮	(15)	2,765	232	202	243	233	239
群	馬	(16)	13,795	1,053	899	1,036	1,336	1,006
川	口	(17)	4,275	271	326	324	337	291
山	梨	(18)	3,334	227	235	282	326	238
岐	阜	(19)	3,597	277	266	259	254	278
浜	松	(20)	3,217	283	242	244	234	262
東 三	河	(21)	6,287	457	497	525	531	443
四 日	市	(22)	1,160	67	67	87	116	77
南 大	阪	(23)	–	–	–	–	–	–
姫	路	(24)	14,224	487	669	613	774	900
加 古	川	(25)	5,217	430	524	607	676	380
西	宮	(26)	7,364	768	871	986	896	776
岡	山	(27)	4,227	278	317	328	377	321
坂	出	(28)	6,129	536	471	479	549	464
愛	媛	(29)	–	–	–	–	–	–
佐 世	保	(30)	8,272	520	661	737	717	584
熊	本	(31)	–	–	–	–	–	–

イ 枝肉の取引総重量

市場			平成 29 年 計	1 月	2 月	3 月	4 月	5 月
合	計	(1)	156,616.2	10,954.4	11,575.7	12,119.1	14,464.2	11,687.7
中央市場計		(2)	115,125.5	8,047.4	8,516.3	8,826.4	10,795.7	8,639.7
仙	台	(3)	6,929.1	459.3	520.5	510.4	646.8	444.0
さいたま		(4)	3,766.9	285.5	286.8	285.5	376.4	313.0
東	京	(5)	62,110.4	4,284.4	4,665.4	4,812.7	5,699.5	4,736.4
横	浜	(6)	5,529.2	412.5	413.3	434.9	600.5	428.7
名 古	屋	(7)	4,441.6	320.0	338.6	312.5	362.0	359.8
京	都	(8)	4,574.5	320.2	323.5	350.9	418.5	349.0
大	阪	(9)	10,858.2	769.0	814.0	861.1	1,082.8	769.0
神	戸	(10)	4,504.9	317.1	306.0	307.4	407.1	313.8
広	島	(11)	2,993.3	202.1	216.2	239.4	270.0	227.5
福	岡	(12)	9,417.2	677.3	632.1	711.7	932.0	698.7
指定市場計		(13)	41,490.7	2,907.0	3,059.3	3,292.7	3,668.5	3,048.0
茨	城	(14)	2,681.3	197.4	181.5	191.4	250.5	175.9
宇 都	宮	(15)	1,306.0	109.2	98.0	114.9	111.3	112.7
群	馬	(16)	6,784.8	514.6	439.3	507.1	662.1	487.0
川	口	(17)	2,065.1	128.6	155.8	153.0	167.2	142.2
山	梨	(18)	1,356.1	90.2	92.6	115.5	134.1	95.8
岐	阜	(19)	1,674.7	127.2	123.2	119.7	116.3	127.9
浜	松	(20)	1,541.4	135.1	115.1	117.2	112.4	124.6
東 三	河	(21)	3,093.5	221.5	245.5	257.3	263.2	219.3
四 日	市	(22)	543.8	29.5	31.2	39.1	53.0	37.1
南 大	阪	(23)	–	–	–	–	–	–
姫	路	(24)	6,489.7	219.2	300.6	271.9	354.5	405.1
加 古	川	(25)	2,301.9	188.5	230.2	267.2	304.2	168.3
西	宮	(26)	3,394.8	355.5	401.2	454.5	413.1	349.5
岡	山	(27)	1,830.4	121.0	135.9	141.0	165.5	137.4
坂	出	(28)	2,662.3	235.7	206.6	208.5	241.0	200.8
愛	媛	(29)	–	–	–	–	–	–
佐 世	保	(30)	3,765.2	233.8	302.5	334.3	320.2	264.4
熊	本	(31)	–	–	–	–	–	–

単位：頭

6 月	7 月	8 月	9 月	10 月	11 月	12 月	
25,812	29,868	25,444	26,600	28,235	34,033	35,849	(1)
18,660	21,915	18,670	19,619	20,908	24,914	25,992	(2)
1,209	1,318	1,229	1,313	1,249	1,858	1,523	(3)
717	845	727	759	770	1,059	879	(4)
10,050	11,435	10,146	10,472	11,477	13,087	13,731	(5)
835	958	814	874	873	1,012	1,182	(6)
738	807	665	770	735	807	1,094	(7)
578	936	705	680	885	789	1,158	(8)
1,645	2,025	1,656	1,667	1,844	2,036	2,460	(9)
869	946	717	850	841	1,248	1,139	(10)
508	604	553	548	587	655	773	(11)
1,511	2,041	1,458	1,686	1,647	2,363	2,053	(12)
7,152	7,953	6,774	6,981	7,327	9,119	9,857	(13)
527	551	458	460	486	707	609	(14)
226	240	242	249	191	231	237	(15)
1,087	1,071	947	1,162	1,108	1,499	1,591	(16)
303	390	326	308	390	491	518	(17)
233	290	303	231	265	402	302	(18)
234	350	274	258	327	384	436	(19)
214	286	212	237	304	326	373	(20)
541	539	495	464	508	647	640	(21)
95	95	89	89	92	118	168	(22)
–	–	–	–	–	–	–	(23)
1,206	1,585	1,289	1,341	1,450	1,808	2,102	(24)
326	419	364	304	361	345	481	(25)
688	508	370	462	303	341	395	(26)
356	334	318	330	365	398	505	(27)
515	505	495	480	505	566	564	(28)
–	–	–	–	–	–	–	(29)
601	790	592	606	672	856	936	(30)
–						–	(31)

単位：t

6 月	7 月	8 月	9 月	10 月	11 月	12 月	
12,003.7	13,946.5	11,758.0	12,225.3	13,046.2	15,872.4	16,963.0	(1)
8,711.3	10,271.6	8,672.9	9,027.8	9,684.2	11,637.4	12,294.7	(2)
529.0	592.3	550.4	576.1	548.1	831.9	720.2	(3)
271.7	329.5	275.8	284.8	283.6	419.3	354.9	(4)
4,768.1	5,433.9	4,753.3	4,867.4	5,379.1	6,200.1	6,510.2	(5)
409.8	469.9	406.4	428.1	431.0	503.2	591.1	(6)
361.2	393.8	327.5	379.4	360.2	389.4	537.4	(7)
286.8	463.4	344.3	332.5	431.8	382.6	571.1	(8)
807.5	996.3	808.4	818.3	907.1	999.9	1,224.9	(9)
376.4	407.7	307.6	360.6	359.2	547.3	494.7	(10)
222.4	262.8	245.1	234.0	249.2	285.5	339.0	(11)
678.3	921.8	654.1	746.8	735.0	1,078.2	951.3	(12)
3,292.4	3,674.9	3,085.1	3,197.5	3,361.9	4,235.0	4,668.3	(13)
230.5	246.5	196.2	202.2	207.2	318.0	284.0	(14)
108.1	115.6	110.3	113.2	91.8	105.7	115.2	(15)
535.5	528.0	462.8	570.7	539.6	742.0	796.1	(16)
142.6	186.1	155.0	148.0	190.8	238.8	257.1	(17)
93.8	119.8	126.7	87.2	107.2	162.7	130.5	(18)
108.3	164.0	128.2	119.5	152.2	181.2	206.9	(19)
101.8	136.9	96.8	110.1	145.3	157.6	188.5	(20)
266.7	264.4	242.3	225.3	247.6	321.6	318.7	(21)
44.6	44.5	42.4	41.5	44.0	55.0	81.9	(22)
–	–	–	–	–	–	–	(23)
561.7	724.0	584.7	614.6	660.4	824.4	968.6	(24)
145.3	183.7	160.6	132.4	159.3	153.6	208.6	(25)
310.0	232.2	165.8	209.5	143.3	164.7	195.4	(26)
154.0	145.4	135.1	140.1	155.2	171.3	228.3	(27)
221.9	219.0	212.2	207.6	215.6	245.9	247.6	(28)
–	–	–	–	–	–	–	(29)
267.6	364.8	266.0	275.6	302.6	392.5	440.9	(30)
							(31)

1 月別取引成立頭数・価格（食肉卸売市場別）（続き）
(2) 成牛計（続き）
ウ 枝肉の取引総価額

市場			平成29年計	1 月	2 月	3 月	4 月	5 月
合	計	(1)	303,195,979	21,919,558	22,398,363	22,919,259	29,062,810	21,892,585
中央市場計		(2)	226,953,121	16,588,997	16,857,472	17,119,114	21,940,033	16,472,411
仙	台	(3)	13,733,212	908,142	1,018,931	913,239	1,264,464	815,596
さいたま		(4)	4,064,846	296,470	314,901	300,565	445,332	326,678
東	京	(5)	122,476,097	8,912,864	9,311,074	9,515,513	11,531,892	9,087,150
横	浜	(6)	10,336,201	807,972	784,431	786,303	1,198,155	776,466
名 古	屋	(7)	8,858,883	650,803	670,275	604,701	741,686	702,896
京	都	(8)	10,648,022	767,358	755,216	815,739	1,023,279	790,292
大	阪	(9)	20,948,971	1,606,603	1,590,362	1,642,256	2,192,424	1,439,878
神	戸	(10)	13,632,122	948,102	889,709	918,610	1,249,236	919,671
広	島	(11)	4,592,321	328,754	333,943	348,700	437,861	335,597
福	岡	(12)	17,662,446	1,361,929	1,188,630	1,273,488	1,855,704	1,278,187
指定市場計		(13)	76,242,858	5,330,561	5,540,891	5,800,145	7,122,777	5,420,174
茨	城	(14)	4,859,956	333,793	306,741	330,658	479,609	313,407
宇 都	宮	(15)	1,725,613	149,133	130,677	153,399	149,575	160,622
群	馬	(16)	11,479,514	937,394	765,967	868,804	1,144,742	784,202
川	口	(17)	3,747,532	245,099	286,165	269,059	339,002	258,407
山	梨	(18)	2,028,218	130,336	134,925	173,308	208,383	139,256
岐	阜	(19)	5,004,578	382,929	356,275	350,673	354,911	380,802
浜	松	(20)	2,533,581	229,742	180,542	199,186	203,079	200,167
東 三	河	(21)	5,080,619	380,427	403,617	416,315	451,620	346,353
四 日	市	(22)	960,774	52,072	56,597	67,391	97,022	61,205
南 大	阪	(23)	-	-	-	-	-	-
姫	路	(24)	12,418,867	364,277	494,553	453,950	883,421	807,249
加 古	川	(25)	5,189,998	402,756	505,785	520,216	655,872	356,771
西	宮	(26)	6,062,189	585,760	706,556	745,711	794,670	561,564
岡	山	(27)	2,894,554	198,256	204,661	215,842	270,762	210,572
坂	出	(28)	4,147,565	403,020	321,870	316,367	402,647	301,123
愛	媛	(29)	-	-	-	-	-	-
佐 世	保	(30)	8,109,300	535,567	685,960	719,266	687,462	538,474
熊	本	(31)	-	-	-	-	-	-

エ 枝肉の1kg当たり卸売価格

市場			平成29年計	1 月	2 月	3 月	4 月	5 月
合	計	(1)	1,936	2,001	1,935	1,891	2,009	1,873
中央市場計		(2)	1,971	2,061	1,979	1,940	2,032	1,907
仙	台	(3)	1,982	1,977	1,958	1,789	1,955	1,837
さいたま		(4)	1,079	1,039	1,098	1,053	1,183	1,044
東	京	(5)	1,972	2,080	1,996	1,977	2,023	1,919
横	浜	(6)	1,869	1,959	1,898	1,808	1,995	1,811
名 古	屋	(7)	1,995	2,034	1,980	1,935	2,049	1,954
京	都	(8)	2,328	2,396	2,335	2,325	2,445	2,265
大	阪	(9)	1,929	2,089	1,954	1,907	2,025	1,872
神	戸	(10)	3,026	2,990	2,907	2,988	3,069	2,931
広	島	(11)	1,534	1,627	1,544	1,457	1,622	1,475
福	岡	(12)	1,876	2,011	1,880	1,789	1,991	1,829
指定市場計		(13)	1,838	1,834	1,811	1,762	1,942	1,778
茨	城	(14)	1,813	1,691	1,690	1,728	1,915	1,782
宇 都	宮	(15)	1,321	1,366	1,334	1,335	1,344	1,425
群	馬	(16)	1,692	1,821	1,744	1,713	1,729	1,610
川	口	(17)	1,815	1,906	1,837	1,758	2,027	1,818
山	梨	(18)	1,496	1,445	1,458	1,500	1,554	1,453
岐	阜	(19)	2,988	3,011	2,891	2,930	3,052	2,976
浜	松	(20)	1,644	1,701	1,568	1,699	1,807	1,606
東 三	河	(21)	1,642	1,717	1,644	1,618	1,716	1,579
四 日	市	(22)	1,767	1,767	1,813	1,722	1,831	1,650
南 大	阪	(23)	-	-	-	-	-	-
姫	路	(24)	1,914	1,662	1,645	1,670	2,492	1,993
加 古	川	(25)	2,255	2,137	2,197	1,947	2,156	2,120
西	宮	(26)	1,786	1,648	1,761	1,641	1,924	1,607
岡	山	(27)	1,581	1,638	1,505	1,531	1,636	1,532
坂	出	(28)	1,558	1,710	1,558	1,517	1,671	1,500
愛	媛	(29)	-	-	-	-	-	-
佐 世	保	(30)	2,154	2,291	2,268	2,151	2,147	2,036
熊	本	(31)	-	-	-	-	-	-

— 128 —

単位：千円

6　月	7　月	8　月	9　月	10　月	11　月	12　月	
22,535,246	27,032,745	21,287,589	22,715,720	24,117,693	31,208,602	36,105,809	(1)
16,773,054	20,194,159	15,866,622	17,152,400	18,226,032	23,264,335	26,498,492	(2)
941,341	1,155,011	1,027,211	1,439,095	976,865	1,646,849	1,626,468	(3)
274,849	358,376	274,132	284,512	275,328	441,403	472,300	(4)
9,284,277	10,695,415	8,686,412	9,100,766	10,235,008	12,232,388	13,883,338	(5)
732,927	847,260	691,706	741,348	762,877	972,951	1,233,805	(6)
682,200	775,275	609,892	723,100	680,626	800,707	1,216,722	(7)
663,697	1,058,010	730,446	748,313	961,025	900,183	1,434,464	(8)
1,505,374	1,885,573	1,454,586	1,470,543	1,676,933	1,949,261	2,535,178	(9)
1,100,262	1,202,025	905,663	1,055,220	1,090,559	1,790,648	1,562,417	(10)
327,890	418,244	361,309	325,795	355,758	451,231	567,239	(11)
1,260,237	1,798,970	1,125,265	1,263,708	1,211,053	2,078,714	1,966,561	(12)
5,762,192	6,838,586	5,420,967	5,563,320	5,891,661	7,944,267	9,607,317	(13)
409,839	450,912	331,129	361,721	342,932	609,633	589,582	(14)
139,969	154,154	131,790	141,270	119,671	138,123	157,230	(15)
872,247	891,886	796,670	903,125	851,566	1,253,590	1,409,321	(16)
245,725	325,036	256,962	262,643	339,467	427,205	492,762	(17)
120,452	179,907	198,780	114,133	154,613	245,154	228,971	(18)
308,684	492,805	366,058	344,155	427,105	557,350	682,831	(19)
154,508	219,007	137,991	162,297	221,829	263,338	361,895	(20)
428,003	435,879	379,698	342,297	376,657	542,163	577,590	(21)
77,471	72,839	69,494	69,657	73,155	111,799	152,072	(22)
－	－	－	－	－	－	－	(23)
1,043,036	1,336,037	1,034,306	1,130,238	1,206,442	1,592,900	2,072,458	(24)
348,719	469,484	400,097	287,107	337,114	349,507	556,570	(25)
530,075	422,256	292,195	367,266	293,096	347,910	415,130	(26)
233,658	239,112	204,292	215,825	237,385	259,906	404,283	(27)
328,944	341,600	300,111	306,937	314,051	388,681	422,214	(28)
－	－	－	－	－	－	－	(29)
520,862	807,672	521,394	554,649	596,578	857,008	1,084,408	(30)
－	－	－	－	－	－	－	(31)

単位：円

6　月	7　月	8　月	9　月	10　月	11　月	12　月	
1,877	1,938	1,810	1,858	1,849	1,966	2,129	(1)
1,925	1,966	1,829	1,900	1,882	1,999	2,155	(2)
1,779	1,950	1,866	2,498	1,782	1,980	2,258	(3)
1,012	1,088	994	999	971	1,053	1,331	(4)
1,947	1,968	1,827	1,870	1,903	1,973	2,133	(5)
1,789	1,803	1,702	1,732	1,770	1,933	2,087	(6)
1,889	1,969	1,862	1,906	1,890	2,056	2,264	(7)
2,314	2,283	2,122	2,251	2,226	2,353	2,512	(8)
1,864	1,893	1,799	1,797	1,849	1,949	2,070	(9)
2,923	2,948	2,944	2,926	3,036	3,272	3,158	(10)
1,474	1,591	1,474	1,392	1,428	1,580	1,673	(11)
1,858	1,952	1,720	1,692	1,648	1,928	2,067	(12)
1,750	1,861	1,757	1,740	1,752	1,876	2,058	(13)
1,778	1,829	1,688	1,789	1,655	1,917	2,076	(14)
1,295	1,333	1,194	1,248	1,303	1,306	1,365	(15)
1,629	1,689	1,721	1,582	1,578	1,690	1,770	(16)
1,724	1,747	1,658	1,774	1,779	1,789	1,916	(17)
1,284	1,502	1,568	1,310	1,442	1,507	1,755	(18)
2,851	3,005	2,854	2,879	2,807	3,076	3,300	(19)
1,518	1,599	1,426	1,475	1,527	1,671	1,919	(20)
1,605	1,649	1,567	1,519	1,521	1,686	1,813	(21)
1,737	1,636	1,638	1,680	1,663	2,032	1,857	(22)
－	－	－	－	－	－	－	(23)
1,857	1,845	1,769	1,839	1,827	1,932	2,140	(24)
2,399	2,556	2,492	2,169	2,116	2,275	2,668	(25)
1,710	1,819	1,762	1,753	2,045	2,113	2,125	(26)
1,517	1,644	1,512	1,540	1,530	1,517	1,771	(27)
1,482	1,560	1,414	1,479	1,457	1,581	1,705	(28)
－	－	－	－	－	－	－	(29)
1,946	2,214	1,960	2,012	1,972	2,183	2,460	(30)
－	－	－	－	－	－	－	(31)

1 月別取引成立頭数・価格（食肉卸売市場別）（続き）
(3) 和牛計
ア 枝肉の取引成立頭数

市場			平成29年計	1 月	2 月	3 月	4 月	5 月
合	計	(1)	176,177	11,901	12,868	13,099	16,303	12,681
中央市場計		(2)	140,702	9,637	10,303	10,413	13,156	10,147
仙	台	(3)	10,104	613	706	680	975	630
さいたま		(4)	1,676	79	127	104	191	117
東	京	(5)	76,534	5,360	5,847	5,873	6,960	5,607
横	浜	(6)	5,795	392	432	400	611	449
名 古 屋		(7)	4,222	269	292	266	338	297
京	都	(8)	7,760	509	546	610	720	596
大	阪	(9)	9,943	688	718	720	952	684
神	戸	(10)	10,403	734	707	713	929	723
広	島	(11)	1,786	108	125	134	176	115
福	岡	(12)	12,479	885	803	913	1,304	929
指定市場計		(13)	35,475	2,264	2,565	2,686	3,147	2,534
茨	城	(14)	2,879	174	155	179	272	193
宇 都 宮		(15)	186	11	7	15	10	38
群	馬	(16)	3,075	247	197	206	265	238
川	口	(17)	1,747	112	140	123	175	115
山	梨	(18)	979	47	54	80	80	70
岐	阜	(19)	3,572	277	264	257	253	277
浜	松	(20)	544	42	31	47	46	30
東 三 河		(21)	861	51	59	63	77	54
四 日 市		(22)	442	30	33	35	39	21
南 大 阪		(23)	-	-	-	-	-	-
姫	路	(24)	6,050	154	213	218	399	414
加 古 川		(25)	3,029	236	310	297	350	191
西	宮	(26)	3,573	309	446	453	443	312
岡	山	(27)	1,239	72	71	79	114	89
坂	出	(28)	1,045	100	67	76	96	63
愛	媛	(29)	-	-	-	-	-	-
佐 世 保		(30)	6,254	402	518	558	528	429
熊	本	(31)	-	-	-	-	-	-

イ 枝肉の取引総重量

市場			平成29年計	1 月	2 月	3 月	4 月	5 月
合	計	(1)	82,469.6	5,527.3	5,994.8	6,112.5	7,649.7	5,912.1
中央市場計		(2)	66,231.8	4,502.8	4,837.1	4,893.1	6,203.9	4,765.9
仙	台	(3)	4,727.2	284.3	333.4	315.4	456.0	288.4
さいたま		(4)	732.8	34.5	55.4	46.9	81.7	49.4
東	京	(5)	36,456.0	2,539.1	2,779.5	2,804.4	3,320.4	2,673.3
横	浜	(6)	2,825.5	189.8	208.7	190.1	300.2	216.1
名 古 屋		(7)	2,019.7	127.5	137.9	125.2	161.5	143.5
京	都	(8)	3,769.6	244.4	263.1	292.8	348.8	293.5
大	阪	(9)	4,776.7	326.9	342.4	342.8	458.0	323.3
神	戸	(10)	4,485.8	314.6	303.5	305.0	404.0	311.3
広	島	(11)	797.6	48.4	55.4	58.3	79.4	50.3
福	岡	(12)	5,640.7	393.2	357.9	412.0	594.0	416.9
指定市場計		(13)	16,237.9	1,024.5	1,157.8	1,219.5	1,445.7	1,146.2
茨	城	(14)	1,389.3	81.7	73.0	86.1	133.6	91.3
宇 都 宮		(15)	78.8	4.1	3.3	6.5	4.4	17.1
群	馬	(16)	1,461.4	118.1	92.6	95.9	127.4	114.0
川	口	(17)	834.3	51.3	65.8	59.1	84.0	55.1
山	梨	(18)	459.6	21.5	25.3	37.2	38.6	31.7
岐	阜	(19)	1,662.8	127.2	122.2	118.8	115.8	127.4
浜	松	(20)	259.4	19.9	14.2	22.7	21.6	14.0
東 三 河		(21)	416.4	23.7	27.9	29.8	36.9	25.1
四 日 市		(22)	198.7	12.6	14.9	15.9	17.1	9.7
南 大 阪		(23)	-	-	-	-	-	-
姫	路	(24)	2,655.8	64.5	88.7	91.2	180.5	179.4
加 古 川		(25)	1,255.3	97.4	127.8	122.1	149.2	79.2
西	宮	(26)	1,593.4	138.5	199.1	204.4	197.8	134.9
岡	山	(27)	584.1	33.8	32.7	36.5	53.4	41.9
坂	出	(28)	485.8	46.8	30.7	34.8	45.0	28.6
愛	媛	(29)	-	-	-	-	-	-
佐 世 保		(30)	2,903.0	183.6	239.8	258.4	240.4	196.8
熊	本	(31)	-	-	-	-	-	-

単位：頭

6 月	7 月	8 月	9 月	10 月	11 月	12 月	
12,983	16,397	12,600	13,695	14,606	18,546	20,498	(1)
10,450	13,110	10,098	11,038	11,718	14,617	16,015	(2)
766	905	783	867	749	1,273	1,157	(3)
95	139	121	128	115	170	290	(4)
5,818	6,967	5,564	5,989	6,562	7,550	8,437	(5)
408	502	402	456	471	580	692	(6)
303	371	267	355	358	433	673	(7)
450	795	581	591	732	649	981	(8)
710	961	711	755	878	1,008	1,158	(9)
864	945	716	849	839	1,246	1,138	(10)
131	186	135	116	136	200	224	(11)
905	1,339	818	932	878	1,508	1,265	(12)
2,533	3,287	2,502	2,657	2,888	3,929	4,483	(13)
229	277	205	221	225	394	355	(14)
15	18	10	11	17	20	14	(15)
229	247	213	256	245	374	358	(16)
99	153	109	126	162	209	224	(17)
50	89	106	61	78	140	124	(18)
231	348	272	258	320	383	432	(19)
29	41	23	26	40	74	115	(20)
81	90	58	55	57	116	100	(21)
39	31	31	31	33	58	61	(22)
-	-	-	-	-	-	-	(23)
389	655	479	590	624	857	1,058	(24)
213	270	238	169	212	205	338	(25)
356	245	173	219	193	206	218	(26)
94	117	82	103	111	125	182	(27)
75	102	66	88	75	108	129	(28)
-	-	-	-	-	-	-	(29)
404	604	437	443	496	660	775	(30)
-	-	-	-	-	-	-	(31)

単位：t

6 月	7 月	8 月	9 月	10 月	11 月	12 月	
6,051.2	7,701.1	5,893.8	6,348.1	6,818.3	8,718.9	9,741.7	(1)
4,905.9	6,189.7	4,758.9	5,140.2	5,506.3	6,892.9	7,635.2	(2)
347.0	421.7	371.3	398.3	349.3	596.8	565.1	(3)
42.3	59.8	52.4	53.1	48.2	76.0	133.3	(4)
2,777.4	3,324.2	2,646.3	2,824.7	3,127.1	3,601.4	4,038.3	(5)
199.0	246.7	195.4	219.7	228.7	286.6	344.5	(6)
144.6	177.0	127.8	171.2	171.9	204.7	326.8	(7)
220.7	390.6	283.0	289.0	352.8	311.4	479.5	(8)
339.4	465.8	341.3	359.7	422.0	487.4	567.8	(9)
373.9	407.3	307.1	360.1	358.3	546.5	494.3	(10)
55.9	83.4	61.0	51.3	61.0	90.1	103.1	(11)
405.7	613.3	373.1	413.0	387.1	692.0	582.6	(12)
1,145.4	1,511.4	1,134.9	1,207.9	1,312.0	1,826.0	2,106.5	(13)
110.7	134.4	97.7	107.2	104.7	190.8	178.3	(14)
5.8	7.3	4.2	4.3	6.7	8.3	6.7	(15)
107.9	116.6	100.5	119.8	115.1	181.3	172.3	(16)
45.9	71.6	51.2	60.5	78.3	101.9	109.6	(17)
23.4	43.3	50.4	27.2	37.9	64.1	59.0	(18)
106.8	163.0	127.4	119.5	148.7	180.8	205.1	(19)
13.2	19.5	10.5	12.4	18.2	35.6	57.6	(20)
37.7	44.3	28.5	26.1	27.5	59.5	49.5	(21)
17.4	13.7	14.0	13.8	14.9	26.6	28.1	(22)
-	-	-	-	-	-	-	(23)
173.2	288.7	204.9	258.9	271.1	376.9	477.8	(24)
88.7	111.2	99.6	66.8	87.0	85.8	140.4	(25)
154.6	110.0	75.7	95.8	87.4	94.4	100.7	(26)
44.3	55.3	38.9	48.1	52.1	59.6	87.6	(27)
34.2	47.2	30.8	41.3	35.2	51.2	60.0	(28)
-	-	-	-	-	-	-	(29)
181.6	285.2	200.6	206.3	227.4	309.2	373.8	(30)
-	-	-	-	-	-	-	(31)

1 月別取引成立頭数・価格（食肉卸売市場別）（続き）
(3) 和牛計（続き）
ウ 枝肉の取引総価額

市場		平成29年計	1 月	2 月	3 月	4 月	5 月
合　　　計	(1)	207,804,892	14,356,173	15,102,645	15,165,107	19,765,628	14,586,885
中央市場計	(2)	165,132,138	11,666,404	12,100,982	12,078,607	15,744,012	11,631,412
仙　　　台	(3)	11,415,252	704,018	801,789	717,987	1,057,729	644,621
さ い た ま	(4)	1,470,144	76,348	116,594	100,534	170,403	94,239
東　　　京	(5)	90,323,080	6,508,699	6,898,839	6,904,588	8,340,182	6,531,037
横　　　浜	(6)	6,743,839	476,283	505,959	456,231	764,420	503,561
名　古　屋	(7)	5,275,225	342,871	361,346	324,608	429,935	384,845
京　　　都	(8)	9,488,312	645,813	669,161	731,007	916,472	715,003
大　　　阪	(9)	12,040,845	880,243	885,357	869,771	1,214,861	796,607
神　　　戸	(10)	13,601,537	943,712	885,692	914,556	1,244,754	915,659
広　　　島	(11)	1,949,254	127,763	136,824	136,714	196,760	122,027
福　　　岡	(12)	12,824,650	960,654	839,421	922,611	1,408,496	923,813
指定市場計	(13)	42,672,754	2,689,769	3,001,663	3,086,500	4,021,616	2,955,473
茨　　　城	(14)	3,492,592	215,203	189,476	214,854	341,535	224,317
宇　都　宮	(15)	191,279	8,322	9,140	16,141	11,432	41,519
群　　　馬	(16)	3,621,506	305,309	231,773	235,940	327,266	278,087
川　　　口	(17)	2,017,005	127,467	159,494	139,638	205,647	133,447
山　　　梨	(18)	1,038,385	47,745	59,589	86,846	97,148	70,901
岐　　　阜	(19)	4,986,505	382,929	354,601	349,271	354,052	379,934
浜　　　松	(20)	698,170	53,386	37,910	64,442	59,026	37,739
東　三　河	(21)	1,050,252	61,309	68,547	72,899	93,248	61,990
四　日　市	(22)	492,099	29,829	35,243	39,381	43,873	24,169
南　大　阪	(23)	－	－	－	－	－	－
姫　　　路	(24)	7,466,407	175,157	236,021	237,588	655,323	513,752
加　古　川	(25)	3,698,911	262,386	362,196	331,620	434,216	229,176
西　　　宮	(26)	3,878,724	318,032	470,547	468,349	518,906	305,319
岡　　　山	(27)	1,514,685	93,648	86,542	98,084	145,922	107,487
坂　　　出	(28)	1,306,464	127,341	81,445	90,558	127,523	77,391
愛　　　媛	(29)	－	－	－	－	－	－
佐　世　保	(30)	7,219,770	481,706	619,139	640,889	606,499	470,245
熊　　　本	(31)	－	－	－	－	－	－

エ 枝肉の1kg当たり卸売価格

市場		平成29年計	1 月	2 月	3 月	4 月	5 月
合　　　計	(1)	2,520	2,597	2,519	2,481	2,584	2,467
中央市場計	(2)	2,493	2,591	2,502	2,469	2,538	2,441
仙　　　台	(3)	2,415	2,476	2,405	2,276	2,320	2,235
さ い た ま	(4)	2,006	2,211	2,106	2,144	2,086	1,909
東　　　京	(5)	2,478	2,563	2,482	2,462	2,512	2,443
横　　　浜	(6)	2,387	2,510	2,424	2,400	2,546	2,331
名　古　屋	(7)	2,612	2,689	2,621	2,592	2,662	2,681
京　　　都	(8)	2,517	2,642	2,543	2,497	2,627	2,436
大　　　阪	(9)	2,521	2,693	2,586	2,537	2,653	2,464
神　　　戸	(10)	3,032	3,000	2,918	2,999	3,081	2,942
広　　　島	(11)	2,444	2,640	2,471	2,343	2,479	2,427
福　　　岡	(12)	2,274	2,443	2,346	2,239	2,371	2,216
指定市場計	(13)	2,628	2,625	2,593	2,531	2,782	2,578
茨　　　城	(14)	2,514	2,633	2,596	2,496	2,556	2,458
宇　都　宮	(15)	2,428	2,054	2,805	2,485	2,575	2,421
群　　　馬	(16)	2,478	2,586	2,503	2,460	2,568	2,439
川　　　口	(17)	2,418	2,486	2,424	2,364	2,449	2,422
山　　　梨	(18)	2,259	2,222	2,355	2,335	2,515	2,235
岐　　　阜	(19)	2,999	3,011	2,902	2,939	3,058	2,982
浜　　　松	(20)	2,692	2,687	2,678	2,839	2,729	2,689
東　三　河	(21)	2,522	2,589	2,459	2,448	2,526	2,471
四　日　市	(22)	2,477	2,365	2,371	2,475	2,570	2,500
南　大　阪	(23)	－	－	－	－	－	－
姫　　　路	(24)	2,811	2,714	2,661	2,605	3,631	2,864
加　古　川	(25)	2,947	2,694	2,834	2,715	2,910	2,893
西　　　宮	(26)	2,434	2,297	2,364	2,292	2,623	2,262
岡　　　山	(27)	2,593	2,773	2,650	2,686	2,733	2,564
坂　　　出	(28)	2,690	2,722	2,651	2,600	2,834	2,711
愛　　　媛	(29)	－	－	－	－	－	－
佐　世　保	(30)	2,487	2,623	2,582	2,480	2,523	2,390
熊　　　本	(31)	－	－	－	－	－	－

単位：千円

6 月	7 月	8 月	9 月	10 月	11 月	12 月	
15,025,432	19,073,245	14,038,206	15,538,381	16,553,100	22,243,973	26,356,117	(1)
12,060,605	15,091,885	11,158,061	12,517,804	13,273,939	17,457,814	20,350,613	(2)
759,348	974,030	839,327	1,267,822	781,143	1,411,824	1,455,614	(3)
89,667	117,658	89,592	94,655	89,228	140,223	291,003	(4)
6,830,741	8,088,992	6,183,106	6,686,708	7,578,384	9,071,705	10,700,099	(5)
464,670	562,653	426,844	480,543	513,176	696,498	893,001	(6)
376,605	455,451	323,375	428,286	416,906	535,286	895,711	(7)
566,128	959,057	651,901	690,359	849,372	795,570	1,298,469	(8)
838,206	1,137,374	809,524	844,785	1,007,173	1,210,527	1,546,417	(9)
1,096,584	1,201,285	904,864	1,054,574	1,088,988	1,789,190	1,561,679	(10)
131,603	200,661	142,617	118,727	145,592	217,892	272,074	(11)
907,053	1,394,724	786,911	851,345	803,977	1,589,099	1,436,546	(12)
2,964,827	3,981,360	2,880,145	3,020,577	3,279,161	4,786,159	6,005,504	(13)
280,728	335,785	229,728	262,173	244,539	478,185	476,069	(14)
13,602	16,642	10,512	9,967	14,847	19,878	19,277	(15)
263,594	283,483	242,184	274,947	268,669	449,507	460,747	(16)
113,201	171,000	118,259	144,038	185,267	240,657	278,890	(17)
52,340	91,458	109,371	50,294	84,289	142,435	145,969	(18)
306,457	491,423	364,753	344,155	422,116	556,742	680,072	(19)
32,332	54,618	24,110	31,103	46,649	92,139	164,716	(20)
89,430	110,006	68,660	60,486	66,506	158,172	138,999	(21)
40,075	32,257	32,562	33,003	35,083	71,246	75,378	(22)
—	—	—	—	—	—	—	(23)
530,092	761,502	547,981	672,744	712,720	1,016,470	1,407,057	(24)
262,820	363,149	313,389	194,021	238,761	252,869	454,308	(25)
346,768	275,830	185,659	235,271	220,575	253,500	279,968	(26)
112,183	142,432	98,730	118,336	126,699	142,115	242,507	(27)
90,223	127,588	78,552	105,355	90,776	140,544	169,168	(28)
—	—	—	—	—	—	—	(29)
430,982	724,187	455,695	484,684	521,665	771,700	1,012,379	(30)
—	—	—	—	—	—	—	(31)

単位：円

6 月	7 月	8 月	9 月	10 月	11 月	12 月	
2,483	2,477	2,382	2,448	2,428	2,551	2,705	(1)
2,458	2,438	2,345	2,435	2,411	2,533	2,665	(2)
2,188	2,310	2,260	3,183	2,236	2,366	2,576	(3)
2,119	1,969	1,710	1,783	1,852	1,846	2,183	(4)
2,459	2,433	2,336	2,367	2,423	2,519	2,650	(5)
2,335	2,281	2,184	2,187	2,244	2,430	2,592	(6)
2,604	2,573	2,530	2,501	2,426	2,615	2,741	(7)
2,565	2,455	2,303	2,389	2,407	2,555	2,708	(8)
2,470	2,442	2,372	2,348	2,387	2,484	2,724	(9)
2,933	2,950	2,946	2,928	3,039	3,274	3,159	(10)
2,353	2,406	2,336	2,314	2,387	2,418	2,639	(11)
2,236	2,274	2,109	2,061	2,077	2,296	2,466	(12)
2,588	2,634	2,538	2,501	2,499	2,621	2,851	(13)
2,537	2,498	2,352	2,447	2,336	2,506	2,671	(14)
2,356	2,284	2,487	2,325	2,210	2,383	2,859	(15)
2,444	2,432	2,409	2,295	2,335	2,480	2,674	(16)
2,465	2,387	2,310	2,380	2,367	2,362	2,544	(17)
2,234	2,113	2,172	1,850	2,222	2,222	2,474	(18)
2,869	3,014	2,863	2,879	2,839	3,080	3,315	(19)
2,442	2,805	2,290	2,517	2,559	2,591	2,860	(20)
2,371	2,483	2,411	2,320	2,423	2,657	2,809	(21)
2,298	2,361	2,322	2,385	2,359	2,674	2,684	(22)
—	—	—	—	—	—	—	(23)
3,061	2,637	2,674	2,599	2,629	2,697	2,945	(24)
2,963	3,265	3,147	2,905	2,744	2,948	3,236	(25)
2,243	2,507	2,451	2,456	2,523	2,685	2,780	(26)
2,532	2,574	2,539	2,459	2,432	2,386	2,769	(27)
2,636	2,704	2,551	2,549	2,582	2,743	2,821	(28)
—	—	—	—	—	—	—	(29)
2,374	2,539	2,272	2,349	2,294	2,496	2,708	(30)
—	—	—	—	—	—	—	(31)

1 月別取引成立頭数・価格（食肉卸売市場別）（続き）
(4) 和牛めす
ア 枝肉の取引成立頭数

市場			平成29年計	1 月	2 月	3 月	4 月	5 月
合	計	(1)	79,938	5,597	6,005	6,056	7,579	5,847
中央市場計		(2)	64,806	4,560	4,820	4,857	6,210	4,720
仙	台	(3)	3,688	236	273	262	402	222
さいたま		(4)	885	46	74	40	105	68
東	京	(5)	34,275	2,430	2,682	2,597	3,173	2,515
横	浜	(6)	1,455	83	94	105	183	84
名 古 屋		(7)	1,828	119	129	129	151	145
京	都	(8)	3,884	236	265	313	389	276
大	阪	(9)	3,699	287	280	318	355	296
神	戸	(10)	7,293	520	508	494	653	518
広	島	(11)	854	56	64	64	85	55
福	岡	(12)	6,945	547	451	535	714	541
指定市場計		(13)	15,132	1,037	1,185	1,199	1,369	1,127
茨	城	(14)	748	47	43	44	61	56
宇 都 宮		(15)	101	6	4	8	5	19
群	馬	(16)	638	58	43	49	51	48
川	口	(17)	636	51	48	46	74	36
山	梨	(18)	443	28	31	34	36	29
岐	阜	(19)	1,200	108	94	78	88	94
浜	松	(20)	503	42	31	41	44	30
東 三 河		(21)	292	29	19	25	27	17
四 日 市		(22)	204	15	16	19	22	6
南 大 阪		(23)	—	—	—	—	—	—
姫	路	(24)	3,816	107	154	154	240	249
加 古 川		(25)	1,222	119	141	139	147	94
西	宮	(26)	2,517	229	323	323	302	249
岡	山	(27)	527	32	38	35	55	37
坂	出	(28)	292	26	24	24	22	20
愛	媛	(29)	—	—	—	—	—	—
佐 世 保		(30)	1,993	140	176	180	195	143
熊	本	(31)	—	—	—	—	—	—

イ 枝肉の取引総重量

市場			平成29年計	1 月	2 月	3 月	4 月	5 月
合	計	(1)	33,745.1	2,359.4	2,540.2	2,565.4	3,211.9	2,459.9
中央市場計		(2)	27,413.9	1,926.1	2,045.9	2,062.7	2,633.1	1,995.0
仙	台	(3)	1,386.0	88.5	107.5	98.6	151.1	80.6
さいたま		(4)	340.4	17.6	28.5	16.5	39.4	25.0
東	京	(5)	14,476.5	1,025.9	1,138.8	1,101.3	1,343.2	1,062.0
横	浜	(6)	648.2	35.6	42.4	44.8	79.6	36.2
名 古 屋		(7)	819.5	53.3	57.8	57.3	67.8	67.0
京	都	(8)	1,759.8	105.0	117.5	141.2	176.8	127.2
大	阪	(9)	1,621.9	126.7	122.7	141.2	159.8	129.3
神	戸	(10)	3,120.0	221.6	217.1	209.9	282.0	221.2
広	島	(11)	346.3	23.1	26.2	25.5	35.6	22.1
福	岡	(12)	2,895.2	228.9	187.4	226.4	297.7	224.5
指定市場計		(13)	6,331.2	433.3	494.3	502.6	578.9	464.9
茨	城	(14)	311.2	18.5	17.5	18.8	24.9	21.9
宇 都 宮		(15)	39.3	1.7	1.9	3.1	1.9	8.2
群	馬	(16)	258.0	24.7	17.5	20.4	20.9	19.3
川	口	(17)	274.9	20.9	20.0	20.7	32.0	15.2
山	梨	(18)	184.9	11.8	13.4	14.1	16.1	10.9
岐	阜	(19)	508.8	45.8	40.4	32.9	37.3	39.4
浜	松	(20)	237.8	19.9	14.2	19.5	20.6	14.0
東 三 河		(21)	125.9	12.6	7.7	11.5	11.4	6.8
四 日 市		(22)	83.6	5.8	6.4	7.9	9.0	2.5
南 大 阪		(23)	—	—	—	—	—	—
姫	路	(24)	1,591.8	43.9	62.4	63.2	103.6	101.8
加 古 川		(25)	462.0	46.0	53.2	52.6	59.9	36.8
西	宮	(26)	1,068.0	98.0	138.1	137.8	127.3	103.3
岡	山	(27)	232.6	13.7	16.8	15.3	24.9	16.4
坂	出	(28)	119.6	11.0	10.1	9.9	9.0	8.4
愛	媛	(29)	—	—	—	—	—	—
佐 世 保		(30)	832.9	58.8	74.7	75.1	80.1	59.9
熊	本	(31)	—	—	—	—	—	—

単位：頭

6 月	7 月	8 月	9 月	10 月	11 月	12 月	
6,026	7,434	5,566	6,078	6,564	8,454	8,732	(1)
4,911	6,082	4,543	4,909	5,327	6,860	7,007	(2)
320	396	268	254	243	521	291	(3)
42	76	69	73	64	104	124	(4)
2,543	3,116	2,446	2,638	2,912	3,503	3,720	(5)
87	132	70	94	136	187	200	(6)
144	173	121	154	149	179	235	(7)
224	377	303	270	371	357	503	(8)
262	352	258	263	336	338	354	(9)
674	675	518	593	540	776	824	(10)
75	97	59	51	60	95	93	(11)
540	688	431	519	516	800	663	(12)
1,115	1,352	1,023	1,169	1,237	1,594	1,725	(13)
70	73	55	63	73	92	71	(14)
8	11	5	5	9	12	9	(15)
47	54	48	54	55	65	66	(16)
40	69	41	38	65	58	70	(17)
21	36	49	31	28	66	54	(18)
78	111	84	95	107	131	132	(19)
29	41	22	26	39	72	86	(20)
27	26	15	24	18	38	27	(21)
13	12	11	10	17	34	29	(22)
–	–	–	–	–	–	–	(23)
210	433	321	405	377	548	618	(24)
73	82	60	72	92	70	133	(25)
290	151	113	152	124	134	127	(26)
41	41	32	46	57	44	69	(27)
20	31	20	22	15	30	38	(28)
–	–	–	–	–	–	–	(29)
148	181	147	126	161	200	196	(30)
–	–	–	–	–	–	–	(31)

単位：t

6 月	7 月	8 月	9 月	10 月	11 月	12 月	
2,530.6	3,139.8	2,343.1	2,512.0	2,753.9	3,585.5	3,743.4	(1)
2,065.6	2,576.0	1,920.9	2,030.0	2,240.2	2,915.3	3,003.1	(2)
117.0	152.5	101.6	90.0	87.8	200.6	110.2	(3)
16.0	29.3	27.2	25.8	23.4	43.0	48.7	(4)
1,069.2	1,318.6	1,029.4	1,091.7	1,225.1	1,489.0	1,582.3	(5)
38.3	58.3	31.2	40.9	61.6	86.1	93.1	(6)
65.8	77.2	55.3	69.4	64.8	77.8	106.1	(7)
102.1	172.0	136.7	122.1	167.7	161.4	230.3	(8)
113.1	153.7	112.7	111.1	145.4	146.5	159.8	(9)
290.8	288.6	221.1	249.3	229.2	335.4	353.8	(10)
29.1	40.1	23.4	19.9	24.2	38.2	39.1	(11)
224.4	285.7	182.4	209.9	210.9	337.4	279.7	(12)
465.0	563.8	422.1	482.0	513.7	670.3	740.3	(13)
30.8	29.3	23.0	26.8	30.0	39.4	30.1	(14)
2.8	3.7	2.3	2.1	3.0	4.5	3.9	(15)
19.2	21.7	19.7	20.1	21.2	26.2	27.0	(16)
17.5	29.8	17.4	16.1	29.5	24.7	31.1	(17)
8.6	16.1	20.4	11.9	12.4	26.3	23.0	(18)
32.9	47.4	35.9	40.4	44.7	55.7	56.1	(19)
13.2	19.5	10.2	12.4	17.8	34.5	42.1	(20)
10.8	11.4	6.1	10.4	7.5	17.9	11.9	(21)
5.0	4.8	4.3	4.0	6.9	14.7	12.3	(22)
–	–	–	–	–	–	–	(23)
88.6	178.6	130.8	167.6	156.0	228.1	267.1	(24)
27.5	30.1	21.5	25.3	33.3	25.7	50.0	(25)
122.1	63.7	46.7	63.2	53.7	58.6	55.4	(26)
18.5	17.8	14.0	19.6	25.5	19.2	30.9	(27)
7.8	12.8	8.4	9.0	5.9	12.1	15.2	(28)
–	–	–	–	–	–	–	(29)
59.7	77.0	61.4	53.3	66.1	82.7	84.2	(30)
–	–	–	–	–	–	–	(31)

1　月別取引成立頭数・価格（食肉卸売市場別）（続き）
(4)　和牛めす（続き）
ウ　枝肉の取引総価額

市場		平成29年計	1月	2月	3月	4月	5月
合計	(1)	80,238,541	5,831,108	6,097,983	6,050,382	7,839,852	5,756,019
中央市場計	(2)	64,837,712	4,792,372	4,917,035	4,875,626	6,316,767	4,653,810
仙台	(3)	2,403,378	170,092	216,707	178,169	261,191	128,889
さいたま	(4)	552,947	32,669	51,674	32,393	66,978	38,249
東京	(5)	34,580,275	2,541,915	2,736,205	2,616,521	3,229,161	2,514,046
横浜	(6)	1,468,420	86,556	100,181	100,746	184,945	81,004
名古屋	(7)	2,161,043	143,038	152,383	150,500	183,250	181,477
京都	(8)	4,373,556	274,066	290,841	345,946	458,191	305,800
大阪	(9)	3,894,476	334,757	301,241	339,071	412,108	305,824
神戸	(10)	8,832,051	630,474	610,356	600,996	819,071	604,684
広島	(11)	776,440	58,734	61,051	52,453	81,114	49,855
福岡	(12)	5,795,126	520,071	396,396	458,831	620,758	443,982
指定市場計	(13)	15,400,829	1,038,736	1,180,948	1,174,756	1,523,085	1,102,209
茨城	(14)	657,380	41,876	38,936	43,254	52,411	43,665
宇都宮	(15)	90,793	2,656	5,255	7,015	4,301	19,570
群馬	(16)	573,202	59,406	37,913	48,339	48,054	43,455
川口	(17)	664,185	51,616	47,815	49,898	77,325	37,713
山梨	(18)	335,212	21,701	27,712	26,911	34,822	18,334
岐阜	(19)	1,507,591	135,335	114,891	96,236	113,635	116,318
浜松	(20)	637,768	53,386	37,910	55,415	56,521	37,739
東三河	(21)	292,711	31,528	17,388	27,321	27,023	14,191
四日市	(22)	208,771	12,294	14,504	20,426	23,061	6,266
南大阪	(23)	-	-	-	-	-	-
姫路	(24)	4,052,397	109,995	153,125	149,500	340,886	259,781
加古川	(25)	1,113,352	99,576	124,875	116,771	151,171	89,351
西宮	(26)	2,489,492	208,977	310,071	298,879	315,137	221,624
岡山	(27)	594,881	37,194	45,311	39,841	68,312	40,473
坂出	(28)	301,332	28,391	25,476	23,692	23,829	21,840
愛媛	(29)	-	-	-	-	-	-
佐世保	(30)	1,881,762	144,805	179,766	171,258	186,597	131,889
熊本	(31)	-	-	-	-	-	-

エ　枝肉の1kg当たり卸売価格

市場		平成29年計	1月	2月	3月	4月	5月
合計	(1)	2,378	2,471	2,401	2,358	2,441	2,340
中央市場計	(2)	2,365	2,488	2,403	2,364	2,399	2,333
仙台	(3)	1,734	1,923	2,015	1,807	1,729	1,600
さいたま	(4)	1,624	1,855	1,811	1,959	1,698	1,531
東京	(5)	2,389	2,478	2,403	2,376	2,404	2,367
横浜	(6)	2,265	2,428	2,362	2,247	2,323	2,236
名古屋	(7)	2,637	2,684	2,635	2,625	2,704	2,709
京都	(8)	2,485	2,610	2,476	2,450	2,592	2,405
大阪	(9)	2,401	2,642	2,455	2,401	2,579	2,366
神戸	(10)	2,831	2,845	2,811	2,863	2,904	2,733
広島	(11)	2,242	2,547	2,335	2,061	2,276	2,257
福岡	(12)	2,002	2,272	2,115	2,027	2,085	1,978
指定市場計	(13)	2,433	2,398	2,389	2,337	2,631	2,371
茨城	(14)	2,113	2,260	2,230	2,303	2,103	1,993
宇都宮	(15)	2,310	1,519	2,798	2,232	2,226	2,382
群馬	(16)	2,222	2,401	2,162	2,371	2,303	2,253
川口	(17)	2,416	2,466	2,390	2,411	2,415	2,479
山梨	(18)	1,813	1,833	2,076	1,909	2,166	1,682
岐阜	(19)	2,963	2,955	2,843	2,927	3,043	2,949
浜松	(20)	2,682	2,687	2,678	2,837	2,745	2,689
東三河	(21)	2,325	2,495	2,270	2,385	2,372	2,084
四日市	(22)	2,498	2,126	2,274	2,594	2,558	2,549
南大阪	(23)	-	-	-	-	-	-
姫路	(24)	2,546	2,503	2,452	2,365	3,292	2,553
加古川	(25)	2,410	2,166	2,345	2,218	2,525	2,426
西宮	(26)	2,331	2,132	2,245	2,170	2,475	2,145
岡山	(27)	2,558	2,710	2,692	2,612	2,741	2,465
坂出	(28)	2,520	2,591	2,510	2,404	2,639	2,604
愛媛	(29)	-	-	-	-	-	-
佐世保	(30)	2,259	2,464	2,406	2,281	2,331	2,201
熊本	(31)	-	-	-	-	-	-

単位：千円

6 月	7 月	8 月	9 月	10 月	11 月	12 月	
5,943,084	7,302,101	5,276,065	5,602,813	6,349,024	8,572,154	9,617,956	(1)
4,821,433	5,935,391	4,306,950	4,475,410	5,158,614	6,944,913	7,639,391	(2)
180,085	270,221	167,702	130,874	131,537	359,810	208,101	(3)
28,937	49,179	35,580	35,882	34,518	65,682	81,206	(4)
2,496,740	3,102,117	2,320,269	2,441,605	2,899,951	3,620,023	4,061,722	(5)
83,042	119,871	65,161	85,211	132,825	204,440	224,438	(6)
174,826	202,194	140,669	174,888	154,152	209,052	294,614	(7)
258,868	418,360	319,532	285,332	398,201	402,419	616,000	(8)
265,686	354,172	258,883	237,118	330,593	336,810	418,213	(9)
814,137	782,256	604,655	664,307	635,198	1,013,254	1,052,663	(10)
63,131	87,556	49,710	41,690	51,997	83,317	95,832	(11)
455,981	549,465	344,789	378,503	389,642	650,106	586,602	(12)
1,121,651	1,366,710	969,115	1,127,403	1,190,410	1,627,241	1,978,565	(13)
71,818	55,563	44,474	58,660	59,575	80,292	66,856	(14)
6,429	7,036	6,350	5,590	5,702	9,581	11,308	(15)
41,305	47,667	45,909	39,643	45,570	53,580	62,361	(16)
45,050	70,350	37,167	38,094	71,780	57,637	79,740	(17)
16,971	27,295	32,666	17,493	20,256	46,711	44,340	(18)
94,309	141,659	101,767	114,130	126,561	172,629	180,121	(19)
32,332	54,618	23,433	31,103	45,731	89,569	120,011	(20)
21,663	24,951	12,767	22,203	16,469	44,705	32,502	(21)
10,562	11,582	10,019	8,768	16,423	41,421	33,445	(22)
–	–	–	–	–	–	–	(23)
258,729	434,571	307,489	392,050	355,959	560,173	730,139	(24)
63,965	82,411	49,713	64,016	75,576	60,631	135,296	(25)
261,797	155,928	113,479	153,155	136,643	158,442	155,360	(26)
45,904	44,433	34,761	46,740	62,412	45,925	83,575	(27)
18,809	33,433	19,883	21,935	14,693	31,178	38,173	(28)
–	–	–	–	–	–	–	(29)
132,008	175,213	129,238	113,823	137,060	174,767	205,338	(30)
–	–	–	–	–	–	–	(31)

単位：円

6 月	7 月	8 月	9 月	10 月	11 月	12 月	
2,348	2,326	2,252	2,230	2,305	2,391	2,569	(1)
2,334	2,304	2,242	2,205	2,303	2,382	2,544	(2)
1,540	1,772	1,651	1,453	1,498	1,794	1,888	(3)
1,813	1,678	1,307	1,393	1,475	1,528	1,669	(4)
2,335	2,353	2,254	2,236	2,367	2,431	2,567	(5)
2,169	2,057	2,089	2,083	2,155	2,375	2,412	(6)
2,659	2,617	2,546	2,522	2,378	2,689	2,776	(7)
2,536	2,432	2,338	2,338	2,375	2,493	2,675	(8)
2,349	2,305	2,297	2,135	2,274	2,299	2,617	(9)
2,800	2,711	2,734	2,665	2,771	3,021	2,975	(10)
2,168	2,185	2,125	2,099	2,146	2,183	2,448	(11)
2,032	1,923	1,891	1,803	1,847	1,927	2,098	(12)
2,412	2,424	2,296	2,339	2,318	2,428	2,673	(13)
2,331	1,894	1,932	2,187	1,986	2,035	2,219	(14)
2,332	1,902	2,709	2,605	1,906	2,120	2,876	(15)
2,150	2,196	2,331	1,969	2,146	2,047	2,311	(16)
2,575	2,359	2,141	2,371	2,434	2,334	2,568	(17)
1,967	1,699	1,603	1,469	1,633	1,775	1,930	(18)
2,865	2,991	2,836	2,828	2,831	3,101	3,213	(19)
2,442	2,805	2,307	2,517	2,573	2,599	2,849	(20)
2,013	2,190	2,093	2,142	2,184	2,504	2,721	(21)
2,123	2,391	2,321	2,200	2,375	2,809	2,721	(22)
–	–	–	–	–	–	–	(23)
2,919	2,433	2,351	2,340	2,282	2,456	2,733	(24)
2,329	2,735	2,307	2,530	2,268	2,360	2,705	(25)
2,144	2,448	2,430	2,423	2,542	2,703	2,803	(26)
2,483	2,494	2,485	2,388	2,448	2,397	2,703	(27)
2,405	2,607	2,365	2,450	2,474	2,578	2,519	(28)
–	–	–	–	–	–	–	(29)
2,210	2,277	2,104	2,137	2,073	2,113	2,439	(30)
–	–	–	–	–	–	–	(31)

1 月別取引成立頭数・価格（食肉卸売市場別）（続き）
(5) 和牛去勢
ア 枝肉の取引成立頭数

市場			平成 29 年 計	1 月	2 月	3 月	4 月	5 月
合	計	(1)	96,149	6,301	6,857	7,032	8,717	6,828
中央市場計		(2)	75,826	5,074	5,478	5,550	6,939	5,423
仙	台	(3)	6,409	377	433	417	573	407
さいたま		(4)	791	33	53	64	86	49
東	京	(5)	42,212	2,927	3,162	3,271	3,783	3,090
横	浜	(6)	4,340	309	338	295	428	365
名 古	屋	(7)	2,387	150	163	137	185	152
京	都	(8)	3,876	273	281	297	331	320
大	阪	(9)	6,241	401	438	402	597	388
神	戸	(10)	3,110	214	199	219	276	205
広	島	(11)	927	52	59	70	91	59
福	岡	(12)	5,533	338	352	378	589	388
指定市場計		(13)	20,323	1,227	1,379	1,482	1,778	1,405
茨	城	(14)	2,129	127	112	135	211	137
宇 都	宮	(15)	85	5	3	7	5	19
群	馬	(16)	2,437	189	154	157	214	190
川	口	(17)	1,111	61	92	77	101	79
山	梨	(18)	536	19	23	46	44	41
岐	阜	(19)	2,372	169	170	179	165	183
浜	松	(20)	41	-	-	6	2	-
東 三	河	(21)	569	22	40	38	50	37
四 日	市	(22)	237	15	17	15	17	15
南 大	阪	(23)	-	-	-	-	-	-
姫	路	(24)	2,234	47	59	64	159	165
加 古	川	(25)	1,803	117	169	154	203	97
西	宮	(26)	1,056	80	123	130	141	63
岡	山	(27)	709	40	32	44	59	52
坂	出	(28)	753	74	43	52	74	43
愛	媛	(29)	-	-	-	-	-	-
佐 世	保	(30)	4,251	262	342	378	333	284
熊	本	(31)	-	-	-	-	-	-

イ 枝肉の取引総重量

市場			平成 29 年 計	1 月	2 月	3 月	4 月	5 月
合	計	(1)	48,685.9	3,166.5	3,452.4	3,542.5	4,434.2	3,450.2
中央市場計		(2)	38,788.1	2,575.2	2,789.4	2,827.9	3,567.4	2,769.6
仙	台	(3)	3,338.5	195.9	225.9	216.3	304.9	207.5
さいたま		(4)	392.4	16.9	26.8	30.3	42.2	24.4
東	京	(5)	21,960.0	1,511.8	1,639.8	1,701.3	1,975.4	1,610.7
横	浜	(6)	2,177.3	154.1	166.3	145.3	220.6	179.8
名 古	屋	(7)	1,196.9	74.2	80.0	67.9	92.6	76.5
京	都	(8)	2,009.8	139.4	145.6	151.6	172.1	166.3
大	阪	(9)	3,153.3	200.2	219.7	201.6	298.1	194.0
神	戸	(10)	1,365.8	93.0	86.4	95.0	122.0	90.0
広	島	(11)	449.2	25.3	28.4	32.9	43.7	27.9
福	岡	(12)	2,744.9	164.3	170.5	185.7	295.6	192.4
指定市場計		(13)	9,897.8	591.3	663.0	714.6	866.9	680.6
茨	城	(14)	1,076.9	63.2	55.5	67.3	108.7	69.3
宇 都	宮	(15)	39.5	2.3	1.4	3.4	2.5	8.9
群	馬	(16)	1,203.4	93.3	75.1	75.5	106.6	94.7
川	口	(17)	559.4	30.3	45.8	38.4	51.9	39.9
山	梨	(18)	274.7	9.7	11.9	23.1	22.6	20.8
岐	阜	(19)	1,154.0	81.4	81.8	86.0	78.4	88.0
浜	松	(20)	21.6	-	-	3.2	1.0	-
東 三	河	(21)	290.5	11.0	20.2	18.3	25.5	18.3
四 日	市	(22)	114.6	6.8	8.5	7.5	8.1	7.2
南 大	阪	(23)	-	-	-	-	-	-
姫	路	(24)	1,064.0	20.6	26.3	28.0	76.9	77.6
加 古	川	(25)	791.5	51.4	74.6	67.8	89.4	42.4
西	宮	(26)	525.4	40.5	60.9	66.6	70.5	31.7
岡	山	(27)	350.0	20.0	15.4	21.3	28.5	25.5
坂	出	(28)	366.2	35.8	20.6	25.0	36.0	20.2
愛	媛	(29)	-	-	-	-	-	-
佐 世	保	(30)	2,066.1	124.9	165.1	183.4	160.3	136.1
熊	本	(31)	-	-	-	-	-	-

単位：頭

6 月	7 月	8 月	9 月	10 月	11 月	12 月	
6,946	8,955	7,029	7,606	8,037	10,081	11,760	(1)
5,529	7,020	5,553	6,121	6,386	7,750	9,003	(2)
444	509	515	613	506	751	864	(3)
53	63	52	55	51	66	166	(4)
3,271	3,845	3,116	3,343	3,645	4,043	4,716	(5)
321	370	332	362	335	393	492	(6)
157	196	146	201	209	253	438	(7)
226	418	278	321	361	292	478	(8)
446	609	453	492	542	669	804	(9)
190	270	198	256	299	470	314	(10)
56	89	76	65	76	105	129	(11)
365	651	387	413	362	708	602	(12)
1,417	1,935	1,476	1,485	1,651	2,331	2,757	(13)
159	204	150	157	152	302	283	(14)
7	7	5	6	8	8	5	(15)
182	193	165	202	190	309	292	(16)
59	84	68	88	97	151	154	(17)
29	53	57	30	50	74	70	(18)
153	237	188	163	213	252	300	(19)
–	–	1	–	1	2	29	(20)
54	64	43	31	39	78	73	(21)
26	19	20	21	16	24	32	(22)
–	–	–	–	–	–	–	(23)
179	222	158	185	247	309	440	(24)
140	188	178	97	120	135	205	(25)
66	94	60	67	69	72	91	(26)
53	76	50	56	54	80	113	(27)
55	71	46	66	60	78	91	(28)
–	–	–	–	–	–	–	(29)
255	423	287	316	335	457	579	(30)
–	–	–	–	–	–	–	(31)

単位：t

6 月	7 月	8 月	9 月	10 月	11 月	12 月	
3,515.7	4,557.4	3,548.3	3,832.2	4,062.3	5,128.5	5,995.6	(1)
2,835.7	3,609.8	2,837.0	3,107.7	3,263.9	3,974.4	4,630.0	(2)
229.3	269.3	269.7	308.3	261.5	395.8	454.1	(3)
26.4	30.4	25.2	27.3	24.8	33.0	84.7	(4)
1,706.6	2,002.4	1,615.9	1,730.5	1,899.8	2,110.2	2,455.6	(5)
160.7	188.4	164.2	178.8	167.1	200.5	251.4	(6)
77.8	98.9	72.6	101.9	107.0	126.7	220.7	(7)
118.7	218.6	146.4	166.9	185.1	150.0	249.1	(8)
225.1	312.1	228.6	248.6	276.6	340.6	408.0	(9)
83.1	118.7	86.0	110.8	129.1	211.1	140.5	(10)
26.8	43.3	37.7	31.4	36.8	52.0	63.0	(11)
181.3	327.6	190.7	203.1	176.2	354.6	303.0	(12)
680.0	947.6	711.4	724.5	798.4	1,154.1	1,365.5	(13)
79.8	105.1	74.6	79.8	74.7	151.4	147.5	(14)
3.0	3.6	1.9	2.1	3.7	3.8	2.8	(15)
88.6	94.8	80.8	99.7	93.8	155.1	145.3	(16)
28.4	41.8	33.8	44.4	48.8	77.2	78.6	(17)
14.8	27.2	30.0	15.3	25.5	37.8	36.0	(18)
73.9	115.7	91.5	79.2	104.0	125.1	149.1	(19)
–	–	0.4	–	0.5	1.1	15.5	(20)
27.0	32.9	22.4	15.7	19.9	41.7	37.5	(21)
12.5	8.8	9.7	9.9	8.0	11.9	15.8	(22)
–	–	–	–	–	–	–	(23)
84.6	110.1	74.1	91.3	115.1	148.8	210.7	(24)
61.2	81.1	78.0	41.5	53.7	60.1	90.4	(25)
32.5	46.3	29.0	32.6	33.7	35.8	45.3	(26)
25.8	37.5	24.9	28.0	26.6	39.9	56.7	(27)
26.4	34.4	22.4	32.4	29.2	39.1	44.8	(28)
							(29)
121.5	208.3	137.8	152.7	161.3	225.4	289.6	(30)
–	–	–	–	–	–	–	(31)

1 月別取引成立頭数・価格（食肉卸売市場別）（続き）
(5) 和牛去勢（続き）
ウ 枝肉の取引総価額

市場			平成29年計	1 月	2 月	3 月	4 月	5 月
合	計	(1)	127,542,818	8,523,708	9,003,174	9,111,335	11,923,456	8,829,494
中央市場計		(2)	100,275,968	6,872,675	7,182,609	7,201,155	9,424,925	6,976,816
仙	台	(3)	9,010,559	533,926	585,082	539,506	796,538	515,521
さいたま		(4)	917,197	43,679	64,920	68,141	103,425	55,990
東	京	(5)	55,730,307	3,965,427	4,161,820	4,286,553	5,109,590	4,016,574
横	浜	(6)	5,275,419	389,727	405,778	355,485	579,475	422,557
名 古	屋	(7)	3,112,034	199,833	208,963	174,108	246,064	203,368
京	都	(8)	5,114,756	371,747	378,320	385,061	458,281	409,203
大	阪	(9)	8,145,227	545,486	584,116	530,700	802,753	490,783
神	戸	(10)	4,769,486	313,238	275,336	313,560	425,683	310,975
広	島	(11)	1,171,727	69,029	75,249	84,261	115,646	72,014
福	岡	(12)	7,029,256	440,583	443,025	463,780	787,470	479,831
指定市場計		(13)	27,266,850	1,651,033	1,820,565	1,910,180	2,498,531	1,852,678
茨	城	(14)	2,834,662	173,327	150,540	171,600	289,124	180,652
宇 都	宮	(15)	100,486	5,666	3,885	9,126	7,131	21,949
群	馬	(16)	3,048,304	245,903	193,860	187,601	279,212	234,632
川	口	(17)	1,352,820	75,851	111,679	89,740	128,322	95,734
山	梨	(18)	703,173	26,044	31,877	59,935	62,326	52,567
岐	阜	(19)	3,478,914	247,594	239,710	253,035	240,417	263,616
浜	松	(20)	60,402	—	—	9,027	2,505	—
東 三	河	(21)	757,541	29,781	51,159	45,578	66,225	47,799
四 日	市	(22)	282,943	17,535	20,739	18,570	20,812	17,903
南 大	阪	(23)	—	—	—	—	—	—
姫	路	(24)	3,414,010	65,162	82,896	88,088	314,437	253,971
加 古	川	(25)	2,584,380	162,810	237,321	213,670	283,045	139,825
西	宮	(26)	1,389,232	109,055	160,476	169,470	203,769	83,695
岡	山	(27)	919,316	56,454	41,081	58,243	77,610	67,014
坂	出	(28)	1,005,132	98,950	55,969	66,866	103,694	55,551
愛	媛	(29)	—	—	—	—	—	—
佐 世	保	(30)	5,335,535	336,901	439,373	469,631	419,902	337,770
熊	本	(31)	—	—	—	—	—	—

エ 枝肉の1kg当たり卸売価格

市場			平成29年計	1 月	2 月	3 月	4 月	5 月
合	計	(1)	2,620	2,692	2,608	2,572	2,689	2,559
中央市場計		(2)	2,585	2,669	2,575	2,546	2,642	2,519
仙	台	(3)	2,699	2,726	2,591	2,495	2,613	2,484
さいたま		(4)	2,337	2,583	2,420	2,246	2,448	2,296
東	京	(5)	2,538	2,623	2,538	2,520	2,587	2,494
横	浜	(6)	2,423	2,528	2,440	2,447	2,627	2,350
名 古	屋	(7)	2,600	2,692	2,611	2,564	2,657	2,657
京	都	(8)	2,545	2,667	2,598	2,540	2,663	2,461
大	阪	(9)	2,583	2,724	2,659	2,632	2,692	2,530
神	戸	(10)	3,492	3,367	3,186	3,299	3,489	3,455
広	島	(11)	2,609	2,725	2,653	2,562	2,644	2,584
福	岡	(12)	2,561	2,682	2,599	2,498	2,664	2,494
指定市場計		(13)	2,755	2,792	2,746	2,673	2,882	2,722
茨	城	(14)	2,632	2,742	2,711	2,550	2,660	2,605
宇 都	宮	(15)	2,546	2,459	2,813	2,723	2,843	2,457
群	馬	(16)	2,533	2,635	2,582	2,484	2,620	2,477
川	口	(17)	2,418	2,499	2,439	2,338	2,470	2,400
山	梨	(18)	2,560	2,697	2,668	2,595	2,763	2,525
岐	阜	(19)	3,015	3,043	2,931	2,944	3,065	2,997
浜	松	(20)	2,795	—	—	2,853	2,402	—
東 三	河	(21)	2,608	2,698	2,530	2,487	2,594	2,616
四 日	市	(22)	2,469	2,568	2,444	2,465	2,585	2,484
南 大	阪	(23)	—	—	—	—	—	—
姫	路	(24)	3,209	3,164	3,156	3,145	4,088	3,272
加 古	川	(25)	3,265	3,165	3,183	3,154	3,168	3,299
西	宮	(26)	2,644	2,696	2,633	2,545	2,890	2,644
岡	山	(27)	2,626	2,817	2,673	2,739	2,726	2,627
坂	出	(28)	2,745	2,762	2,721	2,677	2,883	2,755
愛	媛	(29)	—	—	—	—	—	—
佐 世	保	(30)	2,582	2,698	2,662	2,561	2,619	2,482
熊	本	(31)	—	—	—	—	—	—

単位：千円

6　月	7　月	8　月	9　月	10　月	11　月	12　月	
9,079,396	11,768,710	8,760,950	9,933,570	10,202,905	13,669,025	16,737,095	(1)
7,236,454	9,154,060	6,850,626	8,041,135	8,114,154	10,510,961	12,710,398	(2)
578,902	703,809	671,625	1,136,948	649,606	1,051,850	1,247,246	(3)
60,730	68,479	54,012	58,773	54,710	74,541	209,797	(4)
4,332,904	4,985,019	3,862,352	4,243,844	4,677,262	5,450,737	6,638,225	(5)
381,628	442,782	361,683	395,332	380,351	492,058	668,563	(6)
201,200	252,679	182,706	253,398	262,754	325,864	601,097	(7)
307,260	540,697	332,369	405,027	451,171	393,151	682,469	(8)
571,839	783,202	550,641	607,667	676,580	873,256	1,128,204	(9)
282,447	419,029	300,209	390,267	453,790	775,936	509,016	(10)
68,472	113,105	92,907	77,037	93,595	134,575	175,837	(11)
451,072	845,259	442,122	472,842	414,335	938,993	849,944	(12)
1,842,942	2,614,650	1,910,324	1,892,435	2,088,751	3,158,064	4,026,697	(13)
208,910	280,222	185,254	203,205	184,964	397,893	408,971	(14)
7,173	9,606	4,162	4,377	9,145	10,297	7,969	(15)
222,289	235,816	196,275	235,304	223,099	395,927	398,386	(16)
68,151	100,650	81,092	105,944	113,487	183,020	199,150	(17)
35,369	64,163	76,705	32,801	64,033	95,724	101,629	(18)
212,148	349,764	262,986	230,025	295,555	384,113	499,951	(19)
–	–	677	–	918	2,570	44,705	(20)
67,767	85,055	55,893	38,283	50,037	113,467	106,497	(21)
29,513	20,675	22,543	24,235	18,660	29,825	41,933	(22)
–	–	–	–	–	–	–	(23)
271,363	326,931	240,492	280,694	356,761	456,297	676,918	(24)
198,855	280,738	263,676	130,005	163,185	192,238	319,012	(25)
84,971	119,902	72,180	82,116	83,932	95,058	124,608	(26)
66,279	97,999	63,969	71,454	64,287	95,994	158,932	(27)
71,414	94,155	58,669	83,420	76,083	109,366	130,995	(28)
–	–	–	–	–	–	–	(29)
298,740	548,974	325,751	370,572	384,605	596,275	807,041	(30)
–	–	–	–	–	–	–	(31)

単位：円

6　月	7　月	8　月	9　月	10　月	11　月	12　月	
2,583	2,582	2,469	2,592	2,512	2,665	2,792	(1)
2,552	2,536	2,415	2,587	2,486	2,645	2,745	(2)
2,524	2,614	2,490	3,688	2,484	2,657	2,747	(3)
2,304	2,249	2,146	2,152	2,207	2,261	2,478	(4)
2,539	2,490	2,390	2,452	2,462	2,583	2,703	(5)
2,375	2,350	2,202	2,211	2,276	2,454	2,659	(6)
2,586	2,554	2,517	2,487	2,455	2,572	2,724	(7)
2,590	2,473	2,271	2,427	2,437	2,622	2,739	(8)
2,540	2,509	2,408	2,444	2,446	2,564	2,765	(9)
3,400	3,530	3,491	3,522	3,516	3,676	3,623	(10)
2,553	2,611	2,467	2,450	2,546	2,590	2,791	(11)
2,489	2,581	2,318	2,328	2,352	2,648	2,805	(12)
2,710	2,759	2,685	2,612	2,616	2,736	2,949	(13)
2,616	2,667	2,482	2,547	2,477	2,629	2,773	(14)
2,378	2,679	2,211	2,044	2,454	2,694	2,836	(15)
2,508	2,486	2,428	2,361	2,378	2,553	2,742	(16)
2,397	2,408	2,397	2,384	2,326	2,371	2,535	(17)
2,389	2,357	2,559	2,147	2,509	2,533	2,822	(18)
2,871	3,023	2,873	2,906	2,842	3,071	3,354	(19)
–	–	1,825	–	1,996	2,351	2,888	(20)
2,514	2,584	2,498	2,438	2,513	2,722	2,837	(21)
2,367	2,344	2,322	2,459	2,345	2,507	2,655	(22)
–	–	–	–	–	–	–	(23)
3,209	2,969	3,246	3,075	3,101	3,067	3,213	(24)
3,248	3,462	3,379	3,133	3,039	3,199	3,529	(25)
2,616	2,589	2,485	2,521	2,492	2,655	2,751	(26)
2,566	2,612	2,569	2,550	2,417	2,407	2,805	(27)
2,705	2,740	2,621	2,577	2,604	2,795	2,924	(28)
–	–	–	–	–	–	–	(29)
2,460	2,636	2,365	2,426	2,385	2,646	2,787	(30)
–	–	–	–	–	–	–	(31)

1 月別取引成立頭数・価格（食肉卸売市場別）（続き）
(6) 乳牛計
ア 枝肉の取引成立頭数

市場		平成29年計	1 月	2 月	3 月	4 月	5 月
合　　　　計	(1)	51,147	4,089	4,160	4,642	4,319	4,077
中 央 市 場 計	(2)	31,296	2,505	2,515	2,765	2,630	2,466
仙　　　　台	(3)	2,963	238	231	294	251	184
さ い た ま	(4)	5,773	534	458	492	509	444
東　　　　京	(5)	15,001	1,196	1,220	1,232	1,225	1,218
横　　　　浜	(6)	408	33	27	65	25	54
名　古　屋	(7)	927	70	76	74	76	67
京　　　　都	(8)	65	1	4	9	6	3
大　　　　阪	(9)	515	37	44	47	44	47
神　　　　戸	(10)	-	-	-	-	-	-
広　　　　島	(11)	2,867	198	223	255	239	234
福　　　　岡	(12)	2,777	198	232	297	255	215
指 定 市 場 計	(13)	19,851	1,584	1,645	1,877	1,689	1,611
茨　　　　城	(14)	1,738	197	137	142	134	126
宇　都　宮	(15)	1,284	109	91	117	108	100
群　　　　馬	(16)	297	33	23	26	26	27
川　　　　口	(17)	433	24	43	49	1	22
山　　　　梨	(18)	1,074	83	92	88	120	78
岐　　　　阜	(19)	-	-	-	-	-	-
浜　　　　松	(20)	497	39	47	44	33	37
東　三　河	(21)	1,294	95	93	108	88	101
四　日　市	(22)	240	21	15	34	13	17
南　大　阪	(23)	-	-	-	-	-	-
姫　　　　路	(24)	4,739	227	283	248	242	319
加　古　川	(25)	382	44	67	126	92	33
西　　　　宮	(26)	2,110	311	304	409	309	293
岡　　　　山	(27)	2,109	137	176	174	197	161
坂　　　　出	(28)	1,705	149	137	137	144	144
愛　　　　媛	(29)	-	-	-	-	-	-
佐　世　保	(30)	1,949	115	137	175	182	153
熊　　　　本	(31)	-	-	-	-	-	-

イ 枝肉の取引総重量

市場		平成29年計	1 月	2 月	3 月	4 月	5 月
合　　　　計	(1)	18,809.0	1,500.2	1,562.8	1,749.5	1,626.0	1,524.1
中 央 市 場 計	(2)	10,671.1	853.2	882.0	970.8	924.8	858.9
仙　　　　台	(3)	956.8	75.7	76.8	95.4	83.1	60.4
さ い た ま	(4)	1,896.6	178.9	153.4	166.7	171.9	148.1
東　　　　京	(5)	4,814.0	387.2	412.8	411.9	409.4	401.1
横　　　　浜	(6)	176.0	14.1	11.6	30.0	10.1	25.9
名　古　屋	(7)	454.2	34.8	38.1	36.6	36.4	32.2
京　　　　都	(8)	25.6	0.3	1.7	3.1	1.8	1.2
大　　　　阪	(9)	202.7	14.8	17.1	19.2	18.2	18.8
神　　　　戸	(10)	-	-	-	-	-	-
広　　　　島	(11)	1,151.7	79.2	89.6	100.6	99.0	94.8
福　　　　岡	(12)	993.5	68.1	81.0	107.4	94.8	76.5
指 定 市 場 計	(13)	8,137.8	647.0	680.8	778.6	701.2	665.2
茨　　　　城	(14)	544.1	64.7	41.2	45.2	41.6	39.3
宇　都　宮	(15)	519.5	44.4	38.7	48.1	44.9	41.0
群　　　　馬	(16)	78.3	8.9	6.4	6.6	7.3	6.9
川　　　　口	(17)	153.1	7.7	15.2	18.4	0.5	7.5
山　　　　梨	(18)	333.5	25.9	28.1	28.2	39.4	23.4
岐　　　　阜	(19)	-	-	-	-	-	-
浜　　　　松	(20)	174.6	12.0	17.2	15.5	11.7	12.7
東　三　河	(21)	540.3	38.6	38.5	44.7	37.3	42.9
四　日　市	(22)	105.2	9.0	6.9	14.5	5.4	7.8
南　大　阪	(23)	-	-	-	-	-	-
姫　　　　路	(24)	2,142.0	105.4	128.7	110.7	109.5	143.5
加　古　川	(25)	166.4	18.1	29.6	55.5	40.9	14.0
西　　　　宮	(26)	958.5	146.0	142.0	187.9	141.8	130.7
岡　　　　山	(27)	878.4	57.2	72.4	72.7	83.3	66.6
坂　　　　出	(28)	710.2	60.2	56.0	56.5	60.7	61.8
愛　　　　媛	(29)	-	-	-	-	-	-
佐　世　保	(30)	833.9	48.9	60.0	74.3	77.0	67.0
熊　　　　本	(31)	-	-	-	-	-	-

単位：頭

6 月	7 月	8 月	9 月	10 月	11 月	12 月	
4,101	4,118	4,191	4,190	4,378	4,717	4,165	(1)
2,382	2,407	2,584	2,642	2,846	2,988	2,566	(2)
244	216	244	262	291	325	183	(3)
464	458	422	446	520	617	409	(4)
1,078	1,128	1,330	1,290	1,383	1,360	1,341	(5)
36	28	25	26	32	29	28	(6)
85	74	75	81	80	82	87	(7)
4	8	10	7	2	7	4	(8)
56	45	39	43	31	39	43	(9)
–	–	–	–	–	–	–	(10)
213	214	224	245	280	254	288	(11)
202	236	215	242	227	275	183	(12)
1,719	1,711	1,607	1,548	1,532	1,729	1,599	(13)
165	152	140	125	150	158	112	(14)
97	108	131	120	83	103	117	(15)
18	30	25	27	19	26	17	(16)
47	40	44	33	35	59	36	(17)
79	96	79	85	85	123	66	(18)
–	–	–	–	–	–	–	(19)
32	47	39	46	49	46	38	(20)
101	117	117	110	122	139	103	(21)
17	21	15	20	21	15	31	(22)
–	–	–	–	–	–	–	(23)
458	511	462	425	469	537	558	(24)
5	3	–	1	3	7	1	(25)
177	115	90	102	–	–	–	(26)
187	158	171	156	175	192	225	(27)
147	135	146	139	148	141	138	(28)
–	–	–	–	–	–	–	(29)
189	178	148	159	173	183	157	(30)
–	–	–	–	–	–	–	(31)

単位：t

6 月	7 月	8 月	9 月	10 月	11 月	12 月	
1,540.8	1,514.6	1,498.2	1,490.9	1,562.1	1,707.1	1,532.6	(1)
825.5	812.1	851.1	870.6	940.8	1,012.4	868.9	(2)
79.8	67.5	76.9	84.1	92.3	104.0	60.8	(3)
151.4	145.8	133.1	140.5	168.5	205.5	132.8	(4)
349.3	361.1	406.0	392.2	425.3	432.8	425.1	(5)
14.4	11.1	10.8	11.1	12.9	12.4	11.6	(6)
41.6	35.9	36.7	39.7	39.5	39.2	43.4	(7)
1.6	3.5	4.4	2.8	0.8	2.8	1.6	(8)
20.9	17.8	14.2	16.9	12.7	15.6	16.3	(9)
–	–	–	–	–	–	–	(10)
89.9	85.1	93.4	97.4	110.3	101.1	111.2	(11)
76.6	84.2	75.7	85.8	78.5	99.0	66.0	(12)
715.3	702.5	647.0	620.4	621.3	694.8	663.7	(13)
51.9	49.9	41.4	37.0	46.1	50.9	34.8	(14)
39.4	44.8	50.4	44.8	35.2	38.5	49.3	(15)
4.4	8.2	7.4	6.6	4.7	6.4	4.5	(16)
16.5	14.4	16.0	10.8	12.9	21.4	11.8	(17)
25.4	28.9	24.1	24.1	25.4	38.9	21.6	(18)
–	–	–	–	–	–	–	(19)
11.8	16.6	13.4	15.4	18.1	16.1	14.1	(20)
42.8	49.5	49.8	45.2	50.3	57.5	43.3	(21)
7.0	8.9	6.9	8.6	9.1	6.3	14.7	(22)
–	–	–	–	–	–	–	(23)
210.2	231.7	206.4	193.1	212.9	240.9	248.9	(24)
2.2	1.4	–	0.3	1.1	3.0	0.3	(25)
79.1	49.3	37.8	44.0	–	–	–	(26)
78.9	65.4	69.5	63.6	70.3	79.1	99.4	(27)
63.0	57.3	61.5	58.9	61.3	57.8	55.1	(28)
–	–	–	–	–	–	–	(29)
82.9	76.1	62.5	67.9	73.9	77.8	65.8	(30)
–	–	–	–	–	–	–	(31)

1 月別取引成立頭数・価格（食肉卸売市場別）（続き）
(6) 乳牛計（続き）
ウ 枝肉の取引総価額

市場			平成29年計	1 月	2 月	3 月	4 月	5 月
合	計	(1)	14,947,619	1,189,865	1,248,814	1,390,502	1,331,398	1,248,925
中央市場計		(2)	7,220,783	586,025	608,611	664,383	653,507	609,953
仙	台	(3)	544,670	38,698	49,934	50,307	47,972	35,071
さいたま		(4)	1,112,842	110,279	90,501	98,682	102,840	88,879
東	京	(5)	2,912,159	243,036	256,140	265,634	270,460	260,648
横	浜	(6)	143,614	9,974	9,225	26,175	8,994	20,532
名 古 屋		(7)	520,170	39,914	43,495	42,159	42,073	37,203
京	都	(8)	15,932	338	1,698	1,782	509	634
大	阪	(9)	168,829	13,848	14,013	17,007	16,429	16,679
神	戸	(10)	－	－	－	－	－	－
広	島	(11)	1,048,633	77,747	84,567	88,723	92,395	87,617
福	岡	(12)	753,934	52,191	59,038	73,914	71,835	62,690
指定市場計		(13)	7,726,836	603,840	640,203	726,119	677,891	638,972
茨	城	(14)	272,492	33,217	20,533	24,035	21,208	20,942
宇 都 宮		(15)	426,395	36,398	33,743	39,549	37,111	34,173
群	馬	(16)	32,567	4,624	3,000	2,737	3,423	3,194
川	口	(17)	87,062	3,715	8,249	10,741	319	4,408
山	梨	(18)	179,735	14,469	15,733	16,904	22,776	11,704
岐	阜	(19)	－	－	－	－	－	－
浜	松	(20)	132,154	7,734	13,635	13,056	10,109	9,909
東 三 河		(21)	537,671	38,335	38,661	44,596	38,762	43,512
四 日 市		(22)	103,560	9,143	6,657	14,108	5,253	7,709
南 大 阪		(23)	－	－	－	－	－	－
姫	路	(24)	2,362,412	112,750	133,139	112,858	121,930	160,557
加 古 川		(25)	160,919	16,984	28,756	54,273	40,444	13,379
西	宮	(26)	993,931	155,808	147,344	189,033	154,894	134,514
岡	山	(27)	858,839	56,453	70,913	71,898	80,864	62,317
坂	出	(28)	727,546	62,438	57,146	56,227	63,243	65,070
愛	媛	(29)	－	－	－	－	－	－
佐 世 保		(30)	851,553	51,772	62,694	76,104	77,555	67,584
熊	本	(31)	－	－	－	－	－	－

エ 枝肉の1kg当たり卸売価格

市場			平成29年計	1 月	2 月	3 月	4 月	5 月
合	計	(1)	795	793	799	795	819	819
中央市場計		(2)	677	687	690	684	707	710
仙	台	(3)	569	511	650	527	577	581
さいたま		(4)	587	616	590	592	598	600
東	京	(5)	605	628	620	645	661	650
横	浜	(6)	816	707	796	872	889	794
名 古 屋		(7)	1,145	1,147	1,143	1,152	1,155	1,154
京	都	(8)	623	1,040	983	579	290	533
大	阪	(9)	833	934	818	886	902	888
神	戸	(10)	－	－	－	－	－	－
広	島	(11)	910	981	944	882	933	924
福	岡	(12)	759	767	729	688	758	820
指定市場計		(13)	949	933	940	933	967	961
茨	城	(14)	501	513	499	531	509	532
宇 都 宮		(15)	821	821	871	822	827	834
群	馬	(16)	416	518	469	416	471	460
川	口	(17)	569	483	544	583	647	585
山	梨	(18)	539	558	559	600	578	501
岐	阜	(19)	－	－	－	－	－	－
浜	松	(20)	757	644	791	845	861	781
東 三 河		(21)	995	994	1,005	997	1,040	1,013
四 日 市		(22)	985	1,016	963	974	980	987
南 大 阪		(23)	－	－	－	－	－	－
姫	路	(24)	1,103	1,069	1,035	1,020	1,113	1,119
加 古 川		(25)	967	938	970	978	990	953
西	宮	(26)	1,037	1,067	1,038	1,006	1,092	1,030
岡	山	(27)	978	987	980	989	970	936
坂	出	(28)	1,024	1,037	1,021	996	1,042	1,052
愛	媛	(29)	－	－	－	－	－	－
佐 世 保		(30)	1,021	1,059	1,045	1,025	1,007	1,008
熊	本	(31)	－	－	－	－	－	－

－ 144 －

単位：千円

6 月	7 月	8 月	9 月	10 月	11 月	12 月	
1,275,800	1,241,517	1,184,154	1,144,435	1,194,139	1,303,237	1,194,833	(1)
587,235	566,059	574,706	567,770	609,029	653,610	539,895	(2)
47,486	38,451	46,203	46,126	53,825	59,210	31,387	(3)
91,000	89,605	80,905	79,588	98,038	115,468	67,057	(4)
220,949	229,066	242,900	223,099	238,937	246,176	215,114	(5)
11,650	9,463	8,899	7,756	11,055	9,749	10,142	(6)
47,973	41,014	41,984	45,323	45,055	44,142	49,835	(7)
1,421	1,963	2,309	1,920	658	1,849	851	(8)
16,963	13,117	10,413	12,970	11,501	12,862	13,027	(9)
－	－	－	－	－	－	－	(10)
83,856	75,511	85,104	85,805	97,002	92,553	97,753	(11)
65,937	67,869	55,989	65,183	52,958	71,601	54,729	(12)
688,565	675,458	609,448	576,665	585,110	649,627	654,938	(13)
27,937	28,953	21,317	17,525	20,392	24,210	12,223	(14)
32,030	38,688	38,316	34,502	29,628	31,427	40,830	(15)
2,022	4,058	3,556	2,166	1,263	1,693	831	(16)
9,638	8,580	9,572	6,007	7,619	12,344	5,870	(17)
12,697	15,612	13,038	12,397	12,432	20,810	11,163	(18)
－	－	－	－	－	－	－	(19)
10,181	11,978	9,481	10,322	14,044	11,315	10,390	(20)
43,507	50,698	50,720	42,737	50,519	53,137	42,487	(21)
7,064	9,003	6,317	8,678	8,880	6,705	14,043	(22)
－	－	－	－	－	－	－	(23)
233,182	257,638	225,936	210,704	237,556	271,161	285,001	(24)
2,066	1,138	－	73	350	3,392	64	(25)
80,313	50,442	38,020	43,563	－	－	－	(26)
79,110	63,464	68,698	61,061	66,129	74,832	103,100	(27)
63,686	56,686	62,618	58,540	63,018	60,381	58,493	(28)
－	－	－	－	－	－	－	(29)
85,132	78,520	61,859	68,390	73,280	78,220	70,443	(30)
－	－	－	－	－	－	－	(31)

単位：円

6 月	7 月	8 月	9 月	10 月	11 月	12 月	
828	820	790	768	764	763	780	(1)
711	697	675	652	647	646	621	(2)
595	569	601	548	583	569	516	(3)
601	615	608	567	582	562	505	(4)
633	634	598	569	562	569	506	(5)
811	854	821	696	854	789	876	(6)
1,154	1,143	1,143	1,140	1,139	1,125	1,148	(7)
878	557	529	697	865	653	525	(8)
811	735	735	766	902	824	799	(9)
－	－	－	－	－	－	－	(10)
933	887	911	881	880	915	879	(11)
861	806	740	760	674	723	829	(12)
963	962	942	930	942	935	987	(13)
538	580	515	473	443	475	351	(14)
814	863	760	770	842	815	829	(15)
465	496	484	327	271	263	183	(16)
585	597	599	555	590	577	496	(17)
499	541	540	515	490	534	516	(18)
－	－	－	－	－	－	－	(19)
864	722	708	671	774	704	738	(20)
1,017	1,023	1,018	946	1,004	924	981	(21)
1,007	1,008	910	1,010	973	1,059	958	(22)
－	－	－	－	－	－	－	(23)
1,109	1,112	1,094	1,091	1,116	1,126	1,145	(24)
944	823	－	250	330	1,125	216	(25)
1,015	1,023	1,007	990	－	－	－	(26)
1,003	970	989	960	940	946	1,037	(27)
1,011	990	1,018	993	1,028	1,044	1,061	(28)
－	－	－	－	－	－	－	(29)
1,027	1,032	990	1,007	992	1,006	1,070	(30)
－	－	－	－	－	－	－	(31)

1　月別取引成立頭数・価格（食肉卸売市場別）（続き）
(7)　乳牛めす
ア　枝肉の取引成立頭数

市場		平成29年計	1月	2月	3月	4月	5月
合計	(1)	30,953	2,582	2,458	2,646	2,621	2,313
中央市場計	(2)	24,977	2,022	1,969	2,114	2,123	1,862
仙台	(3)	2,896	234	218	288	246	180
さいたま	(4)	5,552	513	441	469	491	433
東京	(5)	13,122	1,020	1,031	1,011	1,085	1,001
横浜	(6)	96	9	4	9	6	6
名古屋	(7)	20	–	8	–	–	–
京都	(8)	44	1	2	6	6	3
大阪	(9)	219	15	22	19	23	20
神戸	(10)	–	–	–	–	–	–
広島	(11)	1,155	84	71	100	86	81
福岡	(12)	1,873	146	172	212	180	138
指定市場計	(13)	5,976	560	489	532	498	451
茨城	(14)	1,694	194	135	140	130	122
宇都宮	(15)	652	61	39	56	49	50
群馬	(16)	292	32	23	25	24	26
川口	(17)	433	24	43	49	1	22
山梨	(18)	1,043	82	90	88	120	78
岐阜	(19)	–	–	–	–	–	–
浜松	(20)	308	31	29	24	17	22
東三河	(21)	305	25	23	26	20	22
四日市	(22)	70	5	6	9	2	10
南大阪	(23)	–	–	–	–	–	–
姫路	(24)	64	2	5	4	8	4
加古川	(25)	57	7	2	10	15	7
西宮	(26)	19	10	2	3	–	1
岡山	(27)	706	53	69	67	75	59
坂出	(28)	74	9	2	3	5	3
愛媛	(29)	–	–	–	–	–	–
佐世保	(30)	259	25	21	28	32	25
熊本	(31)	–	–	–	–	–	–

イ　枝肉の取引総重量

市場		平成29年計	1月	2月	3月	4月	5月
合計	(1)	9,790.5	825.3	799.5	858.8	869.0	735.8
中央市場計	(2)	7,861.6	642.5	639.9	680.6	701.7	588.0
仙台	(3)	930.8	74.2	71.4	93.1	81.1	58.6
さいたま	(4)	1,810.4	171.3	146.9	156.8	165.5	143.5
東京	(5)	3,969.8	310.7	327.1	311.6	347.7	304.1
横浜	(6)	30.6	3.2	1.1	3.7	1.9	1.8
名古屋	(7)	8.1	–	3.6	–	–	–
京都	(8)	16.9	0.3	0.9	1.8	1.8	1.2
大阪	(9)	75.0	5.3	7.3	6.7	9.0	7.1
神戸	(10)	–	–	–	–	–	–
広島	(11)	407.9	30.9	25.2	34.9	32.9	28.3
福岡	(12)	612.1	46.6	56.3	72.0	61.8	43.4
指定市場計	(13)	1,928.9	182.7	159.6	178.2	167.3	147.8
茨城	(14)	527.0	63.3	40.3	44.5	40.3	37.8
宇都宮	(15)	205.6	20.7	13.0	18.5	16.7	15.9
群馬	(16)	76.6	8.6	6.4	6.3	6.6	6.6
川口	(17)	153.1	7.7	15.2	18.4	0.5	7.5
山梨	(18)	327.2	25.6	27.6	28.2	39.4	23.4
岐阜	(19)	–	–	–	–	–	–
浜松	(20)	85.1	8.3	8.4	6.3	4.6	6.1
東三河	(21)	93.3	7.4	7.3	8.3	6.1	7.1
四日市	(22)	31.5	2.1	3.0	3.9	0.9	4.7
南大阪	(23)	–	–	–	–	–	–
姫路	(24)	22.6	0.6	1.5	1.6	3.4	1.7
加古川	(25)	22.8	2.3	0.8	3.9	6.4	2.9
西宮	(26)	7.8	4.3	0.9	1.2	–	0.4
岡山	(27)	256.1	19.6	25.5	25.4	28.6	22.4
坂出	(28)	22.6	2.6	0.5	0.9	1.5	0.9
愛媛	(29)	–	–	–	–	–	–
佐世保	(30)	97.4	9.6	9.2	10.9	12.3	10.5
熊本	(31)	–	–	–	–	–	–

単位：頭

6　月	7　月	8　月	9　月	10　月	11　月	12　月	
2,324	2,406	2,601	2,640	2,816	3,091	2,455	(1)
1,841	1,914	2,094	2,147	2,325	2,488	2,078	(2)
240	210	237	259	286	319	179	(3)
443	424	414	442	494	601	387	(4)
944	996	1,185	1,169	1,239	1,228	1,213	(5)
14	9	6	9	10	6	8	(6)
2	-	-	2	-	6	2	(7)
-	7	6	4	-	5	4	(8)
23	22	17	18	7	17	16	(9)
-	-	-	-	-	-	-	(10)
61	85	88	96	133	113	157	(11)
114	161	141	148	156	193	112	(12)
483	492	507	493	491	603	377	(13)
164	146	136	118	147	151	111	(14)
49	47	83	72	35	55	56	(15)
18	30	25	27	19	26	17	(16)
47	40	44	33	35	59	36	(17)
76	88	78	77	82	118	66	(18)
-	-	-	-	-	-	-	(19)
16	32	25	32	27	31	22	(20)
20	23	22	33	24	45	22	(21)
1	3	4	11	16	1	2	(22)
-	-	-	-	-	-	-	(23)
4	1	17	5	3	7	4	(24)
4	2	-	1	3	5	1	(25)
1	-	-	2	-	-	-	(26)
59	53	49	56	66	75	25	(27)
8	12	3	6	13	7	3	(28)
-	-	-	-	-	-	-	(29)
16	15	21	20	21	23	12	(30)
-	-	-	-	-	-	-	(31)

単位：t

6　月	7　月	8　月	9　月	10　月	11　月	12　月	
738.2	752.5	787.3	801.4	863.8	984.6	774.5	(1)
581.6	594.5	629.7	651.9	706.9	791.9	652.3	(2)
78.1	65.7	74.4	82.9	90.4	101.5	59.3	(3)
142.6	133.8	130.3	139.2	157.1	199.5	123.9	(4)
288.0	301.6	339.4	340.1	360.1	372.7	366.9	(5)
4.3	2.2	2.0	3.2	2.9	1.7	2.5	(6)
0.9	-	-	0.9	-	2.1	0.6	(7)
-	3.2	2.8	1.5	-	1.9	1.6	(8)
7.3	8.0	4.7	5.8	2.3	6.5	5.1	(9)
-	-	-	-	-	-	-	(10)
22.8	27.5	31.4	32.1	45.1	40.3	56.3	(11)
37.7	52.5	44.7	46.4	49.0	65.7	35.9	(12)
156.6	157.9	157.6	149.5	156.9	192.6	122.2	(13)
51.6	47.4	39.8	34.4	44.8	48.4	34.3	(14)
14.8	14.2	26.1	20.5	11.3	15.2	18.7	(15)
4.4	8.2	7.4	6.6	4.7	6.4	4.5	(16)
16.5	14.4	16.0	10.8	12.9	21.4	11.8	(17)
24.8	27.7	23.8	23.2	24.9	37.0	21.6	(18)
-	-	-	-	-	-	-	(19)
4.3	9.5	6.8	8.6	7.5	8.7	6.0	(20)
5.7	6.6	6.6	10.2	6.6	14.4	7.0	(21)
0.4	1.2	2.0	4.9	7.1	0.4	1.0	(22)
-	-	-	-	-	-	-	(23)
1.6	0.3	4.8	2.0	0.9	2.7	1.5	(24)
1.9	1.0	-	0.3	1.1	2.0	0.3	(25)
0.4	-	-	0.7	-	-	-	(26)
21.5	18.8	16.6	18.7	23.0	25.9	10.3	(27)
2.7	3.9	1.1	1.8	3.8	2.1	0.7	(28)
-	-	-	-	-	-	-	(29)
6.2	4.8	6.7	6.7	8.1	8.0	4.5	(30)
-	-	-	-	-	-	-	(31)

1 月別取引成立頭数・価格（食肉卸売市場別）（続き）
(7) 乳牛めす（続き）
ウ 枝肉の取引総価額

市場			平成29年計	1 月	2 月	3 月	4 月	5 月
合	計	(1)	5,480,906	481,071	459,679	497,355	523,123	426,396
中央市場計		(2)	4,398,471	374,718	365,307	388,447	422,111	338,343
仙	台	(3)	523,710	37,836	45,278	48,929	45,996	33,742
さいたま		(4)	1,041,688	103,494	84,893	90,340	97,808	85,196
東	京	(5)	2,110,281	171,568	173,973	178,036	208,541	166,607
横	浜	(6)	17,072	1,624	659	2,460	1,127	1,040
名 古 屋		(7)	8,251	-	4,224	-	-	-
京	都	(8)	8,432	338	887	761	509	634
大	阪	(9)	44,980	3,951	4,439	4,208	7,158	5,146
神	戸	(10)	-	-	-	-	-	-
広	島	(11)	277,877	26,068	17,235	23,020	22,853	18,100
福	岡	(12)	366,180	29,839	33,719	40,693	38,119	27,878
指定市場計		(13)	1,082,435	106,353	94,372	108,908	101,012	88,053
茨	城	(14)	261,676	32,312	20,151	23,620	20,287	19,897
宇 都 宮		(15)	111,498	12,000	7,590	10,270	9,190	8,845
群	馬	(16)	31,634	4,419	3,000	2,606	2,919	3,101
川	口	(17)	87,062	3,715	8,249	10,741	319	4,408
山	梨	(18)	176,367	14,188	15,312	16,904	22,776	11,704
岐	阜	(19)	-	-	-	-	-	-
浜	松	(20)	39,413	3,718	3,967	3,260	2,387	2,944
東 三 河		(21)	44,295	3,849	4,448	4,587	3,996	3,930
四 日 市		(22)	29,770	2,073	2,886	3,509	907	4,416
南 大 阪		(23)	-	-	-	-	-	-
姫	路	(24)	18,550	306	856	1,381	3,490	1,912
加 古 川		(25)	17,210	1,233	124	3,134	5,017	2,177
西	宮	(26)	7,755	4,488	898	1,145	-	253
岡	山	(27)	182,300	15,471	19,575	19,648	20,560	15,696
坂	出	(28)	12,391	1,113	175	486	691	630
愛	媛	(29)	-	-	-	-	-	-
佐 世 保		(30)	62,514	7,468	7,141	7,617	8,473	8,140
熊	本	(31)	-	-	-	-	-	-

エ 枝肉の1kg当たり卸売価格

市場			平成29年計	1 月	2 月	3 月	4 月	5 月
合	計	(1)	560	583	575	579	602	579
中央市場計		(2)	559	583	571	571	602	575
仙	台	(3)	563	510	634	525	567	576
さいたま		(4)	575	604	578	576	591	594
東	京	(5)	532	552	532	571	600	548
横	浜	(6)	557	504	595	671	581	562
名 古 屋		(7)	1,020	-	1,164	-	-	-
京	都	(8)	498	1,040	984	417	290	533
大	阪	(9)	600	742	608	629	797	727
神	戸	(10)	-	-	-	-	-	-
広	島	(11)	681	842	683	659	694	640
福	岡	(12)	598	641	599	565	617	642
指定市場計		(13)	561	582	591	611	604	596
茨	城	(14)	497	510	500	531	503	527
宇 都 宮		(15)	542	580	585	556	550	555
群	馬	(16)	413	515	469	414	444	469
川	口	(17)	569	483	544	583	647	585
山	梨	(18)	539	554	554	600	578	501
岐	阜	(19)	-	-	-	-	-	-
浜	松	(20)	463	450	473	514	524	484
東 三 河		(21)	475	517	609	553	653	556
四 日 市		(22)	944	968	972	905	972	936
南 大 阪		(23)	-	-	-	-	-	-
姫	路	(24)	819	541	559	871	1,024	1,136
加 古 川		(25)	754	547	150	799	789	755
西	宮	(26)	996	1,038	1,033	993	-	649
岡	山	(27)	712	789	767	774	719	701
坂	出	(28)	548	430	344	548	455	691
愛	媛	(29)	-	-	-	-	-	-
佐 世 保		(30)	642	776	777	701	687	777
熊	本	(31)	-	-	-	-	-	-

単位：千円

6 月	7 月	8 月	9 月	10 月	11 月	12 月	
429,218	437,267	441,575	430,682	454,708	527,368	372,464	(1)
339,867	347,072	355,805	351,066	371,284	428,011	316,440	(2)
45,971	37,443	43,940	44,995	52,071	57,311	30,198	(3)
82,957	79,535	78,767	78,672	88,647	110,681	60,698	(4)
161,530	171,575	181,148	175,368	175,091	187,909	158,935	(5)
2,316	998	1,187	1,927	1,610	865	1,259	(6)
1,020	-	-	1,038	-	1,445	524	(7)
-	1,667	1,120	741	-	924	851	(8)
4,200	4,200	1,503	2,588	1,428	3,797	2,362	(9)
-			-		-	-	(10)
15,606	16,398	21,903	19,994	28,975	28,718	39,007	(11)
26,267	35,256	26,237	25,743	23,462	36,361	22,606	(12)
89,351	90,195	85,770	79,616	83,424	99,357	56,024	(13)
27,746	27,287	20,183	15,610	19,586	22,916	12,081	(14)
8,039	8,065	14,142	10,880	6,142	7,518	8,817	(15)
2,022	4,058	3,556	2,166	1,263	1,693	831	(16)
9,638	8,580	9,572	6,007	7,619	12,344	5,870	(17)
12,474	15,218	12,805	12,152	12,338	19,333	11,163	(18)
-			-			-	(19)
2,127	4,613	2,921	3,795	3,335	3,913	2,433	(20)
2,354	2,736	3,050	4,394	2,932	5,378	2,641	(21)
368	1,171	1,456	4,825	6,783	415	961	(22)
-							(23)
1,617	257	3,035	2,014	748	1,547	1,387	(24)
1,950	738	-	73	350	2,350	64	(25)
343	-	-	628		-	-	(26)
15,168	12,626	11,072	12,486	15,638	17,116	7,244	(27)
1,339	2,142	1,145	1,071	2,394	1,078	127	(28)
-					-	-	(29)
4,166	2,704	2,833	3,515	4,296	3,756	2,405	(30)
					-	-	(31)

単位：円

6 月	7 月	8 月	9 月	10 月	11 月	12 月	
581	581	561	537	526	536	481	(1)
584	584	565	538	525	540	485	(2)
588	570	591	543	576	565	509	(3)
582	594	605	565	564	555	490	(4)
561	569	534	516	486	504	433	(5)
541	446	596	601	554	502	503	(6)
1,182	-	-	1,194	-	683	858	(7)
-	524	406	498	-	488	525	(8)
579	527	317	450	621	587	462	(9)
-			-		-	-	(10)
684	597	697	623	642	712	693	(11)
697	671	587	555	479	554	629	(12)
571	571	544	533	532	516	458	(13)
538	575	507	454	437	473	352	(14)
543	567	542	529	544	494	472	(15)
465	496	484	327	271	263	183	(16)
585	597	599	555	590	577	496	(17)
503	550	539	523	495	523	516	(18)
-			-			-	(19)
494	488	429	440	443	450	404	(20)
412	415	462	430	443	374	378	(21)
992	972	739	995	951	1,027	987	(22)
-							(23)
1,020	758	626	996	795	583	939	(24)
1,014	756	-	250	330	1,151	216	(25)
963	-	-	908		-	-	(26)
707	673	669	668	678	661	706	(27)
501	543	1,008	605	623	504	178	(28)
-					-	-	(29)
677	564	422	525	533	471	537	(30)
					-	-	(31)

1 月別取引成立頭数・価格（食肉卸売市場別）（続き）
(8) 乳牛去勢
　ア　枝肉の取引成立頭数

市場			平成29年計	1 月	2 月	3 月	4 月	5 月
合	計	(1)	20,128	1,504	1,698	1,977	1,693	1,763
中央市場計		(2)	6,266	480	543	632	502	604
仙	台	(3)	65	4	13	6	5	4
さいたま		(4)	220	21	17	23	18	11
東	京	(5)	1,834	176	186	202	135	217
横	浜	(6)	312	24	23	56	19	48
名 古 屋		(7)	907	70	68	74	76	67
京	都	(8)	21	-	2	3	-	-
大	阪	(9)	296	22	22	28	21	27
神	戸	(10)	-	-	-	-	-	-
広	島	(11)	1,712	114	152	155	153	153
福	岡	(12)	899	49	60	85	75	77
指定市場計		(13)	13,862	1,024	1,155	1,345	1,191	1,159
茨	城	(14)	44	3	2	2	4	4
宇 都 宮		(15)	631	48	52	61	59	49
群	馬	(16)	5	1	-	1	2	1
川	口	(17)	-	-	-	-	-	-
山	梨	(18)	20	1	2	-	-	-
岐	阜	(19)	-	-	-	-	-	-
浜	松	(20)	189	8	18	20	16	15
東 三 河		(21)	989	70	70	82	68	79
四 日 市		(22)	169	16	8	25	11	7
南 大 阪		(23)	-	-	-	-	-	-
姫	路	(24)	4,675	225	278	244	234	315
加 古 川		(25)	325	37	65	116	77	26
西	宮	(26)	2,091	301	302	406	309	292
岡	山	(27)	1,403	84	107	107	122	102
坂	出	(28)	1,631	140	135	134	139	141
愛	媛	(29)	-	-	-	-	-	-
佐 世 保		(30)	1,690	90	116	147	150	128
熊	本	(31)	-	-	-	-	-	-

　イ　枝肉の取引総重量

市場			平成29年計	1 月	2 月	3 月	4 月	5 月
合	計	(1)	8,993.1	673.8	761.4	881.9	755.3	787.9
中央市場計		(2)	2,786.5	209.5	240.8	281.4	221.4	270.9
仙	台	(3)	25.0	1.5	5.4	2.3	2.0	1.7
さいたま		(4)	86.0	7.7	6.4	9.9	6.4	4.6
東	京	(5)	824.6	76.5	84.4	91.5	60.0	97.1
横	浜	(6)	145.4	10.9	10.5	26.4	8.2	24.0
名 古 屋		(7)	446.1	34.8	34.4	36.6	36.4	32.2
京	都	(8)	8.6	-	0.8	1.3	-	-
大	阪	(9)	127.7	9.5	9.8	12.5	9.2	11.7
神	戸	(10)	-	-	-	-	-	-
広	島	(11)	743.8	48.3	64.4	65.6	66.1	66.5
福	岡	(12)	379.3	20.4	24.7	35.4	33.0	33.0
指定市場計		(13)	6,206.7	464.3	520.6	600.5	533.9	517.0
茨	城	(14)	17.1	1.4	0.8	0.8	1.3	1.6
宇 都 宮		(15)	313.4	23.7	25.7	29.7	28.2	24.6
群	馬	(16)	1.7	0.3	-	0.3	0.7	0.3
川	口	(17)	-	-	-	-	-	-
山	梨	(18)	5.0	0.3	0.5	-	-	-
岐	阜	(19)	-	-	-	-	-	-
浜	松	(20)	89.5	3.7	8.8	9.1	7.2	6.6
東 三 河		(21)	447.0	31.1	31.2	36.4	31.1	35.9
四 日 市		(22)	73.1	6.9	3.4	10.6	4.4	3.1
南 大 阪		(23)	-	-	-	-	-	-
姫	路	(24)	2,119.3	104.9	127.1	109.1	106.1	141.9
加 古 川		(25)	143.5	15.9	28.8	51.6	34.5	11.2
西	宮	(26)	950.7	141.7	141.1	186.7	141.8	130.3
岡	山	(27)	622.3	37.6	46.9	47.3	54.8	44.2
坂	出	(28)	687.6	57.6	55.5	55.6	59.2	60.9
愛	媛	(29)	-	-	-	-	-	-
佐 世 保		(30)	736.6	39.3	50.8	63.4	64.7	56.6
熊	本	(31)	-	-	-	-	-	-

単位：頭

6 月	7 月	8 月	9 月	10 月	11 月	12 月	
1,774	1,709	1,590	1,541	1,559	1,620	1,700	(1)
538	490	490	494	521	494	478	(2)
4	5	7	3	5	5	4	(3)
21	34	8	3	26	16	22	(4)
132	131	145	121	144	127	118	(5)
22	19	19	17	22	23	20	(6)
83	74	75	79	80	76	85	(7)
4	1	4	3	2	2	–	(8)
33	23	22	25	24	22	27	(9)
–	–	–	–	–	–	–	(10)
152	129	136	149	147	141	131	(11)
87	74	74	94	71	82	71	(12)
1,236	1,219	1,100	1,047	1,038	1,126	1,222	(13)
1	6	4	7	3	7	1	(14)
48	61	48	48	48	48	61	(15)
–	–	–	–	–	–	–	(16)
–	–	–	–	–	–	–	(17)
3	8	1	–	–	5	–	(18)
–	–	–	–	–	–	–	(19)
16	15	14	14	22	15	16	(20)
81	94	95	77	98	94	81	(21)
16	18	11	9	5	14	29	(22)
–	–	–	–	–	–	–	(23)
454	510	445	420	466	530	554	(24)
1	1	–	–	–	2	–	(25)
176	115	90	100	–	–	–	(26)
128	105	122	100	109	117	200	(27)
139	123	143	133	135	134	135	(28)
–	–	–	–	–	–	–	(29)
173	163	127	139	152	160	145	(30)
–	–	–	–	–	–	–	(31)

単位：t

6 月	7 月	8 月	9 月	10 月	11 月	12 月	
801.1	760.9	710.9	688.4	697.9	719.8	753.8	(1)
242.3	216.4	221.4	218.4	233.9	217.7	212.4	(2)
1.7	1.4	2.5	1.3	1.9	1.9	1.4	(3)
8.9	12.0	2.9	1.0	11.3	5.9	8.9	(4)
60.3	59.2	66.6	52.1	65.2	57.9	54.0	(5)
10.1	8.8	8.8	7.9	10.0	10.6	9.1	(6)
40.7	35.9	36.7	38.9	39.5	37.1	42.8	(7)
1.6	0.3	1.6	1.3	0.8	0.9	–	(8)
13.7	9.9	9.4	11.2	10.4	9.1	11.2	(9)
–	–	–	–	–	–	–	(10)
67.1	57.7	62.0	65.3	65.1	60.8	54.9	(11)
38.3	31.2	31.0	39.4	29.5	33.3	30.1	(12)
558.8	544.5	489.5	470.0	464.0	502.1	541.4	(13)
0.3	2.5	1.6	2.6	1.2	2.5	0.5	(14)
24.5	30.6	24.4	24.3	23.9	23.3	30.6	(15)
–	–	–	–	–	–	–	(16)
–	–	–	–	–	–	–	(17)
0.6	1.2	0.4	–	–	1.9	–	(18)
–	–	–	–	–	–	–	(19)
7.5	7.1	6.6	6.8	10.6	7.4	8.1	(20)
37.1	43.0	43.2	34.9	43.7	43.2	36.3	(21)
6.6	7.7	5.0	3.7	2.0	5.9	13.7	(22)
–	–	–	–	–	–	–	(23)
208.6	231.4	201.6	191.1	212.0	238.2	247.4	(24)
0.3	0.4	–	–	–	1.0	–	(25)
78.8	49.3	37.8	43.3	–	–	–	(26)
57.4	46.7	52.9	44.9	47.3	53.2	89.2	(27)
60.3	53.3	60.3	57.2	57.5	55.7	54.4	(28)
–	–	–	–	–	–	–	(29)
76.7	71.3	55.7	61.2	65.8	69.8	61.3	(30)
–	–	–	–	–	–	–	(31)

1 月別取引成立頭数・価格（食肉卸売市場別）（続き）
(8) 乳牛去勢（続き）
ウ 枝肉の取引総価額

市場			平成29年計	1 月	2 月	3 月	4 月	5 月
合	計	(1)	9,453,900	708,293	787,879	888,409	807,351	822,347
中央市場計		(2)	2,810,560	210,806	242,588	271,198	230,472	271,610
仙	台	(3)	20,581	862	4,656	1,378	1,976	1,329
さ い た ま		(4)	71,065	6,785	5,608	8,342	5,032	3,683
東	京	(5)	791,629	71,468	81,451	82,860	60,995	94,041
横	浜	(6)	126,542	8,350	8,566	23,715	7,867	19,492
名 古 屋		(7)	511,919	39,914	39,271	42,159	42,073	37,203
京	都	(8)	7,500	–	811	1,021	–	–
大	阪	(9)	123,849	9,897	9,574	12,799	9,271	11,533
神	戸	(10)	–	–	–	–	–	–
広	島	(11)	770,756	51,679	67,332	65,703	69,542	69,517
福	岡	(12)	386,719	21,851	25,319	33,221	33,716	34,812
指定市場計		(13)	6,643,340	497,487	545,291	617,211	576,879	550,737
茨	城	(14)	10,816	905	382	415	921	1,045
宇 都 宮		(15)	314,715	24,398	26,153	29,279	27,921	25,146
群	馬	(16)	933	205	–	131	504	93
川	口	(17)	–	–	–	–	–	–
山	梨	(18)	3,029	281	421	–	–	–
岐	阜	(19)	–	–	–	–	–	–
浜	松	(20)	92,741	4,016	9,668	9,796	7,722	6,965
東 三 河		(21)	493,376	34,486	34,213	40,009	34,766	39,582
四 日 市		(22)	73,250	7,070	3,231	10,599	4,346	3,293
南 大 阪		(23)	–	–	–	–	–	–
姫	路	(24)	2,343,862	112,444	132,283	111,477	118,440	158,645
加 古 川		(25)	143,709	15,751	28,632	51,139	35,427	11,202
西	宮	(26)	986,176	151,320	146,446	187,888	154,894	134,261
岡	山	(27)	676,539	40,982	51,338	52,250	60,304	46,621
坂	出	(28)	715,155	61,325	56,971	55,741	62,552	64,440
愛	媛	(29)	–	–	–	–	–	–
佐 世 保		(30)	789,039	44,304	55,553	68,487	69,082	59,444
熊	本	(31)	–	–	–	–	–	–

エ 枝肉の1kg当たり卸売価格

市場			平成29年計	1 月	2 月	3 月	4 月	5 月
合	計	(1)	1,051	1,051	1,035	1,007	1,069	1,044
中央市場計		(2)	1,009	1,006	1,007	964	1,041	1,003
仙	台	(3)	822	562	866	606	974	766
さ い た ま		(4)	827	884	871	841	783	807
東	京	(5)	960	934	965	906	1,017	969
横	浜	(6)	870	768	818	899	963	811
名 古 屋		(7)	1,148	1,147	1,141	1,152	1,155	1,154
京	都	(8)	871	–	982	815	–	–
大	阪	(9)	970	1,042	975	1,023	1,005	986
神	戸	(10)	–	–	–	–	–	–
広	島	(11)	1,036	1,070	1,046	1,001	1,052	1,045
福	岡	(12)	1,020	1,072	1,025	939	1,021	1,054
指定市場計		(13)	1,070	1,071	1,047	1,028	1,080	1,065
茨	城	(14)	634	641	465	550	699	666
宇 都 宮		(15)	1,004	1,031	1,016	987	991	1,022
群	馬	(16)	563	612	–	456	720	278
川	口	(17)	–	–	–	–	–	–
山	梨	(18)	611	969	863	–	–	–
岐	阜	(19)	–	–	–	–	–	–
浜	松	(20)	1,037	1,072	1,093	1,076	1,074	1,056
東 三 河		(21)	1,104	1,109	1,098	1,099	1,116	1,103
四 日 市		(22)	1,003	1,031	954	999	982	1,064
南 大 阪		(23)	–	–	–	–	–	–
姫	路	(24)	1,106	1,072	1,040	1,022	1,116	1,118
加 古 川		(25)	1,001	993	994	992	1,027	1,004
西	宮	(26)	1,037	1,068	1,038	1,006	1,092	1,031
岡	山	(27)	1,087	1,090	1,095	1,105	1,101	1,056
坂	出	(28)	1,040	1,064	1,027	1,003	1,057	1,058
愛	媛	(29)	–	–	–	–	–	–
佐 世 保		(30)	1,071	1,128	1,094	1,080	1,068	1,051
熊	本	(31)	–	–	–	–	–	–

単位：千円

6　月	7　月	8　月	9　月	10　月	11　月	12　月	
845,768	803,707	742,579	713,419	739,337	774,650	820,161	(1)
246,554	218,444	218,901	216,615	237,745	224,380	221,247	(2)
1,515	869	2,263	1,131	1,754	1,659	1,189	(3)
8,043	10,070	2,138	827	9,391	4,787	6,359	(4)
58,906	57,320	61,752	47,731	63,846	57,288	53,971	(5)
9,334	8,465	7,712	5,829	9,445	8,884	8,883	(6)
46,953	41,014	41,984	44,285	45,055	42,697	49,311	(7)
1,421	296	1,189	1,179	658	925	–	(8)
12,763	8,917	8,910	10,382	10,073	9,065	10,665	(9)
–	–	–	–	–	–	–	(10)
68,250	59,113	63,201	65,811	68,027	63,835	58,746	(11)
39,369	32,380	29,752	39,440	29,496	35,240	32,123	(12)
599,214	585,263	523,678	496,804	501,592	550,270	598,914	(13)
191	1,666	1,134	1,915	806	1,294	142	(14)
23,991	30,623	24,174	23,622	23,486	23,909	32,013	(15)
–	–	–	–	–	–	–	(16)
–	–	–	–	–	–	–	(17)
223	394	233	–	–	1,477	–	(18)
–	–	–	–	–	–	–	(19)
8,054	7,365	6,560	6,527	10,709	7,402	7,957	(20)
41,153	47,962	47,670	38,343	47,587	47,759	39,846	(21)
6,696	7,832	4,861	3,853	2,097	6,290	13,082	(22)
–	–	–	–	–	–	–	(23)
231,565	257,381	222,901	208,690	236,808	269,614	283,614	(24)
116	400	–	–	–	1,042	–	(25)
79,970	50,442	38,020	42,935	–	–	–	(26)
63,942	50,838	57,626	48,575	50,491	57,716	95,856	(27)
62,347	54,544	61,473	57,469	60,624	59,303	58,366	(28)
–	–	–	–	–	–	–	(29)
80,966	75,816	59,026	64,875	68,984	74,464	68,038	(30)
–	–	–	–	–	–	–	(31)

単位：円

6　月	7　月	8　月	9　月	10　月	11　月	12　月	
1,056	1,056	1,045	1,036	1,059	1,076	1,088	(1)
1,018	1,009	989	992	1,016	1,031	1,042	(2)
890	618	913	897	910	889	827	(3)
908	838	748	797	829	805	716	(4)
978	968	928	916	979	989	1,000	(5)
925	957	872	734	942	835	979	(6)
1,153	1,143	1,143	1,139	1,139	1,150	1,152	(7)
878	863	741	929	865	985	–	(8)
934	903	946	928	965	992	953	(9)
–	–	–	–	–	–	–	(10)
1,017	1,025	1,020	1,007	1,045	1,050	1,069	(11)
1,027	1,039	960	1,002	999	1,059	1,067	(12)
1,072	1,075	1,070	1,057	1,081	1,096	1,106	(13)
614	667	715	733	655	517	313	(14)
977	1,001	992	974	983	1,026	1,047	(15)
–	–	–	–	–	–	–	(16)
–	–	–	–	–	–	–	(17)
357	323	604	–	–	758	–	(18)
–	–	–	–	–	–	–	(19)
1,078	1,032	998	966	1,009	1,004	987	(20)
1,111	1,117	1,103	1,098	1,089	1,107	1,096	(21)
1,008	1,013	977	1,030	1,052	1,061	956	(22)
–	–	–	–	–	–	–	(23)
1,110	1,112	1,106	1,092	1,117	1,132	1,146	(24)
438	983	–	–	–	1,069	–	(25)
1,015	1,023	1,007	991	–	–	–	(26)
1,114	1,090	1,089	1,081	1,068	1,085	1,075	(27)
1,033	1,023	1,019	1,005	1,055	1,065	1,072	(28)
–	–	–	–	–	–	–	(29)
1,055	1,064	1,059	1,060	1,048	1,067	1,109	(30)
–	–	–	–	–	–	–	(31)

1 月別取引成立頭数・価格（食肉卸売市場別）（続き）
(9) 交雑牛計
ア 枝肉の取引成立頭数

市場			平成29年計	1 月	2 月	3 月	4 月	5 月
合	計	(1)	109,317	7,839	7,948	8,399	10,240	8,363
中央市場計		(2)	74,696	5,330	5,488	5,774	7,166	5,841
仙	台	(3)	2,435	194	220	196	215	177
さいた	ま	(4)	2,293	149	163	142	248	229
東	京	(5)	40,076	2,646	2,837	3,050	3,790	3,152
横	浜	(6)	5,028	423	390	435	574	373
名 古	屋	(7)	3,924	317	328	297	328	362
京	都	(8)	1,513	143	114	107	136	104
大	阪	(9)	11,611	857	890	981	1,181	849
神	戸	(10)	39	5	5	5	6	5
広	島	(11)	2,243	162	152	173	196	178
福	岡	(12)	5,534	434	389	388	492	412
指定市場計		(13)	34,621	2,509	2,460	2,625	3,074	2,522
茨	城	(14)	1,483	101	132	122	149	89
宇 都	宮	(15)	1,295	112	104	111	115	101
群	馬	(16)	10,423	773	679	804	1,045	741
川	口	(17)	2,095	135	143	152	161	154
山	梨	(18)	1,281	97	89	114	126	90
岐	阜	(19)	25	–	2	2	1	1
浜	松	(20)	2,176	202	164	153	155	195
東 三	河	(21)	4,132	311	345	354	366	288
四 日	市	(22)	478	16	19	18	64	39
南 大	阪	(23)	–	–	–	–	–	–
姫	路	(24)	3,430	106	173	144	133	167
加 古	川	(25)	1,800	149	146	183	233	156
西	宮	(26)	1,677	148	121	123	144	171
岡	山	(27)	879	69	70	75	66	71
坂	出	(28)	3,379	287	267	266	309	257
愛	媛	(29)	–	–	–	–	–	–
佐 世	保	(30)	68	3	6	4	7	2
熊	本	(31)	–	–	–	–	–	–

イ 枝肉の取引総重量

市場			平成29年計	1 月	2 月	3 月	4 月	5 月
合	計	(1)	55,233.0	3,917.6	4,010.0	4,248.3	5,180.0	4,242.9
中央市場計		(2)	38,124.0	2,682.5	2,789.5	2,955.7	3,659.0	3,006.3
仙	台	(3)	1,244.5	99.2	110.3	99.5	107.7	95.3
さいた	ま	(4)	1,137.5	72.0	78.1	71.9	122.7	115.6
東	京	(5)	20,840.4	1,358.2	1,473.0	1,596.4	1,969.7	1,661.9
横	浜	(6)	2,527.7	208.6	193.0	214.7	290.1	186.8
名 古	屋	(7)	1,967.7	157.7	162.7	150.7	164.1	184.0
京	都	(8)	777.1	74.2	58.6	54.6	68.0	54.3
大	阪	(9)	5,876.8	427.3	454.5	499.0	606.2	426.6
神	戸	(10)	19.1	2.5	2.5	2.4	3.1	2.5
広	島	(11)	1,044.0	74.5	71.3	80.5	91.6	82.3
福	岡	(12)	2,689.3	208.4	185.5	185.9	235.7	197.1
指定市場計		(13)	17,109.0	1,235.1	1,220.5	1,292.6	1,521.1	1,236.5
茨	城	(14)	747.9	50.9	67.4	60.1	75.2	45.3
宇 都	宮	(15)	707.8	60.8	56.0	60.3	61.9	54.6
群	馬	(16)	5,245.2	387.7	340.3	404.6	527.4	366.0
川	口	(17)	1,077.7	69.6	74.8	75.5	82.8	79.5
山	梨	(18)	563.0	42.8	39.2	50.2	56.1	40.8
岐	阜	(19)	11.9	–	1.0	0.9	0.5	0.5
浜	松	(20)	1,107.4	103.2	83.7	79.1	79.0	97.9
東 三	河	(21)	2,136.8	159.3	179.2	182.8	189.1	151.3
四 日	市	(22)	240.0	7.9	9.4	8.7	30.6	19.6
南 大	阪	(23)	–	–	–	–	–	–
姫	路	(24)	1,689.4	49.2	83.3	68.4	64.5	82.1
加 古	川	(25)	878.1	72.6	72.5	89.3	113.6	75.0
西	宮	(26)	842.0	71.1	60.2	62.2	73.5	83.9
岡	山	(27)	367.8	30.1	30.9	31.8	28.8	28.9
坂	出	(28)	1,466.3	128.7	119.9	117.2	135.3	110.4
愛	媛	(29)	–	–	–	–	–	–
佐 世	保	(30)	27.9	1.3	2.7	1.6	2.8	0.7
熊	本	(31)	–	–	–	–	–	–

単位：頭

6 月	7 月	8 月	9 月	10 月	11 月	12 月	
8,709	9,336	8,636	8,700	9,233	10,755	11,159	(1)
5,809	6,382	5,973	5,924	6,329	7,295	7,385	(2)
199	197	201	184	209	260	183	(3)
158	248	184	185	135	272	180	(4)
3,154	3,340	3,252	3,193	3,532	4,177	3,953	(5)
391	428	387	392	370	403	462	(6)
350	362	323	334	297	292	334	(7)
123	133	114	82	151	133	173	(8)
878	1,018	906	868	935	989	1,259	(9)
5	1	1	1	2	2	1	(10)
164	204	194	187	171	201	261	(11)
387	451	411	498	527	566	579	(12)
2,900	2,954	2,663	2,776	2,904	3,460	3,774	(13)
133	122	113	114	111	155	142	(14)
114	114	101	118	91	108	106	(15)
840	794	709	879	844	1,099	1,216	(16)
157	197	173	149	193	223	258	(17)
104	105	118	85	102	139	112	(18)
3	2	2	—	7	1	4	(19)
153	198	150	165	215	206	220	(20)
359	332	320	299	329	392	437	(21)
39	43	43	38	38	45	76	(22)
—	—	—	—	—	—		(23)
359	419	348	326	356	414	485	(24)
108	146	126	134	145	132	142	(25)
155	147	105	141	110	135	177	(26)
75	59	65	71	79	81	98	(27)
293	268	283	253	282	317	297	(28)
—	—	—	—	—	—	—	(29)
8	8	7	4	2	13	4	(30)
						—	(31)

単位：t

6 月	7 月	8 月	9 月	10 月	11 月	12 月	
4,402.4	4,722.7	4,358.2	4,379.6	4,657.1	5,439.0	5,675.2	(1)
2,970.8	3,261.9	3,055.6	3,010.4	3,229.8	3,725.0	3,777.6	(2)
102.2	103.1	101.6	93.6	106.5	131.1	94.4	(3)
78.0	124.0	90.3	91.3	67.0	137.9	88.8	(4)
1,641.4	1,748.7	1,701.0	1,650.5	1,826.7	2,166.0	2,046.8	(5)
196.4	212.1	200.1	197.3	189.4	204.2	235.0	(6)
175.0	180.9	162.9	168.4	148.8	145.4	167.2	(7)
64.0	69.3	56.9	40.8	78.2	68.4	90.0	(8)
446.7	512.3	452.9	441.3	472.4	496.9	640.8	(9)
2.5	0.5	0.5	0.4	0.9	0.9	0.4	(10)
76.6	94.3	90.7	85.3	77.9	94.3	124.7	(11)
187.9	216.8	198.6	241.6	262.1	280.1	289.6	(12)
1,431.7	1,460.8	1,302.6	1,369.2	1,427.3	1,714.0	1,897.7	(13)
68.0	62.2	57.2	58.0	56.4	76.3	70.9	(14)
62.9	63.5	55.7	64.1	49.9	58.9	59.2	(15)
423.3	403.3	354.9	444.3	419.8	554.3	619.3	(16)
80.2	100.1	87.8	76.7	99.6	115.5	135.7	(17)
44.9	47.6	52.2	35.9	43.9	59.6	49.8	(18)
1.4	1.0	0.8	—	3.5	0.4	1.8	(19)
76.7	100.9	72.8	82.3	108.9	106.0	116.9	(20)
186.2	170.6	164.0	154.0	169.8	204.6	225.8	(21)
20.1	21.9	21.5	19.0	20.0	22.1	39.2	(22)
							(23)
178.3	203.5	173.4	162.7	176.0	206.6	241.4	(24)
54.5	71.1	61.0	65.3	70.9	64.5	67.9	(25)
76.3	72.6	51.7	69.7	55.9	70.2	94.7	(26)
30.9	24.7	26.7	28.4	32.8	32.7	41.3	(27)
124.7	114.5	119.9	107.3	119.1	136.8	132.5	(28)
							(29)
3.2	3.5	2.9	1.4	0.9	5.6	1.3	(30)
							(31)

1　月別取引成立頭数・価格（食肉卸売市場別）（続き）

(9)　交雑牛計（続き）

ウ　枝肉の取引総価額

市場		平成29年計	1月	2月	3月	4月	5月
合計	(1)	**80,308,242**	**6,360,097**	**6,035,533**	**6,352,107**	**7,954,041**	**6,044,391**
中央市場計	(2)	**54,471,468**	**4,323,709**	**4,136,947**	**4,366,463**	**5,531,342**	**4,218,662**
仙台	(3)	1,772,484	165,426	167,208	144,945	158,763	135,904
さいたま	(4)	1,481,860	109,843	107,806	101,349	172,089	143,560
東京	(5)	29,240,858	2,161,129	2,156,095	2,345,291	2,921,250	2,295,465
横浜	(6)	3,448,748	321,715	269,247	303,897	424,741	252,373
名古屋	(7)	3,063,488	268,018	265,434	237,934	269,678	280,848
京都	(8)	1,140,470	119,023	84,357	82,098	106,298	74,655
大阪	(9)	8,737,065	712,512	690,992	755,478	960,664	625,911
神戸	(10)	30,585	4,390	4,017	4,054	4,482	4,012
広島	(11)	1,594,434	123,244	112,552	123,263	148,706	125,953
福岡	(12)	3,961,476	338,409	279,239	268,154	364,671	279,981
指定市場計	(13)	**25,836,774**	**2,036,388**	**1,898,586**	**1,985,644**	**2,422,699**	**1,825,729**
茨城	(14)	1,094,872	85,373	96,732	91,769	116,866	68,148
宇都宮	(15)	1,107,939	104,413	87,794	97,709	101,032	84,930
群馬	(16)	7,825,441	627,461	531,194	630,127	814,053	502,921
川口	(17)	1,643,465	113,917	118,422	118,680	133,036	120,552
山梨	(18)	810,098	68,122	59,603	69,558	88,459	56,651
岐阜	(19)	18,073	-	1,674	1,402	859	868
浜松	(20)	1,703,257	168,622	128,997	121,688	133,944	152,519
東三河	(21)	3,492,696	280,783	296,409	298,820	319,610	240,851
四日市	(22)	365,115	13,100	14,697	13,902	47,896	29,327
南大阪	(23)	-	-	-	-	-	-
姫路	(24)	2,587,102	76,370	125,393	101,860	106,168	132,940
加古川	(25)	1,327,477	122,822	114,394	134,093	180,641	114,216
西宮	(26)	1,189,215	111,920	88,665	88,321	120,870	121,731
岡山	(27)	521,030	48,155	47,206	45,860	43,976	40,768
坂出	(28)	2,113,555	213,241	183,279	169,582	211,881	158,662
愛媛	(29)	-	-	-	-	-	-
佐世保	(30)	37,439	2,089	4,127	2,273	3,408	645
熊本	(31)	-	-	-	-	-	-

エ　枝肉の1kg当たり卸売価格

市場		平成29年計	1月	2月	3月	4月	5月
合計	(1)	**1,454**	**1,623**	**1,505**	**1,495**	**1,536**	**1,425**
中央市場計	(2)	**1,429**	**1,612**	**1,483**	**1,477**	**1,512**	**1,403**
仙台	(3)	1,424	1,667	1,516	1,457	1,474	1,427
さいたま	(4)	1,303	1,526	1,380	1,409	1,402	1,242
東京	(5)	1,403	1,591	1,464	1,469	1,483	1,381
横浜	(6)	1,364	1,542	1,395	1,415	1,464	1,351
名古屋	(7)	1,557	1,700	1,632	1,579	1,643	1,526
京都	(8)	1,468	1,605	1,439	1,504	1,564	1,375
大阪	(9)	1,487	1,668	1,520	1,514	1,585	1,467
神戸	(10)	1,599	1,739	1,618	1,658	1,452	1,602
広島	(11)	1,527	1,655	1,579	1,531	1,623	1,530
福岡	(12)	1,473	1,624	1,505	1,443	1,547	1,420
指定市場計	(13)	**1,510**	**1,649**	**1,556**	**1,536**	**1,593**	**1,476**
茨城	(14)	1,464	1,677	1,436	1,527	1,553	1,504
宇都宮	(15)	1,565	1,717	1,568	1,621	1,631	1,556
群馬	(16)	1,492	1,619	1,561	1,557	1,543	1,374
川口	(17)	1,525	1,637	1,583	1,572	1,607	1,516
山梨	(18)	1,439	1,592	1,522	1,387	1,576	1,390
岐阜	(19)	1,523	-	1,628	1,628	1,674	1,632
浜松	(20)	1,538	1,634	1,541	1,538	1,696	1,557
東三河	(21)	1,635	1,763	1,654	1,635	1,690	1,592
四日市	(22)	1,522	1,665	1,558	1,593	1,567	1,496
南大阪	(23)	-	-	-	-	-	-
姫路	(24)	1,531	1,551	1,506	1,488	1,647	1,619
加古川	(25)	1,512	1,691	1,578	1,502	1,590	1,523
西宮	(26)	1,412	1,575	1,473	1,421	1,645	1,452
岡山	(27)	1,416	1,602	1,527	1,442	1,529	1,408
坂出	(28)	1,441	1,657	1,528	1,447	1,566	1,437
愛媛	(29)	-	-	-	-	-	-
佐世保	(30)	1,343	1,626	1,514	1,383	1,219	982
熊本	(31)	-	-	-	-	-	-

単位：千円

6 月	7 月	8 月	9 月	10 月	11 月	12 月	
6,222,012	6,708,394	6,055,664	6,025,523	6,359,454	7,652,621	8,538,405	(1)
4,113,212	4,526,639	4,124,588	4,059,445	4,333,610	5,144,463	5,592,388	(2)
134,507	142,530	140,875	125,147	141,897	175,815	139,467	(3)
94,182	151,113	103,635	110,269	88,062	185,712	114,240	(4)
2,232,587	2,377,357	2,260,406	2,190,959	2,417,687	2,914,507	2,968,125	(5)
256,607	275,144	255,963	253,049	238,646	266,704	330,662	(6)
257,622	278,810	244,533	249,491	218,665	221,279	271,176	(7)
95,876	96,990	76,236	56,034	110,995	102,764	135,144	(8)
649,587	734,949	634,649	612,458	658,259	725,872	975,734	(9)
3,678	740	799	646	1,571	1,458	738	(10)
112,431	142,072	133,588	121,263	113,164	140,786	197,412	(11)
276,135	326,934	273,904	340,129	344,664	409,566	459,690	(12)
2,108,800	2,181,755	1,931,076	1,966,078	2,025,844	2,508,158	2,946,017	(13)
101,174	86,174	80,084	82,023	78,001	107,238	101,290	(14)
94,337	98,824	82,962	96,801	75,196	86,818	97,123	(15)
606,631	604,345	550,930	626,012	581,634	802,390	947,743	(16)
122,886	145,456	129,131	112,598	146,581	174,204	208,002	(17)
55,415	72,837	76,371	51,442	57,892	81,909	71,839	(18)
2,227	1,382	1,305	–	4,989	608	2,759	(19)
111,995	152,411	104,400	120,872	161,136	159,884	186,789	(20)
295,066	275,175	260,318	239,074	259,632	330,854	396,104	(21)
30,332	31,579	30,615	27,976	29,192	33,848	62,651	(22)
–	–	–	–	–	–	–	(23)
279,762	316,897	260,389	246,790	255,722	305,269	379,542	(24)
83,833	105,197	86,708	93,013	97,439	92,923	102,198	(25)
102,994	95,971	68,218	88,432	72,521	94,410	135,162	(26)
42,365	33,216	36,864	36,428	44,557	42,959	58,676	(27)
175,035	157,326	158,941	143,042	160,257	187,756	194,553	(28)
–	–	–	–	–	–	–	(29)
4,748	4,965	3,840	1,575	1,095	7,088	1,586	(30)
–	–	–	–	–	–	–	(31)

単位：円

6 月	7 月	8 月	9 月	10 月	11 月	12 月	
1,413	1,420	1,389	1,376	1,366	1,407	1,505	(1)
1,385	1,388	1,350	1,348	1,342	1,381	1,480	(2)
1,316	1,383	1,386	1,337	1,332	1,341	1,478	(3)
1,208	1,219	1,147	1,208	1,315	1,347	1,287	(4)
1,360	1,360	1,329	1,327	1,324	1,346	1,450	(5)
1,307	1,297	1,279	1,283	1,260	1,306	1,407	(6)
1,472	1,541	1,501	1,482	1,469	1,522	1,622	(7)
1,498	1,400	1,340	1,374	1,419	1,503	1,502	(8)
1,454	1,435	1,401	1,388	1,394	1,461	1,523	(9)
1,456	1,626	1,614	1,439	1,793	1,707	1,728	(10)
1,468	1,507	1,474	1,422	1,452	1,493	1,583	(11)
1,470	1,508	1,379	1,408	1,315	1,462	1,588	(12)
1,473	1,494	1,482	1,436	1,419	1,463	1,552	(13)
1,488	1,387	1,401	1,415	1,382	1,406	1,428	(14)
1,499	1,556	1,490	1,509	1,506	1,475	1,641	(15)
1,433	1,499	1,552	1,409	1,385	1,448	1,530	(16)
1,533	1,453	1,471	1,468	1,472	1,508	1,533	(17)
1,233	1,530	1,462	1,434	1,319	1,374	1,442	(18)
1,538	1,446	1,572	–	1,434	1,458	1,529	(19)
1,459	1,511	1,433	1,469	1,479	1,509	1,598	(20)
1,584	1,613	1,587	1,552	1,529	1,617	1,754	(21)
1,506	1,439	1,427	1,469	1,461	1,535	1,600	(22)
–	–	–	–	–	–	–	(23)
1,569	1,557	1,502	1,517	1,453	1,477	1,572	(24)
1,540	1,480	1,422	1,425	1,375	1,441	1,504	(25)
1,350	1,322	1,319	1,268	1,298	1,344	1,428	(26)
1,373	1,347	1,379	1,284	1,360	1,315	1,420	(27)
1,404	1,374	1,325	1,333	1,346	1,372	1,469	(28)
–	–	–	–	–	–	–	(29)
1,500	1,421	1,325	1,096	1,254	1,265	1,225	(30)
–	–	–	–	–	–	–	(31)

1 月別取引成立頭数・価格（食肉卸売市場別）（続き）

(10) 交雑牛めす

ア 枝肉の取引成立頭数

市場		平成29年計	1 月	2 月	3 月	4 月	5 月
合 計	(1)	57,684	4,043	4,132	4,306	5,360	4,402
中央市場計	(2)	38,541	2,715	2,764	2,897	3,657	2,947
仙 台	(3)	1,059	84	108	88	113	67
さいたま	(4)	1,353	95	98	72	145	128
東 京	(5)	20,614	1,299	1,437	1,555	1,910	1,571
横 浜	(6)	3,318	276	264	292	350	232
名 古 屋	(7)	1,976	162	171	150	177	174
京 都	(8)	861	61	48	56	78	54
大 阪	(9)	4,993	409	324	385	478	391
神 戸	(10)	39	5	5	5	6	5
広 島	(11)	1,799	122	127	141	164	139
福 岡	(12)	2,529	202	182	153	236	186
指定市場計	(13)	19,143	1,328	1,368	1,409	1,703	1,455
茨 城	(14)	708	43	74	60	73	46
宇 都 宮	(15)	290	24	24	36	24	24
群 馬	(16)	5,578	381	355	412	522	446
川 口	(17)	920	59	57	72	75	61
山 梨	(18)	1,185	87	81	102	116	85
岐 阜	(19)	14	-	-	2	-	1
浜 松	(20)	924	78	72	72	73	83
東 三 河	(21)	1,989	156	162	161	186	138
四 日 市	(22)	342	8	18	17	47	24
南 大 阪	(23)	-	-	-	-	-	-
姫 路	(24)	1,667	49	95	56	83	63
加 古 川	(25)	1,265	79	93	115	152	100
西 宮	(26)	1,182	123	99	67	92	136
岡 山	(27)	486	36	44	41	31	43
坂 出	(28)	2,554	203	192	193	226	205
愛 媛	(29)	-	-	-	-	-	-
佐 世 保	(30)	39	2	2	3	3	-
熊 本	(31)	-	-	-	-	-	-

イ 枝肉の取引総重量

市場		平成29年計	1 月	2 月	3 月	4 月	5 月
合 計	(1)	27,548.8	1,908.3	1,973.7	2,059.7	2,574.0	2,103.3
中央市場計	(2)	18,615.7	1,294.7	1,330.8	1,404.8	1,773.9	1,429.0
仙 台	(3)	504.7	38.9	50.1	42.4	54.6	32.7
さいたま	(4)	634.6	43.5	45.3	33.9	67.3	60.6
東 京	(5)	10,097.5	629.5	705.5	770.4	940.6	774.0
横 浜	(6)	1,605.4	129.4	126.5	139.6	169.9	112.8
名 古 屋	(7)	932.3	75.8	80.5	71.1	84.2	83.0
京 都	(8)	418.5	30.6	23.5	26.4	36.2	25.8
大 阪	(9)	2,425.1	198.4	156.3	186.4	236.4	189.8
神 戸	(10)	19.1	2.5	2.5	2.4	3.1	2.5
広 島	(11)	833.9	55.9	60.0	65.3	75.7	64.5
福 岡	(12)	1,144.6	90.2	80.6	66.8	105.8	83.4
指定市場計	(13)	8,933.0	613.6	642.9	654.9	800.1	674.3
茨 城	(14)	328.1	19.8	35.4	27.3	34.2	21.3
宇 都 宮	(15)	141.4	11.7	11.6	17.8	12.1	11.7
群 馬	(16)	2,689.0	182.3	171.2	197.9	254.6	211.8
川 口	(17)	431.8	27.5	26.3	32.1	35.1	28.2
山 梨	(18)	516.4	38.0	35.1	44.4	50.9	38.3
岐 阜	(19)	6.4	-	-	0.9	-	0.5
浜 松	(20)	455.5	38.6	35.4	35.9	36.2	40.5
東 三 河	(21)	989.9	77.3	81.0	79.5	92.5	69.5
四 日 市	(22)	167.6	3.8	9.0	8.3	21.7	11.4
南 大 阪	(23)	-	-	-	-	-	-
姫 路	(24)	777.4	20.9	44.7	24.9	38.8	28.8
加 古 川	(25)	601.4	36.6	44.4	54.9	71.6	46.0
西 宮	(26)	583.3	58.0	48.4	33.7	46.7	66.0
岡 山	(27)	188.8	14.2	18.5	16.2	12.7	16.5
坂 出	(28)	1,039.4	84.1	81.0	79.8	91.9	83.8
愛 媛	(29)	-	-	-	-	-	-
佐 世 保	(30)	16.5	0.8	0.9	1.3	1.2	-
熊 本	(31)	-	-	-	-	-	-

単位：頭

6 月	7 月	8 月	9 月	10 月	11 月	12 月	
4,685	5,075	4,620	4,748	4,879	5,733	5,701	(1)
3,111	3,389	3,089	3,167	3,205	3,830	3,770	(2)
103	67	89	86	91	108	55	(3)
104	162	127	101	64	139	118	(4)
1,637	1,771	1,670	1,753	1,842	2,217	1,952	(5)
260	316	232	262	229	285	320	(6)
186	176	145	163	149	159	164	(7)
82	85	67	48	85	81	116	(8)
413	445	431	355	357	413	592	(9)
5	1	1	1	2	2	1	(10)
128	155	160	151	140	165	207	(11)
193	211	167	247	246	261	245	(12)
1,574	1,686	1,531	1,581	1,674	1,903	1,931	(13)
54	54	51	58	53	76	66	(14)
36	24	24	37	12	13	12	(15)
477	419	379	441	489	633	624	(16)
63	98	73	74	86	94	108	(17)
101	84	112	80	97	132	108	(18)
1	1	2	–	4	–	3	(19)
67	92	69	78	97	73	70	(20)
170	168	157	148	159	168	216	(21)
24	28	38	31	19	34	54	(22)
–	–	–	–	–	–	–	(23)
165	232	168	155	187	204	210	(24)
73	104	98	112	122	106	111	(25)
71	134	97	127	85	76	75	(26)
38	34	35	39	45	45	55	(27)
228	210	224	198	217	241	217	(28)
–	–	–	–	–	–	–	(29)
6	4	4	3	2	8	2	(30)
–	–	–	–	–	–	–	(31)

単位：t

6 月	7 月	8 月	9 月	10 月	11 月	12 月	
2,239.0	2,430.2	2,195.4	2,259.6	2,320.9	2,739.1	2,745.5	(1)
1,505.8	1,641.4	1,489.4	1,522.9	1,542.8	1,851.3	1,829.0	(2)
49.5	33.2	40.7	41.5	43.4	51.7	26.1	(3)
49.6	78.0	59.9	48.1	29.4	63.6	55.5	(4)
802.4	872.5	819.0	857.7	894.2	1,084.3	947.5	(5)
124.8	153.1	113.4	125.7	112.2	140.0	157.9	(6)
87.4	82.3	67.8	77.1	70.7	75.0	77.3	(7)
40.5	42.7	31.6	22.7	40.7	39.2	58.8	(8)
201.7	213.4	207.5	170.6	173.2	199.3	292.2	(9)
2.5	0.5	0.5	0.4	0.9	0.9	0.4	(10)
59.6	71.0	74.0	68.3	63.7	77.3	98.6	(11)
87.9	94.9	75.0	110.8	114.5	120.1	114.6	(12)
733.2	788.8	706.1	736.7	778.0	887.8	916.5	(13)
25.1	24.7	23.6	27.0	24.3	34.4	30.9	(14)
18.0	12.4	11.0	17.2	5.3	6.5	5.9	(15)
231.4	202.9	180.0	213.8	234.1	305.9	303.2	(16)
29.5	46.2	34.6	34.7	40.5	44.9	52.2	(17)
43.6	36.9	49.9	33.7	41.6	56.1	48.0	(18)
0.5	0.5	0.8	–	1.9	–	1.4	(19)
32.7	45.8	32.5	37.5	47.9	36.4	36.0	(20)
84.5	82.8	77.1	74.1	79.2	83.7	108.8	(21)
12.3	14.0	18.9	15.0	9.6	16.3	27.4	(22)
–	–	–	–	–	–	–	(23)
75.9	107.2	78.6	72.9	88.4	97.7	98.5	(24)
35.9	49.3	46.2	53.8	59.0	51.0	52.8	(25)
35.1	66.4	48.2	63.3	42.6	37.1	37.9	(26)
15.1	13.4	12.9	14.2	17.1	16.7	21.2	(27)
91.1	84.6	90.0	78.4	85.6	97.6	91.5	(28)
							(29)
2.6	1.6	1.6	1.2	0.9	3.6	0.9	(30)
							(31)

1　月別取引成立頭数・価格（食肉卸売市場別）（続き）
(10)　交雑牛めす（続き）
　　　ウ　枝肉の取引総価額

市場		平成29年計	1　月	2　月	3　月	4　月	5　月
合　　　　計	(1)	38,883,432	3,034,610	2,897,170	2,973,553	3,844,312	2,907,900
中央市場計	(2)	25,816,615	2,043,653	1,921,277	1,999,825	2,597,451	1,951,685
仙　　　　台	(3)	675,525	61,228	73,219	56,189	76,112	43,730
さ い た ま	(4)	809,881	65,612	61,040	46,640	93,139	74,731
東　　　　京	(5)	13,718,958	982,933	997,420	1,085,904	1,338,551	1,032,632
横　　　　浜	(6)	2,170,594	199,018	177,628	193,444	244,198	151,494
名　古　屋	(7)	1,428,321	124,800	128,055	109,861	135,964	125,495
京　　　　都	(8)	608,710	46,689	33,120	40,825	57,090	34,397
大　　　　阪	(9)	3,457,884	322,097	233,573	269,424	366,265	269,335
神　　　　戸	(10)	30,585	4,390	4,017	4,054	4,482	4,012
広　　　　島	(11)	1,272,053	92,605	94,616	99,422	122,748	99,680
福　　　　岡	(12)	1,644,104	144,281	118,589	94,062	158,902	116,179
指定市場計	(13)	13,066,817	990,957	975,893	973,728	1,246,861	956,215
茨　　　　城	(14)	447,156	30,478	46,375	38,884	48,853	31,569
宇　都　宮	(15)	212,393	19,214	18,388	27,976	19,041	16,822
群　　　　馬	(16)	3,875,213	288,736	261,748	298,278	382,061	276,355
川　　　　口	(17)	646,064	44,503	41,436	49,721	55,339	41,534
山　　　　梨	(18)	744,414	60,793	54,340	61,589	80,047	52,841
岐　　　　阜	(19)	9,350			1,402		868
浜　　　　松	(20)	691,761	63,200	53,286	54,590	61,596	62,887
東　三　河	(21)	1,595,067	135,092	129,944	128,629	154,873	107,978
四　日　市	(22)	255,203	6,533	14,093	13,319	33,618	16,929
南　大　阪	(23)	－					－
姫　　　　路	(24)	1,166,988	32,451	67,429	35,727	63,369	46,007
加　古　川	(25)	899,849	61,254	70,520	82,241	113,433	68,578
西　　　　宮	(26)	817,945	90,525	70,111	46,362	77,093	95,984
岡　　　　山	(27)	255,340	22,043	27,185	22,824	18,727	22,365
坂　　　　出	(28)	1,426,405	134,639	119,628	110,242	137,207	115,498
愛　　　　媛	(29)	－					－
佐　世　保	(30)	23,669	1,496	1,410	1,944	1,604	－
熊　　　　本	(31)						

エ　枝肉の1kg当たり卸売価格

市場		平成29年計	1　月	2　月	3　月	4　月	5　月
合　　　　計	(1)	1,411	1,590	1,468	1,444	1,494	1,383
中央市場計	(2)	1,387	1,578	1,444	1,424	1,464	1,366
仙　　　　台	(3)	1,338	1,573	1,463	1,325	1,394	1,338
さ い た ま	(4)	1,276	1,508	1,347	1,375	1,385	1,234
東　　　　京	(5)	1,359	1,561	1,414	1,410	1,423	1,334
横　　　　浜	(6)	1,352	1,537	1,404	1,385	1,437	1,343
名　古　屋	(7)	1,532	1,646	1,591	1,544	1,615	1,513
京　　　　都	(8)	1,454	1,528	1,411	1,547	1,575	1,335
大　　　　阪	(9)	1,426	1,624	1,494	1,445	1,549	1,419
神　　　　戸	(10)	1,599	1,739	1,618	1,658	1,452	1,602
広　　　　島	(11)	1,525	1,657	1,576	1,524	1,621	1,545
福　　　　岡	(12)	1,436	1,600	1,471	1,408	1,502	1,393
指定市場計	(13)	1,463	1,615	1,518	1,487	1,558	1,418
茨　　　　城	(14)	1,363	1,540	1,308	1,424	1,428	1,481
宇　都　宮	(15)	1,502	1,637	1,579	1,570	1,572	1,439
群　　　　馬	(16)	1,441	1,584	1,529	1,507	1,501	1,305
川　　　　口	(17)	1,496	1,616	1,574	1,551	1,576	1,472
山　　　　梨	(18)	1,441	1,601	1,547	1,386	1,572	1,379
岐　　　　阜	(19)	1,455	－	－	1,628	－	1,632
浜　　　　松	(20)	1,519	1,638	1,507	1,519	1,702	1,552
東　三　河	(21)	1,611	1,747	1,605	1,618	1,674	1,554
四　日　市	(22)	1,523	1,727	1,567	1,610	1,547	1,489
南　大　阪	(23)	－					－
姫　　　　路	(24)	1,501	1,556	1,509	1,433	1,634	1,596
加　古　川	(25)	1,496	1,674	1,589	1,499	1,584	1,492
西　　　　宮	(26)	1,402	1,561	1,449	1,376	1,652	1,455
岡　　　　山	(27)	1,352	1,553	1,471	1,409	1,473	1,353
坂　　　　出	(28)	1,372	1,600	1,477	1,381	1,494	1,378
愛　　　　媛	(29)	－					－
佐　世　保	(30)	1,436	1,764	1,582	1,485	1,395	－
熊　　　　本	(31)						

単位：千円

6 月	7 月	8 月	9 月	10 月	11 月	12 月	
3,062,332	3,361,075	2,963,084	3,019,185	3,076,955	3,742,154	4,001,102	(1)
2,015,379	2,213,127	1,947,749	1,998,789	2,016,137	2,486,359	2,625,184	(2)
58,733	42,242	52,023	53,521	55,317	67,151	36,060	(3)
60,055	95,435	67,313	55,556	37,605	84,018	68,737	(4)
1,055,252	1,160,172	1,063,059	1,114,383	1,146,873	1,418,564	1,323,215	(5)
160,236	196,670	141,469	160,073	142,533	181,847	221,984	(6)
125,153	124,386	98,988	112,968	102,632	114,361	125,658	(7)
59,480	58,741	43,458	31,826	57,827	57,213	88,044	(8)
278,831	290,269	273,134	220,009	227,583	280,789	426,575	(9)
3,678	740	799	646	1,571	1,458	738	(10)
88,548	106,485	108,708	96,955	92,180	114,680	155,426	(11)
125,413	137,987	98,798	152,852	152,016	166,278	178,747	(12)
1,046,953	1,147,948	1,015,335	1,020,396	1,060,818	1,255,795	1,375,918	(13)
36,079	30,366	28,762	35,759	32,188	45,727	42,116	(14)
25,224	19,480	14,881	25,098	7,506	9,341	9,422	(15)
319,136	298,410	276,367	290,022	310,186	427,696	446,218	(16)
44,656	65,839	48,681	49,252	59,011	66,630	79,462	(17)
54,247	56,796	73,612	47,996	55,027	77,638	69,488	(18)
743	711	1,305	—	2,268	—	2,053	(19)
47,593	68,457	46,016	55,197	69,900	54,595	54,444	(20)
133,650	132,681	118,800	113,657	118,478	130,884	190,401	(21)
18,490	19,869	26,947	22,206	13,898	25,211	44,090	(22)
—	—	—	—	—	—	—	(23)
116,995	162,808	115,423	108,939	125,642	141,849	150,349	(24)
55,022	73,487	66,495	76,008	80,190	74,166	78,455	(25)
49,627	88,052	64,026	80,740	54,006	48,988	52,431	(26)
20,090	18,200	16,753	16,601	22,765	20,189	27,598	(27)
121,274	110,297	114,944	97,420	108,658	128,422	128,176	(28)
—	—	—	—	—	—	—	(29)
4,127	2,495	2,323	1,501	1,095	4,459	1,215	(30)
—	—	—	—	—	—	—	(31)

単位：円

6 月	7 月	8 月	9 月	10 月	11 月	12 月	
1,368	1,383	1,350	1,336	1,326	1,366	1,457	(1)
1,338	1,348	1,308	1,313	1,307	1,343	1,435	(2)
1,186	1,271	1,279	1,291	1,275	1,300	1,384	(3)
1,211	1,224	1,124	1,156	1,280	1,321	1,239	(4)
1,315	1,330	1,298	1,299	1,283	1,308	1,396	(5)
1,284	1,285	1,247	1,273	1,270	1,299	1,406	(6)
1,433	1,511	1,460	1,466	1,452	1,524	1,625	(7)
1,469	1,377	1,375	1,402	1,421	1,461	1,497	(8)
1,383	1,361	1,316	1,289	1,314	1,409	1,460	(9)
1,456	1,626	1,614	1,439	1,793	1,707	1,728	(10)
1,486	1,500	1,468	1,419	1,448	1,484	1,576	(11)
1,426	1,455	1,317	1,380	1,327	1,385	1,560	(12)
1,428	1,455	1,438	1,385	1,363	1,414	1,501	(13)
1,436	1,228	1,218	1,325	1,325	1,328	1,364	(14)
1,402	1,570	1,354	1,456	1,403	1,436	1,589	(15)
1,379	1,471	1,535	1,356	1,325	1,398	1,472	(16)
1,514	1,424	1,408	1,421	1,457	1,483	1,522	(17)
1,245	1,541	1,476	1,426	1,324	1,383	1,448	(18)
1,523	1,405	1,572	—	1,226	—	1,508	(19)
1,454	1,495	1,414	1,471	1,459	1,501	1,513	(20)
1,581	1,603	1,541	1,535	1,497	1,565	1,749	(21)
1,507	1,421	1,425	1,480	1,450	1,549	1,609	(22)
							(23)
1,542	1,518	1,468	1,494	1,421	1,452	1,526	(24)
1,532	1,490	1,439	1,413	1,359	1,454	1,487	(25)
1,413	1,327	1,329	1,276	1,266	1,320	1,384	(26)
1,335	1,355	1,300	1,165	1,330	1,207	1,300	(27)
1,332	1,304	1,277	1,243	1,269	1,316	1,401	(28)
—	—	—	—	—	—	—	(29)
1,618	1,551	1,417	1,240	1,254	1,254	1,429	(30)
—	—	—	—	—	—	—	(31)

1 月別取引成立頭数・価格（食肉卸売市場別）（続き）
(11) 交雑牛去勢
ア 枝肉の取引成立頭数

市場		平成29年計	1 月	2 月	3 月	4 月	5 月
合　　　計	(1)	51,625	3,795	3,815	4,093	4,880	3,961
中央市場計	(2)	36,150	2,614	2,723	2,877	3,509	2,894
仙　　台	(3)	1,375	110	112	108	102	110
さいたま	(4)	940	54	65	70	103	101
東　　京	(5)	19,458	1,346	1,399	1,495	1,880	1,581
横　　浜	(6)	1,710	147	126	143	224	141
名古屋	(7)	1,948	155	157	147	151	188
京　　都	(8)	652	82	66	51	58	50
大　　阪	(9)	6,618	448	566	596	703	458
神　　戸	(10)	-	-	-	-	-	-
広　　島	(11)	444	40	25	32	32	39
福　　岡	(12)	3,005	232	207	235	256	226
指定市場計	(13)	15,475	1,181	1,092	1,216	1,371	1,067
茨　　城	(14)	775	58	58	62	76	43
宇都宮	(15)	1,005	88	80	75	91	77
群　　馬	(16)	4,845	392	324	392	523	295
川　　口	(17)	1,175	76	86	80	86	93
山　　梨	(18)	94	10	8	12	10	5
岐　　阜	(19)	11	-	2	-	1	-
浜　　松	(20)	1,252	124	92	81	82	112
東三河	(21)	2,143	155	183	193	180	150
四日市	(22)	136	8	1	1	17	15
南大阪	(23)	-	-	-	-	-	-
姫　　路	(24)	1,763	57	78	88	50	104
加古川	(25)	535	70	53	68	81	56
西　　宮	(26)	495	25	22	56	52	35
岡　　山	(27)	393	33	26	34	35	28
坂　　出	(28)	825	84	75	73	83	52
愛　　媛	(29)	-	-	-	-	-	-
佐世保	(30)	28	1	4	1	4	2
熊　　本	(31)	-	-	-	-	-	-

イ 枝肉の取引総重量

市場		平成29年計	1 月	2 月	3 月	4 月	5 月
合　　　計	(1)	27,680.5	2,008.7	2,035.8	2,188.6	2,606.0	2,139.6
中央市場計	(2)	19,505.5	1,387.3	1,458.3	1,550.9	1,885.1	1,577.3
仙　　台	(3)	739.0	60.3	60.2	57.1	53.1	62.6
さいたま	(4)	502.9	28.5	32.8	38.0	55.5	55.0
東　　京	(5)	10,740.9	728.2	767.1	826.1	1,029.1	887.9
横　　浜	(6)	922.3	79.1	66.5	75.1	120.2	74.0
名古屋	(7)	1,035.4	81.8	82.1	79.5	79.9	101.0
京　　都	(8)	358.6	43.6	35.2	28.2	31.7	28.6
大　　阪	(9)	3,451.7	228.9	298.2	312.6	369.8	236.7
神　　戸	(10)	-	-	-	-	-	-
広　　島	(11)	210.0	18.6	11.2	15.3	15.9	17.8
福　　岡	(12)	1,544.7	118.2	104.9	119.1	129.9	113.7
指定市場計	(13)	8,175.0	621.4	577.6	637.7	720.9	562.2
茨　　城	(14)	419.7	31.1	31.9	32.8	41.0	24.0
宇都宮	(15)	566.4	49.1	44.3	42.4	49.8	42.9
群　　馬	(16)	2,556.1	205.4	169.1	206.7	272.8	154.3
川　　口	(17)	645.9	42.1	48.5	43.5	47.7	51.3
山　　梨	(18)	45.7	4.8	4.0	5.7	5.2	2.4
岐　　阜	(19)	5.4	-	1.0	-	0.5	-
浜　　松	(20)	652.0	64.6	48.4	43.2	42.8	57.4
東三河	(21)	1,146.8	81.9	98.2	103.3	96.6	81.8
四日市	(22)	72.4	4.1	0.4	0.5	8.8	8.2
南大阪	(23)	-	-	-	-	-	-
姫　　路	(24)	912.0	28.4	38.6	43.5	25.7	53.3
加古川	(25)	276.6	36.0	28.1	34.4	42.0	29.0
西　　宮	(26)	258.7	13.1	11.8	28.5	26.8	17.9
岡　　山	(27)	179.0	15.9	12.4	15.6	16.0	12.4
坂　　出	(28)	426.9	44.6	38.9	37.4	43.5	26.6
愛　　媛	(29)	-	-	-	-	-	-
佐世保	(30)	11.3	0.4	1.8	0.3	1.6	0.7
熊　　本	(31)	-	-	-	-	-	-

単位：頭

6 月	7 月	8 月	9 月	10 月	11 月	12 月	
4,021	4,261	4,015	3,951	4,354	5,022	5,457	(1)
2,697	2,993	2,883	2,756	3,124	3,465	3,615	(2)
95	130	112	98	118	152	128	(3)
54	86	57	84	71	133	62	(4)
1,517	1,569	1,581	1,439	1,690	1,960	2,001	(5)
131	112	155	130	141	118	142	(6)
164	186	178	171	148	133	170	(7)
41	48	47	34	66	52	57	(8)
465	573	475	513	578	576	667	(9)
-	-	-	-	-	-	-	(10)
36	49	34	36	31	36	54	(11)
194	240	244	251	281	305	334	(12)
1,324	1,268	1,132	1,195	1,230	1,557	1,842	(13)
79	68	62	56	58	79	76	(14)
78	90	77	81	79	95	94	(15)
363	375	330	438	355	466	592	(16)
94	99	100	75	107	129	150	(17)
1	21	6	5	5	7	4	(18)
2	1	-	-	3	1	1	(19)
86	106	81	87	118	133	150	(20)
189	164	163	151	170	224	221	(21)
15	15	5	7	19	11	22	(22)
-	-	-	-	-	-	-	(23)
194	187	180	171	169	210	275	(24)
35	42	28	22	23	26	31	(25)
84	13	8	14	25	59	102	(26)
37	25	30	32	34	36	43	(27)
65	58	59	55	65	76	80	(28)
						-	(29)
2	4	3	1	-	5	1	(30)
-	-	-	-		-	-	(31)

単位：t

6 月	7 月	8 月	9 月	10 月	11 月	12 月	
2,161.9	2,292.5	2,162.3	2,119.4	2,336.3	2,699.8	2,929.6	(1)
1,464.2	1,620.5	1,565.8	1,487.0	1,687.0	1,873.7	1,948.6	(2)
51.9	69.8	61.0	52.2	63.1	79.4	68.3	(3)
28.4	46.0	30.4	43.2	37.6	74.2	33.3	(4)
839.0	876.2	881.6	792.2	932.5	1,081.6	1,099.2	(5)
71.7	59.1	86.7	71.5	77.1	64.2	77.1	(6)
87.7	98.6	95.1	91.3	78.1	70.4	89.8	(7)
23.5	26.6	25.3	18.1	37.5	29.2	31.2	(8)
245.1	299.0	245.4	270.6	299.2	297.6	348.6	(9)
-	-	-	-	-	-	-	(10)
17.0	23.3	16.6	16.9	14.3	17.0	26.1	(11)
99.9	121.9	123.6	130.9	147.6	160.0	175.0	(12)
697.7	672.0	596.6	632.5	649.3	826.1	981.1	(13)
42.9	37.4	33.5	31.0	32.1	41.8	40.1	(14)
45.0	51.1	44.7	46.9	44.6	52.3	53.3	(15)
191.9	200.4	174.9	230.5	185.7	248.4	316.1	(16)
50.7	53.9	53.2	42.0	59.1	70.6	83.5	(17)
0.5	10.7	2.4	2.2	2.3	3.5	1.9	(18)
1.0	0.5	-	-	1.6	0.4	0.4	(19)
44.0	55.1	40.3	44.8	61.0	69.6	80.9	(20)
101.7	87.8	86.9	80.0	90.7	120.9	117.0	(21)
7.9	8.0	2.5	4.0	10.4	5.8	11.8	(22)
-	-	-	-	-	-	-	(23)
102.5	96.3	94.7	89.8	87.5	108.9	142.9	(24)
18.5	21.7	14.8	11.5	11.9	13.5	15.2	(25)
41.2	6.2	3.5	6.5	13.2	33.1	56.8	(26)
15.8	11.2	13.9	14.1	15.7	16.0	20.1	(27)
33.6	29.9	29.9	28.9	33.4	39.2	41.0	(28)
							(29)
0.6	1.9	1.3	0.2	-	2.0	0.3	(30)
-	-	-	-		-	-	(31)

1 月別取引成立頭数・価格（食肉卸売市場別）（続き）
(11) 交雑牛去勢（続き）
ウ 枝肉の取引総価額

市場		平成29年計	1 月	2 月	3 月	4 月	5 月
合　　　計	(1)	41,422,797	3,325,090	3,138,172	3,378,554	4,109,729	3,136,491
中央市場計	(2)	28,653,287	2,279,659	2,215,479	2,366,638	2,933,891	2,266,977
仙　　　台	(3)	1,096,550	104,198	93,989	88,756	82,651	92,174
さいたま	(4)	671,979	44,231	46,766	54,709	78,950	68,829
東　　　京	(5)	15,520,743	1,177,799	1,158,484	1,259,387	1,582,699	1,262,833
横　　　浜	(6)	1,278,154	122,697	91,619	110,453	180,543	100,879
名　古　屋	(7)	1,635,167	143,218	137,379	128,073	133,714	155,353
京　　　都	(8)	531,760	72,334	51,237	41,273	49,208	40,258
大　　　阪	(9)	5,279,181	390,415	457,419	486,054	594,399	356,576
神　　　戸	(10)	-	-	-	-	-	-
広　　　島	(11)	322,381	30,639	17,936	23,841	25,958	26,273
福　　　岡	(12)	2,317,372	194,128	160,650	174,092	205,769	163,802
指定市場計	(13)	12,769,510	1,045,431	922,693	1,011,916	1,175,838	869,514
茨　　　城	(14)	647,716	54,895	50,357	52,885	68,013	36,579
宇　都　宮	(15)	895,546	85,199	69,406	69,733	81,991	68,108
群　　　馬	(16)	3,950,228	338,725	269,446	331,849	431,992	226,566
川　　　口	(17)	997,401	69,414	76,986	68,959	77,697	79,018
山　　　梨	(18)	65,265	7,329	5,263	7,969	8,412	3,810
岐　　　阜	(19)	8,723	-	1,674	-	859	-
浜　　　松	(20)	1,011,496	105,422	75,711	67,098	72,348	89,632
東　三　河	(21)	1,897,629	145,691	166,465	170,191	164,737	132,873
四　日　市	(22)	109,912	6,567	604	583	14,278	12,398
南　大　阪	(23)	-	-	-	-	-	-
姫　　　路	(24)	1,420,114	43,919	57,964	66,133	42,799	86,933
加　古　川	(25)	427,628	61,568	43,874	51,852	67,208	45,638
西　　　宮	(26)	371,270	21,395	18,554	41,959	43,777	25,747
岡　　　山	(27)	265,690	26,112	20,021	23,036	25,249	18,403
坂　　　出	(28)	687,150	78,602	63,651	59,340	74,674	43,164
愛　　　媛	(29)	-	-	-	-	-	-
佐　世　保	(30)	13,742	593	2,717	329	1,804	645
熊　　　本	(31)	-	-	-	-	-	-

エ 枝肉の1kg当たり卸売価格

市場		平成29年計	1 月	2 月	3 月	4 月	5 月
合　　　計	(1)	1,496	1,655	1,541	1,544	1,577	1,466
中央市場計	(2)	1,469	1,643	1,519	1,526	1,556	1,437
仙　　　台	(3)	1,484	1,728	1,561	1,555	1,557	1,473
さいたま	(4)	1,336	1,553	1,426	1,438	1,423	1,251
東　　　京	(5)	1,445	1,617	1,510	1,525	1,538	1,422
横　　　浜	(6)	1,386	1,550	1,378	1,471	1,502	1,364
名　古　屋	(7)	1,579	1,750	1,672	1,611	1,674	1,538
京　　　都	(8)	1,483	1,659	1,458	1,464	1,552	1,410
大　　　阪	(9)	1,529	1,706	1,534	1,555	1,607	1,506
神　　　戸	(10)	-	-	-	-	-	-
広　　　島	(11)	1,535	1,647	1,595	1,562	1,631	1,474
福　　　岡	(12)	1,500	1,642	1,531	1,462	1,585	1,440
指定市場計	(13)	1,562	1,682	1,598	1,587	1,631	1,547
茨　　　城	(14)	1,543	1,764	1,577	1,614	1,657	1,524
宇　都　宮	(15)	1,581	1,737	1,566	1,643	1,645	1,588
群　　　馬	(16)	1,545	1,649	1,594	1,605	1,583	1,469
川　　　口	(17)	1,544	1,650	1,588	1,587	1,630	1,540
山　　　梨	(18)	1,428	1,521	1,309	1,393	1,621	1,572
岐　　　阜	(19)	1,603	-	1,628	-	1,674	-
浜　　　松	(20)	1,551	1,632	1,566	1,555	1,691	1,561
東　三　河	(21)	1,655	1,778	1,695	1,647	1,706	1,625
四　日　市	(22)	1,519	1,608	1,367	1,296	1,616	1,505
南　大　阪	(23)	-	-	-	-	-	-
姫　　　路	(24)	1,557	1,547	1,503	1,520	1,667	1,631
加　古　川	(25)	1,546	1,709	1,560	1,507	1,601	1,571
西　　　宮	(26)	1,435	1,637	1,571	1,474	1,632	1,438
岡　　　山	(27)	1,484	1,647	1,612	1,478	1,574	1,482
坂　　　出	(28)	1,610	1,764	1,635	1,587	1,717	1,625
愛　　　媛	(29)	-	-	-	-	-	-
佐　世　保	(30)	1,220	1,357	1,481	982	1,096	982
熊　　　本	(31)	-	-	-	-	-	-

単位:千円

6　月	7　月	8　月	9　月	10　月	11　月	12　月	
3,158,852	**3,347,319**	**3,092,328**	**3,006,021**	**3,282,499**	**3,910,467**	**4,537,275**	(1)
2,097,424	**2,313,512**	**2,176,587**	**2,060,339**	**2,317,473**	**2,658,104**	**2,967,204**	(2)
75,365	100,288	88,852	71,626	86,580	108,664	103,407	(3)
34,127	55,678	36,322	54,713	50,457	101,694	45,503	(4)
1,177,335	1,217,185	1,197,095	1,076,259	1,270,814	1,495,943	1,644,910	(5)
96,371	78,474	114,494	92,976	96,113	84,857	108,678	(6)
132,469	154,424	145,545	136,523	116,033	106,918	145,518	(7)
36,396	38,249	32,778	24,208	53,168	45,551	47,100	(8)
370,756	444,680	361,515	392,449	430,676	445,083	549,159	(9)
-	-	-	-	-	-	-	(10)
23,883	35,587	24,880	24,308	20,984	26,106	41,986	(11)
150,722	188,947	175,106	187,277	192,648	243,288	280,943	(12)
1,061,428	**1,033,807**	**915,741**	**945,682**	**965,026**	**1,252,363**	**1,570,071**	(13)
65,095	55,808	51,322	46,264	45,813	61,511	59,174	(14)
69,113	79,344	68,081	71,703	67,690	77,477	87,701	(15)
287,495	305,935	274,563	335,990	271,448	374,694	501,525	(16)
78,230	79,617	80,450	63,346	87,570	107,574	128,540	(17)
749	16,041	2,759	3,446	2,865	4,271	2,351	(18)
1,484	671	-	-	2,721	608	706	(19)
64,402	83,954	58,384	65,675	91,236	105,289	132,345	(20)
161,416	142,494	141,518	125,417	141,154	199,970	205,703	(21)
11,842	11,710	3,668	5,770	15,294	8,637	18,561	(22)
-	-	-	-	-	-	-	(23)
162,767	154,089	144,966	137,851	130,080	163,420	229,193	(24)
28,811	31,710	20,213	17,005	17,249	18,757	23,743	(25)
53,367	7,919	4,192	7,692	18,515	45,422	82,731	(26)
22,275	15,016	20,111	19,827	21,792	22,770	31,078	(27)
53,761	47,029	43,997	45,622	51,599	59,334	66,377	(28)
-	-	-	-	-	-	-	(29)
621	2,470	1,517	74	-	2,629	343	(30)
-	-	-	-	-	-	-	(31)

単位：円

6　月	7　月	8　月	9　月	10　月	11　月	12　月	
1,461	**1,460**	**1,430**	**1,418**	**1,405**	**1,448**	**1,549**	(1)
1,432	**1,428**	**1,390**	**1,386**	**1,374**	**1,419**	**1,523**	(2)
1,451	1,436	1,458	1,373	1,372	1,368	1,514	(3)
1,203	1,211	1,193	1,265	1,342	1,370	1,368	(4)
1,403	1,389	1,358	1,358	1,363	1,383	1,496	(5)
1,345	1,328	1,321	1,299	1,246	1,321	1,410	(6)
1,511	1,566	1,530	1,495	1,485	1,519	1,620	(7)
1,547	1,438	1,297	1,339	1,417	1,560	1,510	(8)
1,513	1,487	1,473	1,450	1,439	1,496	1,576	(9)
-	-	-	-	-	-	-	(10)
1,403	1,529	1,498	1,436	1,472	1,537	1,610	(11)
1,508	1,550	1,416	1,431	1,306	1,520	1,605	(12)
1,521	**1,538**	**1,535**	**1,495**	**1,486**	**1,516**	**1,600**	(13)
1,518	1,492	1,530	1,493	1,425	1,470	1,477	(14)
1,537	1,553	1,524	1,529	1,518	1,480	1,647	(15)
1,498	1,527	1,570	1,458	1,462	1,508	1,587	(16)
1,544	1,478	1,511	1,507	1,483	1,524	1,540	(17)
1,405	1,494	1,162	1,558	1,238	1,217	1,267	(18)
1,546	1,491	-	-	1,671	1,458	1,590	(19)
1,464	1,525	1,448	1,467	1,496	1,513	1,637	(20)
1,587	1,624	1,628	1,568	1,557	1,654	1,758	(21)
1,504	1,472	1,444	1,430	1,471	1,496	1,580	(22)
-	-	-	-	-	-	-	(23)
1,588	1,600	1,530	1,536	1,486	1,501	1,604	(24)
1,555	1,458	1,368	1,480	1,454	1,391	1,566	(25)
1,296	1,269	1,183	1,191	1,399	1,371	1,457	(26)
1,410	1,337	1,452	1,404	1,392	1,427	1,547	(27)
1,600	1,572	1,472	1,577	1,543	1,513	1,619	(28)
-	-	-	-	-	-	-	(29)
1,008	1,310	1,205	326	-	1,284	1,082	(30)
-	-	-	-	-	-	-	(31)

1　月別取引成立頭数・価格（食肉卸売市場別）（続き）
(12)　その他の牛計
ア　枝肉の取引成立頭数

市場		平成29年計	1月	2月	3月	4月	5月
合計	(1)	**218**	**20**	**17**	**19**	**17**	**17**
中央市場計	(2)	**202**	**19**	**16**	**14**	**16**	**17**
仙台	(3)	1	–	–	–	–	–
さいたま	(4)	–	–	–	–	–	–
東京	(5)	–	–	–	–	–	–
横浜	(6)	–	–	–	–	–	–
名古屋	(7)	–	–	–	–	–	–
京都	(8)	5	3	–	1	–	–
大阪	(9)	5	–	–	–	1	1
神戸	(10)	–	–	–	–	–	–
広島	(11)	–	–	–	–	–	–
福岡	(12)	191	16	16	13	15	16
指定市場計	(13)	**16**	**1**	**1**	**5**	**1**	**–**
茨城	(14)	–	–	–	–	–	–
宇都宮	(15)	–	–	–	–	–	–
群馬	(16)	–	–	–	–	–	–
川口	(17)	–	–	–	–	–	–
山梨	(18)	–	–	–	–	–	–
岐阜	(19)	–	–	–	–	–	–
浜松	(20)	–	–	–	–	–	–
東三河	(21)	–	–	–	–	–	–
四日市	(22)	–	–	–	–	–	–
南大阪	(23)	–	–	–	–	–	–
姫路	(24)	5	–	–	3	–	–
加古川	(25)	6	1	1	1	1	–
西宮	(26)	4	–	–	1	–	–
岡山	(27)	–	–	–	–	–	–
坂出	(28)	–	–	–	–	–	–
愛媛	(29)	–	–	–	–	–	–
佐世保	(30)	1	–	–	–	–	–
熊本	(31)	–	–	–	–	–	–

イ　枝肉の取引総重量

市場		平成29年計	1月	2月	3月	4月	5月
合計	(1)	**104.6**	**9.3**	**8.0**	**8.8**	**8.5**	**8.6**
中央市場計	(2)	**98.6**	**8.9**	**7.7**	**6.8**	**8.0**	**8.6**
仙台	(3)	0.6	–	–	–	–	–
さいたま	(4)	–	–	–	–	–	–
東京	(5)	–	–	–	–	–	–
横浜	(6)	–	–	–	–	–	–
名古屋	(7)	–	–	–	–	–	–
京都	(8)	2.2	1.3	–	0.5	–	–
大阪	(9)	2.0	–	–	–	0.4	0.4
神戸	(10)	–	–	–	–	–	–
広島	(11)	–	–	–	–	–	–
福岡	(12)	93.7	7.6	7.7	6.3	7.6	8.2
指定市場計	(13)	**6.1**	**0.3**	**0.3**	**2.0**	**0.5**	**–**
茨城	(14)	–	–	–	–	–	–
宇都宮	(15)	–	–	–	–	–	–
群馬	(16)	–	–	–	–	–	–
川口	(17)	–	–	–	–	–	–
山梨	(18)	–	–	–	–	–	–
岐阜	(19)	–	–	–	–	–	–
浜松	(20)	–	–	–	–	–	–
東三河	(21)	–	–	–	–	–	–
四日市	(22)	–	–	–	–	–	–
南大阪	(23)	–	–	–	–	–	–
姫路	(24)	2.5	–	–	1.5	–	–
加古川	(25)	2.2	0.3	0.3	0.3	0.5	–
西宮	(26)	1.0	–	–	0.2	–	–
岡山	(27)	–	–	–	–	–	–
坂出	(28)	–	–	–	–	–	–
愛媛	(29)	–	–	–	–	–	–
佐世保	(30)	0.5	–	–	–	–	–
熊本	(31)	–	–	–	–	–	–

単位：頭

6　月	7　月	8　月	9　月	10　月	11　月	12　月	
19	17	17	15	18	15	27	(1)
19	16	15	15	15	14	26	(2)
–	–	1	–	–	–	–	(3)
–	–	–	–	–	–	–	(4)
–	–	–	–	–	–	–	(5)
–	–	–	–	–	–	–	(6)
–	–	–	–	–	–	–	(7)
1	–	–	–	–	–	–	(8)
1	1	–	1	–	–	–	(9)
–	–	–	–	–	–	–	(10)
–	–	–	–	–	–	–	(11)
17	15	14	14	15	14	26	(12)
–	1	2	–	3	1	1	(13)
–	–	–	–	–	–	–	(14)
–	–	–	–	–	–	–	(15)
–	–	–	–	–	–	–	(16)
–	–	–	–	–	–	–	(17)
–	–	–	–	–	–	–	(18)
–	–	–	–	–	–	–	(19)
–	–	–	–	–	–	–	(20)
–	–	–	–	–	–	–	(21)
–	–	–	–	–	–	–	(22)
–	–	–	–	–	–	–	(23)
–	–	–	–	1	–	1	(24)
–	–	–	–	1	1	–	(25)
–	1	2	–	–	–	–	(26)
–	–	–	–	–	–	–	(27)
–	–	–	–	–	–	–	(28)
–	–	–	–	–	–	–	(29)
–	–	–	–	1	–	–	(30)
–	–	–	–	–	–	–	(31)

単位：t

6　月	7　月	8　月	9　月	10　月	11　月	12　月	
9.2	8.1	7.9	6.7	8.6	7.5	13.5	(1)
9.2	7.8	7.3	6.7	7.3	7.2	13.0	(2)
–	–	0.6	–	–	–	–	(3)
–	–	–	–	–	–	–	(4)
–	–	–	–	–	–	–	(5)
–	–	–	–	–	–	–	(6)
–	–	–	–	–	–	–	(7)
0.4	–	–	–	–	–	–	(8)
0.5	0.4	–	0.3	–	–	–	(9)
–	–	–	–	–	–	–	(10)
–	–	–	–	–	–	–	(11)
8.2	7.5	6.7	6.3	7.3	7.2	13.0	(12)
–	0.2	0.6	–	1.3	0.3	0.5	(13)
–	–	–	–	–	–	–	(14)
–	–	–	–	–	–	–	(15)
–	–	–	–	–	–	–	(16)
–	–	–	–	–	–	–	(17)
–	–	–	–	–	–	–	(18)
–	–	–	–	–	–	–	(19)
–	–	–	–	–	–	–	(20)
–	–	–	–	–	–	–	(21)
–	–	–	–	–	–	–	(22)
–	–	–	–	–	–	–	(23)
–	–	–	–	0.5	–	0.5	(24)
–	–	–	–	0.4	0.3	–	(25)
–	0.2	0.6	–	–	–	–	(26)
–	–	–	–	–	–	–	(27)
–	–	–	–	–	–	–	(28)
–	–	–	–	–	–	–	(29)
–	–	–	–	0.5	–	–	(30)
–	–	–	–	–	–	–	(31)

1 月別取引成立頭数・価格（食肉卸売市場別）（続き）
(12) その他の牛計（続き）
ウ 枝肉の取引総価額

市場		平成29年計	1 月	2 月	3 月	4 月	5 月
合　計	(1)	135,226	13,423	11,371	11,543	11,743	12,384
中央市場計	(2)	128,732	12,859	10,932	9,661	11,172	12,384
仙　台	(3)	806	-	-	-	-	-
さいたま	(4)	-	-	-	-	-	-
東　京	(5)	-	-	-	-	-	-
横　浜	(6)	-	-	-	-	-	-
名古屋	(7)	-	-	-	-	-	-
京　都	(8)	3,308	2,184	-	852	-	-
大　阪	(9)	2,232	-	-	-	470	681
神　戸	(10)	-	-	-	-	-	-
広　島	(11)	-	-	-	-	-	-
福　岡	(12)	122,386	10,675	10,932	8,809	10,702	11,703
指定市場計	(13)	6,494	564	439	1,882	571	-
茨　城	(14)	-	-	-	-	-	-
宇都宮	(15)	-	-	-	-	-	-
群　馬	(16)	-	-	-	-	-	-
川　口	(17)	-	-	-	-	-	-
山　梨	(18)	-	-	-	-	-	-
岐　阜	(19)	-	-	-	-	-	-
浜　松	(20)	-	-	-	-	-	-
東三河	(21)	-	-	-	-	-	-
四日市	(22)	-	-	-	-	-	-
南大阪	(23)	-	-	-	-	-	-
姫　路	(24)	2,946	-	-	1,644	-	-
加古川	(25)	2,691	564	439	230	571	-
西　宮	(26)	319	-	-	8	-	-
岡　山	(27)	-	-	-	-	-	-
坂　出	(28)	-	-	-	-	-	-
愛　媛	(29)	-	-	-	-	-	-
佐世保	(30)	538	-	-	-	-	-
熊　本	(31)	-	-	-	-	-	-

エ 枝肉の1kg当たり卸売価格

市場		平成29年計	1 月	2 月	3 月	4 月	5 月
合　計	(1)	1,293	1,447	1,415	1,315	1,383	1,442
中央市場計	(2)	1,306	1,440	1,416	1,421	1,399	1,442
仙　台	(3)	1,380	-	-	-	-	-
さいたま	(4)	-	-	-	-	-	-
東　京	(5)	-	-	-	-	-	-
横　浜	(6)	-	-	-	-	-	-
名古屋	(7)	-	-	-	-	-	-
京　都	(8)	1,480	1,632	-	1,844	-	-
大　阪	(9)	1,090	-	-	-	1,205	1,686
神　戸	(10)	-	-	-	-	-	-
広　島	(11)	-	-	-	-	-	-
福　岡	(12)	1,306	1,406	1,416	1,390	1,409	1,430
指定市場計	(13)	1,073	1,621	1,403	951	1,133	-
茨　城	(14)	-	-	-	-	-	-
宇都宮	(15)	-	-	-	-	-	-
群　馬	(16)	-	-	-	-	-	-
川　口	(17)	-	-	-	-	-	-
山　梨	(18)	-	-	-	-	-	-
岐　阜	(19)	-	-	-	-	-	-
浜　松	(20)	-	-	-	-	-	-
東三河	(21)	-	-	-	-	-	-
四日市	(22)	-	-	-	-	-	-
南大阪	(23)	-	-	-	-	-	-
姫　路	(24)	1,184	-	-	1,079	-	-
加古川	(25)	1,249	1,621	1,403	757	1,133	-
西　宮	(26)	333	-	-	53	-	-
岡　山	(27)	-	-	-	-	-	-
坂　出	(28)	-	-	-	-	-	-
愛　媛	(29)	-	-	-	-	-	-
佐世保	(30)	1,188	-	-	-	-	-
熊　本	(31)	-	-	-	-	-	-

単位：千円

6　月	7　月	8　月	9　月	10　月	11　月	12　月	
12,002	9,589	9,565	7,381	11,000	8,771	16,454	(1)
12,002	9,576	9,267	7,381	9,454	8,448	15,596	(2)
-	-	806	-	-	-	-	(3)
-	-	-	-	-	-	-	(4)
-	-	-	-	-	-	-	(5)
-	-	-	-	-	-	-	(6)
-	-	-	-	-	-	-	(7)
272	-	-	-	-	-	-	(8)
618	133	-	330	-	-	-	(9)
-	-	-	-	-	-	-	(10)
-	-	-	-	-	-	-	(11)
11,112	9,443	8,461	7,051	9,454	8,448	15,596	(12)
-	13	298	-	1,546	323	858	(13)
-	-	-	-	-	-	-	(14)
-	-	-	-	-	-	-	(15)
-	-	-	-	-	-	-	(16)
-	-	-	-	-	-	-	(17)
-	-	-	-	-	-	-	(18)
-	-	-	-	-	-	-	(19)
-	-	-	-	-	-	-	(20)
-	-	-	-	-	-	-	(21)
-	-	-	-	-	-	-	(22)
-	-	-	-	-	-	-	(23)
-	-	-	-	444	-	858	(24)
-	-	-	-	564	323	-	(25)
-	13	298	-	-	-	-	(26)
-	-	-	-	-	-	-	(27)
-	-	-	-	-	-	-	(28)
-	-	-	-	-	-	-	(29)
-	-	-	-	538	-	-	(30)
-	-	-	-	-	-	-	(31)

単位：円

6　月	7　月	8　月	9　月	10　月	11　月	12　月	
1,305	1,189	1,210	1,107	1,278	1,172	1,217	(1)
1,305	1,223	1,264	1,107	1,296	1,176	1,197	(2)
-	-	1,380	-	-	-	-	(3)
-	-	-	-	-	-	-	(4)
-	-	-	-	-	-	-	(5)
-	-	-	-	-	-	-	(6)
-	-	-	-	-	-	-	(7)
625	-	-	-	-	-	-	(8)
1,153	351	-	973	-	-	-	(9)
-	-	-	-	-	-	-	(10)
-	-	-	-	-	-	-	(11)
1,351	1,267	1,254	1,114	1,296	1,176	1,197	(12)
-	55	524	-	1,175	1,080	1,751	(13)
-	-	-	-	-	-	-	(14)
-	-	-	-	-	-	-	(15)
-	-	-	-	-	-	-	(16)
-	-	-	-	-	-	-	(17)
-	-	-	-	-	-	-	(18)
-	-	-	-	-	-	-	(19)
-	-	-	-	-	-	-	(20)
-	-	-	-	-	-	-	(21)
-	-	-	-	-	-	-	(22)
-	-	-	-	-	-	-	(23)
-	-	-	-	933	-	1,751	(24)
-	-	-	-	1,457	1,080	-	(25)
-	55	524	-	-	-	-	(26)
-	-	-	-	-	-	-	(27)
-	-	-	-	-	-	-	(28)
-	-	-	-	-	-	-	(29)
-	-	-	-	1,188	-	-	(30)
-	-	-	-	-	-	-	(31)

1 月別取引成立頭数・価格（食肉卸売市場別）（続き）
(13) その他の牛めす
ア 枝肉の取引成立頭数

市場		平成29年計	1 月	2 月	3 月	4 月	5 月
合　　計	(1)	22	5	3	1	-	2
中央市場計	(2)	17	4	2	-	-	2
仙台	(3)	-	-	-	-	-	-
さいたま	(4)	-	-	-	-	-	-
東京	(5)	-	-	-	-	-	-
横浜	(6)	-	-	-	-	-	-
名古屋	(7)	-	-	-	-	-	-
京都	(8)	3	2	-	-	-	-
大阪	(9)	1	-	-	-	-	-
神戸	(10)	-	-	-	-	-	-
広島	(11)	-	-	-	-	-	-
福岡	(12)	13	2	2	-	-	2
指定市場計	(13)	5	1	1	1	-	-
茨城	(14)	-	-	-	-	-	-
宇都宮	(15)	-	-	-	-	-	-
群馬	(16)	-	-	-	-	-	-
川口	(17)	-	-	-	-	-	-
山梨	(18)	-	-	-	-	-	-
岐阜	(19)	-	-	-	-	-	-
浜松	(20)	-	-	-	-	-	-
東三河	(21)	-	-	-	-	-	-
四日市	(22)	-	-	-	-	-	-
南大阪	(23)	-	-	-	-	-	-
姫路	(24)	1	-	-	-	-	-
加古川	(25)	4	1	1	1	-	-
西宮	(26)	-	-	-	-	-	-
岡山	(27)	-	-	-	-	-	-
坂出	(28)	-	-	-	-	-	-
愛媛	(29)	-	-	-	-	-	-
佐世保	(30)	-	-	-	-	-	-
熊本	(31)	-	-	-	-	-	-

イ 枝肉の取引総重量

市場		平成29年計	1 月	2 月	3 月	4 月	5 月
合　　計	(1)	8.3	2.0	1.0	0.3	-	0.8
中央市場計	(2)	6.5	1.6	0.7	-	-	0.8
仙台	(3)	-	-	-	-	-	-
さいたま	(4)	-	-	-	-	-	-
東京	(5)	-	-	-	-	-	-
横浜	(6)	-	-	-	-	-	-
名古屋	(7)	-	-	-	-	-	-
京都	(8)	1.3	0.8	-	-	-	-
大阪	(9)	0.3	-	-	-	-	-
神戸	(10)	-	-	-	-	-	-
広島	(11)	-	-	-	-	-	-
福岡	(12)	4.9	0.8	0.7	-	-	0.8
指定市場計	(13)	1.8	0.3	0.3	0.3	-	-
茨城	(14)	-	-	-	-	-	-
宇都宮	(15)	-	-	-	-	-	-
群馬	(16)	-	-	-	-	-	-
川口	(17)	-	-	-	-	-	-
山梨	(18)	-	-	-	-	-	-
岐阜	(19)	-	-	-	-	-	-
浜松	(20)	-	-	-	-	-	-
東三河	(21)	-	-	-	-	-	-
四日市	(22)	-	-	-	-	-	-
南大阪	(23)	-	-	-	-	-	-
姫路	(24)	0.5	-	-	-	-	-
加古川	(25)	1.4	0.3	0.3	0.3	-	-
西宮	(26)	-	-	-	-	-	-
岡山	(27)	-	-	-	-	-	-
坂出	(28)	-	-	-	-	-	-
愛媛	(29)	-	-	-	-	-	-
佐世保	(30)	-	-	-	-	-	-
熊本	(31)	-	-	-	-	-	-

単位：頭

6月	7月	8月	9月	10月	11月	12月	
4	2	1	1	2	1	-	(1)
4	2	1	1	-	1	-	(2)
-	-	-	-	-	-	-	(3)
-	-	-	-	-	-	-	(4)
-	-	-	-	-	-	-	(5)
-	-	-	-	-	-	-	(6)
-	-	-	-	-	-	-	(7)
1	-	-	-	-	-	-	(8)
-	-	-	1	-	-	-	(9)
-	-	-	-	-	-	-	(10)
-	-	-	-	-	-	-	(11)
3	2	1	-	-	1	-	(12)
-	-	-	-	2	-	-	(13)
-	-	-	-	-	-	-	(14)
-	-	-	-	-	-	-	(15)
-	-	-	-	-	-	-	(16)
-	-	-	-	-	-	-	(17)
-	-	-	-	-	-	-	(18)
-	-	-	-	-	-	-	(19)
-	-	-	-	-	-	-	(20)
-	-	-	-	-	-	-	(21)
-	-	-	-	-	-	-	(22)
-	-	-	-	-	-	-	(23)
-	-	-	-	1	-	-	(24)
-	-	-	-	1	-	-	(25)
-	-	-	-	-	-	-	(26)
-	-	-	-	-	-	-	(27)
-	-	-	-	-	-	-	(28)
-	-	-	-	-	-	-	(29)
-	-	-	-	-	-	-	(30)
-	-	-	-	-	-	-	(31)

単位：t

6月	7月	8月	9月	10月	11月	12月	
1.5	0.6	0.5	0.3	0.9	0.4	-	(1)
1.5	0.6	0.5	0.3	-	0.4	-	(2)
-	-	-	-	-	-	-	(3)
-	-	-	-	-	-	-	(4)
-	-	-	-	-	-	-	(5)
-	-	-	-	-	-	-	(6)
-	-	-	-	-	-	-	(7)
0.4	-	-	-	-	-	-	(8)
-	-	-	0.3	-	-	-	(9)
-	-	-	-	-	-	-	(10)
-	-	-	-	-	-	-	(11)
1.1	0.6	0.5	-	-	0.4	-	(12)
-	-	-	-	0.9	-	-	(13)
-	-	-	-	-	-	-	(14)
-	-	-	-	-	-	-	(15)
-	-	-	-	-	-	-	(16)
-	-	-	-	-	-	-	(17)
-	-	-	-	-	-	-	(18)
-	-	-	-	-	-	-	(19)
-	-	-	-	-	-	-	(20)
-	-	-	-	-	-	-	(21)
-	-	-	-	-	-	-	(22)
-	-	-	-	-	-	-	(23)
-	-	-	-	0.5	-	-	(24)
-	-	-	-	0.4	-	-	(25)
-	-	-	-	-	-	-	(26)
-	-	-	-	-	-	-	(27)
-	-	-	-	-	-	-	(28)
-	-	-	-	-	-	-	(29)
-	-	-	-	-	-	-	(30)
-	-	-	-	-	-	-	(31)

1　月別取引成立頭数・価格（食肉卸売市場別）（続き）
(13)　その他の牛めす（続き）
　　　ウ　枝肉の取引総価額

市場		平成29年計	1　月	2　月	3　月	4　月	5　月
合　　計	(1)	9,668	2,415	1,292	230	-	1,111
中央市場計	(2)	7,427	1,851	853	-	-	1,111
仙台	(3)	-	-	-	-	-	-
さいたま	(4)	-	-	-	-	-	-
東京	(5)	-	-	-	-	-	-
横浜	(6)	-	-	-	-	-	-
名古屋	(7)	-	-	-	-	-	-
京都	(8)	1,344	1,072	-	-	-	-
大阪	(9)	330	-	-	-	-	-
神戸	(10)	-	-	-	-	-	-
広島	(11)	-	-	-	-	-	-
福岡	(12)	5,753	779	853	-	-	1,111
指定市場計	(13)	2,241	564	439	230	-	-
茨城	(14)	-	-	-	-	-	-
宇都宮	(15)	-	-	-	-	-	-
群馬	(16)	-	-	-	-	-	-
川口	(17)	-	-	-	-	-	-
山梨	(18)	-	-	-	-	-	-
岐阜	(19)	-	-	-	-	-	-
浜松	(20)	-	-	-	-	-	-
東三河	(21)	-	-	-	-	-	-
四日市	(22)	-	-	-	-	-	-
南大阪	(23)	-	-	-	-	-	-
姫路	(24)	444	-	-	-	-	-
加古川	(25)	1,797	564	439	230	-	-
西宮	(26)	-	-	-	-	-	-
岡山	(27)	-	-	-	-	-	-
坂出	(28)	-	-	-	-	-	-
愛媛	(29)	-	-	-	-	-	-
佐世保	(30)	-	-	-	-	-	-
熊本	(31)	-	-	-	-	-	-

エ　枝肉の1kg当たり卸売価格

市場		平成29年計	1　月	2　月	3　月	4　月	5　月
合　　計	(1)	1,165	1,219	1,289	757	-	1,313
中央市場計	(2)	1,148	1,133	1,238	-	-	1,313
仙台	(3)	-	-	-	-	-	-
さいたま	(4)	-	-	-	-	-	-
東京	(5)	-	-	-	-	-	-
横浜	(6)	-	-	-	-	-	-
名古屋	(7)	-	-	-	-	-	-
京都	(8)	1,068	1,301	-	-	-	-
大阪	(9)	973	-	-	-	-	-
神戸	(10)	-	-	-	-	-	-
広島	(11)	-	-	-	-	-	-
福岡	(12)	1,180	963	1,238	-	-	1,313
指定市場計	(13)	1,226	1,621	1,403	757	-	-
茨城	(14)	-	-	-	-	-	-
宇都宮	(15)	-	-	-	-	-	-
群馬	(16)	-	-	-	-	-	-
川口	(17)	-	-	-	-	-	-
山梨	(18)	-	-	-	-	-	-
岐阜	(19)	-	-	-	-	-	-
浜松	(20)	-	-	-	-	-	-
東三河	(21)	-	-	-	-	-	-
四日市	(22)	-	-	-	-	-	-
南大阪	(23)	-	-	-	-	-	-
姫路	(24)	933	-	-	-	-	-
加古川	(25)	1,329	1,621	1,403	757	-	-
西宮	(26)	-	-	-	-	-	-
岡山	(27)	-	-	-	-	-	-
坂出	(28)	-	-	-	-	-	-
愛媛	(29)	-	-	-	-	-	-
佐世保	(30)	-	-	-	-	-	-
熊本	(31)	-	-	-	-	-	-

単位:千円

6　月	7　月	8　月	9　月	10　月	11　月	12　月		
1,887	556	439	330	1,008	400	-		(1)
1,887	556	439	330	-	400	-		(2)
-	-	-	-	-	-	-		(3)
-	-	-	-	-	-	-		(4)
-	-	-	-	-	-	-		(5)
-	-	-	-	-	-	-		(6)
-	-	-	-	-	-	-		(7)
272	-	-	-	-	-	-		(8)
-	-	-	330	-	-	-		(9)
-	-	-	-	-	-	-		(10)
-	-	-	-	-	-	-		(11)
1,615	556	439	-	-	400	-		(12)
-	-	-	-	1,008	-	-		(13)
-	-	-	-	-	-	-		(14)
-	-	-	-	-	-	-		(15)
-	-	-	-	-	-	-		(16)
-	-	-	-	-	-	-		(17)
-	-	-	-	-	-	-		(18)
-	-	-	-	-	-	-		(19)
-	-	-	-	-	-	-		(20)
-	-	-	-	-	-	-		(21)
-	-	-	-	-	-	-		(22)
-	-	-	-	-	-	-		(23)
-	-	-	-	444	-	-		(24)
-	-	-	-	564	-	-		(25)
-	-	-	-	-	-	-		(26)
-	-	-	-	-	-	-		(27)
-	-	-	-	-	-	-		(28)
-	-	-	-	-	-	-		(29)
-	-	-	-	-	-	-		(30)
-	-	-	-	-	-	-		(31)

単位:円

6　月	7　月	8　月	9　月	10　月	11　月	12　月		
1,263	950	973	973	1,168	920	-		(1)
1,263	950	973	973	-	920	-		(2)
-	-	-	-	-	-	-		(3)
-	-	-	-	-	-	-		(4)
-	-	-	-	-	-	-		(5)
-	-	-	-	-	-	-		(6)
-	-	-	-	-	-	-		(7)
625	-	-	-	-	-	-		(8)
-	-	-	973	-	-	-		(9)
-	-	-	-	-	-	-		(10)
-	-	-	-	-	-	-		(11)
1,525	950	973	-	-	920	-		(12)
-	-	-	-	1,168	-	-		(13)
-	-	-	-	-	-	-		(14)
-	-	-	-	-	-	-		(15)
-	-	-	-	-	-	-		(16)
-	-	-	-	-	-	-		(17)
-	-	-	-	-	-	-		(18)
-	-	-	-	-	-	-		(19)
-	-	-	-	-	-	-		(20)
-	-	-	-	-	-	-		(21)
-	-	-	-	-	-	-		(22)
-	-	-	-	-	-	-		(23)
-	-	-	-	933	-	-		(24)
-	-	-	-	1,457	-	-		(25)
-	-	-	-	-	-	-		(26)
-	-	-	-	-	-	-		(27)
-	-	-	-	-	-	-		(28)
-	-	-	-	-	-	-		(29)
-	-	-	-	-	-	-		(30)
-	-	-	-	-	-	-		(31)

1 月別取引成立頭数・価格（食肉卸売市場別）（続き）
(14) その他の牛去勢
ア 枝肉の取引成立頭数

市場			平成29年計	1 月	2 月	3 月	4 月	5 月
合	計	(1)	196	15	14	18	17	15
中央市場計		(2)	185	15	14	14	16	15
仙	台	(3)	1	-	-	-	-	-
さいた	ま	(4)	-	-	-	-	-	-
東	京	(5)	-	-	-	-	-	-
横	浜	(6)	-	-	-	-	-	-
名 古	屋	(7)	-	-	-	-	-	-
京	都	(8)	2	1	-	1	-	-
大	阪	(9)	4	-	-	-	1	1
神	戸	(10)	-	-	-	-	-	-
広	島	(11)	-	-	-	-	-	-
福	岡	(12)	178	14	14	13	15	14
指定市場計		(13)	11	-	-	4	1	-
茨	城	(14)	-	-	-	-	-	-
宇 都	宮	(15)	-	-	-	-	-	-
群	馬	(16)	-	-	-	-	-	-
川	口	(17)	-	-	-	-	-	-
山	梨	(18)	-	-	-	-	-	-
岐	阜	(19)	-	-	-	-	-	-
浜	松	(20)	-	-	-	-	-	-
東 三	河	(21)	-	-	-	-	-	-
四日	市	(22)	-	-	-	-	-	-
南 大	阪	(23)	-	-	-	-	-	-
姫	路	(24)	4	-	-	3	-	-
加 古	川	(25)	2	-	-	-	1	-
西	宮	(26)	4	-	-	1	-	-
岡	山	(27)	-	-	-	-	-	-
坂	出	(28)	-	-	-	-	-	-
愛	媛	(29)	-	-	-	-	-	-
佐 世	保	(30)	1	-	-	-	-	-
熊	本	(31)	-	-	-	-	-	-

イ 枝肉の取引総重量

市場			平成29年計	1 月	2 月	3 月	4 月	5 月
合	計	(1)	96.3	7.3	7.0	8.5	8.5	7.7
中央市場計		(2)	92.1	7.3	7.0	6.8	8.0	7.7
仙	台	(3)	0.6	-	-	-	-	-
さいた	ま	(4)	-	-	-	-	-	-
東	京	(5)	-	-	-	-	-	-
横	浜	(6)	-	-	-	-	-	-
名 古	屋	(7)	-	-	-	-	-	-
京	都	(8)	1.0	0.5	-	0.5	-	-
大	阪	(9)	1.7	-	-	-	0.4	0.4
神	戸	(10)	-	-	-	-	-	-
広	島	(11)	-	-	-	-	-	-
福	岡	(12)	88.8	6.8	7.0	6.3	7.6	7.3
指定市場計		(13)	4.2	-	-	1.7	0.5	-
茨	城	(14)	-	-	-	-	-	-
宇 都	宮	(15)	-	-	-	-	-	-
群	馬	(16)	-	-	-	-	-	-
川	口	(17)	-	-	-	-	-	-
山	梨	(18)	-	-	-	-	-	-
岐	阜	(19)	-	-	-	-	-	-
浜	松	(20)	-	-	-	-	-	-
東 三	河	(21)	-	-	-	-	-	-
四日	市	(22)	-	-	-	-	-	-
南 大	阪	(23)	-	-	-	-	-	-
姫	路	(24)	2.0	-	-	1.5	-	-
加 古	川	(25)	0.8	-	-	-	0.5	-
西	宮	(26)	1.0	-	-	0.2	-	-
岡	山	(27)	-	-	-	-	-	-
坂	出	(28)	-	-	-	-	-	-
愛	媛	(29)	-	-	-	-	-	-
佐 世	保	(30)	0.5	-	-	-	-	-
熊	本	(31)	-	-	-	-	-	-

— 174 —

単位：頭

6 月	7 月	8 月	9 月	10 月	11 月	12 月	
15	15	16	14	16	14	27	(1)
15	14	14	14	15	13	26	(2)
－	－	1	－	－	－	－	(3)
－	－	－	－	－	－	－	(4)
－	－	－	－	－	－	－	(5)
－	－	－	－	－	－	－	(6)
－	－	－	－	－	－	－	(7)
－	－	－	－	－	－	－	(8)
1	1	－	－	－	－	－	(9)
－	－	－	－	－	－	－	(10)
－	－	－	－	－	－	－	(11)
14	13	13	14	15	13	26	(12)
－	1	2	－	1	1	1	(13)
－	－	－	－	－	－	－	(14)
－	－	－	－	－	－	－	(15)
－	－	－	－	－	－	－	(16)
－	－	－	－	－	－	－	(17)
－	－	－	－	－	－	－	(18)
－	－	－	－	－	－	－	(19)
－	－	－	－	－	－	－	(20)
－	－	－	－	－	－	－	(21)
－	－	－	－	－	－	－	(22)
－	－	－	－	－	－	－	(23)
－	－	－	－	－	－	1	(24)
－	－	－	－	－	1	－	(25)
－	1	2	－	－	－	－	(26)
－	－	－	－	－	－	－	(27)
－	－	－	－	－	－	－	(28)
－	－	－	－	－	－	－	(29)
－	－	－	－	1	－	－	(30)
－	－	－	－	－	－	－	(31)

単位：t

6 月	7 月	8 月	9 月	10 月	11 月	12 月	
7.7	7.5	7.5	6.3	7.7	7.0	13.5	(1)
7.7	7.2	6.9	6.3	7.3	6.7	13.0	(2)
－	－	0.6	－	－	－	－	(3)
－	－	－	－	－	－	－	(4)
－	－	－	－	－	－	－	(5)
－	－	－	－	－	－	－	(6)
－	－	－	－	－	－	－	(7)
－	－	－	－	－	－	－	(8)
0.5	0.4	－	－	－	－	－	(9)
－	－	－	－	－	－	－	(10)
－	－	－	－	－	－	－	(11)
7.2	6.9	6.3	6.3	7.3	6.7	13.0	(12)
－	0.2	0.6	－	0.5	0.3	0.5	(13)
－	－	－	－	－	－	－	(14)
－	－	－	－	－	－	－	(15)
－	－	－	－	－	－	－	(16)
－	－	－	－	－	－	－	(17)
－	－	－	－	－	－	－	(18)
－	－	－	－	－	－	－	(19)
－	－	－	－	－	－	－	(20)
－	－	－	－	－	－	－	(21)
－	－	－	－	－	－	－	(22)
－	－	－	－	－	－	－	(23)
－	－	－	－	－	－	0.5	(24)
－	－	－	－	－	0.3	－	(25)
－	0.2	0.6	－	－	－	－	(26)
－	－	－	－	－	－	－	(27)
－	－	－	－	－	－	－	(28)
－	－	－	－	－	－	－	(29)
－	－	－	－	0.5	－	－	(30)
－	－	－	－	－	－	－	(31)

1 月別取引成立頭数・価格（食肉卸売市場別）（続き）
(14) その他の牛去勢（続き）
ウ 枝肉の取引総価額

市場			平成29年計	1 月	2 月	3 月	4 月	5 月
合	計	(1)	125,558	11,008	10,079	11,313	11,743	11,273
中央市場計		(2)	121,305	11,008	10,079	9,661	11,172	11,273
仙	台	(3)	806	-	-	-	-	-
さ い た ま		(4)	-	-	-	-	-	-
東	京	(5)	-	-	-	-	-	-
横	浜	(6)	-	-	-	-	-	-
名 古 屋		(7)	-	-	-	-	-	-
京	都	(8)	1,964	1,112	-	852	-	-
大	阪	(9)	1,902	-	-	-	470	681
神	戸	(10)	-	-	-	-	-	-
広	島	(11)	-	-	-	-	-	-
福	岡	(12)	116,633	9,896	10,079	8,809	10,702	10,592
指定市場計		(13)	4,253	-	-	1,652	571	-
茨	城	(14)	-	-	-	-	-	-
宇 都 宮		(15)	-	-	-	-	-	-
群	馬	(16)	-	-	-	-	-	-
川	口	(17)	-	-	-	-	-	-
山	梨	(18)	-	-	-	-	-	-
岐	阜	(19)	-	-	-	-	-	-
浜	松	(20)	-	-	-	-	-	-
東 三 河		(21)	-	-	-	-	-	-
四 日 市		(22)	-	-	-	-	-	-
南 大 阪		(23)	-	-	-	-	-	-
姫	路	(24)	2,502	-	-	1,644	-	-
加 古 川		(25)	894	-	-	-	571	-
西	宮	(26)	319	-	-	8	-	-
岡	山	(27)	-	-	-	-	-	-
坂	出	(28)	-	-	-	-	-	-
愛	媛	(29)	-	-	-	-	-	-
佐 世 保		(30)	538	-	-	-	-	-
熊	本	(31)	-	-	-	-	-	-

エ 枝肉の1kg当たり卸売価格

市場			平成29年計	1 月	2 月	3 月	4 月	5 月
合	計	(1)	1,304	1,508	1,433	1,335	1,383	1,456
中央市場計		(2)	1,317	1,508	1,433	1,421	1,399	1,456
仙	台	(3)	1,380	-	-	-	-	-
さ い た ま		(4)	-	-	-	-	-	-
東	京	(5)	-	-	-	-	-	-
横	浜	(6)	-	-	-	-	-	-
名 古 屋		(7)	-	-	-	-	-	-
京	都	(8)	2,012	2,163	-	1,844	-	-
大	阪	(9)	1,113	-	-	-	1,205	1,686
神	戸	(10)	-	-	-	-	-	-
広	島	(11)	-	-	-	-	-	-
福	岡	(12)	1,313	1,459	1,433	1,390	1,409	1,443
指定市場計		(13)	1,006	-	-	986	1,133	-
茨	城	(14)	-	-	-	-	-	-
宇 都 宮		(15)	-	-	-	-	-	-
群	馬	(16)	-	-	-	-	-	-
川	口	(17)	-	-	-	-	-	-
山	梨	(18)	-	-	-	-	-	-
岐	阜	(19)	-	-	-	-	-	-
浜	松	(20)	-	-	-	-	-	-
東 三 河		(21)	-	-	-	-	-	-
四 日 市		(22)	-	-	-	-	-	-
南 大 阪		(23)	-	-	-	-	-	-
姫	路	(24)	1,243	-	-	1,079	-	-
加 古 川		(25)	1,113	-	-	-	1,133	-
西	宮	(26)	333	-	-	53	-	-
岡	山	(27)	-	-	-	-	-	-
坂	出	(28)	-	-	-	-	-	-
愛	媛	(29)	-	-	-	-	-	-
佐 世 保		(30)	1,188	-	-	-	-	-
熊	本	(31)	-	-	-	-	-	-

単位：千円

	6　月	7　月	8　月	9　月	10　月	11　月	12　月	
	10,115	9,033	9,126	7,051	9,992	8,371	16,454	(1)
	10,115	9,020	8,828	7,051	9,454	8,048	15,596	(2)
			806					(3)
								(4)
								(5)
								(6)
								(7)
								(8)
	618	133						(9)
								(10)
								(11)
	9,497	8,887	8,022	7,051	9,454	8,048	15,596	(12)
		13	298		538	323	858	(13)
								(14)
								(15)
								(16)
								(17)
								(18)
								(19)
								(20)
								(21)
								(22)
								(23)
							858	(24)
						323		(25)
		13	298					(26)
								(27)
								(28)
								(29)
					538			(30)
								(31)

単位：円

	6　月	7　月	8　月	9　月	10　月	11　月	12　月	
	1,313	1,207	1,225	1,114	1,290	1,188	1,217	(1)
	1,313	1,245	1,283	1,114	1,296	1,192	1,197	(2)
			1,380					(3)
								(4)
								(5)
								(6)
								(7)
								(8)
	1,153	351						(9)
								(10)
								(11)
	1,325	1,294	1,274	1,114	1,296	1,192	1,197	(12)
		55	524		1,188	1,080	1,751	(13)
								(14)
								(15)
								(16)
								(17)
								(18)
								(19)
								(20)
								(21)
								(22)
								(23)
							1,751	(24)
						1,080		(25)
		55	524					(26)
								(27)
								(28)
								(29)
					1,188			(30)
								(31)

2 月別規格別取引成立頭数・価格（食肉卸売市場別）
(1) 豚
ア 枝肉の取引成立頭数

単位：頭

市場・規格		平成29年計	1月	2月	3月	4月	5月	6月	7月	8月	9月	10月	11月	12月
合	**計**	2,108,572	174,073	169,721	189,220	168,198	172,398	168,614	155,649	164,845	166,218	186,843	195,765	197,028
極	上	3,147	282	354	359	214	201	276	227	300	271	221	212	230
上		914,280	70,518	73,298	81,004	72,107	73,320	74,947	70,078	74,913	74,784	83,084	81,928	84,299
省	令	917,427	70,800	73,652	81,363	72,321	73,521	75,223	70,305	75,213	75,055	83,305	82,140	84,529
中		745,170	64,404	60,510	68,605	60,073	61,140	57,215	52,248	56,055	57,054	66,533	71,694	69,639
並		284,814	25,627	22,664	25,587	23,193	24,102	22,829	20,184	20,681	20,671	23,333	27,596	28,347
等	外	161,161	13,242	12,895	13,665	12,611	13,635	13,347	12,912	12,896	13,438	13,672	14,335	14,513
中央市場計		899,381	73,564	71,613	81,075	72,773	72,255	71,510	66,778	69,405	70,876	79,239	83,801	86,492
極	上	904	77	73	90	79	56	88	79	102	73	64	65	58
上		363,022	27,218	28,316	31,376	29,528	29,597	29,759	27,731	29,853	29,515	32,547	33,036	34,546
省	令	363,926	27,295	28,389	31,466	29,607	29,653	29,847	27,810	29,955	29,588	32,611	33,101	34,604
中		327,276	28,268	26,790	30,834	26,464	25,566	24,995	23,649	24,133	25,154	29,207	31,136	31,080
並		132,794	12,125	10,600	12,407	10,930	10,671	10,433	9,343	9,279	9,589	10,966	12,597	13,854
等	外	75,385	5,876	5,834	6,368	5,772	6,365	6,235	5,976	6,038	6,545	6,455	6,967	6,954
仙	**台**	19,377	1,437	1,394	1,481	1,424	1,695	1,248	1,626	1,649	1,370	1,685	2,341	2,027
極	上	18	-	-	-	-	-	-	7	2	-	2	7	-
上		5,382	441	422	387	394	423	257	534	477	275	536	682	554
省	令	5,400	441	422	387	394	423	257	541	479	275	538	689	554
中		7,575	578	554	564	540	639	488	600	671	550	659	960	772
並		4,295	272	272	369	338	431	314	315	333	366	304	500	481
等	外	2,107	146	146	161	152	202	189	170	166	179	184	192	220
さ い た ま		48,554	4,585	3,975	4,166	3,994	3,939	3,705	3,555	3,711	3,716	3,929	4,336	4,943
極	上	148	12	25	27	24	10	12	11	3	6	5	8	5
上		13,148	1,203	1,098	1,143	1,242	1,110	1,069	1,036	969	874	1,046	1,155	1,203
省	令	13,296	1,215	1,123	1,170	1,266	1,120	1,081	1,047	972	880	1,051	1,163	1,208
中		15,789	1,715	1,225	1,253	1,207	1,201	1,116	1,163	1,114	1,192	1,343	1,475	1,785
並		11,931	1,108	1,098	1,158	925	932	916	762	906	967	883	1,019	1,257
等	外	7,538	547	529	585	596	686	592	583	719	677	652	679	693
東	**京**	197,546	17,726	16,942	18,309	16,046	15,415	14,918	13,699	14,504	15,414	17,388	17,881	19,304
極	上	178	15	11	13	15	8	15	14	45	4	31	3	4
上		75,774	5,975	6,322	6,738	5,962	5,789	6,043	5,429	5,914	6,273	7,015	6,967	7,347
省	令	75,952	5,990	6,333	6,751	5,977	5,797	6,058	5,443	5,959	6,277	7,046	6,970	7,351
中		73,129	7,231	6,534	7,132	6,019	5,613	5,456	4,810	5,135	5,589	6,305	6,687	6,618
並		29,679	2,845	2,561	2,918	2,640	2,418	2,075	1,960	1,953	2,072	2,423	2,531	3,283
等	外	18,786	1,660	1,514	1,508	1,410	1,587	1,329	1,486	1,457	1,476	1,614	1,693	2,052
横	**浜**	138,482	10,122	10,787	12,611	11,642	11,073	11,598	10,689	10,394	11,253	12,212	12,513	13,588
極	上	21	-	-	3	-	4	3	-	-	-	2	6	3
上		58,495	4,106	4,676	5,326	5,196	4,501	4,821	4,828	4,734	5,041	5,072	4,763	5,431
省	令	58,516	4,106	4,676	5,329	5,196	4,505	4,824	4,828	4,734	5,041	5,074	4,769	5,434
中		59,725	4,406	4,643	5,561	4,992	4,872	4,978	4,404	4,311	4,717	5,419	5,548	5,874
並		14,278	1,175	1,019	1,237	1,058	1,202	1,223	935	860	1,023	1,213	1,654	1,679
等	外	5,963	435	449	484	396	494	573	522	489	472	506	542	601
名　古　屋		209,183	17,025	15,840	19,442	15,974	16,631	15,973	15,570	17,029	16,362	18,537	20,333	20,467
極	上	33	4	8	5	4	2	1	-	1	5	3	-	-
上		89,429	6,785	6,704	8,107	7,112	7,544	6,762	6,244	7,696	7,059	7,956	8,774	8,686
省	令	89,462	6,789	6,712	8,112	7,116	7,546	6,763	6,244	7,697	7,064	7,959	8,774	8,686
中		73,148	6,079	5,807	7,075	5,437	5,500	5,505	5,573	5,710	5,593	6,628	7,243	6,998
並		29,686	2,892	2,153	2,822	2,180	2,117	2,337	2,363	2,258	2,080	2,376	2,819	3,289
等	外	16,887	1,265	1,168	1,433	1,241	1,468	1,368	1,390	1,364	1,625	1,574	1,497	1,494

注：豚の省令規格は、「極上」及び「上」を合わせたものである（以下、(1)イまで同じ。）。

単位：頭

市場・規格	平成29年計	1 月	2 月	3 月	4 月	5 月	6 月	7 月	8 月	9 月	10 月	11 月	12 月
京　都	21,011	1,743	1,760	1,827	1,738	1,756	1,859	1,765	1,656	1,642	1,774	1,717	1,774
極上	65	1	-	-	2	2	6	9	8	9	7	14	7
上	7,405	558	677	682	559	575	645	670	677	655	589	506	612
省令	7,470	559	677	682	561	577	651	679	685	664	596	520	619
中	7,604	659	646	689	666	607	610	633	592	512	670	639	681
並	4,575	413	313	335	401	468	448	364	307	333	357	450	386
等外	1,362	112	124	121	110	104	150	89	72	133	151	108	88
大　阪	55,388	4,821	4,234	4,967	4,492	4,622	4,674	3,780	3,965	4,670	4,983	5,024	5,156
極上	162	24	15	14	18	13	14	9	10	21	5	8	11
上	15,547	1,119	1,076	1,138	1,101	1,187	1,270	1,081	1,212	1,592	1,630	1,564	1,577
省令	15,709	1,143	1,091	1,152	1,119	1,200	1,284	1,090	1,222	1,613	1,635	1,572	1,588
中	17,706	1,615	1,342	1,660	1,526	1,514	1,399	1,039	1,146	1,428	1,659	1,749	1,629
並	10,858	1,122	834	1,053	1,009	973	966	706	730	663	878	875	1,049
等外	11,115	941	967	1,102	838	935	1,025	945	867	966	811	828	890
神　戸	11,949	951	931	1,044	953	961	1,100	963	1,075	966	1,006	1,017	982
極上	71	7	5	12	4	2	10	11	5	2	-	7	6
上	5,496	452	466	445	380	482	546	464	526	324	376	549	486
省令	5,567	459	471	457	384	484	556	475	531	326	376	556	492
中	4,664	351	342	480	408	367	382	338	396	414	466	364	356
並	1,597	135	111	104	148	104	146	136	138	208	150	88	129
等外	121	6	7	3	13	6	16	14	10	18	14	9	5
広　島	63,961	5,155	4,809	5,590	5,310	6,062	5,415	4,890	4,825	4,403	5,674	6,097	5,731
極上	60	2	3	7	4	3	8	4	6	7	6	4	6
上	33,446	2,785	2,616	2,932	2,955	3,301	2,936	2,518	2,571	2,312	2,960	2,770	2,790
省令	33,506	2,787	2,619	2,939	2,959	3,304	2,944	2,522	2,577	2,319	2,966	2,774	2,796
中	20,963	1,662	1,557	1,942	1,678	1,899	1,666	1,612	1,605	1,505	1,901	1,894	2,042
並	6,014	446	369	451	467	593	478	493	402	349	548	777	641
等外	3,478	260	264	258	206	266	327	263	241	230	259	652	252
福　岡	133,930	9,999	10,941	11,638	11,200	10,101	11,020	10,241	10,597	11,080	12,051	12,542	12,520
極上	148	12	6	9	8	12	19	14	22	19	3	8	16
上	58,900	3,794	4,259	4,478	4,627	4,685	5,410	4,927	5,077	5,110	5,367	5,306	5,860
省令	59,048	3,806	4,265	4,487	4,635	4,697	5,429	4,941	5,099	5,129	5,370	5,314	5,876
中	46,973	3,972	4,140	4,478	3,991	3,354	3,395	3,477	3,453	3,654	4,157	4,577	4,325
並	19,881	1,717	1,870	1,960	1,764	1,433	1,530	1,309	1,392	1,528	1,834	1,884	1,660
等外	8,028	504	666	713	810	617	666	514	653	769	690	767	659
指定市場計	1,209,191	100,509	98,108	108,145	95,425	100,143	97,104	88,871	95,440	95,342	107,604	111,964	110,536
極上	2,243	205	281	269	135	145	188	148	198	198	157	147	172
上	551,258	43,300	44,982	49,628	42,579	43,723	45,188	42,347	45,060	45,269	50,537	48,892	49,753
省令	553,501	43,505	45,263	49,897	42,714	43,868	45,376	42,495	45,258	45,467	50,694	49,039	49,925
中	417,894	36,136	33,720	37,771	33,609	35,574	32,220	28,599	31,922	31,900	37,326	40,558	38,559
並	152,020	13,502	12,064	13,180	12,263	13,431	12,396	10,841	11,402	11,082	12,367	14,999	14,493
等外	85,776	7,366	7,061	7,297	6,839	7,270	7,112	6,936	6,858	6,893	7,217	7,368	7,559
茨　城	160,690	14,220	14,163	14,567	13,364	13,305	12,412	11,083	11,969	12,587	14,036	14,470	14,514
極上	321	13	41	27	33	26	21	34	23	21	24	32	26
上	57,270	5,014	4,787	5,167	4,382	4,360	3,997	3,822	4,316	4,775	5,710	5,455	5,485
省令	57,591	5,027	4,828	5,194	4,415	4,386	4,018	3,856	4,339	4,796	5,734	5,487	5,511
中	53,759	4,830	4,703	4,957	4,713	4,448	4,082	3,627	3,992	4,180	4,766	4,744	4,717
並	29,232	2,595	2,786	2,732	2,582	2,686	2,547	2,099	2,029	2,041	2,087	2,491	2,557
等外	20,108	1,768	1,846	1,684	1,654	1,785	1,765	1,501	1,609	1,570	1,449	1,748	1,729

2　月別規格別取引成立頭数・価格（食肉卸売市場別）（続き）
(1)　豚（続き）
ア　枝肉の取引成立頭数（続き）

単位：頭

市場・規格		平成29年計	1月	2月	3月	4月	5月	6月	7月	8月	9月	10月	11月	12月
宇都宮		34,855	2,591	2,596	2,978	2,873	2,623	3,151	3,130	2,859	2,861	3,523	3,027	2,643
極	上	14	3	-	-	1	1	2	1	-	3	2	1	-
上		10,270	499	623	875	903	794	1,094	1,063	939	810	1,114	904	652
省	令	10,284	502	623	875	904	795	1,096	1,064	939	813	1,116	905	652
中		13,215	954	1,061	1,138	1,034	910	1,110	1,223	1,088	1,122	1,377	1,224	974
並		5,727	607	459	459	456	420	475	412	396	438	514	498	593
等	外	5,629	528	453	506	479	498	470	431	436	488	516	400	424
群 馬		475,029	39,213	37,599	42,117	37,149	40,057	39,025	34,319	38,180	38,130	41,888	43,400	43,952
極	上	1,034	145	194	148	36	56	85	53	78	94	54	42	49
上		233,054	18,075	19,203	21,366	17,441	17,943	20,216	18,141	19,464	19,488	20,799	19,743	21,175
省	令	234,088	18,220	19,397	21,514	17,477	17,999	20,301	18,194	19,542	19,582	20,853	19,785	21,224
中		165,324	14,424	12,689	14,798	13,729	15,106	12,729	10,768	12,500	12,706	14,487	16,060	15,328
並		46,264	3,984	3,133	3,381	3,750	4,384	3,729	3,110	3,740	3,519	4,021	4,945	4,568
等	外	29,353	2,585	2,380	2,424	2,193	2,568	2,266	2,247	2,398	2,323	2,527	2,610	2,832
川 口		464	116	158	190	-	-	-	-	-	-	-	-	-
極	上	-	-	-	-	-	-	-	-	-	-	-	-	-
上		161	40	68	53	-	-	-	-	-	-	-	-	-
省	令	161	40	68	53	-	-	-	-	-	-	-	-	-
中		166	46	53	67	-	-	-	-	-	-	-	-	-
並		101	22	28	51	-	-	-	-	-	-	-	-	-
等	外	36	8	9	19	-	-	-	-	-	-	-	-	-
山 梨		25,594	2,455	2,108	2,282	2,039	2,357	1,869	1,724	1,875	2,042	2,279	2,444	2,120
極	上	-	-	-	-	-	-	-	-	-	-	-	-	-
上		9,510	781	739	759	790	974	753	754	790	794	853	840	683
省	令	9,510	781	739	759	790	974	753	754	790	794	853	840	683
中		8,590	876	757	826	684	731	576	493	602	658	786	862	739
並		5,390	608	458	494	387	470	333	311	334	438	464	555	538
等	外	2,104	190	154	203	178	182	207	166	149	152	176	187	160
岐 阜		69,118	5,669	5,252	5,742	5,212	6,132	5,617	5,267	5,548	5,335	6,395	6,706	6,243
極	上	633	24	31	62	44	45	56	46	89	63	56	48	69
上		34,760	2,819	2,732	2,850	2,644	3,211	2,882	2,613	2,902	2,710	3,227	2,880	3,290
省	令	35,393	2,843	2,763	2,912	2,688	3,256	2,938	2,659	2,991	2,773	3,283	2,928	3,359
中		22,112	1,871	1,606	1,752	1,594	1,964	1,715	1,771	1,615	1,649	2,117	2,551	1,907
並		7,613	601	553	697	555	618	679	538	588	569	688	854	673
等	外	4,000	354	330	381	375	294	285	299	354	344	307	373	304
浜 松		68,132	5,635	5,345	6,714	5,359	4,973	4,659	4,808	5,486	5,428	6,320	6,585	6,820
極	上	27	1	1	3	1	1	2	1	1	2	4	5	5
上		34,704	2,796	2,609	3,192	2,557	2,385	2,233	2,600	2,879	2,952	3,463	3,447	3,591
省	令	34,731	2,797	2,610	3,195	2,558	2,386	2,235	2,601	2,880	2,954	3,467	3,452	3,596
中		21,937	1,871	1,782	2,335	1,742	1,581	1,522	1,363	1,694	1,664	2,000	2,115	2,268
並		8,456	720	737	959	760	712	650	586	647	583	610	788	704
等	外	3,008	247	216	225	299	294	252	258	265	227	243	230	252
東 三 河		183,565	15,393	15,635	16,733	14,542	14,481	14,391	13,178	14,086	13,973	16,148	18,009	16,996
極	上	48	5	6	7	3	2	6	1	2	6	4	2	4
上		93,728	7,349	7,882	8,469	7,701	7,702	7,425	6,980	7,313	7,294	8,233	8,799	8,581
省	令	93,776	7,354	7,888	8,476	7,704	7,704	7,431	6,981	7,315	7,300	8,237	8,801	8,585
中		57,004	5,049	5,076	5,507	4,363	4,435	4,374	3,632	4,263	4,199	4,994	5,839	5,273
並		20,429	1,954	1,715	1,755	1,513	1,449	1,572	1,453	1,487	1,427	1,793	2,253	2,058
等	外	12,356	1,036	956	995	962	893	1,014	1,112	1,021	1,047	1,124	1,116	1,080

単位：頭

市場・規格	平成29年計	1月	2月	3月	4月	5月	6月	7月	8月	9月	10月	11月	12月
四日市	89,736	7,451	6,899	7,801	6,806	7,964	7,364	7,188	7,518	6,842	7,929	8,014	7,960
極上	51	5	-	6	5	8	2	7	-	5	1	5	7
上	29,209	2,505	2,193	2,525	2,228	2,607	2,454	2,344	2,458	2,297	2,662	2,522	2,414
省令	29,260	2,510	2,193	2,531	2,233	2,615	2,456	2,351	2,458	2,302	2,663	2,527	2,421
中	38,775	3,217	3,005	3,217	2,851	3,278	3,160	3,040	3,374	2,912	3,525	3,643	3,553
並	17,960	1,446	1,445	1,700	1,397	1,720	1,414	1,436	1,360	1,375	1,423	1,556	1,688
等外	3,741	278	256	353	325	351	334	361	326	253	318	288	298
南大阪	-	-	-	-	-	-	-	-	-	-	-	-	-
極上	-	-	-	-	-	-	-	-	-	-	-	-	-
上	-	-	-	-	-	-	-	-	-	-	-	-	-
省令	-	-	-	-	-	-	-	-	-	-	-	-	-
中	-	-	-	-	-	-	-	-	-	-	-	-	-
並	-	-	-	-	-	-	-	-	-	-	-	-	-
等外	-	-	-	-	-	-	-	-	-	-	-	-	-
姫路	-	-	-	-	-	-	-	-	-	-	-	-	-
極上	-	-	-	-	-	-	-	-	-	-	-	-	-
上	-	-	-	-	-	-	-	-	-	-	-	-	-
省令	-	-	-	-	-	-	-	-	-	-	-	-	-
中	-	-	-	-	-	-	-	-	-	-	-	-	-
並	-	-	-	-	-	-	-	-	-	-	-	-	-
等外	-	-	-	-	-	-	-	-	-	-	-	-	-
加古川	-	-	-	-	-	-	-	-	-	-	-	-	-
極上	-	-	-	-	-	-	-	-	-	-	-	-	-
上	-	-	-	-	-	-	-	-	-	-	-	-	-
省令	-	-	-	-	-	-	-	-	-	-	-	-	-
中	-	-	-	-	-	-	-	-	-	-	-	-	-
並	-	-	-	-	-	-	-	-	-	-	-	-	-
等外	-	-	-	-	-	-	-	-	-	-	-	-	-
西宮	-	-	-	-	-	-	-	-	-	-	-	-	-
極上	-	-	-	-	-	-	-	-	-	-	-	-	-
上	-	-	-	-	-	-	-	-	-	-	-	-	-
省令	-	-	-	-	-	-	-	-	-	-	-	-	-
中	-	-	-	-	-	-	-	-	-	-	-	-	-
並	-	-	-	-	-	-	-	-	-	-	-	-	-
等外	-	-	-	-	-	-	-	-	-	-	-	-	-
岡山	60,518	4,471	5,001	5,440	4,883	4,978	5,139	4,745	4,867	4,935	5,331	5,275	5,453
極上	3	-	-	1	-	-	-	-	-	-	1	-	1
上	29,339	1,692	2,444	2,673	2,422	2,241	2,492	2,467	2,602	2,760	2,859	2,407	2,280
省令	29,342	1,692	2,444	2,674	2,422	2,241	2,492	2,467	2,602	2,760	2,860	2,407	2,281
中	23,567	1,987	1,976	2,122	1,909	2,047	1,933	1,611	1,765	1,698	1,992	2,085	2,442
並	6,401	692	449	543	478	577	586	516	440	381	364	695	680
等外	1,208	100	132	101	74	113	128	151	60	96	115	88	50
坂出	16,918	1,348	1,285	1,396	1,363	1,207	1,269	1,332	1,233	1,348	1,579	1,823	1,735
極上	103	8	6	14	12	6	13	4	4	3	11	11	11
上	8,870	793	768	762	750	676	670	713	541	615	761	950	871
省令	8,973	801	774	776	762	682	683	717	545	618	772	961	882
中	5,914	425	396	428	414	366	403	463	531	577	652	642	617
並	1,520	88	82	141	138	121	130	112	124	112	126	168	178
等外	511	34	33	51	49	38	53	40	33	41	29	52	58

2　月別規格別取引成立頭数・価格（食肉卸売市場別）（続き）
(1)　豚（続き）
ア　枝肉の取引成立頭数（続き）

単位：頭

市場・規格	平成29年計	1月	2月	3月	4月	5月	6月	7月	8月	9月	10月	11月	12月
愛　媛	-	-	-	-	-	-	-	-	-	-	-	-	-
極　上	-	-	-	-	-	-	-	-	-	-	-	-	-
上	-	-	-	-	-	-	-	-	-	-	-	-	-
省　令	-	-	-	-	-	-	-	-	-	-	-	-	-
中	-	-	-	-	-	-	-	-	-	-	-	-	-
並	-	-	-	-	-	-	-	-	-	-	-	-	-
等　外	-	-	-	-	-	-	-	-	-	-	-	-	-
佐世保	24,572	1,947	2,067	2,185	1,835	2,066	2,208	2,097	1,819	1,861	2,176	2,211	2,100
極　上	9	1	2	1	-	-	1	1	1	1	-	1	-
上	10,383	937	934	937	761	830	972	850	856	774	856	945	731
省　令	10,392	938	936	938	761	830	973	851	857	775	856	946	731
中	7,531	586	616	624	576	708	616	608	498	535	630	793	741
並	2,927	185	219	268	247	274	281	268	257	199	277	196	256
等　外	3,722	238	296	355	251	254	338	370	207	352	413	276	372
熊　本	-	-	-	-	-	-	-	-	-	-	-	-	-
極　上	-	-	-	-	-	-	-	-	-	-	-	-	-
上	-	-	-	-	-	-	-	-	-	-	-	-	-
省　令	-	-	-	-	-	-	-	-	-	-	-	-	-
中	-	-	-	-	-	-	-	-	-	-	-	-	-
並	-	-	-	-	-	-	-	-	-	-	-	-	-
等　外	-	-	-	-	-	-	-	-	-	-	-	-	-

イ　枝肉の1kg当たり卸売価格

単位：円

市場・規格	平成29年計	1月	2月	3月	4月	5月	6月	7月	8月	9月	10月	11月	12月
合計	**533**	**473**	**489**	**483**	**486**	**523**	**596**	**606**	**597**	**581**	**516**	**533**	**532**
極上	628	521	551	542	562	593	663	725	807	670	713	610	618
上	569	508	521	514	518	558	635	644	638	622	547	564	568
省令	569	508	521	514	518	558	635	644	639	622	547	564	569
中	546	484	503	493	497	540	618	629	615	597	527	548	545
並	506	445	465	458	461	503	579	588	567	552	491	510	502
等外	362	335	336	337	340	353	384	397	388	378	362	372	365
中央市場計	**531**	**466**	**485**	**477**	**483**	**524**	**601**	**608**	**599**	**579**	**515**	**533**	**528**
極上	728	544	550	562	605	676	692	771	1,066	759	1,088	694	676
上	573	503	519	511	517	563	647	655	647	629	549	569	568
省令	573	504	519	511	517	563	647	655	649	629	550	569	568
中	546	479	500	488	494	543	626	634	619	599	528	550	541
並	507	443	464	458	462	504	584	590	568	553	493	513	501
等外	365	335	336	341	346	361	380	387	385	379	371	375	380
仙台	**513**	**454**	**472**	**464**	**459**	**489**	**581**	**603**	**575**	**564**	**491**	**504**	**502**
極上	847	–	–	–	–	–	–	1,158	626	–	575	683	–
上	554	481	511	502	492	531	644	659	619	619	533	541	548
省令	555	481	511	502	492	531	644	665	619	619	533	542	548
中	537	470	495	485	477	518	623	622	598	603	513	524	527
並	493	438	457	445	442	472	566	583	550	555	468	478	477
等外	368	351	325	341	340	361	416	404	409	390	346	359	365
さいたま	**509**	**452**	**475**	**454**	**465**	**511**	**570**	**599**	**555**	**543**	**498**	**520**	**502**
極上	582	476	529	510	513	582	624	923	572	632	554	827	567
上	559	489	519	499	502	562	626	649	618	608	544	570	553
省令	559	489	520	499	503	562	626	652	618	608	544	572	553
中	541	471	502	476	488	550	615	643	600	590	526	555	528
並	489	432	456	433	445	497	549	582	540	527	485	503	483
等外	405	373	379	376	384	404	429	451	435	415	400	408	398
東京	**525**	**456**	**485**	**469**	**472**	**523**	**602**	**603**	**585**	**567**	**516**	**542**	**523**
極上	1,022	523	583	544	631	606	711	722	1,531	603	1,595	610	725
上	568	493	520	499	509	565	644	659	636	610	548	581	569
省令	569	493	521	499	510	565	645	660	642	610	553	581	569
中	540	468	503	478	484	547	628	636	606	586	526	558	534
並	507	438	467	458	457	516	602	597	561	552	495	524	501
等外	387	353	353	365	356	372	397	391	400	407	405	417	417
横浜	**549**	**478**	**501**	**482**	**499**	**553**	**624**	**630**	**614**	**592**	**530**	**552**	**549**
極上	1,084	–	–	1,207	–	1,815	1,578	–	–	–	634	645	659
上	579	503	525	506	523	585	656	663	649	622	555	581	579
省令	579	503	525	506	523	586	657	663	649	622	555	581	579
中	549	479	502	480	494	554	630	635	618	594	528	554	551
並	518	448	480	453	470	527	601	599	574	555	503	524	515
等外	413	384	373	377	391	396	437	439	424	423	433	432	426
名古屋	**535**	**469**	**486**	**483**	**494**	**525**	**620**	**608**	**609**	**591**	**505**	**532**	**519**
極上	660	507	533	535	534	584	679	–	697	1,292	557	–	–
上	577	509	522	518	530	562	672	660	657	647	543	566	560
省令	577	509	522	518	530	562	672	660	657	647	543	566	560
中	550	479	495	495	506	543	648	635	630	613	520	548	530
並	511	444	463	461	472	508	608	590	578	569	480	519	491
等外	333	311	313	318	319	336	352	358	356	339	319	333	334

2　月別規格別取引成立頭数・価格（食肉卸売市場別）（続き）
(1)　豚（続き）
イ　枝肉の1kg当たり卸売価格（続き）

単位：円

市場・規格	平成29年計	1月	2月	3月	4月	5月	6月	7月	8月	9月	10月	11月	12月
京都	563	492	514	523	513	532	595	654	651	607	558	550	577
極上	668	513	-	-	605	545	630	753	745	739	627	619	633
上	593	517	540	545	540	551	634	678	674	646	589	570	600
省令	593	517	540	545	541	551	634	679	675	648	590	571	600
中	573	510	533	534	529	542	610	662	653	621	571	558	585
並	540	476	485	511	492	511	581	628	620	585	541	530	551
等外	424	350	373	370	373	473	438	521	519	417	422	474	472
大阪	499	440	459	456	455	472	544	560	564	537	515	509	496
極上	693	632	583	593	607	614	696	738	850	853	746	956	638
上	578	513	539	529	510	542	637	668	665	626	573	570	552
省令	579	515	539	530	512	543	638	669	667	629	574	572	553
中	551	489	518	505	494	524	616	658	648	591	553	551	538
並	523	452	486	485	474	496	589	613	604	565	538	536	522
等外	347	311	324	328	337	337	361	377	365	364	364	350	350
神戸	568	473	519	523	535	543	580	642	620	614	559	595	606
極上	616	508	570	559	585	605	653	677	641	719	-	673	629
上	581	484	529	533	551	553	595	656	631	643	576	603	615
省令	582	485	529	533	551	553	596	656	631	643	576	604	615
中	568	474	520	523	537	542	574	646	622	617	565	597	607
並	537	444	484	485	500	509	552	606	586	585	520	548	578
等外	402	326	357	440	403	430	420	425	399	384	392	418	478
広島	533	478	485	486	485	521	596	610	613	592	516	512	534
極上	600	549	517	530	525	587	649	663	700	647	560	590	578
上	569	507	516	517	511	553	639	652	655	635	548	558	567
省令	569	507	516	517	511	553	639	652	655	635	548	558	567
中	541	483	490	489	487	526	610	625	626	601	521	537	541
並	482	426	438	439	440	465	538	555	554	531	462	471	487
等外	281	271	277	269	279	303	298	307	284	278	271	263	281
福岡	532	481	474	478	479	527	589	601	603	588	514	524	542
極上	640	500	519	520	910	558	633	653	650	644	573	585	801
上	568	513	501	508	505	557	629	632	644	632	541	552	568
省令	568	513	501	508	506	557	629	632	644	632	541	552	569
中	544	494	490	492	491	542	608	615	617	601	527	541	554
並	491	443	450	449	452	489	543	565	549	536	482	494	503
等外	346	320	309	315	343	361	352	368	369	369	346	344	352
指定市場計	534	478	493	488	488	523	593	605	595	582	516	533	535
極上	587	512	551	535	537	560	650	700	673	636	561	573	599
上	567	510	522	516	518	555	626	637	632	618	545	561	569
省令	567	510	522	517	518	555	626	637	632	618	545	561	569
中	546	489	506	498	499	539	611	624	611	595	526	546	549
並	506	446	466	458	460	502	575	587	566	551	488	507	502
等外	359	335	335	334	334	345	387	405	390	378	354	369	350
茨城	533	476	490	480	480	528	602	618	596	583	516	544	531
極上	619	516	573	534	534	566	664	924	657	644	554	603	581
上	570	509	526	509	513	564	648	665	647	626	542	575	568
省令	570	509	527	510	513	564	649	667	647	626	543	575	568
中	550	492	510	492	491	548	629	645	620	604	526	558	550
並	513	456	472	460	458	513	593	604	574	561	491	521	507
等外	430	384	390	398	404	429	473	478	457	447	435	455	419

— 184 —

単位：円

市場・規格	平成29年計	1月	2月	3月	4月	5月	6月	7月	8月	9月	10月	11月	12月
宇都宮	**496**	**432**	**463**	**442**	**433**	**483**	**555**	**579**	**553**	**530**	**473**	**508**	**485**
極上	561	522	-	-	500	539	614	654	-	590	529	545	-
上	563	493	517	489	485	553	622	652	626	612	526	558	555
省令	563	493	517	489	485	553	622	652	626	612	526	558	555
中	540	475	509	476	465	534	603	634	610	587	505	543	528
並	474	427	461	434	415	475	539	556	531	500	446	494	460
等外	348	329	334	325	325	341	354	359	364	359	354	378	360
群馬	**526**	**471**	**488**	**481**	**476**	**515**	**579**	**600**	**583**	**571**	**512**	**529**	**529**
極上	550	498	549	520	505	532	601	607	612	594	541	549	542
上	555	500	515	507	504	546	604	620	613	600	537	555	562
省令	555	500	515	507	504	546	604	620	613	600	537	554	562
中	541	482	501	492	491	535	602	624	600	585	525	546	548
並	501	435	460	445	447	495	561	594	556	543	493	508	495
等外	328	315	305	299	290	297	349	400	370	354	323	330	311
川口	**452**	**446**	**472**	**441**	-	-	-	-	-	-	-	-	-
極上	-	-	-	-	-	-	-	-	-	-	-	-	-
上	511	500	517	512	-	-	-	-	-	-	-	-	-
省令	511	500	517	512	-	-	-	-	-	-	-	-	-
中	471	452	476	479	-	-	-	-	-	-	-	-	-
並	401	392	420	394	-	-	-	-	-	-	-	-	-
等外	322	320	331	320	-	-	-	-	-	-	-	-	-
山梨	**537**	**461**	**484**	**475**	**490**	**542**	**625**	**653**	**632**	**584**	**507**	**531**	**528**
極上	-	-	-	-	-	-	-	-	-	-	-	-	-
上	596	515	533	526	538	582	691	719	705	647	554	581	577
省令	596	515	533	526	538	582	691	719	705	647	554	581	577
中	560	484	506	499	511	564	665	693	662	612	527	561	552
並	493	417	441	442	453	505	592	606	578	538	476	493	494
等外	346	311	305	319	316	368	392	405	350	349	334	342	361
岐阜	**559**	**499**	**512**	**517**	**537**	**552**	**642**	**614**	**631**	**615**	**527**	**532**	**542**
極上	632	550	549	558	570	592	719	654	733	693	577	578	647
上	591	531	542	549	568	579	670	646	664	652	560	563	575
省令	591	531	542	549	568	579	671	646	666	653	560	563	577
中	566	508	520	528	549	556	655	627	646	628	528	541	544
並	506	446	457	459	482	499	598	564	583	564	477	484	479
等外	359	322	336	336	353	361	413	394	393	379	337	362	334
浜松	**537**	**483**	**492**	**488**	**500**	**533**	**607**	**605**	**604**	**586**	**512**	**525**	**546**
極上	614	840	527	664	507	680	711	689	740	606	550	565	590
上	571	515	525	520	534	568	646	636	635	620	543	559	574
省令	571	515	525	520	534	568	646	636	635	620	543	559	574
中	529	476	491	483	502	535	604	602	599	572	499	511	539
並	490	439	445	439	450	490	577	573	565	541	465	479	497
等外	378	350	324	353	374	386	419	422	426	395	353	352	369
東三河	**546**	**485**	**501**	**499**	**504**	**538**	**625**	**617**	**616**	**603**	**523**	**541**	**541**
極上	608	564	552	557	553	600	706	692	699	699	572	580	588
上	579	517	529	525	533	566	663	658	654	643	552	568	573
省令	579	517	529	525	533	566	663	658	654	643	552	568	573
中	555	497	512	507	513	551	638	628	626	612	533	553	551
並	516	449	469	465	475	515	612	598	584	573	490	516	507
等外	353	327	328	337	333	340	376	379	378	371	352	359	360

2　月別規格別取引成立頭数・価格（食肉卸売市場別）（続き）
(1)　豚（続き）
イ　枝肉の１kg当たり卸売価格（続き）

単位：円

市場・規格	平成29年計	1月	2月	3月	4月	5月	6月	7月	8月	9月	10月	11月	12月
四日市	**538**	**491**	**496**	**498**	**497**	**518**	**586**	**599**	**599**	**595**	**521**	**526**	**544**
極上	580	535	-	533	526	546	649	662	-	674	577	552	583
上	581	527	529	534	529	557	635	659	654	652	562	559	587
省令	581	527	529	534	529	557	635	659	654	652	562	559	587
中	547	497	504	507	505	528	595	608	609	601	528	535	553
並	499	454	468	471	474	487	541	547	544	539	482	495	507
等外	339	331	332	313	327	331	350	349	353	355	335	347	347
南大阪	-	-	-	-	-	-	-	-	-	-	-	-	-
極上	-	-	-	-	-	-	-	-	-	-	-	-	-
上	-	-	-	-	-	-	-	-	-	-	-	-	-
省令	-	-	-	-	-	-	-	-	-	-	-	-	-
中	-	-	-	-	-	-	-	-	-	-	-	-	-
並	-	-	-	-	-	-	-	-	-	-	-	-	-
等外	-	-	-	-	-	-	-	-	-	-	-	-	-
姫路	-	-	-	-	-	-	-	-	-	-	-	-	-
極上	-	-	-	-	-	-	-	-	-	-	-	-	-
上	-	-	-	-	-	-	-	-	-	-	-	-	-
省令	-	-	-	-	-	-	-	-	-	-	-	-	-
中	-	-	-	-	-	-	-	-	-	-	-	-	-
並	-	-	-	-	-	-	-	-	-	-	-	-	-
等外	-	-	-	-	-	-	-	-	-	-	-	-	-
加古川	-	-	-	-	-	-	-	-	-	-	-	-	-
極上	-	-	-	-	-	-	-	-	-	-	-	-	-
上	-	-	-	-	-	-	-	-	-	-	-	-	-
省令	-	-	-	-	-	-	-	-	-	-	-	-	-
中	-	-	-	-	-	-	-	-	-	-	-	-	-
並	-	-	-	-	-	-	-	-	-	-	-	-	-
等外	-	-	-	-	-	-	-	-	-	-	-	-	-
西宮	-	-	-	-	-	-	-	-	-	-	-	-	-
極上	-	-	-	-	-	-	-	-	-	-	-	-	-
上	-	-	-	-	-	-	-	-	-	-	-	-	-
省令	-	-	-	-	-	-	-	-	-	-	-	-	-
中	-	-	-	-	-	-	-	-	-	-	-	-	-
並	-	-	-	-	-	-	-	-	-	-	-	-	-
等外	-	-	-	-	-	-	-	-	-	-	-	-	-
岡山	**545**	**499**	**512**	**518**	**502**	**524**	**565**	**592**	**596**	**583**	**547**	**548**	**563**
極上	881	-	-	867	-	-	-	-	-	-	867	-	909
上	556	520	523	526	510	529	574	596	596	589	560	559	575
省令	556	520	523	526	510	529	574	596	596	589	560	559	575
中	542	492	512	514	496	523	566	596	596	584	542	548	556
並	554	496	527	528	517	553	580	624	620	603	557	534	558
等外	380	357	357	370	363	362	387	412	412	385	365	398	437
坂出	**553**	**516**	**527**	**527**	**521**	**534**	**574**	**607**	**595**	**585**	**552**	**548**	**563**
極上	570	555	520	543	525	554	619	660	603	606	568	572	585
上	571	532	539	544	541	553	600	633	618	609	567	564	584
省令	571	532	539	544	541	553	600	633	618	609	567	564	584
中	565	523	539	540	531	544	586	611	605	596	557	559	572
並	520	478	496	501	496	503	538	563	564	553	518	510	523
等外	283	266	269	271	257	273	303	301	274	268	238	313	323

単位：円

市場・規格	平成29年計	1月	2月	3月	4月	5月	6月	7月	8月	9月	10月	11月	12月
愛　　媛	–	–	–	–	–	–	–	–	–	–	–	–	–
極上	–	–	–	–	–	–	–	–	–	–	–	–	–
上	–	–	–	–	–	–	–	–	–	–	–	–	–
省令	–	–	–	–	–	–	–	–	–	–	–	–	–
中	–	–	–	–	–	–	–	–	–	–	–	–	–
並	–	–	–	–	–	–	–	–	–	–	–	–	–
等外	–	–	–	–	–	–	–	–	–	–	–	–	–
佐　世　保	**505**	**469**	**454**	**454**	**459**	**482**	**560**	**561**	**586**	**559**	**483**	**501**	**512**
極上	586	500	506	532		–	662	615	699	701	–	560	–
上	568	514	500	508	511	536	637	640	658	649	547	556	582
省令	568	514	500	508	511	536	637	640	658	649	547	556	582
中	536	488	472	477	476	513	607	610	629	612	516	525	551
並	491	445	432	429	436	462	550	563	555	546	478	485	505
等外	320	314	318	319	320	310	322	316	321	318	327	319	330
熊　　本	–	–	–	–	–	–	–	–	–	–	–	–	–
極上	–	–	–	–	–	–	–	–	–	–	–	–	–
上	–	–	–	–	–	–	–	–	–	–	–	–	–
省令	–	–	–	–	–	–	–	–	–	–	–	–	–
中	–	–	–	–	–	–	–	–	–	–	–	–	–
並	–	–	–	–	–	–	–	–	–	–	–	–	–
等外	–	–	–	–	–	–	–	–	–	–	–	–	–

2 月別規格別取引成立頭数・価格（食肉卸売市場別）（続き）

(2) 成牛計

ア 枝肉の取引成立頭数

単位：頭

市場・規格	平成29年計	1月	2月	3月	4月	5月	6月	7月	8月	9月	10月	11月	12月
合　　　　計	336,859	23,849	24,993	26,159	30,879	25,138	25,812	29,868	25,444	26,600	28,235	34,033	35,849
A － 5	60,116	3,675	4,235	4,113	5,571	3,891	4,464	5,654	4,130	4,544	5,258	6,861	7,720
A － 4	66,558	4,756	4,937	5,075	6,095	4,954	4,914	6,141	4,844	5,039	5,468	6,681	7,654
A － 3	28,763	1,913	2,054	2,165	2,660	2,333	2,248	2,692	2,253	2,410	2,312	2,719	3,004
A － 2	10,242	640	700	807	1,076	828	846	964	800	867	717	1,028	969
A － 1	33	3	2	6	2	－	1	2	4	5	5	－	3
B － 5	1,297	94	102	131	159	89	85	99	80	77	100	135	146
B － 4	15,190	1,196	1,233	1,352	1,495	1,107	1,109	1,281	1,041	1,034	1,187	1,516	1,639
B － 3	40,783	3,026	2,987	3,148	3,676	3,073	3,147	3,377	3,222	3,354	3,340	4,094	4,339
B － 2	53,757	3,820	4,127	4,190	4,937	4,368	4,467	4,750	4,215	4,282	4,545	5,134	4,922
B － 1	1,112	85	123	169	127	75	88	70	51	71	81	76	96
C － 5	10	－	1	－	1	1	1	2	－	2	－	1	1
C － 4	837	60	71	89	85	54	68	66	51	55	63	80	95
C － 3	6,775	556	497	560	750	485	527	547	495	483	504	698	673
C － 2	30,089	2,256	2,279	2,554	2,621	2,303	2,285	2,550	2,362	2,452	2,633	2,946	2,848
C － 1	21,297	1,769	1,645	1,800	1,624	1,577	1,562	1,673	1,896	1,925	2,022	2,064	1,740
中央市場計	246,896	17,491	18,322	18,966	22,968	18,471	18,660	21,915	18,670	19,619	20,908	24,914	25,992
A － 5	48,057	2,995	3,425	3,331	4,441	3,111	3,556	4,505	3,323	3,702	4,324	5,444	5,900
A － 4	52,804	3,864	3,949	3,968	4,830	3,950	3,923	4,867	3,876	4,001	4,391	5,179	6,006
A － 3	23,090	1,517	1,655	1,704	2,155	1,888	1,839	2,195	1,806	1,909	1,804	2,181	2,437
A － 2	8,038	505	535	605	903	654	671	797	623	664	512	821	748
A － 1	18	－	1	2	1	－	1	2	2	4	3	－	2
B － 5	860	69	72	80	111	62	62	64	51	48	74	85	82
B － 4	10,213	849	837	920	986	755	708	880	704	707	860	1,030	977
B － 3	28,050	2,064	2,042	2,175	2,555	2,117	2,089	2,340	2,282	2,370	2,319	2,807	2,890
B － 2	35,554	2,414	2,716	2,740	3,398	2,863	2,861	3,122	2,737	2,839	3,002	3,498	3,364
B － 1	697	51	89	106	75	46	63	43	30	37	43	49	65
C － 5	7	－	1	－	－	1	1	2	－	1	－	－	1
C － 4	571	44	53	58	63	41	43	42	37	33	44	55	58
C － 3	4,505	394	325	391	533	344	340	348	333	303	336	433	425
C － 2	18,491	1,413	1,423	1,561	1,726	1,470	1,369	1,471	1,431	1,537	1,620	1,822	1,648
C － 1	15,941	1,312	1,199	1,325	1,191	1,169	1,134	1,237	1,435	1,464	1,576	1,510	1,389
仙　　　　台	15,503	1,045	1,157	1,170	1,441	991	1,209	1,318	1,229	1,313	1,249	1,858	1,523
A － 5	4,243	251	311	236	364	232	295	353	299	384	343	568	607
A － 4	2,825	177	213	222	251	184	203	267	242	243	203	313	307
A － 3	1,135	71	74	68	133	88	95	114	116	93	73	129	81
A － 2	867	57	44	56	104	54	93	103	66	71	61	117	41
A － 1	2	－	－	1	－	－	－	－	－	－	－	－	1
B － 5	42	4	4	3	2	4	5	2	3	3	5	2	5
B － 4	457	41	44	46	39	38	29	30	38	30	33	54	35
B － 3	989	82	83	92	92	66	72	80	81	67	74	100	100
B － 2	1,961	123	157	136	213	147	194	168	127	157	165	239	135
B － 1	102	7	5	9	6	1	11	4	6	8	15	16	14
C － 5	－	－	－	－	－	－	－	－	－	－	－	－	－
C － 4	12	－	2	1	1	－	－	－	1	2	2	3	－
C － 3	121	7	9	10	6	11	9	7	8	15	11	10	18
C － 2	1,202	81	95	138	115	83	84	76	103	99	109	143	76
C － 1	1,545	144	116	152	115	83	119	114	139	141	155	164	103

－ 188 －

単位：頭

市場・規格	平成29年計	1月	2月	3月	4月	5月	6月	7月	8月	9月	10月	11月	12月
さいたま	9,742	762	748	738	948	790	717	845	727	759	770	1,059	879
A－5	369	24	37	30	50	25	27	25	17	21	21	22	70
A－4	466	22	34	41	61	29	20	43	29	27	28	47	85
A－3	296	12	24	21	29	17	22	30	22	25	18	32	44
A－2	203	7	17	7	24	18	7	17	18	19	8	32	29
A－1	－		－				－					－	－
B－5	30	1	2	4	6	2	2	2	－	1	2	7	1
B－4	243	19	15	19	27	24	12	27	14	13	15	41	17
B－3	697	52	47	50	74	60	45	57	45	50	44	93	80
B－2	1,543	123	127	135	158	130	113	144	112	111	125	155	110
B－1	114	14	21	21	23	11	6	5	2	4	1	1	5
C－5	2	－		－	1	1	－		－		－	－	
C－4	19	1	3		3	2	－	2	1	1	－	3	3
C－3	178	6	12	12	23	12	16	27	11	15	11	20	13
C－2	2,945	231	188	188	259	259	236	261	248	248	264	338	225
C－1	2,637	250	221	210	211	200	210	205	208	224	233	268	197
東　京	131,611	9,202	9,904	10,155	11,975	9,977	10,050	11,435	10,146	10,472	11,477	13,087	13,731
A－5	26,432	1,679	1,985	1,937	2,318	1,706	2,035	2,373	1,833	2,016	2,573	2,910	3,067
A－4	28,675	2,140	2,238	2,246	2,600	2,207	2,135	2,582	2,152	2,197	2,381	2,620	3,177
A－3	13,241	898	961	1,004	1,242	1,146	1,079	1,203	1,022	1,037	1,011	1,244	1,394
A－2	4,157	262	304	315	489	340	339	385	320	320	255	420	408
A－1	9	－	－	1	1	－	－	－	2	3	2	－	－
B－5	363	25	28	27	41	25	27	39	21	18	35	42	35
B－4	5,221	428	440	470	489	371	368	437	378	358	501	509	472
B－3	14,467	978	1,012	1,082	1,234	1,062	1,089	1,206	1,273	1,315	1,259	1,545	1,412
B－2	18,503	1,195	1,381	1,378	1,734	1,526	1,488	1,590	1,413	1,418	1,585	1,910	1,885
B－1	205	10	17	44	26	12	25	11	8	5	8	10	29
C－5	3	－	－	－	－	－	－	2	－	1	－	－	－
C－4	351	28	29	36	40	26	30	22	22	23	29	34	32
C－3	2,098	176	155	185	227	177	160	167	165	151	155	201	179
C－2	8,588	648	686	724	857	697	632	714	636	730	732	778	754
C－1	9,298	735	668	706	677	682	643	704	901	880	951	864	887
横　浜	11,231	848	849	900	1,210	876	835	958	814	874	873	1,012	1,182
A－5	1,628	111	113	106	211	113	106	115	96	95	121	190	251
A－4	2,395	171	173	164	223	173	186	204	157	192	226	251	275
A－3	1,133	61	99	90	103	103	77	116	105	115	88	85	91
A－2	406	27	39	20	34	39	32	49	35	45	22	31	33
A－1	－	－	－	－	－	－	－	－	－	－	－	－	－
B－5	32	1	1	2	9	2	1	1	4	－	3	4	4
B－4	488	40	23	46	67	35	32	29	32	38	40	45	61
B－3	1,809	166	118	138	225	145	148	141	120	137	124	163	184
B－2	2,175	184	217	224	229	176	166	208	170	170	136	133	162
B－1	9	1	1		1	－	3	－	－	2	－	1	－
C－5	－												
C－4	12	－	－	2	－	－	－	1	1	－	－	4	4
C－3	228	14	7	12	25	14	15	17	19	17	32	30	26
C－2	817	67	53	89	72	70	57	65	68	56	71	68	81
C－1	99	5	5	7	11	6	12	12	7	7	10	7	10

2 月別規格別取引成立頭数・価格（食肉卸売市場別）（続き）
(2) 成牛計（続き）
ア 枝肉の取引成立頭数（続き）

単位：頭

市場・規格	平成29年計	1 月	2 月	3 月	4 月	5 月	6 月	7 月	8 月	9 月	10 月	11 月	12 月
名 古 屋	9,073	656	696	637	742	726	738	807	665	770	735	807	1,094
A - 5	1,928	90	135	122	172	144	156	178	124	179	160	197	271
A - 4	1,690	122	115	103	125	126	123	167	108	124	154	159	264
A - 3	589	55	42	30	31	32	38	44	38	50	43	67	119
A - 2	76	6	4	5	4	2	8	7	2	9	6	8	15
A - 1	-	-	-	-	-	-	-	-	-	-	-	-	-
B - 5	98	12	7	13	15	9	8	4	4	6	5	9	6
B - 4	820	61	71	63	77	80	67	76	72	60	56	58	79
B - 3	1,562	107	152	109	135	142	130	137	119	144	121	121	145
B - 2	1,170	91	71	81	89	105	124	92	101	105	107	110	94
B - 1	1	-	-	-	-	-	-	-	-	-	-	1	-
C - 5	1	-	1	-	-	-	-	-	-	-	-	-	-
C - 4	67	4	5	9	7	4	6	9	8	2	7	4	2
C - 3	327	32	26	29	32	32	32	26	31	29	14	19	25
C - 2	723	74	66	69	52	50	45	65	55	61	62	51	73
C - 1	21	2	1	4	3	-	1	2	3	1	-	3	1
京 都	9,343	656	664	727	862	703	578	936	705	680	885	789	1,158
A - 5	2,881	159	160	174	274	212	186	297	200	243	270	260	446
A - 4	3,137	238	249	252	298	228	192	322	233	204	289	269	363
A - 3	1,263	65	72	100	97	97	69	156	119	107	135	101	145
A - 2	329	19	16	28	25	28	12	43	32	31	45	21	29
A - 1	-	-	-	-	-	-	-	-	-	-	-	-	-
B - 5	41	3	5	4	6	6	1	-	7	3	1	-	5
B - 4	266	29	24	30	27	23	25	23	7	10	20	19	29
B - 3	660	58	54	62	64	53	52	43	44	42	62	54	72
B - 2	529	45	57	51	49	35	30	43	44	31	48	41	55
B - 1	2	-	1	-	-	-	-	-	-	-	-	1	-
C - 5	-	-	-	-	-	-	-	-	-	-	-	-	-
C - 4	7	-	-	-	2	1	-	1	-	1	1	1
C - 3	76	17	6	9	2	10	4	2	4	3	8	9	2
C - 2	130	21	19	11	15	7	6	7	13	5	6	10	10
C - 1	22	2	1	6	5	2	-	-	1	1	-	3	1
大 阪	22,074	1,582	1,652	1,748	2,178	1,581	1,645	2,025	1,656	1,667	1,844	2,036	2,460
A - 5	3,134	205	217	226	320	202	198	314	223	218	294	331	386
A - 4	4,605	336	345	307	426	340	344	443	338	338	408	455	525
A - 3	1,998	122	142	143	178	143	182	203	143	187	169	167	219
A - 2	357	16	26	35	25	29	30	31	25	37	19	39	45
A - 1	1	-	-	-	-	-	1	-	-	-	-	-	-
B - 5	62	3	6	7	14	3	2	5	2	4	7	3	6
B - 4	1,206	114	95	122	153	78	70	101	70	74	96	117	116
B - 3	4,506	368	357	427	449	337	317	384	336	339	333	369	490
B - 2	3,428	191	240	249	326	250	298	311	308	296	298	297	364
B - 1	24	1	1	-	-	3	1	5	2	3	3	3	2
C - 5	-	-	-	-	-	-	-	-	-	-	-	-	-
C - 4	52	5	5	7	7	4	5	4	2	-	2	3	8
C - 3	999	103	85	89	134	65	64	75	60	49	79	88	108
C - 2	1,501	105	118	122	132	114	111	129	129	101	125	145	170
C - 1	201	13	15	14	14	13	22	20	18	21	11	19	21

— 190 —

単位：頭

市場・規格	平成29年計	1 月	2 月	3 月	4 月	5 月	6 月	7 月	8 月	9 月	10 月	11 月	12 月
神　　戸	10,442	739	712	718	935	728	869	946	717	850	841	1,248	1,139
A － 5	4,242	285	268	286	396	286	364	411	299	346	348	533	420
A － 4	4,059	286	243	267	360	290	338	336	267	327	347	494	504
A － 3	993	68	87	64	82	76	72	98	78	89	71	101	107
A － 2	122	6	9	5	8	10	13	12	9	11	8	14	17
A － 1	2	-	-	-	-	-	-	2	-	-	-	-	-
B － 5	140	17	16	15	14	8	12	8	9	11	10	13	7
B － 4	527	48	53	50	38	31	40	47	26	43	33	68	50
B － 3	254	18	24	27	21	18	22	23	20	18	19	19	25
B － 2	73	7	10	-	11	7	2	7	6	4	4	6	9
B － 1	5	1	-	-	2	1	1	-	-	-	-	-	-
C － 5	-	-	-	-	-	-	-	-	-	-	-	-	-
C － 4	6	1	2	1	1	-	-	-	1	-	-	-	-
C － 3	8	-	-	3	1	-	3	-	1	-	-	-	-
C － 2	4	-	-	-	1	-	2	-	1	-	-	-	-
C － 1	7	2	-	-	-	1	-	1	1	1	1	-	-
広　　島	6,896	468	500	562	611	527	508	604	553	548	587	655	773
A － 5	545	30	36	26	47	29	24	56	45	40	48	78	86
A － 4	917	59	53	77	87	66	68	95	68	53	75	96	120
A － 3	281	15	15	25	28	20	39	33	20	24	13	21	28
A － 2	81	3	4	5	5	2	8	9	14	7	4	9	11
A － 1	1	-	1	-	-	-	-	-	-	-	-	-	-
B － 5	5	-	2	-	-	1	-	-	-	1	-	-	1
B － 4	308	23	26	16	29	31	14	33	21	18	27	33	37
B － 3	1,016	67	66	66	97	84	65	100	99	82	81	90	119
B － 2	1,721	122	136	145	144	136	150	156	149	153	139	141	150
B － 1	30	1	3	3	4	5	3	3	2	-	4	2	-
C － 5	-	-	-	-	-	-	-	-	-	-	-	-	-
C － 4	20	2	5	1	-	2	1	2	-	2	-	1	4
C － 3	242	24	18	29	66	12	19	5	12	11	12	13	21
C － 2	1,135	90	97	107	99	86	84	55	82	103	100	113	119
C － 1	594	32	38	62	5	53	33	57	41	55	83	58	77
福　　岡	20,981	1,533	1,440	1,611	2,066	1,572	1,511	2,041	1,458	1,686	1,647	2,363	2,053
A － 5	2,655	161	163	188	289	162	165	383	187	160	146	355	296
A － 4	4,035	313	286	289	399	307	314	408	282	296	280	475	386
A － 3	2,161	150	139	159	232	166	166	198	143	182	183	234	209
A － 2	1,440	102	72	129	185	132	129	141	102	114	84	130	120
A － 1	3	-	-	-	-	-	-	-	-	1	1	-	1
B － 5	47	3	1	5	4	2	4	3	1	2	5	5	12
B － 4	677	46	46	58	40	44	51	77	46	63	39	86	81
B － 3	2,090	168	129	122	164	150	149	169	145	176	202	253	263
B － 2	4,451	333	320	341	445	351	296	403	307	394	395	466	400
B － 1	205	16	40	29	13	13	13	15	10	15	12	14	15
C － 5	1	-	-	-	-	-	-	-	-	-	-	-	1
C － 4	25	3	2	1	4	1	-	2	-	3	3	2	4
C － 3	228	15	7	13	17	11	18	22	22	13	14	43	33
C － 2	1,446	96	101	113	124	104	112	98	97	134	151	176	140
C － 1	1,517	127	134	164	150	129	94	122	116	133	132	124	92

2 月別規格別取引成立頭数・価格（食肉卸売市場別）（続き）
(2) 成牛計（続き）
ア 枝肉の取引成立頭数（続き）

単位：頭

市場・規格	平成29年計	1月	2月	3月	4月	5月	6月	7月	8月	9月	10月	11月	12月
指定市場計	**89,963**	**6,358**	**6,671**	**7,193**	**7,911**	**6,667**	**7,152**	**7,953**	**6,774**	**6,981**	**7,327**	**9,119**	**9,857**
A － 5	12,059	680	810	782	1,130	780	908	1,149	807	842	934	1,417	1,820
A － 4	13,754	892	988	1,107	1,265	1,004	991	1,274	968	1,038	1,077	1,502	1,648
A － 3	5,673	396	399	461	505	445	409	497	447	501	508	538	567
A － 2	2,204	135	165	202	173	174	175	167	177	203	205	207	221
A － 1	15	3	1	4	1	－	－	－	2	1	2	－	1
B － 5	437	25	30	51	48	27	23	35	29	29	26	50	64
B － 4	4,977	347	396	432	509	352	401	401	337	327	327	486	662
B － 3	12,733	962	945	973	1,121	956	1,058	1,037	940	984	1,021	1,287	1,449
B － 2	18,203	1,406	1,411	1,450	1,539	1,505	1,606	1,628	1,478	1,443	1,543	1,636	1,558
B － 1	415	34	34	63	52	29	25	27	21	34	38	27	31
C － 5	3	－	－	－	1	－	－	－	－	1	－	1	－
C － 4	266	16	18	31	22	13	25	24	14	22	19	25	37
C － 3	2,270	162	172	169	217	141	187	199	162	180	168	265	248
C － 2	11,598	843	856	993	895	833	916	1,079	931	915	1,013	1,124	1,200
C － 1	5,356	457	446	475	433	408	428	436	461	461	446	554	351
茨城	**6,100**	**472**	**424**	**443**	**555**	**408**	**527**	**551**	**458**	**460**	**486**	**707**	**609**
A － 5	1,348	85	80	71	121	91	110	129	86	108	88	197	182
A － 4	918	49	36	63	88	56	75	80	68	70	92	123	118
A － 3	339	19	16	25	32	29	32	26	30	35	26	41	28
A － 2	85	3	5	4	10	7	6	11	13	7	6	4	9
A － 1	2	－	－	－	－	－	－	－	－	1	－	－	1
B － 5	27	3	2	6	3	4	2	－	1	1	－	3	2
B － 4	263	22	13	21	27	20	27	22	23	14	14	36	24
B － 3	660	48	52	50	64	34	64	61	49	55	46	76	61
B － 2	533	55	53	43	50	27	35	50	42	42	50	43	43
B － 1	57	8	6	8	16	4	3	2	3	2	－	3	2
C － 5	－	－	－	－	－	－	－	－	－	－	－	－	－
C － 4	11	1	1	－	2	－	－	2	－	－	1	1	3
C － 3	72	3	8	6	9	6	4	2	3	7	4	13	7
C － 2	621	51	51	46	47	42	58	75	41	31	55	66	58
C － 1	1,164	125	101	100	86	88	111	91	99	87	104	101	71
宇都宮	**2,765**	**232**	**202**	**243**	**233**	**239**	**226**	**240**	**242**	**249**	**191**	**231**	**237**
A － 5	68	3	4	5	3	14	5	5	6	3	7	7	6
A － 4	139	3	5	15	15	14	14	16	12	11	8	13	13
A － 3	83	7	－	4	9	7	5	9	6	13	6	10	7
A － 2	11	1	－	1	－	3	1	1	1	1	－	－	2
A － 1	－	－	－	－	－	－	－	－	－	－	－	－	－
B － 5	6	1	－	1	2	1	－	－	－	－	1	－	－
B － 4	225	15	21	26	11	18	23	16	11	26	14	21	23
B － 3	594	55	46	47	53	56	47	53	55	48	40	46	48
B － 2	847	78	71	81	83	59	67	74	66	66	62	57	83
B － 1	33	4	2	2	6	7	1	2	1	2	1	3	2
C － 5	－	－	－	－	－	－	－	－	－	－	－	－	－
C － 4	6	－	1	－	－	－	1	－	2	－	1	－	1
C － 3	65	6	8	1	7	4	7	11	5	3	3	6	4
C － 2	263	25	23	28	17	21	21	21	22	27	22	20	16
C － 1	425	34	21	32	27	35	34	32	55	49	26	48	32

単位：頭

市場・規格	平成29年計	1 月	2 月	3 月	4 月	5 月	6 月	7 月	8 月	9 月	10 月	11 月	12 月
群　　馬	**13,795**	**1,053**	**899**	**1,036**	**1,336**	**1,006**	**1,087**	**1,071**	**947**	**1,162**	**1,108**	**1,499**	**1,591**
A － 5	1,213	87	75	73	105	53	83	92	64	81	79	163	258
A － 4	1,853	171	130	158	200	134	159	131	126	124	125	207	188
A － 3	1,234	85	84	105	121	124	98	91	93	122	111	104	96
A － 2	428	20	24	27	30	35	36	31	43	42	59	45	36
A － 1	－	－	－	－	－	－	－	－	－	－	－	－	－
B － 5	38	－	2	6	1	－	－	2	－	4	－	8	15
B － 4	1,125	64	80	96	154	46	70	79	57	85	67	125	202
B － 3	3,413	286	245	286	357	231	273	257	222	297	235	330	394
B － 2	2,831	214	150	166	227	269	247	237	225	258	292	320	226
B － 1	13	3	2	1	－	－	－	－	2	5	－	－	－
C － 5	－	－	－	－	－	－	－	－	－	－	－	－	－
C － 4	56	2	3	8	2	2	1	4	1	3	4	9	17
C － 3	465	32	31	39	54	22	30	39	27	39	29	61	62
C － 2	757	56	44	36	58	58	67	73	59	64	81	89	72
C － 1	369	33	29	35	27	32	23	35	28	38	26	38	25
川　　口	**4,275**	**271**	**326**	**324**	**337**	**291**	**303**	**390**	**326**	**308**	**390**	**491**	**518**
A － 5	520	21	38	26	65	33	46	53	37	39	49	49	64
A － 4	807	62	63	83	64	53	38	71	45	68	61	105	94
A － 3	406	27	41	35	33	25	16	29	23	23	54	52	48
A － 2	80	3	8	3	5	3	3	6	11	5	13	8	12
A － 1	－	－	－	－	－	－	－	－	－	－	－	－	－
B － 5	4	－	－	－	－	－	－	－	1	－	1	－	2
B － 4	250	21	15	16	28	12	26	22	23	17	15	22	33
B － 3	1,064	61	68	59	83	96	77	98	83	72	94	121	152
B － 2	531	39	41	42	40	35	34	51	51	43	56	53	46
B － 1	1	－	－	－	－	－	－	1	－	－	－	－	－
C － 5	－	－	－	－	－	－	－	－	－	－	－	－	－
C － 4	5	2	1	－	－	－	2	－	－	－	－	－	－
C － 3	78	7	7	6	9	5	6	7	4	3	4	8	12
C － 2	349	12	24	35	10	21	38	40	33	22	32	51	31
C － 1	180	16	20	19	－	8	17	12	15	16	11	22	24
山　　梨	**3,334**	**227**	**235**	**282**	**326**	**238**	**233**	**290**	**303**	**231**	**265**	**402**	**302**
A － 5	280	11	15	19	35	22	15	25	31	10	24	38	35
A － 4	303	13	21	31	24	28	17	24	36	14	23	39	33
A － 3	197	17	11	23	17	13	14	21	14	18	9	17	23
A － 2	148	8	11	12	15	8	11	8	18	11	9	18	19
A － 1	－	－	－	－	－	－	－	－	－	－	－	－	－
B － 5	8	1	－	1	－	－	－	1	1	－	1	－	3
B － 4	46	7	4	4	5	2	2	6	－	1	1	4	10
B － 3	307	26	23	24	34	22	15	23	25	20	28	38	29
B － 2	775	52	56	68	57	49	68	68	77	57	64	90	69
B － 1	7	－	－	1	－	－	－	－	－	1	2	1	2
C － 5	－	－	－	－	－	－	－	－	－	－	－	－	－
C － 4	－	－	－	－	－	－	－	－	－	－	－	－	－
C － 3	30	2	－	1	5	2	2	4	3	1	2	5	3
C － 2	212	16	8	19	29	13	13	16	19	13	20	30	16
C － 1	1,021	74	86	79	105	79	76	94	79	85	82	122	60

2 月別規格別取引成立頭数・価格（食肉卸売市場別）（続き）
(2) 成牛計（続き）
ア 枝肉の取引成立頭数（続き）

単位：頭

市場・規格	平成29年計	1月	2月	3月	4月	5月	6月	7月	8月	9月	10月	11月	12月
岐　阜	3,597	277	266	259	254	278	234	350	274	258	327	384	436
A － 5	1,601	113	114	102	111	121	100	162	120	116	136	182	224
A － 4	1,445	116	110	112	107	106	106	144	102	99	136	146	161
A － 3	275	22	20	17	18	25	15	22	26	25	29	32	24
A － 2	30	5	2	2	1	5	-	3	3	4	3	2	-
A － 1	-	-	-	-	-	-	-	-	-	-	-	-	-
B － 5	35	2	1	4	3	4	-	5	3	8	1	3	1
B － 4	120	13	9	16	8	8	7	9	11	2	8	12	17
B － 3	62	4	7	5	4	7	4	4	6	4	4	5	8
B － 2	20	1	3	1	1	1	2	-	2	-	7	2	-
B － 1	3	-	-	-	1	1	-	-	-	-	1	-	-
C － 5	-												
C － 4	1						1						
C － 3	1										1		
C － 2	2										1		1
C － 1	2	1					1						
浜　松	3,217	283	242	244	234	262	214	286	212	237	304	326	373
A － 5	387	33	23	29	35	28	21	33	13	16	30	51	75
A － 4	218	11	12	20	27	11	11	17	12	16	13	29	39
A － 3	93	4	3	6	6	8	7	10	10	8	9	10	12
A － 2	21	-	1	3	-	2	2	1	4	3	1	-	4
A － 1	-	-	-	-	-	-	-	-	-	-	-	-	-
B － 5	17	-	4	2	3	2	-	1	1	-	-	1	3
B － 4	386	38	31	38	29	48	34	29	20	15	29	35	40
B － 3	841	85	59	51	59	72	58	68	48	68	100	87	86
B － 2	627	58	63	51	29	46	45	59	52	57	61	49	57
B － 1	1	-	-	-	-	-	1	-	-	-	-	-	-
C － 5	-												
C － 4	22	4	1	4	1	2	2	3	1	1	-	1	2
C － 3	120	7	6	6	10	15	7	13	9	6	13	16	12
C － 2	212	16	16	13	19	7	12	28	18	15	24	20	24
C － 1	272	27	23	21	16	21	14	24	24	32	24	27	19
東　三　河	6,287	457	497	525	531	443	541	539	495	464	508	647	640
A － 5	468	28	32	30	49	33	38	45	25	27	34	59	68
A － 4	591	35	52	37	47	51	53	67	45	57	35	64	48
A － 3	202	16	10	17	15	10	23	21	18	16	13	19	24
A － 2	59	4	4	6	2	2	6	9	3	5	6	5	7
A － 1	-	-	-	-	-	-	-	-	-	-	-	-	-
B － 5	49	3	4	4	6	3	6	2	6	3	5	2	5
B － 4	939	71	91	104	85	73	77	77	82	50	60	72	97
B － 3	1,345	119	121	102	120	81	125	84	107	111	116	123	136
B － 2	1,602	122	112	111	123	114	136	137	139	116	149	177	166
B － 1	11	1	1	1	1	1	-	3	-	1	1	1	-
C － 5	1	-	-	-	1	-	-	-	-	-	-	-	-
C － 4	41	-	4	9	5	2	6	2	1	5	1	3	3
C － 3	175	6	14	26	21	12	13	17	8	7	15	22	14
C － 2	540	32	35	56	43	42	40	52	41	37	49	62	51
C － 1	264	20	17	22	13	19	18	23	20	29	24	38	21

単位：頭

市場・規格	平成29年計	1月	2月	3月	4月	5月	6月	7月	8月	9月	10月	11月	12月
四日市	**1,160**	**67**	**67**	**87**	**116**	**77**	**95**	**95**	**89**	**89**	**92**	**118**	**168**
A－5	179	10	9	16	13	5	14	12	9	14	13	30	34
A－4	149	7	10	10	13	13	13	15	17	8	14	15	14
A－3	46	3	4	2	3	3	3	4	3	6	2	4	9
A－2	8	1	1	－	2	1	－	－	－	1	－	1	1
A－1	－	－	－	－	－	－	－	－	－	－	－	－	－
B－5	13	1	1	1	2	－	2	1	1	－	－	2	2
B－4	59	－	4	6	6	4	6	1	3	6	5	6	12
B－3	181	6	10	8	22	16	13	13	13	12	13	23	32
B－2	210	14	5	17	28	12	20	34	19	19	18	11	13
B－1	4	－	1	－	1	－	－	1	－	－	－	－	1
C－5	－	－	－	－	－	－	－	－	－	－	－	－	－
C－4	8	1	－	1	1	－	－	2	－	1	－	1	1
C－3	37	2	3	2	2	3	4	1	2	4	6	2	6
C－2	232	21	16	23	19	17	16	8	20	15	18	20	39
C－1	34	1	3	1	4	3	4	3	2	3	3	3	4
南大阪	－	－	－	－	－	－	－	－	－	－	－	－	－
A－5	－	－	－	－	－	－	－	－	－	－	－	－	－
A－4	－	－	－	－	－	－	－	－	－	－	－	－	－
A－3	－	－	－	－	－	－	－	－	－	－	－	－	－
A－2	－	－	－	－	－	－	－	－	－	－	－	－	－
A－1	－	－	－	－	－	－	－	－	－	－	－	－	－
B－5	－	－	－	－	－	－	－	－	－	－	－	－	－
B－4	－	－	－	－	－	－	－	－	－	－	－	－	－
B－3	－	－	－	－	－	－	－	－	－	－	－	－	－
B－2	－	－	－	－	－	－	－	－	－	－	－	－	－
B－1	－	－	－	－	－	－	－	－	－	－	－	－	－
C－5	－	－	－	－	－	－	－	－	－	－	－	－	－
C－4	－	－	－	－	－	－	－	－	－	－	－	－	－
C－3	－	－	－	－	－	－	－	－	－	－	－	－	－
C－2	－	－	－	－	－	－	－	－	－	－	－	－	－
C－1	－	－	－	－	－	－	－	－	－	－	－	－	－
姫路	**14,224**	**487**	**669**	**613**	**774**	**900**	**1,206**	**1,585**	**1,289**	**1,341**	**1,450**	**1,808**	**2,102**
A－5	1,712	33	58	38	160	111	165	167	138	145	179	207	311
A－4	1,732	47	54	70	133	141	113	174	114	150	153	247	336
A－3	792	25	30	35	41	52	53	93	76	91	79	103	114
A－2	558	13	17	30	12	37	13	61	48	88	75	92	72
A－1	2	2	－	－	－	－	－	－	－	－	－	－	－
B－5	85	1	－	2	3	4	5	12	10	7	11	16	14
B－4	444	14	14	18	35	24	41	52	29	42	34	62	79
B－3	1,296	34	75	62	53	84	119	138	123	100	128	164	216
B－2	3,376	154	245	183	178	249	328	384	307	290	333	365	360
B－1	88	2	5	7	2	3	5	7	3	12	14	12	16
C－5	1	－	－	－	－	－	－	－	－	－	－	1	－
C－4	45	－	－	－	1	3	7	7	7	8	4	5	3
C－3	450	15	16	8	15	18	56	52	60	50	36	63	61
C－2	3,350	134	134	142	126	161	277	411	331	338	373	435	488
C－1	293	13	21	18	15	13	24	27	43	20	31	36	32

2　月別規格別取引成立頭数・価格（食肉卸売市場別）（続き）
(2)　成牛計（続き）
　　ア　枝肉の取引成立頭数（続き）

単位：頭

市場・規格	平成29年計	1月	2月	3月	4月	5月	6月	7月	8月	9月	10月	11月	12月
加　古　川	5,217	430	524	607	676	380	326	419	364	304	361	345	481
A － 5	858	51	73	81	119	59	73	92	68	34	65	61	82
A － 4	1,058	73	113	97	124	70	71	105	88	66	60	73	118
A － 3	335	35	39	32	34	22	25	22	32	21	23	16	34
A － 2	150	15	14	18	21	9	12	7	7	8	12	9	18
A － 1	10	1	1	4	1	-	-	1	-	2	-	-	-
B － 5	32	4	1	3	6	1	5	3	2	-	3	2	2
B － 4	250	22	23	22	27	17	20	21	23	15	13	18	29
B － 3	695	50	67	80	83	56	41	59	48	56	43	53	59
B － 2	841	84	73	96	113	66	40	62	45	48	74	59	81
B － 1	118	9	11	28	18	8	8	3	6	8	12	4	3
C － 5	-	-	-	-	-	-	-	-	-	-	-	-	-
C － 4	18	1	4	2	3	1	1	-	1	-	3	1	1
C － 3	249	31	22	23	34	20	17	17	14	16	17	21	17
C － 2	494	40	68	100	80	37	8	22	25	27	28	25	34
C － 1	109	14	15	21	13	14	5	6	4	5	6	3	3
西　　　宮	7,364	768	871	986	896	776	688	508	370	462	303	341	395
A － 5	881	56	87	89	105	67	74	65	53	71	54	77	83
A － 4	1,176	70	154	132	144	79	85	105	59	79	86	91	92
A － 3	440	40	47	57	49	29	32	35	25	34	41	26	25
A － 2	385	39	51	67	58	52	68	14	7	14	2	4	9
A － 1	-	-	-	-	-	-	-	-	-	-	-	-	-
B － 5	26	4	3	4	2	4	1	2	-	-	1	4	1
B － 4	192	14	27	16	20	24	18	11	16	8	12	11	15
B － 3	633	54	48	59	49	78	67	53	38	40	38	49	60
B － 2	1,779	224	214	255	234	232	205	112	90	96	31	39	47
B － 1	31	4	5	9	1	1	5	4	-	2	-	-	-
C － 5	-	-	-	-	-	-	-	-	-	-	-	-	-
C － 4	21	-	1	1	3	2	5	2	1	2	1	1	2
C － 3	263	22	24	24	32	20	17	23	10	30	17	23	21
C － 2	1,431	226	198	250	184	179	101	76	63	78	20	16	40
C － 1	106	15	12	23	15	9	10	6	8	8	-	-	-
岡　　　山	4,227	278	317	328	377	321	356	334	318	330	365	398	505
A － 5	470	28	28	33	46	27	35	40	33	38	41	45	76
A － 4	526	34	23	31	50	46	43	53	38	46	42	51	69
A － 3	96	5	11	4	9	12	10	9	6	4	10	7	9
A － 2	18	2	-	3	2	-	1	1	2	1	2	1	3
A － 1	-	-	-	-	-	-	-	-	-	-	-	-	-
B － 5	20	1	-	3	2	-	1	2	1	1	1	2	6
B － 4	138	5	13	8	10	11	10	9	8	10	15	15	24
B － 3	323	28	32	33	29	21	24	22	22	24	32	31	25
B － 2	803	50	62	61	64	83	85	69	64	66	55	64	80
B － 1	5	-	-	3	-	-	1	-	-	-	1	-	-
C － 5	-	-	-	-	-	-	-	-	-	-	-	-	-
C － 4	4	1	-	-	1	-	-	-	-	-	-	-	2
C － 3	55	4	8	6	-	1	6	3	4	3	5	4	11
C － 2	1,008	62	65	72	87	55	79	70	87	76	90	97	168
C － 1	761	58	75	71	77	65	61	56	53	61	71	81	32

単位：頭

市場・規格	平成29年計	1月	2月	3月	4月	5月	6月	7月	8月	9月	10月	11月	12月
坂　出	6,129	536	471	479	549	464	515	505	495	480	505	566	564
A － 5	517	42	30	29	54	32	36	55	29	46	39	60	65
A － 4	328	35	21	27	31	20	19	28	20	32	22	36	37
A － 3	180	20	13	18	15	16	12	11	15	12	12	14	22
A － 2	27	-	1	1	1	-	1	1	3	1	2	8	8
A － 1	-	-	-	-	-	-	-	-	-	-	-	-	-
B － 5	17	2	2	3	5	-	1	-	-	1	-	1	2
B － 4	210	17	15	20	33	17	25	18	8	14	15	12	16
B － 3	1,011	88	72	82	83	83	110	83	77	59	72	103	99
B － 2	2,434	210	200	179	207	186	193	201	221	196	207	221	213
B － 1	22	1	1	3	1	3	-	3	3	1	1	2	3
C － 5	1	-	-	-	-	-	-	-	-	1	-	-	-
C － 4	24	4	2	4	3	1	-	1	-	2	4	1	2
C － 3	196	24	24	20	19	11	17	9	12	11	13	18	18
C － 2	1,086	85	85	88	90	92	92	85	105	99	108	84	73
C － 1	76	8	5	5	7	3	9	10	2	5	10	6	6
愛　媛	-	-	-	-	-	-	-	-	-	-	-	-	-
A － 5	-	-	-	-	-	-	-	-	-	-	-	-	-
A － 4	-	-	-	-	-	-	-	-	-	-	-	-	-
A － 3	-	-	-	-	-	-	-	-	-	-	-	-	-
A － 2	-	-	-	-	-	-	-	-	-	-	-	-	-
A － 1	-	-	-	-	-	-	-	-	-	-	-	-	-
B － 5	-	-	-	-	-	-	-	-	-	-	-	-	-
B － 4	-	-	-	-	-	-	-	-	-	-	-	-	-
B － 3	-	-	-	-	-	-	-	-	-	-	-	-	-
B － 2	-	-	-	-	-	-	-	-	-	-	-	-	-
B － 1	-	-	-	-	-	-	-	-	-	-	-	-	-
C － 5	-	-	-	-	-	-	-	-	-	-	-	-	-
C － 4	-	-	-	-	-	-	-	-	-	-	-	-	-
C － 3	-	-	-	-	-	-	-	-	-	-	-	-	-
C － 2	-	-	-	-	-	-	-	-	-	-	-	-	-
C － 1	-	-	-	-	-	-	-	-	-	-	-	-	-
佐 世 保	8,272	520	661	737	717	584	601	790	592	606	672	856	936
A － 5	1,557	79	144	141	109	84	93	174	95	94	96	191	257
A － 4	2,511	166	184	221	198	182	174	244	186	198	207	263	288
A － 3	955	71	70	81	103	70	64	94	70	73	84	83	92
A － 2	196	21	26	25	14	10	15	13	14	12	15	10	21
A － 1	1	-	-	-	-	-	-	-	1	-	-	-	-
B － 5	60	2	10	11	10	4	-	4	2	4	1	6	6
B － 4	330	24	36	21	31	28	15	29	23	22	25	35	41
B － 3	308	18	20	25	28	19	21	21	24	18	32	38	44
B － 2	994	51	63	96	105	77	101	90	78	89	84	86	74
B － 1	21	2	-	-	5	1	1	1	3	-	5	1	2
C － 5	-	-	-	-	-	-	-	-	-	-	-	-	-
C － 4	4	-	-	2	-	-	-	-	-	-	-	2	-
C － 3	14	1	1	1	-	2	1	1	1	-	3	3	-
C － 2	1,041	67	89	85	86	88	94	102	67	73	92	109	89
C － 1	280	18	18	28	28	19	22	17	28	23	28	29	22

2　月別規格別取引成立頭数・価格（食肉卸売市場別）（続き）
(2)　成牛計（続き）
ア　枝肉の取引成立頭数（続き）

単位：頭

市場・規格	平成29年計	1 月	2 月	3 月	4 月	5 月	6 月	7 月	8 月	9 月	10 月	11 月	12 月
熊　本	-	-	-	-	-	-	-	-	-	-	-	-	-
A － 5	-	-	-	-	-	-	-	-	-	-	-	-	-
A － 4	-	-	-	-	-	-	-	-	-	-	-	-	-
A － 3	-	-	-	-	-	-	-	-	-	-	-	-	-
A － 2	-	-	-	-	-	-	-	-	-	-	-	-	-
A － 1	-	-	-	-	-	-	-	-	-	-	-	-	-
B － 5	-	-	-	-	-	-	-	-	-	-	-	-	-
B － 4	-	-	-	-	-	-	-	-	-	-	-	-	-
B － 3	-	-	-	-	-	-	-	-	-	-	-	-	-
B － 2	-	-	-	-	-	-	-	-	-	-	-	-	-
B － 1	-	-	-	-	-	-	-	-	-	-	-	-	-
C － 5	-	-	-	-	-	-	-	-	-	-	-	-	-
C － 4	-	-	-	-	-	-	-	-	-	-	-	-	-
C － 3	-	-	-	-	-	-	-	-	-	-	-	-	-
C － 2	-	-	-	-	-	-	-	-	-	-	-	-	-
C － 1	-	-	-	-	-	-	-	-	-	-	-	-	-

イ　枝肉の1kg当たり卸売価格

単位：円

市場・規格	平成29年計	1月	2月	3月	4月	5月	6月	7月	8月	9月	10月	11月	12月
合　計	1,936	2,001	1,935	1,891	2,009	1,873	1,877	1,938	1,810	1,858	1,849	1,966	2,129
A － 5	2,948	2,954	2,887	2,890	2,992	2,895	2,894	2,930	2,834	2,996	2,882	3,008	3,068
A － 4	2,503	2,604	2,504	2,477	2,571	2,476	2,469	2,455	2,374	2,421	2,377	2,524	2,684
A － 3	2,073	2,266	2,140	2,087	2,144	2,073	2,030	2,019	1,939	1,929	1,936	2,040	2,260
A － 2	1,547	1,795	1,668	1,646	1,624	1,553	1,493	1,451	1,426	1,424	1,463	1,452	1,639
A － 1	727	914	987	737	1,158	-	507	922	661	538	664	-	596
B － 5	2,505	2,595	2,439	2,450	2,523	2,470	2,405	2,471	2,408	2,667	2,422	2,542	2,610
B － 4	1,911	2,020	1,928	1,908	1,939	1,869	1,875	1,907	1,827	1,862	1,783	1,894	2,047
B － 3	1,571	1,717	1,614	1,607	1,645	1,544	1,533	1,541	1,513	1,497	1,480	1,515	1,641
B － 2	1,198	1,370	1,261	1,225	1,281	1,180	1,146	1,165	1,147	1,127	1,129	1,155	1,210
B － 1	795	856	844	830	836	790	799	788	749	785	795	673	679
C － 5	1,934	-	2,216	-	2,052	1,225	1,839	2,112	-	1,693	-	2,917	1,748
C － 4	1,619	1,736	1,628	1,628	1,680	1,570	1,569	1,583	1,560	1,628	1,575	1,539	1,689
C － 3	1,396	1,571	1,449	1,427	1,426	1,339	1,354	1,360	1,352	1,319	1,315	1,341	1,469
C － 2	980	1,066	995	971	1,024	958	956	981	953	939	950	955	1,013
C － 1	505	525	540	549	568	542	531	532	509	468	452	464	406
中央市場計	1,971	2,061	1,979	1,940	2,032	1,907	1,925	1,966	1,829	1,900	1,882	1,999	2,155
A － 5	2,925	2,943	2,870	2,878	2,952	2,876	2,872	2,899	2,796	3,005	2,862	2,994	3,037
A － 4	2,483	2,597	2,483	2,466	2,544	2,452	2,460	2,424	2,337	2,411	2,352	2,517	2,664
A － 3	2,068	2,281	2,140	2,096	2,138	2,064	2,031	2,003	1,924	1,916	1,919	2,038	2,262
A － 2	1,532	1,795	1,661	1,643	1,608	1,541	1,479	1,431	1,408	1,380	1,437	1,429	1,639
A － 1	585	-	539	541	931	-	507	922	513	535	343	-	754
B － 5	2,483	2,609	2,482	2,437	2,529	2,402	2,362	2,320	2,356	2,784	2,372	2,506	2,630
B － 4	1,880	2,013	1,901	1,898	1,908	1,837	1,852	1,862	1,783	1,846	1,735	1,867	2,013
B － 3	1,546	1,713	1,594	1,597	1,632	1,524	1,507	1,507	1,474	1,470	1,442	1,482	1,619
B － 2	1,181	1,386	1,260	1,231	1,279	1,169	1,125	1,131	1,114	1,100	1,098	1,123	1,192
B － 1	679	810	770	688	702	698	709	688	637	643	597	559	525
C － 5	1,796	-	2,216	-	-	1,225	1,839	2,112	-	1,612	-	-	1,748
C － 4	1,587	1,719	1,607	1,607	1,652	1,540	1,545	1,546	1,518	1,591	1,498	1,476	1,692
C － 3	1,366	1,566	1,425	1,415	1,396	1,316	1,323	1,309	1,306	1,266	1,273	1,296	1,443
C － 2	913	1,024	945	927	969	902	886	901	870	861	878	874	922
C － 1	482	505	514	519	544	524	512	511	489	454	427	444	381
仙台	1,982	1,977	1,958	1,789	1,955	1,837	1,779	1,950	1,866	2,498	1,782	1,980	2,258
A － 5	2,952	2,891	2,782	2,791	2,891	2,701	2,724	2,894	2,788	4,271	2,711	2,851	2,898
A － 4	2,342	2,482	2,319	2,230	2,329	2,268	2,227	2,245	2,212	2,641	2,092	2,389	2,560
A － 3	1,848	1,979	1,831	1,886	1,874	1,877	1,771	1,792	1,747	1,917	1,707	1,862	1,993
A － 2	1,182	1,456	1,411	1,331	1,285	1,226	1,112	1,028	1,130	1,093	1,116	1,105	1,122
A － 1	479	-	-	545	-	-	-	-	-	-	-	-	377
B － 5	2,482	2,158	2,319	2,451	2,316	2,017	2,173	2,494	2,252	5,150	2,256	2,625	2,720
B － 4	1,743	1,923	1,787	1,783	1,807	1,610	1,624	1,660	1,626	1,751	1,601	1,707	1,984
B － 3	1,503	1,745	1,605	1,568	1,591	1,477	1,413	1,431	1,480	1,367	1,364	1,374	1,555
B － 2	969	1,229	1,127	1,115	1,040	999	880	890	908	820	907	914	865
B － 1	555	541	669	611	492	809	581	573	645	473	542	530	500
C － 5													
C － 4	1,429	-	1,360	1,404	1,514	-	-	-	1,504	1,475	1,328	1,464	-
C － 3	1,336	1,686	1,473	1,224	1,304	1,312	1,178	1,346	1,369	1,258	1,240	1,154	1,472
C － 2	690	683	765	665	655	672	673	647	729	647	715	705	716
C － 1	473	450	614	466	506	487	485	460	491	442	455	449	400

2 月別規格別取引成立頭数・価格（食肉卸売市場別）（続き）
(2) 成牛計（続き）
イ 枝肉の1kg当たり卸売価格（続き）

単位：円

市場・規格	平成29年計	1 月	2 月	3 月	4 月	5 月	6 月	7 月	8 月	9 月	10 月	11 月	12 月
さ い た ま	1,079	1,039	1,098	1,053	1,183	1,044	1,012	1,088	994	999	971	1,053	1,331
A － 5	2,662	2,738	2,654	2,548	2,667	2,614	2,578	2,596	2,624	2,583	2,605	2,705	2,791
A － 4	2,277	2,301	2,218	2,208	2,320	2,256	2,344	2,205	2,222	2,199	2,223	2,262	2,388
A － 3	1,906	2,039	1,899	1,888	1,802	1,909	1,960	1,843	1,807	1,729	1,815	1,905	2,148
A － 2	1,372	1,627	1,357	1,419	1,353	1,308	1,747	1,386	1,267	1,269	1,340	1,387	1,381
A － 1	-	-	-	-	-	-	-	-	-	-	-	-	-
B － 5	2,103	2,169	1,796	1,818	1,989	1,924	2,143	2,212	-	2,454	2,203	2,276	2,754
B － 4	1,722	1,768	1,644	1,654	1,654	1,678	1,670	1,755	1,786	1,738	1,747	1,707	1,934
B － 3	1,489	1,607	1,482	1,477	1,538	1,465	1,490	1,401	1,425	1,526	1,496	1,449	1,520
B － 2	952	1,063	1,017	892	983	961	886	950	955	959	895	925	936
B － 1	622	697	639	596	634	601	607	665	611	603	431	575	481
C － 5	1,495	-	-	-	-	1,225	1,839	-	-	-	-	-	-
C － 4	1,432	1,749	1,600	-	1,375	1,234	-	1,292	1,561	1,576	-	1,346	1,507
C － 3	1,212	1,558	1,201	1,165	1,290	1,105	1,157	1,202	1,076	1,121	1,291	1,252	1,250
C － 2	688	726	689	656	718	728	702	732	689	669	674	651	617
C － 1	484	494	492	504	519	521	487	501	510	478	455	459	390
東 京	1,972	2,080	1,996	1,977	2,023	1,919	1,947	1,968	1,827	1,870	1,903	1,973	2,133
A － 5	2,913	2,935	2,872	2,871	2,933	2,903	2,878	2,906	2,785	2,864	2,879	2,972	3,052
A － 4	2,456	2,552	2,449	2,437	2,506	2,431	2,444	2,415	2,328	2,377	2,331	2,484	2,636
A － 3	2,061	2,274	2,108	2,093	2,122	2,060	2,043	2,016	1,925	1,902	1,905	2,012	2,246
A － 2	1,515	1,778	1,626	1,663	1,581	1,488	1,446	1,458	1,379	1,355	1,418	1,385	1,629
A － 1	527	-	-	538	931	-	-	-	513	451	409	-	-
B － 5	2,433	2,539	2,489	2,415	2,467	2,563	2,343	2,292	2,358	2,467	2,318	2,443	2,557
B － 4	1,819	1,931	1,830	1,844	1,862	1,801	1,806	1,815	1,750	1,789	1,692	1,771	1,937
B － 3	1,502	1,682	1,547	1,573	1,596	1,485	1,470	1,470	1,420	1,437	1,393	1,433	1,580
B － 2	1,169	1,388	1,250	1,245	1,271	1,158	1,112	1,124	1,106	1,091	1,086	1,105	1,158
B － 1	664	1,020	871	697	734	691	691	604	562	592	537	475	463
C － 5	1,918	-	-	-	-	-	-	2,112	-	1,612	-	-	-
C － 4	1,532	1,649	1,495	1,562	1,609	1,491	1,469	1,454	1,456	1,586	1,451	1,440	1,670
C － 3	1,308	1,497	1,363	1,369	1,376	1,256	1,256	1,254	1,240	1,226	1,229	1,213	1,381
C － 2	886	1,003	896	931	959	880	852	869	843	829	846	869	847
C － 1	471	501	500	540	552	505	506	515	482	442	416	425	346
横 浜	1,869	1,959	1,898	1,808	1,995	1,811	1,789	1,803	1,702	1,732	1,770	1,933	2,087
A － 5	2,780	2,803	2,739	2,747	2,975	2,756	2,688	2,696	2,603	2,650	2,686	2,769	2,887
A － 4	2,408	2,503	2,462	2,439	2,504	2,394	2,344	2,350	2,242	2,318	2,216	2,427	2,610
A － 3	2,022	2,205	2,142	2,081	2,112	2,016	2,044	2,000	1,873	1,811	1,896	2,020	2,189
A － 2	1,727	2,076	1,880	1,779	1,880	1,715	1,692	1,713	1,604	1,484	1,538	1,696	1,760
A － 1	-	-	-	-	-	-	-	-	-	-	-	-	-
B － 5	2,245	1,891	2,384	2,327	2,441	2,191	2,271	2,711	2,153	-	1,865	2,130	2,237
B － 4	1,815	1,951	1,821	1,862	1,821	1,780	1,716	1,924	1,732	1,733	1,627	1,767	1,965
B － 3	1,518	1,665	1,578	1,576	1,586	1,503	1,476	1,470	1,450	1,417	1,408	1,416	1,590
B － 2	1,235	1,465	1,311	1,271	1,303	1,197	1,152	1,165	1,172	1,153	1,138	1,160	1,235
B － 1	666	496	864	-	878	-	698	-	-	557	-	541	-
C － 5	-	-	-	-	-	-	-	-	-	-	-	-	-
C － 4	1,437	-	-	1,418	-	-	-	1,162	1,333	-	-	1,489	1,489
C － 3	1,287	1,494	1,334	1,354	1,414	1,175	1,291	1,265	1,245	1,190	1,217	1,237	1,339
C － 2	1,001	1,052	1,040	1,012	1,085	919	970	1,013	963	964	980	973	1,038
C － 1	481	455	487	535	568	589	461	465	477	445	410	527	391

単位：円

市場・規格	平成29年計	1 月	2 月	3 月	4 月	5 月	6 月	7 月	8 月	9 月	10 月	11 月	12 月
名　古　屋	**1, 995**	**2, 034**	**1, 980**	**1, 935**	**2, 049**	**1, 954**	**1, 889**	**1, 969**	**1, 862**	**1, 906**	**1, 890**	**2, 056**	**2, 264**
A － 5	2, 810	2, 877	2, 755	2, 768	2, 811	2, 839	2, 795	2, 802	2, 785	2, 715	2, 660	2, 870	2, 952
A － 4	2, 468	2, 599	2, 469	2, 505	2, 558	2, 520	2, 369	2, 377	2, 357	2, 349	2, 288	2, 448	2, 647
A － 3	2, 129	2, 281	2, 279	1, 967	2, 024	2, 147	1, 968	1, 930	1, 957	1, 941	1, 977	2, 119	2, 385
A － 2	1, 728	2, 006	1, 829	1, 907	1, 530	1, 459	1, 402	1, 607	2, 008	1, 578	1, 712	1, 585	1, 987
A － 1	－	－	－	－	－	－	－	－	－	－	－	－	－
B － 5	2, 223	2, 298	2, 161	2, 092	2, 337	2, 008	2, 232	1, 877	2, 197	2, 238	2, 153	2, 315	2, 635
B － 4	1, 832	1, 996	1, 912	1, 841	1, 843	1, 787	1, 760	1, 757	1, 734	1, 764	1, 746	1, 868	1, 980
B － 3	1, 579	1, 756	1, 646	1, 625	1, 655	1, 533	1, 479	1, 549	1, 516	1, 519	1, 483	1, 554	1, 649
B － 2	1, 265	1, 425	1, 319	1, 286	1, 317	1, 271	1, 182	1, 238	1, 217	1, 218	1, 182	1, 260	1, 335
B － 1	436	－	－	－	－	－	－	－	－		－	436	－
C － 5	2, 216	－	2, 216	－	－	－	－	－	－	－	－	－	－
C － 4	1, 727	1, 863	1, 746	1, 727	1, 791	1, 704	1, 676	1, 710	1, 690	1, 607	1, 721	1, 708	1, 800
C － 3	1, 479	1, 666	1, 494	1, 532	1, 543	1, 471	1, 390	1, 440	1, 407	1, 417	1, 402	1, 400	1, 510
C － 2	1, 190	1, 302	1, 203	1, 211	1, 247	1, 175	1, 165	1, 153	1, 160	1, 134	1, 135	1, 166	1, 194
C － 1	483	578	702	483	653	－	108	459	483	543	－	325	162
京　　都	**2, 328**	**2, 396**	**2, 335**	**2, 325**	**2, 445**	**2, 265**	**2, 314**	**2, 283**	**2, 122**	**2, 251**	**2, 226**	**2, 353**	**2, 512**
A － 5	2, 824	2, 871	2, 829	2, 848	2, 882	2, 714	2, 805	2, 756	2, 684	2, 743	2, 791	2, 853	2, 974
A － 4	2, 467	2, 636	2, 547	2, 533	2, 595	2, 392	2, 452	2, 391	2, 244	2, 310	2, 353	2, 447	2, 613
A － 3	2, 081	2, 359	2, 257	2, 164	2, 190	2, 091	2, 107	2, 015	1, 869	1, 913	1, 938	2, 102	2, 211
A － 2	1, 604	1, 781	1, 720	1, 788	1, 685	1, 802	1, 691	1, 507	1, 492	1, 461	1, 490	1, 686	1, 508
A － 1	－	－	－	－	－	－	－	－	－	－	－	－	－
B － 5	2, 509	2, 528	2, 558	2, 531	2, 669	2, 398	2, 411	－	2, 343	2, 567	2, 378	－	2, 592
B － 4	2, 009	2, 167	2, 240	2, 229	2, 091	2, 128	1, 785	1, 830	1, 796	1, 852	1, 751	1, 978	1, 967
B － 3	1, 626	1, 829	1, 666	1, 741	1, 791	1, 620	1, 581	1, 476	1, 475	1, 524	1, 495	1, 598	1, 610
B － 2	1, 255	1, 488	1, 372	1, 333	1, 409	1, 211	1, 196	1, 142	1, 077	1, 112	1, 177	1, 239	1, 190
B － 1	605	－	989	－	－	－	－	－	－		－	325	－
C － 5	－	－	－	－	－	－	－	－	－	－	－	－	－
C － 4	1, 589	－	－		－	1, 653	1, 559	－	1, 405	－	1, 651	1, 627	1, 583
C － 3	1, 384	1, 557	1, 488	1, 448	1, 544	1, 316	1, 336	1, 295	1, 146	1, 328	1, 179	1, 353	1, 278
C － 2	1, 070	1, 314	1, 229	1, 126	1, 201	1, 020	1, 010	655	806	810	892	1, 076	889
C － 1	393	790	509	417	272	209	－	－	327	378	－	509	272
大　　阪	**1, 929**	**2, 089**	**1, 954**	**1, 907**	**2, 025**	**1, 872**	**1, 864**	**1, 893**	**1, 799**	**1, 797**	**1, 849**	**1, 949**	**2, 070**
A － 5	2, 858	2, 919	2, 865	2, 860	2, 936	2, 778	2, 804	2, 802	2, 737	2, 753	2, 757	2, 883	3, 052
A － 4	2, 455	2, 649	2, 513	2, 534	2, 559	2, 430	2, 465	2, 360	2, 302	2, 320	2, 282	2, 395	2, 624
A － 3	2, 048	2, 293	2, 142	2, 054	2, 189	1, 992	1, 975	1, 945	1, 917	1, 891	1, 891	2, 005	2, 305
A － 2	1, 533	1, 844	1, 663	1, 438	1, 706	1, 557	1, 440	1, 353	1, 413	1, 329	1, 536	1, 526	1, 730
A － 1	507	－	－	－	－	－	507	－	－	－	－	－	－
B － 5	2, 381	2, 715	2, 280	2, 356	2, 396	2, 283	2, 313	2, 076	2, 353	2, 403	2, 416	2, 361	2, 619
B － 4	1, 935	2, 084	1, 929	1, 888	1, 943	1, 882	1, 902	1, 894	1, 873	1, 903	1, 809	1, 935	2, 090
B － 3	1, 615	1, 740	1, 640	1, 619	1, 680	1, 585	1, 593	1, 566	1, 592	1, 537	1, 522	1, 588	1, 672
B － 2	1, 259	1, 498	1, 294	1, 290	1, 412	1, 238	1, 235	1, 212	1, 165	1, 135	1, 169	1, 245	1, 286
B － 1	716	716	559	－	－	851	720	854	505	770	820	603	514
C － 5	－	－	－	－	－	－	－	－	－	－	－	－	－
C － 4	1, 749	1, 841	1, 833	1, 743	1, 781	1, 612	1, 790	1, 761	1, 466	－	1, 730	1, 578	1, 801
C － 3	1, 485	1, 637	1, 509	1, 506	1, 551	1, 440	1, 432	1, 396	1, 448	1, 347	1, 387	1, 457	1, 520
C － 2	1, 162	1, 377	1, 217	1, 183	1, 297	1, 145	1, 099	1, 095	1, 074	1, 030	1, 094	1, 143	1, 185
C － 1	520	566	440	567	586	617	510	487	346	453	613	585	548

2 月別規格別取引成立頭数・価格（食肉卸売市場別）（続き）
(2) 成牛計（続き）
イ 枝肉の1kg当たり卸売価格（続き）

単位：円

市場・規格	平成29年計	1月	2月	3月	4月	5月	6月	7月	8月	9月	10月	11月	12月
神　戸	3,026	2,990	2,907	2,988	3,069	2,931	2,923	2,948	2,944	2,926	3,036	3,272	3,158
A － 5	3,313	3,226	3,165	3,265	3,318	3,197	3,192	3,265	3,228	3,191	3,331	3,650	3,421
A － 4	2,986	2,977	2,909	2,930	3,027	2,921	2,876	2,913	2,893	2,912	2,968	3,145	3,139
A － 3	2,508	2,578	2,556	2,518	2,626	2,506	2,402	2,325	2,524	2,407	2,428	2,562	2,634
A － 2	2,145	2,183	2,368	2,144	2,269	2,007	2,175	1,935	2,242	1,875	2,199	2,041	2,351
A － 1	922	-	-	-	-	-	-	922	-	-	-	-	-
B － 5	3,031	3,173	2,885	3,054	3,409	2,883	2,663	2,866	2,568	3,490	2,988	3,138	3,021
B － 4	2,724	2,801	2,660	2,805	2,791	2,539	2,778	2,534	2,498	2,613	2,477	2,850	3,053
B － 3	2,306	2,298	2,415	2,384	2,356	2,322	2,122	2,196	2,375	1,998	2,512	2,093	2,484
B － 2	1,843	1,644	2,021	-	1,940	1,895	1,541	2,143	1,806	1,158	2,440	1,564	1,679
B － 1	638	649	-	-	603	653	675	-	-	-	-	-	-
C － 5	-	-	-	-	-	-	-	-	-	-	-	-	-
C － 4	2,088	2,364	2,251	1,852	1,891	-	-	-	-	1,939	-	-	-
C － 3	1,607	-	-	1,539	1,455	-	1,666	-	1,792	-	-	-	-
C － 2	1,211	-	-	-	1,232	-	1,167	1,306	-	-	-	-	-
C － 1	600	745	-	-	-	478	-	579	282	550	757	-	-
広　島	1,534	1,627	1,544	1,457	1,622	1,475	1,474	1,591	1,474	1,392	1,428	1,580	1,673
A － 5	2,808	2,917	2,840	2,788	2,863	2,764	2,811	2,803	2,664	2,704	2,711	2,773	2,959
A － 4	2,424	2,633	2,506	2,403	2,521	2,403	2,467	2,384	2,303	2,278	2,298	2,347	2,520
A － 3	1,852	2,188	1,988	1,893	1,962	1,928	1,810	1,771	1,711	1,758	1,664	1,698	1,928
A － 2	1,366	1,542	1,434	1,450	1,656	1,573	1,412	1,375	1,363	1,366	1,242	1,323	1,129
A － 1	539	-	539	-	-	-	-	-	-	-	-	-	-
B － 5	2,427	-	2,303	-	-	1,760	-	-	-	-	2,430	-	3,161
B － 4	1,814	1,900	1,951	1,812	1,851	1,760	1,750	1,788	1,787	1,801	1,777	1,743	1,840
B － 3	1,551	1,669	1,633	1,586	1,646	1,536	1,533	1,519	1,505	1,475	1,460	1,497	1,582
B － 2	1,103	1,186	1,119	1,104	1,182	1,105	1,088	1,073	1,072	1,058	1,048	1,098	1,121
B － 1	680	1,049	610	710	787	691	540	680	658	-	651	552	-
C － 5	-	-	-	-	-	-	-	-	-	-	-	-	-
C － 4	1,757	1,812	1,754	1,770	-	1,775	1,726	1,645	-	1,739	-	1,726	1,803
C － 3	1,358	1,646	1,579	1,510	1,010	1,461	1,405	1,487	1,420	1,308	1,249	1,387	1,533
C － 2	960	1,052	1,004	949	963	957	939	944	919	929	963	954	943
C － 1	476	597	546	529	523	539	534	433	411	408	436	463	435
福　岡	1,876	2,011	1,880	1,789	1,991	1,829	1,858	1,952	1,720	1,692	1,648	1,928	2,067
A － 5	2,887	2,957	2,881	2,806	2,956	2,863	2,842	2,851	2,656	2,741	2,745	2,992	3,074
A － 4	2,470	2,645	2,523	2,424	2,558	2,436	2,441	2,426	2,244	2,297	2,336	2,498	2,688
A － 3	2,110	2,346	2,228	2,136	2,236	2,094	2,042	2,026	1,904	1,918	1,941	2,097	2,314
A － 2	1,658	1,905	1,782	1,708	1,768	1,667	1,651	1,450	1,507	1,515	1,542	1,623	1,755
A － 1	709	-	-	-	-	-	-	-	-	756	110	-	1,027
B － 5	2,515	2,727	2,592	2,484	2,722	2,422	2,308	2,345	2,430	2,282	2,309	2,477	2,693
B － 4	1,956	2,146	1,836	1,853	2,132	1,988	1,995	1,996	1,841	1,896	1,761	1,964	2,024
B － 3	1,647	1,798	1,669	1,593	1,744	1,606	1,606	1,652	1,581	1,566	1,527	1,633	1,740
B － 2	1,287	1,477	1,396	1,295	1,381	1,273	1,275	1,207	1,173	1,194	1,176	1,228	1,383
B － 1	786	943	833	766	827	758	940	752	716	721	652	693	701
C － 5	1,748	-	-	-	-	-	-	-	-	-	-	-	1,748
C － 4	1,677	1,735	1,722	1,459	1,861	2,054	-	1,716	-	1,608	1,348	1,553	1,815
C － 3	1,446	1,597	1,503	1,349	1,566	1,450	1,521	1,414	1,413	1,332	1,213	1,388	1,569
C － 2	1,082	1,253	1,129	964	1,129	1,107	1,088	1,137	993	1,085	1,006	953	1,218
C － 1	541	575	530	498	567	620	628	588	555	516	403	492	559

単位：円

市場・規格	平成29年計	1月	2月	3月	4月	5月	6月	7月	8月	9月	10月	11月	12月
指定市場計	1,838	1,834	1,811	1,762	1,942	1,778	1,750	1,861	1,757	1,740	1,752	1,876	2,058
A － 5	3,039	3,004	2,960	2,944	3,155	2,976	2,982	3,056	2,989	2,952	2,974	3,063	3,170
A － 4	2,580	2,636	2,591	2,517	2,674	2,575	2,507	2,581	2,526	2,463	2,481	2,547	2,758
A － 3	2,090	2,206	2,140	2,052	2,173	2,113	2,024	2,090	2,001	1,978	2,002	2,047	2,250
A － 2	1,603	1,793	1,693	1,654	1,712	1,599	1,545	1,547	1,488	1,569	1,525	1,543	1,641
A － 1	915	914	1,566	871	1,510	-	-	-	827	545	1,350	-	378
B － 5	2,547	2,557	2,334	2,471	2,510	2,632	2,524	2,769	2,499	2,489	2,558	2,604	2,584
B － 4	1,976	2,037	1,984	1,927	2,002	1,941	1,917	2,007	1,922	1,895	1,916	1,952	2,098
B － 3	1,626	1,726	1,656	1,630	1,673	1,591	1,585	1,619	1,609	1,561	1,569	1,587	1,687
B － 2	1,230	1,343	1,261	1,214	1,287	1,202	1,185	1,230	1,209	1,181	1,191	1,223	1,249
B － 1	981	924	1,034	1,060	1,027	928	1,013	954	904	928	987	874	985
C － 5	2,216	-	-	-	2,052	-	-	-	-	1,782	-	2,917	-
C － 4	1,690	1,787	1,690	1,670	1,763	1,676	1,616	1,651	1,674	1,683	1,754	1,680	1,685
C － 3	1,460	1,585	1,497	1,457	1,504	1,401	1,414	1,453	1,450	1,411	1,404	1,417	1,515
C － 2	1,082	1,132	1,074	1,040	1,125	1,055	1,057	1,085	1,078	1,061	1,060	1,079	1,132
C － 1	566	579	604	623	627	588	574	585	563	511	527	511	495
茨　　城	1,813	1,691	1,690	1,728	1,915	1,782	1,778	1,829	1,688	1,789	1,655	1,917	2,076
A － 5	2,815	2,875	2,855	2,790	2,845	2,727	2,761	2,853	2,733	2,735	2,695	2,826	2,937
A － 4	2,454	2,580	2,665	2,466	2,494	2,399	2,433	2,534	2,318	2,363	2,290	2,399	2,594
A － 3	1,994	2,258	2,248	2,052	2,180	2,067	2,046	1,950	1,799	1,853	1,887	1,794	2,071
A － 2	1,316	1,163	1,551	1,576	1,426	1,348	1,404	1,102	1,048	1,484	1,432	1,258	1,339
A － 1	456	-	-	-	-	-	-	-	-	545	-	-	378
B － 5	2,401	2,745	2,267	2,349	2,276	2,382	2,588	-	2,340	1,088	-	2,426	2,699
B － 4	1,884	1,968	1,827	1,877	2,075	1,835	1,906	1,877	1,832	1,800	1,731	1,788	1,978
B － 3	1,552	1,735	1,617	1,655	1,670	1,472	1,537	1,516	1,510	1,481	1,483	1,461	1,498
B － 2	1,051	1,012	1,151	1,158	1,172	1,069	1,112	954	941	981	988	1,012	1,061
B － 1	696	525	669	762	944	568	656	507	539	525	-	466	337
C － 5													
C － 4	1,659	1,759	1,729	-	1,734	-	-	1,524	-	-	1,677	1,760	1,606
C － 3	1,367	1,516	1,466	1,401	1,463	1,397	1,379	1,198	1,314	1,383	1,277	1,257	1,311
C － 2	636	634	753	681	642	634	655	693	652	592	555	596	516
C － 1	435	442	457	488	443	483	471	503	450	384	367	400	285
宇　都　宮	1,321	1,366	1,334	1,335	1,344	1,425	1,295	1,333	1,194	1,248	1,303	1,306	1,365
A － 5	2,784	2,828	2,874	2,843	2,588	2,840	2,637	2,783	2,672	2,575	2,668	2,884	2,967
A － 4	2,072	1,929	2,302	2,090	2,154	2,062	1,974	1,940	1,906	2,044	2,200	2,100	2,242
A － 3	1,763	1,947	-	2,163	1,765	2,263	1,394	1,792	1,591	1,631	1,601	1,641	1,994
A － 2	1,456	1,556	-	1,512	-	1,779	913	1,274	1,275	1,112	-	-	1,387
A － 1	-	-	-	-	-	-	-	-	-	-	-	-	-
B － 5	2,055	2,053	-	1,998	1,971	2,755			-	1,619	-		
B － 4	1,803	1,895	1,769	1,798	1,848	1,843	1,820	1,804	1,719	1,742	1,795	1,745	1,881
B － 3	1,534	1,734	1,565	1,570	1,595	1,544	1,442	1,532	1,422	1,461	1,474	1,442	1,600
B － 2	1,041	1,116	1,097	1,035	1,047	1,052	1,032	1,022	962	1,004	1,055	1,060	1,010
B － 1	600	582	656	603	628	556	576	684	652	597	663	672	434
C － 5	-	-	-	-	-	-	-	-	-	-	-	-	-
C － 4	1,644	-	1,685	-	-	-	1,642	-	1,572	-	1,673	-	1,761
C － 3	1,388	1,521	1,443	1,468	1,511	1,075	1,341	1,393	1,379	1,302	1,248	1,267	1,546
C － 2	952	1,070	1,038	941	953	940	880	976	901	874	913	968	956
C － 1	450	500	438	482	468	484	460	429	442	427	431	447	397

2 月別規格別取引成立頭数・価格（食肉卸売市場別）（続き）
(2) 成牛計（続き）
イ 枝肉の1kg当たり卸売価格（続き）

単位：円

市場・規格	平成29年計	1月	2月	3月	4月	5月	6月	7月	8月	9月	10月	11月	12月
群　馬	1,692	1,821	1,744	1,713	1,729	1,610	1,629	1,689	1,721	1,582	1,578	1,690	1,770
A － 5	2,793	2,825	2,779	2,731	2,785	2,803	2,757	2,812	2,804	2,753	2,801	2,815	2,801
A － 4	2,213	2,316	2,259	2,176	2,211	2,350	2,192	2,221	2,302	2,131	2,171	2,211	2,064
A － 3	1,793	1,910	1,757	1,768	1,800	1,904	1,762	1,826	1,821	1,733	1,745	1,775	1,724
A － 2	1,426	1,608	1,511	1,427	1,490	1,384	1,351	1,411	1,545	1,417	1,310	1,430	1,393
A － 1	-	-	-	-	-	-	-	-	-	-	-	-	-
B － 5	2,064	-	2,083	2,117	1,966	-	-	1,915	-	2,240	-	2,108	2,000
B － 4	1,797	1,884	1,797	1,788	1,763	1,772	1,786	1,867	1,855	1,759	1,806	1,788	1,782
B － 3	1,567	1,674	1,618	1,588	1,589	1,497	1,544	1,596	1,631	1,489	1,542	1,503	1,548
B － 2	1,256	1,471	1,343	1,320	1,285	1,182	1,163	1,273	1,378	1,201	1,170	1,223	1,192
B － 1	775	777	1,031	904	-	-	-	-	649	661	-	-	-
C － 5	-	-	-	-	-	-	-	-	-	-	-	-	-
C － 4	1,610	1,802	1,669	1,671	1,658	1,382	1,537	1,644	1,681	1,439	1,716	1,565	1,587
C － 3	1,371	1,526	1,434	1,408	1,369	1,232	1,276	1,420	1,500	1,293	1,340	1,340	1,344
C － 2	1,109	1,324	1,171	1,191	1,093	1,022	1,045	1,158	1,193	1,051	1,000	1,081	1,085
C － 1	465	500	579	494	463	488	482	611	601	344	356	347	257
川　口	1,815	1,906	1,837	1,758	2,027	1,818	1,724	1,747	1,658	1,774	1,779	1,789	1,916
A － 5	2,733	2,703	2,674	2,658	2,678	2,688	2,716	2,713	2,685	2,755	2,724	2,786	2,889
A － 4	2,371	2,467	2,436	2,296	2,409	2,430	2,301	2,285	2,291	2,266	2,341	2,325	2,554
A － 3	2,066	2,249	2,073	1,944	2,213	2,115	1,972	2,031	1,842	1,923	2,007	2,063	2,213
A － 2	1,645	1,910	1,597	1,599	1,728	1,858	1,896	1,314	1,425	1,531	1,727	1,705	1,764
A － 1	-	-	-	-	-	-	-	-	-	-	-	-	-
B － 5	2,318	-	-	-	-	-	-	-	2,430	-	2,084	-	2,395
B － 4	1,821	1,885	1,825	1,800	1,890	1,735	1,766	1,722	1,789	1,781	1,820	1,820	1,911
B － 3	1,593	1,680	1,637	1,625	1,666	1,599	1,593	1,553	1,536	1,542	1,553	1,573	1,604
B － 2	1,279	1,468	1,368	1,333	1,414	1,298	1,245	1,185	1,190	1,172	1,238	1,244	1,281
B － 1	593	-	-	-	-	-	-	593	-	-	-	-	-
C － 5	-	-	-	-	-	-	-	-	-	-	-	-	-
C － 4	1,641	1,668	1,621	-	-	-	1,623	-	-	-	-	-	-
C － 3	1,465	1,488	1,464	1,497	1,520	1,431	1,436	1,425	1,376	1,488	1,452	1,442	1,490
C － 2	790	938	740	744	1,275	786	745	773	704	713	750	748	970
C － 1	477	402	464	516	-	518	513	515	499	467	507	468	429
山　梨	1,496	1,445	1,458	1,500	1,554	1,453	1,284	1,502	1,568	1,310	1,442	1,507	1,755
A － 5	2,853	2,865	2,804	2,875	2,852	2,712	2,722	2,778	2,786	2,696	2,854	2,903	3,104
A － 4	2,498	2,551	2,443	2,529	2,644	2,382	2,377	2,404	2,415	2,282	2,444	2,539	2,784
A － 3	1,872	1,708	1,959	1,810	1,919	1,748	1,742	1,891	1,615	1,723	1,975	1,946	2,298
A － 2	1,435	1,786	1,608	1,495	1,650	1,585	1,367	1,284	1,186	1,271	1,279	1,487	1,395
A － 1	-	-	-	-	-	-	-	-	-	-	-	-	-
B － 5	2,496	2,586	-	2,376	-	-	-	1,825	2,685	-	2,641	-	2,641
B － 4	2,008	2,057	2,295	1,714	1,928	1,575	1,942	1,926	-	1,625	1,807	2,112	2,188
B － 3	1,574	1,666	1,642	1,559	1,592	1,481	1,385	1,679	1,629	1,506	1,477	1,536	1,649
B － 2	1,299	1,428	1,394	1,255	1,482	1,212	1,155	1,348	1,332	1,339	1,233	1,252	1,220
B － 1	642	-	-	636	-	-	-	-	-	979	579	600	598
C － 5	-	-	-	-	-	-	-	-	-	-	-	-	-
C － 4	-	-	-	-	-	-	-	-	-	-	-	-	-
C － 3	1,459	1,600	-	1,662	1,479	1,009	1,272	1,568	1,740	1,526	1,297	1,415	1,453
C － 2	1,014	962	886	924	915	967	877	1,055	1,259	1,156	1,079	1,027	1,031
C － 1	533	548	545	593	607	493	494	534	534	503	488	529	492

－ 204 －

単位：円

市場・規格	平成29年計	1 月	2 月	3 月	4 月	5 月	6 月	7 月	8 月	9 月	10 月	11 月	12 月
岐　　阜	2,988	3,011	2,891	2,930	3,052	2,976	2,851	3,005	2,854	2,879	2,807	3,076	3,300
A － 5	3,361	3,360	3,225	3,281	3,380	3,270	3,157	3,317	3,162	3,178	3,221	3,550	3,755
A － 4	2,788	2,854	2,719	2,778	2,883	2,860	2,694	2,803	2,758	2,748	2,671	2,754	2,907
A － 3	2,380	2,560	2,423	2,449	2,512	2,532	2,399	2,490	2,258	2,231	2,225	2,208	2,456
A － 2	1,990	2,069	1,784	2,159	1,955	2,144	-	2,156	1,858	1,862	1,743	1,907	-
A － 1	-	-	-	-	-	-	-	-	-	-	-	-	-
B － 5	3,003	2,978	2,959	3,044	3,044	2,842	-	3,028	3,086	2,859	2,915	3,372	3,058
B － 4	2,546	2,693	2,578	2,538	2,712	2,535	2,228	2,474	2,376	2,467	2,391	2,514	2,723
B － 3	2,139	2,346	2,091	2,215	2,207	2,450	2,185	2,079	2,297	2,210	1,612	1,888	2,012
B － 2	1,685	1,904	1,922	2,162	1,113	1,500	1,520	-	1,766	-	1,617	1,389	-
B － 1	1,120	-	-	-	1,514	1,515	-	-	-	-	346	-	-
C － 5	-	-	-	-	-	-	-	-	-	-	-	-	-
C － 4	1,405	-	-	-	-	-	-	1,405	-	-	-	-	-
C － 3	1,089	-	-	-	-	-	-	-	-	-	1,089	-	-
C － 2	1,220	-	-	-	-	-	-	-	-	-	1,189	-	1,254
C － 1	1,016	1,246	-	-	-	-	-	-	764	-	-	-	-
浜　　松	1,644	1,701	1,568	1,699	1,807	1,606	1,518	1,599	1,426	1,475	1,527	1,671	1,919
A － 5	2,798	2,776	2,816	2,998	2,732	2,645	2,534	2,750	2,617	2,636	2,683	2,752	3,036
A － 4	2,156	2,212	2,005	2,371	2,170	1,814	1,852	2,322	1,798	2,025	1,976	2,065	2,467
A － 3	1,757	1,868	1,916	1,865	1,759	1,655	1,795	1,636	1,552	1,703	1,767	1,770	1,959
A － 2	1,390	-	1,496	1,465	-	1,313	1,369	1,189	1,429	1,341	1,318	-	1,438
A － 1	-	-	-	-	-	-	-	-	-	-	-	-	-
B － 5	2,060	-	1,885	2,338	1,931	1,837	-	2,537	1,826	-	-	1,843	2,424
B － 4	1,738	1,796	1,721	1,734	1,818	1,696	1,673	1,736	1,727	1,659	1,661	1,729	1,845
B － 3	1,580	1,678	1,585	1,564	1,693	1,562	1,490	1,579	1,518	1,581	1,541	1,506	1,634
B － 2	1,254	1,427	1,259	1,212	1,384	1,272	1,169	1,263	1,180	1,209	1,200	1,243	1,263
B － 1	518	-	-	-	-	-	518	-	-	-	-	-	-
C － 5	-	-	-	-	-	-	-	-	-	-	-	-	-
C － 4	1,544	1,678	1,405	1,429	1,782	1,565	1,460	1,445	1,420	1,763	-	1,431	1,645
C － 3	1,461	1,577	1,464	1,472	1,573	1,471	1,350	1,462	1,379	1,378	1,442	1,395	1,545
C － 2	1,080	1,165	972	1,115	1,281	1,119	1,043	1,019	1,016	971	1,058	1,054	1,144
C － 1	405	381	415	371	452	418	438	430	384	423	393	393	375
東　三　河	1,642	1,717	1,644	1,618	1,716	1,579	1,605	1,649	1,567	1,519	1,521	1,686	1,813
A － 5	2,709	2,673	2,551	2,689	2,609	2,568	2,622	2,725	2,666	2,547	2,653	2,924	2,897
A － 4	2,136	2,308	2,052	2,144	2,159	1,999	2,081	2,105	2,126	1,981	2,027	2,325	2,340
A － 3	1,806	1,930	1,839	1,803	1,855	1,849	1,745	1,742	1,821	1,620	1,813	1,801	1,892
A － 2	1,419	1,605	1,650	1,589	1,500	1,493	1,271	1,205	1,398	1,278	1,251	1,521	1,557
A － 1	-	-	-	-	-	-	-	-	-	-	-	-	-
B － 5	2,054	2,073	1,854	1,992	2,255	1,996	2,070	1,944	1,852	1,921	2,053	2,184	2,341
B － 4	1,835	1,922	1,809	1,813	1,854	1,786	1,790	1,847	1,741	1,747	1,798	1,885	1,978
B － 3	1,633	1,753	1,624	1,620	1,681	1,557	1,586	1,624	1,590	1,547	1,539	1,661	1,752
B － 2	1,275	1,370	1,298	1,294	1,325	1,203	1,242	1,255	1,213	1,204	1,185	1,296	1,389
B － 1	616	627	269	935	761	562	-	827	-	485	271	247	-
C － 5	2,052	-	-	-	2,052	-	-	-	-	-	-	-	-
C － 4	1,646	-	1,589	1,624	1,448	1,781	1,641	1,731	1,834	1,615	1,836	1,708	1,796
C － 3	1,494	1,514	1,538	1,529	1,556	1,399	1,324	1,507	1,349	1,332	1,317	1,555	1,749
C － 2	1,144	1,244	1,128	1,115	1,225	1,124	1,092	1,171	1,099	1,059	1,136	1,094	1,246
C － 1	348	405	371	410	365	420	385	365	345	309	351	275	275

2　月別規格別取引成立頭数・価格（食肉卸売市場別）（続き）
(2)　成牛計（続き）
イ　枝肉の1kg当たり卸売価格（続き）

単位：円

市場・規格	平成29年計	1 月	2 月	3 月	4 月	5 月	6 月	7 月	8 月	9 月	10月	11 月	12 月
四日市	**1,767**	**1,767**	**1,813**	**1,722**	**1,831**	**1,650**	**1,737**	**1,636**	**1,638**	**1,680**	**1,663**	**2,032**	**1,857**
A － 5	2,742	2,860	2,708	2,627	2,850	2,698	2,571	2,439	2,619	2,593	2,592	2,977	2,853
A － 4	2,444	2,655	2,595	2,564	2,638	2,461	2,325	2,400	2,278	2,375	2,359	2,467	2,428
A － 3	2,183	2,400	2,188	1,481	2,619	2,172	2,276	1,806	1,993	2,157	2,144	2,239	2,331
A － 2	1,502	865	1,515	-	1,583	1,264	-	-	-	1,654	-	1,351	2,377
A － 1	-	-	-	-	-	-	-	-	-	-	-	-	-
B － 5	2,312	2,162	2,793	2,274	2,288	-	2,036	1,835	2,375	-	-	2,617	2,403
B － 4	1,941	-	2,160	2,209	2,061	1,782	1,886	1,783	1,762	1,797	1,855	1,950	1,934
B － 3	1,647	1,943	1,700	1,722	1,691	1,567	1,633	1,600	1,632	1,520	1,593	1,679	1,658
B － 2	1,231	1,288	1,067	1,031	1,419	1,257	1,265	1,200	1,177	1,155	1,197	1,289	1,274
B － 1	959	-	971	-	971	-	-	971	-	-	-	-	917
C － 5	-	-	-	-	-	-	-	-	-	-	-	-	-
C － 4	1,751	1,890	-	1,728	2,050	-	-	1,648	-	1,566	-	1,676	1,859
C － 3	1,540	1,758	1,412	1,598	1,709	1,542	1,601	1,459	1,536	1,508	1,491	1,583	1,476
C － 2	1,144	1,174	1,160	1,018	1,304	1,124	1,166	1,167	1,069	1,160	1,059	1,172	1,167
C － 1	886	163	824	862	896	926	642	1,029	1,080	993	921	747	943
南大阪	-	-	-	-	-	-	-	-	-	-	-	-	-
A － 5	-	-	-	-	-	-	-	-	-	-	-	-	-
A － 4	-	-	-	-	-	-	-	-	-	-	-	-	-
A － 3	-	-	-	-	-	-	-	-	-	-	-	-	-
A － 2	-	-	-	-	-	-	-	-	-	-	-	-	-
A － 1	-	-	-	-	-	-	-	-	-	-	-	-	-
B － 5	-	-	-	-	-	-	-	-	-	-	-	-	-
B － 4	-	-	-	-	-	-	-	-	-	-	-	-	-
B － 3	-	-	-	-	-	-	-	-	-	-	-	-	-
B － 2	-	-	-	-	-	-	-	-	-	-	-	-	-
B － 1	-	-	-	-	-	-	-	-	-	-	-	-	-
C － 5	-	-	-	-	-	-	-	-	-	-	-	-	-
C － 4	-	-	-	-	-	-	-	-	-	-	-	-	-
C － 3	-	-	-	-	-	-	-	-	-	-	-	-	-
C － 2	-	-	-	-	-	-	-	-	-	-	-	-	-
C － 1	-	-	-	-	-	-	-	-	-	-	-	-	-
姫路	**1,914**	**1,662**	**1,645**	**1,670**	**2,492**	**1,993**	**1,857**	**1,845**	**1,769**	**1,839**	**1,827**	**1,932**	**2,140**
A － 5	3,481	3,368	3,307	3,365	4,249	3,418	3,495	3,380	3,319	3,399	3,361	3,423	3,426
A － 4	3,061	2,892	3,120	2,937	3,456	3,100	3,076	2,830	3,076	2,912	2,934	3,008	3,202
A － 3	2,402	2,413	2,267	2,303	2,705	2,544	2,387	2,320	2,299	2,342	2,237	2,396	2,593
A － 2	1,669	1,993	1,586	1,749	1,934	1,720	1,707	1,718	1,579	1,626	1,662	1,582	1,710
A － 1	541	541	-	-	-	-	-	-	-	-	-	-	-
B － 5	2,942	4,102	-	2,992	4,416	3,255	3,014	2,941	2,656	2,657	2,741	3,001	2,995
B － 4	2,440	2,640	2,364	2,175	3,049	2,532	2,254	2,492	2,193	2,277	2,199	2,341	2,636
B － 3	1,788	1,743	1,671	1,723	1,923	1,790	1,731	1,745	1,739	1,776	1,701	1,829	1,937
B － 2	1,265	1,199	1,185	1,156	1,278	1,246	1,235	1,328	1,250	1,280	1,287	1,289	1,332
B － 1	1,062	1,411	942	1,024	1,068	1,116	1,098	1,144	1,105	953	1,093	1,014	1,134
C － 5	2,917	-	-	-	-	-	-	-	-	-	-	2,917	-
C － 4	1,833	-	-	-	1,984	1,904	1,763	1,836	1,731	1,856	1,823	1,855	2,034
C － 3	1,522	1,632	1,501	1,548	1,511	1,487	1,510	1,538	1,461	1,527	1,455	1,485	1,643
C － 2	1,157	1,150	1,116	1,088	1,203	1,146	1,154	1,163	1,143	1,132	1,145	1,168	1,202
C － 1	973	1,069	863	912	982	1,066	1,009	1,057	926	984	983	922	1,001

単位：円

市場・規格	平成29年計	1 月	2 月	3 月	4 月	5 月	6 月	7 月	8 月	9 月	10 月	11 月	12 月
加 古 川	2,255	2,137	2,197	1,947	2,156	2,120	2,399	2,556	2,492	2,169	2,116	2,275	2,668
A － 5	3,515	3,365	3,328	3,240	3,333	3,380	3,418	3,743	3,793	3,700	3,427	3,498	4,024
A － 4	3,180	3,174	3,066	2,993	3,064	3,030	3,133	3,384	3,305	3,207	2,984	3,177	3,509
A － 3	2,425	2,385	2,405	2,362	2,374	2,491	2,265	2,562	2,371	2,276	2,309	2,421	2,828
A － 2	1,750	1,825	1,822	1,731	1,714	1,429	1,797	1,708	1,854	1,929	1,674	1,669	1,818
A － 1	1,189	1,563	1,566	871	1,510	-	-	-	1,403	-	1,350	-	-
B － 5	2,842	2,275	2,139	2,545	2,602	3,710	2,744	3,894	3,371	-	2,994	2,284	4,137
B － 4	2,538	2,242	2,645	2,378	2,311	2,405	2,251	2,531	2,579	2,387	2,371	2,484	3,586
B － 3	1,742	1,796	1,821	1,710	1,762	1,690	1,675	1,714	1,716	1,725	1,662	1,652	1,924
B － 2	1,350	1,491	1,440	1,276	1,369	1,303	1,341	1,367	1,335	1,305	1,245	1,344	1,353
B － 1	1,283	1,426	1,439	1,278	1,291	1,230	1,263	1,368	1,252	1,266	1,188	1,052	1,132
C － 5	-	-	-	-	-	-	-	-	-	-	-	-	-
C － 4	1,767	1,943	1,782	1,797	1,843	1,728	1,819	-	1,754	-	1,748	1,744	1,394
C － 3	1,543	1,680	1,599	1,492	1,547	1,537	1,493	1,454	1,501	1,539	1,480	1,478	1,620
C － 2	1,167	1,267	1,119	1,064	1,204	1,210	1,109	1,234	1,103	1,214	1,147	1,234	1,257
C － 1	777	767	781	858	775	901	697	862	754	711	451	216	462
西 宮	1,786	1,648	1,761	1,641	1,924	1,607	1,710	1,819	1,762	1,753	2,045	2,113	2,125
A － 5	2,911	2,921	2,871	2,846	3,202	2,850	2,883	2,836	2,799	2,780	2,837	2,937	2,987
A － 4	2,621	2,705	2,597	2,558	2,862	2,549	2,561	2,597	2,506	2,494	2,472	2,633	2,760
A － 3	2,239	2,271	2,251	2,218	2,409	2,164	2,159	2,176	2,215	2,184	2,211	2,157	2,391
A － 2	1,713	1,688	1,657	1,661	1,841	1,629	1,672	1,722	1,760	1,859	1,991	1,823	2,093
A － 1	-	-	-	-	-	-	-	-	-	-	-	-	-
B － 5	2,637	2,672	2,484	2,499	2,986	2,748	2,699	2,752	-	-	2,756	2,436	2,756
B － 4	2,124	2,330	2,309	2,255	2,323	2,032	2,207	1,867	1,917	1,870	1,979	2,047	1,953
B － 3	1,628	1,783	1,706	1,659	1,832	1,613	1,597	1,576	1,556	1,498	1,519	1,503	1,643
B － 2	1,240	1,347	1,258	1,201	1,326	1,212	1,242	1,154	1,155	1,143	1,155	1,145	1,258
B － 1	987	1,021	984	980	1,118	1,403	960	959	-	869	-	-	-
C － 5	-	-	-	-	-	-	-	-	-	-	-	-	-
C － 4	1,616	-	1,781	1,674	1,912	1,714	1,393	1,429	1,603	1,424	1,566	1,651	1,816
C － 3	1,414	1,508	1,497	1,395	1,649	1,397	1,289	1,308	1,274	1,291	1,329	1,345	1,502
C － 2	1,086	1,130	1,077	1,040	1,154	1,058	1,079	1,058	1,042	1,015	1,047	1,144	1,221
C － 1	903	947	943	861	1,011	920	893	780	778	832	-	-	-
岡 山	1,581	1,638	1,505	1,531	1,636	1,532	1,517	1,644	1,512	1,540	1,530	1,517	1,771
A － 5	2,857	2,958	2,914	2,854	2,927	2,897	2,826	2,826	2,819	2,767	2,727	2,712	2,988
A － 4	2,504	2,729	2,600	2,590	2,633	2,478	2,385	2,522	2,378	2,384	2,345	2,353	2,664
A － 3	2,057	2,250	2,316	2,152	2,407	1,942	1,859	2,126	1,804	1,910	1,870	1,907	2,124
A － 2	1,342	1,420	-	1,316	1,420	-	1,079	1,167	1,237	1,189	1,420	1,835	1,259
A － 1	-	-	-	-	-	-	-	-	-	-	-	-	-
B － 5	2,788	2,966	-	2,889	2,658	-	2,644	2,846	2,818	2,644	2,867	2,673	2,803
B － 4	2,266	2,171	2,150	2,561	2,091	2,324	2,287	2,373	2,192	2,339	2,226	2,019	2,443
B － 3	1,601	1,697	1,611	1,492	1,648	1,575	1,563	1,601	1,585	1,550	1,606	1,573	1,709
B － 2	1,155	1,297	1,168	1,205	1,226	1,136	1,129	1,140	1,110	1,084	1,117	1,123	1,156
B － 1	874	-	-	843	-	-	809	-	-	-	1,005	-	-
C － 5	-	-	-	-	-	-	-	-	-	-	-	-	-
C － 4	2,035	1,780	-	-	2,652	-	-	-	-	-	-	-	1,848
C － 3	1,388	1,359	1,470	1,434	-	1,237	1,331	1,344	1,308	1,431	1,496	1,208	1,409
C － 2	1,104	1,134	1,140	1,118	1,122	1,054	1,133	1,121	1,104	1,074	1,082	1,088	1,095
C － 1	708	792	760	776	717	699	704	681	664	657	677	645	695

2　月別規格別取引成立頭数・価格（食肉卸売市場別）（続き）
(2)　成牛計（続き）
イ　枝肉の1kg当たり卸売価格（続き）

単位：円

市場・規格	平成29年計	1月	2月	3月	4月	5月	6月	7月	8月	9月	10月	11月	12月
坂　　出	1,558	1,710	1,558	1,517	1,671	1,500	1,482	1,560	1,414	1,479	1,457	1,581	1,705
A － 5	2,891	2,924	2,892	2,866	2,951	2,897	2,853	2,905	2,856	2,730	2,754	2,899	3,044
A － 4	2,585	2,648	2,564	2,518	2,743	2,545	2,567	2,626	2,441	2,421	2,489	2,585	2,729
A － 3	2,127	2,298	2,072	2,125	2,173	1,973	2,134	2,144	2,090	1,874	2,096	2,110	2,253
A － 2	1,335	-	1,544	1,253	1,511	-	1,189	1,836	1,416	1,331	1,277	1,296	1,265
A － 1	-	-	-	-	-	-	-	-	-	-	-	-	-
B － 5	2,241	2,368	2,515	2,366	1,968	-	2,489	-	-	2,050	-	2,051	2,543
B － 4	1,902	1,972	1,891	1,845	1,855	1,876	1,923	1,981	1,926	1,873	1,844	1,810	2,064
B － 3	1,604	1,756	1,664	1,579	1,642	1,597	1,570	1,572	1,562	1,557	1,548	1,527	1,655
B － 2	1,200	1,361	1,285	1,210	1,292	1,213	1,138	1,155	1,122	1,100	1,156	1,169	1,193
B － 1	1,012	1,092	1,000	981	1,098	1,078	-	837	1,027	994	1,031	1,061	1,061
C － 5	1,782	-	-	-	-	-	-	-	-	1,782	-	-	-
C － 4	1,784	1,907	1,860	1,713	1,683	1,456	-	1,868	-	1,809	1,795	1,835	1,765
C － 3	1,523	1,696	1,539	1,415	1,465	1,421	1,514	1,525	1,550	1,493	1,519	1,485	1,550
C － 2	1,099	1,221	1,148	1,048	1,180	1,078	1,052	1,063	1,071	1,040	1,080	1,087	1,150
C － 1	509	375	828	692	663	335	413	443	1,030	250	453	388	490
愛　　媛													
A － 5													
A － 4													
A － 3													
A － 2													
A － 1													
B － 5													
B － 4													
B － 3													
B － 2													
B － 1													
C － 5													
C － 4													
C － 3													
C － 2													
C － 1													
佐　世　保	2,154	2,291	2,268	2,151	2,147	2,036	1,946	2,214	1,960	2,012	1,972	2,183	2,460
A － 5	2,933	2,967	2,909	2,889	2,921	2,797	2,794	3,017	2,755	2,891	2,786	3,018	3,066
A － 4	2,513	2,706	2,619	2,503	2,622	2,485	2,430	2,514	2,329	2,353	2,396	2,454	2,694
A － 3	2,211	2,448	2,373	2,217	2,319	2,164	2,170	2,186	2,012	2,055	2,040	2,119	2,375
A － 2	1,897	2,192	2,053	1,893	1,909	1,891	1,610	1,767	1,566	1,816	1,799	1,726	2,071
A － 1	486	-	-	-	-	-	-	-	486	-	-	-	-
B － 5	2,687	2,884	2,696	2,646	2,738	2,664	-	2,661	2,500	2,586	2,645	2,605	2,846
B － 4	2,352	2,589	2,476	2,425	2,460	2,324	2,294	2,263	2,128	2,124	2,190	2,246	2,518
B － 3	2,016	2,201	2,186	2,118	2,057	1,983	1,975	2,017	1,847	1,875	1,813	1,915	2,197
B － 2	1,133	1,268	1,208	1,144	1,143	1,129	1,070	1,126	1,071	1,107	1,106	1,085	1,234
B － 1	808	925	-	-	789	1,015	1,296	972	502	-	718	756	1,085
C － 5	-	-	-	-	-	-	-	-	-	-	-	-	-
C － 4	1,971	-	-	2,230	-	-	-	-	-	-	-	1,729	-
C － 3	1,358	1,133	1,126	1,835	-	1,197	1,264	1,264	1,512	-	1,249	1,574	-
C － 2	1,053	1,102	1,073	1,074	1,022	1,025	1,041	1,055	1,051	1,047	1,028	1,045	1,084
C － 1	598	699	748	645	694	635	712	573	454	535	596	464	544

単位：円

市場・規格	平成29年計	1 月	2 月	3 月	4 月	5 月	6 月	7 月	8 月	9 月	10月	11月	12月
熊　本													
A － 5	－	－	－	－	－	－	－	－	－	－	－	－	－
A － 4	－	－	－	－	－	－	－	－	－	－	－	－	－
A － 3	－	－	－	－	－	－	－	－	－	－	－	－	－
A － 2	－	－	－	－	－	－	－	－	－	－	－	－	－
A － 1	－	－	－	－	－	－	－	－	－	－	－	－	－
B － 5	－	－	－	－	－	－	－	－	－	－	－	－	－
B － 4	－	－	－	－	－	－	－	－	－	－	－	－	－
B － 3	－	－	－	－	－	－	－	－	－	－	－	－	－
B － 2	－	－	－	－	－	－	－	－	－	－	－	－	－
B － 1	－	－	－	－	－	－	－	－	－	－	－	－	－
C － 5	－	－	－	－	－	－	－	－	－	－	－	－	－
C － 4	－	－	－	－	－	－	－	－	－	－	－	－	－
C － 3	－	－	－	－	－	－	－	－	－	－	－	－	－
C － 2	－	－	－	－	－	－	－	－	－	－	－	－	－
C － 1	－	－	－	－	－	－	－	－	－	－	－	－	－

2　月別規格別取引成立頭数・価格（食肉卸売市場別）（続き）
(3)　和牛計
ア　枝肉の取引成立頭数

単位：頭

市場・規格	平成29年計	1 月	2 月	3 月	4 月	5 月	6 月	7 月	8 月	9 月	10 月	11 月	12 月
合　　計	**176,177**	**11,901**	**12,868**	**13,099**	**16,303**	**12,681**	**12,983**	**16,397**	**12,600**	**13,695**	**14,606**	**18,546**	**20,498**
A － 5	59,648	3,648	4,201	4,072	5,514	3,860	4,422	5,624	4,097	4,518	5,227	6,816	7,649
A － 4	61,872	4,465	4,607	4,701	5,599	4,587	4,521	5,720	4,525	4,697	5,100	6,203	7,147
A － 3	23,845	1,623	1,715	1,805	2,189	1,922	1,786	2,237	1,851	1,993	1,926	2,271	2,527
A － 2	8,426	542	594	686	889	678	668	811	626	715	564	869	784
A － 1	30	1	2	5	2	－	1	2	4	5	5	－	3
B － 5	957	66	74	96	107	65	62	77	64	61	78	101	106
B － 4	4,099	335	355	349	375	280	264	376	272	311	270	432	480
B － 3	4,105	280	292	343	367	283	270	336	307	320	308	477	522
B － 2	10,376	763	807	805	1,019	784	755	987	654	806	861	1,130	1,005
B － 1	535	31	58	74	63	41	49	33	26	30	42	37	51
C － 5	3	－	1	－	－	－	－	1	－	－	－	1	－
C － 4	21	2	3	3	4	2	－	－	2	1	1	2	1
C － 3	45	2	3	8	2	1	4	1	3	3	3	11	4
C － 2	833	52	50	48	55	47	70	69	64	109	89	84	96
C － 1	1,382	91	106	104	118	131	111	123	105	126	132	112	123
中央市場計	**140,702**	**9,637**	**10,303**	**10,413**	**13,156**	**10,147**	**10,450**	**13,110**	**10,098**	**11,038**	**11,718**	**14,617**	**16,015**
A － 5	47,777	2,980	3,403	3,302	4,414	3,091	3,536	4,485	3,299	3,684	4,302	5,414	5,867
A － 4	49,642	3,669	3,722	3,732	4,500	3,704	3,671	4,571	3,660	3,777	4,116	4,849	5,671
A － 3	19,622	1,332	1,418	1,468	1,823	1,593	1,508	1,855	1,528	1,631	1,529	1,844	2,093
A － 2	6,764	438	458	531	759	543	542	683	503	555	427	705	620
A － 1	17	－	1	1	1	－	1	2	2	4	3	－	2
B － 5	656	49	55	58	78	44	48	47	46	41	59	64	67
B － 4	2,829	254	243	257	257	192	171	264	185	233	182	302	289
B － 3	3,016	209	214	259	285	211	195	261	227	241	217	333	364
B － 2	8,276	573	630	642	858	604	596	778	498	659	692	925	821
B － 1	331	20	40	41	33	27	38	20	15	15	24	23	35
C － 5	2	－	1	－	－	－	－	1	－	－	－	－	－
C － 4	15	2	3	1	2	2	－	－	2	1	1	－	1
C － 3	37	1	3	6	2	1	4	1	2	2	1	10	4
C － 2	692	42	40	36	46	35	61	51	56	95	70	74	86
C － 1	1,026	68	72	79	98	100	79	91	75	100	95	74	95
仙　　台	**10,104**	**613**	**706**	**680**	**975**	**630**	**766**	**905**	**783**	**867**	**749**	**1,273**	**1,157**
A － 5	4,218	250	310	235	362	229	291	351	295	382	340	566	607
A － 4	2,612	164	196	206	226	166	186	242	231	219	183	292	301
A － 3	952	62	57	56	116	76	82	89	95	76	56	113	74
A － 2	792	52	40	48	95	48	83	95	59	68	53	111	40
A － 1	2	－	－	1	－	－	－	－	－	－	－	－	1
B － 5	33	1	3	3	1	3	4	2	2	3	4	2	5
B － 4	118	11	9	15	15	7	3	8	7	11	5	15	12
B － 3	208	12	14	27	28	15	10	18	17	7	10	26	24
B － 2	980	51	66	71	116	76	80	90	62	84	83	126	75
B － 1	41	1	1	4	1	1	5	1	1	6	5	7	8
C － 5	－	－	－	－	－	－	－	－	－	－	－	－	－
C － 4	－	－	－	－	－	－	－	－	－	－	－	－	－
C － 3	－	－	－	－	－	－	－	－	－	－	－	－	－
C － 2	17	2	1	2	1	1	3	－	1	1	2	3	－
C － 1	131	7	9	12	14	8	19	9	13	10	8	12	10

単位：頭

市場・規格	平成29年計	1月	2月	3月	4月	5月	6月	7月	8月	9月	10月	11月	12月
さいたま	**1,676**	**79**	**127**	**104**	**191**	**117**	**95**	**139**	**121**	**128**	**115**	**170**	**290**
A－5	364	24	37	27	48	25	27	25	17	21	21	22	70
A－4	400	15	28	36	49	24	19	36	25	25	24	38	81
A－3	258	9	18	19	25	13	19	26	21	19	17	30	42
A－2	180	7	15	6	24	14	6	15	12	15	7	32	27
A－1	－	－	－	－	－	－	－	－	－	－	－	－	－
B－5	11	－	－	1	2	1	1	1	－	1	1	2	1
B－4	28	2	－	－	－	1	1	4	3	2	1	6	8
B－3	63	7	3	2	1	7	5	4	3	5	7	6	13
B－2	227	11	17	10	33	19	6	15	20	17	27	22	30
B－1	10	1	2	－	3	3	－	－	1	－	－	－	－
C－5	－	－	－	－	－	－	－	－	－	－	－	－	－
C－4	－	－	－	－	－	－	－	－	－	－	－	－	－
C－3	6	－	－	3	1	－	－	－	－	－	－	1	1
C－2	80	1	3	－	2	4	8	9	15	16	5	8	9
C－1	49	2	4	－	3	6	3	4	4	7	5	3	8
東　京	**76,534**	**5,360**	**5,847**	**5,873**	**6,960**	**5,607**	**5,818**	**6,967**	**5,564**	**5,989**	**6,562**	**7,550**	**8,437**
A－5	26,275	1,671	1,971	1,916	2,302	1,695	2,025	2,361	1,819	2,012	2,562	2,892	3,049
A－4	26,772	2,027	2,106	2,095	2,394	2,052	1,980	2,418	2,023	2,075	2,213	2,423	2,966
A－3	11,120	791	815	861	1,039	954	893	1,028	859	883	834	1,008	1,155
A－2	3,377	222	250	276	382	267	258	325	257	260	209	344	327
A－1	8	－	－	－	1	－	－	－	2	3	2	－	－
B－5	278	19	23	19	27	19	20	28	20	14	29	35	25
B－4	1,218	99	110	112	122	84	79	115	91	99	92	105	110
B－3	1,416	97	90	114	124	95	94	137	109	129	93	163	171
B－2	4,730	347	389	377	454	336	356	445	293	371	401	478	483
B－1	146	9	15	22	19	11	21	8	7	3	6	7	18
C－5	1	－	－	－	－	－	－	1	－	－	－	－	－
C－4	5	1	－	1	－	1	－	－	－	1	1	－	－
C－3	12	1	－	1	－	－	2	－	1	1	1	3	2
C－2	526	35	29	29	40	26	47	36	37	74	57	48	68
C－1	650	41	49	50	56	67	43	65	46	64	62	44	63
横　浜	**5,795**	**392**	**432**	**400**	**611**	**449**	**408**	**502**	**402**	**456**	**471**	**580**	**692**
A－5	1,624	111	112	106	211	113	106	115	96	94	120	190	250
A－4	2,302	163	167	155	211	169	176	196	154	186	219	242	264
A－3	1,028	54	92	83	92	93	71	104	97	104	84	74	80
A－2	344	26	36	17	29	33	22	42	29	38	18	28	26
A－1	－	－	－	－	－	－	－	－	－	－	－	－	－
B－5	25	－	1	2	8	1	1	1	3	－	2	2	4
B－4	112	11	4	11	5	8	6	11	3	11	10	12	20
B－3	159	14	12	9	20	11	12	16	11	10	10	15	19
B－2	178	11	8	16	33	20	12	16	9	11	6	14	22
B－1	3	－	－	－	1	－	1	－	－	－	－	1	－
C－5	－	－	－	－	－	－	－	－	－	－	－	－	－
C－4	－	－	－	－	－	－	－	－	－	－	－	－	－
C－3	1	－	－	－	－	－	－	－	－	－	－	1	－
C－2	7	1	－	－	－	1	－	－	－	－	－	1	4
C－1	12	1	－	1	1	－	1	1	－	2	2	－	3

2 月別規格別取引成立頭数・価格（食肉卸売市場別）（続き）
(3) 和牛計（続き）
 ア 枝肉の取引成立頭数（続き）

単位：頭

市場・規格	平成29年計	1月	2月	3月	4月	5月	6月	7月	8月	9月	10月	11月	12月
名 古 屋	4,222	269	292	266	338	297	303	371	267	355	358	433	673
A － 5	1,888	87	130	121	168	142	154	176	122	173	156	192	267
A － 4	1,546	112	102	97	112	113	106	145	96	117	145	149	252
A － 3	467	43	35	19	22	25	23	27	27	39	37	60	110
A － 2	58	4	3	5	4	-	4	6	2	7	5	5	13
A － 1	-	-	-	-	-	-	-	-	-	-	-	-	-
B － 5	44	4	2	5	8	2	5	2	2	3	2	4	5
B － 4	109	13	12	7	10	9	5	5	9	7	5	13	14
B － 3	68	3	4	8	11	4	3	3	5	3	6	7	11
B － 2	28	1	1	2	1	2	3	6	1	5	2	3	1
B － 1	-	-	-	-	-	-	-	-	-	-	-	-	-
C － 5	1	-	1										
C － 4	1									1			
C － 3	2	-	2										
C － 2	2	1					1						
C － 1	8	1	-	2	2				2	1			
京 都	7,760	509	546	610	720	596	450	795	581	591	732	649	981
A － 5	2,866	158	159	174	273	210	184	295	198	243	270	260	442
A － 4	3,034	231	246	248	295	224	180	309	223	198	278	255	347
A － 3	1,160	61	69	98	86	91	62	138	109	101	122	94	129
A － 2	275	15	15	28	25	23	8	34	25	26	37	18	21
A － 1	-	-	-	-	-	-	-	-	-	-	-	-	-
B － 5	38	2	5	3	6	6	1	-	7	3	1	-	4
B － 4	123	14	18	22	12	19	3	9	2	5	3	7	9
B － 3	146	14	17	18	16	18	9	6	8	10	9	6	15
B － 2	100	12	13	16	7	4	3	4	6	5	10	7	13
B － 1	1	-	1										
C － 5													
C － 4													
C － 3	1	-	-	1									
C － 2	11	1	2	2					3		2		1
C － 1	5	1	1	-			1					2	-
大 阪	9,943	688	718	720	952	684	710	961	711	755	878	1,008	1,158
A － 5	3,116	203	217	224	320	200	198	314	222	216	292	329	381
A － 4	4,205	314	307	285	388	314	320	408	313	299	368	415	474
A － 3	1,514	99	105	104	133	103	119	154	107	142	132	132	184
A － 2	207	8	18	18	15	20	20	12	10	20	13	24	29
A － 1	1						1						-
B － 5	42	3	3	5	8	2	1	2	2	4	6	2	4
B － 4	284	31	23	22	33	12	12	27	16	21	18	35	34
B － 3	275	16	25	31	28	14	17	21	20	23	24	29	27
B － 2	249	11	16	29	23	15	21	18	19	26	20	31	20
B － 1	13	-	-	-	-	3	-	3	2	1	2	2	-
C － 5													
C － 4	1												1
C － 3	6	-	1	-		1					1	3	
C － 2	13	-	3	2							1	4	3
C － 1	17	3	-		4		1	2		2	2	2	1

単位：頭

市場・規格	平成29年計	1月	2月	3月	4月	5月	6月	7月	8月	9月	10月	11月	12月
神　　戸	**10,403**	**734**	**707**	**713**	**929**	**723**	**864**	**945**	**716**	**849**	**839**	**1,246**	**1,138**
A － 5	4,242	285	268	286	396	286	364	411	299	346	348	533	420
A － 4	4,059	286	243	267	360	290	338	336	267	327	347	494	504
A － 3	990	68	86	64	82	76	72	97	77	89	71	101	107
A － 2	122	6	9	5	8	10	13	12	9	11	8	14	17
A － 1	2	－	－	－	－	－	－	2	－	－	－	－	－
B － 5	140	17	16	15	14	8	12	8	9	11	10	13	7
B － 4	518	48	52	48	37	30	39	47	26	43	31	67	50
B － 3	242	13	24	27	20	16	21	23	20	17	19	18	24
B － 2	66	7	7	－	9	5	2	7	6	4	4	6	9
B － 1	5	1	－	－	2	1	1	－	－	－	－	－	－
C － 5	－	－	－	－	－	－	－	－	－	－	－	－	－
C － 4	5	1	2	－	1	－	－	－	1	－	－	－	－
C － 3	4	－	－	1	－	－	2	－	1	－	－	－	－
C － 2	1	－	－	－	－	－	－	1	－	－	－	－	－
C － 1	7	2	－	－	－	1	－	1	1	1	1	－	－
広　　島	**1,786**	**108**	**125**	**134**	**176**	**115**	**131**	**186**	**135**	**116**	**136**	**200**	**224**
A － 5	542	30	36	26	47	29	24	55	45	39	47	78	86
A － 4	820	57	50	69	82	57	63	85	60	46	66	83	102
A － 3	158	9	9	15	15	13	21	19	8	14	6	11	18
A － 2	46	1	2	3	4	2	5	7	6	3	－	7	6
A － 1	1	－	1	－	－	－	－	－	－	－	－	－	－
B － 5	3	－	1	－	－	－	－	－	－	－	1	－	1
B － 4	25	2	7	2	2	2	－	3	2	1	3	－	1
B － 3	26	1	5	3	4	1	－	2	2	2	2	2	2
B － 2	108	6	9	8	17	6	11	13	8	8	5	12	5
B － 1	15	1	1	3	1	2	3	－	1	－	3	－	－
C － 5	－	－	－	－	－	－	－	－	－	－	－	－	－
C － 4	－	－	－	－	－	－	－	－	－	－	－	－	－
C － 3	－	－	－	－	－	－	－	－	－	－	－	－	－
C － 2	2	－	－	1	－	－	－	－	－	－	－	1	－
C － 1	40	1	4	4	4	3	4	2	3	3	3	6	3
福　　岡	**12,479**	**885**	**803**	**913**	**1,304**	**929**	**905**	**1,339**	**818**	**932**	**878**	**1,508**	**1,265**
A － 5	2,642	161	163	187	287	162	163	382	186	158	146	352	295
A － 4	3,892	300	277	274	383	295	303	396	268	285	273	458	380
A － 3	1,975	136	132	149	213	149	146	173	128	164	170	221	194
A － 2	1,363	97	70	125	173	126	123	135	94	107	77	122	114
A － 1	3	－	－	－	－	－	－	－	－	1	1	－	1
B － 5	42	3	1	5	4	2	3	3	1	2	3	4	11
B － 4	294	23	8	18	21	20	23	35	26	33	14	42	31
B － 3	413	32	20	20	33	30	24	31	32	35	37	61	58
B － 2	1,610	116	104	113	165	121	102	164	74	128	134	226	163
B － 1	97	7	20	12	6	6	7	8	3	5	8	6	9
C － 5	－	－	－	－	－	－	－	－	－	－	－	－	－
C － 4	3	－	1	－	1	1	－	－	－	－	－	－	－
C － 3	5	－	－	－	1	－	－	1	－	－	－	2	1
C － 2	33	1	2	－	3	3	3	4	－	4	3	9	1
C － 1	107	9	5	10	14	14	8	7	6	10	12	5	7

2　月別規格別取引成立頭数・価格（食肉卸売市場別）（続き）
(3)　和牛計（続き）
ア　枝肉の取引成立頭数（続き）

単位：頭

市場・規格	平成29年計	1 月	2 月	3 月	4 月	5 月	6 月	7 月	8 月	9 月	10 月	11 月	12 月
指定市場計	**35,475**	**2,264**	**2,565**	**2,686**	**3,147**	**2,534**	**2,533**	**3,287**	**2,502**	**2,657**	**2,888**	**3,929**	**4,483**
A － 5	11,871	668	798	770	1,100	769	886	1,139	798	834	925	1,402	1,782
A － 4	12,230	796	885	969	1,099	883	850	1,149	865	920	984	1,354	1,476
A － 3	4,223	291	297	337	366	329	278	382	323	362	397	427	434
A － 2	1,662	104	136	155	130	135	126	128	123	160	137	164	164
A － 1	13	1	1	4	1	-	-	-	2	1	2	-	1
B － 5	301	17	19	38	29	21	14	30	18	20	19	37	39
B － 4	1,270	81	112	92	118	88	93	112	87	78	88	130	191
B － 3	1,089	71	78	84	82	72	75	75	80	79	91	144	158
B － 2	2,100	190	177	163	161	180	159	209	156	147	169	205	184
B － 1	204	11	18	33	30	14	11	13	11	15	18	14	16
C － 5	1	-	-	-	-	-	-	-	-	-	-	1	-
C － 4	6	-	-	2	2	-	-	-	-	-	-	2	-
C － 3	8	1	-	2	-	-	-	-	1	1	2	1	-
C － 2	141	10	10	12	9	12	9	18	8	14	19	10	10
C － 1	356	23	34	25	20	31	32	32	30	26	37	38	28
茨　城	**2,879**	**174**	**155**	**179**	**272**	**193**	**229**	**277**	**205**	**221**	**225**	**394**	**355**
A － 5	1,337	83	79	71	120	90	107	128	85	108	88	197	181
A － 4	850	44	34	56	79	50	69	78	60	63	85	118	114
A － 3	278	15	14	21	30	19	25	22	25	28	22	38	19
A － 2	69	1	4	4	9	7	2	10	13	4	4	3	8
A － 1	2	-	-	-	-	-	-	-	-	1	-	-	1
B － 5	23	3	1	5	2	3	2	-	1	1	-	3	2
B － 4	65	4	1	4	9	5	9	6	7	3	2	8	7
B － 3	56	4	3	5	5	-	6	5	5	5	3	12	3
B － 2	101	13	11	2	3	8	5	16	5	6	11	8	13
B － 1	33	-	4	5	14	4	1	1	-	1	-	2	1
C － 5	-	-	-	-	-	-	-	-	-	-	-	-	-
C － 4	-	-	-	-	-	-	-	-	-	-	-	-	-
C － 3	1	-	-	1	-	-	-	-	-	-	-	-	-
C － 2	37	2	1	4	1	6	1	7	3	1	7	1	3
C － 1	27	5	3	1	-	1	2	4	1	-	3	4	3
宇 都 宮	**186**	**11**	**7**	**15**	**10**	**38**	**15**	**18**	**10**	**11**	**17**	**20**	**14**
A － 5	65	3	4	5	2	14	4	5	6	3	6	7	6
A － 4	48	-	3	5	5	6	4	3	3	4	4	5	6
A － 3	23	4	-	2	1	7	-	2	-	2	-	3	2
A － 2	3	-	-	-	-	2	1	-	-	-	-	-	-
A － 1	-	-	-	-	-	-	-	-	-	-	-	-	-
B － 5	2	-	-	-	-	1	-	-	-	-	1	-	-
B － 4	4	-	-	-	-	1	2	1	-	-	-	-	-
B － 3	4	-	-	-	1	1	-	1	-	-	-	1	-
B － 2	11	1	-	2	-	1	1	3	1	-	-	2	-
B － 1	1	1	-	-	-	-	-	-	-	-	-	-	-
C － 5	-	-	-	-	-	-	-	-	-	-	-	-	-
C － 4	-	-	-	-	-	-	-	-	-	-	-	-	-
C － 3	-	-	-	-	-	-	-	-	-	-	-	-	-
C － 2	-	-	-	-	-	-	-	-	-	-	-	-	-
C － 1	25	2	-	1	1	5	3	3	-	2	6	2	-

単位：頭

市場・規格	平成29年計	1月	2月	3月	4月	5月	6月	7月	8月	9月	10月	11月	12月
群　馬	**3,075**	**247**	**197**	**206**	**265**	**238**	**229**	**247**	**213**	**256**	**245**	**374**	**358**
A－5	1,141	83	72	68	97	52	76	92	60	79	75	155	232
A－4	1,105	116	83	84	104	99	91	78	90	77	84	129	70
A－3	445	27	20	33	35	61	34	37	33	49	50	44	22
A－2	129	4	9	6	8	12	9	7	14	16	11	23	10
A－1	－	－	－	－	－	－	－	－	－	－	－	－	－
B－5	7	－	1	2	－	－	－	－	－	2	－	1	1
B－4	41	3	1	3	4	－	5	8	2	6	4	2	3
B－3	58	4	2	3	4	5	5	6	1	7	9	5	7
B－2	82	7	3	3	10	6	7	14	5	6	5	8	8
B－1	9	1	2	－	－	－	－	－	1	5	－	－	－
C－5	－	－	－	－	－	－	－	－	－	－	－	－	－
C－4	－	－	－	－	－	－	－	－	－	－	－	－	－
C－3	－	－	－	－	－	－	－	－	－	－	－	－	－
C－2	15	－	1	1	－	－	1	－	3	4	3	－	2
C－1	43	2	3	3	3	3	1	5	4	5	4	7	3
川　口	**1,747**	**112**	**140**	**123**	**175**	**115**	**99**	**153**	**109**	**126**	**162**	**209**	**224**
A－5	510	21	37	26	62	32	45	52	37	39	48	49	62
A－4	735	56	60	73	62	50	33	62	39	57	57	94	92
A－3	321	20	32	20	31	22	10	22	15	16	42	46	45
A－2	64	3	6	1	4	3	3	5	7	3	11	8	10
A－1	－	－	－	－	－	－	－	－	－	－	－	－	－
B－5	2	－	－	－	－	－	－	－	1	－	－	－	1
B－4	29	3	2	－	5	－	1	2	3	4	1	2	6
B－3	39	4	1	1	4	6	4	3	1	5	2	3	5
B－2	38	4	2	2	5	1	2	5	6	1	1	6	3
B－1	－	－	－	－	－	－	－	－	－	－	－	－	－
C－5	－	－	－	－	－	－	－	－	－	－	－	－	－
C－4	－	－	－	－	－	－	－	－	－	－	－	－	－
C－3	－	－	－	－	－	－	－	－	－	－	－	－	－
C－2	9	1	－	－	2	1	1	2	－	1	－	1	－
C－1	－	－	－	－	－	－	－	－	－	－	－	－	－
山　梨	**979**	**47**	**54**	**80**	**80**	**70**	**50**	**89**	**106**	**61**	**78**	**140**	**124**
A－5	278	11	14	19	34	22	15	25	31	10	24	38	35
A－4	292	11	19	31	24	25	17	23	33	14	23	39	33
A－3	127	9	7	18	6	4	6	13	9	10	8	16	21
A－2	88	4	6	2	5	3	5	6	12	10	6	14	15
A－1	－	－	－	－	－	－	－	－	－	－	－	－	－
B－5	6	1	－	1	－	－	－	－	1	－	1	－	2
B－4	13	2	3	－	1	－	1	1	－	－	－	2	3
B－3	13	1	－	－	1	－	－	1	2	3	2	1	2
B－2	122	7	5	6	7	7	4	17	14	12	12	20	11
B－1	2	－	－	－	－	－	－	－	－	1	－	－	1
C－5	－	－	－	－	－	－	－	－	－	－	－	－	－
C－4	－	－	－	－	－	－	－	－	－	－	－	－	－
C－3	－	－	－	－	－	－	－	－	－	－	－	－	－
C－2	3	－	－	－	－	1	－	－	－	－	－	2	－
C－1	35	1	－	3	2	8	2	3	4	1	2	8	1

2　月別規格別取引成立頭数・価格（食肉卸売市場別）（続き）
(3)　和牛計（続き）
ア　枝肉の取引成立頭数（続き）

単位：頭

市場・規格	平成29年計	1 月	2 月	3 月	4 月	5 月	6 月	7 月	8 月	9 月	10月	11月	12月
岐　　阜	**3,572**	**277**	**264**	**257**	**253**	**277**	**231**	**348**	**272**	**258**	**320**	**383**	**432**
A － 5	1,601	113	114	102	111	121	100	162	120	116	136	182	224
A － 4	1,443	116	110	112	107	106	105	144	102	99	135	146	161
A － 3	275	22	20	17	18	25	15	22	26	25	29	32	24
A － 2	30	5	2	2	1	5	－	3	3	4	3	2	－
A － 1	－	－	－	－	－	－	－	－	－	－	－	－	－
B － 5	35	2	1	4	3	4	－	5	3	8	1	3	1
B － 4	113	13	9	15	8	7	5	9	9	2	7	12	17
B － 3	50	4	5	4	3	7	4	3	6	4	1	4	5
B － 2	20	1	3	1	1	1	2	－	2	－	7	2	－
B － 1	3	－	－	－	1	1	－	－	－	－	1	－	－
C － 5	－	－	－	－	－	－	－	－	－	－	－	－	－
C － 4	－	－	－	－	－	－	－	－	－	－	－	－	－
C － 3	－	－	－	－	－	－	－	－	－	－	－	－	－
C － 2	－	－	－	－	－	－	－	－	－	－	－	－	－
C － 1	2	1	－	－	－	－	－	－	1	－	－	－	－
浜　　松	**544**	**42**	**31**	**47**	**46**	**30**	**29**	**41**	**23**	**26**	**40**	**74**	**115**
A － 5	367	32	23	29	31	25	19	29	13	16	29	49	72
A － 4	121	6	4	14	12	2	2	11	6	8	6	18	32
A － 3	26	3	1	2	－	1	3	－	－	2	4	4	6
A － 2	－	－	－	－	－	－	－	－	－	－	－	－	－
A － 1	－	－	－	－	－	－	－	－	－	－	－	－	－
B － 5	4	－	－	1	－	－	－	1	－	－	－	－	2
B － 4	13	－	－	－	2	2	3	－	2	－	1	1	2
B － 3	4	1	1	－	－	－	－	－	1	－	－	－	1
B － 2	6	－	－	－	1	－	2	－	1	－	－	2	－
B － 1	－	－	－	－	－	－	－	－	－	－	－	－	－
C － 5	－	－	－	－	－	－	－	－	－	－	－	－	－
C － 4	－	－	－	－	－	－	－	－	－	－	－	－	－
C － 3	－	－	－	－	－	－	－	－	－	－	－	－	－
C － 2	－	－	－	－	－	－	－	－	－	－	－	－	－
C － 1	3	－	2	1	－	－	－	－	－	－	－	－	－
東　三　河	**861**	**51**	**59**	**63**	**77**	**54**	**81**	**90**	**58**	**55**	**57**	**116**	**100**
A － 5	417	23	26	27	39	29	34	43	22	22	32	57	63
A － 4	280	18	19	21	21	13	24	35	23	27	12	42	25
A － 3	68	6	3	7	7	3	9	7	8	2	6	7	3
A － 2	13	－	1	2	－	1	1	3	1	1	2	1	－
A － 1	－	－	－	－	－	－	－	－	－	－	－	－	－
B － 5	4	－	－	－	2	－	1	－	－	－	－	－	1
B － 4	25	2	5	3	2	2	3	－	1	－	1	3	3
B － 3	10	－	2	1	1	1	－	－	1	1	1	－	2
B － 2	36	2	－	1	4	5	8	1	2	2	3	6	2
B － 1	4	－	1	1	1	－	－	1	－	－	－	－	－
C － 5	－	－	－	－	－	－	－	－	－	－	－	－	－
C － 4	－	－	－	－	－	－	－	－	－	－	－	－	－
C － 3	－	－	－	－	－	－	－	－	－	－	－	－	－
C － 2	1	－	1	－	－	－	－	－	－	－	－	－	－
C － 1	3	－	1	－	－	－	1	－	－	－	－	－	1

単位：頭

市場・規格	平成29年計	1月	2月	3月	4月	5月	6月	7月	8月	9月	10月	11月	12月
四日市	**442**	**30**	**33**	**35**	**39**	**21**	**39**	**31**	**31**	**31**	**33**	**58**	**61**
A－5	174	10	9	14	13	5	14	11	9	14	13	29	33
A－4	139	7	10	10	13	12	13	14	16	7	13	13	11
A－3	42	3	3	2	3	3	3	3	2	6	2	4	8
A－2	6	1	1	－	2	－	－	－	－	1	－	－	1
A－1	－	－	－	－	－	－	－	－	－	－	－	－	－
B－5	9	－	1	1	1	－	1	1	1	－	－	2	1
B－4	16	－	2	4	2	－	2	－	－	－	1	2	3
B－3	27	5	4	2	2	1	1	1	1	1	2	5	2
B－2	13	3	1	1	－	－	2	1	1	1	2	1	－
B－1	－	－	－	－	－	－	－	－	－	－	－	－	－
C－5	－	－	－	－	－	－	－	－	－	－	－	－	－
C－4	1	－	－	－	1	－	－	－	－	－	－	－	－
C－3	1	－	－	－	－	－	－	－	－	1	－	－	－
C－2	4	－	－	－	－	－	1	－	1	－	－	－	2
C－1	10	1	2	1	2	－	2	－	－	－	－	2	－
南大阪	－	－	－	－	－	－	－	－	－	－	－	－	－
A－5	－	－	－	－	－	－	－	－	－	－	－	－	－
A－4	－	－	－	－	－	－	－	－	－	－	－	－	－
A－3	－	－	－	－	－	－	－	－	－	－	－	－	－
A－2	－	－	－	－	－	－	－	－	－	－	－	－	－
A－1	－	－	－	－	－	－	－	－	－	－	－	－	－
B－5	－	－	－	－	－	－	－	－	－	－	－	－	－
B－4	－	－	－	－	－	－	－	－	－	－	－	－	－
B－3	－	－	－	－	－	－	－	－	－	－	－	－	－
B－2	－	－	－	－	－	－	－	－	－	－	－	－	－
B－1	－	－	－	－	－	－	－	－	－	－	－	－	－
C－5	－	－	－	－	－	－	－	－	－	－	－	－	－
C－4	－	－	－	－	－	－	－	－	－	－	－	－	－
C－3	－	－	－	－	－	－	－	－	－	－	－	－	－
C－2	－	－	－	－	－	－	－	－	－	－	－	－	－
C－1	－	－	－	－	－	－	－	－	－	－	－	－	－
姫路	**6,050**	**154**	**213**	**218**	**399**	**414**	**389**	**655**	**479**	**590**	**624**	**857**	**1,058**
A－5	1,710	33	58	38	160	111	165	166	137	145	179	207	311
A－4	1,698	46	53	65	131	136	109	169	110	149	153	244	333
A－3	735	23	28	31	37	50	45	87	68	86	75	96	109
A－2	543	12	17	29	12	34	12	61	46	87	72	91	70
A－1	－	－	－	－	－	－	－	－	－	－	－	－	－
B－5	74	1	－	2	3	4	4	12	6	4	10	16	12
B－4	257	11	7	7	28	15	14	32	14	22	17	37	53
B－3	286	10	13	12	14	14	10	16	27	21	23	57	69
B－2	657	16	35	28	13	49	26	95	62	68	81	99	85
B－1	38	2	－	3	－	1	－	6	1	1	6	7	11
C－5	1	－	－	－	－	－	－	－	－	－	－	1	－
C－4	1	－	－	－	－	－	－	－	－	－	－	1	－
C－3	－	－	－	－	－	－	－	－	－	－	－	－	－
C－2	20	－	1	3	－	－	－	3	1	6	4	1	1
C－1	30	－	1	－	1	－	4	8	7	1	4	－	4

2 月別規格別取引成立頭数・価格（食肉卸売市場別）（続き）
(3) 和牛計（続き）
ア 枝肉の取引成立頭数（続き）

単位：頭

市場・規格	平成29年計	1月	2月	3月	4月	5月	6月	7月	8月	9月	10月	11月	12月
加古川	**3,029**	**236**	**310**	**297**	**350**	**191**	**213**	**270**	**238**	**169**	**212**	**205**	**338**
A－5	850	51	73	80	118	58	69	92	68	34	65	60	82
A－4	1,033	72	109	92	120	67	70	103	86	65	59	73	117
A－3	288	31	35	28	28	19	18	20	26	18	18	13	34
A－2	135	15	13	17	17	7	10	6	6	8	11	8	17
A－1	10	1	1	4	1	－	－	－	1	－	2	－	－
B－5	24	2	－	3	4	1	3	3	2	－	3	1	2
B－4	139	7	18	13	11	7	9	10	13	7	7	11	26
B－3	92	8	14	10	9	5	4	7	6	7	5	7	10
B－2	324	39	29	26	29	19	20	23	21	20	27	26	45
B－1	101	6	11	22	13	7	8	3	6	7	11	4	3
C－5	－	－	－	－	－	－	－	－	－	－	－	－	－
C－4	－	－	－	－	－	－	－	－	－	－	－	－	－
C－3	1	1	－	－	－	－	－	－	－	－	－	－	－
C－2	6	2	1	－	－	－	1	－	－	－	1	1	－
C－1	26	1	6	2	－	1	1	3	3	3	3	1	2
西宮	**3,573**	**309**	**446**	**453**	**443**	**312**	**356**	**245**	**173**	**219**	**193**	**206**	**218**
A－5	879	56	87	89	105	67	74	65	53	70	54	76	83
A－4	1,166	70	154	132	143	77	84	105	58	78	84	89	92
A－3	430	39	47	57	48	28	31	34	24	33	40	25	24
A－2	382	39	51	67	58	51	67	13	7	14	2	4	9
A－1	－	－	－	－	－	－	－	－	－	－	－	－	－
B－5	24	4	3	3	2	4	1	2	－	－	1	3	1
B－4	101	9	21	12	11	10	11	3	5	2	7	6	4
B－3	106	10	11	18	8	11	15	8	7	5	5	3	5
B－2	476	81	71	73	67	63	71	14	19	17	－	－	－
B－1	6	1	－	2	－	1	1	1	－	－	－	－	－
C－5	－	－	－	－	－	－	－	－	－	－	－	－	－
C－4	－	－	－	－	－	－	－	－	－	－	－	－	－
C－3	－	－	－	－	－	－	－	－	－	－	－	－	－
C－2	1	－	－	－	－	－	1	－	－	－	－	－	－
C－1	2	－	1	－	1	－	－	－	－	－	－	－	－
岡山	**1,239**	**72**	**71**	**79**	**114**	**89**	**94**	**117**	**82**	**103**	**111**	**125**	**182**
A－5	470	28	28	33	46	27	35	40	33	38	41	45	76
A－4	500	33	22	29	49	41	40	52	35	43	40	49	67
A－3	74	3	9	3	9	7	5	9	3	3	8	7	8
A－2	2	－	－	－	－	－	1	－	－	－	－	1	－
A－1	－	－	－	－	－	－	－	－	－	－	－	－	－
B－5	20	1	－	3	2	－	1	2	1	1	1	2	6
B－4	102	2	7	7	4	9	8	7	7	9	13	9	20
B－3	37	2	2	2	3	2	2	4	1	3	4	8	4
B－2	4	－	－	－	－	－	－	2	－	－	－	2	－
B－1	－	－	－	－	－	－	－	－	－	－	－	－	－
C－5	－	－	－	－	－	－	－	－	－	－	－	－	－
C－4	1	－	－	－	1	－	－	－	－	－	－	－	－
C－3	1	－	－	－	－	－	－	－	－	－	1	－	－
C－2	－	－	－	－	－	－	－	－	－	－	－	－	－
C－1	28	3	3	2	－	3	2	1	2	6	3	2	1

単位：頭

市場・規格	平成29年計	1 月	2 月	3 月	4 月	5 月	6 月	7 月	8 月	9 月	10 月	11 月	12 月
坂　　出	1,045	100	67	76	96	63	75	102	66	88	75	108	129
A － 5	515	42	30	28	53	32	36	55	29	46	39	60	65
A － 4	313	35	21	25	31	17	17	28	18	31	22	33	35
A － 3	140	15	9	15	10	10	11	10	15	9	9	10	17
A － 2	5	-	-	-	-	-	-	1	1	-	-	-	3
A － 1	-	-	-	-	-	-	-	-	-	-	-	-	-
B － 5	7	1	2	2	-	-	1	-	-	-	-	-	1
B － 4	24	1	1	3	-	2	5	4	1	1	2	1	3
B － 3	25	3	2	1	2	1	4	3	1	-	3	3	2
B － 2	10	3	2	1	-	1	-	1	1	-	-	-	1
B － 1	-	-	-	-	-	-	-	-	-	-	-	-	-
C － 5	-	-	-	-	-	-	-	-	-	-	-	-	-
C － 4	-	-	-	-	-	-	-	-	-	-	-	-	-
C － 3	-	-	-	-	-	-	-	-	-	-	-	-	-
C － 2	3	-	-	1	-	-	-	1	-	-	-	1	-
C － 1	3	-	-	-	-	-	-	-	-	-	1	-	2
愛　　媛	-	-	-	-	-	-	-	-	-	-	-	-	-
A － 5	-	-	-	-	-	-	-	-	-	-	-	-	-
A － 4	-	-	-	-	-	-	-	-	-	-	-	-	-
A － 3	-	-	-	-	-	-	-	-	-	-	-	-	-
A － 2	-	-	-	-	-	-	-	-	-	-	-	-	-
A － 1	-	-	-	-	-	-	-	-	-	-	-	-	-
B － 5	-	-	-	-	-	-	-	-	-	-	-	-	-
B － 4	-	-	-	-	-	-	-	-	-	-	-	-	-
B － 3	-	-	-	-	-	-	-	-	-	-	-	-	-
B － 2	-	-	-	-	-	-	-	-	-	-	-	-	-
B － 1	-	-	-	-	-	-	-	-	-	-	-	-	-
C － 5	-	-	-	-	-	-	-	-	-	-	-	-	-
C － 4	-	-	-	-	-	-	-	-	-	-	-	-	-
C － 3	-	-	-	-	-	-	-	-	-	-	-	-	-
C － 2	-	-	-	-	-	-	-	-	-	-	-	-	-
C － 1	-	-	-	-	-	-	-	-	-	-	-	-	-
佐 世 保	6,254	402	518	558	528	429	404	604	437	443	496	660	775
A － 5	1,557	79	144	141	109	84	93	174	95	94	96	191	257
A － 4	2,507	166	184	220	198	182	172	244	186	198	207	262	288
A － 3	951	71	69	81	103	70	63	94	69	73	84	82	92
A － 2	193	20	26	25	14	10	15	13	13	12	15	9	21
A － 1	1	-	-	-	-	-	-	-	1	-	-	-	-
B － 5	60	2	10	11	10	4	-	4	2	4	1	6	6
B － 4	328	24	35	21	31	28	15	29	23	22	25	34	41
B － 3	282	15	18	25	25	18	20	17	20	17	31	35	41
B － 2	200	13	15	17	21	19	9	17	16	14	20	23	16
B － 1	7	-	-	-	1	-	1	1	3	-	-	1	-
C － 5	-	-	-	-	-	-	-	-	-	-	-	-	-
C － 4	3	-	-	2	-	-	-	-	-	-	-	1	-
C － 3	4	-	-	1	-	-	-	-	1	-	1	1	-
C － 2	42	5	5	3	6	4	2	6	-	2	4	3	2
C － 1	119	7	12	11	10	10	14	5	8	7	12	12	11

2　月別規格別取引成立頭数・価格（食肉卸売市場別）（続き）
(3)　和牛計（続き）
ア　枝肉の取引成立頭数（続き）

単位：頭

市場・規格	平成29年計	1月	2月	3月	4月	5月	6月	7月	8月	9月	10月	11月	12月
熊　本	-	-	-	-	-	-	-	-	-	-	-	-	-
A － 5	-	-	-	-	-	-	-	-	-	-	-	-	-
A － 4	-	-	-	-	-	-	-	-	-	-	-	-	-
A － 3	-	-	-	-	-	-	-	-	-	-	-	-	-
A － 2	-	-	-	-	-	-	-	-	-	-	-	-	-
A － 1	-	-	-	-	-	-	-	-	-	-	-	-	-
B － 5	-	-	-	-	-	-	-	-	-	-	-	-	-
B － 4	-	-	-	-	-	-	-	-	-	-	-	-	-
B － 3	-	-	-	-	-	-	-	-	-	-	-	-	-
B － 2	-	-	-	-	-	-	-	-	-	-	-	-	-
B － 1	-	-	-	-	-	-	-	-	-	-	-	-	-
C － 5	-	-	-	-	-	-	-	-	-	-	-	-	-
C － 4	-	-	-	-	-	-	-	-	-	-	-	-	-
C － 3	-	-	-	-	-	-	-	-	-	-	-	-	-
C － 2	-	-	-	-	-	-	-	-	-	-	-	-	-
C － 1	-	-	-	-	-	-	-	-	-	-	-	-	-

イ　枝肉の1kg当たり卸売価格

単位：円

市場・規格	平成29年計	1 月	2 月	3 月	4 月	5 月	6 月	7 月	8 月	9 月	10 月	11 月	12 月
合　　　計	2,520	2,597	2,519	2,481	2,584	2,467	2,483	2,477	2,382	2,448	2,428	2,551	2,705
A － 5	2,956	2,961	2,894	2,900	3,003	2,904	2,903	2,936	2,842	3,002	2,887	3,015	3,077
A － 4	2,559	2,655	2,557	2,533	2,641	2,535	2,532	2,507	2,419	2,472	2,427	2,585	2,746
A － 3	2,180	2,368	2,251	2,186	2,259	2,184	2,156	2,118	2,028	2,017	2,030	2,149	2,391
A － 2	1,605	1,851	1,723	1,703	1,676	1,620	1,558	1,495	1,470	1,470	1,536	1,490	1,723
A － 1	743	1,563	987	787	1,158	－	507	922	661	538	664	－	596
B － 5	2,720	2,842	2,658	2,665	2,830	2,720	2,598	2,657	2,539	2,877	2,590	2,740	2,832
B － 4	2,411	2,540	2,429	2,407	2,504	2,363	2,403	2,346	2,217	2,242	2,217	2,399	2,657
B － 3	1,982	2,158	2,093	2,007	2,084	1,985	1,948	1,913	1,876	1,842	1,837	1,868	2,127
B － 2	1,237	1,489	1,439	1,389	1,346	1,275	1,223	1,155	1,146	1,101	1,080	1,110	1,149
B － 1	928	1,212	1,068	1,103	1,032	889	865	857	770	856	848	691	703
C － 5	2,459	－	2,216	－	－	－	－	2,160	－	－	－	2,917	－
C － 4	2,123	2,233	2,218	2,149	2,161	2,169	－	－	1,945	1,758	1,912	2,244	2,130
C － 3	1,480	1,737	1,511	1,520	1,452	1,892	1,663	1,187	1,533	1,525	1,653	1,217	1,525
C － 2	809	1,223	1,106	1,041	1,001	792	906	847	646	754	663	690	596
C － 1	696	901	908	887	816	716	701	714	679	587	570	544	453
中央市場計	2,493	2,591	2,502	2,469	2,538	2,441	2,458	2,438	2,345	2,435	2,411	2,533	2,665
A － 5	2,931	2,948	2,876	2,886	2,958	2,882	2,877	2,903	2,804	3,011	2,867	3,000	3,043
A － 4	2,530	2,638	2,528	2,510	2,600	2,500	2,511	2,467	2,374	2,453	2,399	2,573	2,714
A － 3	2,163	2,363	2,236	2,179	2,235	2,160	2,140	2,093	2,003	1,989	2,006	2,142	2,378
A － 2	1,582	1,843	1,714	1,691	1,653	1,600	1,531	1,466	1,454	1,418	1,490	1,463	1,716
A － 1	588	－	539	545	931	－	507	922	513	535	343	－	754
B － 5	2,671	2,852	2,668	2,675	2,803	2,653	2,514	2,488	2,408	2,961	2,518	2,686	2,763
B － 4	2,339	2,510	2,362	2,357	2,399	2,270	2,362	2,251	2,128	2,187	2,152	2,370	2,556
B － 3	1,919	2,144	2,040	1,962	2,028	1,932	1,899	1,850	1,802	1,775	1,780	1,790	2,022
B － 2	1,177	1,460	1,403	1,347	1,293	1,222	1,156	1,080	1,073	1,020	1,001	1,062	1,090
B － 1	764	1,098	990	921	858	749	755	692	600	620	571	542	501
C － 5	2,181	－	2,216	－	－	－	－	2,160	－	－	－	－	－
C － 4	2,064	2,233	2,218	1,921	1,987	2,169	－	－	1,945	1,758	1,912	－	2,130
C － 3	1,417	1,620	1,511	1,444	1,452	1,892	1,663	1,187	1,542	1,472	1,538	1,105	1,525
C － 2	772	1,228	1,083	1,029	961	784	868	791	625	706	617	657	582
C － 1	677	926	936	906	784	724	678	646	569	582	532	535	426
仙　　　台	2,415	2,476	2,405	2,276	2,320	2,235	2,188	2,310	2,260	3,183	2,236	2,366	2,576
A － 5	2,959	2,895	2,785	2,795	2,896	2,717	2,738	2,900	2,802	4,286	2,719	2,855	2,898
A － 4	2,400	2,533	2,371	2,275	2,395	2,333	2,290	2,308	2,243	2,766	2,160	2,448	2,578
A － 3	1,932	2,032	1,932	1,970	1,928	1,944	1,834	1,911	1,825	2,051	1,814	1,934	2,053
A － 2	1,184	1,463	1,423	1,383	1,282	1,223	1,111	1,024	1,131	1,089	1,139	1,096	1,128
A － 1	479	－	－	545	－	－	－	－	－	－	－	－	377
B － 5	2,667	2,748	2,414	2,451	2,699	2,159	2,249	2,494	2,508	5,150	2,430	2,625	2,720
B － 4	2,082	2,283	2,096	2,097	2,023	1,785	2,057	1,944	1,923	2,103	1,980	2,008	2,382
B － 3	1,588	1,843	1,838	1,665	1,627	1,495	1,526	1,532	1,524	1,778	1,483	1,358	1,552
B － 2	963	1,256	1,287	1,215	1,075	1,052	960	859	881	751	810	838	751
B － 1	576	1,047	1,134	847	699	809	581	540	756	492	487	527	418
C － 5	－	－	－	－	－	－	－	－	－	－	－	－	－
C － 4	－	－	－	－	－	－	－	－	－	－	－	－	－
C － 3	－	－	－	－	－	－	－	－	－	－	－	－	－
C － 2	764	1,080	1,080	1,054	969	775	714	－	804	719	540	581	－
C － 1	661	921	1,019	931	752	766	588	594	579	519	523	542	400

2　月別規格別取引成立頭数・価格（食肉卸売市場別）（続き）

(3)　和牛計（続き）

イ　枝肉の１kg当たり卸売価格（続き）

単位：円

市場・規格	平成29年計	1 月	2 月	3 月	4 月	5 月	6 月	7 月	8 月	9 月	10 月	11 月	12 月
さいたま	**2,006**	**2,211**	**2,106**	**2,144**	**2,086**	**1,909**	**2,119**	**1,969**	**1,710**	**1,783**	**1,852**	**1,846**	**2,183**
A － 5	2,672	2,738	2,654	2,621	2,697	2,614	2,578	2,596	2,624	2,583	2,605	2,705	2,791
A － 4	2,363	2,540	2,338	2,277	2,449	2,395	2,375	2,276	2,303	2,235	2,298	2,382	2,420
A － 3	1,961	2,149	2,041	1,927	1,842	2,011	2,013	1,893	1,819	1,825	1,845	1,925	2,176
A － 2	1,397	1,627	1,346	1,426	1,353	1,347	1,810	1,433	1,332	1,317	1,320	1,387	1,393
A － 1	－	－	－	－	－	－	－	－	－	－	－	－	－
B － 5	2,388	－	－	1,595	2,366	2,035	2,484	2,374	－	2,454	2,357	2,558	2,754
B － 4	2,115	2,077	－	－	－	1,889	2,271	2,103	2,202	2,080	2,109	1,985	2,214
B － 3	1,687	1,558	1,698	1,855	2,163	1,644	1,831	1,687	1,516	1,546	1,550	1,643	1,795
B － 2	995	1,257	1,231	1,214	1,103	952	870	969	957	983	931	798	897
B － 1	783	973	891	－	965	550	－	－	676	－	－	－	－
C － 5	－	－	－	－	－	－	－	－	－	－	－	－	－
C － 4	－	－	－	－	－	－	－	－	－	－	－	－	－
C － 3	1,033	－	－	888	1,142	－	－	－	－	－	－	1,109	1,187
C － 2	663	863	864	－	931	605	758	786	541	721	748	575	661
C － 1	552	882	676	－	852	641	633	582	527	535	384	431	335
東　　京	**2,478**	**2,563**	**2,482**	**2,462**	**2,512**	**2,443**	**2,459**	**2,433**	**2,336**	**2,367**	**2,423**	**2,519**	**2,650**
A － 5	2,919	2,939	2,879	2,881	2,940	2,909	2,882	2,911	2,793	2,865	2,883	2,979	3,058
A － 4	2,506	2,593	2,493	2,485	2,569	2,484	2,499	2,461	2,368	2,415	2,382	2,546	2,696
A － 3	2,164	2,354	2,205	2,175	2,226	2,166	2,151	2,106	2,008	1,974	2,007	2,142	2,391
A － 2	1,570	1,830	1,683	1,707	1,637	1,548	1,501	1,496	1,414	1,395	1,471	1,427	1,721
A － 1	525	－	－	－	931	－	－	－	513	451	409	－	－
B － 5	2,599	2,686	2,622	2,597	2,760	2,835	2,500	2,443	2,381	2,677	2,436	2,568	2,777
B － 4	2,256	2,434	2,228	2,242	2,327	2,235	2,266	2,210	2,105	2,102	2,110	2,287	2,460
B － 3	1,865	2,081	1,960	1,931	1,986	1,900	1,860	1,826	1,753	1,738	1,697	1,729	1,951
B － 2	1,153	1,442	1,363	1,333	1,262	1,208	1,109	1,060	1,056	1,021	965	1,045	1,029
B － 1	730	1,070	952	929	802	713	738	608	567	578	487	465	405
C － 5	2,160	－	－	－	－	－	－	2,160	－	－	－	－	－
C － 4	1,963	1,945	－	1,921	－	2,296	－	－	－	1,758	1,912	－	－
C － 3	1,310	1,620	－	1,927	－	－	1,448	－	1,319	1,294	1,538	899	1,300
C － 2	755	1,152	1,077	996	900	795	865	760	657	679	601	593	560
C － 1	711	1,024	1,007	984	868	724	725	657	588	603	534	548	418
横　　浜	**2,387**	**2,510**	**2,424**	**2,400**	**2,546**	**2,331**	**2,335**	**2,281**	**2,184**	**2,187**	**2,244**	**2,430**	**2,592**
A － 5	2,782	2,803	2,743	2,747	2,975	2,756	2,688	2,696	2,603	2,659	2,691	2,769	2,891
A － 4	2,433	2,530	2,480	2,473	2,540	2,408	2,377	2,372	2,254	2,338	2,236	2,458	2,640
A － 3	2,064	2,263	2,178	2,117	2,160	2,058	2,077	2,041	1,907	1,844	1,914	2,092	2,275
A － 2	1,812	2,097	1,931	1,842	1,982	1,810	1,895	1,789	1,671	1,534	1,620	1,757	1,876
A － 1	－	－	－	－	－	－	－	－	－	－	－	－	－
B － 5	2,365	－	2,384	2,327	2,518	2,458	2,271	2,711	2,275	－	1,986	2,361	2,237
B － 4	2,203	2,375	2,274	2,215	2,418	2,110	2,145	2,208	2,028	2,008	1,851	2,140	2,410
B － 3	1,862	2,153	2,055	1,880	1,868	1,849	1,842	1,697	1,620	1,716	1,642	1,724	2,088
B － 2	1,340	1,742	1,758	1,508	1,254	1,377	1,267	1,037	1,506	1,265	1,258	1,214	1,272
B － 1	668	－	－	－	878	－	590	－	－	－	－	541	－
C － 5	－	－	－	－	－	－	－	－	－	－	－	－	－
C － 4	－	－	－	－	－	－	－	－	－	－	－	－	－
C － 3	1,522	－	－	－	－	－	－	－	－	－	－	1,522	－
C － 2	705	1,072	－	－	－	706	－	－	－	－	－	867	527
C － 1	532	705	－	859	645	－	581	482	－	480	554	－	414

単位：円

市場・規格	平成29年計	1月	2月	3月	4月	5月	6月	7月	8月	9月	10月	11月	12月
名 古 屋	2,612	2,689	2,621	2,592	2,662	2,681	2,604	2,573	2,530	2,501	2,426	2,615	2,741
A － 5	2,829	2,906	2,786	2,776	2,833	2,850	2,808	2,811	2,794	2,745	2,682	2,896	2,968
A － 4	2,530	2,661	2,559	2,544	2,637	2,609	2,480	2,461	2,426	2,386	2,323	2,491	2,683
A － 3	2,266	2,428	2,387	2,215	2,168	2,300	2,203	2,157	2,119	2,057	2,057	2,181	2,444
A － 2	1,835	2,242	2,019	1,907	1,530	－	1,534	1,661	2,008	1,685	1,742	1,684	2,052
A － 1	－	－	－	－	－	－	－	－	－	－	－	－	－
B － 5	2,595	2,787	2,645	2,507	2,680	2,545	2,531	1,918	2,396	2,540	2,549	2,730	2,680
B － 4	2,348	2,531	2,509	2,384	2,182	2,295	2,294	2,165	2,086	2,247	2,008	2,341	2,594
B － 3	2,090	2,579	2,195	2,105	2,212	2,386	1,853	2,095	1,612	1,852	1,399	2,155	2,325
B － 2	1,528	1,673	1,349	1,723	1,085	1,360	1,933	1,371	1,675	1,659	1,051	1,474	1,408
B － 1	－	－	－	－	－	－	－	－	－	－	－	－	－
C － 5	2,216	－	2,216	－	－	－	－	－	－	－	－	－	－
C － 4	1,952	－	－	－	－	－	－	－	1,952	－	－	－	－
C － 3	1,359	－	1,359	－	－	－	－	－	－	－	－	－	－
C － 2	2,212	2,928	－	－	－	－	－	540	－	－	－	－	－
C － 1	402	214	－	249	432	－	－	－	509	543	－	－	－
京 都	2,517	2,642	2,543	2,497	2,627	2,436	2,565	2,455	2,303	2,389	2,407	2,555	2,708
A － 5	2,829	2,876	2,835	2,848	2,887	2,723	2,817	2,762	2,693	2,743	2,791	2,853	2,982
A － 4	2,492	2,663	2,555	2,543	2,603	2,404	2,507	2,421	2,271	2,328	2,380	2,488	2,649
A － 3	2,132	2,404	2,289	2,176	2,259	2,122	2,183	2,091	1,909	1,938	1,993	2,139	2,295
A － 2	1,676	1,860	1,741	1,788	1,685	1,899	1,823	1,597	1,569	1,525	1,552	1,759	1,627
A － 1	－	－	－	－	－	－	－	－	－	－	－	－	－
B － 5	2,543	2,697	2,558	2,718	2,669	2,398	2,411	－	2,343	2,567	2,378	－	2,703
B － 4	2,341	2,509	2,393	2,389	2,418	2,242	2,357	2,224	2,088	2,042	2,118	2,256	2,465
B － 3	1,992	2,272	2,022	2,033	2,175	2,000	1,977	1,776	1,744	1,761	1,669	1,931	2,081
B － 2	1,388	1,672	1,709	1,509	1,495	1,706	1,225	1,258	1,234	1,015	965	1,287	1,136
B － 1	989	－	989	－	－	－	－	－	－	－	－	－	－
C － 5	－	－	－	－	－	－	－	－	－	－	－	－	－
C － 4	－	－	－	－	－	－	－	－	－	－	－	－	－
C － 3	1,619	－	－	1,619	－	－	－	－	－	－	－	－	－
C － 2	831	1,080	1,027	1,208	－	－	－	－	800	－	536	－	323
C － 1	551	756	509	－	－	325	－	－	－	－	－	624	－
大 阪	2,521	2,693	2,586	2,537	2,653	2,464	2,470	2,442	2,372	2,348	2,387	2,484	2,724
A － 5	2,862	2,926	2,865	2,868	2,936	2,785	2,804	2,802	2,739	2,759	2,763	2,888	3,062
A － 4	2,515	2,705	2,602	2,592	2,632	2,479	2,510	2,404	2,342	2,390	2,340	2,454	2,698
A － 3	2,198	2,427	2,350	2,249	2,375	2,157	2,179	2,061	2,032	2,011	1,990	2,121	2,430
A － 2	1,727	2,154	1,848	1,564	1,906	1,761	1,463	1,553	1,688	1,436	1,684	1,691	1,995
A － 1	507	－	－	－	－	－	507	－	－	－	－	－	－
B － 5	2,585	2,715	2,549	2,621	2,681	2,404	2,684	2,381	2,353	2,403	2,504	2,484	2,881
B － 4	2,325	2,538	2,389	2,353	2,450	2,232	2,230	2,176	2,050	2,112	2,152	2,260	2,560
B － 3	2,035	2,282	2,103	2,031	2,228	1,927	2,015	1,997	1,918	1,838	1,854	1,928	2,244
B － 2	1,286	1,610	1,380	1,305	1,553	1,298	1,352	1,197	1,289	1,092	1,114	1,173	1,283
B － 1	711	－	－	－	－	851	－	757	505	868	844	483	－
C － 5	－	－	－	－	－	－	－	－	－	－	－	－	－
C － 4	2,130	－	－	－	－	－	－	－	－	－	－	－	2,130
C － 3	1,483	－	1,834	－	－	1,892	－	－	－	1,569	－	1,183	－
C － 2	934	－	1,230	1,196	－	－	－	－	－	－	932	923	667
C － 1	624	663	－	－	699	－	646	703	－	399	677	501	433

2 月別規格別取引成立頭数・価格（食肉卸売市場別）（続き）
(3) 和牛計（続き）
　イ　枝肉の1kg当たり卸売価格（続き）

単位：円

市場・規格	平成29年計	1月	2月	3月	4月	5月	6月	7月	8月	9月	10月	11月	12月
神　戸	3,032	3,000	2,918	2,999	3,081	2,942	2,933	2,950	2,946	2,928	3,039	3,274	3,159
A - 5	3,313	3,226	3,165	3,265	3,318	3,197	3,192	3,265	3,228	3,191	3,331	3,650	3,421
A - 4	2,986	2,977	2,909	2,930	3,027	2,921	2,876	2,913	2,893	2,912	2,968	3,145	3,139
A - 3	2,511	2,578	2,569	2,518	2,626	2,506	2,402	2,333	2,539	2,407	2,428	2,562	2,634
A - 2	2,145	2,183	2,368	2,144	2,269	2,007	2,175	1,935	2,242	1,875	2,199	2,041	2,351
A - 1	922	-	-	-	-	-	-	922	-	-	-	-	-
B - 5	3,031	3,173	2,885	3,054	3,409	2,883	2,663	2,866	2,568	3,490	2,988	3,138	3,021
B - 4	2,741	2,801	2,678	2,855	2,818	2,568	2,803	2,534	2,498	2,613	2,522	2,864	3,053
B - 3	2,342	2,557	2,415	2,384	2,395	2,411	2,148	2,196	2,375	2,035	2,512	2,126	2,516
B - 2	1,905	1,644	2,307	-	2,147	2,149	1,541	2,143	1,806	1,158	2,440	1,564	1,679
B - 1	638	649	-	-	603	653	675	-	-	-	-	-	-
C - 5	-	-	-	-	-	-	-	-	-	-	-	-	-
C - 4	2,128	2,364	2,251	-	1,891	-	-	-	1,939	-	-	-	-
C - 3	1,785	-	-	1,757	-	-	1,794	-	1,792	-	-	-	-
C - 2	1,306	-	-	-	-	-	-	-	1,306	-	-	-	-
C - 1	600	745	-	-	-	478	-	579	282	550	757	-	-
広　島	2,444	2,640	2,471	2,343	2,479	2,427	2,353	2,406	2,336	2,314	2,387	2,418	2,639
A - 5	2,813	2,917	2,840	2,788	2,863	2,764	2,811	2,818	2,664	2,725	2,729	2,773	2,959
A - 4	2,504	2,661	2,551	2,480	2,566	2,519	2,527	2,464	2,372	2,358	2,377	2,451	2,645
A - 3	2,095	2,491	2,279	2,092	2,234	2,152	2,078	1,959	1,957	1,950	1,920	1,945	2,118
A - 2	1,426	1,544	1,371	1,525	1,693	1,573	1,490	1,410	1,579	1,584	-	1,341	987
A - 1	539	-	539	-	-	-	-	-	-	-	-	-	-
B - 5	2,794	-	2,788	-	-	-	-	-	-	-	2,430	-	3,161
B - 4	2,383	2,512	2,494	2,302	2,485	2,369	-	2,458	2,164	2,344	2,177	-	2,158
B - 3	1,893	2,161	2,197	1,679	2,116	1,943	-	1,531	1,750	1,727	1,517	2,136	1,508
B - 2	1,223	1,528	1,243	1,482	1,489	1,263	1,444	1,163	1,243	851	703	956	787
B - 1	691	1,049	539	710	1,060	807	540	-	540	-	569	-	-
C - 5	-	-	-	-	-	-	-	-	-	-	-	-	-
C - 4	-	-	-	-	-	-	-	-	-	-	-	-	-
C - 3	-	-	-	-	-	-	-	-	-	-	-	-	-
C - 2	556	-	-	573	-	-	-	-	-	-	-	538	-
C - 1	526	515	613	713	472	569	450	552	352	595	501	491	349
福　岡	2,274	2,443	2,346	2,239	2,371	2,216	2,236	2,274	2,109	2,061	2,077	2,296	2,466
A - 5	2,891	2,957	2,881	2,810	2,963	2,863	2,851	2,853	2,661	2,748	2,745	3,001	3,077
A - 4	2,494	2,678	2,547	2,463	2,586	2,461	2,464	2,442	2,269	2,314	2,355	2,525	2,703
A - 3	2,157	2,411	2,260	2,170	2,286	2,142	2,105	2,080	1,949	1,952	1,983	2,128	2,365
A - 2	1,676	1,927	1,796	1,723	1,793	1,680	1,674	1,458	1,529	1,526	1,572	1,637	1,771
A - 1	709	-	-	-	-	-	-	-	756	110	-	1,027
B - 5	2,573	2,727	2,592	2,484	2,722	2,422	2,421	2,345	2,430	2,282	2,412	2,585	2,757
B - 4	2,234	2,465	2,169	2,189	2,408	2,278	2,230	2,212	1,999	2,078	2,012	2,219	2,458
B - 3	1,947	2,203	2,038	1,856	2,060	1,981	1,927	1,876	1,819	1,803	1,831	1,901	2,054
B - 2	1,293	1,526	1,519	1,422	1,435	1,294	1,344	1,167	1,098	1,112	1,159	1,181	1,332
B - 1	920	1,242	1,043	988	1,058	860	1,063	816	718	724	621	726	768
C - 5	-	-	-	-	-	-	-	-	-	-	-	-	-
C - 4	2,097	-	2,158	-	2,079	2,054	-	-	-	-	-	-	-
C - 3	1,531	-	-	-	1,730	-	-	1,187	-	-	-	981	2,144
C - 2	1,019	1,132	1,208	-	1,542	983	1,262	929	-	994	738	855	1,058
C - 1	662	759	620	669	638	819	772	671	584	601	532	482	641

単位：円

市場・規格	平成29年計	1 月	2 月	3 月	4 月	5 月	6 月	7 月	8 月	9 月	10 月	11 月	12 月
指定市場計	2,628	2,625	2,593	2,531	2,782	2,578	2,588	2,634	2,538	2,501	2,499	2,621	2,851
A － 5	3,055	3,021	2,975	2,959	3,187	2,993	3,010	3,066	3,000	2,962	2,986	3,075	3,192
A － 4	2,682	2,736	2,687	2,623	2,812	2,688	2,631	2,669	2,617	2,556	2,548	2,633	2,874
A － 3	2,265	2,391	2,325	2,217	2,386	2,306	2,248	2,242	2,152	2,151	2,126	2,182	2,455
A － 2	1,701	1,886	1,756	1,746	1,818	1,699	1,676	1,651	1,536	1,653	1,681	1,607	1,749
A － 1	954	1,563	1,566	871	1,510	–			827	545	1,350	–	378
B － 5	2,826	2,809	2,627	2,650	2,904	2,863	2,889	2,935	2,890	2,720	2,799	2,834	2,947
B － 4	2,576	2,638	2,576	2,553	2,737	2,582	2,484	2,578	2,421	2,407	2,357	2,466	2,813
B － 3	2,158	2,199	2,244	2,152	2,294	2,147	2,081	2,133	2,101	2,057	1,971	2,044	2,374
B － 2	1,460	1,570	1,557	1,547	1,611	1,446	1,460	1,418	1,371	1,441	1,375	1,329	1,406
B － 1	1,178	1,414	1,238	1,296	1,215	1,157	1,226	1,156	974	1,070	1,171	938	1,085
C － 5	2,917	–	–	–	–	–	–	–	–	–	–	2,917	–
C － 4	2,290	–	–	2,230	2,385							2,244	–
C － 3	1,747	1,797	–	1,676	–				1,512	1,672	1,691	2,271	–
C － 2	992	1,203	1,191	1,074	1,196	813	1,151	991	831	1,053	847	940	719
C － 1	743	825	854	831	968	694	752	874	903	605	657	558	544
茨　　城	2,514	2,633	2,596	2,496	2,556	2,458	2,537	2,498	2,352	2,447	2,336	2,506	2,671
A － 5	2,822	2,898	2,868	2,790	2,852	2,736	2,786	2,860	2,739	2,735	2,695	2,826	2,941
A － 4	2,506	2,660	2,715	2,545	2,566	2,485	2,490	2,555	2,397	2,429	2,335	2,427	2,614
A － 3	2,094	2,399	2,323	2,151	2,214	2,317	2,208	2,032	1,860	1,935	1,954	1,817	2,349
A － 2	1,353	1,513	1,521	1,576	1,500	1,348	1,642	1,106	1,048	1,716	1,550	1,387	1,391
A － 1	456	–	–	–						545	–	–	378
B － 5	2,488	2,745	2,496	2,408	2,533	2,590	2,588	–	2,340	1,088	–	2,426	2,699
B － 4	2,274	2,509	2,378	2,289	2,395	2,357	2,267	2,221	2,085	2,166	2,056	2,122	2,383
B － 3	1,673	1,910	1,636	1,995	1,963		1,805	1,687	1,789	1,563	1,210	1,384	1,392
B － 2	1,066	1,402	1,232	1,109	1,637	942	908	1,003	961	868	967	1,006	908
B － 1	855	–	868	928	1,007	568	724	700	–	653	–	441	401
C － 5	–												
C － 4	–												
C － 3	1,535		–	1,535									
C － 2	641	576	485	774	759	676	734	730	616	881	551	405	464
C － 1	529	652	533	864	–	487	673	629	539	–	380	405	343
宇　都　宮	2,428	2,054	2,805	2,485	2,575	2,421	2,356	2,284	2,487	2,325	2,210	2,383	2,859
A － 5	2,830	2,828	2,874	2,843	2,928	2,840	2,839	2,783	2,672	2,575	2,821	2,884	2,967
A － 4	2,624	–	2,707	2,619	2,730	2,464	2,648	2,704	2,342	2,494	2,598	2,695	2,775
A － 3	2,353	2,178	–	2,662	2,548	2,263	–	2,511	–	2,229	–	2,189	2,737
A － 2	1,734	–	–	–	–	1,999	913	–	–	–	–	–	–
A － 1	–	–	–	–	–	–	–	–	–	–	–	–	–
B － 5	2,193	–	–	–	–	2,755	–	–	–	–	1,619	–	–
B － 4	2,463	–	–	–	–	2,160	2,649	2,483	–	–	–	–	–
B － 3	1,859	–	–	–	1,673	2,052	–	2,537	–	–	–	1,147	–
B － 2	908	777	–	1,188	–	864	924	709	845	–	–	975	–
B － 1	540	540											
C － 5													
C － 4													
C － 3													
C － 2													
C － 1	512	562	–	532	747	533	492	525	–	359	512	431	–

2 月別規格別取引成立頭数・価格（食肉卸売市場別）（続き）
(3) 和牛計（続き）
イ 枝肉の１kg当たり卸売価格（続き）

単位：円

市場・規格	平成29年計	1月	2月	3月	4月	5月	6月	7月	8月	9月	10月	11月	12月
群馬	**2,478**	**2,586**	**2,503**	**2,460**	**2,568**	**2,439**	**2,444**	**2,432**	**2,409**	**2,295**	**2,335**	**2,480**	**2,674**
A－5	2,840	2,864	2,806	2,777	2,856	2,820	2,834	2,812	2,853	2,773	2,849	2,853	2,881
A－4	2,477	2,547	2,490	2,481	2,590	2,555	2,445	2,463	2,478	2,331	2,324	2,443	2,517
A－3	2,118	2,346	2,147	2,091	2,234	2,226	2,099	2,097	2,024	2,024	1,955	2,077	2,234
A－2	1,656	1,932	1,724	1,686	1,804	1,618	1,609	1,818	1,675	1,615	1,701	1,521	1,616
A－1	-	-	-	-	-	-	-	-	-	-	-	-	-
B－5	2,460	-	2,376	2,191	-	-	-	-	-	2,576	-	2,624	2,624
B－4	2,201	2,303	2,133	2,287	2,210	-	2,138	2,259	2,358	2,237	1,876	2,334	2,053
B－3	1,885	2,205	2,117	1,876	1,991	2,029	1,703	1,839	1,876	1,813	1,841	1,587	1,925
B－2	1,174	1,731	1,646	1,026	1,194	1,137	1,118	1,099	1,107	955	1,166	1,014	888
B－1	824	1,021	1,031	-	-	-	-	-	879	661	-	-	-
C－5	-	-	-	-	-	-	-	-	-	-	-	-	-
C－4	-	-	-	-	-	-	-	-	-	-	-	-	-
C－3	-	-	-	-	-	-	-	-	-	-	-	-	-
C－2	791	-	967	1,246	-	-	820	-	738	854	534	-	642
C－1	697	527	1,327	533	676	655	600	1,024	1,055	356	364	344	248
川口	**2,418**	**2,486**	**2,424**	**2,364**	**2,449**	**2,422**	**2,465**	**2,387**	**2,310**	**2,380**	**2,367**	**2,362**	**2,544**
A－5	2,748	2,703	2,695	2,658	2,715	2,718	2,734	2,728	2,685	2,755	2,736	2,786	2,913
A－4	2,428	2,545	2,472	2,353	2,427	2,458	2,379	2,377	2,371	2,352	2,383	2,387	2,571
A－3	2,176	2,425	2,203	2,122	2,246	2,176	2,118	2,181	1,978	2,063	2,108	2,124	2,249
A－2	1,730	1,910	1,645	1,945	1,796	1,858	1,896	1,406	1,515	1,707	1,803	1,705	1,841
A－1	-	-	-	-	-	-	-	-	-	-	-	-	-
B－5	2,554	-	-	-	-	-	-	-	2,430	-	-	-	2,699
B－4	2,185	2,262	2,162	-	2,236	-	2,161	2,106	1,934	1,997	2,192	2,055	2,386
B－3	1,952	2,132	2,053	1,890	2,071	2,016	1,957	1,874	1,945	1,542	1,912	1,893	2,090
B－2	1,481	1,513	1,433	1,766	1,666	1,599	1,569	1,325	1,217	1,620	1,620	1,384	1,683
B－1	-	-	-	-	-	-	-	-	-	-	-	-	-
C－5	-	-	-	-	-	-	-	-	-	-	-	-	-
C－4	-	-	-	-	-	-	-	-	-	-	-	-	-
C－3	-	-	-	-	-	-	-	-	-	-	-	-	-
C－2	956	1,079	-	-	1,529	1,027	1,078	672	-	809	-	216	-
C－1	-	-	-	-	-	-	-	-	-	-	-	-	-
山梨	**2,259**	**2,222**	**2,355**	**2,335**	**2,515**	**2,235**	**2,234**	**2,113**	**2,172**	**1,850**	**2,222**	**2,222**	**2,474**
A－5	2,858	2,865	2,853	2,875	2,873	2,712	2,722	2,778	2,786	2,696	2,854	2,903	3,104
A－4	2,522	2,684	2,495	2,529	2,644	2,454	2,377	2,432	2,460	2,282	2,444	2,539	2,784
A－3	2,011	1,703	2,107	1,865	2,258	1,991	2,062	2,078	1,701	1,807	2,006	1,971	2,366
A－2	1,463	1,943	1,735	1,930	1,834	1,990	1,597	1,247	1,188	1,249	1,227	1,526	1,389
A－1	-	-	-	-	-	-	-	-	-	-	-	-	-
B－5	2,672	2,586	-	2,376	-	-	-	-	2,685	-	2,641	-	2,884
B－4	2,469	2,557	2,421	-	2,157	-	2,304	2,377	-	-	-	2,406	2,704
B－3	1,852	1,512	-	-	2,126	-	-	2,121	2,081	1,607	1,958	1,085	1,921
B－2	976	1,018	1,042	1,023	1,131	868	913	1,031	930	982	993	990	792
B－1	799	-	-	-	-	-	-	-	-	979	-	-	598
C－5	-	-	-	-	-	-	-	-	-	-	-	-	-
C－4	-	-	-	-	-	-	-	-	-	-	-	-	-
C－3	-	-	-	-	-	-	-	-	-	-	-	-	-
C－2	814	-	-	-	-	919	-	-	-	-	-	754	-
C－1	712	1,291	-	658	1,229	584	520	828	609	110	638	741	436

単位：円

市場・規格	平成29年計	1 月	2 月	3 月	4 月	5 月	6 月	7 月	8 月	9 月	10 月	11 月	12 月
岐　　阜	**2,999**	**3,011**	**2,902**	**2,939**	**3,058**	**2,982**	**2,869**	**3,014**	**2,863**	**2,879**	**2,839**	**3,080**	**3,315**
A － 5	3,361	3,360	3,225	3,281	3,380	3,270	3,157	3,317	3,162	3,178	3,221	3,550	3,755
A － 4	2,790	2,854	2,719	2,778	2,883	2,860	2,705	2,803	2,758	2,748	2,677	2,754	2,907
A － 3	2,380	2,560	2,423	2,449	2,512	2,532	2,399	2,490	2,258	2,231	2,225	2,208	2,456
A － 2	1,990	2,069	1,784	2,159	1,955	2,144	-	2,156	1,858	1,862	1,743	1,907	-
A － 1	-	-	-	-	-	-	-	-	-	-	-	-	-
B － 5	3,003	2,978	2,959	3,044	3,044	2,842	-	3,028	3,086	2,859	2,915	3,372	3,058
B － 4	2,606	2,693	2,578	2,589	2,712	2,693	2,555	2,474	2,539	2,467	2,504	2,514	2,723
B － 3	2,293	2,346	2,311	2,353	2,385	2,450	2,185	2,284	2,297	2,210	2,376	1,992	2,240
B － 2	1,685	1,904	1,922	2,162	1,113	1,500	1,520	-	1,766	-	1,617	1,389	-
B － 1	1,120	-	-	-	1,514	1,515	-	-	-	-	346	-	-
C － 5	-	-	-	-	-	-	-	-	-	-	-	-	-
C － 4	-	-	-	-	-	-	-	-	-	-	-	-	-
C － 3	-	-	-	-	-	-	-	-	-	-	-	-	-
C － 2	-	-	-	-	-	-	-	-	-	-	-	-	-
C － 1	1,016	1,246	-	-	-	-	-	-	764	-	-	-	-
浜　　松	**2,692**	**2,687**	**2,678**	**2,839**	**2,729**	**2,689**	**2,442**	**2,805**	**2,290**	**2,517**	**2,559**	**2,591**	**2,860**
A － 5	2,848	2,805	2,816	2,998	2,829	2,759	2,641	2,889	2,617	2,636	2,714	2,790	3,065
A － 4	2,487	2,495	2,496	2,615	2,647	2,347	2,392	2,610	1,858	2,389	2,261	2,325	2,589
A － 3	2,114	1,893	2,312	2,290	-	2,312	2,152	-	-	1,977	1,986	2,046	2,238
A － 2	-	-	-	-	-	-	-	-	-	-	-	-	-
A － 1	-	-	-	-	-	-	-	-	-	-	-	-	-
B － 5	2,721	-	-	2,930	-	-	-	2,537	-	-	-	-	2,701
B － 4	2,124	-	-	-	2,228	2,296	2,054	-	2,077	-	1,875	1,912	2,209
B － 3	1,544	1,620	2,150	-	-	-	-	-	863	-	-	-	1,295
B － 2	985	-	-	-	1,026	-	1,098	-	1,080	-	-	833	-
B － 1	-	-	-	-	-	-	-	-	-	-	-	-	-
C － 5	-	-	-	-	-	-	-	-	-	-	-	-	-
C － 4	-	-	-	-	-	-	-	-	-	-	-	-	-
C － 3	-	-	-	-	-	-	-	-	-	-	-	-	-
C － 2	-	-	-	-	-	-	-	-	-	-	-	-	-
C － 1	510	-	540	434	-	-	-	-	-	-	-	-	-
東　三　河	**2,522**	**2,589**	**2,459**	**2,448**	**2,526**	**2,471**	**2,371**	**2,483**	**2,411**	**2,320**	**2,423**	**2,657**	**2,809**
A － 5	2,783	2,775	2,671	2,761	2,730	2,654	2,694	2,743	2,748	2,687	2,702	2,949	2,935
A － 4	2,462	2,638	2,475	2,422	2,498	2,574	2,457	2,355	2,391	2,184	2,352	2,538	2,711
A － 3	2,081	2,161	2,261	2,018	2,184	2,352	1,993	1,949	1,988	1,749	2,042	2,060	2,513
A － 2	1,494	-	2,031	1,778	-	1,547	1,242	1,485	1,567	755	1,140	1,796	-
A － 1	-	-	-	-	-	-	-	-	-	-	-	-	-
B － 5	2,484	-	-	-	2,433	-	2,281	-	-	-	-	-	2,790
B － 4	2,177	2,106	2,137	1,939	2,173	2,217	2,030	-	1,510	-	1,944	2,431	2,669
B － 3	1,863	-	2,046	1,857	1,436	2,158	-	-	2,051	1,271	1,888	-	1,843
B － 2	1,084	808	-	326	1,493	917	1,173	1,297	900	1,240	736	1,025	1,162
B － 1	605	-	269	935	761	-	-	324	-	-	-	-	-
C － 5	-	-	-	-	-	-	-	-	-	-	-	-	-
C － 4	-	-	-	-	-	-	-	-	-	-	-	-	-
C － 3	-	-	-	-	-	-	-	-	-	-	-	-	-
C － 2	432	-	432	-	-	-	-	-	-	-	-	-	-
C － 1	277	-	410	-	-	-	323	-	-	-	-	-	88

2 月別規格別取引成立頭数・価格（食肉卸売市場別）（続き）
(3) 和牛計（続き）
イ 枝肉の1kg当たり卸売価格（続き）

単位：円

市場・規格	平成29年計	1月	2月	3月	4月	5月	6月	7月	8月	9月	10月	11月	12月
四　日　市	2,477	2,365	2,371	2,475	2,570	2,500	2,298	2,361	2,322	2,385	2,359	2,674	2,684
A － 5	2,766	2,860	2,708	2,737	2,850	2,698	2,571	2,491	2,619	2,593	2,592	3,017	2,877
A － 4	2,497	2,655	2,595	2,564	2,638	2,522	2,325	2,455	2,315	2,455	2,404	2,581	2,646
A － 3	2,251	2,400	2,392	1,481	2,619	2,172	2,276	2,022	2,195	2,157	2,144	2,239	2,430
A － 2	1,584	865	1,515	－	1,583	－	－	－	－	1,654	－	－	2,377
A － 1	－	－	－	－	－	－	－	－	－	－	－	－	－
B － 5	2,464	－	2,793	2,274	2,708	－	2,157	1,835	2,375	－	－	2,617	2,806
B － 4	2,459	－	2,547	2,494	2,570	－	2,290	－	－	－	2,366	2,305	2,547
B － 3	2,094	1,988	1,828	2,177	2,239	1,943	2,380	2,105	2,271	1,836	2,046	2,169	2,509
B － 2	1,064	1,294	703	1,189	－	－	1,347	1,189	595	1,296	754	860	－
B － 1	－	－	－	－	－	－	－	－	－	－	－	－	－
C － 5	－	－	－	－	－	－	－	－	－	－	－	－	－
C － 4	2,050	－	－	－	2,050	－	－	－	－	－	－	－	－
C － 3	1,672	－	－	－	－	－	－	－	－	1,672	－	－	－
C － 2	788	－	－	－	－	－	1,009	－	835	－	－	－	710
C － 1	604	163	960	862	767	－	379	－	－	－	－	517	－
南　大　阪	－	－	－	－	－	－	－	－	－	－	－	－	－
A － 5	－	－	－	－	－	－	－	－	－	－	－	－	－
A － 4	－	－	－	－	－	－	－	－	－	－	－	－	－
A － 3	－	－	－	－	－	－	－	－	－	－	－	－	－
A － 2	－	－	－	－	－	－	－	－	－	－	－	－	－
A － 1	－	－	－	－	－	－	－	－	－	－	－	－	－
B － 5	－	－	－	－	－	－	－	－	－	－	－	－	－
B － 4	－	－	－	－	－	－	－	－	－	－	－	－	－
B － 3	－	－	－	－	－	－	－	－	－	－	－	－	－
B － 2	－	－	－	－	－	－	－	－	－	－	－	－	－
B － 1	－	－	－	－	－	－	－	－	－	－	－	－	－
C － 5	－	－	－	－	－	－	－	－	－	－	－	－	－
C － 4	－	－	－	－	－	－	－	－	－	－	－	－	－
C － 3	－	－	－	－	－	－	－	－	－	－	－	－	－
C － 2	－	－	－	－	－	－	－	－	－	－	－	－	－
C － 1	－	－	－	－	－	－	－	－	－	－	－	－	－
姫　　　路	2,811	2,714	2,661	2,605	3,631	2,864	3,061	2,637	2,674	2,599	2,629	2,697	2,945
A － 5	3,483	3,368	3,307	3,365	4,249	3,418	3,495	3,390	3,329	3,399	3,361	3,423	3,426
A － 4	3,086	2,916	3,145	3,042	3,480	3,145	3,121	2,857	3,126	2,919	2,934	3,022	3,213
A － 3	2,462	2,475	2,316	2,402	2,815	2,583	2,513	2,366	2,396	2,381	2,268	2,454	2,632
A － 2	1,676	2,037	1,586	1,779	1,934	1,728	1,733	1,718	1,588	1,629	1,675	1,585	1,716
A － 1	－	－	－	－	－	－	－	－	－	－	－	－	－
B － 5	3,083	4,102	－	2,992	4,416	3,255	3,295	2,941	3,086	3,020	2,883	3,001	3,119
B － 4	2,890	2,893	3,023	2,942	3,391	2,987	2,995	2,905	2,583	2,588	2,597	2,721	2,982
B － 3	2,329	2,314	2,185	2,494	2,686	2,400	2,454	2,265	2,166	2,245	2,064	2,241	2,490
B － 2	1,540	1,511	1,488	1,578	1,842	1,496	1,538	1,587	1,495	1,545	1,547	1,462	1,587
B － 1	1,163	1,411	－	1,228	－	1,340	－	1,173	1,167	640	1,185	1,044	1,179
C － 5	2,917	－	－	－	－	－	－	－	－	－	－	2,917	－
C － 4	2,447	－	－	－	－	－	－	－	－	－	－	2,447	－
C － 3	－	－	－	－	－	－	－	－	－	－	－	－	－
C － 2	1,271	－	1,189	1,233	－	－	－	1,541	1,341	1,173	1,199	1,631	1,167
C － 1	1,105	－	1,297	－	1,398	－	1,075	1,042	1,240	1,108	1,038	－	700

－ 228 －

単位：円

市場・規格	平成29年計	1月	2月	3月	4月	5月	6月	7月	8月	9月	10月	11月	12月
加 古 川	2,947	2,694	2,834	2,715	2,910	2,893	2,963	3,265	3,147	2,905	2,744	2,948	3,236
A － 5	3,530	3,365	3,328	3,257	3,343	3,403	3,516	3,743	3,793	3,700	3,427	3,522	4,024
A － 4	3,211	3,196	3,116	3,065	3,101	3,042	3,153	3,419	3,343	3,206	3,010	3,177	3,521
A － 3	2,561	2,463	2,494	2,487	2,524	2,621	2,528	2,654	2,555	2,407	2,525	2,631	2,828
A － 2	1,807	1,825	1,850	1,760	1,780	1,545	1,938	1,757	2,005	1,929	1,727	1,738	1,846
A － 1	1,189	1,563	1,566	871	1,510	-	-	-	1,403	-	1,350	-	-
B － 5	3,155	2,544	-	2,545	2,943	3,710	3,332	3,894	3,371	-	2,994	2,603	4,137
B － 4	3,217	2,949	2,955	2,874	3,136	3,512	2,882	3,521	3,232	3,266	2,858	3,033	3,795
B － 3	2,672	2,039	2,636	2,586	2,612	2,528	2,819	2,691	2,860	3,156	2,974	2,362	3,089
B － 2	1,491	1,584	1,676	1,511	1,538	1,454	1,421	1,517	1,533	1,520	1,293	1,530	1,352
B － 1	1,356	1,603	1,439	1,387	1,465	1,323	1,263	1,368	1,252	1,390	1,222	1,052	1,132
C － 5	-	-	-	-	-	-	-	-	-	-	-	-	-
C － 4	-	-	-	-	-	-	-	-	-	-	-	-	-
C － 3	1,797	1,797	-	-	-	-	-	-	-	-	-	-	-
C － 2	1,034	1,210	433	-	-	-	969	-	-	-	1,086	1,077	-
C － 1	698	900	524	889	-	1,186	556	704	705	837	685	61	616
西 宮	2,434	2,297	2,364	2,292	2,623	2,262	2,243	2,507	2,451	2,456	2,523	2,685	2,780
A － 5	2,914	2,921	2,871	2,846	3,202	2,850	2,883	2,836	2,799	2,794	2,837	2,953	2,987
A － 4	2,630	2,705	2,597	2,558	2,869	2,572	2,571	2,597	2,518	2,507	2,491	2,658	2,760
A － 3	2,256	2,289	2,251	2,218	2,426	2,187	2,180	2,199	2,246	2,204	2,231	2,181	2,431
A － 2	1,716	1,688	1,657	1,661	1,841	1,637	1,677	1,758	1,760	1,859	1,991	1,823	2,093
A － 1	-	-	-	-	-	-	-	-	-	-	-	-	-
B － 5	2,705	2,672	2,484	2,701	2,986	2,748	2,699	2,752	-	-	2,756	2,659	2,756
B － 4	2,504	2,606	2,456	2,514	2,686	2,511	2,514	2,364	2,520	2,433	2,313	2,388	2,541
B － 3	2,096	2,213	2,255	1,918	2,394	1,931	1,988	2,117	2,023	2,095	2,106	2,088	2,439
B － 2	1,621	1,609	1,605	1,608	1,760	1,570	1,600	1,581	1,598	1,576	-	-	-
B － 1	1,345	1,402	-	1,404	-	1,403	1,294	1,189	-	-	-	-	-
C － 5	-	-	-	-	-	-	-	-	-	-	-	-	-
C － 4	-	-	-	-	-	-	-	-	-	-	-	-	-
C － 3	-	-	-	-	-	-	-	-	-	-	-	-	-
C － 2	1,513	-	-	-	-	-	1,513	-	-	-	-	-	-
C － 1	1,464	-	1,408	-	1,513	-	-	-	-	-	-	-	-
岡 山	2,593	2,773	2,650	2,686	2,733	2,564	2,532	2,574	2,539	2,459	2,432	2,386	2,769
A － 5	2,857	2,958	2,914	2,854	2,927	2,897	2,826	2,826	2,819	2,767	2,727	2,712	2,988
A － 4	2,541	2,751	2,638	2,648	2,653	2,564	2,433	2,536	2,434	2,419	2,373	2,377	2,690
A － 3	2,186	2,595	2,494	2,290	2,407	2,178	2,148	2,126	1,954	2,012	1,941	1,907	2,185
A － 2	1,506	-	-	-	-	-	1,079	-	-	-	-	1,835	-
A － 1	-	-	-	-	-	-	-	-	-	-	-	-	-
B － 5	2,788	2,966	-	2,889	2,658	-	2,644	2,846	2,818	2,644	2,867	2,673	2,803
B － 4	2,449	2,525	2,664	2,659	2,587	2,446	2,423	2,529	2,260	2,393	2,298	2,174	2,563
B － 3	1,992	2,400	1,675	1,137	2,250	1,827	2,095	1,982	2,135	1,996	2,076	1,925	2,080
B － 2	1,260	-	-	-	-	-	-	1,599	-	-	-	756	-
B － 1	-	-	-	-	-	-	-	-	-	-	-	-	-
C － 5	-	-	-	-	-	-	-	-	-	-	-	-	-
C － 4	2,652	-	-	-	2,652	-	-	-	-	-	-	-	-
C － 3	1,729	-	-	-	-	-	-	-	-	-	1,729	-	-
C － 2	-	-	-	-	-	-	-	-	-	-	-	-	-
C － 1	760	986	660	1,081	-	746	893	1,079	792	606	736	408	1,081

2　月別規格別取引成立頭数・価格（食肉卸売市場別）（続き）
(3)　和牛計（続き）
イ　枝肉の1kg当たり卸売価格（続き）

単位：円

市場・規格	平成29年計	1月	2月	3月	4月	5月	6月	7月	8月	9月	10月	11月	12月
坂　　出	2,690	2,722	2,651	2,600	2,834	2,711	2,636	2,704	2,551	2,549	2,582	2,743	2,821
A － 5	2,895	2,924	2,892	2,896	2,970	2,897	2,853	2,905	2,856	2,730	2,754	2,899	3,044
A － 4	2,623	2,648	2,564	2,603	2,743	2,680	2,663	2,626	2,494	2,439	2,489	2,657	2,774
A － 3	2,272	2,469	2,277	2,215	2,410	2,248	2,176	2,203	2,090	2,021	2,278	2,336	2,420
A － 2	1,414	-	-	-	-	-	-	1,836	1,621	-	-	-	1,112
A － 1	-	-	-	-	-	-	-	-	-	-	-	-	-
B － 5	2,658	2,717	2,515	2,659	-	-	2,489	-	-	-	-	-	2,938
B － 4	2,386	2,697	2,652	2,306	-	2,511	2,340	2,397	2,319	2,172	2,309	1,565	2,637
B － 3	2,142	2,245	2,250	1,996	2,251	2,109	2,150	1,990	2,112	-	1,888	2,150	2,536
B － 2	1,748	2,080	1,727	1,363	-	1,835	-	1,648	1,997	-	-	-	811
B － 1	-	-	-	-	-	-	-	-	-	-	-	-	-
C － 5	-	-	-	-	-	-	-	-	-	-	-	-	-
C － 4	-	-	-	-	-	-	-	-	-	-	-	-	-
C － 3	-	-	-	-	-	-	-	-	-	-	-	-	-
C － 2	1,145	-	-	1,296	-	-	827	-	-	-	-	1,252	-
C － 1	459	-	-	-	-	-	-	-	-	164	-	-	591
愛　　媛	-	-	-	-	-	-	-	-	-	-	-	-	-
A － 5	-	-	-	-	-	-	-	-	-	-	-	-	-
A － 4	-	-	-	-	-	-	-	-	-	-	-	-	-
A － 3	-	-	-	-	-	-	-	-	-	-	-	-	-
A － 2	-	-	-	-	-	-	-	-	-	-	-	-	-
A － 1	-	-	-	-	-	-	-	-	-	-	-	-	-
B － 5	-	-	-	-	-	-	-	-	-	-	-	-	-
B － 4	-	-	-	-	-	-	-	-	-	-	-	-	-
B － 3	-	-	-	-	-	-	-	-	-	-	-	-	-
B － 2	-	-	-	-	-	-	-	-	-	-	-	-	-
B － 1	-	-	-	-	-	-	-	-	-	-	-	-	-
C － 5	-	-	-	-	-	-	-	-	-	-	-	-	-
C － 4	-	-	-	-	-	-	-	-	-	-	-	-	-
C － 3	-	-	-	-	-	-	-	-	-	-	-	-	-
C － 2	-	-	-	-	-	-	-	-	-	-	-	-	-
C － 1	-	-	-	-	-	-	-	-	-	-	-	-	-
佐 世 保	2,487	2,623	2,582	2,480	2,523	2,390	2,374	2,539	2,272	2,349	2,294	2,496	2,708
A － 5	2,933	2,967	2,909	2,889	2,921	2,797	2,794	3,017	2,755	2,891	2,786	3,018	3,066
A － 4	2,514	2,706	2,619	2,505	2,622	2,485	2,437	2,514	2,329	2,353	2,396	2,456	2,694
A － 3	2,214	2,448	2,384	2,217	2,319	2,164	2,176	2,186	2,028	2,055	2,040	2,126	2,375
A － 2	1,906	2,214	2,053	1,893	1,909	1,891	1,610	1,767	1,592	1,816	1,799	1,797	2,071
A － 1	486	-	-	-	-	-	-	-	486	-	-	-	-
B － 5	2,687	2,884	2,696	2,646	2,738	2,664	-	2,661	2,500	2,586	2,645	2,605	2,846
B － 4	2,354	2,589	2,493	2,425	2,460	2,324	2,294	2,263	2,128	2,124	2,190	2,256	2,518
B － 3	2,074	2,344	2,283	2,118	2,145	2,025	1,995	2,120	1,909	1,920	1,834	1,973	2,265
B － 2	1,461	1,786	1,651	1,615	1,485	1,507	1,297	1,411	1,172	1,480	1,308	1,215	1,674
B － 1	749	-	-	-	926	-	1,296	972	502	-	-	756	-
C － 5	-	-	-	-	-	-	-	-	-	-	-	-	-
C － 4	2,130	-	-	2,230	-	-	-	-	-	-	-	1,893	-
C － 3	1,829	-	-	1,835	-	-	-	-	1,512	-	1,622	2,271	-
C － 2	1,186	1,460	1,557	1,074	1,130	913	1,417	1,072	-	1,167	981	1,075	972
C － 1	775	930	912	896	910	786	837	803	768	642	706	643	598

単位：円

市場・規格	平成29年計	1 月	2 月	3 月	4 月	5 月	6 月	7 月	8 月	9 月	10 月	11 月	12 月
熊　本													
A － 5	-	-	-	-	-	-	-	-	-	-	-	-	-
A － 4	-	-	-	-	-	-	-	-	-	-	-	-	-
A － 3	-	-	-	-	-	-	-	-	-	-	-	-	-
A － 2	-	-	-	-	-	-	-	-	-	-	-	-	-
A － 1	-	-	-	-	-	-	-	-	-	-	-	-	-
B － 5	-	-	-	-	-	-	-	-	-	-	-	-	-
B － 4	-	-	-	-	-	-	-	-	-	-	-	-	-
B － 3	-	-	-	-	-	-	-	-	-	-	-	-	-
B － 2	-	-	-	-	-	-	-	-	-	-	-	-	-
B － 1	-	-	-	-	-	-	-	-	-	-	-	-	-
C － 5	-	-	-	-	-	-	-	-	-	-	-	-	-
C － 4	-	-	-	-	-	-	-	-	-	-	-	-	-
C － 3	-	-	-	-	-	-	-	-	-	-	-	-	-
C － 2	-	-	-	-	-	-	-	-	-	-	-	-	-
C － 1	-	-	-	-	-	-	-	-	-	-	-	-	-

2　月別規格別取引成立頭数・価格（食肉卸売市場別）（続き）

(4)　和牛めす

ア　枝肉の取引成立頭数

単位：頭

市場・規格	平成29年計	1月	2月	3月	4月	5月	6月	7月	8月	9月	10月	11月	12月
合　　計	79,938	5,597	6,005	6,056	7,579	5,847	6,026	7,434	5,566	6,078	6,564	8,454	8,732
A － 5	22,086	1,434	1,592	1,520	2,097	1,475	1,682	2,081	1,604	1,574	1,951	2,461	2,615
A － 4	23,701	1,767	1,831	1,779	2,160	1,761	1,771	2,208	1,601	1,787	1,962	2,390	2,684
A － 3	10,377	714	770	786	960	785	779	976	765	819	851	1,068	1,104
A － 2	6,473	407	449	553	723	537	530	631	464	525	413	684	557
A － 1	12	1	1	1	-	-	-	2	1	1	3	-	2
B － 5	497	35	50	51	52	40	30	45	33	31	37	39	54
B － 4	2,142	181	201	194	208	157	139	183	151	160	138	214	216
B － 3	2,501	178	174	209	223	171	172	192	184	192	170	306	330
B － 2	9,611	713	739	745	935	719	712	915	586	750	807	1,075	915
B － 1	483	30	52	67	57	38	45	28	22	28	37	31	48
C － 5	2	-	1	-	-	-	-	-	-	-	-	1	-
C － 4	15	2	2	3	2	2	-	-	2	1	-	1	-
C － 3	32	1	2	6	2	1	4	1	2	2	1	7	3
C － 2	765	50	46	41	49	45	65	60	59	99	82	79	90
C － 1	1,241	84	95	101	111	116	97	112	92	109	112	98	114
中央市場計	64,806	4,560	4,820	4,857	6,210	4,720	4,911	6,082	4,543	4,909	5,327	6,860	7,007
A － 5	18,410	1,218	1,336	1,272	1,725	1,232	1,366	1,750	1,363	1,319	1,653	2,063	2,113
A － 4	19,246	1,488	1,474	1,430	1,741	1,430	1,466	1,806	1,321	1,424	1,612	1,898	2,156
A － 3	8,469	569	620	631	791	648	670	801	623	660	656	873	927
A － 2	5,190	326	346	427	618	423	429	526	374	407	317	561	436
A － 1	6	-	-	-	-	-	-	2	-	1	1	-	2
B － 5	361	25	41	35	40	31	26	27	24	22	28	28	34
B － 4	1,523	142	144	142	143	115	87	139	112	125	92	156	126
B － 3	1,926	130	133	168	179	132	133	152	135	146	137	233	248
B － 2	7,734	536	580	598	804	554	567	731	451	612	659	886	756
B － 1	300	19	37	36	31	27	34	16	15	13	21	17	34
C － 5	1	-	1	-	-	-	-	-	-	-	-	-	-
C － 4	11	2	2	1	1	2	-	-	2	1	-	-	-
C － 3	29	-	2	5	2	1	4	1	2	1	1	7	3
C － 2	656	40	39	35	43	34	59	47	52	88	67	71	81
C － 1	944	65	65	77	92	91	70	84	69	90	83	67	91
仙　台	3,688	236	273	262	402	222	320	396	268	254	243	521	291
A － 5	623	36	64	40	61	24	44	70	33	33	36	113	69
A － 4	582	38	52	48	47	25	41	82	49	34	31	79	56
A － 3	467	45	39	22	55	34	50	44	43	27	22	59	27
A － 2	715	48	35	47	86	41	76	88	50	58	48	105	33
A － 1	1	-	-	-	-	-	-	-	-	-	-	-	1
B － 5	11	-	1	1	-	1	2	1	1	1	2	-	1
B － 4	42	3	5	4	7	5	-	4	5	1	1	6	1
B － 3	141	7	6	16	20	12	3	13	14	4	7	21	18
B － 2	936	50	62	66	111	71	79	85	59	80	83	121	69
B － 1	38	1	-	4	1	1	5	1	1	6	5	5	8
C － 5	-	-	-	-	-	-	-	-	-	-	-	-	-
C － 4	-	-	-	-	-	-	-	-	-	-	-	-	-
C － 3	-	-	-	-	-	-	-	-	-	-	-	-	-
C － 2	15	2	1	2	-	1	3	-	-	1	2	3	-
C － 1	117	6	8	12	14	7	17	8	13	9	6	9	8

単位：頭

市場・規格	平成29年計	1 月	2 月	3 月	4 月	5 月	6 月	7 月	8 月	9 月	10 月	11 月	12 月
さ い た ま	**885**	**46**	**74**	**40**	**105**	**68**	**42**	**76**	**69**	**73**	**64**	**104**	**124**
A － 5	115	7	15	9	16	7	9	7	6	7	7	8	17
A － 4	121	6	9	10	16	10	6	13	6	7	5	13	20
A － 3	108	6	10	5	15	4	7	13	6	5	8	16	13
A － 2	143	5	15	5	21	12	2	12	10	11	4	25	21
A － 1	-	-	-	-	-	-	-	-	-	-	-	-	-
B － 5	2	-	-	-	-	1	-	-	-	-	-	1	-
B － 4	10	1	-	-	-	-	-	1	1	1	-	4	2
B － 3	41	6	1	1	-	4	3	4	2	3	6	4	7
B － 2	213	11	17	7	30	17	6	15	18	16	26	22	28
B － 1	10	1	2	-	3	3	-	-	1	-	-	-	-
C － 5	-												
C － 4	-												
C － 3	6	-	-	3	1	-	-	-	-	-	-	1	1
C － 2	75	1	3	-	-	4	8	8	15	16	5	8	7
C － 1	41	2	2	-	3	6	1	3	4	7	3	2	8
東　　京	**34,275**	**2,430**	**2,682**	**2,597**	**3,173**	**2,515**	**2,543**	**3,116**	**2,446**	**2,638**	**2,912**	**3,503**	**3,720**
A － 5	10,596	675	811	723	926	712	750	986	793	761	1,049	1,196	1,214
A － 4	9,546	769	781	735	833	723	689	886	668	740	799	876	1,047
A － 3	4,182	289	317	333	395	345	341	356	305	327	296	422	456
A － 2	2,584	168	189	214	311	211	207	238	198	195	150	281	222
A － 1	-	-	-	-	-	-	-	-	-	-	-	-	-
B － 5	163	6	19	12	18	15	10	15	10	9	16	17	16
B － 4	637	57	67	65	67	45	36	51	54	57	44	44	50
B － 3	859	53	50	64	80	58	65	69	62	72	58	113	115
B － 2	4,457	330	362	355	431	308	342	417	273	347	380	460	452
B － 1	119	8	13	17	17	11	17	4	7	1	4	3	17
C － 5	-												
C － 4	4	1	-	1	-	1	-	-	-	-	1	-	-
C － 3	9	-	-	-	-	-	2	-	1	-	1	3	2
C － 2	505	34	28	29	40	25	45	33	34	68	55	47	67
C － 1	614	40	45	49	55	61	39	61	41	60	60	41	62
横　　浜	**1,455**	**83**	**94**	**105**	**183**	**84**	**87**	**132**	**70**	**94**	**136**	**187**	**200**
A － 5	277	15	16	19	40	17	12	13	14	12	24	44	51
A － 4	561	33	39	32	61	28	36	49	23	43	64	84	69
A － 3	257	14	17	23	27	12	14	28	20	19	27	28	28
A － 2	113	6	13	8	14	8	5	19	7	8	8	5	12
A － 1	-	-	-	-	-	-	-	-	-	-	-	-	-
B － 5	10	-	1	1	4	-	-	1	-	-	-	2	1
B － 4	37	2	1	4	2	4	3	-	1	2	5	5	8
B － 3	67	6	3	5	8	2	7	9	2	3	5	7	10
B － 2	121	6	4	13	26	12	8	13	3	7	3	11	15
B － 1	3	-	-	-	1	-	1	-	-	-	-	1	-
C － 5	-												
C － 4	-												
C － 3	-												
C － 2	4	-	-	-	-	1	-	-	-	-	-	-	3
C － 1	5	1	-	-	-	-	1	-	-	-	-	-	3

2　月別規格別取引成立頭数・価格（食肉卸売市場別）（続き）
(4)　和牛めす（続き）
ア　枝肉の取引成立頭数（続き）

単位：頭

市場・規格	平成29年計	1月	2月	3月	4月	5月	6月	7月	8月	9月	10月	11月	12月
名古屋	**1,828**	**119**	**129**	**129**	**151**	**145**	**144**	**173**	**121**	**154**	**149**	**179**	**235**
A－5	748	37	52	57	71	63	66	75	48	65	52	75	87
A－4	681	44	47	42	56	57	55	68	48	59	67	53	85
A－3	220	23	16	11	10	13	12	15	13	14	17	33	43
A－2	37	2	2	5	2	－	2	4	1	5	4	3	7
A－1	－	－	－	－	－	－	－	－	－	－	－	－	－
B－5	15	2	－	2	3	1	1	2	－	2	－	1	1
B－4	57	5	6	4	4	7	4	4	5	3	2	9	4
B－3	41	3	2	5	3	3	2	1	3	3	5	4	7
B－2	17	1	1	1	1	1	2	3	1	2	2	1	1
B－1	－	－	－	－	－	－	－	－	－	－	－	－	－
C－5	1	－	1	－	－	－	－	－	－	－	－	－	－
C－4	1	－	－	－	－	－	－	－	1	－	－	－	－
C－3	2	－	2	－	－	－	－	－	－	－	－	－	－
C－2	2	1	－	－	－	－	－	1	－	－	－	－	－
C－1	6	1	－	2	1	－	－	－	1	1	－	－	－
京都	**3,884**	**236**	**265**	**313**	**389**	**276**	**224**	**377**	**303**	**270**	**371**	**357**	**503**
A－5	1,238	72	57	73	136	84	73	120	103	85	130	113	192
A－4	1,499	95	118	122	147	101	101	147	103	103	125	147	190
A－3	649	24	35	54	58	42	36	77	64	44	69	64	82
A－2	193	12	13	20	22	14	3	19	16	21	27	15	11
A－1	－	－	－	－	－	－	－	－	－	－	－	－	－
B－5	19	－	5	2	3	3	－	－	4	2	－	－	－
B－4	81	11	10	15	5	13	1	6	1	3	3	6	7
B－3	112	11	13	15	12	15	7	4	7	7	5	4	12
B－2	75	9	10	9	6	3	3	4	2	5	10	6	8
B－1	1	－	1	－	－	－	－	－	－	－	－	－	－
C－5	－	－	－	－	－	－	－	－	－	－	－	－	－
C－4	－	－	－	－	－	－	－	－	－	－	－	－	－
C－3	1	－	－	1	－	－	－	－	－	－	－	－	－
C－2	11	1	2	2	－	－	－	－	3	－	2	－	1
C－1	5	1	1	－	－	1	－	－	－	－	－	2	－
大阪	**3,699**	**287**	**280**	**318**	**355**	**296**	**262**	**352**	**258**	**263**	**336**	**338**	**354**
A－5	824	78	63	65	93	67	48	68	70	45	75	62	90
A－4	1,552	132	113	123	153	130	110	165	113	94	149	136	134
A－3	669	38	49	49	55	52	54	71	44	59	61	61	76
A－2	138	3	11	14	8	18	17	10	4	15	9	13	16
A－1	－	－	－	－	－	－	－	－	－	－	－	－	－
B－5	13	1	2	3	1	1	1	1	－	1	1	－	1
B－4	116	14	11	13	17	5	6	9	6	9	6	11	9
B－3	138	9	14	23	9	5	8	7	6	14	13	19	11
B－2	210	9	14	27	17	14	17	16	13	23	19	27	14
B－1	12	－	－	－	－	3	－	3	2	1	1	2	－
C－5	－	－	－	－	－	－	－	－	－	－	－	－	－
C－4	－	－	－	－	－	－	－	－	－	－	－	－	－
C－3	4	－	－	－	－	1	－	－	－	1	－	2	－
C－2	10	－	3	1	－	－	－	－	－	－	1	3	2
C－1	13	3	－	－	2	－	1	2	－	1	1	2	1

単位：頭

市場・規格	平成29年計	1 月	2 月	3 月	4 月	5 月	6 月	7 月	8 月	9 月	10 月	11 月	12 月
神　戸	7,293	520	508	494	653	518	674	675	518	593	540	776	824
A － 5	3,003	214	195	214	278	203	286	285	221	253	217	336	301
A － 4	2,733	190	174	169	247	190	265	226	179	216	220	293	364
A － 3	738	49	60	49	59	61	55	79	58	62	56	66	84
A － 2	93	5	8	5	6	9	9	9	7	7	4	11	13
A － 1	2	-	-	-	-	-	-	2	-	-	-	-	-
B － 5	106	13	12	10	9	8	11	6	9	7	8	7	6
B － 4	355	32	33	26	29	27	25	42	21	30	19	42	29
B － 3	192	9	22	20	15	13	19	19	16	13	13	15	18
B － 2	50	5	2	-	7	5	1	5	4	4	2	6	9
B － 1	5	1	-	-	-	2	1	1	-	-	-	-	-
C － 5	-	-	-	-	-	-	-	-	-	-	-	-	-
C － 4	5	1	2	-	1	-	-	-	1	-	-	-	-
C － 3	4	-	-	1	-	-	2	-	1	-	-	-	-
C － 2	1	-	-	-	-	-	-	-	1	-	-	-	-
C － 1	6	1	-	-	-	1	-	1	1	1	1	-	-
広　島	854	56	64	64	85	55	75	97	59	51	60	95	93
A － 5	163	13	11	5	16	4	7	19	12	10	14	27	25
A － 4	356	29	26	28	31	30	31	38	25	15	27	34	42
A － 3	101	3	4	9	10	9	15	14	3	11	5	7	11
A － 2	41	1	2	2	4	2	5	7	4	3	-	6	5
A － 1	-	-	-	-	-	-	-	-	-	-	-	-	-
B － 5	1	-	-	-	-	-	-	-	-	-	-	-	1
B － 4	15	1	6	1	-	-	-	2	2	1	2	-	-
B － 3	21	1	3	3	3	1	-	2	1	2	1	2	2
B － 2	100	6	7	8	16	4	11	13	8	6	5	12	4
B － 1	15	1	1	3	1	2	3	-	1	-	3	-	-
C － 5	-	-	-	-	-	-	-	-	-	-	-	-	-
C － 4	-	-	-	-	-	-	-	-	-	-	-	-	-
C － 3	-	-	-	-	-	-	-	-	-	-	-	-	-
C － 2	2	-	-	1	-	-	-	-	-	-	-	1	-
C － 1	39	1	4	4	4	3	3	2	3	3	3	6	3
福　岡	6,945	547	451	535	714	541	540	688	431	519	516	800	663
A － 5	823	71	52	67	88	51	71	107	63	48	49	89	67
A － 4	1,615	152	115	121	150	136	132	132	107	113	125	183	149
A － 3	1,078	78	73	76	107	76	86	104	67	92	95	117	107
A － 2	1,133	76	58	107	144	108	103	120	77	84	63	97	96
A － 1	3	-	-	-	-	-	-	-	-	1	1	-	1
B － 5	21	3	1	4	2	1	1	1	-	-	1	-	7
B － 4	173	16	5	10	12	9	12	20	16	18	10	29	16
B － 3	314	25	19	16	29	19	19	24	22	25	24	44	48
B － 2	1,555	109	101	112	159	119	98	160	70	122	129	220	156
B － 1	97	7	20	12	6	6	7	8	3	5	8	6	9
C － 5	-	-	-	-	-	-	-	-	-	-	-	-	-
C － 4	1	-	-	-	1	-	-	-	-	-	-	-	-
C － 3	3	-	-	1	-	-	-	1	-	-	-	1	-
C － 2	31	1	2	-	3	3	3	4	-	3	2	9	1
C － 1	98	9	5	10	13	12	8	7	6	8	9	5	6

2　月別規格別取引成立頭数・価格（食肉卸売市場別）（続き）
(4)　和牛めす（続き）
ア　枝肉の取引成立頭数（続き）

単位：頭

市場・規格	平成29年計	1月	2月	3月	4月	5月	6月	7月	8月	9月	10月	11月	12月
指定市場計	**15,132**	**1,037**	**1,185**	**1,199**	**1,369**	**1,127**	**1,115**	**1,352**	**1,023**	**1,169**	**1,237**	**1,594**	**1,725**
A－5	3,676	216	256	248	372	243	316	331	241	255	298	398	502
A－4	4,455	279	357	349	419	331	305	402	280	363	350	492	528
A－3	1,908	145	150	155	169	137	109	175	142	159	195	195	177
A－2	1,283	81	103	126	105	114	101	105	90	118	96	123	121
A－1	6	1	1	1	－	－	－	－	1	－	2	－	－
B－5	136	10	9	16	12	9	4	18	9	9	9	11	20
B－4	619	39	57	52	65	42	52	44	39	35	46	58	90
B－3	575	48	41	41	44	39	39	40	49	46	33	73	82
B－2	1,877	177	159	147	131	165	145	184	135	138	148	189	159
B－1	183	11	15	31	26	11	11	12	7	15	16	14	14
C－5	1	－	－	－	－	－	－	－	－	－	－	1	－
C－4	4	－	－	2	1	－	－	－	－	－	－	1	－
C－3	3	1	－	1	－	－	－	－	－	1	－	－	－
C－2	109	10	7	6	6	11	6	13	7	11	15	8	9
C－1	297	19	30	24	19	25	27	28	23	19	29	31	23
茨城	**748**	**47**	**43**	**44**	**61**	**56**	**70**	**73**	**55**	**63**	**73**	**92**	**71**
A－5	147	12	9	12	13	10	16	12	11	14	9	15	14
A－4	231	9	10	11	14	12	30	16	16	23	30	33	27
A－3	113	5	8	8	9	8	10	7	6	12	14	19	7
A－2	47	1	1	4	6	4	1	10	11	2	1	1	5
A－1	－	－	－	－	－	－	－	－	－	－	－	－	－
B－5	5	2	－	－	－	1	－	－	1	1	－	－	－
B－4	24	3	－	3	1	3	3	3	3	－	1	2	2
B－3	23	1	1	－	1	－	3	3	1	3	－	9	1
B－2	78	8	9	－	2	7	4	13	3	6	11	7	8
B－1	30	－	1	5	14	4	1	1	－	1	－	2	1
C－5	－	－	－	－	－	－	－	－	－	－	－	－	－
C－4	－	－	－	－	－	－	－	－	－	－	－	－	－
C－3	－	－	－	－	－	－	－	－	－	－	－	－	－
C－2	27	2	1	－	1	6	－	5	2	1	5	1	3
C－1	23	4	3	1	－	1	2	3	1	－	2	3	3
宇都宮	**101**	**6**	**4**	**8**	**5**	**19**	**8**	**11**	**5**	**5**	**9**	**12**	**9**
A－5	22	－	2	1	－	6	1	1	3	1	3	1	3
A－4	25	－	2	2	2	2	2	1	2	3	1	4	4
A－3	19	2	－	2	1	6	－	2	－	1	－	3	2
A－2	－	－	－	－	－	－	－	－	－	－	－	－	－
A－1	－	－	－	－	－	－	－	－	－	－	－	－	－
B－5	－	－	－	－	－	－	－	－	－	－	－	－	－
B－4	3	－	－	－	－	1	2	－	－	－	－	－	－
B－3	3	－	－	－	1	1	－	1	－	－	－	－	－
B－2	9	1	－	2	－	1	－	3	－	－	－	2	－
B－1	1	1	－	－	－	－	－	－	－	－	－	－	－
C－5	－	－	－	－	－	－	－	－	－	－	－	－	－
C－4	－	－	－	－	－	－	－	－	－	－	－	－	－
C－3	－	－	－	－	－	－	－	－	－	－	－	－	－
C－2	－	－	－	－	－	－	－	－	－	－	－	－	－
C－1	19	2	－	1	1	2	3	3	－	－	5	2	－

単位：頭

市場・規格	平成29年計	1月	2月	3月	4月	5月	6月	7月	8月	9月	10月	11月	12月
群　馬	**638**	**58**	**43**	**49**	**51**	**48**	**47**	**54**	**48**	**54**	**55**	**65**	**66**
A－5	173	12	6	15	13	10	11	16	15	13	9	19	34
A－4	208	25	19	18	17	17	16	16	18	14	24	14	10
A－3	68	7	5	4	6	5	7	6	5	4	10	6	3
A－2	47	2	4	3	4	6	3	1	2	4	1	12	5
A－1	–	–	–	–	–	–	–	–	–	–	–	–	–
B－5	–	–	–	–	–	–	–	–	–	–	–	–	–
B－4	11	1	1	2	–	–	2	1	–	1	2	–	1
B－3	16	3	–	1	3	2	1	–	–	2	1	1	2
B－2	58	5	2	3	5	5	5	10	3	5	2	7	6
B－1	8	1	2	–	–	–	–	–	–	5	–	–	–
C－5	–	–	–	–	–	–	–	–	–	–	–	–	–
C－4	–	–	–	–	–	–	–	–	–	–	–	–	–
C－3	–	–	–	–	–	–	–	–	–	–	–	–	–
C－2	12	–	1	–	–	–	1	–	3	2	3	–	2
C－1	37	2	3	3	3	3	1	4	2	4	3	6	3
川　口	**636**	**51**	**48**	**46**	**74**	**36**	**40**	**69**	**41**	**38**	**65**	**58**	**70**
A－5	189	9	11	11	23	12	24	23	12	11	23	15	15
A－4	277	25	21	28	27	18	11	27	12	19	28	25	36
A－3	99	7	10	7	14	4	2	10	9	5	11	10	10
A－2	23	2	3	–	3	1	1	4	4	–	3	1	1
A－1	–	–	–	–	–	–	–	–	–	–	–	–	–
B－5	1	–	–	–	–	–	–	–	–	–	–	–	1
B－4	11	1	2	–	1	–	1	1	1	–	–	1	3
B－3	15	2	–	–	3	1	1	–	–	3	–	2	3
B－2	18	4	1	–	3	–	–	3	3	–	–	3	1
B－1	–	–	–	–	–	–	–	–	–	–	–	–	–
C－5	–	–	–	–	–	–	–	–	–	–	–	–	–
C－4	–	–	–	–	–	–	–	–	–	–	–	–	–
C－3	–	–	–	–	–	–	–	–	–	–	–	–	–
C－2	3	1	–	–	–	–	–	1	–	–	–	1	–
C－1	–	–	–	–	–	–	–	–	–	–	–	–	–
山　梨	**443**	**28**	**31**	**34**	**36**	**29**	**21**	**36**	**49**	**31**	**28**	**66**	**54**
A－5	62	4	4	2	8	4	7	4	7	1	3	10	8
A－4	90	4	10	10	11	7	3	7	8	4	4	13	9
A－3	65	8	4	11	3	1	2	5	5	5	4	7	10
A－2	58	2	6	2	4	1	2	2	12	4	5	6	12
A－1	–	–	–	–	–	–	–	–	–	–	–	–	–
B－5	1	–	–	–	–	–	–	–	–	–	–	–	1
B－4	8	1	2	–	1	–	1	1	–	–	–	1	1
B－3	6	1	–	–	–	–	–	–	–	3	–	1	1
B－2	115	7	5	6	7	7	4	14	13	12	10	19	11
B－1	1	–	–	–	–	–	–	–	–	1	–	–	–
C－5	–	–	–	–	–	–	–	–	–	–	–	–	–
C－4	–	–	–	–	–	–	–	–	–	–	–	–	–
C－3	–	–	–	–	–	–	–	–	–	–	–	–	–
C－2	3	–	–	–	–	1	–	–	–	–	–	2	–
C－1	34	1	–	3	2	8	2	3	4	1	2	7	1

2 月別規格別取引成立頭数・価格（食肉卸売市場別）（続き）
(4) 和牛めす（続き）
ア 枝肉の取引成立頭数（続き）

単位：頭

市場・規格	平成29年計	1月	2月	3月	4月	5月	6月	7月	8月	9月	10月	11月	12月
岐阜	**1,200**	**108**	**94**	**78**	**88**	**94**	**78**	**111**	**84**	**95**	**107**	**131**	**132**
A－5	486	38	33	28	35	36	31	47	32	38	45	66	57
A－4	488	44	42	32	39	37	38	45	34	37	40	44	56
A－3	104	13	9	5	6	9	2	9	6	11	15	11	8
A－2	16	4	2	1	1	2	－	2	1	2	－	1	－
A－1	－	－	－	－	－	－	－	－	－	－	－	－	－
B－5	22	2	1	3	1	4	－	3	2	4	1	－	1
B－4	55	4	4	8	5	4	4	4	6	－	3	5	8
B－3	21	2	3	1	－	2	2	1	3	3	－	2	2
B－2	8	1	－	－	1	－	1	－	－	－	3	2	－
B－1	－	－	－	－	－	－	－	－	－	－	－	－	－
C－5	－	－	－	－	－	－	－	－	－	－	－	－	－
C－4	－	－	－	－	－	－	－	－	－	－	－	－	－
C－3	－	－	－	－	－	－	－	－	－	－	－	－	－
C－2	－	－	－	－	－	－	－	－	－	－	－	－	－
C－1	－	－	－	－	－	－	－	－	－	－	－	－	－
浜松	**503**	**42**	**31**	**41**	**44**	**30**	**29**	**41**	**22**	**26**	**39**	**72**	**86**
A－5	345	32	23	26	31	25	19	29	13	16	29	47	55
A－4	106	6	4	11	10	2	2	11	5	8	5	18	24
A－3	23	3	1	2	－	1	3	－	－	2	4	4	3
A－2	－	－	－	－	－	－	－	－	－	－	－	－	－
A－1	－	－	－	－	－	－	－	－	－	－	－	－	－
B－5	4	－	－	1	－	－	－	1	－	－	－	－	2
B－4	12	－	－	－	2	2	3	－	2	－	1	1	1
B－3	4	1	1	－	－	－	－	－	1	－	－	－	1
B－2	6	－	－	－	1	－	2	－	1	－	－	2	－
B－1	－	－	－	－	－	－	－	－	－	－	－	－	－
C－5	－	－	－	－	－	－	－	－	－	－	－	－	－
C－4	－	－	－	－	－	－	－	－	－	－	－	－	－
C－3	－	－	－	－	－	－	－	－	－	－	－	－	－
C－2	－	－	－	－	－	－	－	－	－	－	－	－	－
C－1	3	－	2	1	－	－	－	－	－	－	－	－	－
東三河	**292**	**29**	**19**	**25**	**27**	**17**	**27**	**26**	**15**	**24**	**18**	**38**	**27**
A－5	98	12	5	9	7	4	8	7	5	5	9	16	11
A－4	92	8	7	10	9	4	5	9	3	14	2	13	8
A－3	35	5	1	4	4	2	4	6	3	1	2	2	1
A－2	10	－	－	1	－	1	1	3	1	1	2	－	－
A－1	－	－	－	－	－	－	－	－	－	－	－	－	－
B－5	3	－	－	－	2	－	－	－	－	－	－	－	1
B－4	12	2	3	1	1	－	1	－	1	－	－	1	2
B－3	4	－	－	－	1	1	－	－	－	1	－	－	1
B－2	33	2	－	－	3	5	7	1	2	2	3	6	2
B－1	1	－	1	－	－	－	－	－	－	－	－	－	－
C－5	－	－	－	－	－	－	－	－	－	－	－	－	－
C－4	－	－	－	－	－	－	－	－	－	－	－	－	－
C－3	－	－	－	－	－	－	－	－	－	－	－	－	－
C－2	1	－	1	－	－	－	－	－	－	－	－	－	－
C－1	3	－	1	－	－	－	1	－	－	－	－	－	1

単位：頭

市場・規格	平成29年計	1月	2月	3月	4月	5月	6月	7月	8月	9月	10月	11月	12月
四日市	**204**	**15**	**16**	**19**	**22**	**6**	**13**	**12**	**11**	**10**	**17**	**34**	**29**
A－5	84	4	5	8	9	2	3	7	5	1	6	19	15
A－4	46	3	3	5	5	2	1	3	3	2	6	8	5
A－3	18	1	1	－	1	1	2	1	－	4	2	2	3
A－2	4	1	－	－	2	－	－	－	－	1	－	－	－
A－1	－	－	－	－	－	－	－	－	－	－	－	－	－
B－5	5	－	1	－	1	－	1	－	－	－	－	1	1
B－4	9	－	1	3	1	－	1	－	－	－	1	－	2
B－3	12	3	2	1	1	1	1	－	1	－	－	1	1
B－2	11	2	1	1	－	－	1	1	1	1	2	1	－
B－1	－	－	－	－	－	－	－	－	－	－	－	－	－
C－5	－	－	－	－	－	－	－	－	－	－	－	－	－
C－4	－	－	－	－	－	－	－	－	－	－	－	－	－
C－3	1	－	－	－	－	－	－	－	－	1	－	－	－
C－2	4	－	－	－	－	－	1	－	1	－	－	－	2
C－1	10	1	2	1	2	－	2	－	－	－	－	2	－
南大阪	－	－	－	－	－	－	－	－	－	－	－	－	－
A－5	－	－	－	－	－	－	－	－	－	－	－	－	－
A－4	－	－	－	－	－	－	－	－	－	－	－	－	－
A－3	－	－	－	－	－	－	－	－	－	－	－	－	－
A－2	－	－	－	－	－	－	－	－	－	－	－	－	－
A－1	－	－	－	－	－	－	－	－	－	－	－	－	－
B－5	－	－	－	－	－	－	－	－	－	－	－	－	－
B－4	－	－	－	－	－	－	－	－	－	－	－	－	－
B－3	－	－	－	－	－	－	－	－	－	－	－	－	－
B－2	－	－	－	－	－	－	－	－	－	－	－	－	－
B－1	－	－	－	－	－	－	－	－	－	－	－	－	－
C－5	－	－	－	－	－	－	－	－	－	－	－	－	－
C－4	－	－	－	－	－	－	－	－	－	－	－	－	－
C－3	－	－	－	－	－	－	－	－	－	－	－	－	－
C－2	－	－	－	－	－	－	－	－	－	－	－	－	－
C－1	－	－	－	－	－	－	－	－	－	－	－	－	－
姫路	**3,816**	**107**	**154**	**154**	**240**	**249**	**210**	**433**	**321**	**405**	**377**	**548**	**618**
A－5	825	17	33	22	78	49	80	84	69	71	70	95	157
A－4	886	28	35	34	75	62	55	93	56	90	66	134	158
A－3	493	18	27	26	27	35	21	51	51	59	55	60	63
A－2	513	9	16	25	12	34	10	58	44	82	67	89	67
A－1	－	－	－	－	－	－	－	－	－	－	－	－	－
B－5	41	－	－	1	2	1	2	9	3	2	5	7	9
B－4	151	8	2	4	22	7	8	18	9	14	8	22	29
B－3	201	9	9	10	11	13	6	13	21	13	15	35	46
B－2	627	16	31	26	12	47	26	91	60	66	77	97	78
B－1	38	2	－	3	－	1	－	6	1	1	6	7	11
C－5	1	－	－	－	－	－	－	－	－	－	－	1	－
C－4	－	－	－	－	－	－	－	－	－	－	－	－	－
C－3	－	－	－	－	－	－	－	－	－	－	－	－	－
C－2	18	－	1	3	－	－	－	2	1	6	4	1	－
C－1	22	－	－	－	1	－	2	8	6	1	4	－	－

2　月別規格別取引成立頭数・価格（食肉卸売市場別）（続き）
(4)　和牛めす（続き）
ア　枝肉の取引成立頭数（続き）

単位：頭

市場・規格	平成29年計	1月	2月	3月	4月	5月	6月	7月	8月	9月	10月	11月	12月
加 古 川	1,222	119	141	139	147	94	73	82	60	72	92	70	133
A － 5	209	12	26	25	47	19	10	20	4	5	17	7	17
A － 4	299	20	35	30	38	34	20	20	12	19	17	21	33
A － 3	87	15	12	9	12	4	3	6	3	5	4	5	9
A － 2	94	12	10	12	10	7	7	5	3	5	7	4	12
A － 1	6	1	1	1	-	-	-	-	1	-	2	-	-
B － 5	12	2	-	2	2	-	-	1	1	-	1	1	2
B － 4	61	3	9	8	4	2	4	2	6	4	3	3	13
B － 3	37	7	5	4	3	3	2	1	2	5	2	-	3
B － 2	296	38	26	25	20	19	17	22	19	19	27	23	41
B － 1	94	6	11	21	11	5	8	3	6	7	10	4	2
C － 5	-	-	-	-	-	-	-	-	-	-	-	-	-
C － 4	-	-	-	-	-	-	-	-	-	-	-	-	-
C － 3	1	1	-	-	-	-	-	-	-	-	-	-	-
C － 2	6	2	1	-	-	-	1	-	-	-	1	1	-
C － 1	20	-	5	2	-	1	1	2	3	3	1	1	1
西 　 宮	2,517	229	323	323	302	249	290	151	113	152	124	134	127
A － 5	528	32	48	50	53	41	57	31	36	46	36	45	53
A － 4	682	34	97	73	86	48	53	59	31	49	48	59	45
A － 3	293	26	32	36	32	23	23	27	12	21	30	15	16
A － 2	367	39	49	66	55	51	65	13	6	12	1	4	6
A － 1	-	-	-	-	-	-	-	-	-	-	-	-	-
B － 5	16	2	2	2	1	3	1	2	-	-	1	2	-
B － 4	76	7	16	9	6	9	7	1	4	2	6	6	3
B － 3	78	8	7	14	5	10	12	3	5	5	2	3	4
B － 2	468	80	71	71	63	63	70	14	19	17	-	-	-
B － 1	6	1	-	2	-	1	1	1	-	-	-	-	-
C － 5	-	-	-	-	-	-	-	-	-	-	-	-	-
C － 4	-	-	-	-	-	-	-	-	-	-	-	-	-
C － 3	-	-	-	-	-	-	-	-	-	-	-	-	-
C － 2	1	-	-	-	-	-	1	-	-	-	-	-	-
C － 1	2	-	1	-	1	-	-	-	-	-	-	-	-
岡 　 山	527	32	38	35	55	37	41	41	32	46	57	44	69
A － 5	182	10	15	12	24	6	18	9	10	13	24	17	24
A － 4	216	17	14	13	20	21	14	20	16	20	16	18	27
A － 3	34	2	5	2	2	2	2	2	2	2	5	3	5
A － 2	1	-	-	-	-	1	-	-	-	-	-	-	-
A － 1	-	-	-	-	-	-	-	-	-	-	-	-	-
B － 5	9	-	-	1	2	-	-	1	1	1	1	-	2
B － 4	44	-	1	4	4	5	4	3	1	3	7	3	9
B － 3	14	-	2	1	2	-	-	4	-	2	1	1	1
B － 2	2	-	-	-	-	-	-	1	-	-	-	1	-
B － 1	-	-	-	-	-	-	-	-	-	-	-	-	-
C － 5	-	-	-	-	-	-	-	-	-	-	-	-	-
C － 4	1	-	-	-	1	-	-	-	-	-	-	-	-
C － 3	-	-	-	-	-	-	-	-	-	-	-	-	-
C － 2	-	-	-	-	-	-	-	-	-	-	-	-	-
C － 1	24	3	1	2	-	3	2	1	2	5	3	1	1

－ 240 －

単位：頭

市場・規格	平成29年計	1 月	2 月	3 月	4 月	5 月	6 月	7 月	8 月	9 月	10 月	11 月	12 月
坂出	**292**	**26**	**24**	**24**	**22**	**20**	**20**	**31**	**20**	**22**	**15**	**30**	**38**
A － 5	85	5	5	4	6	7	6	13	4	8	5	12	10
A － 4	99	10	10	9	9	6	4	10	6	8	4	10	13
A － 3	64	4	4	7	5	6	4	4	8	4	5	4	9
A － 2	4	－	－	－	－	－	－	－	1	－	－	－	3
A － 1	－	－	－	－	－	－	－	－	－	－	－	－	－
B － 5	3	1	1	1	－	－	－	－	－	－	－	－	－
B － 4	11	1	1	1	－	－	3	2	－	1	1	1	－
B － 3	16	3	2	1	2	1	2	2	－	－	－	3	－
B － 2	6	2	1	1	－	－	－	－	1	－	－	－	1
B － 1	－	－	－	－	－	－	－	－	－	－	－	－	－
C － 5	－	－	－	－	－	－	－	－	－	－	－	－	－
C － 4	－	－	－	－	－	－	－	－	－	－	－	－	－
C － 3	－	－	－	－	－	－	－	－	－	－	－	－	－
C － 2	1	－	－	－	－	－	1	－	－	－	－	－	－
C － 1	3	－	－	－	－	－	－	－	－	1	－	－	2
愛媛	－	－	－	－	－	－	－	－	－	－	－	－	－
A － 5	－	－	－	－	－	－	－	－	－	－	－	－	－
A － 4	－	－	－	－	－	－	－	－	－	－	－	－	－
A － 3	－	－	－	－	－	－	－	－	－	－	－	－	－
A － 2	－	－	－	－	－	－	－	－	－	－	－	－	－
A － 1	－	－	－	－	－	－	－	－	－	－	－	－	－
B － 5	－	－	－	－	－	－	－	－	－	－	－	－	－
B － 4	－	－	－	－	－	－	－	－	－	－	－	－	－
B － 3	－	－	－	－	－	－	－	－	－	－	－	－	－
B － 2	－	－	－	－	－	－	－	－	－	－	－	－	－
B － 1	－	－	－	－	－	－	－	－	－	－	－	－	－
C － 5	－	－	－	－	－	－	－	－	－	－	－	－	－
C － 4	－	－	－	－	－	－	－	－	－	－	－	－	－
C － 3	－	－	－	－	－	－	－	－	－	－	－	－	－
C － 2	－	－	－	－	－	－	－	－	－	－	－	－	－
C － 1	－	－	－	－	－	－	－	－	－	－	－	－	－
佐世保	**1,993**	**140**	**176**	**180**	**195**	**143**	**148**	**181**	**147**	**126**	**161**	**200**	**196**
A － 5	241	17	31	23	25	12	25	28	15	12	10	14	29
A － 4	710	46	48	63	57	59	51	65	58	53	59	78	73
A － 3	393	29	31	32	47	30	24	39	32	23	34	44	28
A － 2	99	9	12	12	8	7	10	7	5	5	9	5	10
A － 1	－	－	－	－	－	－	－	－	－	－	－	－	－
B － 5	14	1	4	5	1	－	－	1	1	1	－	－	－
B － 4	131	8	15	9	17	9	8	8	6	10	13	12	16
B － 3	125	8	9	8	11	4	9	12	15	6	12	15	16
B － 2	142	11	12	12	14	11	8	11	10	10	13	19	11
B － 1	4	－	－	－	1	－	1	1	－	－	－	1	－
C － 5	－	－	－	－	－	－	－	－	－	－	－	－	－
C － 4	3	－	－	2	－	－	－	－	－	－	－	1	－
C － 3	1	－	－	1	－	－	－	－	－	－	－	－	－
C － 2	33	5	2	3	5	4	1	5	－	2	2	2	2
C － 1	97	6	12	10	9	7	11	4	5	4	9	9	11

2　月別規格別取引成立頭数・価格（食肉卸売市場別）（続き）
(4)　和牛めす（続き）
ア　枝肉の取引成立頭数（続き）

単位：頭

市場・規格	平成29年計	1月	2月	3月	4月	5月	6月	7月	8月	9月	10月	11月	12月
熊本	-	-	-	-	-	-	-	-	-	-	-	-	-
A － 5	-	-	-	-	-	-	-	-	-	-	-	-	-
A － 4	-	-	-	-	-	-	-	-	-	-	-	-	-
A － 3	-	-	-	-	-	-	-	-	-	-	-	-	-
A － 2	-	-	-	-	-	-	-	-	-	-	-	-	-
A － 1	-	-	-	-	-	-	-	-	-	-	-	-	-
B － 5	-	-	-	-	-	-	-	-	-	-	-	-	-
B － 4	-	-	-	-	-	-	-	-	-	-	-	-	-
B － 3	-	-	-	-	-	-	-	-	-	-	-	-	-
B － 2	-	-	-	-	-	-	-	-	-	-	-	-	-
B － 1	-	-	-	-	-	-	-	-	-	-	-	-	-
C － 5	-	-	-	-	-	-	-	-	-	-	-	-	-
C － 4	-	-	-	-	-	-	-	-	-	-	-	-	-
C － 3	-	-	-	-	-	-	-	-	-	-	-	-	-
C － 2	-	-	-	-	-	-	-	-	-	-	-	-	-
C － 1	-	-	-	-	-	-	-	-	-	-	-	-	-

イ　枝肉の１kg当たり卸売価格

単位：円

市場・規格	平成29年計	1 月	2 月	3 月	4 月	5 月	6 月	7 月	8 月	9 月	10 月	11 月	12 月
合　　計	**2,378**	**2,471**	**2,401**	**2,358**	**2,441**	**2,340**	**2,348**	**2,326**	**2,252**	**2,230**	**2,305**	**2,391**	**2,569**
A － 5	3,037	3,013	2,956	2,989	3,073	2,989	3,004	3,014	2,902	2,952	2,991	3,167	3,210
A － 4	2,585	2,674	2,581	2,559	2,675	2,566	2,565	2,523	2,437	2,465	2,466	2,609	2,780
A － 3	2,134	2,318	2,218	2,168	2,214	2,154	2,089	2,064	1,963	1,971	2,005	2,068	2,336
A － 2	1,506	1,740	1,636	1,639	1,595	1,531	1,453	1,386	1,360	1,364	1,421	1,386	1,595
A － 1	1,071	1,563	1,566	1,567	－	－	－	922	1,403	756	954	－	754
B － 5	2,752	2,812	2,666	2,715	2,873	2,758	2,598	2,748	2,628	2,757	2,664	2,745	2,932
B － 4	2,396	2,501	2,379	2,407	2,527	2,347	2,399	2,341	2,239	2,232	2,189	2,370	2,654
B － 3	1,916	2,120	2,039	1,968	1,994	1,934	1,885	1,845	1,835	1,808	1,755	1,779	2,015
B － 2	1,198	1,457	1,402	1,357	1,298	1,235	1,189	1,113	1,094	1,068	1,038	1,087	1,097
B － 1	955	1,236	1,077	1,141	1,026	876	878	953	815	881	881	746	718
C － 5	2,652	－	2,216	－	－	－	－	－	－	－	－	2,917	－
C － 4	2,119	2,233	2,251	2,149	2,247	2,169	－	－	1,945	1,758	－	1,893	－
C － 3	1,408	1,797	1,359	1,443	1,452	1,892	1,663	1,187	1,542	1,606	1,538	1,049	1,285
C － 2	778	1,229	1,055	1,041	971	778	818	792	623	739	643	658	558
C － 1	695	894	924	885	827	704	694	711	668	599	547	540	442
中央市場計	**2,365**	**2,488**	**2,403**	**2,364**	**2,399**	**2,333**	**2,334**	**2,304**	**2,242**	**2,205**	**2,303**	**2,382**	**2,544**
A － 5	3,032	3,019	2,958	3,000	3,045	2,986	3,003	3,000	2,888	2,945	2,983	3,174	3,209
A － 4	2,563	2,662	2,563	2,549	2,640	2,543	2,548	2,488	2,417	2,437	2,454	2,593	2,753
A － 3	2,116	2,320	2,207	2,167	2,181	2,128	2,073	2,034	1,943	1,930	1,981	2,056	2,327
A － 2	1,475	1,732	1,625	1,629	1,563	1,497	1,420	1,341	1,340	1,290	1,375	1,355	1,584
A － 1	722	－	－	－	－	－	－	922	－	756	110	－	754
B － 5	2,710	2,833	2,664	2,711	2,856	2,744	2,586	2,606	2,512	2,793	2,602	2,691	2,827
B － 4	2,326	2,475	2,326	2,360	2,424	2,287	2,365	2,273	2,136	2,162	2,124	2,354	2,522
B － 3	1,859	2,097	2,019	1,933	1,952	1,873	1,857	1,782	1,764	1,732	1,698	1,711	1,914
B － 2	1,140	1,428	1,367	1,317	1,250	1,180	1,116	1,044	1,016	981	970	1,042	1,043
B － 1	778	1,124	988	938	874	749	757	759	600	623	553	569	506
C － 5	2,216	－	2,216	－	－	－	－	－	－	－	－	－	－
C － 4	2,062	2,233	2,251	1,921	1,891	2,169	－	－	1,945	1,758	－	－	－
C － 3	1,368	－	1,359	1,333	1,452	1,892	1,663	1,187	1,542	1,569	1,538	1,049	1,285
C － 2	751	1,236	1,074	1,016	962	771	786	764	600	693	605	637	544
C － 1	680	927	941	907	799	708	687	641	569	589	521	533	425
仙　　台	**1,734**	**1,923**	**2,015**	**1,807**	**1,729**	**1,600**	**1,540**	**1,772**	**1,651**	**1,453**	**1,498**	**1,794**	**1,888**
A － 5	2,878	2,926	2,792	2,787	2,956	2,822	2,748	2,929	2,812	2,789	2,764	2,927	3,006
A － 4	2,280	2,436	2,287	2,211	2,362	2,286	2,119	2,217	2,240	2,203	2,078	2,368	2,437
A － 3	1,691	1,873	1,805	1,793	1,687	1,690	1,598	1,684	1,574	1,586	1,613	1,674	1,738
A － 2	1,136	1,432	1,393	1,382	1,227	1,169	1,051	988	1,092	986	1,074	1,074	981
A － 1	377	－	－	－	－	－	－	－	－	－	－	－	377
B － 5	2,336	－	2,159	2,403	－	1,952	2,171	2,705	2,646	1,945	2,381	－	2,681
B － 4	1,862	2,064	1,987	2,120	1,884	1,771	－	1,714	1,901	1,191	1,723	1,774	1,458
B － 3	1,389	1,491	1,545	1,467	1,470	1,377	1,247	1,333	1,457	1,132	1,399	1,259	1,348
B － 2	945	1,259	1,267	1,207	1,041	1,024	949	834	864	735	810	820	727
B － 1	564	1,047	－	847	699	809	581	540	756	492	487	520	418
C － 5	－	－	－	－	－	－	－	－	－	－	－	－	－
C － 4	－	－	－	－	－	－	－	－	－	－	－	－	－
C － 3	－	－	－	－	－	－	－	－	－	－	－	－	－
C － 2	749	1,080	1,080	1,054	－	775	714	－	－	719	540	581	－
C － 1	679	930	1,004	931	752	803	599	604	579	527	508	542	419

2　月別規格別取引成立頭数・価格（食肉卸売市場別）（続き）
(4)　和牛めす（続き）
　　イ　枝肉の1kg当たり卸売価格（続き）

単位：円

市場・規格	平成29年計	1月	2月	3月	4月	5月	6月	7月	8月	9月	10月	11月	12月
さ い た ま	1,624	1,855	1,811	1,959	1,698	1,531	1,813	1,678	1,307	1,393	1,475	1,528	1,669
A － 5	2,674	2,813	2,686	2,633	2,626	2,635	2,480	2,609	2,817	2,675	2,748	2,699	2,720
A － 4	2,328	2,500	2,181	2,370	2,395	2,410	2,339	2,281	2,272	2,201	2,239	2,361	2,312
A － 3	1,871	1,975	1,974	1,788	1,678	2,055	1,925	1,881	1,790	1,723	1,755	1,905	1,999
A － 2	1,291	1,473	1,346	1,380	1,274	1,237	1,832	1,354	1,276	1,223	1,215	1,286	1,199
A － 1	-	-	-	-	-	-	-	-	-	-	-	-	-
B － 5	2,417	-	-	-	-	2,035	-	-	-	-	-	2,710	-
B － 4	2,057	1,641	-	-	-	-	-	2,166	2,583	1,899	-	1,948	2,239
B － 3	1,569	1,351	1,454	1,946	-	1,405	1,783	1,687	1,392	1,414	1,511	1,583	1,754
B － 2	960	1,257	1,231	1,076	1,038	883	870	969	918	960	919	798	847
B － 1	783	973	891	-	965	550	-	676	-	-	-	-	-
C － 5	-	-	-	-	-	-	-	-	-	-	-	-	-
C － 4	-	-	-	-	-	-	-	-	-	-	-	-	-
C － 3	1,033	-	-	-	888	1,142	-	-	-	-	-	1,109	1,187
C － 2	641	863	864	-	-	605	758	789	541	721	748	575	474
C － 1	551	882	704	-	852	641	640	561	527	535	350	431	335
東 　 京	2,389	2,478	2,403	2,376	2,404	2,367	2,335	2,353	2,254	2,236	2,367	2,431	2,567
A － 5	3,087	3,056	2,987	3,039	3,093	3,063	3,049	3,074	2,905	3,005	3,054	3,224	3,303
A － 4	2,564	2,635	2,542	2,534	2,626	2,556	2,544	2,511	2,426	2,457	2,469	2,607	2,760
A － 3	2,120	2,336	2,180	2,165	2,183	2,136	2,089	2,050	1,934	1,924	1,969	2,044	2,344
A － 2	1,456	1,724	1,582	1,637	1,551	1,421	1,378	1,360	1,293	1,271	1,333	1,332	1,578
A － 1	-	-	-	-	-	-	-	-	-	-	-	-	-
B － 5	2,676	2,535	2,661	2,611	2,820	2,897	2,568	2,508	2,502	2,748	2,536	2,678	2,859
B － 4	2,286	2,447	2,232	2,314	2,397	2,258	2,316	2,224	2,130	2,133	2,159	2,327	2,477
B － 3	1,800	2,033	1,909	1,898	1,967	1,841	1,803	1,766	1,717	1,682	1,638	1,629	1,823
B － 2	1,119	1,425	1,332	1,298	1,225	1,160	1,079	1,020	1,008	987	939	1,031	979
B － 1	758	1,124	947	966	822	713	737	692	567	486	474	431	408
C － 5	-	-	-	-	-	-	-	-	-	-	-	-	-
C － 4	1,985	1,945	-	1,921	-	2,296	-	-	-	1,758	-	-	-
C － 3	1,224	-	-	-	-	-	1,448	-	1,319	-	1,538	899	1,300
C － 2	735	1,155	1,064	996	900	776	753	716	619	667	589	589	549
C － 1	711	1,030	1,014	986	871	710	730	648	584	611	533	544	418
横 　 浜	2,265	2,428	2,362	2,247	2,323	2,236	2,169	2,057	2,089	2,083	2,155	2,375	2,412
A － 5	2,780	2,813	2,722	2,741	2,870	2,829	2,698	2,706	2,635	2,655	2,689	2,803	2,840
A － 4	2,447	2,574	2,469	2,459	2,536	2,440	2,412	2,351	2,158	2,359	2,248	2,502	2,640
A － 3	2,066	2,298	2,219	2,127	2,201	2,120	2,073	2,008	1,909	1,789	1,853	2,031	2,241
A － 2	1,775	2,093	1,899	1,858	2,027	1,846	1,731	1,683	1,660	1,169	1,527	1,674	1,887
A － 1	-	-	-	-	-	-	-	-	-	-	-	-	-
B － 5	2,428	-	2,384	2,441	2,503	-	-	2,711	-	-	-	2,361	2,075
B － 4	2,197	2,359	2,376	2,260	2,366	2,116	2,121	-	1,835	2,098	1,973	2,190	2,335
B － 3	1,799	2,115	2,040	1,876	1,593	1,658	1,777	1,648	1,540	1,741	1,613	1,679	2,076
B － 2	1,169	1,538	1,730	1,414	1,153	1,037	1,034	830	1,383	1,013	814	1,229	1,174
B － 1	668	-	-	-	878	-	590	-	-	-	-	541	-
C － 5	-	-	-	-	-	-	-	-	-	-	-	-	-
C － 4	-	-	-	-	-	-	-	-	-	-	-	-	-
C － 3	-	-	-	-	-	-	-	-	-	-	-	-	-
C － 2	530	-	-	-	-	706	-	-	-	-	-	-	467
C － 1	490	705	-	-	-	581	-	-	-	-	-	-	414

単位：円

市場・規格	平成29年計	1月	2月	3月	4月	5月	6月	7月	8月	9月	10月	11月	12月
名 古 屋	2,637	2,684	2,635	2,625	2,704	2,709	2,659	2,617	2,546	2,522	2,378	2,689	2,776
A － 5	2,941	2,976	2,877	2,870	2,899	2,909	2,965	2,962	2,917	2,839	2,697	3,102	3,126
A － 4	2,563	2,659	2,577	2,622	2,696	2,656	2,500	2,505	2,451	2,420	2,379	2,566	2,714
A － 3	2,244	2,381	2,398	2,221	2,097	2,363	2,149	2,083	2,069	2,101	2,048	2,190	2,411
A － 2	1,926	2,327	1,946	1,907	2,037	－	2,706	1,855	1,835	1,602	1,720	1,533	2,083
A － 1	－	－	－	－	－	－	－	－	－	－	－	－	－
B － 5	2,591	2,988	－	2,587	2,697	2,604	2,377	1,918	－	2,635	－	2,552	2,635
B － 4	2,331	2,490	2,539	2,357	2,002	2,308	2,302	2,139	2,122	2,315	2,001	2,426	2,597
B － 3	2,016	2,579	2,228	2,049	2,159	2,454	1,641	1,969	1,665	1,852	1,213	2,154	2,219
B － 2	1,531	1,673	1,349	2,150	1,085	1,621	1,743	1,637	1,675	1,541	1,051	1,189	1,408
B － 1	－	－	－	－	－	－	－	－	－	－	－	－	－
C － 5	2,216	－	2,216	－	－	－	－	－	－	－	－	－	－
C － 4	1,952	－	－	－	－	－	－	－	1,952	－	－	－	－
C － 3	1,359	－	1,359	－	－	－	－	－	－	－	－	－	－
C － 2	2,212	2,928	－	－	－	－	－	540	－	－	－	－	－
C － 1	413	214	－	249	432	－	－	－	670	543	－	－	－
京 都	2,485	2,610	2,476	2,450	2,592	2,405	2,536	2,432	2,338	2,338	2,375	2,493	2,675
A － 5	2,871	2,912	2,872	2,902	2,934	2,744	2,837	2,813	2,793	2,821	2,805	2,859	3,015
A － 4	2,522	2,681	2,569	2,564	2,617	2,424	2,530	2,455	2,351	2,364	2,444	2,505	2,658
A － 3	2,125	2,406	2,266	2,166	2,242	2,105	2,180	2,072	1,902	1,934	2,000	2,123	2,286
A － 2	1,641	1,814	1,733	1,765	1,618	1,861	1,775	1,514	1,565	1,476	1,490	1,759	1,673
A － 1	－	－	－	－	－	－	－	－	－	－	－	－	－
B － 5	2,525	－	2,558	2,695	2,608	2,444	－	－	2,385	2,552	－	－	－
B － 4	2,330	2,475	2,349	2,383	2,388	2,243	2,429	2,217	2,217	1,996	2,118	2,289	2,466
B － 3	1,995	2,274	1,996	2,027	2,117	1,998	1,966	1,824	1,737	1,741	1,633	1,963	2,145
B － 2	1,298	1,547	1,670	1,277	1,365	1,682	1,225	1,258	1,192	1,015	965	1,237	1,054
B － 1	989	－	989	－	－	－	－	－	－	－	－	－	－
C － 5	－	－	－	－	－	－	－	－	－	－	－	－	－
C － 4	－	－	－	－	－	－	－	－	－	－	－	－	－
C － 3	1,619	－	－	1,619	－	－	－	－	－	－	－	－	－
C － 2	831	1,080	1,027	1,208	－	－	－	－	800	－	536	－	323
C － 1	551	756	509	－	－	325	－	－	－	－	－	624	－
大 阪	2,401	2,642	2,455	2,401	2,579	2,366	2,349	2,305	2,297	2,135	2,274	2,299	2,617
A － 5	2,851	2,915	2,811	2,889	2,909	2,776	2,843	2,756	2,745	2,758	2,747	2,878	3,051
A － 4	2,514	2,698	2,588	2,597	2,649	2,471	2,519	2,399	2,318	2,360	2,350	2,463	2,711
A － 3	2,187	2,369	2,309	2,229	2,372	2,136	2,170	2,084	2,001	1,971	2,014	2,137	2,445
A － 2	1,626	2,075	1,653	1,401	1,711	1,754	1,503	1,477	1,509	1,284	1,699	1,662	1,978
A － 1	－	－	－	－	－	－	－	－	－	－	－	－	－
B － 5	2,614	2,722	2,593	2,584	2,580	2,325	2,684	2,389	－	2,560	2,485	－	3,225
B － 4	2,313	2,501	2,354	2,316	2,446	2,276	2,196	2,132	2,088	2,059	2,133	2,311	2,513
B － 3	1,968	2,237	2,003	2,019	2,034	1,835	1,923	2,039	1,864	1,774	1,782	1,915	2,167
B － 2	1,189	1,472	1,267	1,264	1,346	1,272	1,171	1,139	1,252	1,032	1,096	1,087	1,108
B － 1	684	－	－	－	－	851	－	757	505	868	608	483	－
C － 5	－	－	－	－	－	－	－	－	－	－	－	－	－
C － 4	－	－	－	－	－	－	－	－	－	－	－	－	－
C － 3	1,435	－	－	－	－	1,892	－	－	－	1,569	－	1,121	－
C － 2	883	－	1,230	1,064	－	－	－	－	－	－	932	806	578
C － 1	598	663	－	－	576	－	646	703	－	434	603	501	433

2　月別規格別取引成立頭数・価格（食肉卸売市場別）（続き）
（4）　和牛めす（続き）
イ　枝肉の1kg当たり卸売価格（続き）

単位：円

市場・規格	平成29年計	1 月	2 月	3 月	4 月	5 月	6 月	7 月	8 月	9 月	10 月	11 月	12 月
神　戸	2,831	2,845	2,811	2,863	2,904	2,733	2,800	2,711	2,734	2,665	2,771	3,021	2,975
A － 5	3,115	3,059	3,067	3,115	3,141	3,003	3,068	3,014	3,027	2,959	3,049	3,434	3,257
A － 4	2,779	2,812	2,800	2,777	2,856	2,699	2,734	2,678	2,677	2,591	2,720	2,863	2,962
A － 3	2,359	2,496	2,460	2,451	2,481	2,353	2,298	2,182	2,316	2,149	2,258	2,353	2,523
A － 2	1,955	2,205	2,317	2,144	2,162	1,897	1,828	1,658	1,912	1,693	2,008	1,869	2,029
A － 1	922	－	－	－	－	－	－	922	－	－	－	－	－
B － 5	2,906	2,982	2,815	3,058	3,308	2,883	2,693	3,074	2,568	3,104	2,853	2,800	2,858
B － 4	2,526	2,589	2,502	2,635	2,682	2,477	2,595	2,452	2,325	2,322	2,208	2,628	2,749
B － 3	2,216	2,521	2,384	2,312	2,191	2,197	2,108	2,073	2,201	2,056	2,271	2,036	2,282
B － 2	1,728	1,360	2,131	－	1,988	2,149	1,160	1,990	1,489	1,158	1,840	1,564	1,679
B － 1	638	649	－	－	603	653	675	－	－	－	－	－	－
C － 5	－	－	－	－	－	－	－	－	－	－	－	－	－
C － 4	2,128	2,364	2,251	－	1,891	－	－	－	－	1,939	－	－	－
C － 3	1,785	－	－	1,757	－	－	1,794	－	1,792	－	－	－	－
C － 2	1,306	－	－	－	－	－	－	－	1,306	－	－	－	－
C － 1	516	342	－	－	－	478	－	579	282	550	757	－	－
広　島	2,242	2,547	2,335	2,061	2,276	2,257	2,168	2,185	2,125	2,099	2,146	2,183	2,448
A － 5	2,809	2,914	2,834	2,786	2,904	2,868	2,927	2,791	2,594	2,790	2,658	2,768	2,889
A － 4	2,500	2,670	2,534	2,429	2,541	2,503	2,536	2,429	2,403	2,375	2,341	2,460	2,654
A － 3	2,017	2,441	2,227	1,947	2,201	2,147	2,034	1,900	1,853	1,930	1,929	1,920	1,963
A － 2	1,428	1,544	1,371	1,647	1,693	1,573	1,490	1,410	1,425	1,584	－	1,277	1,110
A － 1	－	－	－	－	－	－	－	－	－	－	－	－	－
B － 5	3,161	－	－	－	－	－	－	－	－	－	－	－	3,161
B － 4	2,380	2,486	2,496	2,268	－	－	－	2,545	2,164	2,344	2,121	－	－
B － 3	1,842	2,161	2,138	1,679	2,041	1,943	－	1,531	1,727	1,727	1,190	2,136	1,508
B － 2	1,258	1,528	1,382	1,482	1,482	1,366	1,444	1,163	1,243	989	703	956	899
B － 1	691	1,049	539	710	1,060	807	540	－	540	－	569	－	－
C － 5	－	－	－	－	－	－	－	－	－	－	－	－	－
C － 4	－	－	－	－	－	－	－	－	－	－	－	－	－
C － 3	－	－	－	－	－	－	－	－	－	－	－	－	－
C － 2	556	－	－	573	－	－	－	－	－	－	－	538	－
C － 1	524	515	613	713	472	569	388	552	352	595	501	491	349
福　岡	2,002	2,272	2,115	2,027	2,085	1,978	2,032	1,923	1,891	1,803	1,847	1,927	2,098
A － 5	2,843	2,932	2,856	2,809	2,932	2,813	2,854	2,821	2,661	2,717	2,738	2,904	2,963
A － 4	2,466	2,658	2,527	2,448	2,535	2,462	2,443	2,424	2,248	2,282	2,310	2,465	2,652
A － 3	2,075	2,340	2,200	2,107	2,173	2,064	2,016	1,983	1,897	1,880	1,949	2,029	2,251
A － 2	1,594	1,832	1,752	1,667	1,707	1,612	1,608	1,386	1,451	1,428	1,497	1,521	1,671
A － 1	709	－	－	－	－	－	－	－	－	756	110	－	1,027
B － 5	2,633	2,727	2,592	2,488	2,741	2,403	2,396	2,730	－	－	2,328	－	2,751
B － 4	2,231	2,465	2,194	2,184	2,391	2,290	2,228	2,246	1,996	2,113	1,953	2,197	2,474
B － 3	1,907	2,149	2,026	1,825	2,044	1,955	1,878	1,795	1,793	1,784	1,773	1,822	1,989
B － 2	1,272	1,499	1,506	1,425	1,414	1,282	1,316	1,151	1,059	1,080	1,133	1,160	1,302
B － 1	920	1,242	1,043	988	1,058	860	1,063	816	718	724	621	726	768
C － 5	－	－	－	－	－	－	－	－	－	－	－	－	－
C － 4	2,054	－	－	－	－	2,054	－	－	－	－	－	－	－
C － 3	1,450	－	－	－	1,730	－	－	1,187	－	－	－	1,339	－
C － 2	1,025	1,132	1,208	－	1,542	983	1,262	929	－	1,003	662	855	1,058
C － 1	656	759	620	669	683	777	772	671	584	581	457	482	635

－ 246 －

単位：円

市場・規格	平成29年計	1月	2月	3月	4月	5月	6月	7月	8月	9月	10月	11月	12月
指定市場計	2,433	2,398	2,389	2,337	2,631	2,371	2,412	2,424	2,296	2,339	2,318	2,428	2,673
A － 5	3,065	2,980	2,944	2,936	3,204	3,000	3,010	3,086	2,983	2,990	3,037	3,130	3,214
A － 4	2,681	2,738	2,658	2,598	2,824	2,670	2,647	2,682	2,533	2,580	2,523	2,671	2,889
A － 3	2,215	2,309	2,262	2,172	2,369	2,282	2,189	2,205	2,057	2,142	2,089	2,126	2,384
A － 2	1,629	1,774	1,672	1,674	1,782	1,658	1,592	1,605	1,444	1,619	1,572	1,530	1,637
A － 1	1,470	1,563	1,566	1,567	－	－	－	－	1,403	－	1,350	－	－
B － 5	2,866	2,758	2,675	2,723	2,932	2,806	2,673	2,957	2,967	2,671	2,837	2,874	3,104
B － 4	2,572	2,597	2,508	2,544	2,755	2,518	2,458	2,556	2,555	2,501	2,322	2,414	2,843
B － 3	2,115	2,181	2,106	2,116	2,176	2,159	1,986	2,083	2,043	2,063	1,988	1,996	2,331
B － 2	1,423	1,536	1,521	1,512	1,573	1,413	1,453	1,369	1,338	1,425	1,314	1,298	1,344
B － 1	1,212	1,414	1,280	1,334	1,193	1,178	1,226	1,190	1,240	1,070	1,232	938	1,149
C － 5	2,917	－	－	－	－	－	－	－	－	－	－	2,917	－
C － 4	2,296	－	－	2,230	2,652	－	－	－	－	－	－	1,893	－
C － 3	1,781	1,797	－	1,835	－	－	－	－	－	1,672	－	－	－
C － 2	934	1,203	948	1,161	1,029	798	1,110	878	845	1,068	830	835	683
C － 1	739	780	889	818	960	691	712	880	906	636	614	555	507
茨　　城	2,113	2,260	2,230	2,303	2,103	1,993	2,331	1,894	1,932	2,187	1,986	2,035	2,219
A － 5	2,830	2,908	2,931	2,889	2,840	2,711	2,764	2,853	2,747	2,807	2,697	2,842	2,941
A － 4	2,471	2,539	2,761	2,568	2,512	2,484	2,476	2,587	2,283	2,401	2,308	2,405	2,622
A － 3	1,990	2,181	2,311	1,950	2,086	2,304	2,250	2,042	1,499	1,919	1,902	1,656	2,253
A － 2	1,240	1,513	1,404	1,576	1,312	1,150	1,716	1,106	1,012	1,741	1,650	1,660	1,172
A － 1	－	－	－	－	－	－	－	－	－	－	－	－	－
B － 5	2,342	2,795	－	－	－	2,571	－	－	2,340	1,088	－	－	－
B － 4	2,218	2,519	－	2,237	2,494	2,356	2,147	2,208	2,067	－	1,948	1,651	2,390
B － 3	1,514	2,293	1,458	－	2,273	－	1,657	1,388	1,898	1,523	－	1,271	1,356
B － 2	1,004	1,285	1,123	－	1,870	851	879	952	1,038	868	967	971	779
B － 1	848	－	661	928	1,007	568	724	700	－	653	－	441	401
C － 5	－	－	－	－	－	－	－	－	－	－	－	－	－
C － 4	－	－	－	－	－	－	－	－	－	－	－	－	－
C － 3	－	－	－	－	－	－	－	－	－	－	－	－	－
C － 2	590	576	485	－	759	676	－	655	587	881	464	405	464
C － 1	513	586	533	864	－	487	673	636	539	－	419	316	343
宇　都　宮	2,310	1,519	2,798	2,232	2,226	2,382	2,332	1,902	2,709	2,605	1,906	2,120	2,876
A － 5	2,873	－	2,825	2,754	－	2,879	2,992	2,969	2,777	2,753	2,833	2,895	3,028
A － 4	2,688	－	2,771	2,727	2,648	2,452	2,717	2,786	2,601	2,608	2,645	2,708	2,822
A － 3	2,480	2,658	－	2,662	2,548	2,402	－	2,511	－	2,431	－	2,189	2,737
A － 2	－	－	－	－	－	－	－	－	－	－	－	－	－
A － 1	－	－	－	－	－	－	－	－	－	－	－	－	－
B － 5	－	－	－	－	－	－	－	－	－	－	－	－	－
B － 4	2,455	－	－	－	－	2,160	2,649	－	－	－	－	－	－
B － 3	2,047	－	－	－	1,673	2,052	－	2,537	－	－	－	－	－
B － 2	911	777	－	1,188	－	864	－	709	－	－	－	975	－
B － 1	540	540	－	－	－	－	－	－	－	－	－	－	－
C － 5	－	－	－	－	－	－	－	－	－	－	－	－	－
C － 4	－	－	－	－	－	－	－	－	－	－	－	－	－
C － 3	－	－	－	－	－	－	－	－	－	－	－	－	－
C － 2	－	－	－	－	－	－	－	－	－	－	－	－	－
C － 1	529	562	－	532	747	561	492	525	－	－	532	431	－

2　月別規格別取引成立頭数・価格（食肉卸売市場別）（続き）
(4)　和牛めす（続き）
　　イ　枝肉の1kg当たり卸売価格（続き）

単位：円

市場・規格	平成29年計	1月	2月	3月	4月	5月	6月	7月	8月	9月	10月	11月	12月
群　馬	**2,222**	**2,401**	**2,162**	**2,371**	**2,303**	**2,253**	**2,150**	**2,196**	**2,331**	**1,969**	**2,146**	**2,047**	**2,311**
A － 5	2,811	2,804	2,793	2,762	2,848	2,853	2,739	2,850	2,811	2,810	2,869	2,810	2,802
A － 4	2,438	2,525	2,391	2,530	2,571	2,614	2,376	2,412	2,467	2,232	2,243	2,413	2,447
A － 3	2,034	2,500	1,946	2,024	2,075	2,167	2,081	1,989	1,995	1,922	1,885	1,987	1,446
A － 2	1,426	1,810	1,628	1,397	1,578	1,495	1,301	1,788	1,560	1,350	1,537	1,228	1,401
A － 1	-	-	-	-	-	-	-	-	-	-	-	-	-
B － 5	-	-	-	-	-	-	-	-	-	-	-	-	-
B － 4	2,034	2,260	2,133	2,385	-	-	1,537	2,046	-	2,160	1,741	-	2,203
B － 3	1,764	2,129	-	1,760	1,912	1,957	1,062	-	-	1,568	1,755	648	1,675
B － 2	1,009	1,525	1,582	1,026	1,060	980	1,013	731	930	700	1,307	1,002	760
B － 1	819	1,021	1,031	-	-	-	-	-	-	661	-	-	-
C － 5	-	-	-	-	-	-	-	-	-	-	-	-	-
C － 4	-	-	-	-	-	-	-	-	-	-	-	-	-
C － 3	-	-	-	-	-	-	-	-	-	-	-	-	-
C － 2	689	-	967	-	-	-	-	820	-	738	626	534	642
C － 1	710	527	1,327	533	676	655	600	1,056	1,316	388	256	311	248
川　口	**2,416**	**2,466**	**2,390**	**2,411**	**2,415**	**2,479**	**2,575**	**2,359**	**2,141**	**2,371**	**2,434**	**2,334**	**2,568**
A － 5	2,750	2,820	2,732	2,675	2,699	2,737	2,746	2,731	2,586	2,789	2,763	2,850	2,879
A － 4	2,451	2,582	2,495	2,381	2,442	2,472	2,433	2,423	2,378	2,345	2,399	2,379	2,582
A － 3	2,151	2,446	2,185	2,112	2,245	2,115	2,127	2,180	1,928	2,108	1,964	2,037	2,314
A － 2	1,544	1,867	1,171	-	1,659	1,749	1,869	1,262	1,327	-	1,796	1,869	1,782
A － 1	-	-	-	-	-	-	-	-	-	-	-	-	-
B － 5	2,699	-	-	-	-	-	-	-	-	-	-	-	2,699
B － 4	2,250	1,837	2,162	-	2,430	-	2,161	2,159	2,225	-	-	2,085	2,448
B － 3	1,959	2,111	-	-	2,116	2,002	1,977	-	-	1,393	-	1,944	2,182
B － 2	1,317	1,513	756	-	1,739	-	-	1,081	1,134	-	-	1,065	1,783
B － 1	-	-	-	-	-	-	-	-	-	-	-	-	-
C － 5	-	-	-	-	-	-	-	-	-	-	-	-	-
C － 4	-	-	-	-	-	-	-	-	-	-	-	-	-
C － 3	-	-	-	-	-	-	-	-	-	-	-	-	-
C － 2	628	1,079	-	-	-	-	-	-	648	-	-	-	216	-
C － 1	-	-	-	-	-	-	-	-	-	-	-	-	-
山　梨	**1,813**	**1,833**	**2,076**	**1,909**	**2,166**	**1,682**	**1,967**	**1,699**	**1,603**	**1,469**	**1,633**	**1,775**	**1,930**
A － 5	2,850	2,815	2,838	2,802	2,786	2,609	2,674	2,917	2,806	2,777	3,048	2,861	3,140
A － 4	2,494	2,695	2,319	2,452	2,566	2,531	2,390	2,450	2,368	2,306	2,547	2,561	2,668
A － 3	1,845	1,577	2,027	1,760	2,269	1,302	1,917	1,962	1,408	1,771	2,071	1,739	2,168
A － 2	1,347	1,690	1,735	1,930	1,863	1,842	1,160	1,134	1,188	1,243	1,065	1,292	1,216
A － 1	-	-	-	-	-	-	-	-	-	-	-	-	-
B － 5	3,120	-	-	-	-	-	-	-	-	-	-	-	3,120
B － 4	2,450	2,404	2,545	-	2,157	-	2,304	2,377	-	-	-	2,460	2,840
B － 3	1,417	1,512	-	-	-	-	-	-	-	1,607	-	1,085	1,020
B － 2	953	1,018	1,042	1,023	1,131	868	913	1,005	921	982	846	965	792
B － 1	979	-	-	-	-	-	-	-	-	979	-	-	-
C － 5	-	-	-	-	-	-	-	-	-	-	-	-	-
C － 4	-	-	-	-	-	-	-	-	-	-	-	-	-
C － 3	-	-	-	-	-	-	-	-	-	-	-	-	-
C － 2	814	-	-	-	-	919	-	-	-	-	-	754	-
C － 1	711	1,291	-	658	1,229	584	520	828	609	110	638	744	436

単位：円

市場・規格	平成29年計	1 月	2 月	3 月	4 月	5 月	6 月	7 月	8 月	9 月	10 月	11 月	12 月
岐　　　阜	**2,963**	**2,955**	**2,843**	**2,927**	**3,043**	**2,949**	**2,865**	**2,991**	**2,836**	**2,828**	**2,831**	**3,101**	**3,213**
A － 5	3,367	3,345	3,269	3,341	3,420	3,310	3,199	3,333	3,177	3,180	3,276	3,544	3,670
A － 4	2,788	2,873	2,705	2,748	2,865	2,808	2,686	2,812	2,716	2,744	2,649	2,818	2,938
A － 3	2,375	2,525	2,389	2,439	2,536	2,496	2,391	2,453	2,324	2,224	2,229	2,163	2,524
A － 2	2,056	2,094	1,784	2,288	1,955	2,087	-	2,236	2,139	1,904	-	1,921	-
A － 1	-	-	-	-	-	-	-	-	-	-	-	-	-
B － 5	2,971	2,978	2,959	3,025	3,132	2,842	-	3,070	3,154	2,831	2,915	-	3,058
B － 4	2,604	2,720	2,505	2,598	2,707	2,652	2,568	2,568	2,473	-	2,511	2,455	2,778
B － 3	2,237	2,415	2,272	2,312	-	2,199	2,194	1,606	2,285	2,193	-	2,112	2,331
B － 2	1,557	1,904	-	-	1,113	-	1,790	-	-	-	1,522	1,389	-
B － 1	-	-	-	-	-	-	-	-	-	-	-	-	-
C － 5	-	-	-	-	-	-	-	-	-	-	-	-	-
C － 4	-	-	-	-	-	-	-	-	-	-	-	-	-
C － 3	-	-	-	-	-	-	-	-	-	-	-	-	-
C － 2	-	-	-	-	-	-	-	-	-	-	-	-	-
C － 1	-	-	-	-	-	-	-	-	-	-	-	-	-
浜　　　松	**2,682**	**2,687**	**2,678**	**2,837**	**2,745**	**2,689**	**2,442**	**2,805**	**2,307**	**2,517**	**2,573**	**2,599**	**2,849**
A － 5	2,831	2,805	2,816	2,989	2,829	2,759	2,641	2,889	2,617	2,636	2,714	2,811	3,026
A － 4	2,483	2,495	2,496	2,610	2,701	2,347	2,392	2,610	1,864	2,389	2,313	2,325	2,581
A － 3	2,084	1,893	2,312	2,290	-	2,312	2,152	-	-	1,977	1,986	2,046	2,154
A － 2	-	-	-	-	-	-	-	-	-	-	-	-	-
A － 1	-	-	-	-	-	-	-	-	-	-	-	-	-
B － 5	2,721	-	-	2,930	-	-	-	2,537	-	-	-	-	2,701
B － 4	2,146	-	-	-	2,228	2,296	2,054	-	2,077	-	1,875	1,912	2,538
B － 3	1,544	1,620	2,150	-	-	-	-	-	863	-	-	-	1,295
B － 2	985	-	-	-	1,026	-	1,098	-	1,080	-	-	833	-
B － 1	-	-	-	-	-	-	-	-	-	-	-	-	-
C － 5	-	-	-	-	-	-	-	-	-	-	-	-	-
C － 4	-	-	-	-	-	-	-	-	-	-	-	-	-
C － 3	-	-	-	-	-	-	-	-	-	-	-	-	-
C － 2	-	-	-	-	-	-	-	-	-	-	-	-	-
C － 1	510	-	540	434	-	-	-	-	-	-	-	-	-
東　三　河	**2,325**	**2,495**	**2,270**	**2,385**	**2,372**	**2,084**	**2,013**	**2,190**	**2,093**	**2,142**	**2,184**	**2,504**	**2,721**
A － 5	2,761	2,757	2,709	2,713	2,749	2,661	2,721	2,562	2,715	2,606	2,646	2,874	3,026
A － 4	2,469	2,624	2,455	2,447	2,512	2,481	2,411	2,347	2,306	2,249	2,388	2,544	2,799
A － 3	2,038	2,180	2,002	1,926	2,174	2,338	1,737	1,929	1,679	1,799	2,138	2,407	2,488
A － 2	1,368	-	-	1,835	-	1,547	1,242	1,485	1,567	755	1,140	-	-
A － 1	-	-	-	-	-	-	-	-	-	-	-	-	-
B － 5	2,563	-	-	-	2,433	-	-	-	-	-	-	-	2,790
B － 4	2,182	2,106	2,190	1,404	2,224	-	2,261	-	1,510	-	-	2,484	2,738
B － 3	1,705	-	-	-	1,436	2,158	-	-	-	1,271	-	-	1,956
B － 2	1,048	808	-	-	1,459	917	1,051	1,297	900	1,240	736	1,025	1,162
B － 1	269	-	269	-	-	-	-	-	-	-	-	-	-
C － 5	-	-	-	-	-	-	-	-	-	-	-	-	-
C － 4	-	-	-	-	-	-	-	-	-	-	-	-	-
C － 3	-	-	-	-	-	-	-	-	-	-	-	-	-
C － 2	432	-	432	-	-	-	-	-	-	-	-	-	-
C － 1	277	-	410	-	-	-	323	-	-	-	-	-	88

2　月別規格別取引成立頭数・価格（食肉卸売市場別）（続き）
(4)　和牛めす（続き）
イ　枝肉の1kg当たり卸売価格（続き）

単位：円

市場・規格	平成29年計	1月	2月	3月	4月	5月	6月	7月	8月	9月	10月	11月	12月
四 日 市	2,498	2,126	2,274	2,594	2,558	2,549	2,123	2,391	2,321	2,200	2,375	2,809	2,721
A － 5	2,922	2,898	2,794	2,828	2,914	2,815	2,814	2,494	2,751	2,968	2,793	3,198	2,981
A － 4	2,630	2,583	2,703	2,659	2,725	2,626	2,592	2,624	2,463	2,608	2,540	2,596	2,771
A － 3	2,321	2,566	2,374	-	2,690	2,274	2,320	2,179		2,198	2,144	2,251	2,486
A － 2	1,408	865	-	-	1,583					1,654	-	-	-
A － 1	-	-	-	-	-	-	-	-	-	-	-	-	-
B － 5	2,618	-	2,793	-	2,708	-	2,157	-	-	-	-	2,606	2,806
B － 4	2,559	-	2,701	2,535	2,545	-	2,310	-	-	-	2,366	-	2,801
B － 3	2,098	2,045	1,543	2,436	2,157	1,943	2,380	-	2,271	-	-	2,275	2,594
B － 2	936	1,039	703	1,189	-	-	931	1,189	595	1,296	754	860	-
B － 1	-	-	-	-	-	-	-	-	-	-	-	-	-
C － 5	-	-	-	-	-	-	-	-	-	-	-	-	-
C － 4	-	-	-	-	-	-	-	-	-	-	-	-	-
C － 3	1,672	-	-	-	-	-	-	-	-	1,672	-	-	-
C － 2	788	-	-	-	-	-	1,009	-	835	-	-	-	710
C － 1	604	163	960	862	767	-	379	-	-	-	-	517	-
南 大 阪	-	-	-	-	-	-	-	-	-	-	-	-	-
A － 5	-	-	-	-	-	-	-	-	-	-	-	-	-
A － 4	-	-	-	-	-	-	-	-	-	-	-	-	-
A － 3	-	-	-	-	-	-	-	-	-	-	-	-	-
A － 2	-	-	-	-	-	-	-	-	-	-	-	-	-
A － 1	-	-	-	-	-	-	-	-	-	-	-	-	-
B － 5	-	-	-	-	-	-	-	-	-	-	-	-	-
B － 4	-	-	-	-	-	-	-	-	-	-	-	-	-
B － 3	-	-	-	-	-	-	-	-	-	-	-	-	-
B － 2	-	-	-	-	-	-	-	-	-	-	-	-	-
B － 1	-	-	-	-	-	-	-	-	-	-	-	-	-
C － 5	-	-	-	-	-	-	-	-	-	-	-	-	-
C － 4	-	-	-	-	-	-	-	-	-	-	-	-	-
C － 3	-	-	-	-	-	-	-	-	-	-	-	-	-
C － 2	-	-	-	-	-	-	-	-	-	-	-	-	-
C － 1	-	-	-	-	-	-	-	-	-	-	-	-	-
姫 路	2,546	2,503	2,452	2,365	3,292	2,553	2,919	2,433	2,351	2,340	2,282	2,456	2,733
A － 5	3,406	3,168	3,228	3,227	3,921	3,392	3,481	3,321	3,292	3,253	3,375	3,408	3,384
A － 4	2,991	2,833	3,049	2,906	3,312	2,981	3,119	2,904	2,773	2,833	2,776	2,964	3,153
A － 3	2,348	2,414	2,318	2,342	2,736	2,484	2,491	2,294	2,207	2,246	2,111	2,358	2,486
A － 2	1,639	1,880	1,512	1,706	1,934	1,728	1,640	1,701	1,548	1,603	1,612	1,566	1,688
A － 1	-	-	-	-	-	-	-	-	-	-	-	-	-
B － 5	3,073	-	-	2,697	4,299	2,916	2,908	2,967	3,351	3,132	2,817	2,972	3,199
B － 4	2,848	2,777	2,700	2,859	3,299	2,790	2,881	2,827	2,688	2,633	2,421	2,675	2,973
B － 3	2,254	2,294	1,965	2,456	2,499	2,382	2,216	2,224	2,060	2,193	1,976	2,222	2,398
B － 2	1,509	1,511	1,447	1,507	1,806	1,487	1,538	1,555	1,492	1,532	1,492	1,453	1,513
B － 1	1,163	1,411	-	1,228	-	1,340	-	1,173	1,167	640	1,185	1,044	1,179
C － 5	2,917	-	-	-	-	-	-	-	-	-	-	2,917	-
C － 4	-	-	-	-	-	-	-	-	-	-	-	-	-
C － 3	-	-	-	-	-	-	-	-	-	-	-	-	-
C － 2	1,218	-	1,189	1,233	-	-	-	1,157	1,341	1,173	1,199	1,631	-
C － 1	1,111	-	-	-	1,398	-	1,025	1,042	1,215	1,108	1,038	-	-

単位：円

市場・規格	平成29年計	1月	2月	3月	4月	5月	6月	7月	8月	9月	10月	11月	12月
加 古 川	2,410	2,166	2,345	2,218	2,525	2,426	2,329	2,735	2,307	2,530	2,268	2,360	2,705
A - 5	3,266	2,944	2,812	2,861	3,031	2,897	3,119	4,132	3,439	4,308	3,641	3,805	4,232
A - 4	3,099	3,252	2,906	2,798	2,920	2,814	3,049	3,270	3,380	3,471	3,032	3,172	3,670
A - 3	2,234	2,300	2,142	2,060	2,189	2,401	2,112	2,415	2,007	2,258	2,147	2,216	2,468
A - 2	1,581	1,653	1,806	1,560	1,738	1,545	1,517	1,404	1,626	1,603	1,409	1,259	1,525
A - 1	1,470	1,563	1,566	1,567	–	–	–	1,403	–	–	1,350	–	–
B - 5	2,914	2,544	–	2,421	2,540	–	–	3,942	2,820	–	2,922	2,603	4,137
B - 4	3,136	2,615	2,794	2,815	2,522	3,564	3,112	3,030	3,469	3,397	3,434	2,859	3,719
B - 3	2,474	1,975	2,279	2,247	2,042	2,556	2,379	1,729	3,543	3,379	3,107	–	2,843
B - 2	1,446	1,553	1,617	1,483	1,496	1,454	1,405	1,437	1,369	1,498	1,293	1,449	1,326
B - 1	1,384	1,603	1,439	1,433	1,457	1,468	1,263	1,368	1,252	1,390	1,260	1,052	1,350
C - 5	–	–	–	–	–	–	–	–	–	–	–	–	–
C - 4													
C - 3	1,797	1,797	–	–	–	–	–	–	–	–	–	–	–
C - 2	1,034	1,210	433	–		–	969	–		–	1,086	1,077	–
C - 1	684	–	554	889	–	1,186	556	776	705	837	547	61	220
西 宮	2,331	2,132	2,245	2,170	2,475	2,145	2,144	2,448	2,430	2,423	2,542	2,703	2,803
A - 5	2,948	2,956	2,881	2,897	3,274	2,880	2,895	2,867	2,885	2,814	2,849	3,001	3,065
A - 4	2,632	2,724	2,583	2,571	2,871	2,593	2,511	2,640	2,458	2,527	2,523	2,694	2,748
A - 3	2,224	2,185	2,209	2,189	2,380	2,135	2,079	2,204	2,272	2,202	2,234	2,258	2,409
A - 2	1,698	1,688	1,632	1,651	1,811	1,637	1,665	1,758	1,720	1,825	2,162	1,823	2,114
A - 1	–	–	–	–	–	–	–	–	–	–	–	–	–
B - 5	2,750	2,701	2,483	2,777	3,150	2,807	2,699	2,752	–	–	2,756	2,762	–
B - 4	2,517	2,597	2,467	2,573	2,667	2,531	2,571	2,538	2,620	2,433	2,331	2,388	2,519
B - 3	2,066	2,197	2,282	1,862	2,242	1,903	1,941	2,207	2,048	2,095	2,212	2,088	2,493
B - 2	1,610	1,601	1,605	1,593	1,723	1,570	1,594	1,581	1,598	1,576	–	–	–
B - 1	1,345	1,402	–	1,404	–	1,403	1,294	1,189	–	–	–	–	–
C - 5													
C - 4													
C - 3													
C - 2	1,513	–	–	–	–	–	1,513	–	–	–	–	–	–
C - 1	1,464	–	1,408	–	1,513	–	–	–	–	–	–	–	–
岡 山	2,558	2,710	2,692	2,612	2,741	2,465	2,483	2,494	2,485	2,388	2,448	2,397	2,703
A - 5	2,858	3,013	2,941	2,819	2,930	2,915	2,821	2,831	2,838	2,810	2,782	2,718	2,916
A - 4	2,556	2,733	2,711	2,687	2,631	2,568	2,376	2,571	2,446	2,411	2,364	2,419	2,696
A - 3	2,196	2,597	2,469	2,246	2,440	2,297	2,129	2,179	1,959	2,021	1,979	1,925	2,219
A - 2	1,079	–	–	–	–	–	1,079	–	–	–	–	–	–
A - 1	–	–	–	–	–	–	–	–	–	–	–	–	–
B - 5	2,779	–	–	2,887	2,658	–	–	2,764	2,818	2,644	2,867	–	2,845
B - 4	2,401	–	2,604	2,645	2,587	2,351	2,364	2,462	2,435	2,372	2,224	1,773	2,559
B - 3	1,936	–	1,675	865	2,179	–	–	1,982	–	2,095	1,782	2,030	2,153
B - 2	1,007	–	–	–	–	–	–	1,189	–	–	–	809	–
B - 1	–	–	–	–	–	–	–	–	–	–	–	–	–
C - 5													
C - 4	2,652	–	–	–	2,652	–	–	–	–	–	–	–	–
C - 3													
C - 2													
C - 1	856	986	1,079	1,081	–	746	893	1,079	792	742	736	489	1,081

2 月別規格別取引成立頭数・価格（食肉卸売市場別）（続き）
(4) 和牛めす（続き）
イ 枝肉の1kg当たり卸売価格（続き）

単位：円

市場・規格	平成29年計	1月	2月	3月	4月	5月	6月	7月	8月	9月	10月	11月	12月
坂 出	2,520	2,591	2,510	2,404	2,639	2,604	2,405	2,607	2,365	2,450	2,474	2,578	2,519
A－5	2,873	2,949	2,820	2,853	2,976	2,889	2,761	2,877	2,875	2,779	2,778	2,844	2,999
A－4	2,582	2,623	2,546	2,549	2,645	2,643	2,615	2,577	2,468	2,450	2,463	2,566	2,697
A－3	2,248	2,470	2,250	2,217	2,337	2,253	2,270	2,211	2,117	2,029	2,208	2,270	2,352
A－2	1,271	-	-	-	-	-	-	-	1,621	-	-	-	1,112
A－1	-	-	-	-	-	-	-	-	-	-	-	-	-
B－5	2,608	2,717	2,593	2,535	-	-	-	-	-	-	-	-	-
B－4	2,224	2,697	2,652	1,944	-	-	2,165	2,265	-	2,172	2,268	1,565	-
B－3	2,138	2,245	2,250	1,996	2,251	2,109	1,945	2,055	-	-	2,150	-	-
B－2	1,712	2,067	1,836	1,363	-	-	-	-	1,997	-	-	-	811
B－1	-	-	-	-	-	-	-	-	-	-	-	-	-
C－5	-	-	-	-	-	-	-	-	-	-	-	-	-
C－4	-	-	-	-	-	-	-	-	-	-	-	-	-
C－3	-	-	-	-	-	-	-	-	-	-	-	-	-
C－2	827	-	-	-	-	-	827	-	-	-	-	-	-
C－1	459	-	-	-	-	-	-	-	-	164	-	-	591
愛 媛													
A－5													
A－4													
A－3													
A－2													
A－1													
B－5													
B－4													
B－3													
B－2													
B－1													
C－5													
C－4													
C－3													
C－2													
C－1													
佐 世 保	2,259	2,464	2,406	2,281	2,331	2,201	2,210	2,277	2,104	2,137	2,073	2,113	2,439
A－5	2,807	2,902	2,824	2,781	2,835	2,675	2,777	2,804	2,729	2,735	2,753	2,806	2,905
A－4	2,483	2,708	2,600	2,463	2,592	2,455	2,455	2,497	2,317	2,286	2,377	2,409	2,646
A－3	2,175	2,388	2,337	2,217	2,316	2,136	2,107	2,127	1,980	2,048	2,058	2,049	2,321
A－2	1,827	2,188	1,993	1,819	1,888	1,856	1,329	1,638	1,523	1,938	1,651	1,717	2,084
A－1	-	-	-	-	-	-	-	-	-	-	-	-	-
B－5	2,651	2,809	2,721	2,599	2,810	-	-	2,646	2,374	2,589	-	-	-
B－4	2,338	2,613	2,479	2,394	2,408	2,304	2,220	2,255	2,239	2,068	2,148	2,214	2,494
B－3	2,058	2,311	2,243	2,183	2,048	2,068	1,963	2,128	1,891	1,843	1,850	1,919	2,290
B－2	1,307	1,705	1,568	1,510	1,203	1,172	1,222	1,165	860	1,507	1,075	1,106	1,597
B－1	996	-	-	-	926	-	1,296	972	-	-	-	756	-
C－5	-	-	-	-	-	-	-	-	-	-	-	-	-
C－4	2,130	-	-	2,230	-	-	-	-	-	-	-	1,893	-
C－3	1,835	-	-	1,835	-	-	-	-	-	-	-	-	-
C－2	1,107	1,460	1,445	1,074	1,067	913	1,297	999	-	1,167	921	878	972
C－1	746	897	912	873	881	771	813	722	688	508	545	663	598

単位：円

市場・規格	平成29年計	1 月	2 月	3 月	4 月	5 月	6 月	7 月	8 月	9 月	10 月	11 月	12 月
熊　　本													
A － 5													
A － 4													
A － 3													
A － 2													
A － 1													
B － 5													
B － 4													
B － 3													
B － 2													
B － 1													
C － 5													
C － 4													
C － 3													
C － 2													
C － 1													

2　月別規格別取引成立頭数・価格（食肉卸売市場別）（続き）
(5)　和牛去勢
　　ア　枝肉の取引成立頭数

単位：頭

市場・規格	平成29年計	1月	2月	3月	4月	5月	6月	7月	8月	9月	10月	11月	12月
合　　計	96,149	6,301	6,857	7,032	8,717	6,828	6,946	8,955	7,029	7,606	8,037	10,081	11,760
A － 5	37,562	2,214	2,609	2,552	3,417	2,385	2,740	3,543	2,493	2,944	3,276	4,355	5,034
A － 4	38,171	2,698	2,776	2,922	3,439	2,826	2,750	3,512	2,924	2,910	3,138	3,813	4,463
A － 3	13,466	909	945	1,018	1,228	1,137	1,007	1,261	1,086	1,174	1,075	1,203	1,423
A － 2	1,944	135	145	133	165	141	135	178	162	190	150	184	226
A － 1	1	-	-	-	1	-	-	-	-	-	-	-	-
B － 5	460	31	24	45	55	25	32	32	31	30	41	62	52
B － 4	1,957	154	154	155	167	123	125	193	121	151	132	218	264
B － 3	1,604	102	118	134	144	112	98	144	123	128	138	171	192
B － 2	756	48	67	60	83	64	43	71	68	56	54	53	89
B － 1	25	-	4	1	4	3	1	1	2	1	3	3	2
C － 5	1	-	-	-	-	-	-	1	-	-	-	-	-
C － 4	6	-	1	-	2	-	-	-	-	-	1	1	1
C － 3	13	1	1	2	-	-	-	-	1	1	2	4	1
C － 2	67	2	4	7	6	2	5	9	5	9	7	5	6
C － 1	116	7	9	3	6	10	10	10	13	12	20	9	7
中央市場計	75,826	5,074	5,478	5,550	6,939	5,423	5,529	7,020	5,553	6,121	6,386	7,750	9,003
A － 5	29,367	1,762	2,067	2,030	2,689	1,859	2,170	2,735	1,936	2,365	2,649	3,351	3,754
A － 4	30,396	2,181	2,248	2,302	2,759	2,274	2,205	2,765	2,339	2,353	2,504	2,951	3,515
A － 3	11,152	763	798	837	1,031	945	838	1,054	905	971	873	971	1,166
A － 2	1,565	112	112	104	140	120	110	155	129	148	109	143	183
A － 1	-	-	-	-	-	-	-	-	-	-	-	-	-
B － 5	295	24	14	23	38	13	22	20	22	19	31	36	33
B － 4	1,306	112	99	115	114	77	84	125	73	108	90	146	163
B － 3	1,090	79	81	91	106	79	62	109	92	95	80	100	116
B － 2	533	35	49	44	53	49	29	46	47	47	33	37	64
B － 1	7	-	1	-	-	-	1	-	-	1	1	3	-
C － 5	1	-	-	-	-	-	-	1	-	-	-	-	-
C － 4	4	-	1	-	1	-	-	-	-	-	-	1	1
C － 3	8	1	1	1	-	-	-	-	-	1	-	3	1
C － 2	35	2	1	1	3	1	2	4	4	6	3	3	5
C － 1	67	3	6	2	5	6	6	6	6	7	12	6	2
仙　　台	6,409	377	433	417	573	407	444	509	515	613	506	751	864
A － 5	3,595	214	246	195	301	205	247	281	262	349	304	453	538
A － 4	2,030	126	144	158	179	141	145	160	182	185	152	213	245
A － 3	485	17	18	34	61	42	32	45	52	49	34	54	47
A － 2	77	4	5	1	9	7	7	7	9	10	5	6	7
A － 1	-	-	-	-	-	-	-	-	-	-	-	-	-
B － 5	22	1	2	2	1	2	2	1	1	2	2	2	4
B － 4	76	8	4	11	8	2	3	4	2	10	4	9	11
B － 3	67	5	8	11	8	3	7	5	3	3	3	5	6
B － 2	44	1	4	5	5	5	1	5	3	4	-	5	6
B － 1	3	-	1	-	-	-	-	-	-	-	-	2	-
C － 5	-	-	-	-	-	-	-	-	-	-	-	-	-
C － 4	-	-	-	-	-	-	-	-	-	-	-	-	-
C － 3	-	-	-	-	-	-	-	-	-	-	-	-	-
C － 2	2	-	-	-	1	-	-	-	-	1	-	-	-
C － 1	8	1	1	-	-	-	-	1	-	1	2	2	-

単位：頭

市場・規格	平成29年計	1 月	2 月	3 月	4 月	5 月	6 月	7 月	8 月	9 月	10 月	11 月	12 月
さ い た ま	791	33	53	64	86	49	53	63	52	55	51	66	166
A － 5	249	17	22	18	32	18	18	18	11	14	14	14	53
A － 4	279	9	19	26	33	14	13	23	19	18	19	25	61
A － 3	150	3	8	14	10	9	12	13	15	14	9	14	29
A － 2	37	2	-	1	3	2	4	3	2	4	3	7	6
A － 1	-	-	-	-	-	-	-	-	-	-	-	-	-
B － 5	9	-	-	1	2	-	1	1	-	1	1	1	1
B － 4	18	1	-	-	-	1	1	3	2	1	1	2	6
B － 3	22	1	2	1	1	3	2	-	1	2	1	2	6
B － 2	14	-	-	3	3	2	-	-	2	1	1	-	2
B － 1	-	-	-	-	-	-	-	-	-	-	-	-	-
C － 5	-	-	-	-	-	-	-	-	-	-	-	-	-
C － 4	-	-	-	-	-	-	-	-	-	-	-	-	-
C － 3	-	-	-	-	-	-	-	-	-	-	-	-	-
C － 2	5	-	-	-	2	-	-	1	-	-	-	-	2
C － 1	8	-	2	-	-	-	2	1	-	-	2	1	-
東　　京	42,212	2,927	3,162	3,271	3,783	3,090	3,271	3,845	3,116	3,343	3,645	4,043	4,716
A － 5	15,679	996	1,160	1,193	1,376	983	1,275	1,375	1,026	1,251	1,513	1,696	1,835
A － 4	17,226	1,258	1,325	1,360	1,561	1,329	1,291	1,532	1,355	1,335	1,414	1,547	1,919
A － 3	6,938	502	498	528	644	609	552	672	554	556	538	586	699
A － 2	791	54	61	62	71	56	51	86	59	65	58	63	105
A － 1	-	-	-	-	-	-	-	-	-	-	-	-	-
B － 5	115	13	4	7	9	4	10	13	10	5	13	18	9
B － 4	581	42	43	47	55	39	43	64	37	42	48	61	60
B － 3	557	44	40	50	44	37	29	68	47	57	35	50	56
B － 2	269	15	27	22	22	28	14	28	20	24	21	17	31
B － 1	3	-	-	-	-	-	1	-	-	1	-	1	-
C － 5	1	-	-	-	-	-	-	1	-	-	-	-	-
C － 4	1	-	-	-	-	-	-	-	-	-	1	-	-
C － 3	3	1	-	1	-	-	-	-	-	1	-	-	-
C － 2	20	1	1	-	-	1	2	3	3	5	2	1	1
C － 1	28	1	3	1	1	4	3	3	5	1	2	3	1
横　　浜	4,340	309	338	295	428	365	321	370	332	362	335	393	492
A － 5	1,347	96	96	87	171	96	94	102	82	82	96	146	199
A － 4	1,741	130	128	123	150	141	140	147	131	143	155	158	195
A － 3	771	40	75	60	65	81	57	76	77	85	57	46	52
A － 2	231	20	23	9	15	25	17	23	22	30	10	23	14
A － 1	-	-	-	-	-	-	-	-	-	-	-	-	-
B － 5	15	-	-	1	4	1	1	-	3	-	2	-	3
B － 4	75	9	3	7	3	4	3	11	2	9	5	7	12
B － 3	92	8	9	4	12	9	5	7	9	7	5	8	9
B － 2	57	5	4	3	7	8	4	3	6	4	3	3	7
B － 1	-	-	-	-	-	-	-	-	-	-	-	-	-
C － 5	-	-	-	-	-	-	-	-	-	-	-	-	-
C － 4	-	-	-	-	-	-	-	-	-	-	-	-	-
C － 3	1	-	-	-	-	-	-	-	-	-	-	1	-
C － 2	3	1	-	-	-	-	-	-	-	-	-	1	1
C － 1	7	-	-	1	1	-	-	1	-	2	2	-	-

2　月別規格別取引成立頭数・価格（食肉卸売市場別）（続き）
(5)　和牛去勢（続き）
ア　枝肉の取引成立頭数（続き）

単位：頭

市場・規格	平成29年計	1月	2月	3月	4月	5月	6月	7月	8月	9月	10月	11月	12月
名 古 屋	2,387	150	163	137	185	152	157	196	146	201	209	253	438
A － 5	1,140	50	78	64	97	79	88	101	74	108	104	117	180
A － 4	865	68	55	55	56	56	51	77	48	58	78	96	167
A － 3	246	20	19	8	11	12	11	12	14	25	20	27	67
A － 2	17	2	1	－	1	－	－	1	1	2	1	2	6
A － 1	－	－	－	－	－	－	－	－	－	－	－	－	－
B － 5	29	2	2	3	5	1	4	－	2	1	2	3	4
B － 4	52	8	6	3	6	2	1	1	4	4	3	4	10
B － 3	27	－	2	3	8	1	1	2	2	－	1	3	4
B － 2	9	－	－	1	－	1	1	2	－	3	－	1	－
B － 1	－	－	－	－	－	－	－	－	－	－	－	－	－
C － 5	－	－	－	－	－	－	－	－	－	－	－	－	－
C － 4	－	－	－	－	－	－	－	－	－	－	－	－	－
C － 3	－	－	－	－	－	－	－	－	－	－	－	－	－
C － 2	－	－	－	－	－	－	－	－	－	－	－	－	－
C － 1	2	－	－	－	1	－	－	－	1	－	－	－	－
京 都	3,876	273	281	297	331	320	226	418	278	321	361	292	478
A － 5	1,628	86	102	101	137	126	111	175	95	158	140	147	250
A － 4	1,535	136	128	126	148	123	79	162	120	95	153	108	157
A － 3	511	37	34	44	28	49	26	61	45	57	53	30	47
A － 2	82	3	2	8	3	9	5	15	9	5	10	3	10
A － 1	－	－	－	－	－	－	－	－	－	－	－	－	－
B － 5	19	2	－	1	3	3	1	－	3	1	1	－	4
B － 4	42	3	8	7	7	6	2	3	1	2	－	1	2
B － 3	34	3	4	3	4	3	2	2	1	3	4	2	3
B － 2	25	3	3	7	1	1	－	－	4	－	－	1	5
B － 1	－	－	－	－	－	－	－	－	－	－	－	－	－
C － 5	－	－	－	－	－	－	－	－	－	－	－	－	－
C － 4	－	－	－	－	－	－	－	－	－	－	－	－	－
C － 3	－	－	－	－	－	－	－	－	－	－	－	－	－
C － 2	－	－	－	－	－	－	－	－	－	－	－	－	－
C － 1	－	－	－	－	－	－	－	－	－	－	－	－	－
大 阪	6,241	401	438	402	597	388	446	609	453	492	542	669	804
A － 5	2,292	125	154	159	227	133	150	246	152	171	217	267	291
A － 4	2,653	182	194	162	235	184	210	243	200	205	219	279	340
A － 3	845	61	56	55	78	51	65	83	63	83	71	71	108
A － 2	67	5	7	4	7	2	2	2	6	5	4	10	13
A － 1	－	－	－	－	－	－	－	－	－	－	－	－	－
B － 5	29	2	1	2	7	1	－	1	2	3	5	2	3
B － 4	168	17	12	9	16	7	6	18	10	12	12	24	25
B － 3	137	7	11	8	19	9	9	14	14	9	11	10	16
B － 2	39	2	2	2	6	1	4	2	6	3	1	4	6
B － 1	1	－	－	－	－	－	－	－	－	－	1	－	－
C － 5	－	－	－	－	－	－	－	－	－	－	－	－	－
C － 4	1	－	－	－	－	－	－	－	－	－	－	－	1
C － 3	2	－	1	－	－	－	－	－	－	－	－	1	－
C － 2	3	－	－	1	－	－	－	－	－	－	－	1	1
C － 1	4	－	－	2	－	－	－	－	－	－	1	1	－

単位：頭

市場・規格	平成29年計	1 月	2 月	3 月	4 月	5 月	6 月	7 月	8 月	9 月	10 月	11 月	12 月
神　戸	3,110	214	199	219	276	205	190	270	198	256	299	470	314
A － 5	1,239	71	73	72	118	83	78	126	78	93	131	197	119
A － 4	1,326	96	69	98	113	100	73	110	88	111	127	201	140
A － 3	252	19	26	15	23	15	17	18	19	27	15	35	23
A － 2	29	1	1	－	2	1	4	3	2	4	4	3	4
A － 1	－	－	－	－	－	－	－	－	－	－	－	－	－
B － 5	34	4	4	5	5	－	1	2	－	4	2	6	1
B － 4	163	16	19	22	8	3	14	5	5	13	12	25	21
B － 3	50	4	2	7	5	3	2	4	4	4	6	3	6
B － 2	16	2	5	－	2	－	1	2	2	－	2	－	－
B － 1	－	－	－	－	－	－	－	－	－	－	－	－	－
C － 5	－	－	－	－	－	－	－	－	－	－	－	－	－
C － 4	－	－	－	－	－	－	－	－	－	－	－	－	－
C － 3	－	－	－	－	－	－	－	－	－	－	－	－	－
C － 2	－	－	－	－	－	－	－	－	－	－	－	－	－
C － 1	1	1	－	－	－	－	－	－	－	－	－	－	－
広　島	927	52	59	70	91	59	56	89	76	65	76	105	129
A － 5	379	17	25	21	31	25	17	36	33	29	33	51	61
A － 4	464	28	24	41	51	27	32	47	35	31	39	49	60
A － 3	57	6	5	6	5	4	6	5	5	3	1	4	7
A － 2	4	－	－	1	－	－	－	2	－	－	－	1	－
A － 1	－	－	－	－	－	－	－	－	－	－	－	－	－
B － 5	2	－	1	－	－	－	－	－	－	1	－	－	－
B － 4	10	1	1	1	2	2	－	1	－	－	1	－	1
B － 3	5	－	2	－	1	－	－	－	1	－	1	－	－
B － 2	5	－	1	－	1	1	－	－	2	－	－	－	－
B － 1	－	－	－	－	－	－	－	－	－	－	－	－	－
C － 5	－	－	－	－	－	－	－	－	－	－	－	－	－
C － 4	－	－	－	－	－	－	－	－	－	－	－	－	－
C － 3	－	－	－	－	－	－	－	－	－	－	－	－	－
C － 2	－	－	－	－	－	－	－	－	－	－	－	－	－
C － 1	1	－	－	－	－	－	1	－	－	－	－	－	－
福　岡	5,533	338	352	378	589	388	365	651	387	413	362	708	602
A － 5	1,819	90	111	120	199	111	92	275	123	110	97	263	228
A － 4	2,277	148	162	153	233	159	171	264	161	172	148	275	231
A － 3	897	58	59	73	106	73	60	69	61	72	75	104	87
A － 2	230	21	12	18	29	18	20	15	17	23	14	25	18
A － 1	－	－	－	－	－	－	－	－	－	－	－	－	－
B － 5	21	－	－	1	2	1	2	2	1	2	2	4	4
B － 4	121	7	3	8	9	11	11	15	10	15	4	13	15
B － 3	99	7	1	4	4	11	5	7	10	10	13	17	10
B － 2	55	7	3	1	6	2	4	4	4	6	5	6	7
B － 1	－	－	－	－	－	－	－	－	－	－	－	－	－
C － 5	－	－	－	－	－	－	－	－	－	－	－	－	－
C － 4	2	－	1	－	1	－	－	－	－	－	－	－	－
C － 3	2	－	－	－	－	－	－	－	－	－	－	1	1
C － 2	2	－	－	－	－	－	－	－	－	－	1	1	－
C － 1	8	－	－	－	－	2	－	－	2	3	－	－	1

2 月別規格別取引成立頭数・価格（食肉卸売市場別）（続き）
(5) 和牛去勢（続き）
ア 枝肉の取引成立頭数（続き）

単位：頭

市場・規格	平成29年計	1 月	2 月	3 月	4 月	5 月	6 月	7 月	8 月	9 月	10 月	11 月	12 月
指定市場計	20,323	1,227	1,379	1,482	1,778	1,405	1,417	1,935	1,476	1,485	1,651	2,331	2,757
A － 5	8,195	452	542	522	728	526	570	808	557	579	627	1,004	1,280
A － 4	7,775	517	528	620	680	552	545	747	585	557	634	862	948
A － 3	2,314	146	147	181	197	192	169	207	181	203	202	232	257
A － 2	379	23	33	29	25	21	25	23	33	42	41	41	43
A － 1	1	-	-	-	1	-	-	-	-	-	-	-	-
B － 5	165	7	10	22	17	12	10	12	9	11	10	26	19
B － 4	651	42	55	40	53	46	41	68	48	43	42	72	101
B － 3	514	23	37	43	38	33	36	35	31	33	58	71	76
B － 2	223	13	18	16	30	15	14	25	21	9	21	16	25
B － 1	18	-	3	1	4	3	-	1	2	-	2	-	2
C － 5	-	-	-	-	-	-	-	-	-	-	-	-	-
C － 4	2	-	-	-	1	-	-	-	-	-	-	1	-
C － 3	5	-	-	1	-	-	-	-	-	1	-	2	1
C － 2	32	-	3	6	3	1	3	5	1	3	4	2	1
C － 1	49	4	3	1	1	4	4	4	7	5	8	3	5
茨　　　城	2,129	127	112	135	211	137	159	204	150	157	152	302	283
A － 5	1,190	71	70	59	107	80	91	116	74	94	79	182	167
A － 4	619	35	24	45	65	38	39	62	44	40	55	85	87
A － 3	165	10	6	13	21	11	15	15	19	16	8	19	12
A － 2	22	-	3	-	3	3	1	-	2	2	3	2	3
A － 1	-	-	-	-	-	-	-	-	-	-	-	-	-
B － 5	18	1	1	5	2	2	2	-	-	-	-	3	2
B － 4	41	1	1	1	8	2	6	3	4	3	1	6	5
B － 3	33	3	2	5	4	-	3	2	4	2	3	3	2
B － 2	23	5	2	2	1	1	1	3	2	-	-	1	5
B － 1	3	-	3	-	-	-	-	-	-	-	-	-	-
C － 5	-	-	-	-	-	-	-	-	-	-	-	-	-
C － 4	-	-	-	-	-	-	-	-	-	-	-	-	-
C － 3	1	-	-	1	-	-	-	-	-	-	-	-	-
C － 2	10	-	-	4	-	-	1	2	1	-	2	-	-
C － 1	4	1	-	-	-	-	-	1	-	-	1	1	-
宇　都　宮	85	5	3	7	5	19	7	7	5	6	8	8	5
A － 5	43	3	2	4	2	8	3	4	3	2	3	6	3
A － 4	23	-	1	3	3	4	2	2	1	1	3	1	2
A － 3	4	2	-	-	1	-	-	-	1	-	-	-	-
A － 2	3	-	-	-	-	2	1	-	-	-	-	-	-
A － 1	-	-	-	-	-	-	-	-	-	-	-	-	-
B － 5	2	-	-	-	-	1	-	-	-	-	1	-	-
B － 4	1	-	-	-	-	-	-	1	-	-	-	-	-
B － 3	1	-	-	-	-	-	-	-	-	-	-	1	-
B － 2	2	-	-	-	-	-	1	-	1	-	-	-	-
B － 1	-	-	-	-	-	-	-	-	-	-	-	-	-
C － 5	-	-	-	-	-	-	-	-	-	-	-	-	-
C － 4	-	-	-	-	-	-	-	-	-	-	-	-	-
C － 3	-	-	-	-	-	-	-	-	-	-	-	-	-
C － 2	-	-	-	-	-	-	-	-	-	-	-	-	-
C － 1	6	-	-	-	-	3	-	-	-	-	2	1	-

－ 258 －

単位：頭

市場・規格	平成29年計	1月	2月	3月	4月	5月	6月	7月	8月	9月	10月	11月	12月
群　馬	**2,437**	**189**	**154**	**157**	**214**	**190**	**182**	**193**	**165**	**202**	**190**	**309**	**292**
A － 5	968	71	66	53	84	42	65	76	45	66	66	136	198
A － 4	897	91	64	66	87	82	75	62	72	63	60	115	60
A － 3	377	20	15	29	29	56	27	31	28	45	40	38	19
A － 2	82	2	5	3	4	6	6	6	12	12	10	11	5
A － 1	-	-	-	-	-	-	-	-	-	-	-	-	-
B － 5	7	-	1	2	-	-	-	-	-	2	-	1	1
B － 4	30	2	-	1	4	-	3	7	2	5	2	2	2
B － 3	42	1	2	2	1	3	4	6	1	5	8	4	5
B － 2	24	2	1	-	5	1	2	4	2	1	3	1	2
B － 1	1	-	-	-	-	-	-	-	1	-	-	-	-
C － 5	-	-	-	-	-	-	-	-	-	-	-	-	-
C － 4	-	-	-	-	-	-	-	-	-	-	-	-	-
C － 3	-	-	-	-	-	-	-	-	-	-	-	-	-
C － 2	3	-	-	1	-	-	-	-	-	-	2	-	-
C － 1	6	-	-	-	-	-	-	1	2	1	1	1	-
川　口	**1,111**	**61**	**92**	**77**	**101**	**79**	**59**	**84**	**68**	**88**	**97**	**151**	**154**
A － 5	321	12	26	15	39	20	21	29	25	28	25	34	47
A － 4	458	31	39	45	35	32	22	35	27	38	29	69	56
A － 3	222	13	22	13	17	18	8	12	6	11	31	36	35
A － 2	41	1	3	1	1	2	2	1	3	3	8	7	9
A － 1	-	-	-	-	-	-	-	-	-	-	-	-	-
B － 5	1	-	-	-	-	-	-	-	1	-	-	-	-
B － 4	18	2	-	-	4	-	-	1	2	4	1	1	3
B － 3	24	2	1	1	1	5	3	3	1	2	2	1	2
B － 2	20	-	1	2	2	1	2	2	3	1	1	3	2
B － 1	-	-	-	-	-	-	-	-	-	-	-	-	-
C － 5	-	-	-	-	-	-	-	-	-	-	-	-	-
C － 4	-	-	-	-	-	-	-	-	-	-	-	-	-
C － 3	-	-	-	-	-	-	-	-	-	-	-	-	-
C － 2	6	-	-	-	2	1	1	1	-	1	-	-	-
C － 1	-	-	-	-	-	-	-	-	-	-	-	-	-
山　梨	**536**	**19**	**23**	**46**	**44**	**41**	**29**	**53**	**57**	**30**	**50**	**74**	**70**
A － 5	216	7	10	17	26	18	8	21	24	9	21	28	27
A － 4	202	7	9	21	13	18	14	16	25	10	19	26	24
A － 3	62	1	3	7	3	3	4	8	4	5	4	9	11
A － 2	30	2	-	-	1	2	3	4	-	6	1	8	3
A － 1	-	-	-	-	-	-	-	-	-	-	-	-	-
B － 5	5	1	-	1	-	-	-	-	1	-	1	-	1
B － 4	5	1	1	-	-	-	-	-	-	-	-	1	2
B － 3	7	-	-	1	-	-	-	1	2	-	2	-	1
B － 2	7	-	-	-	-	-	-	3	1	-	2	1	-
B － 1	1	-	-	-	-	-	-	-	-	-	-	-	1
C － 5	-	-	-	-	-	-	-	-	-	-	-	-	-
C － 4	-	-	-	-	-	-	-	-	-	-	-	-	-
C － 3	-	-	-	-	-	-	-	-	-	-	-	-	-
C － 2	-	-	-	-	-	-	-	-	-	-	-	-	-
C － 1	1	-	-	-	-	-	-	-	-	-	-	1	-

2 月別規格別取引成立頭数・価格（食肉卸売市場別）（続き）
(5) 和牛去勢（続き）
ア 枝肉の取引成立頭数（続き）

単位：頭

市場・規格	平成29年計	1月	2月	3月	4月	5月	6月	7月	8月	9月	10月	11月	12月
岐　　阜	2,372	169	170	179	165	183	153	237	188	163	213	252	300
A － 5	1,115	75	81	74	76	85	69	115	88	78	91	116	167
A － 4	955	72	68	80	68	69	67	99	68	62	95	102	105
A － 3	171	9	11	12	12	16	13	13	20	14	14	21	16
A － 2	14	1	-	1	-	3	-	1	2	2	3	1	-
A － 1	-	-	-	-	-	-	-	-	-	-	-	-	-
B － 5	13	-	-	1	2	-	-	2	1	4	-	3	-
B － 4	58	9	5	7	3	3	1	5	3	2	4	7	9
B － 3	29	2	2	3	3	5	2	2	3	1	1	2	3
B － 2	12	-	3	1	-	1	1	-	2	-	4	-	-
B － 1	3	-	-	-	1	1	-	-	-	-	1	-	-
C － 5	-	-	-	-	-	-	-	-	-	-	-	-	-
C － 4	-	-	-	-	-	-	-	-	-	-	-	-	-
C － 3	-	-	-	-	-	-	-	-	-	-	-	-	-
C － 2	-	-	-	-	-	-	-	-	-	-	-	-	-
C － 1	2	1	-	-	-	-	-	-	1	-	-	-	-
浜　　松	41	-	-	6	2	-	-	-	1	-	1	2	29
A － 5	22	-	-	3	-	-	-	-	-	-	-	2	17
A － 4	15	-	-	3	2	-	-	-	1	-	1	-	8
A － 3	3	-	-	-	-	-	-	-	-	-	-	-	3
A － 2	-	-	-	-	-	-	-	-	-	-	-	-	-
A － 1	-	-	-	-	-	-	-	-	-	-	-	-	-
B － 5	-	-	-	-	-	-	-	-	-	-	-	-	-
B － 4	1	-	-	-	-	-	-	-	-	-	-	-	1
B － 3	-	-	-	-	-	-	-	-	-	-	-	-	-
B － 2	-	-	-	-	-	-	-	-	-	-	-	-	-
B － 1	-	-	-	-	-	-	-	-	-	-	-	-	-
C － 5	-	-	-	-	-	-	-	-	-	-	-	-	-
C － 4	-	-	-	-	-	-	-	-	-	-	-	-	-
C － 3	-	-	-	-	-	-	-	-	-	-	-	-	-
C － 2	-	-	-	-	-	-	-	-	-	-	-	-	-
C － 1	-	-	-	-	-	-	-	-	-	-	-	-	-
東　三　河	569	22	40	38	50	37	54	64	43	31	39	78	73
A － 5	319	11	21	18	32	25	26	36	17	17	23	41	52
A － 4	188	10	12	11	12	9	19	26	20	13	10	29	17
A － 3	33	1	2	3	3	1	5	1	5	1	4	5	2
A － 2	3	-	1	1	-	-	-	-	-	-	-	1	-
A － 1	-	-	-	-	-	-	-	-	-	-	-	-	-
B － 5	1	-	-	-	-	-	1	-	-	-	-	-	-
B － 4	13	-	2	2	1	2	2	-	-	-	1	2	1
B － 3	6	-	2	1	-	-	-	-	1	-	1	-	1
B － 2	3	-	-	1	1	-	1	-	-	-	-	-	-
B － 1	3	-	-	1	1	-	-	1	-	-	-	-	-
C － 5	-	-	-	-	-	-	-	-	-	-	-	-	-
C － 4	-	-	-	-	-	-	-	-	-	-	-	-	-
C － 3	-	-	-	-	-	-	-	-	-	-	-	-	-
C － 2	-	-	-	-	-	-	-	-	-	-	-	-	-
C － 1	-	-	-	-	-	-	-	-	-	-	-	-	-

単位：頭

市場・規格	平成29年計	1 月	2 月	3 月	4 月	5 月	6 月	7 月	8 月	9 月	10 月	11 月	12 月
四 日 市	**237**	**15**	**17**	**15**	**17**	**15**	**26**	**19**	**20**	**21**	**16**	**24**	**32**
A － 5	90	6	4	6	4	3	11	4	4	13	7	10	18
A － 4	93	4	7	5	8	10	12	11	13	5	7	5	6
A － 3	23	2	2	1	2	2	1	2	2	2	－	2	5
A － 2	2	－	1	－	－	－	－	－	－	－	－	－	1
A － 1	－	－	－	－	－	－	－	－	－	－	－	－	－
B － 5	4	－	－	1	－	－	－	1	1	－	－	1	－
B － 4	7	－	1	1	1	－	1	－	－	－	－	2	1
B － 3	15	2	2	1	1	－	－	1	－	1	2	4	1
B － 2	2	1	－	－	－	－	1	－	－	－	－	－	－
B － 1	－	－	－	－	－	－	－	－	－	－	－	－	－
C － 5	－	－	－	－	－	－	－	－	－	－	－	－	－
C － 4	1	－	－	－	1	－	－	－	－	－	－	－	－
C － 3	－	－	－	－	－	－	－	－	－	－	－	－	－
C － 2	－	－	－	－	－	－	－	－	－	－	－	－	－
C － 1	－	－	－	－	－	－	－	－	－	－	－	－	－
南 大 阪	**－**	**－**	**－**	**－**	**－**	**－**	**－**	**－**	**－**	**－**	**－**	**－**	**－**
A － 5	－	－	－	－	－	－	－	－	－	－	－	－	－
A － 4	－	－	－	－	－	－	－	－	－	－	－	－	－
A － 3	－	－	－	－	－	－	－	－	－	－	－	－	－
A － 2	－	－	－	－	－	－	－	－	－	－	－	－	－
A － 1	－	－	－	－	－	－	－	－	－	－	－	－	－
B － 5	－	－	－	－	－	－	－	－	－	－	－	－	－
B － 4	－	－	－	－	－	－	－	－	－	－	－	－	－
B － 3	－	－	－	－	－	－	－	－	－	－	－	－	－
B － 2	－	－	－	－	－	－	－	－	－	－	－	－	－
B － 1	－	－	－	－	－	－	－	－	－	－	－	－	－
C － 5	－	－	－	－	－	－	－	－	－	－	－	－	－
C － 4	－	－	－	－	－	－	－	－	－	－	－	－	－
C － 3	－	－	－	－	－	－	－	－	－	－	－	－	－
C － 2	－	－	－	－	－	－	－	－	－	－	－	－	－
C － 1	－	－	－	－	－	－	－	－	－	－	－	－	－
姫 路	**2,234**	**47**	**59**	**64**	**159**	**165**	**179**	**222**	**158**	**185**	**247**	**309**	**440**
A － 5	885	16	25	16	82	62	85	82	68	74	109	112	154
A － 4	812	18	18	31	56	74	54	76	54	59	87	110	175
A － 3	242	5	1	5	10	15	24	36	17	27	20	36	46
A － 2	30	3	1	4	－	－	2	3	2	5	5	2	3
A － 1	－	－	－	－	－	－	－	－	－	－	－	－	－
B － 5	33	1	－	1	1	3	2	3	3	2	5	9	3
B － 4	106	3	5	3	6	8	6	14	5	8	9	15	24
B － 3	85	1	4	2	3	1	4	3	6	8	8	22	23
B － 2	30	－	4	2	1	2	－	4	2	2	4	2	7
B － 1	－	－	－	－	－	－	－	－	－	－	－	－	－
C － 5	－	－	－	－	－	－	－	－	－	－	－	－	－
C － 4	1	－	－	－	－	－	－	－	－	－	－	1	－
C － 3	－	－	－	－	－	－	－	－	－	－	－	－	－
C － 2	2	－	－	－	－	－	－	1	－	－	－	－	1
C － 1	8	－	1	－	－	－	2	－	1	－	－	－	4

2 月別規格別取引成立頭数・価格（食肉卸売市場別）（続き）
(5) 和牛去勢（続き）
ア 枝肉の取引成立頭数（続き）

単位：頭

市場・規格	平成29年計	1 月	2 月	3 月	4 月	5 月	6 月	7 月	8 月	9 月	10 月	11 月	12 月
加 古 川	1,803	117	169	154	203	97	140	188	178	97	120	135	205
A － 5	641	39	47	55	71	39	59	72	64	29	48	53	65
A － 4	734	52	74	62	82	33	50	83	74	46	42	52	84
A － 3	201	16	23	19	16	15	15	14	23	13	14	8	25
A － 2	41	3	3	5	7	-	3	1	3	3	4	4	5
A － 1	1	-	-	-	1	-	-	-	-	-	-	-	-
B － 5	12	-	-	1	2	1	3	2	1	-	2	-	-
B － 4	78	4	9	5	7	5	5	8	7	3	4	8	13
B － 3	55	1	9	6	6	2	2	6	4	2	3	7	7
B － 2	28	1	3	1	9	-	3	1	2	1	-	3	4
B － 1	6	-	-	-	2	2	-	-	-	-	1	-	1
C － 5	-	-	-	-	-	-	-	-	-	-	-	-	-
C － 4	-	-	-	-	-	-	-	-	-	-	-	-	-
C － 3	-	-	-	-	-	-	-	-	-	-	-	-	-
C － 2	-	-	-	-	-	-	-	-	-	-	-	-	-
C － 1	6	1	1	-	-	-	-	1	-	-	2	-	1
西 宮	1,056	80	123	130	141	63	66	94	60	67	69	72	91
A － 5	351	24	39	39	52	26	17	34	17	24	18	31	30
A － 4	484	36	57	59	57	29	31	46	27	29	36	30	47
A － 3	137	13	15	21	16	5	8	7	12	12	10	10	8
A － 2	15	-	2	1	3	-	2	-	1	2	1	-	3
A － 1	-	-	-	-	-	-	-	-	-	-	-	-	-
B － 5	8	2	1	1	1	1	-	-	-	-	-	1	1
B － 4	25	2	5	3	5	1	4	2	1	-	1	-	1
B － 3	28	2	4	4	3	1	3	5	2	-	3	-	1
B － 2	8	1	-	2	4	-	1	-	-	-	-	-	-
B － 1	-	-	-	-	-	-	-	-	-	-	-	-	-
C － 5	-	-	-	-	-	-	-	-	-	-	-	-	-
C － 4	-	-	-	-	-	-	-	-	-	-	-	-	-
C － 3	-	-	-	-	-	-	-	-	-	-	-	-	-
C － 2	-	-	-	-	-	-	-	-	-	-	-	-	-
C － 1	-	-	-	-	-	-	-	-	-	-	-	-	-
岡 山	709	40	32	44	59	52	53	76	50	56	54	80	113
A － 5	288	18	13	21	22	21	17	31	23	25	17	28	52
A － 4	284	16	8	16	29	20	26	32	19	23	24	31	40
A － 3	40	1	4	1	7	5	3	7	1	1	3	4	3
A － 2	1	-	-	-	-	-	-	-	-	-	-	1	-
A － 1	-	-	-	-	-	-	-	-	-	-	-	-	-
B － 5	11	1	-	2	-	-	1	1	-	-	-	2	4
B － 4	58	2	6	3	-	4	4	4	6	6	6	6	11
B － 3	23	2	-	1	1	2	2	-	1	1	3	7	3
B － 2	2	-	-	-	-	-	-	1	-	-	-	1	-
B － 1	-	-	-	-	-	-	-	-	-	-	-	-	-
C － 5	-	-	-	-	-	-	-	-	-	-	-	-	-
C － 4	-	-	-	-	-	-	-	-	-	-	-	-	-
C － 3	1	-	-	-	-	-	-	-	-	-	1	-	-
C － 2	-	-	-	-	-	-	-	-	-	-	-	-	-
C － 1	1	-	1	-	-	-	-	-	-	-	-	-	-

単位：頭

市場・規格	平成29年計	1月	2月	3月	4月	5月	6月	7月	8月	9月	10月	11月	12月
坂　　出	753	74	43	52	74	43	55	71	46	66	60	78	91
A － 5	430	37	25	24	47	25	30	42	25	38	34	48	55
A － 4	214	25	11	16	22	11	13	18	12	23	18	23	22
A － 3	76	11	5	8	5	4	7	6	7	5	4	6	8
A － 2	1	-	-	-	-	-	-	1	-	-	-	-	-
A － 1	-	-	-	-	-	-	-	-	-	-	-	-	-
B － 5	4	-	1	1	-	-	1	-	-	-	-	-	1
B － 4	13	-	-	2	-	2	2	2	1	-	1	-	3
B － 3	9	-	-	-	-	-	2	1	1	-	3	-	2
B － 2	4	1	1	-	-	1	-	1	-	-	-	-	-
B － 1	-	-	-	-	-	-	-	-	-	-	-	-	-
C － 5	-	-	-	-	-	-	-	-	-	-	-	-	-
C － 4	-	-	-	-	-	-	-	-	-	-	-	-	-
C － 3	-	-	-	-	-	-	-	-	-	-	-	-	-
C － 2	2	-	-	1	-	-	-	-	-	-	-	1	-
C － 1	-	-	-	-	-	-	-	-	-	-	-	-	-
愛　　媛	-	-	-	-	-	-	-	-	-	-	-	-	-
A － 5	-	-	-	-	-	-	-	-	-	-	-	-	-
A － 4	-	-	-	-	-	-	-	-	-	-	-	-	-
A － 3	-	-	-	-	-	-	-	-	-	-	-	-	-
A － 2	-	-	-	-	-	-	-	-	-	-	-	-	-
A － 1	-	-	-	-	-	-	-	-	-	-	-	-	-
B － 5	-	-	-	-	-	-	-	-	-	-	-	-	-
B － 4	-	-	-	-	-	-	-	-	-	-	-	-	-
B － 3	-	-	-	-	-	-	-	-	-	-	-	-	-
B － 2	-	-	-	-	-	-	-	-	-	-	-	-	-
B － 1	-	-	-	-	-	-	-	-	-	-	-	-	-
C － 5	-	-	-	-	-	-	-	-	-	-	-	-	-
C － 4	-	-	-	-	-	-	-	-	-	-	-	-	-
C － 3	-	-	-	-	-	-	-	-	-	-	-	-	-
C － 2	-	-	-	-	-	-	-	-	-	-	-	-	-
C － 1	-	-	-	-	-	-	-	-	-	-	-	-	-
佐 世 保	4,251	262	342	378	333	284	255	423	287	316	335	457	579
A － 5	1,316	62	113	118	84	72	68	146	80	82	86	177	228
A － 4	1,797	120	136	157	141	123	121	179	128	145	148	184	215
A － 3	558	42	38	49	56	40	39	55	37	50	50	38	64
A － 2	94	11	14	13	6	3	5	6	8	7	6	4	11
A － 1	-	-	-	-	-	-	-	-	-	-	-	-	-
B － 5	46	1	6	6	9	4	-	3	1	3	1	6	6
B － 4	197	16	20	12	14	19	7	21	17	12	12	22	25
B － 3	157	7	9	17	14	14	11	5	5	11	19	20	25
B － 2	58	2	3	5	7	8	1	6	6	4	7	4	5
B － 1	1	-	-	-	-	-	-	-	1	-	-	-	-
C － 5	-	-	-	-	-	-	-	-	-	-	-	-	-
C － 4	-	-	-	-	-	-	-	-	-	-	-	-	-
C － 3	3	-	-	-	-	-	-	-	-	1	-	1	1
C － 2	9	-	3	-	1	-	1	1	-	-	2	1	-
C － 1	15	1	-	1	1	1	2	1	3	2	3	-	-

－ 263 －

2　月別規格別取引成立頭数・価格（食肉卸売市場別）（続き）

（5）　和牛去勢（続き）

　　ア　枝肉の取引成立頭数（続き）

単位：頭

市場・規格	平成29年計	1月	2月	3月	4月	5月	6月	7月	8月	9月	10月	11月	12月
熊　　本	-	-	-	-	-	-	-	-	-	-	-	-	-
A － 5	-	-	-	-	-	-	-	-	-	-	-	-	-
A － 4	-	-	-	-	-	-	-	-	-	-	-	-	-
A － 3	-	-	-	-	-	-	-	-	-	-	-	-	-
A － 2	-	-	-	-	-	-	-	-	-	-	-	-	-
A － 1	-	-	-	-	-	-	-	-	-	-	-	-	-
B － 5	-	-	-	-	-	-	-	-	-	-	-	-	-
B － 4	-	-	-	-	-	-	-	-	-	-	-	-	-
B － 3	-	-	-	-	-	-	-	-	-	-	-	-	-
B － 2	-	-	-	-	-	-	-	-	-	-	-	-	-
B － 1	-	-	-	-	-	-	-	-	-	-	-	-	-
C － 5	-	-	-	-	-	-	-	-	-	-	-	-	-
C － 4	-	-	-	-	-	-	-	-	-	-	-	-	-
C － 3	-	-	-	-	-	-	-	-	-	-	-	-	-
C － 2	-	-	-	-	-	-	-	-	-	-	-	-	-
C － 1	-	-	-	-	-	-	-	-	-	-	-	-	-

イ　枝肉の１kg当たり卸売価格

単位：円

市場・規格	平成29年計	1 月	2 月	3 月	4 月	5 月	6 月	7 月	8 月	9 月	10 月	11 月	12 月
合　計	**2,620**	**2,692**	**2,608**	**2,572**	**2,689**	**2,559**	**2,583**	**2,582**	**2,469**	**2,592**	**2,512**	**2,665**	**2,792**
A － 5	2,914	2,932	2,862	2,854	2,966	2,858	2,849	2,896	2,808	3,025	2,834	2,941	3,017
A － 4	2,546	2,643	2,543	2,519	2,622	2,518	2,514	2,498	2,411	2,476	2,406	2,573	2,729
A － 3	2,212	2,402	2,275	2,200	2,292	2,202	2,201	2,154	2,067	2,045	2,048	2,212	2,428
A － 2	1,890	2,143	1,955	1,937	1,984	1,902	1,931	1,822	1,738	1,716	1,801	1,819	1,999
A － 1	1,510	-	-	-	1,510	-	-	-	-	-	-	-	-
B － 5	2,689	2,872	2,643	2,614	2,794	2,666	2,598	2,545	2,456	2,990	2,529	2,737	2,742
B － 4	2,426	2,581	2,492	2,406	2,478	2,381	2,408	2,351	2,192	2,251	2,243	2,424	2,659
B － 3	2,072	2,218	2,166	2,064	2,207	2,053	2,050	1,993	1,929	1,886	1,927	2,007	2,295
B － 2	1,677	1,942	1,831	1,736	1,838	1,650	1,704	1,616	1,553	1,498	1,606	1,533	1,625
B － 1	895	-	992	935	1,371	1,070	1,080	324	697	648	714	617	572
C － 5	2,160	-	-	-	-	-	-	2,160	-	-	-	-	-
C － 4	2,131	-	2,158	-	2,067	-	-	-	-	-	1,912	2,447	2,130
C － 3	1,668	1,620	1,834	1,701	-	-	-	-	1,512	1,294	1,691	1,542	2,144
C － 2	1,159	1,024	1,577	1,042	1,249	1,139	1,735	1,224	948	948	925	1,071	1,102
C － 1	769	984	930	964	814	878	889	748	759	521	703	626	738
中央市場計	**2,585**	**2,669**	**2,575**	**2,546**	**2,642**	**2,519**	**2,552**	**2,536**	**2,415**	**2,587**	**2,486**	**2,645**	**2,745**
A － 5	2,877	2,906	2,830	2,826	2,911	2,823	2,810	2,851	2,753	3,042	2,805	2,908	2,962
A － 4	2,512	2,623	2,507	2,489	2,579	2,477	2,489	2,455	2,354	2,461	2,368	2,561	2,693
A － 3	2,194	2,391	2,256	2,187	2,273	2,179	2,185	2,132	2,039	2,023	2,023	2,210	2,413
A － 2	1,885	2,124	1,948	1,913	1,988	1,905	1,922	1,821	1,733	1,710	1,764	1,822	1,992
A － 1	-	-	-	-	-	-	-	-	-	-	-	-	-
B － 5	2,629	2,870	2,680	2,624	2,752	2,463	2,443	2,354	2,307	3,146	2,450	2,683	2,705
B － 4	2,352	2,548	2,410	2,354	2,371	2,247	2,360	2,230	2,117	2,213	2,176	2,385	2,580
B － 3	2,014	2,213	2,071	2,011	2,139	2,019	1,980	1,934	1,849	1,832	1,903	1,951	2,220
B － 2	1,644	1,919	1,816	1,698	1,869	1,613	1,764	1,553	1,538	1,465	1,502	1,480	1,568
B － 1	802	-	1,134	-	-	-	1,080	-	-	648	1,092	617	-
C － 5	2,160	-	-	-	-	-	-	2,160	-	-	-	-	-
C － 4	2,070	-	2,158	-	2,079	-	-	-	-	-	1,912	-	2,130
C － 3	1,624	1,620	1,834	1,927	-	-	-	-	-	1,294	-	1,255	2,144
C － 2	1,123	1,024	1,422	1,405	947	1,238	2,181	1,087	986	929	940	946	1,095
C － 1	709	902	951	852	719	1,009	700	698	575	514	618	600	592
仙　台	**2,699**	**2,726**	**2,591**	**2,495**	**2,613**	**2,484**	**2,524**	**2,614**	**2,490**	**3,688**	**2,484**	**2,657**	**2,747**
A － 5	2,971	2,890	2,783	2,796	2,887	2,707	2,736	2,894	2,801	4,406	2,715	2,840	2,887
A － 4	2,430	2,557	2,398	2,291	2,402	2,340	2,332	2,347	2,244	2,854	2,173	2,473	2,604
A － 3	2,121	2,368	2,153	2,066	2,107	2,114	2,127	2,094	1,994	2,254	1,923	2,162	2,204
A － 2	1,554	1,817	1,586	1,405	1,727	1,494	1,551	1,377	1,319	1,605	1,617	1,436	1,692
A － 1	-	-	-	-	-	-	-	-	-	-	-	-	-
B － 5	2,802	2,748	2,536	2,480	2,699	2,250	2,299	2,268	2,378	6,227	2,468	2,625	2,727
B － 4	2,183	2,339	2,217	2,089	2,122	1,818	2,057	2,157	1,964	2,170	2,041	2,129	2,448
B － 3	1,915	2,204	2,008	1,874	1,911	1,962	1,625	1,931	1,761	2,360	1,673	1,733	1,977
B － 2	1,326	958	1,583	1,335	1,702	1,436	1,587	1,221	1,192	1,083	-	1,241	1,024
B － 1	764	-	1,134	-	-	-	-	-	-	-	-	555	-
C － 5	-	-	-	-	-	-	-	-	-	-	-	-	-
C － 4	-	-	-	-	-	-	-	-	-	-	-	-	-
C － 3	-	-	-	-	-	-	-	-	-	-	-	-	-
C － 2	898	-	-	-	969	-	-	-	804	-	-	-	-
C － 1	680	868	1,132	-	-	-	-	424	-	433	571	645	-

2　月別規格別取引成立頭数・価格（食肉卸売市場別）（続き）
(5)　和牛去勢（続き）
イ　枝肉の1kg当たり卸売価格（続き）

単位：円

市場・規格	平成29年計	1 月	2 月	3 月	4 月	5 月	6 月	7 月	8 月	9 月	10 月	11 月	12 月
さいたま	2,337	2,583	2,420	2,246	2,448	2,296	2,304	2,249	2,146	2,152	2,207	2,261	2,478
A － 5	2,672	2,711	2,635	2,615	2,728	2,607	2,620	2,592	2,531	2,544	2,540	2,708	2,812
A － 4	2,377	2,565	2,398	2,243	2,471	2,386	2,389	2,274	2,311	2,246	2,311	2,391	2,451
A － 3	2,017	2,412	2,109	1,970	2,044	1,995	2,052	1,904	1,828	1,853	1,911	1,946	2,251
A － 2	1,757	1,942	－	1,621	1,734	1,922	1,800	1,722	1,607	1,576	1,448	1,720	2,000
A － 1	－	－	－	－	－	－	－	－	－	－	－	－	－
B － 5	2,383	－	－	1,595	2,366	－	2,484	2,374	－	2,454	2,357	2,421	2,754
B － 4	2,143	2,488	－	－	－	1,889	2,271	2,085	2,004	2,230	2,109	2,043	2,206
B － 3	1,846	2,382	1,786	1,781	2,163	1,870	1,884	－	1,741	1,698	1,730	1,734	1,829
B － 2	1,440	－	－	1,512	1,659	1,325	－	－	1,269	1,294	1,229	－	1,521
B － 1	－	－	－	－	－	－	－	－	－	－	－	－	－
C － 5	－	－	－	－	－	－	－	－	－	－	－	－	－
C － 4	－	－	－	－	－	－	－	－	－	－	－	－	－
C － 3	－	－	－	－	－	－	－	－	－	－	－	－	－
C － 2	1,073	－	－	－	931	－	－	759	－	－	－	－	1,264
C － 1	556	－	642	－	－	－	628	647	－	－	434	433	－
東　京	2,538	2,623	2,538	2,520	2,587	2,494	2,539	2,490	2,390	2,452	2,462	2,583	2,703
A － 5	2,822	2,872	2,815	2,800	2,853	2,814	2,799	2,812	2,721	2,794	2,782	2,832	2,920
A － 4	2,478	2,571	2,467	2,462	2,543	2,450	2,477	2,436	2,343	2,396	2,339	2,517	2,665
A － 3	2,187	2,364	2,219	2,180	2,249	2,182	2,184	2,132	2,043	1,999	2,025	2,203	2,417
A － 2	1,876	2,119	1,941	1,915	1,941	1,930	1,900	1,813	1,742	1,695	1,760	1,777	1,974
A － 1	－	－	－	－	－	－	－	－	－	－	－	－	－
B － 5	2,505	2,745	2,479	2,577	2,657	2,645	2,444	2,380	2,273	2,547	2,324	2,486	2,652
B － 4	2,226	2,420	2,222	2,157	2,251	2,212	2,231	2,200	2,074	2,065	2,071	2,260	2,448
B － 3	1,952	2,132	2,016	1,970	2,017	1,982	1,972	1,881	1,793	1,800	1,784	1,920	2,181
B － 2	1,618	1,835	1,746	1,770	1,881	1,614	1,652	1,509	1,592	1,474	1,339	1,403	1,633
B － 1	747	－	－	－	－	－	1,080	－	－	648	－	682	－
C － 5	2,160	－	－	－	－	－	－	2,160	－	－	－	－	－
C － 4	1,912	－	－	－	－	－	－	－	－	－	1,912	－	－
C － 3	1,647	1,620	－	1,927	－	－	－	－	－	1,294	－	－	－
C － 2	1,233	969	1,422	－	－	1,238	2,181	1,166	1,024	911	983	768	1,454
C － 1	771	592	1,071	845	647	996	769	812	629	436	588	633	432
横　浜	2,423	2,528	2,440	2,447	2,627	2,350	2,375	2,350	2,202	2,211	2,276	2,454	2,659
A － 5	2,782	2,802	2,746	2,748	2,997	2,744	2,687	2,695	2,598	2,659	2,691	2,759	2,903
A － 4	2,429	2,521	2,483	2,477*	2,541	2,402	2,368	2,379	2,269	2,332	2,231	2,436	2,640
A － 3	2,064	2,252	2,169	2,114	2,144	2,050	2,078	2,052	1,907	1,854	1,940	2,126	2,292
A － 2	1,828	2,098	1,947	1,829	1,940	1,800	1,941	1,866	1,674	1,620	1,684	1,773	1,867
A － 1	－	－	－	－	－	－	－	－	－	－	－	－	－
B － 5	2,328	－	－	2,231	2,531	2,458	2,271	－	2,275	－	1,986	－	2,291
B － 4	2,207	2,379	2,228	2,189	2,448	2,104	2,168	2,208	2,126	1,989	1,729	2,104	2,456
B － 3	1,905	2,177	2,060	1,883	2,020	1,885	1,944	1,763	1,639	1,706	1,673	1,759	2,099
B － 2	1,656	1,963	1,780	1,865	1,598	1,730	1,679	1,715	1,562	1,684	1,617	1,158	1,481
B － 1	－	－	－	－	－	－	－	－	－	－	－	－	－
C － 5	－	－	－	－	－	－	－	－	－	－	－	－	－
C － 4	－	－	－	－	－	－	－	－	－	－	－	－	－
C － 3	1,522	－	－	－	－	－	－	－	－	－	－	1,522	－
C － 2	889	1,072	－	－	－	－	－	－	－	－	－	867	757
C － 1	567	－	－	859	645	－	－	482	－	480	554	－	－

－ 266 －

単位：円

市場・規格	平成29年計	1 月	2 月	3 月	4 月	5 月	6 月	7 月	8 月	9 月	10 月	11 月	12 月
名 古 屋	2,600	2,692	2,611	2,564	2,657	2,657	2,586	2,554	2,517	2,487	2,455	2,572	2,724
A － 5	2,765	2,860	2,733	2,705	2,790	2,809	2,703	2,714	2,721	2,696	2,675	2,782	2,900
A － 4	2,507	2,662	2,545	2,487	2,585	2,564	2,460	2,426	2,402	2,354	2,281	2,455	2,669
A － 3	2,290	2,478	2,378	2,207	2,383	2,239	2,261	2,239	2,161	2,035	2,064	2,172	2,464
A － 2	2,006	2,167	2,155	－	1,945	－	－	1,979	2,159	1,877	1,824	1,883	2,022
A － 1	－	－	－	－	－	－	－	－	－	－	－	－	－
B － 5	2,596	2,548	2,645	2,463	2,670	2,484	2,569	－	2,396	2,318	2,549	2,775	2,690
B － 4	2,366	2,554	2,481	2,419	2,294	2,245	2,262	2,271	2,037	2,196	2,012	2,185	2,593
B － 3	2,192	－	2,168	2,194	2,231	2,176	2,217	2,155	1,538	－	2,105	2,156	2,485
B － 2	1,603	－	－	1,157	－	849	2,259	1,081	－	1,733	－	1,837	－
B － 1	－	－	－	－	－	－	－	－	－	－	－	－	－
C － 5	－	－	－	－	－	－	－	－	－	－	－	－	－
C － 4	－	－	－	－	－	－	－	－	－	－	－	－	－
C － 3	－	－	－	－	－	－	－	－	－	－	－	－	－
C － 2	－	－	－	－	－	－	－	－	－	－	－	－	－
C － 1	364	－	－	－	431	－	－	－	323	－	－	－	－
京 都	2,545	2,667	2,598	2,540	2,663	2,461	2,590	2,473	2,271	2,427	2,437	2,622	2,739
A － 5	2,801	2,851	2,817	2,814	2,846	2,711	2,805	2,732	2,601	2,706	2,779	2,849	2,959
A － 4	2,466	2,653	2,545	2,525	2,591	2,389	2,481	2,393	2,212	2,293	2,333	2,468	2,640
A － 3	2,140	2,402	2,309	2,186	2,291	2,135	2,186	2,113	1,917	1,940	1,984	2,169	2,308
A － 2	1,749	2,030	1,792	1,837	2,110	1,953	1,851	1,685	1,575	1,697	1,698	1,762	1,585
A － 1	－	－	－	－	－	－	－	－	－	－	－	－	－
B － 5	2,559	2,697	－	2,754	2,717	2,350	2,411	－	2,287	2,591	2,378	－	2,703
B － 4	2,359	2,619	2,447	2,403	2,437	2,240	2,318	2,235	1,988	2,110	－	2,025	2,460
B － 3	1,982	2,265	2,100	2,065	2,316	2,010	2,007	1,692	1,809	1,804	1,707	1,868	1,864
B － 2	1,618	2,002	1,840	1,758	2,061	1,760	－	－	1,251	－	－	1,564	1,257
B － 1	－	－	－	－	－	－	－	－	－	－	－	－	－
C － 5	－	－	－	－	－	－	－	－	－	－	－	－	－
C － 4	－	－	－	－	－	－	－	－	－	－	－	－	－
C － 3	－	－	－	－	－	－	－	－	－	－	－	－	－
C － 2	－	－	－	－	－	－	－	－	－	－	－	－	－
C － 1	－	－	－	－	－	－	－	－	－	－	－	－	－
大 阪	2,583	2,724	2,659	2,632	2,692	2,530	2,540	2,509	2,408	2,444	2,446	2,564	2,765
A － 5	2,866	2,932	2,884	2,860	2,946	2,789	2,793	2,813	2,736	2,759	2,767	2,890	3,065
A － 4	2,516	2,709	2,610	2,588	2,622	2,485	2,506	2,408	2,354	2,401	2,334	2,450	2,693
A － 3	2,206	2,459	2,383	2,266	2,377	2,175	2,185	2,043	2,052	2,036	1,972	2,109	2,420
A － 2	1,933	2,197	2,134	2,021	2,107	1,813	1,774	1,853	1,804	1,775	1,656	1,764	2,014
A － 1	－	－	－	－	－	－	－	－	－	－	－	－	－
B － 5	2,572	2,712	2,475	2,678	2,697	2,484	－	2,377	2,353	2,365	2,508	2,484	2,766
B － 4	2,332	2,566	2,419	2,404	2,455	2,206	2,259	2,197	2,030	2,149	2,161	2,240	2,576
B － 3	2,093	2,332	2,215	2,062	2,299	1,969	2,082	1,979	1,939	1,928	1,922	1,948	2,296
B － 2	1,720	2,167	2,014	1,783	2,042	1,741	1,897	1,708	1,357	1,567	1,354	1,588	1,604
B － 1	1,092	－	－	－	－	－	－	－	－	－	1,092	－	－
C － 5	－	－	－	－	－	－	－	－	－	－	－	－	－
C － 4	2,130	－	－	－	－	－	－	－	－	－	－	－	2,130
C － 3	1,640	－	1,834	－	－	－	－	－	－	－	－	1,398	－
C － 2	1,077	－	－	1,405	－	－	－	－	－	－	－	1,108	865
C － 1	732	－	－	－	854	－	－	－	－	356	762	－	－

2 月別規格別取引成立頭数・価格（食肉卸売市場別）（続き）
(5) 和牛去勢（続き）
イ 枝肉の1kg当たり卸売価格（続き）

単位：円

市場・規格	平成29年計	1月	2月	3月	4月	5月	6月	7月	8月	9月	10月	11月	12月
神　戸	3,492	3,367	3,186	3,299	3,489	3,455	3,400	3,530	3,491	3,522	3,516	3,676	3,623
A － 5	3,768	3,700	3,413	3,697	3,718	3,647	3,618	3,815	3,780	3,792	3,792	4,000	3,804
A － 4	3,405	3,300	3,175	3,190	3,391	3,336	3,408	3,384	3,322	3,527	3,393	3,536	3,587
A － 3	2,958	2,789	2,825	2,733	3,003	3,174	2,726	2,975	3,242	2,972	3,070	2,975	3,038
A － 2	2,760	2,056	2,886	-	2,553	3,243	3,124	2,748	3,566	2,160	2,359	2,663	3,458
A － 1	-	-	-	-	-	-	-	-	-	-	-	-	-
B － 5	3,399	3,794	3,084	3,046	3,585	-	2,386	2,354	-	4,167	3,473	3,518	4,014
B － 4	3,223	3,252	3,010	3,102	3,337	3,385	3,178	3,222	3,301	3,286	3,025	3,270	3,489
B － 3	2,848	2,631	2,863	2,604	3,022	3,304	2,570	2,824	3,163	1,963	2,989	2,623	3,309
B － 2	2,525	2,303	2,397	-	2,885	-	2,066	2,591	2,330	-	3,086	-	-
B － 1	-	-	-	-	-	-	-	-	-	-	-	-	-
C － 5	-	-	-	-	-	-	-	-	-	-	-	-	-
C － 4	-	-	-	-	-	-	-	-	-	-	-	-	-
C － 3	-	-	-	-	-	-	-	-	-	-	-	-	-
C － 2	-	-	-	-	-	-	-	-	-	-	-	-	-
C － 1	1,083	1,083	-	-	-	-	-	-	-	-	-	-	-
広　島	2,609	2,725	2,653	2,562	2,644	2,584	2,553	2,611	2,467	2,450	2,546	2,590	2,791
A － 5	2,815	2,918	2,842	2,788	2,845	2,749	2,768	2,830	2,685	2,705	2,756	2,775	2,985
A － 4	2,507	2,653	2,568	2,512	2,580	2,535	2,519	2,490	2,353	2,351	2,399	2,446	2,640
A － 3	2,219	2,511	2,322	2,290	2,297	2,163	2,175	2,098	2,021	2,012	1,877	1,987	2,332
A － 2	1,683	-	-	1,298	-	-	-	-	1,863	-	-	1,728	-
A － 1	-	-	-	-	-	-	-	-	-	-	-	-	-
B － 5	2,597	-	2,788	-	-	-	-	-	-	-	2,430	-	-
B － 4	2,388	2,537	2,486	2,321	2,485	2,369	-	2,323	-	-	2,266	-	2,158
B － 3	2,129	-	2,306	-	2,302	-	-	-	1,780	-	1,838	-	-
B － 2	995	-	646	-	1,621	1,513	-	-	-	485	-	-	-
B － 1	-	-	-	-	-	-	-	-	-	-	-	-	-
C － 5	-	-	-	-	-	-	-	-	-	-	-	-	-
C － 4	-	-	-	-	-	-	-	-	-	-	-	-	-
C － 3	-	-	-	-	-	-	-	-	-	-	-	-	-
C － 2	-	-	-	-	-	-	-	-	-	-	-	-	-
C － 1	652	-	-	-	-	-	652	-	-	-	-	-	-
福　岡	2,561	2,682	2,599	2,498	2,664	2,494	2,489	2,581	2,318	2,328	2,352	2,648	2,805
A － 5	2,910	2,976	2,892	2,810	2,975	2,883	2,849	2,864	2,661	2,761	2,748	3,030	3,106
A － 4	2,513	2,697	2,560	2,473	2,616	2,460	2,478	2,451	2,280	2,333	2,389	2,561	2,733
A － 3	2,245	2,499	2,327	2,227	2,386	2,214	2,216	2,209	2,001	2,031	2,023	2,228	2,488
A － 2	2,023	2,215	1,998	2,022	2,161	2,038	1,985	1,959	1,830	1,826	1,849	2,016	2,244
A － 1	-	-	-	-	-	-	-	-	-	-	-	-	-
B － 5	2,519	-	-	2,471	2,702	2,435	2,434	2,154	2,430	2,282	2,455	2,585	2,766
B － 4	2,237	2,464	2,133	2,194	2,428	2,270	2,233	2,171	2,003	2,041	2,129	2,263	2,443
B － 3	2,059	2,376	2,215	1,965	2,160	2,024	2,111	2,099	1,872	1,845	1,923	2,090	2,328
B － 2	1,822	1,922	1,952	865	1,895	1,944	1,985	1,783	1,752	1,597	1,680	1,797	1,989
B － 1	-	-	-	-	-	-	-	-	-	-	-	-	-
C － 5	-	-	-	-	-	-	-	-	-	-	-	-	-
C － 4	2,115	-	2,158	-	2,079	-	-	-	-	-	-	-	-
C － 3	1,649	-	-	-	-	-	-	-	-	-	-	592	2,144
C － 2	937	-	-	-	-	-	-	-	-	-	972	871	-
C － 1	806	-	-	-	-	1,028	-	-	-	667	770	-	671

単位：円

市場・規格	平成29年計	1月	2月	3月	4月	5月	6月	7月	8月	9月	10月	11月	12月
指定市場計	**2,755**	**2,792**	**2,746**	**2,673**	**2,882**	**2,722**	**2,710**	**2,759**	**2,685**	**2,612**	**2,616**	**2,736**	**2,949**
A － 5	3,052	3,039	2,988	2,968	3,180	2,990	3,010	3,059	3,007	2,952	2,964	3,056	3,184
A － 4	2,682	2,736	2,705	2,635	2,805	2,698	2,623	2,663	2,653	2,543	2,560	2,613	2,866
A － 3	2,302	2,464	2,384	2,261	2,399	2,321	2,282	2,270	2,217	2,157	2,158	2,223	2,498
A － 2	1,915	2,244	1,980	2,027	1,955	1,884	1,974	1,829	1,762	1,734	1,908	1,809	2,033
A － 1	1,510	-	-	-	1,510	-	-	-	-	-	-	-	-
B － 5	2,797	2,877	2,583	2,603	2,887	2,899	2,969	2,902	2,827	2,754	2,766	2,818	2,803
B － 4	2,579	2,674	2,646	2,562	2,717	2,636	2,514	2,592	2,320	2,345	2,390	2,505	2,788
B － 3	2,201	2,236	2,383	2,185	2,418	2,136	2,176	2,185	2,180	2,049	1,962	2,087	2,416
B － 2	1,759	2,003	1,870	1,844	1,778	1,788	1,545	1,730	1,591	1,669	1,778	1,674	1,784
B － 1	934	-	943	935	1,371	1,070	-	324	697	-	489	-	572
C － 5	-	-	-	-	-	-	-	-	-	-	-	-	-
C － 4	2,281	-	-	-	2,050	-	-	-	-	-	-	2,447	-
C － 3	1,727	-	-	1,535	-	-	-	-	1,512	-	1,691	2,271	-
C － 2	1,204	-	1,617	972	1,524	1,027	1,232	1,343	692	989	914	1,374	1,167
C － 1	843	1,040	900	1,121	1,079	652	1,130	820	891	531	811	669	818
茨　城	**2,632**	**2,742**	**2,711**	**2,550**	**2,660**	**2,605**	**2,616**	**2,667**	**2,482**	**2,547**	**2,477**	**2,629**	**2,773**
A － 5	2,821	2,896	2,861	2,771	2,853	2,738	2,789	2,861	2,738	2,725	2,695	2,825	2,941
A － 4	2,518	2,686	2,697	2,540	2,576	2,485	2,499	2,547	2,433	2,443	2,349	2,435	2,612
A － 3	2,157	2,482	2,337	2,246	2,265	2,326	2,181	2,029	1,963	1,946	2,036	1,969	2,399
A － 2	1,593	-	1,561	-	1,821	1,614	1,568	-	1,247	1,691	1,519	1,247	1,785
A － 1	-	-	-	-	-	-	-	-	-	-	-	-	-
B － 5	2,522	2,666	2,496	2,408	2,533	2,597	2,588	-	-	-	-	2,426	2,699
B － 4	2,303	2,485	2,378	2,426	2,384	2,360	2,317	2,233	2,096	2,166	2,163	2,275	2,381
B － 3	1,784	1,756	1,748	1,995	1,891	-	1,979	2,033	1,768	1,631	1,210	1,700	1,408
B － 2	1,308	1,636	1,724	1,109	1,026	1,620	1,050	1,230	798	-	-	1,267	1,165
B － 1	943	-	943	-	-	-	-	-	-	-	-	-	-
C － 5	-	-	-	-	-	-	-	-	-	-	-	-	-
C － 4	-	-	-	-	-	-	-	-	-	-	-	-	-
C － 3	1,535	-	-	1,535	-	-	-	-	-	-	-	-	-
C － 2	803	-	-	774	-	-	734	967	692	-	775	-	-
C － 1	653	922	-	-	-	-	-	597	-	-	218	722	-
宇　都　宮	**2,546**	**2,459**	**2,813**	**2,723**	**2,843**	**2,457**	**2,378**	**2,679**	**2,211**	**2,044**	**2,454**	**2,694**	**2,836**
A － 5	2,809	2,828	2,923	2,867	2,928	2,815	2,789	2,737	2,566	2,483	2,810	2,883	2,919
A － 4	2,560	-	2,570	2,556	2,779	2,470	2,581	2,662	1,353	2,213	2,584	2,645	2,697
A － 3	1,704	1,676	-	-	-	1,305	-	-	-	2,051	-	-	-
A － 2	1,734	-	-	-	-	1,999	913	-	-	-	-	-	-
A － 1	-	-	-	-	-	-	-	-	-	-	-	-	-
B － 5	2,193	-	-	-	-	2,755	-	-	-	-	1,619	-	-
B － 4	2,483	-	-	-	-	-	-	2,483	-	-	-	-	-
B － 3	1,147	-	-	-	-	-	-	-	-	-	-	1,147	-
B － 2	886	-	-	-	-	-	924	-	845	-	-	-	-
B － 1	-	-	-	-	-	-	-	-	-	-	-	-	-
C － 5	-	-	-	-	-	-	-	-	-	-	-	-	-
C － 4	-	-	-	-	-	-	-	-	-	-	-	-	-
C － 3	-	-	-	-	-	-	-	-	-	-	-	-	-
C － 2	-	-	-	-	-	-	-	-	-	-	-	-	-
C － 1	439	-	-	-	-	508	-	-	-	359	367	-	-

2 月別規格別取引成立頭数・価格（食肉卸売市場別）（続き）
(5) 和牛去勢（続き）
イ 枝肉の1kg当たり卸売価格（続き）

単位：円

市場・規格	平成29年計	1 月	2 月	3 月	4 月	5 月	6 月	7 月	8 月	9 月	10 月	11 月	12 月
群　馬	2,533	2,635	2,582	2,484	2,620	2,477	2,508	2,486	2,428	2,361	2,378	2,553	2,742
A － 5	2,845	2,873	2,808	2,781	2,857	2,813	2,848	2,805	2,865	2,766	2,847	2,859	2,893
A － 4	2,484	2,552	2,516	2,469	2,593	2,545	2,458	2,474	2,480	2,349	2,352	2,446	2,527
A － 3	2,131	2,300	2,204	2,098	2,262	2,230	2,104	2,113	2,028	2,031	1,969	2,088	2,336
A － 2	1,767	2,053	1,791	1,947	1,982	1,714	1,750	1,823	1,690	1,695	1,712	1,794	1,796
A － 1	-	-	-	-	-	-	-	-	-	-	-	-	-
B － 5	2,460	-	2,376	2,191	-	-	-	-	-	2,576	-	2,624	2,624
B － 4	2,245	2,324	-	2,164	2,210	-	2,356	2,287	2,358	2,251	1,967	2,334	1,993
B － 3	1,924	2,376	2,117	1,934	2,179	2,070	1,838	1,839	1,876	1,883	1,848	1,775	2,012
B － 2	1,546	2,127	1,793	-	1,371	1,727	1,384	1,715	1,366	1,787	1,054	1,108	1,253
B － 1	879	-	-	-	-	-	-	-	879				
C － 5													
C － 4													
C － 3													
C － 2	1,138	-	-	-	1,246	-	-	-	-	1,083	-	-	-
C － 1	607	-	-	-	-	-	-	865	611	163	587	547	-
川　口	2,418	2,499	2,439	2,338	2,470	2,400	2,397	2,408	2,397	2,384	2,326	2,371	2,535
A － 5	2,747	2,633	2,681	2,648	2,722	2,709	2,722	2,726	2,723	2,745	2,713	2,763	2,922
A － 4	2,417	2,520	2,461	2,338	2,418	2,452	2,355	2,347	2,368	2,355	2,368	2,389	2,565
A － 3	2,186	2,414	2,210	2,127	2,247	2,188	2,116	2,182	2,040	2,045	2,151	2,144	2,234
A － 2	1,818	1,997	1,934	1,945	2,107	1,906	1,907	1,836	1,759	1,707	1,806	1,681	1,847
A － 1	-	-	-	-	-	-	-	-	-	-	-	-	-
B － 5	2,430	-	-	-	-	-	-	-	2,430	-	-	-	-
B － 4	2,146	2,403	-	-	2,185	-	-	2,052	1,716	1,997	2,192	2,026	2,323
B － 3	1,949	2,150	2,053	1,890	1,944	2,018	1,949	1,874	1,945	1,734	1,912	1,781	1,970
B － 2	1,602	-	1,781	1,766	1,561	1,599	1,569	1,649	1,297	1,620	1,620	1,659	1,649
B － 1													
C － 5													
C － 4													
C － 3													
C － 2	1,111	-	-	-	1,529	1,027	1,078	701	-	809	-	-	-
C － 1	-	-	-	-	-	-	-	-	-	-	-	-	-
山　梨	2,560	2,697	2,668	2,595	2,763	2,525	2,389	2,357	2,559	2,147	2,509	2,533	2,822
A － 5	2,860	2,889	2,858	2,884	2,897	2,734	2,759	2,754	2,780	2,687	2,827	2,916	3,094
A － 4	2,534	2,678	2,663	2,563	2,707	2,427	2,375	2,425	2,486	2,274	2,420	2,529	2,821
A － 3	2,158	2,568	2,196	2,012	2,250	2,141	2,117	2,146	2,010	1,837	1,944	2,124	2,511
A － 2	1,658	2,143	-	-	1,690	2,055	1,858	1,304	-	1,252	1,895	1,691	1,962
A － 1	-	-	-	-	-	-	-	-	-	-	-	-	-
B － 5	2,583	2,586	-	2,376					-	2,685	-	2,641	2,645
B － 4	2,497	2,695	2,200									2,363	2,642
B － 3	2,119				2,126			2,121	2,081	-	1,958	-	2,536
B － 2	1,318							1,134	1,078	-	1,640	1,567	-
B － 1	598												598
C － 5													
C － 4													
C － 3													
C － 2													
C － 1	715											715	

単位：円

市場・規格	平成29年計	1 月	2 月	3 月	4 月	5 月	6 月	7 月	8 月	9 月	10 月	11 月	12 月
岐　　阜	3,015	3,043	2,931	2,944	3,065	2,997	2,871	3,023	2,873	2,906	2,842	3,071	3,354
A － 5	3,359	3,366	3,210	3,261	3,364	3,255	3,140	3,311	3,156	3,178	3,197	3,553	3,779
A － 4	2,790	2,844	2,726	2,789	2,893	2,884	2,715	2,799	2,776	2,751	2,688	2,730	2,893
A － 3	2,383	2,606	2,450	2,453	2,502	2,549	2,400	2,512	2,240	2,236	2,223	2,227	2,427
A － 2	1,915	1,964	–	2,030	–	2,179	–	1,985	1,659	1,822	1,743	1,892	–
A － 1	–	–	–	–	–	–	–	–	–	–	–	–	–
B － 5	3,050	–	–	3,097	3,006	–	–	2,964	2,926	2,881	–	3,372	–
B － 4	2,607	2,683	2,638	2,581	2,719	2,746	2,517	2,404	2,639	2,467	2,499	2,551	2,681
B － 3	2,325	2,275	2,369	2,365	2,385	2,516	2,178	2,420	2,307	2,256	2,376	1,866	2,189
B － 2	1,754	–	1,922	2,162	–	1,500	1,241	–	1,766	–	1,672	–	–
B － 1	1,120	–	–	–	1,514	1,515	–	–	–	–	346	–	–
C － 5	–	–	–	–	–	–	–	–	–	–	–	–	–
C － 4	–	–	–	–	–	–	–	–	–	–	–	–	–
C － 3	–	–	–	–	–	–	–	–	–	–	–	–	–
C － 2	–	–	–	–	–	–	–	–	–	–	–	–	–
C － 1	1,016	1,246	–	–	–	–	–	–	764	–	–	–	–
浜　　松	2,795	–	–	2,853	2,402	–	–	–	1,825	–	1,996	2,351	2,888
A － 5	3,089	–	–	3,066	–	–	–	–	–	–	–	2,351	3,182
A － 4	2,511	–	–	2,632	2,402	–	–	–	1,825	–	1,996	–	2,612
A － 3	2,309	–	–	–	–	–	–	–	–	–	–	–	2,309
A － 2	–	–	–	–	–	–	–	–	–	–	–	–	–
A － 1	–	–	–	–	–	–	–	–	–	–	–	–	–
B － 5	–	–	–	–	–	–	–	–	–	–	–	–	–
B － 4	1,943	–	–	–	–	–	–	–	–	–	–	–	1,943
B － 3	–	–	–	–	–	–	–	–	–	–	–	–	–
B － 2	–	–	–	–	–	–	–	–	–	–	–	–	–
B － 1	–	–	–	–	–	–	–	–	–	–	–	–	–
C － 5	–	–	–	–	–	–	–	–	–	–	–	–	–
C － 4	–	–	–	–	–	–	–	–	–	–	–	–	–
C － 3	–	–	–	–	–	–	–	–	–	–	–	–	–
C － 2	–	–	–	–	–	–	–	–	–	–	–	–	–
C － 1	–	–	–	–	–	–	–	–	–	–	–	–	–
東 三 河	2,608	2,698	2,530	2,487	2,594	2,616	2,514	2,584	2,498	2,438	2,513	2,722	2,837
A － 5	2,789	2,794	2,663	2,782	2,727	2,653	2,686	2,774	2,756	2,708	2,721	2,975	2,917
A － 4	2,459	2,647	2,484	2,400	2,488	2,610	2,467	2,358	2,402	2,122	2,346	2,535	2,674
A － 3	2,120	2,069	2,401	2,147	2,195	2,376	2,147	2,053	2,110	1,687	1,992	1,921	2,527
A － 2	1,838	–	2,031	1,727	–	–	–	–	–	–	–	1,796	–
A － 1	–	–	–	–	–	–	–	–	–	–	–	–	–
B － 5	2,281	–	–	–	–	–	2,281	–	–	–	–	–	–
B － 4	2,172	–	2,045	2,197	2,104	2,217	1,909	–	–	–	1,944	2,401	2,542
B － 3	1,953	–	2,046	1,857	–	–	–	–	2,051	–	1,888	–	1,731
B － 2	1,431	–	–	326	1,573	–	1,832	–	–	–	–	–	–
B － 1	736	–	–	935	761	–	–	324	–	–	–	–	–
C － 5	–	–	–	–	–	–	–	–	–	–	–	–	–
C － 4	–	–	–	–	–	–	–	–	–	–	–	–	–
C － 3	–	–	–	–	–	–	–	–	–	–	–	–	–
C － 2	–	–	–	–	–	–	–	–	–	–	–	–	–
C － 1	–	–	–	–	–	–	–	–	–	–	–	–	–

2 月別規格別取引成立頭数・価格（食肉卸売市場別）（続き）
(5) 和牛去勢（続き）
イ 枝肉の1kg当たり卸売価格（続き）

単位：円

市場・規格	平成29年計	1月	2月	3月	4月	5月	6月	7月	8月	9月	10月	11月	12月
四 日 市	2,469	2,568	2,444	2,465	2,585	2,484	2,367	2,344	2,322	2,459	2,345	2,507	2,655
A － 5	2,641	2,838	2,626	2,632	2,730	2,629	2,505	2,485	2,485	2,566	2,459	2,704	2,804
A － 4	2,440	2,699	2,556	2,483	2,587	2,504	2,307	2,414	2,286	2,399	2,307	2,557	2,552
A － 3	2,274	2,320	2,401	2,193	2,591	2,120	2,193	1,958	2,195	2,082	-	2,228	2,400
A － 2	1,953	-	1,515	-	-	-	-	-	-	-	-	-	2,377
A － 1	-	-	-	-	-	-	-	-	-	-	-	-	-
B － 5	2,305	-	-	2,274	-	-	-	1,835	2,375	-	-	2,624	-
B － 4	2,354	-	2,429	2,374	2,591	-	2,270	-	-	-	-	2,305	2,216
B － 3	2,092	1,918	2,087	1,944	2,324	-	-	2,105	-	1,836	2,046	2,146	2,430
B － 2	1,754	1,835	-	-	-	-	1,678	-	-	-	-	-	-
B － 1	-	-	-	-	-	-	-	-	-	-	-	-	-
C － 5	-	-	-	-	-	-	-	-	-	-	-	-	-
C － 4	2,050	-	-	-	2,050	-	-	-	-	-	-	-	-
C － 3	-	-	-	-	-	-	-	-	-	-	-	-	-
C － 2	-	-	-	-	-	-	-	-	-	-	-	-	-
C － 1	-	-	-	-	-	-	-	-	-	-	-	-	-
南 大 阪	-	-	-	-	-	-	-	-	-	-	-	-	-
A － 5	-	-	-	-	-	-	-	-	-	-	-	-	-
A － 4	-	-	-	-	-	-	-	-	-	-	-	-	-
A － 3	-	-	-	-	-	-	-	-	-	-	-	-	-
A － 2	-	-	-	-	-	-	-	-	-	-	-	-	-
A － 1	-	-	-	-	-	-	-	-	-	-	-	-	-
B － 5	-	-	-	-	-	-	-	-	-	-	-	-	-
B － 4	-	-	-	-	-	-	-	-	-	-	-	-	-
B － 3	-	-	-	-	-	-	-	-	-	-	-	-	-
B － 2	-	-	-	-	-	-	-	-	-	-	-	-	-
B － 1	-	-	-	-	-	-	-	-	-	-	-	-	-
C － 5	-	-	-	-	-	-	-	-	-	-	-	-	-
C － 4	-	-	-	-	-	-	-	-	-	-	-	-	-
C － 3	-	-	-	-	-	-	-	-	-	-	-	-	-
C － 2	-	-	-	-	-	-	-	-	-	-	-	-	-
C － 1	-	-	-	-	-	-	-	-	-	-	-	-	-
姫 路	3,209	3,164	3,156	3,145	4,088	3,272	3,209	2,969	3,246	3,075	3,101	3,067	3,213
A － 5	3,549	3,580	3,408	3,542	4,529	3,437	3,507	3,456	3,363	3,525	3,353	3,435	3,467
A － 4	3,181	3,040	3,320	3,187	3,688	3,274	3,123	2,810	3,468	3,037	3,048	3,087	3,264
A － 3	2,670	2,675	2,268	2,742	3,022	2,784	2,531	2,455	2,904	2,634	2,660	2,594	2,818
A － 2	2,214	2,423	2,807	2,159	-	-	2,182	1,970	2,288	1,927	2,463	2,401	2,262
A － 1	-	-	-	-	-	-	-	-	-	-	-	-	-
B － 5	3,094	4,102	-	3,238	4,659	3,360	3,633	2,866	2,887	2,921	2,952	3,023	2,897
B － 4	2,944	3,275	3,166	3,050	3,692	3,152	3,144	2,994	2,425	2,528	2,750	2,780	2,992
B － 3	2,482	2,482	2,708	2,755	3,276	2,568	2,747	2,439	2,511	2,315	2,214	2,265	2,646
B － 2	2,147	-	1,747	2,449	2,334	1,773	-	2,160	1,616	1,946	2,707	1,937	2,283
B － 1	-	-	-	-	-	-	-	-	-	-	-	-	-
C － 5	-	-	-	-	-	-	-	-	-	-	-	-	-
C － 4	2,447	-	-	-	-	-	-	-	-	-	-	2,447	-
C － 3	-	-	-	-	-	-	-	-	-	-	-	-	-
C － 2	2,082	-	-	-	-	-	-	2,915	-	-	-	-	1,167
C － 1	1,076	-	1,297	-	-	-	1,165	-	1,401	-	-	-	700

単位：円

市場・規格	平成29年計	1月	2月	3月	4月	5月	6月	7月	8月	9月	10月	11月	12月
加 古 川	3,265	3,165	3,183	3,154	3,168	3,299	3,248	3,462	3,379	3,133	3,039	3,199	3,529
A － 5	3,609	3,485	3,590	3,423	3,539	3,634	3,584	3,649	3,813	3,607	3,363	3,490	3,978
A － 4	3,252	3,178	3,208	3,185	3,180	3,268	3,192	3,451	3,337	3,113	3,002	3,178	3,470
A － 3	2,692	2,603	2,675	2,674	2,761	2,676	2,607	2,738	2,623	2,462	2,619	2,862	2,945
A － 2	2,290	2,456	1,974	2,231	1,843	－	2,746	3,246	2,361	2,408	2,202	2,231	2,582
A － 1	1,510	－	－	－	1,510	－	－	－	－	－	－	－	－
B － 5	3,377	－	－	2,770	3,306	3,710	3,332	3,869	3,904	－	3,022	－	－
B － 4	3,276	3,223	3,111	2,961	3,500	3,494	2,712	3,632	3,049	3,123	2,537	3,104	3,858
B － 3	2,794	2,429	2,801	2,805	2,880	2,484	3,294	2,860	2,642	2,708	2,892	2,362	3,185
B － 2	1,968	2,481	2,192	2,267	1,636	－	1,527	3,224	2,822	1,944	－	2,101	1,648
B － 1	1,044	－	－	－	1,513	916	－	－	－	－	654	－	546
C － 5	－	－	－	－	－	－	－	－	－	－	－	－	－
C － 4	－	－	－	－	－	－	－	－	－	－	－	－	－
C － 3	－	－	－	－	－	－	－	－	－	－	－	－	－
C － 2	－	－	－	－	－	－	－	－	－	－	－	－	－
C － 1	750	900	374	－	－	－	－	464	－	－	753	－	1,078
西 宮	2,644	2,696	2,633	2,545	2,890	2,644	2,616	2,589	2,485	2,521	2,492	2,655	2,751
A － 5	2,868	2,880	2,860	2,789	3,136	2,810	2,847	2,811	2,633	2,759	2,814	2,893	2,868
A － 4	2,626	2,689	2,618	2,544	2,866	2,542	2,662	2,547	2,579	2,477	2,454	2,593	2,770
A － 3	2,318	2,480	2,331	2,260	2,509	2,440	2,448	2,182	2,223	2,208	2,225	2,084	2,471
A － 2	2,078	－	2,106	2,160	2,278	－	1,974	－	1,942	2,009	1,887	－	2,057
A － 1	－	－	－	－	－	－	－	－	－	－	－	－	－
B － 5	2,623	2,645	2,486	2,593	2,800	2,593	－	－	－	－	－	2,379	2,756
B － 4	2,470	2,631	2,422	2,354	2,704	2,374	2,429	2,296	1,941	－	2,215	－	2,594
B － 3	2,171	2,267	2,209	2,080	2,642	2,161	2,144	2,078	1,975	－	2,028	－	2,268
B － 2	2,131	2,158	－	1,997	2,249	－	1,944	－	－	－	－	－	－
B － 1	－	－	－	－	－	－	－	－	－	－	－	－	－
C － 5	－	－	－	－	－	－	－	－	－	－	－	－	－
C － 4	－	－	－	－	－	－	－	－	－	－	－	－	－
C － 3	－	－	－	－	－	－	－	－	－	－	－	－	－
C － 2	－	－	－	－	－	－	－	－	－	－	－	－	－
C － 1	－	－	－	－	－	－	－	－	－	－	－	－	－
岡 山	2,626	2,817	2,673	2,739	2,726	2,627	2,566	2,612	2,569	2,550	2,417	2,407	2,805
A － 5	2,857	2,932	2,885	2,873	2,924	2,892	2,831	2,825	2,812	2,747	2,656	2,709	3,017
A － 4	2,531	2,769	2,515	2,619	2,667	2,560	2,462	2,516	2,425	2,425	2,379	2,355	2,686
A － 3	2,179	2,590	2,521	2,377	2,398	2,131	2,159	2,113	1,944	1,996	1,880	1,895	2,131
A － 2	1,835	－	－	－	－	－	－	－	－	－	－	1,835	－
A － 1	－	－	－	－	－	－	－	－	－	－	－	－	－
B － 5	2,794	2,966	－	2,890	－	－	2,644	2,920	－	－	－	2,673	2,784
B － 4	2,484	2,525	2,674	2,678	－	2,557	2,482	2,582	2,229	2,402	2,376	2,358	2,566
B － 3	2,025	2,400	－	1,401	2,389	1,827	2,095	－	2,135	1,758	2,164	1,909	2,057
B － 2	1,446	－	－	－	－	－	－	1,840	－	－	－	702	－
B － 1	－	－	－	－	－	－	－	－	－	－	－	－	－
C － 5	－	－	－	－	－	－	－	－	－	－	－	－	－
C － 4	－	－	－	－	－	－	－	－	－	－	－	－	－
C － 3	1,729	－	－	－	－	－	－	－	－	－	1,729	－	－
C － 2	－	－	－	－	－	－	－	－	－	－	－	－	－
C － 1	755	－	755	－	－	－	－	－	－	－	－	－	－

2　月別規格別取引成立頭数・価格（食肉卸売市場別）　（続き）
(5)　和牛去勢（続き）
　　イ　枝肉の1kg当たり卸売価格（続き）

単位：円

市場・規格	平成29年計	1月	2月	3月	4月	5月	6月	7月	8月	9月	10月	11月	12月
坂　　出	2,745	2,762	2,721	2,677	2,883	2,755	2,705	2,740	2,621	2,577	2,604	2,795	2,924
A － 5	2,899	2,921	2,904	2,902	2,969	2,899	2,868	2,912	2,854	2,721	2,751	2,910	3,051
A － 4	2,639	2,657	2,579	2,628	2,779	2,697	2,676	2,649	2,505	2,435	2,493	2,691	2,815
A － 3	2,290	2,469	2,296	2,213	2,475	2,242	2,131	2,198	2,064	2,015	2,355	2,371	2,483
A － 2	1,836	-	-	-	-	-	-	1,836	-	-	-	-	-
A － 1	-	-	-	-	-	-	-	-	-	-	-	-	-
B － 5	2,694	-	2,384	2,754	-	-	-	2,489	-	-	-	-	2,938
B － 4	2,505	-	-	2,462	-	2,511	2,555	2,515	2,319	-	2,347	-	2,637
B － 3	2,149	-	-	-	-	-	2,356	1,891	2,112	-	1,888	-	2,536
B － 2	1,816	2,107	1,586	-	-	1,835	-	1,648	-	-	-	-	-
B － 1	-	-	-	-	-	-	-	-	-	-	-	-	-
C － 5													
C － 4													
C － 3													
C － 2	1,275	-	-	1,296	-	-	-	-	-	-	-	1,252	-
C － 1													
愛　　媛													
A － 5													
A － 4													
A － 3													
A － 2													
A － 1													
B － 5													
B － 4													
B － 3													
B － 2													
B － 1													
C － 5													
C － 4													
C － 3													
C － 2													
C － 1													
佐　世　保	2,582	2,698	2,662	2,561	2,619	2,482	2,460	2,636	2,365	2,426	2,385	2,646	2,787
A － 5	2,953	2,983	2,931	2,908	2,944	2,815	2,799	3,053	2,760	2,910	2,790	3,033	3,084
A － 4	2,525	2,705	2,625	2,521	2,632	2,498	2,430	2,519	2,334	2,375	2,403	2,474	2,709
A － 3	2,239	2,486	2,421	2,217	2,322	2,184	2,212	2,224	2,067	2,059	2,029	2,210	2,397
A － 2	1,984	2,235	2,102	1,956	1,938	1,966	2,052	1,905	1,633	1,723	2,018	1,891	2,060
A － 1	-	-	-	-	-	-	-	-	-	-	-	-	-
B － 5	2,697	2,955	2,679	2,681	2,732	2,664	-	2,665	2,591	2,585	2,645	2,605	2,846
B － 4	2,365	2,576	2,503	2,446	2,518	2,334	2,373	2,266	2,090	2,161	2,227	2,277	2,533
B － 3	2,086	2,383	2,317	2,091	2,214	2,012	2,015	2,103	1,957	1,955	1,824	2,012	2,250
B － 2	1,791	2,159	1,962	1,829	1,932	1,852	1,837	1,816	1,635	1,403	1,681	1,661	1,839
B － 1	541	-	-	-	-	-	-	-	541	-	-	-	-
C － 5													
C － 4													
C － 3	1,826	-	-	-	-	-	-	-	1,512	-	1,622	2,271	-
C － 2	1,447	-	1,617	-	1,511	-	1,512	1,404	-	-	1,040	1,514	-
C － 1	986	1,078	-	1,121	1,079	973	1,110	1,103	880	703	1,045	-	-

単位：円

市場・規格	平成29年計	1 月	2 月	3 月	4 月	5 月	6 月	7 月	8 月	9 月	10 月	11 月	12 月
熊　　本													
A － 5	-	-	-	-	-	-	-	-	-	-	-	-	-
A － 4	-	-	-	-	-	-	-	-	-	-	-	-	-
A － 3	-	-	-	-	-	-	-	-	-	-	-	-	-
A － 2	-	-	-	-	-	-	-	-	-	-	-	-	-
A － 1	-	-	-	-	-	-	-	-	-	-	-	-	-
B － 5	-	-	-	-	-	-	-	-	-	-	-	-	-
B － 4	-	-	-	-	-	-	-	-	-	-	-	-	-
B － 3	-	-	-	-	-	-	-	-	-	-	-	-	-
B － 2	-	-	-	-	-	-	-	-	-	-	-	-	-
B － 1	-	-	-	-	-	-	-	-	-	-	-	-	-
C － 5	-	-	-	-	-	-	-	-	-	-	-	-	-
C － 4	-	-	-	-	-	-	-	-	-	-	-	-	-
C － 3	-	-	-	-	-	-	-	-	-	-	-	-	-
C － 2	-	-	-	-	-	-	-	-	-	-	-	-	-
C － 1	-	-	-	-	-	-	-	-	-	-	-	-	-

2 月別規格別取引成立頭数・価格（食肉卸売市場別）（続き）
(6) 乳牛計
ア 枝肉の取引成立頭数

単位：頭

市場・規格	平成29年計	1月	2月	3月	4月	5月	6月	7月	8月	9月	10月	11月	12月
合　　計	51,147	4,089	4,160	4,642	4,319	4,077	4,101	4,118	4,191	4,190	4,378	4,717	4,165
A－5	-	-	-	-	-	-	-	-	-	-	-	-	-
A－4	-	-	-	-	-	-	-	-	-	-	-	-	-
A－3	1	-	-	-	-	-	1	-	-	-	-	-	-
A－2	1	-	-	1	-	-	-	-	-	-	-	-	-
A－1	3	2	-	1	-	-	-	-	-	-	-	-	-
B－5	-	-	-	-	-	-	-	-	-	-	-	-	-
B－4	2	-	-	-	-	-	-	-	-	1	-	-	1
B－3	336	21	29	31	35	25	36	27	25	27	17	34	29
B－2	11,440	876	1,058	1,121	1,075	1,075	1,092	957	878	824	807	857	820
B－1	522	47	62	90	58	30	37	34	21	35	33	33	42
C－5	-	-	-	-	-	-	-	-	-	-	-	-	-
C－4	2	-	1	1	-	-	-	-	-	-	-	-	-
C－3	321	22	16	20	70	21	33	19	28	21	22	34	15
C－2	18,943	1,467	1,479	1,713	1,612	1,505	1,483	1,559	1,477	1,512	1,630	1,838	1,668
C－1	19,576	1,654	1,514	1,665	1,469	1,421	1,419	1,522	1,762	1,770	1,869	1,921	1,590
中央市場計	31,296	2,505	2,515	2,765	2,630	2,466	2,382	2,407	2,584	2,642	2,846	2,988	2,566
A－5	-	-	-	-	-	-	-	-	-	-	-	-	-
A－4	-	-	-	-	-	-	-	-	-	-	-	-	-
A－3	-	-	-	-	-	-	-	-	-	-	-	-	-
A－2	1	-	-	1	-	-	-	-	-	-	-	-	-
A－1	1	-	-	1	-	-	-	-	-	-	-	-	-
B－5	-	-	-	-	-	-	-	-	-	-	-	-	-
B－4	2	-	-	-	-	-	-	-	-	1	-	-	1
B－3	141	9	12	12	19	10	13	11	10	13	7	15	10
B－2	5,221	381	493	496	469	503	484	429	385	377	409	453	342
B－1	340	27	47	64	41	16	25	22	13	20	16	21	28
C－5	-	-	-	-	-	-	-	-	-	-	-	-	-
C－4	2	-	1	1	-	-	-	-	-	-	-	-	-
C－3	156	10	6	11	52	7	14	7	10	10	10	14	5
C－2	10,659	843	840	945	977	868	806	802	824	868	933	1,057	896
C－1	14,773	1,235	1,115	1,235	1,072	1,062	1,040	1,136	1,342	1,353	1,471	1,428	1,284
仙　台	2,963	238	231	294	251	184	244	216	244	262	291	325	183
A－5	-	-	-	-	-	-	-	-	-	-	-	-	-
A－4	-	-	-	-	-	-	-	-	-	-	-	-	-
A－3	-	-	-	-	-	-	-	-	-	-	-	-	-
A－2	1	-	-	1	-	-	-	-	-	-	-	-	-
A－1	-	-	-	-	-	-	-	-	-	-	-	-	-
B－5	-	-	-	-	-	-	-	-	-	-	-	-	-
B－4	-	-	-	-	-	-	-	-	-	-	-	-	-
B－3	5	-	2	-	-	-	-	-	-	2	1	-	-
B－2	435	24	40	25	42	34	63	40	28	37	37	41	24
B－1	57	6	4	5	5	-	6	3	5	2	9	8	4
C－5	-	-	-	-	-	-	-	-	-	-	-	-	-
C－4	-	-	-	-	-	-	-	-	-	-	-	-	-
C－3	2	-	-	1	-	1	-	-	-	-	-	-	-
C－2	1,062	71	81	123	103	74	75	69	89	90	98	125	64
C－1	1,401	137	103	140	101	75	100	104	122	131	146	151	91

単位：頭

市場・規格	平成29年計	1 月	2 月	3 月	4 月	5 月	6 月	7 月	8 月	9 月	10 月	11 月	12 月
さいたま	**5,773**	**534**	**458**	**492**	**509**	**444**	**464**	**458**	**422**	**446**	**520**	**617**	**409**
A － 5	－	－	－	－	－	－	－	－	－	－	－	－	－
A － 4	－	－	－	－	－	－	－	－	－	－	－	－	－
A － 3	－	－	－	－	－	－	－	－	－	－	－	－	－
A － 2	－	－	－	－	－	－	－	－	－	－	－	－	－
A － 1	－	－	－	－	－	－	－	－	－	－	－	－	－
B － 5	－	－	－	－	－	－	－	－	－	－	－	－	－
B － 4	－	－	－	－	－	－	－	－	－	－	－	－	－
B － 3	17	1	2	5	3	－	3	1	－	－	－	2	－
B － 2	621	65	58	81	66	42	55	51	30	29	57	59	28
B － 1	100	12	19	21	19	6	6	5	1	4	1	1	5
C － 5	－	－	－	－	－	－	－	－	－	－	－	－	－
C － 4	－	－	－	－	－	－	－	－	－	－	－	－	－
C － 3	6	－	1	2	－	1	－	1	－	－	－	1	－
C － 2	2,455	208	165	174	214	204	193	199	189	198	234	289	188
C － 1	2,574	248	213	209	207	191	207	201	202	215	228	265	188
東　　京	**15,001**	**1,196**	**1,220**	**1,232**	**1,225**	**1,218**	**1,078**	**1,128**	**1,330**	**1,290**	**1,383**	**1,360**	**1,341**
A － 5	－	－	－	－	－	－	－	－	－	－	－	－	－
A － 4	－	－	－	－	－	－	－	－	－	－	－	－	－
A － 3	－	－	－	－	－	－	－	－	－	－	－	－	－
A － 2	－	－	－	－	－	－	－	－	－	－	－	－	－
A － 1	1	－	－	1	－	－	－	－	－	－	－	－	－
B － 5	－	－	－	－	－	－	－	－	－	－	－	－	－
B － 4	－	－	－	－	－	－	－	－	－	－	－	－	－
B － 3	22	1	5	2	1	1	1	3	1	2	1	3	1
B － 2	1,912	145	217	177	175	237	151	124	137	116	129	174	130
B － 1	53	－	1	22	7	－	4	3	－	1	2	2	11
C － 5	－	－	－	－	－	－	－	－	－	－	－	－	－
C － 4	1	－	1	－	－	－	－	－	－	－	－	－	－
C － 3	14	5	－	1	1	－	3	－	－	1	－	2	1
C － 2	4,405	356	379	377	432	366	328	361	341	361	367	360	377
C － 1	8,593	689	617	652	609	614	591	637	851	809	884	819	821
横　　浜	**408**	**33**	**27**	**65**	**25**	**54**	**36**	**28**	**25**	**26**	**32**	**29**	**28**
A － 5	－	－	－	－	－	－	－	－	－	－	－	－	－
A － 4	－	－	－	－	－	－	－	－	－	－	－	－	－
A － 3	－	－	－	－	－	－	－	－	－	－	－	－	－
A － 2	－	－	－	－	－	－	－	－	－	－	－	－	－
A － 1	－	－	－	－	－	－	－	－	－	－	－	－	－
B － 5	－	－	－	－	－	－	－	－	－	－	－	－	－
B － 4	－	－	－	－	－	－	－	－	－	－	－	－	－
B － 3	3	－	－	1	－	－	－	－	1	－	－	－	1
B － 2	79	3	9	18	3	9	9	9	3	5	4	2	5
B － 1	5	1	1	－	－	－	2	－	－	1	－	－	－
C － 5	－	－	－	－	－	－	－	－	－	－	－	－	－
C － 4	1	－	－	1	－	－	－	－	－	－	－	－	－
C － 3	4	－	－	2	－	1	－	－	－	－	1	－	－
C － 2	251	25	13	39	18	38	14	11	18	16	21	22	16
C － 1	65	4	4	4	4	6	11	8	3	4	6	5	6

2 月別規格別取引成立頭数・価格（食肉卸売市場別）（続き）
(6) 乳牛計（続き）
　　ア　枝肉の取引成立頭数（続き）

単位：頭

市場・規格	平成29年計	1月	2月	3月	4月	5月	6月	7月	8月	9月	10月	11月	12月
名　古　屋	927	70	76	74	76	67	85	74	75	81	80	82	87
A － 5	-	-	-	-	-	-	-	-	-	-	-	-	-
A － 4	-	-	-	-	-	-	-	-	-	-	-	-	-
A － 3	-	-	-	-	-	-	-	-	-	-	-	-	-
A － 2	-	-	-	-	-	-	-	-	-	-	-	-	-
A － 1	-	-	-	-	-	-	-	-	-	-	-	-	-
B － 5	-	-	-	-	-	-	-	-	-	-	-	-	-
B － 4	1	-	-	-	-	-	-	-	-	1	-	-	-
B － 3	53	3	2	2	10	4	7	5	3	3	3	5	6
B － 2	360	18	24	29	33	31	44	27	26	35	34	33	26
B － 1	-	-	-	-	-	-	-	-	-	-	-	-	-
C － 5	-	-	-	-	-	-	-	-	-	-	-	-	-
C － 4	-	-	-	-	-	-	-	-	-	-	-	-	-
C － 3	45	3	5	2	2	2	6	5	7	4	2	5	2
C － 2	459	45	44	41	30	30	28	35	39	38	41	36	52
C － 1	9	1	1	-	1	-	-	2	-	-	-	3	1
京　　都	65	1	4	9	6	3	4	8	10	7	2	7	4
A － 5	-	-	-	-	-	-	-	-	-	-	-	-	-
A － 4	-	-	-	-	-	-	-	-	-	-	-	-	-
A － 3	-	-	-	-	-	-	-	-	-	-	-	-	-
A － 2	-	-	-	-	-	-	-	-	-	-	-	-	-
A － 1	-	-	-	-	-	-	-	-	-	-	-	-	-
B － 5	-	-	-	-	-	-	-	-	-	-	-	-	-
B － 4	-	-	-	-	-	-	-	-	-	-	-	-	-
B － 3	1	-	1	-	-	-	-	-	-	-	-	-	-
B － 2	30	1	2	3	-	2	3	3	7	4	2	3	-
B － 1	1	-	-	-	-	-	-	-	-	-	-	1	-
C － 5	-	-	-	-	-	-	-	-	-	-	-	-	-
C － 4	-	-	-	-	-	-	-	-	-	-	-	-	-
C － 3	-	-	-	-	-	-	-	-	-	-	-	-	-
C － 2	18	-	1	-	1	-	1	5	3	2	-	2	3
C － 1	15	-	-	6	5	1	-	-	-	1	-	1	1
大　　阪	515	37	44	47	44	47	56	45	39	43	31	39	43
A － 5	-	-	-	-	-	-	-	-	-	-	-	-	-
A － 4	-	-	-	-	-	-	-	-	-	-	-	-	-
A － 3	-	-	-	-	-	-	-	-	-	-	-	-	-
A － 2	-	-	-	-	-	-	-	-	-	-	-	-	-
A － 1	-	-	-	-	-	-	-	-	-	-	-	-	-
B － 5	-	-	-	-	-	-	-	-	-	-	-	-	-
B － 4	-	-	-	-	-	-	-	-	-	-	-	-	-
B － 3	2	-	-	1	-	-	-	-	-	1	-	-	-
B － 2	77	7	10	10	9	13	6	3	5	6	4	2	2
B － 1	8	-	1	-	-	-	1	1	-	2	-	1	2
C － 5	-	-	-	-	-	-	-	-	-	-	-	-	-
C － 4	-	-	-	-	-	-	-	-	-	-	-	-	-
C － 3	3	-	-	1	1	-	-	-	-	1	-	-	-
C － 2	253	22	18	22	24	21	29	24	17	15	19	21	21
C － 1	172	8	15	13	10	13	20	17	17	18	8	15	18

単位：頭

市場・規格	平成29年計	1月	2月	3月	4月	5月	6月	7月	8月	9月	10月	11月	12月
神　戸													
A － 5	-	-	-	-	-	-	-	-	-	-	-	-	-
A － 4	-	-	-	-	-	-	-	-	-	-	-	-	-
A － 3	-	-	-	-	-	-	-	-	-	-	-	-	-
A － 2	-	-	-	-	-	-	-	-	-	-	-	-	-
A － 1	-	-	-	-	-	-	-	-	-	-	-	-	-
B － 5	-	-	-	-	-	-	-	-	-	-	-	-	-
B － 4	-	-	-	-	-	-	-	-	-	-	-	-	-
B － 3													
B － 2													
B － 1													
C － 5	-	-	-	-	-	-	-	-	-	-	-	-	-
C － 4	-	-	-	-	-	-	-	-	-	-	-	-	-
C － 3													
C － 2													
C － 1													
広　島	2,867	198	223	255	239	234	213	214	224	245	280	254	288
A － 5	-	-	-	-	-	-	-	-	-	-	-	-	-
A － 4	-	-	-	-	-	-	-	-	-	-	-	-	-
A － 3	-	-	-	-	-	-	-	-	-	-	-	-	-
A － 2	-	-	-	-	-	-	-	-	-	-	-	-	-
A － 1	-	-	-	-	-	-	-	-	-	-	-	-	-
B － 5	-	-	-	-	-	-	-	-	-	-	-	-	-
B － 4	-	-	-	-	-	-	-	-	-	-	-	-	-
B － 3	31	4	-	1	3	4	-	2	5	4	2	4	2
B － 2	1,177	87	104	105	94	97	104	104	99	92	103	88	100
B － 1	15	-	2	-	3	3	-	3	1	-	1	2	-
C － 5	-	-	-	-	-	-	-	-	-	-	-	-	-
C － 4	-	-	-	-	-	-	-	-	-	-	-	-	-
C － 3	78	2	-	2	48	2	5	-	3	4	6	4	2
C － 2	1,017	74	83	90	90	79	75	52	78	93	89	104	110
C － 1	549	31	34	57	1	49	29	53	38	52	79	52	74
福　岡	2,777	198	232	297	255	215	202	236	215	242	227	275	183
A － 5	-	-	-	-	-	-	-	-	-	-	-	-	-
A － 4	-	-	-	-	-	-	-	-	-	-	-	-	-
A － 3	-	-	-	-	-	-	-	-	-	-	-	-	-
A － 2	-	-	-	-	-	-	-	-	-	-	-	-	-
A － 1	-	-	-	-	-	-	-	-	-	-	-	-	-
B － 5	-	-	-	-	-	-	-	-	-	-	-	-	-
B － 4	1	-	-	-	-	-	-	-	-	-	-	-	1
B － 3	7	-	-	-	2	1	2	-	-	1	-	1	-
B － 2	530	31	29	48	47	38	49	68	50	53	39	51	27
B － 1	101	8	19	16	7	7	6	7	6	10	3	6	6
C － 5	-	-	-	-	-	-	-	-	-	-	-	-	-
C － 4	-	-	-	-	-	-	-	-	-	-	-	-	-
C － 3	4	-	-	-	-	-	-	1	-	-	1	2	-
C － 2	739	42	56	79	65	56	63	46	50	55	64	98	65
C － 1	1,395	117	128	154	134	113	82	114	109	123	120	117	84

2　月別規格別取引成立頭数・価格（食肉卸売市場別）（続き）
(6)　乳牛計（続き）
　　ア　枝肉の取引成立頭数（続き）

単位：頭

市場・規格	平成29年計	1月	2月	3月	4月	5月	6月	7月	8月	9月	10月	11月	12月
指定市場計	19,851	1,584	1,645	1,877	1,689	1,611	1,719	1,711	1,607	1,548	1,532	1,729	1,599
A － 5	-	-	-	-	-	-	-	-	-	-	-	-	-
A － 4	-	-	-	-	-	-	-	-	-	-	-	-	-
A － 3	1	-	-	-	-	-	1	-	-	-	-	-	-
A － 2	-	-	-	-	-	-	-	-	-	-	-	-	-
A － 1	2	2	-	-	-	-	-	-	-	-	-	-	-
B － 5	-	-	-	-	-	-	-	-	-	-	-	-	-
B － 4	-	-	-	-	-	-	-	-	-	-	-	-	-
B － 3	195	12	17	19	16	15	23	16	15	14	10	19	19
B － 2	6,219	495	565	625	606	572	608	528	493	447	398	404	478
B － 1	182	20	15	26	17	14	12	12	8	15	17	12	14
C － 5	-	-	-	-	-	-	-	-	-	-	-	-	-
C － 4	-	-	-	-	-	-	-	-	-	-	-	-	-
C － 3	165	12	10	9	18	14	19	12	18	11	12	20	10
C － 2	8,284	624	639	768	635	637	677	757	653	644	697	781	772
C － 1	4,803	419	399	430	397	359	379	386	420	417	398	493	306
茨　　城	1,738	197	137	142	134	126	165	152	140	125	150	158	112
A － 5	-	-	-	-	-	-	-	-	-	-	-	-	-
A － 4	-	-	-	-	-	-	-	-	-	-	-	-	-
A － 3	-	-	-	-	-	-	-	-	-	-	-	-	-
A － 2	-	-	-	-	-	-	-	-	-	-	-	-	-
A － 1	-	-	-	-	-	-	-	-	-	-	-	-	-
B － 5	-	-	-	-	-	-	-	-	-	-	-	-	-
B － 4	-	-	-	-	-	-	-	-	-	-	-	-	-
B － 3	5	1	-	-	-	1	1	-	1	-	-	1	-
B － 2	93	25	6	6	5	4	4	4	9	11	10	6	3
B － 1	21	7	2	3	2	-	2	1	3	-	-	1	-
C － 5	-	-	-	-	-	-	-	-	-	-	-	-	-
C － 4	-	-	-	-	-	-	-	-	-	-	-	-	-
C － 3	1	-	-	-	-	-	-	1	-	-	-	-	-
C － 2	490	45	31	35	41	34	50	61	29	27	41	55	41
C － 1	1,128	119	98	98	86	87	108	85	98	87	99	95	68
宇　都　宮	1,284	109	91	117	108	100	97	108	131	120	83	103	117
A － 5	-	-	-	-	-	-	-	-	-	-	-	-	-
A － 4	-	-	-	-	-	-	-	-	-	-	-	-	-
A － 3	-	-	-	-	-	-	-	-	-	-	-	-	-
A － 2	-	-	-	-	-	-	-	-	-	-	-	-	-
A － 1	-	-	-	-	-	-	-	-	-	-	-	-	-
B － 5	-	-	-	-	-	-	-	-	-	-	-	-	-
B － 4	-	-	-	-	-	-	-	-	-	-	-	-	-
B － 3	54	3	3	5	3	3	7	7	7	5	3	3	5
B － 2	581	51	44	57	62	42	40	54	47	45	37	36	66
B － 1	31	3	2	2	5	7	1	2	1	2	1	3	2
C － 5	-	-	-	-	-	-	-	-	-	-	-	-	-
C － 4	-	-	-	-	-	-	-	-	-	-	-	-	-
C － 3	12	2	2	-	1	2	-	1	-	1	1	2	-
C － 2	217	19	19	23	14	18	19	17	21	20	21	14	12
C － 1	389	31	21	30	23	28	30	27	55	47	20	45	32

単位：頭

市場・規格	平成29年計	1月	2月	3月	4月	5月	6月	7月	8月	9月	10月	11月	12月
群　　馬	297	33	23	26	26	27	18	30	25	27	19	26	17
A － 5	-	-	-	-	-	-	-	-	-	-	-	-	-
A － 4	-	-	-	-	-	-	-	-	-	-	-	-	-
A － 3	-	-	-	-	-	-	-	-	-	-	-	-	-
A － 2	-	-	-	-	-	-	-	-	-	-	-	-	-
A － 1	-	-	-	-	-	-	-	-	-	-	-	-	-
B － 5	-	-	-	-	-	-	-	-	-	-	-	-	-
B － 4	-	-	-	-	-	-	-	-	-	-	-	-	-
B － 3	-	-	-	-	-	-	-	-	-	-	-	-	-
B － 2	3	-	-	-	2	1	-	-	-	-	-	-	-
B － 1	2	1	-	-	-	-	-	-	1	-	-	-	-
C － 5	-	-	-	-	-	-	-	-	-	-	-	-	-
C － 4	-	-	-	-	-	-	-	-	-	-	-	-	-
C － 3	-	-	-	-	-	-	-	-	-	-	-	-	-
C － 2	16	2	1	-	5	-	1	2	2	2	-	1	-
C － 1	276	30	22	26	19	26	17	28	22	25	19	25	17
川　　口	433	24	43	49	1	22	47	40	44	33	35	59	36
A － 5	-	-	-	-	-	-	-	-	-	-	-	-	-
A － 4	-	-	-	-	-	-	-	-	-	-	-	-	-
A － 3	-	-	-	-	-	-	-	-	-	-	-	-	-
A － 2	-	-	-	-	-	-	-	-	-	-	-	-	-
A － 1	-	-	-	-	-	-	-	-	-	-	-	-	-
B － 5	-	-	-	-	-	-	-	-	-	-	-	-	-
B － 4	-	-	-	-	-	-	-	-	-	-	-	-	-
B － 3	-	-	-	-	-	-	-	-	-	-	-	-	-
B － 2	8	1	-	3	2	1	-	1	-	-	-	-	-
B － 1	1	-	-	-	-	-	-	-	1	-	-	-	-
C － 5	-	-	-	-	-	-	-	-	-	-	-	-	-
C － 4	-	-	-	-	-	-	-	-	-	-	-	-	-
C － 3	-	-	-	-	-	-	-	-	-	-	-	-	-
C － 2	244	7	20	28	-	14	29	27	29	17	24	37	12
C － 1	180	16	20	19	-	8	17	12	15	16	11	22	24
山　　梨	1,074	83	92	88	120	78	79	96	79	85	85	123	66
A － 5	-	-	-	-	-	-	-	-	-	-	-	-	-
A － 4	-	-	-	-	-	-	-	-	-	-	-	-	-
A － 3	-	-	-	-	-	-	-	-	-	-	-	-	-
A － 2	-	-	-	-	-	-	-	-	-	-	-	-	-
A － 1	-	-	-	-	-	-	-	-	-	-	-	-	-
B － 5	-	-	-	-	-	-	-	-	-	-	-	-	-
B － 4	-	-	-	-	-	-	-	-	-	-	-	-	-
B － 3	-	-	-	-	-	-	-	-	-	-	-	-	-
B － 2	10	1	-	1	1	1	-	1	2	-	-	2	1
B － 1	5	-	-	1	-	-	-	-	-	-	2	1	1
C － 5	-	-	-	-	-	-	-	-	-	-	-	-	-
C － 4	-	-	-	-	-	-	-	-	-	-	-	-	-
C － 3	-	-	-	-	-	-	-	-	-	-	-	-	-
C － 2	76	9	6	10	17	6	5	5	2	2	3	6	5
C － 1	983	73	86	76	102	71	74	90	75	83	80	114	59

2 月別規格別取引成立頭数・価格（食肉卸売市場別）（続き）
(6) 乳牛計（続き）
ア 枝肉の取引成立頭数（続き）

単位：頭

市場・規格	平成29年計	1月	2月	3月	4月	5月	6月	7月	8月	9月	10月	11月	12月
岐　　阜	-	-	-	-	-	-	-	-	-	-	-	-	-
A － 5	-	-	-	-	-	-	-	-	-	-	-	-	-
A － 4	-	-	-	-	-	-	-	-	-	-	-	-	-
A － 3	-	-	-	-	-	-	-	-	-	-	-	-	-
A － 2	-	-	-	-	-	-	-	-	-	-	-	-	-
A － 1	-	-	-	-	-	-	-	-	-	-	-	-	-
B － 5	-	-	-	-	-	-	-	-	-	-	-	-	-
B － 4	-	-	-	-	-	-	-	-	-	-	-	-	-
B － 3	-	-	-	-	-	-	-	-	-	-	-	-	-
B － 2	-	-	-	-	-	-	-	-	-	-	-	-	-
B － 1	-	-	-	-	-	-	-	-	-	-	-	-	-
C － 5	-	-	-	-	-	-	-	-	-	-	-	-	-
C － 4	-	-	-	-	-	-	-	-	-	-	-	-	-
C － 3	-	-	-	-	-	-	-	-	-	-	-	-	-
C － 2	-	-	-	-	-	-	-	-	-	-	-	-	-
C － 1	-	-	-	-	-	-	-	-	-	-	-	-	-
浜　　松	497	39	47	44	33	37	32	47	39	46	49	46	38
A － 5	-	-	-	-	-	-	-	-	-	-	-	-	-
A － 4	-	-	-	-	-	-	-	-	-	-	-	-	-
A － 3	-	-	-	-	-	-	-	-	-	-	-	-	-
A － 2	-	-	-	-	-	-	-	-	-	-	-	-	-
A － 1	-	-	-	-	-	-	-	-	-	-	-	-	-
B － 5	-	-	-	-	-	-	-	-	-	-	-	-	-
B － 4	-	-	-	-	-	-	-	-	-	-	-	-	-
B － 3	5	-	-	1	-	1	1	-	-	-	-	1	1
B － 2	146	4	17	21	8	12	13	11	9	13	16	11	11
B － 1	1	-	-	-	-	-	1	-	-	-	-	-	-
C － 5	-	-	-	-	-	-	-	-	-	-	-	-	-
C － 4	-	-	-	-	-	-	-	-	-	-	-	-	-
C － 3	2	-	-	-	1	-	-	-	-	-	-	1	-
C － 2	83	8	9	2	8	4	4	12	8	3	11	7	7
C － 1	260	27	21	20	16	20	13	24	22	30	22	26	19
東　三　河	1,294	95	93	108	88	101	101	117	117	110	122	139	103
A － 5	-	-	-	-	-	-	-	-	-	-	-	-	-
A － 4	-	-	-	-	-	-	-	-	-	-	-	-	-
A － 3	-	-	-	-	-	-	-	-	-	-	-	-	-
A － 2	-	-	-	-	-	-	-	-	-	-	-	-	-
A － 1	-	-	-	-	-	-	-	-	-	-	-	-	-
B － 5	-	-	-	-	-	-	-	-	-	-	-	-	-
B － 4	-	-	-	-	-	-	-	-	-	-	-	-	-
B － 3	22	2	8	2	-	-	1	1	-	3	-	1	4
B － 2	657	53	47	45	49	55	54	61	71	50	62	57	53
B － 1	6	1	-	-	-	1	-	1	-	1	1	1	-
C － 5	-	-	-	-	-	-	-	-	-	-	-	-	-
C － 4	-	-	-	-	-	-	-	-	-	-	-	-	-
C － 3	10	-	-	1	3	1	1	-	-	-	1	3	-
C － 2	350	19	22	39	23	26	28	33	27	29	35	41	28
C － 1	249	20	16	21	13	18	17	21	19	27	23	36	18

単位：頭

市場・規格	平成29年計	1 月	2 月	3 月	4 月	5 月	6 月	7 月	8 月	9 月	10 月	11 月	12 月
四 日 市	240	21	15	34	13	17	17	21	15	20	21	15	31
A － 5	-	-	-	-	-	-	-	-	-	-	-	-	-
A － 4	-	-	-	-	-	-	-	-	-	-	-	-	-
A － 3	-	-	-	-	-	-	-	-	-	-	-	-	-
A － 2	-	-	-	-	-	-	-	-	-	-	-	-	-
A － 1	-	-	-	-	-	-	-	-	-	-	-	-	-
B － 5	-	-	-	-	-	-	-	-	-	-	-	-	-
B － 4	-	-	-	-	-	-	-	-	-	-	-	-	-
B － 3	1	-	-	-	-	-	-	-	-	-	-	-	1
B － 2	70	5	2	14	2	4	7	13	2	9	4	2	6
B － 1	4	-	1	-	1	-	-	1	-	-	-	-	1
C － 5	-	-	-	-	-	-	-	-	-	-	-	-	-
C － 4	-	-	-	-	-	-	-	-	-	-	-	-	-
C － 3	3	-	1	-	-	-	-	-	-	-	1	-	1
C － 2	139	16	10	20	8	10	8	4	11	8	13	12	19
C － 1	23	-	1	-	2	3	2	3	2	3	3	1	3
南 大 阪	-	-	-	-	-	-	-	-	-	-	-	-	-
A － 5	-	-	-	-	-	-	-	-	-	-	-	-	-
A － 4	-	-	-	-	-	-	-	-	-	-	-	-	-
A － 3	-	-	-	-	-	-	-	-	-	-	-	-	-
A － 2	-	-	-	-	-	-	-	-	-	-	-	-	-
A － 1	-	-	-	-	-	-	-	-	-	-	-	-	-
B － 5	-	-	-	-	-	-	-	-	-	-	-	-	-
B － 4	-	-	-	-	-	-	-	-	-	-	-	-	-
B － 3	-	-	-	-	-	-	-	-	-	-	-	-	-
B － 2	-	-	-	-	-	-	-	-	-	-	-	-	-
B － 1	-	-	-	-	-	-	-	-	-	-	-	-	-
C － 5	-	-	-	-	-	-	-	-	-	-	-	-	-
C － 4	-	-	-	-	-	-	-	-	-	-	-	-	-
C － 3	-	-	-	-	-	-	-	-	-	-	-	-	-
C － 2	-	-	-	-	-	-	-	-	-	-	-	-	-
C － 1	-	-	-	-	-	-	-	-	-	-	-	-	-
姫 路	4,739	227	283	248	242	319	458	511	462	425	469	537	558
A － 5	-	-	-	-	-	-	-	-	-	-	-	-	-
A － 4	-	-	-	-	-	-	-	-	-	-	-	-	-
A － 3	-	-	-	-	-	-	-	-	-	-	-	-	-
A － 2	-	-	-	-	-	-	-	-	-	-	-	-	-
A － 1	2	2	-	-	-	-	-	-	-	-	-	-	-
B － 5	-	-	-	-	-	-	-	-	-	-	-	-	-
B － 4	-	-	-	-	-	-	-	-	-	-	-	-	-
B － 3	37	1	3	2	4	3	4	4	4	3	3	2	4
B － 2	1,704	109	156	122	119	155	195	152	145	120	129	144	158
B － 1	37	-	4	4	1	1	3	-	-	9	6	4	5
C － 5	-	-	-	-	-	-	-	-	-	-	-	-	-
C － 4	-	-	-	-	-	-	-	-	-	-	-	-	-
C － 3	72	2	1	-	5	5	12	7	15	7	5	9	4
C － 2	2,688	109	106	107	104	146	231	336	264	270	302	348	365
C － 1	199	4	13	13	9	9	13	12	34	16	24	30	22

2 月別規格別取引成立頭数・価格（食肉卸売市場別）（続き）
(6) 乳牛計（続き）
ア 枝肉の取引成立頭数（続き）

単位：頭

市場・規格	平成29年計	1月	2月	3月	4月	5月	6月	7月	8月	9月	10月	11月	12月
加 古 川	382	44	67	126	92	33	5	3	-	1	3	7	1
A - 5	-	-	-	-	-	-	-	-	-	-	-	-	-
A - 4	-	-	-	-	-	-	-	-	-	-	-	-	-
A - 3	1	-	-	-	-	-	1	-	-	-	-	-	-
A - 2	-	-	-	-	-	-	-	-	-	-	-	-	-
A - 1	-	-	-	-	-	-	-	-	-	-	-	-	-
B - 5	-	-	-	-	-	-	-	-	-	-	-	-	-
B - 4	-	-	-	-	-	-	-	-	-	-	-	-	-
B - 3	6	-	-	2	-	2	-	-	-	-	-	2	-
B - 2	95	12	14	26	30	9	-	1	-	-	-	3	-
B - 1	12	2	-	5	4	1	-	-	-	-	-	-	-
C - 5	-	-	-	-	-	-	-	-	-	-	-	-	-
C - 4	-	-	-	-	-	-	-	-	-	-	-	-	-
C - 3	5	1	-	2	2	-	-	-	-	-	-	-	-
C - 2	195	19	46	74	44	12	-	-	-	-	-	-	-
C - 1	68	10	7	17	12	9	4	2	-	1	3	2	1
西 宮	2,110	311	304	409	309	293	177	115	90	102	-	-	-
A - 5	-	-	-	-	-	-	-	-	-	-	-	-	-
A - 4	-	-	-	-	-	-	-	-	-	-	-	-	-
A - 3	-	-	-	-	-	-	-	-	-	-	-	-	-
A - 2	-	-	-	-	-	-	-	-	-	-	-	-	-
A - 1	-	-	-	-	-	-	-	-	-	-	-	-	-
B - 5	-	-	-	-	-	-	-	-	-	-	-	-	-
B - 4	-	-	-	-	-	-	-	-	-	-	-	-	-
B - 3	7	-	1	2	1	1	1	-	-	1	-	-	-
B - 2	880	96	115	160	139	132	94	63	40	41	-	-	-
B - 1	25	3	5	7	1	-	4	3	-	2	-	-	-
C - 5	-	-	-	-	-	-	-	-	-	-	-	-	-
C - 4	-	-	-	-	-	-	-	-	-	-	-	-	-
C - 3	11	3	1	3	2	-	2	-	-	-	-	-	-
C - 2	1,086	194	171	215	152	151	66	44	43	50	-	-	-
C - 1	101	15	11	22	14	9	10	5	7	8	-	-	-
岡 山	2,109	137	176	174	197	161	187	158	171	156	175	192	225
A - 5	-	-	-	-	-	-	-	-	-	-	-	-	-
A - 4	-	-	-	-	-	-	-	-	-	-	-	-	-
A - 3	-	-	-	-	-	-	-	-	-	-	-	-	-
A - 2	-	-	-	-	-	-	-	-	-	-	-	-	-
A - 1	-	-	-	-	-	-	-	-	-	-	-	-	-
B - 5	-	-	-	-	-	-	-	-	-	-	-	-	-
B - 4	-	-	-	-	-	-	-	-	-	-	-	-	-
B - 3	15	3	-	3	2	1	2	1	1	-	-	2	-
B - 2	415	20	44	32	38	46	47	40	37	29	23	21	38
B - 1	3	-	-	1	-	-	1	-	-	-	1	-	-
C - 5	-	-	-	-	-	-	-	-	-	-	-	-	-
C - 4	-	-	-	-	-	-	-	-	-	-	-	-	-
C - 3	22	2	1	1	-	1	3	2	3	1	1	3	4
C - 2	934	57	59	69	81	53	76	60	81	71	82	91	154
C - 1	720	55	72	68	76	60	58	55	49	55	68	75	29

－ 284 －

単位：頭

市場・規格	平成29年計	1月	2月	3月	4月	5月	6月	7月	8月	9月	10月	11月	12月
坂出	**1,705**	**149**	**137**	**137**	**144**	**144**	**147**	**135**	**146**	**139**	**148**	**141**	**138**
A－5	－	－	－	－	－	－	－	－	－	－	－	－	－
A－4	－	－	－	－	－	－	－	－	－	－	－	－	－
A－3	－	－	－	－	－	－	－	－	－	－	－	－	－
A－2	－	－	－	－	－	－	－	－	－	－	－	－	－
A－1	－	－	－	－	－	－	－	－	－	－	－	－	－
B－5	－	－	－	－	－	－	－	－	－	－	－	－	－
B－4	－	－	－	－	－	－	－	－	－	－	－	－	－
B－3	30	1	1	2	4	2	6	2	1	1	3	5	2
B－2	787	80	71	61	70	53	63	59	69	57	56	62	86
B－1	22	1	1	3	1	3	－	3	3	1	1	2	3
C－5	－	－	－	－	－	－	－	－	－	－	－	－	－
C－4	－	－	－	－	－	－	－	－	－	－	－	－	－
C－3	18	1	3	2	4	3	－	－	－	2	1	1	1
C－2	777	58	56	65	58	80	70	61	71	74	77	65	42
C－1	71	8	5	4	7	3	8	10	2	4	10	6	4
愛媛	－	－	－	－	－	－	－	－	－	－	－	－	－
A－5	－	－	－	－	－	－	－	－	－	－	－	－	－
A－4	－	－	－	－	－	－	－	－	－	－	－	－	－
A－3	－	－	－	－	－	－	－	－	－	－	－	－	－
A－2	－	－	－	－	－	－	－	－	－	－	－	－	－
A－1	－	－	－	－	－	－	－	－	－	－	－	－	－
B－5	－	－	－	－	－	－	－	－	－	－	－	－	－
B－4	－	－	－	－	－	－	－	－	－	－	－	－	－
B－3	－	－	－	－	－	－	－	－	－	－	－	－	－
B－2	－	－	－	－	－	－	－	－	－	－	－	－	－
B－1	－	－	－	－	－	－	－	－	－	－	－	－	－
C－5	－	－	－	－	－	－	－	－	－	－	－	－	－
C－4	－	－	－	－	－	－	－	－	－	－	－	－	－
C－3	－	－	－	－	－	－	－	－	－	－	－	－	－
C－2	－	－	－	－	－	－	－	－	－	－	－	－	－
C－1	－	－	－	－	－	－	－	－	－	－	－	－	－
佐世保	**1,949**	**115**	**137**	**175**	**182**	**153**	**189**	**178**	**148**	**159**	**173**	**183**	**157**
A－5	－	－	－	－	－	－	－	－	－	－	－	－	－
A－4	－	－	－	－	－	－	－	－	－	－	－	－	－
A－3	－	－	－	－	－	－	－	－	－	－	－	－	－
A－2	－	－	－	－	－	－	－	－	－	－	－	－	－
A－1	－	－	－	－	－	－	－	－	－	－	－	－	－
B－5	－	－	－	－	－	－	－	－	－	－	－	－	－
B－4	－	－	－	－	－	－	－	－	－	－	－	－	－
B－3	13	1	1	－	2	1	－	1	1	1	1	2	2
B－2	770	38	46	78	80	58	90	69	62	72	61	60	56
B－1	12	2	－	－	2	1	－	－	－	－	5	－	2
C－5	－	－	－	－	－	－	－	－	－	－	－	－	－
C－4	－	－	－	－	－	－	－	－	－	－	－	－	－
C－3	9	1	1	－	－	2	1	1	－	－	2	1	－
C－2	989	62	83	81	80	83	90	95	65	71	88	104	87
C－1	156	11	6	16	18	8	8	12	20	15	16	16	10

2 月別規格別取引成立頭数・価格（食肉卸売市場別）（続き）
(6) 乳牛計（続き）
ア 枝肉の取引成立頭数（続き）

単位：頭

市場・規格	平成29年計	1月	2月	3月	4月	5月	6月	7月	8月	9月	10月	11月	12月
熊　　本		-	-	-	-	-	-	-	-	-	-	-	-
A － 5	-	-	-	-	-	-	-	-	-	-	-	-	-
A － 4	-	-	-	-	-	-	-	-	-	-	-	-	-
A － 3	-	-	-	-	-	-	-	-	-	-	-	-	-
A － 2	-	-	-	-	-	-	-	-	-	-	-	-	-
A － 1	-	-	-	-	-	-	-	-	-	-	-	-	-
B － 5	-	-	-	-	-	-	-	-	-	-	-	-	-
B － 4	-	-	-	-	-	-	-	-	-	-	-	-	-
B － 3	-	-	-	-	-	-	-	-	-	-	-	-	-
B － 2	-	-	-	-	-	-	-	-	-	-	-	-	-
B － 1	-	-	-	-	-	-	-	-	-	-	-	-	-
C － 5	-	-	-	-	-	-	-	-	-	-	-	-	-
C － 4	-	-	-	-	-	-	-	-	-	-	-	-	-
C － 3	-	-	-	-	-	-	-	-	-	-	-	-	-
C － 2	-	-	-	-	-	-	-	-	-	-	-	-	-
C － 1	-	-	-	-	-	-	-	-	-	-	-	-	-

イ　枝肉の1kg当たり卸売価格

単位：円

市場・規格	平成29年計	1月	2月	3月	4月	5月	6月	7月	8月	9月	10月	11月	12月
合　　計	795	793	799	795	819	819	828	820	790	768	764	763	780
A - 5	-	-	-	-	-	-	-	-	-	-	-	-	-
A - 4	-	-	-	-	-	-	-	-	-	-	-	-	-
A - 3	1,716	-	-	-	-	-	1,716	-	-	-	-	-	-
A - 2	545	-	545	-	-	-	-	-	-	-	-	-	-
A - 1	539	541	-	538	-	-	-	-	-	-	-	-	-
B - 5	-	-	-	-	-	-	-	-	-	-	-	-	-
B - 4	1,370	-	-	-	-	-	-	-	-	1,291	-	-	1,459
B - 3	1,103	1,114	1,068	1,064	1,118	1,113	1,122	1,106	1,074	1,079	1,099	1,118	1,145
B - 2	980	984	966	951	988	984	991	989	978	973	980	970	1,010
B - 1	687	675	699	656	649	701	707	723	699	755	731	660	671
C - 5	-	-	-	-	-	-	-	-	-	-	-	-	-
C - 4	1,128	-	1,105	1,150	-	-	-	-	-	-	-	-	-
C - 3	1,065	1,095	1,106	1,028	884	1,092	1,129	1,116	1,163	1,118	1,104	1,134	1,102
C - 2	868	877	855	854	857	864	875	888	873	859	873	856	885
C - 1	491	504	518	530	551	524	517	517	499	460	444	456	398
中央市場計	677	687	690	684	707	710	711	697	675	652	647	646	621
A - 5	-	-	-	-	-	-	-	-	-	-	-	-	-
A - 4	-	-	-	-	-	-	-	-	-	-	-	-	-
A - 3	-	-	-	-	-	-	-	-	-	-	-	-	-
A - 2	545	-	545	-	-	-	-	-	-	-	-	-	-
A - 1	538	-	-	538	-	-	-	-	-	-	-	-	-
B - 5	-	-	-	-	-	-	-	-	-	-	-	-	-
B - 4	1,370	-	-	-	-	-	-	-	-	1,291	-	-	1,459
B - 3	1,115	1,159	1,026	1,011	1,132	1,152	1,170	1,141	1,110	1,075	1,120	1,112	1,186
B - 2	897	916	885	870	889	903	903	905	902	905	906	871	922
B - 1	617	643	643	581	603	653	656	673	655	661	603	574	545
C - 5	-	-	-	-	-	-	-	-	-	-	-	-	-
C - 4	1,128	-	1,105	1,150	-	-	-	-	-	-	-	-	-
C - 3	1,005	1,087	1,126	995	788	1,027	1,126	1,134	1,170	1,122	1,097	1,113	1,153
C - 2	732	759	731	733	732	736	742	739	736	720	740	708	714
C - 1	470	486	493	500	526	508	500	503	486	446	422	439	377
仙　台	569	511	650	527	577	581	595	569	601	548	583	569	516
A - 5	-	-	-	-	-	-	-	-	-	-	-	-	-
A - 4	-	-	-	-	-	-	-	-	-	-	-	-	-
A - 3	-	-	-	-	-	-	-	-	-	-	-	-	-
A - 2	545	-	545	-	-	-	-	-	-	-	-	-	-
A - 1	-	-	-	-	-	-	-	-	-	-	-	-	-
B - 5	-	-	-	-	-	-	-	-	-	-	-	-	-
B - 4	-	-	-	-	-	-	-	-	-	-	-	-	-
B - 3	986	-	1,065	-	-	-	-	-	-	893	988	-	-
B - 2	674	622	692	595	702	658	683	671	708	645	697	692	678
B - 1	546	488	598	485	460	-	582	581	631	432	564	537	597
C - 5	-	-	-	-	-	-	-	-	-	-	-	-	-
C - 4	-	-	-	-	-	-	-	-	-	-	-	-	-
C - 3	745	-	-	540	-	975	-	-	-	-	-	-	-
C - 2	621	581	665	586	592	616	631	625	669	609	666	635	564
C - 1	459	432	596	433	482	461	468	452	483	437	452	441	399

2 月別規格別取引成立頭数・価格（食肉卸売市場別）（続き）
(6) 乳牛計（続き）
イ　枝肉の1kg当たり卸売価格（続き）

単位：円

市場・規格	平成29年計	1月	2月	3月	4月	5月	6月	7月	8月	9月	10月	11月	12月
さいたま	587	616	590	592	598	600	601	615	608	567	582	562	505
A － 5	-	-	-	-	-	-	-	-	-	-	-	-	-
A － 4	-	-	-	-	-	-	-	-	-	-	-	-	-
A － 3	-	-	-	-	-	-	-	-	-	-	-	-	-
A － 2	-	-	-	-	-	-	-	-	-	-	-	-	-
A － 1	-	-	-	-	-	-	-	-	-	-	-	-	-
B － 5	-	-	-	-	-	-	-	-	-	-	-	-	-
B － 4	-	-	-	-	-	-	-	-	-	-	-	-	-
B － 3	861	929	664	851	823	-	1,015	816	-	-	-	867	-
B － 2	700	770	728	671	694	692	701	721	719	674	693	664	657
B － 1	606	672	619	596	585	615	607	665	563	603	431	575	481
C － 5	-	-	-	-	-	-	-	-	-	-	-	-	-
C － 4	-	-	-	-	-	-	-	-	-	-	-	-	-
C － 3	687	-	693	706	-	597	-	749	-	-	-	691	-
C － 2	625	662	624	616	618	631	643	658	658	615	633	599	556
C － 1	483	491	487	504	515	519	485	499	510	476	456	459	391
東　　京	605	628	620	645	661	650	633	634	598	569	562	569	506
A － 5	-	-	-	-	-	-	-	-	-	-	-	-	-
A － 4	-	-	-	-	-	-	-	-	-	-	-	-	-
A － 3	-	-	-	-	-	-	-	-	-	-	-	-	-
A － 2	-	-	-	-	-	-	-	-	-	-	-	-	-
A － 1	538	-	-	538	-	-	-	-	-	-	-	-	-
B － 5	-	-	-	-	-	-	-	-	-	-	-	-	-
B － 4	-	-	-	-	-	-	-	-	-	-	-	-	-
B － 3	1,066	1,229	1,033	1,084	1,059	979	1,181	1,094	1,061	974	1,060	1,051	1,117
B － 2	856	883	842	857	850	874	868	873	862	852	872	805	842
B － 1	551	-	522	546	596	-	533	593	-	601	651	532	520
C － 5	-	-	-	-	-	-	-	-	-	-	-	-	-
C － 4	1,105	-	1,105	-	-	-	-	-	-	-	-	-	-
C － 3	1,030	987	-	1,098	1,143	-	1,027	-	-	1,020	-	1,028	1,082
C － 2	663	695	632	682	696	655	663	683	663	659	670	653	601
C － 1	457	476	469	514	528	486	493	505	478	431	409	420	340
横　　浜	816	707	796	872	889	794	811	854	821	696	854	789	876
A － 5	-	-	-	-	-	-	-	-	-	-	-	-	-
A － 4	-	-	-	-	-	-	-	-	-	-	-	-	-
A － 3	-	-	-	-	-	-	-	-	-	-	-	-	-
A － 2	-	-	-	-	-	-	-	-	-	-	-	-	-
A － 1	-	-	-	-	-	-	-	-	-	-	-	-	-
B － 5	-	-	-	-	-	-	-	-	-	-	-	-	-
B － 4	-	-	-	-	-	-	-	-	-	-	-	-	-
B － 3	1,047	-	-	1,031	-	-	-	-	1,032	-	-	-	1,081
B － 2	897	873	842	894	782	837	972	1,013	836	740	940	963	978
B － 1	680	496	864	-	-	-	720	-	-	539	-	-	-
C － 5	-	-	-	-	-	-	-	-	-	-	-	-	-
C － 4	1,150	-	-	1,150	-	-	-	-	-	-	-	-	-
C － 3	975	-	-	940	-	985	-	-	-	-	1,040	-	-
C － 2	836	725	802	865	948	798	874	862	835	726	907	819	938
C － 1	463	418	498	502	578	589	451	450	480	436	379	424	385

－ 288 －

単位：円

市場・規格	平成29年計	1月	2月	3月	4月	5月	6月	7月	8月	9月	10月	11月	12月
名　古　屋	1,145	1,147	1,143	1,152	1,155	1,154	1,154	1,143	1,143	1,140	1,139	1,125	1,148
A － 5	-	-	-	-	-	-	-	-	-	-	-	-	-
A － 4	-	-	-	-	-	-	-	-	-	-	-	-	-
A － 3	-	-	-	-	-	-	-	-	-	-	-	-	-
A － 2	-	-	-	-	-	-	-	-	-	-	-	-	-
A － 1	-	-	-	-	-	-	-	-	-	-	-	-	-
B － 5	-	-	-	-	-	-	-	-	-	-	-	-	-
B － 4	1,291	-	-	-	-	-	-	-	-	1,291	-	-	-
B － 3	1,221	1,238	1,226	1,199	1,219	1,216	1,225	1,233	1,193	1,226	1,199	1,218	1,233
B － 2	1,144	1,121	1,137	1,143	1,146	1,151	1,147	1,141	1,143	1,139	1,146	1,146	1,154
B － 1	-	-	-	-	-	-	-	-	-	-	-	-	-
C － 5	-	-	-	-	-	-	-	-	-	-	-	-	-
C － 4	-	-	-	-	-	-	-	-	-	-	-	-	-
C － 3	1,209	1,224	1,209	1,228	1,221	1,214	1,198	1,210	1,208	1,214	1,202	1,196	1,215
C － 2	1,138	1,152	1,143	1,151	1,145	1,144	1,136	1,139	1,128	1,123	1,126	1,120	1,140
C － 1	534	757	702	-	863	-	-	459	-	-	-	325	162
京　　　都	623	1,040	983	579	290	533	878	557	529	697	865	653	525
A － 5	-	-	-	-	-	-	-	-	-	-	-	-	-
A － 4	-	-	-	-	-	-	-	-	-	-	-	-	-
A － 3	-	-	-	-	-	-	-	-	-	-	-	-	-
A － 2	-	-	-	-	-	-	-	-	-	-	-	-	-
A － 1	-	-	-	-	-	-	-	-	-	-	-	-	-
B － 5	-	-	-	-	-	-	-	-	-	-	-	-	-
B － 4	-	-	-	-	-	-	-	-	-	-	-	-	-
B － 3	1,140	-	1,140	-	-	-	-	-	-	-	-	-	-
B － 2	750	1,040	982	815	-	642	948	631	550	850	865	739	-
B － 1	325	-	-	-	-	-	-	-	-	-	-	325	-
C － 5	-	-	-	-	-	-	-	-	-	-	-	-	-
C － 4	-	-	-	-	-	-	-	-	-	-	-	-	-
C － 3	-	-	-	-	-	-	-	-	-	-	-	-	-
C － 2	557	-	814	-	352	-	542	514	480	490	-	767	592
C － 1	333	-	-	417	272	74	-	-	-	378	-	324	272
大　　　阪	833	934	818	886	902	888	811	735	735	766	902	824	799
A － 5	-	-	-	-	-	-	-	-	-	-	-	-	-
A － 4	-	-	-	-	-	-	-	-	-	-	-	-	-
A － 3	-	-	-	-	-	-	-	-	-	-	-	-	-
A － 2	-	-	-	-	-	-	-	-	-	-	-	-	-
A － 1	-	-	-	-	-	-	-	-	-	-	-	-	-
B － 5	-	-	-	-	-	-	-	-	-	-	-	-	-
B － 4	-	-	-	-	-	-	-	-	-	-	-	-	-
B － 3	1,085	-	-	1,079	-	-	-	-	-	1,090	-	-	-
B － 2	968	1,024	923	959	982	922	929	956	989	1,003	999	1,001	1,118
B － 1	689	-	559	-	-	-	720	971	-	740	-	749	514
C － 5	-	-	-	-	-	-	-	-	-	-	-	-	-
C － 4	-	-	-	-	-	-	-	-	-	-	-	-	-
C － 3	1,110	-	-	1,246	983	-	-	-	-	1,070	-	-	-
C － 2	944	1,007	963	945	960	971	939	836	906	884	977	956	983
C － 1	499	443	440	572	549	617	486	459	334	451	603	577	522

2 月別規格別取引成立頭数・価格（食肉卸売市場別）（続き）
(6) 乳牛計（続き）
イ 枝肉の1kg当たり卸売価格（続き）

単位：円

市場・規格	平成29年計	1 月	2 月	3 月	4 月	5 月	6 月	7 月	8 月	9 月	10 月	11 月	12 月
神　戸	-	-	-	-	-	-	-	-	-	-	-	-	-
A － 5	-	-	-	-	-	-	-	-	-	-	-	-	-
A － 4	-	-	-	-	-	-	-	-	-	-	-	-	-
A － 3	-	-	-	-	-	-	-	-	-	-	-	-	-
A － 2	-	-	-	-	-	-	-	-	-	-	-	-	-
A － 1	-	-	-	-	-	-	-	-	-	-	-	-	-
B － 5	-	-	-	-	-	-	-	-	-	-	-	-	-
B － 4	-	-	-	-	-	-	-	-	-	-	-	-	-
B － 3	-	-	-	-	-	-	-	-	-	-	-	-	-
B － 2	-	-	-	-	-	-	-	-	-	-	-	-	-
B － 1	-	-	-	-	-	-	-	-	-	-	-	-	-
C － 5	-	-	-	-	-	-	-	-	-	-	-	-	-
C － 4	-	-	-	-	-	-	-	-	-	-	-	-	-
C － 3	-	-	-	-	-	-	-	-	-	-	-	-	-
C － 2	-	-	-	-	-	-	-	-	-	-	-	-	-
C － 1	-	-	-	-	-	-	-	-	-	-	-	-	-
広　島	910	981	944	882	933	924	933	887	911	881	880	915	879
A － 5	-	-	-	-	-	-	-	-	-	-	-	-	-
A － 4	-	-	-	-	-	-	-	-	-	-	-	-	-
A － 3	-	-	-	-	-	-	-	-	-	-	-	-	-
A － 2	-	-	-	-	-	-	-	-	-	-	-	-	-
A － 1	-	-	-	-	-	-	-	-	-	-	-	-	-
B － 5	-	-	-	-	-	-	-	-	-	-	-	-	-
B － 4	-	-	-	-	-	-	-	-	-	-	-	-	-
B － 3	1,102	1,134	-	1,069	1,128	1,106	-	1,112	1,085	1,065	1,097	1,101	1,125
B － 2	1,028	1,067	1,044	1,002	1,046	1,040	1,012	1,000	1,008	1,008	1,019	1,049	1,059
B － 1	672		628	-	724	633	-	680	735	-	865	552	-
C － 5	-	-	-	-	-	-	-	-	-	-	-	-	-
C － 4	-	-	-	-	-	-	-	-	-	-	-	-	-
C － 3	887	1,094	-	1,058	754	1,122	1,081	-	1,071	1,066	1,076	1,124	1,115
C － 2	922	968	932	890	911	934	916	939	912	900	932	935	911
C － 1	472	599	541	516	648	536	539	426	414	400	432	460	437
福　岡	759	767	729	688	758	820	861	806	740	760	674	723	829
A － 5	-	-	-	-	-	-	-	-	-	-	-	-	-
A － 4	-	-	-	-	-	-	-	-	-	-	-	-	-
A － 3	-	-	-	-	-	-	-	-	-	-	-	-	-
A － 2	-	-	-	-	-	-	-	-	-	-	-	-	-
A － 1	-	-	-	-	-	-	-	-	-	-	-	-	-
B － 5	-	-	-	-	-	-	-	-	-	-	-	-	-
B － 4	1,459	-	-	-	-	-	-	-	-	-	-	-	1,459
B － 3	1,207	-	-	-	1,195	1,210	1,204	-	-	1,192	-	1,248	-
B － 2	962	1,006	976	887	938	991	993	965	918	970	949	968	1,045
B － 1	689	733	679	649	684	694	827	699	675	720	647	656	629
C － 5	-	-	-	-	-	-	-	-	-	-	-	-	-
C － 4	-	-	-	-	-	-	-	-	-	-	-	-	-
C － 3	1,143	-	-	-	-	-	-	1,160	-	-	1,044	1,178	-
C － 2	897	976	934	833	896	1,004	962	938	834	899	858	767	976
C － 1	532	564	524	490	558	595	611	581	550	512	394	489	556

単位：円

市場・規格	平成29年計	1月	2月	3月	4月	5月	6月	7月	8月	9月	10月	11月	12月
指 定 市 場 計	949	933	940	933	967	961	963	962	942	930	942	935	987
A － 5	－	－	－	－	－	－	－	－	－	－	－	－	－
A － 4	－	－	－	－	－	－	－	－	－	－	－	－	－
A － 3	1,716	－	－	－	－	－	1,716	－	－	－	－	－	－
A － 2	－	－	－	－	－	－	－	－	－	－	－	－	－
A － 1	541	541											
B － 5	－	－	－	－	－	－	－	－	－	－	－	－	－
B － 4	－	－	－	－	－	－	－	－	－	－	－	－	－
B － 3	1,094	1,082	1,105	1,096	1,101	1,086	1,093	1,082	1,050	1,083	1,082	1,123	1,123
B － 2	1,049	1,035	1,036	1,014	1,063	1,056	1,060	1,056	1,038	1,030	1,056	1,081	1,075
B － 1	812	717	864	833	752	755	815	806	773	867	834	801	930
C － 5	－	－	－	－	－	－	－	－	－	－	－	－	－
C － 4	－	－	－	－	－	－	－	－	－	－	－	－	－
C － 3	1,120	1,102	1,093	1,071	1,129	1,127	1,131	1,105	1,159	1,115	1,110	1,148	1,078
C － 2	1,024	1,018	1,001	989	1,026	1,020	1,017	1,028	1,028	1,024	1,033	1,033	1,066
C － 1	547	552	579	605	609	566	556	552	538	503	516	501	476
茨　　城	501	513	499	531	509	532	538	580	515	473	443	475	351
A － 5	－	－	－	－	－	－	－	－	－	－	－	－	－
A － 4	－	－	－	－	－	－	－	－	－	－	－	－	－
A － 3	－	－	－	－	－	－	－	－	－	－	－	－	－
A － 2	－	－	－	－	－	－	－	－	－	－	－	－	－
A － 1	－	－	－	－	－	－	－	－	－	－	－	－	－
B － 5	－	－	－	－	－	－	－	－	－	－	－	－	－
B － 4	－	－	－	－	－	－	－	－	－	－	－	－	－
B － 3	832	757	－	－	－	1,024	739	－	825	－	－	879	－
B － 2	637	633	650	640	587	627	672	686	681	685	630	595	422
B － 1	531	523	422	556	593	－	628	418	539	－	－	502	－
C － 5	－	－	－	－	－	－	－	－	－	－	－	－	－
C － 4	－	－	－	－	－	－	－	－	－	－	－	－	－
C － 3	821	－	－	－	－	－	－	－	821	－	－	－	－
C － 2	572	569	568	599	584	591	620	642	595	560	516	549	425
C － 1	433	436	456	485	443	483	468	499	449	384	366	399	283
宇 都 宮	821	821	871	822	827	834	814	863	760	770	842	815	829
A － 5	－	－	－	－	－	－	－	－	－	－	－	－	－
A － 4	－	－	－	－	－	－	－	－	－	－	－	－	－
A － 3	－	－	－	－	－	－	－	－	－	－	－	－	－
A － 2	－	－	－	－	－	－	－	－	－	－	－	－	－
A － 1	－	－	－	－	－	－	－	－	－	－	－	－	－
B － 5	－	－	－	－	－	－	－	－	－	－	－	－	－
B － 4	－	－	－	－	－	－	－	－	－	－	－	－	－
B － 3	1,023	1,062	1,040	1,015	1,001	1,055	1,001	1,017	1,004	996	997	1,047	1,078
B － 2	910	891	924	886	896	938	907	934	861	887	915	972	927
B － 1	591	592	656	603	569	556	576	684	652	597	663	672	434
C － 5	－	－	－	－	－	－	－	－	－	－	－	－	－
C － 4	－	－	－	－	－	－	－	－	－	－	－	－	－
C － 3	1,022	1,037	1,042	－	993	1,036	－	950	－	994	983	1,058	－
C － 2	902	912	980	886	896	919	834	918	893	828	905	965	900
C － 1	445	485	438	479	455	471	457	426	442	429	409	448	397

2 月別規格別取引成立頭数・価格（食肉卸売市場別）（続き）
(6) 乳牛計（続き）
イ 枝肉の1kg当たり卸売価格（続き）

単位：円

市場・規格	平成29年計	1月	2月	3月	4月	5月	6月	7月	8月	9月	10月	11月	12月
群　馬	416	518	469	416	471	460	465	496	484	327	271	263	183
A － 5	-	-	-	-	-	-	-	-	-	-	-	-	-
A － 4	-	-	-	-	-	-	-	-	-	-	-	-	-
A － 3	-	-	-	-	-	-	-	-	-	-	-	-	-
A － 2	-	-	-	-	-	-	-	-	-	-	-	-	-
A － 1	-	-	-	-	-	-	-	-	-	-	-	-	-
B － 5	-	-	-	-	-	-	-	-	-	-	-	-	-
B － 4	-	-	-	-	-	-	-	-	-	-	-	-	-
B － 3	-	-	-	-	-	-	-	-	-	-	-	-	-
B － 2	602	-	-	-	611	585	-	-	-	-	-	-	-
B － 1	515	500	-	-	-	-	-	-	530	-	-	-	-
C － 5	-	-	-	-	-	-	-	-	-	-	-	-	-
C － 4	-	-	-	-	-	-	-	-	-	-	-	-	-
C － 3	-	-	-	-	-	-	-	-	-	-	-	-	-
C － 2	520	777	380	-	531	-	603	505	486	402	-	415	-
C － 1	402	494	477	416	416	451	460	495	480	319	271	254	183
川　口	569	483	544	583	647	585	585	597	599	555	590	577	496
A － 5	-	-	-	-	-	-	-	-	-	-	-	-	-
A － 4	-	-	-	-	-	-	-	-	-	-	-	-	-
A － 3	-	-	-	-	-	-	-	-	-	-	-	-	-
A － 2	-	-	-	-	-	-	-	-	-	-	-	-	-
A － 1	-	-	-	-	-	-	-	-	-	-	-	-	-
B － 5	-	-	-	-	-	-	-	-	-	-	-	-	-
B － 4	-	-	-	-	-	-	-	-	-	-	-	-	-
B － 3	-	-	-	-	-	-	-	-	-	-	-	-	-
B － 2	643	649	634	648	647	-	648	-	-	-	-	-	-
B － 1	593	-	-	-	-	-	-	593	-	-	-	-	-
C － 5	-	-	-	-	-	-	-	-	-	-	-	-	-
C － 4	-	-	-	-	-	-	-	-	-	-	-	-	-
C － 3	-	-	-	-	-	-	-	-	-	-	-	-	-
C － 2	616	575	587	615	-	609	613	626	635	615	620	626	599
C － 1	477	402	464	516	-	518	513	515	499	467	507	468	429
山　梨	539	558	559	600	578	501	499	541	540	515	490	534	516
A － 5	-	-	-	-	-	-	-	-	-	-	-	-	-
A － 4	-	-	-	-	-	-	-	-	-	-	-	-	-
A － 3	-	-	-	-	-	-	-	-	-	-	-	-	-
A － 2	-	-	-	-	-	-	-	-	-	-	-	-	-
A － 1	-	-	-	-	-	-	-	-	-	-	-	-	-
B － 5	-	-	-	-	-	-	-	-	-	-	-	-	-
B － 4	-	-	-	-	-	-	-	-	-	-	-	-	-
B － 3	-	-	-	-	-	-	-	-	-	-	-	-	-
B － 2	708	969	-	594	710	544	-	688	655	-	-	831	698
B － 1	600	-	-	636	-	-	-	-	-	-	579	600	599
C － 5	-	-	-	-	-	-	-	-	-	-	-	-	-
C － 4	-	-	-	-	-	-	-	-	-	-	-	-	-
C － 3	-	-	-	-	-	-	-	-	-	-	-	-	-
C － 2	612	644	703	640	495	619	560	678	668	719	545	688	656
C － 1	528	537	545	591	595	484	493	527	530	507	484	517	492

単位：円

市場・規格	平成29年計	1 月	2 月	3 月	4 月	5 月	6 月	7 月	8 月	9 月	10 月	11 月	12 月
岐　　阜	-	-	-	-	-	-	-	-	-	-	-	-	-
A － 5	-	-	-	-	-	-	-	-	-	-	-	-	-
A － 4	-	-	-	-	-	-	-	-	-	-	-	-	-
A － 3	-	-	-	-	-	-	-	-	-	-	-	-	-
A － 2	-	-	-	-	-	-	-	-	-	-	-	-	-
A － 1	-	-	-	-	-	-	-	-	-	-	-	-	-
B － 5	-	-	-	-	-	-	-	-	-	-	-	-	-
B － 4	-	-	-	-	-	-	-	-	-	-	-	-	-
B － 3	-	-	-	-	-	-	-	-	-	-	-	-	-
B － 2	-	-	-	-	-	-	-	-	-	-	-	-	-
B － 1	-	-	-	-	-	-	-	-	-	-	-	-	-
C － 5	-	-	-	-	-	-	-	-	-	-	-	-	-
C － 4	-	-	-	-	-	-	-	-	-	-	-	-	-
C － 3	-	-	-	-	-	-	-	-	-	-	-	-	-
C － 2	-	-	-	-	-	-	-	-	-	-	-	-	-
C － 1	-	-	-	-	-	-	-	-	-	-	-	-	-
浜　　松	**757**	**644**	**791**	**845**	**861**	**781**	**864**	**722**	**708**	**671**	**774**	**704**	**738**
A － 5	-	-	-	-	-	-	-	-	-	-	-	-	-
A － 4	-	-	-	-	-	-	-	-	-	-	-	-	-
A － 3	-	-	-	-	-	-	-	-	-	-	-	-	-
A － 2	-	-	-	-	-	-	-	-	-	-	-	-	-
A － 1	-	-	-	-	-	-	-	-	-	-	-	-	-
B － 5	-	-	-	-	-	-	-	-	-	-	-	-	-
B － 4	-	-	-	-	-	-	-	-	-	-	-	-	-
B － 3	1, 078	-	-	1, 079	-	1, 057	1, 113	-	-	-	-	1, 057	1, 080
B － 2	1, 011	1, 114	1, 040	1, 073	1, 092	1, 015	1, 046	994	925	961	990	963	931
B － 1	518	-	-	-	-	-	518	-	-	-	-	-	-
C － 5	-	-	-	-	-	-	-	-	-	-	-	-	-
C － 4	-	-	-	-	-	-	-	-	-	-	-	-	-
C － 3	1, 091	-	-	-	1, 125	-	-	-	-	-	-	1, 060	-
C － 2	873	879	767	807	1, 031	988	979	799	939	747	866	803	880
C － 1	403	381	406	369	452	418	433	430	390	425	382	391	375
東 三 河	**995**	**994**	**1, 005**	**997**	**1, 040**	**1, 013**	**1, 017**	**1, 023**	**1, 018**	**946**	**1, 004**	**924**	**981**
A － 5	-	-	-	-	-	-	-	-	-	-	-	-	-
A － 4	-	-	-	-	-	-	-	-	-	-	-	-	-
A － 3	-	-	-	-	-	-	-	-	-	-	-	-	-
A － 2	-	-	-	-	-	-	-	-	-	-	-	-	-
A － 1	-	-	-	-	-	-	-	-	-	-	-	-	-
B － 5	-	-	-	-	-	-	-	-	-	-	-	-	-
B － 4	-	-	-	-	-	-	-	-	-	-	-	-	-
B － 3	1, 226	1, 268	1, 225	1, 221	-	-	1, 221	1, 221	-	1, 228	-	1, 241	1, 206
B － 2	1, 104	1, 109	1, 106	1, 098	1, 114	1, 106	1, 121	1, 118	1, 106	1, 094	1, 096	1, 100	1, 082
B － 1	578	627	-	-	-	562	-	971	-	485	271	247	-
C － 5	-	-	-	-	-	-	-	-	-	-	-	-	-
C － 4	-	-	-	-	-	-	-	-	-	-	-	-	-
C － 3	1, 230	-	-	1, 243	1, 234	1, 220	1, 242	-	-	-	1, 211	1, 228	-
C － 2	1, 048	1, 032	1, 004	1, 065	1, 060	1, 064	1, 021	1, 088	1, 064	1, 030	1, 094	998	1, 046
C － 1	345	405	370	392	365	415	387	354	345	308	347	273	276

2　月別規格別取引成立頭数・価格（食肉卸売市場別）（続き）
(6)　乳牛計（続き）
イ　枝肉の1kg当たり卸売価格（続き）

単位：円

市場・規格	平成29年計	1月	2月	3月	4月	5月	6月	7月	8月	9月	10月	11月	12月
四　日　市	985	1,016	963	974	980	987	1,007	1,008	910	1,010	973	1,059	958
A － 5	-	-	-	-	-	-	-	-	-	-	-	-	-
A － 4	-	-	-	-	-	-	-	-	-	-	-	-	-
A － 3	-	-	-	-	-	-	-	-	-	-	-	-	-
A － 2	-	-	-	-	-	-	-	-	-	-	-	-	-
A － 1	-	-	-	-	-	-	-	-	-	-	-	-	-
B － 5	-	-	-	-	-	-	-	-	-	-	-	-	-
B － 4	-	-	-	-	-	-	-	-	-	-	-	-	-
B － 3	918	-	-	-	-	-	-	-	-	-	-	-	918
B － 2	989	987	972	964	837	1,050	1,032	1,015	662	1,010	1,034	1,032	985
B － 1	959	-	971	-	971	-	-	971	-	-	-	-	917
C － 5	-	-	-	-	-	-	-	-	-	-	-	-	-
C － 4	-	-	-	-	-	-	-	-	-	-	-	-	-
C － 3	1,018	-	973	-	-	-	-	-	-	-	1,188	-	919
C － 2	988	1,025	981	980	1,017	983	1,016	980	922	1,015	949	1,066	960
C － 1	955	-	646	-	971	926	850	1,029	1,080	993	921	1,017	934
南　大　阪	-	-	-	-	-	-	-	-	-	-	-	-	-
A － 5	-	-	-	-	-	-	-	-	-	-	-	-	-
A － 4	-	-	-	-	-	-	-	-	-	-	-	-	-
A － 3	-	-	-	-	-	-	-	-	-	-	-	-	-
A － 2	-	-	-	-	-	-	-	-	-	-	-	-	-
A － 1	-	-	-	-	-	-	-	-	-	-	-	-	-
B － 5	-	-	-	-	-	-	-	-	-	-	-	-	-
B － 4	-	-	-	-	-	-	-	-	-	-	-	-	-
B － 3	-	-	-	-	-	-	-	-	-	-	-	-	-
B － 2	-	-	-	-	-	-	-	-	-	-	-	-	-
B － 1	-	-	-	-	-	-	-	-	-	-	-	-	-
C － 5	-	-	-	-	-	-	-	-	-	-	-	-	-
C － 4	-	-	-	-	-	-	-	-	-	-	-	-	-
C － 3	-	-	-	-	-	-	-	-	-	-	-	-	-
C － 2	-	-	-	-	-	-	-	-	-	-	-	-	-
C － 1	-	-	-	-	-	-	-	-	-	-	-	-	-
姫　　　路	1,103	1,069	1,035	1,020	1,113	1,119	1,109	1,112	1,094	1,091	1,116	1,126	1,145
A － 5	-	-	-	-	-	-	-	-	-	-	-	-	-
A － 4	-	-	-	-	-	-	-	-	-	-	-	-	-
A － 3	-	-	-	-	-	-	-	-	-	-	-	-	-
A － 2	-	-	-	-	-	-	-	-	-	-	-	-	-
A － 1	541	541	-	-	-	-	-	-	-	-	-	-	-
B － 5	-	-	-	-	-	-	-	-	-	-	-	-	-
B － 4	-	-	-	-	-	-	-	-	-	-	-	-	-
B － 3	1,112	1,135	1,057	1,037	1,122	1,139	1,123	1,118	1,092	1,092	1,151	1,097	1,154
B － 2	1,106	1,073	1,044	1,024	1,119	1,124	1,111	1,118	1,106	1,105	1,127	1,149	1,155
B － 1	969	-	911	900	815	991	1,009	-	-	953	1,025	958	1,061
C － 5	-	-	-	-	-	-	-	-	-	-	-	-	-
C － 4	-	-	-	-	-	-	-	-	-	-	-	-	-
C － 3	1,136	1,163	1,049	-	1,141	1,120	1,122	1,109	1,149	1,122	1,121	1,165	1,181
C － 2	1,111	1,074	1,047	1,030	1,121	1,117	1,113	1,112	1,106	1,094	1,119	1,132	1,149
C － 1	934	877	779	886	922	1,042	1,008	1,002	869	966	997	895	985

単位：円

市場・規格	平成29年計	1月	2月	3月	4月	5月	6月	7月	8月	9月	10月	11月	12月
加 古 川	967	938	970	978	990	953	944	823	-	250	330	1,125	216
A - 5	-	-	-	-	-	-	-	-	-	-	-	-	-
A - 4	-	-	-	-	-	-	-	-	-	-	-	-	-
A - 3	1,716	-	-	-	-	-	1,716	-	-	-	-	-	-
A - 2	-	-	-	-	-	-	-	-	-	-	-	-	-
A - 1	-	-	-	-	-	-	-	-	-	-	-	-	-
B - 5	-	-	-	-	-	-	-	-	-	-	-	-	-
B - 4	-	-	-	-	-	-	-	-	-	-	-	-	-
B - 3	1,287	-	-	1,273	-	1,015	-	-	-	-	-	1,544	-
B - 2	1,012	993	994	1,001	1,022	1,028	-	983	-	-	-	1,118	-
B - 1	885	993	-	890	866	746	-	-	-	-	-	-	-
C - 5	-	-	-	-	-	-	-	-	-	-	-	-	-
C - 4	-	-	-	-	-	-	-	-	-	-	-	-	-
C - 3	1,030	992	-	994	1,080	-	-	-	-	-	-	-	-
C - 2	1,004	993	994	995	1,032	1,008	-	-	-	-	-	-	-
C - 1	726	687	719	838	748	785	717	756	-	250	330	270	216
西 宮	1,037	1,067	1,038	1,006	1,092	1,030	1,015	1,023	1,007	990	-	-	-
A - 5	-	-	-	-	-	-	-	-	-	-	-	-	-
A - 4	-	-	-	-	-	-	-	-	-	-	-	-	-
A - 3	-	-	-	-	-	-	-	-	-	-	-	-	-
A - 2	-	-	-	-	-	-	-	-	-	-	-	-	-
A - 1	-	-	-	-	-	-	-	-	-	-	-	-	-
B - 5	-	-	-	-	-	-	-	-	-	-	-	-	-
B - 4	-	-	-	-	-	-	-	-	-	-	-	-	-
B - 3	1,063	-	1,033	1,045	1,135	1,075	1,065	-	-	1,037	-	-	-
B - 2	1,045	1,077	1,042	1,016	1,102	1,034	1,026	1,035	1,024	1,004	-	-	-
B - 1	926	943	984	897	1,118	-	881	907	-	869	-	-	-
C - 5	-	-	-	-	-	-	-	-	-	-	-	-	-
C - 4	-	-	-	-	-	-	-	-	-	-	-	-	-
C - 3	1,054	1,059	1,060	1,016	1,128	-	1,018	-	-	-	-	-	-
C - 2	1,042	1,072	1,043	1,012	1,090	1,030	1,020	1,026	1,008	999	-	-	-
C - 1	909	947	918	876	986	920	893	879	849	832	-	-	-
岡 山	978	987	980	989	970	936	1,003	970	989	960	940	946	1,037
A - 5	-	-	-	-	-	-	-	-	-	-	-	-	-
A - 4	-	-	-	-	-	-	-	-	-	-	-	-	-
A - 3	-	-	-	-	-	-	-	-	-	-	-	-	-
A - 2	-	-	-	-	-	-	-	-	-	-	-	-	-
A - 1	-	-	-	-	-	-	-	-	-	-	-	-	-
B - 5	-	-	-	-	-	-	-	-	-	-	-	-	-
B - 4	-	-	-	-	-	-	-	-	-	-	-	-	-
B - 3	1,100	1,069	-	1,120	1,117	1,079	1,195	1,005	1,236	-	-	1,004	-
B - 2	1,081	1,101	1,089	1,109	1,105	1,053	1,081	1,067	1,062	1,069	1,049	1,114	1,087
B - 1	896	-	-	864	-	-	809	-	-	-	1,005	-	-
C - 5	-	-	-	-	-	-	-	-	-	-	-	-	-
C - 4	-	-	-	-	-	-	-	-	-	-	-	-	-
C - 3	1,143	1,157	1,179	1,176	-	1,237	1,165	1,237	1,214	1,236	1,005	1,128	1,005
C - 2	1,095	1,096	1,112	1,109	1,103	1,059	1,130	1,108	1,101	1,083	1,082	1,082	1,082
C - 1	707	784	764	771	719	697	700	675	652	662	675	653	692

2 月別規格別取引成立頭数・価格（食肉卸売市場別）（続き）
(6) 乳牛計（続き）
イ 枝肉の1kg当たり卸売価格（続き）

単位：円

市場・規格	平成29年計	1月	2月	3月	4月	5月	6月	7月	8月	9月	10月	11月	12月
坂　　出	1,024	1,037	1,021	996	1,042	1,052	1,011	990	1,018	993	1,028	1,044	1,061
A － 5	-	-	-	-	-	-	-	-	-	-	-	-	-
A － 4	-	-	-	-	-	-	-	-	-	-	-	-	-
A － 3	-	-	-	-	-	-	-	-	-	-	-	-	-
A － 2	-	-	-	-	-	-	-	-	-	-	-	-	-
A － 1	-	-	-	-	-	-	-	-	-	-	-	-	-
B － 5	-	-	-	-	-	-	-	-	-	-	-	-	-
B － 4	-	-	-	-	-	-	-	-	-	-	-	-	-
B － 3	1,122	1,000	1,095	1,092	1,104	1,091	1,214	1,186	1,071	1,091	1,096	1,083	1,109
B － 2	1,039	1,060	1,025	1,006	1,052	1,058	1,032	1,020	1,016	1,004	1,054	1,062	1,070
B － 1	1,012	1,092	1,000	981	1,098	1,078	-	837	1,027	994	1,031	1,061	1,061
C － 5	-	-	-	-	-	-	-	-	-	-	-	-	-
C － 4	-	-	-	-	-	-	-	-	-	-	-	-	-
C － 3	1,114	1,239	1,164	1,095	1,089	1,097	-	-	-	1,092	1,091	1,103	1,128
C － 2	1,038	1,061	1,021	997	1,057	1,060	1,025	1,029	1,020	1,002	1,053	1,064	1,075
C － 1	507	375	828	654	663	335	415	443	1,030	264	453	388	456
愛　　媛	-	-	-	-	-	-	-	-	-	-	-	-	-
A － 5	-	-	-	-	-	-	-	-	-	-	-	-	-
A － 4	-	-	-	-	-	-	-	-	-	-	-	-	-
A － 3	-	-	-	-	-	-	-	-	-	-	-	-	-
A － 2	-	-	-	-	-	-	-	-	-	-	-	-	-
A － 1	-	-	-	-	-	-	-	-	-	-	-	-	-
B － 5	-	-	-	-	-	-	-	-	-	-	-	-	-
B － 4	-	-	-	-	-	-	-	-	-	-	-	-	-
B － 3	-	-	-	-	-	-	-	-	-	-	-	-	-
B － 2	-	-	-	-	-	-	-	-	-	-	-	-	-
B － 1	-	-	-	-	-	-	-	-	-	-	-	-	-
C － 5	-	-	-	-	-	-	-	-	-	-	-	-	-
C － 4	-	-	-	-	-	-	-	-	-	-	-	-	-
C － 3	-	-	-	-	-	-	-	-	-	-	-	-	-
C － 2	-	-	-	-	-	-	-	-	-	-	-	-	-
C － 1	-	-	-	-	-	-	-	-	-	-	-	-	-
佐 世 保	1,021	1,059	1,045	1,025	1,007	1,008	1,027	1,032	990	1,007	992	1,006	1,070
A － 5	-	-	-	-	-	-	-	-	-	-	-	-	-
A － 4	-	-	-	-	-	-	-	-	-	-	-	-	-
A － 3	-	-	-	-	-	-	-	-	-	-	-	-	-
A － 2	-	-	-	-	-	-	-	-	-	-	-	-	-
A － 1	-	-	-	-	-	-	-	-	-	-	-	-	-
B － 5	-	-	-	-	-	-	-	-	-	-	-	-	-
B － 4	-	-	-	-	-	-	-	-	-	-	-	-	-
B － 3	1,170	1,183	1,092	-	1,182	1,247	-	1,180	1,264	1,139	1,122	1,124	1,183
B － 2	1,057	1,107	1,079	1,051	1,065	1,024	1,047	1,057	1,049	1,041	1,042	1,050	1,115
B － 1	812	925	-	-	554	1,015	-	-	-	-	718	-	1,085
C － 5	-	-	-	-	-	-	-	-	-	-	-	-	-
C － 4	-	-	-	-	-	-	-	-	-	-	-	-	-
C － 3	1,173	1,133	1,126	-	-	1,197	1,264	1,264	-	-	1,127	1,124	-
C － 2	1,048	1,083	1,050	1,072	1,018	1,027	1,034	1,053	1,049	1,045	1,029	1,042	1,086
C － 1	499	605	543	494	616	478	549	497	362	504	541	363	512

単位：円

市場・規格	平成29年計	1 月	2 月	3 月	4 月	5 月	6 月	7 月	8 月	9 月	10 月	11 月	12 月
熊　　本													
A － 5	-	-	-	-	-	-	-	-	-	-	-	-	-
A － 4	-	-	-	-	-	-	-	-	-	-	-	-	-
A － 3	-	-	-	-	-	-	-	-	-	-	-	-	-
A － 2	-	-	-	-	-	-	-	-	-	-	-	-	-
A － 1	-	-	-	-	-	-	-	-	-	-	-	-	-
B － 5	-	-	-	-	-	-	-	-	-	-	-	-	-
B － 4	-	-	-	-	-	-	-	-	-	-	-	-	-
B － 3	-	-	-	-	-	-	-	-	-	-	-	-	-
B － 2	-	-	-	-	-	-	-	-	-	-	-	-	-
B － 1	-	-	-	-	-	-	-	-	-	-	-	-	-
C － 5	-	-	-	-	-	-	-	-	-	-	-	-	-
C － 4	-	-	-	-	-	-	-	-	-	-	-	-	-
C － 3	-	-	-	-	-	-	-	-	-	-	-	-	-
C － 2	-	-	-	-	-	-	-	-	-	-	-	-	-
C － 1	-	-	-	-	-	-	-	-	-	-	-	-	-

2 月別規格別取引成立頭数・価格（食肉卸売市場別）（続き）
(7) 乳牛めす
ア 枝肉の取引成立頭数

単位：頭

市場・規格	平成29年計	1 月	2 月	3 月	4 月	5 月	6 月	7 月	8 月	9 月	10 月	11 月	12 月
合　　　計	30,953	2,582	2,458	2,646	2,621	2,313	2,324	2,406	2,601	2,640	2,816	3,091	2,455
A － 5	－	－	－	－	－	－	－	－	－	－	－	－	－
A － 4	－	－	－	－	－	－	－	－	－	－	－	－	－
A － 3	1	－	－	－	－	－	1	－	－	－	－	－	－
A － 2	1	－	1	－	－	－	－	－	－	－	－	－	－
A － 1	2	2	－	－	－	－	－	－	－	－	－	－	－
B － 5	－	－	－	－	－	－	－	－	－	－	－	－	－
B － 4	－	－	－	－	－	－	－	－	－	－	－	－	－
B － 3	35	2	5	5	4	－	3	3	1	4	1	6	1
B － 2	2,607	229	237	236	247	215	221	207	188	177	209	264	177
B － 1	344	38	47	48	47	23	25	20	18	17	20	21	20
C － 5	－	－	－	－	－	－	－	－	－	－	－	－	－
C － 4	1	－	1	－	－	－	－	－	－	－	－	－	－
C － 3	72	2	4	4	49	3	2	1	－	1	1	4	1
C － 2	8,999	706	701	767	862	705	706	710	691	730	769	934	718
C － 1	18,891	1,603	1,462	1,586	1,412	1,367	1,366	1,465	1,703	1,711	1,816	1,862	1,538
中央市場計	24,977	2,022	1,969	2,114	2,123	1,862	1,841	1,914	2,094	2,147	2,325	2,488	2,078
A － 5	－	－	－	－	－	－	－	－	－	－	－	－	－
A － 4	－	－	－	－	－	－	－	－	－	－	－	－	－
A － 3	－	－	－	－	－	－	－	－	－	－	－	－	－
A － 2	1	－	1	－	－	－	－	－	－	－	－	－	－
A － 1	－	－	－	－	－	－	－	－	－	－	－	－	－
B － 5	－	－	－	－	－	－	－	－	－	－	－	－	－
B － 4	－	－	－	－	－	－	－	－	－	－	－	－	－
B － 3	28	2	5	3	4	－	1	3	1	3	1	4	1
B － 2	2,218	174	204	190	215	183	200	180	148	140	183	247	154
B － 1	270	25	43	40	35	15	21	17	13	14	13	17	17
C － 5	－	－	－	－	－	－	－	－	－	－	－	－	－
C － 4	1	－	1	－	－	－	－	－	－	－	－	－	－
C － 3	65	2	3	4	47	2	2	－	－	1	－	4	－
C － 2	7,878	606	614	666	770	622	599	601	611	656	676	815	642
C － 1	14,516	1,213	1,098	1,211	1,052	1,040	1,018	1,113	1,321	1,333	1,452	1,401	1,264
仙　　　台	2,896	234	218	288	246	180	240	210	237	259	286	319	179
A － 5	－	－	－	－	－	－	－	－	－	－	－	－	－
A － 4	－	－	－	－	－	－	－	－	－	－	－	－	－
A － 3	－	－	－	－	－	－	－	－	－	－	－	－	－
A － 2	1	－	1	－	－	－	－	－	－	－	－	－	－
A － 1	－	－	－	－	－	－	－	－	－	－	－	－	－
B － 5	－	－	－	－	－	－	－	－	－	－	－	－	－
B － 4	－	－	－	－	－	－	－	－	－	－	－	－	－
B － 3	2	－	－	－	－	－	－	－	－	1	1	－	－
B － 2	405	23	36	21	38	32	60	39	25	35	35	39	22
B － 1	56	6	4	5	5	－	6	3	5	2	9	7	4
C － 5	－	－	－	－	－	－	－	－	－	－	－	－	－
C － 4	－	－	－	－	－	－	－	－	－	－	－	－	－
C － 3	2	－	－	1	－	1	－	－	－	－	－	－	－
C － 2	1,032	68	74	121	102	72	74	67	85	90	95	122	62
C － 1	1,398	137	103	140	101	75	100	101	122	131	146	151	91

単位：頭

市場・規格	平成29年計	1月	2月	3月	4月	5月	6月	7月	8月	9月	10月	11月	12月
さいたま	**5,552**	**513**	**441**	**469**	**491**	**433**	**443**	**424**	**414**	**442**	**494**	**601**	**387**
A － 5	－	－	－	－	－	－	－	－	－	－	－	－	－
A － 4	－	－	－	－	－	－	－	－	－	－	－	－	－
A － 3	－	－	－	－	－	－	－	－	－	－	－	－	－
A － 2	－	－	－	－	－	－	－	－	－	－	－	－	－
A － 1	－	－	－	－	－	－	－	－	－	－	－	－	－
B － 5	－	－	－	－	－	－	－	－	－	－	－	－	－
B － 4	－	－	－	－	－	－	－	－	－	－	－	－	－
B － 3	12	1	2	3	3	－	－	1	－	－	－	2	－
B － 2	554	57	50	72	56	39	50	43	28	29	49	57	24
B － 1	88	11	16	20	16	5	6	2	1	4	1	1	5
C － 5	－	－	－	－	－	－	－	－	－	－	－	－	－
C － 4	－	－	－	－	－	－	－	－	－	－	－	－	－
C － 3	5	－	1	2	－	1	－	－	－	－	－	1	－
C － 2	2,339	200	160	165	209	198	183	182	184	195	218	275	170
C － 1	2,554	244	212	207	207	190	204	196	201	214	226	265	188
東　　京	**13,122**	**1,020**	**1,031**	**1,011**	**1,085**	**1,001**	**944**	**996**	**1,185**	**1,169**	**1,239**	**1,228**	**1,213**
A － 5	－	－	－	－	－	－	－	－	－	－	－	－	－
A － 4	－	－	－	－	－	－	－	－	－	－	－	－	－
A － 3	－	－	－	－	－	－	－	－	－	－	－	－	－
A － 2	－	－	－	－	－	－	－	－	－	－	－	－	－
A － 1	－	－	－	－	－	－	－	－	－	－	－	－	－
B － 5	－	－	－	－	－	－	－	－	－	－	－	－	－
B － 4	－	－	－	－	－	－	－	－	－	－	－	－	－
B － 3	6	－	2	－	1	－	－	2	－	－	－	1	－
B － 2	857	60	94	66	92	84	65	53	54	53	57	109	70
B － 1	16	－	1	1	5	－	3	2	－	1	1	1	1
C － 5	－	－	－	－	－	－	－	－	－	－	－	－	－
C － 4	1	－	1	－	－	－	－	－	－	－	－	－	－
C － 3	4	1	－	－	－	－	2	－	－	－	－	1	－
C － 2	3,703	278	319	295	383	307	287	304	287	309	301	307	326
C － 1	8,535	681	614	649	604	610	587	635	844	806	880	809	816
横　　浜	**96**	**9**	**4**	**9**	**6**	**6**	**14**	**9**	**6**	**9**	**10**	**6**	**8**
A － 5	－	－	－	－	－	－	－	－	－	－	－	－	－
A － 4	－	－	－	－	－	－	－	－	－	－	－	－	－
A － 3	－	－	－	－	－	－	－	－	－	－	－	－	－
A － 2	－	－	－	－	－	－	－	－	－	－	－	－	－
A － 1	－	－	－	－	－	－	－	－	－	－	－	－	－
B － 5	－	－	－	－	－	－	－	－	－	－	－	－	－
B － 4	－	－	－	－	－	－	－	－	－	－	－	－	－
B － 3	－	－	－	－	－	－	－	－	－	－	－	－	－
B － 2	6	－	－	1	1	－	1	－	1	1	－	－	1
B － 1	2	1	1	－	－	－	－	－	－	－	－	－	－
C － 5	－	－	－	－	－	－	－	－	－	－	－	－	－
C － 4	－	－	－	－	－	－	－	－	－	－	－	－	－
C － 3	1	－	－	1	－	－	－	－	－	－	－	－	－
C － 2	28	4	－	4	2	1	3	1	2	4	4	1	2
C － 1	59	4	3	3	3	5	10	8	3	4	6	5	5

2 月別規格別取引成立頭数・価格（食肉卸売市場別）（続き）

(7) 乳牛めす（続き）

ア 枝肉の取引成立頭数（続き）

単位：頭

市場・規格	平成29年計	1月	2月	3月	4月	5月	6月	7月	8月	9月	10月	11月	12月
名 古 屋	20	-	8	-	-	-	2	-	-	2	-	6	2
A － 5	-	-	-	-	-	-	-	-	-	-	-	-	-
A － 4	-	-	-	-	-	-	-	-	-	-	-	-	-
A － 3	-	-	-	-	-	-	-	-	-	-	-	-	-
A － 2	-	-	-	-	-	-	-	-	-	-	-	-	-
A － 1	-	-	-	-	-	-	-	-	-	-	-	-	-
B － 5	-	-	-	-	-	-	-	-	-	-	-	-	-
B － 4	-	-	-	-	-	-	-	-	-	-	-	-	-
B － 3	2	-	-	-	-	-	1	-	-	1	-	-	-
B － 2	3	-	1	-	-	-	1	-	-	1	-	-	-
B － 1	-	-	-	-	-	-	-	-	-	-	-	-	-
C － 5	-	-	-	-	-	-	-	-	-	-	-	-	-
C － 4	-	-	-	-	-	-	-	-	-	-	-	-	-
C － 3	2	-	2	-	-	-	-	-	-	-	-	-	-
C － 2	9	-	5	-	-	-	-	-	-	-	-	3	1
C － 1	4	-	-	-	-	-	-	-	-	-	-	3	1
京 都	44	1	2	6	6	3	-	7	6	4	-	5	4
A － 5	-	-	-	-	-	-	-	-	-	-	-	-	-
A － 4	-	-	-	-	-	-	-	-	-	-	-	-	-
A － 3	-	-	-	-	-	-	-	-	-	-	-	-	-
A － 2	-	-	-	-	-	-	-	-	-	-	-	-	-
A － 1	-	-	-	-	-	-	-	-	-	-	-	-	-
B － 5	-	-	-	-	-	-	-	-	-	-	-	-	-
B － 4	-	-	-	-	-	-	-	-	-	-	-	-	-
B － 3	1	-	1	-	-	-	-	-	-	-	-	-	-
B － 2	12	1	-	-	-	2	-	2	4	1	-	2	-
B － 1	1	-	-	-	-	-	-	-	-	-	-	1	-
C － 5	-	-	-	-	-	-	-	-	-	-	-	-	-
C － 4	-	-	-	-	-	-	-	-	-	-	-	-	-
C － 3	-	-	-	-	-	-	-	-	-	-	-	-	-
C － 2	15	-	1	-	1	-	-	5	2	2	-	1	3
C － 1	15	-	-	6	5	1	-	-	-	1	-	1	1
大 阪	219	15	22	19	23	20	23	22	17	18	7	17	16
A － 5	-	-	-	-	-	-	-	-	-	-	-	-	-
A － 4	-	-	-	-	-	-	-	-	-	-	-	-	-
A － 3	-	-	-	-	-	-	-	-	-	-	-	-	-
A － 2	-	-	-	-	-	-	-	-	-	-	-	-	-
A － 1	-	-	-	-	-	-	-	-	-	-	-	-	-
B － 5	-	-	-	-	-	-	-	-	-	-	-	-	-
B － 4	-	-	-	-	-	-	-	-	-	-	-	-	-
B － 3	-	-	-	-	-	-	-	-	-	-	-	-	-
B － 2	23	3	4	3	3	7	2	-	-	-	-	1	-
B － 1	3	-	1	-	-	-	1	-	-	-	-	-	1
C － 5	-	-	-	-	-	-	-	-	-	-	-	-	-
C － 4	-	-	-	-	-	-	-	-	-	-	-	-	-
C － 3	1	-	-	-	1	-	-	-	-	-	-	-	-
C － 2	56	4	4	6	10	5	6	8	2	5	1	4	1
C － 1	136	8	13	10	9	8	14	14	15	13	6	12	14

単位：頭

市場・規格	平成29年計	1 月	2 月	3 月	4 月	5 月	6 月	7 月	8 月	9 月	10 月	11 月	12 月
神　　戸	–	–	–	–	–	–	–	–	–	–	–	–	–
A – 5	–	–	–	–	–	–	–	–	–	–	–	–	–
A – 4	–	–	–	–	–	–	–	–	–	–	–	–	–
A – 3	–	–	–	–	–	–	–	–	–	–	–	–	–
A – 2	–	–	–	–	–	–	–	–	–	–	–	–	–
A – 1	–	–	–	–	–	–	–	–	–	–	–	–	–
B – 5	–	–	–	–	–	–	–	–	–	–	–	–	–
B – 4	–	–	–	–	–	–	–	–	–	–	–	–	–
B – 3	–	–	–	–	–	–	–	–	–	–	–	–	–
B – 2	–	–	–	–	–	–	–	–	–	–	–	–	–
B – 1	–	–	–	–	–	–	–	–	–	–	–	–	–
C – 5	–	–	–	–	–	–	–	–	–	–	–	–	–
C – 4	–	–	–	–	–	–	–	–	–	–	–	–	–
C – 3	–	–	–	–	–	–	–	–	–	–	–	–	–
C – 2	–	–	–	–	–	–	–	–	–	–	–	–	–
C – 1	–	–	–	–	–	–	–	–	–	–	–	–	–
広　　島	**1,155**	**84**	**71**	**100**	**86**	**81**	**61**	**85**	**88**	**96**	**133**	**113**	**157**
A – 5	–	–	–	–	–	–	–	–	–	–	–	–	–
A – 4	–	–	–	–	–	–	–	–	–	–	–	–	–
A – 3	–	–	–	–	–	–	–	–	–	–	–	–	–
A – 2	–	–	–	–	–	–	–	–	–	–	–	–	–
A – 1	–	–	–	–	–	–	–	–	–	–	–	–	–
B – 5	–	–	–	–	–	–	–	–	–	–	–	–	–
B – 4	–	–	–	–	–	–	–	–	–	–	–	–	–
B – 3	5	1	–	–	–	–	–	–	1	1	–	1	1
B – 2	192	20	8	10	6	8	9	16	23	10	28	25	29
B – 1	14	–	2	–	3	3	–	3	1	–	–	2	–
C – 5	–	–	–	–	–	–	–	–	–	–	–	–	–
C – 4	–	–	–	–	–	–	–	–	–	–	–	–	–
C – 3	50	1	–	–	46	–	–	–	–	1	–	2	–
C – 2	366	32	27	36	31	25	25	13	26	32	30	35	54
C – 1	528	30	34	54	–	45	27	53	37	52	75	48	73
福　　岡	**1,873**	**146**	**172**	**212**	**180**	**138**	**114**	**161**	**141**	**148**	**156**	**193**	**112**
A – 5	–	–	–	–	–	–	–	–	–	–	–	–	–
A – 4	–	–	–	–	–	–	–	–	–	–	–	–	–
A – 3	–	–	–	–	–	–	–	–	–	–	–	–	–
A – 2	–	–	–	–	–	–	–	–	–	–	–	–	–
A – 1	–	–	–	–	–	–	–	–	–	–	–	–	–
B – 5	–	–	–	–	–	–	–	–	–	–	–	–	–
B – 4	–	–	–	–	–	–	–	–	–	–	–	–	–
B – 3	–	–	–	–	–	–	–	–	–	–	–	–	–
B – 2	166	10	11	17	19	11	12	27	13	10	14	14	8
B – 1	90	7	18	14	6	7	5	7	6	7	2	5	6
C – 5	–	–	–	–	–	–	–	–	–	–	–	–	–
C – 4	–	–	–	–	–	–	–	–	–	–	–	–	–
C – 3	–	–	–	–	–	–	–	–	–	–	–	–	–
C – 2	330	20	24	39	32	14	21	21	23	19	27	67	23
C – 1	1,287	109	119	142	123	106	76	106	99	112	113	107	75

2 月別規格別取引成立頭数・価格（食肉卸売市場別）（続き）
(7) 乳牛めす（続き）
ア 枝肉の取引成立頭数（続き）

単位：頭

市場・規格	平成29年計	1月	2月	3月	4月	5月	6月	7月	8月	9月	10月	11月	12月
指定市場計	5,976	560	489	532	498	451	483	492	507	493	491	603	377
A － 5	-	-	-	-	-	-	-	-	-	-	-	-	-
A － 4	-	-	-	-	-	-	-	-	-	-	-	-	-
A － 3	1	-	-	-	-	-	1	-	-	-	-	-	-
A － 2	-	-	-	-	-	-	-	-	-	-	-	-	-
A － 1	2	2	-	-	-	-	-	-	-	-	-	-	-
B － 5	-	-	-	-	-	-	-	-	-	-	-	-	-
B － 4	-	-	-	-	-	-	-	-	-	-	-	-	-
B － 3	7	-	-	2	-	-	2	-	-	1	-	2	-
B － 2	389	55	33	46	32	32	21	27	40	37	26	17	23
B － 1	74	13	4	8	12	8	4	3	5	3	7	4	3
C － 5	-	-	-	-	-	-	-	-	-	-	-	-	-
C － 4	-	-	-	-	-	-	-	-	-	-	-	-	-
C － 3	7	-	1	-	2	1	-	1	-	-	1	-	1
C － 2	1,121	100	87	101	92	83	107	109	80	74	93	119	76
C － 1	4,375	390	364	375	360	327	348	352	382	378	364	461	274
茨　城	1,694	194	135	140	130	122	164	146	136	118	147	151	111
A － 5	-	-	-	-	-	-	-	-	-	-	-	-	-
A － 4	-	-	-	-	-	-	-	-	-	-	-	-	-
A － 3	-	-	-	-	-	-	-	-	-	-	-	-	-
A － 2	-	-	-	-	-	-	-	-	-	-	-	-	-
A － 1	-	-	-	-	-	-	-	-	-	-	-	-	-
B － 5	-	-	-	-	-	-	-	-	-	-	-	-	-
B － 4	-	-	-	-	-	-	-	-	-	-	-	-	-
B － 3	1	-	-	-	-	-	1	-	-	-	-	-	-
B － 2	79	23	5	6	5	4	4	4	7	7	7	5	2
B － 1	17	7	1	2	2	-	1	-	3	-	-	1	-
C － 5	-	-	-	-	-	-	-	-	-	-	-	-	-
C － 4	-	-	-	-	-	-	-	-	-	-	-	-	-
C － 3	1	-	-	-	-	-	1	-	-	-	-	-	-
C － 2	477	45	31	34	38	32	50	58	29	26	41	52	41
C － 1	1,119	119	98	98	85	86	108	83	97	85	99	93	68
宇　都　宮	652	61	39	56	49	50	49	47	83	72	35	55	56
A － 5	-	-	-	-	-	-	-	-	-	-	-	-	-
A － 4	-	-	-	-	-	-	-	-	-	-	-	-	-
A － 3	-	-	-	-	-	-	-	-	-	-	-	-	-
A － 2	-	-	-	-	-	-	-	-	-	-	-	-	-
A － 1	-	-	-	-	-	-	-	-	-	-	-	-	-
B － 5	-	-	-	-	-	-	-	-	-	-	-	-	-
B － 4	-	-	-	-	-	-	-	-	-	-	-	-	-
B － 3	-	-	-	-	-	-	-	-	-	-	-	-	-
B － 2	172	21	13	18	17	12	10	14	20	14	9	6	18
B － 1	29	3	2	2	5	6	1	2	1	2	1	2	2
C － 5	-	-	-	-	-	-	-	-	-	-	-	-	-
C － 4	-	-	-	-	-	-	-	-	-	-	-	-	-
C － 3	-	-	-	-	-	-	-	-	-	-	-	-	-
C － 2	62	6	3	6	4	4	8	4	7	9	5	2	4
C － 1	389	31	21	30	23	28	30	27	55	47	20	45	32

－ 302 －

単位：頭

市場・規格	平成29年計	1月	2月	3月	4月	5月	6月	7月	8月	9月	10月	11月	12月
群　馬	**292**	**32**	**23**	**25**	**24**	**26**	**18**	**30**	**25**	**27**	**19**	**26**	**17**
A－5	–	–	–	–	–	–	–	–	–	–	–	–	–
A－4	–	–	–	–	–	–	–	–	–	–	–	–	–
A－3	–	–	–	–	–	–	–	–	–	–	–	–	–
A－2	–	–	–	–	–	–	–	–	–	–	–	–	–
A－1	–	–	–	–	–	–	–	–	–	–	–	–	–
B－5	–	–	–	–	–	–	–	–	–	–	–	–	–
B－4	–	–	–	–	–	–	–	–	–	–	–	–	–
B－3	–	–	–	–	–	–	–	–	–	–	–	–	–
B－2	2	–	–	–	1	1	–	–	–	–	–	–	–
B－1	2	1	–	–	–	–	–	–	1	–	–	–	–
C－5	–	–	–	–	–	–	–	–	–	–	–	–	–
C－4	–	–	–	–	–	–	–	–	–	–	–	–	–
C－3	–	–	–	–	–	–	–	–	–	–	–	–	–
C－2	14	1	1	–	4	–	1	2	2	2	–	1	–
C－1	274	30	22	25	19	25	17	28	22	25	19	25	17
川　口	**433**	**24**	**43**	**49**	**1**	**22**	**47**	**40**	**44**	**33**	**35**	**59**	**36**
A－5	–	–	–	–	–	–	–	–	–	–	–	–	–
A－4	–	–	–	–	–	–	–	–	–	–	–	–	–
A－3	–	–	–	–	–	–	–	–	–	–	–	–	–
A－2	–	–	–	–	–	–	–	–	–	–	–	–	–
A－1	–	–	–	–	–	–	–	–	–	–	–	–	–
B－5	–	–	–	–	–	–	–	–	–	–	–	–	–
B－4	–	–	–	–	–	–	–	–	–	–	–	–	–
B－3	–	–	–	–	–	–	–	–	–	–	–	–	–
B－2	8	1	3	2	1	–	1	–	–	–	–	–	–
B－1	1	–	–	–	–	–	–	1	–	–	–	–	–
C－5	–	–	–	–	–	–	–	–	–	–	–	–	–
C－4	–	–	–	–	–	–	–	–	–	–	–	–	–
C－3	–	–	–	–	–	–	–	–	–	–	–	–	–
C－2	244	7	20	28	–	14	29	27	29	17	24	37	12
C－1	180	16	20	19	–	8	17	12	15	16	11	22	24
山　梨	**1,043**	**82**	**90**	**88**	**120**	**78**	**76**	**88**	**78**	**77**	**82**	**118**	**66**
A－5	–	–	–	–	–	–	–	–	–	–	–	–	–
A－4	–	–	–	–	–	–	–	–	–	–	–	–	–
A－3	–	–	–	–	–	–	–	–	–	–	–	–	–
A－2	–	–	–	–	–	–	–	–	–	–	–	–	–
A－1	–	–	–	–	–	–	–	–	–	–	–	–	–
B－5	–	–	–	–	–	–	–	–	–	–	–	–	–
B－4	–	–	–	–	–	–	–	–	–	–	–	–	–
B－3	–	–	–	–	–	–	–	–	–	–	–	–	–
B－2	7	–	–	1	1	1	–	1	2	–	–	–	1
B－1	4	–	–	1	–	–	–	–	–	–	2	–	1
C－5	–	–	–	–	–	–	–	–	–	–	–	–	–
C－4	–	–	–	–	–	–	–	–	–	–	–	–	–
C－3	–	–	–	–	–	–	–	–	–	–	–	–	–
C－2	73	9	5	10	17	6	5	5	2	2	3	4	5
C－1	959	73	85	76	102	71	71	82	74	75	77	114	59

2 月別規格別取引成立頭数・価格（食肉卸売市場別）（続き）
(7) 乳牛めす（続き）
ア 枝肉の取引成立頭数（続き）

単位：頭

市場・規格	平成29年計	1 月	2 月	3 月	4 月	5 月	6 月	7 月	8 月	9 月	10 月	11 月	12 月
岐　　阜	-	-	-	-	-	-	-	-	-	-	-	-	-
A － 5	-	-	-	-	-	-	-	-	-	-	-	-	-
A － 4	-	-	-	-	-	-	-	-	-	-	-	-	-
A － 3	-	-	-	-	-	-	-	-	-	-	-	-	-
A － 2	-	-	-	-	-	-	-	-	-	-	-	-	-
A － 1	-	-	-	-	-	-	-	-	-	-	-	-	-
B － 5	-	-	-	-	-	-	-	-	-	-	-	-	-
B － 4	-	-	-	-	-	-	-	-	-	-	-	-	-
B － 3	-	-	-	-	-	-	-	-	-	-	-	-	-
B － 2	-	-	-	-	-	-	-	-	-	-	-	-	-
B － 1	-	-	-	-	-	-	-	-	-	-	-	-	-
C － 5	-	-	-	-	-	-	-	-	-	-	-	-	-
C － 4	-	-	-	-	-	-	-	-	-	-	-	-	-
C － 3	-	-	-	-	-	-	-	-	-	-	-	-	-
C － 2	-	-	-	-	-	-	-	-	-	-	-	-	-
C － 1	-	-	-	-	-	-	-	-	-	-	-	-	-
浜　　松	308	31	29	24	17	22	16	32	25	32	27	31	22
A － 5	-	-	-	-	-	-	-	-	-	-	-	-	-
A － 4	-	-	-	-	-	-	-	-	-	-	-	-	-
A － 3	-	-	-	-	-	-	-	-	-	-	-	-	-
A － 2	-	-	-	-	-	-	-	-	-	-	-	-	-
A － 1	-	-	-	-	-	-	-	-	-	-	-	-	-
B － 5	-	-	-	-	-	-	-	-	-	-	-	-	-
B － 4	-	-	-	-	-	-	-	-	-	-	-	-	-
B － 3	1	-	-	1	-	-	-	-	-	-	-	-	-
B － 2	14	1	2	2	-	2	1	2	1	-	1	1	1
B － 1	1	-	-	-	-	-	1	-	-	-	-	-	-
C － 5	-	-	-	-	-	-	-	-	-	-	-	-	-
C － 4	-	-	-	-	-	-	-	-	-	-	-	-	-
C － 3	-	-	-	-	-	-	-	-	-	-	-	-	-
C － 2	35	4	6	1	2	1	1	6	2	2	4	4	2
C － 1	257	26	21	20	15	19	13	24	22	30	22	26	19
東　三　河	305	25	23	26	20	22	20	23	22	33	24	45	22
A － 5	-	-	-	-	-	-	-	-	-	-	-	-	-
A － 4	-	-	-	-	-	-	-	-	-	-	-	-	-
A － 3	-	-	-	-	-	-	-	-	-	-	-	-	-
A － 2	-	-	-	-	-	-	-	-	-	-	-	-	-
A － 1	-	-	-	-	-	-	-	-	-	-	-	-	-
B － 5	-	-	-	-	-	-	-	-	-	-	-	-	-
B － 4	-	-	-	-	-	-	-	-	-	-	-	-	-
B － 3	1	-	-	-	-	-	-	-	-	-	1	-	-
B － 2	25	2	4	2	3	3	-	1	3	3	1	2	1
B － 1	5	1	-	-	-	1	-	-	-	1	1	1	-
C － 5	-	-	-	-	-	-	-	-	-	-	-	-	-
C － 4	-	-	-	-	-	-	-	-	-	-	-	-	-
C － 3	1	-	-	-	1	-	-	-	-	-	-	-	-
C － 2	45	3	4	6	3	3	3	3	2	3	1	9	5
C － 1	228	19	15	18	13	15	17	19	17	25	21	33	16

単位：頭

市場・規格	平成29年計	1月	2月	3月	4月	5月	6月	7月	8月	9月	10月	11月	12月
四 日 市	70	5	6	9	2	10	1	3	4	11	16	1	2
A － 5	－	－	－	－	－	－	－	－	－	－	－	－	－
A － 4	－	－	－	－	－	－	－	－	－	－	－	－	－
A － 3	－	－	－	－	－	－	－	－	－	－	－	－	－
A － 2	－	－	－	－	－	－	－	－	－	－	－	－	－
A － 1	－	－	－	－	－	－	－	－	－	－	－	－	－
B － 5	－	－	－	－	－	－	－	－	－	－	－	－	－
B － 4	－	－	－	－	－	－	－	－	－	－	－	－	－
B － 3	－	－	－	－	－	－	－	－	－	－	－	－	－
B － 2	17	1	1	4	－	1	1	2	－	5	2	－	－
B － 1	－	－	－	－	－	－	－	－	－	－	－	－	－
C － 5	－	－	－	－	－	－	－	－	－	－	－	－	－
C － 4	－	－	－	－	－	－	－	－	－	－	－	－	－
C － 3	3	－	1	－	－	－	－	－	－	－	1	－	1
C － 2	44	4	4	5	2	7	－	－	4	6	10	1	1
C － 1	6	－	－	－	－	2	－	1	－	－	3	－	－
南 大 阪	－	－	－	－	－	－	－	－	－	－	－	－	－
A － 5	－	－	－	－	－	－	－	－	－	－	－	－	－
A － 4	－	－	－	－	－	－	－	－	－	－	－	－	－
A － 3	－	－	－	－	－	－	－	－	－	－	－	－	－
A － 2	－	－	－	－	－	－	－	－	－	－	－	－	－
A － 1	－	－	－	－	－	－	－	－	－	－	－	－	－
B － 5	－	－	－	－	－	－	－	－	－	－	－	－	－
B － 4	－	－	－	－	－	－	－	－	－	－	－	－	－
B － 3	－	－	－	－	－	－	－	－	－	－	－	－	－
B － 2	－	－	－	－	－	－	－	－	－	－	－	－	－
B － 1	－	－	－	－	－	－	－	－	－	－	－	－	－
C － 5	－	－	－	－	－	－	－	－	－	－	－	－	－
C － 4	－	－	－	－	－	－	－	－	－	－	－	－	－
C － 3	－	－	－	－	－	－	－	－	－	－	－	－	－
C － 2	－	－	－	－	－	－	－	－	－	－	－	－	－
C － 1	－	－	－	－	－	－	－	－	－	－	－	－	－
姫 路	64	2	5	4	8	4	4	1	17	5	3	7	4
A － 5	－	－	－	－	－	－	－	－	－	－	－	－	－
A － 4	－	－	－	－	－	－	－	－	－	－	－	－	－
A － 3	－	－	－	－	－	－	－	－	－	－	－	－	－
A － 2	－	－	－	－	－	－	－	－	－	－	－	－	－
A － 1	2	2	－	－	－	－	－	－	－	－	－	－	－
B － 5	－	－	－	－	－	－	－	－	－	－	－	－	－
B － 4	－	－	－	－	－	－	－	－	－	－	－	－	－
B － 3	－	－	－	－	－	－	－	－	－	－	－	－	－
B － 2	11	－	1	1	3	2	－	－	1	3	－	－	－
B － 1	3	－	－	1	1	－	1	－	－	－	－	－	－
C － 5	－	－	－	－	－	－	－	－	－	－	－	－	－
C － 4	－	－	－	－	－	－	－	－	－	－	－	－	－
C － 3	2	－	－	－	1	1	－	－	－	－	－	－	－
C － 2	11	－	－	1	2	1	3	－	－	1	1	1	1
C － 1	35	－	4	1	1	－	－	1	16	1	2	6	3

2　月別規格別取引成立頭数・価格（食肉卸売市場別）（続き）
(7)　乳牛めす（続き）
ア　枝肉の取引成立頭数（続き）

単位：頭

市場・規格	平成29年計	1 月	2 月	3 月	4 月	5 月	6 月	7 月	8 月	9 月	10 月	11 月	12 月
加　古　川	**57**	**7**	**2**	**10**	**15**	**7**	**4**	**2**	**-**	**1**	**3**	**5**	**1**
A － 5	-	-	-	-	-	-	-	-	-	-	-	-	-
A － 4	-	-	-	-	-	-	-	-	-	-	-	-	-
A － 3	1	-	-	-	-	-	1	-	-	-	-	-	-
A － 2	-	-	-	-	-	-	-	-	-	-	-	-	-
A － 1	-	-	-	-	-	-	-	-	-	-	-	-	-
B － 5	-	-	-	-	-	-	-	-	-	-	-	-	-
B － 4	-	-	-	-	-	-	-	-	-	-	-	-	-
B － 3	3	-	-	1	-	-	-	-	-	-	-	2	-
B － 2	1	-	-	-	-	-	-	-	-	-	-	1	-
B － 1	5	-	-	2	2	1	-	-	-	-	-	-	-
C － 5	-	-	-	-	-	-	-	-	-	-	-	-	-
C － 4	-	-	-	-	-	-	-	-	-	-	-	-	-
C － 3	-	-	-	-	-	-	-	-	-	-	-	-	-
C － 2	6	1	-	1	4	-	-	-	-	-	-	-	-
C － 1	41	6	2	6	9	6	3	2	-	1	3	2	1
西　　宮	**19**	**10**	**2**	**3**	**-**	**1**	**1**	**-**	**-**	**2**	**-**	**-**	**-**
A － 5	-	-	-	-	-	-	-	-	-	-	-	-	-
A － 4	-	-	-	-	-	-	-	-	-	-	-	-	-
A － 3	-	-	-	-	-	-	-	-	-	-	-	-	-
A － 2	-	-	-	-	-	-	-	-	-	-	-	-	-
A － 1	-	-	-	-	-	-	-	-	-	-	-	-	-
B － 5	-	-	-	-	-	-	-	-	-	-	-	-	-
B － 4	-	-	-	-	-	-	-	-	-	-	-	-	-
B － 3	-	-	-	-	-	-	-	-	-	-	-	-	-
B － 2	3	3	-	-	-	-	-	-	-	-	-	-	-
B － 1	1	-	1	-	-	-	-	-	-	-	-	-	-
C － 5	-	-	-	-	-	-	-	-	-	-	-	-	-
C － 4	-	-	-	-	-	-	-	-	-	-	-	-	-
C － 3	-	-	-	-	-	-	-	-	-	-	-	-	-
C － 2	15	7	1	3	-	1	1	-	-	2	-	-	-
C － 1	-	-	-	-	-	-	-	-	-	-	-	-	-
岡　　山	**706**	**53**	**69**	**67**	**75**	**59**	**59**	**53**	**49**	**56**	**66**	**75**	**25**
A － 5	-	-	-	-	-	-	-	-	-	-	-	-	-
A － 4	-	-	-	-	-	-	-	-	-	-	-	-	-
A － 3	-	-	-	-	-	-	-	-	-	-	-	-	-
A － 2	-	-	-	-	-	-	-	-	-	-	-	-	-
A － 1	-	-	-	-	-	-	-	-	-	-	-	-	-
B － 5	-	-	-	-	-	-	-	-	-	-	-	-	-
B － 4	-	-	-	-	-	-	-	-	-	-	-	-	-
B － 3	-	-	-	-	-	-	-	-	-	-	-	-	-
B － 2	6	-	-	-	-	1	2	-	2	1	-	-	-
B － 1	-	-	-	-	-	-	-	-	-	-	-	-	-
C － 5	-	-	-	-	-	-	-	-	-	-	-	-	-
C － 4	-	-	-	-	-	-	-	-	-	-	-	-	-
C － 3	-	-	-	-	-	-	-	-	-	-	-	-	-
C － 2	2	-	-	-	-	1	-	-	-	-	-	1	-
C － 1	698	53	69	67	75	57	57	53	47	55	66	74	25

単位：頭

市場・規格	平成29年計	1月	2月	3月	4月	5月	6月	7月	8月	9月	10月	11月	12月
坂　　出	74	9	2	3	5	3	8	12	3	6	13	7	3
A － 5	-	-	-	-	-	-	-	-	-	-	-	-	-
A － 4	-	-	-	-	-	-	-	-	-	-	-	-	-
A － 3	-	-	-	-	-	-	-	-	-	-	-	-	-
A － 2	-	-	-	-	-	-	-	-	-	-	-	-	-
A － 1	-	-	-	-	-	-	-	-	-	-	-	-	-
B － 5	-	-	-	-	-	-	-	-	-	-	-	-	-
B － 4	-	-	-	-	-	-	-	-	-	-	-	-	-
B － 3	1	-	-	-	-	-	1	-	-	-	-	-	-
B － 2	10	-	-	1	-	-	-	2	2	2	3	-	-
B － 1	-	-	-	-	-	-	-	-	-	-	-	-	-
C － 5	-	-	-	-	-	-	-	-	-	-	-	-	-
C － 4	-	-	-	-	-	-	-	-	-	-	-	-	-
C － 3	-	-	-	-	-	-	-	-	-	-	-	-	-
C － 2	7	1	-	-	-	1	-	1	1	-	1	2	-
C － 1	56	8	2	2	5	2	7	9	-	4	9	5	3
愛　　媛	-	-	-	-	-	-	-	-	-	-	-	-	-
A － 5	-	-	-	-	-	-	-	-	-	-	-	-	-
A － 4	-	-	-	-	-	-	-	-	-	-	-	-	-
A － 3	-	-	-	-	-	-	-	-	-	-	-	-	-
A － 2	-	-	-	-	-	-	-	-	-	-	-	-	-
A － 1	-	-	-	-	-	-	-	-	-	-	-	-	-
B － 5	-	-	-	-	-	-	-	-	-	-	-	-	-
B － 4	-	-	-	-	-	-	-	-	-	-	-	-	-
B － 3	-	-	-	-	-	-	-	-	-	-	-	-	-
B － 2	-	-	-	-	-	-	-	-	-	-	-	-	-
B － 1	-	-	-	-	-	-	-	-	-	-	-	-	-
C － 5	-	-	-	-	-	-	-	-	-	-	-	-	-
C － 4	-	-	-	-	-	-	-	-	-	-	-	-	-
C － 3	-	-	-	-	-	-	-	-	-	-	-	-	-
C － 2	-	-	-	-	-	-	-	-	-	-	-	-	-
C － 1	-	-	-	-	-	-	-	-	-	-	-	-	-
佐 世 保	259	25	21	28	32	25	16	15	21	20	21	23	12
A － 5	-	-	-	-	-	-	-	-	-	-	-	-	-
A － 4	-	-	-	-	-	-	-	-	-	-	-	-	-
A － 3	-	-	-	-	-	-	-	-	-	-	-	-	-
A － 2	-	-	-	-	-	-	-	-	-	-	-	-	-
A － 1	-	-	-	-	-	-	-	-	-	-	-	-	-
B － 5	-	-	-	-	-	-	-	-	-	-	-	-	-
B － 4	-	-	-	-	-	-	-	-	-	-	-	-	-
B － 3	-	-	-	-	-	-	-	-	-	-	-	-	-
B － 2	34	3	4	9	1	5	2	1	2	2	3	2	-
B － 1	6	1	-	-	2	-	-	-	-	-	3	-	-
C － 5	-	-	-	-	-	-	-	-	-	-	-	-	-
C － 4	-	-	-	-	-	-	-	-	-	-	-	-	-
C － 3	-	-	-	-	-	-	-	-	-	-	-	-	-
C － 2	86	12	12	6	16	12	6	3	2	4	3	5	5
C － 1	133	9	5	13	13	8	8	11	17	14	12	16	7

2 月別規格別取引成立頭数・価格（食肉卸売市場別）（続き）

(7) 乳牛めす（続き）

ア 枝肉の取引成立頭数（続き）

単位：頭

市場・規格	平成29年計	1 月	2 月	3 月	4 月	5 月	6 月	7 月	8 月	9 月	10 月	11 月	12 月
熊　　　本	-	-	-	-	-	-	-	-	-	-	-	-	-
A － 5	-	-	-	-	-	-	-	-	-	-	-	-	-
A － 4	-	-	-	-	-	-	-	-	-	-	-	-	-
A － 3	-	-	-	-	-	-	-	-	-	-	-	-	-
A － 2	-	-	-	-	-	-	-	-	-	-	-	-	-
A － 1	-	-	-	-	-	-	-	-	-	-	-	-	-
B － 5	-	-	-	-	-	-	-	-	-	-	-	-	-
B － 4	-	-	-	-	-	-	-	-	-	-	-	-	-
B － 3	-	-	-	-	-	-	-	-	-	-	-	-	-
B － 2	-	-	-	-	-	-	-	-	-	-	-	-	-
B － 1	-	-	-	-	-	-	-	-	-	-	-	-	-
C － 5	-	-	-	-	-	-	-	-	-	-	-	-	-
C － 4	-	-	-	-	-	-	-	-	-	-	-	-	-
C － 3	-	-	-	-	-	-	-	-	-	-	-	-	-
C － 2	-	-	-	-	-	-	-	-	-	-	-	-	-
C － 1	-	-	-	-	-	-	-	-	-	-	-	-	-

イ　枝肉の１kg当たり卸売価格

単位：円

市場・規格	平成29年計	1 月	2 月	3 月	4 月	5 月	6 月	7 月	8 月	9 月	10 月	11 月	12 月
合　計	**560**	**583**	**575**	**579**	**602**	**579**	**581**	**581**	**561**	**537**	**526**	**536**	**481**
A － 5	－	－	－	－	－	－	－	－	－	－	－	－	－
A － 4	－	－	－	－	－	－	－	－	－	－	－	－	－
A － 3	1, 716	－	－	－	－	－	1, 716	－	－	－	－	－	－
A － 2	545	－	545	－	－	－	－	－	－	－	－	－	－
A － 1	541	541	－	－	－	－	－	－	－	－	－	－	－
B － 5	－	－	－	－	－	－	－	－	－	－	－	－	－
B － 4	－	－	－	－	－	－	－	－	－	－	－	－	－
B － 3	1, 027	1, 013	897	984	880	－	1, 153	1, 016	1, 111	1, 053	988	1, 177	1, 166
B － 2	711	749	703	695	698	693	706	723	725	726	727	694	698
B － 1	610	603	636	603	604	635	639	649	633	602	546	563	573
C － 5	－	－	－	－	－	－	－	－	－	－	－	－	－
C － 4	1, 105	－	1, 105	－	－	－	－	－	－	－	－	－	－
C － 3	821	1, 121	1, 014	716	763	883	993	821	－	1, 067	1, 188	986	919
C － 2	625	661	620	631	639	629	635	637	634	624	618	606	568
C － 1	477	493	504	513	534	511	504	507	485	447	431	444	379
中央市場計	**559**	**583**	**571**	**571**	**602**	**575**	**584**	**584**	**565**	**538**	**525**	**540**	**485**
A － 5	－	－	－	－	－	－	－	－	－	－	－	－	－
A － 4	－	－	－	－	－	－	－	－	－	－	－	－	－
A － 3	－	－	－	－	－	－	－	－	－	－	－	－	－
A － 2	545	－	545	－	－	－	－	－	－	－	－	－	－
A － 1	－	－	－	－	－	－	－	－	－	－	－	－	－
B － 5	－	－	－	－	－	－	－	－	－	－	－	－	－
B － 4	－	－	－	－	－	－	－	－	－	－	－	－	－
B － 3	954	1, 013	897	744	880	－	1, 210	1, 016	1, 111	992	988	981	1, 166
B － 2	709	760	691	681	698	685	707	718	728	715	722	697	721
B － 1	614	629	627	590	596	654	645	649	655	612	545	578	589
C － 5	－	－	－	－	－	－	－	－	－	－	－	－	－
C － 4	1, 105	－	1, 105	－	－	－	－	－	－	－	－	－	－
C － 3	794	1, 121	1, 026	716	744	750	993	－	－	1, 067	－	986	－
C － 2	623	658	616	626	637	618	634	638	634	623	618	605	572
C － 1	467	484	490	497	520	503	497	501	484	442	419	435	370
仙　台	**563**	**510**	**634**	**525**	**567**	**576**	**588**	**570**	**591**	**543**	**576**	**565**	**509**
A － 5	－	－	－	－	－	－	－	－	－	－	－	－	－
A － 4	－	－	－	－	－	－	－	－	－	－	－	－	－
A － 3	－	－	－	－	－	－	－	－	－	－	－	－	－
A － 2	545	－	545	－	－	－	－	－	－	－	－	－	－
A － 1	－	－	－	－	－	－	－	－	－	－	－	－	－
B － 5	－	－	－	－	－	－	－	－	－	－	－	－	－
B － 4	－	－	－	－	－	－	－	－	－	－	－	－	－
B － 3	850	－	－	－	－	－	－	－	－	683	988	－	－
B － 2	659	626	676	589	673	634	670	664	677	638	687	674	654
B － 1	552	488	598	485	460	－	582	581	631	432	564	579	597
C － 5	－	－	－	－	－	－	－	－	－	－	－	－	－
C － 4	－	－	－	－	－	－	－	－	－	－	－	－	－
C － 3	745	－	－	540	－	975	－	－	－	－	－	－	－
C － 2	617	582	652	586	588	620	628	627	661	609	658	632	562
C － 1	459	432	596	433	482	461	468	455	483	437	452	441	399

2 月別規格別取引成立頭数・価格（食肉卸売市場別）（続き）
(7) 乳牛めす（続き）
イ 枝肉の1kg当たり卸売価格（続き）

単位：円

市場・規格	平成29年計	1月	2月	3月	4月	5月	6月	7月	8月	9月	10月	11月	12月
さ い た ま	575	604	578	576	591	594	582	594	605	565	564	555	490
A － 5	-	-	-	-	-	-	-	-	-	-	-	-	-
A － 4	-	-	-	-	-	-	-	-	-	-	-	-	-
A － 3	-	-	-	-	-	-	-	-	-	-	-	-	-
A － 2	-	-	-	-	-	-	-	-	-	-	-	-	-
A － 1	-	-	-	-	-	-	-	-	-	-	-	-	-
B － 5	-	-	-	-	-	-	-	-	-	-	-	-	-
B － 4	-	-	-	-	-	-	-	-	-	-	-	-	-
B － 3	795	929	664	744	823	-	-	816	-	-	-	867	-
B － 2	673	725	680	639	672	676	673	684	720	674	665	654	611
B － 1	595	670	595	588	582	609	607	603	563	603	431	575	481
C － 5	-	-	-	-	-	-	-	-	-	-	-	-	-
C － 4	-	-	-	-	-	-	-	-	-	-	-	-	-
C － 3	674	-	693	706	-	597	-	-	-	-	-	691	-
C － 2	617	658	622	605	614	624	626	636	655	612	614	590	545
C － 1	482	490	487	503	515	520	484	501	510	476	457	459	391
東 京	532	552	532	571	600	548	561	569	534	516	486	504	433
A － 5	-	-	-	-	-	-	-	-	-	-	-	-	-
A － 4	-	-	-	-	-	-	-	-	-	-	-	-	-
A － 3	-	-	-	-	-	-	-	-	-	-	-	-	-
A － 2	-	-	-	-	-	-	-	-	-	-	-	-	-
A － 1	-	-	-	-	-	-	-	-	-	-	-	-	-
B － 5	-	-	-	-	-	-	-	-	-	-	-	-	-
B － 4	-	-	-	-	-	-	-	-	-	-	-	-	-
B － 3	1,058	-	991	-	1,059	-	-	1,113	-	-	-	1,086	-
B － 2	685	728	660	703	695	666	696	703	703	720	683	666	646
B － 1	566	-	522	605	620	-	554	562	-	601	379	576	486
C － 5	-	-	-	-	-	-	-	-	-	-	-	-	-
C － 4	1,105	-	1,105	-	-	-	-	-	-	-	-	-	-
C － 3	1,030	1,110	-	-	-	-	993	-	-	-	-	1,008	-
C － 2	605	633	565	624	649	593	614	627	606	622	595	587	537
C － 1	456	476	469	513	528	485	493	505	477	431	409	419	340
横 浜	557	504	595	671	581	562	541	446	596	601	554	502	503
A － 5	-	-	-	-	-	-	-	-	-	-	-	-	-
A － 4	-	-	-	-	-	-	-	-	-	-	-	-	-
A － 3	-	-	-	-	-	-	-	-	-	-	-	-	-
A － 2	-	-	-	-	-	-	-	-	-	-	-	-	-
A － 1	-	-	-	-	-	-	-	-	-	-	-	-	-
B － 5	-	-	-	-	-	-	-	-	-	-	-	-	-
B － 4	-	-	-	-	-	-	-	-	-	-	-	-	-
B － 3	-	-	-	-	-	-	-	-	-	-	-	-	-
B － 2	777	-	-	757	463	-	916	-	685	918	-	-	890
B － 1	683	496	864	-	-	-	-	-	-	-	-	-	-
C － 5	-	-	-	-	-	-	-	-	-	-	-	-	-
C － 4	-	-	-	-	-	-	-	-	-	-	-	-	-
C － 3	863	-	-	863	-	-	-	-	-	-	-	-	-
C － 2	632	558	-	705	696	599	584	431	649	616	747	756	510
C － 1	442	418	444	422	532	552	448	450	480	436	379	424	359

単位：円

市場・規格	平成29年計	1 月	2 月	3 月	4 月	5 月	6 月	7 月	8 月	9 月	10 月	11 月	12 月
名 古 屋	1,020	-	1,164	-	-	-	1,182	-	-	1,194	-	683	858
A － 5	-	-	-	-	-	-	-	-	-	-	-	-	-
A － 4	-	-	-	-	-	-	-	-	-	-	-	-	-
A － 3	-	-	-	-	-	-	-	-	-	-	-	-	-
A － 2	-	-	-	-	-	-	-	-	-	-	-	-	-
A － 1	-	-	-	-	-	-	-	-	-	-	-	-	-
B － 5	-	-	-	-	-	-	-	-	-	-	-	-	-
B － 4	-	-	-	-	-	-	-	-	-	-	-	-	-
B － 3	1,215	-	-	-	-	-	1,210	-	-	1,220	-	-	-
B － 2	1,163	-	1,166	-	-	-	1,156	-	-	1,168	-	-	-
B － 1	-	-	-	-	-	-	-	-	-	-	-	-	-
C － 5	-	-	-	-	-	-	-	-	-	-	-	-	-
C － 4	-	-	-	-	-	-	-	-	-	-	-	-	-
C － 3	1,199	-	1,199	-	-	-	-	-	-	-	-	-	-
C － 2	1,074	-	1,149	-	-	-	-	-	-	-	-	916	1,146
C － 1	296	-	-	-	-	-	-	-	-	-	-	325	162
京 都	498	1,040	984	417	290	533	-	524	406	498	-	488	525
A － 5	-	-	-	-	-	-	-	-	-	-	-	-	-
A － 4	-	-	-	-	-	-	-	-	-	-	-	-	-
A － 3	-	-	-	-	-	-	-	-	-	-	-	-	-
A － 2	-	-	-	-	-	-	-	-	-	-	-	-	-
A － 1	-	-	-	-	-	-	-	-	-	-	-	-	-
B － 5	-	-	-	-	-	-	-	-	-	-	-	-	-
B － 4	-	-	-	-	-	-	-	-	-	-	-	-	-
B － 3	1,140	-	1,140	-	-	-	-	-	-	-	-	-	-
B － 2	565	1,040	-	-	-	642	-	547	420	595	-	623	-
B － 1	325	-	-	-	-	-	-	-	-	-	-	325	-
C － 5	-	-	-	-	-	-	-	-	-	-	-	-	-
C － 4	-	-	-	-	-	-	-	-	-	-	-	-	-
C － 3	-	-	-	-	-	-	-	-	-	-	-	-	-
C － 2	514	-	814	-	352	-	-	514	377	490	-	452	592
C － 1	333	-	-	417	272	74	-	-	-	378	-	324	272
大 阪	600	742	608	629	797	727	579	527	317	450	621	587	462
A － 5	-	-	-	-	-	-	-	-	-	-	-	-	-
A － 4	-	-	-	-	-	-	-	-	-	-	-	-	-
A － 3	-	-	-	-	-	-	-	-	-	-	-	-	-
A － 2	-	-	-	-	-	-	-	-	-	-	-	-	-
A － 1	-	-	-	-	-	-	-	-	-	-	-	-	-
B － 5	-	-	-	-	-	-	-	-	-	-	-	-	-
B － 4	-	-	-	-	-	-	-	-	-	-	-	-	-
B － 3	-	-	-	-	-	-	-	-	-	-	-	-	-
B － 2	872	931	834	819	909	856	806	-	-	-	-	1,070	-
B － 1	723	-	559	-	-	-	720	-	-	-	-	-	934
C － 5	-	-	-	-	-	-	-	-	-	-	-	-	-
C － 4	-	-	-	-	-	-	-	-	-	-	-	-	-
C － 3	983	-	-	-	983	-	-	-	-	-	-	-	-
C － 2	779	917	791	713	897	823	825	650	543	667	983	705	1,029
C － 1	399	443	390	455	502	402	337	415	261	335	540	477	372

2　月別規格別取引成立頭数・価格（食肉卸売市場別）（続き）
(7)　乳牛めす（続き）
イ　枝肉の1kg当たり卸売価格（続き）

単位：円

市場・規格	平成29年計	1月	2月	3月	4月	5月	6月	7月	8月	9月	10月	11月	12月
神　　戸	-	-	-	-	-	-	-	-	-	-	-	-	-
A － 5	-	-	-	-	-	-	-	-	-	-	-	-	-
A － 4	-	-	-	-	-	-	-	-	-	-	-	-	-
A － 3	-	-	-	-	-	-	-	-	-	-	-	-	-
A － 2	-	-	-	-	-	-	-	-	-	-	-	-	-
A － 1	-	-	-	-	-	-	-	-	-	-	-	-	-
B － 5	-	-	-	-	-	-	-	-	-	-	-	-	-
B － 4	-	-	-	-	-	-	-	-	-	-	-	-	-
B － 3	-	-	-	-	-	-	-	-	-	-	-	-	-
B － 2	-	-	-	-	-	-	-	-	-	-	-	-	-
B － 1	-	-	-	-	-	-	-	-	-	-	-	-	-
C － 5	-	-	-	-	-	-	-	-	-	-	-	-	-
C － 4	-	-	-	-	-	-	-	-	-	-	-	-	-
C － 3	-	-	-	-	-	-	-	-	-	-	-	-	-
C － 2	-	-	-	-	-	-	-	-	-	-	-	-	-
C － 1	-	-	-	-	-	-	-	-	-	-	-	-	-
広　　島	681	842	683	659	694	640	684	597	697	623	642	712	693
A － 5	-	-	-	-	-	-	-	-	-	-	-	-	-
A － 4	-	-	-	-	-	-	-	-	-	-	-	-	-
A － 3	-	-	-	-	-	-	-	-	-	-	-	-	-
A － 2	-	-	-	-	-	-	-	-	-	-	-	-	-
A － 1	-	-	-	-	-	-	-	-	-	-	-	-	-
B － 5	-	-	-	-	-	-	-	-	-	-	-	-	-
B － 4	-	-	-	-	-	-	-	-	-	-	-	-	-
B － 3	1,109	1,103						-	1,111	1,048	-	1,112	1,166
B － 2	946	1,028	864	900	893	893	901	826	934	979	922	995	1,017
B － 1	661	-	628	-	724	633	-	680	735	-	-	552	-
C － 5	-	-	-	-	-	-	-	-	-	-	-	-	-
C － 4	-	-	-	-	-	-	-	-	-	-	-	-	-
C － 3	768	1,133	-	-	739	-	-	-	-	1,067	-	1,144	-
C － 2	726	856	750	744	534	695	721	721	709	712	710	716	754
C － 1	467	591	541	509	-	529	531	426	412	400	430	445	438
福　　岡	598	641	599	565	617	642	697	671	587	555	479	554	629
A － 5	-	-	-	-	-	-	-	-	-	-	-	-	-
A － 4	-	-	-	-	-	-	-	-	-	-	-	-	-
A － 3	-	-	-	-	-	-	-	-	-	-	-	-	-
A － 2	-	-	-	-	-	-	-	-	-	-	-	-	-
A － 1	-	-	-	-	-	-	-	-	-	-	-	-	-
B － 5	-	-	-	-	-	-	-	-	-	-	-	-	-
B － 4	-	-	-	-	-	-	-	-	-	-	-	-	-
B － 3	-	-	-	-	-	-	-	-	-	-	-	-	-
B － 2	768	823	836	716	750	770	855	822	677	749	755	621	897
B － 1	666	702	661	625	634	694	797	699	675	658	603	637	629
C － 5	-	-	-	-	-	-	-	-	-	-	-	-	-
C － 4	-	-	-	-	-	-	-	-	-	-	-	-	-
C － 3	-	-	-	-	-	-	-	-	-	-	-	-	-
C － 2	712	837	771	689	760	814	808	802	651	657	621	617	765
C － 1	517	558	505	481	533	585	607	570	541	492	378	477	530

単位：円

市場・規格	平成29年計	1月	2月	3月	4月	5月	6月	7月	8月	9月	10月	11月	12月
指定市場計	561	582	591	611	604	596	571	571	544	533	532	516	458
A － 5	-	-	-	-	-	-	-	-	-	-	-	-	-
A － 4	-	-	-	-	-	-	-	-	-	-	-	-	-
A － 3	1,716	-	-	-	-	-	1,716	-	-	-	-	-	-
A － 2	-	-	-	-	-	-	-	-	-	-	-	-	-
A － 1	541	541	-	-	-	-	-	-	-	-	-	-	-
B － 5	-	-	-	-	-	-	-	-	-	-	-	-	-
B － 4	-	-	-	-	-	-	-	-	-	-	-	-	-
B － 3	1,316		-	1,306	-	-	1,126	-	-	1,220	-	1,544	-
B － 2	722	712	777	753	696	741	703	756	715	765	765	655	538
B － 1	594	554	725	658	627	600	606	651	566	561	547	497	484
C － 5	-	-	-	-	-	-	-	-	-	-	-	-	-
C － 4	-	-	-	-	-	-	-	-	-	-	-	-	-
C － 3	1,056	-	973	-	1,188	1,166	-	821	-	-	1,188	-	919
C － 2	638	680	653	663	655	703	637	631	629	634	617	606	538
C － 1	508	519	543	561	568	533	521	522	491	465	473	469	416
茨　　城	497	510	500	531	503	527	538	575	507	454	437	473	352
A － 5	-	-	-	-	-	-	-	-	-	-	-	-	-
A － 4	-	-	-	-	-	-	-	-	-	-	-	-	-
A － 3	-	-	-	-	-	-	-	-	-	-	-	-	-
A － 2	-	-	-	-	-	-	-	-	-	-	-	-	-
A － 1	-	-	-	-	-	-	-	-	-	-	-	-	-
B － 5	-	-	-	-	-	-	-	-	-	-	-	-	-
B － 4	-	-	-	-	-	-	-	-	-	-	-	-	-
B － 3	739	-	-	-	-	-	739	-	-	-	-	-	-
B － 2	638	639	679	640	587	627	672	686	674	655	620	604	474
B － 1	548	523	487	605	593	-	641	-	539	-	-	502	-
C － 5	-	-	-	-	-	-	-	-	-	-	-	-	-
C － 4	-	-	-	-	-	-	-	-	-	-	-	-	-
C － 3	821	-	-	-	-	-	-	821	-	-	-	-	-
C － 2	569	569	568	597	573	591	620	635	595	539	516	555	425
C － 1	433	436	456	485	443	483	468	496	449	384	366	400	283
宇　都　宮	542	580	585	556	550	555	543	567	542	529	544	494	472
A － 5	-	-	-	-	-	-	-	-	-	-	-	-	-
A － 4	-	-	-	-	-	-	-	-	-	-	-	-	-
A － 3	-	-	-	-	-	-	-	-	-	-	-	-	-
A － 2	-	-	-	-	-	-	-	-	-	-	-	-	-
A － 1	-	-	-	-	-	-	-	-	-	-	-	-	-
B － 5	-	-	-	-	-	-	-	-	-	-	-	-	-
B － 4	-	-	-	-	-	-	-	-	-	-	-	-	-
B － 3	-	-	-	-	-	-	-	-	-	-	-	-	-
B － 2	647	657	687	628	619	650	648	707	661	659	692	639	553
B － 1	589	592	656	603	569	579	576	684	652	597	663	576	434
C － 5	-	-	-	-	-	-	-	-	-	-	-	-	-
C － 4	-	-	-	-	-	-	-	-	-	-	-	-	-
C － 3	-	-	-	-	-	-	-	-	-	-	-	-	-
C － 2	600	614	738	573	578	608	599	547	655	598	561	604	526
C － 1	445	485	438	479	455	471	457	426	442	429	409	448	397

2　月別規格別取引成立頭数・価格（食肉卸売市場別）（続き）
(7)　乳牛めす（続き）
　　イ　枝肉の1kg当たり卸売価格（続き）

単位：円

市場・規格	平成29年計	1月	2月	3月	4月	5月	6月	7月	8月	9月	10月	11月	12月
群　馬	413	515	469	414	444	469	465	496	484	327	271	263	183
A － 5	-	-	-	-	-	-	-	-	-	-	-	-	-
A － 4	-	-	-	-	-	-	-	-	-	-	-	-	-
A － 3	-	-	-	-	-	-	-	-	-	-	-	-	-
A － 2	-	-	-	-	-	-	-	-	-	-	-	-	-
A － 1	-	-	-	-	-	-	-	-	-	-	-	-	-
B － 5	-	-	-	-	-	-	-	-	-	-	-	-	-
B － 4	-	-	-	-	-	-	-	-	-	-	-	-	-
B － 3	-	-	-	-	-	-	-	-	-	-	-	-	-
B － 2	557	-	-	-	532	585							
B － 1	515	500	-		-	-			530	-		-	-
C － 5	-											-	
C － 4	-											-	
C － 3	-												
C － 2	503	910	380	-	495	-	603	505	486	402	-	415	-
C － 1	403	494	477	414	416	461	460	495	480	319	271	254	183
川　口	569	483	544	583	647	585	585	597	599	555	590	577	496
A － 5	-	-	-	-	-	-	-	-	-	-	-	-	-
A － 4	-	-	-	-	-	-	-	-	-	-	-	-	-
A － 3	-	-	-	-	-	-	-	-	-	-	-	-	-
A － 2	-	-	-	-	-	-	-	-	-	-	-	-	-
A － 1	-	-	-	-	-	-	-	-	-	-	-	-	-
B － 5	-	-	-	-	-	-	-	-	-	-	-	-	-
B － 4	-	-	-	-	-	-	-	-	-	-	-	-	-
B － 3	-	-	-	-	-	-	-	-	-	-	-	-	-
B － 2	643	649	634	648	647	-	648	-					
B － 1	593	-	-		-		-	593					
C － 5	-	-	-	-	-	-	-	-	-	-	-	-	-
C － 4	-	-	-	-	-	-	-	-	-	-	-	-	-
C － 3	-	-	-	-	-	-	-	-	-	-	-	-	
C － 2	616	575	587	615	-	609	613	626	635	615	620	626	599
C － 1	477	402	464	516	-	518	513	515	499	467	507	468	429
山　梨	539	554	554	600	578	501	503	550	539	523	495	523	516
A － 5	-	-	-	-	-	-	-	-	-	-	-	-	-
A － 4	-	-	-	-	-	-	-	-	-	-	-	-	-
A － 3	-	-	-	-	-	-	-	-	-	-	-	-	-
A － 2	-	-	-	-	-	-	-	-	-	-	-	-	-
A － 1	-	-	-	-	-	-	-	-	-	-	-	-	-
B － 5	-	-	-	-	-	-	-	-	-	-	-	-	-
B － 4	-	-	-	-	-	-	-	-	-	-	-	-	-
B － 3	-	-	-	-	-	-	-	-	-	-	-	-	-
B － 2	650	-	-	594	710	544	-	688	655	-	-	-	698
B － 1	600	-	-	636	-	-	-	-	-	-	579	-	599
C － 5	-	-	-	-	-	-	-	-	-	-	-	-	-
C － 4	-	-	-	-	-	-	-	-	-	-	-	-	-
C － 3	-	-	-	-	-	-	-	-	-	-	-	-	-
C － 2	607	644	684	640	495	619	560	678	668	719	545	652	656
C － 1	530	537	542	591	595	484	497	537	529	516	489	517	492

－ 314 －

単位：円

市場・規格	平成29年計	1 月	2 月	3 月	4 月	5 月	6 月	7 月	8 月	9 月	10 月	11 月	12 月
岐　阜	-	-	-	-	-	-	-	-	-	-	-	-	-
A － 5	-	-	-	-	-	-	-	-	-	-	-	-	-
A － 4	-	-	-	-	-	-	-	-	-	-	-	-	-
A － 3	-	-	-	-	-	-	-	-	-	-	-	-	-
A － 2	-	-	-	-	-	-	-	-	-	-	-	-	-
A － 1	-	-	-	-	-	-	-	-	-	-	-	-	-
B － 5	-	-	-	-	-	-	-	-	-	-	-	-	-
B － 4	-	-	-	-	-	-	-	-	-	-	-	-	-
B － 3	-	-	-	-	-	-	-	-	-	-	-	-	-
B － 2	-	-	-	-	-	-	-	-	-	-	-	-	-
B － 1	-	-	-	-	-	-	-	-	-	-	-	-	-
C － 5	-	-	-	-	-	-	-	-	-	-	-	-	-
C － 4	-	-	-	-	-	-	-	-	-	-	-	-	-
C － 3	-	-	-	-	-	-	-	-	-	-	-	-	-
C － 2	-	-	-	-	-	-	-	-	-	-	-	-	-
C － 1	-	-	-	-	-	-	-	-	-	-	-	-	-
浜　松	463	450	473	514	524	484	494	488	429	440	443	450	404
A － 5	-	-	-	-	-	-	-	-	-	-	-	-	-
A － 4	-	-	-	-	-	-	-	-	-	-	-	-	-
A － 3	-	-	-	-	-	-	-	-	-	-	-	-	-
A － 2	-	-	-	-	-	-	-	-	-	-	-	-	-
A － 1	-	-	-	-	-	-	-	-	-	-	-	-	-
B － 5	-	-	-	-	-	-	-	-	-	-	-	-	-
B － 4	-	-	-	-	-	-	-	-	-	-	-	-	-
B － 3	1,079	-	-	1,079	-	-	-	-	-	-	-	-	-
B － 2	715	1,103	569	1,017	-	705	702	675	649	-	648	540	432
B － 1	518	-	-	-	-	-	518	-	-	-	-	-	-
C － 5	-	-	-	-	-	-	-	-	-	-	-	-	-
C － 4	-	-	-	-	-	-	-	-	-	-	-	-	-
C － 3	-	-	-	-	-	-	-	-	-	-	-	-	-
C － 2	602	540	578	593	837	724	669	564	561	577	587	652	540
C － 1	403	381	406	369	450	416	433	430	390	425	382	391	375
東　三　河	475	517	609	553	653	556	412	415	462	430	443	374	378
A － 5	-	-	-	-	-	-	-	-	-	-	-	-	-
A － 4	-	-	-	-	-	-	-	-	-	-	-	-	-
A － 3	-	-	-	-	-	-	-	-	-	-	-	-	-
A － 2	-	-	-	-	-	-	-	-	-	-	-	-	-
A － 1	-	-	-	-	-	-	-	-	-	-	-	-	-
B － 5	-	-	-	-	-	-	-	-	-	-	-	-	-
B － 4	-	-	-	-	-	-	-	-	-	-	-	-	-
B － 3	1,220	-	-	-	-	-	-	-	-	1,220	-	-	-
B － 2	946	1,104	1,134	1,108	1,014	901	-	1,058	902	854	1,166	519	281
B － 1	478	627	-	-	-	562	-	-	-	485	271	247	-
C － 5	-	-	-	-	-	-	-	-	-	-	-	-	-
C － 4	-	-	-	-	-	-	-	-	-	-	-	-	-
C － 3	1,242	-	-	-	1,242	-	-	-	-	-	-	-	-
C － 2	654	547	691	727	799	779	504	561	555	482	1,102	598	711
C － 1	326	402	348	362	365	374	387	320	319	283	333	268	235

2　月別規格別取引成立頭数・価格（食肉卸売市場別）　（続き）
(7)　乳牛めす（続き）
　　イ　枝肉の1kg当たり卸売価格（続き）

単位：円

市場・規格	平成29年計	1月	2月	3月	4月	5月	6月	7月	8月	9月	10月	11月	12月
四　日　市	944	968	972	905	972	936	992	972	739	995	951	1,027	987
A　-　5	-	-	-	-	-	-	-	-	-	-	-	-	-
A　-　4	-	-	-	-	-	-	-	-	-	-	-	-	-
A　-　3	-	-	-	-	-	-	-	-	-	-	-	-	-
A　-　2	-	-	-	-	-	-	-	-	-	-	-	-	-
A　-　1	-	-	-	-	-	-	-	-	-	-	-	-	-
B　-　5	-	-	-	-	-	-	-	-	-	-	-	-	-
B　-　4	-	-	-	-	-	-	-	-	-	-	-	-	-
B　-　3	-	-	-	-	-	-	-	-	-	-	-	-	-
B　-　2	979	918	972	932	-	972	992	972	-	1,008	1,031	-	-
B　-　1	-	-	-	-	-	-	-	-	-	-	-	-	-
C　-　5	-	-	-	-	-	-	-	-	-	-	-	-	-
C　-　4	-	-	-	-	-	-	-	-	-	-	-	-	-
C　-　3	1,018	-	973	-	-	-	-	-	-	-	1,188	-	919
C　-　2	930	980	972	884	972	956	-	-	739	983	920	1,027	1,081
C　-　1	906	-	-	-	-	864	-	971	-	-	921	-	-
南　大　阪	-	-	-	-	-	-	-	-	-	-	-	-	-
A　-　5	-	-	-	-	-	-	-	-	-	-	-	-	-
A　-　4	-	-	-	-	-	-	-	-	-	-	-	-	-
A　-　3	-	-	-	-	-	-	-	-	-	-	-	-	-
A　-　2	-	-	-	-	-	-	-	-	-	-	-	-	-
A　-　1	-	-	-	-	-	-	-	-	-	-	-	-	-
B　-　5	-	-	-	-	-	-	-	-	-	-	-	-	-
B　-　4	-	-	-	-	-	-	-	-	-	-	-	-	-
B　-　3	-	-	-	-	-	-	-	-	-	-	-	-	-
B　-　2	-	-	-	-	-	-	-	-	-	-	-	-	-
B　-　1	-	-	-	-	-	-	-	-	-	-	-	-	-
C　-　5	-	-	-	-	-	-	-	-	-	-	-	-	-
C　-　4	-	-	-	-	-	-	-	-	-	-	-	-	-
C　-　3	-	-	-	-	-	-	-	-	-	-	-	-	-
C　-　2	-	-	-	-	-	-	-	-	-	-	-	-	-
C　-　1	-	-	-	-	-	-	-	-	-	-	-	-	-
姫　　　路	819	541	559	871	1,024	1,136	1,020	758	626	996	795	583	939
A　-　5	-	-	-	-	-	-	-	-	-	-	-	-	-
A　-　4	-	-	-	-	-	-	-	-	-	-	-	-	-
A　-　3	-	-	-	-	-	-	-	-	-	-	-	-	-
A　-　2	-	-	-	-	-	-	-	-	-	-	-	-	-
A　-　1	541	541	-	-	-	-	-	-	-	-	-	-	-
B　-　5	-	-	-	-	-	-	-	-	-	-	-	-	-
B　-　4	-	-	-	-	-	-	-	-	-	-	-	-	-
B　-　3	-	-	-	-	-	-	-	-	-	-	-	-	-
B　-　2	1,079	-	1,058	1,037	1,107	1,135	-	-	1,029	1,050	-	-	-
B　-　1	747	-	-	701	815	-	699	-	-	-	-	-	-
C　-　5	-	-	-	-	-	-	-	-	-	-	-	-	-
C　-　4	-	-	-	-	-	-	-	-	-	-	-	-	-
C　-　3	1,151	-	-	-	1,136	1,166	-	-	-	-	-	-	-
C　-　2	1,045	-	-	1,035	1,127	1,106	1,109	-	-	1,050	1,108	584	1,164
C　-　1	605	-	405	702	585	-	-	758	592	582	583	583	857

単位：円

市場・規格	平成29年計	1 月	2 月	3 月	4 月	5 月	6 月	7 月	8 月	9 月	10 月	11 月	12 月
加古川	**754**	**547**	**150**	**799**	**789**	**755**	**1,014**	**756**	**-**	**250**	**330**	**1,151**	**216**
A - 5	-	-	-	-	-	-	-	-	-	-	-	-	-
A - 4	-	-	-	-	-	-	-	-	-	-	-	-	-
A - 3	1,716	-	-	-	-	-	1,716	-	-	-	-	-	-
A - 2	-	-	-	-	-	-	-	-	-	-	-	-	-
A - 1	-	-	-	-	-	-	-	-	-	-	-	-	-
B - 5	-	-	-	-	-	-	-	-	-	-	-	-	-
B - 4	-	-	-	-	-	-	-	-	-	-	-	-	-
B - 3	1,537	-	-	1,523	-	-	-	-	-	-	-	1,544	-
B - 2	1,198	-	-	-	-	-	-	-	-	-	-	1,198	-
B - 1	745	-	-	745	745	746	-	-	-	-	-	-	-
C - 5	-	-	-	-	-	-	-	-	-	-	-	-	-
C - 4	-	-	-	-	-	-	-	-	-	-	-	-	-
C - 3	-	-	-	-	-	-	-	-	-	-	-	-	-
C - 2	945	992	-	734	983	-	-	-	-	-	-	-	-
C - 1	604	455	150	678	708	757	769	756	-	250	330	270	216
西宮	**996**	**1,038**	**1,033**	**993**	**-**	**649**	**963**	**-**	**-**	**908**	**-**	**-**	**-**
A - 5	-	-	-	-	-	-	-	-	-	-	-	-	-
A - 4	-	-	-	-	-	-	-	-	-	-	-	-	-
A - 3	-	-	-	-	-	-	-	-	-	-	-	-	-
A - 2	-	-	-	-	-	-	-	-	-	-	-	-	-
A - 1	-	-	-	-	-	-	-	-	-	-	-	-	-
B - 5	-	-	-	-	-	-	-	-	-	-	-	-	-
B - 4	-	-	-	-	-	-	-	-	-	-	-	-	-
B - 3	-	-	-	-	-	-	-	-	-	-	-	-	-
B - 2	1,043	1,043	-	-	-	-	-	-	-	-	-	-	-
B - 1	1,033	-	1,033	-	-	-	-	-	-	-	-	-	-
C - 5	-	-	-	-	-	-	-	-	-	-	-	-	-
C - 4	-	-	-	-	-	-	-	-	-	-	-	-	-
C - 3	-	-	-	-	-	-	-	-	-	-	-	-	-
C - 2	983	1,035	1,033	993	-	649	963	-	-	908	-	-	-
C - 1	-	-	-	-	-	-	-	-	-	-	-	-	-
岡山	**712**	**789**	**767**	**774**	**719**	**701**	**707**	**673**	**669**	**668**	**678**	**661**	**706**
A - 5	-	-	-	-	-	-	-	-	-	-	-	-	-
A - 4	-	-	-	-	-	-	-	-	-	-	-	-	-
A - 3	-	-	-	-	-	-	-	-	-	-	-	-	-
A - 2	-	-	-	-	-	-	-	-	-	-	-	-	-
A - 1	-	-	-	-	-	-	-	-	-	-	-	-	-
B - 5	-	-	-	-	-	-	-	-	-	-	-	-	-
B - 4	-	-	-	-	-	-	-	-	-	-	-	-	-
B - 3	-	-	-	-	-	-	-	-	-	-	-	-	-
B - 2	923	-	-	-	-	681	910	-	1,004	1,005	-	-	-
B - 1	-	-	-	-	-	-	-	-	-	-	-	-	-
C - 5	-	-	-	-	-	-	-	-	-	-	-	-	-
C - 4	-	-	-	-	-	-	-	-	-	-	-	-	-
C - 3	-	-	-	-	-	-	-	-	-	-	-	-	-
C - 2	928	-	-	-	-	864	-	-	-	-	-	1,003	-
C - 1	709	789	767	774	719	698	700	673	654	662	678	655	706

2 月別規格別取引成立頭数・価格（食肉卸売市場別）（続き）
(7) 乳牛めす（続き）
イ 枝肉の１kg当たり卸売価格（続き）

単位：円

市場・規格	平成29年計	1 月	2 月	3 月	4 月	5 月	6 月	7 月	8 月	9 月	10 月	11 月	12 月
坂出	**548**	**430**	**344**	**548**	**455**	**691**	**501**	**543**	**1,008**	**605**	**623**	**504**	**178**
A － 5	-	-	-	-	-	-	-	-	-	-	-	-	-
A － 4	-	-	-	-	-	-	-	-	-	-	-	-	-
A － 3	-	-	-	-	-	-	-	-	-	-	-	-	-
A － 2	-	-	-	-	-	-	-	-	-	-	-	-	-
A － 1	-	-	-	-	-	-	-	-	-	-	-	-	-
B － 5	-	-	-	-	-	-	-	-	-	-	-	-	-
B － 4	-	-	-	-	-	-	-	-	-	-	-	-	-
B － 3	1,596	-	-	-	-	-	1,596	-	-	-	-	-	-
B － 2	1,029	-	-	1,135	-	-	-	976	1,004	1,005	1,064	-	-
B － 1	-	-	-	-	-	-	-	-	-	-	-	-	-
C － 5	-	-	-	-	-	-	-	-	-	-	-	-	-
C － 4	-	-	-	-	-	-	-	-	-	-	-	-	-
C － 3	-	-	-	-	-	-	-	-	-	-	-	-	-
C － 2	993	707	-	-	-	1,081	-	1,021	1,014	-	1,042	1,051	-
C － 1	319	375	344	169	455	323	308	354	-	264	320	184	178
愛媛	-	-	-	-	-	-	-	-	-	-	-	-	-
A － 5	-	-	-	-	-	-	-	-	-	-	-	-	-
A － 4	-	-	-	-	-	-	-	-	-	-	-	-	-
A － 3	-	-	-	-	-	-	-	-	-	-	-	-	-
A － 2	-	-	-	-	-	-	-	-	-	-	-	-	-
A － 1	-	-	-	-	-	-	-	-	-	-	-	-	-
B － 5	-	-	-	-	-	-	-	-	-	-	-	-	-
B － 4	-	-	-	-	-	-	-	-	-	-	-	-	-
B － 3	-	-	-	-	-	-	-	-	-	-	-	-	-
B － 2	-	-	-	-	-	-	-	-	-	-	-	-	-
B － 1	-	-	-	-	-	-	-	-	-	-	-	-	-
C － 5	-	-	-	-	-	-	-	-	-	-	-	-	-
C － 4	-	-	-	-	-	-	-	-	-	-	-	-	-
C － 3	-	-	-	-	-	-	-	-	-	-	-	-	-
C － 2	-	-	-	-	-	-	-	-	-	-	-	-	-
C － 1	-	-	-	-	-	-	-	-	-	-	-	-	-
佐世保	**642**	**776**	**777**	**701**	**687**	**777**	**677**	**564**	**422**	**525**	**533**	**471**	**537**
A － 5	-	-	-	-	-	-	-	-	-	-	-	-	-
A － 4	-	-	-	-	-	-	-	-	-	-	-	-	-
A － 3	-	-	-	-	-	-	-	-	-	-	-	-	-
A － 2	-	-	-	-	-	-	-	-	-	-	-	-	-
A － 1	-	-	-	-	-	-	-	-	-	-	-	-	-
B － 5	-	-	-	-	-	-	-	-	-	-	-	-	-
B － 4	-	-	-	-	-	-	-	-	-	-	-	-	-
B － 3	-	-	-	-	-	-	-	-	-	-	-	-	-
B － 2	780	868	918	825	539	852	756	811	620	369	810	640	-
B － 1	558	648	-	-	554	-	-	-	-	-	535	-	-
C － 5	-	-	-	-	-	-	-	-	-	-	-	-	-
C － 4	-	-	-	-	-	-	-	-	-	-	-	-	-
C － 3	-	-	-	-	-	-	-	-	-	-	-	-	-
C － 2	799	891	793	897	825	888	764	757	681	763	515	609	705
C － 1	439	483	544	460	485	478	549	434	324	471	451	363	355

単位：円

市場・規格	平成29 年計	1 月	2 月	3 月	4 月	5 月	6 月	7 月	8 月	9 月	10 月	11 月	12 月
熊　　本	-	-	-	-	-	-	-	-	-	-	-	-	-
A － 5	-	-	-	-	-	-	-	-	-	-	-	-	-
A － 4	-	-	-	-	-	-	-	-	-	-	-	-	-
A － 3	-	-	-	-	-	-	-	-	-	-	-	-	-
A － 2	-	-	-	-	-	-	-	-	-	-	-	-	-
A － 1	-	-	-	-	-	-	-	-	-	-	-	-	-
B － 5	-	-	-	-	-	-	-	-	-	-	-	-	-
B － 4	-	-	-	-	-	-	-	-	-	-	-	-	-
B － 3	-	-	-	-	-	-	-	-	-	-	-	-	-
B － 2	-	-	-	-	-	-	-	-	-	-	-	-	-
B － 1	-	-	-	-	-	-	-	-	-	-	-	-	-
C － 5	-	-	-	-	-	-	-	-	-	-	-	-	-
C － 4	-	-	-	-	-	-	-	-	-	-	-	-	-
C － 3	-	-	-	-	-	-	-	-	-	-	-	-	-
C － 2	-	-	-	-	-	-	-	-	-	-	-	-	-
C － 1	-	-	-	-	-	-	-	-	-	-	-	-	-

2 月別規格別取引成立頭数・価格（食肉卸売市場別）（続き）

(8) 乳牛去勢

ア　枝肉の取引成立頭数

単位：頭

市場・規格	平成29年計	1 月	2 月	3 月	4 月	5 月	6 月	7 月	8 月	9 月	10 月	11 月	12 月
合　　計	20,128	1,504	1,698	1,977	1,693	1,763	1,774	1,709	1,590	1,541	1,559	1,620	1,700
A － 5	-	-	-	-	-	-	-	-	-	-	-	-	-
A － 4	-	-	-	-	-	-	-	-	-	-	-	-	-
A － 3	-	-	-	-	-	-	-	-	-	-	-	-	-
A － 2	-	-	-	-	-	-	-	-	-	-	-	-	-
A － 1	-	-	-	-	-	-	-	-	-	-	-	-	-
B － 5	-	-	-	-	-	-	-	-	-	-	-	-	-
B － 4	2	-	-	-	-	-	-	-	-	1	-	-	1
B － 3	301	19	24	26	31	25	33	24	24	23	16	28	28
B － 2	8,833	647	821	885	828	860	871	750	690	647	598	593	643
B － 1	144	9	14	24	9	6	11	14	3	18	13	10	13
C － 5	-	-	-	-	-	-	-	-	-	-	-	-	-
C － 4	1	-	-	1	-	-	-	-	-	-	-	-	-
C － 3	249	20	12	16	21	18	31	18	28	20	21	30	14
C － 2	9,944	761	778	946	750	800	777	849	786	782	861	904	950
C － 1	654	48	49	79	54	54	51	54	59	50	50	55	51
中央市場計	6,266	480	543	632	502	604	538	490	490	494	521	494	478
A － 5	-	-	-	-	-	-	-	-	-	-	-	-	-
A － 4	-	-	-	-	-	-	-	-	-	-	-	-	-
A － 3	-	-	-	-	-	-	-	-	-	-	-	-	-
A － 2	-	-	-	-	-	-	-	-	-	-	-	-	-
A － 1	-	-	-	-	-	-	-	-	-	-	-	-	-
B － 5	-	-	-	-	-	-	-	-	-	-	-	-	-
B － 4	2	-	-	-	-	-	-	-	-	1	-	-	1
B － 3	113	7	7	9	15	10	12	8	9	10	6	11	9
B － 2	3,003	207	289	306	254	320	284	249	237	237	226	206	188
B － 1	38	2	4	6	4	1	3	5	-	6	3	2	2
C － 5	-	-	-	-	-	-	-	-	-	-	-	-	-
C － 4	1	-	-	1	-	-	-	-	-	-	-	-	-
C － 3	91	8	3	7	5	5	12	7	10	9	10	10	5
C － 2	2,781	237	226	279	207	246	207	201	213	212	257	242	254
C － 1	237	19	14	24	17	22	20	20	21	19	19	23	19
仙　　台	65	4	13	6	5	4	4	5	7	3	5	5	4
A － 5	-	-	-	-	-	-	-	-	-	-	-	-	-
A － 4	-	-	-	-	-	-	-	-	-	-	-	-	-
A － 3	-	-	-	-	-	-	-	-	-	-	-	-	-
A － 2	-	-	-	-	-	-	-	-	-	-	-	-	-
A － 1	-	-	-	-	-	-	-	-	-	-	-	-	-
B － 5	-	-	-	-	-	-	-	-	-	-	-	-	-
B － 4	-	-	-	-	-	-	-	-	-	-	-	-	-
B － 3	3	-	2	-	-	-	-	-	-	1	-	-	-
B － 2	30	1	4	4	4	2	3	1	3	2	2	2	2
B － 1	-	-	-	-	-	-	-	-	-	-	-	-	-
C － 5	-	-	-	-	-	-	-	-	-	-	-	-	-
C － 4	-	-	-	-	-	-	-	-	-	-	-	-	-
C － 3	-	-	-	-	-	-	-	-	-	-	-	-	-
C － 2	30	3	7	2	1	2	1	2	4	-	3	3	2
C － 1	2	-	-	-	-	-	-	2	-	-	-	-	-

— 320 —

単位：頭

市場・規格	平成29年計	1 月	2 月	3 月	4 月	5 月	6 月	7 月	8 月	9 月	10 月	11 月	12 月
さ い た ま	220	21	17	23	18	11	21	34	8	3	26	16	22
A － 5	-	-	-	-	-	-	-	-	-	-	-	-	-
A － 4	-	-	-	-	-	-	-	-	-	-	-	-	-
A － 3	-	-	-	-	-	-	-	-	-	-	-	-	-
A － 2	-	-	-	-	-	-	-	-	-	-	-	-	-
A － 1	-	-	-	-	-	-	-	-	-	-	-	-	-
B － 5	-	-	-	-	-	-	-	-	-	-	-	-	-
B － 4	-	-	-	-	-	-	-	-	-	-	-	-	-
B － 3	5	-	-	2	-	-	3	-	-	-	-	-	-
B － 2	67	8	8	9	10	3	5	8	2	-	8	2	4
B － 1	12	1	3	1	3	1	-	3	-	-	-	-	-
C － 5	-	-	-	-	-	-	-	-	-	-	-	-	-
C － 4	-	-	-	-	-	-	-	-	-	-	-	-	-
C － 3	1	-	-	-	-	-	-	1	-	-	-	-	-
C － 2	116	8	5	9	5	6	10	17	5	3	16	14	18
C － 1	19	4	1	2	-	1	3	5	1	-	2	-	-
東　　京	1,834	176	186	202	135	217	132	131	145	121	144	127	118
A － 5	-	-	-	-	-	-	-	-	-	-	-	-	-
A － 4	-	-	-	-	-	-	-	-	-	-	-	-	-
A － 3	-	-	-	-	-	-	-	-	-	-	-	-	-
A － 2	-	-	-	-	-	-	-	-	-	-	-	-	-
A － 1	-	-	-	-	-	-	-	-	-	-	-	-	-
B － 5	-	-	-	-	-	-	-	-	-	-	-	-	-
B － 4	-	-	-	-	-	-	-	-	-	-	-	-	-
B － 3	16	1	3	2	-	1	1	1	1	2	1	2	1
B － 2	1,055	85	123	111	83	153	86	71	83	63	72	65	60
B － 1	6	-	-	3	-	-	-	1	-	-	1	-	1
C － 5	-	-	-	-	-	-	-	-	-	-	-	-	-
C － 4	-	-	-	-	-	-	-	-	-	-	-	-	-
C － 3	10	4	-	1	1	-	1	-	-	1	-	1	1
C － 2	702	78	60	82	49	59	41	57	54	52	66	53	51
C － 1	45	8	-	3	2	4	3	1	7	3	4	6	4
横　　浜	312	24	23	56	19	48	22	19	19	17	22	23	20
A － 5	-	-	-	-	-	-	-	-	-	-	-	-	-
A － 4	-	-	-	-	-	-	-	-	-	-	-	-	-
A － 3	-	-	-	-	-	-	-	-	-	-	-	-	-
A － 2	-	-	-	-	-	-	-	-	-	-	-	-	-
A － 1	-	-	-	-	-	-	-	-	-	-	-	-	-
B － 5	-	-	-	-	-	-	-	-	-	-	-	-	-
B － 4	-	-	-	-	-	-	-	-	-	-	-	-	-
B － 3	3	-	-	1	-	-	-	-	1	-	-	-	1
B － 2	73	3	9	17	2	9	8	9	2	4	4	2	4
B － 1	3	-	-	-	-	-	2	-	-	1	-	-	-
C － 5	-	-	-	-	-	-	-	-	-	-	-	-	-
C － 4	1	-	-	1	-	-	-	-	-	-	-	-	-
C － 3	3	-	-	1	-	1	-	-	-	-	1	-	-
C － 2	223	21	13	35	16	37	11	10	16	12	17	21	14
C － 1	6	-	1	1	1	1	1	-	-	-	-	-	1

2 月別規格別取引成立頭数・価格（食肉卸売市場別）（続き）
(8) 乳牛去勢（続き）
ア 枝肉の取引成立頭数（続き）

単位：頭

市場・規格	平成29年計	1 月	2 月	3 月	4 月	5 月	6 月	7 月	8 月	9 月	10 月	11 月	12 月
名古屋	**907**	**70**	**68**	**74**	**76**	**67**	**83**	**74**	**75**	**79**	**80**	**76**	**85**
A － 5	－	－	－	－	－	－	－	－	－	－	－	－	－
A － 4	－	－	－	－	－	－	－	－	－	－	－	－	－
A － 3	－	－	－	－	－	－	－	－	－	－	－	－	－
A － 2	－	－	－	－	－	－	－	－	－	－	－	－	－
A － 1	－	－	－	－	－	－	－	－	－	－	－	－	－
B － 5	－	－	－	－	－	－	－	－	－	－	－	－	－
B － 4	1	－	－	－	－	－	－	－	－	1	－	－	－
B － 3	51	3	2	2	10	4	6	5	3	2	3	5	6
B － 2	357	18	23	29	33	31	43	27	26	34	34	33	26
B － 1	－	－	－	－	－	－	－	－	－	－	－	－	－
C － 5	－	－	－	－	－	－	－	－	－	－	－	－	－
C － 4	－	－	－	－	－	－	－	－	－	－	－	－	－
C － 3	43	3	3	2	2	2	6	5	7	4	2	5	2
C － 2	450	45	39	41	30	30	28	35	39	38	41	33	51
C － 1	5	1	1	－	1	－	－	2	－	－	－	－	－
京都	**21**	**－**	**2**	**3**	**－**	**－**	**4**	**1**	**4**	**3**	**2**	**2**	**－**
A － 5	－	－	－	－	－	－	－	－	－	－	－	－	－
A － 4	－	－	－	－	－	－	－	－	－	－	－	－	－
A － 3	－	－	－	－	－	－	－	－	－	－	－	－	－
A － 2	－	－	－	－	－	－	－	－	－	－	－	－	－
A － 1	－	－	－	－	－	－	－	－	－	－	－	－	－
B － 5	－	－	－	－	－	－	－	－	－	－	－	－	－
B － 4	－	－	－	－	－	－	－	－	－	－	－	－	－
B － 3	－	－	－	－	－	－	－	－	－	－	－	－	－
B － 2	18	－	2	3	－	－	3	1	3	3	2	1	－
B － 1	－	－	－	－	－	－	－	－	－	－	－	－	－
C － 5	－	－	－	－	－	－	－	－	－	－	－	－	－
C － 4	－	－	－	－	－	－	－	－	－	－	－	－	－
C － 3	－	－	－	－	－	－	－	－	－	－	－	－	－
C － 2	3	－	－	－	－	－	1	－	1	－	－	1	－
C － 1	－	－	－	－	－	－	－	－	－	－	－	－	－
大阪	**296**	**22**	**22**	**28**	**21**	**27**	**33**	**23**	**22**	**25**	**24**	**22**	**27**
A － 5	－	－	－	－	－	－	－	－	－	－	－	－	－
A － 4	－	－	－	－	－	－	－	－	－	－	－	－	－
A － 3	－	－	－	－	－	－	－	－	－	－	－	－	－
A － 2	－	－	－	－	－	－	－	－	－	－	－	－	－
A － 1	－	－	－	－	－	－	－	－	－	－	－	－	－
B － 5	－	－	－	－	－	－	－	－	－	－	－	－	－
B － 4	－	－	－	－	－	－	－	－	－	－	－	－	－
B － 3	2	－	－	1	－	－	－	－	－	1	－	－	－
B － 2	54	4	6	7	6	6	4	3	5	6	4	1	2
B － 1	5	－	－	－	－	－	－	1	－	2	－	1	1
C － 5	－	－	－	－	－	－	－	－	－	－	－	－	－
C － 4	－	－	－	－	－	－	－	－	－	－	－	－	－
C － 3	2	－	－	1	－	－	－	－	－	1	－	－	－
C － 2	197	18	14	16	14	16	23	16	15	10	18	17	20
C － 1	36	－	2	3	1	5	6	3	2	5	2	3	4

単位：頭

市場・規格	平成29年計	1月	2月	3月	4月	5月	6月	7月	8月	9月	10月	11月	12月
神　戸	-	-	-	-	-	-	-	-	-	-	-	-	-
A － 5	-	-	-	-	-	-	-	-	-	-	-	-	-
A － 4	-	-	-	-	-	-	-	-	-	-	-	-	-
A － 3	-	-	-	-	-	-	-	-	-	-	-	-	-
A － 2	-	-	-	-	-	-	-	-	-	-	-	-	-
A － 1	-	-	-	-	-	-	-	-	-	-	-	-	-
B － 5	-	-	-	-	-	-	-	-	-	-	-	-	-
B － 4	-	-	-	-	-	-	-	-	-	-	-	-	-
B － 3	-	-	-	-	-	-	-	-	-	-	-	-	-
B － 2	-	-	-	-	-	-	-	-	-	-	-	-	-
B － 1	-	-	-	-	-	-	-	-	-	-	-	-	-
C － 5	-	-	-	-	-	-	-	-	-	-	-	-	-
C － 4	-	-	-	-	-	-	-	-	-	-	-	-	-
C － 3	-	-	-	-	-	-	-	-	-	-	-	-	-
C － 2	-	-	-	-	-	-	-	-	-	-	-	-	-
C － 1	-	-	-	-	-	-	-	-	-	-	-	-	-
広　島	1,712	114	152	155	153	153	152	129	136	149	147	141	131
A － 5	-	-	-	-	-	-	-	-	-	-	-	-	-
A － 4	-	-	-	-	-	-	-	-	-	-	-	-	-
A － 3	-	-	-	-	-	-	-	-	-	-	-	-	-
A － 2	-	-	-	-	-	-	-	-	-	-	-	-	-
A － 1	-	-	-	-	-	-	-	-	-	-	-	-	-
B － 5	-	-	-	-	-	-	-	-	-	-	-	-	-
B － 4	-	-	-	-	-	-	-	-	-	-	-	-	-
B － 3	26	3	-	1	3	4	-	2	4	3	2	3	1
B － 2	985	67	96	95	88	89	95	88	76	82	75	63	71
B － 1	1	-	-	-	-	-	-	-	-	-	1	-	-
C － 5	-	-	-	-	-	-	-	-	-	-	-	-	-
C － 4	-	-	-	-	-	-	-	-	-	-	-	-	-
C － 3	28	1	-	2	2	2	5	-	3	3	6	2	2
C － 2	651	42	56	54	59	54	50	39	52	61	59	69	56
C － 1	21	1	-	3	1	4	2	-	1	-	4	4	1
福　岡	899	49	60	85	75	77	87	74	74	94	71	82	71
A － 5	-	-	-	-	-	-	-	-	-	-	-	-	-
A － 4	-	-	-	-	-	-	-	-	-	-	-	-	-
A － 3	-	-	-	-	-	-	-	-	-	-	-	-	-
A － 2	-	-	-	-	-	-	-	-	-	-	-	-	-
A － 1	-	-	-	-	-	-	-	-	-	-	-	-	-
B － 5	-	-	-	-	-	-	-	-	-	-	-	-	-
B － 4	1	-	-	-	-	-	-	-	-	-	-	-	1
B － 3	7	-	-	-	2	1	2	-	-	1	-	1	-
B － 2	364	21	18	31	28	27	37	41	37	43	25	37	19
B － 1	11	1	1	2	1	-	1	-	-	3	1	1	-
C － 5	-	-	-	-	-	-	-	-	-	-	-	-	-
C － 4	-	-	-	-	-	-	-	-	-	-	-	-	-
C － 3	4	-	-	-	-	-	-	-	1	-	-	1	2	-
C － 2	409	22	32	40	33	42	42	25	27	36	37	31	42
C － 1	103	5	9	12	11	7	5	7	10	11	7	10	9

2 月別規格別取引成立頭数・価格（食肉卸売市場別）（続き）
(8) 乳牛去勢（続き）
　ア　枝肉の取引成立頭数（続き）

単位：頭

市場・規格	平成29年計	1月	2月	3月	4月	5月	6月	7月	8月	9月	10月	11月	12月
指定市場計	13,862	1,024	1,155	1,345	1,191	1,159	1,236	1,219	1,100	1,047	1,038	1,126	1,222
A － 5	-	-	-	-	-	-	-	-	-	-	-	-	-
A － 4	-	-	-	-	-	-	-	-	-	-	-	-	-
A － 3	-	-	-	-	-	-	-	-	-	-	-	-	-
A － 2	-	-	-	-	-	-	-	-	-	-	-	-	-
A － 1	-	-	-	-	-	-	-	-	-	-	-	-	-
B － 5	-	-	-	-	-	-	-	-	-	-	-	-	-
B － 4	-	-	-	-	-	-	-	-	-	-	-	-	-
B － 3	188	12	17	17	16	15	21	16	15	13	10	17	19
B － 2	5,830	440	532	579	574	540	587	501	453	410	372	387	455
B － 1	106	7	10	18	5	5	8	9	3	12	10	8	11
C － 5	-	-	-	-	-	-	-	-	-	-	-	-	-
C － 4	-	-	-	-	-	-	-	-	-	-	-	-	-
C － 3	158	12	9	9	16	13	19	11	18	11	11	20	9
C － 2	7,163	524	552	667	543	554	570	648	573	570	604	662	696
C － 1	417	29	35	55	37	32	31	34	38	31	31	32	32
茨　　城	44	3	2	2	4	4	1	6	4	7	3	7	1
A － 5	-	-	-	-	-	-	-	-	-	-	-	-	-
A － 4	-	-	-	-	-	-	-	-	-	-	-	-	-
A － 3	-	-	-	-	-	-	-	-	-	-	-	-	-
A － 2	-	-	-	-	-	-	-	-	-	-	-	-	-
A － 1	-	-	-	-	-	-	-	-	-	-	-	-	-
B － 5	-	-	-	-	-	-	-	-	-	-	-	-	-
B － 4	-	-	-	-	-	-	-	-	-	-	-	-	-
B － 3	4	1	-	-	-	1	-	-	1	-	-	1	-
B － 2	14	2	1	-	-	-	-	-	2	4	3	1	1
B － 1	4	-	1	1	-	-	1	1	-	-	-	-	-
C － 5	-	-	-	-	-	-	-	-	-	-	-	-	-
C － 4	-	-	-	-	-	-	-	-	-	-	-	-	-
C － 3	-	-	-	-	-	-	-	-	-	-	-	-	-
C － 2	13	-	-	1	3	2	-	3	-	1	-	3	-
C － 1	9	-	-	-	1	1	-	2	1	2	-	2	-
宇　都　宮	631	48	52	61	59	49	48	61	48	48	48	48	61
A － 5	-	-	-	-	-	-	-	-	-	-	-	-	-
A － 4	-	-	-	-	-	-	-	-	-	-	-	-	-
A － 3	-	-	-	-	-	-	-	-	-	-	-	-	-
A － 2	-	-	-	-	-	-	-	-	-	-	-	-	-
A － 1	-	-	-	-	-	-	-	-	-	-	-	-	-
B － 5	-	-	-	-	-	-	-	-	-	-	-	-	-
B － 4	-	-	-	-	-	-	-	-	-	-	-	-	-
B － 3	54	3	3	5	3	3	7	7	7	5	3	3	5
B － 2	409	30	31	39	45	30	30	40	27	31	28	30	48
B － 1	1	-	-	-	-	-	-	-	-	-	-	1	-
C － 5	-	-	-	-	-	-	-	-	-	-	-	-	-
C － 4	-	-	-	-	-	-	-	-	-	-	-	-	-
C － 3	12	2	2	-	1	2	-	1	-	1	1	2	-
C － 2	155	13	16	17	10	14	11	13	14	11	16	12	8
C － 1	-	-	-	-	-	-	-	-	-	-	-	-	-

単位：頭

市場・規格	平成29年計	1月	2月	3月	4月	5月	6月	7月	8月	9月	10月	11月	12月
群　馬	5	1	-	1	2	1	-	-	-	-	-	-	-
A － 5	-	-	-	-	-	-	-	-	-	-	-	-	-
A － 4	-	-	-	-	-	-	-	-	-	-	-	-	-
A － 3	-	-	-	-	-	-	-	-	-	-	-	-	-
A － 2	-	-	-	-	-	-	-	-	-	-	-	-	-
A － 1	-	-	-	-	-	-	-	-	-	-	-	-	-
B － 5	-	-	-	-	-	-	-	-	-	-	-	-	-
B － 4	-	-	-	-	-	-	-	-	-	-	-	-	-
B － 3	-	-	-	-	-	-	-	-	-	-	-	-	-
B － 2	1	-	-	-	1	-	-	-	-	-	-	-	-
B － 1	-	-	-	-	-	-	-	-	-	-	-	-	-
C － 5	-	-	-	-	-	-	-	-	-	-	-	-	-
C － 4	-	-	-	-	-	-	-	-	-	-	-	-	-
C － 3	-	-	-	-	-	-	-	-	-	-	-	-	-
C － 2	2	1	-	-	1	-	-	-	-	-	-	-	-
C － 1	2	-	-	1	-	1	-	-	-	-	-	-	-
川　口	-	-	-	-	-	-	-	-	-	-	-	-	-
A － 5	-	-	-	-	-	-	-	-	-	-	-	-	-
A － 4	-	-	-	-	-	-	-	-	-	-	-	-	-
A － 3	-	-	-	-	-	-	-	-	-	-	-	-	-
A － 2	-	-	-	-	-	-	-	-	-	-	-	-	-
A － 1	-	-	-	-	-	-	-	-	-	-	-	-	-
B － 5	-	-	-	-	-	-	-	-	-	-	-	-	-
B － 4	-	-	-	-	-	-	-	-	-	-	-	-	-
B － 3	-	-	-	-	-	-	-	-	-	-	-	-	-
B － 2	-	-	-	-	-	-	-	-	-	-	-	-	-
B － 1	-	-	-	-	-	-	-	-	-	-	-	-	-
C － 5	-	-	-	-	-	-	-	-	-	-	-	-	-
C － 4	-	-	-	-	-	-	-	-	-	-	-	-	-
C － 3	-	-	-	-	-	-	-	-	-	-	-	-	-
C － 2	-	-	-	-	-	-	-	-	-	-	-	-	-
C － 1	-	-	-	-	-	-	-	-	-	-	-	-	-
山　梨	20	1	2	-	-	-	3	8	1	-	-	5	-
A － 5	-	-	-	-	-	-	-	-	-	-	-	-	-
A － 4	-	-	-	-	-	-	-	-	-	-	-	-	-
A － 3	-	-	-	-	-	-	-	-	-	-	-	-	-
A － 2	-	-	-	-	-	-	-	-	-	-	-	-	-
A － 1	-	-	-	-	-	-	-	-	-	-	-	-	-
B － 5	-	-	-	-	-	-	-	-	-	-	-	-	-
B － 4	-	-	-	-	-	-	-	-	-	-	-	-	-
B － 3	-	-	-	-	-	-	-	-	-	-	-	-	-
B － 2	3	1	-	-	-	-	-	-	-	-	-	2	-
B － 1	1	-	-	-	-	-	-	-	-	-	-	1	-
C － 5	-	-	-	-	-	-	-	-	-	-	-	-	-
C － 4	-	-	-	-	-	-	-	-	-	-	-	-	-
C － 3	-	-	-	-	-	-	-	-	-	-	-	-	-
C － 2	3	-	-	1	-	-	-	-	-	-	-	2	-
C － 1	13	-	1	-	-	-	3	8	1	-	-	-	-

2　月別規格別取引成立頭数・価格（食肉卸売市場別）（続き）
(8)　乳牛去勢（続き）
####　　ア　枝肉の取引成立頭数（続き）

単位：頭

市場・規格	平成29年計	1 月	2 月	3 月	4 月	5 月	6 月	7 月	8 月	9 月	10 月	11 月	12 月
岐　　阜	-	-	-	-	-	-	-	-	-	-	-	-	-
A － 5	-	-	-	-	-	-	-	-	-	-	-	-	-
A － 4	-	-	-	-	-	-	-	-	-	-	-	-	-
A － 3	-	-	-	-	-	-	-	-	-	-	-	-	-
A － 2	-	-	-	-	-	-	-	-	-	-	-	-	-
A － 1	-	-	-	-	-	-	-	-	-	-	-	-	-
B － 5	-	-	-	-	-	-	-	-	-	-	-	-	-
B － 4	-	-	-	-	-	-	-	-	-	-	-	-	-
B － 3	-	-	-	-	-	-	-	-	-	-	-	-	-
B － 2	-	-	-	-	-	-	-	-	-	-	-	-	-
B － 1	-	-	-	-	-	-	-	-	-	-	-	-	-
C － 5	-	-	-	-	-	-	-	-	-	-	-	-	-
C － 4	-	-	-	-	-	-	-	-	-	-	-	-	-
C － 3	-	-	-	-	-	-	-	-	-	-	-	-	-
C － 2	-	-	-	-	-	-	-	-	-	-	-	-	-
C － 1	-	-	-	-	-	-	-	-	-	-	-	-	-
浜　　松	189	8	18	20	16	15	16	15	14	14	22	15	16
A － 5	-	-	-	-	-	-	-	-	-	-	-	-	-
A － 4	-	-	-	-	-	-	-	-	-	-	-	-	-
A － 3	-	-	-	-	-	-	-	-	-	-	-	-	-
A － 2	-	-	-	-	-	-	-	-	-	-	-	-	-
A － 1	-	-	-	-	-	-	-	-	-	-	-	-	-
B － 5	-	-	-	-	-	-	-	-	-	-	-	-	-
B － 4	-	-	-	-	-	-	-	-	-	-	-	-	-
B － 3	4	-	-	-	-	1	1	-	-	-	-	1	1
B － 2	132	3	15	19	8	10	12	9	8	13	15	10	10
B － 1	-	-	-	-	-	-	-	-	-	-	-	-	-
C － 5	-	-	-	-	-	-	-	-	-	-	-	-	-
C － 4	-	-	-	-	-	-	-	-	-	-	-	-	-
C － 3	2	-	-	1	-	-	-	-	-	-	-	1	-
C － 2	48	4	3	1	6	3	3	6	6	1	7	3	5
C － 1	3	1	-	-	1	1	-	-	-	-	-	-	-
東 三 河	989	70	70	82	68	79	81	94	95	77	98	94	81
A － 5	-	-	-	-	-	-	-	-	-	-	-	-	-
A － 4	-	-	-	-	-	-	-	-	-	-	-	-	-
A － 3	-	-	-	-	-	-	-	-	-	-	-	-	-
A － 2	-	-	-	-	-	-	-	-	-	-	-	-	-
A － 1	-	-	-	-	-	-	-	-	-	-	-	-	-
B － 5	-	-	-	-	-	-	-	-	-	-	-	-	-
B － 4	-	-	-	-	-	-	-	-	-	-	-	-	-
B － 3	21	2	8	2	-	1	1	-	2	-	-	1	4
B － 2	632	51	43	43	46	52	54	60	68	47	61	55	52
B － 1	1	-	-	-	-	-	1	-	-	-	-	-	-
C － 5	-	-	-	-	-	-	-	-	-	-	-	-	-
C － 4	-	-	-	-	-	-	-	-	-	-	-	-	-
C － 3	9	-	-	1	2	1	1	-	-	-	1	3	-
C － 2	305	16	18	33	20	23	25	30	25	26	34	32	23
C － 1	21	1	1	3	-	3	-	2	2	2	2	3	2

単位：頭

市場・規格	平成29年計	1月	2月	3月	4月	5月	6月	7月	8月	9月	10月	11月	12月
四 日 市	169	16	8	25	11	7	16	18	11	9	5	14	29
A － 5	-	-	-	-	-	-	-	-	-	-	-	-	-
A － 4	-	-	-	-	-	-	-	-	-	-	-	-	-
A － 3	-	-	-	-	-	-	-	-	-	-	-	-	-
A － 2	-	-	-	-	-	-	-	-	-	-	-	-	-
A － 1	-	-	-	-	-	-	-	-	-	-	-	-	-
B － 5	-	-	-	-	-	-	-	-	-	-	-	-	-
B － 4	-	-	-	-	-	-	-	-	-	-	-	-	-
B － 3	1	-	-	-	-	-	-	-	-	-	-	-	1
B － 2	53	4	1	10	2	3	6	11	2	4	2	2	6
B － 1	3	-	-	-	1	-	-	1	-	-	-	-	1
C － 5	-	-	-	-	-	-	-	-	-	-	-	-	-
C － 4	-	-	-	-	-	-	-	-	-	-	-	-	-
C － 3	-	-	-	-	-	-	-	-	-	-	-	-	-
C － 2	95	12	6	15	6	3	8	4	7	2	3	11	18
C － 1	17	-	1	-	2	1	2	2	2	3	-	1	3
南 大 阪	-	-	-	-	-	-	-	-	-	-	-	-	-
A － 5	-	-	-	-	-	-	-	-	-	-	-	-	-
A － 4	-	-	-	-	-	-	-	-	-	-	-	-	-
A － 3	-	-	-	-	-	-	-	-	-	-	-	-	-
A － 2	-	-	-	-	-	-	-	-	-	-	-	-	-
A － 1	-	-	-	-	-	-	-	-	-	-	-	-	-
B － 5	-	-	-	-	-	-	-	-	-	-	-	-	-
B － 4	-	-	-	-	-	-	-	-	-	-	-	-	-
B － 3	-	-	-	-	-	-	-	-	-	-	-	-	-
B － 2	-	-	-	-	-	-	-	-	-	-	-	-	-
B － 1	-	-	-	-	-	-	-	-	-	-	-	-	-
C － 5	-	-	-	-	-	-	-	-	-	-	-	-	-
C － 4	-	-	-	-	-	-	-	-	-	-	-	-	-
C － 3	-	-	-	-	-	-	-	-	-	-	-	-	-
C － 2	-	-	-	-	-	-	-	-	-	-	-	-	-
C － 1	-	-	-	-	-	-	-	-	-	-	-	-	-
姫 路	4,675	225	278	244	234	315	454	510	445	420	466	530	554
A － 5	-	-	-	-	-	-	-	-	-	-	-	-	-
A － 4	-	-	-	-	-	-	-	-	-	-	-	-	-
A － 3	-	-	-	-	-	-	-	-	-	-	-	-	-
A － 2	-	-	-	-	-	-	-	-	-	-	-	-	-
A － 1	-	-	-	-	-	-	-	-	-	-	-	-	-
B － 5	-	-	-	-	-	-	-	-	-	-	-	-	-
B － 4	-	-	-	-	-	-	-	-	-	-	-	-	-
B － 3	37	1	3	2	4	3	4	4	4	3	3	2	4
B － 2	1,693	109	155	121	116	153	195	152	144	117	129	144	158
B － 1	34	-	4	3	-	1	2	-	-	9	6	4	5
C － 5	-	-	-	-	-	-	-	-	-	-	-	-	-
C － 4	-	-	-	-	-	-	-	-	-	-	-	-	-
C － 3	70	2	1	-	4	4	12	7	15	7	5	9	4
C － 2	2,677	109	106	106	102	145	228	336	264	269	301	347	364
C － 1	164	4	9	12	8	9	13	11	18	15	22	24	19

2　月別規格別取引成立頭数・価格（食肉卸売市場別）（続き）
(8)　乳牛去勢（続き）
ア　枝肉の取引成立頭数（続き）

単位：頭

市場・規格	平成29年計	1月	2月	3月	4月	5月	6月	7月	8月	9月	10月	11月	12月
加 古 川	325	37	65	116	77	26	1	1	-	-	-	2	-
A － 5	-	-	-	-	-	-	-	-	-	-	-	-	-
A － 4	-	-	-	-	-	-	-	-	-	-	-	-	-
A － 3	-	-	-	-	-	-	-	-	-	-	-	-	-
A － 2	-	-	-	-	-	-	-	-	-	-	-	-	-
A － 1	-	-	-	-	-	-	-	-	-	-	-	-	-
B － 5	-	-	-	-	-	-	-	-	-	-	-	-	-
B － 4	-	-	-	-	-	-	-	-	-	-	-	-	-
B － 3	3	-	-	1	-	2	-	-	-	-	-	-	-
B － 2	94	12	14	26	30	9	-	1	-	-	-	2	-
B － 1	7	2	-	3	2	-	-	-	-	-	-	-	-
C － 5	-	-	-	-	-	-	-	-	-	-	-	-	-
C － 4	-	-	-	-	-	-	-	-	-	-	-	-	-
C － 3	5	1	-	2	2	-	-	-	-	-	-	-	-
C － 2	189	18	46	73	40	12	-	-	-	-	-	-	-
C － 1	27	4	5	11	3	3	1	-	-	-	-	-	-
西 　 宮	2,091	301	302	406	309	292	176	115	90	100	-	-	-
A － 5	-	-	-	-	-	-	-	-	-	-	-	-	-
A － 4	-	-	-	-	-	-	-	-	-	-	-	-	-
A － 3	-	-	-	-	-	-	-	-	-	-	-	-	-
A － 2	-	-	-	-	-	-	-	-	-	-	-	-	-
A － 1	-	-	-	-	-	-	-	-	-	-	-	-	-
B － 5	-	-	-	-	-	-	-	-	-	-	-	-	-
B － 4	-	-	-	-	-	-	-	-	-	-	-	-	-
B － 3	7	-	1	2	1	1	1	-	-	1	-	-	-
B － 2	877	93	115	160	139	132	94	63	40	41	-	-	-
B － 1	24	3	4	7	1	-	4	3	-	2	-	-	-
C － 5	-	-	-	-	-	-	-	-	-	-	-	-	-
C － 4	-	-	-	-	-	-	-	-	-	-	-	-	-
C － 3	11	3	1	3	2	-	2	-	-	-	-	-	-
C － 2	1,071	187	170	212	152	150	65	44	43	48	-	-	-
C － 1	101	15	11	22	14	9	10	5	7	8	-	-	-
岡 　 山	1,403	84	107	107	122	102	128	105	122	100	109	117	200
A － 5	-	-	-	-	-	-	-	-	-	-	-	-	-
A － 4	-	-	-	-	-	-	-	-	-	-	-	-	-
A － 3	-	-	-	-	-	-	-	-	-	-	-	-	-
A － 2	-	-	-	-	-	-	-	-	-	-	-	-	-
A － 1	-	-	-	-	-	-	-	-	-	-	-	-	-
B － 5	-	-	-	-	-	-	-	-	-	-	-	-	-
B － 4	-	-	-	-	-	-	-	-	-	-	-	-	-
B － 3	15	3	-	3	2	1	2	1	1	-	-	2	-
B － 2	409	20	44	32	38	45	45	40	35	28	23	21	38
B － 1	3	-	-	1	-	-	1	-	-	-	1	-	-
C － 5	-	-	-	-	-	-	-	-	-	-	-	-	-
C － 4	-	-	-	-	-	-	-	-	-	-	-	-	-
C － 3	22	2	1	1	-	1	3	2	3	1	1	3	4
C － 2	932	57	59	69	81	52	76	60	81	71	82	90	154
C － 1	22	2	3	1	1	3	1	2	2	-	2	1	4

単位：頭

市場・規格	平成29年計	1 月	2 月	3 月	4 月	5 月	6 月	7 月	8 月	9 月	10 月	11 月	12 月
坂出	1,631	140	135	134	139	141	139	123	143	133	135	134	135
A － 5	－	－	－	－	－	－	－	－	－	－	－	－	－
A － 4	－	－	－	－	－	－	－	－	－	－	－	－	－
A － 3	－	－	－	－	－	－	－	－	－	－	－	－	－
A － 2	－	－	－	－	－	－	－	－	－	－	－	－	－
A － 1	－	－	－	－	－	－	－	－	－	－	－	－	－
B － 5	－	－	－	－	－	－	－	－	－	－	－	－	－
B － 4	－	－	－	－	－	－	－	－	－	－	－	－	－
B － 3	29	1	1	2	4	2	5	2	1	1	3	5	2
B － 2	777	80	71	60	70	53	63	57	67	55	53	62	86
B － 1	22	1	1	3	1	3	－	3	3	1	1	2	3
C － 5	－	－	－	－	－	－	－	－	－	－	－	－	－
C － 4	－	－	－	－	－	－	－	－	－	－	－	－	－
C － 3	18	1	3	2	4	3	－	－	－	2	1	1	1
C － 2	770	57	56	65	58	79	70	60	70	74	76	63	42
C － 1	15	－	3	2	2	1	1	1	2	－	1	1	1
愛媛	－	－	－	－	－	－	－	－	－	－	－	－	－
A － 5	－	－	－	－	－	－	－	－	－	－	－	－	－
A － 4	－	－	－	－	－	－	－	－	－	－	－	－	－
A － 3	－	－	－	－	－	－	－	－	－	－	－	－	－
A － 2	－	－	－	－	－	－	－	－	－	－	－	－	－
A － 1	－	－	－	－	－	－	－	－	－	－	－	－	－
B － 5	－	－	－	－	－	－	－	－	－	－	－	－	－
B － 4	－	－	－	－	－	－	－	－	－	－	－	－	－
B － 3	－	－	－	－	－	－	－	－	－	－	－	－	－
B － 2	－	－	－	－	－	－	－	－	－	－	－	－	－
B － 1	－	－	－	－	－	－	－	－	－	－	－	－	－
C － 5	－	－	－	－	－	－	－	－	－	－	－	－	－
C － 4	－	－	－	－	－	－	－	－	－	－	－	－	－
C － 3	－	－	－	－	－	－	－	－	－	－	－	－	－
C － 2	－	－	－	－	－	－	－	－	－	－	－	－	－
C － 1	－	－	－	－	－	－	－	－	－	－	－	－	－
佐世保	1,690	90	116	147	150	128	173	163	127	139	152	160	145
A － 5	－	－	－	－	－	－	－	－	－	－	－	－	－
A － 4	－	－	－	－	－	－	－	－	－	－	－	－	－
A － 3	－	－	－	－	－	－	－	－	－	－	－	－	－
A － 2	－	－	－	－	－	－	－	－	－	－	－	－	－
A － 1	－	－	－	－	－	－	－	－	－	－	－	－	－
B － 5	－	－	－	－	－	－	－	－	－	－	－	－	－
B － 4	－	－	－	－	－	－	－	－	－	－	－	－	－
B － 3	13	1	1	－	2	1	－	1	1	1	1	2	2
B － 2	736	35	42	69	79	53	88	68	60	70	58	58	56
B － 1	6	1	－	－	－	1	－	－	－	－	2	－	2
C － 5	－	－	－	－	－	－	－	－	－	－	－	－	－
C － 4	－	－	－	－	－	－	－	－	－	－	－	－	－
C － 3	9	1	1	－	－	2	1	1	－	－	2	1	－
C － 2	903	50	71	75	64	71	84	92	63	67	85	99	82
C － 1	23	2	1	3	5	－	－	1	3	1	4	－	3

2 月別規格別取引成立頭数・価格（食肉卸売市場別）（続き）
(8) 乳牛去勢（続き）
ア 枝肉の取引成立頭数（続き）

単位：頭

市場・規格	平成29年計	1 月	2 月	3 月	4 月	5 月	6 月	7 月	8 月	9 月	10 月	11 月	12 月
熊　　本		-		-		-		-		-		-	
A - 5	-	-	-	-	-	-	-	-	-	-	-	-	-
A - 4	-	-	-	-	-	-	-	-	-	-	-	-	-
A - 3	-	-	-	-	-	-	-	-	-	-	-	-	-
A - 2	-	-	-	-	-	-	-	-	-	-	-	-	-
A - 1	-	-	-	-	-	-	-	-	-	-	-	-	-
B - 5	-	-	-	-	-	-	-	-	-	-	-	-	-
B - 4	-	-	-	-	-	-	-	-	-	-	-	-	-
B - 3	-	-	-	-	-	-	-	-	-	-	-	-	-
B - 2	-	-	-	-	-	-	-	-	-	-	-	-	-
B - 1	-	-	-	-	-	-	-	-	-	-	-	-	-
C - 5	-	-	-	-	-	-	-	-	-	-	-	-	-
C - 4	-	-	-	-	-	-	-	-	-	-	-	-	-
C - 3	-	-	-	-	-	-	-	-	-	-	-	-	-
C - 2	-	-	-	-	-	-	-	-	-	-	-	-	-
C - 1	-	-	-	-	-	-	-	-	-	-	-	-	-

イ　枝肉の1kg当たり卸売価格

単位：円

市場・規格	平成29年計	1 月	2 月	3 月	4 月	5 月	6 月	7 月	8 月	9 月	10 月	11 月	12 月
合　　　計	1,051	1,051	1,035	1,007	1,069	1,044	1,056	1,056	1,045	1,036	1,059	1,076	1,088
A － 5	－	－	－	－	－	－	－	－	－	－	－	－	－
A － 4	－	－	－	－	－	－	－	－	－	－	－	－	－
A － 3	－	－	－	－	－	－	－	－	－	－	－	－	－
A － 2	－	－	－	－	－	－	－	－	－	－	－	－	－
A － 1	－	－	－	－	－	－	－	－	－	－	－	－	－
B － 5	－	－	－	－	－	－	－	－	－	－	－	－	－
B － 4	1,370	－	－	－	－	－	－	－	－	1,291	－	－	1,459
B － 3	1,111	1,124	1,109	1,078	1,149	1,113	1,119	1,117	1,072	1,083	1,105	1,105	1,144
B － 2	1,056	1,064	1,039	1,016	1,072	1,054	1,058	1,058	1,043	1,037	1,063	1,088	1,095
B － 1	903	969	877	857	914	985	880	823	1,027	894	978	899	941
C － 5	－	－	－	－	－	－	－	－	－	－	－	－	－
C － 4	1,150	－	－	1,150	－	－	－	－	－	－	－	－	－
C － 3	1,128	1,093	1,135	1,102	1,130	1,125	1,135	1,132	1,163	1,120	1,100	1,152	1,117
C － 2	1,055	1,049	1,037	1,011	1,071	1,040	1,060	1,066	1,051	1,043	1,065	1,077	1,091
C － 1	832	815	857	816	909	807	818	770	833	836	847	816	856
中央市場計	1,009	1,006	1,007	964	1,041	1,003	1,018	1,009	989	992	1,016	1,031	1,042
A － 5	－	－	－	－	－	－	－	－	－	－	－	－	－
A － 4	－	－	－	－	－	－	－	－	－	－	－	－	－
A － 3	－	－	－	－	－	－	－	－	－	－	－	－	－
A － 2	－	－	－	－	－	－	－	－	－	－	－	－	－
A － 1	－	－	－	－	－	－	－	－	－	－	－	－	－
B － 5	－	－	－	－	－	－	－	－	－	－	－	－	－
B － 4	1,370	－	－	－	－	－	－	－	－	1,291	－	－	1,459
B － 3	1,152	1,199	1,115	1,087	1,199	1,152	1,167	1,184	1,110	1,095	1,141	1,156	1,187
B － 2	1,028	1,042	1,018	982	1,048	1,022	1,030	1,032	1,003	1,010	1,042	1,066	1,080
B － 1	739	827	811	686	718	643	796	760	－	781	832	770	305
C － 5	－	－	－	－	－	－	－	－	－	－	－	－	－
C － 4	1,150	－	－	1,150	－	－	－	－	－	－	－	－	－
C － 3	1,137	1,079	1,215	1,139	1,152	1,127	1,143	1,134	1,170	1,128	1,097	1,159	1,153
C － 2	996	985	1,002	955	1,035	986	1,006	997	979	979	1,005	1,010	1,023
C － 1	677	627	732	666	803	718	657	613	600	701	601	666	734
仙　　　台	822	562	866	606	974	766	890	618	913	897	910	889	827
A － 5	－	－	－	－	－	－	－	－	－	－	－	－	－
A － 4	－	－	－	－	－	－	－	－	－	－	－	－	－
A － 3	－	－	－	－	－	－	－	－	－	－	－	－	－
A － 2	－	－	－	－	－	－	－	－	－	－	－	－	－
A － 1	－	－	－	－	－	－	－	－	－	－	－	－	－
B － 5	－	－	－	－	－	－	－	－	－	－	－	－	－
B － 4	－	－	－	－	－	－	－	－	－	－	－	－	－
B － 3	1,061	－	1,065	－	－	－	－	－	－	1,054	－	－	－
B － 2	866	545	817	628	972	922	904	962	963	786	902	1,004	973
B － 1	－	－	－	－	－	－	－	－	－	－	－	－	－
C － 5	－	－	－	－	－	－	－	－	－	－	－	－	－
C － 4	－	－	－	－	－	－	－	－	－	－	－	－	－
C － 3	－	－	－	－	－	－	－	－	－	－	－	－	－
C － 2	749	568	816	550	982	425	839	567	866	－	914	784	657
C － 1	378	－	－	－	－	－	－	－	378	－	－	－	－

－ 331 －

2　月別規格別取引成立頭数・価格（食肉卸売市場別）（続き）
(8)　乳牛去勢（続き）
イ　枝肉の1kg当たり卸売価格（続き）

単位：円

市場・規格	平成29年計	1 月	2 月	3 月	4 月	5 月	6 月	7 月	8 月	9 月	10 月	11 月	12 月
さ　い　た　ま	827	884	871	841	783	807	908	838	748	797	829	805	716
A － 5	-	-	-	-	-	-	-	-	-	-	-	-	-
A － 4	-	-	-	-	-	-	-	-	-	-	-	-	-
A － 3	-	-	-	-	-	-	-	-	-	-	-	-	-
A － 2	-	-	-	-	-	-	-	-	-	-	-	-	-
A － 1	-	-	-	-	-	-	-	-	-	-	-	-	-
B － 5	-	-	-	-	-	-	-	-	-	-	-	-	-
B － 4	-	-	-	-	-	-	-	-	-	-	-	-	-
B － 3	1,010	-	-	1,001	-	-	1,015	-	-	-	-	-	-
B － 2	925	1,083	1,029	909	830	896	968	933	697	-	838	915	933
B － 1	694	702	744	759	608	643	-	712	-	-	-	-	-
C － 5	-	-	-	-	-	-	-	-	-	-	-	-	-
C － 4	-	-	-	-	-	-	-	-	-	-	-	-	-
C － 3	749	-	-	-	-	-	-	749	-	-	-	-	-
C － 2	800	774	684	779	771	840	908	890	796	797	850	783	662
C － 1	507	580	544	573	-	393	542	449	491	-	425	-	-
東　　　京	960	934	965	906	1,017	969	978	968	928	916	979	989	1,000
A － 5	-	-	-	-	-	-	-	-	-	-	-	-	-
A － 4	-	-	-	-	-	-	-	-	-	-	-	-	-
A － 3	-	-	-	-	-	-	-	-	-	-	-	-	-
A － 2	-	-	-	-	-	-	-	-	-	-	-	-	-
A － 1	-	-	-	-	-	-	-	-	-	-	-	-	-
B － 5	-	-	-	-	-	-	-	-	-	-	-	-	-
B － 4	-	-	-	-	-	-	-	-	-	-	-	-	-
B － 3	1,069	1,229	1,065	1,084	-	979	1,181	1,058	1,061	974	1,060	1,032	1,117
B － 2	989	989	978	945	1,022	986	994	994	957	957	1,014	1,018	1,059
B － 1	645	-	-	590	-	-	-	652	-	-	882	-	540
C － 5	-	-	-	-	-	-	-	-	-	-	-	-	-
C － 4	-	-	-	-	-	-	-	-	-	-	-	-	-
C － 3	1,030	958	-	1,098	1,143	-	1,077	-	-	1,020	-	1,047	1,082
C － 2	927	892	933	860	1,014	936	950	940	905	864	954	975	952
C － 1	540	472	-	618	711	646	483	701	503	596	506	540	440
横　　　浜	870	768	818	899	963	811	925	957	872	734	942	835	979
A － 5	-	-	-	-	-	-	-	-	-	-	-	-	-
A － 4	-	-	-	-	-	-	-	-	-	-	-	-	-
A － 3	-	-	-	-	-	-	-	-	-	-	-	-	-
A － 2	-	-	-	-	-	-	-	-	-	-	-	-	-
A － 1	-	-	-	-	-	-	-	-	-	-	-	-	-
B － 5	-	-	-	-	-	-	-	-	-	-	-	-	-
B － 4	-	-	-	-	-	-	-	-	-	-	-	-	-
B － 3	1,047	-	-	1,031	-	-	-	1,032	-	-	-	-	1,081
B － 2	907	873	842	902	955	837	979	1,013	899	694	940	963	1,002
B － 1	677	-	-	-	-	-	720	-	-	539	-	-	-
C － 5	-	-	-	-	-	-	-	-	-	-	-	-	-
C － 4	1,150	-	-	1,150	-	-	-	-	-	-	-	-	-
C － 3	1,015	-	-	1,027	-	985	-	-	-	-	1,040	-	-
C － 2	858	756	802	882	976	802	939	901	857	757	936	822	987
C － 1	657	-	755	837	682	700	489	-	-	-	-	-	497

単位：円

市場・規格	平成29年計	1月	2月	3月	4月	5月	6月	7月	8月	9月	10月	11月	12月
名 古 屋	1,148	1,147	1,141	1,152	1,155	1,154	1,153	1,143	1,143	1,139	1,139	1,150	1,152
A － 5	－	－	－	－	－	－	－	－	－	－	－	－	－
A － 4	－	－	－	－	－	－	－	－	－	－	－	－	－
A － 3	－	－	－	－	－	－	－	－	－	－	－	－	－
A － 2	－	－	－	－	－	－	－	－	－	－	－	－	－
A － 1	－	－	－	－	－	－	－	－	－	－	－	－	－
B － 5	－	－	－	－	－	－	－	－	－	－	－	－	－
B － 4	1,291	－	－	－	－	－	－	－	－	1,291	－	－	－
B － 3	1,221	1,238	1,226	1,199	1,219	1,216	1,227	1,233	1,193	1,228	1,199	1,218	1,233
B － 2	1,144	1,121	1,136	1,143	1,146	1,151	1,147	1,141	1,143	1,138	1,146	1,146	1,154
B － 1	－	－	－	－	－	－	－	－	－	－	－	－	－
C － 5	－	－	－	－	－	－	－	－	－	－	－	－	－
C － 4	－	－	－	－	－	－	－	－	－	－	－	－	－
C － 3	1,210	1,224	1,215	1,228	1,221	1,214	1,198	1,210	1,208	1,214	1,202	1,196	1,215
C － 2	1,139	1,152	1,143	1,151	1,145	1,144	1,136	1,139	1,128	1,123	1,126	1,137	1,140
C － 1	683	757	702	－	863	－	－	459	－	－	－	－	－
京 都	871	－	982	815	－	－	878	863	741	929	865	985	－
A － 5	－	－	－	－	－	－	－	－	－	－	－	－	－
A － 4	－	－	－	－	－	－	－	－	－	－	－	－	－
A － 3	－	－	－	－	－	－	－	－	－	－	－	－	－
A － 2	－	－	－	－	－	－	－	－	－	－	－	－	－
A － 1	－	－	－	－	－	－	－	－	－	－	－	－	－
B － 5	－	－	－	－	－	－	－	－	－	－	－	－	－
B － 4	－	－	－	－	－	－	－	－	－	－	－	－	－
B － 3	－	－	－	－	－	－	－	－	－	－	－	－	－
B － 2	884	－	982	815	－	－	948	863	755	929	865	979	－
B － 1	－	－	－	－	－	－	－	－	－	－	－	－	－
C － 5	－	－	－	－	－	－	－	－	－	－	－	－	－
C － 4	－	－	－	－	－	－	－	－	－	－	－	－	－
C － 3	－	－	－	－	－	－	－	－	－	－	－	－	－
C － 2	788	－	－	－	－	－	542	－	702	－	－	990	－
C － 1	－	－	－	－	－	－	－	－	－	－	－	－	－
大 阪	970	1,042	975	1,023	1,005	986	934	903	946	928	965	992	953
A － 5	－	－	－	－	－	－	－	－	－	－	－	－	－
A － 4	－	－	－	－	－	－	－	－	－	－	－	－	－
A － 3	－	－	－	－	－	－	－	－	－	－	－	－	－
A － 2	－	－	－	－	－	－	－	－	－	－	－	－	－
A － 1	－	－	－	－	－	－	－	－	－	－	－	－	－
B － 5	－	－	－	－	－	－	－	－	－	－	－	－	－
B － 4	－	－	－	－	－	－	－	－	－	－	－	－	－
B － 3	1,085	－	－	1,079	－	－	－	－	－	1,090	－	－	－
B － 2	1,009	1,097	980	1,019	1,023	1,002	988	956	989	1,003	999	899	1,118
B － 1	668	－	－	－	－	－	－	971	－	740	－	749	110
C － 5	－	－	－	－	－	－	－	－	－	－	－	－	－
C － 4	－	－	－	－	－	－	－	－	－	－	－	－	－
C － 3	1,159	－	－	1,246	－	－	－	－	－	1,070	－	－	－
C － 2	993	1,029	1,012	1,030	1,008	1,016	968	936	959	981	976	1,020	981
C － 1	779	－	655	858	840	838	737	619	707	677	762	934	922

2 月別規格別取引成立頭数・価格（食肉卸売市場別）（続き）

(8) 乳牛去勢（続き）

イ 枝肉の1kg当たり卸売価格（続き）

単位：円

市場・規格	平成29年計	1月	2月	3月	4月	5月	6月	7月	8月	9月	10月	11月	12月
神　戸	-	-	-	-	-	-	-	-	-	-	-	-	-
A － 5	-	-	-	-	-	-	-	-	-	-	-	-	-
A － 4	-	-	-	-	-	-	-	-	-	-	-	-	-
A － 3	-	-	-	-	-	-	-	-	-	-	-	-	-
A － 2	-	-	-	-	-	-	-	-	-	-	-	-	-
A － 1	-	-	-	-	-	-	-	-	-	-	-	-	-
B － 5	-	-	-	-	-	-	-	-	-	-	-	-	-
B － 4	-	-	-	-	-	-	-	-	-	-	-	-	-
B － 3													
B － 2													
B － 1													
C － 5	-	-	-	-	-	-	-	-	-	-	-	-	-
C － 4	-	-	-	-	-	-	-	-	-	-	-	-	-
C － 3													
C － 2													
C － 1													
広　島	1,036	1,070	1,046	1,001	1,052	1,045	1,017	1,025	1,020	1,007	1,045	1,050	1,069
A － 5	-	-	-	-	-	-	-	-	-	-	-	-	-
A － 4	-	-	-	-	-	-	-	-	-	-	-	-	-
A － 3	-	-	-	-	-	-	-	-	-	-	-	-	-
A － 2	-	-	-	-	-	-	-	-	-	-	-	-	-
A － 1	-	-	-	-	-	-	-	-	-	-	-	-	-
B － 5	-	-	-	-	-	-	-	-	-	-	-	-	-
B － 4	-	-	-	-	-	-	-	-	-	-	-	-	-
B － 3	1,101	1,145	-	1,069	1,128	1,106	-	1,112	1,078	1,069	1,097	1,097	1,091
B － 2	1,044	1,079	1,060	1,012	1,056	1,052	1,022	1,030	1,029	1,011	1,054	1,070	1,076
B － 1	865	-	-	-	-	-	-	-	-	-	865	-	-
C － 5	-	-	-	-	-	-	-	-	-	-	-	-	-
C － 4	-	-	-	-	-	-	-	-	-	-	-	-	-
C － 3	1,083	1,059	-	1,058	1,080	1,122	1,081	-	1,071	1,065	1,076	1,108	1,115
C － 2	1,027	1,054	1,022	990	1,046	1,045	1,012	1,009	1,005	996	1,040	1,043	1,064
C － 1	618	810	-	649	648	609	656	-	484	-	536	635	323
福　岡	1,020	1,072	1,025	939	1,021	1,054	1,027	1,039	960	1,002	999	1,059	1,067
A － 5	-	-	-	-	-	-	-	-	-	-	-	-	-
A － 4	-	-	-	-	-	-	-	-	-	-	-	-	-
A － 3	-	-	-	-	-	-	-	-	-	-	-	-	-
A － 2	-	-	-	-	-	-	-	-	-	-	-	-	-
A － 1	-	-	-	-	-	-	-	-	-	-	-	-	-
B － 5	-	-	-	-	-	-	-	-	-	-	-	-	-
B － 4	1,459	-	-	-	-	-	-	-	-	-	-	-	1,459
B － 3	1,207	-	-	-	1,195	1,210	1,204	-	-	1,192	-	1,248	-
B － 2	1,048	1,093	1,059	980	1,066	1,074	1,033	1,056	998	1,020	1,055	1,096	1,102
B － 1	891	955	1,019	827	968	-	970	-	-	876	739	808	-
C － 5	-	-	-	-	-	-	-	-	-	-	-	-	-
C － 4	-	-	-	-	-	-	-	-	-	-	-	-	-
C － 3	1,143	-	-	-	-	-	-	1,160	-	-	1,044	1,178	-
C － 2	1,036	1,096	1,052	968	1,015	1,063	1,034	1,049	976	1,025	1,015	1,083	1,078
C － 1	726	803	778	618	831	772	714	782	646	747	636	632	786

単位：円

市場・規格	平成29年計	1月	2月	3月	4月	5月	6月	7月	8月	9月	10月	11月	12月
指定市場計	1,070	1,071	1,047	1,028	1,080	1,065	1,072	1,075	1,070	1,057	1,081	1,096	1,106
A － 5	-	-	-	-	-	-	-	-	-	-	-	-	-
A － 4	-	-	-	-	-	-	-	-	-	-	-	-	-
A － 3	-	-	-	-	-	-	-	-	-	-	-	-	-
A － 2	-	-	-	-	-	-	-	-	-	-	-	-	-
A － 1	-	-	-	-	-	-	-	-	-	-	-	-	-
B － 5	-	-	-	-	-	-	-	-	-	-	-	-	-
B － 4	-	-	-	-	-	-	-	-	-	-	-	-	-
B － 3	1,086	1,082	1,105	1,073	1,101	1,086	1,090	1,082	1,050	1,074	1,082	1,070	1,123
B － 2	1,070	1,074	1,051	1,034	1,082	1,074	1,071	1,072	1,065	1,053	1,075	1,100	1,101
B － 1	956	1,007	902	911	1,037	1,050	916	853	1,027	944	1,017	925	1,050
C － 5	-	-	-	-	-	-	-	-	-	-	-	-	-
C － 4	-	-	-	-	-	-	-	-	-	-	-	-	-
C － 3	1,123	1,102	1,106	1,071	1,123	1,124	1,131	1,130	1,159	1,115	1,103	1,148	1,098
C － 2	1,078	1,077	1,051	1,034	1,084	1,064	1,080	1,086	1,078	1,066	1,090	1,101	1,116
C － 1	904	906	900	866	952	863	900	853	931	907	958	905	919
茨　　城	634	641	465	550	699	666	614	667	715	733	655	517	313
A － 5	-	-	-	-	-	-	-	-	-	-	-	-	-
A － 4	-	-	-	-	-	-	-	-	-	-	-	-	-
A － 3	-	-	-	-	-	-	-	-	-	-	-	-	-
A － 2	-	-	-	-	-	-	-	-	-	-	-	-	-
A － 1	-	-	-	-	-	-	-	-	-	-	-	-	-
B － 5	-	-	-	-	-	-	-	-	-	-	-	-	-
B － 4	-	-	-	-	-	-	-	-	-	-	-	-	-
B － 3	858	757	-	-	-	1,024	-	-	825	-	-	879	-
B － 2	633	567	540	-	-	-	-	-	707	739	655	561	313
B － 1	456	-	345	455	-	-	614	418	-	-	-	-	-
C － 5	-	-	-	-	-	-	-	-	-	-	-	-	-
C － 4	-	-	-	-	-	-	-	-	-	-	-	-	-
C － 3	-	-	-	-	-	-	-	-	-	-	-	-	-
C － 2	672	-	-	661	737	589	-	749	-	972	-	453	-
C － 1	439	-	-	-	455	433	-	587	464	335	-	301	-
宇　都　宮	1,004	1,031	1,016	987	991	1,022	977	1,001	992	974	983	1,026	1,047
A － 5	-	-	-	-	-	-	-	-	-	-	-	-	-
A － 4	-	-	-	-	-	-	-	-	-	-	-	-	-
A － 3	-	-	-	-	-	-	-	-	-	-	-	-	-
A － 2	-	-	-	-	-	-	-	-	-	-	-	-	-
A － 1	-	-	-	-	-	-	-	-	-	-	-	-	-
B － 5	-	-	-	-	-	-	-	-	-	-	-	-	-
B － 4	-	-	-	-	-	-	-	-	-	-	-	-	-
B － 3	1,023	1,062	1,040	1,015	1,001	1,055	1,001	1,017	1,004	996	997	1,047	1,078
B － 2	1,005	1,032	1,013	989	991	1,034	977	1,000	992	973	980	1,029	1,044
B － 1	863	-	-	-	-	-	-	-	-	-	-	863	-
C － 5	-	-	-	-	-	-	-	-	-	-	-	-	-
C － 4	-	-	-	-	-	-	-	-	-	-	-	-	-
C － 3	1,022	1,037	1,042	-	993	1,036	-	950	-	994	983	1,058	-
C － 2	993	1,021	1,014	974	989	983	962	997	986	965	985	1,015	1,044
C － 1	-	-	-	-	-	-	-	-	-	-	-	-	-

2 月別規格別取引成立頭数・価格（食肉卸売市場別）（続き）
(8) 乳牛去勢（続き）
イ 枝肉の1kg当たり卸売価格（続き）

単位：円

市場・規格	平成29年計	1月	2月	3月	4月	5月	6月	7月	8月	9月	10月	11月	12月
群　　馬	563	612	-	456	720	278	-	-	-	-	-	-	-
A － 5	-	-	-	-	-	-	-	-	-	-	-	-	-
A － 4	-	-	-	-	-	-	-	-	-	-	-	-	-
A － 3	-	-	-	-	-	-	-	-	-	-	-	-	-
A － 2	-	-	-	-	-	-	-	-	-	-	-	-	-
A － 1	-	-	-	-	-	-	-	-	-	-	-	-	-
B － 5	-	-	-	-	-	-	-	-	-	-	-	-	-
B － 4	-	-	-	-	-	-	-	-	-	-	-	-	-
B － 3	-	-	-	-	-	-	-	-	-	-	-	-	-
B － 2	703	-	-	-	703	-	-	-	-	-	-	-	-
B － 1	-	-	-	-	-	-	-	-	-	-	-	-	-
C － 5	-	-	-	-	-	-	-	-	-	-	-	-	-
C － 4	-	-	-	-	-	-	-	-	-	-	-	-	-
C － 3	-	-	-	-	-	-	-	-	-	-	-	-	-
C － 2	672	612	-	-	747	-	-	-	-	-	-	-	-
C － 1	361	-	-	456	-	278	-	-	-	-	-	-	-
川　　口	-	-	-	-	-	-	-	-	-	-	-	-	-
A － 5	-	-	-	-	-	-	-	-	-	-	-	-	-
A － 4	-	-	-	-	-	-	-	-	-	-	-	-	-
A － 3	-	-	-	-	-	-	-	-	-	-	-	-	-
A － 2	-	-	-	-	-	-	-	-	-	-	-	-	-
A － 1	-	-	-	-	-	-	-	-	-	-	-	-	-
B － 5	-	-	-	-	-	-	-	-	-	-	-	-	-
B － 4	-	-	-	-	-	-	-	-	-	-	-	-	-
B － 3	-	-	-	-	-	-	-	-	-	-	-	-	-
B － 2	-	-	-	-	-	-	-	-	-	-	-	-	-
B － 1	-	-	-	-	-	-	-	-	-	-	-	-	-
C － 5	-	-	-	-	-	-	-	-	-	-	-	-	-
C － 4	-	-	-	-	-	-	-	-	-	-	-	-	-
C － 3	-	-	-	-	-	-	-	-	-	-	-	-	-
C － 2	-	-	-	-	-	-	-	-	-	-	-	-	-
C － 1	-	-	-	-	-	-	-	-	-	-	-	-	-
山　　梨	611	969	863	-	-	-	357	323	604	-	-	758	-
A － 5	-	-	-	-	-	-	-	-	-	-	-	-	-
A － 4	-	-	-	-	-	-	-	-	-	-	-	-	-
A － 3	-	-	-	-	-	-	-	-	-	-	-	-	-
A － 2	-	-	-	-	-	-	-	-	-	-	-	-	-
A － 1	-	-	-	-	-	-	-	-	-	-	-	-	-
B － 5	-	-	-	-	-	-	-	-	-	-	-	-	-
B － 4	-	-	-	-	-	-	-	-	-	-	-	-	-
B － 3	-	-	-	-	-	-	-	-	-	-	-	-	-
B － 2	867	969	-	-	-	-	-	-	-	-	-	831	-
B － 1	600	-	-	-	-	-	-	-	-	-	-	600	-
C － 5	-	-	-	-	-	-	-	-	-	-	-	-	-
C － 4	-	-	-	-	-	-	-	-	-	-	-	-	-
C － 3	-	-	-	-	-	-	-	-	-	-	-	-	-
C － 2	797	-	862	-	-	-	-	-	-	-	-	772	-
C － 1	425	-	864	-	-	-	357	323	604	-	-	-	-

単位：円

市場・規格	平成29年計	1 月	2 月	3 月	4 月	5 月	6 月	7 月	8 月	9 月	10月	11 月	12 月
岐　阜	–	–	–	–	–	–	–	–	–	–	–	–	–
A － 5	–	–	–	–	–	–	–	–	–	–	–	–	–
A － 4	–	–	–	–	–	–	–	–	–	–	–	–	–
A － 3	–	–	–	–	–	–	–	–	–	–	–	–	–
A － 2	–	–	–	–	–	–	–	–	–	–	–	–	–
A － 1	–	–	–	–	–	–	–	–	–	–	–	–	–
B － 5	–	–	–	–	–	–	–	–	–	–	–	–	–
B － 4	–	–	–	–	–	–	–	–	–	–	–	–	–
B － 3	–	–	–	–	–	–	–	–	–	–	–	–	–
B － 2	–	–	–	–	–	–	–	–	–	–	–	–	–
B － 1	–	–	–	–	–	–	–	–	–	–	–	–	–
C － 5	–	–	–	–	–	–	–	–	–	–	–	–	–
C － 4	–	–	–	–	–	–	–	–	–	–	–	–	–
C － 3	–	–	–	–	–	–	–	–	–	–	–	–	–
C － 2	–	–	–	–	–	–	–	–	–	–	–	–	–
C － 1	–	–	–	–	–	–	–	–	–	–	–	–	–
浜　松	**1,037**	**1,072**	**1,093**	**1,076**	**1,074**	**1,056**	**1,078**	**1,032**	**998**	**966**	**1,009**	**1,004**	**987**
A － 5	–	–	–	–	–	–	–	–	–	–	–	–	–
A － 4	–	–	–	–	–	–	–	–	–	–	–	–	–
A － 3	–	–	–	–	–	–	–	–	–	–	–	–	–
A － 2	–	–	–	–	–	–	–	–	–	–	–	–	–
A － 1	–	–	–	–	–	–	–	–	–	–	–	–	–
B － 5	–	–	–	–	–	–	–	–	–	–	–	–	–
B － 4	–	–	–	–	–	–	–	–	–	–	–	–	–
B － 3	1,078	–	–	–	–	1,057	1,113	–	–	–	–	1,057	1,080
B － 2	1,040	1,118	1,095	1,078	1,092	1,075	1,076	1,063	960	961	1,011	999	973
B － 1	–	–	–	–	–	–	–	–	–	–	–	–	–
C － 5	–	–	–	–	–	–	–	–	–	–	–	–	–
C － 4	–	–	–	–	–	–	–	–	–	–	–	–	–
C － 3	1,091	–	–	–	1,125	–	–	–	–	–	–	1,060	–
C － 2	1,039	1,101	1,086	1,027	1,091	1,082	1,074	988	1,046	1,026	1,004	983	997
C － 1	444	380	–	–	485	454	–	–	–	–	–	–	–
東　三　河	**1,104**	**1,109**	**1,098**	**1,099**	**1,116**	**1,103**	**1,111**	**1,117**	**1,103**	**1,098**	**1,089**	**1,107**	**1,096**
A － 5	–	–	–	–	–	–	–	–	–	–	–	–	–
A － 4	–	–	–	–	–	–	–	–	–	–	–	–	–
A － 3	–	–	–	–	–	–	–	–	–	–	–	–	–
A － 2	–	–	–	–	–	–	–	–	–	–	–	–	–
A － 1	–	–	–	–	–	–	–	–	–	–	–	–	–
B － 5	–	–	–	–	–	–	–	–	–	–	–	–	–
B － 4	–	–	–	–	–	–	–	–	–	–	–	–	–
B － 3	1,227	1,268	1,225	1,221	–	–	1,221	1,221	–	1,231	–	1,241	1,206
B － 2	1,110	1,109	1,103	1,097	1,120	1,117	1,121	1,119	1,114	1,108	1,095	1,121	1,094
B － 1	971	–	–	–	–	–	–	971	–	–	–	–	–
C － 5	–	–	–	–	–	–	–	–	–	–	–	–	–
C － 4	–	–	–	–	–	–	–	–	–	–	–	–	–
C － 3	1,229	–	–	1,243	1,231	1,220	1,242	–	–	–	1,211	1,228	–
C － 2	1,100	1,106	1,071	1,117	1,094	1,101	1,077	1,131	1,097	1,086	1,094	1,099	1,110
C － 1	567	487	646	568	–	629	–	651	576	658	505	342	595

2　月別規格別取引成立頭数・価格（食肉卸売市場別）（続き）

(8)　乳牛去勢（続き）

イ　枝肉の1kg当たり卸売価格（続き）

単位：円

市場・規格	平成29年計	1月	2月	3月	4月	5月	6月	7月	8月	9月	10月	11月	12月
四　日　市	1,003	1,031	954	999	982	1,064	1,008	1,013	977	1,030	1,052	1,061	956
A － 5	-	-	-	-	-	-	-	-	-	-	-	-	-
A － 4	-	-	-	-	-	-	-	-	-	-	-	-	-
A － 3	-	-	-	-	-	-	-	-	-	-	-	-	-
A － 2	-	-	-	-	-	-	-	-	-	-	-	-	-
A － 1	-	-	-	-	-	-	-	-	-	-	-	-	-
B － 5	-	-	-	-	-	-	-	-	-	-	-	-	-
B － 4	-	-	-	-	-	-	-	-	-	-	-	-	-
B － 3	918	-	-	-	-	-	-	-	-	-	-	-	918
B － 2	993	1,004	972	977	837	1,078	1,038	1,022	662	1,013	1,037	1,032	985
B － 1	954	-	-	-	971	-	-	971	-	-	-	-	917
C － 5	-	-	-	-	-	-	-	-	-	-	-	-	-
C － 4	-	-	-	-	-	-	-	-	-	-	-	-	-
C － 3	-	-	-	-	-	-	-	-	-	-	-	-	-
C － 2	1,015	1,041	987	1,014	1,035	1,046	1,016	980	1,032	1,112	1,063	1,070	955
C － 1	976	-	646	-	971	1,080	850	1,058	1,080	993	-	1,017	934
南　大　阪	-	-	-	-	-	-	-	-	-	-	-	-	-
A － 5	-	-	-	-	-	-	-	-	-	-	-	-	-
A － 4	-	-	-	-	-	-	-	-	-	-	-	-	-
A － 3	-	-	-	-	-	-	-	-	-	-	-	-	-
A － 2	-	-	-	-	-	-	-	-	-	-	-	-	-
A － 1	-	-	-	-	-	-	-	-	-	-	-	-	-
B － 5	-	-	-	-	-	-	-	-	-	-	-	-	-
B － 4	-	-	-	-	-	-	-	-	-	-	-	-	-
B － 3	-	-	-	-	-	-	-	-	-	-	-	-	-
B － 2	-	-	-	-	-	-	-	-	-	-	-	-	-
B － 1	-	-	-	-	-	-	-	-	-	-	-	-	-
C － 5	-	-	-	-	-	-	-	-	-	-	-	-	-
C － 4	-	-	-	-	-	-	-	-	-	-	-	-	-
C － 3	-	-	-	-	-	-	-	-	-	-	-	-	-
C － 2	-	-	-	-	-	-	-	-	-	-	-	-	-
C － 1	-	-	-	-	-	-	-	-	-	-	-	-	-
姫　　　路	1,106	1,072	1,040	1,022	1,116	1,118	1,110	1,112	1,106	1,092	1,117	1,132	1,146
A － 5	-	-	-	-	-	-	-	-	-	-	-	-	-
A － 4	-	-	-	-	-	-	-	-	-	-	-	-	-
A － 3	-	-	-	-	-	-	-	-	-	-	-	-	-
A － 2	-	-	-	-	-	-	-	-	-	-	-	-	-
A － 1	-	-	-	-	-	-	-	-	-	-	-	-	-
B － 5	-	-	-	-	-	-	-	-	-	-	-	-	-
B － 4	-	-	-	-	-	-	-	-	-	-	-	-	-
B － 3	1,112	1,135	1,057	1,037	1,122	1,139	1,123	1,118	1,092	1,092	1,151	1,097	1,154
B － 2	1,106	1,073	1,044	1,024	1,119	1,124	1,111	1,118	1,107	1,107	1,127	1,149	1,155
B － 1	989	-	911	961	-	991	1,138	-	-	953	1,025	958	1,061
C － 5	-	-	-	-	-	-	-	-	-	-	-	-	-
C － 4	-	-	-	-	-	-	-	-	-	-	-	-	-
C － 3	1,136	1,163	1,049	-	1,142	1,110	1,122	1,109	1,149	1,122	1,121	1,165	1,181
C － 2	1,111	1,074	1,047	1,030	1,121	1,117	1,113	1,112	1,106	1,094	1,119	1,134	1,149
C － 1	993	877	922	904	957	1,042	1,008	1,023	1,052	983	1,027	973	1,006

単位：円

市場・規格	平成29年計	1 月	2 月	3 月	4 月	5 月	6 月	7 月	8 月	9 月	10 月	11 月	12 月
加　古　川	**1,001**	**993**	**994**	**992**	**1,027**	**1,004**	**438**	**983**	-	-	-	**1,069**	-
A － 5	-	-	-	-	-	-	-	-	-	-	-	-	-
A － 4	-	-	-	-	-	-	-	-	-	-	-	-	-
A － 3	-	-	-	-	-	-	-	-	-	-	-	-	-
A － 2	-	-	-	-	-	-	-	-	-	-	-	-	-
A － 1	-	-	-	-	-	-	-	-	-	-	-	-	-
B － 5	-	-	-	-	-	-	-	-	-	-	-	-	-
B － 4	-	-	-	-	-	-	-	-	-	-	-	-	-
B － 3	1,017	-	-	1,022	-	1,015	-	-	-	-	-	-	-
B － 2	1,010	993	994	1,001	1,022	1,028	-	983	-	-	-	1,069	-
B － 1	993	993	-	993	994	-	-	-	-	-	-	-	-
C － 5	-	-	-	-	-	-	-	-	-	-	-	-	-
C － 4	-	-	-	-	-	-	-	-	-	-	-	-	-
C － 3	1,030	992	-	994	1,080	-	-	-	-	-	-	-	-
C － 2	1,006	994	994	999	1,036	1,008	-	-	-	-	-	-	-
C － 1	921	994	994	914	907	862	438	-	-	-	-	-	-
西　　宮	**1,037**	**1,068**	**1,038**	**1,006**	**1,092**	**1,031**	**1,015**	**1,023**	**1,007**	**991**	-	-	-
A － 5	-	-	-	-	-	-	-	-	-	-	-	-	-
A － 4	-	-	-	-	-	-	-	-	-	-	-	-	-
A － 3	-	-	-	-	-	-	-	-	-	-	-	-	-
A － 2	-	-	-	-	-	-	-	-	-	-	-	-	-
A － 1	-	-	-	-	-	-	-	-	-	-	-	-	-
B － 5	-	-	-	-	-	-	-	-	-	-	-	-	-
B － 4	-	-	-	-	-	-	-	-	-	-	-	-	-
B － 3	1,063	-	1,033	1,045	1,135	1,075	1,065	-	-	1,037	-	-	-
B － 2	1,045	1,078	1,042	1,016	1,102	1,034	1,026	1,035	1,024	1,004	-	-	-
B － 1	922	943	971	897	1,118	-	881	907	-	869	-	-	-
C － 5	-	-	-	-	-	-	-	-	-	-	-	-	-
C － 4	-	-	-	-	-	-	-	-	-	-	-	-	-
C － 3	1,054	1,059	1,060	1,016	1,128	-	1,018	-	-	-	-	-	-
C － 2	1,043	1,073	1,043	1,012	1,090	1,032	1,020	1,026	1,008	1,002	-	-	-
C － 1	909	947	918	876	986	920	893	879	849	832	-	-	-
岡　　山	**1,087**	**1,090**	**1,095**	**1,105**	**1,101**	**1,056**	**1,114**	**1,090**	**1,089**	**1,081**	**1,068**	**1,085**	**1,075**
A － 5	-	-	-	-	-	-	-	-	-	-	-	-	-
A － 4	-	-	-	-	-	-	-	-	-	-	-	-	-
A － 3	-	-	-	-	-	-	-	-	-	-	-	-	-
A － 2	-	-	-	-	-	-	-	-	-	-	-	-	-
A － 1	-	-	-	-	-	-	-	-	-	-	-	-	-
B － 5	-	-	-	-	-	-	-	-	-	-	-	-	-
B － 4	-	-	-	-	-	-	-	-	-	-	-	-	-
B － 3	1,100	1,069	-	1,120	1,117	1,079	1,195	1,005	1,236	-	-	1,004	-
B － 2	1,083	1,101	1,089	1,109	1,105	1,059	1,087	1,067	1,064	1,071	1,049	1,114	1,087
B － 1	896	-	-	864	-	-	809	-	-	-	1,005	-	-
C － 5	-	-	-	-	-	-	-	-	-	-	-	-	-
C － 4	-	-	-	-	-	-	-	-	-	-	-	-	-
C － 3	1,143	1,157	1,179	1,176	-	1,237	1,165	1,237	1,214	1,236	1,005	1,128	1,005
C － 2	1,095	1,096	1,112	1,109	1,103	1,063	1,130	1,108	1,101	1,083	1,082	1,082	1,082
C － 1	615	610	653	539	647	669	733	732	595	-	514	431	571

2 月別規格別取引成立頭数・価格（食肉卸売市場別）（続き）

(8) 乳牛去勢（続き）

イ 枝肉の1kg当たり卸売価格（続き）

単位：円

市場・規格	平成29年計	1月	2月	3月	4月	5月	6月	7月	8月	9月	10月	11月	12月
坂　　出	1,040	1,064	1,027	1,003	1,057	1,058	1,033	1,023	1,019	1,005	1,055	1,065	1,072
A － 5	－	－	－	－	－	－	－	－	－	－	－	－	－
A － 4	－	－	－	－	－	－	－	－	－	－	－	－	－
A － 3	－	－	－	－	－	－	－	－	－	－	－	－	－
A － 2	－	－	－	－	－	－	－	－	－	－	－	－	－
A － 1	－	－	－	－	－	－	－	－	－	－	－	－	－
B － 5	－	－	－	－	－	－	－	－	－	－	－	－	－
B － 4	－	－	－	－	－	－	－	－	－	－	－	－	－
B － 3	1,107	1,000	1,095	1,092	1,104	1,091	1,146	1,186	1,071	1,091	1,096	1,083	1,109
B － 2	1,039	1,060	1,025	1,004	1,052	1,058	1,032	1,021	1,016	1,004	1,053	1,062	1,070
B － 1	1,012	1,092	1,000	981	1,098	1,078	－	837	1,027	994	1,031	1,061	1,061
C － 5	－	－	－	－	－	－	－	－	－	－	－	－	－
C － 4	－	－	－	－	－	－	－	－	－	－	－	－	－
C － 3	1,114	1,239	1,164	1,095	1,089	1,097	－	－	－	1,092	1,091	1,103	1,128
C － 2	1,038	1,068	1,021	997	1,057	1,060	1,025	1,029	1,020	1,002	1,054	1,064	1,075
C － 1	1,002	－	1,026	986	1,065	356	1,065	966	1,030	－	1,065	1,090	1,051
愛　　媛	－	－	－	－	－	－	－	－	－	－	－	－	－
A － 5	－	－	－	－	－	－	－	－	－	－	－	－	－
A － 4	－	－	－	－	－	－	－	－	－	－	－	－	－
A － 3	－	－	－	－	－	－	－	－	－	－	－	－	－
A － 2	－	－	－	－	－	－	－	－	－	－	－	－	－
A － 1	－	－	－	－	－	－	－	－	－	－	－	－	－
B － 5	－	－	－	－	－	－	－	－	－	－	－	－	－
B － 4	－	－	－	－	－	－	－	－	－	－	－	－	－
B － 3	－	－	－	－	－	－	－	－	－	－	－	－	－
B － 2	－	－	－	－	－	－	－	－	－	－	－	－	－
B － 1	－	－	－	－	－	－	－	－	－	－	－	－	－
C － 5	－	－	－	－	－	－	－	－	－	－	－	－	－
C － 4	－	－	－	－	－	－	－	－	－	－	－	－	－
C － 3	－	－	－	－	－	－	－	－	－	－	－	－	－
C － 2	－	－	－	－	－	－	－	－	－	－	－	－	－
C － 1	－	－	－	－	－	－	－	－	－	－	－	－	－
佐 世 保	1,071	1,128	1,094	1,080	1,068	1,051	1,055	1,064	1,059	1,060	1,048	1,067	1,109
A － 5	－	－	－	－	－	－	－	－	－	－	－	－	－
A － 4	－	－	－	－	－	－	－	－	－	－	－	－	－
A － 3	－	－	－	－	－	－	－	－	－	－	－	－	－
A － 2	－	－	－	－	－	－	－	－	－	－	－	－	－
A － 1	－	－	－	－	－	－	－	－	－	－	－	－	－
B － 5	－	－	－	－	－	－	－	－	－	－	－	－	－
B － 4	－	－	－	－	－	－	－	－	－	－	－	－	－
B － 3	1,170	1,183	1,092	－	1,182	1,247	－	1,180	1,264	1,139	1,122	1,124	1,183
B － 2	1,071	1,128	1,095	1,082	1,071	1,041	1,054	1,061	1,064	1,060	1,054	1,068	1,115
B － 1	1,049	1,132	－	－	－	1,015	－	－	－	－	988	－	1,085
C － 5	－	－	－	－	－	－	－	－	－	－	－	－	－
C － 4	－	－	－	－	－	－	－	－	－	－	－	－	－
C － 3	1,173	1,133	1,126	－	－	1,197	1,264	1,264	－	－	1,127	1,124	－
C － 2	1,073	1,132	1,098	1,086	1,066	1,052	1,054	1,062	1,063	1,060	1,049	1,065	1,111
C － 1	848	988	538	710	964	－	－	1,035	603	912	831	－	863

単位：円

市場・規格	平成29年計	1 月	2 月	3 月	4 月	5 月	6 月	7 月	8 月	9 月	10 月	11 月	12 月
熊　　本													
A − 5	−	−	−	−	−	−	−	−	−	−	−	−	−
A − 4	−	−	−	−	−	−	−	−	−	−	−	−	−
A − 3	−	−	−	−	−	−	−	−	−	−	−	−	−
A − 2	−	−	−	−	−	−	−	−	−	−	−	−	−
A − 1	−	−	−	−	−	−	−	−	−	−	−	−	−
B − 5	−	−	−	−	−	−	−	−	−	−	−	−	−
B − 4	−	−	−	−	−	−	−	−	−	−	−	−	−
B − 3	−	−	−	−	−	−	−	−	−	−	−	−	−
B − 2	−	−	−	−	−	−	−	−	−	−	−	−	−
B − 1	−	−	−	−	−	−	−	−	−	−	−	−	−
C − 5	−	−	−	−	−	−	−	−	−	−	−	−	−
C − 4	−	−	−	−	−	−	−	−	−	−	−	−	−
C − 3	−	−	−	−	−	−	−	−	−	−	−	−	−
C − 2	−	−	−	−	−	−	−	−	−	−	−	−	−
C − 1	−	−	−	−	−	−	−	−	−	−	−	−	−

2　月別規格別取引成立頭数・価格（食肉卸売市場別）（続き）
(9)　交雑牛計
ア　枝肉の取引成立頭数

単位：頭

市場・規格	平成29年計	1月	2月	3月	4月	5月	6月	7月	8月	9月	10月	11月	12月
合計	**109,317**	**7,839**	**7,948**	**8,399**	**10,240**	**8,363**	**8,709**	**9,336**	**8,636**	**8,700**	**9,233**	**10,755**	**11,159**
A－5	468	27	34	41	57	31	42	30	33	26	31	45	71
A－4	4,683	291	330	374	496	367	393	421	318	342	367	478	506
A－3	4,917	290	339	360	471	411	461	455	402	417	386	448	477
A－2	1,808	98	104	120	187	150	178	152	171	151	153	159	185
A－1	－	－	－	－	－	－	－	－	－	－	－	－	－
B－5	340	28	28	35	52	24	23	22	16	16	22	34	40
B－4	11,085	860	878	1,002	1,120	826	845	905	769	721	917	1,084	1,158
B－3	36,324	2,724	2,665	2,774	3,273	2,762	2,836	3,013	2,890	3,007	3,014	3,582	3,784
B－2	31,830	2,169	2,253	2,251	2,831	2,500	2,611	2,797	2,678	2,647	2,868	3,140	3,085
B－1	55	7	3	5	6	4	2	3	4	6	6	6	3
C－5	7	－	－	－	1	1	1	1	－	2	－	－	1
C－4	814	58	67	85	81	52	68	66	49	54	62	78	94
C－3	6,406	531	478	532	678	463	490	527	464	459	479	652	653
C－2	10,246	732	745	791	950	747	727	917	814	823	907	1,018	1,075
C－1	334	24	24	29	37	25	32	27	28	29	21	31	27
中央市場計	**74,696**	**5,330**	**5,488**	**5,774**	**7,166**	**5,841**	**5,809**	**6,382**	**5,973**	**5,924**	**6,329**	**7,295**	**7,385**
A－5	280	15	22	29	27	20	20	20	24	18	22	30	33
A－4	3,160	195	227	236	330	246	252	296	215	224	274	330	335
A－3	3,468	185	237	236	332	295	331	340	278	278	275	337	344
A－2	1,267	67	75	74	144	111	129	113	117	108	85	116	128
A－1	－	－	－	－	－	－	－	－	－	－	－	－	－
B－5	204	20	17	22	33	18	14	17	5	7	15	21	15
B－4	7,378	594	594	662	729	562	537	616	519	472	678	728	687
B－3	24,875	1,845	1,815	1,904	2,250	1,893	1,876	2,067	2,045	2,116	2,094	2,458	2,512
B－2	21,952	1,449	1,584	1,591	2,059	1,747	1,772	1,906	1,849	1,798	1,894	2,114	2,189
B－1	26	4	2	1	1	3	－	1	2	2	3	5	2
C－5	5	－	－	－	－	1	1	1	－	1	－	－	1
C－4	554	42	49	56	61	39	43	42	35	32	43	55	57
C－3	4,309	382	316	374	479	336	322	340	321	291	325	408	415
C－2	7,076	523	538	578	700	563	497	613	545	566	611	685	657
C－1	142	9	12	11	21	7	15	10	18	11	10	8	10
仙台	**2,435**	**194**	**220**	**196**	**215**	**177**	**199**	**197**	**201**	**184**	**209**	**260**	**183**
A－5	25	1	1	1	2	3	4	2	4	2	3	2	－
A－4	212	13	17	16	25	18	17	25	10	24	20	21	6
A－3	183	9	17	12	17	12	13	25	21	17	17	16	7
A－2	74	5	3	8	9	6	10	8	7	3	8	6	1
A－1	－	－	－	－	－	－	－	－	－	－	－	－	－
B－5	9	3	1	－	1	1	1	－	1	－	1	－	－
B－4	339	30	35	31	24	31	26	22	31	19	28	39	23
B－3	776	70	67	65	64	51	62	62	64	58	63	74	76
B－2	546	48	51	40	55	37	51	38	37	36	45	72	36
B－1	4	－	－	－	－	－	－	－	－	－	1	1	2
C－5	－	－	－	－	－	－	－	－	－	－	－	－	－
C－4	12	－	2	1	1	－	－	－	1	2	2	3	－
C－3	119	7	9	9	6	10	9	7	8	15	11	10	18
C－2	123	8	13	13	11	8	6	7	13	8	9	15	12
C－1	13	－	4	－	－	－	－	1	4	－	1	1	2

単位：頭

市場・規格	平成29年計	1 月	2 月	3 月	4 月	5 月	6 月	7 月	8 月	9 月	10 月	11 月	12 月
さいたま	**2,293**	**149**	**163**	**142**	**248**	**229**	**158**	**248**	**184**	**185**	**135**	**272**	**180**
A － 5	5	－	－	3	2	－	－	－	－	－	－	－	－
A － 4	66	7	6	5	12	5	1	7	4	2	4	9	4
A － 3	38	3	6	2	4	4	3	4	1	6	1	2	2
A － 2	23	－	2	1	－	4	1	2	6	4	1	－	2
A － 1	－	－	－	－	－	－	－	－	－	－	－	－	－
B － 5	19	1	2	3	4	1	1	1	－	－	1	5	－
B － 4	215	17	15	19	27	23	11	23	11	11	14	35	9
B － 3	617	44	42	43	70	53	37	52	42	45	37	85	67
B － 2	695	47	52	44	59	69	52	78	62	65	41	74	52
B － 1	4	1	－	－	1	2	－	－	－	－	－	－	－
C － 5	2	－	－	－	－	1	1	－	－	－	－	－	－
C － 4	19	1	3	－	3	2	－	2	1	1	－	3	3
C － 3	166	6	11	7	22	11	16	26	11	15	11	18	12
C － 2	410	22	20	14	43	51	35	53	44	34	25	41	28
C － 1	14	－	4	1	1	3	－	－	2	2	－	－	1
東　　京	**40,076**	**2,646**	**2,837**	**3,050**	**3,790**	**3,152**	**3,154**	**3,340**	**3,252**	**3,193**	**3,532**	**4,177**	**3,953**
A － 5	157	8	14	21	16	11	10	12	14	4	11	18	18
A － 4	1,903	113	132	151	206	155	155	164	129	122	168	197	211
A － 3	2,121	107	146	143	203	192	186	175	163	154	177	236	239
A － 2	780	40	54	39	107	73	81	60	63	60	46	76	81
A － 1	－	－	－	－	－	－	－	－	－	－	－	－	－
B － 5	85	6	5	8	14	6	7	11	1	4	6	7	10
B － 4	4,003	329	330	358	367	287	289	322	287	259	409	404	362
B － 3	13,029	880	917	966	1,109	966	994	1,066	1,163	1,184	1,165	1,379	1,240
B － 2	11,861	703	775	824	1,105	953	981	1,021	983	931	1,055	1,258	1,272
B － 1	6	1	1	－	－	1	－	－	1	1	－	1	－
C － 5	2	－	－	－	－	－	－	1	－	1	－	－	－
C － 4	345	27	28	35	40	25	30	22	22	22	28	34	32
C － 3	2,072	170	155	183	226	177	155	167	164	149	154	196	176
C － 2	3,657	257	278	318	385	305	257	317	258	295	308	370	309
C － 1	55	5	2	4	12	1	9	2	4	7	5	1	3
横　　浜	**5,028**	**423**	**390**	**435**	**574**	**373**	**391**	**428**	**387**	**392**	**370**	**403**	**462**
A － 5	4	－	1	－	－	－	－	－	－	1	1	－	1
A － 4	93	8	6	9	12	4	10	8	3	6	7	9	11
A － 3	105	7	7	7	11	10	6	12	8	11	4	11	11
A － 2	62	1	3	3	5	6	10	7	6	7	4	3	7
A － 1	－	－	－	－	－	－	－	－	－	－	－	－	－
B － 5	7	1	－	－	1	1	－	－	1	－	1	2	－
B － 4	376	29	19	35	62	27	26	18	29	27	30	33	41
B － 3	1,647	152	106	128	205	134	136	125	108	127	114	148	164
B － 2	1,918	170	200	190	193	147	145	183	158	154	126	117	135
B － 1	1	－	－	－	－	－	－	－	－	1	－	－	－
C － 5	－	－	－	－	－	－	－	－	－	－	－	－	－
C － 4	11	－	－	1	－	－	－	1	1	－	－	4	4
C － 3	223	14	7	10	25	13	15	17	19	17	31	29	26
C － 2	559	41	40	50	54	31	43	54	50	40	50	45	61
C － 1	22	－	1	2	6	－	－	3	4	1	2	2	1

2 月別規格別取引成立頭数・価格（食肉卸売市場別）（続き）

(9) 交雑牛計（続き）

ア 枝肉の取引成立頭数（続き）

単位：頭

市場・規格	平成29年計	1月	2月	3月	4月	5月	6月	7月	8月	9月	10月	11月	12月
名 古 屋	3,924	317	328	297	328	362	350	362	323	334	297	292	334
A － 5	40	3	5	1	4	2	2	2	2	6	4	5	4
A － 4	144	10	13	6	13	13	17	22	12	7	9	10	12
A － 3	122	12	7	11	9	7	15	17	11	11	6	7	9
A － 2	18	2	1	-	-	2	4	1	-	2	1	3	2
A － 1	-	-	-	-	-	-	-	-	-	-	-	-	-
B － 5	54	8	5	8	7	7	3	2	2	3	3	5	1
B － 4	710	48	59	56	67	71	62	71	63	52	51	45	65
B － 3	1,441	101	146	99	114	134	120	129	111	138	112	109	128
B － 2	782	72	46	50	55	72	77	59	74	65	71	74	67
B － 1	1											1	
C － 5	-	-	-	-	-	-	-	-	-	-	-	-	-
C － 4	66	4	5	9	7	4	6	9	7	2	7	4	2
C － 3	280	29	19	27	30	30	26	21	24	25	12	14	23
C － 2	262	28	22	28	22	20	17	29	16	23	21	15	21
C － 1	4	-	-	2	-	-	1	-	1	-	-	-	-
京 都	1,513	143	114	107	136	104	123	133	114	82	151	133	173
A － 5	15	1	1	-	1	2	2	2	2	-	-	-	4
A － 4	103	7	3	4	3	4	12	13	10	6	11	14	16
A － 3	103	4	3	2	11	6	7	18	10	6	13	7	16
A － 2	54	4	1	-	-	5	4	9	7	5	8	3	8
A － 1	-	-	-	-	-	-	-	-	-	-	-	-	-
B － 5	3	1	-	1									1
B － 4	141	14	6	7	15	4	22	14	5	5	17	12	20
B － 3	513	44	36	44	48	35	43	37	36	32	53	48	57
B － 2	398	32	42	32	42	29	23	36	31	22	36	31	42
B － 1	-	-	-	-	-	-	-	-	-	-	-	-	-
C － 5	-	-	-	-	-	-	-	-	-	-	-	-	-
C － 4	7	-	-	-	-	2	-	1	-	1	1	1	1
C － 3	74	16	6	8	2	10	4	2	4	3	8	9	2
C － 2	100	19	16	9	14	7	5	2	7	3	4	8	6
C － 1	2	1	-	-	-	-	-	1	-	-	-	-	-
大 阪	11,611	857	890	981	1,181	849	878	1,018	906	868	935	989	1,259
A － 5	18	2	-	2	-	2	-	-	1	2	2	2	5
A － 4	400	22	38	22	38	26	24	35	25	39	40	40	51
A － 3	484	23	37	39	45	40	63	49	36	45	37	35	35
A － 2	150	8	8	17	10	9	10	19	15	17	6	15	16
A － 1	-	-	-	-	-	-	-	-	-	-	-	-	-
B － 5	20	-	3	2	6	1	1	3	-	-	1	1	2
B － 4	921	83	72	100	120	65	58	74	54	53	78	82	82
B － 3	4,228	352	332	395	421	323	299	363	316	315	309	340	463
B － 2	3,099	173	214	210	293	222	271	289	284	263	274	264	342
B － 1	3	1	-	-	-	-	-	1	-	-	1	-	-
C － 5	-	-	-	-	-	-	-	-	-	-	-	-	-
C － 4	51	5	5	7	7	4	5	4	2	-	2	3	7
C － 3	990	103	84	88	133	64	64	75	60	47	79	85	108
C － 2	1,235	83	97	98	108	93	82	105	112	86	105	120	146
C － 1	12	2	-	1	-	-	1	1	1	1	1	2	2

単位：頭

市場・規格	平成29年計	1月	2月	3月	4月	5月	6月	7月	8月	9月	10月	11月	12月
神　戸	**39**	**5**	**5**	**5**	**6**	**5**	**5**	**1**	**1**	**1**	**2**	**2**	**1**
A－5	－	－	－	－	－	－	－	－	－	－	－	－	－
A－4	－	－	－	－	－	－	－	－	－	－	－	－	－
A－3	3	－	1	－	－	－	－	1	1	－	－	－	－
A－2	－	－	－	－	－	－	－	－	－	－	－	－	－
A－1	－	－	－	－	－	－	－	－	－	－	－	－	－
B－5	－	－	－	－	－	－	－	－	－	－	－	－	－
B－4	9	－	1	2	1	1	1	－	－	－	2	1	－
B－3	12	5	－	－	1	2	1	－	－	1	－	1	1
B－2	7	－	3	－	2	2	－	－	－	－	－	－	－
B－1	－	－	－	－	－	－	－	－	－	－	－	－	－
C－5	－	－	－	－	－	－	－	－	－	－	－	－	－
C－4	1	－	－	1	－	－	－	－	－	－	－	－	－
C－3	4	－	－	2	1	－	1	－	－	－	－	－	－
C－2	3	－	－	－	1	－	2	－	－	－	－	－	－
C－1	－	－	－	－	－	－	－	－	－	－	－	－	－
広　島	**2,243**	**162**	**152**	**173**	**196**	**178**	**164**	**204**	**194**	**187**	**171**	**201**	**261**
A－5	3	－	－	－	－	－	－	1	－	1	1	－	－
A－4	97	2	3	8	5	9	5	10	8	7	9	13	18
A－3	123	6	6	10	13	7	18	14	12	10	7	10	10
A－2	35	2	2	2	1	－	3	2	8	4	4	2	5
A－1	－	－	－	－	－	－	－	－	－	－	－	－	－
B－5	2	－	1	－	－	1	－	－	－	－	－	－	－
B－4	283	21	19	14	27	29	14	30	19	17	24	33	36
B－3	959	62	61	62	90	79	65	96	92	76	77	84	115
B－2	436	29	23	32	33	33	35	39	42	53	31	41	45
B－1	－	－	－	－	－	－	－	－	－	－	－	－	－
C－5	－	－	－	－	－	－	－	－	－	－	－	－	－
C－4	20	2	5	1	－	2	1	2	－	2	－	1	4
C－3	164	22	18	27	18	10	14	5	9	7	6	9	19
C－2	116	16	14	16	9	7	9	3	4	10	11	8	9
C－1	5	－	－	1	－	1	－	2	－	－	1	－	－
福　岡	**5,534**	**434**	**389**	**388**	**492**	**412**	**387**	**451**	**411**	**498**	**527**	**566**	**579**
A－5	13	－	－	1	2	－	2	1	1	2	－	3	1
A－4	142	13	9	15	16	12	11	12	14	11	6	17	6
A－3	186	14	7	10	19	17	20	25	15	18	13	13	15
A－2	71	5	1	4	12	6	6	5	5	6	7	8	6
A－1	－	－	－	－	－	－	－	－	－	－	－	－	－
B－5	5	－	－	－	－	－	1	－	－	－	2	1	1
B－4	381	23	38	40	19	24	28	42	20	29	25	44	49
B－3	1,653	135	108	102	128	116	119	137	113	140	164	190	201
B－2	2,210	175	178	169	222	183	137	163	178	209	215	183	198
B－1	7	1	1	1	－	－	－	－	1	－	1	2	－
C－5	1	－	－	－	－	－	－	－	－	－	－	－	1
C－4	22	3	1	1	3	－	－	2	－	3	3	2	4
C－3	217	15	7	13	16	11	18	20	22	13	13	38	31
C－2	611	49	38	32	53	41	41	43	41	67	78	63	65
C－1	15	1	1	－	2	2	4	1	1	－	－	2	1

2　月別規格別取引成立頭数・価格（食肉卸売市場別）（続き）

(9)　交雑牛計（続き）

ア　枝肉の取引成立頭数（続き）

単位：頭

市場・規格	平成29年計	1月	2月	3月	4月	5月	6月	7月	8月	9月	10月	11月	12月
指定市場計	**34,621**	**2,509**	**2,460**	**2,625**	**3,074**	**2,522**	**2,900**	**2,954**	**2,663**	**2,776**	**2,904**	**3,460**	**3,774**
A－5	188	12	12	12	30	11	22	10	9	8	9	15	38
A－4	1,523	96	103	138	166	121	141	125	103	118	93	148	171
A－3	1,449	105	102	124	139	116	130	115	124	139	111	111	133
A－2	541	31	29	46	43	39	49	39	54	43	68	43	57
A－1	-	-	-	-	-	-	-	-	-	-	-	-	-
B－5	136	8	11	13	19	6	9	5	11	9	7	13	25
B－4	3,707	266	284	340	391	264	308	289	250	249	239	356	471
B－3	11,449	879	850	870	1,023	869	960	946	845	891	920	1,124	1,272
B－2	9,878	720	669	660	772	753	839	891	829	849	974	1,026	896
B－1	29	3	1	4	5	1	2	2	2	4	3	1	1
C－5	2	-	-	-	1	-	-	-	-	1	-	-	-
C－4	260	16	18	29	20	13	25	24	14	22	19	23	37
C－3	2,097	149	162	158	199	127	168	187	143	168	154	244	238
C－2	3,170	209	207	213	250	184	230	304	269	257	296	333	418
C－1	192	15	12	18	16	18	17	17	10	18	11	23	17
茨城	**1,483**	**101**	**132**	**122**	**149**	**89**	**133**	**122**	**113**	**114**	**111**	**155**	**142**
A－5	11	2	1	-	1	1	3	1	1	-	-	-	1
A－4	68	5	2	7	9	6	6	2	8	7	7	5	4
A－3	61	4	2	4	2	10	7	4	5	7	4	3	9
A－2	16	2	1	-	1	-	4	1	-	3	2	1	1
A－1	-	-	-	-	-	-	-	-	-	-	-	-	-
B－5	4	-	1	1	1	1	-	-	-	-	-	-	-
B－4	198	18	12	17	18	15	18	16	16	11	12	28	17
B－3	599	43	49	45	59	33	57	56	43	50	43	63	58
B－2	339	17	36	35	42	15	26	30	28	25	29	29	27
B－1	3	1	-	-	-	-	-	-	-	1	-	-	1
C－5	-	-	-	-	-	-	-	-	-	-	-	-	-
C－4	11	1	1	-	2	-	-	2	-	-	1	1	3
C－3	70	3	8	5	9	6	4	1	3	7	4	13	7
C－2	94	4	19	7	5	2	7	7	9	3	7	10	14
C－1	9	1	-	1	-	-	1	2	-	-	2	2	-
宇都宮	**1,295**	**112**	**104**	**111**	**115**	**101**	**114**	**114**	**101**	**118**	**91**	**108**	**106**
A－5	3	-	-	-	1	-	1	-	-	-	1	-	-
A－4	91	3	2	10	10	8	10	13	9	7	4	8	7
A－3	60	3	-	2	8	-	5	7	6	11	6	7	5
A－2	8	1	-	1	-	1	-	1	1	1	-	-	2
A－1	-	-	-	-	-	-	-	-	-	-	-	-	-
B－5	4	1	-	1	2	-	-	-	-	-	-	-	-
B－4	221	15	21	26	11	17	21	15	11	26	14	21	23
B－3	536	52	43	42	49	52	40	45	48	43	37	42	43
B－2	255	26	27	22	21	16	26	17	18	21	25	19	17
B－1	1	-	-	-	1	-	-	-	-	-	-	-	-
C－5	-	-	-	-	-	-	-	-	-	-	-	-	-
C－4	6	-	1	-	-	-	1	-	2	-	1	-	1
C－3	53	4	6	1	6	2	7	10	5	2	2	4	4
C－2	46	6	4	5	3	3	2	4	1	7	1	6	4
C－1	11	1	-	1	3	2	1	2	-	-	-	1	-

単位：頭

市場・規格	平成29年計	1 月	2 月	3 月	4 月	5 月	6 月	7 月	8 月	9 月	10 月	11 月	12 月
群　　馬	**10,423**	**773**	**679**	**804**	**1,045**	**741**	**840**	**794**	**709**	**879**	**844**	**1,099**	**1,216**
A － 5	72	4	3	5	8	1	7	－	4	2	4	8	26
A － 4	748	55	47	74	96	35	68	53	36	47	41	78	118
A － 3	789	58	64	72	86	63	64	54	60	73	61	60	74
A － 2	299	16	15	21	22	23	27	24	29	26	48	22	26
A － 1	－	－	－	－	－	－	－	－	－	－	－	－	－
B － 5	31	－	1	4	1	－	－	2	－	2	－	7	14
B － 4	1,084	61	79	93	150	46	65	71	55	79	63	123	199
B － 3	3,355	282	243	283	353	226	268	251	221	290	226	325	387
B － 2	2,746	207	147	163	215	262	240	223	220	252	287	312	218
B － 1	2	1	－	1	－	－	－	－	－	－	－	－	－
C － 5	－	－	－	－	－	－	－	－	－	－	－	－	－
C － 4	56	2	3	8	2	2	1	4	1	3	4	9	17
C － 3	465	32	31	39	54	22	30	39	27	39	29	61	62
C － 2	726	54	42	35	53	58	65	71	54	58	78	88	70
C － 1	50	1	4	6	5	3	5	2	2	8	3	6	5
川　　口	**2,095**	**135**	**143**	**152**	**161**	**154**	**157**	**197**	**173**	**149**	**193**	**223**	**258**
A － 5	10	－	1	－	3	1	1	1	－	－	1	－	2
A － 4	72	6	3	10	2	3	5	9	6	11	4	11	2
A － 3	85	7	9	15	2	3	6	7	8	7	12	6	3
A － 2	16	－	2	2	1	－	－	1	4	2	2	－	2
A － 1	－	－	－	－	－	－	－	－	－	－	－	－	－
B － 5	2	－	－	－	－	－	－	－	－	－	1	－	1
B － 4	221	18	13	16	23	12	25	20	20	13	14	20	27
B － 3	1,025	57	67	58	79	90	73	95	82	67	92	118	147
B － 2	485	34	36	38	34	34	31	46	45	42	55	47	43
B － 1	－	－	－	－	－	－	－	－	－	－	－	－	－
C － 5	－	－	－	－	－	－	－	－	－	－	－	－	－
C － 4	5	2	1	－	－	－	2	－	－	－	－	－	－
C － 3	78	7	7	6	9	5	6	7	4	3	4	8	12
C － 2	96	4	4	7	8	6	8	11	4	4	8	13	19
C － 1	－	－	－	－	－	－	－	－	－	－	－	－	－
山　　梨	**1,281**	**97**	**89**	**114**	**126**	**90**	**104**	**105**	**118**	**85**	**102**	**139**	**112**
A － 5	2	－	1	－	1	－	－	－	－	－	－	－	－
A － 4	11	2	2	－	－	3	－	1	3	－	－	－	－
A － 3	70	8	4	5	11	9	8	8	5	8	1	1	2
A － 2	60	4	5	10	10	5	6	2	6	1	3	4	4
A － 1	－	－	－	－	－	－	－	－	－	－	－	－	－
B － 5	2	－	－	－	－	－	－	1	－	－	－	－	1
B － 4	33	5	1	4	4	2	1	5	－	1	1	2	7
B － 3	294	25	23	24	33	22	15	22	23	17	26	37	27
B － 2	643	44	51	61	49	41	64	50	61	45	52	68	57
B － 1	－	－	－	－	－	－	－	－	－	－	－	－	－
C － 5	－	－	－	－	－	－	－	－	－	－	－	－	－
C － 4	－	－	－	－	－	－	－	－	－	－	－	－	－
C － 3	30	2	－	1	5	2	2	4	3	1	2	5	3
C － 2	133	7	2	9	12	6	8	11	17	11	17	22	11
C － 1	3	－	－	－	1	－	－	1	－	1	－	－	－

2　月別規格別取引成立頭数・価格（食肉卸売市場別）（続き）
(9)　交雑牛計（続き）
ア　枝肉の取引成立頭数（続き）

単位：頭

市場・規格	平成29年計	1月	2月	3月	4月	5月	6月	7月	8月	9月	10月	11月	12月
岐　阜	**25**	**－**	**2**	**2**	**1**	**1**	**3**	**2**	**2**	**－**	**7**	**1**	**4**
A － 5	－	－	－	－	－	－	－	－	－	－	－	－	－
A － 4	2	－	－	－	－	－	1	－	－	－	1	－	－
A － 3	－	－	－	－	－	－	－	－	－	－	－	－	－
A － 2	－	－	－	－	－	－	－	－	－	－	－	－	－
A － 1	－	－	－	－	－	－	－	－	－	－	－	－	－
B － 5	－	－	－	－	－	－	－	－	－	－	－	－	－
B － 4	7	－	－	1	－	1	2	－	2	－	1	－	－
B － 3	12	－	2	1	1	－	－	1	－	－	3	1	3
B － 2	－	－	－	－	－	－	－	－	－	－	－	－	－
B － 1	－	－	－	－	－	－	－	－	－	－	－	－	－
C － 5	－	－	－	－	－	－	－	－	－	－	－	－	－
C － 4	1	－	－	－	－	－	－	1	－	－	－	－	－
C － 3	1	－	－	－	－	－	－	－	－	－	1	－	－
C － 2	2	－	－	－	－	－	－	－	－	－	1	－	1
C － 1	－	－	－	－	－	－	－	－	－	－	－	－	－
浜　松	**2,176**	**202**	**164**	**153**	**155**	**195**	**153**	**198**	**150**	**165**	**215**	**206**	**220**
A － 5	20	1	－	－	4	3	2	4	－	－	1	2	3
A － 4	97	5	8	6	15	9	9	6	6	8	7	11	7
A － 3	67	1	2	4	6	7	4	10	10	6	5	6	6
A － 2	21	－	1	3	－	2	2	1	4	3	1	－	4
A － 1	－	－	－	－	－	－	－	－	－	－	－	－	－
B － 5	13	－	4	1	3	2	－	－	1	－	－	1	1
B － 4	373	38	31	38	27	46	31	29	18	15	28	34	38
B － 3	832	84	58	50	59	71	57	68	47	68	100	86	84
B － 2	475	54	46	30	20	34	30	48	42	44	45	36	46
B － 1	－	－	－	－	－	－	－	－	－	－	－	－	－
C － 5	－	－	－	－	－	－	－	－	－	－	－	－	－
C － 4	22	4	1	4	1	2	2	3	1	1	－	1	2
C － 3	118	7	6	6	9	15	7	13	9	6	13	15	12
C － 2	129	8	7	11	11	3	8	16	10	12	13	13	17
C － 1	9	－	－	－	－	1	1	－	2	2	2	1	－
東　三　河	**4,132**	**311**	**345**	**354**	**366**	**288**	**359**	**332**	**320**	**299**	**329**	**392**	**437**
A － 5	51	5	6	3	10	4	4	2	3	5	2	2	5
A － 4	311	17	33	16	26	38	29	32	22	30	23	22	23
A － 3	134	10	7	10	8	7	14	14	10	14	7	12	21
A － 2	46	4	3	4	2	1	5	6	2	4	4	4	7
A － 1	－	－	－	－	－	－	－	－	－	－	－	－	－
B － 5	45	3	4	4	4	3	5	2	6	3	5	2	4
B － 4	914	69	86	101	83	71	74	77	81	50	59	69	94
B － 3	1,313	117	111	99	119	80	124	83	106	107	115	122	130
B － 2	909	67	65	65	70	54	74	75	66	64	84	114	111
B － 1	1	－	－	－	－	－	－	1	－	－	－	－	－
C － 5	1	－	－	－	1	－	－	－	－	－	－	－	－
C － 4	41	－	4	9	5	2	6	2	1	5	1	3	3
C － 3	165	6	14	25	18	11	12	17	8	7	14	19	14
C － 2	189	13	12	17	20	16	12	19	14	8	14	21	23
C － 1	12	－	－	1	－	1	－	2	1	2	1	2	2

単位：頭

市場・規格	平成29年計	1月	2月	3月	4月	5月	6月	7月	8月	9月	10月	11月	12月
四日市	**478**	**16**	**19**	**18**	**64**	**39**	**39**	**43**	**43**	**38**	**38**	**45**	**76**
A － 5	5	－	－	2	－	－	－	1	－	－	－	1	1
A － 4	10	－	－	－	－	1	－	1	1	1	1	2	3
A － 3	4	－	1	－	－	－	－	1	1	－	－	－	1
A － 2	2	－	－	－	－	1	－	－	－	－	－	1	－
A － 1	－	－	－	－	－	－	－	－	－	－	－	－	－
B － 5	4	1	－	－	1	－	1	－	－	－	－	－	1
B － 4	43	－	2	2	4	4	4	1	3	6	4	4	9
B － 3	153	1	6	6	20	15	12	12	12	11	11	18	29
B － 2	127	6	2	2	26	8	11	20	16	9	12	8	7
B － 1	－	－	－	－	－	－	－	－	－	－	－	－	－
C － 5	－	－	－	－	－	－	－	－	－	－	－	－	－
C － 4	7	1	－	1	－	－	－	2	－	1	－	1	1
C － 3	33	2	2	2	2	3	4	1	2	3	5	2	5
C － 2	89	5	6	3	11	7	7	4	8	7	5	8	18
C － 1	1	－	－	－	－	－	－	－	－	－	－	－	1
南大阪	－	－	－	－	－	－	－	－	－	－	－	－	－
A － 5	－	－	－	－	－	－	－	－	－	－	－	－	－
A － 4	－	－	－	－	－	－	－	－	－	－	－	－	－
A － 3	－	－	－	－	－	－	－	－	－	－	－	－	－
A － 2	－	－	－	－	－	－	－	－	－	－	－	－	－
A － 1	－	－	－	－	－	－	－	－	－	－	－	－	－
B － 5	－	－	－	－	－	－	－	－	－	－	－	－	－
B － 4	－	－	－	－	－	－	－	－	－	－	－	－	－
B － 3	－	－	－	－	－	－	－	－	－	－	－	－	－
B － 2	－	－	－	－	－	－	－	－	－	－	－	－	－
B － 1	－	－	－	－	－	－	－	－	－	－	－	－	－
C － 5	－	－	－	－	－	－	－	－	－	－	－	－	－
C － 4	－	－	－	－	－	－	－	－	－	－	－	－	－
C － 3	－	－	－	－	－	－	－	－	－	－	－	－	－
C － 2	－	－	－	－	－	－	－	－	－	－	－	－	－
C － 1	－	－	－	－	－	－	－	－	－	－	－	－	－
姫路	**3,430**	**106**	**173**	**144**	**133**	**167**	**359**	**419**	**348**	**326**	**356**	**414**	**485**
A － 5	2	－	－	－	－	－	－	1	1	－	－	－	－
A － 4	33	1	1	5	2	5	4	5	4	1	－	3	2
A － 3	57	2	2	4	4	2	8	6	8	5	4	7	5
A － 2	14	1	－	－	－	3	1	－	2	1	3	1	2
A － 1	－	－	－	－	－	－	－	－	－	－	－	－	－
B － 5	11	－	－	－	－	－	1	－	4	3	1	－	2
B － 4	187	3	7	11	7	9	27	20	15	20	17	25	26
B － 3	973	23	59	48	35	67	105	118	92	76	102	105	143
B － 2	1,013	29	54	31	46	45	107	137	100	102	123	122	117
B － 1	13	－	1	－	1	1	2	1	2	2	2	1	－
C － 5	－	－	－	－	－	－	－	－	－	－	－	－	－
C － 4	44	－	－	－	1	3	7	7	7	8	4	4	3
C － 3	378	13	15	8	10	13	44	45	45	43	31	54	57
C － 2	641	25	27	32	22	15	46	72	66	62	66	86	122
C － 1	64	9	7	5	5	4	7	7	2	3	3	6	6

2　月別規格別取引成立頭数・価格（食肉卸売市場別）（続き）
(9)　交雑牛計（続き）
ア　枝肉の取引成立頭数（続き）

単位：頭

市場・規格	平成29年計	1月	2月	3月	4月	5月	6月	7月	8月	9月	10月	11月	12月
加　古　川	1,800	149	146	183	233	156	108	146	126	134	145	132	142
A － 5	8	-	-	1	1	1	4	-	-	-	-	1	-
A － 4	25	1	4	5	4	3	1	2	2	1	1	-	1
A － 3	46	4	4	4	6	3	6	2	6	3	5	3	-
A － 2	15	-	1	1	4	2	2	1	1	-	1	1	1
A － 1	-	-	-	-	-	-	-	-	-	-	-	-	-
B － 5	8	2	1	-	2	-	2	-	-	-	-	1	-
B － 4	111	15	5	9	16	10	11	11	10	8	6	7	3
B － 3	597	42	53	68	74	49	37	52	42	49	38	44	49
B － 2	419	32	30	44	54	38	20	38	24	28	46	29	36
B － 1	5	1	-	1	1	-	-	-	-	1	1	-	-
C － 5	-	-	-	-	-	-	-	-	-	-	-	-	-
C － 4	18	1	4	2	3	1	1	-	1	-	3	1	1
C － 3	243	29	22	21	32	20	17	17	14	16	17	21	17
C － 2	292	19	21	26	35	25	7	22	25	27	27	24	34
C － 1	13	3	1	1	1	4	-	1	1	1	-	-	-
西　　　宮	1,677	148	121	123	144	171	155	147	105	141	110	135	177
A － 5	2	-	-	-	-	-	-	-	-	1	-	1	-
A － 4	10	-	-	-	1	2	1	-	1	1	2	2	-
A － 3	10	1	-	-	1	1	1	1	1	1	1	1	1
A － 2	3	-	-	-	-	1	1	1	-	-	-	-	-
A － 1	-	-	-	-	-	-	-	-	-	-	-	-	-
B － 5	2	-	-	1	-	-	-	-	-	-	-	1	-
B － 4	91	5	6	4	9	14	7	8	11	6	5	5	11
B － 3	520	44	36	39	40	66	51	45	31	34	33	46	55
B － 2	423	47	28	22	28	37	40	35	31	38	31	39	47
B － 1	-	-	-	-	-	-	-	-	-	-	-	-	-
C － 5	-	-	-	-	-	-	-	-	-	-	-	-	-
C － 4	21	-	1	1	3	2	5	2	1	2	1	1	2
C － 3	252	19	23	21	30	20	15	23	10	30	17	23	21
C － 2	343	32	27	35	32	28	34	32	19	28	20	16	40
C － 1	-	-	-	-	-	-	-	-	-	-	-	-	-
岡　　　山	879	69	70	75	66	71	75	59	65	71	79	81	98
A － 5	-	-	-	-	-	-	-	-	-	-	-	-	-
A － 4	26	1	1	2	1	5	3	1	3	3	2	2	2
A － 3	22	2	2	1	-	5	5	-	3	1	2	-	1
A － 2	16	2	-	3	2	-	-	1	2	1	2	-	3
A － 1	-	-	-	-	-	-	-	-	-	-	-	-	-
B － 5	-	-	-	-	-	-	-	-	-	-	-	-	-
B － 4	36	3	6	1	6	2	2	2	1	1	2	6	4
B － 3	271	23	30	28	24	18	20	17	20	21	28	21	21
B － 2	384	30	18	29	26	37	38	27	27	37	32	41	42
B － 1	2	-	-	2	-	-	-	-	-	-	-	-	-
C － 5	-	-	-	-	-	-	-	-	-	-	-	-	-
C － 4	3	1	-	-	-	-	-	-	-	-	-	-	2
C － 3	32	2	7	5	-	3	-	1	1	2	3	1	7
C － 2	74	5	6	3	6	2	3	10	6	5	8	6	14
C － 1	13	-	-	1	1	2	1	-	2	-	-	4	2

単位：頭

市場・規格	平成29年計	1月	2月	3月	4月	5月	6月	7月	8月	9月	10月	11月	12月
坂　　出	3,379	287	267	266	309	257	293	268	283	253	282	317	297
A － 5	2	－	－	1	1	－	－	－	－	－	－	－	－
A － 4	15	－	－	2	－	3	2	－	2	1	－	3	2
A － 3	40	5	4	3	5	6	1	1	－	3	3	4	5
A － 2	22	－	1	1	1	－	1	－	2	1	2	8	5
A － 1	－	－	－	－	－	－	－	－	－	－	－	－	－
B － 5	10	1	－	1	5	－	－	－	－	1	－	1	1
B － 4	186	16	14	17	33	15	20	14	7	13	13	11	13
B － 3	956	84	69	79	77	80	100	78	75	58	66	95	95
B － 2	1,637	127	127	117	137	132	130	141	151	139	151	159	126
B － 1	－	－	－	－	－	－	－	－	－	－	－	－	－
C － 5	1	－	－	－	－	－	－	－	－	1	－	－	－
C － 4	24	4	2	4	3	1	－	1	－	2	4	1	2
C － 3	178	23	21	18	15	8	17	9	12	9	12	17	17
C － 2	306	27	29	22	32	12	21	24	34	25	31	18	31
C － 1	2	－	－	1	－	－	1	－	－	－	－	－	－
愛　　媛	－	－	－	－	－	－	－	－	－	－	－	－	－
A － 5	－	－	－	－	－	－	－	－	－	－	－	－	－
A － 4	－	－	－	－	－	－	－	－	－	－	－	－	－
A － 3	－	－	－	－	－	－	－	－	－	－	－	－	－
A － 2	－	－	－	－	－	－	－	－	－	－	－	－	－
A － 1	－	－	－	－	－	－	－	－	－	－	－	－	－
B － 5	－	－	－	－	－	－	－	－	－	－	－	－	－
B － 4	－	－	－	－	－	－	－	－	－	－	－	－	－
B － 3	－	－	－	－	－	－	－	－	－	－	－	－	－
B － 2	－	－	－	－	－	－	－	－	－	－	－	－	－
B － 1	－	－	－	－	－	－	－	－	－	－	－	－	－
C － 5	－	－	－	－	－	－	－	－	－	－	－	－	－
C － 4	－	－	－	－	－	－	－	－	－	－	－	－	－
C － 3	－	－	－	－	－	－	－	－	－	－	－	－	－
C － 2	－	－	－	－	－	－	－	－	－	－	－	－	－
C － 1	－	－	－	－	－	－	－	－	－	－	－	－	－
佐 世 保	68	3	6	4	7	2	8	8	7	4	2	13	4
A － 5	－	－	－	－	－	－	－	－	－	－	－	－	－
A － 4	4	－	－	1	－	－	2	－	－	－	－	1	－
A － 3	4	－	1	－	－	－	1	－	1	－	－	1	－
A － 2	3	1	－	－	－	－	－	－	1	－	－	1	－
A － 1	－	－	－	－	－	－	－	－	－	－	－	－	－
B － 5	－	－	－	－	－	－	－	－	－	－	－	－	－
B － 4	2	－	1	－	－	－	－	－	－	－	－	1	－
B － 3	13	2	1	－	1	－	1	3	3	－	－	1	1
B － 2	23	－	2	1	4	－	2	4	－	3	2	3	2
B － 1	2	－	－	－	2	－	－	－	－	－	－	－	－
C － 5	－	－	－	－	－	－	－	－	－	－	－	－	－
C － 4	1	－	－	－	－	－	－	－	－	－	－	1	－
C － 3	1	－	－	－	－	－	－	－	－	－	－	1	－
C － 2	10	－	1	1	－	1	2	1	2	－	－	2	－
C － 1	5	－	－	1	－	1	－	－	－	1	－	1	1

2　月別規格別取引成立頭数・価格（食肉卸売市場別）（続き）
(9)　交雑牛計（続き）
ア　枝肉の取引成立頭数（続き）

単位：頭

市場・規格	平成29年計	1 月	2 月	3 月	4 月	5 月	6 月	7 月	8 月	9 月	10 月	11 月	12 月
熊　　本	-	-	-	-	-	-	-	-	-	-	-	-	-
A － 5	-	-	-	-	-	-	-	-	-	-	-	-	-
A － 4	-	-	-	-	-	-	-	-	-	-	-	-	-
A － 3	-	-	-	-	-	-	-	-	-	-	-	-	-
A － 2	-	-	-	-	-	-	-	-	-	-	-	-	-
A － 1	-	-	-	-	-	-	-	-	-	-	-	-	-
B － 5	-	-	-	-	-	-	-	-	-	-	-	-	-
B － 4	-	-	-	-	-	-	-	-	-	-	-	-	-
B － 3	-	-	-	-	-	-	-	-	-	-	-	-	-
B － 2	-	-	-	-	-	-	-	-	-	-	-	-	-
B － 1	-	-	-	-	-	-	-	-	-	-	-	-	-
C － 5	-	-	-	-	-	-	-	-	-	-	-	-	-
C － 4	-	-	-	-	-	-	-	-	-	-	-	-	-
C － 3	-	-	-	-	-	-	-	-	-	-	-	-	-
C － 2	-	-	-	-	-	-	-	-	-	-	-	-	-
C － 1	-	-	-	-	-	-	-	-	-	-	-	-	-

イ　枝肉の1kg当たり卸売価格

単位：円

市場・規格	平成29年計	1月	2月	3月	4月	5月	6月	7月	8月	9月	10月	11月	12月
合計	1,454	1,623	1,505	1,495	1,536	1,425	1,413	1,420	1,389	1,376	1,366	1,407	1,505
A－5	2,028	2,105	2,036	2,016	2,024	1,987	1,954	1,961	1,928	1,979	2,003	2,012	2,179
A－4	1,816	1,881	1,817	1,825	1,840	1,802	1,808	1,816	1,788	1,784	1,750	1,792	1,875
A－3	1,588	1,732	1,621	1,622	1,645	1,586	1,575	1,564	1,560	1,537	1,506	1,530	1,625
A－2	1,320	1,526	1,413	1,364	1,416	1,304	1,289	1,254	1,289	1,245	1,230	1,277	1,330
A－1	－	－	－	－	－	－	－	－	－	－	－	－	－
B－5	1,975	2,074	1,931	1,956	1,977	1,880	1,949	1,933	1,916	1,972	1,923	2,011	2,073
B－4	1,750	1,839	1,752	1,755	1,776	1,723	1,735	1,745	1,708	1,720	1,672	1,719	1,827
B－3	1,535	1,681	1,574	1,569	1,607	1,507	1,505	1,509	1,483	1,469	1,451	1,479	1,588
B－2	1,260	1,483	1,340	1,307	1,366	1,236	1,190	1,223	1,198	1,178	1,179	1,214	1,273
B－1	847	893	767	954	1,070	716	1,224	914	894	709	868	654	442
C－5	1,754	－	－	－	2,052	1,225	1,839	2,058	－	1,693	－	－	1,748
C－4	1,609	1,725	1,613	1,623	1,658	1,552	1,569	1,583	1,546	1,626	1,570	1,526	1,684
C－3	1,411	1,589	1,459	1,439	1,474	1,348	1,366	1,368	1,361	1,327	1,322	1,352	1,477
C－2	1,161	1,388	1,227	1,184	1,259	1,120	1,096	1,119	1,089	1,074	1,080	1,119	1,202
C－1	729	922	770	777	696	820	698	804	652	581	575	690	744
中央市場計	1,429	1,612	1,483	1,477	1,512	1,403	1,385	1,388	1,350	1,348	1,342	1,381	1,480
A－5	2,005	2,084	2,014	1,980	2,011	1,994	1,942	1,929	1,867	1,992	2,018	1,984	2,176
A－4	1,800	1,873	1,800	1,810	1,833	1,788	1,790	1,805	1,758	1,759	1,717	1,774	1,883
A－3	1,571	1,726	1,607	1,608	1,641	1,577	1,568	1,541	1,519	1,523	1,466	1,514	1,615
A－2	1,307	1,525	1,397	1,346	1,410	1,301	1,293	1,253	1,243	1,220	1,207	1,258	1,312
A－1	－	－	－	－	－	－	－	－	－	－	－	－	－
B－5	1,961	2,071	1,953	1,927	1,961	1,869	1,914	1,940	1,870	1,910	1,906	1,998	2,114
B－4	1,727	1,822	1,739	1,742	1,758	1,706	1,712	1,714	1,676	1,702	1,637	1,686	1,812
B－3	1,509	1,672	1,553	1,557	1,592	1,485	1,476	1,472	1,445	1,443	1,413	1,450	1,570
B－2	1,242	1,477	1,323	1,297	1,354	1,225	1,171	1,192	1,163	1,157	1,160	1,193	1,259
B－1	686	860	623	817	762	593	－	944	728	596	726	566	533
C－5	1,677	－	－	－	－	1,225	1,839	2,058	－	1,612	－	－	1,748
C－4	1,577	1,703	1,584	1,613	1,641	1,515	1,545	1,546	1,496	1,587	1,489	1,476	1,683
C－3	1,377	1,577	1,429	1,425	1,449	1,320	1,327	1,312	1,309	1,270	1,277	1,305	1,446
C－2	1,133	1,364	1,207	1,175	1,225	1,103	1,066	1,070	1,039	1,041	1,058	1,090	1,172
C－1	596	646	618	600	610	633	634	509	530	574	528	683	611
仙台	1,424	1,667	1,516	1,457	1,474	1,427	1,316	1,383	1,386	1,337	1,332	1,341	1,478
A－5	1,808	2,007	1,997	1,943	1,945	1,632	1,785	1,983	1,706	1,723	1,777	1,835	－
A－4	1,657	1,858	1,738	1,672	1,728	1,711	1,584	1,684	1,637	1,585	1,493	1,572	1,739
A－3	1,455	1,649	1,525	1,519	1,508	1,491	1,440	1,426	1,423	1,379	1,393	1,402	1,475
A－2	1,173	1,398	1,475	1,098	1,317	1,240	1,117	1,061	1,126	1,179	986	1,233	944
A－1	－	－	－	－	－	－	－	－	－	－	－	－	－
B－5	1,880	1,992	1,957	－	1,997	1,688	1,920	－	1,798	－	1,617	－	－
B－4	1,637	1,797	1,716	1,636	1,689	1,579	1,572	1,563	1,569	1,560	1,539	1,608	1,795
B－3	1,488	1,733	1,582	1,534	1,578	1,472	1,399	1,410	1,471	1,342	1,355	1,378	1,556
B－2	1,174	1,460	1,275	1,260	1,206	1,195	986	1,120	1,075	1,079	1,162	1,115	1,141
B－1	518	－	－	－	－	－	－	－	－	－	544	458	533
C－5													
C－4	1,429	－	1,360	1,404	1,514			－	1,504	1,475	1,328	1,464	－
C－3	1,343	1,686	1,473	1,289	1,304	1,336	1,178	1,346	1,369	1,258	1,240	1,154	1,472
C－2	1,122	1,348	1,242	1,181	1,077	970	1,015	807	1,063	999	1,126	1,136	1,289
C－1	469		390	－	－	－	－	404	492	－	542	600	451

— 353 —

2 月別規格別取引成立頭数・価格（食肉卸売市場別）（続き）
(9) 交雑牛計（続き）
イ 枝肉の１kg当たり卸売価格（続き）

単位：円

市場・規格	平成29年計	1 月	2 月	3 月	4 月	5 月	6 月	7 月	8 月	9 月	10 月	11 月	12 月
さいたま	**1,303**	**1,526**	**1,380**	**1,409**	**1,402**	**1,242**	**1,208**	**1,219**	**1,147**	**1,208**	**1,315**	**1,347**	**1,287**
A － 5	1,906	-	-	1,855	1,976	-	-	-	-	-	-	-	-
A － 4	1,760	1,813	1,679	1,769	1,784	1,622	1,730	1,820	1,647	1,696	1,790	1,817	1,751
A － 3	1,543	1,719	1,462	1,584	1,556	1,597	1,595	1,522	1,595	1,456	1,374	1,613	1,572
A － 2	1,208	-	1,432	1,379	-	1,194	1,297	1,058	1,153	1,121	1,457	-	1,262
A － 1	-	-	-	-	-	-	-	-	-	-	-	-	-
B － 5	1,953	2,169	1,796	1,864	1,818	1,840	1,743	2,051	-	-	2,047	2,170	-
B － 4	1,676	1,732	1,644	1,654	1,654	1,668	1,618	1,697	1,683	1,673	1,719	1,669	1,727
B － 3	1,488	1,626	1,505	1,520	1,558	1,446	1,485	1,395	1,420	1,524	1,488	1,450	1,472
B － 2	1,142	1,403	1,257	1,194	1,229	1,106	1,066	1,077	1,057	1,068	1,133	1,135	1,095
B － 1	700	833	-	-	762	630	-	-	-	-	-	-	-
C － 5	1,495	-	-	-	-	1,225	1,839	-	-	-	-	-	-
C － 4	1,432	1,749	1,600	-	1,375	1,234	-	1,292	1,561	1,576	-	1,346	1,507
C － 3	1,232	1,558	1,244	1,310	1,294	1,151	1,157	1,219	1,076	1,121	1,291	1,286	1,252
C － 2	981	1,228	1,139	1,050	1,103	1,013	939	928	835	890	975	981	926
C － 1	581	-	649	631	642	421	-	-	592	553	-	-	650
東　京	**1,403**	**1,591**	**1,464**	**1,469**	**1,483**	**1,381**	**1,360**	**1,360**	**1,329**	**1,327**	**1,324**	**1,346**	**1,450**
A － 5	2,018	2,075	2,011	1,993	2,024	2,061	1,996	1,915	1,822	2,059	2,103	1,997	2,173
A － 4	1,800	1,863	1,795	1,824	1,827	1,787	1,799	1,800	1,750	1,762	1,720	1,784	1,866
A － 3	1,561	1,710	1,610	1,624	1,628	1,565	1,557	1,518	1,508	1,521	1,449	1,501	1,604
A － 2	1,318	1,526	1,402	1,395	1,412	1,311	1,305	1,283	1,258	1,214	1,219	1,230	1,306
A － 1	-	-	-	-	-	-	-	-	-	-	-	-	-
B － 5	1,968	2,125	1,956	2,043	1,938	1,894	1,961	1,955	1,944	1,875	1,863	1,896	2,075
B － 4	1,704	1,796	1,718	1,734	1,730	1,690	1,698	1,691	1,653	1,683	1,611	1,654	1,795
B － 3	1,469	1,643	1,514	1,537	1,559	1,450	1,440	1,431	1,393	1,410	1,374	1,406	1,538
B － 2	1,220	1,465	1,314	1,294	1,334	1,209	1,148	1,172	1,148	1,137	1,142	1,160	1,224
B － 1	559	756	433	-	-	488	-	-	541	611	-	431	-
C － 5	1,804	-	-	-	-	-	-	2,058	-	1,612	-	-	-
C － 4	1,529	1,644	1,509	1,557	1,609	1,468	1,469	1,454	1,456	1,580	1,435	1,440	1,670
C － 3	1,309	1,510	1,363	1,368	1,377	1,256	1,258	1,254	1,240	1,227	1,228	1,218	1,384
C － 2	1,100	1,327	1,165	1,153	1,186	1,081	1,033	1,037	1,034	1,004	1,032	1,049	1,114
C － 1	561	425	649	646	592	431	590	301	531	611	559	433	619
横　浜	**1,364**	**1,542**	**1,395**	**1,415**	**1,464**	**1,351**	**1,307**	**1,297**	**1,279**	**1,283**	**1,260**	**1,306**	**1,407**
A － 5	2,117	-	2,171	-	-	-	-	-	-	1,959	2,164	-	2,173
A － 4	1,812	1,899	1,885	1,832	1,915	1,810	1,805	1,831	1,706	1,715	1,610	1,644	1,928
A － 3	1,611	1,781	1,683	1,652	1,709	1,639	1,654	1,662	1,463	1,498	1,518	1,499	1,587
A － 2	1,298	1,579	1,402	1,508	1,317	1,266	1,246	1,281	1,323	1,230	1,186	1,230	1,349
A － 1	-	-	-	-	-	-	-	-	-	-	-	-	-
B － 5	1,914	1,891	-	-	2,068	1,943	-	-	1,623	-	1,729	2,005	-
B － 4	1,707	1,787	1,741	1,756	1,775	1,693	1,619	1,753	1,702	1,638	1,563	1,637	1,753
B － 3	1,490	1,628	1,531	1,562	1,562	1,477	1,448	1,445	1,439	1,396	1,390	1,389	1,535
B － 2	1,240	1,459	1,317	1,291	1,317	1,201	1,156	1,181	1,163	1,159	1,140	1,159	1,238
B － 1	572	-	-	-	-	-	-	-	-	572	-	-	-
C － 5	-	-	-	-	-	-	-	-	-	-	-	-	-
C － 4	1,463	-	-	1,779	-	-	-	1,162	1,333	-	-	1,489	1,489
C － 3	1,292	1,494	1,334	1,443	1,414	1,192	1,291	1,265	1,245	1,190	1,222	1,228	1,339
C － 2	1,073	1,259	1,117	1,123	1,126	1,075	999	1,041	1,003	1,054	1,006	1,047	1,079
C － 1	518	-	433	490	554	-	-	503	475	418	380	748	361

単位：円

市場・規格	平成29年計	1月	2月	3月	4月	5月	6月	7月	8月	9月	10月	11月	12月
名 古 屋	1,557	1,700	1,632	1,579	1,643	1,526	1,472	1,541	1,501	1,482	1,469	1,522	1,622
A － 5	1,970	2,032	1,989	1,931	1,978	2,020	1,871	1,986	2,268	1,912	1,920	1,920	1,974
A － 4	1,837	1,912	1,764	1,862	1,905	1,785	1,765	1,853	1,875	1,758	1,770	1,845	1,944
A － 3	1,628	1,780	1,711	1,585	1,686	1,623	1,618	1,590	1,580	1,568	1,531	1,613	1,671
A － 2	1,394	1,535	1,375	-	-	1,459	1,256	1,286	-	1,245	1,545	1,436	1,567
A － 1	-	-	-	-	-	-	-	-	-	-	-	-	-
B － 5	1,937	2,050	1,974	1,873	1,968	1,861	1,755	1,851	1,964	1,965	1,907	1,952	2,407
B － 4	1,760	1,859	1,795	1,779	1,800	1,728	1,723	1,732	1,689	1,712	1,720	1,740	1,851
B － 3	1,569	1,747	1,639	1,597	1,639	1,519	1,485	1,550	1,521	1,519	1,495	1,534	1,614
B － 2	1,314	1,497	1,415	1,356	1,424	1,320	1,173	1,273	1,239	1,230	1,204	1,305	1,409
B － 1	436	-	-	-	-	-	-	-	-	-	-	436	-
C － 5	-	-	-	-	-	-	-	-	-	-	-	-	-
C － 4	1,724	1,863	1,746	1,727	1,791	1,704	1,676	1,710	1,657	1,607	1,721	1,708	1,800
C － 3	1,522	1,716	1,572	1,554	1,564	1,489	1,435	1,494	1,463	1,446	1,434	1,472	1,535
C － 2	1,276	1,472	1,333	1,301	1,389	1,217	1,209	1,182	1,237	1,152	1,153	1,278	1,337
C － 1	457	-	-	610	-	-	108	-	430	-	-	-	-
京 都	1,468	1,605	1,439	1,504	1,564	1,375	1,498	1,400	1,340	1,374	1,419	1,503	1,502
A － 5	1,997	2,139	2,069	-	1,857	1,987	1,879	1,837	1,890	-	-	-	2,175
A － 4	1,768	1,829	1,880	1,881	1,844	1,780	1,708	1,743	1,638	1,721	1,723	1,771	1,870
A － 3	1,554	1,751	1,573	1,636	1,681	1,616	1,478	1,470	1,478	1,534	1,473	1,614	1,605
A － 2	1,270	1,541	1,411	-	-	1,316	1,409	1,214	1,234	1,167	1,213	1,271	1,238
A － 1	-	-	-	-	-	-	-	-	-	-	-	-	-
B － 5	2,118	2,171	-	1,998	-	-	-	-	-	-	-	-	2,191
B － 4	1,753	1,882	1,817	1,832	1,830	1,682	1,708	1,609	1,686	1,669	1,691	1,842	1,768
B － 3	1,533	1,705	1,536	1,635	1,673	1,441	1,510	1,432	1,413	1,450	1,469	1,561	1,505
B － 2	1,262	1,441	1,303	1,301	1,398	1,183	1,244	1,169	1,161	1,168	1,233	1,274	1,207
B － 1	-	-	-	-	-	-	-	-	-	-	-	-	-
C － 5	-	-	-	-	-	-	-	-	-	-	-	-	-
C － 4	1,589	-	-	-	-	1,653	1,559	-	1,405	-	1,651	1,627	1,583
C － 3	1,377	1,549	1,488	1,426	1,544	1,316	1,336	1,295	1,146	1,328	1,179	1,353	1,278
C － 2	1,165	1,338	1,262	1,108	1,247	1,020	1,059	936	927	975	999	1,142	1,110
C － 1	618	813	-	-	-	-	-	-	327	-	-	-	-
大 阪	1,487	1,668	1,520	1,514	1,585	1,467	1,454	1,435	1,401	1,388	1,394	1,461	1,523
A － 5	2,197	2,214	-	2,035	-	2,150	-	-	2,279	2,220	2,010	2,158	2,331
A － 4	1,873	1,906	1,861	1,844	1,881	1,879	1,915	1,885	1,834	1,841	1,805	1,834	1,976
A － 3	1,613	1,759	1,615	1,563	1,674	1,594	1,615	1,598	1,604	1,546	1,564	1,603	1,694
A － 2	1,304	1,565	1,316	1,327	1,439	1,189	1,401	1,247	1,232	1,229	1,245	1,298	1,309
A － 1	-	-	-	-	-	-	-	-	-	-	-	-	-
B － 5	2,000	-	2,042	1,743	2,066	2,029	1,986	1,916	-	-	1,954	2,099	2,112
B － 4	1,825	1,923	1,796	1,795	1,819	1,824	1,837	1,798	1,820	1,832	1,738	1,806	1,911
B － 3	1,591	1,716	1,611	1,592	1,648	1,570	1,574	1,543	1,573	1,520	1,499	1,562	1,639
B － 2	1,264	1,510	1,306	1,303	1,417	1,251	1,234	1,217	1,161	1,142	1,174	1,253	1,287
B － 1	824	716	-	-	-	-	-	944	-	-	779	-	-
C － 5	-	-	-	-	-	-	-	-	-	-	-	-	-
C － 4	1,740	1,841	1,833	1,743	1,781	1,612	1,790	1,761	1,466	-	1,730	1,578	1,748
C － 3	1,486	1,637	1,507	1,509	1,554	1,435	1,432	1,396	1,448	1,348	1,387	1,463	1,520
C － 2	1,204	1,463	1,258	1,232	1,362	1,182	1,146	1,148	1,096	1,052	1,114	1,178	1,221
C － 1	705	821	-	487	-	-	825	542	541	542	595	709	872

2 月別規格別取引成立頭数・価格（食肉卸売市場別）（続き）
(9) 交雑牛計（続き）
イ 枝肉の1kg当たり卸売価格（続き）

単位：円

市場・規格	平成29年計	1月	2月	3月	4月	5月	6月	7月	8月	9月	10月	11月	12月
神　戸	**1,599**	**1,739**	**1,618**	**1,658**	**1,452**	**1,602**	**1,456**	**1,626**	**1,614**	**1,439**	**1,793**	**1,707**	**1,728**
A － 5	－	－	－	－	－	－	－	－	－	－	－	－	－
A － 4	－	－	－	－	－	－	－	－	－	－	－	－	－
A － 3	1,620	－	1,619	－	－	－	－	1,626	1,614	－	－	－	－
A － 2	－	－	－	－	－	－	－	－	－	－	－	－	－
A － 1	－	－	－	－	－	－	－	－	－	－	－	－	－
B － 5	－	－	－	－	－	－	－	－	－	－	－	－	－
B － 4	1,845	－	1,873	1,787	1,944	1,843	1,889	－	－	－	1,793	1,890	－
B － 3	1,673	1,739	－	－	1,659	1,657	1,675	－	－	1,439	－	1,517	1,728
B － 2	1,413	－	1,529	－	1,238	1,429	－	－	－	－	－	－	－
B － 1	－	－	－	－	－	－	－	－	－	－	－	－	－
C － 5	－	－	－	－	－	－	－	－	－	－	－	－	－
C － 4	1,852	－	－	1,852	－	－	－	－	－	－	－	－	－
C － 3	1,442	－	－	1,449	1,455	－	1,417	－	－	－	－	－	－
C － 2	1,190	－	－	－	1,232	－	1,167	－	－	－	－	－	－
C － 1	－	－	－	－	－	－	－	－	－	－	－	－	－
広　島	**1,527**	**1,655**	**1,579**	**1,531**	**1,623**	**1,530**	**1,468**	**1,507**	**1,474**	**1,422**	**1,452**	**1,493**	**1,583**
A － 5	1,920	－	－	－	－	－	－	1,923	－	1,888	1,945	－	－
A － 4	1,784	1,864	1,776	1,799	1,831	1,743	1,750	1,738	1,792	1,755	1,755	1,747	1,861
A － 3	1,567	1,726	1,589	1,602	1,667	1,569	1,542	1,536	1,549	1,509	1,488	1,446	1,638
A － 2	1,297	1,541	1,485	1,356	1,511	－	1,299	1,270	1,226	1,227	1,242	1,269	1,280
A － 1	－	－	－	－	－	－	－	－	－	－	－	－	－
B － 5	1,800	－	1,835	－	－	1,760	－	－	－	－	－	－	－
B － 4	1,768	1,842	1,771	1,749	1,804	1,725	1,750	1,726	1,747	1,774	1,729	1,743	1,835
B － 3	1,557	1,695	1,595	1,589	1,642	1,553	1,533	1,527	1,523	1,490	1,470	1,502	1,591
B － 2	1,277	1,478	1,413	1,350	1,419	1,273	1,218	1,246	1,201	1,172	1,192	1,235	1,282
B － 1	－	－	－	－	－	－	－	－	－	－	－	－	－
C － 5	－	－	－	－	－	－	－	－	－	－	－	－	－
C － 4	1,757	1,812	1,754	1,770	－	1,775	1,726	1,645	－	1,739	－	1,726	1,803
C － 3	1,564	1,690	1,579	1,541	1,636	1,527	1,513	1,487	1,531	1,433	1,433	1,505	1,575
C － 2	1,271	1,427	1,384	1,264	1,404	1,206	1,135	1,039	1,074	1,167	1,198	1,214	1,297
C － 1	610	－	－	702	－	647	－	553	－	－	593	－	－
福　岡	**1,473**	**1,624**	**1,505**	**1,443**	**1,547**	**1,420**	**1,470**	**1,508**	**1,379**	**1,408**	**1,315**	**1,462**	**1,588**
A － 5	2,102	－	－	2,019	2,154	－	2,168	2,077	1,906	2,240	－	1,977	2,268
A － 4	1,827	1,936	1,803	1,723	1,876	1,836	1,850	1,910	1,779	1,874	1,661	1,782	1,845
A － 3	1,641	1,760	1,647	1,643	1,728	1,667	1,604	1,678	1,551	1,629	1,452	1,604	1,689
A － 2	1,385	1,545	1,373	1,308	1,463	1,444	1,250	1,306	1,260	1,383	1,237	1,433	1,479
A － 1	－	－	－	－	－	－	－	－	－	－	－	－	－
B － 5	2,124	－	－	－	－	－	2,052	－	－	－	2,180	2,057	2,161
B － 4	1,766	1,861	1,766	1,708	1,837	1,739	1,822	1,825	1,662	1,747	1,641	1,747	1,803
B － 3	1,582	1,711	1,610	1,544	1,680	1,518	1,560	1,608	1,517	1,516	1,467	1,558	1,666
B － 2	1,354	1,533	1,397	1,325	1,440	1,310	1,327	1,331	1,264	1,289	1,217	1,345	1,473
B － 1	872	1,155	838	817	－	－	－	－	988	－	812	739	－
C － 5	1,748	－	－	－	－	－	－	－	－	－	－	－	1,748
C － 4	1,623	1,735	1,351	1,459	1,772	－	－	1,716	－	1,608	1,348	1,553	1,815
C － 3	1,449	1,597	1,503	1,349	1,556	1,450	1,521	1,434	1,413	1,332	1,223	1,406	1,553
C － 2	1,264	1,459	1,344	1,228	1,367	1,211	1,230	1,332	1,122	1,216	1,093	1,190	1,442
C － 1	812	968	974	－	824	907	775	922	873	－	－	685	219

単位：円

市場・規格	平成29年計	1月	2月	3月	4月	5月	6月	7月	8月	9月	10月	11月	12月
指 定 市 場 計	1,510	1,649	1,556	1,536	1,593	1,476	1,473	1,494	1,482	1,436	1,419	1,463	1,552
A － 5	2,064	2,130	2,076	2,103	2,037	1,975	1,965	2,023	2,100	1,949	1,963	2,071	2,181
A － 4	1,849	1,897	1,852	1,852	1,854	1,831	1,840	1,844	1,852	1,829	1,849	1,834	1,860
A － 3	1,631	1,742	1,654	1,648	1,656	1,609	1,591	1,634	1,651	1,567	1,606	1,579	1,651
A － 2	1,350	1,528	1,454	1,393	1,437	1,311	1,277	1,256	1,394	1,308	1,258	1,331	1,374
A － 1	-	-	-	-	-	-	-	-	-	-	-	-	-
B － 5	1,997	2,080	1,897	2,009	2,003	1,914	2,007	1,907	1,935	2,020	1,961	2,030	2,048
B － 4	1,798	1,877	1,780	1,782	1,811	1,759	1,775	1,813	1,776	1,755	1,774	1,788	1,848
B － 3	1,591	1,701	1,619	1,597	1,640	1,559	1,563	1,592	1,580	1,532	1,540	1,544	1,622
B － 2	1,301	1,497	1,383	1,330	1,402	1,263	1,232	1,293	1,282	1,223	1,218	1,260	1,308
B － 1	988	941	1,078	983	1,113	1,047	1,224	896	1,078	775	1,009	1,108	255
C － 5	1,923	-	-	-	2,052	-	-	-	-	1,782	-	-	-
C － 4	1,679	1,787	1,690	1,642	1,712	1,676	1,616	1,651	1,674	1,683	1,754	1,642	1,685
C － 3	1,484	1,620	1,520	1,475	1,537	1,429	1,444	1,474	1,484	1,429	1,422	1,435	1,533
C － 2	1,227	1,449	1,282	1,211	1,357	1,178	1,165	1,221	1,197	1,149	1,128	1,180	1,251
C － 1	814	1,059	899	860	794	882	747	957	833	585	613	693	810
茨 城	1,464	1,677	1,436	1,527	1,553	1,504	1,488	1,387	1,401	1,415	1,382	1,406	1,428
A － 5	2,059	2,079	2,051	-	2,002	1,945	2,032	2,052	2,282	-	-	-	2,070
A － 4	1,832	1,954	1,894	1,894	1,888	1,657	1,840	1,729	1,774	1,791	1,787	1,746	2,045
A － 3	1,579	1,782	1,695	1,593	1,667	1,626	1,558	1,493	1,539	1,565	1,571	1,522	1,493
A － 2	1,185	1,011	1,643	-	756	-	1,319	1,072	-	1,195	1,233	876	972
A － 1	-	-	-	-	-	-	-	-	-	-	-	-	-
B － 5	1,936	-	1,981	2,071	1,892	1,816	-	-	-	-	-	-	-
B － 4	1,775	1,867	1,772	1,801	1,925	1,692	1,761	1,763	1,751	1,710	1,695	1,705	1,832
B － 3	1,549	1,745	1,616	1,624	1,651	1,482	1,526	1,502	1,497	1,475	1,496	1,479	1,501
B － 2	1,151	1,330	1,205	1,243	1,207	1,232	1,197	968	1,015	1,117	1,103	1,089	1,176
B － 1	420	541	-	-	-	-	-	-	-	436	-	-	255
C － 5	-	-	-	-	-	-	-	-	-	-	-	-	-
C － 4	1,659	1,759	1,729	-	1,734	-	-	1,524	-	-	1,677	1,760	1,606
C － 3	1,372	1,516	1,466	1,370	1,463	1,397	1,379	1,459	1,314	1,383	1,277	1,257	1,311
C － 2	936	1,259	979	1,049	1,033	1,185	919	1,013	820	808	775	879	782
C － 1	454	486	-	449	-	-	433	524	-	-	377	499	-
宇 都 宮	1,565	1,717	1,568	1,621	1,631	1,556	1,499	1,556	1,490	1,509	1,506	1,475	1,641
A － 5	1,946	-	-	-	1,944	-	1,998	-	-	-	1,891	-	-
A － 4	1,832	1,929	1,831	1,865	1,927	1,800	1,738	1,790	1,805	1,841	1,857	1,807	1,881
A － 3	1,594	1,747	-	1,697	1,686	-	1,394	1,610	1,591	1,539	1,601	1,471	1,777
A － 2	1,372	1,556	-	1,512	-	1,403	-	1,274	1,275	1,112	-	-	1,387
A － 1	-	-	-	-	-	-	-	-	-	-	-	-	-
B － 5	1,997	2,053	-	1,998	1,971	-	-	-	-	-	-	-	-
B － 4	1,793	1,895	1,769	1,798	1,848	1,825	1,763	1,761	1,719	1,742	1,795	1,745	1,881
B － 3	1,581	1,771	1,599	1,632	1,626	1,562	1,514	1,591	1,480	1,510	1,511	1,470	1,657
B － 2	1,313	1,528	1,352	1,367	1,450	1,321	1,215	1,303	1,204	1,230	1,243	1,214	1,286
B － 1	972	-	-	-	972	-	-	-	-	-	-	-	-
C － 5	-	-	-	-	-	-	-	-	-	-	-	-	-
C － 4	1,644	-	1,685	-	-	-	1,642	-	1,572	-	1,673	-	1,761
C － 3	1,462	1,713	1,562	1,468	1,577	1,123	1,341	1,431	1,379	1,443	1,397	1,351	1,546
C － 2	1,174	1,482	1,337	1,169	1,197	1,070	1,217	1,198	1,080	1,003	1,080	975	1,107
C － 1	524	843	-	540	513	551	479	374	-	-	-	434	-

2　月別規格別取引成立頭数・価格（食肉卸売市場別）（続き）
(9)　交雑牛計（続き）
　　イ　枝肉の1kg当たり卸売価格（続き）

単位：円

市場・規格	平成29年計	1 月	2 月	3 月	4 月	5 月	6 月	7 月	8 月	9 月	10 月	11 月	12 月
群　　馬	1,492	1,619	1,561	1,557	1,543	1,374	1,433	1,499	1,552	1,409	1,385	1,448	1,530
A － 5	2,079	2,090	2,128	2,147	2,003	2,048	1,956	－	2,086	1,980	1,941	2,135	2,126
A － 4	1,849	1,868	1,877	1,858	1,823	1,804	1,881	1,881	1,887	1,835	1,882	1,837	1,815
A － 3	1,618	1,709	1,646	1,631	1,633	1,597	1,595	1,651	1,712	1,540	1,581	1,555	1,591
A － 2	1,338	1,540	1,402	1,365	1,390	1,277	1,279	1,301	1,485	1,308	1,230	1,347	1,322
A － 1	－	－	－	－	－	－	－	－	－	－	－	－	－
B － 5	1,986	－	1,830	2,086	1,966	－	－	1,915	－	1,939	－	2,040	1,960
B － 4	1,783	1,866	1,794	1,775	1,752	1,772	1,764	1,827	1,838	1,725	1,802	1,778	1,778
B － 3	1,562	1,667	1,614	1,585	1,585	1,485	1,542	1,591	1,630	1,483	1,530	1,502	1,542
B － 2	1,259	1,462	1,338	1,324	1,294	1,184	1,164	1,280	1,382	1,205	1,170	1,227	1,200
B － 1	902	899	－	904	－	－	－	－	－	－	－	－	－
C － 5	－	－	－	－	－	－	－	－	－	－	－	－	－
C － 4	1,610	1,802	1,669	1,671	1,658	1,382	1,537	1,644	1,681	1,439	1,716	1,565	1,587
C － 3	1,371	1,526	1,434	1,408	1,369	1,232	1,276	1,420	1,500	1,293	1,340	1,340	1,344
C － 2	1,122	1,340	1,193	1,190	1,135	1,022	1,048	1,173	1,232	1,072	1,007	1,087	1,091
C － 1	649	654	421	787	555	651	546	1,019	983	430	756	660	530
川　　口	1,525	1,637	1,583	1,572	1,607	1,516	1,533	1,453	1,471	1,468	1,472	1,508	1,533
A － 5	2,027	－	1,944	－	1,991	1,945	2,052	1,945	－	－	2,161	－	2,143
A － 4	1,832	1,849	1,824	1,912	1,865	1,942	1,806	1,707	1,832	1,837	1,788	1,844	1,836
A － 3	1,675	1,764	1,669	1,718	1,701	1,680	1,727	1,572	1,622	1,635	1,671	1,634	1,718
A － 2	1,327	－	1,486	1,404	1,512	－	－	756	1,283	1,270	1,326	－	1,350
A － 1	－	－	－	－	－	－	－	－	－	－	－	－	－
B － 5	2,095	－	－	－	－	－	－	－	－	－	2,084	－	2,107
B － 4	1,779	1,826	1,781	1,800	1,817	1,735	1,752	1,695	1,773	1,728	1,792	1,801	1,814
B － 3	1,581	1,654	1,631	1,619	1,646	1,572	1,577	1,544	1,531	1,542	1,545	1,567	1,589
B － 2	1,276	1,489	1,420	1,341	1,408	1,291	1,248	1,174	1,187	1,160	1,233	1,230	1,255
B － 1	－	－	－	－	－	－	－	－	－	－	－	－	－
C － 5	－	－	－	－	－	－	－	－	－	－	－	－	－
C － 4	1,641	1,668	1,621	－	－	－	1,623	－	－	－	－	－	－
C － 3	1,465	1,488	1,464	1,497	1,520	1,431	1,436	1,425	1,376	1,488	1,452	1,442	1,490
C － 2	1,140	1,397	1,315	1,167	1,237	1,099	1,115	1,065	1,090	1,015	1,079	1,083	1,154
C － 1	－	－	－	－	－	－	－	－	－	－	－	－	－
山　　梨	1,439	1,592	1,522	1,387	1,576	1,390	1,233	1,530	1,462	1,434	1,319	1,374	1,442
A － 5	2,006	－	2,042	－	1,967	－	－	－	－	－	－	－	－
A － 4	1,830	1,838	1,939	－	－	1,737	－	1,781	1,863	－	－	－	－
A － 3	1,628	1,712	1,684	1,601	1,722	1,652	1,502	1,604	1,478	1,618	1,760	1,568	1,675
A － 2	1,395	1,634	1,470	1,413	1,572	1,320	1,167	1,395	1,182	1,514	1,383	1,348	1,413
A － 1	－	－	－	－	－	－	－	－	－	－	－	－	－
B － 5	1,924	－	－	－	－	－	－	1,825	－	－	－	－	2,049
B － 4	1,820	1,866	1,859	1,714	1,863	1,575	1,568	1,846	－	1,625	1,807	1,759	1,950
B － 3	1,562	1,672	1,642	1,559	1,576	1,481	1,385	1,655	1,585	1,491	1,430	1,545	1,630
B － 2	1,366	1,501	1,425	1,285	1,554	1,278	1,169	1,479	1,438	1,422	1,287	1,331	1,312
B － 1	－	－	－	－	－	－	－	－	－	－	－	－	－
C － 5	－	－	－	－	－	－	－	－	－	－	－	－	－
C － 4	－	－	－	－	－	－	－	－	－	－	－	－	－
C － 3	1,459	1,600	－	1,662	1,479	1,009	1,272	1,568	1,740	1,526	1,297	1,415	1,453
C － 2	1,255	1,378	1,385	1,242	1,475	1,322	1,112	1,230	1,340	1,237	1,173	1,137	1,213
C － 1	410	－	－	－	558	－	－	333	－	324	－	－	－

－ 358 －

単位：円

市場・規格	平成29年計	1 月	2 月	3 月	4 月	5 月	6 月	7 月	8 月	9 月	10 月	11 月	12 月
岐　阜	**1,523**	**-**	**1,628**	**1,628**	**1,674**	**1,632**	**1,538**	**1,446**	**1,572**	**-**	**1,434**	**1,458**	**1,529**
A － 5	-	-	-	-	-	-	-	-	-	-	-	-	-
A － 4	1,678	-	-	-	-	-	1,524	-	-	-	1,823	-	-
A － 3	-	-	-	-	-	-	-	-	-	-	-	-	-
A － 2	-	-	-	-	-	-	-	-	-	-	-	-	-
A － 1	-	-	-	-	-	-	-	-	-	-	-	-	-
B － 5	-	-	-	-	-	-	-	-	-	-	-	-	-
B － 4	1,624	-	-	1,738	-	1,632	1,545	-	1,572	-	1,737	-	-
B － 3	1,529	-	1,628	1,510	1,674	-	-	1,491	-	-	1,362	1,458	1,619
B － 2	-	-	-	-	-	-	-	-	-	-	-	-	-
B － 1	-	-	-	-	-	-	-	-	-	-	-	-	-
C － 5	-	-	-	-	-	-	-	-	-	-	-	-	-
C － 4	1,405	-	-	-	-	-	-	1,405	-	-	-	-	-
C － 3	1,089	-	-	-	-	-	-	-	-	-	1,089	-	-
C － 2	1,220	-	-	-	-	-	-	-	-	-	1,189	-	1,254
C － 1	-	-	-	-	-	-	-	-	-	-	-	-	-
浜　松	**1,538**	**1,634**	**1,541**	**1,538**	**1,696**	**1,557**	**1,459**	**1,511**	**1,433**	**1,469**	**1,479**	**1,509**	**1,598**
A － 5	1,954	2,039	-	-	1,989	1,859	1,558	1,829	-	-	1,944	1,942	2,390
A － 4	1,779	1,876	1,793	1,793	1,816	1,698	1,747	1,814	1,751	1,728	1,759	1,687	1,963
A － 3	1,633	1,811	1,746	1,707	1,759	1,566	1,550	1,636	1,552	1,623	1,610	1,603	1,702
A － 2	1,390	-	1,496	1,465	-	1,313	1,369	1,189	1,429	1,341	1,318	-	1,438
A － 1	-	-	-	-	-	-	-	-	-	-	-	-	-
B － 5	1,880	-	1,885	1,834	1,931	1,837	-	-	1,826	-	-	1,843	1,913
B － 4	1,727	1,796	1,721	1,734	1,794	1,678	1,640	1,736	1,690	1,659	1,656	1,725	1,825
B － 3	1,583	1,679	1,576	1,572	1,693	1,568	1,497	1,579	1,527	1,581	1,541	1,511	1,643
B － 2	1,328	1,450	1,339	1,299	1,508	1,358	1,224	1,320	1,235	1,280	1,272	1,343	1,338
B － 1	-	-	-	-	-	-	-	-	-	-	-	-	-
C － 5	-	-	-	-	-	-	-	-	-	-	-	-	-
C － 4	1,544	1,678	1,405	1,429	1,782	1,565	1,460	1,445	1,420	1,763	-	1,431	1,645
C － 3	1,467	1,577	1,464	1,472	1,622	1,471	1,350	1,462	1,379	1,378	1,442	1,416	1,545
C － 2	1,204	1,406	1,211	1,163	1,452	1,277	1,073	1,169	1,073	1,026	1,205	1,183	1,247
C － 1	426	-	-	-	-	436	490	-	288	362	505	434	-
東 三 河	**1,635**	**1,763**	**1,654**	**1,635**	**1,690**	**1,592**	**1,584**	**1,613**	**1,587**	**1,552**	**1,529**	**1,617**	**1,754**
A － 5	2,127	2,213	2,083	2,161	2,132	2,049	2,024	2,354	2,074	1,948	1,969	2,152	2,403
A － 4	1,867	1,987	1,833	1,814	1,911	1,826	1,813	1,846	1,877	1,821	1,871	1,926	1,971
A － 3	1,680	1,821	1,677	1,668	1,599	1,659	1,600	1,652	1,695	1,605	1,640	1,656	1,802
A － 2	1,402	1,605	1,543	1,492	1,500	1,458	1,276	1,088	1,334	1,375	1,296	1,450	1,557
A － 1	-	-	-	-	-	-	-	-	-	-	-	-	-
B － 5	2,021	2,073	1,854	1,992	2,188	1,996	2,029	1,944	1,852	1,921	2,053	2,184	2,240
B － 4	1,827	1,918	1,793	1,810	1,848	1,776	1,782	1,847	1,743	1,747	1,796	1,861	1,960
B － 3	1,637	1,761	1,630	1,627	1,683	1,551	1,589	1,628	1,586	1,557	1,536	1,664	1,766
B － 2	1,392	1,563	1,434	1,418	1,454	1,310	1,329	1,355	1,326	1,280	1,254	1,397	1,524
B － 1	865	-	-	-	-	-	-	865	-	-	-	-	-
C － 5	2,052	-	-	-	2,052	-	-	-	-	-	-	-	-
C － 4	1,646	-	1,589	1,624	1,448	1,781	1,641	1,731	1,834	1,615	1,836	1,708	1,796
C － 3	1,509	1,514	1,538	1,539	1,611	1,413	1,331	1,507	1,349	1,332	1,325	1,599	1,749
C － 2	1,308	1,510	1,356	1,227	1,392	1,208	1,238	1,312	1,170	1,161	1,227	1,261	1,464
C － 1	449	-	-	754	-	542	-	547	347	326	432	354	360

2　月別規格別取引成立頭数・価格（食肉卸売市場別）（続き）

(9)　交雑牛計（続き）

イ　枝肉の１kg当たり卸売価格（続き）

単位：円

市場・規格	平成29年計	1 月	2 月	3 月	4 月	5 月	6 月	7 月	8 月	9 月	10 月	11 月	12 月
四日市	**1,522**	**1,665**	**1,558**	**1,593**	**1,567**	**1,496**	**1,506**	**1,439**	**1,427**	**1,469**	**1,461**	**1,535**	**1,600**
A － 5	1,999	-	-	1,914	-	-	-	1,996	-	-	-	2,051	2,106
A － 4	1,782	-	-	-	-	1,784	-	1,761	1,729	1,837	1,836	1,808	1,757
A － 3	1,553	-	1,676	-	-	-	-	1,189	1,619	-	-	-	1,672
A － 2	1,307	-	-	-	-	1,264	-	-	-	-	-	1,351	-
A － 1	-	-	-	-	-	-	-	-	-	-	-	-	-
B － 5	2,023	2,162	-	-	1,944	-	1,943	-	-	-	-	-	2,055
B － 4	1,770	-	1,808	1,728	1,833	1,782	1,714	1,783	1,762	1,797	1,747	1,767	1,761
B － 3	1,587	1,780	1,615	1,582	1,647	1,553	1,588	1,568	1,589	1,501	1,523	1,553	1,637
B － 2	1,363	1,522	1,357	1,447	1,457	1,353	1,379	1,306	1,260	1,270	1,296	1,386	1,480
B － 1	-	-	-	-	-	-	-	-	-	-	-	-	-
C － 5	-	-	-	-	-	-	-	-	-	-	-	-	-
C － 4	1,718	1,890	-	1,728	-	-	-	1,648	-	1,566	-	1,676	1,859
C － 3	1,581	1,758	1,604	1,598	1,709	1,542	1,601	1,459	1,536	1,476	1,539	1,583	1,602
C － 2	1,380	1,604	1,442	1,276	1,493	1,321	1,314	1,311	1,279	1,316	1,305	1,328	1,424
C － 1	970	-	-	-	-	-	-	-	-	-	-	-	970
南大阪	-	-	-	-	-	-	-	-	-	-	-	-	-
A － 5	-	-	-	-	-	-	-	-	-	-	-	-	-
A － 4	-	-	-	-	-	-	-	-	-	-	-	-	-
A － 3	-	-	-	-	-	-	-	-	-	-	-	-	-
A － 2	-	-	-	-	-	-	-	-	-	-	-	-	-
A － 1	-	-	-	-	-	-	-	-	-	-	-	-	-
B － 5	-	-	-	-	-	-	-	-	-	-	-	-	-
B － 4	-	-	-	-	-	-	-	-	-	-	-	-	-
B － 3	-	-	-	-	-	-	-	-	-	-	-	-	-
B － 2	-	-	-	-	-	-	-	-	-	-	-	-	-
B － 1	-	-	-	-	-	-	-	-	-	-	-	-	-
C － 5	-	-	-	-	-	-	-	-	-	-	-	-	-
C － 4	-	-	-	-	-	-	-	-	-	-	-	-	-
C － 3	-	-	-	-	-	-	-	-	-	-	-	-	-
C － 2	-	-	-	-	-	-	-	-	-	-	-	-	-
C － 1	-	-	-	-	-	-	-	-	-	-	-	-	-
姫路	**1,531**	**1,551**	**1,506**	**1,488**	**1,647**	**1,619**	**1,569**	**1,557**	**1,502**	**1,517**	**1,453**	**1,477**	**1,572**
A － 5	2,099	-	-	-	-	-	-	2,145	2,042	-	-	-	-
A － 4	1,954	1,887	1,780	1,870	2,039	2,026	2,017	1,953	1,876	1,872	-	1,907	2,149
A － 3	1,704	1,749	1,661	1,659	1,711	1,603	1,699	1,733	1,644	1,726	1,719	1,679	1,844
A － 2	1,484	1,566	-	-	-	1,651	1,453	-	1,383	1,398	1,407	1,281	1,547
A － 1	-	-	-	-	-	-	-	-	-	-	-	-	-
B － 5	2,077	-	-	-	-	-	2,057	-	2,079	2,169	1,281	-	2,303
B － 4	1,903	1,847	1,777	1,747	1,936	1,886	1,943	1,920	1,888	1,967	1,846	1,842	2,005
B － 3	1,678	1,547	1,612	1,594	1,765	1,722	1,692	1,704	1,665	1,696	1,648	1,644	1,728
B － 2	1,383	1,540	1,430	1,362	1,556	1,433	1,400	1,409	1,330	1,335	1,313	1,337	1,409
B － 1	1,116	-	1,078	-	1,402	1,047	1,224	934	1,078	1,035	1,084	1,108	-
C － 5	-	-	-	-	-	-	-	-	-	-	-	-	-
C － 4	1,819	-	-	-	1,984	1,904	1,763	1,836	1,731	1,856	1,823	1,710	2,034
C － 3	1,592	1,699	1,530	1,548	1,690	1,623	1,608	1,604	1,557	1,589	1,500	1,538	1,674
C － 2	1,334	1,500	1,388	1,273	1,549	1,422	1,348	1,379	1,284	1,283	1,251	1,295	1,349
C － 1	1,064	1,176	972	984	1,044	1,123	989	1,175	997	1,037	746	1,072	1,137

単位：円

市場・規格	平成29年計	1月	2月	3月	4月	5月	6月	7月	8月	9月	10月	11月	12月
加 古 川	1,512	1,691	1,578	1,502	1,590	1,523	1,540	1,480	1,422	1,425	1,375	1,441	1,504
A － 5	2,013	－	－	2,041	1,901	1,993	2,018	－	－	－	－	2,073	－
A － 4	2,043	1,917	1,826	1,840	1,979	2,807	1,894	1,877	1,806	3,316	1,723	－	2,414
A － 3	1,660	1,856	1,687	1,622	1,663	1,711	1,631	1,687	1,649	1,552	1,608	1,608	
A － 2	1,329	－	1,517	1,328	1,470	1,079	1,313	1,507	1,085	－	1,194	1,188	1,409
A － 1	－				－			－			－		
B － 5	2,000	2,023	2,139	－	1,977	－	1,960	－	－	－	－	1,945	－
B － 4	1,835	1,937	1,772	1,790	1,820	1,834	1,824	1,843	1,884	1,755	1,842	1,759	1,930
B － 3	1,627	1,756	1,646	1,614	1,672	1,639	1,586	1,607	1,573	1,572	1,534	1,561	1,716
B － 2	1,343	1,573	1,473	1,331	1,484	1,315	1,284	1,309	1,213	1,198	1,220	1,253	1,353
B － 1	1,057	1,349	－	1,298	1,243		－	－		649	859	－	
C － 5	－				－			－			－		
C － 4	1,767	1,943	1,782	1,797	1,843	1,728	1,819	－	1,754	－	1,748	1,744	1,394
C － 3	1,551	1,699	1,599	1,528	1,574	1,537	1,493	1,454	1,501	1,539	1,480	1,478	1,620
C － 2	1,269	1,523	1,377	1,246	1,408	1,299	1,117	1,234	1,103	1,214	1,148	1,237	1,257
C － 1	1,115	1,003	1,189	1,241	1,188	1,129	－	1,618	864	864	－		－
西 宮	1,412	1,575	1,473	1,421	1,645	1,452	1,350	1,322	1,319	1,268	1,298	1,344	1,428
A － 5	1,761	－	－		－	－	－	－	－	1,888	－	1,620	
A － 4	1,787			－	2,004	1,774	1,758	－	1,867	1,624	1,746	1,782	－
A － 3	1,629	1,759		－	1,807	1,598	1,492	1,566	1,543	1,598	1,513	1,619	1,698
A － 2	1,333					1,243	1,406	1,350		－	－		
A － 1													
B － 5	1,950	－	－	1,998	－	－	－	－	－	－	－	1,890	－
B － 4	1,746	1,844	1,818	1,631	1,909	1,746	1,768	1,679	1,680	1,711	1,620	1,720	1,765
B － 3	1,552	1,681	1,583	1,584	1,759	1,574	1,505	1,490	1,475	1,433	1,448	1,471	1,585
B － 2	1,276	1,507	1,380	1,367	1,534	1,319	1,196	1,218	1,120	1,145	1,155	1,145	1,258
B － 1	－												
C － 5													
C － 4	1,616		1,781	1,674	1,912	1,714	1,393	1,429	1,603	1,424	1,566	1,651	1,816
C － 3	1,430	1,582	1,516	1,452	1,688	1,397	1,323	1,308	1,274	1,291	1,329	1,345	1,502
C － 2	1,215	1,475	1,284	1,199	1,430	1,189	1,179	1,097	1,120	1,040	1,047	1,144	1,221
C － 1	－												
岡 山	1,416	1,602	1,527	1,442	1,529	1,408	1,373	1,347	1,379	1,284	1,360	1,315	1,420
A － 5	－				－			－			－		
A － 4	1,807	2,053	1,879	1,857	1,750	1,780	1,725	1,706	1,771	1,914	1,722	1,772	1,840
A － 3	1,605	1,782	1,498	1,782	－	1,586	1,550	－	1,626	1,564	1,582		1,649
A － 2	1,320	1,420	－	1,316	1,420	－	－	1,167	1,237	1,189	1,420	－	1,259
A － 1	－				－			－			－		
B － 5	－				－			－			－		
B － 4	1,780	1,943	1,576	1,946	1,797	1,801	1,762	1,787	1,791	1,817	1,798	1,795	1,861
B － 3	1,576	1,722	1,607	1,547	1,620	1,571	1,558	1,543	1,579	1,482	1,527	1,488	1,644
B － 2	1,241	1,441	1,387	1,322	1,414	1,250	1,195	1,217	1,182	1,099	1,169	1,143	1,224
B － 1	828	－	－	828	－	－	－	－	－	－	－	－	－
C － 5													
C － 4	1,826	1,780		－	－	－	－	－	－	－	－	－	1,848
C － 3	1,553	1,567	1,515	1,490	－	－	1,512	1,557	1,573	1,529	1,559	1,481	1,651
C － 2	1,238	1,538	1,400	1,316	1,394	894	1,224	1,207	1,144	923	1,088	1,189	1,249
C － 1	636	－	－	488	539	675	539	－	948	－	－	581	567

2　月別規格別取引成立頭数・価格（食肉卸売市場別）（続き）
(9)　交雑牛計（続き）
イ　枝肉の１kg当たり卸売価格（続き）

単位：円

市場・規格	平成29年計	1 月	2 月	3 月	4 月	5 月	6 月	7 月	8 月	9 月	10 月	11 月	12 月
坂　　出	**1,441**	**1,657**	**1,528**	**1,447**	**1,566**	**1,437**	**1,404**	**1,374**	**1,325**	**1,333**	**1,346**	**1,372**	**1,469**
A － 5	2,054	-	-	2,107	1,998	-	-	-	-	-	-	-	-
A － 4	1,846	-	-	1,525	-	1,871	1,817	-	1,991	1,818	-	1,834	2,028
A － 3	1,665	1,815	1,639	1,678	1,744	1,582	1,651	1,456	-	1,512	1,658	1,614	1,734
A － 2	1,320	-	1,544	1,253	1,511	-	1,189	-	1,316	1,331	1,277	1,296	1,331
A － 1	-	-	-	-	-	-	-	-	-	-	-	-	-
B － 5	2,014	2,160	-	1,943	1,968	-	-	-	-	2,050	-	2,051	2,106
B － 4	1,850	1,941	1,838	1,767	1,855	1,797	1,846	1,880	1,868	1,853	1,776	1,825	1,952
B － 3	1,606	1,749	1,660	1,585	1,658	1,603	1,571	1,568	1,561	1,565	1,552	1,533	1,649
B － 2	1,277	1,535	1,420	1,313	1,421	1,275	1,195	1,214	1,167	1,143	1,196	1,210	1,274
B － 1	-	-	-	-	-	-	-	-	-	-	-	-	-
C － 5	1,782	-	-	-	-	-	-	-	-	1,782	-	-	-
C － 4	1,784	1,907	1,860	1,713	1,683	1,456	-	1,868	-	1,809	1,795	1,835	1,765
C － 3	1,560	1,712	1,583	1,445	1,566	1,531	1,514	1,525	1,550	1,581	1,550	1,504	1,573
C － 2	1,249	1,535	1,379	1,183	1,398	1,199	1,149	1,150	1,175	1,148	1,149	1,158	1,243
C － 1	643	-	-	871	-	-	399	-	-	-	-	-	-
愛　　媛	-	-	-	-	-	-	-	-	-	-	-	-	-
A － 5	-	-	-	-	-	-	-	-	-	-	-	-	-
A － 4	-	-	-	-	-	-	-	-	-	-	-	-	-
A － 3	-	-	-	-	-	-	-	-	-	-	-	-	-
A － 2	-	-	-	-	-	-	-	-	-	-	-	-	-
A － 1	-	-	-	-	-	-	-	-	-	-	-	-	-
B － 5	-	-	-	-	-	-	-	-	-	-	-	-	-
B － 4	-	-	-	-	-	-	-	-	-	-	-	-	-
B － 3	-	-	-	-	-	-	-	-	-	-	-	-	-
B － 2	-	-	-	-	-	-	-	-	-	-	-	-	-
B － 1	-	-	-	-	-	-	-	-	-	-	-	-	-
C － 5	-	-	-	-	-	-	-	-	-	-	-	-	-
C － 4	-	-	-	-	-	-	-	-	-	-	-	-	-
C － 3	-	-	-	-	-	-	-	-	-	-	-	-	-
C － 2	-	-	-	-	-	-	-	-	-	-	-	-	-
C － 1	-	-	-	-	-	-	-	-	-	-	-	-	-
佐　世　保	**1,343**	**1,626**	**1,514**	**1,383**	**1,219**	**982**	**1,500**	**1,421**	**1,325**	**1,096**	**1,254**	**1,265**	**1,225**
A － 5	-	-	-	-	-	-	-	-	-	-	-	-	-
A － 4	1,865	-	-	1,869	-	-	1,850	-	-	-	-	1,890	-
A － 3	1,473	-	1,654	-	-	-	1,758	-	863	-	-	1,566	-
A － 2	1,366	1,726	-	-	-	-	-	-	1,241	-	-	1,165	-
A － 1	-	-	-	-	-	-	-	-	-	-	-	-	-
B － 5	-	-	-	-	-	-	-	-	-	-	-	-	-
B － 4	1,837	-	1,834	-	-	-	-	-	-	-	-	1,839	-
B － 3	1,601	1,577	1,620	-	1,652	-	1,564	1,641	1,642	-	-	1,423	1,562
B － 2	1,238	-	1,406	1,402	1,209	-	1,296	1,310	-	1,240	1,254	943	1,199
B － 1	972	-	-	-	972	-	-	-	-	-	-	-	-
C － 5	-	-	-	-	-	-	-	-	-	-	-	-	-
C － 4	1,621	-	-	-	-	-	-	-	-	-	-	1,621	-
C － 3	1,404	-	-	-	-	-	-	-	-	-	-	1,404	-
C － 2	1,153	-	1,202	1,187	-	1,192	1,008	1,241	1,134	-	-	1,179	-
C － 1	481	-	-	982	-	702	-	-	-	326	-	107	219

単位：円

市場・規格	平成29年計	1月	2月	3月	4月	5月	6月	7月	8月	9月	10月	11月	12月
熊　本													
A － 5	－	－	－	－	－	－	－	－	－	－	－	－	－
A － 4	－	－	－	－	－	－	－	－	－	－	－	－	－
A － 3	－	－	－	－	－	－	－	－	－	－	－	－	－
A － 2	－	－	－	－	－	－	－	－	－	－	－	－	－
A － 1	－	－	－	－	－	－	－	－	－	－	－	－	－
B － 5	－	－	－	－	－	－	－	－	－	－	－	－	－
B － 4	－	－	－	－	－	－	－	－	－	－	－	－	－
B － 3	－	－	－	－	－	－	－	－	－	－	－	－	－
B － 2	－	－	－	－	－	－	－	－	－	－	－	－	－
B － 1	－	－	－	－	－	－	－	－	－	－	－	－	－
C － 5	－	－	－	－	－	－	－	－	－	－	－	－	－
C － 4	－	－	－	－	－	－	－	－	－	－	－	－	－
C － 3	－	－	－	－	－	－	－	－	－	－	－	－	－
C － 2	－	－	－	－	－	－	－	－	－	－	－	－	－
C － 1	－	－	－	－	－	－	－	－	－	－	－	－	－

2　月別規格別取引成立頭数・価格（食肉卸売市場別）（続き）
(10)　交雑牛めす
ア　枝肉の取引成立頭数

単位：頭

市場・規格	平成29年計	1 月	2 月	3 月	4 月	5 月	6 月	7 月	8 月	9 月	10 月	11 月	12 月
合　　計	**57,684**	**4,043**	**4,132**	**4,306**	**5,360**	**4,402**	**4,685**	**5,075**	**4,620**	**4,748**	**4,879**	**5,733**	**5,701**
A － 5	195	6	12	18	23	8	27	15	14	13	13	20	26
A － 4	2,404	145	167	187	237	179	216	226	160	174	197	251	265
A － 3	2,981	163	188	216	281	245	294	291	252	253	240	293	265
A － 2	1,259	68	71	82	120	110	127	111	110	105	113	121	121
A － 1	－	－	－	－	－	－	－	－	－	－	－	－	－
B － 5	135	11	13	10	22	11	13	6	7	6	7	15	14
B － 4	4,308	332	349	353	415	302	329	392	316	303	338	434	445
B － 3	17,559	1,302	1,279	1,328	1,586	1,367	1,345	1,511	1,412	1,481	1,420	1,756	1,772
B － 2	18,917	1,258	1,327	1,330	1,701	1,495	1,587	1,667	1,597	1,622	1,730	1,829	1,774
B － 1	24	5	1	2	2	1	－	1	2	4	2	4	－
C － 5	4	－	－	－	－	1	1	1	－	－	－	－	1
C － 4	381	19	36	42	30	22	32	42	25	27	27	35	44
C － 3	3,192	276	224	255	346	214	259	259	230	248	228	327	326
C － 2	6,175	448	455	474	578	437	438	545	482	498	551	633	636
C － 1	150	10	10	9	19	10	17	8	13	14	13	15	12
中央市場計	**38,541**	**2,715**	**2,764**	**2,897**	**3,657**	**2,947**	**3,111**	**3,389**	**3,089**	**3,167**	**3,205**	**3,830**	**3,770**
A － 5	111	3	8	11	7	6	14	11	10	8	11	14	8
A － 4	1,657	102	115	126	160	121	138	153	109	125	147	179	182
A － 3	2,105	103	127	145	193	179	223	214	181	167	163	222	188
A － 2	880	45	57	50	89	81	92	83	72	78	61	88	84
A － 1	－	－	－	－	－	－	－	－	－	－	－	－	－
B － 5	86	6	7	5	16	9	8	5	4	5	4	10	7
B － 4	2,786	214	223	213	254	189	202	258	210	199	254	305	265
B － 3	11,779	880	846	888	1,068	888	873	1,023	975	1,018	965	1,177	1,178
B － 2	12,612	825	898	917	1,202	998	1,054	1,094	1,055	1,066	1,080	1,186	1,237
B － 1	11	2	1	1	1	1	－	－	1	－	1	3	－
C － 5	4	－	－	－	－	1	1	1	－	－	－	－	1
C － 4	254	12	26	25	21	16	19	25	18	16	20	27	29
C － 3	2,016	196	134	167	222	140	172	157	144	141	139	195	209
C － 2	4,183	327	318	347	412	315	307	364	302	337	353	423	378
C － 1	57	－	4	2	12	3	8	1	8	7	7	1	4
仙　　台	**1,059**	**84**	**108**	**88**	**113**	**67**	**103**	**67**	**89**	**86**	**91**	**108**	**55**
A － 5	10	－	－	－	－	2	2	－	3	－	2	1	－
A － 4	107	5	10	7	17	7	9	8	4	12	13	13	2
A － 3	101	6	13	7	12	9	4	9	12	10	6	9	4
A － 2	58	4	3	6	6	5	8	6	4	3	6	6	1
A － 1	－	－	－	－	－	－	－	－	－	－	－	－	－
B － 5	4	1	1	－	－	－	－	－	1	－	1	－	－
B － 4	101	9	11	7	10	5	9	8	8	11	10	9	4
B － 3	285	26	32	29	24	11	27	17	22	24	23	27	23
B － 2	288	28	26	18	36	19	35	13	25	19	21	30	18
B － 1	2	－	－	－	－	－	－	－	－	－	1	1	－
C － 5	－	－	－	－	－	－	－	－	－	－	－	－	－
C － 4	7	－	2	1	1	－	－	－	1	1	1	－	－
C － 3	36	－	2	4	2	6	6	2	－	3	4	6	1
C － 2	54	5	6	9	5	3	3	4	7	3	2	6	1
C － 1	6	－	2	－	－	－	－	－	2	－	1	－	1

単位：頭

市場・規格	平成29年計	1 月	2 月	3 月	4 月	5 月	6 月	7 月	8 月	9 月	10 月	11 月	12 月
さいたま	**1,353**	**95**	**98**	**72**	**145**	**128**	**104**	**162**	**127**	**101**	**64**	**139**	**118**
A － 5	3	－	－	2	1	－	－	－	－	－	－	－	－
A － 4	46	5	3	3	11	2	1	6	4	2	2	3	4
A － 3	29	2	6	1	3	3	3	4	－	4	－	2	1
A － 2	16	－	2	1	－	3	－	1	5	3	－	－	1
A － 1	－	－	－	－	－	－	－	－	－	－	－	－	－
B － 5	9	1	1	－	2	1	1	1	－	－	－	2	－
B － 4	113	10	8	10	10	10	5	15	8	8	7	18	4
B － 3	345	28	20	16	45	33	25	38	26	17	16	42	39
B － 2	421	28	35	28	40	40	34	42	42	38	21	37	36
B － 1	3	1	－	－	1	1	－	－	－	－	－	－	－
C － 5	2	－	－	－	－	1	1	－	－	－	－	－	－
C － 4	11	－	2	－	－	1	－	2	1	1	－	1	3
C － 3	83	3	6	2	6	5	11	17	4	8	4	8	9
C － 2	269	17	15	9	25	27	23	36	36	20	14	26	21
C － 1	3	－	－	－	1	1	－	－	1	－	－	－	－
東　京	**20,614**	**1,299**	**1,437**	**1,555**	**1,910**	**1,571**	**1,637**	**1,771**	**1,670**	**1,753**	**1,842**	**2,217**	**1,952**
A － 5	67	2	6	9	5	2	8	7	6	4	4	10	4
A － 4	996	62	68	79	83	77	89	91	68	72	92	107	108
A － 3	1,297	67	74	85	110	115	119	111	110	94	117	162	133
A － 2	529	29	40	26	67	53	54	41	38	41	31	58	51
A － 1	－	－	－	－	－	－	－	－	－	－	－	－	－
B － 5	37	1	3	2	8	2	4	4	1	2	2	3	5
B － 4	1,462	118	121	119	107	81	100	144	120	116	150	160	126
B － 3	6,022	386	419	446	517	441	432	518	548	603	536	647	529
B － 2	6,794	384	447	488	650	547	563	573	547	534	626	714	721
B － 1	1	－	－	－	－	－	－	－	－	－	－	1	－
C － 5	1	－	－	－	－	－	－	1	－	－	－	－	－
C － 4	161	8	14	18	15	10	15	12	12	10	13	21	13
C － 3	1,001	83	69	85	108	64	85	75	82	87	71	99	93
C － 2	2,217	159	174	197	233	178	164	194	135	184	196	235	168
C － 1	29	－	2	1	7	1	4	－	3	6	4	－	1
横　浜	**3,318**	**276**	**264**	**292**	**350**	**232**	**260**	**316**	**232**	**262**	**229**	**285**	**320**
A － 5	3	－	1	－	－	－	－	－	－	1	1	－	－
A － 4	76	7	5	7	9	4	8	6	1	6	7	9	7
A － 3	85	6	6	6	9	8	4	9	6	9	4	9	9
A － 2	57	1	2	2	5	6	10	7	3	7	4	3	7
A － 1	－	－	－	－	－	－	－	－	－	－	－	－	－
B － 5	4	1	－	－	－	1	－	－	1	－	－	1	－
B － 4	222	16	13	22	34	13	15	14	14	15	14	25	27
B － 3	1,036	91	70	82	120	75	84	84	60	78	73	102	117
B － 2	1,319	113	134	136	120	97	100	143	104	114	82	86	90
B － 1	－	－	－	－	－	－	－	－	－	－	－	－	－
C － 5	－	－	－	－	－	－	－	－	－	－	－	－	－
C － 4	7	－	－	1	－	－	－	1	－	－	－	1	4
C － 3	129	11	6	3	17	9	8	12	12	7	12	15	17
C － 2	376	30	27	33	33	19	31	40	31	25	31	34	42
C － 1	4	－	－	－	3	－	－	－	－	－	1	－	－

2　月別規格別取引成立頭数・価格（食肉卸売市場別）（続き）
(10)　交雑牛めす（続き）
ア　枝肉の取引成立頭数（続き）

単位：頭

市場・規格	平成29年計	1月	2月	3月	4月	5月	6月	7月	8月	9月	10月	11月	12月
名　古　屋	**1,976**	**162**	**171**	**150**	**177**	**174**	**186**	**176**	**145**	**163**	**149**	**159**	**164**
A－5	18	1	1	－	1	2	2	1	－	2	3	3	2
A－4	83	9	8	6	8	8	9	11	2	4	2	7	9
A－3	83	5	6	8	8	3	13	14	7	4	4	6	5
A－2	17	2	1	－	－	2	3	1	－	2	1	3	2
A－1	－	－	－	－	－	－	－	－	－	－	－	－	－
B－5	23	2	－	3	4	4	2	－	1	3	1	3	－
B－4	261	15	20	19	23	23	26	24	21	20	23	23	24
B－3	696	50	82	54	59	61	53	62	49	61	56	51	58
B－2	484	51	30	27	40	44	52	36	43	44	39	40	38
B－1	1	－	－	－	－	－	－	－	－	－	－	1	－
C－5	－	－	－	－	－	－	－	－	－	－	－	－	－
C－4	21	1	1	3	2	1	1	5	3	1	3	－	－
C－3	124	14	7	8	16	14	17	6	11	9	4	8	10
C－2	162	12	15	21	16	12	7	16	7	13	13	14	16
C－1	3	－	－	1	－	－	1	－	1	－	－	－	－
京　　都	**861**	**61**	**48**	**56**	**78**	**54**	**82**	**85**	**67**	**48**	**85**	**81**	**116**
A－5	5	－	－	－	－	－	1	1	1	－	－	－	2
A－4	67	1	2	3	2	2	7	6	8	5	8	9	14
A－3	63	－	1	2	5	5	7	11	6	3	7	6	10
A－2	37	2	－	－	－	4	4	4	4	3	7	3	6
A－1	－	－	－	－	－	－	－	－	－	－	－	－	－
B－5	－	－	－	－	－	－	－	－	－	－	－	－	－
B－4	69	2	3	5	10	－	13	9	2	2	9	3	11
B－3	293	19	12	22	28	19	28	25	22	22	24	30	42
B－2	243	20	20	18	26	17	16	27	20	9	24	20	26
B－1	－	－	－	－	－	－	－	－	－	－	－	－	－
C－5	－	－	－	－	－	－	－	－	－	－	－	－	－
C－4	3	－	－	－	－	－	1	－	－	－	1	1	－
C－3	32	8	3	2	－	3	1	－	3	3	5	3	1
C－2	49	9	7	4	7	4	4	2	1	1	－	6	4
C－1	－	－	－	－	－	－	－	－	－	－	－	－	－
大　　阪	**4,993**	**409**	**324**	**385**	**478**	**391**	**413**	**445**	**431**	**355**	**357**	**413**	**592**
A－5	－	－	－	－	－	－	－	－	－	－	－	－	－
A－4	151	6	12	8	18	12	8	11	11	13	11	17	24
A－3	261	9	16	23	27	24	41	32	19	22	15	14	19
A－2	98	6	6	12	6	6	5	16	8	11	4	8	10
A－1	－	－	－	－	－	－	－	－	－	－	－	－	－
B－5	8	－	1	－	2	1	1	－	－	－	－	1	2
B－4	239	24	20	14	30	22	17	18	18	9	16	24	27
B－3	1,672	163	114	157	157	138	118	153	133	100	106	134	199
B－2	1,570	99	90	93	144	113	160	141	162	135	127	127	179
B－1	－	－	－	－	－	－	－	－	－	－	－	－	－
C－5	－	－	－	－	－	－	－	－	－	－	－	－	－
C－4	17	2	2	1	1	2	1	2	1	－	1	1	3
C－3	364	51	22	33	46	27	22	27	19	17	27	28	45
C－2	610	49	41	44	47	46	40	45	59	47	50	59	83
C－1	3	－	－	－	－	－	－	－	1	1	－	－	1

単位：頭

市場・規格	平成29年計	1月	2月	3月	4月	5月	6月	7月	8月	9月	10月	11月	12月
神　戸	**39**	**5**	**5**	**5**	**6**	**5**	**5**	**1**	**1**	**1**	**2**	**2**	**1**
Ａ－５	－	－	－	－	－	－	－	－	－	－	－	－	－
Ａ－４	－	－	－	－	－	－	－	－	－	－	－	－	－
Ａ－３	3	－	1	－	－	－	－	1	1	－	－	－	－
Ａ－２	－	－	－	－	－	－	－	－	－	－	－	－	－
Ａ－１	－	－	－	－	－	－	－	－	－	－	－	－	－
Ｂ－５	－	－	－	－	－	－	－	－	－	－	－	－	－
Ｂ－４	9	－	1	2	1	1	1	－	－	－	2	1	－
Ｂ－３	12	5	－	－	1	2	1	－	－	1	－	1	1
Ｂ－２	7	－	3	－	2	2	－	－	－	－	－	－	－
Ｂ－１	－	－	－	－	－	－	－	－	－	－	－	－	－
Ｃ－５	－	－	－	－	－	－	－	－	－	－	－	－	－
Ｃ－４	1	－	－	1	－	－	－	－	－	－	－	－	－
Ｃ－３	4	－	－	2	1	－	1	－	－	－	－	－	－
Ｃ－２	3	－	－	－	1	－	2	－	－	－	－	－	－
Ｃ－１	－	－	－	－	－	－	－	－	－	－	－	－	－
広　島	**1,799**	**122**	**127**	**141**	**164**	**139**	**128**	**155**	**160**	**151**	**140**	**165**	**207**
Ａ－５	3	－	－	－	－	－	－	1	－	1	1	－	－
Ａ－４	76	1	2	8	4	8	4	8	6	6	8	8	13
Ａ－３	98	4	2	9	11	6	17	12	11	9	4	9	4
Ａ－２	31	1	2	2	1	－	2	2	8	3	4	2	4
Ａ－１	－	－	－	－	－	－	－	－	－	－	－	－	－
Ｂ－５	1	－	1	－	－	－	－	－	－	－	－	－	－
Ｂ－４	201	16	14	7	22	23	9	16	14	11	18	25	26
Ｂ－３	773	48	55	50	72	64	54	72	74	63	63	68	90
Ｂ－２	344	17	17	27	27	21	21	34	34	47	24	36	39
Ｂ－１	－	－	－	－	－	－	－	－	－	－	－	－	－
Ｃ－５	－	－	－	－	－	－	－	－	－	－	－	－	－
Ｃ－４	16	－	5	－	－	2	1	2	－	1	－	1	4
Ｃ－３	150	20	17	23	18	9	13	5	9	3	6	9	18
Ｃ－２	104	15	12	15	9	6	7	2	4	7	11	7	9
Ｃ－１	2	－	－	－	－	－	－	1	－	－	1	－	－
福　岡	**2,529**	**202**	**182**	**153**	**236**	**186**	**193**	**211**	**167**	**247**	**246**	**261**	**245**
Ａ－５	2	－	－	－	－	－	1	1	－	－	－	－	－
Ａ－４	55	6	5	5	8	1	3	6	5	5	4	6	1
Ａ－３	85	4	2	4	8	6	15	11	9	12	6	5	3
Ａ－２	37	－	1	1	4	2	6	5	2	5	4	5	2
Ａ－１	－	－	－	－	－	－	－	－	－	－	－	－	－
Ｂ－５	－	－	－	－	－	－	－	－	－	－	－	－	－
Ｂ－４	109	4	12	8	7	11	7	10	5	7	5	17	16
Ｂ－３	645	64	42	32	45	44	51	54	41	49	68	75	80
Ｂ－２	1,142	85	96	82	117	98	73	85	78	126	116	96	90
Ｂ－１	4	1	1	1	－	－	－	－	1	－	－	－	－
Ｃ－５	1	－	－	－	－	－	－	－	－	－	－	－	1
Ｃ－４	10	1	－	－	2	－	－	1	－	2	1	1	2
Ｃ－３	93	6	2	5	8	3	8	13	4	4	6	19	15
Ｃ－２	339	31	21	15	36	20	26	25	22	37	36	36	34
Ｃ－１	7	－	－	－	1	1	3	－	－	－	－	1	1

2　月別規格別取引成立頭数・価格（食肉卸売市場別）（続き）
(10)　交雑牛めす（続き）
ア　枝肉の取引成立頭数（続き）

単位：頭

市場・規格	平成29年計	1月	2月	3月	4月	5月	6月	7月	8月	9月	10月	11月	12月
指定市場計	19,143	1,328	1,368	1,409	1,703	1,455	1,574	1,686	1,531	1,581	1,674	1,903	1,931
A － 5	84	3	4	7	16	2	13	4	4	5	2	6	18
A － 4	747	43	52	61	77	58	78	73	51	49	50	72	83
A － 3	876	60	61	71	88	66	71	77	71	86	77	71	77
A － 2	379	23	14	32	31	29	35	28	38	27	52	33	37
A － 1	-	-	-	-	-	-	-	-	-	-	-	-	-
B － 5	49	5	6	5	6	2	5	1	3	1	3	5	7
B － 4	1,522	118	126	140	161	113	127	134	106	104	84	129	180
B － 3	5,780	422	433	440	518	479	472	488	437	463	455	579	594
B － 2	6,305	433	429	413	499	497	533	573	542	556	650	643	537
B － 1	13	3	-	1	1	-	-	1	1	4	1	1	-
C － 5	-	-	-	-	-	-	-	-	-	-	-	-	-
C － 4	127	7	10	17	9	6	13	17	7	11	7	8	15
C － 3	1,176	80	90	88	124	74	87	102	86	107	89	132	117
C － 2	1,992	121	137	127	166	122	131	181	180	161	198	210	258
C － 1	93	10	6	7	7	7	9	7	5	7	6	14	8
茨　　城	708	43	74	60	73	46	54	54	51	58	53	76	66
A － 5	2	-	-	-	-	-	1	-	-	-	-	-	1
A － 4	23	1	1	1	3	4	2	1	2	2	3	2	1
A － 3	34	1	2	1	1	5	3	4	4	3	3	2	5
A － 2	10	1	-	-	1	-	2	1	-	2	1	1	1
A － 1	-	-	-	-	-	-	-	-	-	-	-	-	-
B － 5	2	-	1	-	1	-	-	-	-	-	-	-	-
B － 4	81	7	7	6	10	7	8	3	3	7	6	10	7
B － 3	270	14	23	24	24	22	21	22	19	22	18	31	30
B － 2	196	13	24	21	28	7	12	20	16	15	14	15	11
B － 1	2	1	-	-	-	-	-	-	-	1	-	-	-
C － 5	-	-	-	-	-	-	-	-	-	-	-	-	-
C － 4	2	1	-	-	-	-	-	-	-	-	-	-	1
C － 3	27	1	3	3	3	1	1	-	1	3	2	6	3
C － 2	54	3	13	4	2	-	3	2	6	3	4	8	6
C － 1	5	-	-	-	-	-	1	1	-	-	2	1	-
宇　都　宮	290	24	24	36	24	24	36	24	24	37	12	13	12
A － 5	-	-	-	-	-	-	-	-	-	-	-	-	-
A － 4	35	1	1	4	1	4	7	9	2	3	-	2	1
A － 3	16	-	-	1	4	-	1	3	1	5	-	1	-
A － 2	3	-	-	-	-	-	-	1	1	1	-	-	-
A － 1	-	-	-	-	-	-	-	-	-	-	-	-	-
B － 5	-	-	-	-	-	-	-	-	-	-	-	-	-
B － 4	34	2	3	7	2	2	3	3	1	6	3	1	1
B － 3	116	10	10	12	12	12	12	5	12	13	4	5	9
B － 2	63	8	8	8	4	5	9	2	5	7	4	2	1
B － 1	-	-	-	-	-	-	-	-	-	-	-	-	-
C － 5	-	-	-	-	-	-	-	-	-	-	-	-	-
C － 4	-	-	-	-	-	-	-	-	-	-	-	-	-
C － 3	10	1	-	1	1	-	4	-	1	-	1	1	-
C － 2	13	2	2	3	-	1	-	1	1	2	-	1	-
C － 1	-	-	-	-	-	-	-	-	-	-	-	-	-

単位：頭

市場・規格	平成29年計	1 月	2 月	3 月	4 月	5 月	6 月	7 月	8 月	9 月	10 月	11 月	12 月
群　馬	**5,578**	**381**	**355**	**412**	**522**	**446**	**477**	**419**	**379**	**441**	**489**	**633**	**624**
A － 5	30	－	2	3	2	－	5	－	2	1	1	3	11
A － 4	381	24	29	36	41	14	37	30	23	15	24	46	62
A － 3	490	34	38	42	53	37	34	32	37	44	45	45	49
A － 2	204	11	6	12	14	18	20	18	19	17	37	16	16
A － 1	－	－	－	－	－	－	－	－	－	－	－	－	－
B － 5	5	－	－	1	－	－	－	－	－	－	－	2	2
B － 4	447	31	34	43	62	20	31	37	18	28	17	54	72
B － 3	1,679	138	123	139	164	131	134	115	105	144	117	183	186
B － 2	1,573	102	76	85	118	164	150	124	124	131	176	192	131
B － 1	2	1	－	1	－	－	－	－	－	－	－	－	－
C － 5	－	－	－	－	－	－	－	－	－	－	－	－	－
C － 4	24	－	2	4	1	1	1	2	1	2	2	1	7
C － 3	277	17	18	23	34	19	17	23	16	25	17	31	37
C － 2	444	23	25	20	31	40	45	37	33	32	52	57	49
C － 1	22	－	2	3	2	2	3	1	1	2	1	3	2
川　口	**920**	**59**	**57**	**72**	**75**	**61**	**63**	**98**	**73**	**74**	**86**	**94**	**108**
A － 5	3	－	－	－	1	－	－	－	－	－	－	－	2
A － 4	35	2	－	4	2	2	4	4	1	7	3	4	2
A － 3	49	5	4	7	1	2	4	6	2	5	8	4	1
A － 2	10	－	1	2	1	－	－	1	1	1	2	－	1
A － 1	－	－	－	－	－	－	－	－	－	－	－	－	－
B － 5	－	－	－	－	－	－	－	－	－	－	－	－	－
B － 4	81	5	4	7	11	2	10	10	8	2	4	5	13
B － 3	400	23	29	25	32	30	23	47	31	28	35	49	48
B － 2	250	19	15	20	18	18	13	21	28	29	28	22	19
B － 1	－	－	－	－	－	－	－	－	－	－	－	－	－
C － 5	－	－	－	－	－	－	－	－	－	－	－	－	－
C － 4	2	－	－	－	－	－	2	－	－	－	－	－	－
C － 3	35	4	2	3	4	3	2	3	1	－	2	3	8
C － 2	55.	1	2	4	5	4	5	6	1	2	4	7	14
C － 1	－	－	－	－	－	－	－	－	－	－	－	－	－
山　梨	**1,185**	**87**	**81**	**102**	**116**	**85**	**101**	**84**	**112**	**80**	**97**	**132**	**108**
A － 5	2	－	1	－	1	－	－	－	－	－	－	－	－
A － 4	11	2	2	－	－	3	－	1	3	－	－	－	－
A － 3	63	7	4	5	8	8	8	7	5	7	1	1	2
A － 2	55	4	4	9	9	5	6	1	6	1	3	3	4
A － 1	－	－	－	－	－	－	－	－	－	－	－	－	－
B － 5	1	－	－	－	－	－	－	－	－	－	－	－	1
B － 4	25	4	1	3	3	2	1	1	－	－	1	2	7
B － 3	270	24	23	20	30	19	14	17	22	14	24	36	27
B － 2	606	38	44	58	48	41	62	46	57	45	50	64	53
B － 1	－	－	－	－	－	－	－	－	－	－	－	－	－
C － 5	－	－	－	－	－	－	－	－	－	－	－	－	－
C － 4	－	－	－	－	－	－	－	－	－	－	－	－	－
C － 3	28	2	－	1	4	2	2	3	3	1	2	5	3
C － 2	122	6	2	6	12	5	8	8	16	11	16	21	11
C － 1	2	－	－	－	1	－	－	－	－	1	－	－	－

2 月別規格別取引成立頭数・価格（食肉卸売市場別）（続き）
(10) 交雑牛めす（続き）
ア 枝肉の取引成立頭数（続き）

単位：頭

市場・規格	平成29年計	1 月	2 月	3 月	4 月	5 月	6 月	7 月	8 月	9 月	10 月	11 月	12 月
岐　阜	14	-	-	2	-	1	1	1	2	-	4	-	3
A - 5	-	-	-	-	-	-	-	-	-	-	-	-	-
A - 4	-	-	-	-	-	-	-	-	-	-	-	-	-
A - 3	-	-	-	-	-	-	-	-	-	-	-	-	-
A - 2	-	-	-	-	-	-	-	-	-	-	-	-	-
A - 1	-	-	-	-	-	-	-	-	-	-	-	-	-
B - 5	-	-	-	-	-	-	-	-	-	-	-	-	-
B - 4	5	-	-	1	-	1	1	-	2	-	-	-	-
B - 3	5	-	-	1	-	-	-	-	-	-	2	-	2
B - 2	-	-	-	-	-	-	-	-	-	-	-	-	-
B - 1	-	-	-	-	-	-	-	-	-	-	-	-	-
C - 5	-	-	-	-	-	-	-	-	-	-	-	-	-
C - 4	1	-	-	-	-	-	-	1	-	-	-	-	-
C - 3	1	-	-	-	-	-	-	-	-	-	1	-	-
C - 2	2	-	-	-	-	-	-	-	-	-	1	-	1
C - 1	-	-	-	-	-	-	-	-	-	-	-	-	-
浜　松	924	78	72	72	73	83	67	92	69	78	97	73	70
A - 5	9	1	-	-	3	1	2	2	-	-	-	-	-
A - 4	41	2	2	3	9	4	5	3	3	3	5	2	-
A - 3	36	-	-	4	3	2	1	7	5	3	4	5	2
A - 2	11	-	-	2	-	-	1	1	-	3	1	-	3
A - 1	-	-	-	-	-	-	-	-	-	-	-	-	-
B - 5	6	-	2	1	1	1	-	-	1	-	-	-	-
B - 4	153	14	14	15	12	23	12	14	7	9	11	11	11
B - 3	335	34	23	19	24	31	26	28	21	33	41	29	26
B - 2	202	20	22	18	10	11	10	23	19	19	20	14	16
B - 1	-	-	-	-	-	-	-	-	-	-	-	-	-
C - 5	-	-	-	-	-	-	-	-	-	-	-	-	-
C - 4	8	1	-	1	-	1	1	3	-	-	-	-	1
C - 3	62	2	4	4	6	8	5	5	5	5	8	6	4
C - 2	59	4	5	5	5	-	4	7	5	3	8	6	7
C - 1	2	-	-	-	-	-	-	-	-	2	-	-	-
東 三 河	1,989	156	162	161	186	138	170	168	157	148	159	168	216
A - 5	24	2	1	1	8	-	2	1	2	3	1	-	3
A - 4	151	10	13	6	15	19	14	20	8	15	9	10	12
A - 3	70	6	4	4	4	3	7	10	3	8	3	6	12
A - 2	27	4	1	3	-	1	1	3	2	2	3	3	4
A - 1	-	-	-	-	-	-	-	-	-	-	-	-	-
B - 5	18	2	2	3	1	1	2	1	1	-	2	1	2
B - 4	411	38	39	45	35	34	34	37	40	23	24	17	45
B - 3	582	51	46	44	62	39	53	35	46	49	56	45	56
B - 2	468	31	37	26	30	25	39	40	40	35	45	58	62
B - 1	-	-	-	-	-	-	-	-	-	-	-	-	-
C - 5	-	-	-	-	-	-	-	-	-	-	-	-	-
C - 4	31	-	4	7	3	-	5	2	1	3	1	3	2
C - 3	102	5	7	14	13	6	8	10	5	5	11	11	7
C - 2	102	7	8	8	15	10	5	8	9	5	4	12	11
C - 1	3	-	-	-	-	-	1	-	-	-	-	2	-

— 370 —

単位：頭

市場・規格	平成29年計	1 月	2 月	3 月	4 月	5 月	6 月	7 月	8 月	9 月	10 月	11 月	12 月
四 日 市	342	8	18	17	47	24	24	28	38	31	19	34	54
A － 5	5	-	-	2	-	-	-	1	-	-	-	1	1
A － 4	9	-	-	-	-	1	-	-	1	1	1	2	3
A － 3	4	-	1	-	-	-	-	1	1	-	-	-	1
A － 2	-	-	-	-	-	-	-	-	-	-	-	-	-
A － 1	-	-	-	-	-	-	-	-	-	-	-	-	-
B － 5	4	1	-	-	1	-	1	-	-	-	-	-	1
B － 4	37	-	2	2	3	4	3	1	3	6	2	3	8
B － 3	102	1	6	6	14	7	6	6	11	7	6	15	17
B － 2	85	3	1	1	20	6	8	14	12	7	5	5	3
B － 1	-	-	-	-	-	-	-	-	-	-	-	-	-
C － 5	-	-	-	-	-	-	-	-	-	-	-	-	-
C － 4	7	1	-	1	-	-	-	-	2	-	1	-	1	1
C － 3	17	-	2	2	-	1	2	1	2	2	1	1	3
C － 2	72	2	6	3	9	5	4	2	8	7	4	6	16
C － 1	-	-	-	-	-	-	-	-	-	-	-	-	-
南 大 阪	-	-	-	-	-	-	-	-	-	-	-	-	-
A － 5	-	-	-	-	-	-	-	-	-	-	-	-	-
A － 4	-	-	-	-	-	-	-	-	-	-	-	-	-
A － 3	-	-	-	-	-	-	-	-	-	-	-	-	-
A － 2	-	-	-	-	-	-	-	-	-	-	-	-	-
A － 1	-	-	-	-	-	-	-	-	-	-	-	-	-
B － 5	-	-	-	-	-	-	-	-	-	-	-	-	-
B － 4	-	-	-	-	-	-	-	-	-	-	-	-	-
B － 3	-	-	-	-	-	-	-	-	-	-	-	-	-
B － 2	-	-	-	-	-	-	-	-	-	-	-	-	-
B － 1	-	-	-	-	-	-	-	-	-	-	-	-	-
C － 5	-	-	-	-	-	-	-	-	-	-	-	-	-
C － 4	-	-	-	-	-	-	-	-	-	-	-	-	-
C － 3	-	-	-	-	-	-	-	-	-	-	-	-	-
C － 2	-	-	-	-	-	-	-	-	-	-	-	-	-
C － 1	-	-	-	-	-	-	-	-	-	-	-	-	-
姫 路	1,667	49	95	56	83	63	165	232	168	155	187	204	210
A － 5	-	-	-	-	-	-	-	-	-	-	-	-	-
A － 4	14	-	1	-	1	2	2	3	2	1	-	2	-
A － 3	38	1	2	1	4	2	4	3	6	4	3	5	3
A － 2	10	1	-	-	-	1	1	-	2	1	2	1	1
A － 1	-	-	-	-	-	-	-	-	-	-	-	-	-
B － 5	5	-	-	-	-	-	1	-	1	1	1	-	1
B － 4	58	-	5	-	3	1	8	7	4	6	6	12	6
B － 3	431	9	31	17	21	22	50	60	38	32	40	51	60
B － 2	539	13	30	18	30	21	53	83	47	56	78	57	53
B － 1	5	-	-	-	-	-	-	1	1	2	-	1	-
C － 5	-	-	-	-	-	-	-	-	-	-	-	-	-
C － 4	18	-	-	-	-	2	1	5	3	3	1	1	2
C － 3	161	5	6	1	7	4	18	19	24	18	15	26	18
C － 2	351	13	17	17	14	7	23	48	39	30	38	43	62
C － 1	37	7	3	2	3	1	4	3	1	1	3	5	4

2 月別規格別取引成立頭数・価格（食肉卸売市場別）（続き）
(10) 交雑牛めす（続き）
ア 枝肉の取引成立頭数（続き）

単位：頭

市場・規格	平成29年計	1 月	2 月	3 月	4 月	5 月	6 月	7 月	8 月	9 月	10 月	11 月	12 月
加 古 川	1,265	79	93	115	152	100	73	104	98	112	122	106	111
A － 5	7	-	-	1	1	1	3	-	-	-	-	1	-
A － 4	17	1	3	4	4	-	1	1	2	-	1	-	-
A － 3	41	3	4	4	6	3	4	2	6	3	5	1	-
A － 2	15	-	1	1	4	2	2	1	1	-	1	1	1
A － 1	-	-	-	-	-	-	-	-	-	-	-	-	-
B － 5	6	1	1	-	2	-	1	-	-	-	-	1	-
B － 4	72	10	5	5	8	4	7	7	7	6	5	5	3
B － 3	413	22	28	43	45	35	24	39	35	42	30	33	37
B － 2	288	13	24	27	31	25	15	27	14	24	41	21	26
B － 1	3	1	-	-	-	-	-	-	-	1	1	-	-
C － 5	-	-	-	-	-	-	-	-	-	-	-	-	-
C － 4	10	1	2	1	2	-	1	-	1	-	1	1	-
C － 3	169	14	13	12	23	9	11	11	13	14	14	21	14
C － 2	214	10	11	17	25	19	4	15	18	21	23	21	30
C － 1	10	3	1	-	1	2	-	1	1	1	-	-	-
西 宮	1,182	123	99	67	92	136	71	134	97	127	85	76	75
A － 5	2	-	-	-	-	-	-	-	-	1	-	1	-
A － 4	9	-	-	-	1	2	1	-	1	1	2	1	-
A － 3	7	-	-	-	1	1	1	1	-	1	1	1	-
A － 2	3	-	-	-	-	1	1	1	-	-	-	-	-
A － 1	-	-	-	-	-	-	-	-	-	-	-	-	-
B － 5	1	-	-	-	-	-	-	-	-	-	-	1	-
B － 4	61	4	4	1	6	10	2	8	11	6	2	3	4
B － 3	383	36	29	21	30	59	29	43	31	34	25	22	24
B － 2	291	40	21	14	17	27	17	28	26	28	28	24	21
B － 1	-	-	-	-	-	-	-	-	-	-	-	-	-
C － 5	-	-	-	-	-	-	-	-	-	-	-	-	-
C － 4	12	-	1	1	1	1	2	2	1	2	1	-	-
C － 3	180	16	21	10	18	16	6	23	10	29	11	12	8
C － 2	233	27	23	20	18	19	12	28	17	25	15	11	18
C － 1	-	-	-	-	-	-	-	-	-	-	-	-	-
岡 山	486	36	44	41	31	43	38	34	35	39	45	45	55
A － 5	-	-	-	-	-	-	-	-	-	-	-	-	-
A － 4	9	-	-	-	-	2	2	1	1	-	2	-	1
A － 3	9	2	-	-	-	1	2	-	1	1	2	-	-
A － 2	9	1	-	2	1	-	-	1	-	-	2	-	2
A － 1	-	-	-	-	-	-	-	-	-	-	-	-	-
B － 5	-	-	-	-	-	-	-	-	-	-	-	-	-
B － 4	7	1	2	-	1	-	1	2	-	-	-	-	-
B － 3	145	9	22	16	10	11	9	12	9	9	16	13	9
B － 2	238	19	12	18	15	26	19	16	18	24	17	26	28
B － 1	-	-	-	-	-	-	-	-	-	-	-	-	-
C － 5	-	-	-	-	-	-	-	-	-	-	-	-	-
C － 4	1	1	-	-	-	-	-	-	-	-	-	-	-
C － 3	19	1	6	4	-	-	2	-	1	1	-	1	3
C － 2	39	2	2	-	4	1	2	2	3	4	6	3	10
C － 1	10	-	-	1	-	2	1	-	2	-	-	2	2

単位：頭

市場・規格	平成29年計	1 月	2 月	3 月	4 月	5 月	6 月	7 月	8 月	9 月	10 月	11 月	12 月
坂　　出	**2,554**	**203**	**192**	**193**	**226**	**205**	**228**	**210**	**224**	**198**	**217**	**241**	**217**
A － 5	－	－	－	－	－	－	－	－	－	－	－	－	－
A － 4	9	－	－	2	－	1	1	－	2	1	－	1	1
A － 3	18	1	2	2	3	2	1	1	－	2	2	－	2
A － 2	19	－	1	1	1	－	1	－	2	1	1	7	4
A － 1	－	－	－	－	－	－	－	－	－	－	－	－	－
B － 5	1	1	－	－	－	－	－	－	－	－	－	－	－
B － 4	48	2	5	5	5	3	6	4	2	5	3	5	3
B － 3	639	50	40	53	49	61	70	56	55	36	41	66	62
B － 2	1,494	114	114	98	129	121	124	129	136	133	142	142	112
B － 1	－	－	－	－	－	－	－	－	－	－	－	－	－
C － 5	－	－	－	－	－	－	－	－	－	－	－	－	－
C － 4	10	2	1	2	2	1	－	－	－	－	1	－	1
C － 3	87	12	8	10	11	5	9	4	4	4	4	7	9
C － 2	228	21	21	19	26	11	16	16	23	16	23	13	23
C － 1	1	－	－	1	－	－	－	－	－	－	－	－	－
愛　　媛	**－**	**－**	**－**	**－**	**－**	**－**	**－**	**－**	**－**	**－**	**－**	**－**	**－**
A － 5	－	－	－	－	－	－	－	－	－	－	－	－	－
A － 4	－	－	－	－	－	－	－	－	－	－	－	－	－
A － 3	－	－	－	－	－	－	－	－	－	－	－	－	－
A － 2	－	－	－	－	－	－	－	－	－	－	－	－	－
A － 1	－	－	－	－	－	－	－	－	－	－	－	－	－
B － 5	－	－	－	－	－	－	－	－	－	－	－	－	－
B － 4	－	－	－	－	－	－	－	－	－	－	－	－	－
B － 3	－	－	－	－	－	－	－	－	－	－	－	－	－
B － 2	－	－	－	－	－	－	－	－	－	－	－	－	－
B － 1	－	－	－	－	－	－	－	－	－	－	－	－	－
C － 5	－	－	－	－	－	－	－	－	－	－	－	－	－
C － 4	－	－	－	－	－	－	－	－	－	－	－	－	－
C － 3	－	－	－	－	－	－	－	－	－	－	－	－	－
C － 2	－	－	－	－	－	－	－	－	－	－	－	－	－
C － 1	－	－	－	－	－	－	－	－	－	－	－	－	－
佐 世 保	**39**	**2**	**2**	**3**	**3**	**－**	**6**	**4**	**4**	**3**	**2**	**8**	**2**
A － 5	－	－	－	－	－	－	－	－	－	－	－	－	－
A － 4	3	－	－	1	－	－	2	－	－	－	－	－	－
A － 3	1	－	－	－	－	－	1	－	－	－	－	－	－
A － 2	3	1	－	－	－	－	－	－	1	－	－	1	－
A － 1	－	－	－	－	－	－	－	－	－	－	－	－	－
B － 5	－	－	－	－	－	－	－	－	－	－	－	－	－
B － 4	2	－	1	－	－	－	－	－	－	－	－	1	－
B － 3	10	1	－	－	1	－	1	3	2	－	－	1	1
B － 2	12	－	1	1	1	－	2	－	－	3	2	1	1
B － 1	1	－	－	－	1	－	－	－	－	－	－	－	－
C － 5	－	－	－	－	－	－	－	－	－	－	－	－	－
C － 4	1	－	－	－	－	－	－	－	－	－	－	1	－
C － 3	1	－	－	－	－	－	－	－	－	－	－	1	－
C － 2	4	－	－	1	－	－	－	1	1	－	－	1	－
C － 1	1	－	－	－	－	－	－	－	－	－	－	1	－

2 月別規格別取引成立頭数・価格（食肉卸売市場別）（続き）

(10) 交雑牛めす（続き）

ア 枝肉の取引成立頭数（続き）

単位：頭

市場・規格	平成29年計	1 月	2 月	3 月	4 月	5 月	6 月	7 月	8 月	9 月	10 月	11 月	12 月
熊　　本	-	-	-	-	-	-	-	-	-	-	-	-	-
A － 5	-	-	-	-	-	-	-	-	-	-	-	-	-
A － 4	-	-	-	-	-	-	-	-	-	-	-	-	-
A － 3	-	-	-	-	-	-	-	-	-	-	-	-	-
A － 2	-	-	-	-	-	-	-	-	-	-	-	-	-
A － 1	-	-	-	-	-	-	-	-	-	-	-	-	-
B － 5	-	-	-	-	-	-	-	-	-	-	-	-	-
B － 4	-	-	-	-	-	-	-	-	-	-	-	-	-
B － 3	-	-	-	-	-	-	-	-	-	-	-	-	-
B － 2	-	-	-	-	-	-	-	-	-	-	-	-	-
B － 1	-	-	-	-	-	-	-	-	-	-	-	-	-
C － 5	-	-	-	-	-	-	-	-	-	-	-	-	-
C － 4	-	-	-	-	-	-	-	-	-	-	-	-	-
C － 3	-	-	-	-	-	-	-	-	-	-	-	-	-
C － 2	-	-	-	-	-	-	-	-	-	-	-	-	-
C － 1	-	-	-	-	-	-	-	-	-	-	-	-	-

イ 枝肉の1kg当たり卸売価格

単位：円

		平成29年計	1 月	2 月	3 月	4 月	5 月	6 月	7 月	8 月	9 月	10 月	11 月	12 月
合 計		1,411	1,590	1,468	1,444	1,494	1,383	1,368	1,383	1,350	1,336	1,326	1,366	1,457
A － 5		2,001	2,096	2,045	2,029	2,073	1,898	1,934	1,982	1,784	1,976	1,916	1,964	2,194
A － 4		1,802	1,875	1,799	1,815	1,829	1,778	1,790	1,817	1,779	1,771	1,717	1,777	1,864
A － 3		1,572	1,710	1,593	1,602	1,623	1,577	1,567	1,561	1,540	1,518	1,506	1,520	1,604
A － 2		1,310	1,514	1,415	1,375	1,392	1,285	1,285	1,249	1,294	1,234	1,208	1,273	1,323
A － 1		－	－	－	－	－	－	－	－	－	－	－	－	－
B － 5		1,975	2,063	1,896	1,978	1,983	1,885	1,952	2,010	1,907	1,988	1,876	1,986	2,097
B － 4		1,735	1,824	1,725	1,742	1,766	1,709	1,711	1,726	1,683	1,705	1,670	1,709	1,817
B － 3		1,511	1,665	1,555	1,544	1,582	1,487	1,476	1,481	1,456	1,444	1,433	1,456	1,564
B － 2		1,245	1,478	1,333	1,276	1,351	1,222	1,173	1,210	1,185	1,171	1,172	1,195	1,254
B － 1		808	967	838	872	763	432	－	934	1,048	775	716	608	－
C － 5		1,697	－	－	－	－	1,225	1,839	2,058	－	－	－	－	1,748
C － 4		1,592	1,732	1,582	1,616	1,646	1,516	1,567	1,566	1,569	1,594	1,547	1,502	1,676
C － 3		1,388	1,561	1,441	1,397	1,460	1,327	1,351	1,344	1,352	1,306	1,314	1,327	1,432
C － 2		1,143	1,367	1,214	1,159	1,250	1,103	1,067	1,087	1,070	1,057	1,072	1,102	1,184
C － 1		737	1,078	809	716	707	838	640	1,007	696	641	531	675	692
中央市場計		1,387	1,578	1,444	1,424	1,464	1,366	1,338	1,348	1,308	1,313	1,307	1,343	1,435
A － 5		1,963	2,070	2,071	1,978	2,100	1,894	1,940	1,949	1,676	1,993	1,921	1,945	2,201
A － 4		1,787	1,869	1,780	1,811	1,824	1,788	1,766	1,804	1,739	1,751	1,681	1,756	1,872
A － 3		1,552	1,708	1,566	1,591	1,615	1,573	1,560	1,539	1,496	1,497	1,457	1,504	1,594
A － 2		1,299	1,503	1,408	1,360	1,381	1,293	1,295	1,242	1,247	1,214	1,187	1,256	1,308
A － 1		－	－	－	－	－	－	－	－	－	－	－	－	－
B － 5		1,957	2,045	1,876	1,964	1,987	1,906	1,903	2,021	1,845	1,938	1,896	1,999	2,020
B － 4		1,711	1,806	1,709	1,730	1,748	1,698	1,685	1,690	1,649	1,693	1,636	1,680	1,806
B － 3		1,483	1,656	1,533	1,529	1,562	1,468	1,442	1,441	1,409	1,415	1,397	1,421	1,543
B － 2		1,227	1,472	1,313	1,268	1,332	1,213	1,155	1,175	1,147	1,152	1,153	1,174	1,239
B － 1		705	1,006	838	817	762	432	－	－	988	－	544	440	－
C － 5		1,697	－	－	－	－	1,225	1,839	2,058	－	－	－	－	1,748
C － 4		1,559	1,676	1,547	1,586	1,645	1,481	1,535	1,528	1,501	1,589	1,492	1,461	1,686
C － 3		1,355	1,559	1,403	1,379	1,427	1,302	1,323	1,294	1,284	1,247	1,267	1,274	1,403
C － 2		1,112	1,343	1,196	1,147	1,203	1,079	1,031	1,037	1,007	1,025	1,051	1,072	1,153
C － 1		558	－	561	514	593	609	567	703	523	610	516	484	450
仙 台		1,338	1,573	1,463	1,325	1,394	1,338	1,186	1,271	1,279	1,291	1,275	1,300	1,384
A － 5		1,644	－	－	－	－	1,603	1,652	－	1,583	－	1,670	1,834	－
A － 4		1,602	1,820	1,680	1,646	1,720	1,671	1,535	1,576	1,636	1,516	1,435	1,557	1,538
A － 3		1,423	1,550	1,506	1,456	1,447	1,516	1,356	1,376	1,325	1,295	1,375	1,379	1,585
A － 2		1,135	1,365	1,475	1,038	1,271	1,264	1,060	922	975	1,179	980	1,233	944
A － 1		－	－	－	－	－	－	－	－	－	－	－	－	－
B － 5		1,846	2,054	1,957	－	－	－	－	－	1,798	－	1,617	－	－
B － 4		1,613	1,820	1,687	1,552	1,654	1,576	1,457	1,564	1,513	1,578	1,530	1,645	1,841
B － 3		1,418	1,695	1,566	1,418	1,461	1,427	1,311	1,308	1,389	1,262	1,278	1,335	1,500
B － 2		1,126	1,386	1,170	1,131	1,180	1,152	939	1,091	1,088	1,032	1,108	1,112	1,119
B － 1		505	－	－	－	－	－	－	－	－	－	544	458	－
C － 5		－	－	－	－	－	－	－	－	－	－	－	－	－
C － 4		1,414	－	1,360	1,404	1,514	－	－	－	1,504	1,501	1,240	－	－
C － 3		1,216	－	1,570	1,228	1,103	1,312	1,171	1,278	－	1,231	1,131	1,096	1,268
C － 2		1,015	1,238	1,204	1,114	1,050	681	836	713	937	1,067	1,143	1,045	809
C － 1		488	－	370	－	－	－	－	－	497	－	542	－	539

－ 375 －

2　月別規格別取引成立頭数・価格（食肉卸売市場別）（続き）
(10)　交雑牛めす（続き）
イ　枝肉の1kg当たり卸売価格（続き）

単位：円

市場・規格	平成29年計	1月	2月	3月	4月	5月	6月	7月	8月	9月	10月	11月	12月
さいたま	**1,276**	**1,508**	**1,347**	**1,375**	**1,385**	**1,234**	**1,211**	**1,224**	**1,124**	**1,156**	**1,280**	**1,321**	**1,239**
A － 5	1,958	-	-	1,895	2,055	-	-	-	-	-	-	-	-
A － 4	1,753	1,819	1,622	1,784	1,771	1,756	1,730	1,786	1,647	1,696	1,708	1,815	1,751
A － 3	1,511	1,628	1,462	1,678	1,479	1,581	1,595	1,522	-	1,343	-	1,613	1,461
A － 2	1,165	-	1,432	1,379	-	1,040	-	1,032	1,169	1,031	-	-	1,323
A － 1	-	-	-	-	-	-	-	-	-	-	-	-	-
B － 5	1,974	2,169	1,728	-	1,934	1,840	1,743	2,051	-	-	-	2,134	-
B － 4	1,680	1,726	1,601	1,733	1,680	1,628	1,636	1,673	1,604	1,638	1,776	1,700	1,775
B － 3	1,479	1,606	1,492	1,571	1,554	1,447	1,488	1,384	1,393	1,479	1,514	1,467	1,433
B － 2	1,127	1,406	1,230	1,162	1,204	1,098	1,051	1,086	1,054	1,030	1,139	1,098	1,075
B － 1	640	833	-	-	762	432	-	-	-	-	-	-	-
C － 5	1,495	-	-	-	-	1,225	1,839	-	-	-	-	-	-
C － 4	1,437	-	1,554	-	-	1,078	-	1,292	1,561	1,576	-	1,461	1,507
C － 3	1,208	1,580	1,229	1,271	1,293	1,146	1,206	1,185	1,077	1,118	1,217	1,251	1,177
C － 2	962	1,196	1,150	991	1,066	1,008	940	905	834	885	905	974	913
C － 1	576	-	-	-	642	325	-	-	649	-	-	-	-
東　京	**1,359**	**1,561**	**1,414**	**1,410**	**1,423**	**1,334**	**1,315**	**1,330**	**1,298**	**1,299**	**1,283**	**1,308**	**1,396**
A － 5	1,986	2,051	2,060	1,993	2,091	2,095	1,977	1,947	1,688	2,059	1,942	1,954	2,217
A － 4	1,790	1,862	1,763	1,821	1,806	1,781	1,784	1,816	1,741	1,764	1,701	1,780	1,856
A － 3	1,544	1,710	1,557	1,589	1,598	1,559	1,552	1,517	1,502	1,507	1,450	1,495	1,585
A － 2	1,317	1,512	1,417	1,437	1,384	1,311	1,331	1,271	1,270	1,209	1,193	1,232	1,302
A － 1	-	-	-	-	-	-	-	-	-	-	-	-	-
B － 5	1,970	2,078	1,897	2,021	1,949	1,996	2,013	2,015	1,944	1,904	1,957	1,937	1,981
B － 4	1,681	1,779	1,681	1,727	1,700	1,661	1,670	1,677	1,626	1,680	1,592	1,634	1,773
B － 3	1,436	1,625	1,483	1,498	1,517	1,420	1,402	1,397	1,356	1,386	1,355	1,380	1,503
B － 2	1,205	1,465	1,298	1,259	1,314	1,195	1,132	1,160	1,141	1,132	1,131	1,146	1,204
B － 1	431	-	-	-	-	-	-	-	-	-	-	431	-
C － 5	2,058	-	-	-	-	-	-	2,058	-	-	-	-	-
C － 4	1,524	1,639	1,469	1,557	1,621	1,461	1,522	1,480	1,499	1,553	1,454	1,418	1,703
C － 3	1,288	1,489	1,326	1,304	1,352	1,228	1,251	1,265	1,235	1,215	1,232	1,186	1,350
C － 2	1,078	1,308	1,150	1,132	1,165	1,058	1,002	1,014	994	989	1,019	1,025	1,084
C － 1	564	-	649	648	557	431	517	-	526	630	514	-	569
横　浜	**1,352**	**1,537**	**1,404**	**1,385**	**1,437**	**1,343**	**1,284**	**1,285**	**1,247**	**1,273**	**1,270**	**1,299**	**1,406**
A － 5	2,094	-	2,171	-	-	-	-	-	-	1,959	2,164	-	-
A － 4	1,808	1,897	1,913	1,793	1,954	1,810	1,857	1,843	1,620	1,715	1,610	1,644	1,930
A － 3	1,591	1,792	1,682	1,644	1,672	1,644	1,527	1,676	1,436	1,431	1,518	1,469	1,566
A － 2	1,288	1,579	1,344	1,504	1,317	1,266	1,246	1,281	1,322	1,230	1,186	1,230	1,349
A － 1	-	-	-	-	-	-	-	-	-	-	-	-	-
B － 5	1,870	1,891	-	-	-	1,943	-	-	1,623	-	-	1,944	-
B － 4	1,727	1,837	1,748	1,756	1,783	1,694	1,672	1,729	1,684	1,674	1,654	1,645	1,773
B － 3	1,480	1,639	1,538	1,536	1,553	1,483	1,413	1,443	1,422	1,385	1,395	1,367	1,527
B － 2	1,230	1,448	1,324	1,266	1,273	1,199	1,153	1,165	1,154	1,155	1,142	1,162	1,250
B － 1	-	-	-	-	-	-	-	-	-	-	-	-	-
C － 5	-	-	-	-	-	-	-	-	-	-	-	-	-
C － 4	1,497	-	-	1,779	-	-	-	1,162	-	-	-	1,677	1,489
C － 3	1,292	1,486	1,317	1,371	1,406	1,196	1,310	1,269	1,217	1,198	1,250	1,226	1,276
C － 2	1,064	1,246	1,113	1,085	1,077	1,104	972	1,040	973	1,042	1,012	1,047	1,100
C － 1	562	-	-	-	605	-	-	-	-	-	434	-	-

単位：円

市場・規格	平成29年計	1 月	2 月	3 月	4 月	5 月	6 月	7 月	8 月	9 月	10 月	11 月	12 月
名　古　屋	**1,532**	**1,646**	**1,591**	**1,544**	**1,615**	**1,513**	**1,433**	**1,511**	**1,460**	**1,466**	**1,452**	**1,524**	**1,625**
A － 5	2,000	2,107	2,054	-	2,193	2,020	1,871	1,924	-	1,935	1,942	1,951	2,218
A － 4	1,875	1,901	1,822	1,862	1,986	1,827	1,729	1,873	1,988	1,743	1,801	1,882	2,047
A － 3	1,637	1,763	1,708	1,583	1,682	1,705	1,633	1,608	1,578	1,591	1,579	1,604	1,715
A － 2	1,405	1,535	1,375	-	-	1,459	1,261	1,286	-	1,245	1,545	1,436	1,567
A － 1	-	-	-	-	-	-	-	-	-	-	-	-	-
B － 5	1,920	2,020	-	1,927	1,968	1,836	1,669	-	1,965	1,965	2,053	1,970	-
B － 4	1,770	1,819	1,743	1,786	1,829	1,785	1,691	1,756	1,658	1,758	1,742	1,768	1,909
B － 3	1,576	1,729	1,627	1,596	1,644	1,541	1,460	1,543	1,518	1,517	1,500	1,570	1,646
B － 2	1,313	1,473	1,417	1,340	1,399	1,316	1,188	1,253	1,247	1,264	1,192	1,278	1,408
B － 1	436	-	-	-	-	-	-	-	-	-	-	436	-
C － 5	-	-	-	-	-	-	-	-	-	-	-	-	-
C － 4	1,660	1,567	1,567	1,674	1,780	1,759	1,404	1,676	1,646	1,673	1,661	-	-
C － 3	1,511	1,695	1,591	1,519	1,556	1,462	1,433	1,522	1,483	1,469	1,349	1,481	1,476
C － 2	1,268	1,432	1,359	1,288	1,396	1,155	1,187	1,149	1,279	1,149	1,152	1,289	1,344
C － 1	283	-	-	322	-	-	108	-	430	-	-	-	-
京　　都	**1,454**	**1,528**	**1,411**	**1,547**	**1,575**	**1,335**	**1,469**	**1,377**	**1,375**	**1,402**	**1,421**	**1,461**	**1,497**
A － 5	2,011	-	-	-	-	-	2,006	1,882	1,879	-	-	-	2,150
A － 4	1,757	1,768	1,864	1,904	1,829	1,774	1,654	1,753	1,629	1,702	1,718	1,749	1,871
A － 3	1,532	-	1,459	1,636	1,713	1,623	1,478	1,435	1,477	1,573	1,427	1,578	1,607
A － 2	1,296	1,479	-	-	-	1,387	1,409	1,220	1,409	1,095	1,236	1,271	1,264
A － 1	-	-	-	-	-	-	-	-	-	-	-	-	-
B － 5	-	-	-	-	-	-	-	-	-	-	-	-	-
B － 4	1,719	1,765	1,748	1,809	1,820	-	1,671	1,573	1,729	1,634	1,746	1,816	1,737
B － 3	1,518	1,687	1,516	1,672	1,660	1,414	1,488	1,450	1,409	1,425	1,452	1,532	1,507
B － 2	1,273	1,437	1,311	1,360	1,426	1,182	1,262	1,161	1,162	1,236	1,232	1,296	1,211
B － 1	-	-	-	-	-	-	-	-	-	-	-	-	-
C － 5	-	-	-	-	-	-	-	-	-	-	-	-	-
C － 4	1,610	-	-	-	-	-	1,559	-	-	-	1,651	1,627	-
C － 3	1,376	1,562	1,481	1,368	-	1,268	1,352	-	1,240	1,328	1,247	1,275	1,365
C － 2	1,164	1,321	1,223	1,128	1,278	1,043	1,010	936	1,081	980	-	1,107	1,091
C － 1	-	-	-	-	-	-	-	-	-	-	-	-	-
大　　阪	**1,426**	**1,624**	**1,494**	**1,445**	**1,549**	**1,419**	**1,383**	**1,361**	**1,316**	**1,289**	**1,314**	**1,409**	**1,460**
A － 5	-	-	-	-	-	-	-	-	-	-	-	-	-
A － 4	1,861	1,891	1,914	1,851	1,882	1,896	1,837	1,850	1,801	1,896	1,777	1,775	1,918
A － 3	1,589	1,711	1,590	1,605	1,658	1,586	1,598	1,577	1,505	1,502	1,526	1,621	1,626
A － 2	1,297	1,530	1,318	1,339	1,477	1,166	1,365	1,258	1,184	1,221	1,186	1,306	1,311
A － 1	-	-	-	-	-	-	-	-	-	-	-	-	-
B － 5	2,079	-	1,892	-	2,197	2,029	1,986	-	-	-	-	2,099	2,112
B － 4	1,808	1,908	1,833	1,712	1,809	1,764	1,816	1,727	1,780	1,796	1,720	1,817	1,898
B － 3	1,559	1,695	1,598	1,574	1,630	1,539	1,518	1,493	1,514	1,498	1,461	1,511	1,594
B － 2	1,237	1,509	1,300	1,248	1,411	1,230	1,204	1,168	1,128	1,100	1,146	1,236	1,264
B － 1	-	-	-	-	-	-	-	-	-	-	-	-	-
C － 5	-	-	-	-	-	-	-	-	-	-	-	-	-
C － 4	1,648	1,851	1,851	1,722	1,618	1,392	1,625	1,654	1,135	-	1,513	1,787	1,802
C － 3	1,448	1,597	1,488	1,449	1,509	1,379	1,435	1,296	1,363	1,319	1,353	1,429	1,490
C － 2	1,182	1,453	1,274	1,153	1,347	1,155	1,107	1,104	1,077	1,022	1,088	1,179	1,206
C － 1	521	-	-	-	-	-	-	-	541	542	-	-	445

2 月別規格別取引成立頭数・価格（食肉卸売市場別）（続き）

(10) 交雑牛めす（続き）

イ 枝肉の1kg当たり卸売価格（続き）

単位：円

市場・規格	平成29年計	1 月	2 月	3 月	4 月	5 月	6 月	7 月	8 月	9 月	10 月	11 月	12 月
神　戸	1,599	1,739	1,618	1,658	1,452	1,602	1,456	1,626	1,614	1,439	1,793	1,707	1,728
A － 5	-	-	-	-	-	-	-	-	-	-	-	-	-
A － 4	-	-	-	-	-	-	-	-	-	-	-	-	-
A － 3	1,620	-	1,619				-	1,626	1,614	-	-	-	-
A － 2													
A － 1													
B － 5													
B － 4	1,845	-	1,873	1,787	1,944	1,843	1,889			-	1,793	1,890	-
B － 3	1,673	1,739		-	1,659	1,657	1,675			1,439		1,517	1,728
B － 2	1,413		1,529		1,238	1,429							
B － 1													
C － 5													
C － 4	1,852			1,852									
C － 3	1,442	-		1,449	1,455	-	1,417						
C － 2	1,190		-		1,232		1,167						
C － 1													
広　島	1,525	1,657	1,576	1,524	1,621	1,545	1,486	1,500	1,468	1,419	1,448	1,484	1,576
A － 5	1,920	-	-	-	-	-	-	1,923	-	1,888	1,945	-	-
A － 4	1,791	1,837	1,782	1,799	1,841	1,751	1,755	1,759	1,796	1,770	1,754	1,753	1,875
A － 3	1,561	1,720	1,600	1,600	1,676	1,565	1,544	1,542	1,549	1,509	1,456	1,443	1,638
A － 2	1,288	1,511	1,485	1,356	1,511		1,242	1,270	1,226	1,250	1,242	1,269	1,276
A － 1													
B － 5	1,835	-	1,835			-							
B － 4	1,777	1,847	1,768	1,783	1,801	1,725	1,763	1,747	1,753	1,781	1,737	1,749	1,847
B － 3	1,561	1,697	1,593	1,590	1,647	1,559	1,541	1,536	1,524	1,494	1,471	1,505	1,597
B － 2	1,272	1,484	1,402	1,335	1,410	1,266	1,223	1,243	1,197	1,181	1,193	1,243	1,281
B － 1	-	-	-	-	-	-	-	-	-	-	-	-	-
C － 5													
C － 4	1,751	-	1,754	-	-	1,775	1,726	1,645	-	1,750	-	1,726	1,803
C － 3	1,573	1,696	1,577	1,562	1,636	1,537	1,516	1,487	1,531	1,516	1,433	1,505	1,577
C － 2	1,278	1,424	1,382	1,260	1,404	1,240	1,130	1,165	1,074	1,142	1,198	1,223	1,297
C － 1	650	-	-	-	-	-	-	703	-	-	593	-	-
福　岡	1,436	1,600	1,471	1,408	1,502	1,393	1,426	1,455	1,317	1,380	1,327	1,385	1,560
A － 5	2,176	-	-	-	-	-	-	2,267	2,077	-	-	-	-
A － 4	1,791	1,951	1,770	1,723	1,848	1,820	1,858	1,819	1,759	1,840	1,576	1,716	1,719
A － 3	1,616	1,711	1,624	1,631	1,709	1,696	1,583	1,678	1,531	1,615	1,417	1,657	1,628
A － 2	1,338	-	1,373	1,265	1,391	1,396	1,250	1,306	1,377	1,402	1,221	1,402	1,417
A － 1	-	-	-	-	-	-	-	-	-	-	-	-	-
B － 5													
B － 4	1,736	1,873	1,704	1,620	1,767	1,722	1,834	1,772	1,562	1,761	1,643	1,720	1,795
B － 3	1,564	1,680	1,609	1,509	1,653	1,538	1,560	1,573	1,467	1,508	1,475	1,491	1,661
B － 2	1,350	1,549	1,395	1,348	1,430	1,312	1,322	1,323	1,213	1,307	1,268	1,273	1,467
B － 1	950	1,155	838	817	-	-	-	-	988	-	-	-	-
C － 5	1,748	-	-	-	-	-	-	-	-	-	-	-	1,748
C － 4	1,691	1,729	-	-	1,795	-	-	1,680	-	1,703	1,513	1,512	1,774
C － 3	1,452	1,596	1,552	1,374	1,524	1,454	1,542	1,477	1,328	1,272	1,274	1,429	1,495
C － 2	1,281	1,459	1,349	1,305	1,363	1,171	1,206	1,296	1,160	1,221	1,169	1,181	1,468
C － 1	661	-	-	-	745	844	750	-	-	-	-	484	219

単位：円

市場・規格	平成29年計	1 月	2 月	3 月	4 月	5 月	6 月	7 月	8 月	9 月	10 月	11 月	12 月
指定市場計	1,463	1,615	1,518	1,487	1,558	1,418	1,428	1,455	1,438	1,385	1,363	1,414	1,501
A － 5	2,053	2,120	1,990	2,108	2,061	1,912	1,926	2,068	2,069	1,949	1,882	2,006	2,190
A － 4	1,834	1,887	1,840	1,823	1,841	1,757	1,834	1,844	1,866	1,820	1,822	1,830	1,846
A － 3	1,618	1,714	1,648	1,626	1,640	1,585	1,586	1,624	1,656	1,559	1,610	1,569	1,629
A － 2	1,335	1,535	1,443	1,401	1,426	1,259	1,259	1,270	1,384	1,293	1,232	1,321	1,359
A － 1	-	-	-	-	-	-	-	-	-	-	-	-	-
B － 5	2,005	2,083	1,921	1,992	1,974	1,795	2,034	1,945	1,989	2,238	1,847	1,960	2,174
B － 4	1,779	1,858	1,753	1,762	1,794	1,726	1,752	1,796	1,750	1,728	1,773	1,778	1,833
B － 3	1,569	1,684	1,597	1,577	1,624	1,525	1,542	1,566	1,563	1,507	1,513	1,530	1,606
B － 2	1,283	1,489	1,377	1,296	1,400	1,242	1,209	1,280	1,263	1,208	1,205	1,237	1,292
B － 1	890	941	-	904	765	-	-	934	1,106	775	859	1,108	-
C － 5													
C － 4	1,660	1,831	1,679	1,660	1,647	1,625	1,617	1,626	1,761	1,601	1,702	1,640	1,658
C － 3	1,447	1,569	1,499	1,433	1,524	1,377	1,408	1,424	1,469	1,385	1,387	1,407	1,484
C － 2	1,211	1,432	1,256	1,192	1,369	1,166	1,157	1,194	1,182	1,127	1,112	1,164	1,231
C － 1	828	1,078	915	762	869	895	696	1,050	919	680	550	691	777
茨　城	1,363	1,540	1,308	1,424	1,428	1,481	1,436	1,228	1,218	1,325	1,325	1,328	1,364
A － 5	1,996	-	-	-	-	-	1,928	-	-	-	-	-	2,070
A － 4	1,783	1,926	1,895	1,963	1,798	1,698	1,812	1,728	1,740	1,807	1,712	1,712	2,016
A － 3	1,532	1,702	1,695	1,410	1,554	1,625	1,559	1,493	1,530	1,553	1,552	1,466	1,377
A － 2	1,022	417	-	-	756	-	1,278	1,072	-	1,142	1,149	876	972
A － 1	-	-	-	-	-	-	-	-	-	-	-	-	-
B － 5	1,932	-	1,981	-	1,892	-	-	-	-	-	-	-	-
B － 4	1,715	1,867	1,724	1,745	1,794	1,563	1,725	1,734	1,689	1,699	1,691	1,616	1,726
B － 3	1,497	1,720	1,526	1,574	1,584	1,481	1,501	1,427	1,434	1,404	1,464	1,475	1,447
B － 2	1,090	1,309	1,165	1,175	1,126	1,161	1,144	899	873	1,063	1,046	1,040	1,163
B － 1	485	541	-	-	-	-	-	-	-	436	-	-	-
C － 5	-	-	-	-	-	-	-	-	-	-	-	-	-
C － 4	1,624	1,759											1,518
C － 3	1,287	996	1,448	1,485	1,395	1,298	1,343	-	1,358	1,319	1,224	1,175	1,130
C － 2	858	1,278	842	1,060	1,056	-	939	715	607	808	872	872	632
C － 1	412	-	-	-	-	-	433	515	-	-	377	403	-
宇　都　宮	1,502	1,637	1,579	1,570	1,572	1,439	1,402	1,570	1,354	1,456	1,403	1,436	1,589
A － 5	-	-	-	-	-	-	-	-	-	-	-	-	-
A － 4	1,766	1,911	1,900	1,836	1,835	1,725	1,678	1,781	1,703	1,791	-	1,739	1,859
A － 3	1,514	-	-	1,631	1,599	-	1,501	1,504	1,479	1,444	-	1,489	-
A － 2	1,225	-	-	-	-	-	-	1,274	1,275	1,112	-	-	-
A － 1	-	-	-	-	-	-	-	-	-	-	-	-	-
B － 5	-	-	-	-	-	-	-	-	-	-	-	-	-
B － 4	1,751	1,837	1,869	1,810	1,760	1,663	1,605	1,738	1,696	1,711	1,732	1,684	1,857
B － 3	1,500	1,693	1,603	1,583	1,570	1,401	1,441	1,382	1,378	1,434	1,390	1,408	1,587
B － 2	1,289	1,534	1,438	1,323	1,415	1,218	1,128	1,231	1,161	1,198	1,164	1,216	1,101
B － 1	-	-	-	-	-	-	-	-	-	-	-	-	-
C － 5	-	-	-	-	-	-	-	-	-	-	-	-	-
C － 4	-	-	-	-	-	-	-	-	-	-	-	-	-
C － 3	1,337	1,608	-	1,468	1,437	-	1,240	-	1,265	-	1,264	1,328	-
C － 2	1,232	1,424	1,328	1,256	-	1,080	-	1,133	1,080	1,080	-	1,102	-
C － 1	-	-	-	-	-	-	-	-	-	-	-	-	-

2 月別規格別取引成立頭数・価格（食肉卸売市場別）（続き）
(10) 交雑牛めす（続き）

イ 枝肉の1kg当たり卸売価格（続き）

単位：円

市場・規格	平成29年計	1 月	2 月	3 月	4 月	5 月	6 月	7 月	8 月	9 月	10 月	11 月	12 月
群　　馬	1,441	1,584	1,529	1,507	1,501	1,305	1,379	1,471	1,535	1,356	1,325	1,398	1,472
A － 5	2,108	-	2,102	2,240	2,088	-	2,003	-	2,053	2,061	1,635	2,075	2,184
A － 4	1,841	1,857	1,876	1,824	1,789	1,756	1,874	1,893	1,935	1,842	1,851	1,814	1,819
A － 3	1,602	1,673	1,642	1,599	1,617	1,546	1,582	1,634	1,726	1,530	1,588	1,540	1,588
A － 2	1,309	1,551	1,324	1,391	1,354	1,235	1,261	1,263	1,485	1,282	1,194	1,324	1,303
A － 1	-	-	-	-	-	-	-	-	-	-	-	-	-
B － 5	1,993	-	-	2,031	-	-	-	-	-	-	-	1,946	2,025
B － 4	1,771	1,859	1,771	1,739	1,747	1,766	1,771	1,841	1,835	1,667	1,817	1,774	1,749
B － 3	1,528	1,631	1,578	1,552	1,553	1,425	1,513	1,569	1,621	1,450	1,486	1,471	1,525
B － 2	1,228	1,437	1,301	1,266	1,291	1,154	1,132	1,275	1,367	1,176	1,149	1,200	1,174
B － 1	902	899	-	904	-	-	-	-	-	-	-	-	-
C － 5	-	-	-	-	-	-	-	-	-	-	-	-	-
C － 4	1,568	-	1,645	1,669	1,622	1,403	1,537	1,640	1,681	1,414	1,610	1,467	1,518
C － 3	1,325	1,441	1,395	1,335	1,341	1,220	1,190	1,372	1,501	1,277	1,310	1,286	1,298
C － 2	1,084	1,287	1,156	1,124	1,152	981	1,031	1,104	1,234	1,038	975	1,060	1,077
C － 1	544	-	351	621	411	715	491	973	917	291	165	530	161
川　　口	1,496	1,616	1,574	1,551	1,576	1,472	1,514	1,424	1,408	1,421	1,457	1,483	1,522
A － 5	2,095	-	-	-	1,998	-	-	-	-	-	-	-	2,143
A － 4	1,847	1,792	-	1,964	1,865	1,890	1,827	1,737	1,922	1,864	1,812	1,845	1,836
A － 3	1,677	1,746	1,648	1,781	1,674	1,648	1,697	1,573	1,609	1,642	1,681	1,678	1,675
A － 2	1,329	-	1,588	1,404	1,512	-	-	756	1,242	1,241	1,326	-	1,351
A － 1	-	-	-	-	-	-	-	-	-	-	-	-	-
B － 5	-	-	-	-	-	-	-	-	-	-	-	-	-
B － 4	1,785	1,800	1,826	1,806	1,826	1,782	1,734	1,669	1,787	1,772	1,831	1,822	1,823
B － 3	1,578	1,679	1,632	1,618	1,638	1,581	1,565	1,520	1,498	1,552	1,556	1,568	1,599
B － 2	1,258	1,486	1,435	1,318	1,369	1,294	1,222	1,104	1,177	1,143	1,235	1,217	1,255
B － 1	-	-	-	-	-	-	-	-	-	-	-	-	-
C － 5	-	-	-	-	-	-	-	-	-	-	-	-	-
C － 4	1,623	-	-	-	-	-	1,623	-	-	-	-	-	-
C － 3	1,461	1,422	1,375	1,528	1,490	1,415	1,512	1,396	1,404	-	1,444	1,452	1,510
C － 2	1,114	1,404	1,338	1,081	1,186	1,087	1,056	1,024	1,081	869	1,031	1,094	1,167
C － 1	-	-	-	-	-	-	-	-	-	-	-	-	-
山　　梨	1,441	1,601	1,547	1,386	1,572	1,379	1,245	1,541	1,476	1,426	1,324	1,383	1,448
A － 5	2,006	-	2,042	-	1,967	-	-	-	-	-	-	-	-
A － 4	1,830	1,838	1,939	-	-	1,737	-	1,781	1,863	-	-	-	-
A － 3	1,634	1,725	1,684	1,601	1,737	1,647	1,502	1,691	1,478	1,618	1,760	1,568	1,675
A － 2	1,405	1,634	1,536	1,417	1,583	1,320	1,167	1,673	1,182	1,514	1,383	1,394	1,413
A － 1	-	-	-	-	-	-	-	-	-	-	-	-	-
B － 5	2,049	-	-	-	-	-	-	-	-	-	-	-	2,049
B － 4	1,832	1,856	1,859	1,739	1,874	1,575	1,568	1,945		-	1,807	1,759	1,950
B － 3	1,562	1,672	1,642	1,555	1,571	1,452	1,384	1,668	1,589	1,484	1,434	1,552	1,630
B － 2	1,373	1,512	1,446	1,287	1,560	1,278	1,190	1,491	1,457	1,422	1,293	1,339	1,315
B － 1	-	-	-	-	-	-	-	-	-	-	-	-	-
C － 5	-	-	-	-	-	-	-	-	-	-	-	-	-
C － 4	-	-	-	-	-	-	-	-	-	-	-	-	-
C － 3	1,448	1,600	-	1,662	1,451	1,009	1,272	1,543	1,740	1,526	1,297	1,415	1,453
C － 2	1,268	1,410	1,385	1,290	1,475	1,362	1,112	1,259	1,367	1,237	1,176	1,143	1,213
C － 1	464	-	-	-	558	-	-	-	-	324	-	-	

単位：円

市場・規格	平成29年計	1 月	2 月	3 月	4 月	5 月	6 月	7 月	8 月	9 月	10 月	11 月	12 月
岐　　阜	1,455	-	-	1,628	-	1,632	1,523	1,405	1,572	-	1,226	-	1,508
A － 5	-												
A － 4	-												
A － 3	-												
A － 2	-												
A － 1	-												
B － 5	-												
B － 4	1,608	-	-	1,738	-	1,632	1,523	-	1,572				
B － 3	1,476	-	-	1,510	-			-			1,307	-	1,633
B － 2	-												
B － 1	-												
C － 5	-							-					
C － 4	1,405							-	1,405			-	-
C － 3	1,089										1,089		
C － 2	1,220										1,189	-	1,254
C － 1	-												
浜　　松	1,519	1,638	1,507	1,519	1,702	1,552	1,454	1,495	1,414	1,471	1,459	1,501	1,513
A － 5	1,860	2,039	-	-	1,986	1,838	1,558	1,883	-	-	-	-	-
A － 4	1,758	1,838	1,845	1,765	1,811	1,688	1,721	1,765	1,735	1,685	1,723	1,824	-
A － 3	1,635	-	-	1,707	1,768	1,572	1,522	1,649	1,541	1,617	1,607	1,609	1,720
A － 2	1,398	-	-	1,426	-	1,134	1,353		1,456	1,423	-	-	1,408
A － 1	-												
B － 5	1,861	-	1,902	1,834	1,888	1,808	-	-	1,826	-	-	-	-
B － 4	1,711	1,806	1,690	1,715	1,797	1,656	1,610	1,728	1,700	1,670	1,678	1,721	1,795
B － 3	1,570	1,675	1,537	1,543	1,716	1,537	1,474	1,546	1,524	1,578	1,532	1,543	1,611
B － 2	1,317	1,447	1,317	1,342	1,513	1,355	1,236	1,297	1,210	1,269	1,223	1,312	1,349
B － 1	-												
C － 5	-			-									
C － 4	1,520	1,669	-	1,674	-	1,506	1,459	1,445				-	1,517
C － 3	1,431	1,613	1,611	1,411	1,619	1,453	1,329	1,408	1,312	1,320	1,416	1,394	1,382
C － 2	1,174	1,461	1,229	1,122	1,433	-	1,121	1,154	969	841	1,165	1,205	1,129
C － 1	362	-	-	-	-	-	-	-	-	362	-	-	-
東　三　河	1,611	1,747	1,605	1,618	1,674	1,554	1,581	1,603	1,541	1,535	1,497	1,565	1,749
A － 5	2,113	2,174	1,738	2,162	2,115	-	2,054	2,485	2,082	1,933	2,065	-	2,310
A － 4	1,856	1,980	1,738	1,800	1,938	1,760	1,847	1,824	1,832	1,827	1,881	1,947	1,978
A － 3	1,676	1,818	1,631	1,665	1,543	1,659	1,605	1,656	1,679	1,614	1,624	1,630	1,801
A － 2	1,456	1,605	1,510	1,488	-	1,458	1,296	1,301	1,334	1,418	1,296	1,508	1,580
A － 1	-												
B － 5	2,059	2,036	1,795	2,042	2,162	1,783	2,088	1,945	2,157	-	2,110	2,053	2,355
B － 4	1,813	1,870	1,771	1,805	1,815	1,775	1,763	1,811	1,731	1,753	1,801	1,865	1,961
B － 3	1,627	1,752	1,620	1,625	1,670	1,541	1,599	1,627	1,583	1,541	1,513	1,650	1,766
B － 2	1,373	1,576	1,412	1,341	1,420	1,274	1,321	1,342	1,300	1,271	1,249	1,375	1,520
B － 1	-			-				-				-	-
C － 5	-												
C － 4	1,642		1,589	1,619	1,404	-	1,677	1,731	1,834	1,576	1,836	1,708	1,741
C － 3	1,461	1,496	1,478	1,476	1,655	1,263	1,302	1,438	1,233	1,370	1,301	1,584	1,707
C － 2	1,298	1,435	1,379	1,244	1,399	1,216	1,257	1,282	1,002	1,092	1,142	1,268	1,504
C － 1	347	-	-	-	-	-	-	324	-	-	-	354	-

2　月別規格別取引成立頭数・価格（食肉卸売市場別）（続き）
(10)　交雑牛めす（続き）
　イ　枝肉の１kg当たり卸売価格（続き）

単位：円

市場・規格	平成29年計	1 月	2 月	3 月	4 月	5 月	6 月	7 月	8 月	9 月	10 月	11 月	12 月
四 日 市	1,523	1,727	1,567	1,610	1,547	1,489	1,507	1,421	1,425	1,480	1,450	1,549	1,609
A － 5	1,999	-	-	1,914	-	-	-	1,996	-	-	-	2,051	2,106
A － 4	1,785	-	-	-	-	1,784	-	-	1,729	1,837	1,836	1,808	1,757
A － 3	1,553	-	1,676	-	-	-	-	1,189	1,619	-	-	-	1,672
A － 2	-	-	-	-	-	-	-	-	-	-	-	-	-
A － 1	-	-	-	-	-	-	-	-	-	-	-	-	-
B － 5	2,023	2,162	-	-	1,944	-	1,943	-	-	-	-	-	2,055
B － 4	1,780	-	1,808	1,728	1,858	1,782	1,707	1,783	1,762	1,797	1,731	1,766	1,798
B － 3	1,569	1,780	1,615	1,582	1,619	1,520	1,581	1,478	1,583	1,493	1,501	1,547	1,606
B － 2	1,355	1,553	1,349	1,620	1,445	1,341	1,369	1,334	1,213	1,280	1,274	1,373	1,465
B － 1	-	-	-	-	-	-	-	-	-	-	-	-	-
C － 5	-	-	-	-	-	-	-	-	-	-	-	-	-
C － 4	1,718	1,890	-	1,728	-	-	-	1,648	-	1,566	-	1,676	1,859
C － 3	1,555	-	1,604	1,598	-	1,405	1,593	1,459	1,536	1,458	1,544	1,510	1,661
C － 2	1,372	1,608	1,442	1,276	1,482	1,321	1,361	1,220	1,279	1,316	1,308	1,318	1,417
C － 1	-	-	-	-	-	-	-	-	-	-	-	-	-
南 大 阪	-	-	-	-	-	-	-	-	-	-	-	-	-
A － 5	-	-	-	-	-	-	-	-	-	-	-	-	-
A － 4	-	-	-	-	-	-	-	-	-	-	-	-	-
A － 3	-	-	-	-	-	-	-	-	-	-	-	-	-
A － 2	-	-	-	-	-	-	-	-	-	-	-	-	-
A － 1	-	-	-	-	-	-	-	-	-	-	-	-	-
B － 5	-	-	-	-	-	-	-	-	-	-	-	-	-
B － 4	-	-	-	-	-	-	-	-	-	-	-	-	-
B － 3	-	-	-	-	-	-	-	-	-	-	-	-	-
B － 2	-	-	-	-	-	-	-	-	-	-	-	-	-
B － 1	-	-	-	-	-	-	-	-	-	-	-	-	-
C － 5	-	-	-	-	-	-	-	-	-	-	-	-	-
C － 4	-	-	-	-	-	-	-	-	-	-	-	-	-
C － 3	-	-	-	-	-	-	-	-	-	-	-	-	-
C － 2	-	-	-	-	-	-	-	-	-	-	-	-	-
C － 1	-	-	-	-	-	-	-	-	-	-	-	-	-
姫 路	1,501	1,556	1,509	1,433	1,634	1,596	1,542	1,518	1,468	1,494	1,421	1,452	1,526
A － 5	-	-	-	-	-	-	-	-	-	-	-	-	-
A － 4	1,921	-	1,780	-	2,081	1,924	2,012	1,993	1,714	1,872	-	1,900	-
A － 3	1,691	1,728	1,661	1,621	1,711	1,603	1,689	1,759	1,622	1,713	1,751	1,659	1,792
A － 2	1,464	1,566	-	-	-	1,655	1,453	-	1,383	1,398	1,446	1,281	1,577
A － 1	-	-	-	-	-	-	-	-	-	-	-	-	-
B － 5	1,993	-	-	-	-	-	2,057	-	1,983	2,238	1,281	-	2,333
B － 4	1,875	-	1,777	-	1,943	1,866	1,910	1,853	1,750	1,915	1,894	1,833	2,018
B － 3	1,670	1,724	1,603	1,621	1,748	1,735	1,676	1,674	1,645	1,686	1,666	1,630	1,694
B － 2	1,381	1,551	1,434	1,364	1,556	1,424	1,390	1,404	1,349	1,359	1,315	1,301	1,391
B － 1	1,047	-	-	-	-	-	-	934	1,106	1,035	-	1,108	-
C － 5	-	-	-	-	-	-	-	-	-	-	-	-	-
C － 4	1,842	-	-	-	-	1,881	1,808	1,818	1,826	1,875	1,869	1,446	2,024
C － 3	1,578	1,739	1,527	1,566	1,671	1,659	1,602	1,588	1,559	1,585	1,509	1,478	1,684
C － 2	1,338	1,511	1,374	1,323	1,566	1,425	1,365	1,373	1,284	1,298	1,254	1,293	1,341
C － 1	1,029	1,114	956	1,000	992	1,281	887	1,088	934	1,109	746	1,076	1,095

単位：円

市場・規格	平成29年計	1 月	2 月	3 月	4 月	5 月	6 月	7 月	8 月	9 月	10 月	11 月	12 月
加 古 川	1,496	1,674	1,589	1,499	1,584	1,492	1,532	1,490	1,439	1,413	1,359	1,454	1,487
A － 5	1,984	-	-	2,041	1,901	1,993	1,959	-	-	-	-	2,073	-
A － 4	1,871	1,917	1,854	1,834	1,979	-	1,894	1,891	1,806	-	1,723	-	-
A － 3	1,654	1,785	1,687	1,622	1,663	1,711	1,623	1,687	1,649	1,552	1,608	1,684	
A － 2	1,329	-	1,517	1,328	1,470	1,079	1,313	1,507	1,085	-	1,194	1,188	1,409
A － 1													
B － 5	2,009	2,020	2,139	-	1,977		1,993			-	-	1,945	-
B － 4	1,822	1,902	1,772	1,781	1,821	1,817	1,831	1,853	1,814	1,755	1,769	1,808	1,930
B － 3	1,620	1,750	1,671	1,619	1,661	1,640	1,557	1,611	1,573	1,573	1,524	1,586	1,702
B － 2	1,333	1,553	1,477	1,318	1,478	1,338	1,312	1,327	1,239	1,193	1,219	1,270	1,366
B － 1	919	1,349	-	-	-	-	-	-	-	649	859	-	-
C － 5		-		-									-
C － 4	1,807	1,943	1,740	1,826	1,860	-	1,819	-	1,754	-	1,787	1,744	-
C － 3	1,545	1,671	1,612	1,495	1,576	1,569	1,542	1,478	1,506	1,527	1,477	1,478	1,625
C － 2	1,251	1,477	1,383	1,228	1,394	1,311	1,027	1,228	1,083	1,207	1,157	1,244	1,241
C － 1	1,080	1,003	1,189	-	1,188	1,033		1,618	864	864	-	-	-
西 宮	1,402	1,561	1,449	1,376	1,652	1,455	1,413	1,327	1,329	1,276	1,266	1,320	1,384
A － 5	1,761	-	-	-	-	-	-	-	-	1,888	-	1,620	-
A － 4	1,788		-	-	2,004	1,774	1,758	-	1,867	1,624	1,746	1,783	-
A － 3	1,606		-	-	1,807	1,598	1,492	1,566		1,598	1,513	1,619	
A － 2	1,333			-		1,243	1,406	1,350					
A － 1													
B － 5	1,890	-	-	-	-	-	-	-	-	-	-	1,890	-
B － 4	1,715	1,846	1,766	1,295	1,872	1,726	1,809	1,679	1,680	1,711	1,555	1,723	1,587
B － 3	1,544	1,664	1,551	1,581	1,760	1,567	1,514	1,491	1,475	1,433	1,429	1,454	1,596
B － 2	1,274	1,501	1,369	1,340	1,559	1,321	1,222	1,204	1,123	1,135	1,150	1,155	1,230
B － 1								-					
C － 5													
C － 4	1,547	-	1,781	1,674	1,866	1,619	1,369	1,429	1,603	1,424	1,566	-	-
C － 3	1,404	1,571	1,489	1,421	1,656	1,393	1,402	1,308	1,274	1,287	1,275	1,324	1,474
C － 2	1,207	1,464	1,282	1,157	1,439	1,179	1,328	1,090	1,115	1,027	1,049	1,135	1,196
C － 1	-												
岡 山	1,352	1,553	1,471	1,409	1,473	1,353	1,335	1,355	1,300	1,165	1,330	1,207	1,300
A － 5		-	-	-	-	-	-	-	-	-	-	-	-
A － 4	1,742	-	-	-	-	1,790	1,699	1,706	1,771	-	1,722	-	1,784
A － 3	1,611	1,782	-	-	-	1,566	1,497		1,622	1,564	1,582		
A － 2	1,332	1,470		1,296	1,362	-	-	1,167			1,420	-	1,257
A － 1	-												
B － 5													
B － 4	1,561	1,926	972	-	1,773	-	1,729	1,787	-	-	-	-	-
B － 3	1,550	1,705	1,575	1,553	1,602	1,569	1,533	1,547	1,560	1,420	1,508	1,459	1,591
B － 2	1,212	1,418	1,374	1,299	1,394	1,236	1,177	1,150	1,155	1,083	1,117	1,084	1,190
B － 1	-												
C － 5													
C － 4	1,780	1,780											
C － 3	1,506	1,567	1,474	1,456	-	-	1,448	-	1,573	1,407	-	1,481	1,657
C － 2	1,195	1,495	1,371	-	1,399	1,296	1,182	1,135	1,080	894	1,103	1,156	1,212
C － 1	639	-	-	488	-	675	539	-	948	-	-	486	567

2 月別規格別取引成立頭数・価格（食肉卸売市場別）（続き）
(10) 交雑牛めす（続き）
イ 枝肉の1kg当たり卸売価格（続き）

単位：円

市場・規格	平成29年計	1月	2月	3月	4月	5月	6月	7月	8月	9月	10月	11月	12月
坂　　出	1,372	1,600	1,477	1,381	1,494	1,378	1,332	1,304	1,277	1,243	1,269	1,316	1,401
A － 5	-	-	-	-	-	-	-	-	-	-	-	-	-
A － 4	1,786	-	-	1,525	-	1,770	1,769	-	1,991	1,818	-	1,622	2,007
A － 3	1,648	1,860	1,609	1,622	1,720	1,623	1,651	1,456	-	1,455	1,679	-	1,788
A － 2	1,316	-	1,544	1,253	1,511	-	1,189	-	1,316	1,331	1,167	1,290	1,329
A － 1	-	-	-	-	-	-	-	-	-	-	-	-	-
B － 5	2,160	2,160	-	-	-	-	-	-	-	-	-	-	-
B － 4	1,811	1,896	1,767	1,719	1,883	1,703	1,800	1,866	1,857	1,786	1,728	1,822	1,970
B － 3	1,583	1,743	1,644	1,560	1,651	1,576	1,545	1,536	1,540	1,538	1,520	1,519	1,637
B － 2	1,265	1,523	1,408	1,295	1,416	1,268	1,188	1,199	1,154	1,136	1,188	1,199	1,265
B － 1	-	-	-	-	-	-	-	-	-	-	-	-	-
C － 5	-	-	-	-	-	-	-	-	-	-	-	-	-
C － 4	1,716	1,902	1,889	1,664	1,654	1,456	-	-	-	-	1,586	-	1,760
C － 3	1,520	1,675	1,569	1,403	1,549	1,492	1,459	1,372	1,532	1,453	1,562	1,521	1,503
C － 2	1,224	1,497	1,353	1,149	1,401	1,195	1,137	1,092	1,150	1,086	1,120	1,116	1,208
C － 1	871	-	-	871	-	-	-	-	-	-	-	-	-
愛　　媛	-	-	-	-	-	-	-	-	-	-	-	-	-
A － 5	-	-	-	-	-	-	-	-	-	-	-	-	-
A － 4	-	-	-	-	-	-	-	-	-	-	-	-	-
A － 3	-	-	-	-	-	-	-	-	-	-	-	-	-
A － 2	-	-	-	-	-	-	-	-	-	-	-	-	-
A － 1	-	-	-	-	-	-	-	-	-	-	-	-	-
B － 5	-	-	-	-	-	-	-	-	-	-	-	-	-
B － 4	-	-	-	-	-	-	-	-	-	-	-	-	-
B － 3	-	-	-	-	-	-	-	-	-	-	-	-	-
B － 2	-	-	-	-	-	-	-	-	-	-	-	-	-
B － 1	-	-	-	-	-	-	-	-	-	-	-	-	-
C － 5	-	-	-	-	-	-	-	-	-	-	-	-	-
C － 4	-	-	-	-	-	-	-	-	-	-	-	-	-
C － 3	-	-	-	-	-	-	-	-	-	-	-	-	-
C － 2	-	-	-	-	-	-	-	-	-	-	-	-	-
C － 1	-	-	-	-	-	-	-	-	-	-	-	-	-
佐 世 保	1,436	1,764	1,582	1,485	1,395	-	1,618	1,551	1,417	1,240	1,254	1,254	1,429
A － 5	-	-	-	-	-	-	-	-	-	-	-	-	-
A － 4	1,856	-	-	1,869	-	-	1,850	-	-	-	-	-	-
A － 3	1,758	-	-	-	-	-	1,758	-	-	-	-	-	-
A － 2	1,366	1,726	-	-	-	-	-	-	1,241	-	-	1,165	-
A － 1	-	-	-	-	-	-	-	-	-	-	-	-	-
B － 5	-	-	-	-	-	-	-	-	-	-	-	-	-
B － 4	1,837	-	1,834	-	-	-	-	-	-	-	-	1,839	-
B － 3	1,617	1,802	-	-	1,652	-	1,564	1,641	1,627	-	-	1,423	1,562
B － 2	1,299	-	1,348	1,402	1,491	-	1,296	-	-	1,240	1,254	1,241	1,289
B － 1	765	-	-	-	765	-	-	-	-	-	-	-	-
C － 5	-	-	-	-	-	-	-	-	-	-	-	-	-
C － 4	1,621	-	-	-	-	-	-	-	-	-	-	1,621	-
C － 3	1,404	-	-	-	-	-	-	-	-	-	-	1,404	-
C － 2	1,195	-	-	1,187	-	-	-	-	1,241	1,134	-	1,222	-
C － 1	107	-	-	-	-	-	-	-	-	-	-	107	-

単位：円

市場・規格	平成29年計	1 月	2 月	3 月	4 月	5 月	6 月	7 月	8 月	9 月	10 月	11 月	12 月
熊　本													
A － 5	－	－	－	－	－	－	－	－	－	－	－	－	－
A － 4	－	－	－	－	－	－	－	－	－	－	－	－	－
A － 3	－	－	－	－	－	－	－	－	－	－	－	－	－
A － 2	－	－	－	－	－	－	－	－	－	－	－	－	－
A － 1	－	－	－	－	－	－	－	－	－	－	－	－	－
B － 5	－	－	－	－	－	－	－	－	－	－	－	－	－
B － 4	－	－	－	－	－	－	－	－	－	－	－	－	－
B － 3	－	－	－	－	－	－	－	－	－	－	－	－	－
B － 2	－	－	－	－	－	－	－	－	－	－	－	－	－
B － 1	－	－	－	－	－	－	－	－	－	－	－	－	－
C － 5	－	－	－	－	－	－	－	－	－	－	－	－	－
C － 4	－	－	－	－	－	－	－	－	－	－	－	－	－
C － 3	－	－	－	－	－	－	－	－	－	－	－	－	－
C － 2	－	－	－	－	－	－	－	－	－	－	－	－	－
C － 1	－	－	－	－	－	－	－	－	－	－	－	－	－

2 月別規格別取引成立頭数・価格（食肉卸売市場別）（続き）
(11) 交雑牛去勢
ア 枝肉の取引成立頭数

単位：頭

市場・規格	平成29年計	1 月	2 月	3 月	4 月	5 月	6 月	7 月	8 月	9 月	10 月	11 月	12 月
合　　計	51,625	3,795	3,815	4,093	4,880	3,961	4,021	4,261	4,015	3,951	4,354	5,022	5,457
A - 5	273	21	22	23	34	23	15	15	19	13	18	25	45
A - 4	2,279	146	163	187	259	188	177	195	158	168	170	227	241
A - 3	1,936	127	151	144	190	166	167	164	150	164	146	155	212
A - 2	549	30	33	38	67	40	51	41	61	46	40	38	64
A - 1	-	-	-	-	-	-	-	-	-	-	-	-	-
B - 5	205	17	15	25	30	13	10	16	9	10	15	19	26
B - 4	6,777	528	529	649	705	524	516	513	453	418	579	650	713
B - 3	18,765	1,422	1,386	1,446	1,687	1,395	1,491	1,502	1,478	1,526	1,594	1,826	2,012
B - 2	12,910	911	926	921	1,130	1,005	1,021	1,130	1,081	1,025	1,138	1,311	1,311
B - 1	27	1	1	3	4	3	2	2	1	1	4	2	3
C - 5	3	-	-	-	1	-	-	-	-	2	-	-	-
C - 4	433	39	31	43	51	30	36	24	24	27	35	43	50
C - 3	3,214	255	254	277	332	249	231	268	234	211	251	325	327
C - 2	4,071	284	290	317	372	310	289	372	332	325	356	385	439
C - 1	183	14	14	20	18	15	15	19	15	15	8	16	14
中央市場計	36,150	2,614	2,723	2,877	3,509	2,894	2,697	2,993	2,883	2,756	3,124	3,465	3,615
A - 5	169	12	14	18	20	14	6	9	14	10	11	16	25
A - 4	1,503	93	112	110	170	125	114	143	106	99	127	151	153
A - 3	1,363	82	110	91	139	116	108	126	97	111	112	115	156
A - 2	387	22	18	24	55	30	37	30	45	30	24	28	44
A - 1	-	-	-	-	-	-	-	-	-	-	-	-	-
B - 5	118	14	10	17	17	9	6	12	1	2	11	11	8
B - 4	4,592	380	371	449	475	373	335	358	309	273	424	423	422
B - 3	13,096	965	969	1,016	1,182	1,005	1,003	1,044	1,070	1,098	1,129	1,281	1,334
B - 2	9,339	624	686	674	857	749	717	812	794	732	814	928	952
B - 1	11	1	-	-	-	2	-	1	-	1	2	2	2
C - 5	1	-	-	-	-	-	-	-	-	1	-	-	-
C - 4	300	30	23	31	40	23	24	17	17	16	23	28	28
C - 3	2,293	186	182	207	257	196	150	183	177	150	186	213	206
C - 2	2,893	196	220	231	288	248	190	249	243	229	258	262	279
C - 1	85	9	8	9	9	4	7	9	10	4	3	7	6
仙　　台	1,375	110	112	108	102	110	95	130	112	98	118	152	128
A - 5	15	1	1	1	2	1	2	2	1	2	1	1	-
A - 4	105	8	7	9	8	11	8	17	6	12	7	8	4
A - 3	82	3	4	5	5	3	9	16	9	7	11	7	3
A - 2	16	1	-	2	3	1	2	2	3	-	2	-	-
A - 1	-	-	-	-	-	-	-	-	-	-	-	-	-
B - 5	5	2	-	-	1	1	1	-	-	-	-	-	-
B - 4	238	21	24	24	14	26	17	14	23	8	18	30	19
B - 3	491	44	35	36	40	40	35	45	42	34	40	47	53
B - 2	257	20	25	22	19	18	15	25	12	17	24	42	18
B - 1	2	-	-	-	-	-	-	-	-	-	-	-	2
C - 5							-	-	-	-	-	-	-
C - 4	5	-	-	-	-	-	-	-	-	-	1	1	3	-
C - 3	83	7	7	5	4	4	3	5	8	12	7	4	17
C - 2	69	3	7	4	6	5	3	3	6	5	7	9	11
C - 1	7	-	2	-	-	-	-	1	2	-	-	1	1

— 386 —

単位：頭

市場・規格	平成29年計	1月	2月	3月	4月	5月	6月	7月	8月	9月	10月	11月	12月
さいたま	**940**	**54**	**65**	**70**	**103**	**101**	**54**	**86**	**57**	**84**	**71**	**133**	**62**
A － 5	2	-	-	1	1	-	-	-	-	-	-	-	-
A － 4	20	2	3	2	1	3	-	1	-	-	2	6	-
A － 3	9	1	-	1	1	1	-	-	1	2	1	-	1
A － 2	7	-	-	-	-	1	1	1	1	1	1	-	1
A － 1	-	-	-	-	-	-	-	-	-	-	-	-	-
B － 5	10	-	1	3	2	-	-	-	-	-	1	3	-
B － 4	102	7	7	9	17	13	6	8	3	3	7	17	5
B － 3	272	16	22	27	25	20	12	14	16	28	21	43	28
B － 2	274	19	17	16	19	29	18	36	20	27	20	37	16
B － 1	1	-	-	-	-	1	-	-	-	-	-	-	-
C － 5	-	-	-	-	-	-	-	-	-	-	-	-	-
C － 4	8	1	1	-	3	1	-	-	-	-	-	2	-
C － 3	83	3	5	5	16	6	5	9	7	7	7	10	3
C － 2	141	5	5	5	18	24	12	17	8	14	11	15	7
C － 1	11	-	4	1	-	2	-	-	1	2	-	-	1
東京	**19,458**	**1,346**	**1,399**	**1,495**	**1,880**	**1,581**	**1,517**	**1,569**	**1,581**	**1,439**	**1,690**	**1,960**	**2,001**
A － 5	90	6	8	12	11	9	2	5	8	-	7	8	14
A － 4	907	51	64	72	123	78	66	73	61	50	76	90	103
A － 3	824	40	72	58	93	77	67	64	53	60	60	74	106
A － 2	251	11	14	13	40	20	27	19	25	19	15	18	30
A － 1	-	-	-	-	-	-	-	-	-	-	-	-	-
B － 5	48	5	2	6	6	4	3	7	-	2	4	4	5
B － 4	2,541	211	209	239	260	206	189	178	167	143	259	244	236
B － 3	7,007	494	498	520	592	525	562	548	615	581	629	732	711
B － 2	5,067	319	328	336	455	406	418	448	436	397	429	544	551
B － 1	1	-	-	-	-	1	-	-	-	-	-	-	-
C － 5	1	-	-	-	-	-	-	-	-	1	-	-	-
C － 4	184	19	14	17	25	15	15	10	10	12	15	13	19
C － 3	1,071	87	86	98	118	113	70	92	82	62	83	97	83
C － 2	1,440	98	104	121	152	127	93	123	123	111	112	135	141
C － 1	26	5	-	3	5	-	5	2	1	1	1	1	2
横浜	**1,710**	**147**	**126**	**143**	**224**	**141**	**131**	**112**	**155**	**130**	**141**	**118**	**142**
A － 5	1	-	-	-	-	-	-	-	-	-	-	-	1
A － 4	17	1	1	2	3	-	2	2	2	-	-	-	4
A － 3	20	1	1	1	2	2	2	3	2	2	-	2	2
A － 2	5	-	1	1	-	-	-	-	3	-	-	-	-
A － 1	-	-	-	-	-	-	-	-	-	-	-	-	-
B － 5	3	-	-	-	1	-	-	-	-	-	1	1	-
B － 4	154	13	6	13	28	14	11	4	15	12	16	8	14
B － 3	611	61	36	46	85	59	52	41	48	49	41	46	47
B － 2	599	57	66	54	73	50	45	40	54	40	44	31	45
B － 1	1	-	-	-	-	-	-	-	-	1	-	-	-
C － 5	-	-	-	-	-	-	-	-	-	-	-	-	-
C － 4	4	-	-	-	-	-	-	-	1	-	-	3	-
C － 3	94	3	1	7	8	4	7	5	7	10	19	14	9
C － 2	183	11	13	17	21	12	12	14	19	15	19	11	19
C － 1	18	-	1	2	3	-	-	3	4	1	1	2	1

2　月別規格別取引成立頭数・価格（食肉卸売市場別）（続き）
(11)　交雑牛去勢（続き）
ア　枝肉の取引成立頭数（続き）

単位：頭

市場・規格	平成29年計	1月	2月	3月	4月	5月	6月	7月	8月	9月	10月	11月	12月
名古屋	**1,948**	**155**	**157**	**147**	**151**	**188**	**164**	**186**	**178**	**171**	**148**	**133**	**170**
A－5	22	2	4	1	3	－	－	1	2	4	1	2	2
A－4	61	1	5	－	5	5	8	11	10	3	7	3	3
A－3	39	7	1	3	1	4	2	3	4	7	2	1	4
A－2	1	－	－	－	－	－	1	－	－	－	－	－	－
A－1	－	－	－	－	－	－	－	－	－	－	－	－	－
B－5	31	6	5	5	3	3	1	2	1	－	2	2	1
B－4	449	33	39	37	44	48	36	47	42	32	28	22	41
B－3	745	51	64	45	55	73	67	67	62	77	56	58	70
B－2	298	21	16	23	15	28	25	23	31	21	32	34	29
B－1	－	－	－	－	－	－	－	－	－	－	－	－	－
C－5	－	－	－	－	－	－	－	－	－	－	－	－	－
C－4	45	3	4	6	5	3	5	4	4	1	4	4	2
C－3	156	15	12	19	14	16	9	15	13	16	8	6	13
C－2	100	16	7	7	6	8	10	13	9	10	8	1	5
C－1	1	－	－	1	－	－	－	－	－	－	－	－	－
京都	**652**	**82**	**66**	**51**	**58**	**50**	**41**	**48**	**47**	**34**	**66**	**52**	**57**
A－5	10	1	1	－	1	2	1	1	1	－	－	－	2
A－4	36	6	1	1	1	2	5	7	2	1	3	5	2
A－3	40	4	2	－	6	1	－	7	4	3	6	1	6
A－2	17	2	1	－	－	1	－	5	3	2	1	－	2
A－1	－	－	－	－	－	－	－	－	－	－	－	－	－
B－5	3	1	－	1	－	－	－	－	－	－	－	－	1
B－4	72	12	3	2	5	4	9	5	3	3	8	9	9
B－3	220	25	24	22	20	16	15	12	14	10	29	18	15
B－2	155	12	22	14	16	12	7	9	11	13	12	11	16
B－1	－	－	－	－	－	－	－	－	－	－	－	－	－
C－5	－	－	－	－	－	－	－	－	－	－	－	－	－
C－4	4	－	－	－	－	2	－	－	1	－	－	－	1
C－3	42	8	3	6	2	7	3	2	1	－	3	6	1
C－2	51	10	9	5	7	3	1	－	6	2	4	2	2
C－1	2	1	－	－	－	－	－	－	1	－	－	－	－
大阪	**6,618**	**448**	**566**	**596**	**703**	**458**	**465**	**573**	**475**	**513**	**578**	**576**	**667**
A－5	18	2	－	2	－	2	－	－	1	2	2	2	5
A－4	249	16	26	14	20	14	16	24	14	26	29	23	27
A－3	223	14	21	16	18	16	22	17	17	23	22	21	16
A－2	52	2	2	5	4	3	5	3	7	6	2	7	6
A－1	－	－	－	－	－	－	－	－	－	－	－	－	－
B－5	12	－	2	2	4	－	－	3	－	－	1	－	－
B－4	682	59	52	86	90	43	41	56	36	44	62	58	55
B－3	2,556	189	218	238	264	185	181	210	183	215	203	206	264
B－2	1,529	74	124	117	149	109	111	148	122	128	147	137	163
B－1	3	1	－	－	－	－	－	1	－	－	1	－	－
C－5	－	－	－	－	－	－	－	－	－	－	－	－	－
C－4	34	3	3	6	6	2	4	2	1	－	1	2	4
C－3	626	52	62	55	87	37	42	48	41	30	52	57	63
C－2	625	34	56	54	61	47	42	60	53	39	55	61	63
C－1	9	2	－	1	－	－	1	1	－	－	1	2	1

単位：頭

市場・規格	平成29年計	1 月	2 月	3 月	4 月	5 月	6 月	7 月	8 月	9 月	10 月	11 月	12 月
神　戸													
A － 5													
A － 4													
A － 3													
A － 2													
A － 1													
B － 5													
B － 4													
B － 3													
B － 2													
B － 1													
C － 5													
C － 4													
C － 3													
C － 2													
C － 1													
広　島	444	40	25	32	32	39	36	49	34	36	31	36	54
A － 5	-	-	-	-	-	-	-	-	-	-	-	-	-
A － 4	21	1	1	-	1	1	1	2	2	1	1	5	5
A － 3	25	2	4	1	2	1	1	2	1	1	3	1	6
A － 2	4	1	-	-	-	-	1	-	-	1	-	-	1
A － 1	-	-	-	-	-	-	-	-	-	-	-	-	-
B － 5	1	-	-	-	-	1	-	-	-	-	-	-	-
B － 4	82	5	5	7	5	6	5	14	5	6	6	8	10
B － 3	186	14	6	12	18	15	11	24	18	13	14	16	25
B － 2	92	12	6	5	6	12	14	5	8	6	7	5	6
B － 1	-	-	-	-	-	-	-	-	-	-	-	-	-
C － 5	-	-	-	-	-	-	-	-	-	-	-	-	-
C － 4	4	2	-	1	-	-	-	-	-	1	-	-	-
C － 3	14	2	1	4	-	1	1	-	-	4	-	-	1
C － 2	12	1	2	1	-	1	2	1	-	3	-	1	-
C － 1	3	-	-	1	-	1	-	1	-	-	-	-	-
福　岡	3,005	232	207	235	256	226	194	240	244	251	281	305	334
A － 5	11	-	-	1	2	-	1	-	1	2	-	3	1
A － 4	87	7	4	10	8	11	8	6	9	6	2	11	5
A － 3	101	10	5	6	11	11	5	14	6	6	7	8	12
A － 2	34	5	-	3	8	4	-	-	3	1	3	3	4
A － 1	-	-	-	-	-	-	-	-	-	-	-	-	-
B － 5	5	-	-	-	-	-	1	-	-	-	2	1	1
B － 4	272	19	26	32	12	13	21	32	15	22	20	27	33
B － 3	1,008	71	66	70	83	72	68	83	72	91	96	115	121
B － 2	1,068	90	82	87	105	85	64	78	100	83	99	87	108
B － 1	3	-	-	-	-	-	-	-	-	-	1	2	-
C － 5	-	-	-	-	-	-	-	-	-	-	-	-	-
C － 4	12	2	1	1	1	-	-	1	-	1	2	1	2
C － 3	124	9	5	8	8	8	10	7	18	9	7	19	16
C － 2	272	18	17	17	17	21	15	18	19	30	42	27	31
C － 1	8	1	1	-	1	1	1	1	1	-	-	1	-

2 月別規格別取引成立頭数・価格（食肉卸売市場別）（続き）
(11) 交雑牛去勢（続き）

ア 枝肉の取引成立頭数（続き）

単位：頭

市場・規格	平成29年計	1 月	2 月	3 月	4 月	5 月	6 月	7 月	8 月	9 月	10 月	11 月	12 月
指定市場計	15,475	1,181	1,092	1,216	1,371	1,067	1,324	1,268	1,132	1,195	1,230	1,557	1,842
A － 5	104	9	8	5	14	9	9	6	5	3	7	9	20
A － 4	776	53	51	77	89	63	63	52	52	69	43	76	88
A － 3	573	45	41	53	51	50	59	38	53	53	34	40	56
A － 2	162	8	15	14	12	10	14	11	16	16	16	10	20
A － 1	-	-	-	-	-	-	-	-	-	-	-	-	-
B － 5	87	3	5	8	13	4	4	4	8	8	4	8	18
B － 4	2,185	148	158	200	230	151	181	155	144	145	155	227	291
B － 3	5,669	457	417	430	505	390	488	458	408	428	465	545	678
B － 2	3,571	287	240	247	273	256	304	318	287	293	324	383	359
B － 1	16	-	1	3	4	1	2	1	1	-	2	-	1
C － 5	2	-	-	-	1	-	-	-	-	1	-	-	-
C － 4	133	9	8	12	11	7	12	7	7	11	12	15	22
C － 3	921	69	72	70	75	53	81	85	57	61	65	112	121
C － 2	1,178	88	70	86	84	62	99	123	89	96	98	123	160
C － 1	98	5	6	11	9	11	8	10	5	11	5	9	8
茨 城	775	58	58	62	76	43	79	68	62	56	58	79	76
A － 5	9	2	1	-	1	1	2	1	1	-	-	-	-
A － 4	45	4	1	6	6	2	4	1	6	5	4	3	3
A － 3	27	3	-	3	1	5	4	-	1	4	1	1	4
A － 2	6	1	1	-	-	-	2	-	-	1	1	-	-
A － 1	-	-	-	-	-	-	-	-	-	-	-	-	-
B － 5	2	-	-	1	-	1	-	-	-	-	-	-	-
B － 4	117	11	5	11	8	8	10	13	13	4	6	18	10
B － 3	329	29	26	21	35	11	36	34	24	28	25	32	28
B － 2	143	4	12	14	14	8	14	10	12	10	15	14	16
B － 1	1	-	-	-	-	-	-	-	-	-	-	-	1
C － 5	-	-	-	-	-	-	-	-	-	-	-	-	-
C － 4	9	-	1	-	2	-	-	2	-	-	1	1	2
C － 3	43	2	5	2	6	5	3	1	2	4	2	7	4
C － 2	40	1	6	3	3	2	4	5	3	-	3	2	8
C － 1	4	1	-	1	-	-	-	1	-	-	-	1	-
宇 都 宮	1,005	88	80	75	91	77	78	90	77	81	79	95	94
A － 5	3	-	-	-	1	-	1	-	-	-	1	-	-
A － 4	56	2	1	6	9	4	3	4	7	4	4	6	6
A － 3	44	3	-	1	4	-	4	4	5	6	6	6	5
A － 2	5	1	-	1	-	1	-	-	-	-	-	-	2
A － 1	-	-	-	-	-	-	-	-	-	-	-	-	-
B － 5	4	1	-	1	2	-	-	-	-	-	-	-	-
B － 4	187	13	18	19	9	15	18	12	10	20	11	20	22
B － 3	420	42	33	30	37	40	28	40	36	30	33	37	34
B － 2	192	18	19	14	17	11	17	15	13	14	21	17	16
B － 1	1	-	-	-	1	-	-	-	-	-	-	-	-
C － 5	-	-	-	-	-	-	-	-	-	-	-	-	-
C － 4	6	-	-	1	-	-	-	1	-	2	-	1	1
C － 3	43	3	6	-	5	2	3	10	4	2	1	3	4
C － 2	33	4	2	2	3	2	2	3	-	5	1	5	4
C － 1	11	1	-	1	3	2	1	2	-	-	-	1	-

単位：頭

市場・規格	平成29年計	1 月	2 月	3 月	4 月	5 月	6 月	7 月	8 月	9 月	10 月	11月	12 月
群　馬	**4,845**	**392**	**324**	**392**	**523**	**295**	**363**	**375**	**330**	**438**	**355**	**466**	**592**
A － 5	42	4	1	2	6	1	2	−	2	1	3	5	15
A － 4	367	31	18	38	55	21	31	23	13	32	17	32	56
A － 3	299	24	26	30	33	26	30	22	23	29	16	15	25
A － 2	95	5	9	9	8	5	7	6	10	9	11	6	10
A － 1	−	−	−	−	−	−	−	−	−	−	−	−	−
B － 5	26	−	1	3	1	−	−	2	−	2	−	5	12
B － 4	637	30	45	50	88	26	34	34	37	51	46	69	127
B － 3	1,676	144	120	144	189	95	134	136	116	146	109	142	201
B － 2	1,173	105	71	78	97	98	90	99	96	121	111	120	87
B － 1	−	−	−	−	−	−	−	−	−	−	−	−	−
C － 5	−	−	−	−	−	−	−	−	−	−	−	−	−
C － 4	32	2	1	4	1	1	−	2	−	1	2	8	10
C － 3	188	15	13	16	20	3	13	16	11	14	12	30	25
C － 2	282	31	17	15	22	18	20	34	21	26	26	31	21
C － 1	28	1	2	3	3	1	2	1	1	6	2	3	3
川　口	**1,175**	**76**	**86**	**80**	**86**	**93**	**94**	**99**	**100**	**75**	**107**	**129**	**150**
A － 5	7	−	1	−	2	1	1	1	−	−	1	−	−
A － 4	37	4	3	6	−	1	1	5	5	4	1	7	−
A － 3	36	2	5	8	1	1	2	1	6	2	4	2	2
A － 2	6	−	1	−	−	−	−	−	3	1	−	−	1
A － 1	−	−	−	−	−	−	−	−	−	−	−	−	−
B － 5	2	−	−	−	−	−	−	−	−	−	1	−	1
B － 4	140	13	9	9	12	10	15	10	12	11	10	15	14
B － 3	625	34	38	33	47	60	50	48	51	39	57	69	99
B － 2	235	15	21	18	16	16	18	25	17	13	27	25	24
B － 1	−	−	−	−	−	−	−	−	−	−	−	−	−
C － 5	−	−	−	−	−	−	−	−	−	−	−	−	−
C － 4	3	2	1	−	−	−	−	−	−	−	−	−	−
C － 3	43	3	5	3	5	2	4	4	3	3	2	5	4
C － 2	41	3	2	3	3	2	3	5	3	2	4	6	5
C － 1	−	−	−	−	−	−	−	−	−	−	−	−	−
山　梨	**94**	**10**	**8**	**12**	**10**	**5**	**1**	**21**	**6**	**5**	**5**	**7**	**4**
A － 5	−	−	−	−	−	−	−	−	−	−	−	−	−
A － 4	−	−	−	−	−	−	−	−	−	−	−	−	−
A － 3	7	1	−	−	3	1	−	1	−	1	−	−	−
A － 2	5	−	1	1	1	−	−	1	−	−	−	1	−
A － 1	−	−	−	−	−	−	−	−	−	−	−	−	−
B － 5	1	−	−	−	−	−	−	1	−	−	−	−	−
B － 4	8	1	−	1	1	−	−	4	−	1	−	−	−
B － 3	24	1	−	4	3	3	1	5	1	3	2	1	−
B － 2	35	6	7	3	1	−	−	4	4	−	2	4	4
B － 1	−	−	−	−	−	−	−	−	−	−	−	−	−
C － 5	−	−	−	−	−	−	−	−	−	−	−	−	−
C － 4	−	−	−	−	−	−	−	−	−	−	−	−	−
C － 3	2	−	−	−	1	−	−	1	−	−	−	−	−
C － 2	11	1	−	3	−	1	−	3	1	−	1	1	−
C － 1	1	−	−	−	−	−	−	1	−	−	−	−	−

2 月別規格別取引成立頭数・価格（食肉卸売市場別）（続き）
(11) 交雑牛去勢（続き）
ア 枝肉の取引成立頭数（続き）

単位：頭

市場・規格	平成29年計	1月	2月	3月	4月	5月	6月	7月	8月	9月	10月	11月	12月
岐阜	**11**	**-**	**2**	**-**	**1**	**-**	**2**	**1**	**-**	**-**	**3**	**1**	**1**
A－5	-	-	-	-	-	-	-	-	-	-	-	-	-
A－4	2	-	-	-	-	-	1	-	-	-	1	-	-
A－3	-	-	-	-	-	-	-	-	-	-	-	-	-
A－2	-	-	-	-	-	-	-	-	-	-	-	-	-
A－1	-	-	-	-	-	-	-	-	-	-	-	-	-
B－5	-	-	-	-	-	-	-	-	-	-	-	-	-
B－4	2	-	-	-	-	-	1	-	-	-	1	-	-
B－3	7	-	2	-	1	-	-	1	-	-	1	1	1
B－2	-	-	-	-	-	-	-	-	-	-	-	-	-
B－1	-	-	-	-	-	-	-	-	-	-	-	-	-
C－5	-	-	-	-	-	-	-	-	-	-	-	-	-
C－4	-	-	-	-	-	-	-	-	-	-	-	-	-
C－3	-	-	-	-	-	-	-	-	-	-	-	-	-
C－2	-	-	-	-	-	-	-	-	-	-	-	-	-
C－1	-	-	-	-	-	-	-	-	-	-	-	-	-
浜松	**1,252**	**124**	**92**	**81**	**82**	**112**	**86**	**106**	**81**	**87**	**118**	**133**	**150**
A－5	11	-	-	-	1	2	-	2	-	-	1	2	3
A－4	56	3	6	3	6	5	4	3	3	5	2	9	7
A－3	31	1	2	-	3	5	3	3	5	3	1	1	4
A－2	10	-	1	1	-	1	1	1	1	2	1	-	1
A－1	-	-	-	-	-	-	-	-	-	-	-	-	-
B－5	7	-	2	-	2	1	-	-	-	-	-	1	1
B－4	220	24	17	23	15	23	19	15	11	6	17	23	27
B－3	497	50	35	31	35	40	31	40	26	35	59	57	58
B－2	273	34	24	12	10	23	20	25	23	25	25	22	30
B－1	-	-	-	-	-	-	-	-	-	-	-	-	-
C－5	-	-	-	-	-	-	-	-	-	-	-	-	-
C－4	14	3	1	3	1	1	1	-	1	1	-	1	1
C－3	56	5	2	2	3	7	2	8	4	1	5	9	8
C－2	70	4	2	6	6	3	4	9	5	9	5	7	10
C－1	7	-	-	-	-	1	1	-	2	-	2	1	-
東三河	**2,143**	**155**	**183**	**193**	**180**	**150**	**189**	**164**	**163**	**151**	**170**	**224**	**221**
A－5	27	3	5	2	2	4	2	1	1	2	1	2	2
A－4	160	7	20	10	11	19	15	12	14	15	14	12	11
A－3	64	4	3	6	4	4	7	4	7	6	4	6	9
A－2	19	-	2	1	2	-	4	3	-	2	1	1	3
A－1	-	-	-	-	-	-	-	-	-	-	-	-	-
B－5	27	1	2	1	3	2	3	1	5	3	3	1	2
B－4	503	31	47	56	48	37	40	40	41	27	35	52	49
B－3	731	66	65	55	57	41	71	48	60	58	59	77	74
B－2	441	36	28	39	40	29	35	35	26	29	39	56	49
B－1	1	-	-	-	-	-	-	1	-	-	-	-	-
C－5	1	-	-	-	1	-	-	-	-	-	-	-	-
C－4	10	-	-	2	2	2	1	-	-	2	-	-	1
C－3	63	1	7	11	5	5	4	7	3	2	3	8	7
C－2	87	6	4	9	5	6	7	11	5	3	10	9	12
C－1	9	-	-	1	-	1	-	1	1	2	1	-	2

単位：頭

市場・規格	平成29年計	1月	2月	3月	4月	5月	6月	7月	8月	9月	10月	11月	12月
四 日 市	136	8	1	1	17	15	15	15	5	7	19	11	22
A － 5	-	-	-	-	-	-	-	-	-	-	-	-	-
A － 4	1	-	-	-	-	-	-	1	-	-	-	-	-
A － 3	-	-	-	-	-	-	-	-	-	-	-	-	-
A － 2	2	-	-	-	-	1	-	-	-	-	-	1	-
A － 1	-	-	-	-	-	-	-	-	-	-	-	-	-
B － 5	-	-	-	-	-	-	-	-	-	-	-	-	-
B － 4	6	-	-	-	1	-	1	-	-	-	2	1	1
B － 3	51	-	-	-	6	8	6	6	1	4	5	3	12
B － 2	42	3	1	1	6	2	3	6	4	2	7	3	4
B － 1	-	-	-	-	-	-	-	-	-	-	-	-	-
C － 5	-	-	-	-	-	-	-	-	-	-	-	-	-
C － 4	-	-	-	-	-	-	-	-	-	-	-	-	-
C － 3	16	2	-	-	2	2	2	-	-	1	4	1	2
C － 2	17	3	-	-	2	2	3	2	-	-	1	2	2
C － 1	1	-	-	-	-	-	-	-	-	-	-	-	1
南 大 阪	-	-	-	-	-	-	-	-	-	-	-	-	-
A － 5	-	-	-	-	-	-	-	-	-	-	-	-	-
A － 4	-	-	-	-	-	-	-	-	-	-	-	-	-
A － 3	-	-	-	-	-	-	-	-	-	-	-	-	-
A － 2	-	-	-	-	-	-	-	-	-	-	-	-	-
A － 1	-	-	-	-	-	-	-	-	-	-	-	-	-
B － 5	-	-	-	-	-	-	-	-	-	-	-	-	-
B － 4	-	-	-	-	-	-	-	-	-	-	-	-	-
B － 3	-	-	-	-	-	-	-	-	-	-	-	-	-
B － 2	-	-	-	-	-	-	-	-	-	-	-	-	-
B － 1	-	-	-	-	-	-	-	-	-	-	-	-	-
C － 5	-	-	-	-	-	-	-	-	-	-	-	-	-
C － 4	-	-	-	-	-	-	-	-	-	-	-	-	-
C － 3	-	-	-	-	-	-	-	-	-	-	-	-	-
C － 2	-	-	-	-	-	-	-	-	-	-	-	-	-
C － 1	-	-	-	-	-	-	-	-	-	-	-	-	-
姫 路	1,763	57	78	88	50	104	194	187	180	171	169	210	275
A － 5	2	-	-	-	-	-	-	1	1	-	-	-	-
A － 4	19	1	-	5	1	3	2	2	2	-	-	1	2
A － 3	19	1	-	3	-	-	4	3	2	1	1	2	2
A － 2	4	-	-	-	2	-	-	-	-	1	-	-	1
A － 1	-	-	-	-	-	-	-	-	-	-	-	-	-
B － 5	6	-	-	-	-	-	-	-	3	2	-	-	1
B － 4	129	3	2	11	4	8	19	13	11	14	11	13	20
B － 3	542	14	28	31	14	45	55	58	54	44	62	54	83
B － 2	474	16	24	13	16	24	54	54	53	46	45	65	64
B － 1	8	-	1	-	1	1	2	-	1	-	2	-	-
C － 5	-	-	-	-	-	-	-	-	-	-	-	-	-
C － 4	26	-	-	-	1	1	6	2	4	5	3	3	1
C － 3	217	8	9	7	3	9	26	26	21	25	16	28	39
C － 2	290	12	10	15	8	8	23	24	27	32	28	43	60
C － 1	27	2	4	3	2	3	3	4	1	2	-	1	2

2 月別規格別取引成立頭数・価格（食肉卸売市場別）（続き）
(11) 交雑牛去勢（続き）
ア 枝肉の取引成立頭数（続き）

単位：頭

市場・規格	平成29年計	1月	2月	3月	4月	5月	6月	7月	8月	9月	10月	11月	12月
加 古 川	535	70	53	68	81	56	35	42	28	22	23	26	31
A － 5	1	-	-	-	-	1	-	-	-	-	-	-	-
A － 4	8	-	1	1	-	3	-	1	-	1	-	-	1
A － 3	5	1	-	-	-	-	2	-	-	-	-	2	-
A － 2	-	-	-	-	-	-	-	-	-	-	-	-	-
A － 1	-	-	-	-	-	-	-	-	-	-	-	-	-
B － 5	2	1	-	-	-	-	1	-	-	-	-	-	-
B － 4	39	5	-	4	8	6	4	4	3	2	1	2	-
B － 3	184	20	25	25	29	14	13	13	7	7	8	11	12
B － 2	131	19	6	17	23	13	5	11	10	4	5	8	10
B － 1	2	-	-	1	1	-	-	-	-	-	-	-	-
C － 5	-	-	-	-	-	-	-	-	-	-	-	-	-
C － 4	8	-	2	1	1	1	-	-	-	-	2	-	1
C － 3	74	15	9	9	9	11	6	6	1	2	3	-	3
C － 2	78	9	10	9	10	6	3	7	7	6	4	3	4
C － 1	3	-	-	1	-	2	-	-	-	-	-	-	-
西 宮	495	25	22	56	52	35	84	13	8	14	25	59	102
A － 5	-	-	-	-	-	-	-	-	-	-	-	-	-
A － 4	1	-	-	-	-	-	-	-	-	-	-	1	-
A － 3	3	1	-	-	-	-	-	-	1	-	-	-	1
A － 2	-	-	-	-	-	-	-	-	-	-	-	-	-
A － 1	-	-	-	-	-	-	-	-	-	-	-	-	-
B － 5	1	-	-	1	-	-	-	-	-	-	-	-	-
B － 4	30	1	2	3	3	4	5	-	-	-	3	2	7
B － 3	137	8	7	18	10	7	22	2	-	-	8	24	31
B － 2	132	7	7	8	11	10	23	7	5	10	3	15	26
B － 1	-	-	-	-	-	-	-	-	-	-	-	-	-
C － 5	-	-	-	-	-	-	-	-	-	-	-	-	-
C － 4	9	-	-	-	2	1	3	-	-	-	-	1	2
C － 3	72	3	2	11	12	4	9	-	-	1	6	11	13
C － 2	110	5	4	15	14	9	22	4	2	3	5	5	22
C － 1	-	-	-	-	-	-	-	-	-	-	-	-	-
岡 山	393	33	26	34	35	28	37	25	30	32	34	36	43
A － 5	-	-	-	-	-	-	-	-	-	-	-	-	-
A － 4	17	1	1	2	1	3	1	-	2	3	-	2	1
A － 3	13	-	2	1	-	4	3	-	2	-	-	-	1
A － 2	7	1	-	1	1	-	-	-	2	1	-	-	1
A － 1	-	-	-	-	-	-	-	-	-	-	-	-	-
B － 5	-	-	-	-	-	-	-	-	-	-	-	-	-
B － 4	29	2	4	1	5	2	1	-	1	1	2	6	4
B － 3	126	14	8	12	14	7	11	5	11	12	12	8	12
B － 2	146	11	6	11	11	11	19	11	9	13	15	15	14
B － 1	2	-	-	2	-	-	-	-	-	-	-	-	-
C － 5	-	-	-	-	-	-	-	-	-	-	-	-	-
C － 4	2	-	-	-	-	-	-	-	-	-	-	-	2
C － 3	13	1	1	1	-	1	1	-	1	3	-	-	4
C － 2	35	3	4	3	2	1	1	8	3	1	2	3	4
C － 1	3	-	-	-	1	-	-	-	-	-	-	2	-

単位：頭

市場・規格	平成29年計	1月	2月	3月	4月	5月	6月	7月	8月	9月	10月	11月	12月
坂出	825	84	75	73	83	52	65	58	59	55	65	76	80
A－5	2	－	－	1	1	－	－	－	－	－	－	－	－
A－4	6	－	－	－	－	2	1	－	－	－	－	2	1
A－3	22	4	2	1	2	4	－	－	－	1	1	4	3
A－2	3	－	－	－	－	－	－	－	－	－	1	1	1
A－1	－	－	－	－	－	－	－	－	－	－	－	－	－
B－5	9	－	－	1	5	－	－	－	－	1	－	1	1
B－4	138	14	9	12	28	12	14	10	5	8	10	6	10
B－3	317	34	29	26	28	19	30	22	20	22	25	29	33
B－2	143	13	13	19	8	11	6	12	15	6	9	17	14
B－1	－	－	－	－	－	－	－	－	－	－	－	－	－
C－5	1	－	－	－	－	－	－	－	－	1	－	－	－
C－4	14	2	1	2	1	－	－	1	－	2	3	1	1
C－3	91	11	13	8	4	3	8	5	8	5	8	10	8
C－2	78	6	8	3	6	1	5	8	11	9	8	5	8
C－1	1	－	－	－	－	－	1	－	－	－	－	－	－
愛媛	－	－	－	－	－	－	－	－	－	－	－	－	－
A－5	－	－	－	－	－	－	－	－	－	－	－	－	－
A－4	－	－	－	－	－	－	－	－	－	－	－	－	－
A－3	－	－	－	－	－	－	－	－	－	－	－	－	－
A－2	－	－	－	－	－	－	－	－	－	－	－	－	－
A－1	－	－	－	－	－	－	－	－	－	－	－	－	－
B－5	－	－	－	－	－	－	－	－	－	－	－	－	－
B－4	－	－	－	－	－	－	－	－	－	－	－	－	－
B－3	－	－	－	－	－	－	－	－	－	－	－	－	－
B－2	－	－	－	－	－	－	－	－	－	－	－	－	－
B－1	－	－	－	－	－	－	－	－	－	－	－	－	－
C－5	－	－	－	－	－	－	－	－	－	－	－	－	－
C－4	－	－	－	－	－	－	－	－	－	－	－	－	－
C－3	－	－	－	－	－	－	－	－	－	－	－	－	－
C－2	－	－	－	－	－	－	－	－	－	－	－	－	－
C－1	－	－	－	－	－	－	－	－	－	－	－	－	－
佐世保	28	1	4	1	4	2	2	4	3	1	－	5	1
A－5	－	－	－	－	－	－	－	－	－	－	－	－	－
A－4	1	－	－	－	－	－	－	－	－	－	－	1	－
A－3	3	－	1	－	－	－	－	－	1	－	－	1	－
A－2	－	－	－	－	－	－	－	－	－	－	－	－	－
A－1	－	－	－	－	－	－	－	－	－	－	－	－	－
B－5	－	－	－	－	－	－	－	－	－	－	－	－	－
B－4	－	－	－	－	－	－	－	－	－	－	－	－	－
B－3	3	1	1	－	－	－	－	－	1	－	－	－	－
B－2	11	－	1	－	3	－	－	4	－	－	－	2	1
B－1	1	－	－	－	1	－	－	－	－	－	－	－	－
C－5	－	－	－	－	－	－	－	－	－	－	－	－	－
C－4	－	－	－	－	－	－	－	－	－	－	－	－	－
C－3	－	－	－	－	－	－	－	－	－	－	－	－	－
C－2	6	－	1	－	－	1	2	－	1	－	－	1	－
C－1	3	－	－	1	－	1	－	－	－	1	－	－	－

2 月別規格別取引成立頭数・価格（食肉卸売市場別）（続き）

(11) 交雑牛去勢（続き）

ア 枝肉の取引成立頭数（続き）

単位：頭

市場・規格	平成29 年計	1 月	2 月	3 月	4 月	5 月	6 月	7 月	8 月	9 月	10 月	11 月	12 月
熊　　本	-	-	-	-	-	-	-	-	-	-	-	-	-
A － 5	-	-	-	-	-	-	-	-	-	-	-	-	-
A － 4	-	-	-	-	-	-	-	-	-	-	-	-	-
A － 3	-	-	-	-	-	-	-	-	-	-	-	-	-
A － 2	-	-	-	-	-	-	-	-	-	-	-	-	-
A － 1	-	-	-	-	-	-	-	-	-	-	-	-	-
B － 5	-	-	-	-	-	-	-	-	-	-	-	-	-
B － 4	-	-	-	-	-	-	-	-	-	-	-	-	-
B － 3	-	-	-	-	-	-	-	-	-	-	-	-	-
B － 2	-	-	-	-	-	-	-	-	-	-	-	-	-
B － 1	-	-	-	-	-	-	-	-	-	-	-	-	-
C － 5	-	-	-	-	-	-	-	-	-	-	-	-	-
C － 4	-	-	-	-	-	-	-	-	-	-	-	-	-
C － 3	-	-	-	-	-	-	-	-	-	-	-	-	-
C － 2	-	-	-	-	-	-	-	-	-	-	-	-	-
C － 1	-	-	-	-	-	-	-	-	-	-	-	-	-

イ　枝肉の1kg当たり卸売価格

単位：円

市場・規格	平成29年計	1 月	2 月	3 月	4 月	5 月	6 月	7 月	8 月	9 月	10 月	11 月	12 月
合　　　計	1,496	1,655	1,541	1,544	1,577	1,466	1,461	1,460	1,430	1,418	1,405	1,448	1,549
A － 5	2,045	2,108	2,032	2,008	1,996	2,012	1,987	1,943	2,021	1,982	2,063	2,048	2,171
A － 4	1,829	1,887	1,833	1,835	1,849	1,823	1,828	1,815	1,796	1,796	1,783	1,808	1,887
A － 3	1,611	1,756	1,652	1,648	1,675	1,598	1,587	1,569	1,589	1,564	1,506	1,547	1,650
A － 2	1,341	1,550	1,410	1,341	1,454	1,351	1,296	1,265	1,282	1,267	1,285	1,291	1,343
A － 1	－	－	－	－	－	－	－	－	－	－	－	－	－
B － 5	1,975	2,080	1,957	1,949	1,972	1,875	1,944	1,908	1,922	1,963	1,942	2,029	2,061
B － 4	1,759	1,847	1,768	1,761	1,781	1,730	1,748	1,758	1,724	1,730	1,673	1,725	1,832
B － 3	1,554	1,695	1,589	1,590	1,628	1,525	1,528	1,534	1,506	1,490	1,466	1,498	1,607
B － 2	1,279	1,490	1,351	1,346	1,388	1,254	1,217	1,240	1,216	1,187	1,188	1,238	1,295
B － 1	933	716	1,078	1,027	1,172	832	1,224	907	1,051	572	936	739	442
C － 5	1,816	－	－	－	2,052	－	－	－	－	1,693	－	－	－
C － 4	1,623	1,722	1,645	1,629	1,665	1,574	1,571	1,608	1,524	1,655	1,585	1,543	1,689
C － 3	1,431	1,616	1,474	1,475	1,487	1,365	1,381	1,389	1,370	1,349	1,329	1,376	1,518
C － 2	1,187	1,418	1,246	1,219	1,272	1,143	1,138	1,161	1,114	1,098	1,091	1,145	1,227
C － 1	725	793	746	803	686	809	755	724	611	529	634	704	798
中央市場計	1,469	1,643	1,519	1,526	1,556	1,437	1,432	1,428	1,390	1,386	1,374	1,419	1,523
A － 5	2,029	2,088	1,986	1,982	1,984	2,029	1,946	1,909	1,988	1,992	2,112	2,014	2,169
A － 4	1,813	1,877	1,819	1,809	1,841	1,789	1,817	1,805	1,775	1,769	1,753	1,793	1,895
A － 3	1,596	1,746	1,649	1,632	1,674	1,581	1,582	1,544	1,558	1,557	1,477	1,532	1,639
A － 2	1,324	1,565	1,367	1,321	1,452	1,321	1,287	1,279	1,237	1,235	1,252	1,266	1,318
A － 1	－	－	－	－	－	－	－	－	－	－	－	－	－
B － 5	1,964	2,080	2,000	1,917	1,939	1,836	1,928	1,910	1,963	1,846	1,909	1,998	2,186
B － 4	1,735	1,830	1,755	1,747	1,763	1,710	1,727	1,729	1,693	1,708	1,638	1,690	1,816
B － 3	1,530	1,686	1,568	1,579	1,617	1,498	1,502	1,499	1,473	1,465	1,426	1,473	1,592
B － 2	1,261	1,482	1,336	1,334	1,382	1,239	1,194	1,212	1,181	1,164	1,168	1,214	1,282
B － 1	718	716	－	－	－	698	－	944	－	572	797	739	533
C － 5	1,612	－	－	－	－	－	－	－	－	1,612	－	－	－
C － 4	1,591	1,712	1,624	1,633	1,639	1,536	1,552	1,570	1,492	1,585	1,487	1,490	1,680
C － 3	1,394	1,595	1,447	1,459	1,467	1,332	1,330	1,326	1,327	1,289	1,284	1,331	1,485
C － 2	1,161	1,395	1,221	1,213	1,255	1,130	1,120	1,115	1,076	1,064	1,067	1,118	1,197
C － 1	618	646	637	618	629	644	700	487	536	493	557	716	686
仙　　　台	1,484	1,728	1,561	1,555	1,557	1,473	1,451	1,436	1,458	1,373	1,372	1,368	1,514
A － 5	1,901	2,007	1,997	1,943	1,945	1,679	1,896	1,983	2,002	1,723	1,954	1,836	－
A － 4	1,706	1,880	1,809	1,690	1,744	1,734	1,631	1,730	1,637	1,648	1,591	1,596	1,833
A － 3	1,489	1,798	1,582	1,591	1,640	1,433	1,472	1,449	1,530	1,489	1,401	1,430	1,345
A － 2	1,297	1,509	－	1,268	1,400	1,121	1,292	1,419	1,292	－	1,001	－	－
A － 1	－	－	－	－	－	－	－	－	－	－	－	－	－
B － 5	1,902	1,969	－	－	1,997	1,688	1,920	－	－	－	－	－	－
B － 4	1,646	1,788	1,728	1,658	1,713	1,580	1,625	1,563	1,586	1,537	1,544	1,599	1,786
B － 3	1,525	1,752	1,594	1,623	1,643	1,483	1,461	1,447	1,508	1,396	1,396	1,401	1,578
B － 2	1,227	1,552	1,373	1,351	1,255	1,235	1,128	1,135	1,049	1,125	1,204	1,117	1,162
B － 1	533	－	－	－	－	－	－	－	－	－	－	－	533
C － 5	－	－	－	－	－	－	－	－	－	－	－	－	－
C － 4	1,448	－	－	－	－	－	－	－	－	1,451	1,399	1,464	－
C － 3	1,393	1,686	1,449	1,340	1,383	1,366	1,190	1,371	1,369	1,265	1,298	1,230	1,482
C － 2	1,199	1,479	1,274	1,337	1,098	1,162	1,194	941	1,177	956	1,122	1,184	1,317
C － 1	453	－	401	－	－	－	－	404	486	－	－	600	323

2　月別規格別取引成立頭数・価格（食肉卸売市場別）（続き）
(11)　交雑牛去勢（続き）
イ　枝肉の１kg当たり卸売価格（続き）

単位：円

市場・規格	平成29年計	1 月	2 月	3 月	4 月	5 月	6 月	7 月	8 月	9 月	10 月	11 月	12 月
さいたま	**1,336**	**1,553**	**1,426**	**1,438**	**1,423**	**1,251**	**1,203**	**1,211**	**1,193**	**1,265**	**1,342**	**1,370**	**1,368**
A － 5	1,837	-	-	1,798	1,886	-	-	-	-	-	-	-	-
A － 4	1,775	1,799	1,735	1,747	1,894	1,554	-	2,000	-	-	1,881	1,818	-
A － 3	1,634	1,863	-	1,488	1,733	1,648	-	-	1,595	1,664	1,374	-	1,670
A － 2	1,301	-	-	-	-	1,632	1,297	1,086	1,085	1,389	1,457	-	1,202
A － 1	-	-	-	-	-	-	-	-	-	-	-	-	-
B － 5	1,938	-	1,838	1,864	1,723	-	-	-	-	-	2,047	2,189	-
B － 4	1,672	1,739	1,683	1,578	1,640	1,695	1,606	1,736	1,878	1,745	1,672	1,643	1,693
B － 3	1,498	1,659	1,515	1,494	1,565	1,445	1,480	1,421	1,458	1,547	1,471	1,437	1,519
B － 2	1,163	1,400	1,309	1,244	1,280	1,114	1,094	1,069	1,064	1,117	1,126	1,167	1,134
B － 1	861	-	-	-	-	861	-	-	-	-	-	-	-
C － 5	-	-	-	-	-	-	-	-	-	-	-	-	-
C － 4	1,427	1,749	1,697	-	1,375	1,351	-	-	-	-	-	1,302	-
C － 3	1,252	1,539	1,262	1,323	1,295	1,155	1,069	1,276	1,076	1,125	1,328	1,309	1,412
C － 2	1,015	1,316	1,103	1,146	1,152	1,018	935	976	839	896	1,054	992	968
C － 1	583	-	649	631	-	442	-	-	543	553	-	-	650
東京	**1,445**	**1,617**	**1,510**	**1,525**	**1,538**	**1,422**	**1,403**	**1,389**	**1,358**	**1,358**	**1,363**	**1,383**	**1,496**
A － 5	2,038	2,081	1,980	1,993	1,998	2,056	2,078	1,877	1,910	-	2,189	2,042	2,161
A － 4	1,809	1,864	1,825	1,826	1,839	1,792	1,818	1,783	1,760	1,759	1,739	1,789	1,875
A － 3	1,585	1,710	1,659	1,671	1,661	1,574	1,566	1,521	1,521	1,539	1,448	1,514	1,625
A － 2	1,319	1,556	1,362	1,322	1,453	1,311	1,260	1,304	1,242	1,223	1,267	1,223	1,313
A － 1	-	-	-	-	-	-	-	-	-	-	-	-	-
B － 5	1,966	2,133	2,030	2,050	1,925	1,852	1,892	1,925	-	1,846	1,821	1,868	2,154
B － 4	1,716	1,804	1,737	1,737	1,742	1,700	1,711	1,701	1,669	1,686	1,621	1,666	1,805
B － 3	1,494	1,656	1,537	1,568	1,592	1,472	1,465	1,459	1,422	1,432	1,387	1,426	1,561
B － 2	1,237	1,465	1,334	1,339	1,360	1,226	1,166	1,185	1,156	1,143	1,157	1,177	1,247
B － 1	488	-	-	-	-	488	-	-	-	-	-	-	-
C － 5	1,612	-	-	-	-	-	-	-	-	1,612	-	-	-
C － 4	1,533	1,646	1,547	1,557	1,603	1,472	1,422	1,427	1,411	1,600	1,421	1,472	1,650
C － 3	1,328	1,528	1,390	1,418	1,398	1,271	1,266	1,246	1,244	1,243	1,226	1,248	1,418
C － 2	1,132	1,354	1,189	1,183	1,218	1,110	1,085	1,070	1,073	1,028	1,053	1,087	1,147
C － 1	558	425	-	645	633	-	639	301	552	379	805	433	635
横浜	**1,386**	**1,550**	**1,378**	**1,471**	**1,502**	**1,364**	**1,345**	**1,328**	**1,321**	**1,299**	**1,246**	**1,321**	**1,410**
A － 5	2,173	-	-	-	-	-	-	-	-	-	-	-	2,173
A － 4	1,825	1,912	1,696	1,951	1,818	-	1,625	1,798	1,747	-	-	-	1,925
A － 3	1,688	1,721	1,690	1,688	1,854	1,615	1,883	1,625	1,527	1,761	-	1,612	1,668
A － 2	1,400	-	1,510	1,514	-	-	-	-	1,324	-	-	-	-
A － 1	-	-	-	-	-	-	-	-	-	-	-	-	-
B － 5	1,956	-	-	-	2,068	-	-	-	-	-	1,729	2,056	-
B － 4	1,682	1,736	1,728	1,758	1,765	1,692	1,555	1,839	1,717	1,600	1,494	1,613	1,719
B － 3	1,504	1,612	1,518	1,603	1,574	1,470	1,497	1,449	1,457	1,411	1,382	1,433	1,554
B － 2	1,262	1,477	1,304	1,346	1,381	1,203	1,162	1,230	1,177	1,170	1,137	1,151	1,217
B － 1	572	-	-	-	-	-	-	-	-	572	-	-	-
C － 5	-	-	-	-	-	-	-	-	-	-	-	-	-
C － 4	1,413	-	-	-	-	-	-	-	1,333	-	-	1,437	-
C － 3	1,292	1,521	1,428	1,475	1,429	1,186	1,271	1,256	1,287	1,185	1,204	1,230	1,447
C － 2	1,092	1,292	1,126	1,198	1,198	1,024	1,062	1,046	1,047	1,072	997	1,044	1,030
C － 1	507	-	433	490	495	-	-	503	475	418	324	748	361

単位：円

市場・規格	平成29年計	1 月	2 月	3 月	4 月	5 月	6 月	7 月	8 月	9 月	10 月	11 月	12 月
名古屋	**1,579**	**1,750**	**1,672**	**1,611**	**1,674**	**1,538**	**1,511**	**1,566**	**1,530**	**1,495**	**1,485**	**1,519**	**1,620**
A － 5	1,947	1,997	1,974	1,931	1,910	－	－	2,033	2,268	1,901	1,838	1,879	1,792
A － 4	1,790	2,010	1,679	－	1,797	1,728	1,799	1,836	1,856	1,778	1,762	1,773	1,678
A － 3	1,611	1,791	1,729	1,589	1,716	1,563	1,535	1,506	1,584	1,557	1,446	1,674	1,628
A － 2	1,243	－	－	－	－	－	1,243	－	－	－	－	－	－
A － 1	－	－	－	－	－	－	－	－	－	－	－	－	－
B － 5	1,948	2,059	1,974	1,844	1,968	1,893	1,901	1,851	1,963	－	1,843	1,924	2,407
B － 4	1,754	1,876	1,818	1,776	1,787	1,704	1,743	1,721	1,703	1,685	1,703	1,713	1,819
B － 3	1,564	1,762	1,652	1,598	1,635	1,502	1,502	1,555	1,523	1,520	1,490	1,505	1,591
B － 2	1,316	1,552	1,411	1,373	1,484	1,324	1,145	1,299	1,229	1,164	1,216	1,334	1,410
B － 1	－	－	－	－	－	－	－	－	－	－	－	－	－
C － 5	－	－	－	－	－	－	－	－	－	－	－	－	－
C － 4	1,751	1,961	1,788	1,749	1,795	1,686	1,720	1,750	1,663	1,539	1,763	1,708	1,800
C － 3	1,530	1,733	1,563	1,567	1,572	1,511	1,439	1,483	1,448	1,435	1,473	1,461	1,577
C － 2	1,287	1,498	1,272	1,337	1,373	1,311	1,225	1,220	1,208	1,156	1,155	1,156	1,317
C － 1	760	－	－	760	－	－	－	－	－	－	－	－	－
京　都	**1,483**	**1,659**	**1,458**	**1,464**	**1,552**	**1,410**	**1,547**	**1,438**	**1,297**	**1,339**	**1,417**	**1,560**	**1,510**
A － 5	1,991	2,139	2,069	－	1,857	1,987	1,771	1,783	1,899	－	－	－	2,197
A － 4	1,785	1,838	1,909	1,825	1,868	1,786	1,774	1,734	1,668	1,801	1,733	1,805	1,865
A － 3	1,585	1,751	1,623	－	1,660	1,585	－	1,519	1,479	1,499	1,522	1,783	1,602
A － 2	1,221	1,599	1,411	－	－	1,039	－	1,210	1,043	1,246	1,082	－	1,158
A － 1	－	－	－	－	－	－	－	－	－	－	－	－	－
B － 5	2,118	2,171	－	1,998	－	－	－	－	－	－	－	－	2,191
B － 4	1,781	1,899	1,877	1,884	1,848	1,682	1,757	1,669	1,660	1,692	1,641	1,849	1,802
B － 3	1,551	1,719	1,545	1,603	1,688	1,469	1,545	1,396	1,418	1,498	1,480	1,602	1,498
B － 2	1,248	1,447	1,297	1,240	1,360	1,186	1,207	1,191	1,160	1,125	1,235	1,235	1,199
B － 1	－	－	－	－	－	－	－	－	－	－	－	－	－
C － 5	－	－	－	－	－	－	－	－	－	－	－	－	－
C － 4	1,574	－	－	－	－	1,653	－	－	1,405	－		－	1,583
C － 3	1,378	1,535	1,494	1,446	1,544	1,332	1,331	1,295	923	－	1,092	1,387	1,189
C － 2	1,165	1,355	1,292	1,092	1,221	994	1,225	－	902	972	999	1,234	1,145
C － 1	618	813	－	－	－	－	－	－	327	－	－	－	－
大　阪	**1,529**	**1,706**	**1,534**	**1,555**	**1,607**	**1,506**	**1,513**	**1,487**	**1,473**	**1,450**	**1,439**	**1,496**	**1,576**
A － 5	2,197	2,214	－	2,035	－	2,150	－	－	2,279	2,220	2,010	2,158	2,331
A － 4	1,880	1,911	1,839	1,840	1,880	1,866	1,954	1,899	1,859	1,817	1,814	1,873	2,023
A － 3	1,640	1,789	1,632	1,507	1,698	1,606	1,644	1,636	1,706	1,584	1,587	1,592	1,771
A － 2	1,315	1,658	1,310	1,298	1,390	1,233	1,437	1,184	1,281	1,244	1,351	1,290	1,306
A － 1	－	－	－	－	－	－	－	－	－	－	－	－	－
B － 5	1,950	－	2,116	1,743	2,000	－	－	1,916	－	－	1,954	－	－
B － 4	1,830	1,928	1,783	1,808	1,822	1,853	1,845	1,819	1,839	1,838	1,743	1,802	1,917
B － 3	1,611	1,733	1,617	1,603	1,658	1,593	1,608	1,577	1,614	1,529	1,518	1,592	1,671
B － 2	1,290	1,512	1,310	1,344	1,423	1,270	1,274	1,260	1,203	1,184	1,197	1,268	1,312
B － 1	824	716	－	－	－	－	－	944	－	－	779	－	－
C － 5	－	－	－	－	－	－	－	－	－	－	－	－	－
C － 4	1,787	1,835	1,824	1,746	1,808	1,841	1,837	1,870	1,879	－	1,958	1,481	1,709
C － 3	1,506	1,674	1,513	1,542	1,576	1,473	1,431	1,447	1,485	1,364	1,404	1,479	1,540
C － 2	1,224	1,478	1,246	1,291	1,374	1,207	1,184	1,179	1,117	1,086	1,137	1,177	1,241
C － 1	762	821	－	487	－	－	825	542	－	－	595	709	1,068

2　月別規格別取引成立頭数・価格（食肉卸売市場別）（続き）
(11)　交雑牛去勢（続き）
イ　枝肉の１kg当たり卸売価格（続き）

単位：円

市場・規格	平成29年計	1 月	2 月	3 月	4 月	5 月	6 月	7 月	8 月	9 月	10 月	11 月	12 月
神　　戸	-	-	-	-	-	-	-	-	-	-	-	-	-
A － 5	-	-	-	-	-	-	-	-	-	-	-	-	-
A － 4	-	-	-	-	-	-	-	-	-	-	-	-	-
A － 3	-	-	-	-	-	-	-	-	-	-	-	-	-
A － 2	-	-	-	-	-	-	-	-	-	-	-	-	-
A － 1	-	-	-	-	-	-	-	-	-	-	-	-	-
B － 5	-	-	-	-	-	-	-	-	-	-	-	-	-
B － 4	-	-	-	-	-	-	-	-	-	-	-	-	-
B － 3	-	-	-	-	-	-	-	-	-	-	-	-	-
B － 2	-	-	-	-	-	-	-	-	-	-	-	-	-
B － 1	-	-	-	-	-	-	-	-	-	-	-	-	-
C － 5	-	-	-	-	-	-	-	-	-	-	-	-	-
C － 4	-	-	-	-	-	-	-	-	-	-	-	-	-
C － 3	-	-	-	-	-	-	-	-	-	-	-	-	-
C － 2	-	-	-	-	-	-	-	-	-	-	-	-	-
C － 1	-	-	-	-	-	-	-	-	-	-	-	-	-
広　　島	**1,535**	**1,647**	**1,595**	**1,562**	**1,631**	**1,474**	**1,403**	**1,529**	**1,498**	**1,436**	**1,472**	**1,537**	**1,610**
A － 5	-	-	-	-	-	-	-	-	-	-	-	-	-
A － 4	1,761	1,891	1,761	-	1,803	1,675	1,729	1,659	1,781	1,662	1,762	1,737	1,827
A － 3	1,590	1,738	1,584	1,618	1,620	1,599	1,512	1,504	1,556	1,502	1,534	1,469	1,639
A － 2	1,362	1,568	-	-	-	-	1,403	-	-	1,157	-	-	1,297
A － 1	-	-	-	-	-	-	-	-	-	-	-	-	-
B － 5	1,760	-	-	-	-	1,760	-	-	-	-	-	-	-
B － 4	1,747	1,826	1,779	1,716	1,816	1,723	1,725	1,704	1,732	1,760	1,706	1,723	1,804
B － 3	1,543	1,687	1,606	1,587	1,624	1,530	1,499	1,502	1,518	1,470	1,466	1,493	1,569
B － 2	1,295	1,470	1,447	1,434	1,457	1,285	1,210	1,270	1,217	1,098	1,188	1,169	1,285
B － 1	-	-	-	-	-	-	-	-	-	-	-	-	-
C － 5	-	-	-	-	-	-	-	-	-	-	-	-	-
C － 4	1,779	1,812	-	1,770	-	-	-	-	-	1,728	-	-	-
C － 3	1,465	1,632	1,619	1,432	-	1,446	1,470	-	-	1,372	-	-	1,533
C － 2	1,208	1,459	1,392	1,327	-	864	1,151	649	-	1,221	-	1,136	-
C － 1	580	-	-	702	-	647	-	325	-	-	-	-	-
福　　岡	**1,500**	**1,642**	**1,531**	**1,462**	**1,585**	**1,440**	**1,508**	**1,550**	**1,416**	**1,431**	**1,306**	**1,520**	**1,605**
A － 5	2,088	-	-	2,019	2,154	-	2,043	-	1,906	2,240	-	1,977	2,268
A － 4	1,846	1,924	1,839	1,723	1,899	1,837	1,847	1,989	1,788	1,898	1,825	1,810	1,868
A － 3	1,661	1,779	1,656	1,649	1,740	1,651	1,662	1,677	1,577	1,657	1,481	1,574	1,703
A － 2	1,431	1,545	-	1,321	1,497	1,466	-	-	1,197	1,298	1,257	1,478	1,514
A － 1	-	-	-	-	-	-	-	-	-	-	-	-	-
B － 5	2,124	-	-	-	-	-	2,052	-	-	-	2,180	2,057	2,161
B － 4	1,776	1,858	1,789	1,727	1,871	1,751	1,818	1,840	1,689	1,743	1,641	1,762	1,807
B － 3	1,592	1,736	1,611	1,558	1,694	1,508	1,560	1,628	1,542	1,519	1,462	1,597	1,669
B － 2	1,358	1,520	1,400	1,306	1,450	1,307	1,332	1,340	1,300	1,265	1,164	1,414	1,477
B － 1	768	-	-	-	-	-	-	-	-	-	812	739	-
C － 5	-	-	-	-	-	-	-	-	-	-	-	-	-
C － 4	1,577	1,737	1,351	1,459	1,729	-	-	1,745	-	1,461	1,285	1,598	1,850
C － 3	1,447	1,598	1,486	1,336	1,587	1,449	1,505	1,361	1,432	1,357	1,186	1,386	1,602
C － 2	1,244	1,460	1,339	1,170	1,374	1,245	1,266	1,377	1,083	1,211	1,031	1,202	1,417
C － 1	919	968	974	-	866	951	865	922	873	-	-	923	-

単位：円

市場・規格	平成29年計	1月	2月	3月	4月	5月	6月	7月	8月	9月	10月	11月	12月
指定市場計	1,562	1,682	1,598	1,587	1,631	1,547	1,521	1,538	1,535	1,495	1,486	1,516	1,600
A － 5	2,072	2,134	2,114	2,098	2,014	1,985	2,011	1,995	2,122	1,948	1,984	2,114	2,174
A － 4	1,862	1,905	1,864	1,873	1,864	1,893	1,847	1,844	1,839	1,835	1,878	1,838	1,873
A － 3	1,648	1,776	1,661	1,674	1,680	1,638	1,596	1,652	1,646	1,578	1,598	1,594	1,679
A － 2	1,382	1,509	1,462	1,377	1,465	1,444	1,317	1,225	1,413	1,331	1,335	1,362	1,399
A － 1	－	－	－	－	－	－	－	－	－	－	－	－	－
B － 5	1,993	2,076	1,874	2,019	2,016	1,976	1,973	1,898	1,917	1,994	2,035	2,071	2,001
B － 4	1,810	1,891	1,799	1,794	1,821	1,781	1,790	1,826	1,794	1,772	1,775	1,793	1,856
B － 3	1,611	1,715	1,639	1,615	1,654	1,595	1,581	1,616	1,596	1,555	1,563	1,557	1,636
B － 2	1,329	1,507	1,392	1,380	1,406	1,298	1,271	1,313	1,314	1,248	1,240	1,295	1,331
B － 1	1,064	－	1,078	1,027	1,172	1,047	1,224	865	1,051	－	1,084	－	255
C － 5	1,923	－	－	－	2,052	－	－	－	－	1,782	－	－	－
C － 4	1,696	1,757	1,701	1,619	1,763	1,712	1,614	1,706	1,602	1,764	1,781	1,644	1,702
C － 3	1,527	1,673	1,543	1,523	1,557	1,494	1,479	1,529	1,505	1,498	1,467	1,465	1,575
C － 2	1,253	1,472	1,330	1,237	1,335	1,200	1,175	1,258	1,226	1,181	1,160	1,204	1,281
C － 1	805	1,021	883	914	738	873	799	902	737	539	664	696	872
茨　　城	1,543	1,764	1,577	1,614	1,657	1,524	1,518	1,492	1,530	1,493	1,425	1,470	1,477
A － 5	2,071	2,079	2,051	－	2,002	1,945	2,072	2,052	2,282	－	－	－	－
A － 4	1,854	1,960	1,894	1,883	1,924	1,573	1,852	1,730	1,785	1,785	1,833	1,769	2,055
A － 3	1,632	1,806	－	1,646	1,761	1,628	1,558	－	1,568	1,573	1,623	1,623	1,629
A － 2	1,406	1,510	1,643	－	－	－	1,350	－	－	1,295	1,297	－	－
A － 1	－	－	－	－	－	－	－	－	－	－	－	－	－
B － 5	1,940	－	－	2,071	－	1,816	－	－	－	－	－	－	－
B － 4	1,811	1,867	1,826	1,825	2,070	1,778	1,787	1,768	1,764	1,727	1,698	1,750	1,893
B － 3	1,585	1,755	1,682	1,673	1,691	1,483	1,538	1,545	1,539	1,520	1,516	1,483	1,552
B － 2	1,223	1,397	1,279	1,333	1,349	1,283	1,239	1,089	1,193	1,189	1,145	1,134	1,185
B － 1	255	－	－	－	－	－	－	－	－	－	－	－	255
C － 5	－	－	－	－	－	－	－	－	－	－	－	－	－
C － 4	1,665	－	1,729	－	1,734	－	－	1,524	－	－	1,677	1,760	1,645
C － 3	1,417	1,728	1,475	1,201	1,493	1,413	1,388	1,459	1,293	1,425	1,320	1,320	1,432
C － 2	1,031	1,209	1,305	1,032	1,018	1,185	908	1,081	1,093	－	610	904	875
C － 1	520	486	－	449	－	－	－	530	－	－	－	595	－
宇　都　宮	1,581	1,737	1,566	1,643	1,645	1,588	1,537	1,553	1,524	1,529	1,518	1,480	1,647
A － 5	1,946	－	－	－	1,944	－	1,998	－	－	－	1,891	－	－
A － 4	1,869	1,938	1,771	1,881	1,936	1,874	1,857	1,808	1,827	1,878	1,857	1,828	1,884
A － 3	1,618	1,747	－	1,750	1,761	－	1,371	1,693	1,608	1,604	1,601	1,469	1,777
A － 2	1,450	1,556	－	1,512	－	1,403	－	－	－	－	－	－	1,387
A － 1	－	－	－	－	－	－	－	－	－	－	－	－	－
B － 5	1,997	2,053	－	1,998	1,971	－	－	－	－	－	－	－	－
B － 4	1,800	1,902	1,754	1,794	1,864	1,844	1,785	1,767	1,720	1,750	1,809	1,748	1,882
B － 3	1,600	1,788	1,598	1,649	1,642	1,604	1,539	1,613	1,507	1,537	1,524	1,478	1,673
B － 2	1,320	1,525	1,318	1,390	1,458	1,357	1,259	1,311	1,219	1,242	1,253	1,214	1,297
B － 1	972	－	－	－	972	－	－	－	－	－	－	－	－
C － 5	－	－	－	－	－	－	－	－	－	－	－	－	－
C － 4	1,644	－	1,685	－	－	－	1,642	－	1,572	－	1,673	－	1,761
C － 3	1,487	1,744	1,562	－	1,603	1,123	1,462	1,431	1,400	1,443	1,513	1,358	1,546
C － 2	1,156	1,508	1,344	1,049	1,197	1,066	1,217	1,218	－	991	1,080	948	1,107
C － 1	524	843	－	540	513	551	479	374	－	－	－	434	－

2 月別規格別取引成立頭数・価格（食肉卸売市場別）（続き）
(11) 交雑牛去勢（続き）
イ 枝肉の1kg当たり卸売価格（続き）

単位：円

市場・規格	平成29年計	1 月	2 月	3 月	4 月	5 月	6 月	7 月	8 月	9 月	10 月	11 月	12 月
群　　馬	1,545	1,649	1,594	1,605	1,583	1,469	1,498	1,527	1,570	1,458	1,462	1,508	1,587
A － 5	2,060	2,090	2,179	2,030	1,980	2,048	1,861	-	2,112	1,900	2,017	2,172	2,088
A － 4	1,856	1,875	1,880	1,887	1,846	1,833	1,888	1,869	1,813	1,833	1,924	1,865	1,811
A － 3	1,642	1,755	1,652	1,671	1,656	1,663	1,609	1,673	1,693	1,553	1,564	1,598	1,596
A － 2	1,397	1,517	1,447	1,331	1,449	1,416	1,326	1,402	1,483	1,355	1,342	1,405	1,352
A － 1	-	-	-	-	-	-	-	-	-	-	-	-	-
B － 5	1,985	-	1,830	2,100	1,966	-	-	1,915	-	1,939	-	2,077	1,949
B － 4	1,791	1,873	1,810	1,803	1,755	1,775	1,758	1,814	1,839	1,753	1,797	1,781	1,794
B － 3	1,593	1,699	1,648	1,615	1,611	1,561	1,569	1,608	1,637	1,512	1,574	1,538	1,556
B － 2	1,297	1,486	1,375	1,381	1,298	1,231	1,213	1,287	1,398	1,235	1,201	1,268	1,235
B － 1	-	-	-	-	-	-	-	-	-	-	-	-	-
C － 5	-	-	-	-	-	-	-	-	-	-	-	-	-
C － 4	1,636	1,802	1,709	1,672	1,697	1,368	-	1,646	-	1,490	1,805	1,576	1,629
C － 3	1,434	1,610	1,486	1,503	1,413	1,299	1,376	1,479	1,498	1,319	1,383	1,392	1,406
C － 2	1,180	1,379	1,242	1,269	1,107	1,107	1,089	1,244	1,228	1,112	1,068	1,137	1,124
C － 1	714	654	494	900	630	424	622	1,068	1,034	453	844	751	733
川　　口	1,544	1,650	1,588	1,587	1,630	1,540	1,544	1,478	1,511	1,507	1,483	1,524	1,540
A － 5	2,001	-	1,944	-	1,988	1,945	2,052	1,945	-	-	2,161	-	-
A － 4	1,820	1,877	1,824	1,882	-	2,031	1,727	1,687	1,816	1,800	1,728	1,844	
A － 3	1,672	1,802	1,682	1,671	1,728	1,728	1,782	1,567	1,625	1,620	1,655	1,565	1,740
A － 2	1,324	-	1,404						1,296	1,296	-	-	1,349
A － 1	-	-	-	-	-	-	-	-	-	-	-	-	-
B － 5	2,095	-	-			-	-	-	-	-	2,084	-	2,107
B － 4	1,776	1,834	1,764	1,796	1,811	1,728	1,763	1,718	1,765	1,721	1,778	1,795	1,807
B － 3	1,582	1,640	1,631	1,620	1,650	1,567	1,582	1,565	1,549	1,536	1,539	1,566	1,584
B － 2	1,293	1,492	1,411	1,361	1,444	1,288	1,264	1,225	1,202	1,192	1,231	1,239	1,255
B － 1	-	-	-	-	-	-	-	-	-	-	-	-	-
C － 5	-	-	-	-	-	-	-	-	-	-	-	-	-
C － 4	1,650	1,668	1,621	-	-	-	-	-	-	-	-	-	-
C － 3	1,468	1,564	1,497	1,473	1,544	1,454	1,405	1,444	1,367	1,488	1,459	1,437	1,458
C － 2	1,171	1,395	1,296	1,268	1,327	1,128	1,188	1,106	1,093	1,134	1,115	1,071	1,122
C － 1	-	-	-	-	-	-	-	-	-	-	-	-	-
山　　梨	1,428	1,521	1,309	1,393	1,621	1,572	1,405	1,494	1,162	1,558	1,238	1,217	1,267
A － 5	-	-	-	-	-	-	-	-	-	-	-	-	-
A － 4	-	-	-	-	-	-	-	-	-	-	-	-	-
A － 3	1,586	1,630	-	-	1,693	1,691	-	1,144	-	1,613	-	-	-
A － 2	1,300	-	1,243	1,376	1,497	-	-	1,177	-	-	-	1,198	-
A － 1	-	-	-	-	-	-	-	-	-	-	-	-	-
B － 5	1,825	-	-	-	-	-	-	1,825	-	-	-	-	-
B － 4	1,788	1,895	-	1,656	1,835	-	-	1,819	-	1,625	-	-	-
B － 3	1,562	1,673	-	1,579	1,615	1,644	1,405	1,617	1,501	1,519	1,382	1,376	-
B － 2	1,293	1,441	1,319	1,256	1,230	-	-	1,359	1,144	-	1,159	1,218	1,267
B － 1	-	-	-	-	-	-	-	-	-	-	-	-	-
C － 5	-	-	-	-	-	-	-	-	-	-	-	-	-
C － 4	-	-	-	-	-	-	-	-	-	-	-	-	-
C － 3	1,599	-	-	-	1,577	-	-	1,620	-	-	-	-	-
C － 2	1,106	1,145	-	1,158	-	1,042	-	1,163	537	-	1,132	1,062	-
C － 1	333	-	-	-	-	-	-	333	-	-	-	-	-

— 402 —

単位：円

市場・規格	平成29年計	1 月	2 月	3 月	4 月	5 月	6 月	7 月	8 月	9 月	10 月	11 月	12 月
岐　　阜	1,603	-	1,628	-	1,674	-	1,546	1,491	-	-	1,671	1,458	1,590
A － 5	-	-	-	-	-	-	-	-	-	-	-	-	-
A － 4	1,678	-	-	-	-	-	1,524	-	-	-	1,823	-	-
A － 3	-	-	-	-	-	-	-	-	-	-	-	-	-
A － 2													
A － 1													
B － 5	-	-	-	-	-	-	-	-	-	-	-	-	-
B － 4	1,660	-	-	-	-	-	1,567	-	-	-	1,737	-	-
B － 3	1,564	-	1,628	-	1,674	-	-	1,491	-	-	1,458	1,458	1,590
B － 2													
B － 1													
C － 5													
C － 4													
C － 3													
C － 2													
C － 1													
浜　　松	1,551	1,632	1,566	1,555	1,691	1,561	1,464	1,525	1,448	1,467	1,496	1,513	1,637
A － 5	2,021	-	-	-	1,998	1,867	-	1,781	-	-	1,944	1,942	2,390
A － 4	1,792	1,899	1,775	1,821	1,824	1,705	1,779	1,858	1,765	1,753	1,837	1,662	1,963
A － 3	1,631	1,811	1,746	-	1,751	1,563	1,559	1,605	1,562	1,630	1,621	1,576	1,693
A － 2	1,381	-	1,496	1,535	-	1,444	1,381	1,189	1,351	1,305	1,318	-	1,535
A － 1	-	-	-	-	-	-	-	-	-	-	-	-	-
B － 5	1,896	-	1,869	-	1,951	1,871	-	-	-	-	-	1,843	1,913
B － 4	1,737	1,791	1,745	1,745	1,791	1,699	1,658	1,743	1,683	1,644	1,642	1,727	1,836
B － 3	1,591	1,681	1,600	1,589	1,678	1,591	1,515	1,600	1,530	1,584	1,546	1,496	1,657
B － 2	1,336	1,451	1,357	1,239	1,503	1,359	1,218	1,340	1,255	1,288	1,309	1,361	1,333
B － 1	-	-	-	-	-	-	-	-	-	-	-	-	-
C － 5	-	-	-	-	-	-	-	-	-	-	-	-	-
C － 4	1,557	1,682	1,405	1,331	1,782	1,619	1,460	-	1,420	1,763	-	1,431	1,774
C － 3	1,503	1,562	1,212	1,591	1,627	1,491	1,404	1,494	1,454	1,600	1,486	1,431	1,617
C － 2	1,229	1,355	1,165	1,195	1,470	1,277	1,021	1,181	1,184	1,083	1,269	1,164	1,331
C － 1	437	-	-	-	-	436	490	-	288	-	505	434	-
東　三　河	1,655	1,778	1,695	1,647	1,706	1,625	1,587	1,624	1,628	1,568	1,557	1,654	1,758
A － 5	2,138	2,236	2,146	2,160	2,187	2,049	1,998	2,229	2,057	1,972	1,873	2,152	2,546
A － 4	1,876	1,996	1,889	1,821	1,876	1,884	1,783	1,880	1,901	1,815	1,865	1,908	1,964
A － 3	1,685	1,824	1,735	1,669	1,655	1,660	1,596	1,644	1,702	1,593	1,650	1,680	1,803
A － 2	1,332	-	1,556	1,502	1,500	-	1,272	876	-	1,335	1,294	1,282	1,531
A － 1	-	-	-	-	-	-	-	-	-	-	-	-	-
B － 5	1,996	2,161	1,897	1,840	2,197	2,110	1,988	1,944	1,794	1,921	2,018	2,348	2,130
B － 4	1,839	1,972	1,811	1,813	1,870	1,778	1,797	1,878	1,755	1,742	1,792	1,860	1,958
B － 3	1,644	1,768	1,637	1,629	1,695	1,560	1,582	1,629	1,588	1,570	1,557	1,672	1,766
B － 2	1,411	1,552	1,459	1,462	1,478	1,337	1,336	1,368	1,362	1,290	1,260	1,418	1,529
B － 1	865	-	-	-	-	-	-	865	-	-	-	-	-
C － 5	2,052	-	-	-	2,052	-	-	-	-	-	-	-	-
C － 4	1,658	-	-	1,644	1,504	1,781	1,491	-	-	1,673	-	-	1,890
C － 3	1,582	1,611	1,599	1,614	1,494	1,575	1,384	1,607	1,533	1,232	1,417	1,617	1,789
C － 2	1,319	1,608	1,303	1,211	1,370	1,197	1,223	1,330	1,373	1,261	1,259	1,252	1,432
C － 1	473	-	-	754	-	542	-	662	347	326	432	-	360

2 月別規格別取引成立頭数・価格（食肉卸売市場別）（続き）
(11) 交雑牛去勢（続き）
イ 枝肉の1kg当たり卸売価格（続き）

単位：円

市場・規格	平成29年計	1 月	2 月	3 月	4 月	5 月	6 月	7 月	8 月	9 月	10 月	11 月	12 月
四 日 市	1,519	1,608	1,367	1,296	1,616	1,505	1,504	1,472	1,444	1,430	1,471	1,496	1,580
A － 5	－	－	－	－	－	－	－	－	－	－	－	－	－
A － 4	1,761	－	－	－	－	－	－	1,761	－	－	－	－	－
A － 3	－	－	－	－	－	－	－	－	－	－	－	－	－
A － 2	1,307	－	－	－	－	1,264	－	－	－	－	－	1,351	－
A － 1	－	－	－	－	－	－	－	－	－	－	－	－	－
B － 5	－	－	－	－	－	－	－	－	－	－	－	－	－
B － 4	1,712	－	－	－	1,769	－	1,730	－	－	－	1,761	1,771	1,458
B － 3	1,619	－	－	－	1,706	1,578	1,595	1,638	1,662	1,512	1,546	1,578	1,678
B － 2	1,379	1,492	1,367	1,296	1,493	1,383	1,407	1,232	1,390	1,241	1,311	1,406	1,491
B － 1	－	－	－	－	－	－	－	－	－	－	－	－	－
C － 5	－	－	－	－	－	－	－	－	－	－	－	－	－
C － 4	－	－	－	－	－	－	－	－	－	－	－	－	－
C － 3	1,606	1,758	－	－	1,709	1,598	1,608	－	－	1,511	1,538	1,654	1,518
C － 2	1,410	1,602	－	－	1,535	1,320	1,254	1,388	－	－	1,296	1,350	1,472
C － 1	970	－	－	－	－	－	－	－	－	－	－	－	970
南 大 阪													
A － 5													
A － 4													
A － 3													
A － 2													
A － 1													
B － 5													
B － 4													
B － 3													
B － 2													
B － 1													
C － 5													
C － 4													
C － 3													
C － 2													
C － 1													
姫 路	1,557	1,547	1,503	1,520	1,667	1,631	1,588	1,600	1,530	1,536	1,486	1,501	1,604
A － 5	2,099	－	－	－	－	－	－	2,145	2,042	－	－	－	－
A － 4	1,977	1,887	－	1,870	1,984	2,079	2,021	1,896	2,014	－	－	1,923	2,149
A － 3	1,728	1,771	－	1,671	－	－	1,707	1,711	1,703	1,771	1,631	1,720	1,912
A － 2	1,528	－	－	－	－	1,648	－	－	－	－	1,341	－	1,516
A － 1	－	－	－	－	－	－	－	－	－	－	－	－	－
B － 5	2,138	－	－	－	－	－	－	－	2,101	2,135	－	－	2,272
B － 4	1,914	1,847	1,778	1,747	1,931	1,889	1,955	1,950	1,931	1,986	1,824	1,849	2,001
B － 3	1,685	1,460	1,622	1,580	1,787	1,717	1,705	1,731	1,677	1,703	1,637	1,656	1,751
B － 2	1,385	1,531	1,425	1,360	1,558	1,441	1,409	1,418	1,316	1,308	1,309	1,366	1,423
B － 1	1,151	－	1,078	－	1,402	1,047	1,224	－	1,051	－	1,084	－	－
C － 5	－	－	－	－	－	－	－	－	－	－	－	－	－
C － 4	1,804	－	－	－	1,984	1,947	1,756	1,878	1,672	1,845	1,809	1,790	2,056
C － 3	1,602	1,676	1,532	1,546	1,731	1,608	1,611	1,616	1,555	1,591	1,492	1,593	1,670
C － 2	1,328	1,487	1,407	1,215	1,523	1,418	1,334	1,390	1,283	1,270	1,248	1,297	1,358
C － 1	1,105	1,349	981	974	1,112	1,068	1,101	1,227	1,047	991	－	1,051	1,198

単位：円

市場・規格	平成29年計	1月	2月	3月	4月	5月	6月	7月	8月	9月	10月	11月	12月
加 古 川	1,546	1,709	1,560	1,507	1,601	1,571	1,555	1,458	1,368	1,480	1,454	1,391	1,566
A － 5	2,187	-	-	-	-	-	2,187						-
A － 4	2,413	-	1,739	1,867	-	2,807	-	1,863	-	3,316	-	-	2,414
A － 3	1,702	2,035	-	-	-	-	1,645	-				1,576	
A － 2													
A － 1													
B － 5	1,975	2,026	-	-	-	-	1,928						
B － 4	1,856	1,997	-	1,800	1,818	1,844	1,814	1,827	2,024	1,756	2,171	1,636	-
B － 3	1,640	1,763	1,621	1,607	1,686	1,638	1,635	1,595	1,570	1,566	1,571	1,493	1,757
B － 2	1,363	1,586	1,460	1,350	1,491	1,275	1,199	1,270	1,179	1,228	1,230	1,213	1,321
B － 1	1,272	-		1,298	1,243								
C － 5	-			-									
C － 4	1,724	-	1,815	1,767	1,810	1,728			-	-	1,731	-	1,394
C － 3	1,564	1,722	1,582	1,569	1,571	1,513	1,414	1,412	1,441	1,623	1,494	-	1,595
C － 2	1,315	1,570	1,371	1,278	1,441	1,264	1,242	1,246	1,149	1,234	1,093	1,197	1,385
C － 1	1,218	-	-	1,241	-	1,205							
西 宮	1,435	1,637	1,571	1,474	1,632	1,438	1,296	1,269	1,183	1,191	1,399	1,371	1,457
A － 5	-		-	-	-	-					-	-	
A － 4	1,782	-	-	-	-	-				-	1,782	-	
A － 3	1,675	1,759	-	-				-	1,543	-	-		1,698
A － 2													
A － 1													
B － 5	1,998	-	-	1,998	-		-						
B － 4	1,802	1,837	1,907	1,762	1,976	1,786	1,753	-		-	1,656	1,716	1,840
B － 3	1,573	1,745	1,700	1,587	1,755	1,625	1,493	1,488	-	-	1,501	1,484	1,577
B － 2	1,280	1,540	1,412	1,415	1,496	1,316	1,177	1,274	1,107	1,176	1,206	1,130	1,279
B － 1	-	-	-	-		-							
C － 5	-												
C － 4	1,699		-		1,932	1,810	1,408			-		1,651	1,816
C － 3	1,490	1,632	1,760	1,479	1,733	1,415	1,270		-	1,404	1,420	1,366	1,518
C － 2	1,233	1,526	1,295	1,256	1,419	1,210	1,095	1,149	1,162	1,156	1,039	1,160	1,241
C － 1	-												
岡 山	1,484	1,647	1,612	1,478	1,574	1,482	1,410	1,337	1,452	1,404	1,392	1,427	1,547
A － 5	-	-	-	-							-		-
A － 4	1,837	2,053	1,879	1,857	1,750	1,774	1,780	-	1,771	1,914	-	1,772	1,891
A － 3	1,601	-	1,498	1,782	-	1,591	1,585	-	1,628	-			1,649
A － 2	1,305	1,369	-	1,348	1,493				1,237	1,189			1,263
A － 1													
B － 5	-	-	-								-		
B － 4	1,828	1,951	1,837	1,946	1,802	1,801	1,793	-	1,791	1,817	1,798	1,795	1,861
B － 3	1,603	1,731	1,685	1,539	1,631	1,574	1,576	1,536	1,591	1,519	1,549	1,529	1,680
B － 2	1,283	1,473	1,409	1,354	1,439	1,281	1,212	1,297	1,227	1,124	1,215	1,228	1,281
B － 1	828	-	-	828	-				-			-	
C － 5	-												
C － 4	1,848							-			-	-	1,848
C － 3	1,613	1,566	1,707	1,619		-	1,621	1,557	-	1,610	1,559	-	1,647
C － 2	1,278	1,560	1,414	1,316	1,385	541	1,296	1,227	1,194	1,025	1,052	1,217	1,328
C － 1	626	-	-	-	539	-	-	-	-	-	-	673	

2 月別規格別取引成立頭数・価格（食肉卸売市場別）（続き）
(11) 交雑牛去勢（続き）
イ 枝肉の1kg当たり卸売価格（続き）

単位：円

市場・規格	平成29年計	1月	2月	3月	4月	5月	6月	7月	8月	9月	10月	11月	12月
坂　　　出	1,610	1,764	1,635	1,587	1,717	1,625	1,600	1,572	1,472	1,577	1,543	1,513	1,619
A － 5	2,054	-	-	2,107	1,998	-	-	-	-	-	-	-	-
A － 4	1,927	-	-	-	-	1,916	1,859	-	-	-	-	1,916	2,052
A － 3	1,676	1,806	1,662	1,748	1,772	1,565	-	-	-	1,614	1,620	1,614	1,702
A － 2	1,339	-	-	-	-	-	-	-	-	-	1,351	1,329	1,339
A － 1	-												
B － 5	1,997	-	-	1,943	1,968	-	-	-	-	2,050	-	2,051	2,106
B － 4	1,861	1,947	1,872	1,786	1,851	1,817	1,863	1,884	1,871	1,890	1,787	1,827	1,947
B － 3	1,645	1,755	1,680	1,626	1,668	1,673	1,620	1,635	1,607	1,599	1,593	1,560	1,668
B － 2	1,373	1,621	1,508	1,391	1,490	1,335	1,295	1,343	1,265	1,266	1,285	1,284	1,339
B － 1	-												
C － 5	1,782	-	-	-	-	-	-	-	-	1,782	-	-	-
C － 4	1,828	1,911	1,834	1,760	1,748	-	-	1,868	-	1,809	1,853	1,835	1,769
C － 3	1,593	1,747	1,591	1,494	1,604	1,588	1,564	1,627	1,558	1,669	1,544	1,494	1,639
C － 2	1,312	1,631	1,438	1,356	1,388	1,242	1,180	1,245	1,218	1,240	1,218	1,249	1,325
C － 1	399	-	-	-	-	-	399	-	-	-	-	-	-
愛　　　媛	-	-	-	-	-	-	-	-	-	-	-	-	-
A － 5	-	-	-	-	-	-	-	-	-	-	-	-	-
A － 4	-	-	-	-	-	-	-	-	-	-	-	-	-
A － 3	-	-	-	-	-	-	-	-	-	-	-	-	-
A － 2	-	-	-	-	-	-	-	-	-	-	-	-	-
A － 1	-	-	-	-	-	-	-	-	-	-	-	-	-
B － 5	-	-	-	-	-	-	-	-	-	-	-	-	-
B － 4	-	-	-	-	-	-	-	-	-	-	-	-	-
B － 3	-	-	-	-	-	-	-	-	-	-	-	-	-
B － 2	-	-	-	-	-	-	-	-	-	-	-	-	-
B － 1	-	-	-	-	-	-	-	-	-	-	-	-	-
C － 5	-	-	-	-	-	-	-	-	-	-	-	-	-
C － 4	-	-	-	-	-	-	-	-	-	-	-	-	-
C － 3	-	-	-	-	-	-	-	-	-	-	-	-	-
C － 2	-	-	-	-	-	-	-	-	-	-	-	-	-
C － 1	-	-	-	-	-	-	-	-	-	-	-	-	-
佐 世 保	1,220	1,357	1,481	982	1,096	982	1,008	1,310	1,205	326	-	1,284	1,082
A － 5	-	-	-	-	-	-	-	-	-	-	-	-	-
A － 4	1,890	-	-	-	-	-	-	-	-	-	-	1,890	-
A － 3	1,376	-	1,654	-	-	-	-	-	863	-	-	1,566	-
A － 2	-	-	-	-	-	-	-	-	-	-	-	-	-
A － 1	-	-	-	-	-	-	-	-	-	-	-	-	-
B － 5	-	-	-	-	-	-	-	-	-	-	-	-	-
B － 4	-	-	-	-	-	-	-	-	-	-	-	-	-
B － 3	1,543	1,357	1,620	-	-	-	-	-	1,676	-	-	-	-
B － 2	1,171	-	1,457	-	1,103	-	-	1,310	-	-	-	745	1,082
B － 1	1,079	-	-	-	1,079	-	-	-	-	-	-	-	-
C － 5	-	-	-	-	-	-	-	-	-	-	-	-	-
C － 4	-	-	-	-	-	-	-	-	-	-	-	-	-
C － 3	-	-	-	-	-	-	-	-	-	-	-	-	-
C － 2	1,122	-	1,202	-	-	1,192	1,008	-	1,134	-	-	1,133	-
C － 1	712	-	-	982	-	702	-	-	-	326	-	-	-

単位：円

市場・規格	平成29年計	1 月	2 月	3 月	4 月	5 月	6 月	7 月	8 月	9 月	10 月	11 月	12 月
熊　　本	-	-	-	-	-	-	-	-	-	-	-	-	-
A － 5	-	-	-	-	-	-	-	-	-	-	-	-	-
A － 4	-	-	-	-	-	-	-	-	-	-	-	-	-
A － 3	-	-	-	-	-	-	-	-	-	-	-	-	-
A － 2	-	-	-	-	-	-	-	-	-	-	-	-	-
A － 1	-	-	-	-	-	-	-	-	-	-	-	-	-
B － 5	-	-	-	-	-	-	-	-	-	-	-	-	-
B － 4	-	-	-	-	-	-	-	-	-	-	-	-	-
B － 3	-	-	-	-	-	-	-	-	-	-	-	-	-
B － 2	-	-	-	-	-	-	-	-	-	-	-	-	-
B － 1	-	-	-	-	-	-	-	-	-	-	-	-	-
C － 5	-	-	-	-	-	-	-	-	-	-	-	-	-
C － 4	-	-	-	-	-	-	-	-	-	-	-	-	-
C － 3	-	-	-	-	-	-	-	-	-	-	-	-	-
C － 2	-	-	-	-	-	-	-	-	-	-	-	-	-
C － 1	-	-	-	-	-	-	-	-	-	-	-	-	-

2 月別規格別取引成立頭数・価格（食肉卸売市場別）（続き）
(12) その他の牛計
ア 枝肉の取引成立頭数

単位：頭

市場・規格	平成29年計	1月	2月	3月	4月	5月	6月	7月	8月	9月	10月	11月	12月
合　　計	218	20	17	19	17	17	19	17	17	15	18	15	27
A － 5	－	－	－	－	－	－	－	－	－	－	－	－	－
A － 4	3	－	－	－	－	－	－	－	1	－	1	－	1
A － 3	－	－	－	－	－	－	－	－	－	－	－	－	－
A － 2	7	－	1	1	－	－	－	1	3	1	－	－	－
A － 1	－	－	－	－	－	－	－	－	－	－	－	－	－
B － 5	－	－	－	－	－	－	－	－	－	－	－	－	－
B － 4	4	1	－	1	－	1	－	－	－	1	－	－	－
B － 3	18	1	1	－	1	3	5	1	－	－	1	1	4
B － 2	111	12	9	13	12	9	9	9	5	5	9	7	12
B － 1	－	－	－	－	－	－	－	－	－	－	－	－	－
C － 5	－	－	－	－	－	－	－	－	－	－	－	－	－
C － 4	－	－	－	－	－	－	－	－	－	－	－	－	－
C － 3	3	1	－	－	－	－	－	－	－	－	－	1	1
C － 2	67	5	5	2	4	4	5	5	7	8	7	6	9
C － 1	5	－	1	2	－	－	－	1	1	－	－	－	－
中央市場計	202	19	16	14	16	17	19	16	15	15	15	14	26
A － 5	－	－	－	－	－	－	－	－	－	－	－	－	－
A － 4	2	－	－	－	－	－	－	－	1	－	1	－	－
A － 3	－	－	－	－	－	－	－	－	－	－	－	－	－
A － 2	6	－	1	－	－	－	－	－	1	3	1	－	－
A － 1	－	－	－	－	－	－	－	－	－	－	－	－	－
B － 5	－	－	－	－	－	－	－	－	－	－	－	－	－
B － 4	4	1	－	1	－	1	－	－	－	1	－	－	－
B － 3	18	1	1	－	1	3	5	1	－	－	1	1	4
B － 2	105	11	9	11	12	9	9	9	5	5	7	6	12
B － 1	－	－	－	－	－	－	－	－	－	－	－	－	－
C － 5	－	－	－	－	－	－	－	－	－	－	－	－	－
C － 4	－	－	－	－	－	－	－	－	－	－	－	－	－
C － 3	3	1	－	－	－	－	－	－	－	－	－	1	1
C － 2	64	5	5	2	3	4	5	5	6	8	6	6	9
C － 1	－	－	－	－	－	－	－	－	－	－	－	－	－
仙　　台	1	－	－	－	－	－	－	－	－	1	－	－	－
A － 5	－	－	－	－	－	－	－	－	－	－	－	－	－
A － 4	1	－	－	－	－	－	－	－	－	1	－	－	－
A － 3	－	－	－	－	－	－	－	－	－	－	－	－	－
A － 2	－	－	－	－	－	－	－	－	－	－	－	－	－
A － 1	－	－	－	－	－	－	－	－	－	－	－	－	－
B － 5	－	－	－	－	－	－	－	－	－	－	－	－	－
B － 4	－	－	－	－	－	－	－	－	－	－	－	－	－
B － 3	－	－	－	－	－	－	－	－	－	－	－	－	－
B － 2	－	－	－	－	－	－	－	－	－	－	－	－	－
B － 1	－	－	－	－	－	－	－	－	－	－	－	－	－
C － 5	－	－	－	－	－	－	－	－	－	－	－	－	－
C － 4	－	－	－	－	－	－	－	－	－	－	－	－	－
C － 3	－	－	－	－	－	－	－	－	－	－	－	－	－
C － 2	－	－	－	－	－	－	－	－	－	－	－	－	－
C － 1	－	－	－	－	－	－	－	－	－	－	－	－	－

単位：頭

市場・規格	平成29年計	1月	2月	3月	4月	5月	6月	7月	8月	9月	10月	11月	12月
さいたま	-	-	-	-	-	-	-	-	-	-	-	-	-
A - 5	-	-	-	-	-	-	-	-	-	-	-	-	-
A - 4	-	-	-	-	-	-	-	-	-	-	-	-	-
A - 3	-	-	-	-	-	-	-	-	-	-	-	-	-
A - 2	-	-	-	-	-	-	-	-	-	-	-	-	-
A - 1	-	-	-	-	-	-	-	-	-	-	-	-	-
B - 5	-	-	-	-	-	-	-	-	-	-	-	-	-
B - 4	-	-	-	-	-	-	-	-	-	-	-	-	-
B - 3	-	-	-	-	-	-	-	-	-	-	-	-	-
B - 2	-	-	-	-	-	-	-	-	-	-	-	-	-
B - 1	-	-	-	-	-	-	-	-	-	-	-	-	-
C - 5	-	-	-	-	-	-	-	-	-	-	-	-	-
C - 4	-	-	-	-	-	-	-	-	-	-	-	-	-
C - 3	-	-	-	-	-	-	-	-	-	-	-	-	-
C - 2	-	-	-	-	-	-	-	-	-	-	-	-	-
C - 1	-	-	-	-	-	-	-	-	-	-	-	-	-
東　京	-	-	-	-	-	-	-	-	-	-	-	-	-
A - 5	-	-	-	-	-	-	-	-	-	-	-	-	-
A - 4	-	-	-	-	-	-	-	-	-	-	-	-	-
A - 3	-	-	-	-	-	-	-	-	-	-	-	-	-
A - 2	-	-	-	-	-	-	-	-	-	-	-	-	-
A - 1	-	-	-	-	-	-	-	-	-	-	-	-	-
B - 5	-	-	-	-	-	-	-	-	-	-	-	-	-
B - 4	-	-	-	-	-	-	-	-	-	-	-	-	-
B - 3	-	-	-	-	-	-	-	-	-	-	-	-	-
B - 2	-	-	-	-	-	-	-	-	-	-	-	-	-
B - 1	-	-	-	-	-	-	-	-	-	-	-	-	-
C - 5	-	-	-	-	-	-	-	-	-	-	-	-	-
C - 4	-	-	-	-	-	-	-	-	-	-	-	-	-
C - 3	-	-	-	-	-	-	-	-	-	-	-	-	-
C - 2	-	-	-	-	-	-	-	-	-	-	-	-	-
C - 1	-	-	-	-	-	-	-	-	-	-	-	-	-
横　浜	-	-	-	-	-	-	-	-	-	-	-	-	-
A - 5	-	-	-	-	-	-	-	-	-	-	-	-	-
A - 4	-	-	-	-	-	-	-	-	-	-	-	-	-
A - 3	-	-	-	-	-	-	-	-	-	-	-	-	-
A - 2	-	-	-	-	-	-	-	-	-	-	-	-	-
A - 1	-	-	-	-	-	-	-	-	-	-	-	-	-
B - 5	-	-	-	-	-	-	-	-	-	-	-	-	-
B - 4	-	-	-	-	-	-	-	-	-	-	-	-	-
B - 3	-	-	-	-	-	-	-	-	-	-	-	-	-
B - 2	-	-	-	-	-	-	-	-	-	-	-	-	-
B - 1	-	-	-	-	-	-	-	-	-	-	-	-	-
C - 5	-	-	-	-	-	-	-	-	-	-	-	-	-
C - 4	-	-	-	-	-	-	-	-	-	-	-	-	-
C - 3	-	-	-	-	-	-	-	-	-	-	-	-	-
C - 2	-	-	-	-	-	-	-	-	-	-	-	-	-
C - 1	-	-	-	-	-	-	-	-	-	-	-	-	-

2　月別規格別取引成立頭数・価格（食肉卸売市場別）（続き）
(12)　その他の牛計（続き）
ア　枝肉の取引成立頭数（続き）

単位：頭

市場・規格	平成29年計	1月	2月	3月	4月	5月	6月	7月	8月	9月	10月	11月	12月
名古屋	-	-	-	-	-	-	-	-	-	-	-	-	-
A - 5	-	-	-	-	-	-	-	-	-	-	-	-	-
A - 4	-	-	-	-	-	-	-	-	-	-	-	-	-
A - 3	-	-	-	-	-	-	-	-	-	-	-	-	-
A - 2	-	-	-	-	-	-	-	-	-	-	-	-	-
A - 1	-	-	-	-	-	-	-	-	-	-	-	-	-
B - 5	-	-	-	-	-	-	-	-	-	-	-	-	-
B - 4	-	-	-	-	-	-	-	-	-	-	-	-	-
B - 3	-	-	-	-	-	-	-	-	-	-	-	-	-
B - 2	-	-	-	-	-	-	-	-	-	-	-	-	-
B - 1	-	-	-	-	-	-	-	-	-	-	-	-	-
C - 5	-	-	-	-	-	-	-	-	-	-	-	-	-
C - 4	-	-	-	-	-	-	-	-	-	-	-	-	-
C - 3	-	-	-	-	-	-	-	-	-	-	-	-	-
C - 2	-	-	-	-	-	-	-	-	-	-	-	-	-
C - 1	-	-	-	-	-	-	-	-	-	-	-	-	-
京都	5	3	-	1	-	-	1	-	-	-	-	-	-
A - 5	-	-	-	-	-	-	-	-	-	-	-	-	-
A - 4	-	-	-	-	-	-	-	-	-	-	-	-	-
A - 3	-	-	-	-	-	-	-	-	-	-	-	-	-
A - 2	-	-	-	-	-	-	-	-	-	-	-	-	-
A - 1	-	-	-	-	-	-	-	-	-	-	-	-	-
B - 5	-	-	-	-	-	-	-	-	-	-	-	-	-
B - 4	2	1	-	1	-	-	-	-	-	-	-	-	-
B - 3	-	-	-	-	-	-	-	-	-	-	-	-	-
B - 2	1	-	-	-	-	-	1	-	-	-	-	-	-
B - 1	-	-	-	-	-	-	-	-	-	-	-	-	-
C - 5	-	-	-	-	-	-	-	-	-	-	-	-	-
C - 4	-	-	-	-	-	-	-	-	-	-	-	-	-
C - 3	1	1	-	-	-	-	-	-	-	-	-	-	-
C - 2	1	1	-	-	-	-	-	-	-	-	-	-	-
C - 1	-	-	-	-	-	-	-	-	-	-	-	-	-
大阪	5	-	-	-	1	1	1	1	-	1	-	-	-
A - 5	-	-	-	-	-	-	-	-	-	-	-	-	-
A - 4	-	-	-	-	-	-	-	-	-	-	-	-	-
A - 3	-	-	-	-	-	-	-	-	-	-	-	-	-
A - 2	-	-	-	-	-	-	-	-	-	-	-	-	-
A - 1	-	-	-	-	-	-	-	-	-	-	-	-	-
B - 5	-	-	-	-	-	-	-	-	-	-	-	-	-
B - 4	1	-	-	-	-	1	-	-	-	-	-	-	-
B - 3	1	-	-	-	-	-	1	-	-	-	-	-	-
B - 2	3	-	-	-	1	-	-	1	-	1	-	-	-
B - 1	-	-	-	-	-	-	-	-	-	-	-	-	-
C - 5	-	-	-	-	-	-	-	-	-	-	-	-	-
C - 4	-	-	-	-	-	-	-	-	-	-	-	-	-
C - 3	-	-	-	-	-	-	-	-	-	-	-	-	-
C - 2	-	-	-	-	-	-	-	-	-	-	-	-	-
C - 1	-	-	-	-	-	-	-	-	-	-	-	-	-

単位：頭

市場・規格	平成29年計	1 月	2 月	3 月	4 月	5 月	6 月	7 月	8 月	9 月	10 月	11 月	12 月
神　　戸	-	-	-	-	-	-	-	-	-	-	-	-	-
A － 5	-	-	-	-	-	-	-	-	-	-	-	-	-
A － 4	-	-	-	-	-	-	-	-	-	-	-	-	-
A － 3	-	-	-	-	-	-	-	-	-	-	-	-	-
A － 2	-	-	-	-	-	-	-	-	-	-	-	-	-
A － 1	-	-	-	-	-	-	-	-	-	-	-	-	-
B － 5	-	-	-	-	-	-	-	-	-	-	-	-	-
B － 4	-	-	-	-	-	-	-	-	-	-	-	-	-
B － 3	-	-	-	-	-	-	-	-	-	-	-	-	-
B － 2	-	-	-	-	-	-	-	-	-	-	-	-	-
B － 1	-	-	-	-	-	-	-	-	-	-	-	-	-
C － 5	-	-	-	-	-	-	-	-	-	-	-	-	-
C － 4	-	-	-	-	-	-	-	-	-	-	-	-	-
C － 3	-	-	-	-	-	-	-	-	-	-	-	-	-
C － 2	-	-	-	-	-	-	-	-	-	-	-	-	-
C － 1	-	-	-	-	-	-	-	-	-	-	-	-	-
広　　島	-	-	-	-	-	-	-	-	-	-	-	-	-
A － 5	-	-	-	-	-	-	-	-	-	-	-	-	-
A － 4	-	-	-	-	-	-	-	-	-	-	-	-	-
A － 3	-	-	-	-	-	-	-	-	-	-	-	-	-
A － 2	-	-	-	-	-	-	-	-	-	-	-	-	-
A － 1	-	-	-	-	-	-	-	-	-	-	-	-	-
B － 5	-	-	-	-	-	-	-	-	-	-	-	-	-
B － 4	-	-	-	-	-	-	-	-	-	-	-	-	-
B － 3	-	-	-	-	-	-	-	-	-	-	-	-	-
B － 2	-	-	-	-	-	-	-	-	-	-	-	-	-
B － 1	-	-	-	-	-	-	-	-	-	-	-	-	-
C － 5	-	-	-	-	-	-	-	-	-	-	-	-	-
C － 4	-	-	-	-	-	-	-	-	-	-	-	-	-
C － 3	-	-	-	-	-	-	-	-	-	-	-	-	-
C － 2	-	-	-	-	-	-	-	-	-	-	-	-	-
C － 1	-	-	-	-	-	-	-	-	-	-	-	-	-
福　　岡	**191**	**16**	**16**	**13**	**15**	**16**	**17**	**15**	**14**	**14**	**15**	**14**	**26**
A － 5	-	-	-	-	-	-	-	-	-	-	-	-	-
A － 4	1	-	-	-	-	-	-	-	-	-	1	-	-
A － 3	-	-	-	-	-	-	-	-	-	-	-	-	-
A － 2	6	-	1	-	-	-	-	1	3	1	-	-	-
A － 1	-	-	-	-	-	-	-	-	-	-	-	-	-
B － 5	-	-	-	-	-	-	-	-	-	-	-	-	-
B － 4	1	-	-	-	-	-	-	-	-	1	-	-	-
B － 3	17	1	1	-	1	3	4	1	-	-	1	1	4
B － 2	101	11	9	11	11	9	8	8	5	4	7	6	12
B － 1	-	-	-	-	-	-	-	-	-	-	-	-	-
C － 5	-	-	-	-	-	-	-	-	-	-	-	-	-
C － 4	-	-	-	-	-	-	-	-	-	-	-	-	-
C － 3	2	-	-	-	-	-	-	-	-	-	-	1	1
C － 2	63	4	5	2	3	4	5	5	6	8	6	6	9
C － 1	-	-	-	-	-	-	-	-	-	-	-	-	-

2　月別規格別取引成立頭数・価格（食肉卸売市場別）（続き）
(12)　その他の牛計（続き）
ア　枝肉の取引成立頭数（続き）

単位：頭

市場・規格	平成29年計	1月	2月	3月	4月	5月	6月	7月	8月	9月	10月	11月	12月
指定市場計	16	1	1	5	1	-	-	1	2	-	3	1	1
A － 5	-	-	-	-	-	-	-	-	-	-	-	-	-
A － 4	1	-	-	-	-	-	-	-	-	-	-	-	1
A － 3	-	-	-	-	-	-	-	-	-	-	-	-	-
A － 2	1	-	-	1	-	-	-	-	-	-	-	-	-
A － 1	-	-	-	-	-	-	-	-	-	-	-	-	-
B － 5	-	-	-	-	-	-	-	-	-	-	-	-	-
B － 4	-	-	-	-	-	-	-	-	-	-	-	-	-
B － 3	-	-	-	-	-	-	-	-	-	-	-	-	-
B － 2	6	1	-	2	-	-	-	-	-	-	2	1	-
B － 1	-	-	-	-	-	-	-	-	-	-	-	-	-
C － 5	-	-	-	-	-	-	-	-	-	-	-	-	-
C － 4	-	-	-	-	-	-	-	-	-	-	-	-	-
C － 3	-	-	-	-	-	-	-	-	-	-	-	-	-
C － 2	3	-	-	-	1	-	-	-	1	-	1	-	-
C － 1	5	-	1	2	-	-	-	1	1	-	-	-	-
茨　　城	-	-	-	-	-	-	-	-	-	-	-	-	-
A － 5	-	-	-	-	-	-	-	-	-	-	-	-	-
A － 4	-	-	-	-	-	-	-	-	-	-	-	-	-
A － 3	-	-	-	-	-	-	-	-	-	-	-	-	-
A － 2	-	-	-	-	-	-	-	-	-	-	-	-	-
A － 1	-	-	-	-	-	-	-	-	-	-	-	-	-
B － 5	-	-	-	-	-	-	-	-	-	-	-	-	-
B － 4	-	-	-	-	-	-	-	-	-	-	-	-	-
B － 3	-	-	-	-	-	-	-	-	-	-	-	-	-
B － 2	-	-	-	-	-	-	-	-	-	-	-	-	-
B － 1	-	-	-	-	-	-	-	-	-	-	-	-	-
C － 5	-	-	-	-	-	-	-	-	-	-	-	-	-
C － 4	-	-	-	-	-	-	-	-	-	-	-	-	-
C － 3	-	-	-	-	-	-	-	-	-	-	-	-	-
C － 2	-	-	-	-	-	-	-	-	-	-	-	-	-
C － 1	-	-	-	-	-	-	-	-	-	-	-	-	-
宇　都　宮	-	-	-	-	-	-	-	-	-	-	-	-	-
A － 5	-	-	-	-	-	-	-	-	-	-	-	-	-
A － 4	-	-	-	-	-	-	-	-	-	-	-	-	-
A － 3	-	-	-	-	-	-	-	-	-	-	-	-	-
A － 2	-	-	-	-	-	-	-	-	-	-	-	-	-
A － 1	-	-	-	-	-	-	-	-	-	-	-	-	-
B － 5	-	-	-	-	-	-	-	-	-	-	-	-	-
B － 4	-	-	-	-	-	-	-	-	-	-	-	-	-
B － 3	-	-	-	-	-	-	-	-	-	-	-	-	-
B － 2	-	-	-	-	-	-	-	-	-	-	-	-	-
B － 1	-	-	-	-	-	-	-	-	-	-	-	-	-
C － 5	-	-	-	-	-	-	-	-	-	-	-	-	-
C － 4	-	-	-	-	-	-	-	-	-	-	-	-	-
C － 3	-	-	-	-	-	-	-	-	-	-	-	-	-
C － 2	-	-	-	-	-	-	-	-	-	-	-	-	-
C － 1	-	-	-	-	-	-	-	-	-	-	-	-	-

単位：頭

市場・規格	平成29年計	1 月	2 月	3 月	4 月	5 月	6 月	7 月	8 月	9 月	10月	11 月	12 月
群　馬	-	-	-	-	-	-	-	-	-	-	-	-	-
A － 5	-	-	-	-	-	-	-	-	-	-	-	-	-
A － 4	-	-	-	-	-	-	-	-	-	-	-	-	-
A － 3	-	-	-	-	-	-	-	-	-	-	-	-	-
A － 2	-	-	-	-	-	-	-	-	-	-	-	-	-
A － 1	-	-	-	-	-	-	-	-	-	-	-	-	-
B － 5	-	-	-	-	-	-	-	-	-	-	-	-	-
B － 4	-	-	-	-	-	-	-	-	-	-	-	-	-
B － 3	-	-	-	-	-	-	-	-	-	-	-	-	-
B － 2	-	-	-	-	-	-	-	-	-	-	-	-	-
B － 1	-	-	-	-	-	-	-	-	-	-	-	-	-
C － 5	-	-	-	-	-	-	-	-	-	-	-	-	-
C － 4	-	-	-	-	-	-	-	-	-	-	-	-	-
C － 3	-	-	-	-	-	-	-	-	-	-	-	-	-
C － 2	-	-	-	-	-	-	-	-	-	-	-	-	-
C － 1	-	-	-	-	-	-	-	-	-	-	-	-	-
川　口	-	-	-	-	-	-	-	-	-	-	-	-	-
A － 5	-	-	-	-	-	-	-	-	-	-	-	-	-
A － 4	-	-	-	-	-	-	-	-	-	-	-	-	-
A － 3	-	-	-	-	-	-	-	-	-	-	-	-	-
A － 2	-	-	-	-	-	-	-	-	-	-	-	-	-
A － 1	-	-	-	-	-	-	-	-	-	-	-	-	-
B － 5	-	-	-	-	-	-	-	-	-	-	-	-	-
B － 4	-	-	-	-	-	-	-	-	-	-	-	-	-
B － 3	-	-	-	-	-	-	-	-	-	-	-	-	-
B － 2	-	-	-	-	-	-	-	-	-	-	-	-	-
B － 1	-	-	-	-	-	-	-	-	-	-	-	-	-
C － 5	-	-	-	-	-	-	-	-	-	-	-	-	-
C － 4	-	-	-	-	-	-	-	-	-	-	-	-	-
C － 3	-	-	-	-	-	-	-	-	-	-	-	-	-
C － 2	-	-	-	-	-	-	-	-	-	-	-	-	-
C － 1	-	-	-	-	-	-	-	-	-	-	-	-	-
山　梨	-	-	-	-	-	-	-	-	-	-	-	-	-
A － 5	-	-	-	-	-	-	-	-	-	-	-	-	-
A － 4	-	-	-	-	-	-	-	-	-	-	-	-	-
A － 3	-	-	-	-	-	-	-	-	-	-	-	-	-
A － 2	-	-	-	-	-	-	-	-	-	-	-	-	-
A － 1	-	-	-	-	-	-	-	-	-	-	-	-	-
B － 5	-	-	-	-	-	-	-	-	-	-	-	-	-
B － 4	-	-	-	-	-	-	-	-	-	-	-	-	-
B － 3	-	-	-	-	-	-	-	-	-	-	-	-	-
B － 2	-	-	-	-	-	-	-	-	-	-	-	-	-
B － 1	-	-	-	-	-	-	-	-	-	-	-	-	-
C － 5	-	-	-	-	-	-	-	-	-	-	-	-	-
C － 4	-	-	-	-	-	-	-	-	-	-	-	-	-
C － 3	-	-	-	-	-	-	-	-	-	-	-	-	-
C － 2	-	-	-	-	-	-	-	-	-	-	-	-	-
C － 1	-	-	-	-	-	-	-	-	-	-	-	-	-

2 月別規格別取引成立頭数・価格（食肉卸売市場別）（続き）
(12) その他の牛計（続き）
ア 枝肉の取引成立頭数（続き）

単位：頭

市場・規格	平成29年計	1 月	2 月	3 月	4 月	5 月	6 月	7 月	8 月	9 月	10 月	11 月	12 月
岐　　阜	-	-	-	-	-	-	-	-	-	-	-	-	-
A － 5	-	-	-	-	-	-	-	-	-	-	-	-	-
A － 4	-	-	-	-	-	-	-	-	-	-	-	-	-
A － 3	-	-	-	-	-	-	-	-	-	-	-	-	-
A － 2	-	-	-	-	-	-	-	-	-	-	-	-	-
A － 1	-	-	-	-	-	-	-	-	-	-	-	-	-
B － 5	-	-	-	-	-	-	-	-	-	-	-	-	-
B － 4	-	-	-	-	-	-	-	-	-	-	-	-	-
B － 3	-	-	-	-	-	-	-	-	-	-	-	-	-
B － 2	-	-	-	-	-	-	-	-	-	-	-	-	-
B － 1	-	-	-	-	-	-	-	-	-	-	-	-	-
C － 5	-	-	-	-	-	-	-	-	-	-	-	-	-
C － 4	-	-	-	-	-	-	-	-	-	-	-	-	-
C － 3	-	-	-	-	-	-	-	-	-	-	-	-	-
C － 2	-	-	-	-	-	-	-	-	-	-	-	-	-
C － 1	-	-	-	-	-	-	-	-	-	-	-	-	-
浜　　松	-	-	-	-	-	-	-	-	-	-	-	-	-
A － 5	-	-	-	-	-	-	-	-	-	-	-	-	-
A － 4	-	-	-	-	-	-	-	-	-	-	-	-	-
A － 3	-	-	-	-	-	-	-	-	-	-	-	-	-
A － 2	-	-	-	-	-	-	-	-	-	-	-	-	-
A － 1	-	-	-	-	-	-	-	-	-	-	-	-	-
B － 5	-	-	-	-	-	-	-	-	-	-	-	-	-
B － 4	-	-	-	-	-	-	-	-	-	-	-	-	-
B － 3	-	-	-	-	-	-	-	-	-	-	-	-	-
B － 2	-	-	-	-	-	-	-	-	-	-	-	-	-
B － 1	-	-	-	-	-	-	-	-	-	-	-	-	-
C － 5	-	-	-	-	-	-	-	-	-	-	-	-	-
C － 4	-	-	-	-	-	-	-	-	-	-	-	-	-
C － 3	-	-	-	-	-	-	-	-	-	-	-	-	-
C － 2	-	-	-	-	-	-	-	-	-	-	-	-	-
C － 1	-	-	-	-	-	-	-	-	-	-	-	-	-
東 三 河	-	-	-	-	-	-	-	-	-	-	-	-	-
A － 5	-	-	-	-	-	-	-	-	-	-	-	-	-
A － 4	-	-	-	-	-	-	-	-	-	-	-	-	-
A － 3	-	-	-	-	-	-	-	-	-	-	-	-	-
A － 2	-	-	-	-	-	-	-	-	-	-	-	-	-
A － 1	-	-	-	-	-	-	-	-	-	-	-	-	-
B － 5	-	-	-	-	-	-	-	-	-	-	-	-	-
B － 4	-	-	-	-	-	-	-	-	-	-	-	-	-
B － 3	-	-	-	-	-	-	-	-	-	-	-	-	-
B － 2	-	-	-	-	-	-	-	-	-	-	-	-	-
B － 1	-	-	-	-	-	-	-	-	-	-	-	-	-
C － 5	-	-	-	-	-	-	-	-	-	-	-	-	-
C － 4	-	-	-	-	-	-	-	-	-	-	-	-	-
C － 3	-	-	-	-	-	-	-	-	-	-	-	-	-
C － 2	-	-	-	-	-	-	-	-	-	-	-	-	-
C － 1	-	-	-	-	-	-	-	-	-	-	-	-	-

単位：頭

市場・規格	平成29年計	1月	2月	3月	4月	5月	6月	7月	8月	9月	10月	11月	12月
四 日 市	-	-	-	-	-	-	-	-	-	-	-	-	-
A － 5	-	-	-	-	-	-	-	-	-	-	-	-	-
A － 4	-	-	-	-	-	-	-	-	-	-	-	-	-
A － 3	-	-	-	-	-	-	-	-	-	-	-	-	-
A － 2	-	-	-	-	-	-	-	-	-	-	-	-	-
A － 1	-	-	-	-	-	-	-	-	-	-	-	-	-
B － 5	-	-	-	-	-	-	-	-	-	-	-	-	-
B － 4	-	-	-	-	-	-	-	-	-	-	-	-	-
B － 3	-	-	-	-	-	-	-	-	-	-	-	-	-
B － 2	-	-	-	-	-	-	-	-	-	-	-	-	-
B － 1	-	-	-	-	-	-	-	-	-	-	-	-	-
C － 5	-	-	-	-	-	-	-	-	-	-	-	-	-
C － 4	-	-	-	-	-	-	-	-	-	-	-	-	-
C － 3	-	-	-	-	-	-	-	-	-	-	-	-	-
C － 2	-	-	-	-	-	-	-	-	-	-	-	-	-
C － 1	-	-	-	-	-	-	-	-	-	-	-	-	-
南 大 阪	-	-	-	-	-	-	-	-	-	-	-	-	-
A － 5	-	-	-	-	-	-	-	-	-	-	-	-	-
A － 4	-	-	-	-	-	-	-	-	-	-	-	-	-
A － 3	-	-	-	-	-	-	-	-	-	-	-	-	-
A － 2	-	-	-	-	-	-	-	-	-	-	-	-	-
A － 1	-	-	-	-	-	-	-	-	-	-	-	-	-
B － 5	-	-	-	-	-	-	-	-	-	-	-	-	-
B － 4	-	-	-	-	-	-	-	-	-	-	-	-	-
B － 3	-	-	-	-	-	-	-	-	-	-	-	-	-
B － 2	-	-	-	-	-	-	-	-	-	-	-	-	-
B － 1	-	-	-	-	-	-	-	-	-	-	-	-	-
C － 5	-	-	-	-	-	-	-	-	-	-	-	-	-
C － 4	-	-	-	-	-	-	-	-	-	-	-	-	-
C － 3	-	-	-	-	-	-	-	-	-	-	-	-	-
C － 2	-	-	-	-	-	-	-	-	-	-	-	-	-
C － 1	-	-	-	-	-	-	-	-	-	-	-	-	-
姫 路	5	-	-	3	-	-	-	-	-	-	1	-	1
A － 5	-	-	-	-	-	-	-	-	-	-	-	-	-
A － 4	1	-	-	-	-	-	-	-	-	-	-	-	1
A － 3	-	-	-	-	-	-	-	-	-	-	-	-	-
A － 2	1	-	-	1	-	-	-	-	-	-	-	-	-
A － 1	-	-	-	-	-	-	-	-	-	-	-	-	-
B － 5	-	-	-	-	-	-	-	-	-	-	-	-	-
B － 4	-	-	-	-	-	-	-	-	-	-	-	-	-
B － 3	-	-	-	-	-	-	-	-	-	-	-	-	-
B － 2	2	-	-	2	-	-	-	-	-	-	-	-	-
B － 1	-	-	-	-	-	-	-	-	-	-	-	-	-
C － 5	-	-	-	-	-	-	-	-	-	-	-	-	-
C － 4	-	-	-	-	-	-	-	-	-	-	-	-	-
C － 3	-	-	-	-	-	-	-	-	-	-	-	-	-
C － 2	1	-	-	-	-	-	-	-	-	-	1	-	-
C － 1	-	-	-	-	-	-	-	-	-	-	-	-	-

2　月別規格別取引成立頭数・価格（食肉卸売市場別）（続き）
(12)　その他の牛計（続き）
ア　枝肉の取引成立頭数（続き）

単位：頭

市場・規格	平成29年計	1月	2月	3月	4月	5月	6月	7月	8月	9月	10月	11月	12月
加古川	6	1	1	1	1	-	-	-	-	-	1	1	-
A－5	-	-	-	-	-	-	-	-	-	-	-	-	-
A－4	-	-	-	-	-	-	-	-	-	-	-	-	-
A－3	-	-	-	-	-	-	-	-	-	-	-	-	-
A－2	-	-	-	-	-	-	-	-	-	-	-	-	-
A－1	-	-	-	-	-	-	-	-	-	-	-	-	-
B－5	-	-	-	-	-	-	-	-	-	-	-	-	-
B－4	-	-	-	-	-	-	-	-	-	-	-	-	-
B－3	-	-	-	-	-	-	-	-	-	-	-	-	-
B－2	3	1	-	-	-	-	-	-	-	-	1	1	-
B－1	-	-	-	-	-	-	-	-	-	-	-	-	-
C－5	-	-	-	-	-	-	-	-	-	-	-	-	-
C－4	-	-	-	-	-	-	-	-	-	-	-	-	-
C－3	-	-	-	-	-	-	-	-	-	-	-	-	-
C－2	1	-	-	-	1	-	-	-	-	-	-	-	-
C－1	2	-	1	1	-	-	-	-	-	-	-	-	-
西宮	4	-	-	1	-	-	-	1	2	-	-	-	-
A－5	-	-	-	-	-	-	-	-	-	-	-	-	-
A－4	-	-	-	-	-	-	-	-	-	-	-	-	-
A－3	-	-	-	-	-	-	-	-	-	-	-	-	-
A－2	-	-	-	-	-	-	-	-	-	-	-	-	-
A－1	-	-	-	-	-	-	-	-	-	-	-	-	-
B－5	-	-	-	-	-	-	-	-	-	-	-	-	-
B－4	-	-	-	-	-	-	-	-	-	-	-	-	-
B－3	-	-	-	-	-	-	-	-	-	-	-	-	-
B－2	-	-	-	-	-	-	-	-	-	-	-	-	-
B－1	-	-	-	-	-	-	-	-	-	-	-	-	-
C－5	-	-	-	-	-	-	-	-	-	-	-	-	-
C－4	-	-	-	-	-	-	-	-	-	-	-	-	-
C－3	-	-	-	-	-	-	-	-	-	-	-	-	-
C－2	1	-	-	-	-	-	-	-	1	-	-	-	-
C－1	3	-	-	1	-	-	-	1	1	-	-	-	-
岡山	-	-	-	-	-	-	-	-	-	-	-	-	-
A－5	-	-	-	-	-	-	-	-	-	-	-	-	-
A－4	-	-	-	-	-	-	-	-	-	-	-	-	-
A－3	-	-	-	-	-	-	-	-	-	-	-	-	-
A－2	-	-	-	-	-	-	-	-	-	-	-	-	-
A－1	-	-	-	-	-	-	-	-	-	-	-	-	-
B－5	-	-	-	-	-	-	-	-	-	-	-	-	-
B－4	-	-	-	-	-	-	-	-	-	-	-	-	-
B－3	-	-	-	-	-	-	-	-	-	-	-	-	-
B－2	-	-	-	-	-	-	-	-	-	-	-	-	-
B－1	-	-	-	-	-	-	-	-	-	-	-	-	-
C－5	-	-	-	-	-	-	-	-	-	-	-	-	-
C－4	-	-	-	-	-	-	-	-	-	-	-	-	-
C－3	-	-	-	-	-	-	-	-	-	-	-	-	-
C－2	-	-	-	-	-	-	-	-	-	-	-	-	-
C－1	-	-	-	-	-	-	-	-	-	-	-	-	-

単位：頭

市場・規格	平成29年計	1月	2月	3月	4月	5月	6月	7月	8月	9月	10月	11月	12月
坂出	-	-	-	-	-	-	-	-	-	-	-	-	-
A－5	-	-	-	-	-	-	-	-	-	-	-	-	-
A－4	-	-	-	-	-	-	-	-	-	-	-	-	-
A－3	-	-	-	-	-	-	-	-	-	-	-	-	-
A－2	-	-	-	-	-	-	-	-	-	-	-	-	-
A－1	-	-	-	-	-	-	-	-	-	-	-	-	-
B－5	-	-	-	-	-	-	-	-	-	-	-	-	-
B－4	-	-	-	-	-	-	-	-	-	-	-	-	-
B－3	-	-	-	-	-	-	-	-	-	-	-	-	-
B－2	-	-	-	-	-	-	-	-	-	-	-	-	-
B－1	-	-	-	-	-	-	-	-	-	-	-	-	-
C－5	-	-	-	-	-	-	-	-	-	-	-	-	-
C－4	-	-	-	-	-	-	-	-	-	-	-	-	-
C－3	-	-	-	-	-	-	-	-	-	-	-	-	-
C－2	-	-	-	-	-	-	-	-	-	-	-	-	-
C－1	-	-	-	-	-	-	-	-	-	-	-	-	-
愛媛	-	-	-	-	-	-	-	-	-	-	-	-	-
A－5	-	-	-	-	-	-	-	-	-	-	-	-	-
A－4	-	-	-	-	-	-	-	-	-	-	-	-	-
A－3	-	-	-	-	-	-	-	-	-	-	-	-	-
A－2	-	-	-	-	-	-	-	-	-	-	-	-	-
A－1	-	-	-	-	-	-	-	-	-	-	-	-	-
B－5	-	-	-	-	-	-	-	-	-	-	-	-	-
B－4	-	-	-	-	-	-	-	-	-	-	-	-	-
B－3	-	-	-	-	-	-	-	-	-	-	-	-	-
B－2	-	-	-	-	-	-	-	-	-	-	-	-	-
B－1	-	-	-	-	-	-	-	-	-	-	-	-	-
C－5	-	-	-	-	-	-	-	-	-	-	-	-	-
C－4	-	-	-	-	-	-	-	-	-	-	-	-	-
C－3	-	-	-	-	-	-	-	-	-	-	-	-	-
C－2	-	-	-	-	-	-	-	-	-	-	-	-	-
C－1	-	-	-	-	-	-	-	-	-	-	-	-	-
佐世保	1	-	-	-	-	-	-	-	-	-	1	-	-
A－5	-	-	-	-	-	-	-	-	-	-	-	-	-
A－4	-	-	-	-	-	-	-	-	-	-	-	-	-
A－3	-	-	-	-	-	-	-	-	-	-	-	-	-
A－2	-	-	-	-	-	-	-	-	-	-	-	-	-
A－1	-	-	-	-	-	-	-	-	-	-	-	-	-
B－5	-	-	-	-	-	-	-	-	-	-	-	-	-
B－4	-	-	-	-	-	-	-	-	-	-	-	-	-
B－3	-	-	-	-	-	-	-	-	-	-	-	-	-
B－2	1	-	-	-	-	-	-	-	-	-	1	-	-
B－1	-	-	-	-	-	-	-	-	-	-	-	-	-
C－5	-	-	-	-	-	-	-	-	-	-	-	-	-
C－4	-	-	-	-	-	-	-	-	-	-	-	-	-
C－3	-	-	-	-	-	-	-	-	-	-	-	-	-
C－2	-	-	-	-	-	-	-	-	-	-	-	-	-
C－1	-	-	-	-	-	-	-	-	-	-	-	-	-

2 月別規格別取引成立頭数・価格（食肉卸売市場別）（続き）
(12) その他の牛計（続き）
ア 枝肉の取引成立頭数（続き）

単位：頭

市場・規格	平成29年計	1 月	2 月	3 月	4 月	5 月	6 月	7 月	8 月	9 月	10 月	11 月	12 月
熊　本	-	-	-	-	-	-	-	-	-	-	-	-	-
A － 5	-	-	-	-	-	-	-	-	-	-	-	-	-
A － 4	-	-	-	-	-	-	-	-	-	-	-	-	-
A － 3	-	-	-	-	-	-	-	-	-	-	-	-	-
A － 2	-	-	-	-	-	-	-	-	-	-	-	-	-
A － 1	-	-	-	-	-	-	-	-	-	-	-	-	-
B － 5	-	-	-	-	-	-	-	-	-	-	-	-	-
B － 4	-	-	-	-	-	-	-	-	-	-	-	-	-
B － 3	-	-	-	-	-	-	-	-	-	-	-	-	-
B － 2	-	-	-	-	-	-	-	-	-	-	-	-	-
B － 1	-	-	-	-	-	-	-	-	-	-	-	-	-
C － 5	-	-	-	-	-	-	-	-	-	-	-	-	-
C － 4	-	-	-	-	-	-	-	-	-	-	-	-	-
C － 3	-	-	-	-	-	-	-	-	-	-	-	-	-
C － 2	-	-	-	-	-	-	-	-	-	-	-	-	-
C － 1	-	-	-	-	-	-	-	-	-	-	-	-	-

イ　枝肉の1kg当たり卸売価格

単位：円

市場・規格	平成29年計	1月	2月	3月	4月	5月	6月	7月	8月	9月	10月	11月	12月
合　　計	1,293	1,447	1,415	1,315	1,383	1,442	1,305	1,189	1,210	1,107	1,278	1,172	1,217
A － 5	-	-	-	-	-	-	-	-	-	-	-	-	-
A － 4	1,604	-	-	-	-	-	-	-	1,380	-	1,726	-	1,751
A － 3	-	-	-	-	-	-	-	-	-	-	-	-	-
A － 2	1,209	-	1,105	1,079	-	-	-	1,277	1,277	1,149	-	-	-
A － 1	-	-	-	-	-	-	-	-	-	-	-	-	-
B － 5	-	-	-	-	-	-	-	-	-	-	-	-	-
B － 4	1,634	2,163	-	1,844	-	1,686	-	-	-	541	-	-	-
B － 3	1,483	1,630	1,350	-	1,617	1,648	1,390	1,510	-	-	1,297	1,454	1,439
B － 2	1,284	1,382	1,425	1,341	1,381	1,374	1,281	1,174	1,209	1,120	1,273	1,112	1,143
B － 1	-	-	-	-	-	-	-	-	-	-	-	-	-
C － 5	-	-	-	-	-	-	-	-	-	-	-	-	-
C － 4	-	-	-	-	-	-	-	-	-	-	-	-	-
C － 3	1,535	1,727	-	-	-	-	-	-	-	-	-	1,454	1,455
C － 2	1,248	1,349	1,447	1,390	1,326	1,390	1,277	1,240	1,220	1,148	1,218	1,148	1,139
C － 1	586	-	1,403	522	-	-	-	55	53	-	-	-	-
中央市場計	1,306	1,440	1,416	1,421	1,399	1,442	1,305	1,223	1,264	1,107	1,296	1,176	1,197
A － 5	-	-	-	-	-	-	-	-	-	-	-	-	-
A － 4	1,537	-	-	-	-	-	-	-	1,380	-	1,726	-	-
A － 3	-	-	-	-	-	-	-	-	-	-	-	-	-
A － 2	1,235	-	1,105	-	-	-	-	1,277	1,277	1,149	-	-	-
A － 1	-	-	-	-	-	-	-	-	-	-	-	-	-
B － 5	-	-	-	-	-	-	-	-	-	-	-	-	-
B － 4	1,634	2,163	-	1,844	-	1,686	-	-	-	541	-	-	-
B － 3	1,483	1,630	1,350	-	1,617	1,648	1,390	1,510	-	-	1,297	1,454	1,439
B － 2	1,287	1,366	1,425	1,390	1,381	1,374	1,281	1,174	1,209	1,120	1,264	1,115	1,143
B － 1	-	-	-	-	-	-	-	-	-	-	-	-	-
C － 5	-	-	-	-	-	-	-	-	-	-	-	-	-
C － 4	-	-	-	-	-	-	-	-	-	-	-	-	-
C － 3	1,535	1,727	-	-	-	-	-	-	-	-	-	1,454	1,455
C － 2	1,261	1,349	1,447	1,390	1,391	1,390	1,277	1,240	1,278	1,148	1,263	1,148	1,139
C － 1	-	-	-	-	-	-	-	-	-	-	-	-	-
仙　　台	1,380	-	-	-	-	-	-	-	1,380	-	-	-	-
A － 5	-	-	-	-	-	-	-	-	-	-	-	-	-
A － 4	1,380	-	-	-	-	-	-	-	1,380	-	-	-	-
A － 3	-	-	-	-	-	-	-	-	-	-	-	-	-
A － 2	-	-	-	-	-	-	-	-	-	-	-	-	-
A － 1	-	-	-	-	-	-	-	-	-	-	-	-	-
B － 5	-	-	-	-	-	-	-	-	-	-	-	-	-
B － 4	-	-	-	-	-	-	-	-	-	-	-	-	-
B － 3	-	-	-	-	-	-	-	-	-	-	-	-	-
B － 2	-	-	-	-	-	-	-	-	-	-	-	-	-
B － 1	-	-	-	-	-	-	-	-	-	-	-	-	-
C － 5	-	-	-	-	-	-	-	-	-	-	-	-	-
C － 4	-	-	-	-	-	-	-	-	-	-	-	-	-
C － 3	-	-	-	-	-	-	-	-	-	-	-	-	-
C － 2	-	-	-	-	-	-	-	-	-	-	-	-	-
C － 1	-	-	-	-	-	-	-	-	-	-	-	-	-

2 月別規格別取引成立頭数・価格（食肉卸売市場別）（続き）
(12) その他の牛計（続き）
イ 枝肉の１kg当たり卸売価格（続き）

単位：円

市場・規格	平成29年計	1 月	2 月	3 月	4 月	5 月	6 月	7 月	8 月	9 月	10 月	11 月	12 月
さいたま	-	-	-	-	-	-	-	-	-	-	-	-	-
A - 5	-	-	-	-	-	-	-	-	-	-	-	-	-
A - 4	-	-	-	-	-	-	-	-	-	-	-	-	-
A - 3	-	-	-	-	-	-	-	-	-	-	-	-	-
A - 2	-	-	-	-	-	-	-	-	-	-	-	-	-
A - 1	-	-	-	-	-	-	-	-	-	-	-	-	-
B - 5	-	-	-	-	-	-	-	-	-	-	-	-	-
B - 4	-	-	-	-	-	-	-	-	-	-	-	-	-
B - 3	-	-	-	-	-	-	-	-	-	-	-	-	-
B - 2	-	-	-	-	-	-	-	-	-	-	-	-	-
B - 1	-	-	-	-	-	-	-	-	-	-	-	-	-
C - 5	-	-	-	-	-	-	-	-	-	-	-	-	-
C - 4	-	-	-	-	-	-	-	-	-	-	-	-	-
C - 3	-	-	-	-	-	-	-	-	-	-	-	-	-
C - 2	-	-	-	-	-	-	-	-	-	-	-	-	-
C - 1	-	-	-	-	-	-	-	-	-	-	-	-	-
東　　京	-	-	-	-	-	-	-	-	-	-	-	-	-
A - 5	-	-	-	-	-	-	-	-	-	-	-	-	-
A - 4	-	-	-	-	-	-	-	-	-	-	-	-	-
A - 3	-	-	-	-	-	-	-	-	-	-	-	-	-
A - 2	-	-	-	-	-	-	-	-	-	-	-	-	-
A - 1	-	-	-	-	-	-	-	-	-	-	-	-	-
B - 5	-	-	-	-	-	-	-	-	-	-	-	-	-
B - 4	-	-	-	-	-	-	-	-	-	-	-	-	-
B - 3	-	-	-	-	-	-	-	-	-	-	-	-	-
B - 2	-	-	-	-	-	-	-	-	-	-	-	-	-
B - 1	-	-	-	-	-	-	-	-	-	-	-	-	-
C - 5	-	-	-	-	-	-	-	-	-	-	-	-	-
C - 4	-	-	-	-	-	-	-	-	-	-	-	-	-
C - 3	-	-	-	-	-	-	-	-	-	-	-	-	-
C - 2	-	-	-	-	-	-	-	-	-	-	-	-	-
C - 1	-	-	-	-	-	-	-	-	-	-	-	-	-
横　　浜	-	-	-	-	-	-	-	-	-	-	-	-	-
A - 5	-	-	-	-	-	-	-	-	-	-	-	-	-
A - 4	-	-	-	-	-	-	-	-	-	-	-	-	-
A - 3	-	-	-	-	-	-	-	-	-	-	-	-	-
A - 2	-	-	-	-	-	-	-	-	-	-	-	-	-
A - 1	-	-	-	-	-	-	-	-	-	-	-	-	-
B - 5	-	-	-	-	-	-	-	-	-	-	-	-	-
B - 4	-	-	-	-	-	-	-	-	-	-	-	-	-
B - 3	-	-	-	-	-	-	-	-	-	-	-	-	-
B - 2	-	-	-	-	-	-	-	-	-	-	-	-	-
B - 1	-	-	-	-	-	-	-	-	-	-	-	-	-
C - 5	-	-	-	-	-	-	-	-	-	-	-	-	-
C - 4	-	-	-	-	-	-	-	-	-	-	-	-	-
C - 3	-	-	-	-	-	-	-	-	-	-	-	-	-
C - 2	-	-	-	-	-	-	-	-	-	-	-	-	-
C - 1	-	-	-	-	-	-	-	-	-	-	-	-	-

単位：円

市場・規格	平成29年計	1月	2月	3月	4月	5月	6月	7月	8月	9月	10月	11月	12月
名　古　屋	-	-	-	-	-	-	-	-	-	-	-	-	-
A － 5	-	-	-	-	-	-	-	-	-	-	-	-	-
A － 4	-	-	-	-	-	-	-	-	-	-	-	-	-
A － 3	-	-	-	-	-	-	-	-	-	-	-	-	-
A － 2	-	-	-	-	-	-	-	-	-	-	-	-	-
A － 1	-	-	-	-	-	-	-	-	-	-	-	-	-
B － 5	-	-	-	-	-	-	-	-	-	-	-	-	-
B － 4	-	-	-	-	-	-	-	-	-	-	-	-	-
B － 3	-	-	-	-	-	-	-	-	-	-	-	-	-
B － 2	-	-	-	-	-	-	-	-	-	-	-	-	-
B － 1	-	-	-	-	-	-	-	-	-	-	-	-	-
C － 5	-	-	-	-	-	-	-	-	-	-	-	-	-
C － 4	-	-	-	-	-	-	-	-	-	-	-	-	-
C － 3	-	-	-	-	-	-	-	-	-	-	-	-	-
C － 2	-	-	-	-	-	-	-	-	-	-	-	-	-
C － 1	-	-	-	-	-	-	-	-	-	-	-	-	-
京　　都	1,480	1,632	-	1,844	-	-	625	-	-	-	-	-	-
A － 5	-	-	-	-	-	-	-	-	-	-	-	-	-
A － 4	-	-	-	-	-	-	-	-	-	-	-	-	-
A － 3	-	-	-	-	-	-	-	-	-	-	-	-	-
A － 2	-	-	-	-	-	-	-	-	-	-	-	-	-
A － 1	-	-	-	-	-	-	-	-	-	-	-	-	-
B － 5	-	-	-	-	-	-	-	-	-	-	-	-	-
B － 4	2,012	2,163	-	1,844	-	-	-	-	-	-	-	-	-
B － 3	-	-	-	-	-	-	-	-	-	-	-	-	-
B － 2	625	-	-	-	-	-	625	-	-	-	-	-	-
B － 1	-	-	-	-	-	-	-	-	-	-	-	-	-
C － 5	-	-	-	-	-	-	-	-	-	-	-	-	-
C － 4	-	-	-	-	-	-	-	-	-	-	-	-	-
C － 3	1,727	1,727	-	-	-	-	-	-	-	-	-	-	-
C － 2	813	813	-	-	-	-	-	-	-	-	-	-	-
C － 1	-	-	-	-	-	-	-	-	-	-	-	-	-
大　　阪	1,090	-	-	-	1,205	1,686	1,153	351	-	973	-	-	-
A － 5	-	-	-	-	-	-	-	-	-	-	-	-	-
A － 4	-	-	-	-	-	-	-	-	-	-	-	-	-
A － 3	-	-	-	-	-	-	-	-	-	-	-	-	-
A － 2	-	-	-	-	-	-	-	-	-	-	-	-	-
A － 1	-	-	-	-	-	-	-	-	-	-	-	-	-
B － 5	-	-	-	-	-	-	-	-	-	-	-	-	-
B － 4	1,686	-	-	-	-	1,686	-	-	-	-	-	-	-
B － 3	1,153	-	-	-	-	-	1,153	-	-	-	-	-	-
B － 2	842	-	-	-	1,205	-	-	351	-	973	-	-	-
B － 1	-	-	-	-	-	-	-	-	-	-	-	-	-
C － 5	-	-	-	-	-	-	-	-	-	-	-	-	-
C － 4	-	-	-	-	-	-	-	-	-	-	-	-	-
C － 3	-	-	-	-	-	-	-	-	-	-	-	-	-
C － 2	-	-	-	-	-	-	-	-	-	-	-	-	-
C － 1	-	-	-	-	-	-	-	-	-	-	-	-	-

2 月別規格別取引成立頭数・価格（食肉卸売市場別）（続き）
(12) その他の牛計（続き）
イ 枝肉の1kg当たり卸売価格（続き）

単位：円

市場・規格	平成29年計	1 月	2 月	3 月	4 月	5 月	6 月	7 月	8 月	9 月	10 月	11 月	12 月
神　戸	-	-	-	-	-	-	-	-	-	-	-	-	-
A － 5	-	-	-	-	-	-	-	-	-	-	-	-	-
A － 4	-	-	-	-	-	-	-	-	-	-	-	-	-
A － 3	-	-	-	-	-	-	-	-	-	-	-	-	-
A － 2	-	-	-	-	-	-	-	-	-	-	-	-	-
A － 1	-	-	-	-	-	-	-	-	-	-	-	-	-
B － 5	-	-	-	-	-	-	-	-	-	-	-	-	-
B － 4	-	-	-	-	-	-	-	-	-	-	-	-	-
B － 3	-	-	-	-	-	-	-	-	-	-	-	-	-
B － 2	-	-	-	-	-	-	-	-	-	-	-	-	-
B － 1	-	-	-	-	-	-	-	-	-	-	-	-	-
C － 5	-	-	-	-	-	-	-	-	-	-	-	-	-
C － 4	-	-	-	-	-	-	-	-	-	-	-	-	-
C － 3	-	-	-	-	-	-	-	-	-	-	-	-	-
C － 2	-	-	-	-	-	-	-	-	-	-	-	-	-
C － 1	-	-	-	-	-	-	-	-	-	-	-	-	-
広　島	-	-	-	-	-	-	-	-	-	-	-	-	-
A － 5	-	-	-	-	-	-	-	-	-	-	-	-	-
A － 4	-	-	-	-	-	-	-	-	-	-	-	-	-
A － 3	-	-	-	-	-	-	-	-	-	-	-	-	-
A － 2	-	-	-	-	-	-	-	-	-	-	-	-	-
A － 1	-	-	-	-	-	-	-	-	-	-	-	-	-
B － 5	-	-	-	-	-	-	-	-	-	-	-	-	-
B － 4	-	-	-	-	-	-	-	-	-	-	-	-	-
B － 3	-	-	-	-	-	-	-	-	-	-	-	-	-
B － 2	-	-	-	-	-	-	-	-	-	-	-	-	-
B － 1	-	-	-	-	-	-	-	-	-	-	-	-	-
C － 5	-	-	-	-	-	-	-	-	-	-	-	-	-
C － 4	-	-	-	-	-	-	-	-	-	-	-	-	-
C － 3	-	-	-	-	-	-	-	-	-	-	-	-	-
C － 2	-	-	-	-	-	-	-	-	-	-	-	-	-
C － 1	-	-	-	-	-	-	-	-	-	-	-	-	-
福　岡	1,306	1,406	1,416	1,390	1,409	1,430	1,351	1,267	1,254	1,114	1,296	1,176	1,197
A － 5	-	-	-	-	-	-	-	-	-	-	-	-	-
A － 4	1,726	-	-	-	-	-	-	-	-	-	1,726	-	-
A － 3	-	-	-	-	-	-	-	-	-	-	-	-	-
A － 2	1,235	-	1,105	-	-	-	-	1,277	1,277	1,149	-	-	-
A － 1	-	-	-	-	-	-	-	-	-	-	-	-	-
B － 5	-	-	-	-	-	-	-	-	-	-	-	-	-
B － 4	541	-	-	-	-	-	-	-	-	541	-	-	-
B － 3	1,506	1,630	1,350	-	1,617	1,648	1,471	1,510	-	-	1,297	1,454	1,439
B － 2	1,302	1,366	1,425	1,390	1,393	1,374	1,350	1,252	1,209	1,148	1,264	1,115	1,143
B － 1	-	-	-	-	-	-	-	-	-	-	-	-	-
C － 5	-	-	-	-	-	-	-	-	-	-	-	-	-
C － 4	-	-	-	-	-	-	-	-	-	-	-	-	-
C － 3	1,454	-	-	-	-	-	-	-	-	-	-	1,454	1,455
C － 2	1,266	1,447	1,447	1,390	1,391	1,390	1,277	1,240	1,278	1,148	1,263	1,148	1,139
C － 1	-	-	-	-	-	-	-	-	-	-	-	-	-

単位：円

市場・規格	平成29年計	1 月	2 月	3 月	4 月	5 月	6 月	7 月	8 月	9 月	10 月	11 月	12 月
指定市場計	1,073	1,621	1,403	951	1,133	-	-	55	524	-	1,175	1,080	1,751
A － 5	-	-	-	-	-	-	-	-	-	-	-	-	-
A － 4	1,751	-	-	-	-	-	-	-	-	-	-	-	1,751
A － 3	-	-	-	-	-	-	-	-	-	-	-	-	-
A － 2	1,079	-	-	1,079	-	-	-	-	-	-	-	-	-
A － 1	-	-	-	-	-	-	-	-	-	-	-	-	-
B － 5	-	-	-	-	-	-	-	-	-	-	-	-	-
B － 4	-	-	-	-	-	-	-	-	-	-	-	-	-
B － 3	-	-	-	-	-	-	-	-	-	-	-	-	-
B － 2	1,235	1,621	-	1,080	-	-	-	-	-	-	1,312	1,080	-
B － 1	-	-	-	-	-	-	-	-	-	-	-	-	-
C － 5	-	-	-	-	-	-	-	-	-	-	-	-	-
C － 4	-	-	-	-	-	-	-	-	-	-	-	-	-
C － 3	-	-	-	-	-	-	-	-	-	-	-	-	-
C － 2	957	-	-	-	1,133	-	-	-	756	-	933	-	-
C － 1	586	-	1,403	522	-	-	-	55	53	-	-	-	-
茨　　城	-	-	-	-	-	-	-	-	-	-	-	-	-
A － 5	-	-	-	-	-	-	-	-	-	-	-	-	-
A － 4	-	-	-	-	-	-	-	-	-	-	-	-	-
A － 3	-	-	-	-	-	-	-	-	-	-	-	-	-
A － 2	-	-	-	-	-	-	-	-	-	-	-	-	-
A － 1	-	-	-	-	-	-	-	-	-	-	-	-	-
B － 5	-	-	-	-	-	-	-	-	-	-	-	-	-
B － 4	-	-	-	-	-	-	-	-	-	-	-	-	-
B － 3	-	-	-	-	-	-	-	-	-	-	-	-	-
B － 2	-	-	-	-	-	-	-	-	-	-	-	-	-
B － 1	-	-	-	-	-	-	-	-	-	-	-	-	-
C － 5	-	-	-	-	-	-	-	-	-	-	-	-	-
C － 4	-	-	-	-	-	-	-	-	-	-	-	-	-
C － 3	-	-	-	-	-	-	-	-	-	-	-	-	-
C － 2	-	-	-	-	-	-	-	-	-	-	-	-	-
C － 1	-	-	-	-	-	-	-	-	-	-	-	-	-
宇　都　宮	-	-	-	-	-	-	-	-	-	-	-	-	-
A － 5	-	-	-	-	-	-	-	-	-	-	-	-	-
A － 4	-	-	-	-	-	-	-	-	-	-	-	-	-
A － 3	-	-	-	-	-	-	-	-	-	-	-	-	-
A － 2	-	-	-	-	-	-	-	-	-	-	-	-	-
A － 1	-	-	-	-	-	-	-	-	-	-	-	-	-
B － 5	-	-	-	-	-	-	-	-	-	-	-	-	-
B － 4	-	-	-	-	-	-	-	-	-	-	-	-	-
B － 3	-	-	-	-	-	-	-	-	-	-	-	-	-
B － 2	-	-	-	-	-	-	-	-	-	-	-	-	-
B － 1	-	-	-	-	-	-	-	-	-	-	-	-	-
C － 5	-	-	-	-	-	-	-	-	-	-	-	-	-
C － 4	-	-	-	-	-	-	-	-	-	-	-	-	-
C － 3	-	-	-	-	-	-	-	-	-	-	-	-	-
C － 2	-	-	-	-	-	-	-	-	-	-	-	-	-
C － 1	-	-	-	-	-	-	-	-	-	-	-	-	-

2　月別規格別取引成立頭数・価格（食肉卸売市場別）（続き）
(12)　その他の牛計（続き）

イ　枝肉の1kg当たり卸売価格（続き）

単位：円

市場・規格	平成29年計	1月	2月	3月	4月	5月	6月	7月	8月	9月	10月	11月	12月
群　馬	-	-	-	-	-	-	-	-	-	-	-	-	-
A - 5	-	-	-	-	-	-	-	-	-	-	-	-	-
A - 4	-	-	-	-	-	-	-	-	-	-	-	-	-
A - 3	-	-	-	-	-	-	-	-	-	-	-	-	-
A - 2	-	-	-	-	-	-	-	-	-	-	-	-	-
A - 1	-	-	-	-	-	-	-	-	-	-	-	-	-
B - 5	-	-	-	-	-	-	-	-	-	-	-	-	-
B - 4	-	-	-	-	-	-	-	-	-	-	-	-	-
B - 3	-	-	-	-	-	-	-	-	-	-	-	-	-
B - 2	-	-	-	-	-	-	-	-	-	-	-	-	-
B - 1	-	-	-	-	-	-	-	-	-	-	-	-	-
C - 5	-	-	-	-	-	-	-	-	-	-	-	-	-
C - 4	-	-	-	-	-	-	-	-	-	-	-	-	-
C - 3	-	-	-	-	-	-	-	-	-	-	-	-	-
C - 2	-	-	-	-	-	-	-	-	-	-	-	-	-
C - 1	-	-	-	-	-	-	-	-	-	-	-	-	-
川　口	-	-	-	-	-	-	-	-	-	-	-	-	-
A - 5	-	-	-	-	-	-	-	-	-	-	-	-	-
A - 4	-	-	-	-	-	-	-	-	-	-	-	-	-
A - 3	-	-	-	-	-	-	-	-	-	-	-	-	-
A - 2	-	-	-	-	-	-	-	-	-	-	-	-	-
A - 1	-	-	-	-	-	-	-	-	-	-	-	-	-
B - 5	-	-	-	-	-	-	-	-	-	-	-	-	-
B - 4	-	-	-	-	-	-	-	-	-	-	-	-	-
B - 3	-	-	-	-	-	-	-	-	-	-	-	-	-
B - 2	-	-	-	-	-	-	-	-	-	-	-	-	-
B - 1	-	-	-	-	-	-	-	-	-	-	-	-	-
C - 5	-	-	-	-	-	-	-	-	-	-	-	-	-
C - 4	-	-	-	-	-	-	-	-	-	-	-	-	-
C - 3	-	-	-	-	-	-	-	-	-	-	-	-	-
C - 2	-	-	-	-	-	-	-	-	-	-	-	-	-
C - 1	-	-	-	-	-	-	-	-	-	-	-	-	-
山　梨	-	-	-	-	-	-	-	-	-	-	-	-	-
A - 5	-	-	-	-	-	-	-	-	-	-	-	-	-
A - 4	-	-	-	-	-	-	-	-	-	-	-	-	-
A - 3	-	-	-	-	-	-	-	-	-	-	-	-	-
A - 2	-	-	-	-	-	-	-	-	-	-	-	-	-
A - 1	-	-	-	-	-	-	-	-	-	-	-	-	-
B - 5	-	-	-	-	-	-	-	-	-	-	-	-	-
B - 4	-	-	-	-	-	-	-	-	-	-	-	-	-
B - 3	-	-	-	-	-	-	-	-	-	-	-	-	-
B - 2	-	-	-	-	-	-	-	-	-	-	-	-	-
B - 1	-	-	-	-	-	-	-	-	-	-	-	-	-
C - 5	-	-	-	-	-	-	-	-	-	-	-	-	-
C - 4	-	-	-	-	-	-	-	-	-	-	-	-	-
C - 3	-	-	-	-	-	-	-	-	-	-	-	-	-
C - 2	-	-	-	-	-	-	-	-	-	-	-	-	-
C - 1	-	-	-	-	-	-	-	-	-	-	-	-	-

単位：円

市場・規格	平成29年計	1月	2月	3月	4月	5月	6月	7月	8月	9月	10月	11月	12月
岐阜	-	-	-	-	-	-	-	-	-	-	-	-	-
A - 5	-	-	-	-	-	-	-	-	-	-	-	-	-
A - 4	-	-	-	-	-	-	-	-	-	-	-	-	-
A - 3	-	-	-	-	-	-	-	-	-	-	-	-	-
A - 2	-	-	-	-	-	-	-	-	-	-	-	-	-
A - 1	-	-	-	-	-	-	-	-	-	-	-	-	-
B - 5	-	-	-	-	-	-	-	-	-	-	-	-	-
B - 4	-	-	-	-	-	-	-	-	-	-	-	-	-
B - 3	-	-	-	-	-	-	-	-	-	-	-	-	-
B - 2	-	-	-	-	-	-	-	-	-	-	-	-	-
B - 1	-	-	-	-	-	-	-	-	-	-	-	-	-
C - 5	-	-	-	-	-	-	-	-	-	-	-	-	-
C - 4	-	-	-	-	-	-	-	-	-	-	-	-	-
C - 3	-	-	-	-	-	-	-	-	-	-	-	-	-
C - 2	-	-	-	-	-	-	-	-	-	-	-	-	-
C - 1	-	-	-	-	-	-	-	-	-	-	-	-	-
浜松	-	-	-	-	-	-	-	-	-	-	-	-	-
A - 5	-	-	-	-	-	-	-	-	-	-	-	-	-
A - 4	-	-	-	-	-	-	-	-	-	-	-	-	-
A - 3	-	-	-	-	-	-	-	-	-	-	-	-	-
A - 2	-	-	-	-	-	-	-	-	-	-	-	-	-
A - 1	-	-	-	-	-	-	-	-	-	-	-	-	-
B - 5	-	-	-	-	-	-	-	-	-	-	-	-	-
B - 4	-	-	-	-	-	-	-	-	-	-	-	-	-
B - 3	-	-	-	-	-	-	-	-	-	-	-	-	-
B - 2	-	-	-	-	-	-	-	-	-	-	-	-	-
B - 1	-	-	-	-	-	-	-	-	-	-	-	-	-
C - 5	-	-	-	-	-	-	-	-	-	-	-	-	-
C - 4	-	-	-	-	-	-	-	-	-	-	-	-	-
C - 3	-	-	-	-	-	-	-	-	-	-	-	-	-
C - 2	-	-	-	-	-	-	-	-	-	-	-	-	-
C - 1	-	-	-	-	-	-	-	-	-	-	-	-	-
東三河	-	-	-	-	-	-	-	-	-	-	-	-	-
A - 5	-	-	-	-	-	-	-	-	-	-	-	-	-
A - 4	-	-	-	-	-	-	-	-	-	-	-	-	-
A - 3	-	-	-	-	-	-	-	-	-	-	-	-	-
A - 2	-	-	-	-	-	-	-	-	-	-	-	-	-
A - 1	-	-	-	-	-	-	-	-	-	-	-	-	-
B - 5	-	-	-	-	-	-	-	-	-	-	-	-	-
B - 4	-	-	-	-	-	-	-	-	-	-	-	-	-
B - 3	-	-	-	-	-	-	-	-	-	-	-	-	-
B - 2	-	-	-	-	-	-	-	-	-	-	-	-	-
B - 1	-	-	-	-	-	-	-	-	-	-	-	-	-
C - 5	-	-	-	-	-	-	-	-	-	-	-	-	-
C - 4	-	-	-	-	-	-	-	-	-	-	-	-	-
C - 3	-	-	-	-	-	-	-	-	-	-	-	-	-
C - 2	-	-	-	-	-	-	-	-	-	-	-	-	-
C - 1	-	-	-	-	-	-	-	-	-	-	-	-	-

2　月別規格別取引成立頭数・価格（食肉卸売市場別）（続き）

(12)　その他の牛計（続き）

イ　枝肉の1kg当たり卸売価格（続き）

単位：円

市場・規格	平成29年計	1月	2月	3月	4月	5月	6月	7月	8月	9月	10月	11月	12月
四日市	-	-	-	-	-	-	-	-	-	-	-	-	-
A－5	-	-	-	-	-	-	-	-	-	-	-	-	-
A－4	-	-	-	-	-	-	-	-	-	-	-	-	-
A－3	-	-	-	-	-	-	-	-	-	-	-	-	-
A－2	-	-	-	-	-	-	-	-	-	-	-	-	-
A－1	-	-	-	-	-	-	-	-	-	-	-	-	-
B－5	-	-	-	-	-	-	-	-	-	-	-	-	-
B－4	-	-	-	-	-	-	-	-	-	-	-	-	-
B－3	-	-	-	-	-	-	-	-	-	-	-	-	-
B－2	-	-	-	-	-	-	-	-	-	-	-	-	-
B－1	-	-	-	-	-	-	-	-	-	-	-	-	-
C－5	-	-	-	-	-	-	-	-	-	-	-	-	-
C－4	-	-	-	-	-	-	-	-	-	-	-	-	-
C－3	-	-	-	-	-	-	-	-	-	-	-	-	-
C－2	-	-	-	-	-	-	-	-	-	-	-	-	-
C－1	-	-	-	-	-	-	-	-	-	-	-	-	-
南大阪	-	-	-	-	-	-	-	-	-	-	-	-	-
A－5	-	-	-	-	-	-	-	-	-	-	-	-	-
A－4	-	-	-	-	-	-	-	-	-	-	-	-	-
A－3	-	-	-	-	-	-	-	-	-	-	-	-	-
A－2	-	-	-	-	-	-	-	-	-	-	-	-	-
A－1	-	-	-	-	-	-	-	-	-	-	-	-	-
B－5	-	-	-	-	-	-	-	-	-	-	-	-	-
B－4	-	-	-	-	-	-	-	-	-	-	-	-	-
B－3	-	-	-	-	-	-	-	-	-	-	-	-	-
B－2	-	-	-	-	-	-	-	-	-	-	-	-	-
B－1	-	-	-	-	-	-	-	-	-	-	-	-	-
C－5	-	-	-	-	-	-	-	-	-	-	-	-	-
C－4	-	-	-	-	-	-	-	-	-	-	-	-	-
C－3	-	-	-	-	-	-	-	-	-	-	-	-	-
C－2	-	-	-	-	-	-	-	-	-	-	-	-	-
C－1	-	-	-	-	-	-	-	-	-	-	-	-	-
姫路	**1,184**	-	-	**1,079**	-	-	-	-	-	-	**933**	-	**1,751**
A－5	-	-	-	-	-	-	-	-	-	-	-	-	-
A－4	1,751	-	-	-	-	-	-	-	-	-	-	-	1,751
A－3	-	-	-	-	-	-	-	-	-	-	-	-	-
A－2	1,079	-	-	1,079	-	-	-	-	-	-	-	-	-
A－1	-	-	-	-	-	-	-	-	-	-	-	-	-
B－5	-	-	-	-	-	-	-	-	-	-	-	-	-
B－4	-	-	-	-	-	-	-	-	-	-	-	-	-
B－3	-	-	-	-	-	-	-	-	-	-	-	-	-
B－2	1,080	-	-	1,080	-	-	-	-	-	-	-	-	-
B－1	-	-	-	-	-	-	-	-	-	-	-	-	-
C－5	-	-	-	-	-	-	-	-	-	-	-	-	-
C－4	-	-	-	-	-	-	-	-	-	-	-	-	-
C－3	-	-	-	-	-	-	-	-	-	-	-	-	-
C－2	933	-	-	-	-	-	-	-	-	-	933	-	-
C－1	-	-	-	-	-	-	-	-	-	-	-	-	-

単位：円

市場・規格	平成29年計	1 月	2 月	3 月	4 月	5 月	6 月	7 月	8 月	9 月	10 月	11 月	12 月
加 古 川	1,249	1,621	1,403	757	1,133	-	-	-	-	-	1,457	1,080	-
A － 5	-	-	-	-	-	-	-	-	-	-	-	-	-
A － 4	-	-	-	-	-	-	-	-	-	-	-	-	-
A － 3	-	-	-	-	-	-	-	-	-	-	-	-	-
A － 2	-	-	-	-	-	-	-	-	-	-	-	-	-
A － 1	-	-	-	-	-	-	-	-	-	-	-	-	-
B － 5	-	-	-	-	-	-	-	-	-	-	-	-	-
B － 4	-	-	-	-	-	-	-	-	-	-	-	-	-
B － 3	-	-	-	-	-	-	-	-	-	-	-	-	-
B － 2	1,403	1,621	-	-	-	-	-	-	-	-	1,457	1,080	-
B － 1	-	-	-	-	-	-	-	-	-	-	-	-	-
C － 5	-	-	-	-	-	-	-	-	-	-	-	-	-
C － 4	-	-	-	-	-	-	-	-	-	-	-	-	-
C － 3	-	-	-	-	-	-	-	-	-	-	-	-	-
C － 2	1,133	-	-	-	1,133	-	-	-	-	-	-	-	-
C － 1	1,084	-	1,403	757	-	-	-	-	-	-	-	-	-
西 宮	333	-	-	53	-	-	-	55	524	-	-	-	-
A － 5	-	-	-	-	-	-	-	-	-	-	-	-	-
A － 4	-	-	-	-	-	-	-	-	-	-	-	-	-
A － 3	-	-	-	-	-	-	-	-	-	-	-	-	-
A － 2	-	-	-	-	-	-	-	-	-	-	-	-	-
A － 1	-	-	-	-	-	-	-	-	-	-	-	-	-
B － 5	-	-	-	-	-	-	-	-	-	-	-	-	-
B － 4	-	-	-	-	-	-	-	-	-	-	-	-	-
B － 3	-	-	-	-	-	-	-	-	-	-	-	-	-
B － 2	-	-	-	-	-	-	-	-	-	-	-	-	-
B － 1	-	-	-	-	-	-	-	-	-	-	-	-	-
C － 5	-	-	-	-	-	-	-	-	-	-	-	-	-
C － 4	-	-	-	-	-	-	-	-	-	-	-	-	-
C － 3	-	-	-	-	-	-	-	-	-	-	-	-	-
C － 2	756	-	-	-	-	-	-	-	756	-	-	-	-
C － 1	54	-	-	53	-	-	-	55	53	-	-	-	-
岡 山	-	-	-	-	-	-	-	-	-	-	-	-	-
A － 5	-	-	-	-	-	-	-	-	-	-	-	-	-
A － 4	-	-	-	-	-	-	-	-	-	-	-	-	-
A － 3	-	-	-	-	-	-	-	-	-	-	-	-	-
A － 2	-	-	-	-	-	-	-	-	-	-	-	-	-
A － 1	-	-	-	-	-	-	-	-	-	-	-	-	-
B － 5	-	-	-	-	-	-	-	-	-	-	-	-	-
B － 4	-	-	-	-	-	-	-	-	-	-	-	-	-
B － 3	-	-	-	-	-	-	-	-	-	-	-	-	-
B － 2	-	-	-	-	-	-	-	-	-	-	-	-	-
B － 1	-	-	-	-	-	-	-	-	-	-	-	-	-
C － 5	-	-	-	-	-	-	-	-	-	-	-	-	-
C － 4	-	-	-	-	-	-	-	-	-	-	-	-	-
C － 3	-	-	-	-	-	-	-	-	-	-	-	-	-
C － 2	-	-	-	-	-	-	-	-	-	-	-	-	-
C － 1	-	-	-	-	-	-	-	-	-	-	-	-	-

2 月別規格別取引成立頭数・価格（食肉卸売市場別）（続き）
(12) その他の牛計（続き）
イ 枝肉の1kg当たり卸売価格（続き）

単位：円

市場・規格	平成29年計	1月	2月	3月	4月	5月	6月	7月	8月	9月	10月	11月	12月
坂　　出	-	-	-	-	-	-	-	-	-	-	-	-	-
A － 5	-	-	-	-	-	-	-	-	-	-	-	-	-
A － 4	-	-	-	-	-	-	-	-	-	-	-	-	-
A － 3	-	-	-	-	-	-	-	-	-	-	-	-	-
A － 2	-	-	-	-	-	-	-	-	-	-	-	-	-
A － 1	-	-	-	-	-	-	-	-	-	-	-	-	-
B － 5	-	-	-	-	-	-	-	-	-	-	-	-	-
B － 4	-	-	-	-	-	-	-	-	-	-	-	-	-
B － 3	-	-	-	-	-	-	-	-	-	-	-	-	-
B － 2	-	-	-	-	-	-	-	-	-	-	-	-	-
B － 1	-	-	-	-	-	-	-	-	-	-	-	-	-
C － 5	-	-	-	-	-	-	-	-	-	-	-	-	-
C － 4	-	-	-	-	-	-	-	-	-	-	-	-	-
C － 3	-	-	-	-	-	-	-	-	-	-	-	-	-
C － 2	-	-	-	-	-	-	-	-	-	-	-	-	-
C － 1	-	-	-	-	-	-	-	-	-	-	-	-	-
愛　　媛	-	-	-	-	-	-	-	-	-	-	-	-	-
A － 5	-	-	-	-	-	-	-	-	-	-	-	-	-
A － 4	-	-	-	-	-	-	-	-	-	-	-	-	-
A － 3	-	-	-	-	-	-	-	-	-	-	-	-	-
A － 2	-	-	-	-	-	-	-	-	-	-	-	-	-
A － 1	-	-	-	-	-	-	-	-	-	-	-	-	-
B － 5	-	-	-	-	-	-	-	-	-	-	-	-	-
B － 4	-	-	-	-	-	-	-	-	-	-	-	-	-
B － 3	-	-	-	-	-	-	-	-	-	-	-	-	-
B － 2	-	-	-	-	-	-	-	-	-	-	-	-	-
B － 1	-	-	-	-	-	-	-	-	-	-	-	-	-
C － 5	-	-	-	-	-	-	-	-	-	-	-	-	-
C － 4	-	-	-	-	-	-	-	-	-	-	-	-	-
C － 3	-	-	-	-	-	-	-	-	-	-	-	-	-
C － 2	-	-	-	-	-	-	-	-	-	-	-	-	-
C － 1	-	-	-	-	-	-	-	-	-	-	-	-	-
佐　世　保	1,188	-	-	-	-	-	-	-	-	-	1,188	-	-
A － 5	-	-	-	-	-	-	-	-	-	-	-	-	-
A － 4	-	-	-	-	-	-	-	-	-	-	-	-	-
A － 3	-	-	-	-	-	-	-	-	-	-	-	-	-
A － 2	-	-	-	-	-	-	-	-	-	-	-	-	-
A － 1	-	-	-	-	-	-	-	-	-	-	-	-	-
B － 5	-	-	-	-	-	-	-	-	-	-	-	-	-
B － 4	-	-	-	-	-	-	-	-	-	-	-	-	-
B － 3	-	-	-	-	-	-	-	-	-	-	-	-	-
B － 2	1,188	-	-	-	-	-	-	-	-	-	1,188	-	-
B － 1	-	-	-	-	-	-	-	-	-	-	-	-	-
C － 5	-	-	-	-	-	-	-	-	-	-	-	-	-
C － 4	-	-	-	-	-	-	-	-	-	-	-	-	-
C － 3	-	-	-	-	-	-	-	-	-	-	-	-	-
C － 2	-	-	-	-	-	-	-	-	-	-	-	-	-
C － 1	-	-	-	-	-	-	-	-	-	-	-	-	-

単位：円

市場・規格	平成29年計	1 月	2 月	3 月	4 月	5 月	6 月	7 月	8 月	9 月	10 月	11 月	12 月
熊　　本	-	-	-	-	-	-	-	-	-	-	-	-	-
A － 5	-	-	-	-	-	-	-	-	-	-	-	-	-
A － 4	-	-	-	-	-	-	-	-	-	-	-	-	-
A － 3	-	-	-	-	-	-	-	-	-	-	-	-	-
A － 2	-	-	-	-	-	-	-	-	-	-	-	-	-
A － 1	-	-	-	-	-	-	-	-	-	-	-	-	-
B － 5	-	-	-	-	-	-	-	-	-	-	-	-	-
B － 4	-	-	-	-	-	-	-	-	-	-	-	-	-
B － 3	-	-	-	-	-	-	-	-	-	-	-	-	-
B － 2	-	-	-	-	-	-	-	-	-	-	-	-	-
B － 1	-	-	-	-	-	-	-	-	-	-	-	-	-
C － 5	-	-	-	-	-	-	-	-	-	-	-	-	-
C － 4	-	-	-	-	-	-	-	-	-	-	-	-	-
C － 3	-	-	-	-	-	-	-	-	-	-	-	-	-
C － 2	-	-	-	-	-	-	-	-	-	-	-	-	-
C － 1	-	-	-	-	-	-	-	-	-	-	-	-	-

2 月別規格別取引成立頭数・価格（食肉卸売市場別）（続き）
(13) その他の牛めす
ア 枝肉の取引成立頭数

単位：頭

市場・規格	平成29年計	1月	2月	3月	4月	5月	6月	7月	8月	9月	10月	11月	12月
合計	22	5	3	1	-	2	4	2	1	1	2	1	-
A - 5	-	-	-	-	-	-	-	-	-	-	-	-	-
A - 4	-	-	-	-	-	-	-	-	-	-	-	-	-
A - 3	-	-	-	-	-	-	-	-	-	-	-	-	-
A - 2	1	-	1	-	-	-	-	-	-	-	-	-	-
A - 1	-	-	-	-	-	-	-	-	-	-	-	-	-
B - 5	-	-	-	-	-	-	-	-	-	-	-	-	-
B - 4	-	-	-	-	-	-	-	-	-	-	-	-	-
B - 3	4	-	1	-	-	1	2	-	-	-	-	-	-
B - 2	11	3	-	-	-	1	2	1	1	1	1	1	-
B - 1	-	-	-	-	-	-	-	-	-	-	-	-	-
C - 5	-	-	-	-	-	-	-	-	-	-	-	-	-
C - 4	-	-	-	-	-	-	-	-	-	-	-	-	-
C - 3	1	1	-	-	-	-	-	-	-	-	-	-	-
C - 2	3	1	-	-	-	-	-	1	-	-	1	-	-
C - 1	2	-	1	1	-	-	-	-	-	-	-	-	-
中央市場計	17	4	2	-	-	2	4	2	1	1	-	1	-
A - 5	-	-	-	-	-	-	-	-	-	-	-	-	-
A - 4	-	-	-	-	-	-	-	-	-	-	-	-	-
A - 3	-	-	-	-	-	-	-	-	-	-	-	-	-
A - 2	1	-	1	-	-	-	-	-	-	-	-	-	-
A - 1	-	-	-	-	-	-	-	-	-	-	-	-	-
B - 5	-	-	-	-	-	-	-	-	-	-	-	-	-
B - 4	-	-	-	-	-	-	-	-	-	-	-	-	-
B - 3	4	-	1	-	-	1	2	-	-	-	-	-	-
B - 2	9	2	-	-	-	1	2	1	1	1	-	1	-
B - 1	-	-	-	-	-	-	-	-	-	-	-	-	-
C - 5	-	-	-	-	-	-	-	-	-	-	-	-	-
C - 4	-	-	-	-	-	-	-	-	-	-	-	-	-
C - 3	1	1	-	-	-	-	-	-	-	-	-	-	-
C - 2	2	1	-	-	-	-	-	1	-	-	-	-	-
C - 1	-	-	-	-	-	-	-	-	-	-	-	-	-
仙台	-	-	-	-	-	-	-	-	-	-	-	-	-
A - 5	-	-	-	-	-	-	-	-	-	-	-	-	-
A - 4	-	-	-	-	-	-	-	-	-	-	-	-	-
A - 3	-	-	-	-	-	-	-	-	-	-	-	-	-
A - 2	-	-	-	-	-	-	-	-	-	-	-	-	-
A - 1	-	-	-	-	-	-	-	-	-	-	-	-	-
B - 5	-	-	-	-	-	-	-	-	-	-	-	-	-
B - 4	-	-	-	-	-	-	-	-	-	-	-	-	-
B - 3	-	-	-	-	-	-	-	-	-	-	-	-	-
B - 2	-	-	-	-	-	-	-	-	-	-	-	-	-
B - 1	-	-	-	-	-	-	-	-	-	-	-	-	-
C - 5	-	-	-	-	-	-	-	-	-	-	-	-	-
C - 4	-	-	-	-	-	-	-	-	-	-	-	-	-
C - 3	-	-	-	-	-	-	-	-	-	-	-	-	-
C - 2	-	-	-	-	-	-	-	-	-	-	-	-	-
C - 1	-	-	-	-	-	-	-	-	-	-	-	-	-

単位：頭

市場・規格	平成29年計	1 月	2 月	3 月	4 月	5 月	6 月	7 月	8 月	9 月	10 月	11 月	12 月
さいたま	-	-	-	-	-	-	-	-	-	-	-	-	-
A - 5	-	-	-	-	-	-	-	-	-	-	-	-	-
A - 4	-	-	-	-	-	-	-	-	-	-	-	-	-
A - 3	-	-	-	-	-	-	-	-	-	-	-	-	-
A - 2	-	-	-	-	-	-	-	-	-	-	-	-	-
A - 1	-	-	-	-	-	-	-	-	-	-	-	-	-
B - 5	-	-	-	-	-	-	-	-	-	-	-	-	-
B - 4	-	-	-	-	-	-	-	-	-	-	-	-	-
B - 3	-	-	-	-	-	-	-	-	-	-	-	-	-
B - 2	-	-	-	-	-	-	-	-	-	-	-	-	-
B - 1	-	-	-	-	-	-	-	-	-	-	-	-	-
C - 5	-	-	-	-	-	-	-	-	-	-	-	-	-
C - 4	-	-	-	-	-	-	-	-	-	-	-	-	-
C - 3	-	-	-	-	-	-	-	-	-	-	-	-	-
C - 2	-	-	-	-	-	-	-	-	-	-	-	-	-
C - 1	-	-	-	-	-	-	-	-	-	-	-	-	-
東　京	-	-	-	-	-	-	-	-	-	-	-	-	-
A - 5	-	-	-	-	-	-	-	-	-	-	-	-	-
A - 4	-	-	-	-	-	-	-	-	-	-	-	-	-
A - 3	-	-	-	-	-	-	-	-	-	-	-	-	-
A - 2	-	-	-	-	-	-	-	-	-	-	-	-	-
A - 1	-	-	-	-	-	-	-	-	-	-	-	-	-
B - 5	-	-	-	-	-	-	-	-	-	-	-	-	-
B - 4	-	-	-	-	-	-	-	-	-	-	-	-	-
B - 3	-	-	-	-	-	-	-	-	-	-	-	-	-
B - 2	-	-	-	-	-	-	-	-	-	-	-	-	-
B - 1	-	-	-	-	-	-	-	-	-	-	-	-	-
C - 5	-	-	-	-	-	-	-	-	-	-	-	-	-
C - 4	-	-	-	-	-	-	-	-	-	-	-	-	-
C - 3	-	-	-	-	-	-	-	-	-	-	-	-	-
C - 2	-	-	-	-	-	-	-	-	-	-	-	-	-
C - 1	-	-	-	-	-	-	-	-	-	-	-	-	-
横　浜	-	-	-	-	-	-	-	-	-	-	-	-	-
A - 5	-	-	-	-	-	-	-	-	-	-	-	-	-
A - 4	-	-	-	-	-	-	-	-	-	-	-	-	-
A - 3	-	-	-	-	-	-	-	-	-	-	-	-	-
A - 2	-	-	-	-	-	-	-	-	-	-	-	-	-
A - 1	-	-	-	-	-	-	-	-	-	-	-	-	-
B - 5	-	-	-	-	-	-	-	-	-	-	-	-	-
B - 4	-	-	-	-	-	-	-	-	-	-	-	-	-
B - 3	-	-	-	-	-	-	-	-	-	-	-	-	-
B - 2	-	-	-	-	-	-	-	-	-	-	-	-	-
B - 1	-	-	-	-	-	-	-	-	-	-	-	-	-
C - 5	-	-	-	-	-	-	-	-	-	-	-	-	-
C - 4	-	-	-	-	-	-	-	-	-	-	-	-	-
C - 3	-	-	-	-	-	-	-	-	-	-	-	-	-
C - 2	-	-	-	-	-	-	-	-	-	-	-	-	-
C - 1	-	-	-	-	-	-	-	-	-	-	-	-	-

2　月別規格別取引成立頭数・価格（食肉卸売市場別）（続き）
(13)　その他の牛めす（続き）
ア　枝肉の取引成立頭数（続き）

単位：頭

市場・規格	平成29年計	1 月	2 月	3 月	4 月	5 月	6 月	7 月	8 月	9 月	10 月	11 月	12 月
名　古　屋	-	-	-	-	-	-	-	-	-	-	-	-	-
A - 5	-	-	-	-	-	-	-	-	-	-	-	-	-
A - 4	-	-	-	-	-	-	-	-	-	-	-	-	-
A - 3	-	-	-	-	-	-	-	-	-	-	-	-	-
A - 2	-	-	-	-	-	-	-	-	-	-	-	-	-
A - 1	-	-	-	-	-	-	-	-	-	-	-	-	-
B - 5	-	-	-	-	-	-	-	-	-	-	-	-	-
B - 4	-	-	-	-	-	-	-	-	-	-	-	-	-
B - 3	-	-	-	-	-	-	-	-	-	-	-	-	-
B - 2	-	-	-	-	-	-	-	-	-	-	-	-	-
B - 1	-	-	-	-	-	-	-	-	-	-	-	-	-
C - 5	-	-	-	-	-	-	-	-	-	-	-	-	-
C - 4	-	-	-	-	-	-	-	-	-	-	-	-	-
C - 3	-	-	-	-	-	-	-	-	-	-	-	-	-
C - 2	-	-	-	-	-	-	-	-	-	-	-	-	-
C - 1	-	-	-	-	-	-	-	-	-	-	-	-	-
京　　都	3	2	-	-	-	-	1	-	-	-	-	-	-
A - 5	-	-	-	-	-	-	-	-	-	-	-	-	-
A - 4	-	-	-	-	-	-	-	-	-	-	-	-	-
A - 3	-	-	-	-	-	-	-	-	-	-	-	-	-
A - 2	-	-	-	-	-	-	-	-	-	-	-	-	-
A - 1	-	-	-	-	-	-	-	-	-	-	-	-	-
B - 5	-	-	-	-	-	-	-	-	-	-	-	-	-
B - 4	-	-	-	-	-	-	-	-	-	-	-	-	-
B - 3	-	-	-	-	-	-	-	-	-	-	-	-	-
B - 2	1	-	-	-	-	-	1	-	-	-	-	-	-
B - 1	-	-	-	-	-	-	-	-	-	-	-	-	-
C - 5	-	-	-	-	-	-	-	-	-	-	-	-	-
C - 4	-	-	-	-	-	-	-	-	-	-	-	-	-
C - 3	1	1	-	-	-	-	-	-	-	-	-	-	-
C - 2	1	1	-	-	-	-	-	-	-	-	-	-	-
C - 1	-	-	-	-	-	-	-	-	-	-	-	-	-
大　　阪	1	-	-	-	-	-	-	-	-	1	-	-	-
A - 5	-	-	-	-	-	-	-	-	-	-	-	-	-
A - 4	-	-	-	-	-	-	-	-	-	-	-	-	-
A - 3	-	-	-	-	-	-	-	-	-	-	-	-	-
A - 2	-	-	-	-	-	-	-	-	-	-	-	-	-
A - 1	-	-	-	-	-	-	-	-	-	-	-	-	-
B - 5	-	-	-	-	-	-	-	-	-	-	-	-	-
B - 4	-	-	-	-	-	-	-	-	-	-	-	-	-
B - 3	-	-	-	-	-	-	-	-	-	-	-	-	-
B - 2	1	-	-	-	-	-	-	-	-	1	-	-	-
B - 1	-	-	-	-	-	-	-	-	-	-	-	-	-
C - 5	-	-	-	-	-	-	-	-	-	-	-	-	-
C - 4	-	-	-	-	-	-	-	-	-	-	-	-	-
C - 3	-	-	-	-	-	-	-	-	-	-	-	-	-
C - 2	-	-	-	-	-	-	-	-	-	-	-	-	-
C - 1	-	-	-	-	-	-	-	-	-	-	-	-	-

単位：頭

市場・規格	平成29年計	1 月	2 月	3 月	4 月	5 月	6 月	7 月	8 月	9 月	10 月	11 月	12 月
神　戸	-	-	-	-	-	-	-	-	-	-	-	-	-
A － 5	-	-	-	-	-	-	-	-	-	-	-	-	-
A － 4	-	-	-	-	-	-	-	-	-	-	-	-	-
A － 3	-	-	-	-	-	-	-	-	-	-	-	-	-
A － 2	-	-	-	-	-	-	-	-	-	-	-	-	-
A － 1	-	-	-	-	-	-	-	-	-	-	-	-	-
B － 5	-	-	-	-	-	-	-	-	-	-	-	-	-
B － 4	-	-	-	-	-	-	-	-	-	-	-	-	-
B － 3	-	-	-	-	-	-	-	-	-	-	-	-	-
B － 2	-	-	-	-	-	-	-	-	-	-	-	-	-
B － 1	-	-	-	-	-	-	-	-	-	-	-	-	-
C － 5	-	-	-	-	-	-	-	-	-	-	-	-	-
C － 4	-	-	-	-	-	-	-	-	-	-	-	-	-
C － 3	-	-	-	-	-	-	-	-	-	-	-	-	-
C － 2	-	-	-	-	-	-	-	-	-	-	-	-	-
C － 1	-	-	-	-	-	-	-	-	-	-	-	-	-
広　島	-	-	-	-	-	-	-	-	-	-	-	-	-
A － 5	-	-	-	-	-	-	-	-	-	-	-	-	-
A － 4	-	-	-	-	-	-	-	-	-	-	-	-	-
A － 3	-	-	-	-	-	-	-	-	-	-	-	-	-
A － 2	-	-	-	-	-	-	-	-	-	-	-	-	-
A － 1	-	-	-	-	-	-	-	-	-	-	-	-	-
B － 5	-	-	-	-	-	-	-	-	-	-	-	-	-
B － 4	-	-	-	-	-	-	-	-	-	-	-	-	-
B － 3	-	-	-	-	-	-	-	-	-	-	-	-	-
B － 2	-	-	-	-	-	-	-	-	-	-	-	-	-
B － 1	-	-	-	-	-	-	-	-	-	-	-	-	-
C － 5	-	-	-	-	-	-	-	-	-	-	-	-	-
C － 4	-	-	-	-	-	-	-	-	-	-	-	-	-
C － 3	-	-	-	-	-	-	-	-	-	-	-	-	-
C － 2	-	-	-	-	-	-	-	-	-	-	-	-	-
C － 1	-	-	-	-	-	-	-	-	-	-	-	-	-
福　岡	13	2	2	-	-	2	3	2	1	-	-	1	-
A － 5	-	-	-	-	-	-	-	-	-	-	-	-	-
A － 4	-	-	-	-	-	-	-	-	-	-	-	-	-
A － 3	-	-	-	-	-	-	-	-	-	-	-	-	-
A － 2	1	-	1	-	-	-	-	-	-	-	-	-	-
A － 1	-	-	-	-	-	-	-	-	-	-	-	-	-
B － 5	-	-	-	-	-	-	-	-	-	-	-	-	-
B － 4	-	-	-	-	-	-	-	-	-	-	-	-	-
B － 3	4	-	1	-	-	1	2	-	-	-	-	-	-
B － 2	7	2	-	-	-	1	1	1	1	-	-	1	-
B － 1	-	-	-	-	-	-	-	-	-	-	-	-	-
C － 5	-	-	-	-	-	-	-	-	-	-	-	-	-
C － 4	-	-	-	-	-	-	-	-	-	-	-	-	-
C － 3	-	-	-	-	-	-	-	-	-	-	-	-	-
C － 2	1	-	-	-	-	-	-	1	-	-	-	-	-
C － 1	-	-	-	-	-	-	-	-	-	-	-	-	-

2　月別規格別取引成立頭数・価格（食肉卸売市場別）（続き）
(13)　その他の牛めす（続き）
ア　枝肉の取引成立頭数（続き）

単位：頭

市場・規格	平成29年計	1月	2月	3月	4月	5月	6月	7月	8月	9月	10月	11月	12月
指定市場計	5	1	1	1	-	-	-	-	-	-	2	-	-
A － 5	-	-	-	-	-	-	-	-	-	-	-	-	-
A － 4	-	-	-	-	-	-	-	-	-	-	-	-	-
A － 3	-	-	-	-	-	-	-	-	-	-	-	-	-
A － 2	-	-	-	-	-	-	-	-	-	-	-	-	-
A － 1	-	-	-	-	-	-	-	-	-	-	-	-	-
B － 5	-	-	-	-	-	-	-	-	-	-	-	-	-
B － 4	-	-	-	-	-	-	-	-	-	-	-	-	-
B － 3	-	-	-	-	-	-	-	-	-	-	-	-	-
B － 2	2	1	-	-	-	-	-	-	-	-	1	-	-
B － 1	-	-	-	-	-	-	-	-	-	-	-	-	-
C － 5	-	-	-	-	-	-	-	-	-	-	-	-	-
C － 4	-	-	-	-	-	-	-	-	-	-	-	-	-
C － 3	-	-	-	-	-	-	-	-	-	-	-	-	-
C － 2	1	-	-	-	-	-	-	-	-	-	1	-	-
C － 1	2	-	1	1	-	-	-	-	-	-	-	-	-
茨　　城	-	-	-	-	-	-	-	-	-	-	-	-	-
A － 5	-	-	-	-	-	-	-	-	-	-	-	-	-
A － 4	-	-	-	-	-	-	-	-	-	-	-	-	-
A － 3	-	-	-	-	-	-	-	-	-	-	-	-	-
A － 2	-	-	-	-	-	-	-	-	-	-	-	-	-
A － 1	-	-	-	-	-	-	-	-	-	-	-	-	-
B － 5	-	-	-	-	-	-	-	-	-	-	-	-	-
B － 4	-	-	-	-	-	-	-	-	-	-	-	-	-
B － 3	-	-	-	-	-	-	-	-	-	-	-	-	-
B － 2	-	-	-	-	-	-	-	-	-	-	-	-	-
B － 1	-	-	-	-	-	-	-	-	-	-	-	-	-
C － 5	-	-	-	-	-	-	-	-	-	-	-	-	-
C － 4	-	-	-	-	-	-	-	-	-	-	-	-	-
C － 3	-	-	-	-	-	-	-	-	-	-	-	-	-
C － 2	-	-	-	-	-	-	-	-	-	-	-	-	-
C － 1	-	-	-	-	-	-	-	-	-	-	-	-	-
宇　都　宮	-	-	-	-	-	-	-	-	-	-	-	-	-
A － 5	-	-	-	-	-	-	-	-	-	-	-	-	-
A － 4	-	-	-	-	-	-	-	-	-	-	-	-	-
A － 3	-	-	-	-	-	-	-	-	-	-	-	-	-
A － 2	-	-	-	-	-	-	-	-	-	-	-	-	-
A － 1	-	-	-	-	-	-	-	-	-	-	-	-	-
B － 5	-	-	-	-	-	-	-	-	-	-	-	-	-
B － 4	-	-	-	-	-	-	-	-	-	-	-	-	-
B － 3	-	-	-	-	-	-	-	-	-	-	-	-	-
B － 2	-	-	-	-	-	-	-	-	-	-	-	-	-
B － 1	-	-	-	-	-	-	-	-	-	-	-	-	-
C － 5	-	-	-	-	-	-	-	-	-	-	-	-	-
C － 4	-	-	-	-	-	-	-	-	-	-	-	-	-
C － 3	-	-	-	-	-	-	-	-	-	-	-	-	-
C － 2	-	-	-	-	-	-	-	-	-	-	-	-	-
C － 1	-	-	-	-	-	-	-	-	-	-	-	-	-

単位：頭

市場・規格	平成29年計	1 月	2 月	3 月	4 月	5 月	6 月	7 月	8 月	9 月	10 月	11 月	12 月
群　馬	-	-	-	-	-	-	-	-	-	-	-	-	-
A － 5	-	-	-	-	-	-	-	-	-	-	-	-	-
A － 4	-	-	-	-	-	-	-	-	-	-	-	-	-
A － 3	-	-	-	-	-	-	-	-	-	-	-	-	-
A － 2	-	-	-	-	-	-	-	-	-	-	-	-	-
A － 1	-	-	-	-	-	-	-	-	-	-	-	-	-
B － 5	-	-	-	-	-	-	-	-	-	-	-	-	-
B － 4	-	-	-	-	-	-	-	-	-	-	-	-	-
B － 3	-	-	-	-	-	-	-	-	-	-	-	-	-
B － 2	-	-	-	-	-	-	-	-	-	-	-	-	-
B － 1	-	-	-	-	-	-	-	-	-	-	-	-	-
C － 5	-	-	-	-	-	-	-	-	-	-	-	-	-
C － 4	-	-	-	-	-	-	-	-	-	-	-	-	-
C － 3	-	-	-	-	-	-	-	-	-	-	-	-	-
C － 2	-	-	-	-	-	-	-	-	-	-	-	-	-
C － 1	-	-	-	-	-	-	-	-	-	-	-	-	-
川　口	-	-	-	-	-	-	-	-	-	-	-	-	-
A － 5	-	-	-	-	-	-	-	-	-	-	-	-	-
A － 4	-	-	-	-	-	-	-	-	-	-	-	-	-
A － 3	-	-	-	-	-	-	-	-	-	-	-	-	-
A － 2	-	-	-	-	-	-	-	-	-	-	-	-	-
A － 1	-	-	-	-	-	-	-	-	-	-	-	-	-
B － 5	-	-	-	-	-	-	-	-	-	-	-	-	-
B － 4	-	-	-	-	-	-	-	-	-	-	-	-	-
B － 3	-	-	-	-	-	-	-	-	-	-	-	-	-
B － 2	-	-	-	-	-	-	-	-	-	-	-	-	-
B － 1	-	-	-	-	-	-	-	-	-	-	-	-	-
C － 5	-	-	-	-	-	-	-	-	-	-	-	-	-
C － 4	-	-	-	-	-	-	-	-	-	-	-	-	-
C － 3	-	-	-	-	-	-	-	-	-	-	-	-	-
C － 2	-	-	-	-	-	-	-	-	-	-	-	-	-
C － 1	-	-	-	-	-	-	-	-	-	-	-	-	-
山　梨	-	-	-	-	-	-	-	-	-	-	-	-	-
A － 5	-	-	-	-	-	-	-	-	-	-	-	-	-
A － 4	-	-	-	-	-	-	-	-	-	-	-	-	-
A － 3	-	-	-	-	-	-	-	-	-	-	-	-	-
A － 2	-	-	-	-	-	-	-	-	-	-	-	-	-
A － 1	-	-	-	-	-	-	-	-	-	-	-	-	-
B － 5	-	-	-	-	-	-	-	-	-	-	-	-	-
B － 4	-	-	-	-	-	-	-	-	-	-	-	-	-
B － 3	-	-	-	-	-	-	-	-	-	-	-	-	-
B － 2	-	-	-	-	-	-	-	-	-	-	-	-	-
B － 1	-	-	-	-	-	-	-	-	-	-	-	-	-
C － 5	-	-	-	-	-	-	-	-	-	-	-	-	-
C － 4	-	-	-	-	-	-	-	-	-	-	-	-	-
C － 3	-	-	-	-	-	-	-	-	-	-	-	-	-
C － 2	-	-	-	-	-	-	-	-	-	-	-	-	-
C － 1	-	-	-	-	-	-	-	-	-	-	-	-	-

2 月別規格別取引成立頭数・価格（食肉卸売市場別）（続き）

(13) その他の牛めす（続き）

ア 枝肉の取引成立頭数（続き）

単位：頭

市場・規格	平成29年計	1 月	2 月	3 月	4 月	5 月	6 月	7 月	8 月	9 月	10 月	11 月	12 月
岐　　阜	-	-	-	-	-	-	-	-	-	-	-	-	-
A － 5	-	-	-	-	-	-	-	-	-	-	-	-	-
A － 4	-	-	-	-	-	-	-	-	-	-	-	-	-
A － 3	-	-	-	-	-	-	-	-	-	-	-	-	-
A － 2	-	-	-	-	-	-	-	-	-	-	-	-	-
A － 1	-	-	-	-	-	-	-	-	-	-	-	-	-
B － 5	-	-	-	-	-	-	-	-	-	-	-	-	-
B － 4	-	-	-	-	-	-	-	-	-	-	-	-	-
B － 3	-	-	-	-	-	-	-	-	-	-	-	-	-
B － 2	-	-	-	-	-	-	-	-	-	-	-	-	-
B － 1	-	-	-	-	-	-	-	-	-	-	-	-	-
C － 5	-	-	-	-	-	-	-	-	-	-	-	-	-
C － 4	-	-	-	-	-	-	-	-	-	-	-	-	-
C － 3	-	-	-	-	-	-	-	-	-	-	-	-	-
C － 2	-	-	-	-	-	-	-	-	-	-	-	-	-
C － 1	-	-	-	-	-	-	-	-	-	-	-	-	-
浜　　松	-	-	-	-	-	-	-	-	-	-	-	-	-
A － 5	-	-	-	-	-	-	-	-	-	-	-	-	-
A － 4	-	-	-	-	-	-	-	-	-	-	-	-	-
A － 3	-	-	-	-	-	-	-	-	-	-	-	-	-
A － 2	-	-	-	-	-	-	-	-	-	-	-	-	-
A － 1	-	-	-	-	-	-	-	-	-	-	-	-	-
B － 5	-	-	-	-	-	-	-	-	-	-	-	-	-
B － 4	-	-	-	-	-	-	-	-	-	-	-	-	-
B － 3	-	-	-	-	-	-	-	-	-	-	-	-	-
B － 2	-	-	-	-	-	-	-	-	-	-	-	-	-
B － 1	-	-	-	-	-	-	-	-	-	-	-	-	-
C － 5	-	-	-	-	-	-	-	-	-	-	-	-	-
C － 4	-	-	-	-	-	-	-	-	-	-	-	-	-
C － 3	-	-	-	-	-	-	-	-	-	-	-	-	-
C － 2	-	-	-	-	-	-	-	-	-	-	-	-	-
C － 1	-	-	-	-	-	-	-	-	-	-	-	-	-
東 三 河	-	-	-	-	-	-	-	-	-	-	-	-	-
A － 5	-	-	-	-	-	-	-	-	-	-	-	-	-
A － 4	-	-	-	-	-	-	-	-	-	-	-	-	-
A － 3	-	-	-	-	-	-	-	-	-	-	-	-	-
A － 2	-	-	-	-	-	-	-	-	-	-	-	-	-
A － 1	-	-	-	-	-	-	-	-	-	-	-	-	-
B － 5	-	-	-	-	-	-	-	-	-	-	-	-	-
B － 4	-	-	-	-	-	-	-	-	-	-	-	-	-
B － 3	-	-	-	-	-	-	-	-	-	-	-	-	-
B － 2	-	-	-	-	-	-	-	-	-	-	-	-	-
B － 1	-	-	-	-	-	-	-	-	-	-	-	-	-
C － 5	-	-	-	-	-	-	-	-	-	-	-	-	-
C － 4	-	-	-	-	-	-	-	-	-	-	-	-	-
C － 3	-	-	-	-	-	-	-	-	-	-	-	-	-
C － 2	-	-	-	-	-	-	-	-	-	-	-	-	-
C － 1	-	-	-	-	-	-	-	-	-	-	-	-	-

単位：頭

市場・規格	平成29年計	1月	2月	3月	4月	5月	6月	7月	8月	9月	10月	11月	12月
四日市	-	-	-	-	-	-	-	-	-	-	-	-	-
A - 5	-	-	-	-	-	-	-	-	-	-	-	-	-
A - 4	-	-	-	-	-	-	-	-	-	-	-	-	-
A - 3	-	-	-	-	-	-	-	-	-	-	-	-	-
A - 2	-	-	-	-	-	-	-	-	-	-	-	-	-
A - 1	-	-	-	-	-	-	-	-	-	-	-	-	-
B - 5	-	-	-	-	-	-	-	-	-	-	-	-	-
B - 4	-	-	-	-	-	-	-	-	-	-	-	-	-
B - 3	-	-	-	-	-	-	-	-	-	-	-	-	-
B - 2	-	-	-	-	-	-	-	-	-	-	-	-	-
B - 1	-	-	-	-	-	-	-	-	-	-	-	-	-
C - 5	-	-	-	-	-	-	-	-	-	-	-	-	-
C - 4	-	-	-	-	-	-	-	-	-	-	-	-	-
C - 3	-	-	-	-	-	-	-	-	-	-	-	-	-
C - 2	-	-	-	-	-	-	-	-	-	-	-	-	-
C - 1	-	-	-	-	-	-	-	-	-	-	-	-	-
南大阪	-	-	-	-	-	-	-	-	-	-	-	-	-
A - 5	-	-	-	-	-	-	-	-	-	-	-	-	-
A - 4	-	-	-	-	-	-	-	-	-	-	-	-	-
A - 3	-	-	-	-	-	-	-	-	-	-	-	-	-
A - 2	-	-	-	-	-	-	-	-	-	-	-	-	-
A - 1	-	-	-	-	-	-	-	-	-	-	-	-	-
B - 5	-	-	-	-	-	-	-	-	-	-	-	-	-
B - 4	-	-	-	-	-	-	-	-	-	-	-	-	-
B - 3	-	-	-	-	-	-	-	-	-	-	-	-	-
B - 2	-	-	-	-	-	-	-	-	-	-	-	-	-
B - 1	-	-	-	-	-	-	-	-	-	-	-	-	-
C - 5	-	-	-	-	-	-	-	-	-	-	-	-	-
C - 4	-	-	-	-	-	-	-	-	-	-	-	-	-
C - 3	-	-	-	-	-	-	-	-	-	-	-	-	-
C - 2	-	-	-	-	-	-	-	-	-	-	-	-	-
C - 1	-	-	-	-	-	-	-	-	-	-	-	-	-
姫路	1	-	-	-	-	-	-	-	-	-	1	-	-
A - 5	-	-	-	-	-	-	-	-	-	-	-	-	-
A - 4	-	-	-	-	-	-	-	-	-	-	-	-	-
A - 3	-	-	-	-	-	-	-	-	-	-	-	-	-
A - 2	-	-	-	-	-	-	-	-	-	-	-	-	-
A - 1	-	-	-	-	-	-	-	-	-	-	-	-	-
B - 5	-	-	-	-	-	-	-	-	-	-	-	-	-
B - 4	-	-	-	-	-	-	-	-	-	-	-	-	-
B - 3	-	-	-	-	-	-	-	-	-	-	-	-	-
B - 2	-	-	-	-	-	-	-	-	-	-	-	-	-
B - 1	-	-	-	-	-	-	-	-	-	-	-	-	-
C - 5	-	-	-	-	-	-	-	-	-	-	-	-	-
C - 4	-	-	-	-	-	-	-	-	-	-	-	-	-
C - 3	-	-	-	-	-	-	-	-	-	-	-	-	-
C - 2	1	-	-	-	-	-	-	-	-	-	1	-	-
C - 1	-	-	-	-	-	-	-	-	-	-	-	-	-

2 月別規格別取引成立頭数・価格（食肉卸売市場別）（続き）
(13) その他の牛めす（続き）
ア 枝肉の取引成立頭数（続き）

単位：頭

市場・規格	平成29年計	1 月	2 月	3 月	4 月	5 月	6 月	7 月	8 月	9 月	10 月	11 月	12 月
加 古 川	4	1	1	1	-	-	-	-	-	-	1	-	-
A － 5	-	-	-	-	-	-	-	-	-	-	-	-	-
A － 4	-	-	-	-	-	-	-	-	-	-	-	-	-
A － 3	-	-	-	-	-	-	-	-	-	-	-	-	-
A － 2	-	-	-	-	-	-	-	-	-	-	-	-	-
A － 1	-	-	-	-	-	-	-	-	-	-	-	-	-
B － 5	-	-	-	-	-	-	-	-	-	-	-	-	-
B － 4	-	-	-	-	-	-	-	-	-	-	-	-	-
B － 3	-	-	-	-	-	-	-	-	-	-	-	-	-
B － 2	2	1	-	-	-	-	-	-	-	-	1	-	-
B － 1	-	-	-	-	-	-	-	-	-	-	-	-	-
C － 5	-	-	-	-	-	-	-	-	-	-	-	-	-
C － 4	-	-	-	-	-	-	-	-	-	-	-	-	-
C － 3	-	-	-	-	-	-	-	-	-	-	-	-	-
C － 2	-	-	-	-	-	-	-	-	-	-	-	-	-
C － 1	2	-	1	1	-	-	-	-	-	-	-	-	-
西 宮	-	-	-	-	-	-	-	-	-	-	-	-	-
A － 5	-	-	-	-	-	-	-	-	-	-	-	-	-
A － 4	-	-	-	-	-	-	-	-	-	-	-	-	-
A － 3	-	-	-	-	-	-	-	-	-	-	-	-	-
A － 2	-	-	-	-	-	-	-	-	-	-	-	-	-
A － 1	-	-	-	-	-	-	-	-	-	-	-	-	-
B － 5	-	-	-	-	-	-	-	-	-	-	-	-	-
B － 4	-	-	-	-	-	-	-	-	-	-	-	-	-
B － 3	-	-	-	-	-	-	-	-	-	-	-	-	-
B － 2	-	-	-	-	-	-	-	-	-	-	-	-	-
B － 1	-	-	-	-	-	-	-	-	-	-	-	-	-
C － 5	-	-	-	-	-	-	-	-	-	-	-	-	-
C － 4	-	-	-	-	-	-	-	-	-	-	-	-	-
C － 3	-	-	-	-	-	-	-	-	-	-	-	-	-
C － 2	-	-	-	-	-	-	-	-	-	-	-	-	-
C － 1	-	-	-	-	-	-	-	-	-	-	-	-	-
岡 山	-	-	-	-	-	-	-	-	-	-	-	-	-
A － 5	-	-	-	-	-	-	-	-	-	-	-	-	-
A － 4	-	-	-	-	-	-	-	-	-	-	-	-	-
A － 3	-	-	-	-	-	-	-	-	-	-	-	-	-
A － 2	-	-	-	-	-	-	-	-	-	-	-	-	-
A － 1	-	-	-	-	-	-	-	-	-	-	-	-	-
B － 5	-	-	-	-	-	-	-	-	-	-	-	-	-
B － 4	-	-	-	-	-	-	-	-	-	-	-	-	-
B － 3	-	-	-	-	-	-	-	-	-	-	-	-	-
B － 2	-	-	-	-	-	-	-	-	-	-	-	-	-
B － 1	-	-	-	-	-	-	-	-	-	-	-	-	-
C － 5	-	-	-	-	-	-	-	-	-	-	-	-	-
C － 4	-	-	-	-	-	-	-	-	-	-	-	-	-
C － 3	-	-	-	-	-	-	-	-	-	-	-	-	-
C － 2	-	-	-	-	-	-	-	-	-	-	-	-	-
C － 1	-	-	-	-	-	-	-	-	-	-	-	-	-

単位：頭

市場・規格	平成29年計	1 月	2 月	3 月	4 月	5 月	6 月	7 月	8 月	9 月	10 月	11 月	12 月
坂出	-	-	-	-	-	-	-	-	-	-	-	-	-
A － 5	-	-	-	-	-	-	-	-	-	-	-	-	-
A － 4	-	-	-	-	-	-	-	-	-	-	-	-	-
A － 3	-	-	-	-	-	-	-	-	-	-	-	-	-
A － 2	-	-	-	-	-	-	-	-	-	-	-	-	-
A － 1	-	-	-	-	-	-	-	-	-	-	-	-	-
B － 5	-	-	-	-	-	-	-	-	-	-	-	-	-
B － 4	-	-	-	-	-	-	-	-	-	-	-	-	-
B － 3	-	-	-	-	-	-	-	-	-	-	-	-	-
B － 2	-	-	-	-	-	-	-	-	-	-	-	-	-
B － 1	-	-	-	-	-	-	-	-	-	-	-	-	-
C － 5	-	-	-	-	-	-	-	-	-	-	-	-	-
C － 4	-	-	-	-	-	-	-	-	-	-	-	-	-
C － 3	-	-	-	-	-	-	-	-	-	-	-	-	-
C － 2	-	-	-	-	-	-	-	-	-	-	-	-	-
C － 1	-	-	-	-	-	-	-	-	-	-	-	-	-
愛媛	-	-	-	-	-	-	-	-	-	-	-	-	-
A － 5	-	-	-	-	-	-	-	-	-	-	-	-	-
A － 4	-	-	-	-	-	-	-	-	-	-	-	-	-
A － 3	-	-	-	-	-	-	-	-	-	-	-	-	-
A － 2	-	-	-	-	-	-	-	-	-	-	-	-	-
A － 1	-	-	-	-	-	-	-	-	-	-	-	-	-
B － 5	-	-	-	-	-	-	-	-	-	-	-	-	-
B － 4	-	-	-	-	-	-	-	-	-	-	-	-	-
B － 3	-	-	-	-	-	-	-	-	-	-	-	-	-
B － 2	-	-	-	-	-	-	-	-	-	-	-	-	-
B － 1	-	-	-	-	-	-	-	-	-	-	-	-	-
C － 5	-	-	-	-	-	-	-	-	-	-	-	-	-
C － 4	-	-	-	-	-	-	-	-	-	-	-	-	-
C － 3	-	-	-	-	-	-	-	-	-	-	-	-	-
C － 2	-	-	-	-	-	-	-	-	-	-	-	-	-
C － 1	-	-	-	-	-	-	-	-	-	-	-	-	-
佐世保	-	-	-	-	-	-	-	-	-	-	-	-	-
A － 5	-	-	-	-	-	-	-	-	-	-	-	-	-
A － 4	-	-	-	-	-	-	-	-	-	-	-	-	-
A － 3	-	-	-	-	-	-	-	-	-	-	-	-	-
A － 2	-	-	-	-	-	-	-	-	-	-	-	-	-
A － 1	-	-	-	-	-	-	-	-	-	-	-	-	-
B － 5	-	-	-	-	-	-	-	-	-	-	-	-	-
B － 4	-	-	-	-	-	-	-	-	-	-	-	-	-
B － 3	-	-	-	-	-	-	-	-	-	-	-	-	-
B － 2	-	-	-	-	-	-	-	-	-	-	-	-	-
B － 1	-	-	-	-	-	-	-	-	-	-	-	-	-
C － 5	-	-	-	-	-	-	-	-	-	-	-	-	-
C － 4	-	-	-	-	-	-	-	-	-	-	-	-	-
C － 3	-	-	-	-	-	-	-	-	-	-	-	-	-
C － 2	-	-	-	-	-	-	-	-	-	-	-	-	-
C － 1	-	-	-	-	-	-	-	-	-	-	-	-	-

2　月別規格別取引成立頭数・価格（食肉卸売市場別）（続き）

(13)　その他の牛めす（続き）

ア　枝肉の取引成立頭数（続き）

単位：頭

市場・規格	平成29年計	1月	2月	3月	4月	5月	6月	7月	8月	9月	10月	11月	12月
熊　　本	-	-	-	-	-	-	-	-	-	-	-	-	-
A - 5	-	-	-	-	-	-	-	-	-	-	-	-	-
A - 4	-	-	-	-	-	-	-	-	-	-	-	-	-
A - 3	-	-	-	-	-	-	-	-	-	-	-	-	-
A - 2	-	-	-	-	-	-	-	-	-	-	-	-	-
A - 1	-	-	-	-	-	-	-	-	-	-	-	-	-
B - 5	-	-	-	-	-	-	-	-	-	-	-	-	-
B - 4	-	-	-	-	-	-	-	-	-	-	-	-	-
B - 3	-	-	-	-	-	-	-	-	-	-	-	-	-
B - 2	-	-	-	-	-	-	-	-	-	-	-	-	-
B - 1	-	-	-	-	-	-	-	-	-	-	-	-	-
C - 5	-	-	-	-	-	-	-	-	-	-	-	-	-
C - 4	-	-	-	-	-	-	-	-	-	-	-	-	-
C - 3	-	-	-	-	-	-	-	-	-	-	-	-	-
C - 2	-	-	-	-	-	-	-	-	-	-	-	-	-
C - 1	-	-	-	-	-	-	-	-	-	-	-	-	-

イ　枝肉の1kg当たり卸売価格

単位：円

市場・規格	平成29年計	1 月	2 月	3 月	4 月	5 月	6 月	7 月	8 月	9 月	10 月	11 月	12 月
合　　　計	1,165	1,219	1,289	757	－	1,313	1,263	950	973	973	1,168	920	－
A － 5	－	－	－	－	－	－	－	－	－	－	－	－	－
A － 4	－	－	－	－	－	－	－	－	－	－	－	－	－
A － 3	－	－	－	－	－	－	－	－	－	－	－	－	－
A － 2	1,105	－	1,105	－	－	－	－	－	－	－	－	－	－
A － 1	－	－	－	－	－	－	－	－	－	－	－	－	－
B － 5	－	－	－	－	－	－	－	－	－	－	－	－	－
B － 4	－	－	－	－	－	－	－	－	－	－	－	－	－
B － 3	1,490	－	1,350	－	－	1,727	1,401	－	－	－	－	－	－
B － 2	1,091	1,161	－	－	－	865	1,176	973	973	973	1,457	920	－
B － 1	－	－	－	－	－	－	－	－	－	－	－	－	－
C － 5	－	－	－	－	－	－	－	－	－	－	－	－	－
C － 4	－	－	－	－	－	－	－	－	－	－	－	－	－
C － 3	1,727	1,727	－	－	－	－	－	－	－	－	－	－	－
C － 2	888	813	－	－	－	－	－	920	－	－	933	－	－
C － 1	1,084	－	1,403	757	－	－	－	－	－	－	－	－	－
中央市場計	1,148	1,133	1,238	－	－	1,313	1,263	950	973	973	－	920	－
A － 5	－	－	－	－	－	－	－	－	－	－	－	－	－
A － 4	－	－	－	－	－	－	－	－	－	－	－	－	－
A － 3	－	－	－	－	－	－	－	－	－	－	－	－	－
A － 2	1,105	－	1,105	－	－	－	－	－	－	－	－	－	－
A － 1	－	－	－	－	－	－	－	－	－	－	－	－	－
B － 5	－	－	－	－	－	－	－	－	－	－	－	－	－
B － 4	－	－	－	－	－	－	－	－	－	－	－	－	－
B － 3	1,490	－	1,350	－	－	1,727	1,401	－	－	－	－	－	－
B － 2	1,003	963	－	－	－	865	1,176	973	973	973	－	920	－
B － 1	－	－	－	－	－	－	－	－	－	－	－	－	－
C － 5	－	－	－	－	－	－	－	－	－	－	－	－	－
C － 4	－	－	－	－	－	－	－	－	－	－	－	－	－
C － 3	1,727	1,727	－	－	－	－	－	－	－	－	－	－	－
C － 2	855	813	－	－	－	－	－	920	－	－	－	－	－
C － 1	－	－	－	－	－	－	－	－	－	－	－	－	－
仙　　　台	－	－	－	－	－	－	－	－	－	－	－	－	－
A － 5	－	－	－	－	－	－	－	－	－	－	－	－	－
A － 4	－	－	－	－	－	－	－	－	－	－	－	－	－
A － 3	－	－	－	－	－	－	－	－	－	－	－	－	－
A － 2	－	－	－	－	－	－	－	－	－	－	－	－	－
A － 1	－	－	－	－	－	－	－	－	－	－	－	－	－
B － 5	－	－	－	－	－	－	－	－	－	－	－	－	－
B － 4	－	－	－	－	－	－	－	－	－	－	－	－	－
B － 3	－	－	－	－	－	－	－	－	－	－	－	－	－
B － 2	－	－	－	－	－	－	－	－	－	－	－	－	－
B － 1	－	－	－	－	－	－	－	－	－	－	－	－	－
C － 5	－	－	－	－	－	－	－	－	－	－	－	－	－
C － 4	－	－	－	－	－	－	－	－	－	－	－	－	－
C － 3	－	－	－	－	－	－	－	－	－	－	－	－	－
C － 2	－	－	－	－	－	－	－	－	－	－	－	－	－
C － 1	－	－	－	－	－	－	－	－	－	－	－	－	－

2　月別規格別取引成立頭数・価格（食肉卸売市場別）（続き）
(13)　その他の牛めす（続き）
イ　枝肉の１kg当たり卸売価格（続き）

単位：円

市場・規格	平成29年計	1月	2月	3月	4月	5月	6月	7月	8月	9月	10月	11月	12月
さいたま	-	-	-	-	-	-	-	-	-	-	-	-	-
A - 5	-	-	-	-	-	-	-	-	-	-	-	-	-
A - 4	-	-	-	-	-	-	-	-	-	-	-	-	-
A - 3	-	-	-	-	-	-	-	-	-	-	-	-	-
A - 2	-	-	-	-	-	-	-	-	-	-	-	-	-
A - 1	-	-	-	-	-	-	-	-	-	-	-	-	-
B - 5	-	-	-	-	-	-	-	-	-	-	-	-	-
B - 4	-	-	-	-	-	-	-	-	-	-	-	-	-
B - 3	-	-	-	-	-	-	-	-	-	-	-	-	-
B - 2	-	-	-	-	-	-	-	-	-	-	-	-	-
B - 1	-	-	-	-	-	-	-	-	-	-	-	-	-
C - 5	-	-	-	-	-	-	-	-	-	-	-	-	-
C - 4	-	-	-	-	-	-	-	-	-	-	-	-	-
C - 3	-	-	-	-	-	-	-	-	-	-	-	-	-
C - 2	-	-	-	-	-	-	-	-	-	-	-	-	-
C - 1	-	-	-	-	-	-	-	-	-	-	-	-	-
東　　京	-	-	-	-	-	-	-	-	-	-	-	-	-
A - 5	-	-	-	-	-	-	-	-	-	-	-	-	-
A - 4	-	-	-	-	-	-	-	-	-	-	-	-	-
A - 3	-	-	-	-	-	-	-	-	-	-	-	-	-
A - 2	-	-	-	-	-	-	-	-	-	-	-	-	-
A - 1	-	-	-	-	-	-	-	-	-	-	-	-	-
B - 5	-	-	-	-	-	-	-	-	-	-	-	-	-
B - 4	-	-	-	-	-	-	-	-	-	-	-	-	-
B - 3	-	-	-	-	-	-	-	-	-	-	-	-	-
B - 2	-	-	-	-	-	-	-	-	-	-	-	-	-
B - 1	-	-	-	-	-	-	-	-	-	-	-	-	-
C - 5	-	-	-	-	-	-	-	-	-	-	-	-	-
C - 4	-	-	-	-	-	-	-	-	-	-	-	-	-
C - 3	-	-	-	-	-	-	-	-	-	-	-	-	-
C - 2	-	-	-	-	-	-	-	-	-	-	-	-	-
C - 1	-	-	-	-	-	-	-	-	-	-	-	-	-
横　　浜	-	-	-	-	-	-	-	-	-	-	-	-	-
A - 5	-	-	-	-	-	-	-	-	-	-	-	-	-
A - 4	-	-	-	-	-	-	-	-	-	-	-	-	-
A - 3	-	-	-	-	-	-	-	-	-	-	-	-	-
A - 2	-	-	-	-	-	-	-	-	-	-	-	-	-
A - 1	-	-	-	-	-	-	-	-	-	-	-	-	-
B - 5	-	-	-	-	-	-	-	-	-	-	-	-	-
B - 4	-	-	-	-	-	-	-	-	-	-	-	-	-
B - 3	-	-	-	-	-	-	-	-	-	-	-	-	-
B - 2	-	-	-	-	-	-	-	-	-	-	-	-	-
B - 1	-	-	-	-	-	-	-	-	-	-	-	-	-
C - 5	-	-	-	-	-	-	-	-	-	-	-	-	-
C - 4	-	-	-	-	-	-	-	-	-	-	-	-	-
C - 3	-	-	-	-	-	-	-	-	-	-	-	-	-
C - 2	-	-	-	-	-	-	-	-	-	-	-	-	-
C - 1	-	-	-	-	-	-	-	-	-	-	-	-	-

単位：円

市場・規格	平成29年計	1月	2月	3月	4月	5月	6月	7月	8月	9月	10月	11月	12月
名古屋	−	−	−	−	−	−	−	−	−	−	−	−	−
A − 5	−	−	−	−	−	−	−	−	−	−	−	−	−
A − 4	−	−	−	−	−	−	−	−	−	−	−	−	−
A − 3	−	−	−	−	−	−	−	−	−	−	−	−	−
A − 2	−	−	−	−	−	−	−	−	−	−	−	−	−
A − 1	−	−	−	−	−	−	−	−	−	−	−	−	−
B − 5	−	−	−	−	−	−	−	−	−	−	−	−	−
B − 4	−	−	−	−	−	−	−	−	−	−	−	−	−
B − 3	−	−	−	−	−	−	−	−	−	−	−	−	−
B − 2	−	−	−	−	−	−	−	−	−	−	−	−	−
B − 1	−	−	−	−	−	−	−	−	−	−	−	−	−
C − 5	−	−	−	−	−	−	−	−	−	−	−	−	−
C − 4	−	−	−	−	−	−	−	−	−	−	−	−	−
C − 3	−	−	−	−	−	−	−	−	−	−	−	−	−
C − 2	−	−	−	−	−	−	−	−	−	−	−	−	−
C − 1	−	−	−	−	−	−	−	−	−	−	−	−	−
京都	**1,068**	**1,301**	−	−	−	−	**625**	−	−	−	−	−	−
A − 5	−	−	−	−	−	−	−	−	−	−	−	−	−
A − 4	−	−	−	−	−	−	−	−	−	−	−	−	−
A − 3	−	−	−	−	−	−	−	−	−	−	−	−	−
A − 2	−	−	−	−	−	−	−	−	−	−	−	−	−
A − 1	−	−	−	−	−	−	−	−	−	−	−	−	−
B − 5	−	−	−	−	−	−	−	−	−	−	−	−	−
B − 4	−	−	−	−	−	−	−	−	−	−	−	−	−
B − 3	−	−	−	−	−	−	−	−	−	−	−	−	−
B − 2	625	−	−	−	−	−	625	−	−	−	−	−	−
B − 1	−	−	−	−	−	−	−	−	−	−	−	−	−
C − 5	−	−	−	−	−	−	−	−	−	−	−	−	−
C − 4	−	−	−	−	−	−	−	−	−	−	−	−	−
C − 3	1,727	1,727	−	−	−	−	−	−	−	−	−	−	−
C − 2	813	813	−	−	−	−	−	−	−	−	−	−	−
C − 1	−	−	−	−	−	−	−	−	−	−	−	−	−
大阪	**973**	−	−	−	−	−	−	−	−	**973**	−	−	−
A − 5	−	−	−	−	−	−	−	−	−	−	−	−	−
A − 4	−	−	−	−	−	−	−	−	−	−	−	−	−
A − 3	−	−	−	−	−	−	−	−	−	−	−	−	−
A − 2	−	−	−	−	−	−	−	−	−	−	−	−	−
A − 1	−	−	−	−	−	−	−	−	−	−	−	−	−
B − 5	−	−	−	−	−	−	−	−	−	−	−	−	−
B − 4	−	−	−	−	−	−	−	−	−	−	−	−	−
B − 3	−	−	−	−	−	−	−	−	−	−	−	−	−
B − 2	973	−	−	−	−	−	−	−	−	973	−	−	−
B − 1	−	−	−	−	−	−	−	−	−	−	−	−	−
C − 5	−	−	−	−	−	−	−	−	−	−	−	−	−
C − 4	−	−	−	−	−	−	−	−	−	−	−	−	−
C − 3	−	−	−	−	−	−	−	−	−	−	−	−	−
C − 2	−	−	−	−	−	−	−	−	−	−	−	−	−
C − 1	−	−	−	−	−	−	−	−	−	−	−	−	−

2 月別規格別取引成立頭数・価格（食肉卸売市場別）（続き）
(13) その他の牛めす（続き）
　　　イ　枝肉の1kg当たり卸売価格（続き）

単位：円

市場・規格	平成29年計	1月	2月	3月	4月	5月	6月	7月	8月	9月	10月	11月	12月
神　　戸	-	-	-	-	-	-	-	-	-	-	-	-	-
A － 5	-	-	-	-	-	-	-	-	-	-	-	-	-
A － 4	-	-	-	-	-	-	-	-	-	-	-	-	-
A － 3	-	-	-	-	-	-	-	-	-	-	-	-	-
A － 2	-	-	-	-	-	-	-	-	-	-	-	-	-
A － 1	-	-	-	-	-	-	-	-	-	-	-	-	-
B － 5	-	-	-	-	-	-	-	-	-	-	-	-	-
B － 4	-	-	-	-	-	-	-	-	-	-	-	-	-
B － 3	-	-	-	-	-	-	-	-	-	-	-	-	-
B － 2	-	-	-	-	-	-	-	-	-	-	-	-	-
B － 1	-	-	-	-	-	-	-	-	-	-	-	-	-
C － 5	-	-	-	-	-	-	-	-	-	-	-	-	-
C － 4	-	-	-	-	-	-	-	-	-	-	-	-	-
C － 3	-	-	-	-	-	-	-	-	-	-	-	-	-
C － 2	-	-	-	-	-	-	-	-	-	-	-	-	-
C － 1	-	-	-	-	-	-	-	-	-	-	-	-	-
広　　島	-	-	-	-	-	-	-	-	-	-	-	-	-
A － 5	-	-	-	-	-	-	-	-	-	-	-	-	-
A － 4	-	-	-	-	-	-	-	-	-	-	-	-	-
A － 3	-	-	-	-	-	-	-	-	-	-	-	-	-
A － 2	-	-	-	-	-	-	-	-	-	-	-	-	-
A － 1	-	-	-	-	-	-	-	-	-	-	-	-	-
B － 5	-	-	-	-	-	-	-	-	-	-	-	-	-
B － 4	-	-	-	-	-	-	-	-	-	-	-	-	-
B － 3	-	-	-	-	-	-	-	-	-	-	-	-	-
B － 2	-	-	-	-	-	-	-	-	-	-	-	-	-
B － 1	-	-	-	-	-	-	-	-	-	-	-	-	-
C － 5	-	-	-	-	-	-	-	-	-	-	-	-	-
C － 4	-	-	-	-	-	-	-	-	-	-	-	-	-
C － 3	-	-	-	-	-	-	-	-	-	-	-	-	-
C － 2	-	-	-	-	-	-	-	-	-	-	-	-	-
C － 1	-	-	-	-	-	-	-	-	-	-	-	-	-
福　　岡	1,180	963	1,238	-	-	1,313	1,525	950	973	-	-	920	-
A － 5	-	-	-	-	-	-	-	-	-	-	-	-	-
A － 4	-	-	-	-	-	-	-	-	-	-	-	-	-
A － 3	-	-	-	-	-	-	-	-	-	-	-	-	-
A － 2	1,105	-	1,105	-	-	-	-	-	-	-	-	-	-
A － 1	-	-	-	-	-	-	-	-	-	-	-	-	-
B － 5	-	-	-	-	-	-	-	-	-	-	-	-	-
B － 4	-	-	-	-	-	-	-	-	-	-	-	-	-
B － 3	1,490	-	1,350	-	-	1,727	1,401	-	-	-	-	-	-
B － 2	1,063	963	-	-	-	865	1,675	973	973	-	-	920	-
B － 1	-	-	-	-	-	-	-	-	-	-	-	-	-
C － 5	-	-	-	-	-	-	-	-	-	-	-	-	-
C － 4	-	-	-	-	-	-	-	-	-	-	-	-	-
C － 3	-	-	-	-	-	-	-	-	-	-	-	-	-
C － 2	920	-	-	-	-	-	-	920	-	-	-	-	-
C － 1	-	-	-	-	-	-	-	-	-	-	-	-	-

単位：円

市場・規格	平成29年計	1 月	2 月	3 月	4 月	5 月	6 月	7 月	8 月	9 月	10 月	11 月	12 月
指定市場計	1,226	1,621	1,403	757	–	–	–	–	–	–	1,168	–	–
A － 5	–	–	–	–	–	–	–	–	–	–	–	–	–
A － 4	–	–	–	–	–	–	–	–	–	–	–	–	–
A － 3	–	–	–	–	–	–	–	–	–	–	–	–	–
A － 2	–	–	–	–	–	–	–	–	–	–	–	–	–
A － 1	–	–	–	–	–	–	–	–	–	–	–	–	–
B － 5	–	–	–	–	–	–	–	–	–	–	–	–	–
B － 4	–	–	–	–	–	–	–	–	–	–	–	–	–
B － 3	–	–	–	–	–	–	–	–	–	–	–	–	–
B － 2	1,535	1,621	–	–	–	–	–	–	–	–	1,457	–	–
B － 1	–	–	–	–	–	–	–	–	–	–	–	–	–
C － 5	–	–	–	–	–	–	–	–	–	–	–	–	–
C － 4	–	–	–	–	–	–	–	–	–	–	–	–	–
C － 3	–	–	–	–	–	–	–	–	–	–	–	–	–
C － 2	933	–	–	–	–	–	–	–	–	–	933	–	–
C － 1	1,084	–	1,403	757	–	–	–	–	–	–	–	–	–
茨　　城	–	–	–	–	–	–	–	–	–	–	–	–	–
A － 5	–	–	–	–	–	–	–	–	–	–	–	–	–
A － 4	–	–	–	–	–	–	–	–	–	–	–	–	–
A － 3	–	–	–	–	–	–	–	–	–	–	–	–	–
A － 2	–	–	–	–	–	–	–	–	–	–	–	–	–
A － 1	–	–	–	–	–	–	–	–	–	–	–	–	–
B － 5	–	–	–	–	–	–	–	–	–	–	–	–	–
B － 4	–	–	–	–	–	–	–	–	–	–	–	–	–
B － 3	–	–	–	–	–	–	–	–	–	–	–	–	–
B － 2	–	–	–	–	–	–	–	–	–	–	–	–	–
B － 1	–	–	–	–	–	–	–	–	–	–	–	–	–
C － 5	–	–	–	–	–	–	–	–	–	–	–	–	–
C － 4	–	–	–	–	–	–	–	–	–	–	–	–	–
C － 3	–	–	–	–	–	–	–	–	–	–	–	–	–
C － 2	–	–	–	–	–	–	–	–	–	–	–	–	–
C － 1	–	–	–	–	–	–	–	–	–	–	–	–	–
宇　都　宮	–	–	–	–	–	–	–	–	–	–	–	–	–
A － 5	–	–	–	–	–	–	–	–	–	–	–	–	–
A － 4	–	–	–	–	–	–	–	–	–	–	–	–	–
A － 3	–	–	–	–	–	–	–	–	–	–	–	–	–
A － 2	–	–	–	–	–	–	–	–	–	–	–	–	–
A － 1	–	–	–	–	–	–	–	–	–	–	–	–	–
B － 5	–	–	–	–	–	–	–	–	–	–	–	–	–
B － 4	–	–	–	–	–	–	–	–	–	–	–	–	–
B － 3	–	–	–	–	–	–	–	–	–	–	–	–	–
B － 2	–	–	–	–	–	–	–	–	–	–	–	–	–
B － 1	–	–	–	–	–	–	–	–	–	–	–	–	–
C － 5	–	–	–	–	–	–	–	–	–	–	–	–	–
C － 4	–	–	–	–	–	–	–	–	–	–	–	–	–
C － 3	–	–	–	–	–	–	–	–	–	–	–	–	–
C － 2	–	–	–	–	–	–	–	–	–	–	–	–	–
C － 1	–	–	–	–	–	–	–	–	–	–	–	–	–

2　月別規格別取引成立頭数・価格（食肉卸売市場別）（続き）
(13)　その他の牛めす（続き）
####　　イ　枝肉の１kg当たり卸売価格（続き）

単位：円

市場・規格	平成29年計	1 月	2 月	3 月	4 月	5 月	6 月	7 月	8 月	9 月	10 月	11 月	12 月
群　　馬	-	-	-	-	-	-	-	-	-	-	-	-	-
A － 5	-	-	-	-	-	-	-	-	-	-	-	-	-
A － 4	-	-	-	-	-	-	-	-	-	-	-	-	-
A － 3	-	-	-	-	-	-	-	-	-	-	-	-	-
A － 2	-	-	-	-	-	-	-	-	-	-	-	-	-
A － 1	-	-	-	-	-	-	-	-	-	-	-	-	-
B － 5	-	-	-	-	-	-	-	-	-	-	-	-	-
B － 4	-	-	-	-	-	-	-	-	-	-	-	-	-
B － 3	-	-	-	-	-	-	-	-	-	-	-	-	-
B － 2	-	-	-	-	-	-	-	-	-	-	-	-	-
B － 1	-	-	-	-	-	-	-	-	-	-	-	-	-
C － 5	-	-	-	-	-	-	-	-	-	-	-	-	-
C － 4	-	-	-	-	-	-	-	-	-	-	-	-	-
C － 3	-	-	-	-	-	-	-	-	-	-	-	-	-
C － 2	-	-	-	-	-	-	-	-	-	-	-	-	-
C － 1	-	-	-	-	-	-	-	-	-	-	-	-	-
川　　口	-	-	-	-	-	-	-	-	-	-	-	-	-
A － 5	-	-	-	-	-	-	-	-	-	-	-	-	-
A － 4	-	-	-	-	-	-	-	-	-	-	-	-	-
A － 3	-	-	-	-	-	-	-	-	-	-	-	-	-
A － 2	-	-	-	-	-	-	-	-	-	-	-	-	-
A － 1	-	-	-	-	-	-	-	-	-	-	-	-	-
B － 5	-	-	-	-	-	-	-	-	-	-	-	-	-
B － 4	-	-	-	-	-	-	-	-	-	-	-	-	-
B － 3	-	-	-	-	-	-	-	-	-	-	-	-	-
B － 2	-	-	-	-	-	-	-	-	-	-	-	-	-
B － 1	-	-	-	-	-	-	-	-	-	-	-	-	-
C － 5	-	-	-	-	-	-	-	-	-	-	-	-	-
C － 4	-	-	-	-	-	-	-	-	-	-	-	-	-
C － 3	-	-	-	-	-	-	-	-	-	-	-	-	-
C － 2	-	-	-	-	-	-	-	-	-	-	-	-	-
C － 1	-	-	-	-	-	-	-	-	-	-	-	-	-
山　　梨	-	-	-	-	-	-	-	-	-	-	-	-	-
A － 5	-	-	-	-	-	-	-	-	-	-	-	-	-
A － 4	-	-	-	-	-	-	-	-	-	-	-	-	-
A － 3	-	-	-	-	-	-	-	-	-	-	-	-	-
A － 2	-	-	-	-	-	-	-	-	-	-	-	-	-
A － 1	-	-	-	-	-	-	-	-	-	-	-	-	-
B － 5	-	-	-	-	-	-	-	-	-	-	-	-	-
B － 4	-	-	-	-	-	-	-	-	-	-	-	-	-
B － 3	-	-	-	-	-	-	-	-	-	-	-	-	-
B － 2	-	-	-	-	-	-	-	-	-	-	-	-	-
B － 1	-	-	-	-	-	-	-	-	-	-	-	-	-
C － 5	-	-	-	-	-	-	-	-	-	-	-	-	-
C － 4	-	-	-	-	-	-	-	-	-	-	-	-	-
C － 3	-	-	-	-	-	-	-	-	-	-	-	-	-
C － 2	-	-	-	-	-	-	-	-	-	-	-	-	-
C － 1	-	-	-	-	-	-	-	-	-	-	-	-	-

単位：円

市場・規格	平成29年計	1 月	2 月	3 月	4 月	5 月	6 月	7 月	8 月	9 月	10 月	11 月	12 月
岐　阜	-	-	-	-	-	-	-	-	-	-	-	-	-
A － 5	-	-	-	-	-	-	-	-	-	-	-	-	-
A － 4	-	-	-	-	-	-	-	-	-	-	-	-	-
A － 3	-	-	-	-	-	-	-	-	-	-	-	-	-
A － 2	-	-	-	-	-	-	-	-	-	-	-	-	-
A － 1	-	-	-	-	-	-	-	-	-	-	-	-	-
B － 5	-	-	-	-	-	-	-	-	-	-	-	-	-
B － 4	-	-	-	-	-	-	-	-	-	-	-	-	-
B － 3	-	-	-	-	-	-	-	-	-	-	-	-	-
B － 2	-	-	-	-	-	-	-	-	-	-	-	-	-
B － 1	-	-	-	-	-	-	-	-	-	-	-	-	-
C － 5	-	-	-	-	-	-	-	-	-	-	-	-	-
C － 4	-	-	-	-	-	-	-	-	-	-	-	-	-
C － 3	-	-	-	-	-	-	-	-	-	-	-	-	-
C － 2	-	-	-	-	-	-	-	-	-	-	-	-	-
C － 1	-	-	-	-	-	-	-	-	-	-	-	-	-
浜　松	-	-	-	-	-	-	-	-	-	-	-	-	-
A － 5	-	-	-	-	-	-	-	-	-	-	-	-	-
A － 4	-	-	-	-	-	-	-	-	-	-	-	-	-
A － 3	-	-	-	-	-	-	-	-	-	-	-	-	-
A － 2	-	-	-	-	-	-	-	-	-	-	-	-	-
A － 1	-	-	-	-	-	-	-	-	-	-	-	-	-
B － 5	-	-	-	-	-	-	-	-	-	-	-	-	-
B － 4	-	-	-	-	-	-	-	-	-	-	-	-	-
B － 3	-	-	-	-	-	-	-	-	-	-	-	-	-
B － 2	-	-	-	-	-	-	-	-	-	-	-	-	-
B － 1	-	-	-	-	-	-	-	-	-	-	-	-	-
C － 5	-	-	-	-	-	-	-	-	-	-	-	-	-
C － 4	-	-	-	-	-	-	-	-	-	-	-	-	-
C － 3	-	-	-	-	-	-	-	-	-	-	-	-	-
C － 2	-	-	-	-	-	-	-	-	-	-	-	-	-
C － 1	-	-	-	-	-	-	-	-	-	-	-	-	-
東 三 河	-	-	-	-	-	-	-	-	-	-	-	-	-
A － 5	-	-	-	-	-	-	-	-	-	-	-	-	-
A － 4	-	-	-	-	-	-	-	-	-	-	-	-	-
A － 3	-	-	-	-	-	-	-	-	-	-	-	-	-
A － 2	-	-	-	-	-	-	-	-	-	-	-	-	-
A － 1	-	-	-	-	-	-	-	-	-	-	-	-	-
B － 5	-	-	-	-	-	-	-	-	-	-	-	-	-
B － 4	-	-	-	-	-	-	-	-	-	-	-	-	-
B － 3	-	-	-	-	-	-	-	-	-	-	-	-	-
B － 2	-	-	-	-	-	-	-	-	-	-	-	-	-
B － 1	-	-	-	-	-	-	-	-	-	-	-	-	-
C － 5	-	-	-	-	-	-	-	-	-	-	-	-	-
C － 4	-	-	-	-	-	-	-	-	-	-	-	-	-
C － 3	-	-	-	-	-	-	-	-	-	-	-	-	-
C － 2	-	-	-	-	-	-	-	-	-	-	-	-	-
C － 1	-	-	-	-	-	-	-	-	-	-	-	-	-

2 月別規格別取引成立頭数・価格（食肉卸売市場別）（続き）
(13) その他の牛めす（続き）
イ 枝肉の1kg当たり卸売価格（続き）

単位：円

市場・規格	平成29年計	1 月	2 月	3 月	4 月	5 月	6 月	7 月	8 月	9 月	10 月	11 月	12 月
四 日 市	-	-	-	-	-	-	-	-	-	-	-	-	-
A － 5	-	-	-	-	-	-	-	-	-	-	-	-	-
A － 4	-	-	-	-	-	-	-	-	-	-	-	-	-
A － 3	-	-	-	-	-	-	-	-	-	-	-	-	-
A － 2	-	-	-	-	-	-	-	-	-	-	-	-	-
A － 1	-	-	-	-	-	-	-	-	-	-	-	-	-
B － 5	-	-	-	-	-	-	-	-	-	-	-	-	-
B － 4	-	-	-	-	-	-	-	-	-	-	-	-	-
B － 3	-	-	-	-	-	-	-	-	-	-	-	-	-
B － 2	-	-	-	-	-	-	-	-	-	-	-	-	-
B － 1	-	-	-	-	-	-	-	-	-	-	-	-	-
C － 5	-	-	-	-	-	-	-	-	-	-	-	-	-
C － 4	-	-	-	-	-	-	-	-	-	-	-	-	-
C － 3	-	-	-	-	-	-	-	-	-	-	-	-	-
C － 2	-	-	-	-	-	-	-	-	-	-	-	-	-
C － 1	-	-	-	-	-	-	-	-	-	-	-	-	-
南 大 阪	-	-	-	-	-	-	-	-	-	-	-	-	-
A － 5	-	-	-	-	-	-	-	-	-	-	-	-	-
A － 4	-	-	-	-	-	-	-	-	-	-	-	-	-
A － 3	-	-	-	-	-	-	-	-	-	-	-	-	-
A － 2	-	-	-	-	-	-	-	-	-	-	-	-	-
A － 1	-	-	-	-	-	-	-	-	-	-	-	-	-
B － 5	-	-	-	-	-	-	-	-	-	-	-	-	-
B － 4	-	-	-	-	-	-	-	-	-	-	-	-	-
B － 3	-	-	-	-	-	-	-	-	-	-	-	-	-
B － 2	-	-	-	-	-	-	-	-	-	-	-	-	-
B － 1	-	-	-	-	-	-	-	-	-	-	-	-	-
C － 5	-	-	-	-	-	-	-	-	-	-	-	-	-
C － 4	-	-	-	-	-	-	-	-	-	-	-	-	-
C － 3	-	-	-	-	-	-	-	-	-	-	-	-	-
C － 2	-	-	-	-	-	-	-	-	-	-	-	-	-
C － 1	-	-	-	-	-	-	-	-	-	-	-	-	-
姫 路	933	-	-	-	-	-	-	-	-	-	933	-	-
A － 5	-	-	-	-	-	-	-	-	-	-	-	-	-
A － 4	-	-	-	-	-	-	-	-	-	-	-	-	-
A － 3	-	-	-	-	-	-	-	-	-	-	-	-	-
A － 2	-	-	-	-	-	-	-	-	-	-	-	-	-
A － 1	-	-	-	-	-	-	-	-	-	-	-	-	-
B － 5	-	-	-	-	-	-	-	-	-	-	-	-	-
B － 4	-	-	-	-	-	-	-	-	-	-	-	-	-
B － 3	-	-	-	-	-	-	-	-	-	-	-	-	-
B － 2	-	-	-	-	-	-	-	-	-	-	-	-	-
B － 1	-	-	-	-	-	-	-	-	-	-	-	-	-
C － 5	-	-	-	-	-	-	-	-	-	-	-	-	-
C － 4	-	-	-	-	-	-	-	-	-	-	-	-	-
C － 3	-	-	-	-	-	-	-	-	-	-	-	-	-
C － 2	933	-	-	-	-	-	-	-	-	-	933	-	-
C － 1	-	-	-	-	-	-	-	-	-	-	-	-	-

単位：円

市場・規格	平成29年計	1 月	2 月	3 月	4 月	5 月	6 月	7 月	8 月	9 月	10 月	11 月	12 月
加　古　川	1,329	1,621	1,403	757	-	-	-	-	-	-	1,457	-	-
A － 5	-	-	-	-	-	-	-	-	-	-	-	-	-
A － 4	-	-	-	-	-	-	-	-	-	-	-	-	-
A － 3	-	-	-	-	-	-	-	-	-	-	-	-	-
A － 2	-	-	-	-	-	-	-	-	-	-	-	-	-
A － 1	-	-	-	-	-	-	-	-	-	-	-	-	-
B － 5	-	-	-	-	-	-	-	-	-	-	-	-	-
B － 4	-	-	-	-	-	-	-	-	-	-	-	-	-
B － 3	-	-	-	-	-	-	-	-	-	-	-	-	-
B － 2	1,535	1,621	-	-	-	-	-	-	-	-	1,457	-	-
B － 1	-	-	-	-	-	-	-	-	-	-	-	-	-
C － 5	-	-	-	-	-	-	-	-	-	-	-	-	-
C － 4	-	-	-	-	-	-	-	-	-	-	-	-	-
C － 3	-	-	-	-	-	-	-	-	-	-	-	-	-
C － 2	-	-	-	-	-	-	-	-	-	-	-	-	-
C － 1	1,084	-	1,403	757	-	-	-	-	-	-	-	-	-
西　　宮	-	-	-	-	-	-	-	-	-	-	-	-	-
A － 5	-	-	-	-	-	-	-	-	-	-	-	-	-
A － 4	-	-	-	-	-	-	-	-	-	-	-	-	-
A － 3	-	-	-	-	-	-	-	-	-	-	-	-	-
A － 2	-	-	-	-	-	-	-	-	-	-	-	-	-
A － 1	-	-	-	-	-	-	-	-	-	-	-	-	-
B － 5	-	-	-	-	-	-	-	-	-	-	-	-	-
B － 4	-	-	-	-	-	-	-	-	-	-	-	-	-
B － 3	-	-	-	-	-	-	-	-	-	-	-	-	-
B － 2	-	-	-	-	-	-	-	-	-	-	-	-	-
B － 1	-	-	-	-	-	-	-	-	-	-	-	-	-
C － 5	-	-	-	-	-	-	-	-	-	-	-	-	-
C － 4	-	-	-	-	-	-	-	-	-	-	-	-	-
C － 3	-	-	-	-	-	-	-	-	-	-	-	-	-
C － 2	-	-	-	-	-	-	-	-	-	-	-	-	-
C － 1	-	-	-	-	-	-	-	-	-	-	-	-	-
岡　　山	-	-	-	-	-	-	-	-	-	-	-	-	-
A － 5	-	-	-	-	-	-	-	-	-	-	-	-	-
A － 4	-	-	-	-	-	-	-	-	-	-	-	-	-
A － 3	-	-	-	-	-	-	-	-	-	-	-	-	-
A － 2	-	-	-	-	-	-	-	-	-	-	-	-	-
A － 1	-	-	-	-	-	-	-	-	-	-	-	-	-
B － 5	-	-	-	-	-	-	-	-	-	-	-	-	-
B － 4	-	-	-	-	-	-	-	-	-	-	-	-	-
B － 3	-	-	-	-	-	-	-	-	-	-	-	-	-
B － 2	-	-	-	-	-	-	-	-	-	-	-	-	-
B － 1	-	-	-	-	-	-	-	-	-	-	-	-	-
C － 5	-	-	-	-	-	-	-	-	-	-	-	-	-
C － 4	-	-	-	-	-	-	-	-	-	-	-	-	-
C － 3	-	-	-	-	-	-	-	-	-	-	-	-	-
C － 2	-	-	-	-	-	-	-	-	-	-	-	-	-
C － 1	-	-	-	-	-	-	-	-	-	-	-	-	-

2 月別規格別取引成立頭数・価格（食肉卸売市場別）（続き）
(13) その他の牛めす（続き）
イ 枝肉の1kg当たり卸売価格（続き）

単位：円

市場・規格	平成29年計	1月	2月	3月	4月	5月	6月	7月	8月	9月	10月	11月	12月
坂出	-	-	-	-	-	-	-	-	-	-	-	-	-
A - 5	-	-	-	-	-	-	-	-	-	-	-	-	-
A - 4	-	-	-	-	-	-	-	-	-	-	-	-	-
A - 3	-	-	-	-	-	-	-	-	-	-	-	-	-
A - 2	-	-	-	-	-	-	-	-	-	-	-	-	-
A - 1	-	-	-	-	-	-	-	-	-	-	-	-	-
B - 5	-	-	-	-	-	-	-	-	-	-	-	-	-
B - 4	-	-	-	-	-	-	-	-	-	-	-	-	-
B - 3	-	-	-	-	-	-	-	-	-	-	-	-	-
B - 2	-	-	-	-	-	-	-	-	-	-	-	-	-
B - 1	-	-	-	-	-	-	-	-	-	-	-	-	-
C - 5	-	-	-	-	-	-	-	-	-	-	-	-	-
C - 4	-	-	-	-	-	-	-	-	-	-	-	-	-
C - 3	-	-	-	-	-	-	-	-	-	-	-	-	-
C - 2	-	-	-	-	-	-	-	-	-	-	-	-	-
C - 1	-	-	-	-	-	-	-	-	-	-	-	-	-
愛媛	-	-	-	-	-	-	-	-	-	-	-	-	-
A - 5	-	-	-	-	-	-	-	-	-	-	-	-	-
A - 4	-	-	-	-	-	-	-	-	-	-	-	-	-
A - 3	-	-	-	-	-	-	-	-	-	-	-	-	-
A - 2	-	-	-	-	-	-	-	-	-	-	-	-	-
A - 1	-	-	-	-	-	-	-	-	-	-	-	-	-
B - 5	-	-	-	-	-	-	-	-	-	-	-	-	-
B - 4	-	-	-	-	-	-	-	-	-	-	-	-	-
B - 3	-	-	-	-	-	-	-	-	-	-	-	-	-
B - 2	-	-	-	-	-	-	-	-	-	-	-	-	-
B - 1	-	-	-	-	-	-	-	-	-	-	-	-	-
C - 5	-	-	-	-	-	-	-	-	-	-	-	-	-
C - 4	-	-	-	-	-	-	-	-	-	-	-	-	-
C - 3	-	-	-	-	-	-	-	-	-	-	-	-	-
C - 2	-	-	-	-	-	-	-	-	-	-	-	-	-
C - 1	-	-	-	-	-	-	-	-	-	-	-	-	-
佐世保	-	-	-	-	-	-	-	-	-	-	-	-	-
A - 5	-	-	-	-	-	-	-	-	-	-	-	-	-
A - 4	-	-	-	-	-	-	-	-	-	-	-	-	-
A - 3	-	-	-	-	-	-	-	-	-	-	-	-	-
A - 2	-	-	-	-	-	-	-	-	-	-	-	-	-
A - 1	-	-	-	-	-	-	-	-	-	-	-	-	-
B - 5	-	-	-	-	-	-	-	-	-	-	-	-	-
B - 4	-	-	-	-	-	-	-	-	-	-	-	-	-
B - 3	-	-	-	-	-	-	-	-	-	-	-	-	-
B - 2	-	-	-	-	-	-	-	-	-	-	-	-	-
B - 1	-	-	-	-	-	-	-	-	-	-	-	-	-
C - 5	-	-	-	-	-	-	-	-	-	-	-	-	-
C - 4	-	-	-	-	-	-	-	-	-	-	-	-	-
C - 3	-	-	-	-	-	-	-	-	-	-	-	-	-
C - 2	-	-	-	-	-	-	-	-	-	-	-	-	-
C - 1	-	-	-	-	-	-	-	-	-	-	-	-	-

単位：円

市場・規格	平成29年計	1 月	2 月	3 月	4 月	5 月	6 月	7 月	8 月	9 月	10 月	11 月	12 月
熊　　本													
A － 5	－	－	－	－	－	－	－	－	－	－	－	－	－
A － 4	－	－	－	－	－	－	－	－	－	－	－	－	－
A － 3	－	－	－	－	－	－	－	－	－	－	－	－	－
A － 2	－	－	－	－	－	－	－	－	－	－	－	－	－
A － 1	－	－	－	－	－	－	－	－	－	－	－	－	－
B － 5	－	－	－	－	－	－	－	－	－	－	－	－	－
B － 4	－	－	－	－	－	－	－	－	－	－	－	－	－
B － 3	－	－	－	－	－	－	－	－	－	－	－	－	－
B － 2	－	－	－	－	－	－	－	－	－	－	－	－	－
B － 1	－	－	－	－	－	－	－	－	－	－	－	－	－
C － 5	－	－	－	－	－	－	－	－	－	－	－	－	－
C － 4	－	－	－	－	－	－	－	－	－	－	－	－	－
C － 3	－	－	－	－	－	－	－	－	－	－	－	－	－
C － 2	－	－	－	－	－	－	－	－	－	－	－	－	－
C － 1	－	－	－	－	－	－	－	－	－	－	－	－	－

2　月別規格別取引成立頭数・価格（食肉卸売市場別）（続き）
(14)　その他の牛去勢
ア　枝肉の取引成立頭数

単位：頭

市場・規格	平成29年計	1月	2月	3月	4月	5月	6月	7月	8月	9月	10月	11月	12月
合　　計	196	15	14	18	17	15	15	15	16	14	16	14	27
A － 5	-	-	-	-	-	-	-	-	-	-	-	-	-
A － 4	3	-	-	-	-	-	-	-	1	-	1	-	1
A － 3	-	-	-	-	-	-	-	-	-	-	-	-	-
A － 2	6	-	-	1	-	-	-	1	3	1	-	-	-
A － 1	-	-	-	-	-	-	-	-	-	-	-	-	-
B － 5	-	-	-	-	-	-	-	-	-	-	-	-	-
B － 4	4	1	-	1	-	1	-	-	-	1	-	-	-
B － 3	14	1	-	-	1	2	3	1	-	-	1	1	4
B － 2	100	9	9	13	12	8	7	8	4	4	8	6	12
B － 1	-	-	-	-	-	-	-	-	-	-	-	-	-
C － 5	-	-	-	-	-	-	-	-	-	-	-	-	-
C － 4	-	-	-	-	-	-	-	-	-	-	-	-	-
C － 3	2	-	-	-	-	-	-	-	-	-	-	1	1
C － 2	64	4	5	2	4	4	5	4	7	8	6	6	9
C － 1	3	-	-	1	-	-	-	1	1	-	-	-	-
中 央 市 場 計	185	15	14	14	16	15	15	14	14	14	15	13	26
A － 5	-	-	-	-	-	-	-	-	-	-	-	-	-
A － 4	2	-	-	-	-	-	-	-	1	-	1	-	-
A － 3	-	-	-	-	-	-	-	-	-	-	-	-	-
A － 2	5	-	-	-	-	-	-	1	3	1	-	-	-
A － 1	-	-	-	-	-	-	-	-	-	-	-	-	-
B － 5	-	-	-	-	-	-	-	-	-	-	-	-	-
B － 4	4	1	-	1	-	1	-	-	-	1	-	-	-
B － 3	14	1	-	-	1	2	3	1	-	-	1	1	4
B － 2	96	9	9	11	12	8	7	8	4	4	7	5	12
B － 1	-	-	-	-	-	-	-	-	-	-	-	-	-
C － 5	-	-	-	-	-	-	-	-	-	-	-	-	-
C － 4	-	-	-	-	-	-	-	-	-	-	-	-	-
C － 3	2	-	-	-	-	-	-	-	-	-	-	1	1
C － 2	62	4	5	2	3	4	5	4	6	8	6	6	9
C － 1	-	-	-	-	-	-	-	-	-	-	-	-	-
仙　　台	1	-	-	-	-	-	-	-	1	-	-	-	-
A － 5	-	-	-	-	-	-	-	-	-	-	-	-	-
A － 4	1	-	-	-	-	-	-	-	1	-	-	-	-
A － 3	-	-	-	-	-	-	-	-	-	-	-	-	-
A － 2	-	-	-	-	-	-	-	-	-	-	-	-	-
A － 1	-	-	-	-	-	-	-	-	-	-	-	-	-
B － 5	-	-	-	-	-	-	-	-	-	-	-	-	-
B － 4	-	-	-	-	-	-	-	-	-	-	-	-	-
B － 3	-	-	-	-	-	-	-	-	-	-	-	-	-
B － 2	-	-	-	-	-	-	-	-	-	-	-	-	-
B － 1	-	-	-	-	-	-	-	-	-	-	-	-	-
C － 5	-	-	-	-	-	-	-	-	-	-	-	-	-
C － 4	-	-	-	-	-	-	-	-	-	-	-	-	-
C － 3	-	-	-	-	-	-	-	-	-	-	-	-	-
C － 2	-	-	-	-	-	-	-	-	-	-	-	-	-
C － 1	-	-	-	-	-	-	-	-	-	-	-	-	-

単位：頭

市場・規格	平成29年計	1月	2月	3月	4月	5月	6月	7月	8月	9月	10月	11月	12月
さ い た ま	-	-	-	-	-	-	-	-	-	-	-	-	-
A － 5	-	-	-	-	-	-	-	-	-	-	-	-	-
A － 4	-	-	-	-	-	-	-	-	-	-	-	-	-
A － 3	-	-	-	-	-	-	-	-	-	-	-	-	-
A － 2	-	-	-	-	-	-	-	-	-	-	-	-	-
A － 1	-	-	-	-	-	-	-	-	-	-	-	-	-
B － 5	-	-	-	-	-	-	-	-	-	-	-	-	-
B － 4	-	-	-	-	-	-	-	-	-	-	-	-	-
B － 3	-	-	-	-	-	-	-	-	-	-	-	-	-
B － 2	-	-	-	-	-	-	-	-	-	-	-	-	-
B － 1	-	-	-	-	-	-	-	-	-	-	-	-	-
C － 5	-	-	-	-	-	-	-	-	-	-	-	-	-
C － 4	-	-	-	-	-	-	-	-	-	-	-	-	-
C － 3	-	-	-	-	-	-	-	-	-	-	-	-	-
C － 2	-	-	-	-	-	-	-	-	-	-	-	-	-
C － 1	-	-	-	-	-	-	-	-	-	-	-	-	-
東　　京	-	-	-	-	-	-	-	-	-	-	-	-	-
A － 5	-	-	-	-	-	-	-	-	-	-	-	-	-
A － 4	-	-	-	-	-	-	-	-	-	-	-	-	-
A － 3	-	-	-	-	-	-	-	-	-	-	-	-	-
A － 2	-	-	-	-	-	-	-	-	-	-	-	-	-
A － 1	-	-	-	-	-	-	-	-	-	-	-	-	-
B － 5	-	-	-	-	-	-	-	-	-	-	-	-	-
B － 4	-	-	-	-	-	-	-	-	-	-	-	-	-
B － 3	-	-	-	-	-	-	-	-	-	-	-	-	-
B － 2	-	-	-	-	-	-	-	-	-	-	-	-	-
B － 1	-	-	-	-	-	-	-	-	-	-	-	-	-
C － 5	-	-	-	-	-	-	-	-	-	-	-	-	-
C － 4	-	-	-	-	-	-	-	-	-	-	-	-	-
C － 3	-	-	-	-	-	-	-	-	-	-	-	-	-
C － 2	-	-	-	-	-	-	-	-	-	-	-	-	-
C － 1	-	-	-	-	-	-	-	-	-	-	-	-	-
横　　浜	-	-	-	-	-	-	-	-	-	-	-	-	-
A － 5	-	-	-	-	-	-	-	-	-	-	-	-	-
A － 4	-	-	-	-	-	-	-	-	-	-	-	-	-
A － 3	-	-	-	-	-	-	-	-	-	-	-	-	-
A － 2	-	-	-	-	-	-	-	-	-	-	-	-	-
A － 1	-	-	-	-	-	-	-	-	-	-	-	-	-
B － 5	-	-	-	-	-	-	-	-	-	-	-	-	-
B － 4	-	-	-	-	-	-	-	-	-	-	-	-	-
B － 3	-	-	-	-	-	-	-	-	-	-	-	-	-
B － 2	-	-	-	-	-	-	-	-	-	-	-	-	-
B － 1	-	-	-	-	-	-	-	-	-	-	-	-	-
C － 5	-	-	-	-	-	-	-	-	-	-	-	-	-
C － 4	-	-	-	-	-	-	-	-	-	-	-	-	-
C － 3	-	-	-	-	-	-	-	-	-	-	-	-	-
C － 2	-	-	-	-	-	-	-	-	-	-	-	-	-
C － 1	-	-	-	-	-	-	-	-	-	-	-	-	-

2　月別規格別取引成立頭数・価格（食肉卸売市場別）（続き）
(14)　その他の牛去勢（続き）
ア　枝肉の取引成立頭数（続き）

単位：頭

市場・規格	平成29年計	1月	2月	3月	4月	5月	6月	7月	8月	9月	10月	11月	12月
名　古　屋	-	-	-	-	-	-	-	-	-	-	-	-	-
A － 5	-	-	-	-	-	-	-	-	-	-	-	-	-
A － 4	-	-	-	-	-	-	-	-	-	-	-	-	-
A － 3	-	-	-	-	-	-	-	-	-	-	-	-	-
A － 2	-	-	-	-	-	-	-	-	-	-	-	-	-
A － 1	-	-	-	-	-	-	-	-	-	-	-	-	-
B － 5	-	-	-	-	-	-	-	-	-	-	-	-	-
B － 4	-	-	-	-	-	-	-	-	-	-	-	-	-
B － 3	-	-	-	-	-	-	-	-	-	-	-	-	-
B － 2	-	-	-	-	-	-	-	-	-	-	-	-	-
B － 1	-	-	-	-	-	-	-	-	-	-	-	-	-
C － 5	-	-	-	-	-	-	-	-	-	-	-	-	-
C － 4	-	-	-	-	-	-	-	-	-	-	-	-	-
C － 3	-	-	-	-	-	-	-	-	-	-	-	-	-
C － 2	-	-	-	-	-	-	-	-	-	-	-	-	-
C － 1	-	-	-	-	-	-	-	-	-	-	-	-	-
京　　　都	2	1	-	1	-	-	-	-	-	-	-	-	-
A － 5	-	-	-	-	-	-	-	-	-	-	-	-	-
A － 4	-	-	-	-	-	-	-	-	-	-	-	-	-
A － 3	-	-	-	-	-	-	-	-	-	-	-	-	-
A － 2	-	-	-	-	-	-	-	-	-	-	-	-	-
A － 1	-	-	-	-	-	-	-	-	-	-	-	-	-
B － 5	-	-	-	-	-	-	-	-	-	-	-	-	-
B － 4	2	1	-	1	-	-	-	-	-	-	-	-	-
B － 3	-	-	-	-	-	-	-	-	-	-	-	-	-
B － 2	-	-	-	-	-	-	-	-	-	-	-	-	-
B － 1	-	-	-	-	-	-	-	-	-	-	-	-	-
C － 5	-	-	-	-	-	-	-	-	-	-	-	-	-
C － 4	-	-	-	-	-	-	-	-	-	-	-	-	-
C － 3	-	-	-	-	-	-	-	-	-	-	-	-	-
C － 2	-	-	-	-	-	-	-	-	-	-	-	-	-
C － 1	-	-	-	-	-	-	-	-	-	-	-	-	-
大　　　阪	4	-	-	-	1	1	1	1	-	-	-	-	-
A － 5	-	-	-	-	-	-	-	-	-	-	-	-	-
A － 4	-	-	-	-	-	-	-	-	-	-	-	-	-
A － 3	-	-	-	-	-	-	-	-	-	-	-	-	-
A － 2	-	-	-	-	-	-	-	-	-	-	-	-	-
A － 1	-	-	-	-	-	-	-	-	-	-	-	-	-
B － 5	-	-	-	-	-	-	-	-	-	-	-	-	-
B － 4	1	-	-	-	-	1	-	-	-	-	-	-	-
B － 3	1	-	-	-	-	-	1	-	-	-	-	-	-
B － 2	2	-	-	-	1	-	-	1	-	-	-	-	-
B － 1	-	-	-	-	-	-	-	-	-	-	-	-	-
C － 5	-	-	-	-	-	-	-	-	-	-	-	-	-
C － 4	-	-	-	-	-	-	-	-	-	-	-	-	-
C － 3	-	-	-	-	-	-	-	-	-	-	-	-	-
C － 2	-	-	-	-	-	-	-	-	-	-	-	-	-
C － 1	-	-	-	-	-	-	-	-	-	-	-	-	-

単位：頭

市場・規格	平成29年計	1 月	2 月	3 月	4 月	5 月	6 月	7 月	8 月	9 月	10 月	11 月	12 月
神　　戸	-	-	-	-	-	-	-	-	-	-	-	-	-
A － 5	-	-	-	-	-	-	-	-	-	-	-	-	-
A － 4	-	-	-	-	-	-	-	-	-	-	-	-	-
A － 3	-	-	-	-	-	-	-	-	-	-	-	-	-
A － 2	-	-	-	-	-	-	-	-	-	-	-	-	-
A － 1	-	-	-	-	-	-	-	-	-	-	-	-	-
B － 5	-	-	-	-	-	-	-	-	-	-	-	-	-
B － 4	-	-	-	-	-	-	-	-	-	-	-	-	-
B － 3	-	-	-	-	-	-	-	-	-	-	-	-	-
B － 2	-	-	-	-	-	-	-	-	-	-	-	-	-
B － 1	-	-	-	-	-	-	-	-	-	-	-	-	-
C － 5	-	-	-	-	-	-	-	-	-	-	-	-	-
C － 4	-	-	-	-	-	-	-	-	-	-	-	-	-
C － 3	-	-	-	-	-	-	-	-	-	-	-	-	-
C － 2	-	-	-	-	-	-	-	-	-	-	-	-	-
C － 1	-	-	-	-	-	-	-	-	-	-	-	-	-
広　　島	-	-	-	-	-	-	-	-	-	-	-	-	-
A － 5	-	-	-	-	-	-	-	-	-	-	-	-	-
A － 4	-	-	-	-	-	-	-	-	-	-	-	-	-
A － 3	-	-	-	-	-	-	-	-	-	-	-	-	-
A － 2	-	-	-	-	-	-	-	-	-	-	-	-	-
A － 1	-	-	-	-	-	-	-	-	-	-	-	-	-
B － 5	-	-	-	-	-	-	-	-	-	-	-	-	-
B － 4	-	-	-	-	-	-	-	-	-	-	-	-	-
B － 3	-	-	-	-	-	-	-	-	-	-	-	-	-
B － 2	-	-	-	-	-	-	-	-	-	-	-	-	-
B － 1	-	-	-	-	-	-	-	-	-	-	-	-	-
C － 5	-	-	-	-	-	-	-	-	-	-	-	-	-
C － 4	-	-	-	-	-	-	-	-	-	-	-	-	-
C － 3	-	-	-	-	-	-	-	-	-	-	-	-	-
C － 2	-	-	-	-	-	-	-	-	-	-	-	-	-
C － 1	-	-	-	-	-	-	-	-	-	-	-	-	-
福　　岡	178	14	14	13	15	14	14	13	13	14	15	13	26
A － 5	-	-	-	-	-	-	-	-	-	-	-	-	-
A － 4	1	-	-	-	-	-	-	-	-	-	1	-	-
A － 3	-	-	-	-	-	-	-	-	-	-	-	-	-
A － 2	5	-	-	-	-	-	-	1	3	1	-	-	-
A － 1	-	-	-	-	-	-	-	-	-	-	-	-	-
B － 5	-	-	-	-	-	-	-	-	-	-	-	-	-
B － 4	1	-	-	-	-	-	-	-	-	1	-	-	-
B － 3	13	1	-	-	1	2	2	1	-	-	1	1	4
B － 2	94	9	9	11	11	8	7	7	4	4	7	5	12
B － 1	-	-	-	-	-	-	-	-	-	-	-	-	-
C － 5	-	-	-	-	-	-	-	-	-	-	-	-	-
C － 4	-	-	-	-	-	-	-	-	-	-	-	-	-
C － 3	2	-	-	-	-	-	-	-	-	-	-	1	1
C － 2	62	4	5	2	3	4	5	4	6	8	6	6	9
C － 1	-	-	-	-	-	-	-	-	-	-	-	-	-

2　月別規格別取引成立頭数・価格（食肉卸売市場別）（続き）
(14)　その他の牛去勢（続き）
　　ア　枝肉の取引成立頭数（続き）

単位：頭

市場・規格	平成29年計	1 月	2 月	3 月	4 月	5 月	6 月	7 月	8 月	9 月	10 月	11 月	12 月
指定市場計	11	-	-	4	1	-	-	1	2	-	1	1	1
A － 5	-	-	-	-	-	-	-	-	-	-	-	-	-
A － 4	1	-	-	-	-	-	-	-	-	-	-	-	1
A － 3	-	-	-	-	-	-	-	-	-	-	-	-	-
A － 2	1	-	-	1	-	-	-	-	-	-	-	-	-
A － 1	-	-	-	-	-	-	-	-	-	-	-	-	-
B － 5	-	-	-	-	-	-	-	-	-	-	-	-	-
B － 4	-	-	-	-	-	-	-	-	-	-	-	-	-
B － 3	-	-	-	-	-	-	-	-	-	-	-	-	-
B － 2	4	-	-	2	-	-	-	-	-	-	1	1	-
B － 1	-	-	-	-	-	-	-	-	-	-	-	-	-
C － 5	-	-	-	-	-	-	-	-	-	-	-	-	-
C － 4	-	-	-	-	-	-	-	-	-	-	-	-	-
C － 3	-	-	-	-	-	-	-	-	-	-	-	-	-
C － 2	2	-	-	-	-	1	-	-	1	-	-	-	-
C － 1	3	-	-	1	-	-	-	1	1	-	-	-	-
茨　　城	-	-	-	-	-	-	-	-	-	-	-	-	-
A － 5	-	-	-	-	-	-	-	-	-	-	-	-	-
A － 4	-	-	-	-	-	-	-	-	-	-	-	-	-
A － 3	-	-	-	-	-	-	-	-	-	-	-	-	-
A － 2	-	-	-	-	-	-	-	-	-	-	-	-	-
A － 1	-	-	-	-	-	-	-	-	-	-	-	-	-
B － 5	-	-	-	-	-	-	-	-	-	-	-	-	-
B － 4	-	-	-	-	-	-	-	-	-	-	-	-	-
B － 3	-	-	-	-	-	-	-	-	-	-	-	-	-
B － 2	-	-	-	-	-	-	-	-	-	-	-	-	-
B － 1	-	-	-	-	-	-	-	-	-	-	-	-	-
C － 5	-	-	-	-	-	-	-	-	-	-	-	-	-
C － 4	-	-	-	-	-	-	-	-	-	-	-	-	-
C － 3	-	-	-	-	-	-	-	-	-	-	-	-	-
C － 2	-	-	-	-	-	-	-	-	-	-	-	-	-
C － 1	-	-	-	-	-	-	-	-	-	-	-	-	-
宇　都　宮	-	-	-	-	-	-	-	-	-	-	-	-	-
A － 5	-	-	-	-	-	-	-	-	-	-	-	-	-
A － 4	-	-	-	-	-	-	-	-	-	-	-	-	-
A － 3	-	-	-	-	-	-	-	-	-	-	-	-	-
A － 2	-	-	-	-	-	-	-	-	-	-	-	-	-
A － 1	-	-	-	-	-	-	-	-	-	-	-	-	-
B － 5	-	-	-	-	-	-	-	-	-	-	-	-	-
B － 4	-	-	-	-	-	-	-	-	-	-	-	-	-
B － 3	-	-	-	-	-	-	-	-	-	-	-	-	-
B － 2	-	-	-	-	-	-	-	-	-	-	-	-	-
B － 1	-	-	-	-	-	-	-	-	-	-	-	-	-
C － 5	-	-	-	-	-	-	-	-	-	-	-	-	-
C － 4	-	-	-	-	-	-	-	-	-	-	-	-	-
C － 3	-	-	-	-	-	-	-	-	-	-	-	-	-
C － 2	-	-	-	-	-	-	-	-	-	-	-	-	-
C － 1	-	-	-	-	-	-	-	-	-	-	-	-	-

単位：頭

市場・規格	平成29年計	1 月	2 月	3 月	4 月	5 月	6 月	7 月	8 月	9 月	10 月	11 月	12 月
群　馬	-	-	-	-	-	-	-	-	-	-	-	-	-
A - 5	-	-	-	-	-	-	-	-	-	-	-	-	-
A - 4	-	-	-	-	-	-	-	-	-	-	-	-	-
A - 3	-	-	-	-	-	-	-	-	-	-	-	-	-
A - 2	-	-	-	-	-	-	-	-	-	-	-	-	-
A - 1	-	-	-	-	-	-	-	-	-	-	-	-	-
B - 5	-	-	-	-	-	-	-	-	-	-	-	-	-
B - 4	-	-	-	-	-	-	-	-	-	-	-	-	-
B - 3	-	-	-	-	-	-	-	-	-	-	-	-	-
B - 2	-	-	-	-	-	-	-	-	-	-	-	-	-
B - 1	-	-	-	-	-	-	-	-	-	-	-	-	-
C - 5	-	-	-	-	-	-	-	-	-	-	-	-	-
C - 4	-	-	-	-	-	-	-	-	-	-	-	-	-
C - 3	-	-	-	-	-	-	-	-	-	-	-	-	-
C - 2	-	-	-	-	-	-	-	-	-	-	-	-	-
C - 1	-	-	-	-	-	-	-	-	-	-	-	-	-
川　口	-	-	-	-	-	-	-	-	-	-	-	-	-
A - 5	-	-	-	-	-	-	-	-	-	-	-	-	-
A - 4	-	-	-	-	-	-	-	-	-	-	-	-	-
A - 3	-	-	-	-	-	-	-	-	-	-	-	-	-
A - 2	-	-	-	-	-	-	-	-	-	-	-	-	-
A - 1	-	-	-	-	-	-	-	-	-	-	-	-	-
B - 5	-	-	-	-	-	-	-	-	-	-	-	-	-
B - 4	-	-	-	-	-	-	-	-	-	-	-	-	-
B - 3	-	-	-	-	-	-	-	-	-	-	-	-	-
B - 2	-	-	-	-	-	-	-	-	-	-	-	-	-
B - 1	-	-	-	-	-	-	-	-	-	-	-	-	-
C - 5	-	-	-	-	-	-	-	-	-	-	-	-	-
C - 4	-	-	-	-	-	-	-	-	-	-	-	-	-
C - 3	-	-	-	-	-	-	-	-	-	-	-	-	-
C - 2	-	-	-	-	-	-	-	-	-	-	-	-	-
C - 1	-	-	-	-	-	-	-	-	-	-	-	-	-
山　梨	-	-	-	-	-	-	-	-	-	-	-	-	-
A - 5	-	-	-	-	-	-	-	-	-	-	-	-	-
A - 4	-	-	-	-	-	-	-	-	-	-	-	-	-
A - 3	-	-	-	-	-	-	-	-	-	-	-	-	-
A - 2	-	-	-	-	-	-	-	-	-	-	-	-	-
A - 1	-	-	-	-	-	-	-	-	-	-	-	-	-
B - 5	-	-	-	-	-	-	-	-	-	-	-	-	-
B - 4	-	-	-	-	-	-	-	-	-	-	-	-	-
B - 3	-	-	-	-	-	-	-	-	-	-	-	-	-
B - 2	-	-	-	-	-	-	-	-	-	-	-	-	-
B - 1	-	-	-	-	-	-	-	-	-	-	-	-	-
C - 5	-	-	-	-	-	-	-	-	-	-	-	-	-
C - 4	-	-	-	-	-	-	-	-	-	-	-	-	-
C - 3	-	-	-	-	-	-	-	-	-	-	-	-	-
C - 2	-	-	-	-	-	-	-	-	-	-	-	-	-
C - 1	-	-	-	-	-	-	-	-	-	-	-	-	-

2 月別規格別取引成立頭数・価格（食肉卸売市場別）（続き）
(14) その他の牛去勢（続き）
　　ア　枝肉の取引成立頭数（続き）

単位：頭

市場・規格	平成29年計	1 月	2 月	3 月	4 月	5 月	6 月	7 月	8 月	9 月	10 月	11 月	12 月
岐　　阜	-	-	-	-	-	-	-	-	-	-	-	-	-
A － 5	-	-	-	-	-	-	-	-	-	-	-	-	-
A － 4	-	-	-	-	-	-	-	-	-	-	-	-	-
A － 3	-	-	-	-	-	-	-	-	-	-	-	-	-
A － 2	-	-	-	-	-	-	-	-	-	-	-	-	-
A － 1	-	-	-	-	-	-	-	-	-	-	-	-	-
B － 5	-	-	-	-	-	-	-	-	-	-	-	-	-
B － 4	-	-	-	-	-	-	-	-	-	-	-	-	-
B － 3	-	-	-	-	-	-	-	-	-	-	-	-	-
B － 2	-	-	-	-	-	-	-	-	-	-	-	-	-
B － 1	-	-	-	-	-	-	-	-	-	-	-	-	-
C － 5	-	-	-	-	-	-	-	-	-	-	-	-	-
C － 4	-	-	-	-	-	-	-	-	-	-	-	-	-
C － 3	-	-	-	-	-	-	-	-	-	-	-	-	-
C － 2	-	-	-	-	-	-	-	-	-	-	-	-	-
C － 1	-	-	-	-	-	-	-	-	-	-	-	-	-
浜　　松	-	-	-	-	-	-	-	-	-	-	-	-	-
A － 5	-	-	-	-	-	-	-	-	-	-	-	-	-
A － 4	-	-	-	-	-	-	-	-	-	-	-	-	-
A － 3	-	-	-	-	-	-	-	-	-	-	-	-	-
A － 2	-	-	-	-	-	-	-	-	-	-	-	-	-
A － 1	-	-	-	-	-	-	-	-	-	-	-	-	-
B － 5	-	-	-	-	-	-	-	-	-	-	-	-	-
B － 4	-	-	-	-	-	-	-	-	-	-	-	-	-
B － 3	-	-	-	-	-	-	-	-	-	-	-	-	-
B － 2	-	-	-	-	-	-	-	-	-	-	-	-	-
B － 1	-	-	-	-	-	-	-	-	-	-	-	-	-
C － 5	-	-	-	-	-	-	-	-	-	-	-	-	-
C － 4	-	-	-	-	-	-	-	-	-	-	-	-	-
C － 3	-	-	-	-	-	-	-	-	-	-	-	-	-
C － 2	-	-	-	-	-	-	-	-	-	-	-	-	-
C － 1	-	-	-	-	-	-	-	-	-	-	-	-	-
東 三 河	-	-	-	-	-	-	-	-	-	-	-	-	-
A － 5	-	-	-	-	-	-	-	-	-	-	-	-	-
A － 4	-	-	-	-	-	-	-	-	-	-	-	-	-
A － 3	-	-	-	-	-	-	-	-	-	-	-	-	-
A － 2	-	-	-	-	-	-	-	-	-	-	-	-	-
A － 1	-	-	-	-	-	-	-	-	-	-	-	-	-
B － 5	-	-	-	-	-	-	-	-	-	-	-	-	-
B － 4	-	-	-	-	-	-	-	-	-	-	-	-	-
B － 3	-	-	-	-	-	-	-	-	-	-	-	-	-
B － 2	-	-	-	-	-	-	-	-	-	-	-	-	-
B － 1	-	-	-	-	-	-	-	-	-	-	-	-	-
C － 5	-	-	-	-	-	-	-	-	-	-	-	-	-
C － 4	-	-	-	-	-	-	-	-	-	-	-	-	-
C － 3	-	-	-	-	-	-	-	-	-	-	-	-	-
C － 2	-	-	-	-	-	-	-	-	-	-	-	-	-
C － 1	-	-	-	-	-	-	-	-	-	-	-	-	-

単位：頭

市場・規格	平成29年計	1 月	2 月	3 月	4 月	5 月	6 月	7 月	8 月	9 月	10 月	11 月	12 月
四日市	-	-	-	-	-	-	-	-	-	-	-	-	-
A - 5	-	-	-	-	-	-	-	-	-	-	-	-	-
A - 4	-	-	-	-	-	-	-	-	-	-	-	-	-
A - 3	-	-	-	-	-	-	-	-	-	-	-	-	-
A - 2	-	-	-	-	-	-	-	-	-	-	-	-	-
A - 1	-	-	-	-	-	-	-	-	-	-	-	-	-
B - 5	-	-	-	-	-	-	-	-	-	-	-	-	-
B - 4	-	-	-	-	-	-	-	-	-	-	-	-	-
B - 3	-	-	-	-	-	-	-	-	-	-	-	-	-
B - 2	-	-	-	-	-	-	-	-	-	-	-	-	-
B - 1	-	-	-	-	-	-	-	-	-	-	-	-	-
C - 5	-	-	-	-	-	-	-	-	-	-	-	-	-
C - 4	-	-	-	-	-	-	-	-	-	-	-	-	-
C - 3	-	-	-	-	-	-	-	-	-	-	-	-	-
C - 2	-	-	-	-	-	-	-	-	-	-	-	-	-
C - 1	-	-	-	-	-	-	-	-	-	-	-	-	-
南大阪	-	-	-	-	-	-	-	-	-	-	-	-	-
A - 5	-	-	-	-	-	-	-	-	-	-	-	-	-
A - 4	-	-	-	-	-	-	-	-	-	-	-	-	-
A - 3	-	-	-	-	-	-	-	-	-	-	-	-	-
A - 2	-	-	-	-	-	-	-	-	-	-	-	-	-
A - 1	-	-	-	-	-	-	-	-	-	-	-	-	-
B - 5	-	-	-	-	-	-	-	-	-	-	-	-	-
B - 4	-	-	-	-	-	-	-	-	-	-	-	-	-
B - 3	-	-	-	-	-	-	-	-	-	-	-	-	-
B - 2	-	-	-	-	-	-	-	-	-	-	-	-	-
B - 1	-	-	-	-	-	-	-	-	-	-	-	-	-
C - 5	-	-	-	-	-	-	-	-	-	-	-	-	-
C - 4	-	-	-	-	-	-	-	-	-	-	-	-	-
C - 3	-	-	-	-	-	-	-	-	-	-	-	-	-
C - 2	-	-	-	-	-	-	-	-	-	-	-	-	-
C - 1	-	-	-	-	-	-	-	-	-	-	-	-	-
姫路	**4**	-	-	**3**	-	-	-	-	-	-	-	-	**1**
A - 5	-	-	-	-	-	-	-	-	-	-	-	-	-
A - 4	1	-	-	-	-	-	-	-	-	-	-	-	1
A - 3	-	-	-	-	-	-	-	-	-	-	-	-	-
A - 2	1	-	-	1	-	-	-	-	-	-	-	-	-
A - 1	-	-	-	-	-	-	-	-	-	-	-	-	-
B - 5	-	-	-	-	-	-	-	-	-	-	-	-	-
B - 4	-	-	-	-	-	-	-	-	-	-	-	-	-
B - 3	-	-	-	-	-	-	-	-	-	-	-	-	-
B - 2	2	-	-	2	-	-	-	-	-	-	-	-	-
B - 1	-	-	-	-	-	-	-	-	-	-	-	-	-
C - 5	-	-	-	-	-	-	-	-	-	-	-	-	-
C - 4	-	-	-	-	-	-	-	-	-	-	-	-	-
C - 3	-	-	-	-	-	-	-	-	-	-	-	-	-
C - 2	-	-	-	-	-	-	-	-	-	-	-	-	-
C - 1	-	-	-	-	-	-	-	-	-	-	-	-	-

2 月別規格別取引成立頭数・価格（食肉卸売市場別）（続き）
(14) その他の牛去勢（続き）
ア 枝肉の取引成立頭数（続き）

単位：頭

市場・規格	平成29年計	1月	2月	3月	4月	5月	6月	7月	8月	9月	10月	11月	12月
加　古　川	2	-	-	-	1	-	-	-	-	-	-	1	-
A － 5	-	-	-	-	-	-	-	-	-	-	-	-	-
A － 4	-	-	-	-	-	-	-	-	-	-	-	-	-
A － 3	-	-	-	-	-	-	-	-	-	-	-	-	-
A － 2	-	-	-	-	-	-	-	-	-	-	-	-	-
A － 1	-	-	-	-	-	-	-	-	-	-	-	-	-
B － 5	-	-	-	-	-	-	-	-	-	-	-	-	-
B － 4	-	-	-	-	-	-	-	-	-	-	-	-	-
B － 3	-	-	-	-	-	-	-	-	-	-	-	-	-
B － 2	1	-	-	-	-	-	-	-	-	-	-	1	-
B － 1	-	-	-	-	-	-	-	-	-	-	-	-	-
C － 5	-	-	-	-	-	-	-	-	-	-	-	-	-
C － 4	-	-	-	-	-	-	-	-	-	-	-	-	-
C － 3	-	-	-	-	-	-	-	-	-	-	-	-	-
C － 2	1	-	-	-	1	-	-	-	-	-	-	-	-
C － 1	-	-	-	-	-	-	-	-	-	-	-	-	-
西　　宮	4	-	-	1	-	-	-	1	2	-	-	-	-
A － 5	-	-	-	-	-	-	-	-	-	-	-	-	-
A － 4	-	-	-	-	-	-	-	-	-	-	-	-	-
A － 3	-	-	-	-	-	-	-	-	-	-	-	-	-
A － 2	-	-	-	-	-	-	-	-	-	-	-	-	-
A － 1	-	-	-	-	-	-	-	-	-	-	-	-	-
B － 5	-	-	-	-	-	-	-	-	-	-	-	-	-
B － 4	-	-	-	-	-	-	-	-	-	-	-	-	-
B － 3	-	-	-	-	-	-	-	-	-	-	-	-	-
B － 2	-	-	-	-	-	-	-	-	-	-	-	-	-
B － 1	-	-	-	-	-	-	-	-	-	-	-	-	-
C － 5	-	-	-	-	-	-	-	-	-	-	-	-	-
C － 4	-	-	-	-	-	-	-	-	-	-	-	-	-
C － 3	-	-	-	-	-	-	-	-	-	-	-	-	-
C － 2	1	-	-	-	-	-	-	-	1	-	-	-	-
C － 1	3	-	-	1	-	-	-	1	1	-	-	-	-
岡　　山	-	-	-	-	-	-	-	-	-	-	-	-	-
A － 5	-	-	-	-	-	-	-	-	-	-	-	-	-
A － 4	-	-	-	-	-	-	-	-	-	-	-	-	-
A － 3	-	-	-	-	-	-	-	-	-	-	-	-	-
A － 2	-	-	-	-	-	-	-	-	-	-	-	-	-
A － 1	-	-	-	-	-	-	-	-	-	-	-	-	-
B － 5	-	-	-	-	-	-	-	-	-	-	-	-	-
B － 4	-	-	-	-	-	-	-	-	-	-	-	-	-
B － 3	-	-	-	-	-	-	-	-	-	-	-	-	-
B － 2	-	-	-	-	-	-	-	-	-	-	-	-	-
B － 1	-	-	-	-	-	-	-	-	-	-	-	-	-
C － 5	-	-	-	-	-	-	-	-	-	-	-	-	-
C － 4	-	-	-	-	-	-	-	-	-	-	-	-	-
C － 3	-	-	-	-	-	-	-	-	-	-	-	-	-
C － 2	-	-	-	-	-	-	-	-	-	-	-	-	-
C － 1	-	-	-	-	-	-	-	-	-	-	-	-	-

単位：頭

市場・規格	平成29年計	1 月	2 月	3 月	4 月	5 月	6 月	7 月	8 月	9 月	10 月	11 月	12 月
坂　　出	-	-	-	-	-	-	-	-	-	-	-	-	-
A － 5	-	-	-	-	-	-	-	-	-	-	-	-	-
A － 4	-	-	-	-	-	-	-	-	-	-	-	-	-
A － 3	-	-	-	-	-	-	-	-	-	-	-	-	-
A － 2	-	-	-	-	-	-	-	-	-	-	-	-	-
A － 1	-	-	-	-	-	-	-	-	-	-	-	-	-
B － 5	-	-	-	-	-	-	-	-	-	-	-	-	-
B － 4	-	-	-	-	-	-	-	-	-	-	-	-	-
B － 3	-	-	-	-	-	-	-	-	-	-	-	-	-
B － 2	-	-	-	-	-	-	-	-	-	-	-	-	-
B － 1	-	-	-	-	-	-	-	-	-	-	-	-	-
C － 5	-	-	-	-	-	-	-	-	-	-	-	-	-
C － 4	-	-	-	-	-	-	-	-	-	-	-	-	-
C － 3	-	-	-	-	-	-	-	-	-	-	-	-	-
C － 2	-	-	-	-	-	-	-	-	-	-	-	-	-
C － 1	-	-	-	-	-	-	-	-	-	-	-	-	-
愛　　媛	-	-	-	-	-	-	-	-	-	-	-	-	-
A － 5	-	-	-	-	-	-	-	-	-	-	-	-	-
A － 4	-	-	-	-	-	-	-	-	-	-	-	-	-
A － 3	-	-	-	-	-	-	-	-	-	-	-	-	-
A － 2	-	-	-	-	-	-	-	-	-	-	-	-	-
A － 1	-	-	-	-	-	-	-	-	-	-	-	-	-
B － 5	-	-	-	-	-	-	-	-	-	-	-	-	-
B － 4	-	-	-	-	-	-	-	-	-	-	-	-	-
B － 3	-	-	-	-	-	-	-	-	-	-	-	-	-
B － 2	-	-	-	-	-	-	-	-	-	-	-	-	-
B － 1	-	-	-	-	-	-	-	-	-	-	-	-	-
C － 5	-	-	-	-	-	-	-	-	-	-	-	-	-
C － 4	-	-	-	-	-	-	-	-	-	-	-	-	-
C － 3	-	-	-	-	-	-	-	-	-	-	-	-	-
C － 2	-	-	-	-	-	-	-	-	-	-	-	-	-
C － 1	-	-	-	-	-	-	-	-	-	-	-	-	-
佐 世 保	1	-	-	-	-	-	-	-	-	-	1	-	-
A － 5	-	-	-	-	-	-	-	-	-	-	-	-	-
A － 4	-	-	-	-	-	-	-	-	-	-	-	-	-
A － 3	-	-	-	-	-	-	-	-	-	-	-	-	-
A － 2	-	-	-	-	-	-	-	-	-	-	-	-	-
A － 1	-	-	-	-	-	-	-	-	-	-	-	-	-
B － 5	-	-	-	-	-	-	-	-	-	-	-	-	-
B － 4	-	-	-	-	-	-	-	-	-	-	-	-	-
B － 3	-	-	-	-	-	-	-	-	-	-	-	-	-
B － 2	1	-	-	-	-	-	-	-	-	-	1	-	-
B － 1	-	-	-	-	-	-	-	-	-	-	-	-	-
C － 5	-	-	-	-	-	-	-	-	-	-	-	-	-
C － 4	-	-	-	-	-	-	-	-	-	-	-	-	-
C － 3	-	-	-	-	-	-	-	-	-	-	-	-	-
C － 2	-	-	-	-	-	-	-	-	-	-	-	-	-
C － 1	-	-	-	-	-	-	-	-	-	-	-	-	-

2 月別規格別取引成立頭数・価格（食肉卸売市場別）（続き）
(14) その他の牛去勢（続き）
ア 枝肉の取引成立頭数（続き）

単位：頭

市場・規格	平成29年計	1 月	2 月	3 月	4 月	5 月	6 月	7 月	8 月	9 月	10 月	11 月	12 月
熊　　本	-	-	-	-	-	-	-	-	-	-	-	-	-
A － 5	-	-	-	-	-	-	-	-	-	-	-	-	-
A － 4	-	-	-	-	-	-	-	-	-	-	-	-	-
A － 3	-	-	-	-	-	-	-	-	-	-	-	-	-
A － 2	-	-	-	-	-	-	-	-	-	-	-	-	-
A － 1	-	-	-	-	-	-	-	-	-	-	-	-	-
B － 5	-	-	-	-	-	-	-	-	-	-	-	-	-
B － 4	-	-	-	-	-	-	-	-	-	-	-	-	-
B － 3	-	-	-	-	-	-	-	-	-	-	-	-	-
B － 2	-	-	-	-	-	-	-	-	-	-	-	-	-
B － 1	-	-	-	-	-	-	-	-	-	-	-	-	-
C － 5	-	-	-	-	-	-	-	-	-	-	-	-	-
C － 4	-	-	-	-	-	-	-	-	-	-	-	-	-
C － 3	-	-	-	-	-	-	-	-	-	-	-	-	-
C － 2	-	-	-	-	-	-	-	-	-	-	-	-	-
C － 1	-	-	-	-	-	-	-	-	-	-	-	-	-

イ　枝肉の1kg当たり卸売価格

単位：円

市場・規格	平成29年計	1 月	2 月	3 月	4 月	5 月	6 月	7 月	8 月	9 月	10 月	11 月	12 月
合　　計	**1,304**	**1,508**	**1,433**	**1,335**	**1,383**	**1,456**	**1,313**	**1,207**	**1,225**	**1,114**	**1,290**	**1,188**	**1,217**
A － 5	－	－	－	－	－	－	－	－	－	－	－	－	－
A － 4	1,604	－	－	－	－	－	－	－	1,380	－	1,726	－	1,751
A － 3	－	－	－	－	－	－	－	－	－	－	－	－	－
A － 2	1,220	－	－	1,079	－	－	－	1,277	1,277	1,149	－	－	－
A － 1	－	－	－	－	－	－	－	－	－	－	－	－	－
B － 5	－	－	－	－	－	－	－	－	－	－	－	－	－
B － 4	1,634	2,163	－	1,844	－	1,686	－	－	－	541	－	－	－
B － 3	1,481	1,630	－	－	1,617	1,616	1,387	1,510	－	－	1,297	1,454	1,439
B － 2	1,301	1,444	1,425	1,341	1,381	1,424	1,307	1,191	1,265	1,148	1,255	1,141	1,143
B － 1	－	－	－	－	－	－	－	－	－	－	－	－	－
C － 5	－	－	－	－	－	－	－	－	－	－	－	－	－
C － 4	－	－	－	－	－	－	－	－	－	－	－	－	－
C － 3	1,454	－	－	－	－	－	－	－	－	－	－	1,454	1,455
C － 2	1,261	1,447	1,447	1,390	1,326	1,390	1,277	1,277	1,220	1,148	1,263	1,148	1,139
C － 1	54	－	－	53	－	－	－	55	53	－	－	－	－
中央市場計	**1,317**	**1,508**	**1,433**	**1,421**	**1,399**	**1,456**	**1,313**	**1,245**	**1,283**	**1,114**	**1,296**	**1,192**	**1,197**
A － 5	－	－	－	－	－	－	－	－	－	－	－	－	－
A － 4	1,537	－	－	－	－	－	－	－	1,380	－	1,726	－	－
A － 3	－	－	－	－	－	－	－	－	－	－	－	－	－
A － 2	1,252	－	－	－	－	－	－	1,277	1,277	1,149	－	－	－
A － 1	－	－	－	－	－	－	－	－	－	－	－	－	－
B － 5	－	－	－	－	－	－	－	－	－	－	－	－	－
B － 4	1,634	2,163	－	1,844	－	1,686	－	－	－	541	－	－	－
B － 3	1,481	1,630	－	－	1,617	1,616	1,387	1,510	－	－	1,297	1,454	1,439
B － 2	1,309	1,444	1,425	1,390	1,381	1,424	1,307	1,191	1,265	1,148	1,264	1,148	1,143
B － 1	－	－	－	－	－	－	－	－	－	－	－	－	－
C － 5	－	－	－	－	－	－	－	－	－	－	－	－	－
C － 4	－	－	－	－	－	－	－	－	－	－	－	－	－
C － 3	1,454	－	－	－	－	－	－	－	－	－	－	1,454	1,455
C － 2	1,269	1,447	1,447	1,390	1,391	1,390	1,277	1,277	1,278	1,148	1,263	1,148	1,139
C － 1	－	－	－	－	－	－	－	－	－	－	－	－	－
仙　　台	**1,380**	－	－	－	－	－	－	－	**1,380**	－	－	－	－
A － 5	－	－	－	－	－	－	－	－	－	－	－	－	－
A － 4	1,380	－	－	－	－	－	－	－	1,380	－	－	－	－
A － 3	－	－	－	－	－	－	－	－	－	－	－	－	－
A － 2	－	－	－	－	－	－	－	－	－	－	－	－	－
A － 1	－	－	－	－	－	－	－	－	－	－	－	－	－
B － 5	－	－	－	－	－	－	－	－	－	－	－	－	－
B － 4	－	－	－	－	－	－	－	－	－	－	－	－	－
B － 3	－	－	－	－	－	－	－	－	－	－	－	－	－
B － 2	－	－	－	－	－	－	－	－	－	－	－	－	－
B － 1	－	－	－	－	－	－	－	－	－	－	－	－	－
C － 5	－	－	－	－	－	－	－	－	－	－	－	－	－
C － 4	－	－	－	－	－	－	－	－	－	－	－	－	－
C － 3	－	－	－	－	－	－	－	－	－	－	－	－	－
C － 2	－	－	－	－	－	－	－	－	－	－	－	－	－
C － 1	－	－	－	－	－	－	－	－	－	－	－	－	－

2 月別規格別取引成立頭数・価格（食肉卸売市場別）（続き）
(14) その他の牛去勢（続き）
イ 枝肉の１kg当たり卸売価格（続き）

単位：円

市場・規格	平成29年計	1 月	2 月	3 月	4 月	5 月	6 月	7 月	8 月	9 月	10 月	11 月	12 月
さいたま	-	-	-	-	-	-	-	-	-	-	-	-	-
A - 5	-	-	-	-	-	-	-	-	-	-	-	-	-
A - 4	-	-	-	-	-	-	-	-	-	-	-	-	-
A - 3	-	-	-	-	-	-	-	-	-	-	-	-	-
A - 2	-	-	-	-	-	-	-	-	-	-	-	-	-
A - 1	-	-	-	-	-	-	-	-	-	-	-	-	-
B - 5	-	-	-	-	-	-	-	-	-	-	-	-	-
B - 4	-	-	-	-	-	-	-	-	-	-	-	-	-
B - 3	-	-	-	-	-	-	-	-	-	-	-	-	-
B - 2	-	-	-	-	-	-	-	-	-	-	-	-	-
B - 1	-	-	-	-	-	-	-	-	-	-	-	-	-
C - 5	-	-	-	-	-	-	-	-	-	-	-	-	-
C - 4	-	-	-	-	-	-	-	-	-	-	-	-	-
C - 3	-	-	-	-	-	-	-	-	-	-	-	-	-
C - 2	-	-	-	-	-	-	-	-	-	-	-	-	-
C - 1	-	-	-	-	-	-	-	-	-	-	-	-	-
東京	-	-	-	-	-	-	-	-	-	-	-	-	-
A - 5	-	-	-	-	-	-	-	-	-	-	-	-	-
A - 4	-	-	-	-	-	-	-	-	-	-	-	-	-
A - 3	-	-	-	-	-	-	-	-	-	-	-	-	-
A - 2	-	-	-	-	-	-	-	-	-	-	-	-	-
A - 1	-	-	-	-	-	-	-	-	-	-	-	-	-
B - 5	-	-	-	-	-	-	-	-	-	-	-	-	-
B - 4	-	-	-	-	-	-	-	-	-	-	-	-	-
B - 3	-	-	-	-	-	-	-	-	-	-	-	-	-
B - 2	-	-	-	-	-	-	-	-	-	-	-	-	-
B - 1	-	-	-	-	-	-	-	-	-	-	-	-	-
C - 5	-	-	-	-	-	-	-	-	-	-	-	-	-
C - 4	-	-	-	-	-	-	-	-	-	-	-	-	-
C - 3	-	-	-	-	-	-	-	-	-	-	-	-	-
C - 2	-	-	-	-	-	-	-	-	-	-	-	-	-
C - 1	-	-	-	-	-	-	-	-	-	-	-	-	-
横浜	-	-	-	-	-	-	-	-	-	-	-	-	-
A - 5	-	-	-	-	-	-	-	-	-	-	-	-	-
A - 4	-	-	-	-	-	-	-	-	-	-	-	-	-
A - 3	-	-	-	-	-	-	-	-	-	-	-	-	-
A - 2	-	-	-	-	-	-	-	-	-	-	-	-	-
A - 1	-	-	-	-	-	-	-	-	-	-	-	-	-
B - 5	-	-	-	-	-	-	-	-	-	-	-	-	-
B - 4	-	-	-	-	-	-	-	-	-	-	-	-	-
B - 3	-	-	-	-	-	-	-	-	-	-	-	-	-
B - 2	-	-	-	-	-	-	-	-	-	-	-	-	-
B - 1	-	-	-	-	-	-	-	-	-	-	-	-	-
C - 5	-	-	-	-	-	-	-	-	-	-	-	-	-
C - 4	-	-	-	-	-	-	-	-	-	-	-	-	-
C - 3	-	-	-	-	-	-	-	-	-	-	-	-	-
C - 2	-	-	-	-	-	-	-	-	-	-	-	-	-
C - 1	-	-	-	-	-	-	-	-	-	-	-	-	-

単位：円

市場・規格	平成29年計	1 月	2 月	3 月	4 月	5 月	6 月	7 月	8 月	9 月	10 月	11 月	12 月
名 古 屋	-	-	-	-	-	-	-	-	-	-	-	-	-
A － 5	-	-	-	-	-	-	-	-	-	-	-	-	-
A － 4	-	-	-	-	-	-	-	-	-	-	-	-	-
A － 3	-	-	-	-	-	-	-	-	-	-	-	-	-
A － 2	-	-	-	-	-	-	-	-	-	-	-	-	-
A － 1	-	-	-	-	-	-	-	-	-	-	-	-	-
B － 5	-	-	-	-	-	-	-	-	-	-	-	-	-
B － 4	-	-	-	-	-	-	-	-	-	-	-	-	-
B － 3	-	-	-	-	-	-	-	-	-	-	-	-	-
B － 2	-	-	-	-	-	-	-	-	-	-	-	-	-
B － 1	-	-	-	-	-	-	-	-	-	-	-	-	-
C － 5	-	-	-	-	-	-	-	-	-	-	-	-	-
C － 4	-	-	-	-	-	-	-	-	-	-	-	-	-
C － 3	-	-	-	-	-	-	-	-	-	-	-	-	-
C － 2	-	-	-	-	-	-	-	-	-	-	-	-	-
C － 1	-	-	-	-	-	-	-	-	-	-	-	-	-
京 都	2,012	2,163	-	1,844	-	-	-	-	-	-	-	-	-
A － 5	-	-	-	-	-	-	-	-	-	-	-	-	-
A － 4	-	-	-	-	-	-	-	-	-	-	-	-	-
A － 3	-	-	-	-	-	-	-	-	-	-	-	-	-
A － 2	-	-	-	-	-	-	-	-	-	-	-	-	-
A － 1	-	-	-	-	-	-	-	-	-	-	-	-	-
B － 5	-	-	-	-	-	-	-	-	-	-	-	-	-
B － 4	2,012	2,163	-	1,844	-	-	-	-	-	-	-	-	-
B － 3	-	-	-	-	-	-	-	-	-	-	-	-	-
B － 2	-	-	-	-	-	-	-	-	-	-	-	-	-
B － 1	-	-	-	-	-	-	-	-	-	-	-	-	-
C － 5	-	-	-	-	-	-	-	-	-	-	-	-	-
C － 4	-	-	-	-	-	-	-	-	-	-	-	-	-
C － 3	-	-	-	-	-	-	-	-	-	-	-	-	-
C － 2	-	-	-	-	-	-	-	-	-	-	-	-	-
C － 1	-	-	-	-	-	-	-	-	-	-	-	-	-
大 阪	1,113	-	-	-	1,205	1,686	1,153	351	-	-	-	-	-
A － 5	-	-	-	-	-	-	-	-	-	-	-	-	-
A － 4	-	-	-	-	-	-	-	-	-	-	-	-	-
A － 3	-	-	-	-	-	-	-	-	-	-	-	-	-
A － 2	-	-	-	-	-	-	-	-	-	-	-	-	-
A － 1	-	-	-	-	-	-	-	-	-	-	-	-	-
B － 5	-	-	-	-	-	-	-	-	-	-	-	-	-
B － 4	1,686	-	-	-	-	1,686	-	-	-	-	-	-	-
B － 3	1,153	-	-	-	-	-	1,153	-	-	-	-	-	-
B － 2	784	-	-	-	1,205	-	-	351	-	-	-	-	-
B － 1	-	-	-	-	-	-	-	-	-	-	-	-	-
C － 5	-	-	-	-	-	-	-	-	-	-	-	-	-
C － 4	-	-	-	-	-	-	-	-	-	-	-	-	-
C － 3	-	-	-	-	-	-	-	-	-	-	-	-	-
C － 2	-	-	-	-	-	-	-	-	-	-	-	-	-
C － 1	-	-	-	-	-	-	-	-	-	-	-	-	-

2　月別規格別取引成立頭数・価格（食肉卸売市場別）（続き）
(14)　その他の牛去勢（続き）
イ　枝肉の1kg当たり卸売価格（続き）

単位：円

市場・規格	平成29年計	1月	2月	3月	4月	5月	6月	7月	8月	9月	10月	11月	12月
神　戸	-	-	-	-	-	-	-	-	-	-	-	-	-
A － 5	-	-	-	-	-	-	-	-	-	-	-	-	-
A － 4	-	-	-	-	-	-	-	-	-	-	-	-	-
A － 3	-	-	-	-	-	-	-	-	-	-	-	-	-
A － 2	-	-	-	-	-	-	-	-	-	-	-	-	-
A － 1	-	-	-	-	-	-	-	-	-	-	-	-	-
B － 5	-	-	-	-	-	-	-	-	-	-	-	-	-
B － 4	-	-	-	-	-	-	-	-	-	-	-	-	-
B － 3	-	-	-	-	-	-	-	-	-	-	-	-	-
B － 2	-	-	-	-	-	-	-	-	-	-	-	-	-
B － 1	-	-	-	-	-	-	-	-	-	-	-	-	-
C － 5	-	-	-	-	-	-	-	-	-	-	-	-	-
C － 4	-	-	-	-	-	-	-	-	-	-	-	-	-
C － 3	-	-	-	-	-	-	-	-	-	-	-	-	-
C － 2	-	-	-	-	-	-	-	-	-	-	-	-	-
C － 1	-	-	-	-	-	-	-	-	-	-	-	-	-
広　島	-	-	-	-	-	-	-	-	-	-	-	-	-
A － 5	-	-	-	-	-	-	-	-	-	-	-	-	-
A － 4	-	-	-	-	-	-	-	-	-	-	-	-	-
A － 3	-	-	-	-	-	-	-	-	-	-	-	-	-
A － 2	-	-	-	-	-	-	-	-	-	-	-	-	-
A － 1	-	-	-	-	-	-	-	-	-	-	-	-	-
B － 5	-	-	-	-	-	-	-	-	-	-	-	-	-
B － 4	-	-	-	-	-	-	-	-	-	-	-	-	-
B － 3	-	-	-	-	-	-	-	-	-	-	-	-	-
B － 2	-	-	-	-	-	-	-	-	-	-	-	-	-
B － 1	-	-	-	-	-	-	-	-	-	-	-	-	-
C － 5	-	-	-	-	-	-	-	-	-	-	-	-	-
C － 4	-	-	-	-	-	-	-	-	-	-	-	-	-
C － 3	-	-	-	-	-	-	-	-	-	-	-	-	-
C － 2	-	-	-	-	-	-	-	-	-	-	-	-	-
C － 1	-	-	-	-	-	-	-	-	-	-	-	-	-
福　岡	1,313	1,459	1,433	1,390	1,409	1,443	1,325	1,294	1,274	1,114	1,296	1,192	1,197
A － 5	-	-	-	-	-	-	-	-	-	-	-	-	-
A － 4	1,726	-	-	-	-	-	-	-	-	-	1,726	-	-
A － 3	-	-	-	-	-	-	-	-	-	-	-	-	-
A － 2	1,252	-	-	-	-	-	-	1,277	1,277	1,149	-	-	-
A － 1	-	-	-	-	-	-	-	-	-	-	-	-	-
B － 5	-	-	-	-	-	-	-	-	-	-	-	-	-
B － 4	541	-	-	-	-	-	-	-	-	541	-	-	-
B － 3	1,509	1,630	-	-	1,617	1,616	1,511	1,510	-	-	1,297	1,454	1,439
B － 2	1,317	1,444	1,425	1,390	1,393	1,424	1,307	1,278	1,265	1,148	1,264	1,148	1,143
B － 1	-	-	-	-	-	-	-	-	-	-	-	-	-
C － 5	-	-	-	-	-	-	-	-	-	-	-	-	-
C － 4	-	-	-	-	-	-	-	-	-	-	-	-	-
C － 3	1,454	-	-	-	-	-	-	-	-	-	-	1,454	1,455
C － 2	1,269	1,447	1,447	1,390	1,391	1,390	1,277	1,277	1,278	1,148	1,263	1,148	1,139
C － 1	-	-	-	-	-	-	-	-	-	-	-	-	-

単位：円

市場・規格	平成29年計	1月	2月	3月	4月	5月	6月	7月	8月	9月	10月	11月	12月
指定市場計	1,006	-	-	986	1,133	-	-	55	524	-	1,188	1,080	1,751
A － 5	-	-	-	-	-	-	-	-	-	-	-	-	-
A － 4	1,751	-	-	-	-	-	-	-	-	-	-	-	1,751
A － 3	-	-	-	-	-	-	-	-	-	-	-	-	-
A － 2	1,079	-	-	1,079	-	-	-	-	-	-	-	-	-
A － 1	-	-	-	-	-	-	-	-	-	-	-	-	-
B － 5	-	-	-	-	-	-	-	-	-	-	-	-	-
B － 4	-	-	-	-	-	-	-	-	-	-	-	-	-
B － 3	-	-	-	-	-	-	-	-	-	-	-	-	-
B － 2	1,108	-	-	1,080	-	-	-	-	-	-	1,188	1,080	-
B － 1	-	-	-	-	-	-	-	-	-	-	-	-	-
C － 5	-	-	-	-	-	-	-	-	-	-	-	-	-
C － 4	-	-	-	-	-	-	-	-	-	-	-	-	-
C － 3	-	-	-	-	-	-	-	-	-	-	-	-	-
C － 2	971	-	-	-	1,133	-	-	-	756	-	-	-	-
C － 1	54	-	-	53	-	-	-	55	53	-	-	-	-
茨　城	-	-	-	-	-	-	-	-	-	-	-	-	-
A － 5	-	-	-	-	-	-	-	-	-	-	-	-	-
A － 4	-	-	-	-	-	-	-	-	-	-	-	-	-
A － 3	-	-	-	-	-	-	-	-	-	-	-	-	-
A － 2	-	-	-	-	-	-	-	-	-	-	-	-	-
A － 1	-	-	-	-	-	-	-	-	-	-	-	-	-
B － 5	-	-	-	-	-	-	-	-	-	-	-	-	-
B － 4	-	-	-	-	-	-	-	-	-	-	-	-	-
B － 3	-	-	-	-	-	-	-	-	-	-	-	-	-
B － 2	-	-	-	-	-	-	-	-	-	-	-	-	-
B － 1	-	-	-	-	-	-	-	-	-	-	-	-	-
C － 5	-	-	-	-	-	-	-	-	-	-	-	-	-
C － 4	-	-	-	-	-	-	-	-	-	-	-	-	-
C － 3	-	-	-	-	-	-	-	-	-	-	-	-	-
C － 2	-	-	-	-	-	-	-	-	-	-	-	-	-
C － 1	-	-	-	-	-	-	-	-	-	-	-	-	-
宇　都　宮	-	-	-	-	-	-	-	-	-	-	-	-	-
A － 5	-	-	-	-	-	-	-	-	-	-	-	-	-
A － 4	-	-	-	-	-	-	-	-	-	-	-	-	-
A － 3	-	-	-	-	-	-	-	-	-	-	-	-	-
A － 2	-	-	-	-	-	-	-	-	-	-	-	-	-
A － 1	-	-	-	-	-	-	-	-	-	-	-	-	-
B － 5	-	-	-	-	-	-	-	-	-	-	-	-	-
B － 4	-	-	-	-	-	-	-	-	-	-	-	-	-
B － 3	-	-	-	-	-	-	-	-	-	-	-	-	-
B － 2	-	-	-	-	-	-	-	-	-	-	-	-	-
B － 1	-	-	-	-	-	-	-	-	-	-	-	-	-
C － 5	-	-	-	-	-	-	-	-	-	-	-	-	-
C － 4	-	-	-	-	-	-	-	-	-	-	-	-	-
C － 3	-	-	-	-	-	-	-	-	-	-	-	-	-
C － 2	-	-	-	-	-	-	-	-	-	-	-	-	-
C － 1	-	-	-	-	-	-	-	-	-	-	-	-	-

2　月別規格別取引成立頭数・価格（食肉卸売市場別）（続き）
(14)　その他の牛去勢（続き）
イ　枝肉の１kg当たり卸売価格（続き）

単位：円

市場・規格	平成29年計	1 月	2 月	3 月	4 月	5 月	6 月	7 月	8 月	9 月	10 月	11 月	12 月
群　　馬	-	-	-	-	-	-	-	-	-	-	-	-	-
A - 5	-	-	-	-	-	-	-	-	-	-	-	-	-
A - 4	-	-	-	-	-	-	-	-	-	-	-	-	-
A - 3	-	-	-	-	-	-	-	-	-	-	-	-	-
A - 2	-	-	-	-	-	-	-	-	-	-	-	-	-
A - 1	-	-	-	-	-	-	-	-	-	-	-	-	-
B - 5	-	-	-	-	-	-	-	-	-	-	-	-	-
B - 4	-	-	-	-	-	-	-	-	-	-	-	-	-
B - 3	-	-	-	-	-	-	-	-	-	-	-	-	-
B - 2	-	-	-	-	-	-	-	-	-	-	-	-	-
B - 1	-	-	-	-	-	-	-	-	-	-	-	-	-
C - 5	-	-	-	-	-	-	-	-	-	-	-	-	-
C - 4	-	-	-	-	-	-	-	-	-	-	-	-	-
C - 3	-	-	-	-	-	-	-	-	-	-	-	-	-
C - 2	-	-	-	-	-	-	-	-	-	-	-	-	-
C - 1	-	-	-	-	-	-	-	-	-	-	-	-	-
川　　口	-	-	-	-	-	-	-	-	-	-	-	-	-
A - 5	-	-	-	-	-	-	-	-	-	-	-	-	-
A - 4	-	-	-	-	-	-	-	-	-	-	-	-	-
A - 3	-	-	-	-	-	-	-	-	-	-	-	-	-
A - 2	-	-	-	-	-	-	-	-	-	-	-	-	-
A - 1	-	-	-	-	-	-	-	-	-	-	-	-	-
B - 5	-	-	-	-	-	-	-	-	-	-	-	-	-
B - 4	-	-	-	-	-	-	-	-	-	-	-	-	-
B - 3	-	-	-	-	-	-	-	-	-	-	-	-	-
B - 2	-	-	-	-	-	-	-	-	-	-	-	-	-
B - 1	-	-	-	-	-	-	-	-	-	-	-	-	-
C - 5	-	-	-	-	-	-	-	-	-	-	-	-	-
C - 4	-	-	-	-	-	-	-	-	-	-	-	-	-
C - 3	-	-	-	-	-	-	-	-	-	-	-	-	-
C - 2	-	-	-	-	-	-	-	-	-	-	-	-	-
C - 1	-	-	-	-	-	-	-	-	-	-	-	-	-
山　　梨	-	-	-	-	-	-	-	-	-	-	-	-	-
A - 5	-	-	-	-	-	-	-	-	-	-	-	-	-
A - 4	-	-	-	-	-	-	-	-	-	-	-	-	-
A - 3	-	-	-	-	-	-	-	-	-	-	-	-	-
A - 2	-	-	-	-	-	-	-	-	-	-	-	-	-
A - 1	-	-	-	-	-	-	-	-	-	-	-	-	-
B - 5	-	-	-	-	-	-	-	-	-	-	-	-	-
B - 4	-	-	-	-	-	-	-	-	-	-	-	-	-
B - 3	-	-	-	-	-	-	-	-	-	-	-	-	-
B - 2	-	-	-	-	-	-	-	-	-	-	-	-	-
B - 1	-	-	-	-	-	-	-	-	-	-	-	-	-
C - 5	-	-	-	-	-	-	-	-	-	-	-	-	-
C - 4	-	-	-	-	-	-	-	-	-	-	-	-	-
C - 3	-	-	-	-	-	-	-	-	-	-	-	-	-
C - 2	-	-	-	-	-	-	-	-	-	-	-	-	-
C - 1	-	-	-	-	-	-	-	-	-	-	-	-	-

単位：円

市場・規格	平成29年計	1 月	2 月	3 月	4 月	5 月	6 月	7 月	8 月	9 月	10 月	11 月	12 月
岐　　阜	-	-	-	-	-	-	-	-	-	-	-	-	-
A － 5	-	-	-	-	-	-	-	-	-	-	-	-	-
A － 4	-	-	-	-	-	-	-	-	-	-	-	-	-
A － 3	-	-	-	-	-	-	-	-	-	-	-	-	-
A － 2	-	-	-	-	-	-	-	-	-	-	-	-	-
A － 1	-	-	-	-	-	-	-	-	-	-	-	-	-
B － 5	-	-	-	-	-	-	-	-	-	-	-	-	-
B － 4	-	-	-	-	-	-	-	-	-	-	-	-	-
B － 3	-	-	-	-	-	-	-	-	-	-	-	-	-
B － 2	-	-	-	-	-	-	-	-	-	-	-	-	-
B － 1	-	-	-	-	-	-	-	-	-	-	-	-	-
C － 5	-	-	-	-	-	-	-	-	-	-	-	-	-
C － 4	-	-	-	-	-	-	-	-	-	-	-	-	-
C － 3	-	-	-	-	-	-	-	-	-	-	-	-	-
C － 2	-	-	-	-	-	-	-	-	-	-	-	-	-
C － 1	-	-	-	-	-	-	-	-	-	-	-	-	-
浜　　松	-	-	-	-	-	-	-	-	-	-	-	-	-
A － 5	-	-	-	-	-	-	-	-	-	-	-	-	-
A － 4	-	-	-	-	-	-	-	-	-	-	-	-	-
A － 3	-	-	-	-	-	-	-	-	-	-	-	-	-
A － 2	-	-	-	-	-	-	-	-	-	-	-	-	-
A － 1	-	-	-	-	-	-	-	-	-	-	-	-	-
B － 5	-	-	-	-	-	-	-	-	-	-	-	-	-
B － 4	-	-	-	-	-	-	-	-	-	-	-	-	-
B － 3	-	-	-	-	-	-	-	-	-	-	-	-	-
B － 2	-	-	-	-	-	-	-	-	-	-	-	-	-
B － 1	-	-	-	-	-	-	-	-	-	-	-	-	-
C － 5	-	-	-	-	-	-	-	-	-	-	-	-	-
C － 4	-	-	-	-	-	-	-	-	-	-	-	-	-
C － 3	-	-	-	-	-	-	-	-	-	-	-	-	-
C － 2	-	-	-	-	-	-	-	-	-	-	-	-	-
C － 1	-	-	-	-	-	-	-	-	-	-	-	-	-
東　三　河	-	-	-	-	-	-	-	-	-	-	-	-	-
A － 5	-	-	-	-	-	-	-	-	-	-	-	-	-
A － 4	-	-	-	-	-	-	-	-	-	-	-	-	-
A － 3	-	-	-	-	-	-	-	-	-	-	-	-	-
A － 2	-	-	-	-	-	-	-	-	-	-	-	-	-
A － 1	-	-	-	-	-	-	-	-	-	-	-	-	-
B － 5	-	-	-	-	-	-	-	-	-	-	-	-	-
B － 4	-	-	-	-	-	-	-	-	-	-	-	-	-
B － 3	-	-	-	-	-	-	-	-	-	-	-	-	-
B － 2	-	-	-	-	-	-	-	-	-	-	-	-	-
B － 1	-	-	-	-	-	-	-	-	-	-	-	-	-
C － 5	-	-	-	-	-	-	-	-	-	-	-	-	-
C － 4	-	-	-	-	-	-	-	-	-	-	-	-	-
C － 3	-	-	-	-	-	-	-	-	-	-	-	-	-
C － 2	-	-	-	-	-	-	-	-	-	-	-	-	-
C － 1	-	-	-	-	-	-	-	-	-	-	-	-	-

2 月別規格別取引成立頭数・価格（食肉卸売市場別）（続き）
(14) その他の牛去勢（続き）
イ 枝肉の1kg当たり卸売価格（続き）

単位：円

市場・規格	平成29年計	1月	2月	3月	4月	5月	6月	7月	8月	9月	10月	11月	12月
四　日　市	-	-	-	-	-	-	-	-	-	-	-	-	-
A － 5	-	-	-	-	-	-	-	-	-	-	-	-	-
A － 4	-	-	-	-	-	-	-	-	-	-	-	-	-
A － 3	-	-	-	-	-	-	-	-	-	-	-	-	-
A － 2	-	-	-	-	-	-	-	-	-	-	-	-	-
A － 1	-	-	-	-	-	-	-	-	-	-	-	-	-
B － 5	-	-	-	-	-	-	-	-	-	-	-	-	-
B － 4	-	-	-	-	-	-	-	-	-	-	-	-	-
B － 3	-	-	-	-	-	-	-	-	-	-	-	-	-
B － 2	-	-	-	-	-	-	-	-	-	-	-	-	-
B － 1	-	-	-	-	-	-	-	-	-	-	-	-	-
C － 5	-	-	-	-	-	-	-	-	-	-	-	-	-
C － 4	-	-	-	-	-	-	-	-	-	-	-	-	-
C － 3	-	-	-	-	-	-	-	-	-	-	-	-	-
C － 2	-	-	-	-	-	-	-	-	-	-	-	-	-
C － 1	-	-	-	-	-	-	-	-	-	-	-	-	-
南　大　阪	-	-	-	-	-	-	-	-	-	-	-	-	-
A － 5	-	-	-	-	-	-	-	-	-	-	-	-	-
A － 4	-	-	-	-	-	-	-	-	-	-	-	-	-
A － 3	-	-	-	-	-	-	-	-	-	-	-	-	-
A － 2	-	-	-	-	-	-	-	-	-	-	-	-	-
A － 1	-	-	-	-	-	-	-	-	-	-	-	-	-
B － 5	-	-	-	-	-	-	-	-	-	-	-	-	-
B － 4	-	-	-	-	-	-	-	-	-	-	-	-	-
B － 3	-	-	-	-	-	-	-	-	-	-	-	-	-
B － 2	-	-	-	-	-	-	-	-	-	-	-	-	-
B － 1	-	-	-	-	-	-	-	-	-	-	-	-	-
C － 5	-	-	-	-	-	-	-	-	-	-	-	-	-
C － 4	-	-	-	-	-	-	-	-	-	-	-	-	-
C － 3	-	-	-	-	-	-	-	-	-	-	-	-	-
C － 2	-	-	-	-	-	-	-	-	-	-	-	-	-
C － 1	-	-	-	-	-	-	-	-	-	-	-	-	-
姫　　　路	1,243	-	-	1,079	-	-	-	-	-	-	-	-	1,751
A － 5	-	-	-	-	-	-	-	-	-	-	-	-	-
A － 4	1,751	-	-	-	-	-	-	-	-	-	-	-	1,751
A － 3	-	-	-	-	-	-	-	-	-	-	-	-	-
A － 2	1,079	-	-	1,079	-	-	-	-	-	-	-	-	-
A － 1	-	-	-	-	-	-	-	-	-	-	-	-	-
B － 5	-	-	-	-	-	-	-	-	-	-	-	-	-
B － 4	-	-	-	-	-	-	-	-	-	-	-	-	-
B － 3	-	-	-	-	-	-	-	-	-	-	-	-	-
B － 2	1,080	-	-	1,080	-	-	-	-	-	-	-	-	-
B － 1	-	-	-	-	-	-	-	-	-	-	-	-	-
C － 5	-	-	-	-	-	-	-	-	-	-	-	-	-
C － 4	-	-	-	-	-	-	-	-	-	-	-	-	-
C － 3	-	-	-	-	-	-	-	-	-	-	-	-	-
C － 2	-	-	-	-	-	-	-	-	-	-	-	-	-
C － 1	-	-	-	-	-	-	-	-	-	-	-	-	-

単位：円

市場・規格	平成29年計	1月	2月	3月	4月	5月	6月	7月	8月	9月	10月	11月	12月
加古川	1,113	-	-	-	1,133	-	-	-	-	-	-	1,080	-
A－5	-	-	-	-	-	-	-	-	-	-	-	-	-
A－4	-	-	-	-	-	-	-	-	-	-	-	-	-
A－3	-	-	-	-	-	-	-	-	-	-	-	-	-
A－2	-	-	-	-	-	-	-	-	-	-	-	-	-
A－1	-	-	-	-	-	-	-	-	-	-	-	-	-
B－5	-	-	-	-	-	-	-	-	-	-	-	-	-
B－4	-	-	-	-	-	-	-	-	-	-	-	-	-
B－3	-	-	-	-	-	-	-	-	-	-	-	-	-
B－2	1,080	-	-	-	-	-	-	-	-	-	-	1,080	-
B－1	-	-	-	-	-	-	-	-	-	-	-	-	-
C－5	-	-	-	-	-	-	-	-	-	-	-	-	-
C－4	-	-	-	-	-	-	-	-	-	-	-	-	-
C－3	-	-	-	-	-	-	-	-	-	-	-	-	-
C－2	1,133	-	-	-	1,133	-	-	-	-	-	-	-	-
C－1	-	-	-	-	-	-	-	-	-	-	-	-	-
西宮	333	-	-	53	-	-	-	55	524	-	-	-	-
A－5	-	-	-	-	-	-	-	-	-	-	-	-	-
A－4	-	-	-	-	-	-	-	-	-	-	-	-	-
A－3	-	-	-	-	-	-	-	-	-	-	-	-	-
A－2	-	-	-	-	-	-	-	-	-	-	-	-	-
A－1	-	-	-	-	-	-	-	-	-	-	-	-	-
B－5	-	-	-	-	-	-	-	-	-	-	-	-	-
B－4	-	-	-	-	-	-	-	-	-	-	-	-	-
B－3	-	-	-	-	-	-	-	-	-	-	-	-	-
B－2	-	-	-	-	-	-	-	-	-	-	-	-	-
B－1	-	-	-	-	-	-	-	-	-	-	-	-	-
C－5	-	-	-	-	-	-	-	-	-	-	-	-	-
C－4	-	-	-	-	-	-	-	-	-	-	-	-	-
C－3	-	-	-	-	-	-	-	-	-	-	-	-	-
C－2	756	-	-	-	-	-	-	-	756	-	-	-	-
C－1	54	-	-	53	-	-	-	55	53	-	-	-	-
岡山	-	-	-	-	-	-	-	-	-	-	-	-	-
A－5	-	-	-	-	-	-	-	-	-	-	-	-	-
A－4	-	-	-	-	-	-	-	-	-	-	-	-	-
A－3	-	-	-	-	-	-	-	-	-	-	-	-	-
A－2	-	-	-	-	-	-	-	-	-	-	-	-	-
A－1	-	-	-	-	-	-	-	-	-	-	-	-	-
B－5	-	-	-	-	-	-	-	-	-	-	-	-	-
B－4	-	-	-	-	-	-	-	-	-	-	-	-	-
B－3	-	-	-	-	-	-	-	-	-	-	-	-	-
B－2	-	-	-	-	-	-	-	-	-	-	-	-	-
B－1	-	-	-	-	-	-	-	-	-	-	-	-	-
C－5	-	-	-	-	-	-	-	-	-	-	-	-	-
C－4	-	-	-	-	-	-	-	-	-	-	-	-	-
C－3	-	-	-	-	-	-	-	-	-	-	-	-	-
C－2	-	-	-	-	-	-	-	-	-	-	-	-	-
C－1	-	-	-	-	-	-	-	-	-	-	-	-	-

2 月別規格別取引成立頭数・価格（食肉卸売市場別）（続き）
(14) その他の牛去勢（続き）
イ 枝肉の1kg当たり卸売価格（続き）

単位：円

市場・規格	平成29年計	1月	2月	3月	4月	5月	6月	7月	8月	9月	10月	11月	12月
坂　　出	-	-	-	-	-	-	-	-	-	-	-	-	-
A － 5	-	-	-	-	-	-	-	-	-	-	-	-	-
A － 4	-	-	-	-	-	-	-	-	-	-	-	-	-
A － 3	-	-	-	-	-	-	-	-	-	-	-	-	-
A － 2	-	-	-	-	-	-	-	-	-	-	-	-	-
A － 1	-	-	-	-	-	-	-	-	-	-	-	-	-
B － 5	-	-	-	-	-	-	-	-	-	-	-	-	-
B － 4	-	-	-	-	-	-	-	-	-	-	-	-	-
B － 3	-	-	-	-	-	-	-	-	-	-	-	-	-
B － 2	-	-	-	-	-	-	-	-	-	-	-	-	-
B － 1	-	-	-	-	-	-	-	-	-	-	-	-	-
C － 5	-	-	-	-	-	-	-	-	-	-	-	-	-
C － 4	-	-	-	-	-	-	-	-	-	-	-	-	-
C － 3	-	-	-	-	-	-	-	-	-	-	-	-	-
C － 2	-	-	-	-	-	-	-	-	-	-	-	-	-
C － 1	-	-	-	-	-	-	-	-	-	-	-	-	-
愛　　媛	-	-	-	-	-	-	-	-	-	-	-	-	-
A － 5	-	-	-	-	-	-	-	-	-	-	-	-	-
A － 4	-	-	-	-	-	-	-	-	-	-	-	-	-
A － 3	-	-	-	-	-	-	-	-	-	-	-	-	-
A － 2	-	-	-	-	-	-	-	-	-	-	-	-	-
A － 1	-	-	-	-	-	-	-	-	-	-	-	-	-
B － 5	-	-	-	-	-	-	-	-	-	-	-	-	-
B － 4	-	-	-	-	-	-	-	-	-	-	-	-	-
B － 3	-	-	-	-	-	-	-	-	-	-	-	-	-
B － 2	-	-	-	-	-	-	-	-	-	-	-	-	-
B － 1	-	-	-	-	-	-	-	-	-	-	-	-	-
C － 5	-	-	-	-	-	-	-	-	-	-	-	-	-
C － 4	-	-	-	-	-	-	-	-	-	-	-	-	-
C － 3	-	-	-	-	-	-	-	-	-	-	-	-	-
C － 2	-	-	-	-	-	-	-	-	-	-	-	-	-
C － 1	-	-	-	-	-	-	-	-	-	-	-	-	-
佐 世 保	1,188	-	-	-	-	-	-	-	-	-	1,188	-	-
A － 5	-	-	-	-	-	-	-	-	-	-	-	-	-
A － 4	-	-	-	-	-	-	-	-	-	-	-	-	-
A － 3	-	-	-	-	-	-	-	-	-	-	-	-	-
A － 2	-	-	-	-	-	-	-	-	-	-	-	-	-
A － 1	-	-	-	-	-	-	-	-	-	-	-	-	-
B － 5	-	-	-	-	-	-	-	-	-	-	-	-	-
B － 4	-	-	-	-	-	-	-	-	-	-	-	-	-
B － 3	-	-	-	-	-	-	-	-	-	-	-	-	-
B － 2	1,188	-	-	-	-	-	-	-	-	-	1,188	-	-
B － 1	-	-	-	-	-	-	-	-	-	-	-	-	-
C － 5	-	-	-	-	-	-	-	-	-	-	-	-	-
C － 4	-	-	-	-	-	-	-	-	-	-	-	-	-
C － 3	-	-	-	-	-	-	-	-	-	-	-	-	-
C － 2	-	-	-	-	-	-	-	-	-	-	-	-	-
C － 1	-	-	-	-	-	-	-	-	-	-	-	-	-

市場・規格	平成29年計	1 月	2 月	3 月	4 月	5 月	6 月	7 月	8 月	9 月	10 月	11 月	12 月
熊本	–	–	–	–	–	–	–	–	–	–	–	–	–
A - 5	–	–	–	–	–	–	–	–	–	–	–	–	–
A - 4	–	–	–	–	–	–	–	–	–	–	–	–	–
A - 3	–	–	–	–	–	–	–	–	–	–	–	–	–
A - 2	–	–	–	–	–	–	–	–	–	–	–	–	–
A - 1	–	–	–	–	–	–	–	–	–	–	–	–	–
B - 5	–	–	–	–	–	–	–	–	–	–	–	–	–
B - 4	–	–	–	–	–	–	–	–	–	–	–	–	–
B - 3	–	–	–	–	–	–	–	–	–	–	–	–	–
B - 2	–	–	–	–	–	–	–	–	–	–	–	–	–
B - 1	–	–	–	–	–	–	–	–	–	–	–	–	–
C - 5	–	–	–	–	–	–	–	–	–	–	–	–	–
C - 4	–	–	–	–	–	–	–	–	–	–	–	–	–
C - 3	–	–	–	–	–	–	–	–	–	–	–	–	–
C - 2	–	–	–	–	–	–	–	–	–	–	–	–	–
C - 1	–	–	–	–	–	–	–	–	–	–	–	–	–

2　月別規格別取引成立頭数・価格（食肉卸売市場別）（続き）

(15)　成牛の省令規格

ア　枝肉の取引成立頭数

単位：頭

市場・規格	平成29年計	1月	2月	3月	4月	5月	6月	7月	8月	9月	10月	11月	12月
合　　計	43,283	3,159	3,351	3,485	3,916	3,471	3,567	3,630	3,468	3,409	3,547	3,989	4,291
中央市場計	27,284	1,927	2,090	2,151	2,480	2,222	2,117	2,277	2,253	2,223	2,296	2,569	2,679
仙台	892	71	78	78	76	68	61	81	63	61	69	101	85
さいたま	654	44	49	58	58	57	40	58	41	58	51	84	56
東京	13,971	958	1,019	1,041	1,196	1,150	1,110	1,164	1,202	1,124	1,187	1,410	1,410
横浜	1,435	134	124	125	179	135	114	100	120	104	97	90	113
名古屋	1,487	93	107	103	121	138	143	126	124	137	126	134	135
京都	452	43	55	49	41	32	27	24	33	29	47	33	39
大阪	4,320	276	361	373	445	310	310	378	330	362	366	358	451
神戸	66	6	7	7	7	3	3	6	6	4	8	3	6
広島	1,299	96	111	113	117	121	120	119	107	106	99	87	103
福岡	2,708	206	179	204	240	208	189	221	227	238	246	269	281
指定市場計	15,999	1,232	1,261	1,334	1,436	1,249	1,450	1,353	1,215	1,186	1,251	1,420	1,612
茨城	546	44	43	42	54	21	54	49	45	44	46	52	52
宇都宮	1,078	93	86	88	102	84	83	102	84	80	85	88	103
群馬	2,916	252	194	224	293	197	230	245	215	273	231	267	295
川口	904	51	61	54	66	82	73	78	72	55	87	98	127
山梨	76	8	7	7	5	3	1	13	8	3	8	8	5
岐阜	48	2	7	4	4	6	3	3	5	1	6	3	4
浜松	906	87	74	62	53	74	64	74	57	73	99	90	99
東三河	1,834	155	146	141	144	122	162	144	155	136	160	189	180
四日市	164	10	4	12	15	13	16	24	7	11	16	12	24
南大阪	-	-	-	-	-	-	-	-	-	-	-	-	-
姫路	2,863	141	218	173	154	228	312	275	263	220	251	289	339
加古川	496	53	57	76	97	40	23	32	23	14	16	32	33
西宮	1,189	111	134	194	168	151	144	77	47	52	14	39	58
岡山	721	50	58	59	66	66	79	58	57	54	53	54	67
坂出	1,279	129	115	107	110	86	106	95	104	84	93	113	137
愛媛	-	-	-	-	-	-	-	-	-	-	-	-	-
佐世保	979	46	57	91	105	76	100	84	73	86	86	86	89
熊本	-	-	-	-	-	-	-	-	-	-	-	-	-

イ　枝肉の1kg当たり卸売価格

単位：円

市場・規格	平成29年計	1月	2月	3月	4月	5月	6月	7月	8月	9月	10月	11月	12月
合　　計	1,397	1,535	1,420	1,408	1,473	1,357	1,345	1,369	1,345	1,333	1,332	1,376	1,469
中央市場計	1,407	1,581	1,446	1,443	1,508	1,369	1,356	1,369	1,340	1,335	1,317	1,367	1,473
仙台	1,443	1,708	1,515	1,528	1,557	1,413	1,371	1,366	1,411	1,334	1,330	1,288	1,490
さいたま	1,317	1,470	1,384	1,338	1,390	1,269	1,241	1,148	1,236	1,351	1,251	1,317	1,411
東京	1,386	1,563	1,434	1,455	1,490	1,347	1,336	1,352	1,313	1,324	1,295	1,330	1,443
横浜	1,401	1,581	1,399	1,414	1,516	1,372	1,350	1,347	1,332	1,317	1,272	1,345	1,437
名古屋	1,418	1,586	1,510	1,433	1,495	1,384	1,338	1,415	1,367	1,375	1,330	1,383	1,482
京都	1,459	1,694	1,476	1,498	1,627	1,416	1,436	1,329	1,276	1,311	1,416	1,485	1,376
大阪	1,508	1,685	1,522	1,524	1,603	1,485	1,501	1,464	1,466	1,410	1,400	1,481	1,564
神戸	2,779	2,539	2,525	2,604	2,991	3,304	2,435	2,752	2,875	1,963	3,008	2,623	3,309
広島	1,143	1,228	1,128	1,099	1,191	1,143	1,091	1,144	1,138	1,070	1,130	1,159	1,218
福岡	1,445	1,600	1,466	1,369	1,514	1,401	1,394	1,436	1,368	1,358	1,329	1,502	1,568
指定市場計	1,379	1,462	1,377	1,347	1,410	1,335	1,329	1,370	1,353	1,328	1,362	1,394	1,463
茨城	1,467	1,645	1,552	1,575	1,610	1,399	1,475	1,461	1,400	1,389	1,336	1,371	1,385
宇都宮	1,311	1,487	1,321	1,300	1,328	1,360	1,245	1,306	1,265	1,248	1,271	1,268	1,309
群馬	1,479	1,618	1,555	1,537	1,507	1,407	1,434	1,487	1,528	1,398	1,405	1,422	1,468
川口	1,517	1,616	1,565	1,541	1,604	1,541	1,517	1,470	1,466	1,462	1,453	1,488	1,530
山梨	1,455	1,436	1,319	1,447	1,660	1,644	1,405	1,468	1,470	1,519	1,550	1,185	1,540
岐阜	2,091	2,275	1,952	2,327	2,207	2,421	1,940	2,146	2,143	2,256	1,752	1,731	2,052
浜松	1,438	1,574	1,423	1,380	1,568	1,448	1,340	1,452	1,346	1,377	1,411	1,406	1,490
東三河	1,416	1,516	1,442	1,430	1,468	1,330	1,386	1,369	1,360	1,358	1,326	1,448	1,517
四日市	1,412	1,410	1,645	1,092	1,559	1,450	1,369	1,300	1,249	1,316	1,442	1,644	1,494
南大阪	-	-	-	-	-	-	-	-	-	-	-	-	-
姫路	1,326	1,181	1,207	1,188	1,287	1,303	1,301	1,350	1,312	1,333	1,350	1,397	1,493
加古川	1,574	1,567	1,646	1,435	1,507	1,406	1,643	1,695	1,659	1,625	1,653	1,593	1,887
西宮	1,177	1,196	1,136	1,127	1,225	1,094	1,160	1,147	1,075	1,038	1,529	1,360	1,462
岡山	1,252	1,420	1,210	1,254	1,296	1,178	1,212	1,171	1,220	1,201	1,288	1,310	1,287
坂出	1,264	1,343	1,284	1,252	1,269	1,259	1,261	1,242	1,197	1,206	1,271	1,247	1,293
愛媛	-	-	-	-	-	-	-	-	-	-	-	-	-
佐世保	1,285	1,373	1,356	1,316	1,283	1,312	1,178	1,194	1,181	1,202	1,275	1,314	1,496
熊本	-	-	-	-	-	-	-	-	-	-	-	-	-

注：成牛の省令規格は、和牛去勢、乳牛去勢、交雑牛去勢、その他の牛の去勢それぞれの「B-3」及び「B-2」を合わせたものである。

鶏卵流通統計調査

鶏卵の月別生産量 (都道府県別)

年次・都道府県		計	1月	2月	3月	4月	5月
平成25年	(1)	2,521,974	207,468	194,838	214,742	211,739	216,920
26	(2)	2,501,921	206,422	195,067	213,033	206,889	214,915
27	(3)	2,520,873	205,626	194,117	214,042	209,584	213,873
28	(4)	2,562,243	210,305	205,473	220,774	212,333	217,636
29	(5)	2,601,173	212,961	197,572	221,456	213,528	222,671
北 海 道	(6)	104,030	8,369	7,916	8,698	8,390	8,890
青　　森	(7)	101,721	8,201	7,740	8,673	8,333	8,581
岩　　手	(8)	87,652	7,142	6,450	7,374	6,984	7,675
宮　　城	(9)	77,415	6,624	6,021	6,462	6,181	6,410
秋　　田	(10)	35,049	2,808	2,611	2,847	2,842	2,964
山　　形	(11)	10,127	786	725	816	818	856
福　　島	(12)	65,045	5,322	4,905	5,649	5,414	5,515
茨　　城	(13)	232,533	19,213	17,447	19,557	19,142	19,411
栃　　木	(14)	67,456	4,813	5,025	5,568	5,285	5,717
群　　馬	(15)	77,987	6,510	5,906	6,542	6,374	6,678
埼　　玉	(16)	46,025	3,871	3,564	3,891	3,849	3,923
千　　葉	(17)	171,679	14,676	13,352	14,606	14,138	14,544
東　　京	(18)	1,078	90	89	90	90	92
神 奈 川	(19)	18,836	1,563	1,474	1,590	1,520	1,687
新　　潟	(20)	93,728	7,729	7,449	8,501	7,871	8,195
富　　山	(21)	21,053	1,593	1,564	1,757	1,798	1,921
石　　川	(22)	17,302	1,514	1,351	1,485	1,428	1,479
福　　井	(23)	12,393	1,037	1,012	1,159	1,107	1,059
山　　梨	(24)	8,031	674	615	645	645	659
長　　野	(25)	6,755	534	478	581	551	582
岐　　阜	(26)	74,954	6,371	5,667	6,471	6,251	6,320
静　　岡	(27)	68,311	5,983	5,154	5,800	5,756	5,974
愛　　知	(28)	107,038	8,552	8,041	8,844	8,951	9,235
三　　重	(29)	93,444	7,522	7,083	8,070	7,599	7,814
滋　　賀	(30)	7,701	608	590	666	647	684
京　　都	(31)	26,621	2,067	2,072	2,333	2,314	2,534
大　　阪	(32)	1,030	92	81	89	84	86
兵　　庫	(33)	99,191	7,914	7,270	8,231	7,767	8,670
奈　　良	(34)	5,851	520	455	505	491	482
和 歌 山	(35)	7,072	556	495	537	559	606
鳥　　取	(36)	9,856	859	832	903	931	892
島　　根	(37)	16,666	1,296	1,225	1,401	1,291	1,414
岡　　山	(38)	131,815	10,716	10,004	11,491	10,932	11,081
広　　島	(39)	130,768	10,859	10,255	11,127	11,119	11,343
山　　口	(40)	28,668	2,423	2,271	2,514	2,451	2,575
徳　　島	(41)	13,339	1,077	939	1,148	1,013	1,109
香　　川	(42)	82,902	6,607	6,116	7,016	6,728	7,286
愛　　媛	(43)	27,004	2,236	2,049	2,290	2,213	2,376
高　　知	(44)	5,647	429	442	500	478	457
福　　岡	(45)	52,664	4,225	3,948	4,407	4,380	4,445
佐　　賀	(46)	7,219	604	560	587	607	668
長　　崎	(47)	29,630	2,395	2,334	2,471	2,476	2,629
熊　　本	(48)	41,804	3,063	3,148	3,686	3,526	3,734
大　　分	(49)	22,284	1,954	1,690	1,932	1,820	1,880
宮　　崎	(50)	59,760	4,823	4,432	5,402	4,635	5,152
鹿 児 島	(51)	175,578	14,443	13,308	14,975	14,147	14,711
沖　　縄	(52)	18,461	1,698	1,417	1,569	1,602	1,676

単位：t

6月	7月	8月	9月	10月	11月	12月	
206, 989	209, 667	207, 530	206, 311	214, 544	210, 695	220, 531	(1)
203, 948	210, 181	205, 653	206, 299	212, 941	206, 579	219, 994	(2)
208, 916	212, 343	207, 932	207, 767	215, 345	210, 303	221, 025	(3)
210, 506	211, 883	212, 234	209, 438	214, 751	213, 450	223, 460	(4)
215, 276	**216, 095**	**218, 078**	**214, 868**	**222, 223**	**218, 370**	**228, 075**	(5)
8, 633	8, 607	8, 867	8, 762	9, 071	8, 719	9, 108	(6)
8, 458	8, 517	8, 588	8, 324	8, 613	8, 524	9, 169	(7)
7, 251	7, 243	7, 663	7, 301	7, 773	7, 292	7, 504	(8)
6, 258	6, 306	6, 250	6, 486	6, 727	6, 668	7, 022	(9)
2, 874	2, 840	2, 964	2, 977	3, 064	2, 976	3, 282	(10)
805	886	894	922	884	874	861	(11)
5, 312	5, 398	5, 486	5, 265	5, 457	5, 508	5, 814	(12)
18, 993	19, 367	19, 913	19, 516	20, 443	19, 231	20, 300	(13)
5, 712	5, 572	6, 101	5, 812	5, 840	5, 840	6, 171	(14)
6, 417	6, 624	6, 549	6, 475	6, 588	6, 565	6, 759	(15)
3, 775	3, 871	3, 998	3, 572	3, 905	3, 822	3, 984	(16)
13, 868	14, 227	14, 460	14, 018	14, 637	14, 231	14, 922	(17)
89	87	85	87	92	92	95	(18)
1, 506	1, 636	1, 532	1, 464	1, 632	1, 632	1, 600	(19)
8, 014	7, 867	7, 737	7, 332	7, 643	7, 539	7, 851	(20)
1, 744	1, 717	1, 639	1, 792	1, 695	1, 830	2, 003	(21)
1, 371	1, 454	1, 421	1, 475	1, 416	1, 443	1, 465	(22)
1, 024	1, 048	1, 031	898	1, 055	1, 015	948	(23)
659	677	655	682	666	671	783	(24)
600	558	598	534	610	582	547	(25)
6, 306	6, 381	6, 174	5, 840	6, 144	6, 263	6, 766	(26)
5, 734	5, 576	5, 911	5, 463	5, 602	5, 613	5, 745	(27)
8, 890	8, 914	8, 770	8, 864	9, 268	9, 139	9, 570	(28)
7, 747	7, 924	7, 707	7, 660	7, 854	8, 173	8, 291	(29)
613	601	619	647	665	677	684	(30)
2, 297	1, 897	2, 146	2, 216	2, 247	2, 198	2, 300	(31)
81	84	80	80	88	89	96	(32)
8, 006	8, 009	8, 142	8, 455	9, 093	8, 628	9, 006	(33)
470	487	473	482	464	487	535	(34)
475	525	606	629	665	668	751	(35)
779	738	776	751	797	768	830	(36)
1, 434	1, 401	1, 396	1, 396	1, 429	1, 455	1, 528	(37)
11, 068	11, 139	11, 040	10, 910	11, 204	10, 975	11, 255	(38)
10, 577	10, 797	10, 890	10, 776	11, 039	10, 704	11, 282	(39)
2, 586	2, 484	2, 515	2, 451	2, 142	2, 117	2, 139	(40)
1, 105	1, 142	1, 075	1, 139	1, 094	1, 164	1, 334	(41)
7, 022	6, 800	6, 471	6, 816	7, 483	7, 141	7, 416	(42)
2, 128	2, 203	2, 284	2, 275	2, 323	2, 308	2, 319	(43)
471	457	466	511	490	469	477	(44)
4, 258	4, 410	4, 214	4, 270	4, 666	4, 681	4, 760	(45)
584	617	627	584	622	577	582	(46)
2, 447	2, 469	2, 388	2, 397	2, 589	2, 482	2, 553	(47)
3, 674	3, 746	3, 702	3, 584	3, 281	3, 133	3, 527	(48)
1, 744	1, 768	1, 815	1, 836	1, 837	1, 927	2, 081	(49)
5, 363	4, 879	4, 990	4, 985	4, 941	4, 921	5, 237	(50)
14, 544	14, 630	14, 893	14, 689	14, 950	15, 118	15, 170	(51)
1, 510	1, 515	1, 477	1, 468	1, 435	1, 441	1, 653	(52)

食鳥流通統計調査

食鳥の処理羽数及び処理重量

年　次	肉　用　若　鶏		廃　　　　鶏		そ　の　他　の　肉　用　鶏	
	羽　　数	重　　量	羽　　数	重　　量	羽　　数	重　　量
	千羽	t	千羽	t	千羽	t
平成29年	685,105	2,052,065	81,432	143,597	5,943	19,237

注：年間の処理羽数30万羽以上の処理場のみを調査対象として調査を実施した結果である。

累　年　統　計

畜産物と畜（処理）頭羽数及び生産量（明治10年～平成29年）

年次	豚 頭数	豚 枝肉生産量	成牛 頭数	成牛 枝肉生産量	子牛 頭数	子牛 枝肉生産量	馬 頭数	馬 枝肉生産量
	頭	kg	頭	kg	頭	kg	頭	kg
明治10年 (1)	…	…	33,959	…	…	…	…	…
11 (2)	…	…	30,687	…	…	…	…	…
12 (3)	…	…	30,743	…	…	…	…	…
13 (4)	…	…	25,361	…	…	…	…	…
14 (5)	…	…	36,623	…	…	…	…	…
15 (6)	…	…	36,291	…	…	…	…	…
16 (7)	3,765	…	43,530	…	…	…	605	…
17 (8)	5,828	…	90,722	…	…	…	1,216	…
18 (9)	…	…	116,068	…	…	…	2,858	…
19 (10)	…	…	130,476	…	…	…	3,062	…
20 (11)	…	…	105,673	…	…	…	…	…
21 (12)	…	…	184,710	…	…	…	7,703	…
22 (13)	…	…	84,711	…	…	…	21,203	…
23 (14)	…	…	76,918	…	…	…	24,832	…
24 (15)	…	…	89,306	…	…	…	25,817	…
25 (16)	…	…	100,629	…	…	…	26,817	…
26 (17)	…	…	104,772	…	…	…	30,990	…
27 (18)	30,404	1,853,580	143,852	19,527,206	5,825	…	31,459	3,122,767
28 (19)	41,419	1,687,125	154,685	24,167,452	5,771	…	36,026	3,460,316
29 (20)	38,637	2,175,311	145,060	21,853,833	6,899	…	44,825	4,195,455
30 (21)	45,820	2,683,161	153,800	22,471,402	7,277	…	40,939	3,790,190
31 (22)	54,624	3,158,361	153,717	23,045,768	10,116	637,234	41,381	4,202,318
32 (23)	32,216	1,456,291	192,238	26,475,881	12,426	558,097	46,982	4,030,197
33 (24)	42,270	2,286,883	218,679	29,604,211	10,596	493,649	53,347	4,696,361
34 (25)	54,153	2,681,192	186,394	25,879,288	9,252	426,963	45,305	4,060,309
35 (26)	75,808	3,564,134	192,654	26,375,609	9,121	420,495	47,733	4,347,067
36 (27)	76,201	3,756,646	216,756	31,087,377	12,184	516,105	53,673	5,147,523
37 (28)	64,021	3,199,035	282,444	36,957,433	9,272	418,027	44,479	4,246,557
38 (29)	65,206	5,013,067	198,485	27,955,473	5,849	282,018	46,749	4,937,438
39 (30)	83,695	4,909,864	155,616	22,989,927	8,974	601,968	69,126	7,422,255
40 (31)	126,882	7,495,268	153,152	24,024,852	4,690	200,580	65,463	7,218,960
41 (32)	157,741	9,113,342	136,483	21,507,652	4,925	243,821	56,444	6,314,495
42 (33)	132,224	7,734,541	168,934	26,199,752	6,275	352,587	45,392	5,137,954
43 (34)	137,366	7,893,909	243,665	37,554,551	14,362	876,446	56,227	6,133,904
44 (35)	171,950	9,572,804	258,527	39,731,148	17,099	1,087,239	65,024	7,093,077
大正元年 (36)	178,932	9,110,549	257,209	41,522,197	18,179	1,071,918	64,401	7,159,590
2 (37)	161,770	8,605,376	249,800	41,721,850	13,434	959,898	64,064	7,469,762
3 (38)	178,395	9,403,869	239,514	37,621,134	12,348	634,540	57,208	6,841,122
4 (39)	247,400	12,759,984	261,165	43,683,761	12,251	550,683	59,919	6,962,657
5 (40)	247,387	13,283,623	323,302	51,164,887	12,421	570,075	80,821	9,250,472
6 (41)	211,889	12,720,144	261,477	44,731,641	10,659	467,343	99,948	12,862,690
7 (42)	290,402	17,471,403	210,245	35,602,165	10,213	461,564	86,607	10,970,755
8 (43)	322,893	17,126,481	227,213	39,943,072	11,694	543,653	70,134	8,728,572
9 (44)	376,158	20,678,684	253,273	43,002,321	15,251	707,513	63,068	7,508,428
10 (45)	508,378	29,880,747	304,276	47,314,933	24,657	1,179,199	64,452	7,975,428
11 (46)	383,617	22,063,830	317,368	48,932,997	32,594	1,606,639	72,893	8,605,049
12 (47)	361,149	20,754,893	306,120	51,070,582	36,476	1,236,682	73,223	9,005,505
13 (48)	559,693	30,526,781	315,084	51,387,772	25,892	1,153,294	77,105	10,075,277
14 (49)	736,858	40,638,885	293,173	50,267,238	22,379	1,051,564	76,785	9,631,024
昭和元年 (50)	566,081	29,651,408	276,696	49,820,697	22,343	1,045,268	73,900	9,373,681
2 (51)	530,732	25,221,158	279,815	47,608,286	23,740	1,067,738	69,618	8,566,800
3 (52)	685,336	32,587,478	303,819	50,827,384	28,211	1,342,703	75,370	9,488,970
4 (53)	830,255	39,271,902	297,611	49,709,940	28,095	1,237,777	77,066	9,583,331
5 (54)	693,700	33,801,173	259,790	43,301,186	26,292	1,135,219	72,363	9,409,932
6 (55)	661,929	32,576,782	288,473	49,728,390	27,862	1,323,476	76,833	9,914,352
7 (56)	950,871	47,732,221	328,180	56,643,900	29,151	1,419,045	80,301	10,469,801
8 (57)	948,075	45,284,310	322,712	55,011,389	30,344	1,443,096	92,358	11,960,880
9 (58)	936,761	46,357,647	293,398	50,505,345	28,630	1,375,482	89,763	12,221,944
10 (59)	1,005,143	50,022,660	296,366	52,458,498	31,223	1,564,645	89,302	12,503,779
11 (60)	1,171,863	58,143,189	296,787	55,218,762	33,646	1,813,653	95,142	14,075,261
12 (61)	1,223,449	60,673,812	344,623	65,140,361	40,436	2,246,505	71,847	10,353,108
13 (62)	1,167,756	58,510,697	362,056	69,013,579	34,925	1,701,409	39,899	5,663,362
14 (63)	1,262,667	66,049,504	370,711	72,764,110	33,767	1,292,931	44,247	6,434,565
15 (64)	1,193,161	59,404,971	418,742	78,466,972	43,083	1,860,643	54,881	7,669,696
16 (65)	586,277	30,090,187	377,086	69,913,092	35,442	1,342,471	…	…

資料：明治10年～昭和48年は『農林省統計表』、昭和49年～平成2年は『食肉流通統計』及び『鶏卵食鳥流通統計』、平成3年以降は『畜産物流通統計』

注：1　昭和15年までの数値は、都道府県－市町村を通じた表式調査による。昭和16～23年は統計調査部が都道府県衛生部からの報告を取りまとめたものによる。昭和24～39年は厚生省が都道府県の管内と場についての調査報告を取りまとめたものによる。昭和40年～平成14年は統計情報部、平成15年以降は統計部「食肉流通調査」及び「食鳥流通調査」の結果による。

　　　　ただし、鶏卵については、昭和15年までは飼養戸数の生産数量、昭和16～23年は農家、その他の農業団体の月別販売数量、昭和24及び25年は調査を欠き、昭和26～40年は統計情報部「鶏卵生産量調査」、昭和41年～平成14年は統計情報部、平成15年以降は統計部「鶏卵流通調査」の結果による。

　　2　明治37年以前のやぎは、めん羊を含み、明治16及び17年はやぎのみである。

　　3　昭和15年以前の鶏卵は、前年7月からその年の6月までの分であり、昭和26年は5月から12月までの8か月間の数値である。

　　4　大正11年は、震災により神奈川県の数値不明のため、推計値を用いて集計したものである。

　　5　平成26年以前の肉用若鶏（ブロイラー）は、全国全ての食鳥処理場を対象に調査した結果であり、平成27年以降は食鳥の処理羽数が30万羽以上の食鳥処理場を対象に調査した結果である。

1)の単位は、貫である。

めん羊		やぎ		肉用若鶏（ブロイラー）				鶏卵		
頭数	枝肉生産量	頭数	枝肉生産量	羽数 全ての食鳥処理場	羽数 年間処理羽数30万羽以上の食鳥処理場	処理重量 全ての食鳥処理場	処理重量 年間処理羽数30万羽以上の食鳥処理場	生産量	出荷量	
頭	kg	頭	kg	千羽	千羽	t	t	千個	t	
...	...	...	...	...	...	...	...	...	...	(1)
...	...	...	...	...	...	...	...	...	...	(2)
...	...	...	...	...	...	...	...	...	...	(3)
...	...	...	...	...	...	...	...	...	...	(4)
...	...	...	...	...	...	...	...	...	...	(5)
...	...	...	...	...	...	...	...	...	...	(6)
...	...	138	...	...	...	...	...	...	...	(7)
...	...	742	...	...	...	...	...	...	...	(8)
...	...	...	...	...	...	...	...	...	...	(9)
...	...	...	...	...	...	...	...	...	...	(10)
...	...	...	...	...	...	...	...	...	...	(11)
...	...	...	...	...	...	...	...	...	...	(12)
...	...	...	...	...	...	...	...	...	...	(13)
...	...	...	...	...	...	...	...	...	...	(14)
...	...	...	...	...	...	...	...	...	...	(15)
...	...	...	...	...	...	...	...	...	...	(16)
...	...	...	...	...	...	...	...	...	...	(17)
...	...	1,404	56,149	...	...	...	...	...	...	(18)
...	...	4,664	79,889	...	...	...	...	...	...	(19)
...	...	4,058	...	...	...	...	...	...	...	(20)
...	...	3,404	...	...	...	...	...	...	...	(21)
...	...	4,148	...	...	...	...	...	...	...	(22)
...	...	1,950	56,149	...	...	...	...	...	...	(23)
...	...	3,448	79,889	...	...	...	...	...	...	(24)
...	...	3,097	58,813	...	...	...	...	...	...	(25)
...	...	2,927	55,343	...	...	...	...	...	...	(26)
...	...	3,440	6,462	...	...	...	...	...	...	(27)
...	...	3,249	50,768	...	...	...	...	...	...	(28)
1,380	44,107	2,086	13,484	...	...	...	...	...	...	(29)
1,122	35,287	1,976	16,288	...	...	...	...	593,598	...	(30)
808	24,892	1,501	12,716	...	...	...	...	699,494	...	(31)
893	26,328	1,444	10,817	...	...	...	...	753,576	...	(32)
784	23,261	1,831	18,489	...	...	...	...	766,601	...	(33)
858	33,022	2,446	20,484	...	...	...	...	803,910	...	(34)
802	20,122	2,352	24,251	...	...	...	...	820,581	...	(35)
1,042	28,117	2,608	27,319	...	...	...	...	809,860	...	(36)
850	21,558	3,030	32,782	...	...	...	...	801,694	...	(37)
773	14,958	2,786	32,407	...	...	...	...	782,797	...	(38)
431	9,326	4,199	45,283	...	...	...	...	862,081	...	(39)
161	3,783	4,224	39,925	...	...	...	...	1,002,072	...	(40)
125	3,780	3,747	40,936	...	...	...	...	1,151,401	...	(41)
154	3,990	4,196	43,007	...	...	...	...	1,153,972	...	(42)
145	3,268	4,463	44,989	...	...	...	...	1,161,428	...	(43)
223	7,005	5,145	51,012	...	...	...	...	1,134,367	...	(44)
209	5,063	5,188	51,278	...	...	...	...	1,240,486	...	(45)
336	7,631	4,485	45,318	...	...	...	...	1,392,562	...	(46)
301	5,700	5,489	54,068	...	...	...	...	1,551,516	...	(47)
405	8,055	5,184	53,535	...	...	...	...	1,615,849	...	(48)
610	14,741	5,244	46,407	...	...	...	...	1,619,716	...	(49)
437	9,866	5,087	43,425	...	...	...	...	1,731,089	...	(50)
688	12,577	5,408	45,301	...	...	...	...	1,981,587	...	(51)
907	16,714	6,562	53,093	...	...	...	...	2,248,026	...	(52)
874	16,583	6,131	50,448	...	...	...	...	2,528,480	...	(53)
1,091	23,756	6,845	56,550	...	...	...	...	2,654,542	...	(54)
1,140	22,991	6,850	55,784	...	...	...	...	3,008,243	...	(55)
1,129	22,226	7,893	66,008	...	...	...	...	3,559,297	...	(56)
1,461	27,472	8,127	68,888	...	...	...	...	3,408,888	...	(57)
1,376	27,465	9,181	70,072	...	...	...	...	3,535,071	...	(58)
1,445	30,007	9,424	87,527	...	...	...	...	3,608,676	...	(59)
1,426	27,877	11,329	105,221	...	...	...	...	3,537,310	...	(60)
2,595	47,478	11,551	121,498	...	...	...	...	3,642,989	...	(61)
3,090	42,693	12,438	77,090	...	...	...	...	3,471,839	...	(62)
3,439	64,462	12,401	127,916	...	...	...	...	3,488,971	...	(63)
3,405	61,312	11,110	114,218	...	...	...	...	3,535,747	...	(64)
5,342	94,703	10,652	162,787	...	...	...	...	1) 36,253,404	...	(65)

畜産物と畜（処理）頭羽数及び生産量（明治10年～平成29年）（続き）

年次	豚		成牛		子牛		馬	
	頭数	枝肉生産量	頭数	枝肉生産量	頭数	枝肉生産量	頭数	枝肉生産量
	頭	t	頭	t	頭	t	頭	t
昭和17年 (66)	418,958	1) 23,020,263	248,264	1) 47,250,843	32,226	1) 1,003,622	…	…
18 (67)	248,357	1) 13,879,027	311,440	1) 59,224,219	52,157	1) 1,869,154	…	…
19 (68)	127,598	1) 6,671,834	243,630	1) 43,362,382	48,908	1) 1,935,489	…	…
20 (69)	40,592	1) 2,178,899	116,427	1) 19,245,515	19,588	1) 797,722	…	…
21 (70)	50,017	1) 2,389,239	244,608	1) 41,933,616	10,972	1) 412,278	60,900	1) 2,081,993
22 (71)	96,639	1) 4,908,939	240,783	1) 42,578,794	8,351	1) 314,982	63,813	1) 9,956,674
23 (72)	237,707	1) 12,012,611	232,699	1) 40,965,912	9,978	1) 401,830	63,840	1) 9,972,949
24 (73)	650,094	1) 35,572,069	237,543	1) 42,679,800	15,920	1) 759,893	58,626	1) 8,964,754
25 (74)	1,131,997	1) 57,373,524	428,375	1) 76,605,894	40,898	1) 2,221,000	79,904	1) 12,612,249
26 (75)	922,227	1) 46,980,779	377,807	1) 67,413,060	38,549	1) 1,727,998	100,755	1) 16,848,339
27 (76)	1,525,984	1) 78,442,816	374,840	1) 71,120,591	41,798	1) 1,689,718	87,406	1) 15,653,823
28 (77)	1,843,175	1) 93,214,459	411,538	1) 80,123,537	53,447	1) 2,188,096	124,025	1) 22,776,818
29 (78)	1,432,608	1) 73,726,780	435,514	1) 84,203,768	79,624	1) 3,183,722	140,022	1) 23,986,272
30 (79)	1,659,076	1) 82,302,404	601,868	1) 130,183,512	208,773	1) 8,405,268	123,831	1) 20,854,530
31 (80)	2,149,675	1) 107,771,594	680,726	1) 131,176,807	191,774	1) 7,938,915	145,615	1) 24,247,881
32 (81)	2,673,142	1) 137,050,642	571,321	1) 114,201,122	145,438	1) 5,214,003	107,019	1) 19,010,871
33 (82)	3,130,720	1) 161,140,064	607,520	1) 121,724,620	167,107	1) 5,887,432	105,005	1) 18,551,495
34 (83)	3,562,160	1) 182,751,598	696,667	1) 141,998,235	181,051	1) 5,948,517	134,264	1) 23,783,019
35 (84)	2,836,462	1) 147,318,245	667,625	1) 137,402,441	165,699	1) 5,047,704	138,457	1) 23,661,787
36 (85)	3,948,260	1) 206,287,701	634,651	1) 137,799,163	159,330	1) 4,949,433	126,380	1) 23,288,371
37 (86)	6,244,489	1) 324,187,813	656,923	1) 140,100,645	187,417	1) 6,024,033	135,322	1) 24,855,894
38 (87)	5,385,856	1) 279,354,456	832,228	1) 177,181,843	256,204	1) 8,746,949	116,973	1) 22,083,496
39 (88)	5,700,324	1) 298,057,173	1,001,164	1) 214,467,623	289,046	1) 9,459,725	89,375	1) 17,493,270
40 (89)	6,787,295	407,238	915,893	208,634	252,517	7,627	77,719	19,896
41 (90)	9,409,273	564,556	655,309	149,547	157,658	4,659	51,138	13,091
42 (91)	10,317,104	603,458	602,273	153,794	150,396	4,424	55,974	12,924
43 (92)	9,541,557	589,578	628,480	170,550	177,402	5,221	64,282	15,363
44 (93)	9,180,042	587,658	830,253	226,733	323,324	9,656	47,513	12,140
45 (94)	11,479,399	734,294	986,015	269,492	312,575	8,518	39,809	10,697
46 (95)	12,983,664	843,244	1,029,829	289,749	224,162	6,424	33,445	10,388
47 (96)	13,045,224	885,306	1,086,840	313,442	123,775	4,003	24,497	7,058
48 (97)	14,023,428	970,520	805,901	244,194	35,632	1,575	17,160	4,556
49 (98)	15,693,705	1,097,923	983,300	315,449	171,084	5,621	15,860	4,282
50 (99)	14,384,063	1,039,642	1,143,089	349,036	127,121	3,843	19,382	5,283
51 (100)	14,279,245	1,056,229	947,203	295,380	76,383	2,501	21,553	6,133
52 (101)	16,080,801	1,169,465	1,106,578	357,838	91,334	3,337	19,351	6,048
53 (102)	17,447,558	1,284,473	1,198,134	400,756	64,997	2,584	16,090	4,969
54 (103)	19,225,815	1,429,928	1,185,934	399,604	42,713	2,064	14,152	4,308
55 (104)	19,943,353	1,475,005	1,187,039	415,837	44,244	2,225	12,579	3,741
56 (105)	18,708,979	1,395,843	1,321,689	468,294	44,033	2,423	12,894	3,917
57 (106)	19,109,689	1,427,626	1,355,307	478,705	43,197	2,257	14,089	4,652
58 (107)	19,080,534	1,428,824	1,388,206	492,624	44,867	2,314	15,283	5,191
59 (108)	19,257,713	1,424,204	1,492,988	533,611	43,675	2,449	16,204	5,520
60 (109)	20,638,965	1,531,914	1,536,414	552,959	38,979	2,297	16,742	5,418
61 (110)	20,996,966	1,551,651	1,524,045	556,735	29,632	1,885	17,168	5,757
62 (111)	21,427,997	1,582,014	1,485,682	563,308	21,700	1,575	14,915	5,002
63 (112)	21,233,975	1,578,938	1,442,187	568,430	18,137	1,373	12,466	4,252
平成元年 (113)	21,416,952	1,593,918	1,376,001	546,819	15,940	1,139	13,203	4,645
2 (114)	20,910,170	1,555,226	1,374,586	548,358	16,232	1,120	13,596	4,737
3 (115)	19,829,262	1,482,776	1,431,231	574,017	17,037	1,143	13,912	4,907
4 (116)	19,159,060	1,434,148	1,471,038	590,447	19,966	1,236	15,032	5,330
5 (117)	19,168,810	1,439,613	1,493,072	593,312	18,090	1,054	17,348	6,314
6 (118)	18,654,747	1,390,288	1,521,454	601,327	15,464	1,014	20,176	7,619
7 (119)	17,605,932	1,322,065	1,493,777	600,099	11,371	806	21,750	8,433
8 (120)	16,852,582	1,266,446	1,380,651	553,875	8,351	635	19,488	7,423
9 (121)	17,020,658	1,283,316	1,330,115	529,699	6,927	601	20,667	7,971
10 (122)	17,077,180	1,285,875	1,310,383	528,494	10,498	855	20,422	7,830
11 (123)	16,872,022	1,277,094	1,321,967	539,499	9,672	878	18,880	7,324
12 (124)	16,716,886	1,270,685	1,297,166	529,674	6,417	629	18,217	7,215
13 (125)	16,329,086	1,241,737	1,103,488	458,034	5,378	583	17,738	6,107
14 (126)	16,183,495	1,235,809	1,262,820	536,025	4,782	577	18,151	7,049
15 (127)	16,396,356	1,260,045	1,201,726	495,001	7,845	978	19,039	7,459
16 (128)	16,596,045	1,272,326	1,255,712	512,475	10,110	1,091	19,267	7,179
17 (129)	16,242,549	1,244,963	1,220,873	498,428	9,307	1,042	18,630	7,129
18 (130)	16,210,078	1,246,525	1,209,146	496,229	7,143	763	17,046	6,549
19 (131)	16,267,631	1,250,511	1,198,906	502,969	8,178	933	15,548	6,087
20 (132)	16,192,079	1,248,801	1,226,653	518,747	11,022	1,175	15,003	6,053
21 (133)	16,965,697	1,309,910	1,216,846	515,908	10,918	1,113	14,575	5,734
22 (134)	16,807,094	1,292,451	1,208,972	514,078	9,691	881	14,169	5,880
23 (135)	16,395,153	1,267,328	1,165,931	499,615	8,290	755	11,924	4,868
24 (136)	16,776,233	1,296,971	1,190,594	517,844	8,916	806	12,273	4,896
25 (137)	16,940,368	1,309,433	1,177,899	507,293	7,100	693	13,592	5,465
26 (138)	16,202,855	1,263,599	1,149,842	501,480	6,760	655	13,474	5,379
27 (139)	16,104,466	1,254,283	1,101,276	480,419	5,890	601	12,466	5,113
28 (140)	16,391,958	1,278,623	1,045,784	463,749	5,548	602	10,240	3,670
29 (141)	**16,336,984**	**1,272,301**	**1,039,998**	**468,497**	**5,193**	**598**	**9,807**	**3,916**

注：昭和40年より枝肉生産量は、毎月食肉卸売市場調査から算出した１頭当たり枝肉重量を都道府県別と畜頭数に乗じて換算した月別の都道府県別枝肉重量を年合計したものである。
1)の単位は、kgである。
2)は、年間処理羽数30万羽以上の食鳥処理場を対象に、新たに集計した結果である。
3)の単位は、貫である。
4)の単位は、千個である。

めん羊		やぎ		肉用若鶏（ブロイラー）				鶏　卵		
				羽　数		処　理　重　量				
頭　数	枝肉生産量	頭　数	枝肉生産量	全ての食鳥処理場	年間処理羽数30万羽以上の食鳥処理場	全ての食鳥処理場	年間処理羽数30万羽以上の食鳥処理場	生産量	出荷量	
頭	t	頭	t	千羽	千羽	t	t	t	t	
2,967	1) 47,018	4,535	1) 55,791	…	…	…	…	3) 26,367,059	…	(66)
1,390	1) 22,166	2,961	1) 34,315	…	…	…	…	3) 17,728,517	…	(67)
436	1) 6,871	1,104	1) 14,057	…	…	…	…	3) 7,625,230	…	(68)
149	1) 2,704	431	1) 7,499	…	…	…	…	3) 2,480,803	…	(69)
212	1) 3,395	1,836	1) 25,758	…	…	…	…	3) 1,518,633	…	(70)
292	1) 5,021	4,445	1) 62,337	…	…	…	…	3) 1,772,980	…	(71)
269	1) 4,733	4,019	1) 59,899	…	…	…	…	3) 2,708,657	…	(72)
384	1) 5,889	2,781	1) 28,965	…	…	…	…	…	…	(73)
2,295	1) 51,324	1,852	1) 26,718	…	…	…	…	…	…	(74)
3,857	1) 71,485	25,997	1) 311,655	…	…	…	…	4) 2,592,053	…	(75)
8,883	1) 175,874	31,080	1) 354,303	…	…	…	…	4) 4,675,486	…	(76)
17,650	1) 341,172	34,000	1) 410,699	…	…	…	…	4) 5,150,364	…	(77)
23,631	1) 462,156	44,451	1) 496,077	…	…	…	…	4) 6,129,790	…	(78)
23,385	1) 433,476	41,867	1) 471,232	…	…	…	…	4) 6,742,780	…	(79)
33,876	1) 657,671	53,442	1) 627,886	…	…	…	…	4) 6,638,289	…	(80)
57,792	1) 1,128,698	95,794	1) 1,048,908	…	…	…	…	4) 7,365,618	…	(81)
67,035	1) 1,331,639	96,547	1) 946,900	…	…	…	…	4) 7,913,973	…	(82)
114,712	1) 2,307,992	120,273	1) 1,263,609	…	…	…	…	4) 8,149,714	…	(83)
138,782	1) 2,712,479	139,418	1) 1,368,283	…	…	…	…	4) 9,559,606	…	(84)
121,535	1) 2,373,301	140,712	1) 1,338,499	…	…	…	…	4) 12,863,049	…	(85)
81,995	1) 1,648,249	123,433	1) 1,140,025	…	…	…	…	4) 14,605,000	…	(86)
67,778	1) 1,393,803	115,214	1) 1,051,721	…	…	…	…	4) 15,300,000	…	(87)
47,767	1) 987,419	107,436	1) 971,493	…	…	…	…	4) 17,896,000	…	(88)
33,437	702	93,999	1,316	91,373	…	112,716	…	4) 18,625,000	…	(89)
22,133	464	89,434	1,252	131,926	…	177,388	…	1,063,465	982,285	(90)
14,899	298	135,047	1,486	171,885	…	243,354	…	1,328,499	1,106,837	(91)
12,328	299	111,692	793	202,849	…	305,043	…	1,414,966	1,179,837	(92)
10,285	254	109,213	829	265,889	…	419,794	…	1,606,925	1,307,588	(93)
6,578	154	98,778	814	303,652	…	500,926	…	1,733,669	1,396,196	(94)
4,171	78	79,308	620	328,902	…	570,784	…	1,801,319	1,645,544	(95)
2,850	48	67,505	574	382,807	…	686,827	…	1,794,076	1,652,192	(96)
1,883	24	55,068	484	418,632	…	775,414	…	1,800,186	1,672,998	(97)
1,378	22	32,722	364	442,292	…	833,307	…	1,798,553	1,684,747	(98)
1,687	27	24,611	216	436,611	…	856,405	…	1,787,845	1,681,914	(99)
1,592	25	15,245	117	484,168	…	978,671	…	1,859,418	1,761,127	(100)
1,602	35	9,205	128	530,422	…	1,092,838	…	1,882,774	1,785,666	(101)
1,425	32	6,947	106	579,097	…	1,239,339	…	1,965,416	1,871,394	(102)
1,425	33	5,067	77	609,493	…	1,365,433	…	1,990,924	1,897,205	(103)
1,657	41	4,468	76	624,150	…	1,419,032	…	2,001,582	1,905,618	(104)
2,178	49	3,535	68	621,274	…	1,416,798	…	1,999,542	1,904,236	(105)
3,122	74	3,331	77	643,568	…	1,501,965	…	2,057,420	1,961,293	(106)
3,952	99	3,369	83	674,622	…	1,584,092	…	2,085,641	1,988,820	(107)
4,485	114	4,564	104	709,422	…	1,685,153	…	2,129,948	2,031,479	(108)
5,488	143	6,763	118	725,223	…	1,750,005	…	2,152,356	2,053,374	(109)
6,184	174	7,066	127	728,099	…	1,788,546	…	2,230,968	2,128,857	(110)
7,138	212	6,736	124	745,286	…	1,856,411	…	2,375,845	2,274,220	(111)
7,632	205	6,668	140	743,879	…	1,872,843	…	2,400,061	2,299,043	(112)
8,163	220	5,928	141	728,751	…	1,852,303	…	2,421,387	2,323,453	(113)
9,632	249	6,135	146	708,308	…	1,811,687	…	2,419,081	2,325,898	(114)
9,498	236	6,655	160	682,783	…	1,769,995	…	2,498,299	2,405,163	(115)
9,412	242	7,674	218	680,861	…	1,782,060	…	2,571,443	2,481,745	(116)
9,167	241	7,696	248	657,147	…	1,738,942	…	2,597,684	2,510,875	(117)
9,144	238	7,174	220	618,923	…	1,632,555	…	2,569,400	2,486,385	(118)
7,949	208	6,226	153	606,494	…	1,631,060	…	2,550,586	2,469,083	(119)
6,830	183	6,128	116	599,473	…	1,610,103	…	2,567,150	2,487,622	(120)
6,241	164	5,922	120	589,311	…	1,601,571	…	2,566,119	2,485,880	(121)
5,023	155	5,629	121	571,727	…	1,553,203	…	2,542,465	2,465,338	(122)
4,486	134	5,876	138	571,485	…	1,560,749	…	2,535,655	2,458,108	(123)
3,597	112	6,401	155	569,234	…	1,551,101	…	2,540,075	2,463,130	(124)
3,961	118	5,404	141	567,876	…	1,554,596	…	2,526,782	2,451,297	(125)
3,650	113	4,407	96	586,045	…	1,615,480	…	2,528,902	2,452,543	(126)
3,609	101	3,936	72	595,283	…	1,645,096	…	2,529,128	2,453,684	(127)
3,954	123	3,559	70	589,957	…	1,656,554	…	2,490,680	2,412,219	(128)
3,610	126	3,396	73	606,898	…	1,702,001	…	2,481,000	2,401,879	(129)
3,291	91	2,757	52	621,820	…	1,750,297	…	2,487,696	2,410,747	(130)
3,792	105	2,640	49	622,834	…	1,754,396	…	2,583,292	2,503,739	(131)
4,442	128	2,726	54	629,766	…	1,787,278	…	2,553,557	2,476,474	(132)
5,252	143	2,429	41	634,692	…	1,826,543	…	2,507,542	2,431,004	(133)
…	…	…	…	633,799	…	1,835,091	…	2,515,323	2,442,284	(134)
…	…	…	…	617,176	2) 609,664	1,783,393	2) 1,761,025	2,482,628	2,408,282	(135)
…	…	…	…	649,629	2) 645,064	1,889,158	2) 1,875,212	2,506,768	2,431,514	(136)
…	…	…	…	653,999	2) 651,303	1,905,255	2) 1,896,920	2,521,974	2,449,087	(137)
…	…	…	…	661,030	2) 658,483	1,946,449	2) 1,938,606	2,501,921	2,428,008	(138)
…	…	…	…	…	666,859	…	1,973,461	2,520,873	…	(139)
…	…	…	…	…	677,332	…	2,009,269	2,562,243	…	(140)
…	…	…	…	…	685,105	…	2,052,065	2,601,173	…	(141)

〔付〕　調　査　票

入力方向

秘
農林水産省

5	1	5	1

平成　年 畜産物流通調査

と畜場統計調査票（月別）

記入見本	1	2	3	4	5	6	7	8	9	0

調査年				調査月		都道府県		管理コード		と畜場コード			

政府統計

統計法に基づく国の統計調査です。調査票情報の秘密の保護に万全を期します。

この調査は、農林水産省が統計法第19条第１項の規定に基づき一般統計調査として実施するものです。また、この調査票は統計を作成するためのみに使用するもので、課税など統計以外の目的には使用しませんので、ありのままを記入してください。

記入上の留意事項

1　記入に当たっては、「調査票の記入の仕方」を参考にしてください。
2　交雑牛は、乳牛と和牛又は外国牛（肉用専用種）との交雑種です。
3　その他の牛は、ヘレフォード等の外国牛（肉用専用種）、和牛と外国牛(肉用専用種)との交雑種などです。
4　調査票の記入及び提出は、オンラインでも可能です。
詳しくは、同封の「オンライン調査システム操作ガイド」を御覧ください。
5　この調査票は、直接機械で読み取りますので、汚さないでください。また、数字の記入にあたっては、記入見本を参考にして黒い鉛筆を使用し、間違えた場合は消しゴムできれいに消してください。

1 豚のと畜頭数

単位:頭

区分	豚					
	十万	万	千	百	十	一
と畜頭数						

2 牛、馬のと畜頭数

単位:頭

区分	和牛 めす						和牛 去勢						和牛 おす						乳牛 めす						乳牛 去勢						乳牛 おす					
	十万	万	千	百	十	一	十万	万	千	百	十	一	十万	万	千	百	十	一	十万	万	千	百	十	一	十万	万	千	百	十	一	十万	万	千	百	十	一
と畜頭数																																				

区分	交雑牛 めす						交雑牛 去勢						交雑牛 おす						その他の牛 めす						その他の牛 去勢						その他の牛 おす					
	十万	万	千	百	十	一	十万	万	千	百	十	一	十万	万	千	百	十	一	十万	万	千	百	十	一	十万	万	千	百	十	一	十万	万	千	百	十	一
と畜頭数																																				

区分	子牛						馬					
	十万	万	千	百	十	一	十万	万	千	百	十	一
と畜頭数												

3 子牛、馬の枝肉重量

単位:kg

区分	子牛						馬					
	十万	万	千	百	十	一	十万	万	千	百	十	一
枝肉重量												

※枝肉重量は、別途調査をお願いしたと畜場のみ記入してください。

調査及び調査票の記入に当たってご不明な点等がありましたら、以下までご連絡ください。

問合せ先
名　称
担当者名　　　　電話番号

入力方向

秘
農林水産省

5	0	6	1

調査年	都道府県	管理コード	集出荷機関コード	区分

政府統計

統計法に基づく国の統計調査です。調査票情報の秘密の保護に万全を期します。

平成　年 畜産物流通調査
鶏卵流通統計調査票（集出荷団体・集出荷業者用）

この調査は、農林水産省が統計法第19条第１項の規定に基づき一般統計調査として実施するものです。
また、この調査票は統計を作成するためのみに使用するもので、課税など統計以外の目的には使用しませんので、ありのままを記入してください。

調査票の記入及び提出は、オンラインでも可能です。詳しくは同封の「オンライン調査システム操作ガイド」を御覧ください。

記入見本	1	2	3	4	5	6	7	8	9	0

【記入上の留意事項】

集荷量に含めるもの

① 自都道府県内の生産者から直接集荷したもの

集荷量に含めないもの

① 自都道府県外の鶏卵生産者から集荷したもの
② 他の鶏卵集出荷機関（都道府県内外を問わない）から集荷（転送）したもの

※ 用途（食用向け、加工向け（液卵を含む）、種卵等）を問わず記入してください。
この調査票は、直接機械で読み取りますので、汚さないでください。また、数字の記入にあたっては、記入見本を参考にして黒い鉛筆を使用し、間違えた場合は消しゴムできれいに消してください。

鶏卵の集荷量

単位:t

月　別	自都道府県内集荷量									
	前年（　年）					本年（　年）				
	万	千	百	十	一	万	千	百	十	一
1月										
2月										
3月										
4月										
5月										
6月										
7月										
8月										
9月										
10月										
11月										
12月										

調査及び調査票の記入に当たってご不明な点等がありましたら、以下までご連絡ください。

【 問合せ先 】

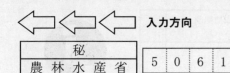

入力方向

秘
農林水産省

5	0	6	1

調査年	都道府県	管理コード	集出荷機関コード	区分

政府統計

統計法に基づく国の統計調査です。調査票情報の秘密の保護に万全を期します。

平成　年　畜産物流通調査
鶏卵流通統計調査票（直接出荷する生産経営体用）

この調査は、農林水産省が統計法第19条第１項の規定に基づき一般統計調査として実施するものです。
また、この調査票は統計を作成するためのみに使用するもので、課税など統計以外の目的には使用しませんので、ありのままを記入してください。

調査票の記入及び提出は、オンラインでも可能です。詳しくは同封の「オンライン調査システム操作ガイド」を御覧ください。

記入見本	1	2	3	4	5	6	7	8	9	0

【記入上の留意事項】

出荷量に含めるもの

① 卸売業者・小売業者・飲食店・加工業者に直接出荷したもの
② 消費者に直接販売したもの
③ 自都道府県外の鶏卵集出荷機関に直接出荷したもの
④ 自都道府県内の他の生産者から集荷し出荷したもの

出荷量に含めないもの

① 自都道府県内の鶏卵集出荷機関に出荷したもの
② 自都道府県外の他の生産者から集荷し出荷したもの
③ 食用として自家消費したもの

※　用途（食用向け、加工向け（液卵を含む）、種卵等）を問わず記入してください。
この調査票は、直接機械で読み取りますので、汚さないでください。また、数字の記入にあたっては、記入見本を参考にして黒い鉛筆を使用し、間違えた場合は消しゴムできれいに消してください。

SAMPLE

鶏卵の出荷量

単位:t

月　別	出荷量 前年（　年） 万	千	百	十	一	本年（　年） 万	千	百	十	一
1月										
2月										
3月										
4月										
5月										
6月										
7月										
8月										
9月										
10月										
11月										
12月										

調査及び調査票の記入に当たってご不明な点等がありましたら、以下までご連絡ください。

【　問合せ先　】

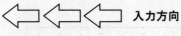

入力方向

秘
農林水産省

5	1	8	1

調査年	都道府県	管理コード	食鳥処理場コード

政府統計

統計法に基づく国の統計調査です。調査票情報の秘密の保護に万全を期します。

平成　　年　畜産物流通調査

食鳥流通統計調査票

この調査は、農林水産省が統計法第19条第１項の規定に基づき一般統計調査として実施するものです。
また、この調査票は統計を作成するためのみに使用するもので、課税など統計以外の目的には使用しませんので、ありのままを記入してください。

調査票の記入及び提出は、オンラインでも可能です。詳しくは同封の「オンライン調査システム操作ガイド」を御覧ください。

記入見本	1	2	3	4	5	6	7	8	9	0

食鳥の種類ごとの生体の処理量を記入してください。

SAMPLE

食鳥の種類	平成　年1月～12月の生体の処理量																			
	処理羽数（千羽）										処理重量（t）									
	前年（　年）					本年（　年）					前年（　年）					本年（　年）				
	千万	百万	十万	万	千	千万	百万	十万	万	千	万	千	百	十	一	万	千	百	十	一
肉用若鶏																				
その他の肉用鶏																				
廃鶏																				

記入上の留意事項

1　「処理量」には、**他の食鳥処理場から譲り受けた脱羽後のと体の処理量**は含めないでください。

2　「処理重量」は生体重量とし、**と体重量しか分からない場合は、「1.1」を乗じた生体換算重量で記入**してください。

3　**食鳥の種類について**

肉用若鶏：食用に供する目的で飼養している鶏で、**ふ化後３か月未満**のものをいい、一般的に「ブロイラー」といわれるもので、肉用種、卵用種等は問わない。

その他の肉用鶏：食用に供する目的で飼養している鶏で、**ふ化後３か月以上**のものをいい、一般的に「地鶏」といわれるもの（シャモ、比内地鶏、名古屋コーチン等）をいう。

廃鶏：採卵を目的に飼養している鶏及び種鶏として飼養している鶏で、**廃用されたもの**をいう。

（調査の対象から除外されるもの）
前述以外の食鳥（あひる、かも、あいがも、うずら、きじ、七面鳥、ほろほろ鳥等）

※　この調査票は、直接機械で読み取りますので、汚さないでください。また、数字の記入にあたっては、記入見本を参考にして黒い鉛筆を使用し、間違えた場合は消しゴムできれいに消してください。

調査及び調査票の記入に当たってご不明な点等がありましたら、以下までご連絡ください。

【　問合せ先　】

⇦⇦⇦入力方向

秘
農林水産省

5	1	6	1

記入見本	1	2	3	4	5	6	7	8	9	0

調査年	調査月	都道府県	管理コード	市場コード

平成　年 畜産物流通調査

食肉卸売市場調査票（豚）（月別）

記入上の留意事項

1　記入に当たっては、「調査票の記入の仕方」を参考にしてください。

2　取引総価額については、**消費税を含んだ価額**を記入してください。

3　この調査票は、直接機械で読み取りますので、汚さないでください。また、数字の記入にあたっては、記入見本を参考にして黒い鉛筆を使用し、間違えた場合は消しゴムできれいに消してください。

SAMPLE

豚の枝肉取引状況

枝肉取引規格	取引成立頭数（頭）							取引総重量（kg）							取引総価額（千円）						
	百万	十万	万	千	百	十		百万	十万	万	千	百	十	一	十億	億	千万	百万	十万	万	千
極上																					
上																					
中																					
並																					
等外																					

調査及び調査票の記入に当たってご不明な点等がありましたら、以下までご連絡ください。

問合せ先

名　称

担当者名　　　　電話番号

調査は以上で終わりです。ご協力ありがとうございました。

⇦⇦⇦ 入力方向

記入見本	1	2	3	4	5	6	7	8	9	0

秘
農林水産省

5	1	7	1

調査年	調査月	畜種				内訳			都道府県	管理コード	市場コード
		和牛	乳牛	交雑牛	その他の牛	めす	去勢	おす			
		①	②	③	④	①	②	③			

平成　年 畜産物流通調査

食肉卸売市場調査票（牛）（月別）

記入上の留意事項

1　記入に当たっては、「調査票の記入の仕方」を参考にしてください。

2　**成牛の枝肉取引を「和牛」、「乳牛」、「交雑牛」及び「その他の牛」に区別し、さらに「めす」、「去勢」及び「おす」別に調査しますので、この調査票の右上「畜種」「内訳」欄に該当する畜種と内訳の番号を○で囲んでください。**

3　取引総価額については、**消費税を含んだ価額**を記入してください。

4　この調査票は、直接機械で読み取りますので、汚さないでください。また、数字の記入にあたっては、記入見本を参考にして黒い鉛筆を使用し、間違えた場合は消しゴムできれいに消してください。

SAMPLE

牛の枝肉取引状況

枝肉取引規格		取引成立頭数（頭）							取引総重量（kg）							取引総価額（千円）						
歩留等級	肉質等級	百万	十万	万	千	百	十	一	百万	十万	万	千	百	十	一	十億	億	千万	百万	十万	万	千
A	5																					
	4																					
	3																					
	2																					
	1																					
B	5																					
	4																					
	3																					
	2																					
	1																					
C	5																					
	4																					
	3																					
	2																					
	1																					

調査及び調査票の記入に当たってご不明な点等がありましたら、以下までご連絡ください。

問合せ先
名　　称 ＿＿＿＿＿＿＿＿＿＿
担当者名 ＿＿＿＿＿＿＿＿＿＿　電話番号 ＿＿＿＿＿＿＿＿＿＿

調査は以上で終わりです。ご協力ありがとうございました。

平成29年　畜産物流通統計

平成30年10月　発行　　　　　　定価は表紙に表示してあります。

編　集　　〒100-8950　東京都千代田区霞が関１－２－１
　　　　　　農林水産省大臣官房統計部

発　行　　〒153-0064　東京都目黒区下目黒3-9-13　目黒・炭やビル
　　　　　　一般財団法人　農林統計協会
　　　　　　振替　00190-5-70255　TEL 03(3492)2987

ISBN978-4-541-04266-8　C3061